FRIEDRICH
TABELLENBUCH
ELEKTROTECHNIK
ELEKTRONIK

- Auf die Neuordnung der Elektroberufe abgestimmt

- Für die Berufsausbildung in Schule und Betrieb
  (Berufsgrundbildung, Berufsschule, Berufsfachschule,
  Berufsaufbauschule, Fachoberschule, Berufliches Gymnasium)

- Für das Studium an Akademien und Fachhochschulen

- Für die Berufspraxis

- Für die betriebliche und außerbetriebliche Weiterbildung

FRIEDRICHs FACH- UND TABELLENBÜCHER

Begründet von Direktor Wilhelm Friedrich
Herausgegeben von Prof. Dr. Antonius Lipsmeier, Karlsruhe
Mitherausgegeben von Dipl.-Ing. Adolf Teml, Lage

FRIEDRICH
TABELLENBUCH
ELEKTROTECHNIK
ELEKTRONIK

- Technologie/Fachkunde/Fachtheorie
- Technische Mathematik/Fachrechnen
- Technisches Zeichnen/Technische Kommunikation

Bearbeitet von
StD Dipl. Ing. Horst Rohlfing und StD a. D. Dipl. Ing. Harry Schmidt

527.–552. Auflage
472 Seiten
Dümmlerbuch 5302

FERD. DÜMMLERS VERLAG · BONN

Herausgeber: Dr. Antonius Lipsmeier, Professor für Berufspädagogik, Universität Karlsruhe (TH)
Adolf Teml, Diplom-Ingenieur und Fachschriftsteller, Lage (Mitherausgeber)

Autoren: Dipl.-Ing. Horst Rohlfing, Studiendirektor, Minden
Dipl.-Ing. Harry Schmidt, Studiendirektor a. D., Cremlingen

DIN-Normen und andere technische Regelwerke

Sofern in diesem Tabellenbuch auf DIN-Normen, VDE-Bestimmungen oder andere technische Regelwerke verwiesen wird, so handelt es sich um die bei Redaktionsschluß vorliegenden Ausgaben. Diese wurden für die Zwecke dieses Buches – mit Erlaubnis des DIN (Deutsches Institut für Normung) und des VDE (Verband Deutscher Elektrotechniker) – gekürzt und bearbeitet.
Maßgebend für das Anwenden einer Norm ist deren Fassung mit dem neuesten Ausgabedatum, die bei der Beuth Verlag GmbH, Burggrafenstr. 6, 10787 Berlin und der vde-Verlag gmbh, Bismarckstr. 33, 10625 Berlin erhältlich sind.

ISBN 3-427-**53024**-8　　　　　　　　　　　　　　　　　　　　Zeichnungen: H.-J. Zedow

Das Werk und seine Teile sind urheberrechtlich geschützt. Jede Verwertung in anderen als den gesetzlich zugelassenen Fällen bedarf deshalb der vorherigen schriftlichen Einwilligung des Verlages.

© **1993 Ferd. Dümmlers Verlag, 53113 Bonn, Kaiserstraße 31–37 (Dümmlerhaus)**

Satz: Daten- und Lichtsatz-Service, Jutta Albert, Würzburg

Printed in Germany by Franz Spiegel Buch GmbH, Ulm

Vorwort zur 527.–552. Auflage Elektrotechnik/Elektronik

- **Diese Auflage des FRIEDRICH wurde erneut gründlich bearbeitet:**
- **Äußeres Zeichen** dieser Neubearbeitung sind neben dem vermehrten Einsatz der Farbe in Text und Bild, einer neuen, sachlogischeren Gliederung, einem um 4 Seiten erweiterten Register, die verbesserte Bindeart: **Fadenheftung**; sie garantiert auch bei häufigem Gebrauch eine gute Haltbarkeit und einen leichten Aufschlag. Gedruckt wurde auf 100% **chlorfrei gebleichtem Papier**; die **Veredlungsfolie** besteht aus PE-Kunststoffen. Beide Materialien erlauben lt. Herstellerangaben, auszurangierende Bücher komplett dem Altpapier-Recycling zuzuführen.
- Außer der selbstverständlichen **Anpassung der Inhalte an den neuesten Stand der Technik und Normung** sind vor allem folgende Themen bearbeitet, erweitert bzw. neu aufgenommen worden:

  Kap. 1: Neu aufgenommen wurden die Themen „Elementare Funktionen" und „Fourierzerlegungen".

  Kap. 2: Wurde gestrafft und übersichtlicher gestaltet. Neu hinzugekommen sind im Kap. 2.8 „Elektrotechnische Grundlagen", Tabellen mit „Formelzeichen zeitabhängiger Ströme", „Widerstandsschaltungen an Wechselspannung", „Gleichwertige Reihen- und Parallelschaltungen" und „Komplexe Darstellung von Schaltungen".

  Kap. 4: Neben der grundlegenden Bearbeitung des gesamten Kapitels wurden folgende Themenbereiche neu aufgenommen: „Überspannungsableiter", „Berechnung eines Netztransformators", „Zeit-Strom-Auslösekennlinien von Sicherungsautomaten", „Überlastschutz", „Kurzschlußschutz", außerdem das Kapitel „Fehlstrom-Schutzschalter".

  Kap. 6: „Digitaltechnik" wurde grundlegend bearbeitet und erweitert um die Kap. „Zahlensysteme", „Beschreibung logischer Verknüpfungen" und „Darstellung logischer Verknüpfungen".

  Kap. 7: Im Bereich der Steuerungstechnik kamen Begriffserklärungen zu Steuern, Regeln, Analog und Digital hinzu, des weiteren ein Kapitel „Näherungsschalter und Lichtschranken". Das Kapitel „Regelungstechnik" wurde überarbeitet und übersichtlicher gestaltet, das Kapitel „Fluidtechnik" neu strukturiert und gestrafft, neu aufgenommen wurde „Geschwindigkeitssteuerungen".

  Kap. 12: Neu enthalten sind „Einsatzgebiete von Kabeln mit Nennspannungen U_0/U bis 18/30 kV" und „Koaxiale HF-Kabel (Antennenkabel)"

  Kap. 13: „Werkstoffe und Werkstoffnormung" ist in weiten Teilen neu bearbeitet worden.

  Kap. 14: Neu darin sind die Unterkapitel „Graphische Darstellungen nach DIN 461", „Maßeintragungen in Zeichnungen, Regeln, nach DIN 406 Teil 10 und 11 (12.92)" und ausführlicher und übersichtlicher das Kapitel „Toleranzen und Passungen".

Zur Methodik/Didaktik von Friedrichs Tabellenbüchern

- In Aufbau und Inhalt orientiert sich dieses Tabellenbuch
  - an der Neuordnung der Elektroberufe
  - den mit den Ausbildungsordnungen abgestimmten Rahmenlehrplänen der KMK
  - und den Lehrplänen der Länder.
- Aufbau, Gestaltung und Stoffdarbietung des FRIEDRICH fördern in besonderem Maße handlungsorientiertes Lernen, das angesichts betrieblichen Qualifikationswandels (neue Technologien, neue Arbeitsorganisation) ein Strukturmerkmal der Berufsausbildung darstellt.
- Durch Zusammenfassung von Elektrotechnik und Elektronik in einem Band ist der FRIEDRICH einsetzbar in allen industriellen und handwerklichen Elektroberufen.
- Wie in den Neubearbeitungen von FRIEDRICHs Tabellenbüchern Metall- und Maschinentechnik und Bautechnik wurde auch in diesem Tabellenbuch darauf verzichtet, nacktes Zahlenmaterial vorzulegen. Die Tabellen sind eingebettet in Texte, die die Zusammenhänge transparent machen und so den Zugang zu den dargestellten Sachverhalten – auch dem Anfänger – erleichtern.
- Der auch künftig zu erwartende rasche Wandel der Produktionsmethoden und Arbeitsstrukturen erfordert eine fundierte Berufsausbildung, die dazu befähigt, sich den wandelnden Bedingungen im Berufsleben anzupassen. FRIEDRICHs Tabellenbuch Elektrotechnik/Elektronik trägt diesem Anspruch Rechnung durch eine angemessen breite Darstellung „klassischer" und vor allem „moderner" Technologien.

Nachschlagesystem und Nachschlagehilfen im FRIEDRICH

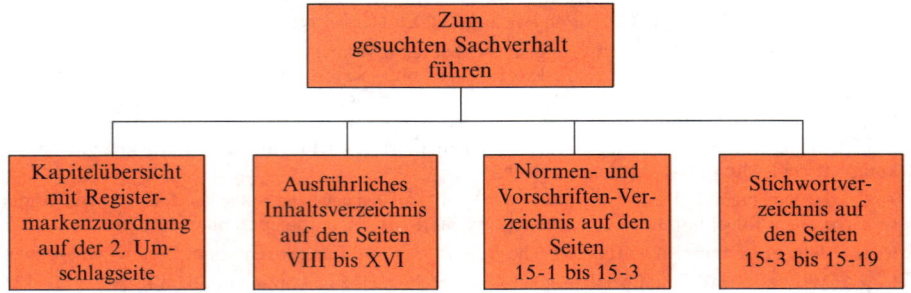

Unterstützende Nachschlagehilfen:
- Fein verästelte Dezimalklassifikation;
- kapitelweise Seitenzählung;
- Registermarken für Großkapitel;
- Zweifarbendruck in Text und Bild;
- Seitenverweise;
- alle Normen und Bestimmungen mit Ausgabedatum sowie mit direkter Zuordnung zum Sachzusammenhang; ferner in Kap. 15 die Tabelle der zitierten Normen.

● FRIEDRICH und Kammer- bzw. PAL-Prüfungen

In zuehmendem Maße wird die Fähigkeit und Motivierung des Auszubildenden, sich allein, also ohne personelle Hilfestellung, in neue Aufgaben schnell einzuarbeiten, als wichtiges Lernziel der Ausbildung betrachtet; strukturierendes Denken/handlungsorientiertes Lernen/Stoffbeherrschung, also Lernziele, die nach der Neuordnung hoch bewertet werden sollen, werden bei Benutzung des FRIEDRICH gefördert.

Daß gerade etwas umfangreichere Nachschlagewerke hierzu einen besonderen Beitrag leisten können, ist unbestritten; aber nicht nur auf den Umfang kommt es an, sondern vor allem auf eine den neueren Lernzielen in der Berufsausbildung entsprechende Aufarbeitung der Inhalte sowie auf ein auch für sog. schwächere Schüler erlernbares Nachschlagesystem. Beides leistet der FRIEDRICH. Deshalb findet der FRIEDRICH auch mehr und mehr Verwendung in den Ausbildungsabschlußprüfungen, und fast alle (nach der Neuordnung) erlassenen Prüfungsordnungen der Kammern sowie Überlegungen des PAL sehen solche generellen Freigaben vor.

Dank an Mitarbeiter, Benutzer und Leser

Verfasser, Herausgeber und Verlag würden sich freuen, wenn die zahlreichen Benutzer in der beruflichen Aus- und Weiterbildung auf allen Ebenen sowie in der Praxis wie bisher Vorschläge für die weitere Verbesserung dieses Standardwerkes unterbreiten könnten. Diese Vorschläge sollen bei späteren Auflagen nach Möglichkeit berücksichtigt werden, damit sie möglichst vielen Benutzern zugute kommen.

Im Frühjahr 1993   Herausgeber, Verfasser und Verlag

INHALT

Seiten

1 Mathematische Grundlagen und Begriffe

1-1 bis 1-14

1.1 Zeichen und Begriffe	1-1
1.1.1 Mathematische Zeichen	1-1
1.1.2 Zeichen der Mengenlehre	1-1
1.1.3 Zeichen der mathematischen Logik nach DIN 5474	1-2
1.2 Grundrechnungsarten	1-2
1.3 Arithmetik/Algebra	1-3
1.3.1 Addition	1-3
1.3.2 Subtraktion	1-3
1.3.3 Addition und Subtraktion	1-3
1.3.4 Betrag einer Zahl	1-3
1.3.5 Klammern	1-3
1.3.6 Multiplikation	1-3
1.3.7 Division	1-3
1.3.8 Potenzieren	1-3
1.3.9 Radizieren	1-4
1.3.10 Logarithmieren	1-4
1.3.11 Gleichungen ersten Grades mit einer Unbekannten	1-4
1.3.12 Gleichungen ersten Grades mit zwei Unbekannten	1-4
1.3.13 Gleichungen zweiten Grades	1-4
1.3.14 Imaginäre und komplexe Zahlen	1-4
1.4 Winkelfunktionen	1-6
1.4.1 Winkeleinheiten nach DIN 1315	1-6
1.4.2 Die trigonometrischen Funktionen	1-6
1.4.3 Vorzeichen der Funktionen in den vier Quadranten	1-6
1.4.4 Funktionskurven und Funktionswerte bestimmter Winkel	1-7
1.4.5 Beziehung zwischen den Winkelfunktionen für gleiche Winkel	1-7
1.4.6 Die Berechnung rechtwinkliger Dreiecke	1-7
1.4.7 Formeln für das schiefwinklige Dreieck	1-8
1.4.8 Die Berechnung schiefwinkliger Dreiecke	1-8
1.4.9 Pythagoreischer Lehrsatz	1-8
1.5 Elementare Funktionen	1-9
1.6 Fourierzerlegungen	1-10
1.7 Länge, Fläche, Volumen und Masse	1-12
1.7.1 Formeln für die Flächenberechnung	1-12
1.7.2 Formeln für die Körperberechnung	1-13

2 Physikalische Grundlagen

2-1 bis 2-48

2.1 Einheiten und Zeichen	2-1
2.1.1 Das internationale Einheitensystem	2-1
2.1.2 Allgemeine Formelzeichen	2-2
2.1.3 Indizes nach DIN 1304	2-3
2.1.4 Das griechische Alphabet	2-3
2.1.5 Römische Ziffern	2-3
2.1.6 Konstanten der Physik	2-3
2.2 Masse und Dichte	2-4
2.3 Mechanik	2-5
2.3.1 Kräfte	2-5
2.3.2 Drehmoment	2-7
2.3.3 Bewegungslehre	2-8
2.3.4 Reibung	2-10
2.3.5 Mechanik der Flüssigkeiten (Hydrostatik)	2-11
2.3.6 Arbeit, Energie, Wirkungsgrad	2-12

2.3.7	Leistung	2-13
2.3.8	Einfache Maschinen	2-14
2.4	Festigkeitslehre	2-15
2.4.1	Grundbegriffe	2-15
2.4.2	Zug	2-16
2.4.3	Druck	2-16
2.4.4	Schub	2-16
2.4.5	Biegung	2-16
2.4.6	Verdrehung	2-17
2.4.7	Zusammengesetzte Festigkeit	2-17
2.4.8	I-Träger nach DIN 1025	2-17
2.4.9	Belastungsfälle (Biegung)	2-18
2.4.10	Trägheits- und Widerstandsmomente	2-19
2.5	Wärmetechnische Grundlagen	2-20
2.5.1	Temperatur	2-20
2.5.2	Wärmemenge	2-20
2.5.3	Ausdehnung durch Wärme	2-21
2.5.4	Wärmeübertragung	2-21
2.5.5	Wärmestrahlung	2-22
2.5.6	Spezifischer Heizwert H_U	2-22
2.6	Schall	2-23
2.6.1	Begriffe nach DIN 4109	2-23
2.6.2	Zulässige Schalldruckpegel in schutzbedürftigen Räumen nach DIN 4109	2-23
2.6.3	Schallgeschwindigkeit	2-23
2.6.4	A-Schallpegel für bekannte Geräusche dB(A)	2-23
2.6.5	Zulässige Geräuschpegel nach TA Lärm	2-23
2.6.6	Lärmschutz am Arbeitsplatz	2-23
2.7	Strom und Spannung	2-24
2.7.1	Genormte Stromwerte	2-24
2.7.2	Genormte Spannungswerte	2-24
2.7.3	Elektrochemische Spannungsreihe	2-25
2.7.4	Zeitabhängige Ströme (Spannungen)	2-25
2.8	Elektrotechnische Grundlagen	2-26

3 Schaltzeichen und Symbole   3-1 bis 3-30

3.1	Schaltzeichen für Primärzellen, Akkumulatoren, Widerstände, Kondensatoren, Induktivitäten und piezoelektrische Kristalle	3-1
3.2	Symbolelemente und Kennzeichen für Schaltzeichen	3-2
3.3	Schaltzeichen für Leiter und Verbinder	3-4
3.4	Schaltzeichen für Sicherungen, Verbinder und Elektroinstallation	3-5
3.5	Schaltzeichen für Kontakte und Schalter	3-6
3.6	Schaltzeichen für Mehrstellungsschalter (Beispiele)	3-7
3.7	Schaltzeichen für elektromechanische Antriebe	3-7
3.8	Schaltzeichen für el. Maschinen und Anlasser	3-8
3.9	Schaltzeichen für Transformatoren	3-9
3.10	Schaltzeichen für Meß-, Melde- und Signaleinrichtungen	3-10
3.11	Schaltzeichen für Halbleiterbauelemente	3-12
3.12	Schaltzeichen für analoge Informationsverarbeitung (Auswahl)	3-13
3.13	Schaltzeichen für binäre Elemente	3-14
3.14	Schaltzeichen digitaler Schaltglieder (Auswahl) nach DIN 40 700 und ASA	3-23
3.15	Schaltzeichen für Magnetkerne und Magnetspeicher-Matrizen	3-23
3.16	Schaltzeichen der Fluidtechnik	3-24
	3.16.1 Schaltzeichen nach DIN ISO 1219	3-24
	3.16.2 Darstellungsmittel nach VDI 3260 (Auszug)	3-28
3.17	Regeln für Stromlaufpläne	3-30

4 Bauelemente der Elektrotechnik — 4-1 bis 4-42

- 4.1 Widerstände — 4-3
- 4.2 Drehwiderstände — 4-6
- 4.3 Widerstands-Nomogramm — 4-7
- 4.4 Heißleiter — 4-8
- 4.5 Kaltleiter — 4-10
- 4.6 Spannungsabhängige Widerstände — 4-11
  - 4.6.1 VDR-Widerstände — 4-11
  - 4.6.2 Metalloxid-Varistoren — 4-11
  - 4.6.3 Funkenlösch-Schaltungen — 4-13
- 4.7 Überspannungsableiter (Ableiter) — 4-14
- 4.8 Kondensatoren — 4-15
- 4.9 Kleintransformatoren — 4-22
- 4.10 Sicherungen — 4-26
- 4.11 Fehlstrom-Schutzschalter — 4-32
- 4.12 Galvanische Primärelemente — 4-33
  - 4.12.1 Ausführungen von galvanischen Primärelementen — 4-33
  - 4.12.2 Primärbatterien nach DIN IEC 86 Teil 1 — 4-34
  - 4.12.3 Primärbatterien — 4-35
- 4.13 Galvanische Sekundärelemente — 4-36
  - 4.13.1 Galvanische Sekundärelemente nach DIN VDE 0510 — 4-36
    - 4.13.1.1 Arten — 4-36
    - 4.13.1.2 Erhaltungsladeströme — 4-36
    - 4.13.1.3 Ladekennlinien — 4-36
  - 4.13.2 Bleiakkumulatoren — 4-37
  - 4.13.3 Nickel/Cadmium(Eisen)-Akkumulatoren — 4-38
- 4.14 Relais — 4-40
  - 4.14.1 Kontaktarten nach DIN 41 020 — 4-40
  - 4.14.2 Relaiszeiten (Zeitverhalten) — 4-41
  - 4.14.3 Anschlußbezeichnungen an Schaltrelais nach DIN 46 199 Teil 4 — 4-41

5 Elektronische Bauelemente und Grundschaltungen — 5-1 bis 5-56

- 5.1 Diode — 5-1
  - 5.1.1 Dioden zum Gleichrichten und Schalten — 5-1
  - 5.1.2 Berechnungsgrundlagen für Gleichrichterschaltungen — 5-2
  - 5.1.3 Glättung und Siebung — 5-3
  - 5.1.4 Spannungsvervielfachung — 5-3
  - 5.1.5 Kenn- und Grenzwerte (Auswahl) nach DIN 41 782 — 5-4
  - 5.1.6 Reihen- und Parallelschaltung von Dioden — 5-4
  - 5.1.7 Spezialdioden — 5-4
  - 5.1.8 Kapazitäts-(Variations-)Dioden — 5-5
  - 5.1.9 Dioden zur Spannungsstabilisierung und -begrenzung — 5-6
  - 5.1.10 Tunneldiode — 5-7
- 5.2 Transistor — 5-8
  - 5.2.1 Aufbau und Wirkungsweise, Zählrichtungen — 5-8
  - 5.2.2 Kennlinien und Kenngrößen — 5-9
  - 5.2.3 Grenzwerte — 5-12
  - 5.2.4 Wärmeableitung bei Halbleiterbauelementen — 5-13
  - 5.2.5 Arbeitspunkteinstellung und Stabilisierung — 5-14
  - 5.2.6 Vierpolkenngrößen und Ersatzschaltungen — 5-16
  - 5.2.7 Transistor-Grundschaltungen — 5-18
  - 5.2.8 Kopplungsarten — 5-20
- 5.3 Rückkopplung — 5-21
  - 5.3.1 Gegenkopplungs-Grundschaltungen — 5-22
  - 5.3.2 Sinus-Oszillatoren — 5-23
  - 5.3.3 Sperrschwinger — 5-24

5.4	Transistor als Schalter	5-24
	5.4.1 Kippschaltungen	5-26
5.5	Gehäuse von Halbleiterbauelementen mit typischen Wärmewiderstandswerten	5-27
5.6	Differenz- und Operationsverstärker	5-28
5.7	Feldeffekt-Transistoren	5-32
5.8	Elektronenröhren	5-36
5.9	Gasgefüllte Röhren	5-38
5.10	Optoelektronik	5-39
	5.10.1 Fotozelle	5-39
	5.10.2 Fotovervielfacher	5-39
	5.10.3 Fotoelement	5-40
	5.10.4 Fotodiode	5-41
	5.10.5 Fototransistor	5-41
	5.10.6 Fotowiderstand	5-42
	5.10.7 Solarzelle	5-42
	5.10.8 Typische Werte von Fotosensoren	5-43
	5.10.9 Lumineszenzdiode	5-44
	5.10.10 Flüssigkristallanzeige	5-44
	5.10.11 Vakuum-Fluoreszenz-Anzeige	5-45
	5.10.12 Plasma-Anzeige	5-45
	5.10.13 Elektrolumineszenz-Anzeige	5-45
	5.10.14 Typische Werte von Digitalanzeigen	5-46
	5.10.15 Optokoppler	5-46
5.11	Magnetfeldabhängige Bauelemente	5-47
	5.11.1 Hallgenerator	5-47
	5.11.2 Feldplatte	5-47
5.12	Lichtwellenleiter	5-48
5.13	Trigger-Bauelemente	5-50
	5.13.1 Zweirichtungsdiode (Diac)	5-50
	5.13.2 Zweirichtungs-Thyristordiode	5-50
	5.13.3 Rückwärts sperrende Thyristordiode (Vierschichtdiode)	5-50
	5.13.4 Zweizonentransistor (Unijunktion-Transistor, Doppelbasisdiode)	5-50
	5.13.5 Programmierbarer Unijunktion-Transistor	5-51
5.14	Thyristor	5-52
	5.14.1 Rückwärts sperrender Thyristor	5-52
	5.14.2 Rückwärts leitender Thyristor (RLT)	5-55
	5.14.3 Abschaltthyristor (GTO)	5-55
	5.14.4 Triac	5-55
5.15	Selbstgeführte Stromrichter mit schnellen Thyristoren	5-56

6 Digitaltechnik und Informationsverarbeitung   6-1 bis 6-26

6.1	Digitaltechnik	6-1
	6.1.1 Zahlensysteme	6-1
	6.1.2 Beschreibung logischer Verknüpfungen	6-2
	6.1.3 Elementare Verknüpfungen	6-3
	6.1.4 Schaltalgebra (Boolesche Algebra)	6-3
	6.1.5 Die 16 logischen Verknüpfungen zwischen zwei Binärvariablen	6-5
	6.1.6 Entwurf kombinatorischer Schaltungen	6-6
	6.1.7 Schaltungsvereinfachung (Minimierung)	6-6
	6.1.8 Darstellung logischer Verknüpfungen	6-8
	6.1.9 Zuordnung elektrischer Pegel und logischer Zeichen	6-9
	6.1.10 Begriffe binärer Codierung	6-9
	6.1.11 Binäre Codes	6-10
	6.1.12 ASCII-Code	6-11
	6.1.13 Kippglieder	6-12
	6.1.14 Digitale Halbleiterspeicher	6-14
	6.1.15 Zähler und Register	6-15
	6.1.16 Spezifikationen digitaler Schaltkreisfamilien	6-16

6.2	Informationsverarbeitung	6-18
	6.2.1 Sinnbilder und ihre Anwendung nach DIN 66001	6-18
	6.2.2 Sinnbilder und Struktogramme nach Nassi-Shneiderman DIN 66261	6-20
	6.2.3 Regeln und Symbole für Funktionspläne nach DIN 40719 Teil 6	6-22
	6.2.4 Begriffe nach DIN 44300	6-25

7 Steuerungs-, Regelungs- und Fluidtechnik   7-1 bis 7-46

7.1	Steuerungstechnik	7-1
	7.1.1 Die Begriffe Steuern und Regeln	7-1
	7.1.2 Die Begriffe Analog und Digital	7-1
	7.1.3 Begriffe der Steuerungstechnik (Auszug) nach DIN 19237	7-2
	7.1.4 Kennfarben für Leuchtmelder und Druckknöpfe nach DIN IEC 73	7-3
	7.1.4 Darstellung der Funktion einer elektrischen Steuerung	7-3
	7.1.6 Speicherprogrammierte Steuerungen	7-7
	7.1.7 Näherungsschalter und Lichtschranken	7-12
	7.1.7.1 Ausführungsarten	7-12
	7.1.7.2 Anschlußarten	7-13
	7.1.8 Kennzeichnung von elektrischen Betriebsmitteln nach DIN 40719	7-16
	7.1.9 Anschlußbezeichnungen, Kennzahlen, Kennbuchstaben für Niederspannungs-Schaltgeräte	7-17
	7.1.10 Anschlußbezeichnungen, Kennzahlen, Kennbuchstaben für bestimmte Hilfsschütze nach DIN EN 50011	7-18
7.2	Regelungstechnik	7-19
	7.2.1 Grundbegriffe der Regelungstechnik	7-19
	7.2.2 Zeitverhalten von Regelkreisgliedern	7-20
	7.2.3 Regelstrecken	7-24
	7.2.4 Regler	7-26
	7.2.5 Einstellung der Regler-Kennwerte (Optimierung)	7-30
	7.2.6 Benennung und Einteilung von Reglern nach DIN 19225	7-32
7.3	Fluidtechnik	7-33
	7.3.1 Druckluftaufbereitung	7-33
	7.3.2 Hydropumpen und Hydromotore	7-34
	7.3.3 Typische Kennwerte von Hydropumpen	7-36
	7.3.4 Druckventile	7-36
	7.3.5 Wegeventile	7-37
	7.3.6 Richtungssteuerung mit Wegeventilen	7-39
	7.3.7 Stromventile	7-40
	7.3.8 Proportionalventile	7-41
	7.3.9 Geschwindigkeitssteuerungen	7-42
	7.3.10 Zylinder (Linearmotor)	7-44
	7.3.11 Dokumentation einer hydraulischen Steuerung	7-45

8 Meßtechnik   8-1 bis 8-26

8.1	Symbole für Meßgeräte	8-1
8.2	Meßwerke	8-2
8.3	Grundbegriffe der Meßtechnik nach DIN 1319	8-4
8.4	Analoge Weg- und Winkelmessung, Prinzipienübersicht	8-5
8.5	Analoge Geschwindigkeitsmessung, Prinzipienübersicht	8-7
8.6	Analoge Beschleunigungsmessung, Prinzipienübersicht	8-8
8.7	Analoge Kraftmessung, Prinzipienübersicht	8-9
8.8	Analoge Druckmessung	8-10
8.9	Anschlußbezeichnungen für Schalttafel-Meßgeräte zur Leistungs- und Leistungsfaktor-Messung	8-11
8.10	Leistungs- und Leistungsfaktor-Messung	8-12
8.11	Elektrizitätszähler	8-13

8.12	Schaltungsnummern für Elektrizitätszähler und Zusatzeinrichtungen	8-13
8.13	Zählerschaltungen	8-14
8.14	Meßbrücken (Abgleichverfahren)	8-15
8.15	Elektronenstrahl-Oszilloskop	8-16
8.16	Temperaturmessung	8-19
	8.16.1 Begriffe für Thermometer (Auswahl) nach DIN 16160	8-19
	8.16.2 Thermometer mit Thermoelement	8-19
	8.16.3 Widerstandsthermometer	8-21
8.17	Durchflußmessung	8-22
8.18	Dehnungsmeßstreifen	8-25

9 Schutzbestimmungen   9-1 bis 9-16

9.1	Schutzmaßnahmen nach DIN VDE 0100	9-1
	9.1.1 Gliederung von DIN VDE 0100	9-1
	9.1.2 Gefährliche Körperströme	9-1
	9.1.3 Allgemeingültige nationale und internationale Begriffe, Teil 200	9-2
	9.1.4 Schutz sowohl gegen direktes als auch indirektes Berühren Teil 410	9-4
	9.1.5 Schutz gegen direktes Berühren Teil 410	9-5
	9.1.6 Schutz bei indirektem Berühren Teil 410	9-6
	9.1.7 Räume mit Badewanne oder Dusche nach DIN VDE 0100 Teil 701	9-10
	9.1.8 Erdung nach DIN VDE Teil 540	9-12
	9.1.9 Schutzleiter nach DIN VDE Teil 540	9-13
	9.1.10 Potentialausgleichsleiter und PEN-Leiter nach DIN VDE 0100 Teil 540	9-14
9.2	Schutzmaßnahmen nach DIN VDE 0105	9-14
	9.2.1 Der Einsatz von Arbeitskräften nach DIN VDE 0105 Teil 1	9-14
	9.2.2 Die „5 Sicherheitsregeln" nach DIN VDE 0105 Teil 1	9-15
9.3	Netzformen nach DIN VDE 0100 Teil 310	9-16

10 Elektrische Maschinen   10-1 bis 10-34

10.1	Dreiphasenwechselstrom (Drehstrom)	10-1
10.2	Leistungsschilder nach DIN 42961	10-2
10.3	Betriebsarten nach VDE 0530	10-2
10.4	IP-Schutzarten für umlaufende elektrische Maschinen nach DIN IEC 34 Teil 5	10-4
10.5	Ermittlung der Übertemperaturen von Wicklungen nach VDE 0530	10-4
10.6	Grenz-Übertemperaturen in K von indirekt mit Luft gekühlten Maschinen nach VDE 0530	10-5
10.7	Toleranzen elektrischer Maschinen nach VDE 0530	10-5
10.8	Anschlußbezeichnungen und Drehsinn von umlaufenden elektrischen Maschinen nach DIN 57530 Teil 8	10-6
10.9	Bauformen und Aufstellung von umlaufenden elektrischen Maschinen Code I DIN IEC 34 Teil 7	10-7
10.10	Drehstrommotoren	10-8
10.11	Polumschaltbare Drehstrom-Asynchronmotoren	10-9
10.12	Drehstrom-Normmotor mit Käfigläufer, Bauform IM B3	10-10
10.13	Schützschaltungen	10-11
10.14	Typische Betriebswerte oberflächengekühlter Drehstrommotoren mit Käfigläufer	10-12
10.15	Drehstromanlasser	10-14
10.16	Motorschutzeinrichtungen	10-15
10.17	Anlasser für Elektromotoren nach DIN 46062	10-16
10.18	Einphasenbetrieb von Asynchronmotoren	10-18
10.19	Schrittmotor	10-19
10.20	Betriebsverhalten von Kleinmotoren	10-20
10.21	Hauptgruppen elektronisch gesteuerter Kleinantriebe	10-21
10.22	Gleichstrommotoren	10-22
10.23	Gleichstromgeneratoren	10-23
10.24	Ein- und Mehrquadrantenantriebe	10-24

10.25	Gleichstromantriebe	10-25
10.26	Drehfrequenzveränderbare Gleichstromantriebe mit Gleichstrom-Nebenschlußmotor	10-26
10.27	Drehfrequenzveränderbare Drehstromantriebe	10-27
10.28	Drehfrequenzveränderbare Drehstromantriebe mit Käfigläufer-Induktionsmotor	10-28
10.29	Gebrauchskategorien für Last-, Motor- und Hilfsstromschalter nach VDE 0660 bzw. IEC 158	10-29
10.30	Leistungstransformatoren	10-30
	10.30.1 Aufbau der Transformatoren	10-30
	10.30.2 Wicklungen und Schaltgruppen nach VDE 0532	10-30
	10.30.3 Gebräuchliche Schaltgruppen für Drehstromtransformatoren nach VDE 0532 Teil 4	10-31
	10.30.4 Einphasentransformatoren	10-31
	10.30.5 Bauarten, Kühlung und Begriffe nach VDE 0532 Teil 1	10-32
	10.30.6 Parallelbetrieb von Transformatoren	10-33

11 Elektronische Anlagen   11-1 bis 11-34

11.1	Beleuchtungstechnik	11-1
	11.1.1 Größen, Einheiten und Begriffe der Lichttechnik	11-1
	11.1.2 Lichtquellen und Leuchten	11-2
	11.1.2.1 Glühlampen	11-2
	11.1.2.2 Quecksilber-Hochdrucklampen mit Yttrium-Vanadat-Leuchtstoff für 220 V	11-2
	11.1.2.3 Halogen-Metalldampflampen	11-2
	11.1.2.4 Natrium-Dampflampen für 220 V	11-3
	11.1.2.5 Leuchtstofflampen für 220 V	11-3
	11.1.2.6 Mischlichtlampen mit Leuchtstoff	11-3
	11.1.2.7 Niederdruck-Entladungslampe für 220 V	11-4
	11.1.2.8 Zusammenstellung der Eigenschaften von Lichtquellen	11-4
	11.1.2.9 Einteilung der Leuchten nach DIN 5040 Teil 1 und Teil 2	11-4
	11.1.3 Beleuchtung im Innenraum	11-5
	11.1.3.1 Allgemeine Anforderungen nach DIN 5035 Teil 1	11-5
	11.1.3.2 Lichtfarbe und Farbwiedergabeeigenschaften von Lampen	11-5
	11.1.3.3 Richtwerte für die Beleuchtung von Arbeitsstätten im Innenraum	11-6
	11.1.3.4 Beleuchtungskalender (Mitteleuropäische Zeit)	11-7
	11.1.3.5 Beleuchtungsstunden in den einzelnen Monaten	11-7
	11.1.3.6 Reflexionsgrade ϱ verschiedener Farben und Materialien für weißes Licht	11-7
	11.1.3.7 Leuchten-Betriebswirkungsgrade η_{LB}	11-7
	11.1.3.8 Temperaturfaktoren des Leuchtenwirkungsgrades von Leuchtstofflampen	11-7
	11.1.3.9 Raumwirkungsgrade η_R	11-8
	11.1.3.10 Berechnung von Innenraum-Beleuchtungsanlagen	11-8
	11.1.3.11 Berechnungsbeispiel einer Innenraumbeleuchtung mit Leuchtstofflampen	11-9
	11.1.4 Beleuchtung im Freien	11-10
	11.1.4.1 Berechnung der Beleuchtungsstärke E aus der Lichtstärke I	11-10
	11.1.4.2 Berechnung der Beleuchtungsstärke E nach dem Wirkungsgradverfahren	11-12
	11.1.4.3 Sinnbilder zur Darstellung der Straßenbeleuchtung in Lageplänen nach DIN 49 782	11-13
	11.1.4.4 Richtlinien zur Straßenbeleuchtung nach DIN 5044 Teil 1	11-13
	11.1.5 Installationsschaltungen	11-15
	11.1.6 Schaltungen für Leuchtstofflampen	11-18
	11.1.6.1 Mit Elektrodenvorheizung und mit Starter	11-18
	11.1.6.2 Mit Elektrodenvorheizung und ohne Starter	11-18
	11.1.6.3 Kompensationskondensatoren von Leuchtstofflampen für $\cos \varphi > 0{,}9$	11-19
	11.1.7 Schaltungen für Quecksilberdampf-, Halogen-Metalldampf-, Natriumdampf-Niederdruck- und Natriumdampf-Hochdrucklampen	11-19

XIII

11.1.8	Montageanweisung für Leuchten bis 1000 V für begrenzte Oberflächentemperaturen nach DIN VDE 0710 Teil 5	11-20
11.1.9	Leuchten und Beleuchtungsanlagen nach DIN VDE 0100 Teil 559	11-20
11.1.10	Mechanische Schutzarten für Leuchten nach VDE 0710 Teil 1	11-20
11.2	Leitungsberechnung	11-21
11.3	Elektrowärme	11-26
11.3.1	Warmwasserbereitung	11-26
11.3.2	Raumheizung	11-27
11.4	Blitzschutz an Gebäuden	11-28
11.5	Antennenanlagen	11-30
11.5.1	Empfangsbereiche und Antennenformen	11-30
11.5.2	Hinweise zur Antennenmontage	11-30
11.5.3	Windlastberechnung	11-30
11.6	Funkentstörung	11-32
11.6.1	Störungsarten	11-32
11.6.2	Entstörmittel	11-32
11.6.3	Entstörschaltungen	11-33

12 Drähte, Leitungen, Kabel 12-1 bis 12-22

12.1	Runddrähte aus Kupfer	12-1
12.1.1	Zulässige Belastung lackisolierter Wickeldrähte nach DIN 46435 bei verschiedenen Stromdichten (elektrische Leitfähigkeit 58 m/($\Omega \cdot$ mm^2))	12-1
12.1.2	Runddrähte aus Kupfer, lackisoliert, nach DIN 46435	12-2
12.1.3	Runddrähte aus Kupfer, lackisoliert (L) und umsponnen, nach DIN 46436 Teil 2	12-2
12.1.4	Runddrähte aus Kupfer (genau gezogen) nach DIN 46431	12-3
12.2	Sammelschienen	12-3
12.2.1	Dauerbelastbarkeit einer Sammelschiene aus Kupfer oder Aluminium	12-3
12.2.2	Stromschienen mit Kreisquerschnitt	12-3
12.3	Leitungsseile	12-4
12.3.1	Aluminium-Stahl-Leitungsseile nach 48 204	12-4
12.3.2	Leitungsseile nach DIN 48 201 Teil 5	12-4
12.4	Freileitungen	12-5
12.4.1	Mindestquerschnitte und zulässige Höchstspannungen für Starkstrom-Freileitungen	12-5
12.4.2	Mindestdurchhang von Kupferfreileitungen	12-5
12.4.3	Dauerstrombelastbarkeit für Freileitungen nach DIN 48 201 T1 $\cdots$ 7	12-5
12.5	Drähte aus Widerstandslegierungen	12-6
12.5.1	Runddrähte aus Cu-Widerstandslegierungen, blank, nach DIN 46461	12-6
12.5.2	Runddrähte aus Nickel-Widerstandslegierungen, blank, nach DIN 46463	12-7
12.5.3	Strombelastbarkeit blanker Widerstandsdrähte	12-7
12.6	Kennzeichnung blanker und isolierter Leitungen	12-8
12.6.1	Farben und Farbkurzzeichen für Niederfrequenz-Kabel, isolierte Leitungen, Litzen, Schnüre und Drähte nach DIN 47002	12-8
12.6.2	Kennzeichnung isolierter und blanker Leiter nach DIN 40 705	12-8
12.6.3	Aderkennzeichnung isolierter Starkstromleitungen/-kabel nach DIN VDE 0293	12-8
12.7	Isolierte Starkstromleitungen	12-9
12.7.1	Isolierte Starkstromleitungen nach DIN VDE 0250	12-9
12.7.2	Aufbau der harmonisierten Typenkurzzeichen	12-11
12.7.3	PVC-isolierte Starkstromleitung nach DIN VDE 0281	12-11
12.7.4	Gummi-isolierte Starkstromleitungen nach DIN VDE 0282	12-11
12.7.5	Mindest-Leiterquerschnitt für Leitungen nach DIN VDE 0100 Teil 523	12-12
12.8	Starkstromkabel	12-13
12.8.1	Allgemeines für Kabel bis 18/30 kV nach DIN VDE 0298 Teil 1	12-13
12.8.2	Zulässige Biegeradien für Kabel mit U_0/U bis 18/30 kV nach DIN VDE 0298 Teil 1	12-13
12.8.3	Einsatzgebiete von Kabeln mit Nennspannungen U_0/U bis 18/30 kV	12-14
12.8.4	Aufbau und Verwendung von Kabeln	12-14

	12.8.5 Strombelastbarkeit nach DIN VDE 0298 Teil 2	12-15
	12.8.5.1 Papierisolierte Kabel mit Aluminium-Mantel und $U_0/U = 0{,}6/1$ kV nach VDE 0255	12-15
	12.8.5.2 PVC-isolierte Kabel mit $U_0/U = 0{,}6/1$ kV nach VDE 0271	12-15
	12.8.5.3 VPE-isolierte Kabel mit $U_0/U = 0{,}6/1$ kV nach VDE 0272	12-15
	12.8.5.4 Allgemeine Hinweise	12-16
	12.8.5.5 Umrechnungsfaktoren für die Verlegung in Erde (alle Kabel außer PVC-Kabel für 6/10 kV) nach DIN VDE 0298 Teil 2	12-16
	12.8.5.6 Umrechnungsfaktoren für die Verlegung in Erde bei einem spezifischen Erdbodenwärmewiderstand von 1 K · m/W und einem Belastungsgrad von 0,7 nach DIN VDE 0298 Teil 2	12-17
	12.8.5.7 Umrechnungsfaktoren für vieladrige PVC-Kabel mit Leiterquerschnitten von 1,5 bis 10 mm²	12-17
	12.8.5.8 Zulässige Betriebstemperaturen ϑ_{zul} und zulässige Temperaturerhöhungen $\Delta\vartheta_{zul}$	12-17
	12.8.5.9 Umrechnungsfaktoren für abweichende Lufttemperaturen nach DIN VDE 0298 Teil 2	12-17
	12.8.5.10 Umrechnungsfaktoren für Häufung in Luft nach DIN VDE 0298 Teil 2	12-18
12.9	Leitungen und Kabel der Nachrichtentechnik	12-20
	12.9.1 Kurzzeichen für die Bezeichnung von Installationsleitungen und Kabeln für Fernmeldeanlagen	12-20
	12.9.2 Installationsleitungen für Fernmeldeanlagen nach DIN VDE 0815	12-20
	12.9.3 Koaxiale HF-Kabel (Antennenkabel)	12-21

13 Werkstoffe und Werkstoffnormung 13-1 bis 13-24

13.1	Chemische Elemente und ihre Verbindungen	13-1
	13.1.1 Trivialnamen und chemische Benennung technisch wichtiger Stoffe	13-1
	13.1.2 Das Periodensystem der Elemente	13-2
13.2	Physikalische Eigenschaften von Metallen	13-4
	13.2.1 Reine Metalle	13-4
	13.2.2 Legierungen	13-4
	13.2.3 Kontaktwerkstoffe	13-5
13.3	Stahl und Eisen/Werkstoffnormung	13-6
	13.3.1 Normbezeichnungen und Einteilung der Eisenwerkstoffe	13-6
	13.3.2 Eisenwerkstoffe	13-8
13.4	Magnetische Werkstoffe	13-11
	13.4.1 Magnetische Werkstoffe für Übertrager nach DIN 41 301	13-11
	13.4.2 Elektroblech und Elektroband nach DIN 46 400	13-11
	13.4.3 Dauermagnetwerkstoffe nach DIN 17 410	13-12
13.5	Nichteisenmetalle/Werkstoffnormung	13-13
	13.5.1. Nichteisenmetalle und ihre Legierungen	13-14
	13.5.2 Widerstandslegierungen nach DIN 17 471	13-15
	13.5.3 Thermobimetalle nach DIN 1715 Teil 1	13-16
	13.5.4 Heizleiterlegierungen für Rund- und Flachdrähte nach DIN 17 470	13-16
	13.5.5 Lote	13-17
13.6	Kunststoffe	13-18
	13.6.1 Kennzeichnung der Polymere nach DIN 7728 T1	13-18
	13.6.2 Thermoplaste (Plastomere)	13-19
	13.6.3 Duroplaste (Duromere)	13-20
	13.6.4 Eigenschaften von Kunststoffen	13-21
	13.6.5 Schichtpreßstoffe nach DIN 7735 Teil 2	13-22
13.7	Isolierstoffe	13-23
	13.7.1 Eigenschaften elektrischer Isolierstoffe	13-23
	13.7.2 Preßspan nach DIN 7733	13-23
	13.7.3 Isolierfolien nach DIN 40 634 Teil 2	13-24
	13.7.4 Isolierschläuche nach DIN 40 620 und 40 621	13-24

XV

14 Technisches Zeichnen/Maschinennormteile   14-1 bis 14-20

14.1 Technisches Zeichnen   14-1
   14.1.1 Blattgrößen   14-1
   14.1.2 Schriftzeichen nach DIN 6776 Teil 1   14-1
   14.1.3 Maßstäbe nach DIN ISO 5455   14-1
   14.1.4 Angabe der Oberflächenbeschaffenheit in Zeichnungen nach DIN ISO 1302   14-1
   14.1.5 Linien nach DIN 15 Teil 1 und 2   14-2
   14.1.6 Graphische Darstellungen nach DIN 461   14-3
   14.1.7 Darstellungen in Normalprojektion nach DIN 6 Teil 1,2   14-5
   14.1.8 Maßeintragung in Zeichnungen, Regeln, nach DIN 406 Teil 10 ··· 12   14-7
14.2 Maschinennormteile   14-10
   14.2.1 Gewinde   14-10
      14.2.1.1 Metrisches ISO-Gewinde nach DIN 13 Teil 1   14-10
      14.2.1.2 Whitworth-Rohrgewinde nach DIN 259 Teil 1   14-10
      14.2.1.3 Metrisches ISO-Gewinde   14-11
      14.2.1.4 Bohrerdurchmesser für Gewindekernlöcher nach DIN 336   14-11
   14.2.2 Schrauben und Muttern   14-12
      14.2.2.1 Mechanische Eigenschaften von Schrauben nach DIN ISO 898 Teil 1   14-12
      14.2.2.2 Ausführungen von Schrauben nach Beiblatt 1 zu DIN 267 Teil 2   14-13
      14.2.2.3 Zylinderschrauben mit Innensechskant   14-14
      14.2.2.4 Senkschrauben mit Schlitz nach DIN 963   14-14
      14.2.2.5 Linsen-Senkschrauben mit Kreuzschlitz nach DIN 966   14-14
      14.2.2.6 Sechskantschrauben mit Gewinde bis Kopf nach DIN 933   14-15
      14.2.2.7 Linsen-Blechschrauben mit Kreuzschlitz nach DIN 7981   14-15
      14.2.2.8 Blechschraubenverbindungen nach DIN 7975   14-15
      14.2.2.9 Ausführungen von Muttern nach Beiblatt 1 zu DIN 267 Teil 2   14-16
      14.2.2.10 Schraube-Mutter-Verbindungen   14-16
   14.2.3 Toleranzen und Passungen   14-17

Bildquellenverzeichnis

Folgenden Firmen danken wir für die Überlassung von Bild- bzw. Tabellenunterlagen:
AEG, Belecke   5-56
AEG, Oldenburg   10-20, 10-21, 11-13
E. Bauer, Esslingen-Necker   10-9
Brown, Boveri & Cie AG, Mannheim   5-54, 10-33
Distributions-Verlag, Mainz   8-5 bis 8-11
Drumag GmbH, Bad Säckingen   7-33
Fischer und Porter GmbH, Göttingen   8-23, 8-24
Futaba, Düsseldorf   5-45
Hartmann und Braun, Frankfurt   7-25, 8-23
Herion-Informationen 1/1985, S. 34   7-41
R. Hirschmann, Esslingen   5-48
Hottinger Baldwin Meßtechnik GmbH, Darmstadt   8-25
H. Kleinhuis GmbH & Co KG, Lüdenscheid   9-8
Intermetall, Halbleiterwerk der Deutsche ITT Industries GmbH, Freiburg i. Br.   5-2, 5-6, 5-13
Klöckner-Moeller, Bonn   7-8, 10-24, 10-25
Loher GmbH, Elektromotorenwerke, Ruhstorf/Rott   10-12, 10-13
Mannesmann Rexroth, Lohr   7-34, 7-35, 7-40
Metapipe GmbH, Dortmund   7-33
Osram GmbH, Berlin   11-2, 11-3
Philips GmbH, Hamburg   11-4, 8-25
Radium Elektrizitäts-Ges. m. b. H., Wipperfürth   11-2 bis 11-4
SDS-Relais AG, Deisenhofen   4-41
Siemens AG, Erlangen   5-20, 5-47, 4-8, 4-11, 4-12, 4-13, 10-17, 10-26, 10-27, 10-28, 11-8, 8-22
Sonnenschein GmbH, Berlin   4-22
Valvo, Hamburg   5-39
Varta AG, Hannover   4-35
Wickmann-Werke GmbH, Witten   4-30

1. Mathematische Grundlagen und Tabellen

1.1 Zeichen und Begriffe

1.1.1 Mathematische Zeichen[1])

$+$	plus	$\binom{x}{s}$	x über s, $\binom{x}{s} = \frac{(x)_s}{s!}$	$\frac{df(x)}{dx} = f'$	$df(x)$ nach dx, f Strich Ableitung von f
$-$	minus				
$\cdot$	mal	$[x]$	größte ganze Zahl kleiner oder gleich x	$\int_a^b f(x)\,dx$	Integral über $f(x)\,dx$ von a bis b
$:/-$	durch				
$=$	gleich	$\|$	parallel zu	$\|z\|$	Betrag von z
$\neq$	ungleich	$\perp$	orthogonal zu	z^* oder $\bar{z}$	Konjugierte von z
$=_{def}$	definitionsgemäß gleich	$\uparrow\uparrow$	gleichsinnig parallel	Re z	Realteil von z
$\approx$	ungefähr gleich	$\uparrow\downarrow$	gegensinnig parallel	Im z	Imaginärteil von z
$\triangleq$	entspricht	$\triangle(ABC)$	Dreieck ABC	i oder j	Imaginäre Einheit, $i^2 = j^2 = -1$
$<$	kleiner als	$\cong$	kongruent zu	exp	Exponentialfunktion $\exp x = e^x$
$>$	größer als	$\sim$	proportional zu	log	Logarithmus
$\leq$	kleiner oder gleich	$\measuredangle(g,h)$	Winkel zwischen g und h	lg	dekadischer Logarithmus
$\geq$	größer oder gleich	$\overline{AB}$	Strecke von A nach B	lb	binärer Logarithmus
$\ll$	klein gegen	$d(A,B)$	Abstand von A und B	ln	natürlicher Logarithmus
$\gg$	groß gegen	$\odot(P,r)$	Kreis um P mit Radius r	sin	Sinus
∞	unendlich			cos	Cosinus
π	pi, $\pi = 3{,}14159\ldots$	$\sum_{i=1}^n x_i$	Summe über x_i von $i = 1$ bis n	tan	Tangens
e	$e = 2{,}71828\ldots$			cot	Cotangens
$\sqrt{\ }$	Quadratwurzel aus			Arcsin	Arcussinus
$\sqrt[n]{\ }$	n-te Wurzel aus	$\prod_{i=1}^n x_i$	Produkt über x_i von i gleich 1 bis n	Arccos	Arcuscosinus
x^n	x hoch n, n-te Potenz von x	lim	Limes (Grenzwert)	Arctan	Arcustangens
$n!$	n Fakultät, $n! = 1 \cdot 2 \cdot 3 \cdot \ldots \cdot n$	$f \simeq g$	f ist asymptotisch gleich g	Arccot	Arcuscotangens
$(x)_s$	s unter x, $(x)_s = x \cdot (x-1) \cdot \ldots \cdot (x+1-s)$	$f(x)$	Funktion der Veränderlichen x	sinh	Hyperbelsinus
		Δf	Delta f, Differenz zweier Werte	cosh	Hyperbelcosinus
				tanh	Hyperbeltangens
				coth	Hyperbelcotangens
				$\ldots$	und so weiter bis

1.1.2 Zeichen der Mengenlehre[2])

$x \in M$	x ist Element von M	$\langle x, y \rangle$ oder (x, y)	Paar von x und y (geordnetes Paar)
$x \notin M$	x ist nicht Element von M		
$x_1, \ldots, x_n \in A$	$x_1, \ldots, x_n$ sind Elemente von A	$A \times B$	A Kreuz B (kartesisches Produkt von A und B)
$\{x \mid \varphi\}$	die Menge (Klasse) aller x mit φ		
$\{x \mid x < 6\} \mathbb{N}$	Menge aller x, für die gilt: x ist eine natürliche Zahl und x ist kleiner als 6	id_A	Identitätsrelation auf A (enthält die Paare $\langle x, y \rangle$ mit $x \in A$)
$\{x_1, \ldots, x_n\}$	die Menge mit den Elementen $x_1, \ldots, x_n$	$D(f)$	Definitionsbereich von f
$\{1, 2, 3, 4\} = A$	Menge A wird gebildet aus den Elementen 1, 2, 3, 4	$W(f)$	Wertebereich von f
		$f \mid A$	Einschränkung von f auf A
$\emptyset$	leere Menge (enthält kein Element)	$f(x)$ oder xf	f von x, Bild von x unter f (Funktionswert an der Stelle x)
$A \subseteq B$ oder $A \subset B$	A ist Teilmenge von B A sub B	$f \odot g$	erst f, dann g
$A \subsetneq B$	A ist echt enthalten in B (also A ist nicht gleich B)	$f \bigcirc g$	f nach g
		$f: A \to B$	f ist Abbildung von A in B
		$f: A \twoheadrightarrow B$	f ist Abbildung von A auf B
$A \cap B$	A geschnitten mit B (die Elemente, die A und B gemeinsam sind)	$f: A \rightarrowtail B$	f ist umkehrbare Abbildung von A in B
$A \cup B$	A vereinigt mit B (die Elemente, die in wenigstens einer der Mengen A, B liegen)	$f: A \twoheadrightarrowtail B$	f ist umkehrbare Abbildung von A auf B
		$\mathbb{N}$ oder N	Menge der natürlichen Zahlen
$A \setminus B$ oder $A - B$	A ohne B (enthält die, die nicht in B liegenden Elemente von A)	$\mathbb{Z}$ oder Z	Menge der ganzen Zahlen
		$\mathbb{Q}$ oder Q	Menge der rationalen Zahlen
		$\mathbb{R}$ oder R	Menge der reellen Zahlen
$\complement_A B$ oder $A - B$	Differenzmenge von A und B relatives Komplement von B bez. A	$\mathbb{C}$ oder C	Menge der komplexen Zahlen
		$\mathbb{N}^*, \mathbb{Z}^*, \mathbb{Q}^*, \mathbb{R}^*, \mathbb{C}^*$	Menge der von Null verschiedenen Zahlen der Mengen $\mathbb{N}, \mathbb{Z}, \mathbb{Q}, \mathbb{R}, \mathbb{C}$
$A \triangle B$	symmetrische Differenz von A und B	$\mathbb{Z}_+, \mathbb{Q}_+, \mathbb{R}_+$	Mengen der nicht negativen Zahlen der Mengen $\mathbb{Z}, \mathbb{Q}, \mathbb{R}$
$\complement A$ oder $-A$	Komplement von A	$\mathbb{Z}_+^*, \mathbb{Q}_+^*, \mathbb{R}_+^*$	Mengen der positiven Zahlen der Mengen $\mathbb{Z}, \mathbb{Q}, \mathbb{R}$

[1]) Weitere Zeichen siehe DIN 1302 (8.80).
[2]) Weitere Zeichen siehe DIN 5473 (6.76).

1.1 Zeichen und Begriffe

1.1.3 Zeichen der mathematischen Logik nach DIN 5474 (9.73)

Zeichen	Verwendung	Sprechweise	Benennung	Zeichen	Verwendung	Sprechweise	Benennung
$\neg$ oder $^-$	$\neg a$ oder $\bar{a}$	nicht a	Negation	$\{\,|\,\}$	$\{a\,|\,b\}$	Menge aller a mit b	Mengenbildungsoperator
$\wedge$	$(a \wedge b)$	a und b	Konjunktion				
$\vee$	$(a \vee b)$	a oder b	Adjunktion Disjunktion	$<\mapsto>$	$<a \mapsto t>$	Funktion, die a den Wert t zuordnet	Funktionsbildungsoperator
$\rightarrow$ oder $\Rightarrow$	$(a \rightarrow b)$ oder $(a \Rightarrow b)$	a Pfeil b	Subjunktion Implikation	ι	ιab	Das a mit b	Kennzeichnungsoperator
$\leftrightarrow$ oder $\Leftrightarrow$	$(a \leftrightarrow b)$ oder $(a \Leftrightarrow b)$	a Doppelpfeil b	Bisubjunktion Äquijunktion Äquivalenz	$\bigwedge$ oder $\forall$	$\bigwedge ab$ oder $\forall ab$	für alle ab	Allquantor
				$\bigvee$ oder $\exists$	$\bigvee ab$ oder $\exists ab$	es gibt ein a mit b	Existenzquantor

1.2 Grundrechnungsarten

Addieren (zusammenzählen)
4 + 19 = 23
1. Summand plus 2. Summand gleich Summenwert
⎵ Summe

Multiplizieren (malnehmen)
7 · 3 = 21
Multiplikator mal Multiplikand gleich Produktwert
1. Faktor mal 2. Faktor gleich Produktwert
⎵ Produkt

Subtrahieren (abziehen)
39 − 14 = 25
Minuend minus Subtrahend gleich Differenzwert
⎵ Differenz

Dividieren (teilen)
15 : 3 = 5
Dividend durch Divisor gleich Quotientwert
(Zähler) (Nenner)
Quotient (Bruch)

Bruchrechnen

Arten von Brüchen

Echter Bruch	Unechter Bruch	Gemischte Zahl	Gleichnamige Brüche	Ungleichnamige Brüche
$\frac{3}{7}$	$\frac{8}{7}$	$2\frac{3}{7}$	$\frac{1}{7}, \frac{3}{7}, \frac{6}{7}$	$\frac{2}{5}, \frac{3}{7}, \frac{7}{9}$
Zähler kleiner als Nenner	Zähler größer als Nenner	Ganze Zahl und Bruch	Nenner alle gleich	Nenner alle ungleich

Umwandlung einer gemischten Zahl in einen unechten Bruch:
$2\frac{3}{7} = \frac{2 \cdot 7}{7} + \frac{3}{7} = \frac{14}{7} + \frac{3}{7} = \frac{17}{7}$

Umwandlung eines echten Bruchs in einen Dezimalbruch:
$\frac{9}{11} = 9 : 11 = 0{,}818181\ldots$

Umwandlung eines Dezimalbruchs in einen echten Bruch und kürzen: $0{,}875 = \frac{875}{1000} = \frac{7 \cdot 125}{8 \cdot 125} = \frac{7}{8}$

Erweitern eines Bruchs mit 6:
$\frac{8}{17} = \frac{8 \cdot 6}{17 \cdot 6} = \frac{48}{102}$

Addieren und Subtrahieren der Brüche

Ungleichnamige Brüche müssen zunächst gleichnamig gemacht werden (Hauptnenner bilden):
$\frac{2}{3} + \frac{1}{4} - \frac{1}{2} = \frac{8}{12} + \frac{3}{12} - \frac{6}{12} = \frac{5}{12}$

Gleichnamige Brüche: Zähler addieren oder subtrahieren
$\frac{1}{5} + \frac{2}{5} + \frac{3}{5} = \frac{6}{5} = 1\frac{1}{5}$
$\frac{7}{8} - \frac{3}{8} + \frac{1}{8} = \frac{5}{8}$

Multiplizieren und Dividieren der Brüche

Bruch durch ganze Zahl dividieren:
$\frac{8}{9} : 4 = \frac{8}{4 \cdot 9} = \frac{8}{36} = \frac{2}{9}$
Nenner mal ganze Zahl

Bruch durch Bruch dividieren:
$\frac{3}{8} : \frac{4}{5} = \frac{3 \cdot 5}{8 \cdot 4} = \frac{15}{32}$
Zählerbruch mal Kehrwert des Nennerbruchs

Ganze Zahl mit Bruch multiplizieren:
$\frac{5}{6} \cdot 3 = \frac{5 \cdot 3}{6} = \frac{15}{6} = 2\frac{1}{2}$
Zähler mal ganze Zahl

Bruch mit Bruch multiplizieren:
$\frac{2}{3} \cdot \frac{4}{11} = \frac{2 \cdot 4}{3 \cdot 11} = \frac{8}{33}$
Zähler mal Zähler, Nenner mal Nenner

Prozentrechnen

„Prozent" (%) heißt „von Hundert". Das Prozentrechnen gibt an, wieviel eine Teilmenge im Verhältnis zur Gesamtmenge ausmacht. Die Gesamtmenge wird dabei immer gleich Hundert gesetzt, so daß die Teilmenge als „Teile von Hundert" (Prozentsatz) erscheint.

$\frac{1}{100}$ des Grundwertes = 1 Prozent = 1%

5 DM   sind   2,5%   von   200 DM
⎵Prozentwert   ⎵Prozentsatz   ⎵Grundwert

$\text{Prozentsatz} = \frac{100 \cdot \text{Prozentwert}}{\text{Grundwert}}$

Beispiel: Auf einer Leitung gehen von der Spannung 220 V bis zum Verbraucher 1,5% verloren. Wieviel V sind das?

Lösung: 100% ≙ 220 V
1% ≙ $\frac{220\text{ V}}{100}$
1,5% ≙ $\frac{220\text{ V} \cdot 1{,}5}{100}$ = 3,3 V

1.3 Arithmetik/Algebra

1.3.1 Addition

Kommutativgesetz:
In einer Summe dürfen die Summanden vertauscht werden.
$$a + c + b = a + b + c$$

Assoziativgesetz:
Die Summanden lassen sich zu Teilsummen zusammenfassen.
$$(a + b) + c = a + (b + c)$$

Gleichartige Zahlen werden addiert, indem die Beizahlen addiert werden.
$$5a + 3a = (5 + 3) \cdot a = 8a$$

In einer Summe lassen sich immer nur gleichartige Summanden addieren.
$$3a + 2b + 5a + 4b$$
$$= 3a + 5a + 2b + 4b$$
$$= 8a + 6b$$

Aus einer wiederholten Addition der gleichen Zahl wird die Multiplikation.
$$a + a + a = 3a$$

1.3.2 Subtraktion

Gleichartige Zahlen werden subtrahiert, indem die Beizahlen voneinander subtrahiert werden.
$$6a - 4a = (6 - 4) \cdot a = 2a$$

Nur gleichartige Zahlen lassen sich voneinander subtrahieren.
$$6a - 2b - 3a = 3a - 2b$$

1.3.3 Addition und Subtraktion

Sind Rechenzeichen und Vorzeichen gleich, so wird der absolute Betrag der Zahl addiert.
$$(+6a) + (+4a) = 6a + 4a = 10a$$
$$(+6a) - (-4a) = 6a + 4a = 10a$$

Sind Rechenzeichen und Vorzeichen ungleich, so wird der absolute Betrag der Zahl subtrahiert.
$$(+6a) + (-4a) = 6a - 4a = 2a$$
$$(+6a) - (+4a) = 6a - 4a = 2a$$

1.3.4 Betrag einer Zahl

Schreibweise: $|a|$ Betrag von a oder a absolut

$|a| = a$ für $a > 0$
$|a| = 0$ für $a = 0$
$|a| = -a$ für $a < 0$

Beispiele:
$|6| = |+6| = 6$
$|-6| = -(-6) = 6$

1.3.5 Klammern

Eine Klammer, vor der das Zeichen + steht, darf man fortlassen.
$$a + (b - c) = a + b - c$$

Steht vor einer Klammer das Zeichen −, so kehren sich beim Fortlassen die Vorzeichen in der Klammer um.
$$a - (b - c) = a - b + c$$

Bei mehreren Klammern von innen nach außen auflösen.
$$a - [b + (c - d)]$$
$$= a - [b + c - d]$$
$$= a - b - c + d$$

1.3.6 Multiplikation

Kommutativgesetz:
In einem Produkt lassen sich die Faktoren vertauschen.
$$b \cdot c \cdot a = a \cdot b \cdot c = abc$$

Assoziativgesetz:
Beim Multiplizieren dürfen Faktoren vertauscht und zu Teilprodukten zusammengefaßt werden.
$$6a \cdot 3b = 6 \cdot a \cdot 3 \cdot b = 6 \cdot 3 \cdot a \cdot b = 18 \cdot a \cdot b = 18ab$$

Das Produkt zweier Zahlen mit gleichem Vorzeichen ist positiv, das Produkt zweier Zahlen mit verschiedenen Vorzeichen ist negativ.
$$(+a) \cdot (+b) = +(ab)$$
$$(-a) \cdot (-b) = +(ab)$$
$$(+a) \cdot (-b) = -(ab)$$
$$(-a) \cdot (+b) = -(ab)$$

Distributivgesetz:
Eine Summe wird mit einem Faktor multipliziert, indem jedes Glied der Summe mit dem Faktor multipliziert wird.
$$a(b - c) = a \cdot b - a \cdot c = ab - ac$$

Algebraische Summen werden miteinander multipliziert, indem jedes Glied der einen Summe mit jedem Glied der anderen Summe multipliziert wird.
$$(a + b)(c + d) = ac + ad + bc + bd$$
$$(a + b)(c - d) = ac - ad + bc - bd$$
$$(a - b)(c + d) = ac + ad - bc - bd$$
$$(a - b)(c - d) = ac - ad - bc + bd$$

Haben mehrere Glieder einer Summe einen gemeinsamen Faktor, so läßt er sich ausklammern.
$$ax + bx - cx = x(a + b - c)$$

Binomische Formeln
$$(a + b)^2 = (a + b)(a + b) = a^2 + 2ab + b^2$$
$$(a - b)^2 = (a - b)(a - b) = a^2 - 2ab + b^2$$
$$(a + b)(a - b) = a^2 - b^2$$

1.3.7 Division

Der Quotient zweier Zahlen mit gleichem Vorzeichen ist positiv, der Quotient zweier Zahlen mit ungleichen Vorzeichen ist negativ.
$$+a/+b = +(a/b)$$
$$-a/-b = +(a/b)$$
$$-a/+b = -(a/b)$$
$$+a/-b = -(a/b)$$

Eine Summe wird durch eine Zahl dividiert, indem jeder Summand durch die Zahl dividiert wird.
$$\frac{a + b}{c} = \frac{a}{c} + \frac{b}{c}$$

1.3.8 Potenzieren

Ein Produkt aus gleichen Faktoren kann als Potenz geschrieben werden.
a Basis oder Grundzahl
n Exponent oder Hochzahl
a^n Potenz
c Potenzwert
$$a \cdot a \cdot a = a^3$$
$$a^n = c$$

Addieren und Subtrahieren lassen sich nur Potenzen mit gleichen Basen und Exponenten.
$$3a^3 + 2a^2 + 6a^3 - 4a^2$$
$$= 3a^3 + 6a^3 + 2a^2 - 4a^2$$
$$= 9a^3 - 2a^2$$

Potenzen mit gleichen Basen werden multipliziert, indem die Exponenten addiert werden.
$$a^m \cdot a^n = a^{m+n}$$
Umkehrung:
$$a^{m+n} = a^m \cdot a^n$$

Potenzen mit gleichen Exponenten werden miteinander multipliziert, indem das Produkt der Basis mit dem gemeinsamen Exponenten potenziert wird.
$$a^n \cdot b^n = (ab)^n$$
Umkehrung:
$$(ab)^n = a^n \cdot b^n$$

Potenzen mit gleichen Basen werden dividiert, indem die Basis mit der Differenz der Exponenten potenziert wird.
$$\frac{a^m}{a^n} = a^{m-n}$$
Umkehrung: $a^{m-n} = \frac{a^m}{a^n}$

Potenzen mit gleichen Exponenten werden dividiert, indem der Quotient der Basen mit dem gemeinsamen Exponenten potenziert wird.
$$\frac{a^n}{b^n} = \left(\frac{a}{b}\right)^n$$
Umkehrung: $\left(\frac{a}{b}\right)^n = \frac{a^n}{b^n}$

Eine Potenz mit negativem Exponenten ist gleich dem reziproken Wert der gleichen Potenz mit positivem Exponenten.
$$a^{-b} = \frac{1}{a^b}$$

Eine Potenz wird potenziert, indem die Basis mit dem Produkt der Exponenten potenziert wird.
$$(a^m)^n = a^{m \cdot n}$$
$$(a^m)^n = (a^n)^m$$

Jede Potenz mit Exp. 0 ist 1
$$a^0 = 1; \; b^0 = 1; \; 5^0 = 1$$

1.3 Arithmetik/Algebra

1.3.9 Radizieren

Die Wurzelrechnung ist eine Umkehr der Potenzrechnung. a Radikand (Basis) n Wurzelexponent x Wurzelwert	$\sqrt[n]{a} = x$ Umkehrung: $x^n = a$
Ein Produkt wird radiziert, indem jeder Faktor radiziert wird und die Wurzelwerte miteinander multipliziert werden.	$\sqrt[n]{a \cdot b} = \sqrt[n]{a} \cdot \sqrt[n]{b}$
Ein Faktor vor dem Wurzelzeichen wird unter der Wurzel mit dem Wurzelexponenten potenziert.	$a \cdot \sqrt[n]{b} = \sqrt[n]{a^n \cdot b}$
Ein Bruch wird radiziert, indem die Wurzel des Zählers durch die Wurzel des Nenners dividiert wird.	$\sqrt[n]{\dfrac{a}{b}} = \dfrac{\sqrt[n]{a}}{\sqrt[n]{b}}$
Eine Potenz wird radiziert, indem die Wurzel aus der Basis gezogen wird und der Wurzelwert mit dem Exponenten der Basis potenziert wird.	$\sqrt[n]{a^x} = (\sqrt[n]{a})^x$
Jede Wurzel läßt sich in eine Potenz mit Bruchzahlen als Exponenten umwandeln. Der Wurzelexponent steht im Nenner des Potenzexponenten.	$\sqrt[n]{a^x} = a^{\frac{x}{n}}$
Eine Wurzel wird radiziert, indem die Wurzelexponenten multipliziert werden und mit dem neuen Exponenten aus der Basis die Wurzel gezogen wird.	$\sqrt[n]{\sqrt[x]{a}} = \sqrt[n \cdot x]{a}$ $\sqrt[n]{\sqrt[x]{a}} = \sqrt[x]{\sqrt[n]{a}}$

1.3.10 Logarithmieren

Das Logarithmieren ist die zweite Umkehrung der Potenzrechnung. a Basis b Numerus n Logarithmus	$\log_a b = n$ Lies: log b zur Basis a gleich n Umkehrung: $a^n = b$

Logarithmensysteme: [1]

Basis	Bezeichnung	Kennzeichen
e = 2,71828...	natürliche Logarithmen	ln
2	binäre Logarithmen	lb
10	dekadische Logarithmen	lg

lg 1000	= 3,	da 10^3	= 1000
lg 100	= 2,	da 10^2	= 100
lg 10	= 1,	da 10^1	= 10
lg 1	= 0,	da 10^0	= 1
lg 0,1	= −1,	da 10^{-1}	= 0,1
lg 0,01	= −2,	da 10^{-2}	= 0,01
lg 0,001	= −3,	da 10^{-3}	= 0,001 usw.

Rechenregeln:

Rechnungsart	wird zurückgeführt auf	Regel
Multiplizieren	Addieren	$\lg(a \cdot b) = \lg a + \lg b$
Dividieren	Subtrahieren	$\lg \dfrac{a}{b} = \lg a - \lg b$
Potenzieren	Multiplizieren	$\lg a^n = n \cdot \lg a$
Radizieren	Dividieren	$\lg \sqrt[n]{a} = \dfrac{1}{n} \cdot \lg a$

[1] Umrechnungen
ln n ≈ 2,3026 lg n bzw. lg n ≈ 0,4343 ln n
lb n ≈ 3,3219 lg n bzw. lg n ≈ 0,3010 lb n
lb n ≈ 1,4427 ln n bzw. ln n ≈ 0,6932 lb n

1.3.11 Gleichungen ersten Grades mit einer Unbekannten

Eine Verbindung von zwei gleichen Größen durch ein Gleichheitszeichen nennt man Gleichung.
Regel: Alles, was auf der einen Seite einer Gleichung mit (+) oder (·) steht, kann man auf die andere Seite mit (−) bzw. (/) bringen und umgekehrt.
Beispiele:
$x + 5 = 10$; $x = 10 - 5$; $x = 5$; $x - 8 = 3$; $x = 3 + 8$; $x = 11$.
$x \cdot 9 = 36$; $x = 36/9$; $x = 4$; $x/6 = 7$; $x = 7 \cdot 6$; $x = 42$.

1.3.12 Gleichungen ersten Grades mit zwei Unbekannten

Zwei Unbekannte lassen sich nur dann eindeutig bestimmen, wenn zwei verschiedene Gleichungen gegeben sind. Bei der Auflösung stellt man aus ihnen eine dritte Gleichung mit nur einer Unbekannten her.

Die Einsetzungsmethode

I $3x + 2y = 18$
II $4x + y = 19$. Aus dieser Gleichung folgt:
$y = 19 - 4x$. Diesen Wert von y setzt man in die Gleichung I ein und erhält:
$3x + 2(19 - 4x) = 18$; hieraus errechnet man $x = 4$ und setzt x in Gleichung I oder II ein:
$4 \cdot 4 + y = 19$; $y = 19 - 16$; $y = 3$.

Die Gleichsetzungsmethode

I $3x + 2y = 18$ Löst man beide Gleichungen nach y auf,
II $4x + y = 19$ so erhält man zwei neue Gleichungen:
$y = (18 - 3x)/2$
$y = 19 - 4x$
Sind zwei Größen einer dritten gleich, so sind sie untereinander gleich. Mithin wird:
$(18 - 3x)/2 = 19 - 4x$ $18 - 3x = (19 - 4x) 2$
$18 - 3x = 38 - 8x$ $18 - 3x = 38 - 18$
Hieraus berechnet sich $x = 4$. Durch Einsetzen finden wir wieder $y = 3$.

Die Additions- bzw. Subtraktionsmethode

I $3x + 2y = 18$.
II $4x + y = 19$. Diese Gleichung erweitere ich mit 2 und ziehe von ihr die Gleichung I ab.

$\ \ 8x + 2y = 38$
$\underline{-\ \ 3x + 2y = 18}$ Durch Einsetzen in Gleichung I
$5x = 20;\ x = 4.$ oder II finden wir wieder $y = 3$.

1.3.13 Gleichungen zweiten Grades

Bei gemischt-quadratischen Gleichungen kommt die Unbekannte in der 1. und 2. Potenz vor (x und x^2).
Beispiel: $x^2 + ax = -b$. Man bringt sie auf die Normalform $x^2 + ax + b = 0$ und löst sie nach der Formel

$$x = -\dfrac{a}{2} \pm \sqrt{\left(\dfrac{a}{2}\right)^2 - b}$$

Für a und b sind die gegebenen Zahlenwerte einzusetzen.
Beispiel: $x^2 + x + 13 = x^2 - 5x + 40$;
$2x^2 - x^2 + x + 5x = 40 - 13$
Normalform: $x^2 + 6x - 27 = 0$ $(a = 6, b = -27)$

eingesetzt: $x_1 = -\dfrac{6}{2} + \sqrt{\left(\dfrac{6}{2}\right)^2 + 27}$; $x_1 = -3 + \sqrt{9 + 27}$

$x_1 = -3 + \sqrt{36} = -3 + 6 = 3$; $x_1 = 3$
$x_2 = -3 - \sqrt{36} = -3 - 6 = -9$; $x_2 = -9$

Lösung mit Hilfe der quadratischen Ergänzung.
$x^2 + 6x = 27$ Bekanntes Glied zur rechten Seite.
$x^2 + 6x + 3^2 = 27 + 9$ Die quadratische Ergänzung ist das
$(x + 3)^2 = 36$ Quadrat des halben Faktors von x,
$x + 3 = \pm \sqrt{36}$ hier 3^2. Sie wird auf beiden Seiten
$x_1 = -3 + 6 = 3$ addiert, so daß die Wurzel gezogen
$x_2 = -3 - 6 = -9$ werden kann und x nur noch in 1. Potenz steht.

1.3 Arithmetik/Algebra

1.3.14 Imaginäre und komplexe Zahlen

Alle reellen Zahlen (positive und negative Zahlen) haben nie ein negatives Quadrat. Um auch aus negativen Zahlen Quadratwurzeln ziehen zu können, z. B. $\sqrt{-1}$, muß man die **imaginären Zahlen** einführen. $\sqrt{-1}$ heißt die **imaginäre Einheit** i (oder j)[1]; sie ist definiert durch die Gleichung:

$$i^2 = -1$$

Damit wird beispielsweise:

$$\sqrt{-|b|} = i\sqrt{|b|}; \quad \sqrt{-9} = i\sqrt{9} = \pm i3$$

Beim Multiplizieren und Dividieren von imaginären Zahlen ist zu beachten, daß

$i = \sqrt{-1}$
$i^2 = -1$
$i^3 = i^2 \cdot i = -i$
$i^4 = i^2 \cdot i^2 = 1$
$i^5 = i^4 \cdot i = i$ usw.

$\dfrac{1}{i} = \dfrac{i^4}{i} = i^3 = -i$
$\dfrac{1}{i^2} = \dfrac{i^4}{i^2} = i^2 = -1$
$\dfrac{1}{i^3} = \dfrac{i^4}{i^3} = i$ usw.

allgemein gilt: (n ganz)
$i^{4n} = +1; \quad i^{4n+1} = +i; \quad i^{4n+2} = -1; \quad i^{4n+3} = -i$

Komplexe Zahlen setzen sich aus einer reellen Zahl und einer rein imaginären Zahl zusammen, beispielsweise $z = a \pm i b$, wobei a und b reell sind. a heißt Realteil von z, Schreibweise: Re $z = a$; b heißt Imaginärteil von z, Schreibweise: Im $z = b$.
Ist $z = a + ib = 0$, so ist $a = 0$ und $b = 0$.
Ist $a + ib = c + id$, so ist $a = c$ und $b = d$, denn zwei komplexe Zahlen sind nur dann gleich, wenn Realteile und Imaginärteile gleich sind.

Formen komplexer Zahlen

algebraische Form	$z = a + ib$
trigonometrische Form	$z = z \cdot (\cos\varphi + i \sin\varphi)$
Exponentialform	$\underline{z} = z \cdot e^{i\varphi} = z \exp(i\varphi) = z \underline{/\varphi}$ [2]

z heißt der **Betrag** der komplexen Zahl: $z = \sqrt{a^2 + b^2}$
φ ist der Nullphasenwinkel oder **das Argument** der komplexen Zahl: $\varphi = \text{Arctan}\dfrac{b}{a}$

$\tan\varphi = \dfrac{b}{a}; \quad \cos\varphi = \dfrac{a}{z}; \quad \sin\varphi = \dfrac{b}{z}$

Zwei komplexe Zahlen nennt man **konjugiert komplex**, wenn ihre Realteile gleich sind und die Imaginärteile sich nur durch das Vorzeichen unterscheiden.

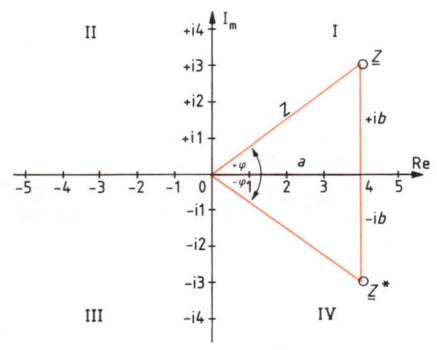

$z = a + ib = z \cdot (\cos\varphi + i \sin\varphi) = z \cdot e^{i\varphi} = z \cdot \exp(i\varphi)$
$z^* = a - ib = z \cdot (\cos\varphi - i \sin\varphi) = z \cdot e^{-i\varphi} = z \cdot \exp(-i\varphi)$

Geometrische Darstellung komplexer Zahlen

Komplexe Zahlen lassen sich durch Punkte in der Gauß'schen Zahlenebene wiedergeben. Die Zahl $z = a + ib = 4 + i3$ wird durch den Punkt mit der Abszisse $a = 4$ und der Ordinate $ib = i3$ dargestellt (siehe Abb.). Die dazu konjugiert komplexe Zahl $z^* = a - jb = 4 - i3$ entsprechend durch den Punkt $(4, -i3)$.

Vorzeichen der Komponenten und Größe des Winkels

Quadrant	I	II	III	IV
Re z	positiv	negativ	negativ	positiv
Im z	positiv	positiv	negativ	negativ
Winkel φ	$0° < \varphi < 90°$	$90° < \varphi < 180°$	$180° < \varphi < 270°$	$270° < \varphi < 360°$

Addition und Subtraktion

Komplexe Zahlen werden addiert bzw. subtrahiert, indem sowohl die Realteile als auch die Imaginärteile addiert bzw. subtrahiert werden.
$(a + ib) + (c + id) = (a + c) + i(b + d)$
$(4 + i3) - (6 - i4) = -2 + i7$
Sonderfälle:
1. $(a + ib) - (a - ib) = 2a$
Die Summe konjugiert komplexer Zahlen ist reell.
2. $(a + ib) - (a - ib) = 2ib$
Die Differenz konjugiert komplexer Zahlen ist rein imaginär.

Multiplikation

1. Die Multiplikation komplexer Zahlen besteht aus der Multiplikation mit ihren Gliedern.
$(a + ib) \cdot (c - id) = ac + iad + ibc - bd$
$\qquad = (ac - bd) + i(bc + ad)$
2. Zwei komplexe Zahlen werden multipliziert, indem ihre Beträge multipliziert und ihre Argumente addiert werden.
$z_1 \cdot z_2 = z_1 \cdot e^{i\varphi_1} \cdot z_2 \cdot e^{i\varphi_2} = z_1 \cdot z_2 e^{i(\varphi_1 + \varphi_2)}$
Sonderfall: $(a + ib) \cdot (a - ib) = a^2 + b^2$
Das Produkt konjugiert komplexer Zahlen ist reell.

Division

1. Komplexe Zahlen werden dividiert, indem man durch Erweitern mit der konjugiert komplexen Zahl den Divisor reell macht und dann wie üblich dividiert.
$\dfrac{a + ib}{c + id} = \dfrac{(a + ib)(c - id)}{(c + id)(c - id)} = \dfrac{ac + ibc - iad + bd}{c^2 + d^2}$
$\qquad = \dfrac{ac + bd}{c^2 + d^2} + \dfrac{bc - ad}{c^2 + d^2}$

2. Komplexe Zahlen werden dividiert, indem ihre Beträge dividiert und ihre Argumente subtrahiert werden.

$\dfrac{z_1}{z_2} = \dfrac{z_1 \cdot e^{i\varphi_1}}{z_2 \cdot e^{i\varphi_2}} = \dfrac{z_1}{z_2} \cdot e^{i(\varphi_1 - \varphi_2)} = \dfrac{z_1}{z_2} \underline{/(\varphi_1 - \varphi_2)}$

Potenzieren

Beim Potenzieren einer komplexen Zahl wird der Betrag in die n-te Potenz erhoben und das Argument mit n multipliziert.
$z^n = (z \cdot e^{i\varphi})^n = z^n \cdot e^{in\varphi} = z^n \underline{/n\varphi}$

Radizieren

Beim Radizieren einer komplexen Zahl wird aus dem Betrag die Wurzel gezogen und das Argument durch den Wurzelexponenten dividiert.

$\sqrt[n]{z} = \sqrt[n]{z \cdot e^{i\varphi}} = \sqrt[n]{z} \cdot e^{i\frac{\varphi}{n}} = \sqrt[n]{z} \exp\left(i\dfrac{\varphi}{n}\right) = \sqrt[n]{z} \underline{/\dfrac{\varphi}{n}}$

---
[1] In der Elektrotechnik schreibt man j, um Verwechslungen mit der Stromstärke i zu vermeiden.
[2] Sprich: z Versor φ.

1.4 Winkelfunktionen

1.4.1 Winkeleinheiten nach DIN 1315 (8.82)

1. Radiant (Bogenmaß)

Die Winkeleinheit Radiant (rad, aber in bestimmten Fällen auch ohne Einheit) ergibt sich, wenn die Größe eines Zentriwinkels in einem beliebigen Kreis durch das Verhältnis der zugehörigen Kreisbogenlänge zum Kreisradius angegeben wird. Für einen Vollwinkel gilt:

$$1 \text{ Vollwinkel} = 2\pi \text{ rad}$$

2. Grad (Altgrad)

Der Grad (°) ist der 360ste Teil eines Vollwinkels:

$$1° = \frac{1}{360} \text{ Vollwinkel} = \frac{\pi}{180} \text{ rad}$$

Der Grad wird unterteilt in Minute (′) und Sekunde (″)

$$1° = 60′ = 3600″$$

3. Gon (Neugrad)

Das Gon (gon) ist der 400ste Teil eines Vollwinkels:

$$1 \text{ gon} = \frac{1}{400} \text{ Vollwinkel} = \frac{\pi}{200} \text{ rad}$$

Das Gon wird unterteilt durch Vorsätze:

$$1 \text{ cgon} = \frac{1}{100} \text{ gon} = 0{,}01 \text{ gon}$$

$$1 \text{ mgon} = \frac{1}{1000} \text{ gon} = 0{,}001 \text{ gon}$$

Umrechnungstabelle für Winkeleinheiten

	rad	Vollwinkel	gon	mgon	°	′	″
1 rad	1	0,159	63,66	$63{,}66 \cdot 10^3$	57,296	$3{,}438 \cdot 10^3$	$206{,}26 \cdot 10^3$
1 Vollwinkel	6,283	1	400	$400 \cdot 10^3$	360	$21{,}6 \cdot 10^3$	$1{,}296 \cdot 10^6$
1 gon	$15{,}7 \cdot 10^{-3}$	$2{,}5 \cdot 10^{-3}$	1	1000	0,9	54	3240
1°	$17{,}45 \cdot 10^{-3}$	$2{,}778 \cdot 10^{-3}$	1,111	1111,11	1	60	3600
1′	$290{,}89 \cdot 10^{-6}$	$46{,}2 \cdot 10^{-6}$	$18{,}52 \cdot 10^{-3}$	18,52	$16{,}67 \cdot 10^{-3}$	1	60
1″	$4{,}848 \cdot 10^{-6}$	$700 \cdot 10^{-9}$	$308{,}6 \cdot 10^{-6}$	$308{,}6 \cdot 10^{-3}$	$277{,}8 \cdot 10^{-6}$	$16{,}67 \cdot 10^{-3}$	1

1.4.2 Die trigonometrischen Funktionen

$\gamma = 1 \llcorner = 90°$.
c ist die Hypotenuse,
a und b sind die Katheten.

Im rechtwinkligen Dreieck ist:

1. der Sinus eines Winkels $= \dfrac{\text{Gegenkathete}}{\text{Hypotenuse}}$

$$\sin \alpha = \frac{a}{c}; \quad \sin \beta = \frac{b}{c}$$

2. der Cosinus eines Winkels $= \dfrac{\text{Ankathete}}{\text{Hypotenuse}}$

$$\cos \alpha = \frac{b}{c}; \quad \cos \beta = \frac{a}{c}$$

3. der Tanges eines Winkels $= \dfrac{\text{Gegenkathete}}{\text{Ankathete}}$

$$\tan \alpha = \frac{a}{b}; \quad \tan \beta = \frac{b}{a}$$

4. der Cotangens eines Winkels $= \dfrac{\text{Ankathete}}{\text{Gegenkathete}}$

$$\cot \alpha = \frac{b}{a}; \quad \cot \beta = \frac{a}{b}$$

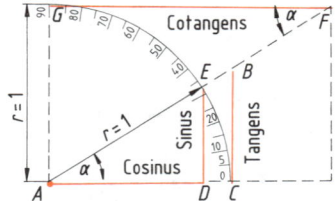

Im Dreieck ADE: $\sin \alpha = \dfrac{DE}{r} = \dfrac{DE}{1} = DE$

$$\cos \alpha = \frac{AD}{r} = \frac{AD}{1} = AD$$

Im Dreieck ACB: $\tan \alpha = \dfrac{BC}{r} = \dfrac{BC}{1} = BC$

Im Dreieck AFG: $\cot \alpha = \dfrac{FG}{r} = \dfrac{FG}{1} = FG$

1.4.3 Vorzeichen der Funktionen in den vier Quadranten

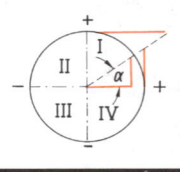

Quadrant	Größe des Winkels	sin	cos	tan	cot
I	von 0° bis 90°	+	+	+	+
II	von 90° bis 180°	+	−	−	−
III	von 180° bis 270°	−	−	+	+
IV	von 270° bis 360°	−	+	−	−

1.4 Winkelfunktionen

1.4.4 Funktionskurven und Funktionswerte bestimmter Winkel

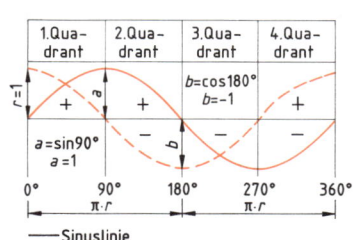

— Sinuslinie
--- Cosinuslinie

	$-\alpha$	$360° \cdot n + \alpha$	$180° \cdot n + \alpha$
sin	$-\sin \alpha$	$\sin \alpha$	
cos	$\cos \alpha$	$\cos \alpha$	
tan	$-\tan \alpha$		$\tan \alpha$
cot	$-\cot \alpha$		$\cot \alpha$

n = ganzzahlig

Die trigonometrischen Funktionswerte wichtiger Winkelgrößen

	0°	30°	45°	60°	90°	120°	270°	360°
sin	0	½	½$\sqrt{2}$	½$\sqrt{3}$	1	0	-1	0
cos	1	½$\sqrt{3}$	½$\sqrt{2}$	½	0	-1	0	1
tan	0	⅓$\sqrt{3}$	1	$\sqrt{3}$	$\pm\infty$	0	$\pm\infty$	0
cot	$\pm\infty$	$\sqrt{3}$	1	⅓$\sqrt{3}$	0	$\pm\infty$	0	$\pm\infty$

Beziehung der Winkelfunktionen in den Quadranten

	$90° \pm \alpha$	$180° \pm \alpha$	$270° \pm \alpha$	$360° \pm \alpha$
sin	$\cos \alpha$	$\mp \sin \alpha$	$-\cos \alpha$	$\pm \sin \alpha$
cos	$\mp \sin \alpha$	$-\cos \alpha$	$\mp \sin \alpha$	$\cos \alpha$
tan	$\mp \cot \alpha$	$\pm \tan \alpha$	$\mp \cot \alpha$	$\pm \tan \alpha$
cot	$\mp \tan \alpha$	$\pm \cot \alpha$	$\mp \tan \alpha$	$\pm \cot \alpha$

1.4.5 Beziehung zwischen den Winkelfunktionen für gleiche Winkel

$\tan \alpha = \dfrac{\sin \alpha}{\cos \alpha}$; $\cot \alpha = \dfrac{\cos \alpha}{\sin \alpha}$; $\sin^2 \alpha + \cos^2 \alpha = 1$; $\tan \alpha \cot \alpha = 1$

	$\sin \alpha$	$\cos \alpha$	$\tan \alpha$	$\cot \alpha$
$\sin \alpha$	—	$\sqrt{1 - \cos^2 \alpha}$	$\tan \alpha / \sqrt{1 + \tan^2 \alpha}$	$1/\sqrt{1 + \cot^2 \alpha}$
$\cos \alpha$	$\sqrt{1 - \sin^2 \alpha}$	—	$1/\sqrt{1 + \tan^2 \alpha}$	$\cot \alpha / \sqrt{1 + \cot^2 \alpha}$
$\tan \alpha$	$\sin \alpha / \sqrt{1 - \sin^2 \alpha}$	$\sqrt{1 - \cos^2 \alpha} / \cos \alpha$	—	$1/\cot \alpha$
$\cot \alpha$	$\sqrt{1 - \sin^2 \alpha} / \sin \alpha$	$\cos \alpha / \sqrt{1 - \cos^2 \alpha}$	$1/\tan \alpha$	—

1.4.6 Die Berechnung rechtwinkliger Dreiecke

Gegeben	Ermittlung der anderen Größen
a, α	$\beta = 90° - \alpha$, $b = a \cdot \cot \alpha$, $c = \dfrac{a}{\sin \alpha}$
b, α	$\beta = 90° - \alpha$, $a = b \cdot \tan \alpha$, $c = \dfrac{b}{\cos \alpha}$
c, α	$\beta = 90° - \alpha$, $a = c \cdot \sin \alpha$, $b = c \cdot \cos \alpha$
a, b	$\tan \alpha = \dfrac{a}{c}$, $c = \dfrac{a}{\sin \alpha}$, $\beta = 90° - \alpha$
a, c	$\sin \alpha = \dfrac{a}{c}$, $b = c \cdot \cos \alpha$, $\beta = 90° - \alpha$
b, c	$\cos \alpha = \dfrac{b}{c}$, $a = c \cdot \sin \alpha$, $\beta = 90° - \alpha$

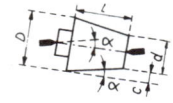

Beispiel:
Ein Kegel mit D = 100 mm, d = 60 mm und l = 90 mm soll gedreht werden. Wie groß ist der Einstellwinkel α zu wählen?

Lösung: $c = \dfrac{D - d}{2} = \dfrac{100\,\text{mm} - 60\,\text{mm}}{2} = 20\,\text{mm}$

$\tan \alpha = \dfrac{c}{l} = \dfrac{20\,\text{mm}}{90\,\text{mm}} = 0{,}2222$

$\alpha = 12° 30' = 12{,}5°$

1.4 Winkelfunktionen

1.4.7 Formeln für das schiefwinklige Dreieck

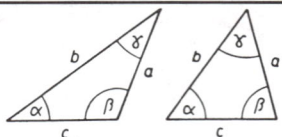

Im schiefwinkligen Dreieck lauten:

1. der Sinussatz:
$$\frac{a}{\sin \alpha} = \frac{b}{\sin \beta} = \frac{c}{\sin \gamma};$$

2. der Cosinussatz:
$$a^2 = b^2 + c^2 - 2bc \cdot \cos \alpha,$$
$$b^2 = a^2 + c^2 - 2ac \cdot \cos \beta,$$
$$c^2 = a^2 + b^2 - 2ab \cdot \cos \gamma;$$
Bei $\alpha > 90°$ Vorzeichen beachten (siehe Seite 1-6).

3. der Tangenssatz:
$$\frac{a+b}{a-b} = \frac{\tan \frac{1}{2}(\alpha+\beta)}{\tan \frac{1}{2}(\alpha-\beta)};$$

4. die Mollweideschen Formeln:
$$(a+b)/c = \cos \frac{\alpha-\beta}{2} / \sin \frac{\gamma}{2},$$
$$(a-b)/c = \sin \frac{\alpha-\beta}{2} / \cos \frac{\gamma}{2}.$$

s = halbe Seitensumme = $\frac{a+b+c}{2}$, A = Fläche

$$A = \frac{a \cdot b \cdot \sin \gamma}{2} = \frac{a \cdot c \cdot \sin \beta}{2} = \frac{b \cdot c \cdot \sin \alpha}{2}$$

$$A = \sqrt{s(s-a)(s-b)(s-c)}$$

$$\sin \frac{\alpha}{2} = \sqrt{\frac{(s-b)(s-c)}{bc}}$$

$$\cos \frac{\alpha}{2} = \sqrt{\frac{s(s-a)}{bc}}$$

$$\tan \frac{\alpha}{2} = \sqrt{\frac{(s-b)(s-c)}{s(s-a)}}$$

$$\tan \alpha = \frac{a \sin \beta}{c - a \cos \beta}$$

$a = b \cos \gamma + c \cos \beta$, $b = c \cos \alpha + a \cos \gamma$
$c = a \cos \beta + b \cos \alpha$

R = Radius des Umkreises
$$R = \frac{a}{2 \sin \alpha} = \frac{b}{2 \sin \beta} = \frac{c}{2 \sin \gamma}$$

ϱ = Radius des Inkreises
$$\varrho = \sqrt{\frac{(s-a)(s-b)(s-c)}{s}} = s \cdot \tan \frac{\alpha}{2} \tan \frac{\beta}{2} \tan \frac{\gamma}{2}$$

1.4.8 Die Berechnung schiefwinkliger Dreiecke

Gegeben	Ermittlung der anderen Größen	Gegeben	Ermittlung der anderen Größen	
3 Seiten a, b, c	$\cos \beta = \frac{a^2 + c^2 - b^2}{2ac}$ $\sin \alpha = \frac{a \sin \beta}{b}$ $\gamma = 180° - (\alpha + \beta)$ $A = \frac{ab \sin \gamma}{2}$	2 Seiten und ein Gegenwinkel b, c, β	$\sin \gamma = \frac{c \sin \beta}{b}$ $\alpha = 180° - (\beta + \gamma)$ $a = \frac{c \sin \alpha}{\sin \gamma}$ $A = \frac{ab \sin \gamma}{2}$	a) Wenn $c \sin \beta < b$, ergeben sich zwei Werte für γ. b) Ist $c \sin \beta = b$, so ist $\gamma = 90°$. c) Ist $c \sin \beta > b$, keine Lösung.
2 Seiten und der eingeschlossene Winkel a, c, β $a < c$	$b = \sqrt{a^2 + c^2 - 2ac \cos \beta}$ $\sin \alpha = \frac{a \sin \beta}{b}$ $\gamma = 180° - (\alpha + \beta)$ Wegen $a < c$ ist α spitz $A = \frac{ab \sin \gamma}{2}$	1 Seite und zwei Winkel c, α, β	$\gamma = 180° - (\alpha + \beta)$ $a = \frac{c \sin \alpha}{\sin \gamma}$ $b = \frac{c \sin \beta}{\sin \gamma}$ $A = \frac{ab \sin \gamma}{2}$	

1.4.9 Pythagoreischer Lehrsatz

In jedem rechtwinkligen Dreieck ist das Hypotenusenquadrat gleich der Summe der beiden Kathetenquadrate:

$c^2 = a^2 + b^2$; $c = \sqrt{a^2 + b^2}$

Beispiel für $a = 3$, $b = 4$, $c = 5$: $5^2 = 4^2 + 3^2$; $25 = 16 + 9$

Höhensatz: Höhenquadrat ist gleich dem Rechteck aus den Abschnitten der Hypotenuse: $h^2 = d \cdot e$; $h = \sqrt{d \cdot e}$

Kathetensatz: Kathetenquadrat gleich dem Rechteck aus der Hypotenuse und der Projektion der Kathete auf die Hypotenuse: $a^2 = c \cdot d$; $a = \sqrt{c \cdot d}$

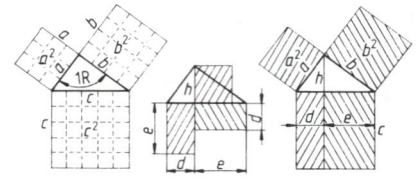

Nutzanwendung:

Mit Hilfe einer geschlossenen Schnur, die in Längen $3:4:5$ durch Knoten geteilt ist, kann man einen rechten Winkel bilden.

1.5 Elementare Funktionen

Gleichungen	Graphen	Gleichungen	Graphen

1.5.1 Gerade (lineare Funktion)

$y = a \cdot x + b$

Steigung $a = \tan \alpha$

$\tan \alpha = \dfrac{y_2 - y_1}{x_2 - x_1}$

Abstand $\overline{P_2 P_1} = r$

$r = \sqrt{(\Delta y)^2 + (\Delta x)^2}$

$\Delta y = y_2 - y_1$
$\Delta x = x_2 - x_1$

1.5.2 Parabel (quadratische Funktion)

$y = a \cdot x^2 + b$

1.5.3 Wurzelfunktion (irrationale Funktion)

$y = \pm \sqrt{x}$

$y = +\sqrt{x}$ mit $x \geq 0$ ist Spiegelfunktion von $y = x^2$ mit $x \geq 0$; $y = -\sqrt{x}$ mit $x > 0$ ist Spiegelfunktion von $y = x^2$ mit $x < 0$.

1.5.4 Hyperbel (gebrochen rationale Funktion)

$y = a \cdot \dfrac{1}{x}$

$y = a \cdot x^{-1}$

1.5.5 Exponentialfunktion

natürliche Exponentialform:

$y = e^x$

natürliche Zahl
e = 2,71828 …

$x = \ln(y)$

Zehnerexponentialform:

$y = 10^x$

$x = \lg(y)$

$y = a \cdot e^{-x}$

$y = a \cdot \exp(-x)$

$x = -\ln\left(\dfrac{y}{a}\right)$

$y = a \cdot [1 - e^{-x}]$

$y = a \cdot [1 - \exp(-x)]$

$x = -\ln\left(1 - \dfrac{y}{a}\right)$

1.5.6 Logarithmusfunktion

natürliche Logarithmen:

$y = \log_e(x) = \ln(x)$

Zehnerlogarithmen:

$y = \log_{10}(x) = \lg(x)$

Die logarithmischen Funktionen sind Spiegelfunktionen der entsprechenden Exponentialfunktionen.

1.5.7 Ellipse/Kreis

Ellipse:

$\dfrac{x^2}{a^2} + \dfrac{y^2}{b^2} = 1$

$y = \pm \dfrac{b}{a} \sqrt{a^2 - x^2}$

Kreis ($a = b = r$):

$x^2 + y^2 = r^2$

$y = \pm \sqrt{r^2 - x^2}$

1-9

1.6 Fourierzerlegungen

Eine periodische Funktion $f(t)$ läßt sich durch eine **Fourierreihe** folgender Form entwickeln:

$$s_n(t) = \frac{a_0}{2} + \sum_{k=1}^{n} a_k \cdot \cos(k\omega t) + \sum_{k=1}^{n} b_k \cdot \sin(k\omega t) \qquad \omega = \frac{2\pi}{T} \text{ Kreisfrequenz}$$

T Periodendauer

$$s_n(t) = \frac{a_0}{2} + a_1 \cdot \cos(\omega t) + a_2 \cdot \cos(2\omega t) + \ldots + a_n \cdot \cos(n\omega t)$$
$$+ b_1 \cdot \sin(\omega t) + b_2 \cdot \sin(2\omega t) + \ldots + b_n \cdot \sin(n\omega t)$$

Die **Fourierkoeffizienten** a_k und b_k ($k = 0, 1, 2, 3, \ldots$) der Fourierreihe $s_n(t)$ zur Annäherung der Funktion $f(t)$ bestimmen sich aus den Beziehungen:

$$a_k = \frac{2}{T} \int_0^T f(t) \cdot \cos(k\omega t)\, dt \qquad\qquad b_k = \frac{2}{T} \int_0^T f(t) \cdot \sin(k\omega t)\, dt$$

Für eine g e r a d e Funktion mit $f(-t) = f(t)$ gilt:

$$a_k = \frac{4}{T} \int_0^{T/2} f(t) \cdot \cos(k\omega t)\, dt \qquad b_k = 0 \qquad\qquad (k = 0, 1, 2, 3, \ldots)$$

Für eine u n g e r a d e Funktion mit $f(-t) = -f(t)$ gilt:

$$a_k = 0 \qquad\qquad b_k = \frac{4}{T} \int_0^{T/2} f(t) \cdot \sin(k\omega t)\, dt \qquad (k = 1, 2, 3, \ldots)$$

Zusammenstellung von Fourierzerlegungen

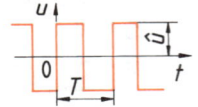

Rechteckwechselspannung

$$u(t) = \frac{4 \cdot \hat{u}}{\pi} \cdot \left(\sin\omega t + \frac{1}{3}\sin 3\omega t + \frac{1}{5}\sin 5\omega t + \frac{1}{7}\sin 7\omega t + \ldots\right)$$

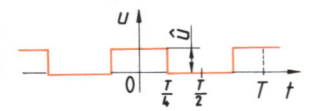

Rechteckmischspannung

$$u(t) = \frac{\hat{u}}{2} + \frac{2 \cdot \hat{u}}{\pi} \cdot \left(\cos\omega t - \frac{1}{3}\cos 3\omega t + \frac{1}{5}\cos 5\omega t\right.$$
$$\left. - \frac{1}{7}\cos 7\omega t + \frac{1}{9}\cos 9\omega t - \ldots\right)$$

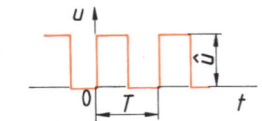

Rechteckmischspannung

$$u(t) = \frac{\hat{u}}{2} + \frac{2 \cdot \hat{u}}{\pi} \cdot \left(\sin\omega t + \frac{1}{3}\sin 3\omega t + \frac{1}{5}\sin 5\omega t\right.$$
$$\left. + \frac{1}{7}\sin 7\omega t + \frac{1}{9}\sin 9\omega t + \ldots\right)$$

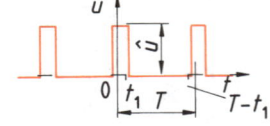

Rechteckimpulse

$$u(t) = \frac{2 \cdot \hat{u}}{\pi} \cdot \left(\frac{\omega \cdot t_1}{2} + \sin\omega t_1 \cdot \cos\omega t + \frac{1}{2}\sin 2\omega t_1 \cdot \cos 2\omega t\right.$$
$$\left. + \frac{1}{3}\sin 3\omega t_1 \cdot \cos 3\omega t + \frac{1}{4}\sin 4\omega t_1 \cdot \cos 4\omega t + \ldots\right)$$

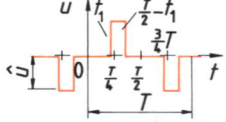

Rechteckimpulse

$$u(t) = \frac{4 \cdot \hat{u}}{\pi} \cdot \left(\cos\omega t_1 \cdot \sin\omega t + \frac{1}{3}\cos 3\omega t_1 \cdot \sin 3\omega t\right.$$
$$\left. + \frac{1}{5}\cos 5\omega t_1 \cdot \sin 5\omega t + \frac{1}{7}\cos 7\omega t_1 \cdot \sin 7\omega t + \ldots\right)$$

1.6 Fourierzerlegungen

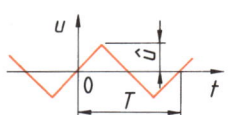

Dreieckwechselspannung

$$u(t) = \frac{8 \cdot \hat{u}}{\pi^2} \cdot \left(\sin \omega t - \frac{1}{3^2} \sin 3\omega t + \frac{1}{5^2} \sin 5\omega t \right.$$
$$\left. - \frac{1}{7^2} \sin 7\omega t + \frac{1}{9^2} \sin 9\omega t - \ldots \right)$$

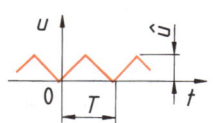

Dreieckmischspannung

$$u(t) = \frac{\hat{u}}{2} - \frac{4 \cdot \hat{u}}{\pi^2} \cdot \left(\cos \omega t + \frac{1}{3^2} \cos 3\omega t + \frac{1}{5^2} \cos 5\omega t \right.$$
$$\left. + \frac{1}{7^2} \cos 7\omega t + \frac{1}{9^2} \cos 9\omega t + \ldots \right)$$

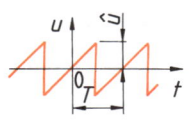

Sägezahnwechselspannung

$$u(t) = \frac{2 \cdot \hat{u}}{\pi} \cdot \left(\sin \omega t - \frac{1}{2} \sin 2\omega t + \frac{1}{3} \sin 3\omega t - \frac{1}{4} \sin 4\omega t \right.$$
$$\left. + \frac{1}{5} \sin 5\omega t - \frac{1}{6} \sin 6\omega t + \ldots \right)$$

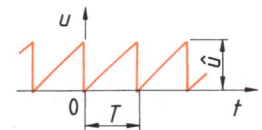

Sägezahnmischspannung

$$u(t) = \frac{\hat{u}}{2} - \frac{2 \cdot \hat{u}}{\pi} \cdot \left(\sin \omega t + \frac{1}{2} \sin 2\omega t + \frac{1}{3} \sin 3\omega t \right.$$
$$\left. + \frac{1}{4} \sin 4\omega t + \frac{1}{5} \sin 5\omega t + \ldots \right)$$

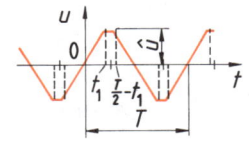

Trapezwechselspannung

$$u(t) = \frac{4}{\pi} \cdot \frac{\hat{u}}{\omega \cdot t_1} \cdot \left(\sin \omega t_1 \cdot \sin \omega t + \frac{1}{3^2} \sin 3\omega t_1 \cdot \sin 3\omega t \right.$$
$$\left. + \frac{1}{5^2} \sin 5\omega t_1 \cdot \sin 5\omega t + \frac{1}{7^2} \sin 7\omega t_1 \cdot \sin 7\omega t + \ldots \right)$$

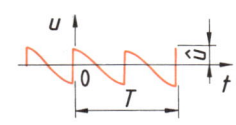

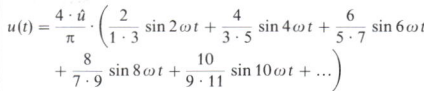

$u(t) = \hat{u} \cdot \cos \omega t \quad \text{für} \quad 0 < \omega t < T/2$

$$u(t) = \frac{4 \cdot \hat{u}}{\pi} \cdot \left(\frac{2}{1 \cdot 3} \sin 2\omega t + \frac{4}{3 \cdot 5} \sin 4\omega t + \frac{6}{5 \cdot 7} \sin 6\omega t \right.$$
$$\left. + \frac{8}{7 \cdot 9} \sin 8\omega t + \frac{10}{9 \cdot 11} \sin 10\omega t + \ldots \right)$$

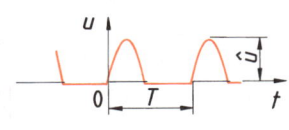

Einweggleichgerichtete Sinusspannung

$$u(t) = \frac{\hat{u}}{\pi} + \frac{\hat{u}}{2} \sin \omega t - \frac{2 \cdot \hat{u}}{\pi} \cdot \left(\frac{1}{1 \cdot 3} \cos 2\omega t + \frac{1}{3 \cdot 5} \cos 4\omega t \right.$$
$$\left. + \frac{1}{5 \cdot 7} \cos 6\omega t + \frac{1}{7 \cdot 9} \cos 8\omega t + \ldots \right)$$

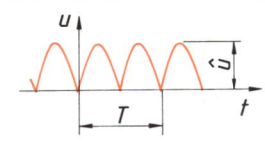

Doppelweggleichgerichtete Sinusspannung

$$u(t) = \frac{2 \cdot \hat{u}}{\pi} - \frac{4 \cdot \hat{u}}{\pi} \cdot \left(\frac{1}{1 \cdot 3} \cos 2\omega t + \frac{1}{3 \cdot 5} \cos 4\omega t + \frac{1}{5 \cdot 7} \cos 6\omega t \right.$$
$$\left. + \frac{1}{7 \cdot 9} \cos 8\omega t + \frac{1}{9 \cdot 11} \cos 10\omega t + \ldots \right)$$

1.7 Länge, Fläche, Volumen und Masse

Länge
1 Meter (m) = 100 Zentimeter (cm) = 1000 Millimeter (mm) = 1 000 000 Mikrometer (µm).
1 m = 10 Dezimeter (dm).
1 Kilometer (km) = 1000 m.
1 deutsche Meile (geographische Meile) = 7,420 km (meistens gerechnet = 7,5 km).
1 Seemeile = 10 Kabellängen = 1852 m.
1 englische Meile = 1760 Yards = 1609 m.
1 Yard = 3 engl. Fuß = 36 engl. Zoll (") = 91,44 cm.
1 engl. Zoll = 25,4 mm (genau 25,399956 mm).

Umrechnung englische Zoll in mm

engl. Zoll	$\frac{1}{64}$	$\frac{1}{32}$	$\frac{1}{16}$	$\frac{1}{8}$	$\frac{3}{16}$	$\frac{1}{4}$
mm	0,397	0,794	1,587	3,175	4,762	6,350
engl. Zoll	$\frac{3}{8}$	$\frac{1}{2}$	$\frac{5}{8}$	$\frac{3}{4}$	$\frac{7}{8}$	1"
mm	9,525	12,700	15,875	19,050	22,225	25,400

Fläche
1 Quadratmeter (m²) = 100 Quadratdezimeter (dm²) = 10000 Quadratzentimeter (cm²) = 1 000 000 Quadratmillimeter (mm²).
1 Quadratkilometer (km²) = 100 Hektar (ha) = 10000 Ar (a) = 1 000 000 Quadratmeter (m²).

Volumen
1 Kubikmeter (m³) = 1000 Kubikdezimeter (dm³).
1 m³ = 1 000 000 Kubikzentimeter (cm³) = 1 000 000 000 Kubikmillimeter (mm³).
1 dm³ = 1 Liter (l).
1 Hektoliter (hl) = 100 l.

Masse
1 cm³ Wasser (von 4 °C) hat eine Masse von 1 Gramm (g).
1 dm³ = 1 l Wasser hat eine Masse von 1 kg = 1000 g.
1 m³ Wasser hat eine Masse von 1 Tonne (t) = 1000 kg.
1 engl. Pfund = 0,4536 kg.
1 kg = 2,2046 engl. Pfund.

1.7.1 Formeln für die Flächenberechnung

Quadrat

$A = a \cdot a = a^2$
$D = 1,4142 \cdot a$
$a = \sqrt{A}$

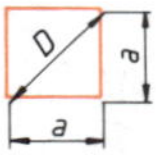

Rechteck, Rhombus, Parallelogramm
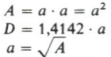

Rechteck — Fläche $A = g \cdot h$

Rhombus — Grundlinie $g = \frac{A}{h}$

Parallelogramm — Höhe $h = \frac{A}{g}$

Trapez
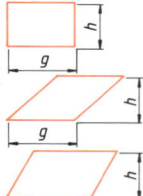
$A = \frac{a+b}{2} \cdot h$
$h = \frac{2A}{a+b}$
$a = \frac{2A}{h} - b$
$b = \frac{2A}{h} - a$

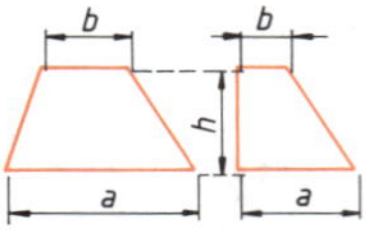

Dreieck
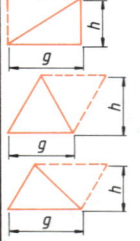
$A = \frac{g \cdot h}{2}$

Das Dreieck ist die Hälfte eines Rechtecks, Rhombus, Parallelogramms

$h = \frac{2A}{g}$

$g = \frac{2A}{h}$

Vieleck
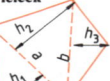
Zerlegung in Dreiecke:
$A = A_1 + A_2 + A_3$
$A = \frac{a \cdot h_1 + a \cdot h_2 + b \cdot h_3}{2}$

Kreis
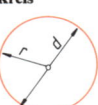
d = Kreisdurchmesser (Kreis-⌀)
r = Radius = Halbmesser
Umfang: $U = \pi \cdot d = \pi \cdot 2r$
$A = \frac{\pi \cdot d^2}{4}$
oder $A = \pi \cdot r^2$
$\pi = 3,14159265\ldots \approx 3,14$

Kreisring

$s = R - r$
$A = \pi(R^2 - r^2)$
oder $A = \pi(d+s) \cdot s$
oder $A = \frac{\pi \cdot D^2}{4} - \frac{\pi \cdot d^2}{4}$

Kreisausschnitt
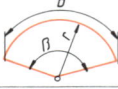
Bogenlänge $b = \frac{\pi \cdot r \cdot \beta°}{180°}$ $\beta° = \frac{180° \cdot b}{\pi \cdot r}$
$A = \frac{b \cdot r}{2}$

Kreisabschnitt
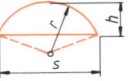
$A = 0,5 b \cdot r - 0,5 s (r - h)$
oder $A \approx \frac{h}{6s}(3h^2 + 4s^2)$
$r = \frac{h}{2} + \frac{s^2}{8h}$ $s = 2\sqrt{h(2r-h)}$
$h = r - \sqrt{r^2 - 0,25 s^2}$

Ellipse
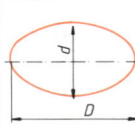
$A = \frac{\pi \cdot d \cdot D}{4}$
$D = \frac{4 \cdot A}{\pi \cdot d}$ $d = \frac{4 \cdot A}{\pi \cdot D}$
$U \approx \pi \cdot \frac{D+d}{2}$
Genauere Formel: $U \approx \pi \cdot \sqrt{2 \cdot (R^2 + r^2)}$

1.7 Länge, Fläche, Volumen und Masse
1.7.2 Formeln für die Körperberechnung

Würfel (Kubus)

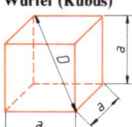

Rauminhalt:
$V = a \cdot a \cdot a = a^3$
Kantenlänge: $a = \sqrt[3]{V}$
Raumdiagonale $D = a\sqrt{3}$

Prisma

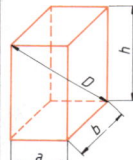

V = Grundfläche × Höhe
$V = a \cdot b \cdot h \quad V = A \cdot h$
$h = \dfrac{V}{A} \quad a = \dfrac{V}{b \cdot h} \quad b = \dfrac{V}{a \cdot h}$
$D = \sqrt{a^2 + b^2 + h^2}$

Pyramide

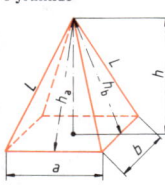

$V = \dfrac{a \cdot b \cdot h}{3} = \dfrac{A \cdot h}{3}$

$h_b = \sqrt{h^2 + \dfrac{a^2}{4}}$

$L = \sqrt{h_b^2 + \dfrac{b^2}{4}}$

h_a und h_b = Flächenhöhen
L = Kantenlänge

Pyramidenstumpf

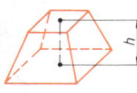

Rauminhalt genau:
$V = \dfrac{h}{3}(A + A_1 + \sqrt{A \cdot A_1})$

A und A_1 sind die Grundflächen.

In der Praxis gebrauchte (angenäherte) Formel:
$V \approx h \dfrac{A + A_1}{2}$
Gültig für $A_1 : A = 0{,}35$ oder größer.

Ponton

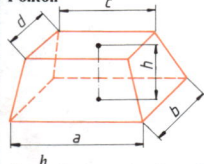

Das Ponton hat im Gegensatz zum Pyramidenstumpf verschieden geneigte Seitenflächen; die Grundflächen sind nicht ähnlich.

$V = \dfrac{h}{6}(2ab + ad + bc + 2cd)$

Kegel

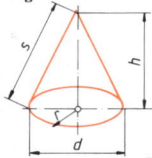 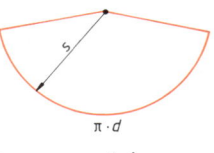

Mantelfläche $A_M = \dfrac{\pi \cdot d \cdot s}{2} \qquad V = \dfrac{A \cdot h}{3}$

Kegelstumpf

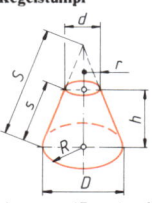

Mantelfläche

$A_M = \pi \cdot s(R + r)$ oder $A_M = \dfrac{\pi \cdot s(D + d)}{2}$

$V = \dfrac{\pi \cdot h}{3}(R \cdot r + R^2 + r^2)$

oder $V = \dfrac{\pi \cdot h}{12}(D \cdot d + D^2 + d^2)$

D und d sind die Durchmesser der Grundkreise.
$\beta = D \cdot 180/S$

Zylinder

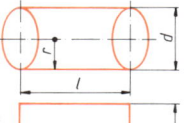

Die Mantelfläche ist ein Rechteck:
$A_M = \pi \cdot d \cdot l$

Rauminhalt:
$V = \pi \cdot r^2 \cdot l$

oder $V = \dfrac{\pi \cdot d^2}{4} \cdot l$

$= 0{,}785 \cdot d^2 \cdot l$

Hohlzylinder

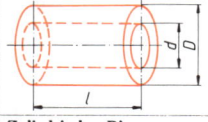

$V = \pi(R^2 - r^2)\, l$
$V = \pi(d + s) \cdot s \cdot l$
$V = \left(\dfrac{\pi \cdot D^2}{4} - \dfrac{\pi \cdot d^2}{4}\right) l$

Zylindrischer Ring

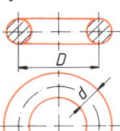

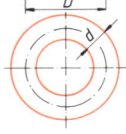

Mantelfläche:
$A_M = \pi \cdot d \cdot \pi \cdot D$

Rauminhalt:
$V = \dfrac{\pi \cdot d^2}{4}\, \pi \cdot D$

Kugel

Mantelfläche: $A_M = \pi \cdot d^2$

$V = \dfrac{4}{3}\pi r^3 = \dfrac{\pi \cdot d^3}{6}$

$V = 4{,}189\, r^3 = 0{,}5236\, d^3$

2 Physikalische Grundlagen

2.1 Einheiten und Zeichen

2.1.1 Das internationale Einheitensystem

Die **SI-Einheiten** (Système International d'Unités) wurden auf der 11. Generalkonferenz für Maß und Gewicht (1960) angenommen. Die **Basiseinheiten** sind definierte Einheiten der voneinander unabhängigen Basisgrößen als Grundlage des SI-Systems.

Basisgröße	Basiseinheit	
	Name	Zeichen
Länge	das Meter	m
Masse	das Kilogramm	kg
Zeit	die Sekunde	s
elektrische Stromstärke	das Ampere	A
Temperatur	das Kelvin	K
Lichtstärke	die Candela	cd
Stoffmenge [1]	das Mol	mol

Definition der Basiseinheiten

1. **Meter**: 1 m ist die Länge der Strecke, die Licht im Vakuum während des Intervalles von 1/299 792 458 Sekunden durchläuft.

2. **Kilogramm**: 1 kg ist die Masse des in Paris aufbewahrten Internationalen Kilogrammprototyps (ein Platin-Iridium-Zylinder).

3. **Sekunde**: 1 s ist das 9 192 631 770fache der Periodendauer der Strahlung des Nuklids Caesium ^{133}Cs.

4. **Ampere**: 1 A ist die Stärke eines Gleichstromes, der zwei lange, gerade und im Abstand von 1 m parallel verlaufende Leiter mit sehr kleinem kreisförmigen Querschnitt durchfließt und zwischen diesen die Kraft $0{,}2 \cdot 10^{-6}$ N je Meter ihrer Länge erzeugt.

5. **Kelvin**: 1 K ist der 273,16te Teil der Temperaturdifferenz zwischen dem absoluten Nullpunkt und dem Tripelpunkt des Wassers. (Beim Tripelpunkt sind Dampf, Flüssigkeit und fester Stoff im Gleichgewicht.)

6. **Candela**: 1 cd ist die Lichtstärke, mit der $\frac{1}{6} \cdot 10^{-5}$ m^2 Oberfläche eines schwarzen Strahlers bei der Temperatur des erstarrenden Platins (2046,2 K) bei 1,013 bar senkrecht zu seiner Oberfläche leuchtet.

7. **Mol**: 1 mol ist die Stoffmenge eines Systems bestimmter Zusammensetzung, das aus ebenso vielen Teilchen besteht, wie Atome in $12 \cdot 10^{-3}$ kg des Nuklids Kohlenstoff ^{12}C enthalten sind.

Vorsätze vor Einheiten n. DIN 1301 T 1 (12.85)

da	Deka	$= 10^1$	= zehnfacher	Wert
h	Hekto	$= 10^2$	= hundertfacher	"
k	Kilo	$= 10^3$	= tausendfacher	"
M	Mega (Meg)	$= 10^6$	= millionfacher	"
G	Giga	$= 10^9$	= milliardenfacher	"
T	Tera	$= 10^{12}$	= billionenfacher	"
P	Peta	$= 10^{15}$		
E	Exa	$= 10^{18}$		
d	Dezi	$= 10^{-1}$	= zehnter	Teil
c	Zenti	$= 10^{-2}$	= hundertster	"
m	Milli	$= 10^{-3}$	= tausendster	"
μ	Mikro	$= 10^{-6}$	= millionster	"
n	Nano	$= 10^{-9}$	= milliardster	"
p	Piko	$= 10^{-12}$	= billionster	"
f	Femto	$= 10^{-15}$		
a	Atto	$= 10^{-18}$		

Beispiel: 1 mA = 0,001 A; 1 MW = 1 000 000 W

Einheiten nach DIN 1301 Teil 2 (2.78)

Zeichen	Einheit	Bemerkungen
rad	Radiant	1 rad = 1 m/m
sr	Steradiant	1 sr = 1 m^2/m^2
m	Meter	
m^2	Quadratmeter	
m^3	Kubikmeter	
s	Sekunde	
Hz	Hertz	1 Hz = 1 s^{-1}
kg	Kilogramm	
N	Newton	1 N = 1 kg · m/s^2
Pa	Pascal	1 Pa = 1 N/m^2
J	Joule	1 J = 1 N · m = 1 W · s
W	Watt	1 W = 1 J/s
C	Coulomb	1 C = 1 A · s
V	Volt	1 V = 1 J/C
F	Farad	1 F = 1 C/V
A	Ampere	
Wb	Weber	1 Wb = 1 V · s
T	Tesla	1 T = 1 Wb/m^2
H	Henry	1 H = 1 Wb/A
Ω	Ohm	1 Ω = 1 V/A
S	Siemens	1 S = 1 Ω^{-1}
K	Kelvin	
°C	Grad Celcius	1 °C = 1 K [2]
mol	Mol	
cd	Candela	
lm	Lumen	1 lm = 1 cd · sr
lx	Lux	1 lx = 1 lm/m^2
Bq	Becquerel	1 Bq = 1 s^{-1}
Gy	Gray	1 Gy = 1 J/kg

Einheiten außerhalb des SI nach DIN 1301 Teil 1 (12.85)

Zeichen	Einheit	Bemerkungen
gon [3]	Gon	1 gon = (π/200) rad
l	Liter	1 l = 1 dm^3
min	Minute	1 min = 60 s
h	Stunde	1 h = 60 min
d	Tag	1 d = 24 h
a	Gemeinjahr	1 a = 365 d = 8760 h
t	Tonne	1 t = 10^3 kg = 1 Mg
bar	Bar	1 bar = 10^5 Pa
a	Ar	1 a = 10^2 m^2
ha	Hektar	1 ha = 10^4 m^2
eV	Elektronvolt	1 eV = 1,602189 · 10^{-19} J
u	atomare Masseneinheit	1 u = 1,6605655 · 10^{-27} kg
Kt [4]	metrisches Karat	1 Kt = 0,2 g

Nicht mehr zugelassene Einheiten nach DIN 1301 Teil 3 (10.79)

Zeichen	Einheit	Bemerkungen
Å	Ångström	1 Å = 10^{-10} m
g	Neugrad	1 g = 1 gon
c	Neuminute	1 c = π/2 · 10^{-4} rad
cc	Neusekunde	1 cc = π/2 · 10^{-6} rad
dyn	Dyn	1 dyn = 10^{-5} N
p	Pond	1 p ≈ 9,81 · 10^{-3} N
atm	physikalische Atmosphäre	1 atm = 101 325 Pa = 1,01325 bar
at	technische Atmosphäre	1 at = 98 066,5 Pa = 0,980665 bar
Torr	Torr	1 Torr = 1,333 mbar
erg	Erg	1 erg = 10^{-7} J
cal	Kalorie	1 cal = 4,1868 J
PS	Pferdestärke	1 PS = 735,498 W
°K	Grad Kelvin	1 °K = 1 K
grd	Grad	1 grd = 1 K
sb	Stilb	1 sb = 10^4 cd/m^2

---

[1] Nach DIN 1301 gilt mol als SI-Basiseinheit
[2] Als Temperaturdifferenz
[3] Siehe auch S. 1-6
[4] Nicht international genormt

2.1 Einheiten und Zeichen

2.1.2 Allgemeine Formelzeichen [1])

Formelzeichen	Bedeutung	SI-Einheit	Formelzeichen	Bedeutung	SI-Einheit
α, β, γ	ebener Winkel,	rad	ε	Permittivität	F/m
ϑ, φ	Drehwinkel		ε_0	elektrische Feldkonstante	F/m
Ω, ω	Raumwinkel	sr	ε_r	Permittivitätszahl	1
l	Länge	m	I	elektrische Stromstärke	A
b	Breite	m	J	elektrische Stromdichte	A/m²
h	Höhe, Tiefe	m	Θ	elektrische Durchflutung	A
δ, d	Dicke, Schichtdicke	m	V, V_m	magnetische Spannung	A
r	Halbmesser, Radius, Abstand	m	H	magnetische Feldstärke	A/m
d, D	Durchmesser	m	Φ	magnetischer Fluß	Wb
s	Weglänge, Kurvenlänge	m	B	magnetische Flußdichte,	T
A, S	Flächeninhalt, Oberfläche, Fläche	m²		magnetische Induktion	
S, q	Querschnitt, Querschnittsfläche	m²	L	Induktivität, Selbstinduktivität	H
V	Volumen, Rauminhalt	m³	L_{mn}	gegenseitige Induktivität	H
t	Zeit, Zeitspanne, Dauer	s	μ	Permeabilität	H/m
T	Periodendauer, Schwingungsdauer	s	μ_0	magnetische Feldkonstante	H/m
τ, T	Zeitkonstante	s	μ_r	Permeabilitätszahl	1
f, v	Frequenz, Periodenfrequenz	Hz	Λ	magn. Leitwert, Permeanz	H
ω	Kreisfrequenz, Winkelfrequenz	s⁻¹	R	elektrischer Widerstand, Wirkwiderstand, Resistanz	Ω
n, f_r	Umdrehungsfrequenz, (Drehzahl)	s⁻¹	G	elektrischer Leitwert, Wirkleitwert, Konduktanz	S
ω, Ω	Winkelgeschwindigkeit	rad/s			
α	Winkelbeschleunigung	rad/s²	ϱ	spezifischer elektr. Widerstand	Ω·m
λ	Wellenlänge	m	$\gamma, \sigma, \varkappa$	elektrische Leitfähigkeit	S/m
α	Dämpfungskoeffizient, (-belag)	m⁻¹	X	Blindwiderstand, Reaktanz	Ω
β	Phasenkoeffizient, (-belag)	m⁻¹	B	Blindleitwert, Suszeptanz	S
γ	Ausbreitungskoeffizient	m⁻¹	Z	Impedanz (komplex)	Ω
v, u, w, c	Geschwindigkeit	m/s	$Z, |Z|$	Scheinwiderstand	Ω
c	Ausbreitungsgeschwindigkeit einer Welle	m/s	Y	Admittanz (komplex)	S
			$Y, |Y|$	Scheinleitwert	S
a	Beschleunigung	m/s²	Z_w, T	Wellenwiderstand	Ω
g	örtliche Fallbeschleunigung	m/s²	P, P_w	Wirkleistung	W
			Q, P_q	Blindleistung	W
m	Masse	kg	S, P_s	Scheinleistung	W
ϱ, ϱ_m	Dichte, volumenbezogene Masse	kg/m³	φ	Phasenverschiebungswinkel	rad
v	spezifisches Volumen	m³/kg	δ	Verlustwinkel	rad
J	Trägheitsmoment	kg·m²	λ	Leistungsfaktor	1
F	Kraft	N	d	Verlustfaktor	1
F_G, G	Gewichtskraft	N	k	Klirrfaktor, Oberschwingungsgehalt	1
M	Kraftmoment, Drehmoment	N·m			
M_T, T	Torsionsmoment	N·m	F	Formfaktor	1
p	Bewegungsgröße, Impuls	kg·m/s	m	Anzahl der Phasen (Stränge)	1
L	Drall, Drehimpuls	kg·m²/s	N	Windungszahl	1
p	Druck	Pa			
p_{abs}	absoluter Druck	Pa	T, Θ	thermodynamische Temperatur	K
p_{amb}	umgebender Atmosphärendruck	Pa	$\Delta T, \Delta t, \Delta \vartheta$	Temperaturdifferenz	K
p_e	atmosphärische Druckdifferenz, Überdruck	Pa	t, ϑ	Celsius-Temperatur	°C
σ	Normalspannung (Zug, Druck)	N/m²	α_l	Längenausdehnungskoeffizient	K⁻¹
τ	Schubspannung	N/m²	α_V, γ	Volumenausdehnungskoeffizient	K⁻¹
ε	Dehnung, rel. Längenänderung	1	Q	Wärme, Wärmemenge	J
γ	Schiebung, Scherung	1	Φ_{th}, Φ, Q	Wärmestrom	W
E	Elastizitätsmodul	N/m²	λ	Wärmeleitfähigkeit	W/(m·K)
G	Schubmodul	N/m²	α, h	Wärmeübergangskoeffizient	W/(m²·K)
K	Kompressionsmodul	N/m²	k	Wärmedurchgangskoeffizient	W/(m²·K)
μ, f	Reibungszahl	1	a	Temperaturleitfähigkeit	m²/s
H	Flächenmoment 1. Grades	m³	C_{th}	Wärmekapazität	J/K
W	Widerstandsmoment	m³	c	spezifische Wärmekapazität	J/(kg·K)
I	Flächenmoment 2. Grades	m⁴			
W, A	Arbeit	J	A_r	relative Atommasse	1
E, W	Energie	J	M_r	relative Molekülmasse	1
P	Leistung	W	Z	Ordnungszahl eines Elementes	1
η	Wirkungsgrad	1			
Q	elektrische Ladung, Elektrizitätsmenge	C	I_v	Lichtstärke	cd
			Φ_v	Lichtstrom	lm
e	Elementarladung	C	η	Lichtausbeute	lm/W
φ, φ_e	elektrisches Potential	V	Q_v	Lichtmenge	lm·s
U	elektrische Spannung	V	L_v	Leuchtdichte	cd/m²
E	elektrische Feldstärke	V/m	E_v	Beleuchtungsstärke	lx
C	elektrische Kapazität	F	H_v	Belichtung	lx·s

[1]) Weitere Formelzeichen siehe DIN 1304 Teil 1 (3.89).

2.1 Einheiten und Zeichen

2.1.3 Indizes nach DIN 1304 Teil 1 (3.89)

Index	Bedeutung	Index	Bedeutung
0	Leerlauf, fester Bezugswert	is	isoliert
		k	Kurzschluß
1	primär, Eingang, Anfangszustand	K	Kommutator
		lin	linear
2	sekundär, Ausgang, Endzustand	Lo	Last (load)
		magn	magnetisch
		max	maximal
		min	minimal
		nom	Nennwert
a	außen	or	Ursprung, Anfang (origo)
abs	absolut		
alt	wechselnd, alternierend	par	parallel
		qu	Ruhe, Pause
amp	Amplitude	rcf	Gleichrichtwert
as	asynchron	rel	relativ
A	Anlauf, Anzug	rev	umkehrbar
b	Basis, Blind-	rot	Läufer, Rotor
dif	differentiell	ser	Reihe, Serie
dyn	dynamisch	sin	sinusförmig
eff	effektiv	stat	stationär, statisch
el	elektrisch	str	Ständer, Stator
ext	außen, extern	syn	synchron
E	Erde, Erdschluß	t	Augenblickswert
f	Feld, Erregung	th	Wärme, thermisch
G	Generator	tot	total
h	Haupt-	v	Verlust
H	Hysterese	var	veränderlich
id	ideell	zul	zulässig
indi	indirekt		
indu	induziert	δ	Luftspalt
ini	Anfangswert	σ	Streuung
inst	augenblicklich	Δ	Differenz

2.1.4 Das griechische Alphabet

$A\ \alpha$	$B\ \beta$	$\Gamma\ \gamma$	$\Delta\ \delta$	$E\ \varepsilon$	$Z\ \zeta$
Alpha	Beta	Gamma	Delta	Epsilon	Zeta
$H\ \eta$	$\Theta\ \vartheta$	$I\ \iota$	$K\ \varkappa$	$\Lambda\ \lambda$	$M\ \mu$
Eta	Theta	Iota	Kappa	Lambda	My
$N\ \nu$	$\Xi\ \zeta$	$O\ o$	$\Pi\ \pi$	$P\ \varrho$	$\Sigma\ \sigma$
Ny	Xi	Omikron	Pi	Rho	Sigma
$T\ \tau$	$Y\ \upsilon$	$\Phi\ \varphi$	$X\ \chi$	$\Psi\ \psi$	$\Omega\ \omega$
Tau	Ypsilon	Phi	Chi	Psi	Omega

2.1.5 Römische Ziffern

I =	1	VI =	6	XX =	20
II =	2	VII =	7	XXX =	30
III =	3	VIII =	8	XL =	40
IV =	4	IX =	9	L =	50
V =	5	X =	10	LX =	60
LXX =	70	CC =	200	DCC =	700
LXXX =	80	CCC =	300	DCCC =	800
XC =	90	CD =	400	CM =	900
XCIX =	99	D =	500	CMXC =	990
C =	100	DC =	600	CMXCIX =	999
M = 1000					
MCC = 1200					
MCD = 1400		253 = CCLIII			
MDCC = 1700		1993 = MCMXCIII			
MM = 2000					

2.1.6 Konstanten der Physik

Größe und Formelzeichen		Zahlenwert und Einheit
Atomare Einheitsmasse	m_a	$1{,}6605 \cdot 10^{-27}\ \text{kg}$
Avogadro-Konstante (Loschmidt-Konstante)	N_A	$6{,}0221 \cdot 10^{26}\ \dfrac{1}{\text{kmol}}$
Bohrsches Magneton	μ_B	$9{,}274 \cdot 10^{-24}\ \dfrac{\text{J}}{\text{T}}$
Bohr-Radius	a_0	$5{,}2917 \cdot 10^{-11}\ \text{m}$
Boltzmann-Konstante	k	$1{,}38062 \cdot 10^{-23}\ \dfrac{\text{J}}{\text{K}}$
Comptonwellenlänge des Elektrons	λ_C	$2{,}4263 \cdot 10^{-12}\ \text{m}$
des Neutrons	$\lambda_{C,n}$	$1{,}3196 \cdot 10^{-15}\ \text{m}$
des Protons	$\lambda_{C,p}$	$1{,}3214 \cdot 10^{-15}\ \text{m}$
Elektrische Feldkonstante	$\varepsilon_0 = \dfrac{1}{\mu_0 \cdot c_0^2}$	$8{,}8541 \cdot 10^{-12}\ \dfrac{\text{F}}{\text{m}}$
Elektronenradius	r_0	$2{,}8179 \cdot 10^{-15}\ \text{m}$
Elementarladung	e	$1{,}602 \cdot 10^{-19}\ \text{C}$
Fallbeschleunigung (Normwert)	g_n	$9{,}80665\ \dfrac{\text{m}}{\text{s}^2}$
Faraday-Konstante	F	$9{,}6486 \cdot 10^{7}\ \dfrac{\text{C}}{\text{kmol}}$
Gravitationskonstante	f	$6{,}67 \cdot 10^{-11}\ \dfrac{\text{m}^3}{\text{kg} \cdot \text{s}^2}$
Kernmagneton	μ_n	$5{,}05 \cdot 10^{-27}\ \dfrac{\text{J}}{\text{T}}$
Lichtgeschwindigkeit im Vakuum	c_0	$2{,}99792458 \cdot 10^{8}\ \dfrac{\text{m}}{\text{s}}$
Magnetische Feldkonstante	μ_0	$4\pi \cdot 10^{-6}\ \dfrac{\text{Vs}}{\text{Am}}$
		$1{,}256637 \cdot 10^{-7}\ \dfrac{\text{Vs}}{\text{Am}}$
Magnetisches Flußquant	$\Phi_0 = \dfrac{h}{2e}$	$2{,}0678 \cdot 10^{-15}\ \text{Tm}^2$
Magnetisches Moment des Elektrons	μ_e	$9{,}284 \cdot 10^{-24}\ \dfrac{\text{J}}{\text{T}}$
des Protons	μ_p	$1{,}4106 \cdot 10^{-26}\ \dfrac{\text{J}}{\text{T}}$
Massenverhältnis Proton/Elektron	$\dfrac{m_p}{m_e}$	$1836{,}1$
Molare Gaskonstante	R_0	$8{,}317\ \dfrac{\text{J}}{\text{mol} \cdot \text{K}}$
Molares Normvolumen des idealen Gases	V_0	$22{,}413\ \dfrac{\text{m}^3}{\text{kmol}}$
Nullpunkt der Kelvin-Temperaturskala		$-273{,}16\ °\text{C}$
Plancksches Wirkungsquantum	h	$6{,}6256 \cdot 10^{-34}\ \text{Js}$
Ruhemasse des Elektrons	m_e	$9{,}1095 \cdot 10^{-31}\ \text{kg}$
des Neutrons	m_n	$1{,}6749 \cdot 10^{-27}\ \text{kg}$
des Protons	m_p	$1{,}6726 \cdot 10^{-27}\ \text{kg}$
Rydberg-Konstante	R_∞	$1{,}0973 \cdot 10^{7}\ \dfrac{1}{\text{m}}$
Sommerfeldsche Feinstrukturkonstante	α	$7{,}2973 \cdot 10^{-3}$
spezifische Elementarladung	$\dfrac{e}{m_e}$	$1{,}7588 \cdot 10^{11}\ \dfrac{\text{C}}{\text{kg}}$
Stefan-Boltzmann-Konstante	σ	$5{,}669 \cdot 10^{-8}\ \dfrac{\text{W}}{\text{m}^2 \cdot \text{K}^4}$
1. Strahlungskonstante	$c_1 = 8\pi h c$	$4{,}99257 \cdot 10^{-24}\ \text{J} \cdot \text{m}$
2. Strahlungskonstante	$c_2 = \dfrac{hc}{k}$	$1{,}4388 \cdot 10^{-2}\ \text{K} \cdot \text{m}$
Wellenwiderstand des Vakuums	$\Gamma_0 = \sqrt{\dfrac{\mu_0}{\varepsilon_0}}$	$376{,}7304\ \Omega$
Zirkulationsquant	$\dfrac{h}{2m_e}$	$3{,}6369 \cdot 10^{-4}\ \dfrac{\text{Js}}{\text{kg}}$

2.2 Masse und Dichte

Die Angabe der Masse m eines Körpers ist ein Maß für seine Trägheit, d. h. für den Widerstand, den der Körper einer Bewegungsänderung entgegensetzt und damit auch ein Maß für die den Körper bildende Stoffmenge. Die Masse ist unabhängig von Ort und Umgebung; ihre Messung erfolgt z. B. auf einer Balkenwaage durch Vergleich mit geeichten Massen.

Die Dichte ϱ eines Körpers ist der Quotient aus der Masse und dem Körpervolumen.

$$\varrho = \frac{m}{V}$$

ϱ Dichte in kg/dm³
m Masse in kg
V Volumen in dm³

Die Dichte von festen und flüssigen Stoffen ist praktisch nur von der Stoffart abhängig. Es wird unterschieden zwischen der Dichte homogener Körper (z. B. ohne porige Einschlüsse) und der Dichte inhomogener Stoffe (z. B. von Sinterkörpern oder Dämmstoffen).

Bei Gasen ist die Dichteangabe nur dann vollständig, wenn alles genannt wird, was ihren Wert wesentlich beeinflußt, wie z. B. Umgebungsdruck und Temperatur. Die Normdichte ist der Wert der Dichte eines Gases bei dem als Norm definierten und vereinbarten Zustand von 0 °C und 1,01325 bar.

Dichte (ϱ in kg/dm³) [1]

Feste Stoffe

Anthrazit	1,4 ··· 1,7	Phenol	1,07
Asbestpappe	1,2	Phosphor	
Asbestzement-		rot	2,20
platten	1,8 ··· 2,2	weiß	1,82
Asphalte	1,05 ··· 1,38	Porzellan	2,45
Bakelit	1,335	Preßspan	1,2 ··· 1,4
Basalt	3,0	Quarz	2,1 ··· 2,5
Baumwollfaser	1,47 ··· 1,5	Ruß	1,7 ··· 1,8
Bauxit	2,4 ··· 2,6	Salmiak	1,52
Beton	2,2	Sand	
Bimsstein	0,4 ··· 0,9	trocken	1,58 ··· 1,65
Brauneisenstein	3,4 ··· 4,0	naß	2,0
Braunkohle	1,2 ··· 1,4	erdfeucht	1,8
Diamant	3,5	Sandsteinmauerwerk	2,6
Dolomit	2,9	Schamotte	1,9 ··· 2,1
Eis bei 0°C	0,9	Schaumgummi	0,06 ··· 0,09
Erde	1,3 ··· 2,0	Schiefer	2,8
Gips	2,3	Schnee,	
Glas	2,5 ··· 2,9	naß, lose	bis 0,95
Glimmer	2,6 ··· 3,2	trocken, lose	0,125
Granit	2,8	Schwefel	2,07
Graphit, Elektrode	2,22	Schwerspat	4,25
Grauguß (i. M.)	7,25	Seide	1,37
Gummi (i. M.)	1,45	Spateisenstein	3,8
Hartgummi	1,15 ··· 1,5	Stahl (i. M.)	7,85
Hartholz	1,2 ··· 1,4	C15	7,85
Hartpapier	1,42	C35	7,84
Kalksteine	2,6	C60	7,83
Kies, naß	2,0	41Cr4	7,84
Kies, trocken	1,8	X10Cr13	7,75
Kochsalz	2,15	Stahlbeton	2,4
Kohlenstoff	3,51	Steinkohle	
Koks	1,6 ··· 1,9	Stück	1,2 ··· 1,5
Kolophonium	1,07 ··· 1,09	geschichtet	0,9
Kork	0,25 ··· 0,35	Ton, naß	2,1
Kreide	1,8 ··· 2,6	Ton, trocken	1,8
Leder	0,86	Torf, Erd-	0,64
Linoleum	1,1	Torfmull	0,19
Marmor (i. M.)	2,8	Vulkanfiber	1,1 ··· 1,45
Papier	0,7 ··· 1,2	Zelluloid	1,38
Paraffin	0,86 ··· 0,92	Zementmörtel	1,8 ··· 1,3
Pertinax	1,3	Zucker, weiß	1,61

Flüssigkeiten

Alkohol	0,79	Kochsalzlösung,	
Aceton	0,79	gesätt. 28%	1,189
Benzin	0,66	Leinöl	0,93
Benzol	0,88	Meerwasser	
Ether	0,713	(3,5% Salz)	1,026
Glycerin	1,26	Mineralschmieröl	0,9 ··· 0,92

Petroleum	0,81	Terpentinöl	0,865
Quecksilber	13,558	Toluol	0,87
Schwefelkohlenstoff	1,26	Wasser	0,998

Gase und Dämpfe

Ammoniak	0,771	Neon	0,8999
Argon	1,784	Ozon	2,22
Acetylen	1,174	Propan	2,019
Chlor	3,220	Propylen	1,915
Fluor	1,695	Sauerstoff	1,429
Ethylen	1,261	Stickstoffoxid	1,340
Ethan	1,356	Stickstoff	1,250
Generatorgas	1,14	Wasserstoff	0,09
Gichtgas	1,28	Wasserdampf bei	
Helium	0,187	100 °C	0,578
Kohlenstoffdioxid	1,977	200 °C	0,452
Kohlenstoffoxid	1,250	300 °C	0,372
Krypton	3,74	400 °C	0,316
Luft	1,293	500 °C	0,275
Methan	0,717		

Beispiel:

Berechnung der Masse des Körpers aus Stahl.

$$m = V \cdot \varrho = (V_1 + V_2 + V_3) \cdot \varrho$$

$$m = \frac{(d_1^2 \cdot l_1 + d_2^2 \cdot l_2 + d_3^2 \cdot l_3) \cdot \pi \cdot \varrho}{4}$$

$$m = \frac{(2^2 \cdot 1 + 3^2 \cdot 1 + 4^2 \cdot 1) \, \text{cm}^3 \cdot \pi \cdot 7,85 \, \text{g}}{4 \, \text{cm}^3}$$

$$m = 227,65 \, \text{g}$$

[1] Weitere Angaben siehe auch Seite 13-4 (reine Metalle, Legierungen), Seite 13-5 (Kontaktwerkstoffe), Seite 13-11 (magnetische Werkstoffe), Seite 13-21 (Kunststoffe), Seite 13-23 (Isolierstoffe).

2.3 Mechanik

2.3.1 Kräfte

Die **Kraft** ist die Ursache für eine Form- oder Bewegungsänderung eines Körpers. Die physikalische Größe Kraft kann als das Produkt der Masse m eines Körpers und der Beschleunigung a, die er unter Einwirkung der Kraft F erfahren würde, dargestellt werden.

Vektorielle Schreibweise:

$\vec{F}_R = \vec{F}_y + \vec{F}_x$; $\vec{F}_y$ und $\vec{F}_x$ sind die Komponenten der Kraft $\vec{F}_R$ im rechtwinkligen Koordinatensystem. β ist der Winkel zwischen F_R und der Abszisse. Er gibt die Wirkrichtung an.

Algebraische Schreibweise:

$F_x = F_R \cdot \cos \beta$; $F_y = F_R \cdot \sin \beta$; $F_R^2 = F_x^2 + F_y^2$ (Beträge)

Beispiele für Kräfte						
Beschleunigungskraft				**Gewichtskraft**		
	$F = m \cdot a$	F	Beschleunigungskraft in N	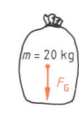	$F_G = m \cdot g$	F_G Gewichtskraft in N
		m	Masse in kg			m Masse in kg
		a	Beschleunigung in m/s²			g Fallbeschleunigung in m/s²
Federkraft				**Schnittkraft beim Drehen**		
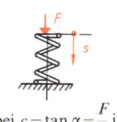	$F = c \cdot s$	F	Federkraft in N	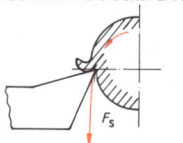	$F_c = k_c \cdot q$	F_c Schnittkraft in N
		c	Federsteifigkeit in N/mm			k_c spezifische Schnittkraft in N/mm²
wobei $c = \tan \alpha = \dfrac{F}{s}$ ist		s	Federweg in mm			q Spanungsquerschnitt in mm²

Zusammenwirken von Kräften

<table>
<tr><th colspan="2">Winkel zwischen den Kräften</th><th>Zeichnerische Darstellung/Lösung</th><th>Rechnerische Lösung</th></tr>
<tr><td rowspan="4">Zusammensetzung von Kräften</td><td>Kräfteaddition
$\alpha_1 = 0°$
$\alpha_2 = 0°$

Beispiel:</td><td>(Kräftemaßstab 1 cm ≙ ... N)</td><td>$\vec{F}_1 + \vec{F}_2 = \vec{F}_R$
$F_1 = F_{x1}$, da $\alpha_1 = 0° \rightarrow \cos \alpha_1 = 1$,
mit α_1 = Winkel zwischen F_1 und Abszisse.
$F_{y1} = 0$, da $\alpha_1 = 0° \rightarrow \sin \alpha_1 = 0$.

Da auch $\alpha_2 = 0$ ist $\rightarrow F_2 = F_{x2}$, $F_{y2} = 0$.
Somit: $\vec{F}_1 + \vec{F}_2 = F_{x1} + F_{x2} = F_1 + F_2 = F_R$

$F_1 = 15$ N
$F_2 = 10$ N $\quad F_R = ?$
$F_R = F_1 + F_2 = 15$ N $+ 10$ N $= 25$ N</td></tr>
<tr><td>Kräftesubtraktion
$\alpha_1 = 0°$
$\alpha_2 = 180°$</td><td></td><td>$\vec{F}_1 + \vec{F}_2 = \vec{F}_R$
$F_1 = F_{x1}$, da $\alpha_1 = 0° \rightarrow \cos \alpha_1 = 1$.
$F_{y1} = 0$, da $\alpha_1 = 0° \rightarrow \sin \alpha_1 = 0$.

$F_2 = -F_{x2}$, da $\alpha_2 = 180° \rightarrow \cos \alpha_2 = -1$.
$F_{y2} = 0$, da $\alpha_2 = 180° \rightarrow \sin \alpha_2 = 0$.

Somit: $\vec{F}_1 + \vec{F}_2 = F_{x1} - F_{x2} = F_1 - F_2 = F_R$</td></tr>
</table>

(Forts. siehe Seite 2-6)

2.3 Mechanik

Zusammenwirken von Kräften (Forts.)

	Winkel zwischen den Kräften	Zeichnerische Darstellung/ Lösung	Rechnerische Lösung
Kräfte unter einem Winkel	$\alpha_1 = 0°$ $\alpha_2 = 90°$		$\vec{F}_1 + \vec{F}_2 = \vec{F}_R$ $F_1 = F_{x1}; F_{y1} = 0$ $F_{x2} = 0$, da $\alpha_2 = 90° \rightarrow \cos \alpha_2 = 0$. $F_{y2} = F_2$, da $\alpha_2 = 90° \rightarrow \sin \alpha_2 = 1$. F_{x1} und F_{y2} stehen rechtwinklig aufeinander, es gilt der Satz des Pythagoras: $F_{x1}^2 + F_{y2}^2 = F_R^2 = F_1^2 + F_2^2$ Zur eindeutigen Bestimmung des Vektors $\vec{F}_R$ ist die Bestimmung der Wirkrichtung notwendig: $\tan \beta = \dfrac{F_2}{F_1}$
	$\alpha_1 = 0°$ $\alpha_2 = $ beliebig		$\vec{F}_1 + \vec{F}_2 = \vec{F}_R$ $F_{x1} = F_1$, da $\alpha_1 = 0° \rightarrow \cos \alpha_1 = 1$ $F_{y1} = 0$, da $\alpha_1 = 0° \rightarrow \sin \alpha_1 = 0$ $F_{x2} = F_2 \cdot \cos \alpha_2$; $F_{y2} = F_2 \cdot \sin \alpha_2$ $F_{xR} = F_{x1} + F_{x2} = F_1 + F_2 \cdot \cos \alpha_2$ $F_{yR} = F_{y1} + F_{y2} = 0 + F_2 \cdot \sin \alpha_2$ $F_R^2 = F_{xR}^2 + F_{yR}^2 = (F_1 + F_2 \cdot \cos \alpha_2)^2 + (F_2 \cdot \sin \alpha_2)^2$
	Beispiel: Wie groß ist die Zugkraft an der Kupplung eines Schleppers, der zwei Kähne schleppt?		durch Umformen ergibt sich: $F_R = \sqrt{F_1^2 + F_2^2 + 2 \cdot F_1 \cdot F_2 \cdot \cos \alpha_2}$ $\tan \beta = \dfrac{F_2 \cdot \sin \alpha_2}{F_1 + F_2 \cdot \cos \alpha_2}$
	$F_1 = 5000$ N, $F_2 = 7000$ N, $\alpha = 20°$, $F_R = ?$		$F_R = \sqrt{5000^2\,N^2 + 7000^2\,N^2 + 2 \cdot 5000\,N \cdot 7000\,N \cdot \cos 20°}$ $F_R = 11\,822$ N
Mehrere zentral angreifende Kräfte	beliebige Winkel	Zur Ermittlung der resultierenden Kraft $\vec{F}_R$ mehrerer zentral angreifender Kräfte werden diese parallel zu ihrer Lage im Lageplan in den Kräfteplan verschoben und dort in beliebiger Reihenfolge aneinandergefügt. Die Verbindungslinie zwischen Anfangs- und Endpunkt des Streckenzuges ergibt Größe und Richtung der Resultierenden.	Rechnung nur sinnvoll, wenn die Zahl der angreifenden Kräfte gering ist. Rechnung ist wie im obigen Beispiel durchzuführen.
	Beispiel: An einem Mast treffen sich drei Kabel unter verschiedenen Winkeln. Wie groß ist die Resultierende und ihre Lage?		
Kräftezerlegung	$\alpha_1 = 0°, \alpha_2 = 90°$		F_G Gewichtskraft in N F_N Normalkraft in N F_H Hangabtriebskraft in N $\vec{F}_G = \vec{F}_N + \vec{F}_H$ $F_H = F_G \cdot \sin \gamma = m \cdot g \cdot \sin \gamma$ $F_H = 2$ kg $\cdot 9{,}81$ m/s^2 $\cdot \sin 30°$ $F_H = 9{,}81$ N
	Beispiel: Wie groß ist die Hangabtriebskraft eines Körpers der Masse $m = 2$ kg auf einer schiefen Ebene mit einem Winkel von $\gamma = 30°$ (Reibung vernachlässigbar)?		

2.3 Mechanik

2.3.2 Drehmoment

Zwei in bezug auf einen Punkt im Abstand r wirkende parallele, aber entgegensetzt gerichtete Kräfte sind bestrebt, den Körper um diesen Punkt in eine Drehbewegung zu versetzen. Das Produkt aus der Kraft F und dem Abstand r des Angriffspunktes der Kraft zum Drehpunkt heißt **Drehmoment** oder **Kraftmoment**. Das Drehmoment ist ein Vektor und wird durch die Angabe des Betrages und der Richtung (nämlich der Achse) vollständig beschrieben. Der positive Richtungssinn ist dem Drehsinn im Sinne einer Längsbewegung einer Rechtsschraube zugeordnet.

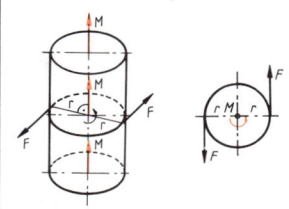

Vektorielle Schreibweise: $\vec{M} = \vec{r} \cdot \vec{F}$
Algebraische Schreibweise: $M = r \cdot F \cdot \sin \alpha$

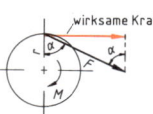

Nur die Komponente der Kraft $\vec{F}$, die senkrecht zum Abstand $\vec{r}$ wirkt, wird für die Größe des Momentes wirksam. Für den Sonderfall, daß $\alpha = 90°$ ist ($\sin \alpha = 1$), wird

$M = r \cdot F$

Momentenvektor
am Körper   senkrecht zur Zeichenebene

Befindet sich ein Körper in Ruhe (Gleichgewicht), so ist die Summe der Momente gleich Null.

Beispiel:

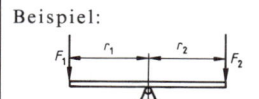

$\Sigma M_{li} = \Sigma M_{re}$ **Hebelgesetz**
ΣM_{li} linksdrehende Momente (üblich auch $\Sigma M^{\curvearrowleft}$)
ΣM_{re} rechtsdrehende Momente (auch $\Sigma M^{\curvearrowright}$)
im Beispiel: $F_1 \cdot r_1 = F_2 \cdot r_2$

Anwendung des Hebelgesetzes

Bezeichnung	Zeichnerische Darstellung	Rechnerische Lösung	Bemerkungen
Einarmiger Hebel	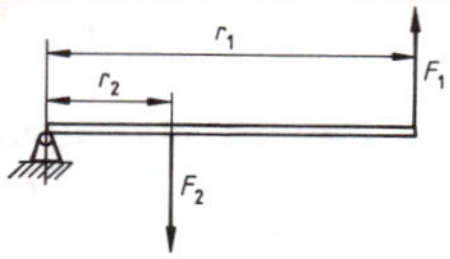	$\Sigma M_{li} = \Sigma M_{re}$ $F_1 \cdot r_1 = F_2 \cdot r_2$	r_1, r_2 sind die Abstände des Lotes vom Drehpunkt auf die Wirkungslinien der Kräfte F_1, F_2
Zweiarmiger Hebel	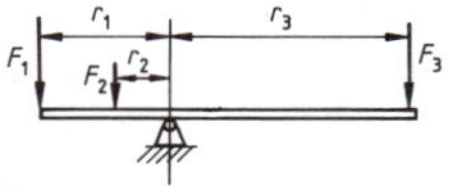	$\Sigma M_{li} = \Sigma M_{re}$ $F_1 \cdot r_1 + F_2 \cdot r_2 = F_3 \cdot r_3$	
Winkelhebel	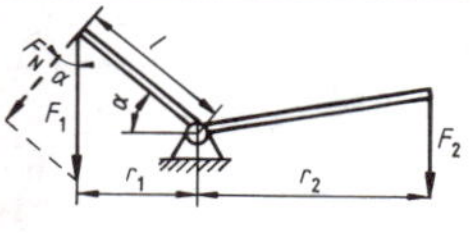	$\Sigma M_{li} = \Sigma M_{re}$ $F_1 \cdot r_1 = F_2 \cdot r_2$	$F_N \cdot l = F \cdot r$, da $F_N = F \cdot \cos \alpha$ und $l = \dfrac{r_1}{\cos \alpha}$
Auflager-kräfte-berechnung	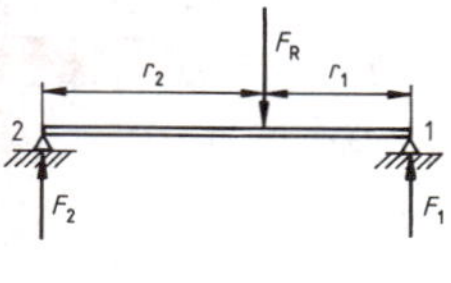	a) $\Sigma M_{li} = \Sigma M_{re}$ um angenommenen Drehpunkt 2: $F_1 \cdot (r_1 + r_2) = F_R \cdot r_2$ $F_1 = F_R \cdot r_2 / (r_1 + r_2)$ b) $F_R = F_1 + F_2 \rightarrow F_1 = F_R - F_2$ durch Gleichsetzen erhält man $F_1 = F_R \left(1 - \dfrac{r_2}{r_1 + r_2}\right);$ $F_2 = F_R - F_1$	F_1, F_2 Auflagerkräfte (Reaktionskräfte) F_R resultierende Kraft

2.3 Mechanik

2.3.3 Bewegungslehre

Geradlinig gleichförmige Bewegung

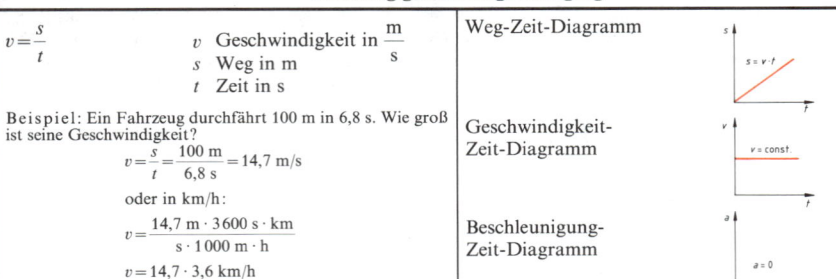

$v = \dfrac{s}{t}$

v Geschwindigkeit in $\dfrac{m}{s}$
s Weg in m
t Zeit in s

Weg-Zeit-Diagramm

Beispiel: Ein Fahrzeug durchfährt 100 m in 6,8 s. Wie groß ist seine Geschwindigkeit?

$v = \dfrac{s}{t} = \dfrac{100 \text{ m}}{6{,}8 \text{ s}} = 14{,}7 \text{ m/s}$

oder in km/h:

$v = \dfrac{14{,}7 \text{ m} \cdot 3600 \text{ s} \cdot \text{km}}{\text{s} \cdot 1000 \text{ m} \cdot \text{h}}$

$v = 14{,}7 \cdot 3{,}6 \text{ km/h}$

$v = 52{,}92 \text{ km/h}$

Geschwindigkeit-Zeit-Diagramm

Beschleunigung-Zeit-Diagramm

Gleichmäßig beschleunigte Bewegung (ungleichförmige Bewegung)

$v = a \cdot t$

$s = \dfrac{v \cdot t}{2}$

$s = \dfrac{a \cdot t^2}{2}$

v Geschwindigkeit in $\dfrac{m}{s}$
a Beschleunigung in $\dfrac{m}{s^2}$
t Zeit in s
s Weg in m

Weg-Zeit-Diagramm

Beispiel: Ein Zug erreicht in 2 min eine Geschwindigkeit von 100 km/h. Wie groß ist die durchschnittliche Beschleunigung und der zurückgelegte Weg?

$a = \dfrac{v}{t} = \dfrac{100000 \text{ m}}{3600 \text{ s} \cdot 120 \text{ s}} = 0{,}23 \dfrac{\text{m}}{\text{s}^2}$

• $s = \dfrac{v \cdot t}{2} = \dfrac{100000 \text{ m} \cdot 120 \text{ s}}{3600 \text{ s} \cdot 2} = 1666{,}7 \text{ m}$

Geschwindigkeit-Zeit-Diagramm

Beschleunigung-Zeit-Diagramm

Sonderfall: Freier Fall

$v = g \cdot t$

$s = \dfrac{g \cdot t^2}{2}$

$v = \sqrt{2 \cdot g \cdot s}$

v Geschwindigkeit in $\dfrac{m}{s}$
g Fallbeschleunigung in $\dfrac{m}{s^2}$
($g = 9{,}81 \text{ m/s}^2$) [1]
t Zeit in s
s Weg in m

Beispiel: In welcher Zeit fällt ein Stein aus 100 m Höhe auf den Erdboden (ohne Luftreibung)?

$t = \sqrt{\dfrac{2 \cdot s}{g}} = \sqrt{\dfrac{2 \cdot 100 \text{ m} \cdot \text{s}^2}{9{,}81 \text{ m}}} = 4{,}51 \text{ s}$

Sonderfall: Bewegung auf geneigter Ebene

$v = g \cdot t \cdot \sin \alpha$

$s = \dfrac{g \cdot t^2 \cdot \sin \alpha}{2}$

$v = \sqrt{2 \cdot g \cdot \sin \alpha}$

v Geschwindigkeit in $\dfrac{m}{s}$
g Fallbeschleunigung in $\dfrac{m}{s^2}$
t Zeit in s
s Weg in m

Beispiel: Ein Fahrzeug beginnt auf einer geneigten Ebene mit $\alpha = 30°$ zu rollen. Wie groß ist seine Geschwindigkeit nach 5 s (ohne Reibung)?

$v = g \cdot t \cdot \sin \alpha$

$v = \dfrac{9{,}81 \text{ m} \cdot 5 \text{ s} \cdot 0{,}5}{\text{s}^2}$

$v = 24{,}5 \text{ m/s}$

Durchschnittliche Geschwindigkeiten

	km/h	m/s		km/h	m/s
Fußgänger	5	1,4	Adler bis	85	24
Dauerläufer	10	2,8	Orkan bis	300	83
Radfahrer	20	5,5	Schall in		
Regentropfen	22	6	Luft von 0 °C	1195	332
Kurzstreckenläufer	36	10	Schall im Wasser	5280	1467
Brieftaube	72	20	Geschoß	3130	870

Mittlere Beschleunigungen

	m/s²		m/s²
Anfahren Personenzug	0,15	Raketenstart	30
Anfahren U-Bahn	0,6	Tennisball bei	
Anfahren Kraftwagen	1–3	Aufprall auf	
Bremsen Kraftwagen	1–6	Mauer	10^5
Personenaufzug	5	Geschoß beim Abschuß	$6 \cdot 10^5$

[1] $g \approx 9{,}78 \text{ m/s}^2$ am Äquator, $g \approx 9{,}83 \text{ m/s}^2$ an den Polen (in Meereshöhe)

2.3 Mechanik

2.3.3 Bewegungslehre

Gleichförmige Kreisbewegung

Die Winkelgeschwindigkeit ω ist der Quotient aus dem in der Zeit t von dem Kreisradius überstrichenen Winkel φ (im Bogenmaß) und der Zeit t.

$$\omega = \frac{\varphi}{t}$$

Die Einheit der Winkelgeschwindigkeit ω ist rad/s (Radiant durch Sekunde), zulässig ist aber auch 1/s. 1 rad entspricht 57,296°.

Weg-Zeit-Diagramm

$v = r \cdot \omega = \dfrac{d \cdot \omega}{2}$;

$\omega = 2 \cdot \pi \cdot n$

$f = \dfrac{n}{t}$;

$f = \dfrac{1}{T}$

- v Umfangsgeschwindigkeit in m/s
- r Radius in m
- d Durchmesser in m;
- n Umdrehungsfrequenz in 1/s
- ω Winkelgeschwindigkeit in 1/s
- f Frequenz in Hz
- T Umlaufzeit in s

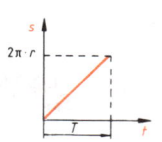

Geschwindigkeit-Zeit-Diagramm

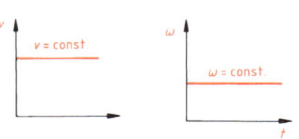

Beispiel:
Eine Schleifscheibe mit dem Durchmesser von 300 mm dreht mit 3 000 Umdrehungen je Minute. Wie groß ist die Umfangs- und Winkelgeschwindigkeit?

$$\omega = 2 \cdot \pi \cdot n = 2 \cdot \pi \cdot \frac{3\,000 \text{ min}}{60 \text{ min} \cdot \text{s}} = 314 \text{ 1/s}$$

$$v = \frac{d \cdot \omega}{2} = \frac{0{,}3 \text{ m} \cdot 314}{2 \cdot \text{s}} = 47{,}1 \text{ m/s}$$

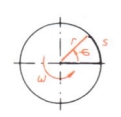

Beispiel:
Die Umfangsgeschwindigkeit (Schnittgeschwindigkeit) eines 8-mm-Spiralbohrers soll 15 m/min betragen. Mit welcher Drehzahl in 1/min muß die Bohrmaschine laufen?

$$n = \frac{v}{d \cdot \pi} = \frac{15\,000 \text{ mm/min}}{8 \text{ mm} \cdot 3{,}14} = 597 \text{ 1/min}$$

Zentrifugalkraft (Fliehkraft)

Eine geradlinige gleichförmige Bewegung eines Massenpunktes erfolgt nur dann, wenn keine Kräfte auf ihn einwirken. Soll er gleichförmig auf einer Kreisbahn umlaufen, so muß eine Kraft quer zur Bewegungsrichtung angreifen. Diese Radialkraft, genannt Zentripedalkraft F_r, wirkt zum Mittelpunkt und zwingt den Körper in eine Kreisbahn. Ihr entgegen wirkt die gleich große Zentrifugalkraft (Fliehkraft) F_z.

$F_z = m \cdot r \cdot \omega^2$

$F_z = \dfrac{m \cdot v^2}{r}$

- F_z Zentrifugalkraft in N
- m Körpermasse in kg
- F_r Radialkraft in N
- r Kreisradius in m
- ω Winkelgeschwindigkeit in 1/s
- v Umfangsgeschwindigkeit in m/s

Die der Richtungsänderung der Geschwindigkeit zugrunde liegende Beschleunigung wird Radialbeschleunigung a_r genannt.

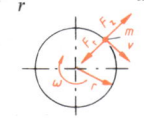

$$a_r = \frac{v^2}{r}$$

a_r Radialbeschleunigung in m/s²

Beispiel:
Ein 0,3 g schweres Schleifkorn wird mit 70 m/s auf einer Kreisbahn bewegt. Wie groß muß mindestens die Bindungskraft sein, wenn der Schleifscheibendurchmesser 0,2 m beträgt?

$$F_z = \frac{m \cdot v^2}{r} = \frac{0{,}0003 \text{ kg}}{0{,}1 \text{ m}} \cdot \frac{70^2 \text{ m}^2}{\text{s}^2} = 14{,}7 \text{ N}$$

2.3 Mechanik

2.3.4 Reibung

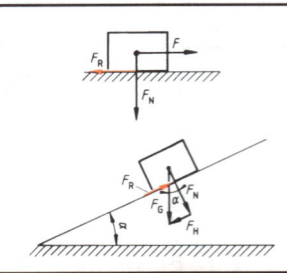

Allgemein gilt:

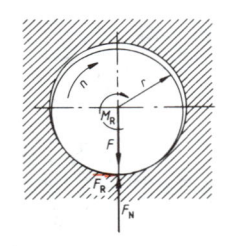

$$F_R = F_N \cdot \mu$$

F_R ist u n a b h ä n g i g von der Größe der Berührungsflächen.

Für den Grenzfall (Körper in Ruhe) gilt:

$F_R = F_H$	F_R Reibungskraft in N
$F_R = F_N \cdot \tan \alpha$	F_H Abtriebskraft in N
$\tan \alpha = \mu = \tan \varrho$	F_N Normalkraft in N
$\alpha = \varrho$	α Steigungswinkel
	ϱ Reibungswinkel
	μ Reibungszahl

Haftreibung
Befestigungsgewinde

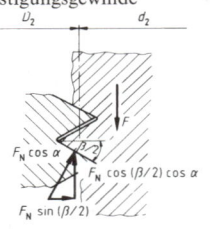

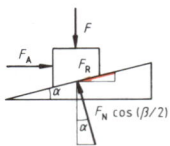

Anziehkraft, Anziehmoment:

$$F_A = \frac{\sin \alpha \cos(\beta/2) + \mu \cos \alpha}{\cos \alpha \cos(\beta/2) - \mu \sin \alpha} \cdot F$$

$$M_A = \frac{D_2}{2} \cdot F \cdot \left(\frac{\mu}{\cos(\beta/2)} + \alpha \right)$$

Lösmoment:

$$M_L = \frac{D_2}{2} \cdot F \cdot \left(\frac{\mu}{\cos(\beta/2)} - \alpha \right)$$

Eine Schraube löst sich von selbst, wenn $\alpha > \varrho$.

α	Steigungswinkel
β	Flankenwinkel
D_2, d_2	Flankendurchmesser
F_A, F_L	Anzieh-, Löskraft in N
F	Schraubenkraft in N

Gleitreibung
Gleitlager

$$F_R = F_N \cdot \mu$$
$$M_R = F_N \cdot \mu \cdot r$$

F_R	Reibungskraft in N
M_R	Reibungsmoment in Nm
μ	Gleitreibungszahl
F_N	Normalkraft in N
r	Lagerzapfenradius in m
n	Umdrehungsfrequenz in 1/s

B e i s p i e l :
Ein Gleitlager vom Durchmesser $d = 0,1$ m ist mit $F_N = 2$ kN belastet. Wie groß ist die zu überwindende Reibungskraft, wenn die Gleitreibungszahl $\mu = 0,04$ und die Umdrehungsfrequenz $n = 180$ 1/s beträgt?

$$F_R = F_N \cdot \mu = 2000 \text{ N} \cdot 0,04 = 80 \text{ N}$$

Rollreibung
Rollenlager/Rad

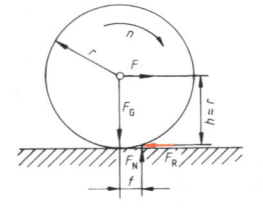

$$F_R = \frac{F_N \cdot f}{r}$$

$$M_R = F_N \cdot f$$

Wenn f/r kleiner ist als die Haftreibungszahl, rutscht die Rolle bzw. das Rad.

F_R	Reibungskraft in N
F_N	Normalkraft in N
M_R	Reibungsmoment in Nm
f	Abstand (in m) der Wirkungslinien zwischen F_G (Gewichtskraft) und F_N (Rollenreibungszahl genannt)
r	Rollen- bzw. Radradius in m
n	Umdrehungsfrequenz in 1/s

B e i s p i e l :
Ein Stahlrad mit $r = 0,4$ m auf einer Stahlschiene ist mit 5 kN bei $v = 25$ km/h belastet. Wie groß ist die zu überwindende Reibungskraft bei $f = 2 \cdot 10^{-4}$ m?

$$F_R = \frac{F_N \cdot f}{r} = \frac{5000 \text{ N} \cdot 2 \cdot 10^{-4} \text{ m}}{0,4 \text{ m}} = 2,5 \text{ N}$$

Beispiele für Reibungszahlen

Stoffe	Haftreibungszahl	Gleitreibungszahl		Rollreibungszahl (f in m)
		trocken	flüssig	
Stahl/Stahl	0,25	0,15	0,06	$5 \cdot 10^{-5}$ bis $5 \cdot 10^{-4}$
Stahl/CuSn-Legierung	0,25	0,2	0,05	
Stahl/Grauguß	0,25	0,2	0,08	
Holz/Metall	0,5	0,4	0,1	
Lederdichtung/Metall	0,6	0,2	0,12	
Gummireifen/Asphalt	0,8	0,7	0,3	$2 \cdot 10^{-5}$ bis $3 \cdot 10^{-5}$

2.3 Mechanik

2.3.5 Mechanik der Flüssigkeiten (Hydrostatik)

Druck

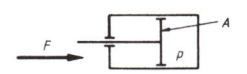

Der Druck p ist die Kraft, die senkrecht auf eine Flächeneinheit wirkt. Einheit des Druckes ist das Pascal (Pa). $1\,\text{Pa} = 1\,\text{N/m}^2$.

$$p = \frac{F}{A}$$

p Druck in Pa
F Kraft in N
A Fläche in m²

Beispiel: $F = 40\,\text{N}$; $A = 2\,\text{m}^2$; $p = ?\,\text{Pa}$

Lösung: $p = \dfrac{F}{A} = \dfrac{40\,\text{N}}{2\,\text{m}^2} = 20\,\text{N/m}^2 = 20\,\text{Pa}$

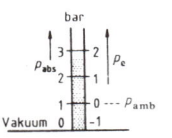

Ein Vorgang oder eine Erscheinung hängt häufig vom Unterschied des in einem Raum herrschenden Druckes gegen einen Bezugsdruck ab. Der Bezugsdruck ist oftmals der jeweilige Atmosphärendruck p_{amb}.

$$p_e = p_{\text{abs}} - p_{\text{amb}}$$

p_{abs} absoluter Druck in N/m²
p_{amb} atmosphärischer Druck in N/m² (Normalluftdruck = 1,013 bar)
p_e Druckdifferenz in N/m²

Hydrostatischer Druck

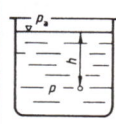

Der hydrostatische Druck ist der im Inneren einer ruhenden Flüssigkeit (durch ihre Gewichtskraft) verursachte Druck; er ist in jeder Richtung gleich groß (Gesetz von Pascal).

$$p = h \cdot \varrho \cdot g$$

p hydrostatischer Druck in N/m²
h Druckhöhe, Höhe der Flüssigkeitssäule in m
ϱ Dichte der Flüssigkeit in kg/m³
g Fallbeschleunigung 9,81 m/s²

Beispiel: $\varrho = 790\,\text{kg/m}^3$; $h = 0,5\,\text{m}$; $p = ?\,\text{N/m}^2$

Lösung: $p = h \cdot \varrho \cdot g = 0,5\,\text{m} \cdot 790\,\text{kg/m}^3 \cdot 9,81\,\text{m/s}^2$
$p = 3875\,\text{N/m}^2$

Auftrieb in Flüssigkeiten

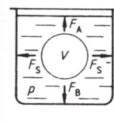

Nach dem Archimedischen Gesetz ist die Auftriebskraft F_A eines getauchten oder schwimmenden Körpers gleich der Gewichtskraft des verdrängten Flüssigkeitsvolumens V.

$$F = V \cdot \varrho \cdot g$$

F Auftrieb in N
V Volumen des Eintauchkörpers in m³
ϱ Dichte der Flüssigkeit in kg/m³

Beispiel: Welchen Auftrieb erfährt eine Stahlkugel beim Eintauchen in Wasser, wenn $V = 0,0005\,\text{m}^3$, $\varrho = 1000\,\text{kg/m}^3$ ist?

Lösung: $F = V \cdot \varrho \cdot g$
$F = 0,0005\,\text{m}^3 \cdot 1\,000\,\text{kg/m}^3 \cdot 9,81\,\text{m/s}^2$
$F = 4,905\,\text{kg} \cdot \text{m/s}^2 = 4,905\,\text{N}$

Hydraulische Presse

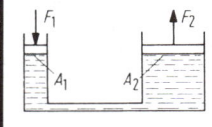

Ein auf eine abgeschlossene Flüssigkeit wirkender Druck pflanzt sich nach allen Richtungen unverändert fort.

$$\frac{F_1}{F_2} = \frac{A_1}{A_2}$$

F_1 Pumpenpreßkraft in N
F_2 Kolbenpreßkraft in N
A_1 Pumpenkolbenfläche in m²
A_2 Preßkolbenfläche in m²

Vergleich von Druckeinheiten

Einheit	Pa	bar	mbar
1 Pa = 1 N/m²	1	10^{-5}	10^{-2}
1 bar	10^5	1	10^3
1 mbar	10^2	10^{-3}	1

Nicht mehr zugelassene Druckeinheiten

1 at = 1 kp/cm² = 98 066,5 Pa = 0,980665 bar
1 atm = 101 325 Pa = 1,01325 bar
1 Torr = 1 atm/760 = 1,33322 mbar = 1 mm Hg [1])
1 mWS [2]) = 73,5591 mm Hg = 98,0665 mbar

[1]) Quecksilber   [2]) Wassersäule

2.3 Mechanik

2.3.6 Arbeit, Energie, Wirkungsgrad

Arbeit

$W = F \cdot s$

W   Arbeit in Nm
F   Kraft in N
s   Weg in m

Eine Arbeit wird verrichtet, wenn längs eines Weges s eine Kraft F wirkt.

Potentielle Energie

$W_p = F_G \cdot h$
$W_p = m \cdot g \cdot h$

W_p potentielle Energie in Nm
F_G Gewichtskraft in N
h Höhe in m
g Fallbeschleunigung in m/s²
m Masse in kg

Kinetische Energie

$W_k = \frac{1}{2} \cdot m \cdot v^2$

W_k kinetische Energie in Nm
m Masse in kg
v Geschwindigkeit in m/s

Rotationsenergie

$W_k = W_{rot} = \frac{1}{2} \cdot J \cdot \omega^2$

W_k kinetische Energie in Nm
W_{rot} Rotationsenergie in Nm
J Massenträgheitsmoment in kg m²
ω Winkelgeschwindigkeit in 1/s

Energieerhaltungssatz

$F_1 \cdot s_1 = F_2 \cdot s_2$
$W_1 = W_2$

F_1, F_2 Kräfte in N
s_1, s_2 Wege in m
W_1, W_2 Energien in Nm

Wirkungsgrad

Einzelmaschine

$\eta = \dfrac{W_{ab}}{W_{zu}} = \dfrac{P_{ab}}{P_{zu}}$

Zusammenschaltung mehrerer Maschinen

$\eta_{ges} = \eta_1 \cdot \eta_2$

immer: $\eta < 1$

η Wirkungsgrad
η_1, η_2 Einzelwirkungsgrade
η_{ges} Gesamtwirkungsgrad
W_{ab} abgegebene Arbeit in Nm
W_{zu} zugeführte Arbeit in Nm
P_{ab} abgegebene Leistung in Nm/s
P_{zu} zugeführte Leistung in Nm/s

Beispiel:
Eine Pumpe fördert in einer Sekunde $Q = 0{,}15$ m³ Wasser bei einer Förderhöhe von $h = 38$ m, der Wirkungsgrad der Pumpe beträgt $\eta = 0{,}85\%$. Welche Antriebsleistung wird benötigt?

$$P_{zu} = \frac{P_{ab}}{\eta} = \frac{F \cdot h}{t \cdot \eta} = \frac{m \cdot g \cdot h}{t \cdot \eta} = \frac{Q \cdot \varrho \cdot g \cdot h}{\eta}$$

$$P_{zu} = \frac{0{,}15 \text{ m}^3 \cdot 1000 \text{ kg} \cdot 9{,}81 \text{ m} \cdot 38 \text{ m}}{1 \text{ s} \cdot 0{,}85 \text{ m}^3 \text{ s}^2}$$

$P_{zu} = 65784$ W $= 65{,}8$ kW

Beispiele für Wirkungsgrad η in % (Mittelwerte)

Kolbenpumpe	0,85	Elektromotor	0,80	Wasserturbine	0,90
Rotationspumpe	0,70	Dieselmotor	0,33	Transformator	0,98
Zahnradpumpe	0,90	Ottomotor	0,27	Zahnradtrieb	0,95
Kreiselpumpe	0,72	Dampfturbine	0,23	Riementrieb	0,90

2.3 Mechanik

2.3.7 Leistung

Antriebsleistung	Als Leistung bezeichnet man den Quotienten aus der Arbeit W und der Zeit t. $$P = \frac{W}{t} = F_A \cdot v$$	P Leistung in Nm/s oder W F_A Antriebskraft in N (bei konstanter Geschwindigkeit gleich groß der entgegenwirkenden Reibungskräfte F_R in N) v Geschwindigkeit in m/s
Hubleistung	$P = F_G \cdot v$ $P = \dfrac{m \cdot g \cdot h}{t}$	P Leistung in Nm/s oder W F_G Gewichtskraft in N m Masse in kg g Fallbeschleunigung in m/s² h Hubhöhe in m v Hubgeschwindigkeit in m/s t Zeit in s
Zerspanungsleistung	$P = F \cdot v$ $P = A \cdot k_c \cdot v$	P Leistung in Nm/s oder W F Schnittkraft in N A Spanungsquerschnitt in mm² k_c spezifische Schnittkraft in N/mm² v Schnittgeschwindigkeit in m/s
Leistung bei Rotationsbewegung	$P = M \cdot \omega$ $P = F \cdot r \cdot \omega$	P Leistung in Nm/s oder W M Drehmoment in Nm F Kraft im Abstand r in N r Wellenradius in m ω Winkelgeschwindigkeit in 1/s
Förderleistung (einer Pumpe)	$P = Q \cdot h \cdot g \cdot \varrho$ $P = g \cdot q \cdot h$	P Leistung in Nm/s oder W Q Volumenstrom in m³/s g Fallbeschleunigung in m/s² ϱ Dichte in kg/m³ h Förderhöhe in m q Massenstrom in kg/s

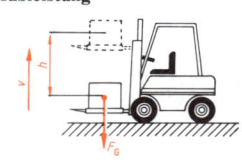

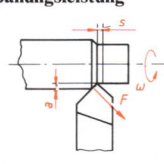

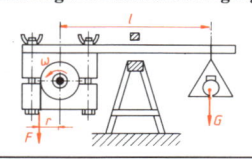

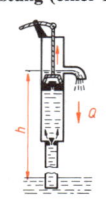

Beispiele:
Wie groß muß die Antriebsleistung einer Pumpe sein, wenn diese 100 m³/h Wasser 25 m hoch fördern soll. Der Wirkungsgrad der Pumpe beträgt $\eta = 0,8$.

$$P = \frac{Q \cdot h \cdot \varrho \cdot g}{\eta} = \frac{100 \text{ m}^3 \cdot 25 \text{ m} \cdot 1000 \text{ kg} \cdot 9,81 \text{ m}}{3600 \text{ s} \cdot 0,8 \cdot \text{m}^3 \cdot \text{s}^2}$$

$P = 8515 \text{ W} = 8,5 \text{ kW}$

Ein Kran hebt in 35 s eine Last von 25 kN auf eine Höhe von 6 m. Welche Leistung muß der Antriebsmotor der Winde entwickeln, wenn 20% Verlustleistung zu berücksichtigen sind?

$\eta = 1 - 0,2 = 0,8$

$$P = \frac{F_G \cdot h}{t \cdot \eta} = \frac{25000 \text{ N} \cdot 6 \text{ m}}{35 \text{ s} \cdot 0,8} = 5357 \text{ W} = 5,4 \text{ kW}$$

2.3 Mechanik

2.3.8 Einfache Maschinen

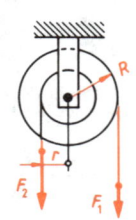

Feste Rolle

$M_{li} = M_{re}$
$F_2 \cdot r = F_1 \cdot R$
$F_2 = F_1 \cdot \dfrac{R}{r}$

M_{li} Drehmoment (linksdrehend) in Nm
M_{re} Drehmoment (rechtsdrehend) in Nm
F_1, F_2 Kräfte in N
R, r Rollenhalbmesser in m

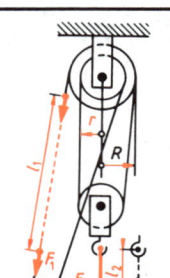

Differentialflaschenzug

$F_1 = F_2 \cdot \dfrac{R - r}{2 \cdot R}$

$l_2 = l_1 \cdot \dfrac{R - r}{2 \cdot R}$

F_1, F_2 Kräfte in N
l_1, l_2 Seilwege in m
R, r Halbmesser in m

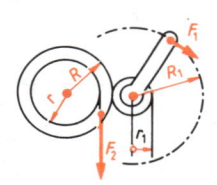

Vorgelege mit Kurbel

$F_2 = F_1 \cdot \dfrac{R \cdot R_1}{r \cdot r_1}$

F_1, F_2 Kräfte in N
R, R_1, r, r_1 Halbmesser in m

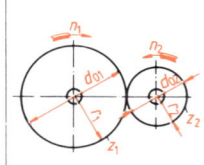

Zahnradtrieb
(einfache Übersetzung)

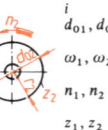

$i = \dfrac{d_{02}}{d_{01}} = \dfrac{\omega_1}{\omega_2} = \dfrac{n_1}{n_2} = \dfrac{z_2}{z_1}$

i Übersetzungsverhältnis
d_{01}, d_{02} Teilkreisdurchmesser in mm
ω_1, ω_2 Winkelgeschwindigkeiten in 1/s
n_1, n_2 Umdrehungsfrequenzen in 1/s
z_1, z_2 Zähnezahlen

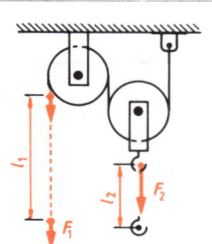

Lose Rolle

$F_1 \cdot l_1 = F_2 \cdot l_2$
$F_2 = 2 \cdot F_1$
$l_1 = 2 \cdot l_2$

F_1, F_2 Kräfte in N
l_1, l_2 Seilwege in m

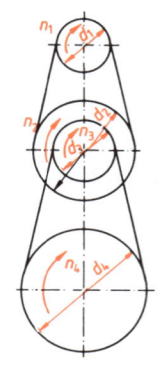

Riementrieb
(doppelte Übersetzung)

$n_2 = n_3$

$i_1 = \dfrac{n_1}{n_2} = \dfrac{d_2}{d_1}$

$i_2 = \dfrac{n_3}{n_4} = \dfrac{d_4}{d_3}$

$i_{ges} = \dfrac{n_1}{n_4}$

$i_{ges} = i_1 \cdot i_2$

$i_{ges} = \dfrac{d_2 \cdot d_4}{d_1 \cdot d_3}$

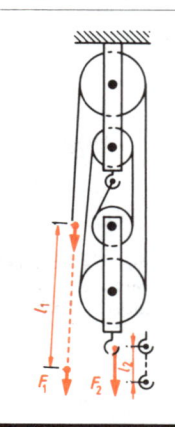

Flaschenzug

$F_1 = \dfrac{F_2}{n}$

$l_2 = \dfrac{l_1}{n}$

F_1, F_2 Kräfte in N
l_1, l_2 Seilwege in m
n Rollenzahl

n_1, n_2
n_3, n_4 Umdrehungsfrequenzen in 1/s
i_1, i_2 Einzelübersetzungsverhältnisse
i_{ges} Gesamtübersetzungsverhältnis
d_1, d_2 Scheibendurchmesser
d_3, d_4 in m

Beispiel: $d_1 = 100$ mm, $d_2 = 300$ mm, $d_3 = 150$ mm, $d_4 = 400$ mm, $i_1 = ?$, $i_2 = ?$, $i_{ges} = ?$

Lösung:

$i_1 = \dfrac{d_2}{d_1} = \dfrac{300 \text{ mm}}{100 \text{ mm}} = 3$

$i_2 = \dfrac{d_4}{d_3} = \dfrac{400 \text{ mm}}{150 \text{ mm}} = 2{,}67$

$i_{ges} = i_1 \cdot i_2 = 3 \cdot 2{,}67 = 8$

$i_{ges} = \dfrac{d_2 \cdot d_4}{d_1 \cdot d_3} = \dfrac{300 \text{ mm} \cdot 400 \text{ mm}}{100 \text{ mm} \cdot 150 \text{ mm}} = 8$

2.4 Festigkeitslehre

2.4.1 Grundbegriffe

Als Maß für die Festigkeitsbeanspruchung eines Werkstoffs dient die Spannung σ.

$\sigma = \dfrac{F}{S_0}$ σ Spannung in N/mm² F Kraft in N S_0 (Anfangs-)Querschnittsfläche in mm²

Feste Körper ändern unter der Einwirkung von Kräften ihre Form. So erfährt z. B. ein auf Zug beanspruchter Stab eine Verlängerung Δl.

$\Delta l = l - l_0$ Δl Verlängerung in m l Länge in m l_0 Ursprungslänge in m

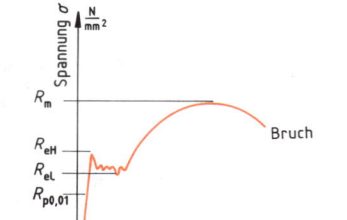

Die Längenänderung bezogen auf die Ursprungslänge ist die Dehnung ε.

$\varepsilon = \dfrac{\Delta l}{l_0}$ ε Dehnung Δl Verlängerung in m l_0 Ursprungslänge in m

Wesentliche Werkstoffkennwerte werden aus dem Zugversuch gewonnen. Im elastischen Belastungsbereich gilt das **Hookesche Gesetz**.

$\sigma = E \cdot \varepsilon$ σ Spannung in N/mm² E Elastizitätsmodul in N/mm² ε Dehnung

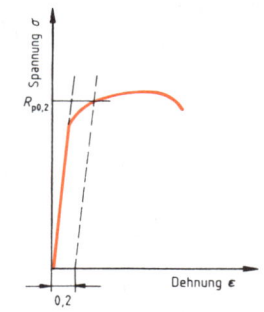

Spannung-Dehnung-Diagramm mit unstetigem Übergang vom elastischen in den plastischen Bereich, z. B. Baustahl St 37

Spannung-Dehnung-Diagramm mit stetigem Übergang vom elastischen in den plastischen Bereich, legierter Vergütungsstahl 32 CrMo 4

Festigkeitsbegriffe

Begriffe	Einachsige Beanspruchung auf				
	Zug 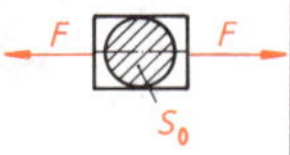	Druck 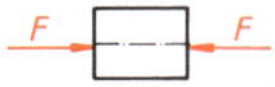	Scherung 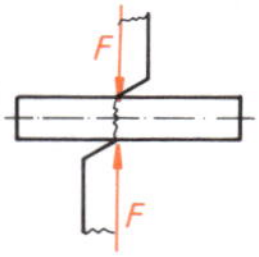	Biegung 	Verdrehung 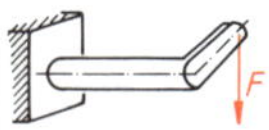
Spannung (Wirkrichtung)	Zugspannung (normal) σ	Druckspannung (normal) σ_d	Scherspannung (tangential) τ_a	Biegespannung (normal) σ_b	Torsionsspannung (tangential) τ_t
statische Bruchfestigkeit	Zugfestigkeit R_m	Druckfestigkeit σ_{dB}	Scherfestigkeit τ_{aB}	Biegefestigkeit σ_{bB}	Torsionsfestigkeit τ_{tB}
Fließgrenze	obere, untere Streckgrenze R_{eH}, R_{eL}	Quetschgrenze σ_{dF}	—	Biegegrenze σ_{bF}	Verdrehgrenze τ_{tF}
0,2 – Grenze	$R_{p0,2}$	$\sigma_{d0,2}$			
Formänderung	Dehnung ε	Stauchung ε_d	Schiebung γ	Krümmung	Drillung ϑ

2.4 Festigkeitslehre

2.4.2 Zug

Die äußeren Kräfte wirken in der Längsrichtung des Körpers und suchen ihn zu strecken oder zu zerreißen; es treten Zugspannungen auf. Zum Beispiel: Zugstange, Seil, Kette.

$$\sigma_z = \frac{F}{S}$$

σ_z Zugspannung in N/mm²
F Kraft in N
S Querschnitt in mm²

Beispiel:
Die runde Zugstange eines Dachbinders aus Baustahl mit $\sigma_z = 140$ N/mm hat $F = 150$ kN zu übertragen. Welcher Durchmesser d ist erforderlich?

Lösung:

$$S = \frac{F}{\sigma_z} = \frac{150\,000\text{ N}}{140\text{ N/mm}^2} = 1\,071{,}4\text{ mm}^2$$

$$d = \sqrt{\frac{4 \cdot S}{\pi}} = \sqrt{\frac{4 \cdot 1\,071{,}4\text{ mm}^2}{\pi}} = 36{,}9\text{ mm}$$

2.4.3 Druck

Druckbeanspruchung nicht ausknickender Körper

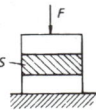

Die äußeren Kräfte wirken in der Längsrichtung des Körpers und suchen ihn zu zerdrücken; es treten Druckspannungen auf (Fundament, Pfeiler, Säule, Pfosten, Tragfüße).

$$\sigma_d = \frac{F}{S}$$

σ_d Druckspannung in N/mm²
F Kraft in N
S Querschnitt in mm²

Beispiel:
$F = 100$ kN, $\sigma_d = 510$ N/mm²; $S = ?$ mm²

Lösung:

$$S = \frac{F}{\sigma_d} = \frac{100\,000\text{ N}}{510\text{ N/mm}^2} = 196\text{ mm}^2$$

2.4.4 Schub

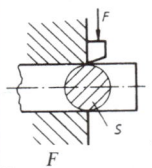

Die äußeren Kräfte haben das Bestreben, zwei benachbarte Querschnitte eines Körpers gegeneinander zu verschieben; es treten Schubspannungen auf.

$$\tau_a = \frac{F}{S}$$

τ_a Schubspannung in N/mm²
F Kraft in N
S Querschnitt in mm²

Beispiel:
$F = 6000$ N, $S = 500$ mm², $\tau_a = ?$ N/mm²

Lösung:

$$\tau_a = \frac{F}{S} = \frac{6000\text{ N}}{500\text{ mm}^2} = 12\text{ N/mm}^2$$

2.4.5 Biegung

Ein mit einer Kraft F belasteter Träger biegt sich. Der Biegewiderstand des Trägerquerschnitts ist um so höher, je größer der Randabstand e von der Biegelinie ist.

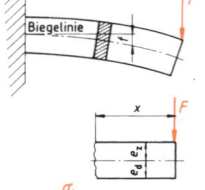

belasteter Träger

im Abstand x freigeschnittener Träger

Verteilung der Normalspannungen im Trägerquerschnitt

$$M_b = F \cdot x$$

$$\sigma_{bz} = \frac{M_b}{I} \cdot e_z$$

$$\sigma_{bd} = \frac{M_b}{I} \cdot e_d$$

$$W_b = \frac{I}{e}$$

$$\sigma_b = \frac{M_b}{W_b}$$

M_b Biegemoment in N · cm
F Kraft in N
x Abstand in cm
σ_{bz} Biegezugspannung in N/cm²
σ_{bd} Biegedruckspannung in N/cm²
e_z, e_d Randabstand in cm
I axiales Trägheitsmoment[1]) in cm⁴
σ_b Biegespannung in N/cm²
W_b axiales Widerstandsmoment[1]) in cm³

Berechnung der Auflagerkräfte

Beispiel: Ein auf zwei Stützen ruhender Träger wird durch eine Kraft F ungleichmäßig belastet.

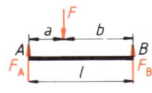

$F = 30$ kN; $a = 2{,}00$ m;
$l = 5{,}00$ m; $b = 3{,}00$ m.

Lösung:

$$F_A = \frac{F \cdot b}{l} \quad \text{oder} \quad F_B = \frac{F \cdot a}{l}$$

$$F_A = \frac{F \cdot b}{l} = \frac{30\text{ kN} \cdot 300\text{ cm}}{500\text{ cm}} = 18\text{ kN}$$

$$F_B = \frac{F \cdot a}{l} = \frac{30\text{ kN} \cdot 2\text{ m}}{5\text{ m}} = 12\text{ kN}$$

Berechnung des größten Biegemoments M_{max}

Das größte Moment befindet sich im Angriffspunkt der Last F.

$M_{max} = F_A \cdot a$. Für F_A wird $\frac{F \cdot b}{l}$ eingesetzt.

$$M_{max} = \frac{F \cdot b \cdot a}{l} = \frac{30\text{ kN} \cdot 3\text{ m} \cdot 2\text{ m}}{5\text{ m}} = 36\text{ kNm}$$

---

[1]) Angaben siehe Seite 2-19.

2.4 Festigkeitslehre

Berechnung des notwendigen Widerstandsmomentes

Gegeben: zulässige Biegebeanspruchung
$\sigma_{b\,zul} = 140$ N/mm² (Baustahl)

$$W_b = \frac{M_{max}}{\sigma_{b\,zul}} = \frac{3600 \text{ kN cm}}{14 \text{ kN/cm}^2} = 257 \text{ cm}^3.$$

Gewählt wird I 220 mit $W_x = 278$ cm³ (s. Tabelle).

2.4.6 Verdrehung

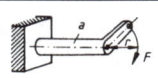

Versucht man einen Stab a um seine Längsachse zu verdrehen, so entsteht in ihm eine Drehbeanspruchung.

Beispiele: Kurbelwelle, Vorgelegewelle, Spindeln usw.

$T = F \cdot r$

$\tau_t = \dfrac{T}{W_p}$

T Torsionsmoment in N cm
F Kraft in N
r Hebelarmlänge in cm
τ_t Schubspannung (Verdrehspannung) in N/cm²
W_p polares Widerstandsmoment in cm³

Beispiel: Welle mit $n = 200$ 1/min, $P = 15$ kW, $\tau_{t\,zul} = 1200$ N/cm², Wellendurchmesser $d = ?$ cm

Lösung: $T = \dfrac{P}{\omega} = \dfrac{P}{2\pi \cdot n} = \dfrac{15\,000 \text{ W} \cdot 60 \text{ s}}{2\pi \cdot 200} = 716$ Nm

Nach der Tabelle (s. S. 2-19) ist für einen runden Querschnitt

$W_p = \dfrac{\pi \cdot d^3}{16}$; $T = \tau_1 \cdot W_p$

$d = \sqrt[3]{\dfrac{16 \cdot T}{\pi \cdot \tau_{zul}}} = \sqrt[3]{\dfrac{16 \cdot 71\,600 \text{ N cm}}{\pi \cdot 1200 \text{ N/cm}^2}} = 6{,}68$ cm

2.4.7 Zusammengesetzte Festigkeit

Durch Addition können nur Normalbeanspruchungen (Zug, Druck, Biegung) oder nur Schubbeanspruchungen (Abscherung, Verdrehung) zusammengesetzt werden. Die zusammengesetzte Spannung σ_j bzw. τ_i ist bei Zug und Biegung $\sigma_i = \sigma_z + \sigma_b$, bei Abscherung und Verdrehung $\tau_i = \tau_a + \tau_t$.

Zur genaueren Ermittlung eines auf Drehung und Biegung beanspruchten Stabquerschnittes dient folgende Formel: Das gesamte Moment M_i ist

$$M_i = 0{,}35\, M_b + 0{,}65 \sqrt{M_b^2 + \left[\dfrac{\sigma_b}{1{,}3\,\tau_t} \cdot T\right]^2}$$

Ist M_i berechnet, so erhält man das erforderliche Widerstandsmoment $W_b = M_i/\sigma_b$. Aus W_b ist der Querschnitt zu ermitteln. (Werte s. S. 2-19).

2.4.8 I-Träger nach DIN 1025 (10.63)

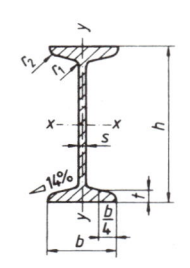

Es bedeuten:
I Trägheitsmoment
W Widerstandsmoment
$i = \sqrt{I/A}$ Trägheitshalbmesser (bezogen auf die zugehörige Biegeachse)

I-Träger werden in Längen zwischen 4000 mm und 15000 mm hergestellt.

Kurz-zeichen	Abmessungen						Quer-schnitt	Masse	Für die Biegeachse					
									x – x			y – y		
I	h	b	s	t	r_1	r_2	A	m	I_x	W_x	i_x	I_y	W_y	i_y
	mm	mm	mm	mm	mm	mm	cm²	kg/m	cm⁴	cm³	cm	cm⁴	cm³	cm
80	80	42	3,9	5,9	3,9	2,3	7,57	5,94	77,8	19,5	3,20	6,29	3,00	0,91
100	100	50	4,5	6,8	4,5	2,7	10,6	8,34	171	34,2	4,01	12,2	4,88	1,07
120	120	58	5,1	7,7	5,1	3,1	14,2	11,1	328	54,7	4,81	21,5	7,41	1,23
140	140	66	5,7	8,6	5,7	3,4	18,2	14,3	573	81,9	5,61	35,2	10,7	1,40
160	160	74	6,3	9,5	6,3	3,8	22,8	17,9	935	117	6,40	54,7	14,8	1,55
180	180	82	6,9	10,4	6,9	4,1	27,9	21,9	1450	161	7,20	81,3	19,8	1,71
200	200	90	7,5	11,3	7,5	4,5	33,4	26,2	2140	214	8,00	117	26,0	1,87
220	220	98	8,1	12,2	8,1	4,9	39,5	31,1	3060	278	8,80	162	33,1	2,02
240	240	106	8,7	13,1	8,7	5,2	46,1	36,2	4250	354	9,59	221	41,7	2,20
260	260	113	9,4	14,1	9,4	5,6	53,3	41,9	5740	442	10,4	288	51,0	2,32
280	280	119	10,1	15,2	10,1	6,1	61,0	47,9	7590	542	11,1	364	61,2	2,45
300	300	125	10,8	16,2	10,8	6,5	69,0	54,2	9800	653	11,9	451	72,2	2,56
320	320	131	11,5	17,3	11,5	6,9	77,7	61,0	12510	782	12,7	555	84,7	2,67
340	340	137	12,2	18,3	12,2	7,3	86,7	68,0	15700	923	13,5	674	98,4	2,80
360	360	143	13,0	19,5	13,0	7,8	97,0	76,1	19610	1090	14,2	818	114	2,90
380	380	149	13,7	20,5	13,7	8,2	107	84,0	24010	1260	15,0	975	131	3,02
400	400	155	14,4	21,6	14,4	8,6	118	92,4	29210	1460	15,7	1160	149	3,13
425	425	163	15,3	23,0	15,3	9,2	132	104	36970	1740	16,7	1440	176	3,30
450	450	170	16,2	24,3	16,2	9,7	147	115	45850	2040	17,7	1730	203	3,43
475	475	178	17,1	25,6	17,1	10,3	163	128	56480	2380	18,6	2090	235	3,60
500	500	185	18,0	27,0	18,0	10,8	179	141	68740	2750	19,6	2480	268	3,72
550	550	200	19,0	30,0	19,0	11,9	212	166	99180	3610	21,6	3490	349	4,02
600	600	215	21,6	32,4	21,6	13,0	254	199	139000	4630	23,4	4670	434	4,30

2.4 Festigkeitslehre

2.4.9 Belastungsfälle (Biegung)[1]

Belastungsfall	Auflagerkräfte F_A und F_B, Widerstandsmomente W_b, Durchbiegung f	Belastungsfall	Auflagerkräfte F_A und F_B, Widerstandsmomente W_b, Durchbiegung f
1.	$F_A = F$ $\quad W_b = \dfrac{F \cdot l}{\sigma_{b\,zul}}$ $\quad f = \dfrac{F \cdot l^3}{3 E \cdot I}$	10.	$F = \dfrac{W \cdot \sigma_{b\,zul}}{a} \quad W_b = \dfrac{F \cdot s}{\sigma_{b\,zul}}$ $f = \dfrac{F \cdot a(8 a^2 + 12 a b + 3 b^2)}{24 E \cdot I}$
2.	$F_A = F$ $\quad W_b = \dfrac{F \cdot a}{\sigma_{b\,zul}}$ $\quad f = \dfrac{F \cdot a^3}{3 E \cdot I}$	11.	$F_A = \dfrac{F_1 \cdot e + F_2 \cdot c}{l} \quad W_{b1} = \dfrac{A \cdot a}{\sigma_{b\,zul}}$ $F_B = \dfrac{F_1 \cdot a + F_2 \cdot d}{l} \quad W_{b2} = \dfrac{B \cdot c}{\sigma_{b\,zul}}$ $f = \dfrac{(F_1 \cdot a + F_2 \cdot c) \cdot (x)}{48 \cdot E \cdot I}$ Das größte W ist zu berücksichtigen $(x) = (8 a c + 6 a b + 6 b c + 3 b^2)$
3.	$F_A = F$ $\quad W_b = \dfrac{F \cdot l}{2 \sigma_{b\,zul}}$ $\quad f = \dfrac{F \cdot l^3}{8 E \cdot I}$		
4.	$F_A = F + F_1 + F_2$ $W_b = \dfrac{F \cdot l + F_1 \cdot l_1 + F_2 \cdot l_2}{\sigma_{b\,zul}}$ $f = \dfrac{F \cdot l^3 + F_1 \cdot l_1^2 \cdot l + F_2 \cdot l_2^2 \cdot l}{3 E \cdot I}$	12.	$F_A = F_B = F_1$ $W_b = \dfrac{F_1 \cdot a}{\sigma_{b\,zul}}$
5.	$F_A = F_B = \dfrac{F}{2} \quad W_b = \dfrac{F \cdot l}{4 \sigma_{b\,zul}}$ $f = \dfrac{F \cdot l^3}{48 E \cdot I}$	13.	$F_A = F_B = \dfrac{F}{2} + F_1$ $W_b = \dfrac{F \cdot l + 8 F_1 \cdot a}{8 \cdot \sigma_{b\,zul}}$
6.	$F_A = F_B = \dfrac{F}{2} \quad W_b = \dfrac{F \cdot l}{8 \sigma_{b\,zul}}$ $f = \dfrac{5 F \cdot l^3}{384 E \cdot I}$	14.	$F_A = \dfrac{F_1 \cdot (0{,}5 a + b + c) + F_2 \cdot 0{,}5 c}{l}$ $F_B = \dfrac{F_1 \cdot 0{,}5 a + F_2 \cdot (a + b + 0{,}5 c)}{l}$ $W_{b1} = \dfrac{A^2 \cdot a}{2 \cdot F_1 \cdot \sigma_{b\,zul}} \quad W_{b2} = \dfrac{B^2 \cdot c}{2 \cdot F_2 \cdot \sigma_{b\,zul}}$
7.	Eingespannter Träger $F_A = F_B = \dfrac{F}{2} \quad W_b = \dfrac{F \cdot l}{12 \sigma_{b\,zul}}$ $f = \dfrac{F \cdot l^3}{384 E \cdot I}$	15.	Treppen-Wangenträger $F_A = F_B = \dfrac{F}{2}$ bis 30° Steigung $W_b = \dfrac{F \cdot l}{8 \cdot \sigma_{b\,zul}}$ (angenähert)
8.	$F_A = F_B = \dfrac{F}{2}$ $W_b = \dfrac{F \cdot (2 l - m)}{8 \cdot \sigma_{b\,zul}}$ $f = \dfrac{F \cdot l^3}{\left(48 + \dfrac{29 m}{l}\right) \cdot E \cdot I}$	16.	Kranleistträger a unveränderlich; x veränderlich zwischen 0 u. $\tfrac{1}{2} l$ Auflagerkräfte für $x = \dfrac{a}{4}$ $F_A = F_1 \cdot \dfrac{2 l + a}{2 l}$ $F_B = F_1 \cdot \dfrac{2 l - a}{2 l}$ $M_{max} = \dfrac{F_1}{8 l} \cdot (2 l - a)^2$
9.	$F_A = \dfrac{F \cdot b}{l}; \quad F_B = \dfrac{F \cdot a}{l}$ $W_b = \dfrac{F \cdot a \cdot b}{l \cdot \sigma_{b\,zul}}$ $f = \dfrac{F \cdot a^2 \cdot b^2}{3 E \cdot I \cdot l}$		

f Durchbiegung in cm
l Stützweite in cm (bei $l > 7$ m ist f nachzurechnen: gefordert $f < l/500$)
W_b Widerstandsmoment in cm³ (s. S. 2-19)
$\sigma_{b\,zul}$ zulässige Spannung in N/mm²
M_b Biegemoment in N cm
F, F_1, F_2 Einzellasten und gleichmäßig verteilte Lasten (Streckenlasten) in N
F_A, F_B Auflagerkräfte in N
I Trägheitsmoment in cm⁴ (s. S. 2-19)
E Elastizitätsmodul in N/mm² (s. S. 2-19)

B e i s p i e l : Ein I-Träger ($\sigma_{b\,zul} = 80$ N/mm²) ist mit $F = 10$ kN belastet als Freiträger mit 3 m Ausladung (Abb. 1).
G e s u c h t : Profilgröße des I-Stahls und Durchbiegung f.
L ö s u n g : $W_b = \dfrac{F \cdot l}{\sigma_{b\,zul}} = \dfrac{10 \text{ kN} \cdot 300 \text{ cm}}{8 \text{ kN/cm}^2} = 375 \text{ cm}^3$.
Es wird gewählt I **260** mit $W_x = 442$ cm³ (s. S. 2-17).
$f = \dfrac{F \cdot l^3}{3 \cdot E \cdot I} = \dfrac{10 \text{ kN} \cdot 300^3 \text{ cm}^3}{3 \cdot 21\,000 \text{ kN/cm}^2 \cdot 5740 \text{ cm}^4}$
$f = 0{,}747$ cm $\approx 7{,}5$ mm
Trägheitsmoment I und Elastizitätsmodul E siehe Seite 2-19.

[1] Bei Stahlträgern $l > 7$ m wird der Nachweis der Durchbiegung $f < 0{,}002\ l$ gefordert.

2.4 Festigkeitslehre

2.4.10 Trägheits- und Widerstandsmomente

Trägheits- und Widerstandsmomente ausgewählter Querschnitte

Querschnitt	axiales (Biegelinie $x-x$)		polares	
	Trägheits-moment I	Widerstands-moment W_b	Trägheits-moment I_p	Widerstands-moment W_p
(Rechteck)	$\dfrac{b \cdot h^3}{12}$	$\dfrac{b \cdot h^2}{6}$	–	–
(Quadrat)	$\dfrac{h^4}{12}$	$\dfrac{h^3}{6}$	$0{,}141 \cdot h^4$	$0{,}208 \cdot h^3$
(Quadrat, gedreht)	$\dfrac{h^4}{12}$	$0{,}118 \cdot h^3$	$0{,}141 \cdot h^4$	$0{,}208 \cdot h^3$
(Sechseck)	$0{,}06 \cdot s^4$	$0{,}12 \cdot s^3$	$0{,}12 \cdot s^4$	$0{,}207 \cdot s^3$
(Sechseck)	$0{,}06 \cdot s^4$	$0{,}104 \cdot s^3$	$0{,}12 \cdot s^4$	$0{,}207 \cdot s^3$
(Hohlrechteck)	$\dfrac{B \cdot H^3 - b \cdot h^3}{12}$	$\dfrac{B \cdot H^3 - b \cdot h^3}{6 \cdot H}$	$\dfrac{(B-b)(Bb+Hh)(B+b)(H+h)}{2(B+H+b+h)}$	$\dfrac{(B-b)(B+b)(H+h)}{4}$
(Dreieck) [1]	$\dfrac{a \cdot h^3}{36}$	$\dfrac{a \cdot h^2}{24}$	$\dfrac{a^4}{46{,}19} = \dfrac{h^4}{15 \cdot \sqrt{3}}$	$\dfrac{a^3}{20} = \dfrac{h^3}{7{,}5 \cdot \sqrt{3}}$
(Kreis)	$\dfrac{\pi \cdot d^4}{64}$	$\dfrac{\pi \cdot d^3}{32}$	$\dfrac{\pi \cdot d^4}{32}$	$\dfrac{\pi \cdot d^3}{16}$
(Kreisring)	$\dfrac{(D^4 - d^4) \cdot \pi}{64}$	$\dfrac{(D^4 - d^4) \cdot \pi}{32 \cdot D}$	$\dfrac{(D^4 - d^4) \cdot \pi}{32}$	$\dfrac{(D^4 - d^4) \cdot \pi}{16 \cdot D}$
(dünnwandiges Rohr)	$\dfrac{\pi \cdot D^3 \cdot d}{64}$	$\dfrac{\pi \cdot D^2 \cdot d}{32}$	$\dfrac{\pi \cdot D^3 \cdot d^3}{16 \cdot (D^2 + d^2)}$ $D/d \geq 1$	$\dfrac{\pi \cdot D \cdot d^2}{16}$ $D/d \geq 1$

2.4.11 Elastizitäts- und Gleitmoduln metallischer Werkstoffe

Werkstoff	Elastizitätsmodul E in N/mm²	Gleitmodul G in N/mm²	Werkstoff	Elastizitätsmodul E in N/mm²	Gleitmodul G in N/mm²
Aluminium	72 000	28 000	Stahl, -guß	210 000	82 000
AlCuMg 1	74 000	28 500	GG 15	100 000	40 000
Kupfer	125 000	46 000	GG 30	120 000	49 000
CuNi 18	142 000	55 000	Wolfram	360 000	130 000
Nickel	200 000	80 000	Zink	100 000	40 000

2.5 Wärmetechnische Grundlagen

2.5.1 Temperatur

Den Wärmezustand eines Stoffes kennzeichnet die Temperatur (T, t, ϑ). Einheiten der Temperatur sind Kelvin (K) und Grad Celsius (°C), in Ländern mit englischem Maßsystem auch Grad Fahrenheit (°F).

Umrechnungen:

$T = 273 + t_C$
$t_C = \dfrac{5}{9} \cdot (t_F - 32)$
$t_F = \dfrac{9}{5} \cdot t_C + 32$

T Temperatur in K
t_C Temperatur in °C
t_F Temperatur in °F

1. Beispiel:
$t_C = 20\,°C \quad T = ?\,K$

Lösung:
$T = 273 + t_C$
$T = 273 + 20\,°C$
$T = 293\,K$

2. Beispiel: $t_F = 77\,°F \quad t_C = ?\,°C$

Lösung: $t_C = \dfrac{5}{9} \cdot (t_F - 32)$

$t_C = \dfrac{5}{9} \cdot (77\,°F - 32)$

$t_C = \dfrac{5}{9} \cdot 45\,°C$

$t_C = 25\,°C$

2.5.2 Wärmemenge

Ein Maß für die in einem Körper enthaltene Wärme (Energie) ist die **Wärmemenge** Q. Ihre Einheit ist das Joule (J). 4186,8 J ist die Wärmemenge, die 1 Liter Wasser um 1 K erwärmt (genau von 14,5 °C auf 15,5 °C).

Die **spezifische Wärmekapazität** c ist die Wärmemenge, die 1 kg eines Stoffes um 1 K erwärmt. Einheit von c ist J/(kg · K).

Die **spezifische Schmelzwärme** L_f ist die Wärmemenge, die 1 kg eines Stoffes bei Schmelztemperatur vom festen in den flüssigen Zustand überführt; sie wird beim Erstarren des Stoffes wieder frei. Einheit von L_f ist J/kg.

Die **spezifische Verdampfungswärme** L_V ist die Wärmemenge, die 1 kg eines Stoffes bei Verdampfungstemperatur vom flüssigen in den dampfförmigen Zustand überführt; sie wird beim Verflüssigen (Kondensieren) des Stoffes wieder frei. Einheit von L_V ist J/kg.

$Q = m \cdot c \cdot \Delta T$

Q Wärmemenge in J
m Masse, Stoffmenge in kg
c spezifische Wärmekapazität in J/(kg · K)
ΔT Temperaturunterschied in K

Beispiel:
$\Delta T = 200\,K$
$m = 50\,kg$
$c = 389{,}3\,J/(kg \cdot K)$
$Q = ?\,J$

Lösung: $Q = m \cdot c \cdot \Delta T = 50\,kg \cdot 389{,}3\,\dfrac{J}{kg \cdot K} \cdot 200\,K$

$Q = 3{,}893 \cdot 10^6\,J$

Temperaturmessung [1]

Meßgerät bzw. -verfahren	Anwendungs-bereich °C	Grundprinzip
Pentan-thermometer	$-190 \cdots +20$	Wärme dehnt Flüssigkeit, deren Stand in einem engen Rohr zeigt Temperatur
Alkohol-thermometer	$-110 \cdots +50$	
Quecksilber-thermometer	$-30 \cdots 750$	
Bimetall-thermometer	$-30 \cdots 400$	Unterschiedliche Längenausdehnung bei Erwärmung verschied. Metalle
Stabausdehnungs-thermometer	bis ≈ 1000	
Elektrische Widerstands-thermometer	bis 750	ΔT bewirkt ΔR und damit ΔI
Thermoelemente	$-200 \cdots 1600$	Kontaktspann.
Strahlungs-pyrometer	$-40 \cdots 1300$	Wärmestrahlung wirkt auf Fotoelemente
Temperatur-meßfarben	$-40 \cdots 1350$	Farbumschlag zeigt Temp. an
Temperatur-kennkörper Segerkegel	$+100 \cdots 1600$ bis 2000	Metall- bzw. Keramikkörper schmelzen bei best. Temp.

Thermoelement-Spannungen in μV bei 0 °C
Bezugstemperatur nach DIN IEC 584 T 1 (1.84)

Meßtem-peratur °C	Typ R	Typ J	Typ K	Typ T	Typ E
-100		-4632	-3553	-3378	-5237
-50	-226	-2431	-1889	-1819	-2787
0	0	0	0	0	0
100	647	5268	4095	4277	6317
200	1468	10777	8137	9286	13419
300	2400	16325	12207	14860	21033
400	3407	21846	16395	20869	28943
500	4471	27388	20640		36999
600	5582	33096	24902		45085
700	6741	39130	29128		53110
800	7949	45498	33277		61022
1000	10503	57942	41269		76358
1300	14624		52398		
1600	18842				

Typ R: Platin-13% Rhodium/Platin; **Typ J:** Eisen/Kupfer-Nickel; **Typ K:** Nickel-Chrom/Nickel; **Typ T:** Kupfer/Kupfer-Nickel; **Typ E:** Nickel-Chrom/Kupfer-Nickel.[2]

Mischtemperatur von Flüssigkeiten

$$t = \dfrac{m_1 \cdot c_1 \cdot t_1 + m_2 \cdot c_2 \cdot t_2}{m_1 \cdot c_1 + m_2 \cdot c_2}$$

Beispiel:
$m_1 = 0{,}5\,kg$ Alkohol
$t_1 = 10\,°C$
$m_2 = 1\,kg$ Wasser
$t_2 = 30\,°C$
spezifische Wärmekapazitäten können der Tabelle (S. 2-21) entnommen werden

m_1 Menge Stoff 1 in kg
m_2 Menge Stoff 2 in kg
t_1 Temperatur Stoff 1 vor dem Mischen
t_2 Temperatur Stoff 2 vor dem Mischen
c_1 spezifische Wärmekapazität von Stoff 1
c_2 spezifische Wärmekapazität von Stoff 2
t Temperatur nach dem Mischen

Lösung:

$$t = \dfrac{0{,}5\,kg \cdot 2{,}428\,\dfrac{kJ}{kg\,K} \cdot 10\,K + 1\,kg \cdot 4{,}187\,\dfrac{kJ}{kg\,K} \cdot 30\,K}{0{,}5\,kg \cdot 2{,}428\,\dfrac{kJ}{kg\,K} + 1\,kg \cdot 4{,}187\,\dfrac{kJ}{kg\,K}}$$

$$t = \dfrac{12{,}14\,kJ + 125{,}6\,kJ}{1{,}214\,\dfrac{kJ}{K} + 4{,}187\,\dfrac{kJ}{K}} = \dfrac{137{,}7\,kJ}{5{,}4\,kJ}\,K$$

$t = 25{,}5\,°C$

Erwärmen eines Stoffes und Überführen vom festen in den dampfförmigen Zustand

$Q = m \cdot c \cdot \Delta T + m \cdot L_f + m \cdot L_V$

Q Wärmemenge in J
m Stoffmasse in kg
c spez. Wärmekapazität
L_f Schmelzwärme
L_V Verdampfungswärme
ΔT Temperaturunterschied

Beispiel:
1 kg Eis von 0 °C in Wasserdampf von 100 °C umwandeln (bei 1013 mbar)

Lösung:

$Q = 1\,kg \cdot 4{,}18\,\dfrac{kJ}{kg\,K} \cdot 100\,K + 1\,kg \cdot 333{,}7\,\dfrac{kJ}{kg} + 1\,kg \cdot 2258\,\dfrac{kJ}{kg}$

$Q = 418\,kJ + 333{,}7\,kJ + 2258\,kJ$

$Q = 3{,}01 \cdot 10^6\,J$

---

[1] Siehe dazu auch S. 8-19 bis 8-21.
[2] **Typ S:** Platin-10% Rhodium/Platin und **Typ B:** Platin-30% Rhodium/Platin-6% Rhodium siehe DIN IEC 584 Teil 1.

2.5 Wärmetechnische Grundlagen

Wärmeeigenschaften von Stoffen
(spezifische Wärmekapazität c, Schmelzwärme L_f, Verdampfungswärme L_v bei 1013 mbar)

Stoff	$\frac{c}{\frac{kJ}{kg \cdot K}}$	Schmelz-punkt °C	$\frac{L_f}{\frac{kJ}{kg}}$	Siede-punkt °C	$\frac{L_v}{\frac{kJ}{kg}}$
Aluminium	0,896	658	355,9	2200	11723
Blei	0,130	327	23,86	1700	921,1
Eisen (rein)	0,440	1530	272,1	2800	6364
Gold	0,130	1060	66,99	2700	1758
Graphit	0,712	≈3600	16750	4200	50242
Konstantan	0,410	≈1280			
Kupfer	0,381	1080	209,3	2400	4647
Messing	0,389	≈ 900	167,5		
Nickel	0,452	1450	293,1	3000	6196
Platin	0,134	1770	113,0	3800	2512
Silber	0,234	961	104,7	2000	2177
Silizium	0,741	1410	141,5	2350	14068
Wolfram	0,134	3380	191,8	6000	4815
Zinn	0,230	232	58,62	2300	2596
Alkohol	2,428	-114	104,7	78,3	858
Benzol	1,738	5,5	127,3	80,1	389
Maschinenöl	1,675				
Quecksilber	0,138	- 38,9	11,72	356,7	301
Schwefelsäure	1,382	10,5	108,9	338	511
Wasser	4,187	0,0	333,7	100,0	2258
Ammoniak	2,060	- 77,9	339,1	- 33,4	1369
Kohlenstoffdioxid	0,825	- 56	184,2	- 78,5	574
Luft	1,001			-194	197
Stickstoff	1,043	-210	25,96	-195,8	199
Wasserstoff	14,24	-259,2	58,62	-252,8	461

Längen-Ausdehnungskoeffizient α_l (für $0 \cdots 100$ °C)
Volumen-Ausdehnungskoeffizient γ (bei 18 °C)

Stoff	α_l in 1/K	Stoff	γ in 1/K
Aluminium	$23{,}8 \cdot 10^{-6}$	Alkohol	$1{,}10 \cdot 10^{-3}$
Blei	$29{,}0 \cdot 10^{-6}$	Benzol	$1{,}06 \cdot 10^{-3}$
Bronze	$17{,}5 \cdot 10^{-6}$	Glyzerin	$0{,}50 \cdot 10^{-3}$
Chrom	$8{,}5 \cdot 10^{-6}$	Petroleum	$0{,}99 \cdot 10^{-3}$
Eisen (rein)	$12{,}3 \cdot 10^{-6}$	Quecksilber	$0{,}18 \cdot 10^{-3}$
Glas (ca.)	$6{,}5 \cdot 10^{-6}$	Schwefel-	
Gold	$14{,}2 \cdot 10^{-6}$	säure	$0{,}57 \cdot 10^{-3}$
Graphit	$7{,}9 \cdot 10^{-6}$	Terpentin	$9{,}70 \cdot 10^{-3}$
Konstantan	$15{,}2 \cdot 10^{-6}$	Toluol	$1{,}08 \cdot 10^{-3}$
Kupfer	$16{,}5 \cdot 10^{-6}$	Wasser	$0{,}18 \cdot 10^{-3}$
Manganin	$17{,}5 \cdot 10^{-6}$		
Messing	$18{,}4 \cdot 10^{-6}$		
Neusilber	$18{,}4 \cdot 10^{-6}$	Für feste Stoffe ist $\gamma \approx 3 \cdot \alpha_l$	
Nickel	$13{,}0 \cdot 10^{-6}$		
Silber	$19{,}5 \cdot 10^{-6}$	Für alle Gase ist	
Silizium	$7{,}6 \cdot 10^{-6}$	$\gamma \approx 1/273$	
Wolfram	$4{,}5 \cdot 10^{-6}$	$\gamma \approx 0{,}00366$	

2.5.3 Ausdehnung durch Wärme

Der **Längen-Ausdehnungskoeffizient** α_l gibt die Längenzunahme der Längeneinheit eines Körpers bei 1 K Temperaturerhöhung an. Einheit von α_l ist 1/K.

Der **Volumen-Ausdehnungskoeffizient** γ gibt die Volumenzunahme der Volumeneinheit eines Körpers bei 1 K Temperaturerhöhung an. Einheit von γ ist 1/K.

Längenausdehnung:

$$\Delta l = l_0 \cdot \alpha_l \cdot \Delta T$$

Beispiel:
$l_0 = 12$ m; $\Delta T = 50$ K;
$\alpha_l = 23{,}8 \cdot 10^{-6} \frac{1}{K}$;
$\Delta l = ?$ m

Δl Längenzunahme in m
l_0 Länge (Kaltzustand in m)
α_l Längen-Ausdehnungskoeffizient in 1/K
ΔT Temperaturzunahme in K

Lösung: $\Delta l = l_0 \cdot \alpha_l \cdot \Delta T = 12 \text{ m} \cdot 23{,}8 \cdot 10^{-6} \frac{1}{K} \cdot 50 \text{ K}$

$\Delta l = 0{,}01428$ m $= 14{,}28$ mm

Volumenausdehnung:

$$\Delta V = V_0 \cdot \gamma \cdot \Delta t$$

Beispiel:
$V_0 = 0{,}75$ m³;
$\Delta T = 90$ K;
$\gamma = 0{,}0011$ 1/K
$\Delta V = ?$ m³

ΔV Volumenzunahme in m³
V_0 Volumen in kaltem Zustand in m³
γ Volumen-Ausdehnungskoeffizient in 1/K
ΔT Temperaturzunahme in K

Lösung: $\Delta V = V_0 \cdot \gamma \cdot \Delta T = 0{,}75$ m³ $\cdot 0{,}0011 \frac{1}{K} \cdot 90$ K

$\Delta V = 0{,}07425$ m³

2.5.4 Wärmeübertragung

Wärmestrom Φ heißt die Wärmemenge, die innerhalb einer Zeiteinheit durch eine senkrecht zur Strömungsrichtung liegenden Fläche strömt. Einheit des Wärmestromes ist W.

Wärmeleitung ist die Wanderung des Wärmestromes innerhalb eines Körpers. Die **Wärmeleitfähigkeit** λ gibt den Wärmestrom an, der durch einen Querschnitt von 1 m² eines 1 m langen Körpers strömt, wenn der Temperaturunterschied 1 K beträgt.

Wärmeübergang ist der Wärmeaustausch zwischen einem festen Körper und einer Flüssigkeit oder Gas. Der **Wärmeübergangskoeffizient** α ist der Wärmestrom, der von einer Fläche von 1 m² bei einem Temperaturgefälle von 1 K abgegeben wird.

Wärmedurchgang heißt der Wärmeaustausch zweier Flüssigkeiten oder Gase durch eine Trennwand hindurch. Der **Wärmedurchgangskoeffizient** k ist der Wärmestrom, der durch eine Fläche von 1 m² bei einem Temperaturgefälle von 1 K hindurchtritt.

$$\Phi = \frac{Q}{t}$$

Φ Wärmestrom in W
Q Wärmemenge in J
t Zeit in s
λ Wärmeleitfähigkeit in W/(m · K)

Wärmeleitung:

$$\Phi = \lambda \cdot \frac{S}{\delta} \cdot \Delta T$$

S Fläche der Wärmeleitung in m²
δ Dicke in m
ΔT Temperaturunterschied in K

Beispiel: $\lambda = 209{,}3$ W/(m · K); $S = 5$ cm²;
$\delta = 2{,}5$ cm; $\Delta T = 50$ K; $\Phi = ?$ W

Lösung: $\Phi = \lambda \cdot \frac{S}{\delta} \cdot \Delta T = 209{,}3 \frac{W}{m \cdot K} \cdot \frac{5 \text{ cm}^2}{2{,}5 \text{ cm}} \cdot 50$ K

$\Phi = 20930 \frac{W \cdot cm}{m} = 209{,}3$ W

Wärmeübergang:

$$\Phi = \alpha \cdot S \cdot \Delta T$$

α Wärmeübergangskoeffizient in W/(m² · K)

Die Wärmeübergangszahl α ist nicht in Tabellen angebbar. Sie muß für jeden Fall ermittelt werden.

Wärmedurchgang:

$$\Phi = k \cdot S \cdot \Delta T$$

k Wärmedurchgangskoeffizient in W/(m² · K)

Auch k muß für jeden Fall ermittelt werden.

2.5 Wärmetechnische Grundlagen

Wärmedurchgang durch eine Wand:

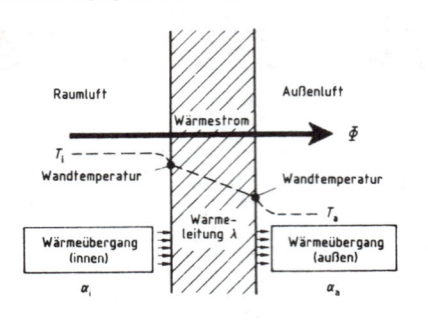

T_i, T_a Innen- und Außenwandtemperaturen in K
α_i, α_a Innen- und Außenwandwärmeübergangskoeffizienten in W/(m² · K)

Wärmeleitfähigkeit λ in $\frac{W}{m \cdot K}$ (bei Temperatur)

Stoff	λ b. 20 °C	Stoff	λ b. 20 °C
Aluminium	209,4	Alkohol	0,186
Blei	35	Benzol	0,151
Bronze	25,5 ··· 58	Glyzerin	0,279
Eisen, rein	73,3	Transformatoren-	
Gold	310,5	öl	0,128
Grauguß	58	Toluol	0,151
Konstantan	22,7		
Kupfer	383,8		
Manganin	21,9	Bakelit	0,233
Messing	81,4 ··· 116	Hartgewebe	0,35
Neusilber	24,9	Hartpapier	0,291
Nickel	88	Kunsthorn	0,174
Platin	70,8	Plexiglas	0,174
Quecksilber	9,3	Polyamide	0,35
Silber	418,6	Preßstoffe, Typ	
Stahl	35	11, 12, 16, 30, 54	0,314
Wolfram	167,5	Typ 74	0,372
Zink	116,4	PVC	0,163
Zinn	65		λ b. 0 °C
Asphalt	0,7	Ammoniak	0,0218
Eichenholz		Acetylen	0,0205
radial	0,174	Chlor	0,000792
axial	0,372	Kohlenstoffdioxid	0,0143
Fensterglas	1,16	Luft	0,0243
Graphit	139,4	Wasserstoff	0,123
Porzellan	0,81 ··· 1,86		
Putzmöbel	0,93	Glasfaser	0,0326
Ziegelstein	0,464	Steinwolle	0,035

λ hängt bei festen Stoffen wenig, bei Gasen und Flüssigkeiten stark von der Temperatur ab.

2.5.5 Wärmestrahlung

Wärmestrahlung ist die Übertragung von Wärme ohne die Mitwirkung eines Stoffs. Wärmestrahlen sind elektromagnetische Wellen, die von einem erhitzten Körper ausgesendet werden. Welche Strahlungsmenge ein Körper absorbiert oder reflektiert, hängt stark von der Farbe und Oberflächenbeschaffenheit des Körpers ab.

$$\varepsilon = \frac{\text{absorbierte Strahlung}}{\text{ankommende Strahlung}}$$

Je größer der Absorptionsgrad eines Körpers, desto größer ist auch sein Emissionsvermögen.

$\Phi = \varepsilon \cdot \sigma \cdot A \cdot T^4$

ε Emissionsgrad
Φ Wärmestrom in W
σ Strahlungskonstante (Stefan-Boltzmann-Konstante)
$\sigma = 5{,}67 \cdot 10^{-8} \frac{W}{m^2 K^4}$
A Oberfläche des Strahlers in m²
T Temperatur in K

Emissionsgrade ε von Oberflächen

Werkstoff	ε
absolut schwarzer Körper	1
Aluminium (walzblank)	0,04
Gold, Silber (poliert)	0,025
Glas	0,93
Heizkörperlack	0,92
Kupfer (poliert)	0,035
Kupfer (oxidiert)	0,76
Porzellan	0,93
Papier, Holz, Dachpappe	0,92
Stahl (poliert)	0,28
Stahl (Gußhaut)	0,8
Zink (grau oxidiert)	0,24

2.5.6 Spezifischer Heizwert H_u

Es erzeugen im Mittel	kJ in 1 kg	kJ in 1 m³
Anthrazit	33 500	–
Braunkohlen, deutsche	14 200	–
Braunkohlenbriketts	20 100	–
Holz, lufttrocken	14 600	–
Holz, völlig trocken	18 600	–
Holzkohlen	33 100	–
Koks	28 500	–
Steinkohlen, Ruhr-	31 400	–
Steinkohlen, Saar-	29 700	–
Steinkohlenbriketts	32 500	–
Torf (lufttrocken)	14 600	–
Alkohol	29 700	–
Benzin	46 000	–
Benzol	41 800	–
Heizöl	43 100	–
Petroleum	43 900	–
Spiritus 95%	28 200	–
Teeröl	41 600	–
Acetylen	48 700	56 900
Butan	45 700	123 000
Propan	45 800	88 000
Erdgas (trocken)	41 800	29 300
Wasserstoff	119 600	10 760
Kohlenstoff zu Kohlenstoffdioxid	33 800	–
Kohlenst. zu Kohlenstoffmonooxid	10 300	–
Kohlenstoffmonooxid zu Kohlenstoffdioxid	10 100	12 600

2.6 Schall

2.6.1 Begriffe nach DIN 4109 (11.89)

Schall breitet sich durch mechanische Schwingungen und Wellen in festen Körpern und Gasen aus, insbesondere innerhalb der vom menschlichen Ohr wahrgenommenen hörbaren Schwingungsgrenzen von 16–20 000 Hz.

Luftschall = Schallwellen, die durch abwechselnde Verdichtung und Verdünnung der Luft(moleküle) hervorgerufen werden.

Körperschall entsteht, wenn feste Körper abwechselnd gestaucht und gedehnt werden und dadurch Schallwellen in festen Stoffen ausbreiten, z. B.: Bohren eines Dübel-Loches in eine Massivdecke.

Trittschall entsteht durch Körperschallanregung einer Decke oder eines Fußbodens, z. B.: Begehen einer Decke, Abrücken eines Schrankes usw. Trittschall wird bei starker Intensität als Luftschall außerhalb des Anregungsraumes abgestrahlt.

Frequenz oder Schwingungszahl ist die Anzahl der Schwingungen pro Sekunde.

1 Hertz (Hz) = 1 Schwingung/Sekunde

Geräusch ist ein Schall, der im allgemeinen nicht zur Übertragung von Informationen erzeugt wurde (z. B. Maschinengeräusch). Ein Geräusch besteht entweder aus vielen Teiltönen, deren Frequenzen nicht in einfachen Zahlenverhältnissen zueinander stehen oder ist ein Schallimpuls bzw. eine Schallimpulsfolge mit einer Grundfrequenz unter 1 Hz.

Schalldruck p ist der wechselnde Druck, der durch die Schallschwingung in Gasen oder Flüssigkeiten hervorgerufen wird; er ist dem statischen Druck (z. B. dem Luftdruck) überlagert. Einheit: $1\ N/m^2 = 1\ Pa = 10\ \mu bar$.

Schalldruckpegel L (Schallpegel) ist ein logarithmisches Maß für den gemessenen Schalldruck und wird in Dezibel (dB) angegeben.

$$L = 10\ \lg \frac{p^2}{p_0^2} = 20\ \lg \frac{p}{p_0}\ dB$$

Der Effektivwert des Bezugs-Schalldrucks p_0 ist international festgelegt mit:

$p_0 = 20\ \mu bar$ in Luft und
$p_0 = 1\ \mu bar$ in anderen Medien.

A-bewerteter Schalldruckpegel L_A ist der mit dem Filter A (Frequenzbewertung A) nach DIN IEC 651 bewertete Schalldruckpegel; dabei werden Frequenzen unter 1 000 Hz und über 5000 Hz in ihrer Wirkung abgeschwächt. Der A-Schalldruckpegel ist ein Maß für die Stärke eines Geräusches und wird in dB(A) angegeben.

2.6.2 Zulässige Schalldruckpegel in schutzbedürftigen Räumen nach DIN 4109 (11.89)

Geräuschquelle	Schalldruckpegel dB(A)	
	Wohn-/ Schlafräume	Unterrichts-/ Arbeitsräume
Wasserinstallationen	≤ 35 [1]	≤ 35 [1]
haustechn. Anlagen	≤ 30 [2]	≤ 35 [2]
Betriebe 6 bis 22 Uhr	≤ 35	≤ 35 [2]
Betriebe 22 bis 6 Uhr	≤ 25	≤ 35 [2]

[1]) Einzelne, kurzzeitige Spitzen sind nicht zu berücksichtigen.
[2]) Bei lüftungstechnischen Anlagen bis 5 dB(A) höhere Werte zulässig.

2.6.3 Schallgeschwindigkeit

Medium	m/s
Luft – bei 0 °C	331,6
– bei 15 °C	340,6
Wasser	1 480
Mauerwerk	3 500 ··· 4 000
Holz	3 500 ··· 5 000
Stahl	4 800 ··· 5 000
Glas	5 100 ··· 5 500

2.6.4 A-Schallpegel für bekannte Geräusche dB(A)

Verständliches Flüstern in 1 m Entfernung	15– 30
Zerreißen von Papier in 1 m Entfernung	40– 50
Normales Sprechen in 1 m Entfernung	50– 65
Rundfunkmusik, Zimmerlautstärke	50– 80
Pkw-Fahrgeräusch	78– 82
Lautes Rufen, Kindergeschrei	70– 90
Verkehrslärm in lauter Straße	75– 95
Nachtgrundpegel in Wohngebieten	30– 40
Düsenflugzeug beim Start, 100 m entfernt	105–115

2.6.5 Zulässige Geräuschpegel nach TALärm (7.68)

Gebietseinteilung	tags dB(A)	nachts dB(A)
nur Industrie	70	70
vorwieg. Gewerbe	65	50
Mischgebiet	60	45
vorwieg. Wohnungen	55	40
nur Wohnungen	50	35
Kurgebiete	45	35
Baulich verbunden, Innen-Messung	40	30

Wirkpegel: nach bestimmtem Meßverfahren gemessener Geräuschpegel

Beurteilungspegel = Wirkpegel – Zeitkorrektur

Durchschnittliche tägliche Betriebsdauer in Stunden in der Zeit von		Zeitkorrektur
7 bis 20 Uhr	20 bis 7 Uhr	dB(A)
über 2,5	bis 2,5	10
über 2,5 bis 8	über 2 bis 6	5
über 8	über 6	0

Der Beurteilungspegel soll den zul. Geräuschpegel nicht überschreiten; nachts soll kein Meßwert den zul. Geräuschpegel um 20 dB(A) überschreiten.

2.6.6 Lärmschutz am Arbeitsplatz

Dauerlärm/Art der Arbeit	dB(A)
Dauerlärm, der bei den meisten Menschen zum Gehörschaden führt	≥ 90
Dauerlärm, bei dem der Arbeitgeber dem Arbeitnehmer persönliche Schallschutzmittel zur Verfügung stellen muß	≥ 85
Nach der Arbeitsstätten-Verordnung des Bundesarbeitsministers (3.75) ist in geschlossenen Räumen folgender Dauerlärmpegel unzulässig:	
bei überwiegend geistiger Beanspruchung	> 55
bei einfachen Büro- und ähnlichen Arbeiten	> 70
bei sonstigen Arbeiten	> 85

2.7 Strom und Spannung

2

2.7.1 Genormte Stromwerte

Nennströme in A nach DIN 40003 (3.69)

Nennstrom ist die Stromstärke, für welche elektrische Anlagen und Betriebsmittel (z. B. Schaltgeräte, Sicherungen) benannt und bemessen sind und auf die sich andere Nenngrößen beziehen.

Genormte Nennströme in A

1 3,15	1,25 4	1,6 5	2 6,3	2,5 8
10 31,5	12,5 40	16 50	20 63	25 80
100 315	125 400	160 500	200 630	250 800
1 000 3 150 10 000	1250 4000	1600 5000	2000 6300	2500 8000

Falls erforderlich, können anstatt 1,6 A; 3,15 A; 6,3 A und 8 A auch die Werte 1,5 A; 3 A; 6 A und 7,5 A bzw. das 10-, 100- und 1 000fache dieser Werte genommen werden.

Schaltgeräte für Anlagen bis 1 kV

Schalter, Anlasser, Steller, Steckvorrichtungen	6 40 160 1000 4000	10 63 200 1600 6300	16 80 250 2000 8000	20 100 400 2500	32 125 630 3150
NH-Sicherungs-unterteile	32 400	63 630	100 800	160 1000	250 1250
NH-Sicherungs-einsätze	2 12 40 125 400 1250	4 16 50 160 500	6 20 63 200 630	8 25 80 250 800	10 32 100 315 1000

Wechselstrom-Schaltgeräte für Anlagen über 1 kV

Schalter, Durch-führungen	unter 60 kV	400 3150	630 4000	1250 6300	1600	2500
	über 60 kV	630 3150	800 4000	1250	1600	2000
Sicherungsunterteile (bis 30 N)		200	400			
Sicherungseinsätze bis 30/36 kV		6 63	10 100	16 160	25 200	40 250
Primärauslöser		6 63 315	10 100 400	16 160 500	25 200 630	40 250

Ströme für Elektrizitätszähler

Wechselstrom-Wirkverbrauchszähler [1]) der Klasse 2 nach DIN VDE 0418 Teil 1 (7.82)

Nennströme: 5 – 10 – 15 – 20 – 30 – 40 – 50 A
Grenzstrom: ganzzahliges Vielfaches des Nennstromes
Nennspannungen: 127 – 220 – 240 – 380 – 415 – 480 V

2.7.2 Genormte Spannungswerte

Nennspannungen für elektrische Betriebsmittel nach DIN IEC 38 (5.87)

Gleichspannungen unter 750 V		Wechselspannungen unter 120 V	
bevorzugte Werte in V	ergänzende Werte in V	bevorzugte Werte in V	ergänzende Werte in V
6 12 24 36 48 60 72 96 110 220 440	2, 4; 3; 4; 4, 5; 5 7, 5; 9 15 30 40 80 125 250 600	6 12 24 48 110	5 15 36; 42 60; 100

Wechselspannungen zwischen 100 und 1000 V

Einphasen-Dreileiternetze

120/240 V

Drehstrom-Vierleiter- oder Dreileiternetze

230/400 V	vorhandene 220/380-V-Netze auf diesen Wert bringen
(277/480 V)	nicht zusammen mit 230/400-V- oder 400/480-V-Netzen
400/690 V	vorhandene 380/660-V-Netze auf diesen Wert bringen
1000 V	Dreileiternetz, Außenleiterspannung

Drehstromnetze über 1 kV bis 1200 kV

Spannungsangabe in kV zwischen Außenleitern (Reihe I für 50- und 60-Hz-Netze bis gestr. Linie)

Netz-Nenn-spannung		höchste Betriebsmittel-spannung	Netz-Nenn-spannung		höchste Betriebsmit-telspannung
3 [2]) 6 [2]) 10	3, 3 [2]) 6, 6 [2]) 11	3, 6 [2]) 7, 2 [2]) 12	110 132 (150)	115 138 —	123 145 (170)
(15)	—	(17, 5)	220	230	245
20 —	22 33	24 36			(300) (363)
35	—	40,5			420 525 [3])
(45) 66	— 69	(52) 72,5			765 1200

Gekürzte Schreibweise von Strom und Spannung nach DIN 40004 (7.83)

Grafisches Symbol	Bezeichnung [6])	Benennung
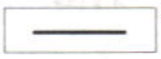 [4])  [5])	DC	Gleichstrom, Gleichspannung
	AC	Wechselstrom, Wechselspannung
	UC	Gleich- und Wechselstrom, Gleich- und Wechselspannung

[1]) Für direkten Anschluß.
[2]) Nicht für öffentliche Verteilernetze verwenden.
[3]) Auch 550 kV.
[4]) Vorzugsweise in Schaltungsunterlagen.
[5]) Vorzugsweise auf Betriebsmitteln und Einrichtungen.
[6]) Anwendung z. B. im Schrifttum und in der Datenverarbeitung.

2.7 Strom und Spannung

Vorgeschriebene Reihenfolge der Angaben

1. Anzahl der Außenleiter
2. übrige Leiter (z. B. Neutral-/Schutzleiter)
3. Strom- oder Spannungsart (s. Tabelle)
4. Frequenz (Zahlenwert und Einheit)
5. Strom oder Spannung (Zahlenwert und Einheit)

Der Zahlenwert kann aus einem Wert oder aus mehreren Werten in abfallender Reihenfolge (z. B. 400/230) oder aus einem Bereich (z. B. 0…230) bestehen.

B e i s p i e l e :
Gleichstrom 16 A ⎓ 16 A DC 16 A
Drehstrom-Fünfleitersystem 3/N/PE ∼ 400 V
mit Neutral- und Schutzleiter 400 V 3/N/PE AC 400 V

2.7.3 Elektrochemische Spannungsreihe

Normalpotentiale gegenüber Wasserstoffelektrode		
Element	Übergang	Potential in V
Fluor	$2F^- \to F_{2(gas)}$	+ 2,85
Gold	$Au \to Au^+$	+ 1,50
Gold	$Au \to Au^{+++}$	+ 1,38
Chlor	$2Cl^- \to Cl_{2(gas)}$	+ 1,36
Brom	$2Br^- \to Br_{2(gas)}$	+ 1,08
Platin	$Pt \to Pt^{++++}$	+ 0,87
Quecksilber	$Hg \to Hg^+$	+ 0,86
Silber	$Ag \to Ag^+$	+ 0,80
Kohlenstoff	$C \to C^{++}$	+ 0,75
Kupfer	$Cu \to Cu^+$	+ 0,51
Kupfer	$Cu \to Cu^{++}$	+ 0,35
Arsen	$As \to As^{+++}$	+ 0,30
Bismut	$Bi \to Bi^{+++}$	+ 0,23
Antimon	$Sb \to Sb^{+++}$	+ 0,20
Wasserstoff	$H_2 \to 2H^+$	0,00
Blei	$Pb \to Pb^{++}$	− 0,13
Zinn	$Sn \to Sn^{++}$	− 0,14
Nickel	$Ni \to Ni^{++}$	− 0,25
Cobalt	$Co \to Co^{++}$	− 0,26
Cadmium	$Cd \to Cd^{++}$	− 0,40
Eisen	$Fe \to Fe^{++}$	− 0,44
Chrom	$Cr \to Cr^{++}$	− 0,56
Zink	$Zn \to Zn^{++}$	− 0,76
Mangan	$Mn \to Mn^{++}$	− 1,05
Aluminium	$Al \to Al^{+++}$	− 1,30
Magnesium	$Mg \to Mg^{++}$	− 2,38
Natrium	$Na \to Na^+$	− 2,71
Calcium	$Ca \to Ca^{++}$	− 2,87
Kalium	$K \to K^+$	− 2,92
Lithium	$Li \to Li^+$	− 3,02

Bei Berührung zweier Metalle in Gegenwart eines Elektrolyten findet eine Zersetzung desjenigen Metalles statt, welches in der elektrochemischen Spannungsreihe einen niedrigeren Platz hat.

2.7.4 Zeitabhängige Ströme (Spannungen)

1. Gleichstrom

Der Augenblickswert des Stromes ist zeitlich konstant.

2. Wechselstrom

Strom mit periodischem Zeitverlauf und arithmetischem Mittelwert Null.

3. Sinusstrom

Zeitlich sinusförmiger Verlauf.

4. Mischstrom

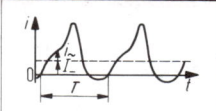

Überlagerung von Gleich- und Wechselstrom.

5. Drehstrom

Drei Sinusströme gleicher Frequenz, Amplitude und Betragsunterschiede der Nullphasenwinkel.

6. Amplitudenmoduliert

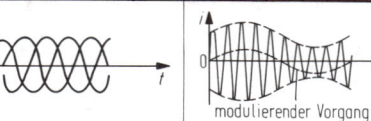

Stromamplitude ändert sich zeitlich mit einem modulierenden Vorgang. Trägerfrequenz ist konstant.

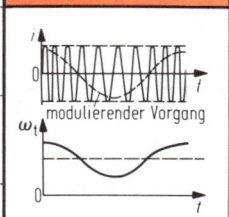

7. Frequenzmoduliert

Frequenz ändert sich zeitlich mit dem modulierenden Vorgang. Amplitude ist konstant.

8. Phasenmoduliert

Phasenabweichung des modulierten vom unmodulierten Strom ändert sich mit dem modulierenden Vorgang.

9. Pulsstrom

Periodischer Strom aus einer Folge gleicher Impulse.

10. Amplitudenmoduliert

Höchstwert der Stromimpulse ändert sich zeitlich.

11. Frequenzmoduliert

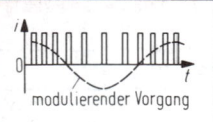

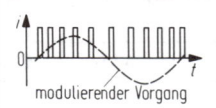

Die Verschiebung der Impulse aus der Ruhelage ändert sich mit dem modulierenden Vorgang.

12. Phasenmoduliert

Die Verschiebung der Impulse aus der Ruhelage ändert sich mit dem modulierenden Vorgang.

2.8 Elektrotechnische Grundlagen

Stromdichte

$$J = \frac{I}{S}$$

- J Stromdichte in A/mm²
- I Strom in A
- S Leiterquerschnitt in mm²

Beispiel: $I = 6\,A$; $S = 1,5\,mm^2$; $J = ?\,A/mm^2$

Lösung: $J = \dfrac{I}{S} = \dfrac{6\,A}{1,5\,mm^2} = 4\,A/mm^2$

Ohmsches Gesetz

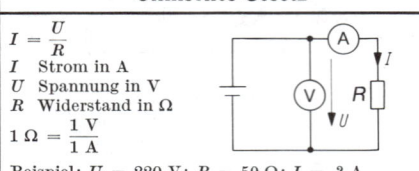

$$I = \frac{U}{R}$$

- I Strom in A
- U Spannung in V
- R Widerstand in Ω

$1\,\Omega = \dfrac{1\,V}{1\,A}$

Beispiel: $U = 220\,V$; $R = 50\,\Omega$; $I = ?\,A$

Lösung: $I = \dfrac{U}{R} = \dfrac{220\,V}{50\,\Omega} = 4,4\,A$

Leitwert und Widerstand

$$G = \frac{1}{R}$$

- G Leitwert in S
- R Widerstand in Ω

$1\,S \cdot 1\,\Omega = 1$

Beispiel: $R = 10\,\Omega$; $G = ?\,S$

Lösung: $G = \dfrac{1}{R} = \dfrac{1}{10\,\Omega} = 0,1\,S$

Leitfähigkeit und spezifischer Widerstand

$$\gamma = \frac{1}{\varrho}$$

- γ Leitfähigkeit in $\dfrac{m}{\Omega\,mm^2} = \dfrac{S\,m}{mm^2}$
- ϱ spezifischer Widerstand in $\dfrac{\Omega\,mm^2}{m}$

Folgende Einheiten sind ebenfalls gebräuchlich:

für γ: $1\,\dfrac{S\,m}{mm^2} = 10^6\,\dfrac{S}{m} = 10^4\,\dfrac{S}{cm}$

für ϱ: $1\,\dfrac{\Omega\,mm^2}{m} = 10^{-6}\,\Omega\,m = 10^{-4}\,\Omega\,cm$

Beispiel: $\varrho = 0,0172\,\dfrac{\Omega\,mm^2}{m}$; $\gamma = ?\,\dfrac{S\,m}{mm^2}$

Lösung: $\gamma = \dfrac{1}{\varrho} = \dfrac{1\,m}{0,0172\,\Omega\,mm^2} = 58\,\dfrac{S\,m}{mm^2}$

Widerstand eines Leiters

$$R = \frac{l}{\gamma \cdot S}$$

$$R = \frac{\varrho \cdot l}{S}$$

- R Widerstand in Ω
- l Leiterlänge in m
- γ Leitfähigkeit in m/Ω mm²
- S Leiterquerschnitt in mm²
- ϱ spezif. Widerstand in Ω mm²/m

Beispiel: $l = 84\,m$; $\gamma = 58\,m/\Omega\,mm^2$; $S = 1,5\,mm^2$; $R = ?\,\Omega$

Lösung: $R = \dfrac{l}{\gamma \cdot S} = \dfrac{84\,m}{\dfrac{58\,m}{\Omega\,mm^2} \cdot 1,5\,mm^2} = 0,966\,\Omega$

Widerstand und Temperatur

$$\Delta R = a \cdot R_k \cdot \Delta T$$

$$R_w = R_k (1 + a \cdot \Delta T)$$

- ΔR Widerstandsänderung in Ω
- a Temperaturbeiwert in 1/K
- R_k Kaltwiderstand in Ω
- R_w Warmwiderstand in Ω
- ΔT Temperaturänderung in K

Leitfähigkeit γ, spezifischer Widerstand ϱ, Temperaturbeiwert α (bei 20 °C)

Stoff	γ in $\dfrac{m}{\Omega\,mm^2}$	ϱ in $\dfrac{\Omega\,mm^2}{m}$	α in $\dfrac{1}{K}$
a) Metalle			
Aluminium	36	0,0278	0,00403
Bismut	0,83	1,2	0,0042
Blei	4,84	0,2066	0,0039
Cadmium	13	0,0769	0,0039
Eisendraht	6,7···10	0,15···0,1	0,0065
Gold	43,5	0,023	0,0037
Kupfer [1]	58	0,01724	0,00393
Magnesium	22	0,045	0,0039
Nickel	14,5	0,069	0,0060
Platin	9,35	0,107	0,0031
Quecksilber	1,04	0,962	0,0009
Silber	61	0,0164	0,0038
Tantal	7,4	0,135	0,0033
Wolfram	18,2	0,055	0,0044
Zink	16,5	0,061	0,0039
Zinn	8,3	0,12	0,0045
b) Legierungen			
Aldrey (AlMgSi)	30,0	0,033	0,0036
Bronze I	48	0,02083	0,0040
Bronze II	36	0,02778	0,0040
Bronze III	18	0,05556	0,0040
Konstantan (WM 50 [2])	2,0	0,50	±0,00001
Manganin	2,32	0,43	0,00001
Messing	15,9	0,063	0,0016
Neusilber (WM 30)	3,33	0,30	0,00035
Nickel-Chrom	0,92	1,09	0,00004
Nickelin (WM 43)	2,32	0,43	0,00023
Platinrhodium	5,0	0,20	0,0017
Stahldraht (WM 13)	7,7	0,13	0,0048
Wood-Metall	1,85	0,54	0,0024
c) Sonstige Leiter			
Graphit	0,046	22	−0,0013
Kohlenstifte homog.	0,015	65	
Retortengraphit	0,014	70	−0,0004

d) Flüssigkeiten (Mittelwerte bei 18 °C)

	% [3]	$\gamma\left(\dfrac{S \cdot cm}{cm^2}\right)$	$\varrho\left(\dfrac{\Omega \cdot cm^2}{cm}\right)$	$a\left(\dfrac{1}{K}\right)$
Kalilauge KOH	5	0,24	4,2	—0,02
	10	0,38	2,6	—0,02
	20	0,42	2,4	—0,02
Kochsalzlösung NaCl	5	0,067	14,5	—0,02
	10	0,121	8,27	—0,02
	20	0,195	5,12	—0,02
Kupfersulfat CuSO₄	5	0,019	52,5	—0,02
	10	0,032	31,3	—0,02
	20	0,046	21,7	—0,02
Natronlauge NaOH	5	0,198	5,1	—0,02
	10	0,314	3,19	—0,02
	20	0,337	2,97	—0,02
Salmiak NH₄Cl	5	0,092	10,9	—0,02
	10	0,178	5,61	—0,02
	20	0,335	2,98	—0,02
Salzsäure HCl	5	0,394	2,54	—0,02
	10	0,630	1,59	—0,02
	20	0,762	1,31	—0,02
Schwefelsäure H₂SO₄	5	0,193	5,18	—0,02
	10	0,366	2,74	—0,02
	20	0,601	1,67	—0,02
Zinksulfat ZnSO₄	5	0,019	52,5	—0,02
	10	0,032	31,3	—0,02
	20	0,047	21,7	—0,02

[3] Gehalt der Lösung in Gewichtsprozenten

[1] Kupfer der Sorte E-Cu 58 mit einer Reinheit von mind. 99,90%.
[2] Cu 55%, Ni 44%, Mn 1%.

2.8 Elektrotechnische Grundlagen

1. Beispiel:
$R_k = 20\ \Omega;\ \alpha = 0{,}0045\ 1/K;\ \Delta t = 100\ K;\ R_w = ?\ \Omega$

Lösung: $R_w = R_k (1 + \alpha \cdot \Delta t)$

$$R_w = 20\ \Omega \left(1 + 0{,}0045\ \frac{1}{K} \cdot 100\ K\right) = 29\ \Omega$$

2. Beispiel:
$R_k = 20\ \Omega;\ \alpha = -0{,}0045\ 1/K;\ \Delta t = 100\ K;\ R_w = ?\ \Omega$

Lösung: $R_w = R_k (1 + \alpha \cdot \Delta t)$

$$R_w = 20\ \Omega \left(1 - 0{,}0045\ \frac{1}{K} \cdot 100\ K\right) = 11\ \Omega$$

In den vorstehenden Tabellenangaben ist für die festen Stoffe der Temperaturbeiwert α_{20} für eine Temperatur von 20 °C aufgeführt. Damit kann nur von einer Kalttemperatur $t_k = 20$ °C ausgegangen werden. Bei anderen Temperaturen können die folgenden Beziehungen verwendet werden:

$$R_w = R_k \cdot \frac{\tau + t_w}{\tau + t_k}$$

$$\tau = \frac{1}{\alpha_{20}} - 20\ K$$

$$\Delta t = \frac{R_w - R_k}{R_k} (\tau + t_k)$$

R_w Warmwiderstand in Ω
R_k Kaltwiderstand in Ω
τ Temperaturziffer in K
t_w Temperatur der warmen Wicklung in °C
t_k Temperatur der kalten Wicklung in °C
Δt Übertemperatur in °C

Werte der Temperaturziffer: $\tau_{Kupfer} = 235\ K$
$\tau_{Alumin.} = 245\ K$

Reihenschaltung von Widerständen

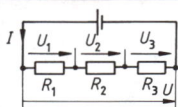

$U = U_1 + U_2 + U_3 + \ldots$
$R = R_1 + R_2 + R_3 + \ldots$
$I = \dfrac{U}{R} = \dfrac{U_1}{R_1} = \dfrac{U_2}{R_2} = \dfrac{U_3}{R_3}$

U Gesamtspannung in V
U_1, U_2 Teilspannungen in V
R Gesamtwiderstand in Ω
R_1, R_2 Teilwiderstände in Ω

Beispiel: $R_1 = 5\ \Omega;\ R_2 = 15\ \Omega;\ R_3 = 30\ \Omega;$
$U = 100\ V;\ R = ?\ \Omega;\ U_1 = ?\ V$

Lösung: $R = R_1 + R_2 + R_3$
$= 5\ \Omega + 15\ \Omega + 30\ \Omega = 50\ \Omega$

$\dfrac{U_1}{R_1} = \dfrac{U}{R} \rightarrow U_1 = \dfrac{R_1}{R} \cdot U = \dfrac{5\ \Omega}{50\ \Omega} \cdot 100\ V$

$U_1 = 10\ V$

Spannungsfall

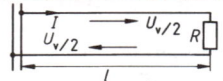

$U_v = R_{Ltg} \cdot I$

$U_v = \dfrac{2 \cdot l}{\gamma \cdot S} \cdot I$

$u_v = \dfrac{U_v \cdot 100}{U}$

U_v Spannungsfall in V
R_{Ltg} Leitungswiderstand in Ω
I Strom in A
l einfache Leiterlänge in m
γ Leitfähigkeit des Leitungswerkstoffes in $\dfrac{S \cdot m}{mm^2}$
S Leitungsquerschnitt in mm^2
u_v Spannungsfall in %
U Nennspannung in V

Beispiel: $l = 112\ m;\ \gamma = 58\ \dfrac{S \cdot m}{mm^2};\ I = 12\ A;$
$S = 6\ mm^2;\ U_v = ?\ V$

Lösung: $U_v = \dfrac{2 \cdot l \cdot I}{\gamma \cdot S} = \dfrac{2 \cdot 112\ m \cdot 12\ A}{58\ \dfrac{S \cdot m}{mm^2} \cdot 6\ mm^2} = 7{,}72\ V$

Parallelschaltung von Widerständen

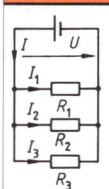

$I = I_1 + I_2 + I_3 + \ldots$
$G = G_1 + G_2 + G_3 + \ldots$
$\dfrac{1}{R} = \dfrac{1}{R_1} + \dfrac{1}{R_2} + \dfrac{1}{R_3} + \ldots$
$U = I \cdot R = I_1 \cdot R_1 = I_2 \cdot R_2$

I Gesamtstrom in A
I_1, I_2 Teilströme in A
R Gesamtwiderstand in Ω
G Gesamtleitwert in S
G_1, G_2 Einzelleitwerte
R_1, R_2 Einzelwiderstände in Ω

Beispiel: $R_1 = 10\ \Omega;\ R_2 = 20\ \Omega;\ R_3 = 25\ \Omega;\ I_1 = 1\ A;$
$R = ?\ \Omega;\ I_2 = ?\ A$

Lösung: $G = G_1 + G_2 + G_3 = \dfrac{1}{10}S + \dfrac{1}{20}S + \dfrac{1}{25}S$

$G = \dfrac{19}{100}S$

$R = \dfrac{1}{G} = \dfrac{100}{19}\ \Omega = 5{,}26\ \Omega$

$I_1 \cdot R_1 = I_2 \cdot R_2 \rightarrow I_2 = \dfrac{R_1}{R_2} \cdot I_1 = \dfrac{10\ \Omega}{20\ \Omega} \cdot 1\ A = 0{,}5\ A$

1. Sonderfall: 2 Widerstände parallel
Beispiel: $R_1 = 15\ \Omega;\ R_2 = 30\ \Omega$

$R = \dfrac{R_1 \cdot R_2}{R_1 + R_2}$ Lösung: $R = \dfrac{R_1 \cdot R_2}{R_1 + R_2} = \dfrac{15\ \Omega \cdot 30\ \Omega}{45\ \Omega}$
$R = 10\ \Omega$

2. Sonderfall: n gleiche Widerstände R_n parallel
Beispiel: $R_n = 220\ \Omega;\ n = 11$

$R = \dfrac{R_n}{n}$ Lösung: $R = \dfrac{R_n}{n} = \dfrac{220\ \Omega}{11} = 20\ \Omega$

Reihen- und Parallelschaltung von Widerständen mit unterschiedlichen Temperaturbeiwerten

Reihenschaltung

α Gesamttemperaturbeiwert in 1/K
α_1, α_2 Temperaturbeiwerte der Einzelwiderstände in 1/K
R_1, R_2 Einzelwiderstände in Ω
R Gesamtwiderstand in Ω

$\alpha = \dfrac{\alpha_1 \cdot R_1 + \alpha_2 \cdot R_2}{R_1 + R_2}$ $R = R_1 + R_2$

Beispiel: $\alpha_1 = 0{,}0043\ \dfrac{1}{K};\ R_1 = 100\ \Omega$

$\alpha_2 = -0{,}0013\ \dfrac{1}{K};\ R_2 = 220\ \Omega;\ \alpha = ?\ \dfrac{1}{K}$

Lösung: $\alpha = \dfrac{\alpha_1 \cdot R_1 + \alpha_2 \cdot R_2}{R_1 + R_2}$

$= \dfrac{0{,}0043\ \dfrac{1}{K} \cdot 100\ \Omega - 0{,}0013\ \dfrac{1}{K} \cdot 220\ \Omega}{100\ \Omega + 220\ \Omega}$

$= \dfrac{0{,}43 - 0{,}286}{320}\dfrac{1}{K} = 0{,}00045\ \dfrac{1}{K}$

Die Reihenschaltung aus R_1 und R_2 verhält sich also wie ein Widerstand von $320\ \Omega$ mit dem Temperaturbeiwert $0{,}00045\ 1/K$.

2.8 Elektrotechnische Grundlagen

Parallelschaltung

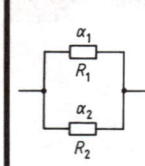

$$\alpha = R \frac{\alpha_1 \cdot R_2 + \alpha_2 \cdot R_1}{R_1 \cdot R_2}$$

α Gesamttemperaturbeiwert in $\frac{1}{K}$
R Gesamtwiderstand in Ω
α_1, α_2 Temperaturbeiwerte der Einzelwiderstände in $\frac{1}{K}$
R_1, R_2 Einzelwiderstände in Ω

Beispiel: $\alpha_1 = 0{,}004 \frac{1}{K}$; $R_1 = 80\,\Omega$; $\alpha_2 = -0{,}001 \frac{1}{K}$; $R_2 = 20\,\Omega$; $\alpha = ? \frac{1}{K}$

Lösung: $R = \frac{R_1 \cdot R_2}{R_1 + R_2} = \frac{80\,\Omega \cdot 20\,\Omega}{80\,\Omega + 20\,\Omega} = 16\,\Omega$

$$\alpha = R \frac{\alpha_1 \cdot R_2 + \alpha_2 \cdot R_1}{R_1 \cdot R_2}$$

$$\alpha = 16\,\Omega \frac{0{,}004 \frac{1}{K} \cdot 20\,\Omega - 0{,}001 \frac{1}{K} \cdot 80\,\Omega}{80\,\Omega \cdot 20\,\Omega}$$

$$\alpha = 16 \frac{0{,}08 - 0{,}08}{1\,600} \frac{1}{K} = 0 \frac{1}{K}$$

Die Widerstandskombination ist temperaturunabhängig.

1. Kirchhoffscher Satz (Knotenpunktregel)

In jedem Stromverzweigungspunkt (Knotenpunkt) ist die Summe (Σ) aller zufließenden Ströme gleich der Summe aller abfließenden Ströme.

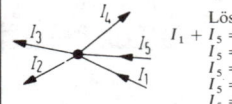

$$\Sigma I_{zu} = \Sigma I_{ab}$$

Beispiel: $I_1 = 3\,A$; $I_2 = 6\,A$; $I_3 = 2\,A$; $I_4 = 1{,}5\,A$; $I_5 = ?\,A$

Lösung:
$I_1 + I_5 = I_2 + I_3 + I_4$
$I_5 = I_2 + I_3 + I_4 - I_1$
$I_5 = 6\,A + 2\,A + 1{,}5\,A - 3\,A$
$I_5 = 9{,}5\,A - 3\,A$
$I_5 = 6{,}5\,A$

2. Kirchhoffscher Satz (Maschenregel)

In jedem geschlossenen Stromkreis (Masche) ist die Summe aller Spannungen gleich Null. Spannungen, deren Richtung mit dem gewählten Umlaufsinn übereinstimmen, erhalten positives Vorzeichen, die anderen negatives Vorzeichen.

$$\Sigma U = 0$$

Beispiel: $U_1 = 4{,}5\,V$; $U_2 = 1{,}5\,V$; $U_4 = 1\,V$; $U_5 = 3\,V$; $U_3 = ?\,V$

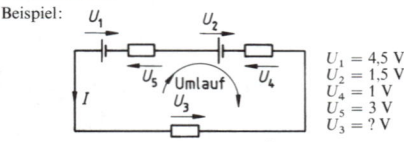

Lösung: $U_1 + U_2 - U_5 - U_4 - U_3 = 0$
$U_3 = U_1 + U_2 - U_4 - U_5 = 4{,}5\,V + 1{,}5\,V - 3\,V - 1\,V$
$U_3 = 2\,V$

Meßbereichserweiterung

Spannungsmesser

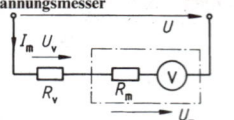

$$R_v = \frac{U - U_m}{I_m}$$

$$n = \frac{U}{U_m}$$

$$R_v = R_m \cdot (n - 1)$$

U_m Meßbereichsendwert vor der Erweiterung in V
U Meßbereichsendwert nach der Erweiterung in V
I_m Strom für Vollausschlag in A
R_m Widerstand des Meßwerkes in Ω
R_v Vorwiderstand in Ω
n Meßbereichserweiterungsfaktor

Beispiel: Meßwerk mit Vollausschlag bei 20 mA und 50 Ω Widerstand soll zur Spannungsmessung bis 300 V verwendet werden. $R_v = ?\,\Omega$

Lösung: $U_m = I_m \cdot R_m = 0{,}02\,A \cdot 50\,\Omega = 1\,V$

$$R_v = \frac{U - U_m}{I_m} = \frac{300\,V - 1\,V}{0{,}02\,A} = 14\,950\,\Omega$$

Strommesser

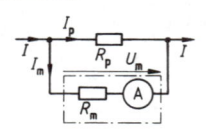

$$R_p = \frac{U_m}{I - I_m}$$

$$R_p = \frac{R_m \cdot I_m}{I - I_m}$$

$$n = \frac{I}{I_m}$$

$$R_p = \frac{R_m}{n - 1}$$

R_p Nebenwiderstand (Shunt) in Ω
U_m Spannung am Meßwerk bei Vollausschlag in V
I Meßbereichsendwert nach der Erweiterung in A
I_m Meßbereichsendwert vor der Erweiterung in A
R_m Widerstand des Meßwerkes in Ω
n Meßbereichserweiterungsfaktor

Beispiel: Ein Meßgerät mit $R_m = 50\,\Omega$ und 1 A Meßbereichsendwert soll auf 6 A erweitert werden. $R_p = ?\,\Omega$

Lösung: $R_p = \frac{R_m \cdot I_m}{I - I_m} = \frac{50\,\Omega \cdot 1\,A}{6\,A - 1\,A} = 10\,\Omega$

Spannungsteiler

Unbelasteter Spannungsteiler

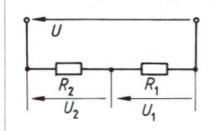

$$\frac{U_1}{R_1} = \frac{U_2}{R_2}$$

$$U_2 = \frac{R_2}{R_1 + R_2} \cdot U$$

U_1, U_2 Teilspannungen in V
R_1, R_2 Teilwiderstände in Ω
U Gesamtspannung in V

Beispiel: $U = 100\,V$; $R_1 + R_2 = 330\,\Omega$; $U_2 = 30\,V$; $R_2 = ?\,\Omega$

Lösung: $R_2 = \frac{U_2}{U}(R_1 + R_2) = \frac{30\,V}{100\,V} \cdot 330\,\Omega = 99\,\Omega$

2.8 Elektrotechnische Grundlagen

Belasteter Spannungsteiler

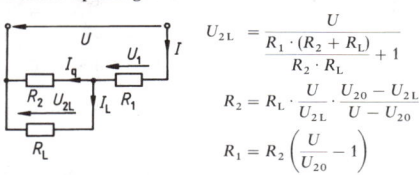

$$U_{2L} = \frac{U}{\frac{R_1 \cdot (R_2 + R_L)}{R_2 \cdot R_L} + 1}$$

$$R_2 = R_L \cdot \frac{U}{U_{2L}} \cdot \frac{U_{20} - U_{2L}}{U - U_{20}}$$

$$R_1 = R_2 \left(\frac{U}{U_{20}} - 1\right)$$

U_{2L} Teilspannung bei Belastung mit R_L in V
U Gesamtspannung in V
R_1, R_2 Teilwiderstände in Ω
R_L Belastungswiderstand in Ω
U_{20} Teilspannung ohne Belastung (Leerlauf) in V
I_L Laststrom in A
I_q Querstrom in A

Beispiel: Spannungsteiler an $U = 100$ V liegend hat im Leerlauf eine Spannung $U_{20} = 30$ V. Bei Belastung mit $R_L = 70$ Ω darf die Spannung auf $U_{2L} = 25$ V absinken.
$R_1 = ?$ Ω; $R_2 = ?$ Ω.

Lösung: $R_2 = R_L \cdot \frac{U}{U_{2L}} \cdot \frac{U_{20} - U_{2L}}{U - U_{20}}$

$R_2 = 70$ Ω $\cdot \frac{100 \text{ V}}{25 \text{ V}} \cdot \frac{30 \text{ V} - 25 \text{ V}}{100 \text{ V} - 30 \text{ V}} = 20$ Ω

$R_1 = R_2 \left(\frac{U}{U_{20}} - 1\right) = 20$ Ω $\cdot \left(\frac{100 \text{ V}}{30 \text{ V}} - 1\right)$

$R_1 = 46{,}67$ Ω

Kennlinien eines Spannungsteilers

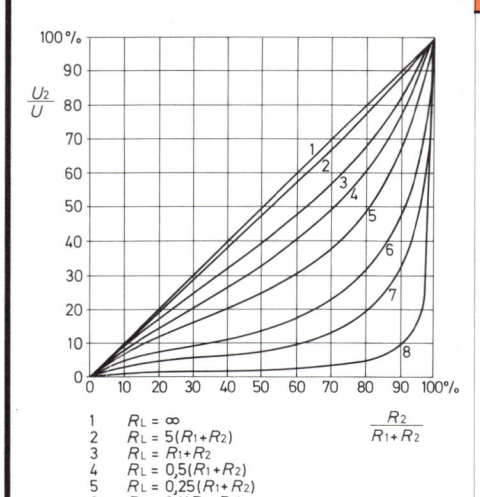

1 $R_L = \infty$ $\frac{R_2}{R_1 + R_2}$
2 $R_L = 5(R_1 + R_2)$
3 $R_L = R_1 + R_2$
4 $R_L = 0{,}5(R_1 + R_2)$
5 $R_L = 0{,}25(R_1 + R_2)$
6 $R_L = 0{,}1(R_1 + R_2)$
7 $R_L = 0{,}05(R_1 + R_2)$
8 $R_L = 0{,}01(R_1 + R_2)$

Die Ausgangsspannung weicht weniger von der Leerlaufspannung ab, wenn der Lastwiderstand gegenüber dem Tellerwiderstand groß ist.

Brückenschaltung[1])

Wheatstonesche Brücke

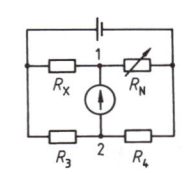

Für den Abgleich ($I_{12} = 0$) gilt:

$$\frac{R_X}{R_N} = \frac{R_3}{R_4}$$

R_X unbekannter Widerstand in Ω
R_N Vergleichswiderstand in Ω
R_3, R_4 Brückenwiderstände in Ω

Schleifdrahtbrücke

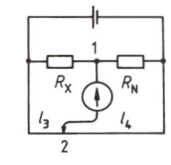

Für den Abgleich ($I_{12} = 0$) gilt:

$$\frac{R_X}{R_N} = \frac{l_3}{l_4}$$

l_3, l_4 Längen des Widerstandsdrahtes bis zum Abgriff in m

Beispiel: $R_N = 100$ Ω; $l_3 = 60$ cm; $l_4 = 40$ cm; $R_X = ?$ Ω

Lösung: $R_X = R_N \cdot \frac{l_3}{l_4} = 100$ Ω $\cdot \frac{60 \text{ cm}}{40 \text{ cm}} = 150$ Ω

Stern-Dreieck-Umwandlung

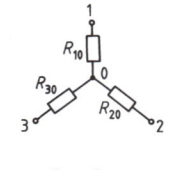

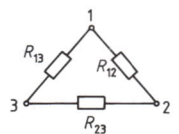

$$R_{10} = \frac{R_{12} \cdot R_{13}}{R_{12} + R_{13} + R_{23}} \qquad R_{12} = \frac{R_{10} \cdot R_{20}}{R_{30}} + R_{10} + R_{20}$$

$$R_{20} = \frac{R_{12} \cdot R_{23}}{R_{12} + R_{13} + R_{23}} \qquad R_{23} = \frac{R_{20} \cdot R_{30}}{R_{10}} + R_{20} + R_{30}$$

$$R_{30} = \frac{R_{13} \cdot R_{23}}{R_{12} + R_{13} + R_{23}} \qquad R_{13} = \frac{R_{10} \cdot R_{30}}{R_{20}} + R_{10} + R_{30}$$

Beispiel:

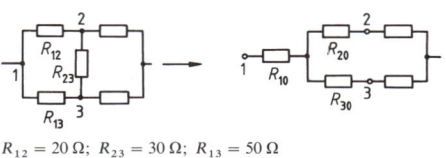

$R_{12} = 20$ Ω; $R_{23} = 30$ Ω; $R_{13} = 50$ Ω

[1]) Siehe auch S. 2-34

2.8 Elektrotechnische Grundlagen

Lösung: $R_{10} = \dfrac{R_{12} \cdot R_{13}}{R_{12} + R_{13} + R_{23}}$

$R_{10} = \dfrac{20\,\Omega \cdot 50\,\Omega}{20\,\Omega + 30\,\Omega + 50\,\Omega} = 10\,\Omega$

$R_{20} = \dfrac{30\,\Omega \cdot 20\,\Omega}{100\,\Omega} = 6\,\Omega$

$R_{30} = \dfrac{30\,\Omega \cdot 50\,\Omega}{100\,\Omega} = 15\,\Omega$

Spannungserzeuger

Belasteter Spannungserzeuger

$U = U_q - I \cdot R_i$

$I = \dfrac{U_q}{R_i + R_L}$

$U_0 = U_q$

$I_K = \dfrac{U_q}{R_i}$

$R_i = \dfrac{U_q}{I_K}$

$R_i = \left|\dfrac{\Delta U}{\Delta I}\right|$

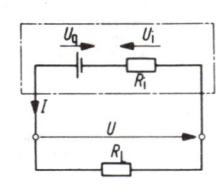

U Klemmenspannung in V
U_q Quellenspannung in V
U_0 Leerlaufspannung in V
I_K Kurzschlußstrom in A
ΔI Stromänderung in A
ΔU durch ΔI verursachte Klemmenspannungsänderung in V
I Strom in A
R_i innerer Widerstand in Ω
R_L Lastwiderstand in Ω

Beispiel: Ein mit 30 A belasteter Spannungserzeuger hat eine Klemmenspannung von 60 V. Bei 20 A ist die Klemmenspannung 62 V.
$R_i = ?\,\Omega;\quad U_q = ?\,V.$

Lösung: $R_i = \left|\dfrac{\Delta U}{\Delta I}\right| = \left|\dfrac{62\,V - 60\,V}{20\,A - 30\,A}\right| = \dfrac{2\,V}{10\,A} = 0{,}2\,\Omega$

$U_q = U + I \cdot R_i = 60\,V + 30\,A \cdot 0{,}2\,\Omega = 66\,V$

Die größtmögliche Leistungsentnahme aus einem Spannungserzeuger ergibt sich bei **Leistungsanpassung**. Es muß dabei der Lastwiderstand gleich dem Innenwiderstand sein: $R_L = R_i$.

Die maximale Leistung am Lastwiderstand wird dann:

$P_{max} = \dfrac{U_0^2}{4 \cdot R_i}$

Reihenschaltung

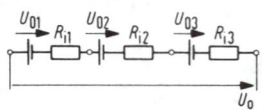

U_0 Gesamtleerlaufspannung
U_{01}, U_{02} Einzelleerlaufspannungen
R_i Gesamtinnenwiderstand
R_{i1}, R_{i2} Einzelinnenwiderstände

$U_0 = U_{01} + U_{02} + U_{03} + \cdots$
$R_i = R_{i1} + R_{i2} + R_{i3} + \cdots$

Parallelschaltung

$I = I_1 + I_2 + I_3 + \cdots$
$\dfrac{1}{R_i} = \dfrac{1}{R_{i1}} + \dfrac{1}{R_{i2}} + \dfrac{1}{R_{i3}} + \cdots$
I Gesamtstrom
R_i Gesamtinnenwiderstand

Bei **unterschiedlichen Leerlaufspannungen** der einzelnen Spannungserzeuger fließen in der Parallelschaltung auch im Leerlauf Ausgleichsströme.

Ersatzspannungsquelle/-stromquelle

Netze, die mehrere Spannungserzeuger ($U_{01}, U_{02}, \ldots$), Schaltglieder mit festen Widerständen ($R_1, R_2, \ldots$) und einen veränderlichen Lastwiderstand R_L enthalten, lassen sich durch die Ersatzspannungsquelle bzw. Ersatzstromquelle berechnen.

Ersatzspannungsquelle

Schaltung mit Ersatzspannung U_0', Innenwiderstand R_i'. U_0' erhält man durch Messung oder Berechnung der Spannung an den Klemmen für $R_L = \infty$; R_i' erhält man, indem man sich die Spannungserzeuger kurzgeschlossen denkt und den Widerstand an den Klemmen (R_L nicht angeschlossen) bestimmt.

Ersatzstromquelle

Schaltung mit Ersatzstrom I', Innenwiderstand R_i'. I' erhält man, indem man die Klemmen kurzschließt (Kurzschlußstrom), R_i' ist so groß wie bei der Ersatzspannungsquelle.

Beispiel:

$U_{01} = 12\,V$
$R_{i1} = 3\,\Omega$
$U_{02} = 6\,V$
$R_{i2} = 1\,\Omega$
$R_L = 15\,\Omega$
$U_{R_L} = ?\,V$
$I = ?\,A$

1. Lösung: Ersatzspannungsquelle

Berechnung von U_0':

$U_{01} - I_0 \cdot R_{i1} = U_{02} + I_0 \cdot R_{i2}$
$U_{01} - U_{02} = I_0 (R_{i1} + R_{i2})$

$I_0 = \dfrac{U_{01} - U_{02}}{R_{i1} + R_{i2}} = \dfrac{12\,V - 6\,V}{3\,\Omega + 1\,\Omega} = 1{,}5\,A$

$U_0' = U_{02} + I_0 \cdot R_{i2} = 6\,V + 1{,}5\,A \cdot 1\,\Omega$
$= 7{,}5\,V$

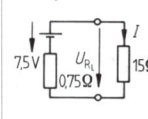

Berechnung von R_i':

$R_i' = \dfrac{R_{i1} \cdot R_{i2}}{R_{i1} + R_{i2}} = \dfrac{3\,\Omega \cdot 1\,\Omega}{3\,\Omega + 1\,\Omega}$
$= 0{,}75\,\Omega$

$I = \dfrac{U_0'}{R_i + R_L} = \dfrac{7{,}5\,V}{0{,}75 + 15\,\Omega}$

$I = 0{,}476\,A$

$U_{R_L} = I \cdot R_L = 0{,}476\,A \cdot 15\,\Omega$

$U_{R_L} = 7{,}14\,V$

2. Lösung: Ersatzstromquelle

Berechnung von I':

$I' = \dfrac{U_{01}}{R_{i1}} + \dfrac{U_{02}}{R_{i2}} = \dfrac{12\,V}{3\,\Omega} + \dfrac{6\,V}{1\,\Omega}$

$I' = 4\,A + 6\,A = 10\,A$

Berechnung von R_i': siehe Ersatzspannungsquelle

$R_i' = 0{,}75\,\Omega$

$R_{ers} = \dfrac{R_i' \cdot R_L}{R_i' + R_L} = \dfrac{0{,}75\,\Omega \cdot 15\,\Omega}{0{,}75\,\Omega + 15\,\Omega}$

$R_{ers} = 0{,}714\,\Omega$

$U_{R_L} = I' \cdot R_{ers} = 10\,A \cdot 0{,}714\,\Omega$

$U_{R_L} = 7{,}14\,V$

$I = \dfrac{U_{R_L}}{R_L} = \dfrac{7{,}14\,V}{15\,\Omega} = 0{,}476\,A$

2.8 Elektrotechnische Grundlagen

Elektrisches Feld

Elektrische Feldstärke

Die **Richtung der Feldstärke** ist festgelegt durch die Richtung der Kraft auf eine positive Ladung im elektrischen Feld.

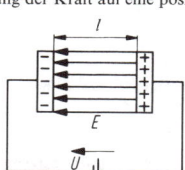

$$E = \frac{F}{Q} = \frac{U}{l}$$

- E elektr. Feldstärke in V/m
- U Spannung zwischen geladenen Körpern in V
- l Abstand der Körper in m
- F Kraft auf einen geladenen Körper in N
- Q Ladung des Körpers in As

Beispiel: Zwei parallele Metallplatten mit dem gegenseitigen Abstand 2 cm liegen an 1 000 V. Zwischen den Platten befindet sich eine Ladung von $2 \cdot 10^{-10}$ As.
$E = ?$ V/m; $F = ?$ N

Lösung: $E = \dfrac{U}{l} = \dfrac{1\,000\text{ V}}{0{,}02\text{ m}} = 5 \cdot 10^4$ V/m

$F = Q \cdot E = 2 \cdot 10^{-10}$ As $\cdot\ 5 \cdot 10^4$ V/m $= 10^{-5}$ N

Elektrische Durchschlagsfestigkeit

Die elektrische Durchschlagsfestigkeit ist die in einem homogenen elektrischen Feld Durchschlag bewirkende Feldstärke in kV/cm oder kV/mm. Zur Berechnung der Feldstärke wird bei einer sinusförmigen Wechselspannung der Effektivwert verwendet. Durchschlagsfestigkeiten siehe Seite 13-23.

Elektrische Verschiebung

$$D = \frac{Q}{A} = \varepsilon \cdot E = \varepsilon_0 \cdot \varepsilon_r \cdot E$$

- $\varepsilon_0 = 0{,}885419 \cdot 10^{-11}$ F/m
- D elektrische Flußdichte in As/m²
- Q elektrische Ladung in As
- A Fläche in m²
- ε Permittivität in As/Vm = F/m
- ε_0 elektrische Feldkonstante in F/m
- ε_r Permittivitätszahl (ohne Einheit)

Dielektrizitätszahlen siehe Seite 13-23.

Kapazitäten von Kondensatoren

Plattenkondensator

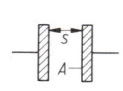

$$C = \varepsilon_0 \cdot \varepsilon_r \cdot \frac{A}{s}$$

- C Kapazität in F
- ε_r Permittivitätszahl des Stoffes zwischen den parallelen Platten
- A Fläche einer Platte in m²
- s Abstand der Platten in m

Zylinderkondensator

$$C = \varepsilon_0 \cdot \varepsilon_r \cdot \frac{2 \cdot \pi \cdot l}{\ln \dfrac{r_a}{r_i}}$$

- l Länge der koaxialen Zylinder in m
- r_a Innenradius des äußeren Zylinders in m
- r_i Außenradius des inneren Zylinders in m
- $\ln$ natürlicher Logarithmus
- ε_r Permittivitätszahl des Stoffes zwischen den Zylindern

Kugelkondensator

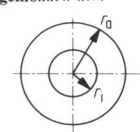

$$C = \varepsilon_0 \cdot \varepsilon_r \cdot 4\pi \cdot \frac{r_i \cdot r_a}{r_a - r_i}$$

- r_i Außenradius der inneren Kugel in m
- r_a Innenradius der äußeren Kugel in m
- ε_r Permittivitätszahl des Stoffes zwischen den Kugeln

Parallele Zylinder mit gleichen Radien

Für den Fall $b \gg r$:

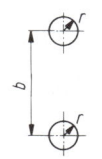

$$C = \frac{\pi \cdot \varepsilon_0 \cdot \varepsilon_r \cdot l}{\ln \dfrac{b-r}{r}}$$

- l Länge des Zylinders in m
- b Abstand der Zylindermittellinien in m
- r Zylinderradius in m
- ε_r Permittivitätszahl des Stoffes zwischen den Zylindern

Zylinder gegenüber Ebene

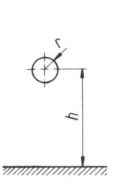

Für den Fall $h \gg r$:

$$C = \frac{2 \cdot \pi \cdot \varepsilon_0 \cdot \varepsilon_r \cdot l}{\ln \dfrac{2 \cdot h}{r}}$$

- l Länge des Zylinders in m
- h Abstand Zylindermittellinie/Ebene in m
- r Zylinderradius in m
- ε_r Permittivitätszahl des Stoffes zwischen Zylinder und Ebene

Ladung von Kondensatoren

$$Q = I \cdot t$$
$$Q = C \cdot U$$

- Q Ladung in As
- I Strom in A
- t Zeit in s
- C Kapazität in F $\left(F = \dfrac{As}{V}\right)$
- U Spannung in V

Beispiel: Zwei elektrische Leiter mit $r = 1$ cm, $l = 100$ m verlaufen mit 0,5 m Abstand durch Luft. Gegenseitige Spannung 200 V.
$C = ?$ pF, $Q = ?$ As

Lösung: $C = \dfrac{\pi \cdot \varepsilon_0 \cdot \varepsilon_r \cdot l}{\ln \dfrac{b-r}{r}}$

$= \dfrac{3{,}14 \cdot 0{,}885 \cdot 10^{-11} \cdot 0{,}5\text{ F}}{\ln \dfrac{0{,}5 - 0{,}01}{0{,}01}}$

$C = \dfrac{13{,}9 \cdot 10^{-12}\text{ F}}{3{,}89} = 3{,}57$ pF

$Q = C \cdot U = 3{,}57 \cdot 10^{-12}$ F $\cdot$ 200 V
$= 7{,}14 \cdot 10^{-10}$ As

Parallelschaltung von Kondensatoren

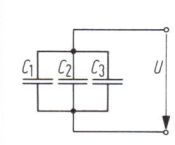

$$Q = Q_1 + Q_2 + Q_3 + \cdots$$
$$C = C_1 + C_2 + C_3 + \cdots$$
$$U = \frac{Q}{C} = \frac{Q_1}{C_1} = \frac{Q_2}{C_2} = \cdots$$

- Q Gesamtladung in As
- Q_1, Q_2 Einzelladungen in As
- C Gesamtkapazität in F
- C_1, C_2 Einzelkapazitäten in F
- U Spannung in V

2.8 Elektrotechnische Grundlagen

Beispiel: $C_1 = 2\,\mu F$; $C_2 = 4\,\mu F$; $C_3 = 500\,nF$; $C = ?\,\mu F$

Lösung: $C = C_1 + C_2 + C_3 = 2\,\mu F + 4\,\mu F + 0{,}5\,\mu F = 6{,}5\,\mu F$

Reihenschaltung von Kondensatoren

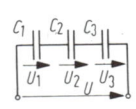

$$U = U_1 + U_2 + U_3 + \cdots$$
$$\frac{1}{C} = \frac{1}{C_1} + \frac{1}{C_2} + \frac{1}{C_3} + \cdots$$
$$Q = C \cdot U = C_1 \cdot U_1 = C_2 \cdot U_2$$

U Gesamtspannung in V
U_1, U_2 Einzelspannungen in V
C Gesamtkapazität in F
C_1, C_2 Einzelkapazitäten in F
Q Ladung in As

Für den speziellen Fall der Reihenschaltung aus zwei Kondensatoren:

$$C = \frac{C_1 \cdot C_2}{C_1 + C_2}$$

Beispiel: $C_1 = 2\,\mu F$; $C_2 = 4\,\mu F$; $C_3 = 500\,nF$; $C = ?\,\mu F$

Lösung: $C = \dfrac{1}{\dfrac{1}{C_1} + \dfrac{1}{C_2} + \dfrac{1}{C_3}} = \dfrac{1}{\dfrac{1}{2} + \dfrac{1}{4} + \dfrac{1}{0{,}5}}\,\mu F$

$C = 0{,}364\,\mu F$

Kapazitätsänderung von Kondensatoren bei Erwärmung

$\Delta C = \alpha \cdot C_K \cdot \Delta T$
$C_W = C_K \cdot (1 + \alpha \cdot \Delta T)$

ΔC Kapazitätsänderung in F
α Temperaturkoeffizient in 1/K
C_K Kapazität im kalten Zustand in F
ΔT Temperaturänderung in K
C_W Kapazität im warmen Zustand in F

Reihenschaltung:
$$\alpha = \frac{\alpha_2 \cdot C_1 + \alpha_1 \cdot C_2}{C_1 + C_2}$$

Parallelschaltung:
$$\alpha = \frac{\alpha_1 \cdot C_1 + \alpha_2 \cdot C_2}{C_1 + C_2}$$

α Gesamttemperaturkoeffizient in 1/K
α_1, α_2 Temperaturkoeffizienten der Einzelkapazitäten in 1/K
C_1, C_2 Einzelkapazitäten in F

Der Temperatureinfluß läßt sich durch die Verwendung von Kondensatoren mit positivem und Kondensatoren mit negativem Temperaturkoeffizienten in einer Schaltung kompensieren. Dabei sind die folgenden Gleichungen anzuwenden.

Reihenschaltung:
$$C_2 = \frac{C \cdot (\alpha_1 - \alpha_2)}{\alpha_1}$$
$$C_1 = \frac{C_2 \cdot C}{C_2 - C}$$

C Gesamtkapazität in F
C_1, C_2 Einzelkapazitäten in F
α_1, α_2 Temperaturkoeffizienten in 1/K

Parallelschaltung:
$$C_2 = \frac{C \cdot \alpha_1}{\alpha_1 - \alpha_2}$$
$$C_1 = C - C_2$$

Beispiel: $C = 227\,pF$; $\alpha_1 = +30 \cdot 10^{-6}\,1/K$; $\alpha_2 = -70 \cdot 10^{-6}\,1/K$; $C_1 = ?\,pF$; $C_2 = ?\,pF$ in Parallelschaltung

Lösung:
$$C_2 = \frac{C \cdot \alpha_1}{\alpha_1 - \alpha_2} = \frac{227\,pF \cdot 30 \cdot 10^{-6}\,1/K}{[30 - (-70)] \cdot 10^{-6}\,1/K} = 68{,}1\,pF$$
$$C_1 = C - C_2 = 227\,pF - 68{,}1\,pF = 158{,}9\,pF$$

Energie eines geladenen Kondensators

$$W_{el} = \frac{1}{2} \cdot C \cdot U^2$$

W_{el} elektrisch gespeicherte Energie in Ws
C Kapazität in F
U Spannung in V

Magnetisches Feld

Durchflutung

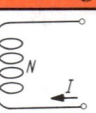

$$\Theta = N \cdot I$$

Θ Durchflutung in A (= magnetische Spannung)
N Windungszahl
I Strom in A

Beispiel: $N = 300$; $I = 2\,A$; $\Theta = ?\,A$
Lösung: $\Theta = N \cdot I = 300 \cdot 2\,A = 600\,A$

Magnetische Feldstärke

$$H = \frac{N \cdot I}{l}$$

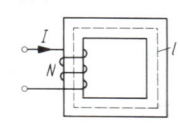

H magnetische Feldstärke in A/m
N Windungszahl
I Strom in A
l mittlere Feldlinienlänge in m

Beispiel: $N = 300$; $I = 2\,A$; $l = 10\,cm$; $H = ?\,A/m$

Lösung: $H = \dfrac{N \cdot I}{l} = \dfrac{300 \cdot 2\,A}{0{,}1\,m} = 6000\,A/m$

Magnetischer Fluß und magnetische Flußdichte

Der magnetische Fluß ist die Summe aller gedachten Feldlinien.
Die magnetische Flußdichte ist die Anzahl der Feldlinien, die senkrecht durch eine Flächeneinheit hindurchtreten.

$$B = \frac{\Phi}{S}$$

B magn. Flußdichte in T
$1\,T = 1\,Tesla = 1\,Vs/m^2$
Φ magn. Fluß in Wb
$1\,Wb = 1\,Weber = 1\,Vs$
S Fläche in m^2

Beispiel: $\Phi = 8 \cdot 10^{-4}\,Vs$; $S = 20\,cm^2$; $B = ?\,Vs/m^2$

Lösung: $B = \dfrac{\Phi}{S} = \dfrac{8 \cdot 10^{-4}\,Vs}{20 \cdot 10^{-4}\,m^2} = 0{,}4\,Vs/m^2 = 0{,}4\,T$

Magnetische Feldstärke, Flußdichte, Permeabilität

$B = \mu \cdot H$
$B = \mu_0 \cdot \mu_r \cdot H$
$\mu = \mu_0 \cdot \mu_r$
$\mu_0 = 1{,}2566 \cdot 10^{-6}\,\dfrac{Vs}{Am}$

B magnetische Flußdichte in T
H Feldstärke in A/m
μ Permeabilität in $\dfrac{Vs}{Am}$
μ_0 magn. Feldkonstante
μ_r Permeabilitätszahl
in Luft: $B = \mu_0 \cdot H$
μ_0 konstant, $\mu_r \approx 1$.
in Eisen: $B = \mu \cdot H$
μ nicht konstant.
Zusammenhang zwischen magnetischer Feldstärke und Flußdichte wird in Magnetisierungskurven direkt angegeben.

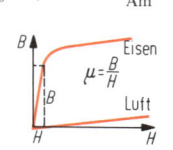

2.8 Elektrotechnische Grundlagen

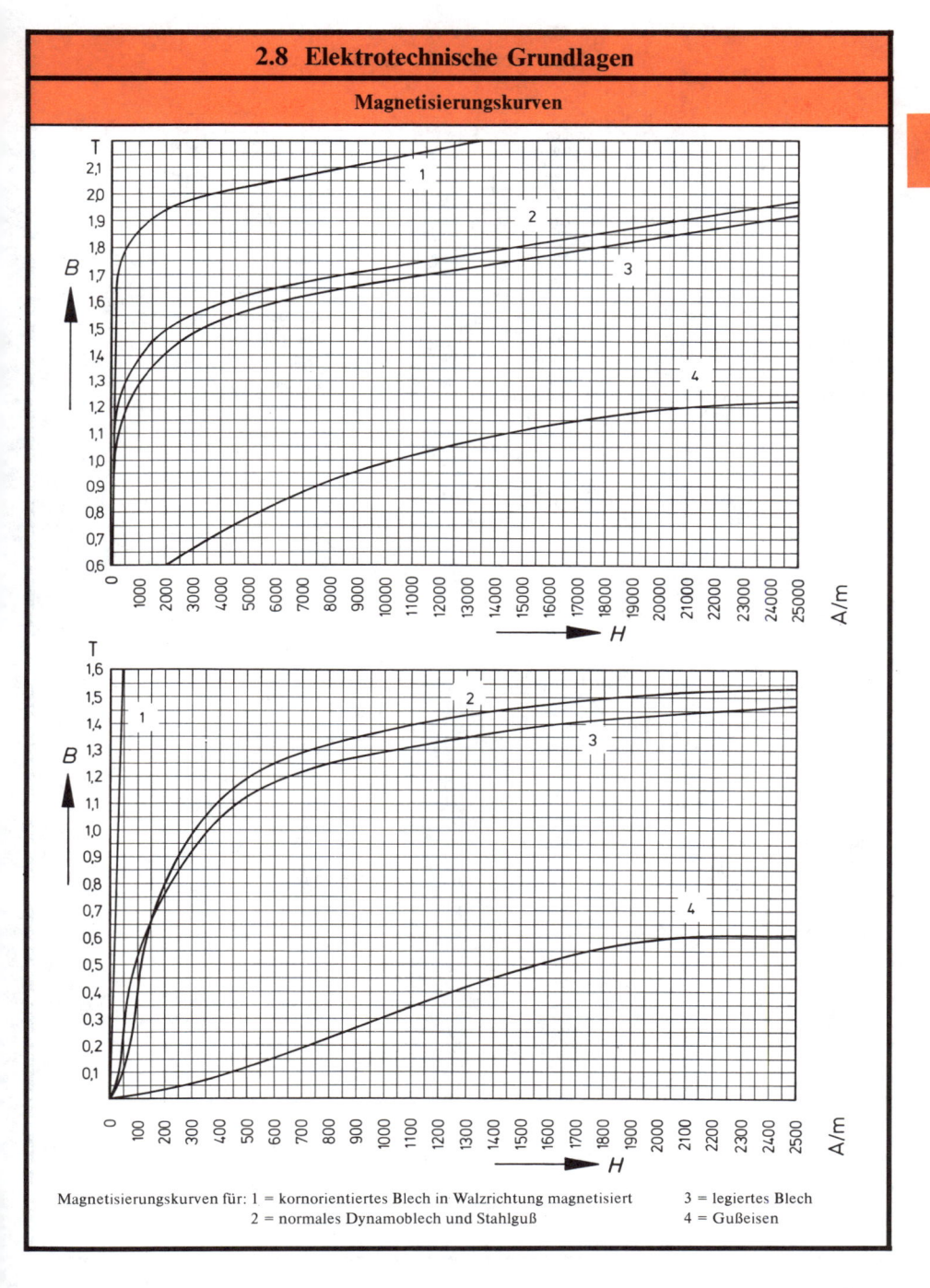

Magnetisierungskurven

Magnetisierungskurven für:
1 = kornorientiertes Blech in Walzrichtung magnetisiert
2 = normales Dynamoblech und Stahlguß
3 = legiertes Blech
4 = Gußeisen

2.8 Elektrotechnische Grundlagen

Hysteresekurve

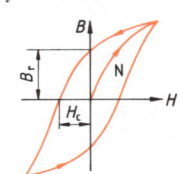

N Neukurve
B_r magn. Remanenz (Restmagnetismus)
H_c Koerzitivfeldstärke

Die von der Hysteresekurve eingeschlossene Fläche entspricht den Ummagnetisierungsverlusten.

Anforderungen an Magnetwerkstoffe

Für Elektromagnete Werkstoffe mit geringer Remanenz, geringer Koerzitivfeldstärke (kleine Ummagnetisierungsverluste) und großer Permeabilitätszahl.

Für Dauermagnete Werkstoffe mit großer Remanenz und großer Koerzitivfeldstärke.

Entmagnetisieren

Einbringen des magnetischen Gegenstandes in das Magnetfeld einer vom Wechselstrom durchflossenen Spule; dann entweder den Strom verringern oder den Gegenstand langsam aus dem Spulenfeld entfernen.

Magnetischer Widerstand und Leitwert

$$R_{mag} = \frac{\Theta}{\Phi} = \frac{l}{\mu \cdot S}$$

$$\Lambda = \frac{1}{R_{mag}} = \frac{\mu \cdot S}{l}$$

$$\Phi = \Theta \cdot \Lambda$$

R_{mag} magnetischer Widerstand in $\frac{A}{Wb}$
Θ Durchflutung in A
Φ magn. Fluß in Wb
l mittlere Feldlinienlänge in m
μ Permeabilität in $\frac{Wb}{A \cdot m}$
S Fläche in m²
Λ magnetischer Leitwert in $\frac{Wb}{A}$

Beispiel: Geschlossener Eisenkreis mit $\Theta = 720\,A$;

$l = 20\,cm$; $S = 6\,cm^2$;
$\mu = \mu_0 \cdot \mu_r = 1{,}5 \cdot 10^{-3} \frac{Wb}{Am}$;
$\Lambda = ?\,\frac{Wb}{A}$; $\Phi = ?\,Wb$

Lösung: $\Lambda = \frac{\mu \cdot S}{l} = \frac{1{,}5 \cdot 10^{-3} \frac{Wb}{Am} \cdot 6 \cdot 10^{-4}\,m^2}{0{,}2\,m}$

$\Lambda = 4{,}5 \cdot 10^{-6} \frac{Wb}{A}$

$\Phi = \Theta \cdot \Lambda = 720\,A \cdot 4{,}5 \cdot 10^{-6} \frac{Wb}{A}$

$\Phi = 3{,}24 \cdot 10^{-3}\,Wb$

Magnetischer Kreis mit Luftspalt (ohne Streuung)

$R_{mag\,ges} = R_{mag\,Fe} + R_{mag\,Luft}$
$V_{ges} = V_{Fe} + V_{Luft}$
$\Theta = H_{Fe} \cdot l_{Fe} + H_{Luft} \cdot l_{Luft}$

$R_{mag\,ges}$ gesamter magn. Widerstand in $\frac{A}{Wb}$
$R_{mag\,Fe}$; $R_{mag\,Luft}$ magn. Einzelwiderstände in $\frac{A}{Wb}$
V_{ges} magn. Gesamtspannung in A
V_{Fe}; V_{Luft} magn. Teilspannungen in A
Θ Durchflutung (Wicklung) in A
H_{Fe}; H_{Luft} magn. Feldstärken in $\frac{A}{m}$
l_{Fe}; l_{Luft} mittlere Feldlinienlängen in m

Beispiel:

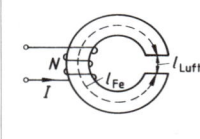

$l_{Fe} = 20\,cm$
$l_{Luft} = 2\,mm$
$B_{Fe} = B_{Luft} = 0{,}3\,\frac{Wb}{m^2}$
$\mu_{Fe} = 0{,}3 \cdot 10^{-3}\,\frac{Wb}{A \cdot m}$
$I = ?\,A$

Lösung: $H_{Luft} = \frac{B}{\mu_0} = \frac{0{,}3\,Wb/m^2}{1{,}256\,Wb/Am} \cdot 10^6$

$H_{Luft} = 2{,}39 \cdot 10^5\,\frac{A}{m}$

$H_{Fe} = \frac{B}{\mu} = \frac{0{,}3\,Wb/m^2}{0{,}3\,Wb/Am} \cdot 10^3 = 10^3\,\frac{A}{m}$

$\Theta = H_{Fe} \cdot l_{Fe} + H_{Luft} \cdot l_{Luft}$

$\Theta = 10^3\,\frac{A}{m} \cdot 0{,}2\,m + 2{,}39 \cdot 10^5\,\frac{A}{m} \cdot 2 \cdot 10^{-3}\,m$

$\Theta = 200\,A + 478\,A = 678\,A$

$I = \frac{\Theta}{N} = \frac{678\,A}{200} = 3{,}39\,A$

Kraft im Magnetfeld

$$F = \frac{B^2 \cdot S}{2 \cdot \mu_0}$$

F Kraft in N
μ_0 magn. Feldkonstante
B magn. Flußdichte in T
S Fläche in m²

Beispiel: $B = 1{,}5\,T$; $S = 1\,cm^2$; $F = ?\,N$

Lösung: $F = \frac{B^2 \cdot S}{2 \cdot \mu_0} = \frac{1{,}5^2\,\frac{Wb^2}{m^4} \cdot 10^{-4}\,m^2}{2 \cdot 1{,}256 \cdot 10^{-6}\,\frac{Wb}{A \cdot m}}$

$F = \frac{225\,Ws}{2{,}512\,m} = 89{,}5\,N$

2.8 Elektrotechnische Grundlagen

Induktion der Bewegung

$|U_{indu}| = B \cdot l \cdot v \cdot z$

wenn $v \perp B$

$|U_{indu}|$ induzierte Spannung in V
l wirksame Leiterlänge in m
v Geschwindigkeit in $\frac{m}{s}$
z Leiterzahl
B magn. Flußdichte in T

Beispiel: $B = 1\,\text{T}$; $l = 10\,\text{cm}$; $v = 1\,\frac{m}{s}$; $z = 5$

$|U_{indu}| = ?\,\text{V}$

Lösung: $|U_{indu}| = B \cdot l \cdot v \cdot z = 1\,\frac{Vs}{m^2} \cdot 0{,}1\,\text{m} \cdot 1\,\frac{m}{s} \cdot 5$

$|U_{indu}| = 0{,}5\,\text{V}$

Linke-Hand-Regel (Motorregel)

Hält man die linke Hand so, daß die Feldlinien (vom Nordpol kommend) auf die Handfläche der Hand auftreffen und zeigen die ausgestreckten Finger in Stromrichtung, dann gibt der abgespreizte Daumen die Bewegungsrichtung des Leiters an.

Kraft auf parallele Stromleiter

Parallele Leiter mit gleicher Stromrichtung ziehen sich an; parallele Leiter mit entgegengesetzter Stromrichtung stoßen sich ab.

$F = \frac{\mu_0}{2\pi} \cdot \frac{l}{b} \cdot I_1 \cdot I_2$

F Kraft in N
μ_0 magn. Feldkonstante
l Leiterlänge in m
b Leiterabstand in m
$I_1; I_2$ Leiterstrom in A

Beispiel: $l = 10\,\text{m}$; $b = 1\,\text{cm}$; $I_1 = I_2 = 30\,\text{A}$

$F = ?\,\text{N}$

Lösung: $F = \frac{\mu_0}{2\pi} \cdot \frac{l}{b} \cdot I_1 \cdot I_2$

$F = \frac{1{,}256 \cdot 10^{-6}\,\frac{Vs}{Am}}{2\pi} \cdot \frac{10\,\text{m}}{0{,}01\,\text{m}} \cdot 30^2\,\text{A}^2$

$F = 0{,}18\,\text{N}$

Kraft auf stromdurchflossenen Leiter im Magnetfeld

$F = B \cdot I \cdot l \cdot z$

wenn $B \perp l$

F Kraft in N
B magn. Flußdichte in T
l wirksame Leiterlänge in m
z Leiterzahl

Beispiel: $B = 1\,\text{T}$; $I = 1\,\text{A}$; $l = 10\,\text{cm}$; $z = 5$

$F = ?\,\text{N}$

Lösung: $F = B \cdot I \cdot l \cdot z = 1\,\frac{Vs}{m^2} \cdot 1\,\text{A} \cdot 0{,}1\,\text{m} \cdot 5$

$F = 0{,}5\,\frac{Ws}{m} = 0{,}5\,\text{N}$

Rechte-Hand-Regel (Generatorregel)

Hält man die rechte Hand so, daß die Feldlinien (vom Nordpol kommend) auf die Innenfläche der Hand auftreffen und zeigt der abgespreizte Daumen in die Bewegungsrichtung, so geben die ausgestreckten Finger die Richtung des Induktionsstromes an.

Induktionsgesetz

$U_{indu} = -N \frac{\Delta \Phi}{\Delta t}$

U_{indu} induzierte Spannung in V [1]
N Windungszahl
$\frac{\Delta \Phi}{\Delta t}$ zeitliche Veränderung des magn. Flusses in $\frac{Wb}{s}$

Beispiele: $N = 3000$; $\Phi_1 = 2 \cdot 10^{-4}\,\text{Vs}$; $\Phi_2 = 4 \cdot 10^{-4}\,\text{Vs}$;
$t_1 = 0{,}1\,\text{s}$; $t_2 = 0{,}2\,\text{s}$; $U_{indu} = ?\,\text{V}$

Lösung:

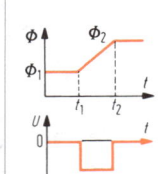

$U_{indu} = -N \frac{\Delta \Phi}{\Delta t} = -N \frac{\Phi_2 - \Phi_1}{t_2 - t_1}$

$U_{indu} = -3000 \frac{(4 \cdot 10^{-4} - 2 \cdot 10^{-4})\,\text{Vs}}{(0{,}2 - 0{,}1)\,\text{s}}$

$U_{indu} = -3000 \cdot \frac{2 \cdot 10^{-4}}{0{,}1}\,\text{V}$

$U_{indu} = -6\,\text{V}$

Selbstinduktionsspannung (induktive Spannung)

$U_L = L \cdot \frac{\Delta I}{\Delta t}$

U_L Selbstinduktionsspannung in V [1]
L Induktivität in H
$\frac{\Delta I}{\Delta t}$ zeitliche Änderung des Stromes in $\frac{A}{s}$

Beispiel: $L = 2\,\text{H}$; $\frac{\Delta I}{\Delta t} = 4\,\frac{A}{s}$; $U_L = ?\,\text{V}$

Lösung: $U_L = L \cdot \frac{\Delta I}{\Delta t} = 2\,\text{H} \cdot 4\,\frac{A}{s} = 8\,\text{V}$

Selbstinduktivität von Spulen

$L = N^2 \cdot \frac{\mu_0 \cdot \mu_r \cdot S}{l}$

$L = N^2 \cdot \Lambda$

L Selbstinduktivität in H
$1\,\text{H} = \frac{Wb}{A}$
N Windungszahl
Λ magn. Leitwert in $\frac{Wb}{A}$

Beispiel: $N = 100$; $\mu_r = 2000$; $S = 3\,\text{cm}^2$;
$l = 15\,\text{cm}$; $L = ?\,\text{H}$

Lösung: $L = N^2 \cdot \frac{\mu_0 \cdot \mu_r \cdot S}{l}$

$= 10^4 \cdot \frac{1{,}256 \cdot 2 \cdot 3 \cdot 10^{-7}\,\text{Vsm}^2}{0{,}15\,\text{m}\,\text{Am}}$

$L = 50{,}2 \cdot 10^{-3}\,\frac{Vs}{A} = 50{,}2\,\text{mH}$

---

[1] Begriffe und Vorzeichen entsprechend DIN 1323.

2.8 Elektrotechnische Grundlagen

Selbstinduktivitäten

Konzentrisches Kabel

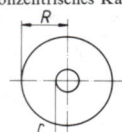

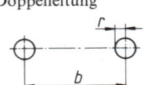

$L = 0{,}2 \cdot 10^{-6} \cdot l \cdot \ln\left(\dfrac{R}{r}\right)$
L Induktivität in H
l Leiterlänge in m

Doppelleitung

$L = 0{,}4 \cdot 10^{-6} \cdot l \cdot \ln\left(\dfrac{b}{r}\right)$
L Induktivität in H
l Leiterlänge in m

Leiter gegen Masse

$L = 0{,}2 \cdot 10^{-6} \cdot l \cdot \ln\left(\dfrac{2h}{r}\right)$
L Induktivität in H
l Leiterlänge in m

Einlagige Spule

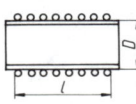

$L = 10^{-6} \cdot N^2 \cdot \dfrac{D^2}{l}$
L Induktivität in H
N Windungszahl
D Windungsdurchmesser in m
l Spulenlänge in m

Mehrlagige Spule

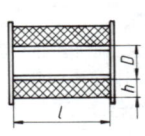

$L \approx 10^{-6} \cdot N^2 \cdot D \cdot \left[\dfrac{D}{2(l+h)}\right]^n$

$n = 0{,}75$ für $0 < \dfrac{D}{2(l+h)} < 1$

$n = 0{,}5$ für $1 \leq \dfrac{D}{2(l+h)} < 3$

L Induktivität in H
N Windungszahl
D Durchmesser in m
l Spulenlänge in m

Beispiel: Doppelleitung mit $l = 20$ m; $b = 1$ cm; $r = 1{,}38$ mm; $L = ?$ µH

Lösung: $L = 0{,}4 \cdot 10^{-6} \cdot l \cdot \ln\left(\dfrac{b}{r}\right)$

$L = 0{,}4 \cdot 10^{-6} \cdot 20 \cdot \ln\left(\dfrac{10 \text{ mm}}{1{,}38 \text{ mm}}\right)$

$L = 15{,}8 \cdot 10^{-6}$ H $= 15{,}8$ µH

Energie einer stromdurchflossenen Spule

$W_{\text{mag}} = \dfrac{1}{2} \cdot L \cdot I^2$

W_{mag} magn. gespeicherte Energie in Ws
L Selbstinduktivität in H
I Strom in A

Beispiel: $L = 2$ H; $I = 5$ A; $W_{\text{mag}} = ?$ Ws

Lösung: $W_{\text{mag}} = \dfrac{1}{2} \cdot L \cdot I^2 = \dfrac{1}{2} \cdot 2 \text{ H} \cdot 5^2 \text{ A}^2$

$= 25 \dfrac{\text{Vs}}{\text{A}} \text{A}^2 = 25$ Ws

Magnetisch nicht gekoppelte Spulen

Reihenschaltung

$L = L_1 + L_2 + L_3 + \cdots$
L Gesamtinduktivität in H
L_1, L_2, L_3 Einzelinduktivitäten in H

Beispiel: $L_1 = 2$ H, $L_2 = 3$ H, $L_3 = 5$ H, $L = ?$ H

Lösung: $L = L_1 + L_2 + L_3 = 2$ H $+ 3$ H $+ 5$ H
$L = 10$ H

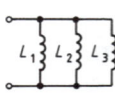

Parallelschaltung

$\dfrac{1}{L} = \dfrac{1}{L_1} + \dfrac{1}{L_2} + \dfrac{1}{L_3} + \cdots$
L Gesamtinduktivität in H
L_1, L_2, L_3 Einzelinduktivitäten in H

Beispiel: $L_1 = 2$ H, $L_2 = 5$ H, $L_3 = 10$ H, $L = ?$ H

Lösung: $\dfrac{1}{L} = \dfrac{1}{L_1} + \dfrac{1}{L_2} + \dfrac{1}{L_3} = \dfrac{1}{2 \text{ H}} + \dfrac{1}{5 \text{ H}} + \dfrac{1}{10 \text{ H}}$

$L = \dfrac{10 \text{ H}}{8} = 1{,}25$ H

Magnetisch gekoppelte Spulen

	gleicher Wicklungssinn	entgegengesetzter Wicklungssinn
Reihenschaltung	$L = L_1 + L_2 + 2L_{\text{mn}}$	$L = L_1 + L_2 - 2L_{\text{mn}}$
Parallelschaltung	$L = \dfrac{L_1 \cdot L_2 - L_{\text{mn}}^2}{L_1 + L_2 - 2L_{\text{mn}}}$	$L = \dfrac{L_1 \cdot L_2 - L_{\text{mn}}^2}{L_1 + L_2 + 2L_{\text{mn}}}$

$L_{\text{mn}} = k \cdot \sqrt{L_1 \cdot L_2}$

L_{mn} gegenseitige Induktivität in H
k Kopplungsgrad ($0 \cdots 1$ je nach Kopplung)
L_1 Selbstinduktivität der Spule 1
L_2 Selbstinduktivität der Spule 2

Kondensator und Spule im Gleichstromkreis

Kondensator im Gleichstromkreis

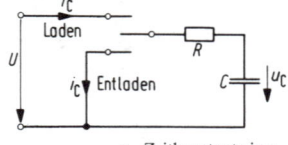

$\tau = R \cdot C$

τ Zeitkonstante in s
R Widerstand in Ω
C Kapazität in F $= \dfrac{\text{As}}{\text{V}}$
I_0 Strom im Einschaltaugenblick in A
U angelegte Gleichspannung in V

$I_0 = \dfrac{U}{R}$

2.8 Elektrotechnische Grundlagen

$\tau = \dfrac{L}{R}$	τ	Zeitkonstante in s
	L	Induktivität in H = $\dfrac{Vs}{A}$
	R	Widerstand in Ω
$I_O = \dfrac{U}{R}$	I_O	Strom nach dem Ausgleichsvorgang in A
	U	angelegte Gleichspannung in V

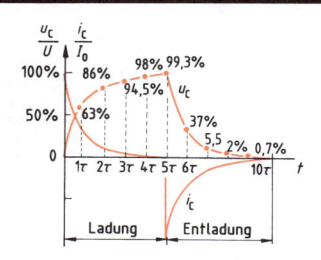

Anschalten: $i_L = \dfrac{U}{R} \cdot (1 - e^{-\frac{t}{\tau}})$ i_L Strom in A

$u_L = U \cdot e^{-\frac{t}{\tau}}$ u_L Spulenspannung in V

Abschalten: $i_L = \dfrac{U}{R} \cdot e^{-\frac{t}{\tau}}$ e natürl. Zahl (2,71828...)

$u_L = U \cdot e^{-\frac{t}{\tau}}$ t Zeit in s

Beispiel: $L = 1$ H, $R = 1$ kΩ, $U = 100$ V, $i_L = ?$ A
$t = 2$ ms nach dem Abschalten

Lösung: $\tau = \dfrac{L}{R} = \dfrac{1\,\frac{Vs}{A}}{1000\,\frac{V}{A}} = 10^{-3}$ s = 1 ms

$I_O = \dfrac{U}{R} = \dfrac{100\text{ V}}{1000\,\Omega} = 0,1$ A

$i_L = I_O \cdot e^{-\frac{t}{\tau}} = 0,1$ A $\cdot e^{-\frac{2\text{ ms}}{1\text{ ms}}} = 0,1$ A e^{-2}

$i_L = 0,1$ A $\dfrac{1}{e^2} = \dfrac{0,1\text{ A}}{7,389} = 13,6$ mA

Ladung: $i_C = \dfrac{U}{R} \cdot e^{-\frac{t}{\tau}}$ i_C Strom in A

$u_C = U \cdot (1 - e^{-\frac{t}{\tau}})$ e natürliche Zahl (2,71828...)

Entladung: $i_C = \dfrac{U}{R} \cdot e^{-\frac{t}{\tau}}$ u_C Kondensatorspannung in V

$u_C = U \cdot e^{-\frac{t}{\tau}}$ t Zeit in s

Beispiel: $R = 10$ kΩ; $C = 4,7$ nF; $U = 10$ V;
$u_C = ?$ V nach $t = 141$ µs Ladung

Lösung: $u_C = U \cdot (1 - e^{-\frac{t}{\tau}}) = 10$ V $(1 - e^{-\frac{141\,\mu s}{47\,\mu s}})$

$u_C = 10$ V $\cdot (1 - e^{-3}) = 10$ V $\cdot \left(1 - \dfrac{1}{e^3}\right)$

$u_C = 10$ V $\cdot \left(1 - \dfrac{1}{20}\right) = 10$ V $\cdot 0,95 = 9,5$ V

Spule im Gleichstromkreis

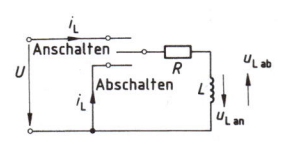

Die Spule wird beim Abschalten von einem Verbraucher zu einer Spannungsquelle, die versucht, den Strom in gleicher Richtung weiter fließen zu lassen. Dabei hat sich die Polung der Spannung an der Spule umgekehrt.

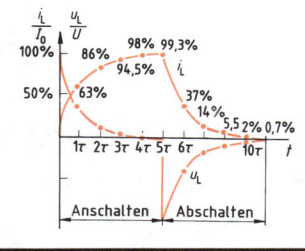

Wechselstrom

Formelzeichen zeitabhängiger Ströme entsprechend DIN 5483 Teil 2 (9.82)

Formelzeichen	Bedeutung
Augenblickswerte	
i	Augenblickswert
$|i|$	Betrag des Augenblickswertes
$\hat{i}, i_m$	Maximalwert (Scheitelwert, Amplitude)
$\hat{\hat{i}}, i_{mm}$	Spitzenwert (größter Maximalwert)
$\check{i}, i_{min}$	Minimalwert
$\check{\check{i}}, i_v$	Talwert (kleinster Minimalwert)
$\tilde{i}, i_e$	Schwingungsbreite, Schwankung (Spitze-Tal-Wert)[1]
Mittelwerte	
$\bar{I}, I_{ar}$	arithmetischer (zeitlich linearer) Mittelwert
I, I_q, I_{eff}	Effektivwert (quadrat. Mittelwert)
I_g	geometrischer Mittelwert
$\overline{|i|}, I_r$	Gleichrichtwert
Anteile und Werte an Mischgrößen	
I_0, I_-	Gleichstrom, Gleichstromanteil
$i_\sim, i_a$	Wechselstrom, Wechselstromanteil
$\hat{i}_a, i_{a,m}$	Maximalwert des Wechselstromanteils
$\hat{\hat{i}}_a, i_{a,mm}$	Spitzenwert des Wechselstromanteils
$\overline{|i_a|}, I_{a,r}$	Gleichrichtwert des Wechselstromanteils

[1] Verwendet wird auch als Index angehängtes pp oder ss (peak-peak, Spitze-Spitze).

2.8 Elektrotechnische Grundlagen

Effektivwert: Der Effektivwert I eines Wechselstromes ist der sich aus den Augenblickswerten i ergebende Dauerwert, der in einem ohmschen Widerstand die gleiche Wärmearbeit erzeugt wie ein Gleichstrom der gleichen Höhe.

Gleichwert: Der Gleichwert (arithmetische Mittelwert) $\bar{i}$ oder $\bar{I}$ eines Wechselstromes ist der gleichbleibende Wert, von dem aus die Summe aller größeren Augenblickswerte gleich der Summe aller kleineren Augenblickswerte ist.

Gleichrichtwert: Der Gleichrichtwert $\overline{|i|}$ eines Wechselstromes ist der über eine Periode genommene arithmetische Mittelwert der Beträge $|i|$ der Augenblickswerte des Wechselstromes.

Scheitelfaktor: Der Scheitelfaktor eines Wechselstromes ist das Verhältnis des Scheitelwertes $\hat{i}$ zum Effektivwert I.

Formfaktor: Der Formfaktor ist das Verhältnis des Effektivwerts I zum Gleichrichtwert $\overline{|i|}$.

Kurvenform	Scheitelfaktor $\dfrac{\hat{i}}{I}$	Formfaktor $\dfrac{I}{\overline{|i|}}$
Sinus	$\sqrt{2} = 1{,}41$	1,11
Rechteck	1,00	1,00
Dreieck	$\sqrt{3} = 1{,}73$	1,15
Halbkreis	1,22	1,04

Sinusförmiger Wechselstrom

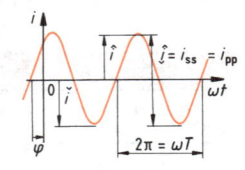

$i = \hat{i} \cdot \sin(\omega t + \varphi)$

$\omega = 2 \cdot \pi \cdot f$

$f = \dfrac{1}{T}$

- f Frequenz in Hz
- T Periodendauer in s
- t Zeit in s
- ω Winkelgeschwindigkeit in rad/s
- i Augenblickswert des Stromes in A
- $\hat{i}$ Maximalwert des Stromes (auch Scheitelwert oder Amplitude genannt) in A
- $\check{i}$ Minimalwert des Stromes in A
- φ Phasenverschiebungswinkel in rad

Zusammenschaltung sinusförmiger Wechselspannungen und -ströme

Sinusförmige Wechselspannungen oder -ströme gleicher Frequenz werden addiert bzw. subtrahiert, indem im Zeigerdiagramm die zugehörigen Zeiger **geometrisch** addiert bzw. subtrahiert werden.

Beispiel: Zwei dem Betrage nach gleiche Spannungen $U = 2$ V mit einem gegenseitigen Phasenverschiebungswinkel von 60° sollen a) addiert und b) subtrahiert werden. Gesamtspannung = ? V

Lösung: a)

1. Zeichnerisch: Wahl eines Maßstabes $M = 1 \dfrac{\text{V}}{\text{cm}}$, dann mit einem Winkel von 60° zueinander die beiden Spannungszeiger zeichnen (je 2 cm lang) und diese geometrisch zusammensetzen (Prinzip: Kräfteparallelogramm). Ergebnis: $U_{ges} = 3{,}45$ V

2. Rechnerisch:
$U_{ges}^2 = (U_2 + U_1 \cdot \cos 60°)^2 + (U_1 \cdot \sin 60°)^2$
$U_{ges}^2 = (2\text{ V} + 2\text{ V} \cdot 0{,}5)^2 + (2\text{ V} \cdot 0{,}866)^2$
$U_{ges} = \sqrt{3^2\text{ V}^2 + 1{,}73^2\text{ V}^2} = \sqrt{12\text{ V}^2} = 3{,}46$ V

Lösung: b)

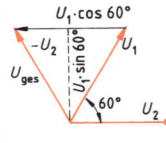

1. Zeichnerisch: Bei der Subtraktion $U_1 - U_2$ wird lediglich die Addition $U_1 + (-U_2)$ ausgeführt. Dazu muß dann die Richtung von U_2 um 180° gedreht werden. Ergebnis: $U_{ges} = 2$ V

2. Rechnerisch:
$U_{ges}^2 = (U_2 - U_1 \cdot \cos 60°)^2 + (U_1 \cdot \sin 60°)^2$
$U_{ges}^2 = (2\text{ V} - 2\text{ V} \cdot 0{,}5)^2 + (2\text{ V} \cdot 0{,}866)^2$
$U_{ges} = \sqrt{1^2\text{ V}^2 + 1{,}73^2\text{ V}^2} = \sqrt{1\text{ V}^2 + 3\text{ V}^2}$
$U_{ges} = \sqrt{4\text{ V}^2} = 2$ V

Transformator

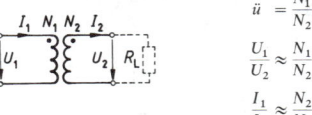

$\ddot{u} = \dfrac{N_1}{N_2}$

$\dfrac{U_1}{U_2} \approx \dfrac{N_1}{N_2}$

$\dfrac{I_1}{I_2} \approx \dfrac{N_2}{N_1}$

- $\ddot{u}$ Übersetzungsverhältnis
- U_1 Eingangsspannung in V
- U_2 Ausgangsspannung in V
- I_1 Eingangsstrom in A
- I_2 Ausgangsstrom in A
- N_1 Windungszahl der Eingangswicklung
- N_2 Windungszahl der Ausgangswicklung
- Z_1 eingangsseitiger Wechselstromwiderstand in Ω
- Z_2 ausgangsseitiger Wechselstromwiderstand in Ω

Übertrager:

$\ddot{u}^2 = \dfrac{Z_1}{Z_2}$

Beispiel 1: $U_1 = 220$ V; $N_1 = 2000$; $I_1 = 0{,}5$ A; $N_2 = 100$; $\ddot{u} = ?$; $U_2 = ?$ V; $I_2 = ?$ A

Lösung: $\ddot{u} = \dfrac{N_1}{N_2} = \dfrac{2000}{100} = \dfrac{20}{1} = 20:1$

$U_2 = \dfrac{1}{\ddot{u}} \cdot U_1 = \dfrac{1}{20} \cdot 220\text{ V} = 11$ V

$I_2 = \ddot{u} \cdot I_1 = 20 \cdot 0{,}5\text{ A} = 10$ A

Beispiel 2: Der Ausgangswiderstand einer Verstärkerstufe von 162 Ω ist anzupassen an den Lautsprecherwiderstand von 4,5 Ω. Mit welchem Übersetzungsverhältnis ist der Übertrager auszustatten?

Lösung: $\ddot{u} = \sqrt{\dfrac{Z_1}{Z_2}} = \sqrt{\dfrac{162\text{ Ω}}{4{,}5\text{ Ω}}} = \sqrt{36} = 6:1$

2.8 Elektrotechnische Grundlagen

Transformatorenhauptgleichung

$U_0 = 4{,}44 \cdot \hat{B} \cdot S \cdot f \cdot N$

U_0 Leerlaufspannung (Effektivwert) in V
$\hat{B}$ magn. Flußdichte (Scheitelwert) in T
S Eisenquerschnitt in m²
f Frequenz in Hz
N Windungszahl

Beispiel: $\hat{B} = 1{,}3$ T; $S = 6$ cm²; $f = 50$ Hz; $N = 1272$; $U_0 = ?$ V

Lösung: $U_0 = 4{,}44 \cdot \hat{B} \cdot S \cdot f \cdot N$
$U_0 = 4{,}44 \cdot 1{,}3 \dfrac{\text{Vs}}{\text{m}^2} \cdot 6 \cdot 10^{-4}\,\text{m}^2 \cdot 50\,\dfrac{1}{\text{s}} \cdot 1272$
$U_0 = 220$ V

Kurzschlußspannung

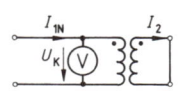

Die Kurzschlußspannung U_K ist die Spannung mit Nennfrequenz, die bei kurzgeschlossener Ausgangswicklung an die Eingangswicklung gelegt werden muß, um in der Eingangswicklung den Nennstrom zu erhalten. Sie wird in Prozenten der Nenn-Eingangsspannung angegeben.

$u_K = \dfrac{U_K}{U_N} \cdot 100\%$

u_K Kurzschlußspannung in %
U_K Kurzschlußspannung in V
U_N Nennspannung in V

Beispiel: $U_N = 220$ V; gemessen $U_K = 19{,}8$ V; $u_K = ?\%$

Lösung: $u_K = \dfrac{U_K}{U_N} \cdot 100\% = \dfrac{19{,}8\,\text{V}}{220\,\text{V}} \cdot 100\% = 9\%$

Dauerkurzschlußstrom

$I_{Kd} = \dfrac{I_N}{u_K} \cdot 100\%$

I_{Kd} Dauerkurzschlußstrom in A
I_N Nennstrom in A
u_K Kurzschlußspannung in %

Beispiel: $u_K = 9\%$; $I_N = 10$ A; $I_{Kd} = ?$ A

Lösung: $I_{Kd} = \dfrac{I_N}{u_K} \cdot 100\% = \dfrac{10\,\text{A}}{9\%} \cdot 100\% = 111$ A

Verluste in Spulen und Kondensatoren

1. Induktivitäten

Eine Induktivität (Spule) weist folgende Verluste auf:

a) K u p f e r v e r l u s t e in der Kupferwicklung, deren Widerstand wegen des Hauteffektes mit der Frequenz ansteigt,

b) W i r b e l s t r o m - und H y s t e r e s e v e r l u s t e im Ferritkern.

Die Folge der Verluste ist, daß der Wechselstromwiderstand einer Spule kein reiner Blindwiderstand ist, sondern aus der Reihenschaltung einer Induktivität und eines Wirkwiderstandes besteht.

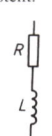

$X_L = \omega \cdot L$
$R = \omega \cdot L \cdot d_L$
$d_L = \tan \delta_L$

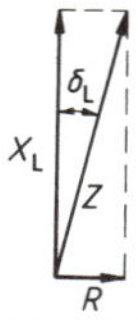

Zwischen X_L und Z entsteht der Verlustwinkel δ_L.

$\tan \delta_L = \dfrac{R}{\omega \cdot L}$

Die Größe $\tan \delta_L$ ist der Verlustfaktor δ_L.

Bei kleinen Verlusten ist δ_L klein und da der Tangenswert eines kleinen Winkels ungefähr gleich seinem Bogen ist, kann man auch schreiben

$\tan \delta_L \approx \delta_L \approx d_L = \dfrac{R}{\omega \cdot L}$ und $R = \omega \cdot L \cdot d_L$

Den Kehrwert des Verlustfaktors d_L bezeichnet man als Spulengüte Q_L.

$Q_L = \dfrac{1}{d_L}$

2. Kondensatoren

Im Kondensator treten Verluste auf, weil
a) die Metallfolien und Zuleitungen einen e l e k t r i s c h e n W i d e r s t a n d aufweisen,
b) das Dielektrikum eine gewisse L e i t f ä h i g k e i t besitzt und
c) durch die U m p o l a r i s a t i o n der Molekulardipole im Dielektrikum eine Erwärmung auftritt. Die Folge der Verluste ist, daß auch der Kondensator kein reiner Blindwiderstand ist, sondern aus der Parallelschaltung eines idealen Kondensators und eines Wirkwiderstandes besteht.

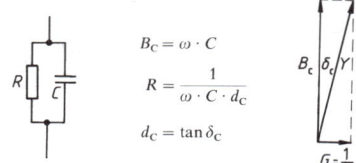

$B_C = \omega \cdot C$
$R = \dfrac{1}{\omega \cdot C \cdot d_C}$
$d_C = \tan \delta_C$

Zwischen B_C und Y entsteht der Verlustwinkel δ_C.

$\tan \delta_C = \dfrac{1}{R \cdot \omega \cdot C}$

Die Größe $\tan \delta_C$ bildet den Verlustfaktor d_C. Bei kleinen Verlusten, also kleinem δ_C, gilt

$\tan \delta_C \approx \delta_C \approx d_C = \dfrac{1}{R \cdot \omega \cdot C}$

Daraus bestimmt sich der Parallelwiderstand zu

$R = \dfrac{1}{\omega \cdot C \cdot d_C}$

Der Kehrwert des Verlustfaktors d_C wird als Güte Q_C bezeichnet.

$Q_C = \dfrac{1}{d_C}$

Beispiel: Ein MP-Kondensator mit 47 µF hat einen Verlustfaktor von $6 \cdot 10^{-3}$ bei 50 Hz. Wie groß ist seine Verlustleistung an der Spannung 230 V?

Lösung: $R = \dfrac{1}{\omega \cdot C \cdot d_C} = \dfrac{\text{s} \cdot 10^6\,\text{V} \cdot 10^3}{2\pi \cdot 50 \cdot 47\,\text{As} \cdot 6} = 11{,}29\,\text{k}\Omega$

$P = \dfrac{U^2}{R} = \dfrac{(230\,\text{V})^2}{11\,290\,\Omega} \approx 4{,}7$ W

2.8 Elektrotechnische Grundlagen

Widerstandsschaltungen an Wechselspannung

Schaltung	Strom Spannung	Widerstand Leitwert	Leistung
R, U, I	$I = \dfrac{U}{R}$ $\varphi = 0°$ (rein ohmsch)	$R = \dfrac{U}{I}$ $G = \dfrac{I}{U} = \dfrac{1}{R}$	$P = U \cdot I$ $P = \dfrac{U^2}{R}$ $P = I^2 \cdot R$
X_L, U, I	$I = \dfrac{U}{X_L}$ $\varphi = +90°$ (rein induktiv)	$X_L = \omega \cdot L = 2\pi \cdot f \cdot L$ $B_L = \dfrac{1}{2\pi \cdot f \cdot L}$	$Q_L = U \cdot I$ $Q_L = \dfrac{U^2}{X_L}$ $Q_L = I^2 \cdot X_L$
X_C, U, I	$I = \dfrac{U}{X_C}$ $\varphi = -90°$ (rein kapazitiv)	$X_C = \dfrac{1}{\omega \cdot C} = \dfrac{1}{2\pi \cdot f \cdot C}$ $B_C = 2\pi \cdot f \cdot C$	$Q_C = U \cdot I$ $Q_C = \dfrac{U^2}{X_C}$ $Q_C = I^2 \cdot X_C$
R, U_R, X_L, U_L, U, I	$I = \dfrac{U_R}{R}$ $I = \dfrac{U_L}{X_L}$ $I = \dfrac{U}{Z}$ $U^2 = U_R^2 + U_L^2$ $\cos\varphi = \dfrac{U_R}{U}$; $\sin\varphi = \dfrac{U_L}{U}$ $\tan\varphi = \dfrac{U_L}{U_R}$	$Z^2 = R^2 + X_L^2$ $\cos\varphi = \dfrac{R}{Z}$; $\sin\varphi = \dfrac{X_L}{Z}$ $\tan\varphi = \dfrac{X_L}{R}$	$P = U_R \cdot I$ $Q_L = U_L \cdot I$ $S = U \cdot I$ $S^2 = P^2 + Q_L^2$ $\cos\varphi = \dfrac{P}{S}$; $\sin\varphi = \dfrac{Q_L}{S}$ $\tan\varphi = \dfrac{Q_L}{P}$
	$0° < \varphi > +90°$ (Reihenschaltung, induktiv)		
R, U_R, X_C, U_C, U, I	$I = \dfrac{U_R}{R}$ $I = \dfrac{U_C}{X_C}$ $I = \dfrac{U}{Z}$ $U^2 = U_R^2 + U_C^2$ $\cos\varphi = \dfrac{U_R}{U}$; $\sin\varphi = \dfrac{U_C}{U}$ $\tan\varphi = \dfrac{U_C}{U_R}$	$Z^2 = R^2 + X_C^2$ $\cos\varphi = \dfrac{R}{Z}$; $\sin\varphi = \dfrac{X_C}{Z}$ $\tan\varphi = \dfrac{X_C}{R}$	$P = U_R \cdot I$ $Q_C = U_C \cdot I$ $S = U \cdot I$ $S^2 = P^2 + Q_C^2$ $\cos\varphi = \dfrac{P}{S}$; $\sin\varphi = \dfrac{Q_C}{S}$ $\tan\varphi = \dfrac{Q_C}{P}$
	$-90° < \varphi > 0°$ (Reihenschaltung, kapazitiv)		
X_L, R, I_L, I_R, U, I	$U = I_R \cdot I$ $U = I_L \cdot X_L$ $U = I \cdot Z$ $I^2 = I_R^2 + I_L^2$ $\cos\varphi = \dfrac{I_R}{I}$; $\sin\varphi = \dfrac{I_L}{I}$ $\tan\varphi = \dfrac{I_L}{I_R}$	$\left(\dfrac{1}{Z}\right)^2 = \left(\dfrac{1}{R}\right)^2 + \left(\dfrac{1}{X_L}\right)^2$ $\cos\varphi = \dfrac{Z}{R}$; $\sin\varphi = \dfrac{Z}{X_L}$ $\tan\varphi = \dfrac{R}{X_L}$	$P = U \cdot I_R$ $Q_L = U \cdot I_L$ $S = U \cdot I$ $S^2 = P^2 + Q_L^2$ $\cos\varphi = \dfrac{P}{S}$; $\sin\varphi = \dfrac{Q_L}{S}$ $\tan\varphi = \dfrac{Q_L}{P}$
	$-90° < \varphi > 0°$ (Parallelschaltung, induktiv)		

2.8 Elektrotechnische Grundlagen

Schaltung	Strom Spannung	Widerstand Leitwert	Leistung
(R ∥ X_C)	$U = I_R \cdot I$ $U = I_C \cdot X_C$ $U = I \cdot Z$ $I^2 = I_R^2 + I_C^2$ $\cos\varphi = \dfrac{I_R}{I}$; $\sin\varphi = \dfrac{I_C}{I}$ $\tan\varphi = \dfrac{I_C}{I_R}$	$\left(\dfrac{1}{Z}\right)^2 = \left(\dfrac{1}{R}\right)^2 + \left(\dfrac{1}{X_C}\right)^2$ $\cos\varphi = \dfrac{Z}{R}$; $\sin\varphi = \dfrac{Z}{X_C}$ $\tan\varphi = \dfrac{R}{X_C}$	$P = I_R \cdot U$ $Q_C = I_C \cdot U$ $S = U \cdot I$ $S^2 = P^2 - Q_C^2$ $\cos\varphi = \dfrac{P}{S}$; $\sin\varphi = \dfrac{Q_C}{S}$ $\tan\varphi = \dfrac{Q_C}{P}$

$0° < \varphi > +90°$ (Parallelschaltung, kapazitiv)

Schaltung	Strom Spannung	Widerstand Leitwert	Leistung
(X_C, X_L, R in Reihe) — **induktiv**	$U_b = U_L - U_C$	$X = X_L - X_C$	$Q_b = Q_L - Q_C$
	kapazitiv		
	$U_b = U_C - U_L$	$X = X_C - X_L$	$Q_b = Q_C - Q_L$
	$U^2 = U_R^2 + U_b^2$ $\cos\varphi = \dfrac{U_R}{U}$; $\sin\varphi = \dfrac{U_b}{U}$ $\tan\varphi = \dfrac{U_b}{U_R}$	$Z^2 = R^2 + X^2$ $\cos\varphi = \dfrac{R}{Z}$; $\sin\varphi = \dfrac{X}{Z}$ $\tan\varphi = \dfrac{X}{R}$	$S^2 = P^2 + Q_b^2$ $\cos\varphi = \dfrac{P}{S}$; $\sin\varphi = \dfrac{Q_b}{S}$ $\tan\varphi = \dfrac{Q_b}{P}$

$-90° < \varphi > +90°$ (Reihenschaltung, kapazitiv oder induktiv)

Schaltung	Strom Spannung	Widerstand Leitwert	Leistung
(R ∥ X_L ∥ X_C) — **induktiv**	$I_b = I_L - I_C$	$\dfrac{1}{X} = \dfrac{1}{X_L} - \dfrac{1}{X_C}$	$Q_b = Q_L - Q_C$
kapazitiv	$I_b = I_C - I_L$	$\dfrac{1}{X} = \dfrac{1}{X_C} - \dfrac{1}{X_L}$	$Q_b = Q_C - Q_L$
	$I^2 = I_R^2 + I_b^2$ $\cos\varphi = \dfrac{I_R}{I}$; $\sin\varphi = \dfrac{I_b}{I}$ $\tan\varphi = \dfrac{I_b}{I_R}$	$\left(\dfrac{1}{Z}\right)^2 = \left(\dfrac{1}{R}\right)^2 + \left(\dfrac{1}{X_L}\right)^2$ $\cos\varphi = \dfrac{Z}{R}$; $\sin\varphi = \dfrac{Z}{X}$ $\tan\varphi = \dfrac{R}{X}$	$S^2 = P^2 + Q_b^2$ $\cos\varphi = \dfrac{P}{S}$; $\sin\varphi = \dfrac{Q_b}{S}$ $\tan\varphi = \dfrac{Q_b}{P}$

$-90° < \varphi > +90°$ (Parallelschaltung, induktiv oder kapazitiv)

2.8 Elektrotechnische Grundlagen

Hoch- und Tiefpässe

RC- bzw. RL-Hochpässe

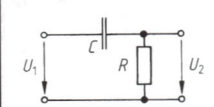

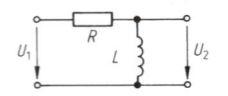

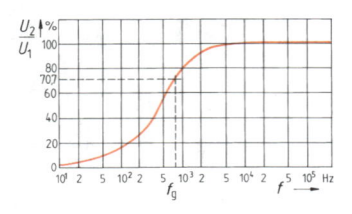

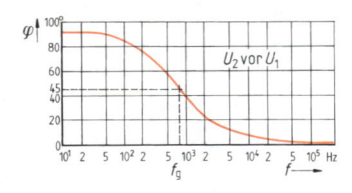

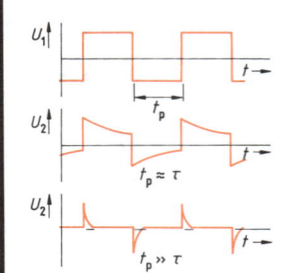

Schaltung

Frequenzverhalten

Phasenlage zwischen Eingangs- und Ausgangsspannung

U_2 vor U_1

Spannungsverhältnis

$$\frac{U_2}{U_1} = \frac{R}{\sqrt{R^2 + X_C^2}} \qquad \frac{U_2}{U_1} = \frac{X_L}{\sqrt{R^2 + X_L^2}}$$

Grenzfrequenzen

$$f_g = \frac{1}{2\pi \cdot R \cdot C} \qquad f_g = \frac{R}{2\pi \cdot L}$$

Verhalten bei Rechtecksignalen unterschiedlicher Impulsdauer

t_p Impulsdauer
τ Zeitkonstante
$\tau = R \cdot C$
$\tau = \frac{L}{R}$

Ein Hochpaß wirkt als Differenzierglied, wenn $t_p \gg \tau$.

RC- bzw. RL-Tiefpässe

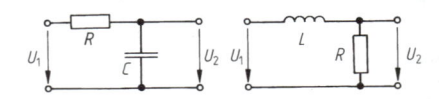

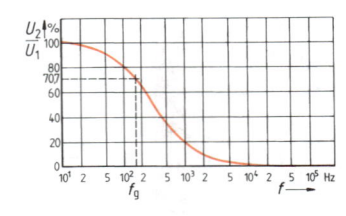

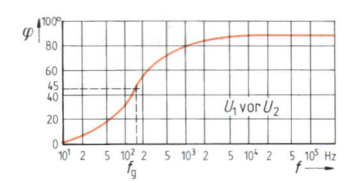

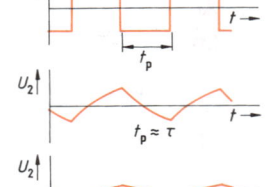

Schaltung

Frequenzverhalten

Phasenlage zwischen Eingangs- und Ausgangsspannung

U_1 vor U_2

Spannungsverhältnis

$$\frac{U_2}{U_1} = \frac{X_C}{\sqrt{R^2 + X_C^2}} \qquad \frac{U_2}{U_1} = \frac{R}{\sqrt{R^2 + X_L^2}}$$

Grenzfrequenzen

$$f_g = \frac{1}{2\pi \cdot R \cdot C} \qquad f_g = \frac{R}{2\pi \cdot L}$$

Verhalten bei Rechtecksignalen unterschiedlicher Impulsdauer

t_p Impulsdauer
τ Zeitkonstante
$\tau = R \cdot C$
$\tau = \frac{L}{R}$

Ein Tiefpaß wirkt als Integrierglied, wenn $t_p \ll \tau$.

2.8 Elektrotechnische Grundlagen

Schwingkreise

Reihenschwingkreis

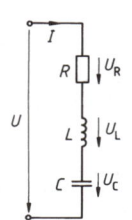

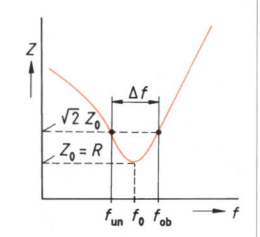

Schaltbild

Abhängigkeit des Scheinwiderstands von der Frequenz

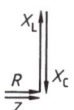

Resonanzbedingung
$$X_L = X_C$$
$$\omega \cdot L = \frac{1}{\omega \cdot C}$$

Operatorendiagramm bei Resonanz

Resonanzkreisfrequenz $\omega_0 = \dfrac{1}{\sqrt{L \cdot C}}$

Resonanzfrequenz $f_0 = \dfrac{1}{2\pi \cdot \sqrt{L \cdot C}}$

Güte des Kreises $Q = \dfrac{\omega_0 \cdot L}{R} = \dfrac{1}{R}\sqrt{\dfrac{L}{C}}$

Spannung an L und C bei Resonanz
$$U_{Lrsn} = U_{Crsn} = Q \cdot U$$
(U = Klemmenspannung am Schwingkreis)

Zusammenhänge
1. Die Güte des Schwingkreises ist um so größer, je größer die Induktivität und je kleiner die Kapazität ist.
2. Die Güte wird kleiner, wenn R größer wird. (In Schaltungen muß auch der Innenwiderstand der Spannungsquelle und der Widerstand der angeschlossenen Belastung mit berücksichtigt werden.)
3. Im Resonanzfall kann an der Induktivität und an der Kapazität ein Vielfaches der angelegten Wechselspannung U auftreten.

Dämpfungsfaktor $d = \dfrac{1}{Q} = \dfrac{R}{\omega_0 \cdot L}$

Scheinwiderstand bei Resonanz $Z_0 = R$

Scheinwiderstand bei beliebiger Frequenz
$$Z = \sqrt{R^2 + (X_L - X_C)^2}$$

Phasenverschiebung zwischen Spannung und Strom
$$\tan\varphi = \dfrac{\omega \cdot L - \dfrac{1}{\omega \cdot C}}{R}$$

Bandbreite $\Delta f = f_{ob} - f_{un} = \dfrac{f_0}{Q} = f_0 \cdot d$

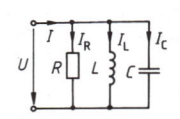

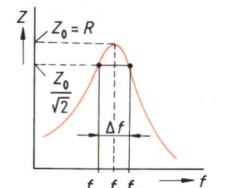

Parallelschwingkreis

Schaltbild

Operatorendiagramm bei Resonanz

Scheinwiderstandsverlauf

Bei der Berechnung müssen der Wirkwiderstand R_{sp} und die Induktivität L_{sp} der Schwingkreisspule (die in Reihe liegen!) in R und L der Parallelschaltung umgerechnet werden.
Es gilt angenähert:
$$L = L_{sp} \qquad R = \dfrac{L_{sp}}{C \cdot R_{sp}}$$

Resonanzfrequenz $f_0 = \dfrac{1}{2\pi \cdot \sqrt{L \cdot C}}$

Güte des Kreises $Q = \dfrac{R}{\omega_0 \cdot L} = R \cdot \sqrt{\dfrac{C}{L}}$

Strom in L und C bei Resonanz
$$I_{Lrsn} = I_{Crsn} = Q \cdot I$$

Zusammenhänge
1. Die Güte des Schwingkreises ist um so größer, je kleiner die Induktivität und je größer die Kapazität ist.
2. Die Güte wird kleiner, wenn R kleiner wird.
3. Im Resonanzfall kann in der Induktivität und in der Kapazität ein Vielfaches des dem Kreis zufließenden Stromes auftreten.

Dämpfungsfaktor $d = \dfrac{1}{Q} = \dfrac{\omega_0 \cdot L}{R}$

Scheinleitwert bei beliebiger Frequenz
$$Y = \sqrt{\dfrac{1}{R^2} + \left(\dfrac{1}{X_L} - \dfrac{1}{X_C}\right)^2}$$

Bandbreite $\Delta f = f_{ob} - f_{un} = \dfrac{f_0}{Q} = f_0 d$

Beispiel: Parallelschwingkreis: $R = 2\,\text{M}\Omega$; $C = 10\,\text{pF}$; $L = 50\,\text{mH}$; $f_0, \Delta f = ?\,\text{Hz}$

Lösung: $f_0 = \dfrac{1}{2\pi \cdot \sqrt{L \cdot C}}$

$f_0 = \dfrac{1}{6{,}28 \cdot \sqrt{50 \cdot 10^{-14}\,\text{s}^2}} = 226\,\text{kHz}$

$Q = R \cdot \sqrt{\dfrac{C}{L}}$

$Q = 2 \cdot 10^6\,\Omega \sqrt{\dfrac{10 \cdot 10^{-12}\,\text{F}}{50 \cdot 10^{-3}\,\text{H}}} = 28{,}28$

$\Delta f = \dfrac{f_0}{Q} = \dfrac{226\,\text{kHz}}{28{,}28} = 8\,\text{kHz}$

2.8 Elektrotechnische Grundlagen

Elektrische Leistung

1. Für Gleichstrom

$P = U \cdot I$
$P = I^2 \cdot R$
$P = \dfrac{U^2}{R}$

P Leistung in W
U Spannung in V
I Strom in A
R Widerstand in Ω

Beispiel: An welche Spannung darf ein Widerstand mit der Aufschrift 10 kΩ/2 W noch angeschlossen werden?

Lösung:
$$P = \dfrac{U^2}{R} \rightarrow U = \sqrt{P \cdot R}$$
$$U = \sqrt{2 \text{ W} \cdot 10\,000 \text{ Ω}} = \sqrt{20\,000 \text{ V}^2} = 141{,}42 \text{ V}$$

2. Für sinusförmigen Wechselstrom

$S = U \cdot I$

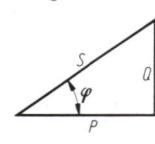

S Scheinleistung in VA[1]

$P = U \cdot I \cdot \cos \varphi = S \cdot \cos \varphi$

P Wirkleistung in W[2]

$Q = U \cdot I \cdot \sin \varphi = S \cdot \sin \varphi$

Q Blindleistung in var[3]

$\lambda = \cos \varphi = \dfrac{P}{S}$

$\lambda, \cos \varphi$ Leistungsfaktor (bei Sinusstrom)

$\lambda = \dfrac{P}{S}$

λ Leistungsfaktor

Leistungsdreieck

$S = \sqrt{P^2 + Q^2}$
$\cos \varphi = \dfrac{P}{S}$
$\sin \varphi = \dfrac{Q}{S}$
$\tan \varphi = \dfrac{Q}{P}$

Beispiel: $U = 220$ V; $I = 22{,}75$ A; $P = 4$ kW;
$S = ?$ VA; $\cos \varphi = ?$; $Q = ?$ var
Lösung: $S = U \cdot I = 220 \text{ V} \cdot 22{,}75 \text{ A} = 5000$ VA
$\cos \varphi = \dfrac{P}{S} = \dfrac{4000 \text{ W}}{5000 \text{ VA}} = 0{,}8$
$Q = \sqrt{S^2 - P^2} = \sqrt{5^2 - 4^2}$ kvar = 3 kvar

3. Für Drehstrom bei symmetrischer Belastung

$S_{Str} = U_{Str} \cdot I_{Str}$

S_{Str} Scheinleistung eines Stranges in VA

$S = 3 \cdot U_{Str} \cdot I_{Str}$

U_{Str} Strangspannung in V
I_{Str} Strangstrom in A

$S = 1{,}73 \cdot U \cdot I$

S Gesamtscheinleistung der drei verketteten Stränge in VA

$P = 1{,}73 \cdot U \cdot I \cdot \cos \varphi$

$Q = 1{,}73 \cdot U \cdot I \cdot \sin \varphi$

U Außenleiterspannung in V
I Außenleiterstrom in A

$\lambda = \cos \varphi = \dfrac{P}{S}$

P Wirkleistung in W
Q Blindleistung in var

$P_\Delta = 3 \cdot P_Y$

$\lambda, \cos \varphi$ Leistungsfaktor (bei Sinusstrom)

Bei gleicher Leiterspannung ist die aufgenommene Leistung P_Δ bei einem Verbraucher in Dreieckschaltung das Dreifache der Leistung P_Y in der Sternschaltung.

Elektrische Arbeit

$W = P \cdot t$

W elektrische Arbeit in Ws
P elektrische Leistung in W
t Zeit in s

Umrechnungen:
3600 Ws (Wattsekunden) = 1 Wh (Wattstunde)
1000 Wh (Wattstunden) = 1 kWh (Kilowattstunde)

Beispiel: $P = 1{,}5$ kW; $t = 14$ h; $W = ?$ kWh
Lösung: $W = P \cdot t = 1{,}5$ kW $\cdot$ 14 h = 21 kWh
Arbeitskosten: 1 kWh kostet 0,24 DM
21 kWh kosten 0,24 DM $\cdot$ 21 = 5,04 DM

Leistungsmessung mit Uhr und Zähler

$P = \dfrac{n}{C_Z \cdot t}$

n Zählerscheibenumdrehungen
t Umdrehungen entsprechende Zeit
C_Z Zählerkonstante in $\dfrac{\text{Umdr.}}{\text{kWh}}$ (vom Leistungsschild)

Beispiel: $C_Z = 600 \dfrac{\text{Umdr.}}{\text{kWh}}$; $t = 45$ s; $n = 12$;
$P = ?$ kW
Lösung: $P = \dfrac{n}{C_Z \cdot t} = \dfrac{\text{kWh} \cdot 12 \cdot 3600 \text{ s}}{600 \cdot 45 \text{ s} \cdot 1 \text{ h}} = 1{,}6$ kW

Wirkungsgrad

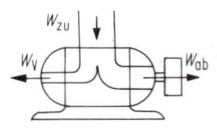

$\eta = \dfrac{W_{ab}}{W_{zu}}$

im stationären Zustand auch:

$\eta = \dfrac{P_{ab}}{P_{zu}}$

η Wirkungsgrad

W_{ab}, W_{zu} abgegebene bzw. zugeführte Arbeit in kWh

P_{ab}, P_{zu} abgegebene bzw. zugeführte Leistung in kW

Beispiel: $P_{zu} = 1{,}5$ kW; $P_{ab} = 1{,}2$ kW; $\eta = ?$
Lösung: $\eta = \dfrac{P_{ab}}{P_{zu}} = \dfrac{1{,}2 \text{ kW}}{1{,}5 \text{ kW}} = 0{,}8$

Elektrische Arbeit und Wärme

Einer elektrischen Arbeit von **1 Ws** entspricht eine Wärmearbeit (Stromwärme) von **1 J**; der elektrischen Arbeit von **1 kWh entspricht** die Stromwärme von **3,6 · 10⁶ J.**

Durch die bei der Energieumwandlung in Wärmegeräten entstehenden Verluste ist die Nutzwärme kleiner als die Stromwärme:

$Q_N = Q_S \cdot \eta_W$

Q_N Nutzwärme in J
Q_S Stromwärme in J
η_W Wärmewirkungsgrad

Beispiel: $Q_N = 100$ kJ; $\eta_W = 0{,}9$; $W = ?$ Wh
Lösung: $Q_S = \dfrac{Q_N}{\eta_W} = \dfrac{100 \text{ kJ}}{0{,}9} = 111$ kJ
$W = \dfrac{1 \text{ kWh}}{3600 \text{ kJ}} \cdot 111 \text{ kJ} = 0{,}0308$ kWh
$W = 30{,}8$ Wh

---

[1] VA = Voltampere [2] W = Watt [3] var = Voltampere reaktiv

2.8 Elektrotechnische Grundlagen

Dämpfung, Verstärkung, Pegel

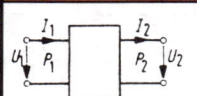

Übertragungssysteme stellen einen Vierpol dar, denn sie bestehen aus 2 Eingangs- und 2 Ausgangsspulen. An den Eingangsklemmen wird die Leistung P_1 zugeführt, an den Ausgangsklemmen kann die Leistung P_2 abgenommen werden. Ist das Verhältnis P_2/P_1 größer als 1, spricht man von einem aktiven Vierpol (Verstärkung), ist P_2/P_1 kleiner als 1, spricht man von einem passiven Vierpol (Dämpfung). Neben den Leistungen lassen sich auch die Spannungen und Ströme ins Verhältnis setzen und dadurch ebenfalls Dämpfungen oder Verstärkungen ausdrücken.

Dämpfungsfaktoren

Leistungsdämpfungsfaktor D_P: $D_P = \dfrac{P_1}{P_2}$

Spannungsdämpfungsfaktor D_U: $D_U = \dfrac{U_1}{U_2}$

Stromdämpfungsfaktor D_I: $D_I = \dfrac{I_1}{I_2}$

Übertragungsfaktoren (Verstärkungsfaktoren)

Leistungsübertragungsfaktor T_P: $T_P = \dfrac{P_2}{P_1}$

Spannungsübertragungsfaktor T_U: $T_U = \dfrac{U_2}{U_1}$

Stromübertragungsfaktor T_I: $T_I = \dfrac{I_2}{I_1}$

Die Berechnung der Gesamtdämpfung bzw. Gesamtverstärkung einer Übertragungsstrecke wird durch das Rechnen mit Hilfe von Logarithmen vereinfacht, da damit Multiplikationen auf Additionen zurückgeführt werden. So erhält man das Dämpfungsmaß a durch das Logarithmieren des Dämpfungsfaktors D mit Hilfe von Zehnerlogarithmen (siehe Seite 1-4).

Dämpfungsmaße (dB = Dezibel[1])

Leistungsdämpfungsmaß a_P: $a_P = 10 \cdot \lg \dfrac{P_1}{P_2}$ in dB

Spannungsdämpfungsmaß a_U[2]: $a_U = 20 \cdot \lg \dfrac{U_1}{U_2}$ in dB

Stromdämpfungsmaß a_I[2]: $a_I = 20 \cdot \lg \dfrac{I_1}{I_2}$ in dB

Übertragungsmaße (Verstärkungsmaße)

Leistungsübertragungsmaß $-a_P$: $-a_P = v_P = 10 \cdot \lg \dfrac{P_2}{P_1}$ in dB

Spannungsübertragungsmaß $-a_U$[2]: $-a_U = v_U = 20 \cdot \lg \dfrac{U_2}{U_1}$ in dB

Stromübertragungsmaß $-a_I$[2]: $-a_I = v_I = 20 \cdot \lg \dfrac{I_2}{I_1}$ in dB

Das Übertragungsmaß (Verstärkungsmaß) ist das Negative des Dämpfungsmaßes.

Beispiel: Am Eingang eines Verstärkers beträgt die Leistung $P_1 = 0{,}25$ mW, am Ausgang ist die Leistung $P_2 = 150$ mW. $-a_P = v_P = ?$ dB

Lösung: $-a_P = v_P = 10 \cdot \lg \dfrac{P_2}{P_1} = 10 \cdot \lg \dfrac{150 \text{ mW}}{0{,}25 \text{ mW}}$

$-a_P = v_P = 10 \cdot \lg 600$

$-a_P = v_P = 27{,}78$ dB

Dämpfungskennwert

Wird das Dämpfungsmaß a einer Leitung auf ihre Länge l bezogen, so erhält man den Dämpfungskennwert α, der in dB/km angegeben wird.

$\alpha = \dfrac{a}{l}$

a Dämpfungsmaß in dB
l Leiterlänge in km
α Dämpfungskennwert in dB/km

Dämpfungskennwerte für koaxiales Bild- und Tonübertragungskabel

Durchmesser der Innenleiterlitze mm	Dämpfungskennwert in dB/km bei der Frequenz		
	1 kHz	1 MHz	5 MHz
0,6	1,1	11	28
0,8	0,7	8	17
1,0	0,7	6	14
1,1	0,5	5	12
1,7	0,3	3	8
2,6	0,2	2	5

Beispiel: Ein koaxiales Bild- und Tonübertragungskabel mit einem Durchmesser der Innenleiterlitze von 1,1 mm hat eine Länge von 2,4 km.
$a = ?$ dB bei der Frequenz 1 kHz
Lösung: $a = \alpha \cdot l = 0{,}5$ dB/km $\cdot$ 2,4 km
$a = 1{,}2$ dB

Gesamtdämpfungsmaß einer Übertragungskette

Das Gesamtdämpfungsmaß ist die Summe der Teildämpfungsmaße eines Übertragungssystems.

$$a_{ges} = a_1 + a_2 + a_3 + \cdots$$

a_{ges} Gesamtdämpfungsmaß in dB
a_1, a_2, a_3 Teildämpfungsmaße in dB

Beispiel: $a_{U1} = 4$ dB; $a_{U2} = -5$ dB; $a_{U3} = 16$ dB; $a_{U4} = -12$ dB; $U_2 = 1$ mV
$a_{Uges} = ?$ dB; $U_1 = ?$ mV

Lösung: $a_{Uges} = a_{U1} + a_{U2} + a_{U3} + a_{U4}$
$a_{Uges} = 4$ dB $- 5$ dB $+ 16$ dB $- 12$ dB $= 3$ dB
$a_U = 20 \cdot \lg \dfrac{U_1}{U_2} \rightarrow U_1 = U_2 \cdot 10^{a_U/20}$
$U_1 = 1$ mV $\cdot 10^{3/20} = 1$ mV $\cdot 1{,}41 = 1{,}41$ mV

Absoluter Pegel

Der absolute Pegel (Level) L_{abs} einer Leistung P_X, einer Spannung U_X oder eines Stromes I_X ist das logarithmische Verhältnis mit $P_0 = 1$ mW, $U_0 = 775$ mV oder $I_0 = 1{,}29$ mA.

absoluter Leistungspegel L_{Pabs}: $L_{Pabs} = 10 \cdot \lg \dfrac{P_X}{1 \text{ mW}}$ in dB

absoluter Spannungspegel L_{Uabs}: $L_{Uabs} = 20 \cdot \lg \dfrac{U_X}{775 \text{ mV}}$ in dB

absoluter Strompegel L_{Iabs}: $L_{Iabs} = 20 \cdot \lg \dfrac{I_X}{1{,}29 \text{ mA}}$ in dB

Relativer Pegel

Der relative Pegel L einer Leistung P_X, einer Spannung U_X oder eines Stromes I_X ist das logarithmierte Verhältnis zu einem beliebigen Bezugswert. Ein Beispiel:

relativer Spannungspegel L_U: $L_U = 20 \cdot \lg \dfrac{U_X}{1 \text{ µV}}$ in dB µV

Dämpfungsmaß, Übertragungsmaß und Pegel

Das Dämpfungsmaß (positiv) oder Übertragungsmaß (negativ) zwischen zwei Punkten im Übertragungssystem ist gleich der Differenz der Pegel an diesen Punkten.

$a = L_1 - L_2$

a Dämpfungsmaß in dB
L_1 Pegel am Punkt 1 in dB
L_2 Pegel am Punkt 2 in dB

Beispiel: Am Eingang einer Leitung besteht ein absoluter Spannungspegel von 30 dB. Die Leitung hat ein Dämpfungsmaß von 18 dB. Wie groß ist die Spannung am Ausgang der Leitung?

Lösung: $L_{Uabs2} = L_{Uabs1} - a = 30$ dB $- 18$ dB
$L_{Uabs2} = 12$ dB
$L_{Uabs} = 20 \cdot \lg \dfrac{U_X}{775 \text{ mV}} \rightarrow U_X = 775$ mV $\cdot 10^{L_{Uabs}/20}$
$U_X = 775$ mV $\cdot 10^{12/20} = 3{,}085$ V

---

[1] 1 dB $\approx 0{,}1151$ Np (Neper).
[2] Gültig für $R_1 = R_2$. R_1 ist der Widerstand am Eingang der Übertragungsstrecke; R_2 ist der Widerstand am Ausgang der Übertragungsstrecke.

2.8 Elektrotechnische Grundlagen

Umwandlung von dB in ein Spannungsverhältnis

Faktor bei −dB	dB	Faktor bei +dB	Faktor bei −dB	dB	Faktor bei +dB
1,0	0	1,0	0,089	21	11,2
0,944	0,5	1,059	0,079	22	12,6
0,891	1	1,122	0,071	23	14,1
0,841	1,5	1,189	0,063	24	15,9
0,793	2	1,26	0,056	25	17,8
0,75	2,5	1,333	0,050	26	20,0
0,708	3	1,413	0,045	27	22,4
0,668	3,5	1,497	0,039	28	25,1
0,63	4	1,585	0,035	29	28,2
0,595	4,5	1,68	0,0316	30	31,6
0,56	5	1,78	0,028	31	35,5
0,53	5,5	1,88	0,025	32	39,8
0,50	6	2,0	0,022	33	44,7
0,471	6,5	2,12	0,02	34	50,1
0,446	7	2,24	0,018	35	56,2
0,42	7,5	2,37	0,016	36	63,1
0,398	8	2,51	0,014	37	70,8
0,38	8,5	2,66	0,0125	38	79,4
0,35	9	2,82	0,011	39	89,1
0,333	9,5	3,00	0,010	40	100,0
0,316	10	3,16	0,0056	45	178
0,28	11	3,55	0,0032	50	316
0,25	12	4,00	0,0018	55	562
0,22	13	4,47	0,0010	60	1000,0
0,199	14	5,01	0,00056	65	1780
0,175	15	5,62	0,00032	70	3160
0,156	16	6,31	0,00018	75	5620
0,14	17	7,08	0,00010	80	10000
0,125	18	7,94	0,000056	85	17800
0,11	19	8,91	0,000032	90	31600
0,10	20	10,0	0,00001	100	100000

Umwandlung von dB in ein Leistungsverhältnis

Faktor bei −dB	dB	Faktor bei +dB	Faktor bei −dB	dB	Faktor bei +dB
1,0	0	1,0	0,079	11	12,6
0,891	0,5	1,122	0,063	12	15,9
0,793	1	1,26	0,050	13	20,0
0,708	1,5	1,413	0,039	14	25,1
0,63	2	1,585	0,0316	15	31,6
0,56	2,5	1,78	0,025	16	39,8
0,50	3	2,0	0,02	17	50,1
0,445	3,5	2,24	0,016	18	63,1
0,398	4	2,51	0,0125	19	79,4
0,35	4,5	2,82	0,010	20	100,0
0,316	5	3,16	0,0079	21	126
0,28	5,5	3,55	0,0063	22	159
0,25	6	4,0	0,005	23	200
0,22	6,5	4,47	0,0039	24	251
0,199	7	5,01	0,0032	25	316
0,175	7,5	5,62	0,001	30	1000
0,156	8	6,31	0,00032	35	3160
0,14	8,5	7,08	0,00010	40	10000
0,125	9	7,94	0,000032	45	31600
0,11	9,5	8,91	0,00001	50	100000
0,10	10	10,0	0,000001	60	1000000

Errechnung von Zwischenwerten

1. Beispiel: Welchem Faktor entspricht eine Spannungsverstärkung von + 42,5 dB?

Lösung: 40 dB ≙ 100
 2,5 dB ≙ 1,33

42,5 dB ≙ 100 · 1,33 = 133

also: $U_2 = 133 \cdot U_1$

2. Beispiel: Welchem Faktor entspricht eine Leistungsverstärkung von − 32 dB?

Lösung: − 32 dB ≙ 0,001 · 0,63 = 0,00063

Umrechnung vom absoluten Pegel dBµV in Spannungswerte

Bei Pegelangaben in dBµV (gesprochen: dB über µV) beträgt die Bezugsspannung $U_0 = 1$ µV an 75 Ω; der Pegel errechnet sich zu $L_U = 20 \cdot \log(U/U_0)$ und die Spannung zu $U = 10^{L_U/20} \cdot 1$ µV.

dBµV	0	1	2	3	4	5	6	7	8	9	
		1,0	1,12	1,26	1,41	1,59	1,78	2,0	2,24	2,51	2,82	
10	3,16	3,55	3,98	4,47	5,01	5,62	6,31	7,08	7,94	8,91	
20	10	11,2	12,6	14,1	15,9	17,8	20,0	22,4	25,1	28,2	µV
30	31,6	35,5	39,8	44,7	50,1	56,2	63,1	70,8	79,4	89,1	
40	0,1	0,112	0,126	0,141	0,159	0,178	0,2	0,224	0,251	0,282	
50	0,316	0,355	0,398	0,447	0,501	0,562	0,631	0,708	0,794	0,891	
60	1,0	1,12	1,26	1,41	1,59	1,78	2,0	2,24	2,51	2,82	mV
70	3,16	3,55	3,98	4,47	5,01	5,62	6,31	7,08	7,94	8,91	
80	10	11,2	12,6	14,1	15,9	17,8	20,0	22,4	25,1	28,2	
90	31,6	35,5	39,8	44,7	50,1	56,2	63,1	70,8	79,4	89,1	
100	100	112	126	141	159	178	200	224	251	282	

2.8 Elektrotechnische Grundlagen

Gleichwertige Reihen- und Parallelschaltungen

Für eine bestimmte Frequenz ist eine Reihenschaltung durch eine gleichwertige Parallelschaltung ersetzbar und umgekehrt.

Umrechnung einer Reihenschaltung in eine Parallelschaltung

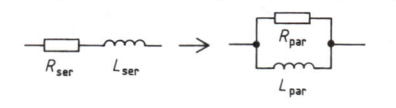

$$R_{par} = \frac{R_{ser}^2 + (\omega L_{ser})^2}{R_{ser}} \qquad L_{par} = \frac{R_{ser}^2 + (\omega L_{ser})^2}{\omega^2 L_{ser}}$$

$$R_{par} = \frac{R_{ser}^2 + \left(\frac{1}{\omega C_{ser}}\right)^2}{R_{ser}} \qquad C_{par} = \frac{\frac{1}{\omega^2 C_{ser}}}{R_{ser}^2 + \left(\frac{1}{\omega C_{ser}}\right)^2}$$

Umrechnung einer Parallelschaltung in eine Reihenschaltung

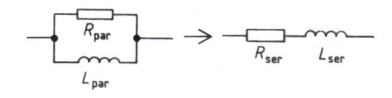

$$R_{ser} = \frac{R_{par} \cdot (\omega L_{ser})^2}{R_{par}^2 + (\omega L_{ser})^2} \qquad L_{ser} = \frac{L_{par} \cdot R_{par}^2}{R_{par}^2 + (\omega L_{par})^2}$$

$$R_{ser} = \frac{R_{par} \cdot \left(\frac{1}{\omega C_{par}}\right)^2}{R_{par}^2 + \left(\frac{1}{\omega C_{par}}\right)^2}$$

$$C_{ser} = C_{par} \cdot \left[1 + \left(\frac{1}{\omega C_{par} \cdot R_{par}}\right)^2\right]$$

Komplexe Darstellung von Wechselgrößen

Für Wechselströme und -spannungen werden die Augenblickswerte durch Sinusfunktionen der Form $i = \hat{i} \cdot \sin(\omega t)$ bzw. $u = \hat{u} \cdot \sin(\omega t + \varphi)$ angegeben. Nach DIN 5483 Teil 3 (6.84) kennzeichnet man komplexe Größen durch Unterstreichen der Formelzeichen. So ist in komplexer Darstellung $\underline{i} = \hat{i} \cdot \sin(\omega t)$ und $\underline{u} = \hat{u} \cdot \sin(\omega t + \varphi)$, und es gilt für die komplexen Effektivwerte

$$\underline{I} = I \cdot e^{j\varphi_i} = I \exp(j\varphi_i) = I \underline{/\varphi_i} \quad \text{bzw.} \quad \underline{U} = U \cdot e^{j\varphi_u} = U \exp(j\varphi_u) = U \underline{/\varphi_u}.$$

Die Nullphasenwinkel φ_i bzw. φ_u geben die Winkel der Zeiger gegen die reelle Achse an.

Komplexe Darstellung von Schaltungen

Schaltung	Scheinwiderstand $\underline{Z}$ / Scheinleitwert $\underline{Y}$	Scheinwiderstand $|\underline{Z}| = Z$ / Scheinleitwert $|\underline{Y}| = Y$	Phasenverschiebungswinkel φ
R	$\underline{Z} = R$ $\underline{Y} = G = \frac{1}{R}$	$Z = R$ $Y = G = \frac{1}{R}$	$\varphi = 0°$
L	$\underline{Z} = jX_L = j\omega L$ $\underline{Y} = -jB_L = \frac{1}{j\omega L} = -j\frac{1}{\omega L}$	$Z = \omega L$ $Y = \frac{1}{\omega L}$	$\varphi_Z = +90°$ $\varphi_Y = -90°$
C	$\underline{Z} = -jX_C = \frac{1}{j\omega C} = -j\frac{1}{\omega C}$ $\underline{Y} = jB_C = j\omega C$	$Z = \frac{1}{\omega C}$ $Y = \omega C$	$\varphi_Z = -90°$ $\varphi_Y = +90°$
R, L	$\underline{Z} = R + j\omega L$ $\underline{Y} = \frac{R}{R^2 + (\omega L)^2} - j\frac{\omega L}{R^2 + (\omega L)^2}$	$Z = \sqrt{R^2 + (\omega L)^2}$ $Y = \sqrt{\frac{R^2 + (\omega L)^2}{[R^2 + (\omega L)^2]^2}}$	$\varphi_Z = +\arctan\frac{\omega \cdot L}{R}$ $\varphi_Y = -\arctan\frac{\omega \cdot L}{R}$

2.8 Elektrotechnische Grundlagen

Komplexe Darstellung von Schaltungen (Fortsetzung)

Schaltung	Scheinwiderstand $\underline{Z}$ / Scheinleitwert $\underline{Y}$	Scheinwiderstand $\|\underline{Z}\| = Z$ / Scheinleitwert $\|\underline{Y}\| = Y$	Phasenverschiebungswinkel φ
R–C Serie	$\underline{Z} = R - j\dfrac{1}{\omega C}$ $\underline{Y} = \dfrac{R(\omega C)^2}{(R\omega C)^2 + 1} + j\dfrac{\omega C}{(R\omega C)^2 + 1}$	$Z = \sqrt{R^2 + \left(\dfrac{1}{\omega C}\right)^2}$ $Y = \sqrt{\dfrac{[R(\omega C)^2]^2 + (\omega \cdot C)^2}{[(R\omega C)^2 + 1]^2}}$	$\varphi_Z = -\operatorname{Arctan}\dfrac{1}{\omega \cdot C \cdot R}$ $\varphi_Y = +\operatorname{Arctan}\dfrac{1}{\omega \cdot C \cdot R}$
R–L Parallel	$\underline{Z} = \dfrac{R(\omega L)^2}{R^2 + (\omega L)^2} + j\dfrac{R^2 \omega L}{R^2 + (\omega L)^2}$ $\underline{Y} = \dfrac{1}{R} - j\dfrac{1}{\omega L}$	$Z = \sqrt{\dfrac{[R(\omega L)^2]^2 + [R^2 \omega L]^2}{[R^2 + (\omega L)^2]^2}}$ $Y = \sqrt{\left(\dfrac{1}{R}\right)^2 + \left(\dfrac{1}{\omega L}\right)^2}$	$\varphi_Z = +\operatorname{Arctan}\dfrac{R}{\omega \cdot L}$ $\varphi_Y = -\operatorname{Arctan}\dfrac{R}{\omega \cdot L}$
R–C Parallel	$\underline{Z} = \dfrac{R}{1 + (R\omega C)^2} - j\dfrac{R^2 \omega C}{1 + (R\omega C)^2}$ $\underline{Y} = \dfrac{1}{R} + j\omega C$	$Z = \sqrt{\dfrac{R^2 + (\omega C R^2)^2}{[1 + (\omega C R)^2]^2}}$ $Y = \sqrt{\left(\dfrac{1}{R}\right)^2 + (\omega C)^2}$	$\varphi_Z = -\operatorname{Arctan}\omega \cdot C \cdot R$ $\varphi_Y = +\operatorname{Arctan}\omega \cdot C \cdot R$

Schaltung	Scheinwiderstand/Phasenverschiebungswinkel
R_1 ∥ L in Serie mit R_2	$\underline{Z} = \left[R_2 + \dfrac{R_1(\omega L)^2}{R_1^2 + (\omega L)^2}\right] + j\dfrac{R_1^2 \omega L}{R_1^2 + (\omega L)^2}$ $Z = \sqrt{\left[R_2 + \dfrac{R_1(\omega L)^2}{R_1^2 + (\omega L)^2}\right]^2 + \left[\dfrac{R_1^2 \omega L}{R_1^2 + (\omega L)^2}\right]^2}$ $\tan \varphi = \dfrac{R_1^2 \omega L}{R_2[R_1^2 + (\omega L)^2] + R_1(\omega L)^2}$
L ∥ C in Serie mit R	$\underline{Z} = R + j\dfrac{\omega L}{1 - \omega^2 L C}$ $Z = \sqrt{R^2 + \left[\dfrac{\omega L}{1 - \omega^2 L C}\right]^2}$ $\tan \varphi = \dfrac{\omega L}{R(1 - \omega^2 L C)}$
R–L Serie ∥ C	$\underline{Z} = \dfrac{\dfrac{R}{(\omega \cdot C)^2}}{R^2 + \left(\omega L - \dfrac{1}{\omega C}\right)^2} - j\dfrac{\dfrac{L}{C}\left(\omega L - \dfrac{1}{\omega C}\right) - \dfrac{R^2}{\omega C}}{R^2 + \left(\omega L - \dfrac{1}{\omega C}\right)^2}$ $Z = \sqrt{\left[\dfrac{\dfrac{R}{(\omega C)^2}}{R^2 + \left(\omega L - \dfrac{1}{\omega C}\right)^2}\right]^2 + \left[\dfrac{\dfrac{L}{C}\left(\omega L - \dfrac{1}{\omega C}\right) - \dfrac{R^2}{\omega C}}{R^2 + \left(\omega L - \dfrac{1}{\omega C}\right)^2}\right]^2}$ $\tan \varphi = \dfrac{\omega^2 \cdot L \cdot C}{R}\left(\omega \cdot L - \dfrac{1}{\omega C}\right) - R \cdot \omega \cdot C$
R ∥ L in Serie mit C	$\underline{Z} = \dfrac{R \cdot (\omega L)^2}{R^2 + (\omega L)^2} + j\left[\dfrac{R^2 \cdot (\omega L)}{R^2 + (\omega L)^2} - \dfrac{1}{\omega C}\right]$ $Z = \sqrt{\left[\dfrac{R \cdot (\omega L)^2}{R^2 + (\omega L)^2}\right]^2 + \left[\dfrac{R^2 \cdot (\omega L)}{R^2 + (\omega L)^2} - \dfrac{1}{\omega C}\right]^2}$ $\tan \varphi = \dfrac{R^2 \cdot (\omega L) - \dfrac{R^2 + (\omega L)^2}{\omega C}}{R \cdot (\omega L)^2}$

3 Schaltzeichen und Symbole

Schaltzeichen (Figur, Zeichen, Ziffer, Buchstabe oder deren Kombination) stellen in Zeichnungen bzw. Dokumentationen die funktionellen Zusammenhänge eines technischen Ablaufs oder die Anordnung einer technischen Anlage bzw. Einrichtung dar.

DIN 40 900, Teil 2 bis Teil 13, enthält vorwiegend nur Grundsymbole, Symbolelemente, Kennzeichen und Schaltzeichen. Die nur in begrenzter Zahl aufgeführten zusammengesetzten Schaltzeichen haben gleichzeitig Beispielcharakter; fehlt für ein bestimmtes Betriebsmittel ein Schaltzeichen, so kann durch Kombinieren von Grundsymbolen, Symbolelementen, Kennzeichen oder Schaltzeichen ein neues Schaltzeichen gebildet werden.

Das Verhältnis der Größen von Schaltzeichen zueinander darf verändert werden; die Proportionen eines Schaltzeichens sollen jedoch beibehalten werden. Die dargestellte Lage der Schaltzeichen ist nicht zwingend. Sofern die Bedeutung dadurch nicht verändert wird, dürfen die Schaltzeichen gedreht oder gespiegelt werden. Auch die gewählte Anordnung der Anschlußlinien ist, soweit nicht anderes vermerkt ist, nur eine von mehreren Möglichkeiten.

Den aus IEC 617 in DIN 40 900 übernommenen Schaltzeichen wurde ein Raster mit dem Modul M = 2,5 mm zugrunde gelegt; dieser Modul ist jedoch für die Anwendung nicht verbindlich. Die Anschlußlinien eines Schaltzeichens liegen auf Rasterlinien und enden an Kreuzungspunkten von Rasterlinien. Zwischen benachbarten Anschlußlinien ist ein Abstand von mindestens 2 M vorzusehen.

Die Normen der Reihe DIN 40 900 sind wie folgt gegliedert:

Teil	Datum	Inhalt
Teil 1	(03.88)	Allgemeines
Teil 2	(03.88)	Symbolelemente und Kennzeichen für Schaltzeichen
Teil 3	(03.88)	Schaltzeichen für Leiter und Verbinder
Teil 4	(03.88)	Schaltzeichen für passive Bauelemente
Teil 5	(03.88)	Schaltzeichen für Röhren und Halbleiter
Teil 6	(03.88)	Schaltz. für die Erzeugung und Umwandlung elektrischer Energie
Teil 7	(03.88)	Schaltzeichen für Schalt- und Schutzeinrichtungen
Teil 8	(03.88)	Schaltzeichen für Meß-, Melde- und Signaleinrichtungen
Teil 9	(03.88)	Schaltzeichen für Vermittlungs- und Endeinrichtungen
Teil 10	(03.88)	Schaltzeichen zur Übertragungstechnik
Teil 11	(03.88)	Schaltzeichen für Netze und Elektroinstallation
Teil 12	(07.84)	Binäre Elemente
Teil 13	(01.81)	Schaltzeichen und Kennzeichen für analoge Informationsverarbeitung

3.1 Schaltzeichen für Primärzellen, Akkumulatoren, Widerstände, Kondensatoren, Induktivitäten und piezoelektrische Kristalle

Schaltzeichen	Erklärung	Schaltzeichen	Erklärung	Schaltzeichen	Erklärung
	Primärzellen und Akkumulatoren Primärzelle, Primärelement, Akkumulator Anm.: die kürzere Linie (Minuspol) darf auch breiter gezeichnet werden.		Widerstand, spannungsabhängig, Varistor Kohle-Säulen-Widerstand Heizelement	bevorzugte Form andere Form	**Induktivitäten** Induktivität Spule Drossel Wicklung
	Batt. v. Primärelementen, Akkumulatorenbatterie		**Kondensatoren** Kondensator, allgemein Falls notwendig, kennzeichnet die gebogene Linie den – Außenbelag – den beweglichen Teil – den Belag mit negativem Potential von Durchführungskondens.		Induktivität mit festen Anzapfungen, z. B. zwei Anzapfungen
	desgl. wahlw. Darst. Form 2	bevorzugte Form andere Form			Induktivität mit bewegbarem Kontakt, stufig veränderbar
bevorz. Form andere Form	**Widerstände** Widerstand, allgemein Dämpfungsglied, allg.				Induktivität mit Magnetkern
	Widerstand mit festen Anzapfungen, dargest. mit zwei Anzapfungen				Induktivität mit Luftspalt im Magnetkern
	Shunt, Nebenschlußwiderstand (getrennte Strom- und Spannungsanschlüsse)		Kondensator, gepolt, z. B. Elektrolytkondensator		Induktivität, stetig veränderbar, mit Magnetkern
	Widerstand, veränderbar, allgemein		Durchführungskondensator		Variometer
	Widerstand mit Schleifkontakt		Kondensator, gepolt, temperaturabhängig, bei dem der Temperaturbeiwert ausgenutzt wird		Koaxiale Drossel mit Magnetkern
	Widerstand mit Schleifkontakt und „Aus"-Stellung		Kondensator, veränderbar		Ferritperle auf einem Leiter
	Widerstand mit Schleifkontakt, Potentiometer		Kondensator, einstellbar		**Piezoelektrische Kristalle, Elektret** Piezoelektrischer Kristall mit zwei Elektroden
	Widerstand, einstellbar, mit Schleifkontakt		Differential-Kondensator, veränderbar Kondensator mit veränderb. Elektrodenabstand		desgl. mit drei Elektroden Elektret

3-1

3.2 Symbolelemente und Kennzeichen für Schaltzeichen

Schaltzeichen	Erklärung	Schaltzeichen	Erklärung	Schaltzeichen	Erklärung
	Konturen und Umhüllungen		**Impulsformen**		**Abhängigkeit von einer charakterist. Größe**
	Betriebsmittel, Gerät, Funktionseinheit	⊓	positiver Impuls		Wirkung, wenn die charakteristische Größe
	Schalt- oder Kennzeichen innerhalb oder außerhalb des Symbolelements kennzeichnet das Gerät oder die Funktion	⊔	negativer Impuls	> <	– höher – niedriger als der eingestellte Wert ist
	Hülle, Gehäuse, Röhrenkolben	∼	Wechselstrom-Impuls	≥ ≤	– höher oder niedriger als ein oberer oder niedrigerer eingestellter Wert ist
	nicht erforderlich, wenn sie keinen Anschluß hat und eine Verwechslung ausgeschlossen ist	∫	posit. Schrittfunktion		
		⌐	negat. Schrittfunktion	= 0	– den Wert Null hat
	Begrenzungslinie, Trennlinie	⋀	Sägezahn	≈ 0	– annähernd den Wert Null hat
	Kennzeichnung physik. oder funktionsmäßig zusammengehörender Betriebsmittel		**Impulsarten**		**Strahlungen**
		⊓⊔	Rechteckwechselimpuls		Pfeile zum Schaltzeichen zeigend kennzeichnen Reaktion des Gegenstandes auf einfallende Strahlung
		2 μs ⊓ 10 kHz	Rechteckimpuls, positiv mit 2 μs Impulsdauer und 10 kHz Pulsfrequenz		Pfeile vom Schaltzeichen wegzeigend kennzeichnen, daß der Gegenstand Strahlung abgibt
	Abschirmung (Darst. in bel. Form zulässig)	⋀	Dreieckimpuls		
			Arten von Wirkungen oder Abhängigkeiten		Strahlung, nicht ionisierend:
	Erde, Masse, Äquipotential	⌐	thermische Wirkung	↘↘	– elektromagnetisch – kohärent
	Erde allgemein	⌐	elektromagnet. Wirkung		
	Erde fremdspannungsarm	≈	magnetostriktive Wirk.	↘↘	Strahlung ionisierend
	Schutzerde	×	Magnetfeld-Wirkung oder -Abhängigkeit		Strahlungsart kann durch Buchstaben angegeben werden
	Masse, wahlweise	⊣	Verzögerung		**Materieart, Stoff**
	Äquipotential		**Wirkungsrichtung**	▭	beliebige Kontur zul.
	Elemente für ideale Stromkreise		Übertragung, Energiefluß, Signalfluß	▭	Materie, Stoff allgem.
	ideale Stromquelle	→	– in einer Richtung (Simplex)	▭	Materie, fest
	ideale Spannungsquelle	⇄	– in beide Richtungen gleichzeitig (vollduplex)	▭	Materie, flüssig
		↔	– in beide Richtungen, nicht gleichzeitig (halbduplex)	▭	Materie, gasförmig
	Arten von Strömen und Spannungen	→	Senden	▭	Elektret
	Gleichstrom	←	Empfangen	▭	Halbleiter
===	desgl., wenn vorhergehendes Kennz. zur Verwechslung führt	→	Energiefluß	▨	Isolierstoff, Dielektr.
2M — 220 / 110 V	Beispiel für Gleichstrom-Dreileitersystem	⊢→	– von der Sammelschiene weg – zur Samelschiene hin – in beide Richtungen		**Veränderbarkeiten**
∼	Wechselstrom			⁄	Veränderbarkeit durch: – äußere Einrichtung – Eigenschaften des Gegenstandes selbst
∼ 50 Hz	Wechselstrom, 50 Hz		**Richtung von Kraft und Bewegung**	⁄	desgl. nicht linear Einstellbarkeit
∾	Gleichgerichteter Strom mit Wechselstromanteil	→	geradlinig in Pfeilrichtung	⁄ I = 0	z. B. nur im stromlosen Zustand zulässig
∾	Allstrom (Gleich- oder Wechselstrom bzw. -spannung)	↔	geradlinig in beide Richtungen	⁄ 5	stufige Funktion z. B. Veränderbarkeit in fünf Stufen
	Darst. verschiedener Frequenzbereiche:	⌒	Drehung in Pfeilrichtung	⁄	stetige Funktion z. B. stetige Einstellbarkeit
∼	– niedrige Frequenzen z. B. Stromversorgung	⌒	Drehung in beide Richtungen	⁄	Regelung oder automat. Steuerung durch Eigenschaften des Gegenst.
≈	– mittlere Frequenzen z. B. Tonfrequenz	⌒	desgl. in beiden Richtungen begrenzt	▷ dB	z. B. Verstärker mit autom. Verstärkungssteuerung
≋	– hohe Frequenzen z. B. Ultraschall	∿	Periodische Bewegung		

3.2 Symbolelemente und Kennzeichen für Schaltzeichen

Schaltzeichen	Erklärung	Schaltzeichen	Erklärung	Schaltzeichen	Erklärung
	Antriebsarten		Betätigung durch elektromagnetischen Überstromschutz		Bsp.: Kupplung für Mitnahme in einer Drehrichtung, Freilauf
	Handantrieb, allgem.				
	Handantrieb mit beschränktem Zugriff		Betätigung durch thermischen Antrieb z. B. Bimetallrelais		Bremse, allgemein
	Handantrieb, abnehmbar z. B. Steckschlüssel				Bremse, eingelegt
					Bremse, gelöst
	Handantrieb, Betätigung durch Kippen		Betätigung durch Motor		Getriebe
	Betätigung durch Ziehen		Betätigung durch Uhr		Wirkverbindung mit periodischer Betätigung (z. B. 12 Bet./Minute)
	Betätigung durch Drehen		Betätigung durch Flüssigkeitspegel		
	Betätigung durch Drücken		Betätigung durch Strömung allgemein, z. B. Gasströmung		Mitnehmer
					Rutschkupplung
	Betätigung durch Annähern		Betätigung durch relative Feuchte		Sperre, von Hand lösbar; Rückgang bei Rechtsbew. gesperrt
	Betätigung durch Berühren		Bet. durch die Anzahl von Ereignissen, z. B. durch Zähler		Sperre, mit abnehmbarem Handantrieb; Bewegung in beiden Richtungen gesperrt
	Notschalter				
	Betätigung durch Handrad		**Mechanische Stellteile**		Mechan. Verzögerung nach beiden Seiten
			Wirkverbingung allgem. (mechanisch, pneumatisch oder hydraulisch)		
	Betätigung durch Pedal				**Symbolelemente**
	Betätigung durch Hebel		desgl., wenn aus Platzmangel obige Form nicht anwendbar ist		Größtwertbegrenzung, allgemein
	Betätigung durch abnehmbaren Griff				Kleinstwertbegrenzung, allgemein
	Betätigung durch Schlüssel		desgl. mit Angabe der Richtung von Kraft oder Bewegung (Pfeil ist im Vordergrund zu denken)		Größt- und Kleinstwertbegrenzung allgem.
	Betätigung durch Kurbel				Gleichrichtung
	Betätigung durch Rolle, Fühler				Verstärkung
			Verzögerte Wirkung in Bewegungsrichtung vom Bogen zum Mittelpunkt, Fallschirmwirk.		Siebung, Filterung
	Betätigung durch Nocken				
	Betätigung durch Rolle und Nocken (im Profil) ausführl. dargestellt)				**Verschiedenes**
			Selbsttätiger Rückgang in Richtung des Dreiecks		Fehler (Anzeige eines angenommenen Fehlers)
	Nockenprofil (abgewickelte Darstellung)		Raste; nicht selbsttätiger Rückgang		Überschlag Isolationsfehler
	Kraftantrieb, allgem. Betätigung durch gespeicherte mechanische Energie		Raste, nicht eingerastet		Dauermagnet
			Raste, eingerastet		Prüfpunkthinweis
			mechan. Verriegelung zweier Einrichtungen		Umsetzer, allgemein
	Kraftantrieb mit Handaufzug				Umsetzer mit galvanischer Trennung
	Schaltschloß mit mechanischer Freigabe		Sperre, nicht verklinkt		
			Sperre, verklinkt		Trenn-Umsetzer Trenn-Umformer
	Schaltschloß mit elektromechan. Freigabe		Blockiereinr. allgem.		Speicher, allgemein
	Bet. pneumatisch oder hydraulisch in Pfeilrichtung		Blockiereinrichtung, verklinkt; Bewegung nach links blockiert		Zentrale Einrichtung bzw. Schaltstelle allgemein
	desgl. in beiden Richtungen		Kupplung, allgemein		Steuergerät Steuereinrichtung
	Betätigung durch elektromagnet. Antrieb		Kupplung, gelöst		Regler Angabe der Regelgröße vorzugsw. im Dreieck
			Kupplung, gekuppelt		

3-3

3.3 Schaltzeichen für Leiter und Verbinder

Schaltzeichen	Erklärung	Schaltzeichen	Erklärung	Schaltzeichen	Erklärung
	Anschlüsse und Leiterverbindungen		Leiter, geschirmt		Bsp.: drei Leiter, ein Neutralleiter, ein Schutzleiter
•	Verbindung von Leitern		Leiter, verdrillt dargest. zwei Leiter		
○	Anschluß, z. B. Klemme (Der Kreis darf auch ausgefüllt werden)		Leiter in einem Kabel, dargest. drei Leiter		**Einspeisung**
Form 1 Form 2	Abzweig von Leitern		Leiter in einem Kabel, die im Schaltplan als nicht benachbarte Linien dargestellt sind (hier mit Pfeilspitzen gekennzeichnet werden		Leitung, nach oben führend
Form 1 Form 2	Doppelabzweig von Leitern				Leitung, nach unten führend
	Leiter-Verbindungsstück, Spleiß				Leitung, nach unten und oben durchführend
6	Verbindung, gemeinsam für eine Gruppe gleicher Betriebsmittel, hier z. B. 6		Leiter, koaxial	○	Dose, allgemein Leerdose, allgemein
			Koaxiale Leitung mit Anschlußstellen Anm.: Die tangentiale Linie wird nur auf der koaxialen Seite gezeichnet	⊙	Anschlußdose Verbindungsdose
	Tauschen von Leitern, z. B. Wechsel von Phasenfolge oder Polarität, einpolig dargestellt für n Leiter		Leiter, koaxial, geschirmt		Hausanschlußkasten, allgemein, dargestellt mit Leitung
L2 L3	Beispiel: Wechsel der Phasenfolge L2 und L3		Leitung oder Kabel, nicht angeschlossen		Verteiler, dargestellt mit drei Anschlüssen
	Neutralpunkt in einem Mehrphasensystem, einpolig dargestellt		Leitung oder Kabel, nicht angeschlossen, besonders isoliert		
			Leiter, Leitungen in Netzwerken		**Fern-Stromversorgungen**
3~	Beispiel: Drehstrom-Synchrongenerator (mit herausgeführten Enden der Wicklungen), dargestellt mit externem Neutralpunkt		Leiter im Erdreich Erdkabel		Einspeisepunkt
GS			Leiter im Gewässer Seekabel		Fernspeise-Netzgerät, dargest. für Wechselstrom
			Leiter, oberirdisch Freileitung		**Kabelverbinder**
			Kabelkanal Trasse		Kabelendverschluß, dargest. mit einem vieradrigen Kabel
9 10 11 12 13	Anschlußleiste, dargestellt mit Anschlußbezeichnungen		Elektro-Installationsrohr z. B. Trasse mit vier Kabelkanälen		
	Leiter		Einstiegschacht in einer Trasse		Kabelendverschluß, dargest. mit vier einadrigen Kabeln
	Leiter, Gruppe von Leitern, Leitung, Kabel, Stromweg, Übertragungsweg (z. B. für Mikrowellen) einpolige Darstellg.		Erdkabel mit Verbindungsstelle		Verbindungsmuffe, dargest. mit vier Leitungen, allpolige Darstellung
	Beispiel: vier Leiter		Abschottung in einem gas- oder ölisolierten Kabel		
	Form 1		Fernmeldeleitung mit Wechselstrom-Fernspeisung		desgl. einpolige Darstellung
4	Form 2 Anm.: Oberhalb der Linie können Stromart, Netzart, Frequenz und Spannung, unterhalb der Linie Anzahl, Querschnitt und Material wie folgt angegeben werden		Fernmeldeleitung mit Gleichstrom-Fernspeisung		Abzweigmuffe, dargest. mit vier Leitungen, T-Abzweigmuffe, allpolige Darstellung
3N ~ 50Hz 400V 3×120 Cu + 1×50 Cu	Dreiphasen-Vierleitersystem mit drei Außenleitern u. einem Neutralleiter, 50 Hz, 400 V Außenl. 120 mm² Cu, Neutrall. 50 mm² Cu		**Kennzeichen für besondere Leiter in der Gebäudeinstallation** Neutralleiter (N) Mittelleiter (M) Schutzleiter (PE) Neutralleiter mit Schutzleiterfunktion (PEN)		desgl. einpolige Darstellung
	Leiter, bewegbar				Kabeldurchführung, druckfest, dargestellt mit vier Kabeln (längere Seite des Trapezes = Hochdruckseite)

Nach DIN 40 900 T 3 und T 11 (3.88)

3.4 Schaltzeichen für Sicherungen, Verbinder und Elektroinstallation

Schaltzeichen	Erklärung	Schaltzeichen	Erklärung	Schaltzeichen	Erklärung
	Sicherungen Sicherung, allgemein		Trennstelle, Lasche, geschlossen Form 1 / Form 2		**Steckdosen** Mehrfachsteckdose z. B. Dreifachsteckdose
	Sicherung mit: – Kennzeichnung des netzseitigen Anschl.		Lasche, offen Anm.: Die drei folgenden Schaltz. sind nur zu wählen, wenn zw. festem und beweglichem Teil des Steckverbinders unterschieden werden soll.		desgleichen (Form 2)
	– mechanischer Auslösemeldung (Schlagbolzensicherg.)				Schutzkontaktsteckdose
	– Meldekontakt und drei Anschlüssen		Steckverbinder, festes Teil		Steckdose mit Abdeckung
	– getrenntem Meldekontakt		Steckverbinder, bewegliches Teil		Steckdose, abschaltbar
	Sicherungsschalter Sicherungsschalter		Steckverbindung Steckerseite fest, Buchsenseite beweglich		Steckdose mit verriegeltem Schalter
	Sicherungstrennschalter		Schaltklinke Trennklinke		Steckdose mit Trenntrafo
	Sicherungs-Lasttrennschalter		Stecker und Klinke zweipolig (längster Pol = Steckerspitze, kürzester Pol = Manschette)		Fernmeldesteckdose, allgemein
	Dreipoliger Schalter mit selbstt. Auslösung durch den Schlagbolzen jeder einzelnen Sicherung				Unterscheidung verschiedener Dosen z. B. durch folgende Bezeichnungen: TP = Telephon, M = Mikrophon, = Lautsprecher, FM = UKW-Rundfunk, TV = Fernsehen, TX = Telex
			desgl. dreipolig		**Schalter**
	Überspannungsableiter Überspannungsableiter		**Auslässe und Installationen für Leuchten**		Schalter, allgemein
					Schalter mit Kontrolleuchte
	Überspannungsableiter in einer Gasentladungsröhre		Leuchtenauslaß, dargest. mit Leitung		Zeitschalter, einpolig
					Ausschalter, zweipolig Schalter 1/2
	Überspannungsableiter in einer Gasentladungsröhre, symmetrisch		Leuchtenauslaß auf Putz, dargest. mit nach rechts führender Leitung		Serienschalter, einpolig Schalter 5/1
	Funkenstrecke		Leuchte, allgemein		Wechselschalter, einpolig Schalter 6/1
bevorz. Form / andere Form	**Verbinder**		Leuchte für Leuchtstofflampe, allgemein		Kreuzschalter Zwischenschalter Schalter 7/1
	Buchse Pol einer Steckdose		z. B. Leuchte mit drei Leuchtstofflampen		desgl. Darstellung im Stromlaufplan
	Stecker Pol eines Steckers		Leuchte mit sechs Leuchtstofflampen		Dimmer
	Buchse und Stecker Steckverbindung		Scheinwerfer, allgem.		Schalter mit Zugschnur
	Steckverbindung, vielpolig (fünfpolig dargestellt) allpolige Darstellg.		Punktleuchte		Taster
			Flutlichtleuchte		Taster mit Leuchte
	einpolige Darstellg.		Vorschaltgerät für Entladungslampen bei Unterbringung außerhalb der Leuchte		Taster mit eingeschränkter Zugänglichkeit, z. B. mit Glasabdeckung
	Stirnkontaktverbindg.				Zeitrelais
	Stecker und Buchse, koaxial		Sicherheitsleuchte Notleuchte mit getrenntem Stromkreis		Schaltuhr
	Steckverbindung, zwei Buchsen durch einen Stecker verbunden, z. B. U-Stecker		Sicherheitsleuchte mit eingebauter Stromversorgung		Schlüsselschalter Wächtermelder
			Dosen		**Verschiedene Geräte** Heißwassergerät, dargest. mit Leitung
	Steckverbindung mit Adapter		Abzweigdose, allgem.		Zeiterfassungsgerät
			Stichdose		Türöffner
	Steckverbindung mit Abzweigbuchse		Durchschleifdose		Wechselsprechstelle Haus- oder Torsprechstelle

3.5 Schaltzeichen für Kontakte und Schalter

Schaltzeichen	Erklärung	Schaltzeichen	Erklärung	Schaltzeichen	Erklärung
	Kontakte mit mehreren Schaltstellungen Für Kontakte, Schalter und Steuergeräte dürfen die meisten Schaltzeichen mit einem Kreis (leer oder ausgefüllt) als Drehpunkt versehen werden		**Grenzschalter, Endschalter** mit Schließer		Leistungsschalter-Funktion
			mit Öffner		Leistungsschalter
Form 1 Form 2	Schließer Schalter bzw. Schaltfunktion allgemein		in zwei getrennten Stromkreisen mit mechanischer Betätigung in beiden Richtungen		Trennschalter-Funktion
					Trennschalter Leerschalter
	Öffner		**Temperaturabhängige Schalter** Schließer, temperaturabhängig z.B. Ansprechwert 60 °C		Lasttrennschalter-Funktion
	Wechsler mit Unterbrechung				Selbsttätige Auslöser-Funktion
Form 1 Form 2	Wechsler ohne Unterbrechung Folgeumschaltglied		Öffner mit selbsttätiger therm. Betätigung (z.B. Bimetall)		Schütz- bzw. Lasttrennschalter mit selbsttätiger Auslösung
	Zwillingsschließer		Kontakt eines elektrotherm. Relais in aufgelöster Darstellung		Trennschalter mit Blockiereinrichtung, handbetätigt
	Zwillingsöffner		Gasentladungsröhre mit Thermokontakt Starter für Leuchtstofflampe		Grenzschalter-Funktion
	Zweiwegschließer mit Mittelstellung „Aus"				Funktion „selbsttätiger Rückgang"
	Wischkontakte mit Kontaktgabe:		**Trägheitsschalter** betätigt durch ruckartige Verzögerung		Schließer und Öffner mit selbsttätigem Rückgang
	bei Betätigung		**Quecksilberschalter** mit drei Anschlüssen		Funktion „nicht selbsttätiger Rückgang"
	bei Rückfall		**Näherungsempfindliche Einrichtungen** Näherungssensor		Zweiwegschließer mit selbsttätigem Rückgang aus linker Schaltstellung und nicht selbsttätigem Rückgang aus rechter Schaltstellung
	bei Betätigung und Rückfall				
	Voreilende und nacheilende Kontakte relativ zu anderen Kontakten eines Kontaktsatzes		Näherungsempfindlicher Schalter (Öffner)		Anm.: Die Kennz. für den selbsttätigen und den nichtselbsttätigen Rückgang sollen nicht zusammen mit den Kennz. für Schützfunktion sowie Leistungs-, Trenn- und Lastschalterfunktion verwendet werden
	Voreilender Schließer		Näherungsempfindlicher Schalter (Schließer), betätigt durch Näherung von Eisen		
	Nacheilender Schließer		Näherungsempfindliche Einrichtung, Blocksymbol, kapazitiv, reagiert auf Näherung eines Festkörpers		**Handbetätigte Schalter** Normalerweise haben Einrichtungen mit Betätigung durch Drücken und Ziehen einen selbsttätigen Rückgang, dagegen mit Betätigung durch Drehen keinen selbsttätigen Rückgang. Deshalb ist hierfür keine bes. Kennzeichnung erforderlich
	Voreilender Öffner				
	Nacheilender Öffner		**Berührungsempfindliche Einrichtungen** Berührungssensor		Handbetätigter Schalter, allgemein
	Kontakte mit gewollter Verzögerung				
Form 1 Form 2	Schließer, schließt verzögert bei Betätigung		Berührungsempfindlicher Schalter (Schließer)		Druckschalter (nicht rastend), Taster
Form 1 Form 2	Öffner, schließt verzögert bei Rückfall		**Zusätzliche Kennzeichen** Durch zus. Kennzeichen können Funktionen bes. hervorgehoben werden:		Druckschalter rastend
					Zugschalter (nicht rastend)
	Schließer, schließt und öffnet verzögert		Schütz-Funktion		Drehschalter (rastend)
			Schließer und Öffner eines Schützes		Drehschalter (nicht rastend)

Nach DIN 40900 T 7 (3.88)

3.6 Schaltzeichen für Mehrstellungsschalter (Beispiele)

Schaltzeichen	Erklärung	Schaltzeichen	Erklärung	Schaltzeichen	Erklärung
	Mehrstellungsschalter mit vier Schaltstellungen, einpolig		Mehrstellungsschalter mit zunehmender Parallelschaltung der Anschlüsse		Druck-Dreh-Schalter Der Kontaktsatz wird entweder durch Drehen (rastend) oder durch Drücken (selbsttätiger Rückgang) des Antriebs betätigt
	wahlweise Darstellung für Schalter mit wenigen Schaltstellungen		Bezogen auf die nicht dargest. anderen Pole ist beim Übergang von Stellg. 2 nach 3 der Schl. 3 voreilend, der Öffner 5 beim Übergang von Stellg. 5 nach 6 nacheilend		Darstellung mit Anschlußklemmen
	Stellung 2 kann nicht angeschlossen werden				
	Während der Umschaltung ist der bisher durchgeschaltete Anschluß mit dem folgenden gebrückt		Beispiel mit Schaltstellungsdiagramm Betätigungsrichtung und Betätigungsbereich können durch Pfeil angezeigt werden. Die Betätigungseinrichtung kann: – nur von Stellung 1 nach 4 und zurück gedreht werden – nur im Uhrzeigersinn gedreht werden – im Uhrzeigersinn ohne Begrenzung und gegen den Uhrzeigersinn nur zwischen den Stellungen 3 und 1 gedreht werden.		Druck-Dreh-Schalter Ein Kontaktsatz wird durch Drücken (selbsttätiger Rückgang), der andere durch Drehen (rastend) betätigt. Die Klammer zeigt an, daß es nur ein Betätigungselement gibt
	In jeder Schaltstellung sind zwei aufeinanderfolgende Anschlüsse gebrückt				Darstellung mit Anschlußklemmen
	Handbetätigter Schalter mit vier Schaltstellungen und vier unabhängigen Kontaktpaaren				Schalter mit drei Schaltstellungen Betätigung durch Handhebel Raststellung oben, selbsttätiger Rückgang aus unterer Schaltstellung
	In jeder Schaltstellung sind vier aufeinanderfolgende Anschlüsse mit Ausnahme des dritten gebrückt		Komplexer Schalter, z. B. mit 5 Anschlüssen und 4 Schaltstellungen Das Schaltz. muß durch eine Schalttabelle zur Erläuterung der Verbindungen in den einzelnen Schaltstellungen ergänzt werden.		

3.7 Schaltzeichen für elektromechanische Antriebe

Schaltzeichen	Erklärung	Schaltzeichen	Erklärung	Schaltzeichen	Erklärung
Form 1 Form 2	Elektromechanischer Antrieb, allgemein Relaisspule, allgem.		Elektromechanischer Antrieb: – mit Rückfallverzögerung		**Polarisierte Relais** Anm.: Der Polaritätspunkt kennzeichnet den positiven Anschluß der Spule und die zugehörige Kontaktarmstellung
Form 1 Form 2	Antrieb mit zwei getrennten Wicklungen; zusammenhängende Darstellung		– mit Ansprechverzögerung		Polarisiertes Relais: – selbsttätig Rückstellend, arbeitet nur bei angegebener Stromrichtung
Form 1	Antrieb mit zwei getrennten Wicklungen; aufgelöste Darstellung		– mit Ansprech- und Rückfallverzögerung (Darstellg. wahlw.)		– mit neutraler Mittelstellung, selbsttätig rückstellend, arbeitet bei beiden Stromrichtungen
Form 2	desgl. wahlweise		– eines schnell schaltenden Relais		– bistabil
			– gegen Wechselstrom unempfindlich		**Nur national genormt** Elektromechanischer Antrieb: – mit gegensinnig wirkenden Wicklungen – mit Angabe des Gleichstromwiderstandes
	Elektromechan. Antrieb eines Stützrelais		– eines Wechselstromrelais		
			– eines Resonanzrelais		
			– eines Thermorelais		
	Elektromechan. Antrieb eines polarisierten Relais		– eines Remanenzrelais (Darstellg. wahlw.)		

Nach DIN 40 900 T 7 (3.88)

3.8 Schaltzeichen für el. Maschinen und Anlasser

Schaltzeichen	Erklärung	Schaltzeichen	Erklärung	Schaltzeichen	Erklärung
	Symbolelemente	(M)	Linearmotor, allgem.	GS ⫼	Drehstrom-Synchrongenerator, beide Enden jeder Wicklung herausgeführt
⊣	Bürste an Schleifring oder Kommutator (Darstellung nur bei Bedarf)	((M))	Schrittmotor, allgem.		
⌇	Nebenschlußwicklung oder fremderregte Wicklung		**Gleichstrommaschinen** (Beispiele)	GS 3∼	Drehstrom-Synchrongenerator mit Dauermagneterregung
⌇	Reihenschlußwicklung	(M)	Gleichstrom-Reihenschlußmotor		**Asynchronmaschinen** (Beispiele)
⌇	Wendepol- oder Kompensationswicklung			M 1∼	Asynchronmotor, einphasig, mit Käfigläufer, eine Anlaufwicklung mit herausgeführten Enden
	Getrennte Wicklungen Kennzeichen für Schaltungsarten	(M)	Gleichstrom-Nebenschlußmotor		
|	Eine Wicklung			M 3∼	Drehstrom-Asynchronmotor mit Käfigläufer
|||	Bsp.: drei getrennte Wicklungen				
|⁶	Bsp.: sechs getrennte Wicklungen	(G)	Gleichstrom-Doppelschlußgenerator, dargestellt mit Anschlüssen mit Bürsten	M 3∼	Drehstrom-Asynchronmotor mit Schleifringläufer
|_	Zwei getrennte Wicklungen, Vierleitersystem				
|ⁿₘ∼	n-getrennte Wicklungen, m-Phasensystem	(M)(G)	Gleichstrom-Umformer, rotierend, mit gemeinsamer Feldwicklung (Einankerumformer)	M Y ⋮	Drehstrom-Asynchronmotor in Sternschaltung mit Anlaufwicklung im Läufer
	Intern verbundene Wicklungen Kennzeichen für Schaltungsarten				
L	Zweiphasenwicklung, L-Schaltung		**Wechselstrom-Kommutatormaschinen** (Beispiele)	M 3∼	Drehstrom-Linearmotor, Bewegung in beiden Richtungen
V	Dreiphasenwicklung: – V-Schaltung (60 °C)				
T	– T-Schaltung	(M 1∼)	Wechselstrom-Reihenschlußmotor, einphasig		**Anlasser** Blocksymbole
△	– Dreieckschaltung (Anm.: bei einer Mehrphasen-Polygonschaltung wird mit einer Ziffer die Anzahl der Phasen angegeben)			▭	Anlasser: – allgemein
⊿	– offene Dreieckschaltung	(M 3∼)	Drehstrom-Reihenschlußmotor	▭	– mit stufenweiser Betätigung, z. B. mit 5 Stufen
Y	– Sternschaltung (Anm.: bei einer Mehrphasen-Sternschaltung wird mit einer Ziffer die Anzahl der Phasen angegeben)			▭	– stetig veränderbar
⊻	– Sternschaltung, Neutralleiter herausgeführt		**Synchronmaschinen** (Beispiele)	▭	– mit selbsttätiger Auslösung
✶	Vierphasenwicklung, Neutralleiter herausgeführt	(MS 1∼)	Synchronmotor, einphasig	▭	– mit Schütz für Direktanlauf eines Reversiermotors, über ein Schütz direkt ans Netz geschaltet
	Maschinenarten				
(✱)	Maschine allgemein Kennzeichen anstelle des Sterns: C Umformer G Generator GS Synchrongenerator M Motor MG Maschine als Motor oder Generator nutzbar MS Synchronmotor	(GS Y)	Drehstrom-Synchrongenerator, Sternschaltung, Neutralleiter herausgeführt	▭	– mit Spartransformator
				▭	– mit Thyristoren, stetig veränderbar
		(3∼ C)	Drehstrom-Umformer mit Nebenschlußerregung	▭	– für Stern-Dreieck-Schaltung

Nach DIN 40900 T6 und T7 (3.88)

3.9 Schaltzeichen für Transformatoren

Schaltzeichen Form 1	Schaltzeichen Form 2	Erklärung	Schaltzeichen Form 1	Schaltzeichen Form 2	Erklärung
	vorzugsweise / andere Form	Drossel			Drehstromtransformator, Stern-/Dreieckschaltung
		Transformator mit zwei Wicklungen (gleichzeitig eintretende Ströme an den gekennzeichneten Wicklungsenden erzeugen Magnetflüsse in gleicher Richtung)			
		Einphasentransformator mit zwei Wicklungen und Schirm			Drehstromtransformator mit drei Anzapfungen (Hauptanschluß nicht einbezogen), Stern-/Sternschaltung
		Transformator mit Mittenanzapfung an einer Wicklung			Drehstromtransformator, Stern-/Zickzackschaltung mit Neutralleiter
		Transformator mit veränderbarer Kopplung			
		Spartransformator			Drehstromtransformator mit Last-Stufenschalter, Stern-/Dreieckschaltung
		Transformator mit drei Wicklungen			Drehstromtransformator, Stern-/Stern-/Dreieckschaltung
		Verschaltung von drei Einphasentransformatoren zu einer Drehstromeinheit, Stern-/Dreieckschaltung			
		Drehstrom-Spartransformator, Sternschaltung			Drehstrom-Induktionssteller

Nach DIN 40900 T6 (3.88)

3.10 Schaltzeichen für Meß-, Melde- und Signaleinrichtungen

Schaltzeichen	Erklärung	Schaltzeichen	Erklärung	Schaltzeichen	Erklärung
	Allgemeine Schaltzeichen für Meßgeräte	W	**Beispiele für aufzeichnende Meßgeräte** Wirkleistungsschreiber		**Sonstige Meßgeber und Meßgeräte** Drehmelder, allgemein. Die Funktionserläuterung erfolgt durch Buchstaben anstelle des Sterns.
(*)	Meßgerät anzeigend, allgemein	W | var	Wirk- und Blindleistungsschreiber		Erster Buchstabe: C Steuerung R Zerleger in Komponenten (Resolver) T Drehwinkel
[*]	Meßgerät aufzeichnend, allgemein	∿	Kurvenschreiber		Zweiter Buchstabe: B Verdrehbare Ständerwicklung D Differential R Empfänger T Transformator X Geber, Sender
[*]	Meßgerät integrierend, allgemein Elektrizitätszähler, allgemein (auch Schaltz. für ein Fernmeßgerät, das die Anzeige eines integrierenden Meßgerätes wiederholt)	Wh	**Beispiele für integrierende Meßgeräte** Wattstundenzähler, Elektrizitätszähler		innerer Kreis = Läufer äußerer Kreis = Ständer
	Der Stern muß durch eine der folgenden Angaben ersetzt werden: – Zeichen für die Einheit der zu messenden Größe und ggfs. deren Vorsätze, z.B. Spannungsmeßgerät, anzeigend	→ Wh	Wattstundenzähler, zählt den Energiefluß nur in eine Richtung	(TX)	Drehwinkelgeber
(V)		← Wh	Wattstundenzähler, zählt nur die von der Sammelschiene abgegebene Energie		Winkelstellungsgeber Druckgeber (Gleichstromtyp)
(cos φ)	– Formelzeichen für die zu messende Größe, z.B. Leistungsfaktormeßgerät, anzeigend	↔ Wh	Wattstundenzähler, zählt die von und zur Sammelschiene fließende Energie		Winkelstellungsgeber Druckgeber (Induktionstyp)
(NaCl)	– Zeichen der Chemie, z.B. Solekonzentrationsmeßgerät, darg. für NaCl	Wh	Mehrtarif-Wattstundenzähler, dargestellt als Zweitarifzähler		Winkelstellungsanzeiger, Druckanzeiger (Gleichstromtyp)
(T)	– Kennzeichen, z.B. Synchronoskop	Wh P>	Wattstundenzähler, der nur zählt, wenn ein vorgegebener Wert überschritten wird		Winkelstellungsanzeiger, Druckanzeiger (Induktionstyp)
(A ∫sin φ)	Zusätzlich zum Zeichen für die Einheit darf das Zeichen für die Größe angegeben werden, z.B. Blindstrommeßgerät, anzeigend	Wh	Wattstundenzähler mit Übertragungseinrichtung		Kreisel
		→Wh	Fernbetätigter Wattstundenzähler mit Drucker		Ruhestromschleife als Brandfühler
	Beispiele für anzeigende Meßgeräte	Wh Pmax	Wattstundenzähler mit Maximumanzeiger Maximumzähler		**Elektrische Uhren**
→(W Pmax)	Höchstbelastungsanzeiger, Lastspitzenanzeiger, fernbetätigt (dargest. für Wirkleistung)	Wh Pmax	Wattstundenzähler mit Maximumaufzeichnung	(⌒)	Uhr, allgemein Nebenuhr
(∿)	Oszilloskop		**Thermoelemente**	(⊙)	Hauptuhr
(↑)	Galvanometer	-V+	Thermoelement (Form 1) mit Angabe der Polarität	(⌒/)	Uhr mit Schalter
(V Ud)	Differentialspannungsmeßgerät, anzeigend	V	Thermoelement (Form 2) mit Kennzeichnung des negativen Pols durch breite Linie		**Fernmeßeinrichtungen**
(θ)	Thermometer Pyrometer	X	Thermoelement mit nicht isoliertem Heizelement		Fernmeßsender Telemetriesender
		V	desgl. vereinfachte Darstellung		Fernmeßempfänger Telemetrieempfänger
(n)	Drehzahlmeßgerät, anzeigend	∪ V	Thermoelement mit isoliertem Heizelement desgl. vereinfachte Darstellung		

Nach DIN 40900 T8 (3.88)

3.10 Schaltzeichen für Meß-, Melde- und Signaleinrichtungen

Schaltzeichen	Erklärung	Schaltzeichen	Erklärung	Schaltzeichen	Erklärung
	Meßrelais und verwandte Einrichtung Der Strom muß durch Buchstaben oder Kennzeichen ersetzt werden; die Eigenschaften werden in folgender Reihenfolge angegeben:		**Strahlungs-Detektoren** Ionisationskammer, allgemein		**Zähleinrichtungen** Impulszähler, elektrisch betätigt
*					Impulszähler mit elektrischer Rückstellung auf Null
			Ionisationskammer mit Schutzring		Impulszähler mit manueller Voreinstellung auf n (Rücksetzen bei $n = 0$)
	– char. Größe und die Art ihrer Veränderung – Richtung des Energieflusses – Ansprechbereich – Rückfallbereich – verzögerte Wirkung – Verzögerungszeit		Ionisationskammer, kompensiert		Zähleinrichtung, durch Nocke betätigt. Der Kontakt wird bei jeder n-ten Betätigung geschlossen
U_{rh}	Fehlerspannung gegen Körper		Halbleiterdetektor		Impulszähler mit Vielfach-Kontaktgeber Die zugeordneten Kontakte schließen jeweils bei 10^2 und 10^3 der erfaßten Pulse
U_{rsd}	Restspannung Verlagerungsspannung		Zählrohr		
$I \leftarrow$	Rückstrom	Form 1 Form 2	**Meßwandler**		**Leuchtmelder und Signaleinrichtungen**
I_d	Differentialstrom		Stromwandler Impulstransformator		Lampe, Leuchtmelder allgemein
I_d / I	Differentialstrom, relativ	$N=6$ $N=6$	Stromwandler mit sechs Primärwindungen, (z. B. Durchfädelwandler)		Neben dem Schaltzeichen dürfen Farbe und Lampenart angegeben werden: BU blau WH weiß GN grün YE gelb RD rot ARC Lichtbogen EL Lumineszenz FL Fluoreszenz Hg Quecksilber I Iod IN Glühfaden IR Infrarot LED Leuchtdiode Na Natriumdampf Ne Neon UV Ultraviolett Xe Xenon
$I \perp$	Fehlerstrom gegen Erde				
I_N	Strom im Neutralleiter				
I_{N-N}	Strom zwischen zwei Neutralleitern				
P_a	Leistung bei Phasenwinkel		Stromwandler, Impulstransformator mit einer Wicklung u. drei durchgefädelten Wicklungen (z. B. Summenstromwandl.)		
	Verzögerungszeit, invers abhängig				
$U=0$	Nullspannungsrelais				Leuchtmelder, blinkend
$P<$	Minimalwirkleistungsrelais		Stromwandler Impulstransformator mit zwei Wicklungen auf einem Kern und acht durchgef. Wickl.		Sichtmelder, elektromechanisch Schauzeichen Fallklappe
$I >$	Überstromrelais, verzögert				
$2(I>)$ $5...10 A$	Überstromrelais, zwei Meßglieder, Ansprechbereich 5 A bis 10 A		Stromwandler mit zwei Kernen und zwei Sekundärwicklungen (Kennzeichnung eines einzelnen Betriebsmittels durch Anschlußsymbole)		Mehrfachzeigermelder, Stellungsanzeiger, mit einer Ruhestellung (Störstellung) und zwei Arbeitsstellungen
$Q>$ 1 Mvar 5...10 s	Maximalblindleistungsrelais – Energieflußrichtung zur Sammelschiene – Ansprechwert 1 Mvar – Verzögerungszeit von 5 s bis 10 s einstellb.				Horn Hupe
					Wecker Klingel
			Stromwandler mit zwei Sekundärwicklungen auf einem Kern		desgl. wahlweise
$U<$ 50...80 V 130 %	Unterspannungsrelais – Ansprechbereich 50 V bis 80 V – Rückfall bei 130 %				Gong Einschlagwecker
					Sirene
			Stromwandler Die Sekundärwicklung hat eine Anzapfung (drei Anschlüsse)		Schnarre Summer
$m<3$	Phasenausfallrelais in einem Dreiphasensystem				desgl. wahlweise
					Pfeife, elektrisch betätigt

3.11 Schaltzeichen für Halbleiterbauelemente

Schaltzeichen	Erklärung	Schaltzeichen	Erklärung	Schaltzeichen	Erklärung
	Symbolelemente		**Dioden**		**Transistoren** (bipolar)
	Halbleiterzone mit einem ohmschen Anschluß (senkr. Linie stellt die Halbleiterzone dar)		Halbleiterdiode, allgemein		PNP-Transistor
			Leuchtdiode		NPN-Transistor (Kollektor mit Gehäuse verbunden)
	Halbleiterzone mit z. B. zwei ohmschen Anschlüssen (wahlweise Darstellg.)		Z-Diode, Esaki-Diode		NPN-Avalanche-Transistor
			Kapazitätsdiode		
	Leitender Kanal vom Verarmungstyp		Diode mit Ausnutzung der Temperaturabhängigkeit		NPN-Transistor mit zwei Basisanschlüssen
	Leitender Kanal vom Anreicherungstyp		Tunneldiode		PNIP-Transistor mit Anschluß zur eigenleitenden Zone
	Gleichrichtender Übergang (bevorzugte Darst.)		Breakdown-Diode (gegeneinandergesch. Z-Dioden)		PNIN-Transistor mit Anschluß zur eigenleitenden Zone
	desgl. andere Form		Backward-Diode, Unitunneldiode		**Feldeffekt-Transistoren**
	Sperrschicht, die mit einem elektr. Feld eine Halbleiterzone beeinflußt		Zweirichtungsdiode, Diac		Sperrschicht-Feldeffekt-Transistor (JFET) mit N-Kanal
			Thyristordioden		
	P-Gebiet beeinflußt eine N-Zone		Thyristordiode, rückwärts sperrend		desgl. mit P-Kanal
	N-Gebiet beeinflußt eine P-Zone		Thyristordiode, rückwärts leitend		Isolierschicht-Feldeffekt-Transistor (IGFET), Anreicherungstyp, P-Kanal
	N-leitender Kanal auf einem P-Substrat		Zweirichtungs-Thyristordiode		desgl. N-Kanal
	P-leitender Kanal auf einem N-Substrat		**Thyristortrioden**		desgl. mit herausgeführtem Substratanschl.
	Isoliertes Gate		Thyristortriode, rückwärts sperrend allgemein Thyristor (Art des Gates nicht angegeben)		Isolierschicht-Feldeffekt-Transistor (IGFET), Verarmungstyp, N-Kanal
	P-Emitter auf einer N-Zone				
	N-Emitter auf einer P-Zone		Thyristortriode, rückwärts sperrend, Anode gesteuert		desgl. P-Kanal
	Kollektor auf einer Halbleiterzone entgegenges. Leitertyps		desgl. Kathode gesteuert		desgl., zwei Gates, N-Kanal mit herausgeführtem Substratanschl.
	Übergang zwischen Zonen verschiedenen Leitertyps (schräge Linie nicht als Anschluß verwendbar)		Abschalt-Thyristortriode, allgemein		**Lichtempfindliche Elemente**
			Abschalt-Thyristortriode, Anode gest.		Photowiderstand
	Eigenleitende Zone zw. Gebieten verschiedenen Leitertyps (PIN- oder NIP-Struktur)		Abschalt-Thyristortriode, Kathode gest.		Photodiode
			Thyristortriode, bidirektional; Triac		Photoelement, Photozelle
	Eigenleitende Zone zw. Gebieten gleichen Leitertyps (PIP- oder NIN-Struktur)		Thyristortriode, rückwärts leitend, allgem.		Phototransistor, NPN-Typ dargestellt
	Kennzeichen für bes. Funktion oder Eigensch.		Thyristortr., rückwärts leitend, Anode gest.		Optokoppler, dargest. mit Leuchtdiode und Phototransistor
	Schottky-Effekt		Thyristortr., rückwärts leitend, Kathode gest.		**Magnetfeldempfindliche Elemente**
	Tunnel-Effekt		**Thyristortetrode** rückwärts sperrend		Widerstand, magnetfeldempfindlich
	Durchbruch-Effekt in einer Richtung		**Unijunction, Transistor**		
	Durchbruch-Effekt in beiden Richtungen		Unijunction-Transistor, Basis vom P-Typ		Hall-Generator mit vier Anschlüssen
	Rückwärtseffekt		Unijunction-Transistor, Basis vom N-Typ		Magnetischer Koppler

Nach DIN 40 900 T 5 (3.88)

3.12 Schaltzeichen für analoge Informationsverarbeitung (Auswahl)

Allgemeine Regeln

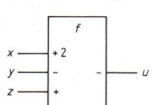

Beispiel: Element, in welchem

$$u = -f(2x, -y, z)$$

„f" kennzeichnet die Funktion des analogen Elementes; es kann durch ein Zeichen oder ein graphisches Symbol ersetzt werden.

Die Kennzeichnung „$-$" für Invertierung und „$+$" für Nichtinvertierung werden innerhalb des Schaltzeichens unmittelbar neben den betreffenden Eingängen und Ausgängen angegeben.

Direkt anschließend an die Vorzeichenangabe der Eingänge folgt die Angabe der Bewertungsfaktoren. Ist der Bewertungsfaktor $+1$ oder -1, so kann die Ziffer 1 entfallen.

Direkt anschließend an die Vorzeichenangabe der Ausgänge folgt die Angabe der Verstärkungsfaktoren.

Ist der Verstärkungsfaktor 1, so kann die Ziffer 1 entfallen.

Ist die Verstärkung sehr hoch und die Kenntnis des genauen Verstärkungsfaktors unbedeutend, so kann das Zeichen „∞" als Verstärkungsfaktor verwendet werden.

Gibt es für die ganze Schaltung nur einen Verstärkungsfaktor oder einen gemeinsamen Faktor für das Produkt aus Bewertungs- und Verstärkungsfaktoren, so kann der absolute Wert dieses Faktors im Funktionskennzeichen angegeben werden.

Signal- und Funktionskennzeichen

Symbol	Erklärung
$\cap$	Kennzeichnung analoger Signale
#	Kennzeichnung digitaler Signale Anm.: „m #" kennzeichnet eine Anzahl von m aufeinanderfolgenden Bits
Σ	Summierend
$\int$	Integrierend
$\dfrac{d}{dt}$	Differenzierend
log	Logarithmierend
F	Frequenzkompensation
I	Analoger Anfangswert bei einer Integration
C	Der Wert 1 der binären Variablen bewirkt die Integration
H	Der Wert 1 der binären Variablen bewirkt das Halten des letzten Wertes
R	Der Wert 1 der binären Variable setzt den Ausgang zurück auf 0
S	Der Wert 1 der binären Variable setzt den Ausgang auf den Anfangswert
U	Versorgungsspannung, wenn spezielle Anforderungen bestehen. Wenn notwendig folgen Wert oder Polarität

Beispiele:

Differenzverstärker mit sehr hoher Verstärkung, Operationsverstärker

Verstärker mit zwei Ausgängen
Der nichtinvertierende Ausgang hat einen Verstärkungsfaktor von 2, der invertierende Ausgang einen Verstärkungsfaktor von 3

Summierender Verstärker
Summierer
$$u = -(0{,}1\,a + 0{,}1\,b + 0{,}2\,c + 1{,}0\,d)$$
$$= -(a + b + 2c + 10\,d)$$

Integrierender Verstärker
Integrierer
Wenn $f = 1$, $g = 0$ und $h = 0$, dann ist
$$u = -80\left[c_{(t=0)} + \int_0^t (2a + 3b)\,dt\right]$$

Anm.: Die Signalkennzeichen $\cap$ und # können entfallen, wenn dadurch keine Unklarheiten entstehen können.

Multiplizierer mit einem Bewertungsfaktor von -2
$$u = -2\,ab$$

Koordinatenwandler
Umwandlung von Polarkoordinaten in kartesische Koordinaten
$$u_1 = a \cdot \cos b \qquad u_2 = a \cdot \sin b$$

Analog-Digital-Umsetzer
Umwandlung eines Signals im Bereich von 4–20 mA am Eingang in einen gewichteten 4-Bit-Code am Ausgang

Analogschalter
Schließer, allgemein
Durchschaltung zwischen c und d in beiden Richtungen, wenn $e = 1$

Das Analogsignal wird nur in Pfeilrichtung übertragen

Koeffizientenpotentiometer
Der Wert des Koeffizienten kann neben dem Schaltz. angegeben werden

Komparator, Vergleicher, Grenzsignalglied
$d = 1$ für $a + b + (-c) > 0$
$d = 0$ für $a + b + (-c) + H < 0$
$e = \bar{d}$

Nach DIN 40900 T13 (1.81)

3.13 Schaltzeichen für binäre Elemente

Aufbau der Symbole

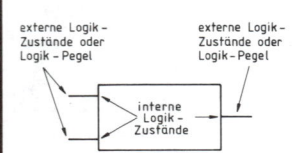

Ein Logik-Pegel bezeichnet die physikalische Eigenschaft, die einen Logik-Zustand einer binären Variablen darstellt. Die Logik-Zustände werden in dieser Norm mit den Ziffern 0 („0-Zustand") und 1 („1-Zustand") gekennzeichnet.

Eine binäre Variable kann beliebigen physikalischen Größen gleichgesetzt werden, für die zwei getrennte Wertebereiche definiert werden können. Diese Wertebereiche werden hier Logik-Pegel genannt und mit H (High) und L (Low) bezeichnet.

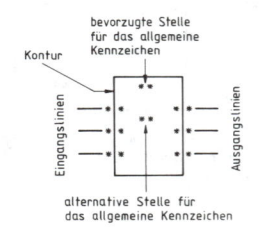

Das einzelne Zeichen * bezeichnet mögliche Lagen für Kennzeichen, die sich auf Ein- und Ausgänge beziehen.

Symbol	Erklärung
	Konturen (Seitenverhältnis beliebig)
	Element-Kontur, als Quadrat dargestellt
	als Rechteck dargestellt
	Steuerblock-Kontur
	Ausgangsblock-Kontur

Kombination von Konturen

Um Platz zu sparen, können bei der Darstellung einer Gruppe zusammengehöriger Elemente die einzelnen Konturen aneinandergefügt oder ineinandergeschachtelt werden.

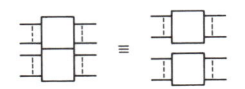

Zwischen den Elementen mit gemeinsamer Konturenlinie in Richtung des Signalflusses gibt es **keine** Logik-Verbindung.

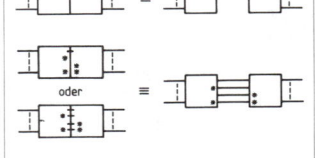

Zwischen den Elementen, deren gemeinsame Konturenlinie senkrecht zur Richtung des Signalflusses verläuft, gibt es mindestens eine Logikverbindung.

Gemeinsame Eingänge oder Ausgänge einer Anordnung von zusammengehörenden Elementen können in einem **Steuerblock** zusammengefaßt werden. Solche Ein- und Ausgänge sind, wenn nötig, zu kennzeichnen.

Sofern nicht anders angegeben, ist das dem Steuerblock am nächsten gelegene Element das niedrigstwertige.

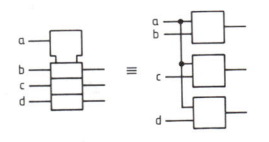

Ein am Steuerblock ohne Kennzahl dargestellter Eingang beeinflußt alle Elemente der Anordnung.

Ist ein am Steuerblock dargestellter Eingang ein steuernder Eingang im Sinne der Abhängigkeitsnotation (s.S. 5-18), so ist er als Eingang nur mit jenen Elementen der Anordnung verbunden, in denen seine Kennzahl erscheint.

Ein gemeinsamer, von allen Elementen der Anordnung abhängiger Ausgang kann als **Ausgangsblock** dargestellt werden. Die Funktion des Ausgangsblocks muß in jedem Fall angegeben werden.

Der Ausgangsblock wird, gegenüber dem Steuerblock, am Ende der Anordnung dargestellt.

Zusätzliche Eingänge des Ausgangsblocks müssen explizit dargestellt werden.

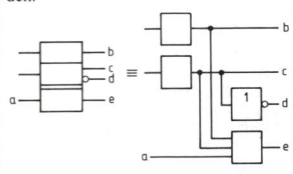

Ein Ausgangsblock darf auch innerhalb eines Steuerblocks dargestellt werden.

Sind mehrere Ausgangsblöcke einer Anordnung darzustellen, so braucht die Doppellinie nur einmal gezeichnet zu werden.

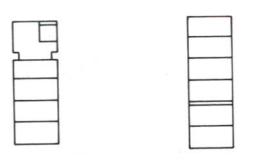

Anordnung mit Steuerblock und Ausgangsblock

Anordnung mit zwei Ausgangsblöcken

Bei einer Anordnung von Elementen mit gleichem Kennzeichen genügt es, die Symbole innerhalb der Kontur nur im ersten Element anzugeben. Voraussetzung ist, daß keine Unklarheit entsteht.

Dies gilt auch für eine Anordnung von gleichen, unterteilten Elementen.

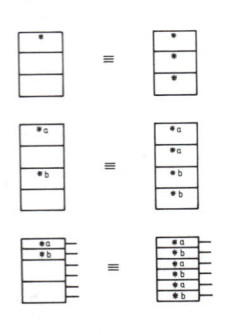

Nach DIN 40 900 T 12 (7.84)

3.13 Schaltzeichen für binäre Elemente

Symbol	Erklärung	Symbol	Erklärung	Symbol	Erklärung
	Kennzeichen an Ein- und Ausgängen oder Verbindungen	a⊳b	Interne Verbindung mit Negation und dynamischer Wirkung	▽⊢	3-state-Ausgang Der Ausgang kann einen dritten externen hochohmigen Zustand annehmen, der keine Logik-Aussage enthält
⊸⊏	**Negation** an einem Eingang	⊏	Interner Eingang, virtueller Eingang Dieser Eingang befindet sich immer im internen 1-Zustand, sofern er nicht durch eine Abhängigkeitsbeziehung mit überschreibender oder modifizierender Wirkung gesteuert wird	⊢!	Vergleichsausgang eines Assoziativspeichers. Der interne 1-Zustand zeigt eine Übereinstimmung an
⊢∘	an einem Ausgang Die Verbindungslinie kann auch durch den Kreis führen	⊐	Interner Ausgang, virtueller Ausgang Die Wirkung des Ausgangs auf den mit ihm verbundenen internen Eingang muß durch Abhängigkeitsnotation angegeben sein	*⊏ m₁ m₂ ⋮ mₖ	Multibit-Ausgang Die Summe der einzelnen Ausgangsgewichte, die sich intern in einem 1-Zustand befinden, ergibt eine Zahl – als ein Ergebnis der Ausführung einer mathematischen Funktion oder – als ein Wert des Inhalts des Elementes. m1 ··· mk sind durch die dezimalen Gewichte oder ggfs. durch die Exponenten der Zweierpotenzen zu ersetzen. * muß ersetzt werden durch eine geeignete Angabe des Ergebnisses der angewandten mathematischen Funktion oder durch CT
⊸⊣	**Polaritäts-Indikator**[1]) (Logik-Polarität) Der interne 1-Zustand korrespondiert mit dem L-Pegel an der Anschlußlinie an einem Eingang			Bsp: *⊏ 0 2 4 6	
⊢∘	an einem Ausgang		**Kennzeichen innerhalb der Kontur**	≡ *⊏ 1 4 16 64	
◁⊏	an einem Eingang bei Signalflußrichtung von rechts nach links	⊣	**Ausgänge** Retardierter Ausgang Die Ausgangs-Zustandsänderung tritt erst ein, wenn das die Änderung verursachende Eingangssignal zum anfänglichen Logik-Zustand zurückkehrt		
⊢▷	an einem Ausgang bei Signalflußrichtung von rechts nach links			CT=9 ⊢	Inhalts-Ausgang Bei einem bestimmten Inhalt des Elementes, z. B. eines Zählers, (hier 9) befindet sich der Ausgang in seinem internen 1-Zustand
⊳⊏	**Dynamischer Eingang** Der äußere Logik-Zustandswechsel bewirkt einen internen flüchtigen 1-Zustand. Zu allen anderen Zeiten ist der interne Logik-Zustand 0 Wirkung bei äußerem Zustandswechsel von 0 nach 1	◇⊣	Offener Ausgang, z. B. offener Kollektor Zur Erzeugung eines definierten Logik-Pegels ist eine externe Beschaltung, z. B. mit einem Widerstand erforderlich	CO⊢	Übertrags-Ausgang Ausgang für einen durchgeschlungenen Übertrag (RIPPLE-CARRY-output)
⊶⊏	Wirkung bei äußerem Zustandswechsel von 1 nach 0	▽⊣	Offener Ausgang, H-Typ Erzeugt im nicht hochohmigen Zustand einen relativ niederohmigen H-Pegel	CG⊢	CARRY-GENERATE-Ausgang (Erzeugung eines Übertrags) eines arithmetischen Elements
⊷⊏	Dyn. Eingang mit Polaritätsindikator. Der äußere Übergang vom H- zum L-Pegel bewirkt einen internen flüchtigen 1-Zustand	◇⊣	Offener Ausgang, L-Typ Erzeugt im nicht hochohmigen Zustand einen relativ niederohmigen L-Pegel	CP⊢	CARRY-PROPAGATE-Ausgang (Übertrags-Verzweigung) eines arithmetischen Elements.
a⊢b	**Interne Verbindungen** Interne Verbindung (kann entfallen)	⇁⊣	Passiver Pulldown-Ausgang Im Gegensatz zum offenen H-Typ-Ausgang ist keine zusätzliche externe Beschaltung nötig	⊐CI	Anmerkung: Mit den Ausgängen CG und CP läßt sich bei der Kaskadierung von arithmetischen Elementen in Verbindung mit dem CARRY-GENERATE-Eingang und dem CARRY-PROPAGATE-Eingang ein sogenanntes Look-Ahead-Carry-System aufbauen, bei dem die Übertragsbildung parallel erfolgt. Sinngemäß gilt dies auch für die BG-(BORROW-GENERATE) und BP-(BORROW-PROPAGATE) Ein- und Ausgänge.
a⌀b	Interne Verbindung mit Negation	⇃⊣	Passiver Pullup-Ausgang Im Gegensatz zum offenen L-Typ-Ausgang ist keine zusätzliche externe Beschaltung nötig	⊐CG	
a⊢b	Interne Verbindung mit dynamischer Wirkung			⊐CP	

[1]) National soll anstelle des Polaritätsindikators das Negationszeichen verwendet werden.
Nach DIN 40900 T12 (7.84)

3.13 Schaltzeichen für binäre Elemente

Symbol	Erklärung	Symbol	Erklärung	Symbol	Erklärung
	Eingänge	⊣Pm	Operanden-Eingang, dargestellt als Pm-Eingang. Der Eingang stellt ein Bit eines Operanden dar, auf dem eine oder mehrere mathem. Operationen angewendet werden. m muß durch das Gewicht in dezimaler Form oder durch den Exponenten der Zweierpotenz ersetzt werden. P und Q sind bevorzugte Buchstaben für Operanden.	⊣R	**R-Eingang** Nimmt dieser Eingang den internen 1-Zustand an, wird im Element eine 0 gespeichert
⊣σ	Eingang mit zwei Schwellwerten, Eingang mit Hysterese				
⊣E	Erweiterungseingang Eingang, der mit dem Ausgang E eines Erweiterungselementes verbunden werden kann.			⊣S	**S-Eingang** Nimmt dieser Eingang den internen 1-Zustand an, wird im Element eine 1 gespeichert
⊣EN	Freigabe-Eingang (Enable-input) Bei internem 1-Zustand des Eingangs haben alle Ausgänge den normal definierten internen Logik-Zustand. Bei internem 0-Zustand sind alle Ausgänge im externen hochohmigen Zustand.	⊣CT=m	Inhalts-Eingang m muß durch Angabe des Inhalts des Elementes ersetzt werden, der sich einstellt, wenn sich der Eingang im internen 1-Zustand befindet.	⊣T	**T-Eingang** Nimmt dieser Eingang den internen 1-Zustand an, wechselt der interne Ausgangszustand in den komplementären Zustand
→⊣m	Schiebeeingang, vorwärts Nimmt der Eingang den internen 1-Zustand an, wird die im Element enthaltene Information um m Stellen vorwärts geschoben.	⊐⊏	Zusammenfassung von Anschlußlinien Für die Herstellung eines einzelnen Logik-Eingangs sind mehrere Anschlüsse erforderlich	**Digitale Verzögerungselemente** Eingang 0 / 1 Ausgang 0 / 1 t_1 t_2	
←⊣m	Schiebeeingang, rückwärts Nimmt der Eingang den internen 1-Zustand an, wird die im Element enthaltene Information um m Stellen rückwärts geschoben.	⊣"1"	Feste-Betriebsart-Eingang Der Eingang muß sich im 1-Zustand befinden, wenn das Element die mit dem Symbol dargestellte Funktion ausführen soll		
⊣+m	Zähleingang, vorwärts Der Zählerstand wird einmal um m erhöht, wenn der Eingang den internen 1-Zustand annimmt.	⇥	Nicht-logische Verbindung Kennzeichnung einer Verbindung ohne Logik-Information	t_1 t_2	Die Änderung des internen Eingangszustandes von 0 nach 1 bewirkt eine um t_1 verzögerte Änderung des internen Ausgangszustandes von 0 nach 1. Die Änderung des internen Ausgangszustandes von 1 nach 0 erfolgt um t_2 verzögert gegenüber der Änderung des Eingangszustandes von 1 nach 0
⊣−m	Zähleingang, rückwärts Der Zählerstand wird einmal um m erniedrigt, wenn der Eingang den internen 1-Zustand annimmt.	⇄	Bidirektionaler Signalfluß		
⊣?	Abfrageeingang eines Assoziativspeichers Der Inhalt des Elementes wird abgefragt, wenn der Eingang den internen 1-Zustand annimmt.	⊣D	**D-Eingang** Der Wert am D-Eingang wird in Abhängigkeit von einem übergeordneten Eingang (z. B. C-Eingang) gespeichert	40ns 5ns	t_1 und t_2 können durch die tatsächlichen Verzögerungszeiten ersetzt werden. Diese können innerhalb oder außerhalb der Kontur angegeben werden
⊣m₁ m₂ ⋮ mₖ *	Bit-Gruppierung für Multibit-Eingang Die Summe der einzelnen Eingangsgewichte, die sich intern im 1-Zustand befinden, ergibt eine Zahl – mit der eine mathemat. Operation ausgeführt wird, – einen Wert, der zum Inhalt des Elementes wird, – eine Kennzahl im Sinne der Ausgangsnotation.	⊣J	**J-Eingang** Setzeingang ≙ S-Eingang mit zusätzlicher Eigenschaft (s. K-Eingang)	100ns	Sind beide Verzögerungszeiten gleich, genügt die Angabe des einen Wertes
		⊣K	**K-Eingang** Rücksetzeingang ≙ R-Eingang mit zusätzlicher Eigenschaft des Zustandswechsels bei gleichzeitigem 1-Zustand an den Eingängen J und K	10ns 20ns 30ns 40ns 50ns	Verzögerungselement mit Stufen von 10 ns

Nach DIN 40 900 T 12 (7.84)

3.13 Schaltzeichen für binäre Elemente

Symbol	Erklärung	Symbol	Erklärung	Symbol	Erklärung
	Kombinatorische Elemente Das Funktionskennzeichen des Elements zeigt an, wie viele Eingänge sich im internen 1-Zustand befinden müssen, damit der Ausgang den internen 1-Zustand annimmt	2k	Gerade-Element, Paritäts-Element (EVEN-Element) Der Ausgang befindet sich nur dann im 1-Zustand, wenn sich eine gerade Anzahl von Eingängen im 1-Zustand befindet	*	**Arithmetische Elemente** Das ∗-Zeichen muß durch eins der folgenden Funktionskennzeichen entsprechend der mathematischen Funktion ersetzt werden
&	UND-Element Der Ausgang befindet sich im 1-Zustand, wenn sich alle Eingänge im 1-Zustand befinden	1	Buffer ohne besondere Verstärkung am Ausgang. Der Ausgang hat den gleichen Zustand wie der Eingang	Σ P − Q CPG	Addierer, allgemein Subtrahierer, allgemein Übertragseinheit für parallele Übertragsbildung
≥1	ODER-Element Der Ausgang befindet sich im 1-Zustand, wenn sich mindestens ein Eingang im 1-Zustand befindet	1	NICHT-Element, Inverter Der Ausgang befindet sich im externen 0-Zustand, wenn sich der Eingang im externen 1-Zustand befindet	Π COMP ALU	Multiplizierer, allg. Zahlenkomparator, allgemein Arithmetisch-Logische Einheit Die Wirkungsweise muß durch zusätzliche Angaben zum Funktionskennzeichen erläutert werden
=1	Exklusiv-ODER-Element Der Ausgang befindet sich im 1-Zustand, wenn sich nur einer der beiden Eingänge im 1-Zustand befindet	1	Inverter (bei Anwendung der Logik-Polarität) Der Ausgang hat nur dann L-Pegel, wenn der Eingang auf H-Pegel liegt		**Beispiele**
≥m	Schwellwert-Element Der Ausgang befindet sich nur dann im 1-Zustand, wenn sich mindestens m Eingänge im 1-Zustand befinden		**Phantom-Verknüpfungen** Direkte Verbindung von besonderen Ausgängen mehrerer Elemente mit dem Effekt einer UND- oder einer ODER-Funktion		Addierer allgemein / Halb-Addierer allgemein / Ein-Bit-Volladd. allgemein
=m	(m aus n)-Element Der Ausgang befindet sich nur dann im 1-Zustand, wenn sich m Eingänge im 1-Zustand befinden	*◇	Phantom-UND-Verknüpfung (wahlweise Darstellung)		
>n/2	Majoritäts-Element Der Ausgang befindet sich nur dann im 1-Zustand, wenn sich die Mehrzahl der Eingänge im 1-Zustand befindet	&◇			Volladdierer 4 bit (z. B. SN 74 283) / Multiplizierer 4 bit parallel erzeugt die vier niedrigstwertigen Bits des Produkts (z. B. SN 74 285)
=	Äquivalenz-Element Der Ausgang befindet sich nur dann im 1-Zustand, wenn sich alle Eingänge im selben Zustand befinden		Phantom-ODER-Verknüpfung (wahlweise Darstellung)		
2k+1	Ungerade-Element, Imparitäts-Element (ODD-Element) Der Ausgang befindet sich nur dann im 1-Zustand, wenn sich eine ungerade Anzahl von Eingängen im 1-Zustand befindet	≥1◇			
			Beispiele für kombinatorische Elemente		
		&	NAND-Element UND-Element mit negiertem Ausgang		Arithmetisch-Logische Einheit 4 bit (z. B. 74 181) [T 1] verweist auf ergänzende Unterl. / Zahlenkomparator 4 bit, kaskadierbar (z. B. SN 7485)
		≥1	NOR-Element ODER-Element mit negiertem Ausgang		
		&⎍	NAND-Schmitt-Trigger NAND mit Hysterese		

Nach DIN 40 900 T 12 (7.84)

3.13 Schaltzeichen für binäre Elemente

Abhängigkeitsnotation

Damit bei komplexen Funktionen nicht die entsprechenden Elemente und Verbindungen einzeln dargestellt werden müssen, können die Beziehungen zwischen Eingängen, Ausgängen oder Ein- und Ausgängen mit der Abhängigkeitsnotation angegeben werden. Hierbei wird zwischen „steuern" und „gesteuert" unterschieden:
- Eingänge, die andere Eingänge und Ausgänge steuern, werden mit einem Buchstaben entsprechend der Tabelle und einer nachfolgenden Kennziffer gekennzeichnet.
- Eingänge oder Ausgänge, die durch den steuernden Eingang gesteuert werden, erhalten die gleiche Kennziffer. Ist ein zusätzliches Kennzeichen erforderlich, so ist die Kennziffer voranzustellen.

Haben mehrere Eingänge einen steuernden Einfluß, so müssen die Kennziffern eines jeden steuernden Eingangs in der Kennzeichnung des gesteuerten Ein- oder Ausgangs angegeben werden. Die von links nach rechts gelesene Reihenfolge der durch Kommata getrennten Kennziffern entspricht der Rangfolge ihrer Wirkungen.

Zwei steuernde Eingänge mit unterschiedlichen Buchstaben dürfen nicht dieselbe Kennziffer tragen, ausgenommen der Buchstabe A.

Steuernde Eingänge mit gleichen Buchstaben und gleicher Kennziffer stehen in einer ODER-Beziehung zueinander.
Folgende Abhängigkeitsarten sind festgelegt:
- UND-, ODER- und NEGATIONS-Abhängigkeiten geben Boolesche Beziehungen zwischen Eingängen und/oder Ausgängen an.
- VERBINDUNGS-Abhängigkeit gibt an, daß ein Ausgang seinen Logik-Zustand einem oder mehreren anderen Eingängen und/oder Ausgängen aufzwingt.
- STEUER-Abhängigkeit kennzeichnet einen Zeitsteuer- oder Takteingang und gibt an, welche Eingänge durch ihn gesteuert werden.
- SETZ- und RÜCKSETZ-Abhängigkeiten werden verwendet, um die internen Logik-Zustände in bistabilen Elementen für den Fall $R = S = 1$ anzugeben.
- FREIGABE-Abhängigkeit gibt an, welche Eingänge und/oder Ausgänge durch einen Freigabe-Eingang gesteuert werden (z. B. welche Ausgänge den hochohmigen Zustand annehmen).
- MODE-Abhängigkeit kennzeichnet einen Eingang, der den Betriebsmodus eines Elements auswählt, und gibt die Eingänge und/oder Ausgänge an, die von diesem Modus abhängen.
- ADRESSEN-Abhängigkeit kennzeichnet die Adressen-Eingänge eines Speichers.

Buch-stabe(n)	Abhängig-keitsart	Wirkung auf gesteuerten Eingang oder Ausgang, wenn sich der steuernde Eingang in folgendem Logik-Zustand befindet:	
		1-Zustand	0-Zustand
A	Adressen	erlaubt Aktion	verhindert Aktion
		Mit den Adresseingängen läßt sich eine Gruppe (Wort) zusammengehöriger Speicherzellen (Bits) auswählen. (Ein- und Ausgänge von Speichern, die von einem Am-Eingang gesteuert werden, werden mit dem Buchstaben A gekennzeichnet. Dieser Buchstabe unterliegt bezüglich der Kennziffer den Regeln der Abhängigkeitsnotation)	
C	Steuerung	löst Aktion der normal definierten Wirkung eines sequentiellen Elements aus	die durch den Cm-Eingang oder Cm-Ausgang gesteuerten Eingänge eines sequentiellen Elements haben keine Wirkung
EN	Freigabe	erlaubt Aktion Anmerkung: Die Wirkung dieses Eingangs auf die von ihm gesteuerten Ausgänge ist die gleiche wie die eines EN-Eingangs. Die Wirkung dieses Eingangs auf die von ihm gesteuerten Eingänge ist die gleiche wie die eines M-Eingangs.	– verhindert Aktion gesteuerter Eingänge, – bewirkt den externen hochohmigen Zustand an offenen und 3-state-Ausgängen; der interne Logik-Zustand der 3-state-Ausgänge wird nicht beeinflußt, – bewirkt hochohmigen L-Pegel an passiven Pulldown-Ausgängen und hochohmigen H-Pegel an passiven Pullup-Ausgängen, – bewirkt den 0-Zustand an anderen Ausgängen
G	UND	erlaubt Aktion des normal definierten Logik-Zustandes	bewirkt den 0-Zustand
M	Mode	erlaubt Aktion (Modus ausgewählt)	verhindert Aktion (Modus nicht ausgewählt)
N	Negation	negiert den normal definierten Logik-Zustand	erlaubt Aktion des normal definierten Logik-Zustandes
R	Rücksetz	gesteuerter Ausgang eines bistabilen Elements reagiert wie bei $S = 0$, $R = 1$	keine Wirkung
S	Setz	gesteuerter Ausgang eines bistabilen Elements reagiert wie bei $S = 1$, $R = 0$	keine Wirkung
V	ODER	bewirkt 1-Zustand	erlaubt Aktion des normal definierten Logik-Zustandes
Z	Verbindung	bewirkt 1-Zustand, sofern dieser nicht durch zusätzliche Abhängigkeitsnotation verändert wird	bewirkt 0-Zustand, sofern dieser nicht durch zusätzliche Abhängigkeitsnotation verändert wird

Nach DIN 40900 T12 (7.84)

3.13 Schaltzeichen für binäre Elemente

Beispiele zur Abhängigkeitsnotation

Adressen-Abhängigkeit

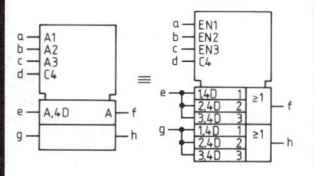

Die Kennzahlen von steuernden Am-Eingängen entsprechen den Adressen der durch diese Eingänge ausgewählten Wörter.

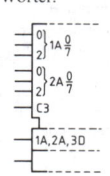

Ein Wort wird ausgewählt, wenn es zugleich von beiden Sätzen der Am-Eingänge ausgewählt wird.

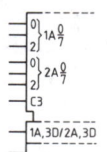

Ein Wort wird ausgewählt, wenn es entweder von einem oder von beiden Sätzen der Am-Eingänge ausgewählt wird.

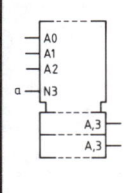

Wenn $a = 1$, sind die internen Logik-Zustände der einzelnen Speicherelementausgänge das Ergebnis der ODER-Verknüpfung der komplementären Zustände der entsprechenden Bits der ausgewählten Wörter.

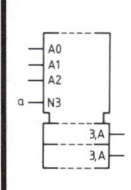

Wenn $a = 1$, sind die internen Logik-Zustände der einzelnen Speicherelementausgänge das Komplement des Ergebnisses der ODER-Verknüpfung der entsprechenden Bits der ausgewählten Wörter.

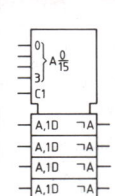

Speicherfeld mit 16 Wörtern zu je 4 Bits. Jedes Bit ist durch ein zweizustandsgesteuertes Kippglied realisiert.

Steuer-Abhängigkeit

Cm-Eingang

Freigabe-Abhängigkeit

ENm-Eingang

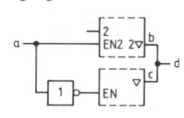

bei $a = 0$ ist $d = c$
bei $a = 1$ ist $d = b$

UND-Abhängigkeit

Gm-Eingang

Gm-Ausgang

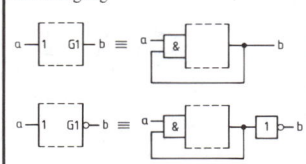

Mode-Abhängigkeit

Mm-Eingang

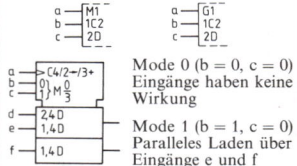

Mode 0 ($b = 0$, $c = 0$)
Eingänge haben keine Wirkung

Mode 1 ($b = 1$, $c = 0$)
Paralleles Laden über Eingänge e und f

Mode 2
($b = 0$, $c = 1$)
Vorwärtsschieben und serielles Laden über den Eingang d

Mode 3
($b = 1$, $c = 1$)
Vorwärtszählen um eine Stelle bei jedem Taktimpuls

Negations-Abhängigkeit

Nm-Eingang

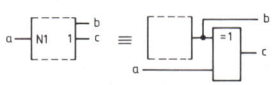

bei $a = 0$ ist $c = b$
bei $a = 1$ ist $c = \overline{b}$

ODER-Abhängigkeit

Vm-Eingang

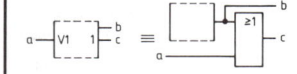

Vm-Ausgang

Verbindungs-Abhängigkeit

Zm-Eingang

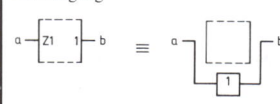

Zm-Ausgang

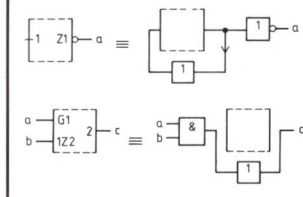

Nach DIN 40 900 T12 (7.84)

3.13 Schaltzeichen für binäre Elemente

Symbol	Erklärung	Symbol	Erklärung	Symbol	Erklärung
(RS-Kippglied)	**Bistabile Elemente** RS-Kippglied Externe Logik-Zustände a b c d 0 0 unverändert 0 1 0 1 1 0 1 0 1 1 unbestimmt	S I=0 / R	Beim Einschalten der Versorgungsspannung befindet sich der Ausgang im 0-Zustand	G!	Astab. Element, das nach Beendigung des letzten Impulses stoppt Eingang Ausgang
(JK) 1J C1 1K R	JK-Kippglied, einflankengesteuert mit Rücksetzeingang a b c d 0 0 unverändert 0 1 0 1 1 0 1 0 1 1 Zustandswechsel	S I=1 / R	Beim Einschalten der Versorgungsspannung befindet sich der Ausgang im 1-Zustand	!G!	Astab. Element, das synchron gestartet wird und nach Beendigung des vollständigen letzten Impulses stoppt Eingang Ausgang
1J C1 1K R	JK-Kippglied, zweizustandsgesteuert mit Rücksetzeingang	S NV / R	RS-Kippglied nullspannungsgesichert Beim Abschalten der Versorgungsspannung bleibt der gespeicherte Logik-Zustand erhalten	SRG8 &1D C1/→	**Schieberegister** 8 bit, mit seriellem Eingang und komplementären seriellen Ausgängen
S 1J C1 1K R	JK-Kippglied, zweiflankengesteuert mit Setz- und Rücksetzeingang	⊓	**Monostabile Elemente** nachtriggerbar während des Ausgangsimpulses	SRG4 0 M 1 3 C4 1→/2→ R	4 bit, bidirektional; mit paralleler Eingabe (Pin 3 bis 6), seriellem Eingang schieben links (Pin 7), seriellem Eingang schieben rechts (Pin 2) und paralleler Ausgabe (Pin 12 bis 15)
1D C1	D-Kippglied, einzustandsgesteuert. Bei b = 1 wird der Signalzustand von a gespeichert	1⊓	nicht nachtriggerbar während des Ausgangsimpulses nachtriggerbar (z. B. Teil von SN 74LS123)		
	Bistabile Elemente mit speziellen Eigenschaften Externe Logik-Zustände	CX RX/CX &	Wahrheitstabelle 1 2 3 13 4 – – 0 0 1 1 – 1 0 1 – 0 1 0 1 0 ∫ 1 ⊓ ⊔ 1 1 1 ⊓ ⊔ 0 1 ∫ ⊓ ⊔	SRG8 G1[SHIFT] C2[LOAD] G4 1,4(C3/→) 3D 2D 2D	8 bit, mit paralleler Eingabe (Pin 3 bis 6 und 11 bis 14), serieller Eingabe (Pin 10) und komplementären seriellen Ausgängen
S1 R1	a b c d 0 0 unverändert 0 1 0 1 1 0 1 0 1 1 1 0		Anmerkung: Die 2. und 3. Zeile der Wahrheitstabelle geben die Logik-Zustände an, die die Ausgänge nach Beendigung eines Ausgangsimpulses annehmen, welcher begonnen hatte, ehe der entsprechende Eingang den angegebenen Zustand angenommen hatte.		
S R1	a b c d 0 0 unverändert 0 1 0 1 1 0 1 0 1 1 0 1	G	**Astabile Elemente** Taktgenerator allgemein (das Symbol ⊓⊓ darf entfallen)		
S1 R2 2	a b c d 0 0 unverändert 0 1 0 1 1 0 1 0 1 1 1 1	G	Gesteuertes astabiles Element allgemein	SRG8 C3/1→ 3R[RESET] M1[SHIFT] M2[LOAD] "1" "1" "1" 1,3D 2,3D 2,3D	8 bit, universell; es sind nur die Funktionen Rücksetzen, Schieben nach rechts sowie paralleles und serielles Laden dargestellt
S1 2 R2 2	a b c d 0 0 unverändert 0 1 0 1 1 0 1 0 1 1 0 0	G &			
G1/2S G2/1R	a b c d 0 0 unverändert 0 1 0 1 1 0 1 0 1 1 unverändert	!G	Astab. Element, das synchron gestartet werden kann Eingang Ausgang		

Nach DIN 40 900 T 12 (7.84)

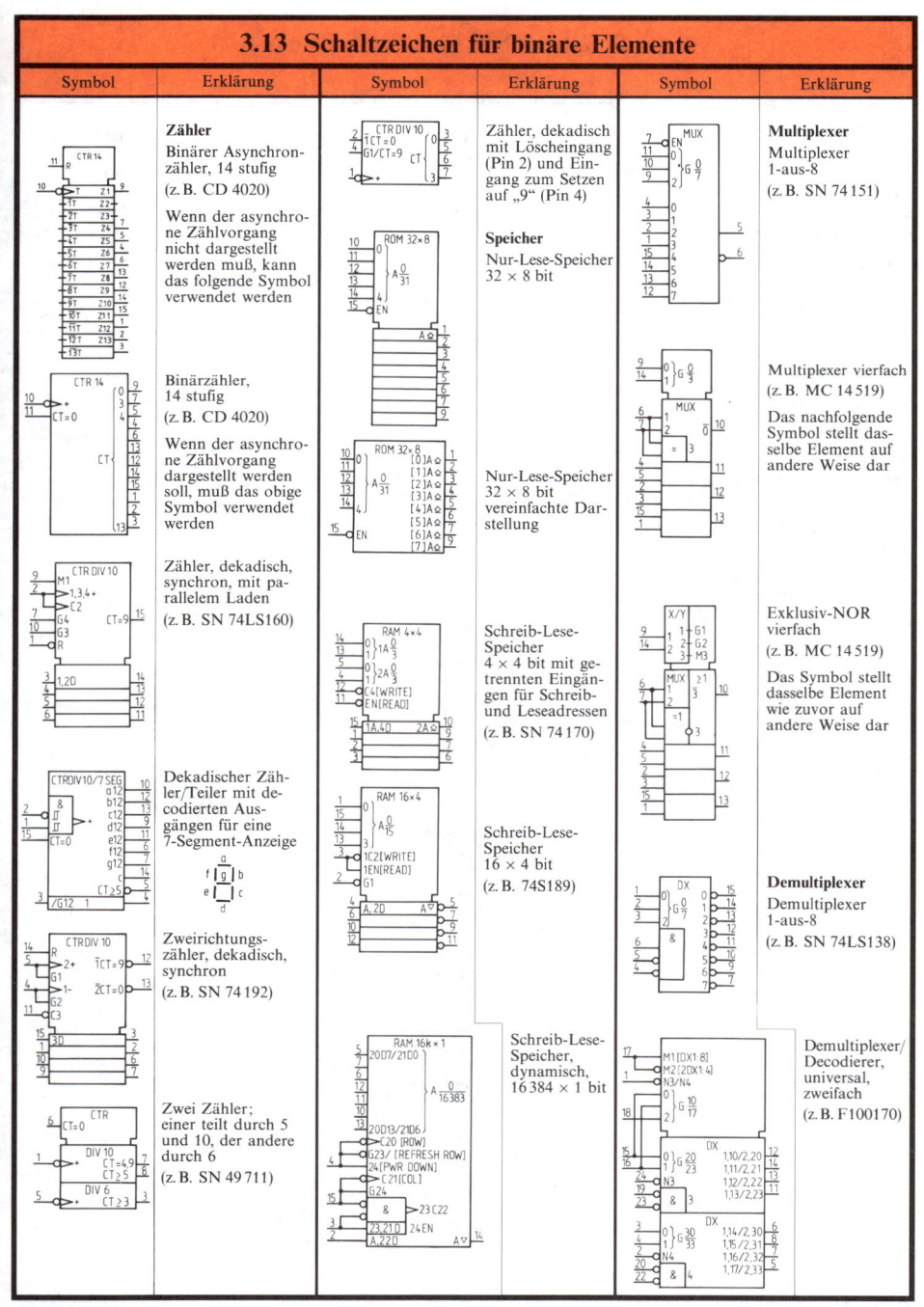

3.13 Schaltzeichen für binäre Elemente

Symbol	Erklärung	Symbol	Erklärung	Symbol	Erklärung
	Zähler Binärer Asynchronzähler, 14 stufig (z. B. CD 4020) Wenn der asynchrone Zählvorgang nicht dargestellt werden muß, kann das folgende Symbol verwendet werden		Zähler, dekadisch mit Löscheingang (Pin 2) und Eingang zum Setzen auf „9" (Pin 4) **Speicher** Nur-Lese-Speicher 32×8 bit		**Multiplexer** Multiplexer 1-aus-8 (z. B. SN 74151)
	Binärzähler, 14 stufig (z. B. CD 4020) Wenn der asynchrone Zählvorgang dargestellt werden soll, muß das obige Symbol verwendet werden		Nur-Lese-Speicher 32×8 bit vereinfachte Darstellung		Multiplexer vierfach (z. B. MC 14519) Das nachfolgende Symbol stellt dasselbe Element auf andere Weise dar
	Zähler, dekadisch, synchron, mit parallelem Laden (z. B. SN 74LS160)		Schreib-Lese-Speicher 4×4 bit mit getrennten Eingängen für Schreib- und Leseadressen (z. B. SN 74170)		Exklusiv-NOR vierfach (z. B. MC 14519) Das Symbol stellt dasselbe Element wie zuvor auf andere Weise dar
	Dekadischer Zähler/Teiler mit decodierten Ausgängen für eine 7-Segment-Anzeige		Schreib-Lese-Speicher 16×4 bit (z. B. 74S189)		**Demultiplexer** Demultiplexer 1-aus-8 (z. B. SN 74LS138)
	Zweirichtungszähler, dekadisch, synchron (z. B. SN 74192)		Schreib-Lese-Speicher, dynamisch, 16384×1 bit		Demultiplexer/Decodierer, universal, zweifach (z. B. F100170)
	Zwei Zähler; einer teilt durch 5 und 10, der andere durch 6 (z. B. SN 49711)				

Nach DIN 40900 T12 (7.84)

3.13 Schaltzeichen für binäre Elemente

Symbol	Erklärung	Symbol	Erklärung

Codierer, Code-Umsetzer

Abhängig vom Eingangscode ergibt der interne Logik-Zustand der Eingänge eine interne Zahl. Diese interne Zahl wird entsprechend dem Ausgangscode übersetzt und hat den internen Logik-Zustand an den Ausgängen zur Folge.

Die Beziehung zwischen den internen Logik-Zuständen an den Eingängen und der internen Zahl wird angegeben durch:

- Zahlen an den Eingängen, wobei die Summe der Zahlen an den Eingängen mit internem Logik-Zustand 1 die interne Zahl ergibt;
- Ersetzen von X durch ein entsprechendes Kennzeichen des Eingangscodes und Bezeichnen der Eingänge mit Zeichen, die sich auf diesen Code beziehen.

Die Bezeichnung zwischen der internen Zahl und dem internen Logik-Zustand an den Ausgängen erfolgt durch:

- Bezeichnen jedes Ausgangs mit denjenigen internen Zahlen, die den 1-Zustand des jeweiligen Ausgangs bewirken. Mehrere interne Zahlen eines Ausgangs werden durch Schrägstriche getrennt oder bei einer Zahlenreihe durch die erste und letzte Zahl mit drei Zwischenpunkten dargestellt.
- Ersetzen von Y durch eine entsprechende Bezeichnung des Ausgangscodes und Bezeichnen der Ausgänge mit Zeichen, die sich auf diesen Code beziehen.

Symbol	Erklärung
X/Y (BCD/Y)	Ausgang h befindet sich im 1-Zustand bei $a = 1\ b = 0\ c = 1\ d = 0$ oder $a = 1\ b = 1\ c = 1\ d = 0$
X/Y (EX3GRAY/DEC)	Code-Umsetzer von Exzeß-3-Gray-Code auf 1-aus-10-Code (z. B. SN 7444)
HPRI/BCD	Code-Umsetzer von 1-aus-9 auf BCD-Code mit Priorität des jeweils höchsten Wertes (z. B. SN 74147)
BCD/BIN	Code-Umsetzer von BCD- auf Binärcode (z. B. 74S484)

Symbol	Erklärung
X/Y	Ausgang e befindet sich im 1-Zustand bei $a = 0\ b = 1\ c = 0$ oder $a = 1\ b = 1\ c = 0$
X/OCT	Ausgang i befindet sich im 1-Zustand bei $a = 0\ b = 1\ c = 1$
DEC/BCD	Die Ausgänge k und m befinden sich im 1-Zustand, wenn der Eingang f sich im 1-Zustand befindet

Symbol	Erklärung
X/Y [T1]	"T1" bezieht sich auf eine Tabelle (oder Boolesche Gleichungen)

T 1

Eingänge			Ausgänge		
1	2	3	10	11	12
0	0	0	1	0	0
0	0	1	0	0	0
0	1	0	0	1	0
0	1	1	0	0	0
1	0	0	0	0	0
1	0	1	0	0	0
1	1	0	0	0	1
1	1	1	0	0	0

Signalpegel-Umsetzer (Beispiele)

Symbol	Erklärung
TTL/MOS	Pegelumsetzer von TTL- auf MOS-Pegel, zweifach (z. B. SN 75365)
ECL/TTL	Pegelumsetzer von ECL- auf TTL-Pegel (z. B. MC 10125)

Symbol	Erklärung
▷	**Leistungselemente** Treiber und Empfänger
▷◇	Treiber mit invertierendem offenem Kollektor-Ausgang vom L-Typ (z. B. SN 7406)
& ▷	NAND-Leistungselement (z. B. SN 7437)
[4RTX] EN2	Bus-Empfänger/Sender, vierfach (z. B. Am 26S10)
EN	Bus-Treiber mit Schwellwert-Eingängen und 3-state-Ausgängen, vierfach (z. B. SN 74S240)
G1 / EN	Verstärker, invertierend, mit 3-state-Ausgängen, sechsfach (z. B. CD 45028)
G1	Leitungsempfänger, zweifach (z. B. SN 75107)
[8RTX] G1 1EN2 1EN3	Bus-Treiber, bidirektional, 8 bit parallel (z. B. 8286)

Nach DIN 40 900 T12 (7.84)

3.14 Schaltzeichen digitaler Schaltglieder (Auswahl) nach DIN 40700 (11.63 und 7.76), ASA

Erklärung	DIN 40700 7.76	DIN 40700 11.63	ASA	Erklärung	DIN 40700 7.76	DIN 40700 11.63	ASA
UND-Glied	&			Dyn. Eingang mit Wirkung bei Signalwechsel von 0 auf 1 von 1 auf 0			
ODER-Glied	≥1			Bistabiles Kippglied	1J C1 — Q / 1K — Q*	J T K — Q / Q*	J CK K — Q / Q̄
Negation eines Eingangs				Verzögerungsglied allgemein		t	
eines Ausgangs							
NICHT-Glied	1			verzögert den Übergang von 0 auf 1		t1 0	
Exklusiv-ODER (Antivalenz)	=1			verzögert den Übergang von 1 auf 0		0 t2	

Anmerkung: ASA = American Standards Association

3.15 Schaltzeichen für Magnetkerne und Magnetspeicher-Matrizen

Schaltzeichen	Erklärung	Schaltzeichen	Erklärung	Schaltzeichen	Erklärung
|	Magnetkern		Magnetkern mit mehreren Wicklungen, z. B. 5. Angaben über Amplitude und Richtung des Stromes sowie Logikzustände dürfen ergänzt werden		nicht international genormt: **Transfluxor** mit einem magnetischen Haupt- und Nebenkreis
/ oder \	Fluß-Strom-Richtungskennzeichen Kennzeichnung einer Wicklung, wenn eine waagerechte Linie (Leiter) das Schaltzeichen des Kerns senkrecht kreuzt. Es zeigt die relative Richtung von Strom und Fluß an und kann als Spiegel aufgefaßt werden: Fluß/Strom oder Strom/Fluß			Hauptkreis Nebenkreis	
				Hauptkreis Einstellkreis Treiberkreis	Transfluxor mit einem magnetischen Hauptkreis und 2 Nebenkreisen, z. B. Einstell- und Treiberkreis
			Magnetspeicher-Matrix mit x- und y-Wicklungen und Lesewicklung		Vereinfachte Abb. eines Transfluxors
*) **)	Magnetkern mit *) Kreuzung Leiter und Kern **) Wicklung auf dem Kern		Matrix aus dünnen Schichten, die zwischen zwei Verdrahtungslagen liegen	1 2 3 4	Transfluxor mit einem magnetischen Hauptkreis, 2 Nebenkreisen und 4 Wicklungen, z. B. 1 Einstellwicklung 2 Blockierwicklung 3 Treiberwicklung 4 Ausgangswicklung (z. B. von oben nach unten)
N = m	Magnetkern, eine Wicklung mit m Windungen				

3.16 Schaltzeichen der Fluidtechnik

3.16.1 Schaltzeichen nach DIN ISO 1219 (8.78)

Fluidtechnische Systeme und Geräte

Symbol	Bezeichnung	Symbol	Bezeichnung	Symbol	Bezeichnung
	Hydropumpen Verdrängungsvolumen konstant:		Schwenkmotor: hydraulisch – pneumatisch		– mit zweiseitiger Kolbenstange
	– mit einer Stromrichtung		**Pumpe/Motor-Einheit** Als Pumpe oder Motor arbeitend;		Differentialzylinder
	– mit zwei Stromrichtungen		– abhängig von der Stromrichtung		
	Verdrängungsvolumen veränderbar:		– ohne Änderung der Stromrichtung		Zylinder mit Dämpfung:
	– mit einer Stromrichtung		– desgl. mit veränderbarem Verdrängungsvolumen		– mit einfacher, nicht einstellbarer Dämpfung
	– mit zwei Stromrichtungen		– mit jedweder Stromrichtung		– mit doppelter, nicht einstellbarer Dämpfung
	Kompressor Verdrängungsvolumen konstant, eine Stromrichtung		**Kompaktgetriebe** Drehmomentwandler, Pumpen und/oder Motor mit veränderbarem Verdrängungsvolumen		– mit einfacher, einstellbarer Dämpfung
	Motoren Verdrängungsvolumen konstant, eine Stromrichtung:		**Zylinder** Einfachwirkender Zylinder:		– mit doppelter, einstellbarer Dämpfung
	– hydraulisch		– Rückhub durch nicht näher bestimmte Kraft		Teleskopzylinder: – einfach wirkend
	– pneumatisch	oder			– doppelt wirkend
	Verdrängungsvolumen konstant, zwei Stromrichtungen:				Druckübersetzer: – für Druckmittel mit gleichen Eigenschaften
	– hydraulisch		– Rückhub durch Feder		
	– pneumatisch	oder			– für zwei versch. Druckmittel
	Verdrängungsvolumen veränderbar, eine Stromrichtung:				
	– hydraulisch		Doppeltwirkender Zylinder:		Druckmittelwandler, Umwandlung eines pn. Druckes in einen hydr. Druck oder umgekehrt
	– pneumatisch		– mit einfacher Kolbenstange		
	Verdrängungsvolumen veränderbar, zwei Stromrichtungen:	oder			
	– hydraulisch				
	– pneumatisch				

3.16 Schaltzeichen der Fluidtechnik

Fluidtechnische Geräte und Systeme

Symbol	Bezeichnung	Symbol	Bezeichnung
	Steuerventile Einheit zur Steuerung Strom oder Druck		desgleichen mit neutraler Mittelstellung
	Jedes Quadrat entspricht einer Stellung eines Wegeventils		zwei drosselnde Querschnitte, druckbetätigt gegen eine Rückholfeder
	Vereinfachtes Symbol bei mehrfacher Wiederholung		**Rückschlagventil**
	Durchflußwege:		– unbelastet
	– ein Durchflußweg		– federbelastet
	– zwei gesperrte Anschlüsse		– durch Vorsteuerung kann das Schließen oder Öffnen verhindert werden
	– zwei Durchflußwege		– mit Drosselung (freier Durchfluß in einer Richtung)
	– zwei Durchflußwege und ein gesperrter Anschluß		**Wechselventil**
	– zwei Durchflußwege mit Verbindung zueinander		**Schnellentlüftungsventil**
	– zwei gesperrte Anschlüsse, ein Durchflußweg in Nebenschlußschaltung		**Druckventile**
	Kennzeichnung: Die erste Zahl gibt die Anzahl der Anschlüsse, die zweite Zahl die Anzahl der bestimmten Schaltstellungen an		– ein drosselnder Querschnitt, normalerweise verschlossen
	– 2/2 Wegeventil mit Handbetätigung		– ein drosselnder Querschnitt, normalerweise offen
	– 2/2 Wegeventil mit Druckbetätigung gegen eine Rückholfeder		– zwei drosselnde Querschnitte, normalerweise verschlossen
	– 5/2 Wegeventil mit Druckbetätigung in beiden Richtungen		Druckbegrenzungsventil (Sicherheitsventil)
	– 3/2 Wegeventil durch Elektromagnet betätigt mit Rückholfeder		desgl. mit Vorsteuerung
	Drosselnde Wegeventile Einheit mit 2 äußeren Endstellungen und einer unendlichen Anzahl von Zwischenstellungen mit veränderbarer Drosselwirkung		Druckregel- oder -reduzierventil (Druckminderer): – ohne Entlastungsöffnung – desgl. mit Fernbedienung – mit Entlastungsöffnung Differenzdruckregelventil

3-25

3.16 Schaltzeichen der Fluidtechnik

Fluidtechnische Systeme und Geräte

Symbol	Bezeichnung	Symbol	Bezeichnung	Symbol	Bezeichnung
	Stromventile		**Betätigungsarten**		– durch Druckentlastung
	Drosselventil:		Muskelkraftbetätigung:		– desgl. vorgesteuert
	– vereinfachtes Symbol ohne Angabe der Betätigungsart		– ohne Angabe der Betätigungsart		– durch untersch. Steuerflächen
	– ausführliches Symbol mit Handbetätigung		– durch Druckknopf		– mit internem Steuerkanal
	– desgl. mit mechanischer Betätigung gegen eine Rückholfeder		– durch Hebel		Kombinierte Betätigung durch:
	Stromregelventil:		– durch Pedal		– Elektromagnet und Vorsteuer-Wegeventil
	– mit konstantem Ausgangsstrom		Mechanische Betätigung:		
oder			– durch Stößel oder Taster		– Elektromagnet oder Vorsteuer-Wegeventil
			– durch Feder		
	– mit konstantem Ausgangsstrom und Entlastungsöffnung zum Behälter		– durch Rolle		**Mechanische Bestandteile**
oder			– durch Rolle, nur in einer Richtung	D < 5E	mech. Verbindungen (z.B. Wellen, Hebel und Kolbenstangen)
			Betätigung durch Elektromagnet:		Rotierende Welle
	– mit veränderbarem Ausgangsstrom		– mit einer Wicklung		– in einer Richtung
			– mit zwei gegeneinander wirkenden Wickl.		– in beiden Richtungen
oder			– desgl. mit stufenlos veränderbarem Verhalten		Raste
			Betätigung durch Elektromotor		Sperrvorrichtung (*) Symbol zum Lösen der Sperre
	Stromteilventil		Bet. durch Druckbeaufschlagung o. Druckentlastung		Sprungwerk
			– durch Druckbeaufschlagung		Gelenkverbindung
	Absperrventil				– einfach
	vereinfachtes Symbol		– desgl. vorgesteuert		– mit Seitenhebel
					– mit festem Drehpunkt

3.16 Schaltzeichen der Fluidtechnik

Fluidtechnische Geräte und Systeme

Symbol	Bezeichnung	Symbol	Bezeichnung	Symbol	Bezeichnung
	Energiequellen		**Energie-abnahmestelle**		**Filter, Wasserabscheider**
	Hydraulik-Druckquelle		– mit Stopfen		Filter oder Siebe
	Pneumatik-Druckquelle		– mit Entnahmeleitung		Wasserabscheider mit Handbetätigung
	Elektromotor		Schnell-Kupplungen:		desgleichen mit Filter
	Wärmekraft-maschine		– verbunden, ohne mechanisch öffnendes Rückschlagventil		Wasserabscheider automatisch entwässernd
	Durchfluß-leitungen und Verbindungen[1])		– verbunden, mit mechanisch öffnendem Rückschlagventil		desgleichen mit Filter
	Arbeits-, Zuführ- und Rücklaufleitung		– entkuppelt, mit offenem Ende		Lufttrockner
	Steuerleitung		– entkuppelt, durch federloses Rückschlagventil		Öler
	Abfluß- oder Leckleitung		Drehverbindung:		Aufbereitungs-einheit in vereinf. Darstellung
	flexible Leitungs-verbindung		– ein Weg		in ausführlicher Darstellung
	elektrische Leitung		– drei Wege		**Wärmeaustauscher**
	Rohrleitungs-verbindung		– Geräusch-dämpfer		Temperaturregler
	gekreuzte Rohr-leitung ohne Verbindung		**Behälter**		Kühler ohne und mit Darst. der Leitungen für die Kühlflüssigkeit
	Entlüftung		offen, mit der Atmosphäre verbunden		
	Auslaßöffnung:		mit Rohrende:		Vorwärmer
	– ohne Anschluß-vorrichtung		– über dem Flüssigkeitsspiegel		**Meßinstrumente**
	– mit Gewinde für einen Anschluß		– unterhalb des Flüssigkeits-spiegels		Manometer
			– von unten im Behälter		Thermometer
			Druckbehälter		Strommesser
			Hydrospeicher		Volumenmesser
					Druckschalter (hydraulisch-elektrisch)

[1]) Für die Verbindungen und gestrichelten Linien gelten die folgenden Festlegungen:

$d \approx 5E$

$L > 10E$

$L < 5E$

3.16 Schaltzeichen der Fluidtechnik

3.16.2 Darstellungsmittel nach VDI 3260 (Auszug)

Darstellung	Erklärung	Darstellung	Erklärung	Darstellung	Erklärung
	Signalglieder: muskelkraftbetätigt EIN		**Allgemeiner Signalausgang** Querstrich kennzeichnet den Zustand, der Voraussetzung für die Einleitung weiterer Funktionen ist	dünn ausgezogen — — dick ausgezogen ▬▬	**Funktionslinien** Für die Ruhestellung oder Bauglieder bzw., wenn nicht vorhanden, für die Ausgangsstellung Für alle übrigen Zustände, z.B. Motor eingeschaltet
	AUS				
	EIN/AUS		**Anzeigeglieder:** Leuchte Blinkleuchte Summer		**Wegbegrenzungen und Bewegungsbegrenzungen** am Beispiel der geradlinigen Bewegung:
	TIPPEN				– allgemein
	AUTOMATIK-EIN				– über Signalglied, wenn dies durch die dargestellte Bewegung begrenzt wird
	GEFAHRENABSCHALTUNG		**Arbeitswege und Arbeitsbewegungen** Geradlinige Bewegung z.B. Spannen, Schleichgang		– durch einstellbaren mechan. Festanschlag
	ZWEIHANDEINRÜCKUNG				– über Wegmeßsteuerung
	Umschaltung von AUTOMATIK auf EINZELSCHALTUNG		Schwenkbewegung falls erforderlich mit Angabe des Schwenkwinkels		**Signallinien** Die Signallinie beginnt am Signalausgang und endet, wo abhängig von diesem Signal eine Zustandsänderung eingeleitet wird
	WAHLSCHALTER für z.B. fünf Programme		Drehbewegung EIN z.B. Motor einschalten		
	Grenztaster: in Endlage oder kurzzeitig über Wegstrecke betätigt		Weg in zwei Koordinaten z.B. Kopieren		Signalverzweigung (Bsp.: ein Signalausgang leitet Zustandsänderungen an mehreren Baugliedern ein)
	über längere Wegstrecke betätigt		**Leerwege und Leerbewegungen** z.B. Eilgang, Rückhub, Entspannen		Signal zu anderer Maschine gehend. (Die Maschine, für die das Signal gilt, ist am Dreieck anzugeben)
	Druckschalter Einstellwert z.B. 5 bar		Geradlinige Bewegung Schwenkbewegung Drehbewegung EIN		Signal von anderer Maschine kommend. (Die Maschine, von der das Signal kommt, ist am Dreieck anzugeben)
	Zeitglied Einstellwert z.B. 1 s		Weg in zwei Koordinaten		

3.16 Schaltzeichen der Fluidtechnik

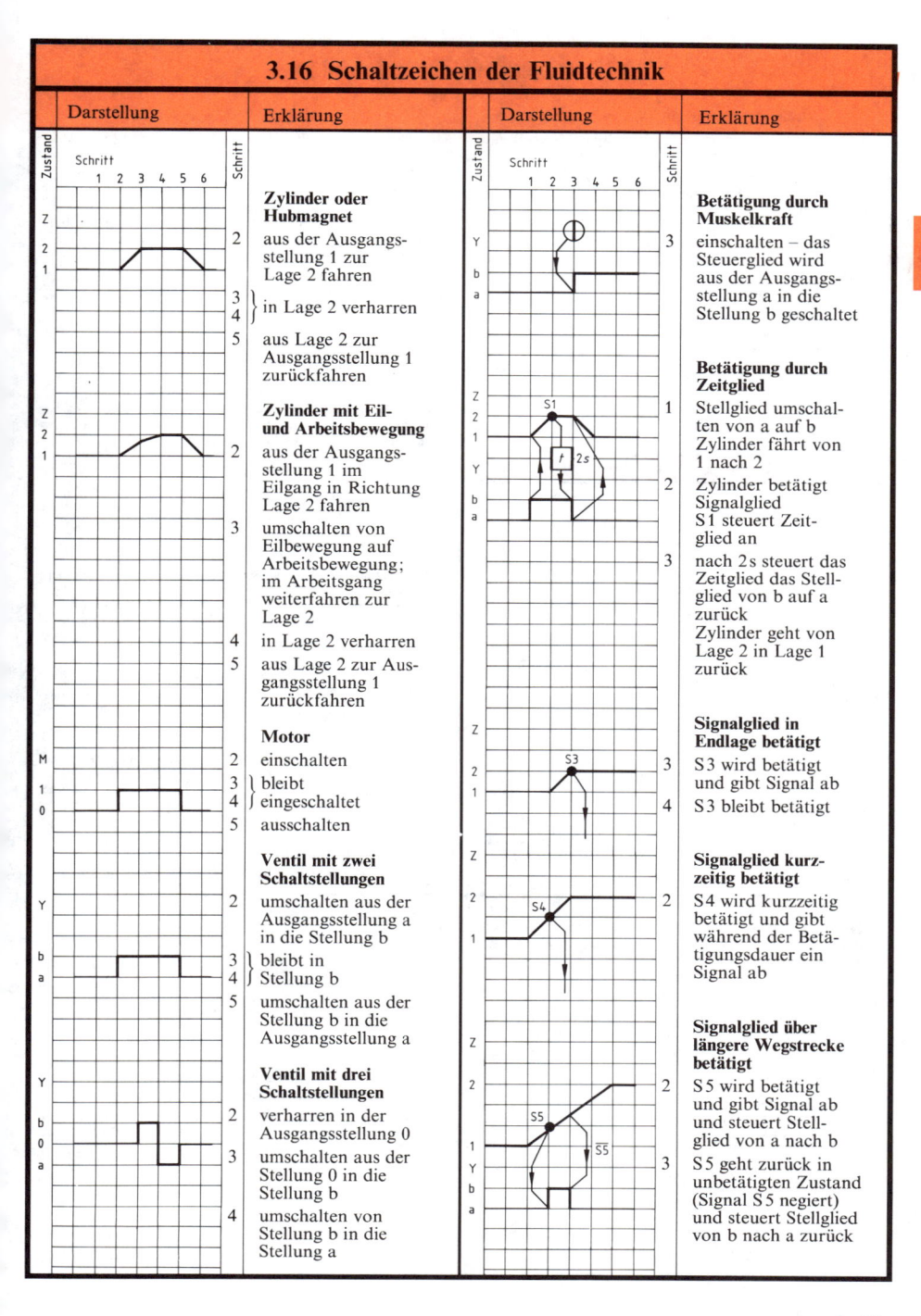

Darstellung		Erklärung	Darstellung		Erklärung
Zustand / Schritt 1 2 3 4 5 6	Schritt		Zustand / Schritt 1 2 3 4 5 6	Schritt	
Z 2 1		**Zylinder oder Hubmagnet**	Y b a		**Betätigung durch Muskelkraft**
	2	aus der Ausgangsstellung 1 zur Lage 2 fahren		3	einschalten – das Steuerglied wird aus der Ausgangsstellung a in die Stellung b geschaltet
	3/4	in Lage 2 verharren			
	5	aus Lage 2 zur Ausgangsstellung 1 zurückfahren			
Z 2 1		**Zylinder mit Eil- und Arbeitsbewegung**	Z 2 1 Y b a		**Betätigung durch Zeitglied**
	2	aus der Ausgangsstellung 1 im Eilgang in Richtung Lage 2 fahren		1	Stellglied umschalten von a auf b Zylinder fährt von 1 nach 2
	3	umschalten von Eilbewegung auf Arbeitsbewegung; im Arbeitsgang weiterfahren zur Lage 2		2	Zylinder betätigt Signalglied S1 steuert Zeitglied an
				3	nach 2s steuert das Zeitglied das Stellglied von b auf a zurück Zylinder geht von Lage 2 in Lage 1 zurück
	4	in Lage 2 verharren			
	5	aus Lage 2 zur Ausgangsstellung 1 zurückfahren			
M 1 0		**Motor**	Z 2 1		**Signalglied in Endlage betätigt**
	2	einschalten		3	S3 wird betätigt und gibt Signal ab
	3/4	bleibt eingeschaltet		4	S3 bleibt betätigt
	5	ausschalten			
Y b a		**Ventil mit zwei Schaltstellungen**	Z 2 1		**Signalglied kurzzeitig betätigt**
	2	umschalten aus der Ausgangsstellung a in die Stellung b		2	S4 wird kurzzeitig betätigt und gibt während der Betätigungsdauer ein Signal ab
	3/4	bleibt in Stellung b			
	5	umschalten aus der Stellung b in die Ausgangsstellung a			
Y b 0 a		**Ventil mit drei Schaltstellungen**	Z 2 1 Y b a		**Signalglied über längere Wegstrecke betätigt**
	2	verharren in der Ausgangsstellung 0		2	S5 wird betätigt und gibt Signal ab und steuert Stellglied von a nach b
	3	umschalten aus der Stellung 0 in die Stellung b		3	S5 geht zurück in unbetätigten Zustand (Signal S5 negiert) und steuert Stellglied von b nach a zurück
	4	umschalten von Stellung b in die Stellung a			

3.17 Regeln für Stromlaufpläne

Größe und Linienbreite von Schaltzeichen

In einem Stromlaufplan sind vorzugsweise gleiche Linienbreiten gemäß DIN 6774 (s. S. 13-2) anzuwenden.

Um Stromkreise hervorzuheben bzw. zu unterscheiden, kann für die Verbindungslinien eine unterschiedliche Linienbreite verwendet werden.

Größe und Linienbreite sind für die Bedeutung eines Schaltzeichens nicht ausschlaggebend. In einigen Fällen kann es zweckmäßig sein, Schaltzeichen in verschiedenen Größen zu verwenden, um

- die Wichtigkeit des dargestellten Betriebsmittels hervorzuheben,
- das Hinzufügen von Informationen (Beschriftung) zu erleichtern,
- eine größere Anzahl von Verbindungsstellen darstellen zu können.

Bei der Wahl der Abmessungen einiger Schaltzeichen sind bestimmte Seiten- bzw. Längenverhältnisse zu beachten:

Betriebsmittel	Schaltz.	Abmessungen
Widerstand	—▭—	$1 : \geq 2$
Wicklung	—∿∿∿—	$1 : \geq 2$
Sicherung	—▭—	$1 : 3$
Kondensator	⊣⊢	$a = 1/5$ bis $1/3$ der Länge l
Elektromech. Antrieb	▭	$1 : 2$
zus. Feld für besondere Eigenschaften	▭	$1 : 1$ bis $1 : 2$
Schaltschloß	⊞	$1 : 1$
Primär-Element Batterie	⊣⊢	$l_1 = 2 \cdot l_2$

Die in den Normen dargestellten Verbindungslinien an den Schaltzeichen sind im allgemeinen nur beispielhaft und können auch anders angeordnet werden:

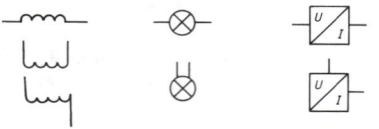

In wenigen Fällen verdeutlicht die Anordnung der Verbindungslinien die Bedeutung des Schaltzeichens und darf deshalb nicht geändert werden:

oder — Schützspule

Bei der Darstellung der Verbindungslinien bleibt die Verdrahtungs- bzw. Anschlußfolge unberücksichtigt.

Darstellung der Verbindungsstellen

Anschlußstellen an Betriebsmitteln werden nicht besonders dargestellt. Als Anschlußstelle gilt das Ende der Verbindungslinie am Schaltzeichen oder der Schnittpunkt der Verbindungslinie mit der Umrahmungslinie.

Sonstige Verbindungsstellen, die zu keinem anderen Betriebsmittel gehören, wie z. B. Klemmen auf Klemmleisten, Steckverbinder und Lötverteiler werden einheitlich als Punkt dargestellt.

Bei Trennlinien werden die sonstigen Verbindungsstellen durch deren Anschlußbezeichnungen ergänzt.

Lage der Beschriftung am Schaltzeichen

Bei **vertikalem Verlauf der Stromwege** werden die einem Schaltzeichen zugeordneten Angaben links neben das betreffende Schaltzeichen geschrieben. Die Anschlußkennzeichnung steht unmittelbar außerhalb des Schaltzeichens; bei horizontaler Schreibweise rechts und bei vertikaler Schreibweise links neben der Verbindungslinie.

Bei **horizontalem Verlauf der Stromwege** werden die einem Schaltzeichen zugeordneten Angaben unter das Schaltzeichen geschrieben. Die Anschlußkennzeichnung steht unmittelbar außerhalb des Schaltzeichens oberhalb der Verbindungslinie.

Stehen mehrere benachbarte Anschlußbezeichnungen auf gleicher Höhe, so braucht die Bezeichnung für die Anschlußleiste nur einmal geschrieben werden. Sie gilt dann so lange, bis eine andere Anschlußbezeichnung angegeben ist.

Technische Daten und Erläuterungen

Die Einheitenzeichen (z. B. V, Ω, F) und Vorsätze (z. B. µ und k) sind im allgemeinen einzutragen.

Die Einheitenzeichen an häufig vorkommenden Schaltzeichen können entfallen, wenn die Einheit durch das Schaltzeichen erkennbar ist.

Eingetragen werden können auch technische Daten (z. B. Spannungen und Übersetzungen von Wandlern), Meßwerte in unmittelbarer Nähe des Schaltzeichens der Meßstelle und Einstellwerte (z. B. Skalenwerte von Potentiometern und Zeiten von Zeitrelais).

Fertigungshinweise

Werden keine gesonderten Fertigungsunterlagen erstellt, so kann es zweckmäßig sein, Fertigungshinweise einzutragen, z. B. Angaben zu Material, Verlegungsart von Leitungen und Abschirmung.

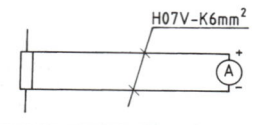

Nach DIN 40719 T3 (4.79)

4 Bauelemente der Elektrotechnik

Anwendungsklassen und Zuverlässigkeitsangaben für Bauelemente der Nachrichtentechnik und Elektronik nach DIN 40040 (4.87)

Zur Kennzeichnung der Anwendungsklassen und der Zuverlässigkeitsangaben werden **aus Kennbuchstaben gebildete Kurzzeichen** verwendet. Die Kennbuchstaben für die Anwendungsklassen geben den Bereich der klimatischen und mechanischen Beanspruchungen an, für den ein Bauelement ausgelegt ist; dazu kommen Kennbuchstaben für die Zuverlässigkeitsangaben. In folgender Reihenfolge werden die Kennbuchstaben angegeben:

1. Stelle	Untere Grenztemperatur	Klimatische
2. Stelle	Obere Grenztemperatur	Anwendungs-
3. Stelle	Feuchtebeanspruchung	klasse
4. Stelle	Ausfallquotient	Zuverlässig-
5. Stelle	Beanspruchungsdauer	keitsangabe
6. Stelle	Mechan. Beanspruchung	Mechanische
7. Stelle	Luftdruck	Anwendungs-
8. Stelle	Sonderbeanspruchung	klasse

Über Stellen, die durch den **Buchstaben X** gekennzeichnet sind, werden keine Angaben gemacht. Der **Kennbuchstabe Z** weist auf einen in einer Einzelbestimmung zu nennenden Wert hin, der nicht in den folgenden Tabellen enthalten ist. Zwischen Trennstrichen stehen die Kennbuchstaben für die Zuverlässigkeitsangabe.

1. Stelle: Untere Grenztemperatur ϑ_{min}
2. Stelle: Obere Grenztemperatur ϑ_{max}

Die untere Grenztemperatur ist die niedrigste Temperatur, die obere Grenztemperatur die höchste Temperatur, bei der das Bauelement noch betrieben werden darf.

1. Kennbuchstabe	ϑ_{min} °C	2. Kennbuchstabe	ϑ_{max} °C	2. Kennbuchstabe	ϑ_{max} °C
A	freigehalten	A	400	N	90
B		B	350	P	85
C		C	300	Q	80
D		D	250	R	75
E	−65	E	200	S	70
F	−55	F	180	T	65
G	−40	G	170	U	60
H	−25	H	155	V	55
J	−10	J	140	W	50
K	0	K	125	Y	40
L	+ 5	L	110	Z	Einzelbest.
Z	Einzelbest.	M	100		

3. Stelle: Feuchtebeanspruchung

Feuchte ist die relative Luftfeuchte an einer Stelle der Bauelementeumgebung, festgelegt in der Einzelbestimmung. Die in der folgenden Tabelle angegebenen Höchstwerte für die relative Luftfeuchte gelten bis zu festgelegten Bezugstemperaturen, die je nach Kennbuchstabe zwischen 35 °C (Kennbuchstabe A) bzw. 24 °C (Kennbuchstabe H) liegen. **Die Grenzwerte der relativen Luftfeuchte ermäßigen sich bei höheren Temperaturen**, da die Feuchtebeanspruchung mit der Temperatur ansteigt (genaue Werte siehe Diagramme in DIN 40040).

	Höchstwert der relativen Luftfeuchte in %				Bemerkungen zu Bauelementen
	Jahresmittel	30[1] Tage im Jahr	60[1] Tage im Jahr	übrige[2] Tage	
A	≤ 100	–	–	–	Bauelemente dauernd naß
C	≤ 95	100	–	100	
R	≤ 90	100	–	95	Bauelemente betaut
D	≤ 80	100	–	90	
E	≤ 75	95	–	85	Bauelemente selten und leicht betaut
F	≤ 75	95	–	85	
G	≤ 65	–	85	75	Bauelemente nicht betaut
H	≤ 50	–	75	65	
J	≤ 50				
Z	siehe Einzelbestimmung				

4. und 5. Stelle: Zuverlässigkeit

Bei der Angabe der Zuverlässigkeit ist folgende **Bezugsbeanspruchung** zugrunde gelegt:

Umgebungstemperatur: 40 °C (wenn Einzelbestimmung keine andere Temperatur vorschreibt).

Relative Luftfeuchte: 65 % (Jahresmittel entsprechend Feuchteklasse C bei 40 °C).

Mechanische Beanspruchung: Kennbuchstabe W (wenn Einzelbestimmung keine andere Angabe enthält).

Luftdruck: Kennbuchstabe N.

Für die elektrische Beanspruchung, die Bewertung von Betriebspausen, Lager- und Transportzeiten sowie die Ausfallkriterien sind Einzelbestimmungen maßgebend.

4. Kennbuchstabe	Ausfallquotient	4. Kennbuchstabe	Ausfallquotient
D	0,1	P	10 000
E	0,3	Q	30 000
F	1	R	100 000
G	3	S	300 000
H	10	T	1 000 000
J	30	U	3 000 000
K	100	V	10 000 000
L	300	W	30 000 000
M	1000	Z	siehe Einzelbestimmung
N	3000		

[1]) Über das Jahr verteilt.
[2]) Gelegentlich unter Einbehaltung des Jahresmittels.

4 Bauelemente der Elektrotechnik

Der Buchstabe der 4. Stelle kennzeichnet den **Ausfallquotienten**, angegeben in **Ausfällen je 10^9 Bauelementestunden**.

$$\text{Ausfallquotient} = \frac{\text{Ausfallsatz}}{\text{zugeh. Beanspruchungsdauer}}$$

$$\text{Ausfallsatz} = \frac{\text{Anz. ausgefallener Bauelemente}}{\text{Gesamtzahl der Bauelemente}}$$

Der Ausfallsatz gilt innerhalb der angegebenen **Beanspruchungsdauer**.

Der Buchstabe der 5. Stelle kennzeichnet die Beanspruchungsdauer in Stunden. Die Beanspruchungsdauer ist die Summe von Betriebs- und Betriebspausenzeiten, von Prüf-, Meß- und Lagerzeiten beim Bauelementeanwender und von Transportzeiten.

5. Kennbuchstabe	Beanspruchungsdauer in h	5. Kennbuchstabe	Beanspruchungsdauer in h
Q	300 000	U	3000
R	100 000	V	1000
S	30 000	W	300
T	10 000	Z	s. Einz.

6. Stelle: Mechanische Beanspruchung (Grenzwerte)

6. Kennbuchstabe	Schwingbeanspruchung Frequenz von – bis Hz	Schwingbeanspruchung Beschleunigung m/s²	Schockbeanspruchung Beschleunigung m/s²	Schockbeanspruchung Zeit ms
Q	10 – 2000	500	1000	6
R	10 – 2000	200	1000	6
S	10 – 2000	100	500	11
T	10 – 500	100	300	18
U	10 – 55	50	300	18
V	10 – 55	50	150	11
W	10 – 55	20	150	11
Z	siehe Einzelbestimmung			

Richtdaten zur mechanischen Beanspruchung von Bauelementen in Geräten und Anlagen:

Kennbuchstabe	Beispiele des Bauelementeeinsatzes
Q	an Verbrennungsmotoren angebaut
R	für Bordelektronik (erschwerte Flugbedingungen)
S	für Bordelektronik (normale Flugbedingungen)
T	in tragbaren Geräten (z. B. Polizeifunkgeräte, Rangierfunkgeräte)
U	in Schiffsanlagen und in Autorundfunkempfängern
V	in ortsfesten Stromerzeugern, in nicht erschütterungsfreien Anlagen
W	in erschütterungsfreien Geräten und Anlagen (in Spezialverpackung)

7. Stelle: Luftdruck

7. Kennbuchstabe	untere Druckgrenze in mbar (10^2 N/m²)	max. Betriebshöhe über NN in m
N	840	1 000
R	700	2 200
S	600	3 500
T	530	4 300
U	300	8 500
V	85	16 000
W	44	20 000
Y	20	26 000
Z	siehe Einzelbestimmung	

8. Stelle: Sonderbeanspruchung

8. Kennbuchstabe	Beispiele für Sonderbeanspruchungen
Z	Vereisung, Schnee, Regen, Spritzwasser, Schwallwasser, Strahlwasser, Druckwasser, Meeresluft, Industrieluft, Staub, Sand, Schimmel, Insekten, Strahlung

Kurzzeichenbeispiel

H S F / J U / V N Z

- H: untere Grenztemperatur $-25\,°C$
- S: obere Grenztemperatur $+70\,°C$
- F: Feuchtebeanspruchung
  Jahresmittel = 75 %, Höchstwert für 30 Tage im Jahr 95 %, Betauung nicht zulässig
- J: Ausfallquotient $30 \cdot 10^{-9}$ pro Stunde
- U: Beanspruchungsdauer 3000 Stunden
- V: Mechanische Beanspruchung
  Schwingen 10 bis 55 Hz, 50 m/s²
  Schocken 150 m/s², 11 ms
- N: Luftdruck bis 840 mbar und Betriebshöhe bis 1000 m über NN
- Z: Sonderbeanspruchung laut Einzelbestimmung

Kurzschreibweise von Datumsangaben für Kondensatoren und Widerstände nach DIN IEC 62 (11.90)

In der Kurzschreibweise von Datumsangaben (z. B. Herstellungsdatum) auf den Bauelementen ist zuerst das Jahr, dann der Monat angegeben.

Kurzschreibweise für die Jahresangabe[1]

1990	A	1994	E	1998	K	2002	P	2006	U
1991	B	1995	F	1999	L	2003	R	2007	V
1992	C	1996	G	2000	M	2004	S	2008	W
1993	D	1997	H	2001	N	2005	T	2009	X

Kurzschreibweise für die Monatsangabe

Januar	1	April	4	Juli	7	Okt.	O
Febr.	2	Mai	5	August	8	Nov.	N
März	3	Juni	6	Sept.	9	Dez.	D

Beispiel: D3 entspricht März 1993.

[1] Die Kurzzeichen wiederholen sich in einem 20jährigen Zyklus.

4.1 Widerstände

Nennwerte-Reihen (E-Reihen) Vorzugsreihen nach DIN IEC 63 (12.85)

E 6	1,0				1,5			
E 12	1,0		1,2		1,5		1,8	
E 24	1,0	1,1	1,2	1,3	1,5	1,6	1,8	2,0
E 6	2,2				3,3			
E 12	2,2		2,7		3,3		3,9	
E 24	2,2	2,4	2,7	3,0	3,3	3,6	3,9	4,3
E 6	4,7				6,8			
E 12	4,7		5,6		6,8		8,2	
E 24	4,7	5,1	5,6	6,2	6,8	7,5	8,2	9,1

Reihen für Nennwerte mit enger Stufung

E 48	E 96	E 48	E 96	E 48	E 96	E 48	E 96
100	100	178	178	316	316	562	562
	102		182		324		576
105	105	187	187	332	332	590	590
	107		191		340		604
110	110	196	196	348	348	619	619
	113		200		357		634
115	115	205	205	365	365	649	649
	118		210		374		665
121	121	215	215	383	383	681	681
	124		221		392		698
127	127	226	226	402	402	715	715
	130		232		412		732
133	133	237	237	422	422	750	750
	137		243		432		768
140	140	249	249	442	442	787	787
	143		255		453		806
147	147	261	261	464	464	825	825
	150		267		475		845
154	154	274	274	487	487	866	866
	158		280		499		887
162	162	287	287	511	511	909	909
	165		294		523		931
169	169	301	301	536	536	953	953
	174		309		549		976

Den E-Reihen lassen sich zulässige Abweichungen (Toleranz-%-Zahlen) zuordnen:
Reihe E 6: ±20%; Reihe E12: ±10%; Reihe E 24: ± 5%;
Reihe E48: ± 2%; Reihe E96: ± 1%; Reihe E192: ±0,5%.

Normzahlreihen nach DIN 323 (8.74)

R 5	1,00				1,60			
R 10	1,00		1,25		1,60		2,00	
R 20	1,00	1,12	1,25	1,40	1,60	1,80	2,00	2,24
R 5	2,50				4,00			
R 10	2,50		3,15		4,00		5,00	
R 20	2,50	2,80	3,15	3,55	4,00	4,50	5,00	5,60
R 5	6,30							
R 10	6,30		8,00					
R 20	6,30	7,10	8,00	9,00				

Werte im Dezimalbereich unter 1 und über 10 werden von den Werten der Tabelle durch die Multiplikation mit ganzen positiven oder negativen Potenzen von 10 abgeleitet.

Kennzeichnung der Kapazitäts- und Widerstandswerte und deren zulässige Abweichungen nach DIN IEC 62 (11.90)

Neben dem Farbcode (siehe Seite 4-4) wird für die Kennzeichnung von Widerständen und Kondensatoren auch ein **Buchstabencode** angewandt. Dabei wird jeder Zahlenwert durch eine Zahlen-Buchstabenkombination ausgedrückt: Die **Ziffern** der Kapazitäts- bzw. Widerstandswerte sind **in Klarschrift** angegeben, das **Komma** ersetzt **ein Buchstabe mit der Bedeutung eines Multiplikators** entsprechend der folgenden Tabelle.

Kondensatoren		Widerstände	
Kennbuchstabe	Multiplikator	Kennbuchstabe	Multiplikator
p	10^{-12} Pico	R	10^0 —
n	10^{-9} Nano	K	10^3 Kilo
µ	10^{-6} Mikro	M	10^6 Mega
m	10^{-3} Milli	G	10^9 Giga
F	10^0 —	T	10^{12} Tera

Kennzeichnung von zweiziffrigen Werten

Kondensatoren		Widerstände	
Kapazitätswert	Kennzeichnung	Widerstandswert	Kennzeichnung
0,39 pF	p 39	0,39 Ω	R39
3,9 pF	3 p 9	3,9 Ω	3 R 9
39 pF	39 p	39 Ω	39 R
390 pF	390 p	390 Ω	390 R
0,39 nF	n 39	0,39 kΩ	K 39
3,9 nF	3 n 9	3,9 kΩ	3 K 9
39 nF	39 n	39 kΩ	39 K
390 nF	390 n	390 kΩ	390 K
0,39 µF	µ 39	0,39 MΩ	M 39
3,9 µF	3 µ 9	3,9 MΩ	3 M 9
39 µF	39 µ	39 MΩ	39 M
390 µF	390 µ	390 MΩ	390 M
390 µF	m 39	0,39 GΩ	G 39
3900 µF	3 m 9	3,9 GΩ	3 G 9
39000 µF	39 m	39 GΩ	39 G
390000 µF	390 m	390 GΩ	390 G

Kennzeichnung von dreiziffrigen Werten

Kondensatoren		Widerstände	
Kapazitätswert	Kennzeichnung	Widerstandswert	Kennzeichnung
3,96 pF	3 p 96	3,96 Ω	3 R 96
39,6 pF	39 p 6	39,6 Ω	39 R 6
396 pF	396 p	396 Ω	396 R

Kennzeichnung von vierziffrigen Werten

Kondensatoren		Widerstände	
Kapazitätswert	Kennzeichnung	Widerstandswert	Kennzeichnung
0,3961 nF	n 3961	396,1 Ω	396 R 1
3,961 nF	3 n 961	3,961 kΩ	3 K 961
39,61 nF	39 n 61	39,61 kΩ	39 K 61

Zulässige Abweichungen: siehe folgende Seite.

4.1 Widerstände

Fortsetzung DIN IEC 62

Zulässige Abweichungen:

Die zulässigen Abweichungen in % (bzw. in pF für Kapazitätswerte < 10 pF) werden durch große Buchstaben angegeben.

Buchstabe	zul. Abw.	Buchstabe	zul. Abw.	Buchstabe	zul. Abw.
E	± 0,005	G	± 2	Q	+ 30 / − 10
L	± 0,01	J	± 5		
P	± 0,02	K	± 10	T	+ 50 / − 10
W	± 0,05	M	± 20		
B	± 0,1	N	± 30	S	+ 50 / − 20
C	± 0,25				
D	± 0,5			Z	+ 80 / − 20
F	± 1				

Beispiele:

$6\,p\,8\,D \triangleq 6{,}8\,pF \pm 0{,}5\,pF$

$27\,pF \triangleq 27\,pF \pm 1\%$

$32\,\mu S \triangleq 32\,\mu F + 50\% / - 20\%$

$8\,R\,2\,K \triangleq 8{,}2\,\Omega \pm 10\%$

$96\,R\,7\,G \triangleq 96{,}7\,\Omega \pm 2\%$

Farbkennzeichnung von Widerständen

Die Widerstandswerte und die Toleranz von Widerständen werden durch Farbkennzeichnungen dargestellt. Die Kennzeichnung erfolgt durch umlaufende Farbringe auf dem Widerstandskörper, aber auch durch Punkte oder Striche. Der erste Ring liegt näher an dem einen Ende des Widerstandes als der letzte Ring am anderen Ende. Farbkennzeichnung des Temperaturkoeffizienten nur, wenn der Widerstandswert (3 Ziffern) und die Toleranz gekennzeichnet sind.

Farbe	Widerstandswert in Ω Zählende Ziffern	Multiplikator	Toleranz in %	Temperaturkoeffizient $(10^{-6}/°C)$
schwarz	0	10^0	—	± 250
braun	1	10^1	± 1	± 100
rot	2	10^2	± 2	± 50
orange	3	10^3	—	± 15
gelb	4	10^4	—	± 25
grün	5	10^5	± 0,5	± 20
blau	6	10^6	± 0,25	± 10
violett	7	10^7	± 0,1	± 5
grau	8	10^8	—	± 1
weiß	9	10^9	—	—
gold	—	10^{-1}	± 5	—
silber	—	10^{-2}	± 10	—
keine	—	—	± 20	—

Als Ziffern gibt man in Farbkennzeichnung in der Regel die Werte einer E-Reihe („internationale Reihe") an.

Beispiel:

gelb : 1. Ziffer = 4
violett : 2. Ziffer = 7
braun : Multiplikator = 10^1
gold : Toleranz = ±5%

$R = 470\,\Omega \pm 5\%$

Zementierte Drahtfestwiderstände nach DIN 45921

DIN	Anschlußart	Anwendung
Teil 207 (12.85)	axiale Drahtanschlüsse	Säure-, laugen- und halogenhaltige Löt- und Reinigungsmittel bei der Anwendung vermeiden
Teil 208 (3.85)	Schellenanschlüsse	

Drahtanschluß

Schellenanschluß

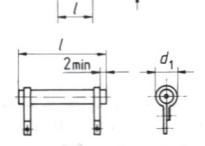

Die **Nennwiderstandswerte** sind der Reihe E 12 (s. S. 4-3) zu entnehmen.

Zulässige Veränderung des Widerstandswertes nach 8000 h (bezogen auf den Widerstandswert bei der Anlieferung)

Teil 207		Teil 208	
150 °C	+ 3% bis − 1,5%	150 °C	+ 3% bis − 1,5%
250 °C	+ 4% bis − 2,5%	300 °C	+ 5% bis − 2%
300 °C	+ 6% bis − 3%	400 °C	+ 6% bis − 3%

Teil 207			Teil 208		
Größe $d_1 \times l$ (max) mm	Baugröße	zul. Dauerspannung (Gleich- oder Effektivwert)	Größe $d_1 \times l$ (max) mm	Baugröße	zul. Dauerspannung (Gleich- oder Effektivwert)
6 × 14	FC	100 V	9 × 45	AC	250 V
6,5 × 20	GC	150 V	13 × 55	BC	300 V
10 × 23	HC	200 V	16 × 63	CC	400 V
10 × 36	KC	350 V	16 × 100	DC	750 V
10 × 53	LC	500 V	24 × 100	EC	750 V
			24 × 165	FC	1000 V
			24 × 265	GC	2500 V
			36 × 330	HC	3000 V

	Belastbarkeit in W für Widerstände n. Teil 207 bei Umgebungstemperatur $\vartheta_U = 70\,°C$ und einer Oberflächentemperatur ϑ_O in °C				Wärmewiderstand R_{th} in K/W bei $\vartheta_O = 150\,°C$
Baugröße	150	200	250	300	
FC	0,8	1,3	1,8	2,5	100
GC	1,0	1,7	2,6	3,5	80
HC	1,5	2,5	3,7	5,0	53
KC	1,7	2,9	4,4	6,0	47
LC	2,5	4,6	6,7	9,0	30

	Belastbarkeit in W für Widerstände n. Teil 208 bei Umgebungstemperatur $\vartheta_U = 70\,°C$ und einer Oberflächentemperatur ϑ_O in °C				Wärmewiderstand R_{th} in K/W bei $\vartheta_U = 25\,°C$ und $\vartheta_O = 150\,°C$
Baugröße	150	200	300	350	400	
AC	1,6	3	6	7,5	9	50
BC	3	5	10	13	15	27
CC	3,8	7	14	17	21	21
DC	5,5	10	21	28	36	15
EC	10	16,5	30	37	45	8,0
FC	16,5	27	55	70	85	4,8
GC	27,5	49	100	130	160	2,9
HC	43	76	160	212	280	1,9

4.1 Widerstände

Schicht-Festwiderstände

Schichtmaterial	Kohle			Kohle-gemisch	Metall	Metall-oxid	Metall-glasur
Anforderungen	allgemein	erhöht	erhöht	allgemein	erhöht	erhöht	erhöht
DIN	44051 (9.83)	44052 (9.83)	44055 (9.83)	44054 (9.83)	44061 (9.83)	44063 (9.83)	44064 (9.83)
Anwendungs-klasse	FKF (FHF)	FKF	FKF	FKF	EKF	FHF FZF	FHF
Widerstandswerte-Reihe	E 24	E 24	E 24	E 24	E 24 E 96	E 24	E 24 E 48
Widerstandsab-weichung bei Anlieferung	± 2 % ± 5 %	± 2 % ± 5 %	± 1 % ± 2 %	± 2 % ± 10 %	± 0,5 % ± 1 % ± 2 %	± 2 % ± 5 %	± 0,5 % ± 1 % ± 2 %
Temperaturkoeffi-zient in 10^{-6}/K (zwischen 20 °C und 70 °C)	−150 bis −1500			± 1300	B[1]): 0 ± 100 C: 0 ± 50 D: 0 ± 25 E: 0 ± 15	± 250	B[1]): 0 ± 100 C: 0 ± 50
ΔR_{zul} nach 1000 h Dauerprüfung bei P_{70}	≤ ± (5 % · R + 0,1 Ω) bis 1 MΩ $^{+10}_{-5}$ % · R über 1 MΩ	≤ ± (2 % · R + 0,05 Ω) bis 1 MΩ $^{+4}_{-2}$ % · R über 1 MΩ	≤ ± (1 % · R + 0,05 Ω) bis 1 MΩ $^{+2}_{-1}$ % · R über 1 MΩ	≤ ± ($^{+2}_{-5}$ % · R + 0,1 Ω)	≤ ± ($^{+1}_{-0,5}$ % · R + 0,05 Ω)	≤ ± (2 % · R + 0,1 Ω)	≤ ± (1 % · R + 0,1 Ω)
ΔR_{zul} nach 8000 h Dauerprüfung bei P_{70}	≤ ($^{+10}_{-5}$ % · R + 0,1 Ω) bis 1 MΩ $^{+20}_{-5}$ % · R über 1 MΩ	≤ ($^{+4}_{-2}$ % · R + 0,05 Ω) bis 1 MΩ $^{+8}_{-2}$ % · R über 1 MΩ	≤ ($^{+2}_{-1}$ % · R + 0,05 Ω) bis 1 MΩ $^{+4}_{-1}$ % · R über 1 MΩ	≤ ± ($^{+4}_{-15}$ % · R + 0,1 Ω)	≤ ± ($^{+2}_{-0,5}$ % · R + 0,05 Ω)	≤ ± ($^{+4}_{-3}$ % · R + 0,1 Ω)	≤ ± (2 % · R + 0,1 Ω)

[1]) Diese Buchstaben sind der 2. Kennbuchstabe der Baugrößebezeichnung.

Baugröße	Belast-barkeit[1]) W	Höchste Dauerspan-nung[2]) V	Zul. Span-nung gegen Umgebung[3]) V	Wärme-widerstand K/W	Baugröße	Belast-barkeit[1]) W	Höchste Dauerspan-nung[2]) V	Zul. Span-nung gegen Umgebung[3]) V	Wärme-widerstand K/W
Kohleschichtwiderstände nach DIN 44051					Metallschichtwiderstände nach DIN 44061				
AC (0204)	0,21	200	210	400	A*) (0204)	0,21	200	210	400
CC (0207)	0,34	250	210	250	C*) (0207)	0,34	250	210	250
DC (0309)	0,4	300	210	210	D*) (0309)	0,4	300	210	210
EC (0411)	0,53	350	250	160	E*) (0411)	0,53	350	250	160
FC (0414)	0,57	350	250	150	F*) (0414)	0,57	350	250	150
HC (0617)	0,71	500	250	120	H*) (0617)	0,71	350	250	120
KC (0922)	1,13	750	250	75	Metalloxidschichtwiderstände nach DIN 44063				
LC (0933)	1,31	750	250	65	CV (0411)	0,66	350	400	160[4])
Kohleschichtwiderstände nach DIN 44052					NV (0414)	0,66	350	400	160[4])
AC (0204)	0,14	150	210	400	DV (0617)	1,0	500	400	105[4])
CC (0207)	0,22	150	210	250	EV (0922)	2,5	500	400	70[4])
DC (0309)	0,26	150	210	210	FV (0933)	3,0	600	400	60[4])
EC (0411)	0,34	250	250	160	Metallglasurwiderstände nach DIN 44064				
FC (0414)	0,37	250	250	150	A*) (0207)	0,5	350	500	170
HC (0617)	0,45	350	250	120	B*) (0309)	0,65	350	750	130
KC (0922)	0,73	500	250	75	C*) (0617)	1,0	500	750	85
LC (0933)	0,85	750	250	65					
Kohleschichtwiderstände nach DIN 44055									
CC (0207)	0,22	150	210	250					
DC (0309)	0,26	150	210	210					
EC (0411)	0,34	250	250	160					
HC (0617)	0,45	350	250	120					
Kohlegemischschichtwiderstände nach DIN 44054									
AC (0207)	0,27	250	500	205					
BC (0309)	0,32	250	750	170					
CC (0411)	0,45	350	750	120					
DC (0615)	1,0	500	1000	85					

*) 2. Kennbuchstabe zur Kennzeichnung des Temperaturkoeffizienten.
[1]) Bei 70 °C und einer Temperatur an der wärmsten Stelle der Oberfläche $\vartheta_0 = 155$ °C (für DIN 44051; 44054 Baugröße DC; 44061; 44064) bzw. $\vartheta_0 = 125$ °C (für DIN 44052; 44055; 44054 Baugröße AC, BC) bzw. $\vartheta_0 = 175$ °C (für DIN 44063 Baugröße CV, NV, DV) bzw. $\vartheta_0 = 220$ °C (für DIN 44063 Baugröße EV, FV).
[2]) Gleichspannung oder effektive Wechselspannung.
[3]) Gleichspannung oder Scheitelwert der Wechselspannung, Prüfspannung 1 min.
[4]) Gilt für $\vartheta_0 = 175$ °C. Bei $\vartheta_0 = 220$ °C gilt für Baugröße EV 65 K/W und für Baugröße FV 50 K/W.

4.2 Drehwiderstände

Potentiometer

Potentiometer ermöglichen durch die kreisförmige Bewegung eines Schleiferkontaktes eine **stetige Widerstandswertveränderung**. Der Widerstandswerkstoff überdeckt als leitende Schicht ein nichtleitendes Trägermaterial (z. B. Schichtpreßstoff).

Eine einfache Bauart ist das **Trimmpotentiometer**.

Beim **Mehrfach-Potentiometer** können mehrere Potentiometer gemeinsam durch eine Welle oder auch einzeln durch konzentrische Wellen betätigt werden.

Die Potentiometer haben folgende **Anwendungsklassen** nach DIN 40040 (siehe Seite 4-1): JSG, HSF, JSD.

Widerstandskurvenformen

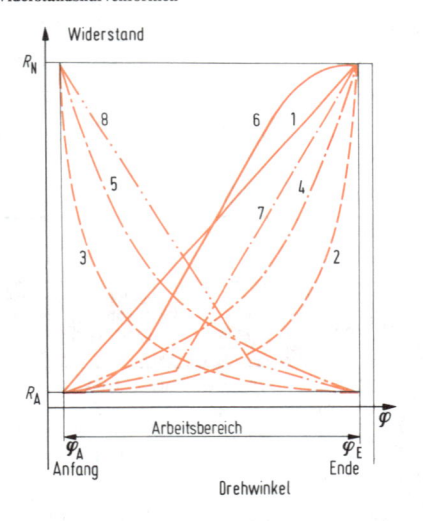

Die Lötanschlüsse der Potentiometer sind folgendermaßen bezeichnet:

A Anfangsanschluß   S Schleiferanschluß
E Endanschluß   ⊥ Erdungsanschluß

Anordnung der Lötanschlüsse von der Bedienungsseite aus gesehen:

Potentiometer für Drahtanschluß   Potentiometer für gedruckte Schaltung

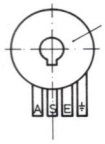

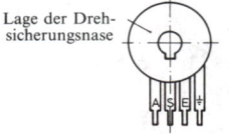

Lage der Drehsicherungsnase

Potentiometer zur Leiterplattenbefestigung, Welle parallel zur Leiterplatte:

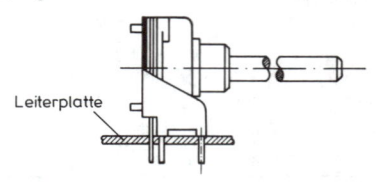

Potentiometer können mit einem Drehschalter (d), Schiebeschalter (s), Druckfolgeschalter (f) bzw. Druckrastenschalter (r) zusammengebaut werden. Die Schalter können einpolig (1/1) oder zweipolig (1/2) gebaut werden.

Die Potentiometer haben **Nennwiderstandswerte** entsprechend der Reihe E 3 (siehe Seite 4-3).

Obige Widerstandskurven geben die Veränderung des Widerstandswertes R in Abhängigkeit vom Wellendrehwinkel φ an.

Nummer	Kurvenform	
1	linear	lin
2	steigend exponentiell	+ e
3	fallend exponentiell	− e
4	gehoben steigend exponentiell	+ lg
5	gehoben fallend exponentiell	− lg
6	S-förmig	S
7	ansteigend mit zwei linearen Teilstrecken	
8	fallend mit zwei linearen Teilstrecken	

Weitere Kurvenformen (11, 12, 13, 41, 51, 61, 91, 92, 93) siehe DIN 45922 Teil 13 (12.79).

Potentiometer mit Widerstandsträger aus Schichtpreßstoff

Größe			16	20	25
Belastbarkeit in W	Kurven	1, 11, 12, 13	0,1	0,2	0,3
		2 bis 93	0,05	0,1	0,15
Nennwiderstandsbereiche	Kurven	1, 11, 12, 13	100 Ω bis 4,7 MΩ		
		2, 3, 4, 5, 6, 91, 92, 93	1 kΩ bis 4,7 MΩ		
		41, 51	10 kΩ bis 4,7 MΩ		
Grenzspannung in V	Kurven	1, 11, 12, 13	200	300	400
		2 bis 93	150	200	250

Trimmpotentiometer mit keramischen Widerstandsträgern

Größe		10	16
Belastbarkeit in W	Kurve 1	0,5	1
	Kurven 7, 8	0,25	0,5
Nennwiderstandsber.	Kurve 1	100 Ω − 1 MΩ	100 Ω − 2,2 MΩ
	Kurven 7, 8	1 kΩ − 0,47 MΩ	1 kΩ − 1 MΩ
Grenzspannung in V	Kurve 1	150	300
	Kurven 7, 8	100	200

Temperaturbeiwert in K^{-1} (Maximalwerte)
Schichtpreßstoffträger: $-2 \cdot 10^{-3}$ bis $+10^{-3}$
Keramikträger: -10^{-3} bis $+10^{-3}$

4.3 Widerstands-Nomogramm

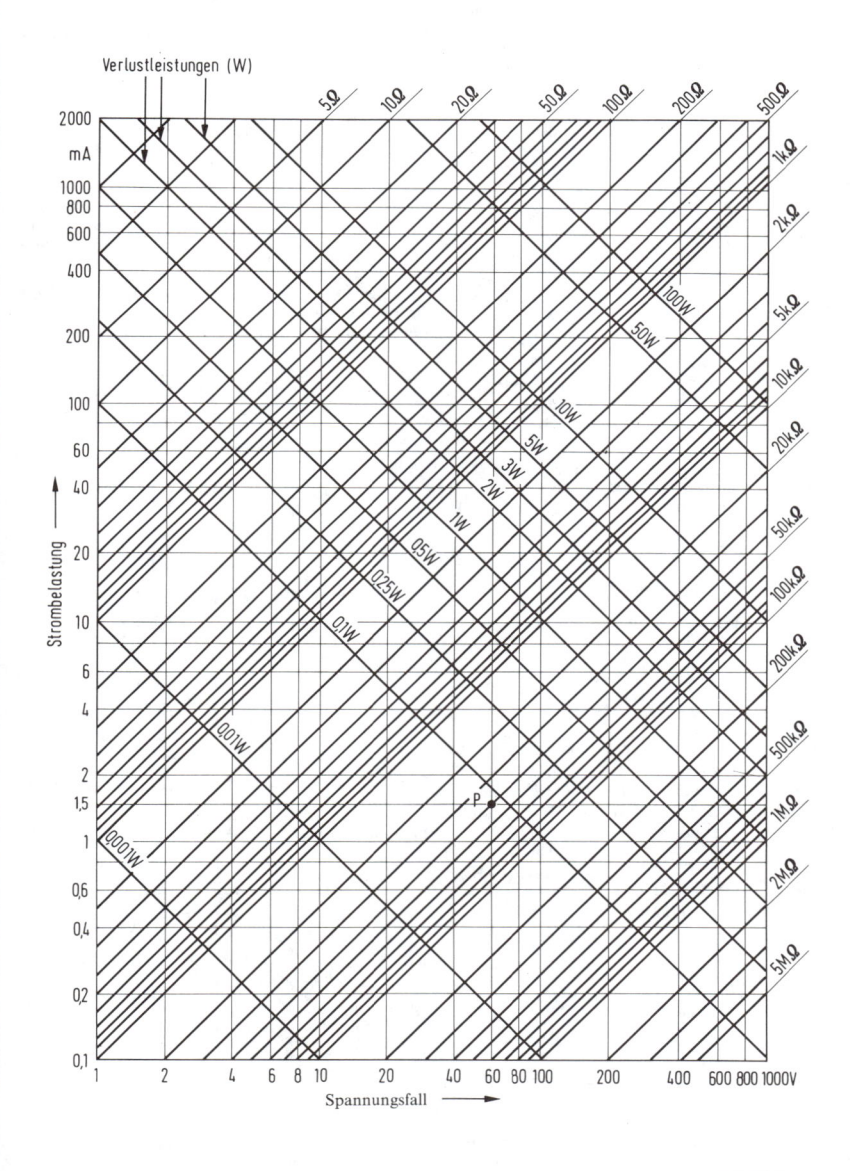

Beispiel: Widerstand an 60 V nimmt 1,5 mA auf. Wie groß sind Widerstandswert und Leistung? **Lösung:** Waagerechte Linie für $I = 1,5$ mA und senkrechte Linie für $U = 60$ V schneiden sich im Punkt P. Widerstandswert $R = 40$ kΩ ist durch die nach rechts oben ansteigende Widerstandsgerade gegeben, Leistung $P \approx 0,1$ W durch die nach rechts fallende Verlustleistungsgerade.

4.4 Heißleiter

Heißleiter – auch als Thernewide, Newide, Thermistoren und NTC-Widerstände bezeichnet – sind elektrische Widerstände mit stark negativen Temperaturbeiwerten α_T, die bei Zimmertemperatur −2,5 bis −5,5% je K betragen.

$$R_1 = R_2 \cdot e^{B\left(\frac{1}{T_1} - \frac{1}{T_2}\right)}$$

$$R_1 = R_2 \cdot e^{\alpha_R \cdot \Delta T \cdot \frac{T_2}{T_1}}$$

$$\alpha_R = \frac{-B}{T^2}$$

R_1 Heißleiterwiderstand bei der Temperatur T_1 in K
R_2 Heißleiterwiderstand bei der Bezugstemp. T_2 in K
e nat. Zahl = 2,718
B Materialkonstante in K
α_R Temperaturkoeffizient in 1/K

Beispiel: Heißleiter Typ A 34–2/30
Dieser Heißleiter hat bei 20 °C einen Widerstand $R_{20} = 5000\,\Omega$ und einen B-Wert von 3440 K.
Gesucht: Widerstand bei 100 °C
Lösung:

$$R_1 = R_2 \cdot e^{B\left(\frac{1}{T_1} - \frac{1}{T_2}\right)}$$

$$R_1 = 5000\,\Omega \cdot e^{3440\left(\frac{1}{373} - \frac{1}{293}\right)}$$

$$R_1 = 5000 \cdot 2{,}718^{-2{,}55}\,\Omega = 5000 \cdot \frac{1}{12{,}8}\,\Omega = \mathbf{390\,\Omega}$$

Die B-Werte der Heißleiter lassen sich aus der Messung der Widerstandswerte R_1 (bei der Temperatur T_1) und R_2 (bei der Temperatur T_2) bestimmen:

$$B = 2{,}3 \cdot \frac{\lg R_1 - \lg R_2}{\frac{1}{T_1} - \frac{1}{T_2}}$$

R_1; R_2 Widerstandswerte in Ω
T_1; T_2 Temperaturen in K

Beispiel: $R_1 = 2{,}5\,k\Omega$; $t_1 = 25\,°C$;
$R_2 = 325\,\Omega$; $t_2 = 85\,°C$

Gesucht: B in K

Lösung:

$$B = 2{,}3 \cdot \frac{\lg R_1 - \lg R_2}{\frac{1}{T_1} - \frac{1}{T_2}} = 2{,}3 \cdot \frac{\lg 2500 - \lg 325}{\frac{1}{298\,K} - \frac{1}{358\,K}}$$

$$B = 2{,}3 \cdot \frac{3{,}3979 - 2{,}5118}{(3{,}356 - 2{,}793) \cdot 10^{-3}}\,K = \mathbf{3620\,K}$$

Soll bei der Anwendung des Heißleiters **für dessen Widerstandswert die Umgebungstemperatur maßgebend** sein, so darf keine wesentliche Eigenerwärmung (Stromwärme) auftreten. Wird eine durch Eigenerwärmung erzeugte Übertemperatur von ΔT über Umgebungstemperatur zugelassen, so müssen folgende Grenzwerte eingehalten werden:

$$I = \sqrt{\frac{G_{th} \cdot \Delta T}{R_{HL}}}$$

$$U = \sqrt{G_{th} \cdot R_{HL} \cdot \Delta T}$$

I Strom in A
U Spannung in V
G_{th} Wärmeleitwert in W/K bzw. mW/°C
R_{HL} Heißleiterwiderstand in Ω
ΔT Differenz zwischen Heißleiter- und Umgebungstemp. in K

Bei geringer elektrischer Belastung hängt also der Heißleiterwiderstand R_{HL} von der Umgebungstemperatur $t_U = t_{HL}$ ab.

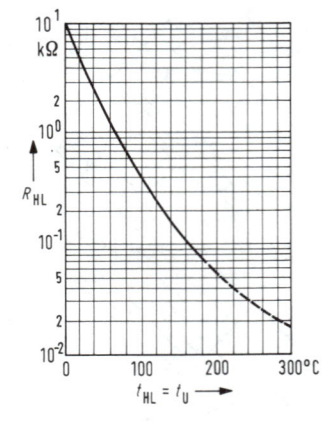

Bei erhöhter elektrischer Leistung erwärmt sich der Heißleiter durch die Stromwärme:

Stationäre Stromspannungskennlinie

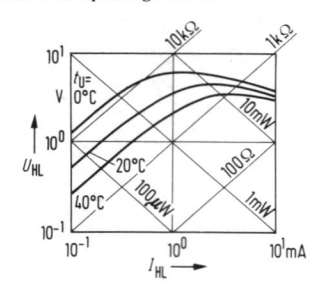

Die **thermische Abkühlzeitkonstante** τ_{th} ist die Zeit, in der sich die Temperatur eines Heißleiters bei Nullast um 63,2% der Gesamtdifferenz zwischen Anfangs- und Endtemperatur ändert.

Die **Parallelschaltung** vom eigenen Strom erwärmter Heißleiter ist ohne weiteres nicht möglich.

4.4 Heißleiter

Genormte Heißleiter

Bauart	direkt geheizt, Scheibenform, Größe 0505	direkt geheizt, Heißleiterperle, Größe 0206	direkt geheizt, Scheibenform, Größe 0303
DIN	44071 (12.76)	44072 (12.76)	44073 (8.78)
Anwendungsklassen nach DIN 40040 (s. Seite 4-1)	FKF, HKF, HHH	FEE	HKF
Nennwiderstandswerte R_N bei $25°C = R_{25}$	von 10 Ω bis 100 kΩ Reihe E 6	von 1 kΩ bis 1 MΩ Reihe E 6	von 100 Ω bis 100 kΩ Reihe E 6
Zulässige Abweichung des Widerstandswertes	± 10 % ± 20 %	± 10 % ± 20 %	± 10 % ± 20 %
Zulässige Änderung des Widerstandswertes R_{25} für 10000 h bei Temperatur	ϑ_{max} $\vartheta \leq 100°C$ ± 15 % $\vartheta \leq 85°C$ ± 10 % $\vartheta \leq 60°C$ ± 5 %	± 5 % ± 3 %	± 15 % ± 10 % ± 5 %
Belastbarkeit P in W bei 25 °C	0,6	0,1	0,2
Wärmeleitwert G_{th} in mW/K bei 25 °C	≥ 0,6	> 0,55	≥ 2
Thermische Abkühlzeitkonstante τ_{th} in s	(20 ± 5)	7 (Richtwert)	(15 ± 5)

Mittlere B-Werte und Widerstandswert-Temperatur-Charakteristik

R_{25} in Ω	Mittl. B-Wert K	R_{85}/R_{25} (mittel)	R_{25} in kΩ	Mittl. B-Wert K	R_{85}/R_{25} (mittel)
Scheibenform, direkt geheizt, nach DIN 44071					
10	2670	0,22	1	3700	0,13
15	2760	0,21	1,5	3790	0,12
22	2850	0,20	2,2	3870	0,11
33	2940	0,19	3,3	3960	0,11
47	3010	0,18	4,7	4040	0,10
68	3100	0,18	6,8	4120	0,10
100	3180	0,17	10	4210	0,09
150	3270	0,16	15	4250	0,09
220	3360	0,15	22	4290	0,09
330	3450	0,14	33	4330	0,09
470	3530	0,14	47	4360	0,09
680	3610	0,13	68	4400	0,08
			100	4440	0,08
Heißleiterperle, direkt geheizt, nach DIN 44072					
1000	2610	0,23	47	3855	0,11
1500	2805	0,21	68	4005	0,11
2200	2970	0,19	100	4060	0,10
3300	3040	0,18	150	4130	0,10
4700	3550	0,14	220	4230	0,09
6800	3600	0,13	330	4290	0,09
10000	3665	0,13	470	4350	0,09
15000	3625	0,13	680	4400	0,08
22000	3730	0,12	1000	4250	0,09
33000	3730	0,12			
Scheibenform, direkt geheizt, nach DIN 44073					
100	2800	0,21	4,7	3900	0,11
150	3000	0,19	6,8	4000	0,105
220	3000	0,19	10	4000	0,105
330	3150	0,17	15	4100	0,10
470	3150	0,17	22	4100	0,10
680	3300	0,16	33	4150	0,097
1000	3300	0,16	47	4150	0,097
1500	3400	0,15	68	4300	0,09
2200	3400	0,15	100	4300	0,09
3300	3900	0,11			

Bauformen

Heißleiter nach DIN 44071
Form A — 6,2 / 5,5 max / 30 min — Anschlußdrähte ⌀ 0,5 oder 0,6
Form B — Übrige Maße wie Form A

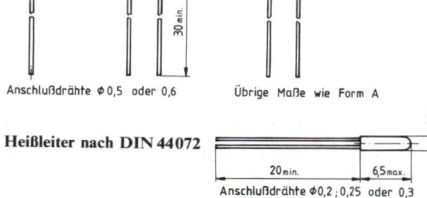

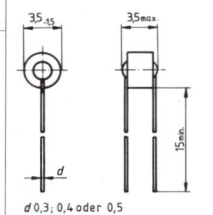

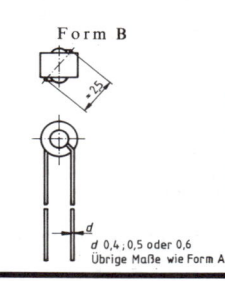

Heißleiter nach DIN 44072
20 min / 6,5 max / ⌀ 2 max — Anschlußdrähte ⌀ 0,2; 0,25 oder 0,3

Heißleiter nach DIN 44073
Form A — 3,5 / 1,5 / 3,5 max / 15 min — d 0,3; 0,4 oder 0,5
Form B — d 0,4; 0,5 oder 0,6 — Übrige Maße wie Form A

4.5 Kaltleiter

Kaltleiter (PTC-Widerstände) nach DIN 44080 (10.83)

Widerstandswert-Temperatur-Charakteristik

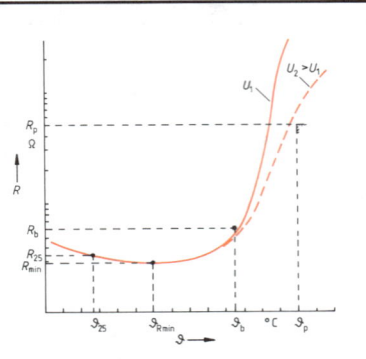

Bei der Temperatur 25 °C (ϑ_N) beträgt der Widerstandswert R_{25} (R_N = Nennwiderstandswert, wenn nicht anders angegeben). Bei der Temperatur $\vartheta_{R\,min}$ erreicht der Kaltleiter seinen kleinsten Nullast-Widerstandswert R_{min}. Bei der Bezugstemperatur $\vartheta_b > \vartheta_{R\,min}$ setzt der annähernd sprungförmige Widerstandswertanstieg ein, dabei liegt der Bezugswiderstandswert R_b vor.

Mit dem Anstieg der Temperatur auf ϑ_p erreicht – bei höchster zugelassener Spannung – im steilen Kennlinienteil der Nullast-Widerstand den Wert R_p (garantierter Mindestwert).

Der Temperaturkoeffizient des Kaltleiters, der in %/K angegeben wird, läßt sich nach der folgenden Formel berechnen:

$$\alpha_R \approx 230 \cdot \lg\left(\frac{R_p}{R_b}\right) \cdot \frac{1}{\vartheta_p - \vartheta_b}$$

Bei 25 °C und in ruhender Luft darf am Kaltleiter im stationären, hochohmigen Zustand dauernd die maximale Betriebsspannung U_{max} (Gleichspannung) liegen. Falls notwendig, ist beim Einschalten der Einschaltstrom durch einen Vorwiderstand zu begrenzen.

Anwendungsmöglichkeiten

1. Der Kaltleiter wird an eine Spannung ≤ 1,5 V gelegt und hat jeweils die Temperatur seiner Umgebung. Hierzu gehört die Verwendung für Temperaturmeß- und -regelaufgaben.
2. Der Kaltleiter wird an höhere Spannungen gelegt und heizt sich elektrisch auf. Unter diesen Bedingungen benutzt man zur Beschreibung des elektrischen Zustands die **stationäre Stromspannungskennlinie** (siehe Bild rechts oben):

Im Bereich der Eigenerwärmung kann der Kaltleiter als Zeitglied, Überlastungsschutz oder Stromstabilisator eingesetzt werden.

Die **Reihenschaltung** vom eigenen Strom erwärmter Kaltleiter ist nicht möglich.

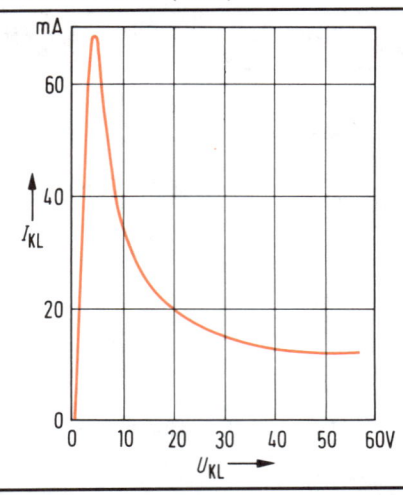

Kaltleiter für thermischen Maschinenschutz nach DIN 44081 (6.80)

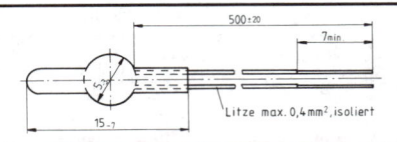

Anwendungsklasse nach DIN 40040 (4.87)	HFF
Maximale Betriebsspannung U_{max}	30 V –
Widerstands-Temperatur-Charakteristik, Grenzwerte bei Nullast (bei $\vartheta < -20°C$ kann $R > 250\,\Omega$ sein)	bei $\vartheta_{NAT} - 5\,K$: $R \leq 550\,\Omega$ [1] bei $\vartheta_{NAT} + 5\,K$: $R \geq 1330\,\Omega$ [1] bei $\vartheta_{NAT} + 15\,K$: $R \geq 4000\,\Omega$ [2] im Bereich von $-20°C$ bis $\vartheta_{NAT} - 20\,K$: $R \leq 250\,\Omega$ [1]
Vorzugswerte für die Nennansprechtemperatur ϑ_{NAT}	90 bis 160 °C in Stufen von je 10 K
Thermische Ansprechzeit t_a	≤ 10 s

Kennzeichnung der Nennansprechtemperatur ϑ_{NAT}

ϑ_{NAT} °C	Farbcodierung	ϑ_{NAT} °C	Farbcodierung
60	weiß/grau	140	weiß/blau
70	weiß/braun	145	weiß/schwarz
80	weiß/weiß	150	schwarz/schwarz
90	grün/grün	155	blau/schwarz
100	rot/rot	160	blau/rot
110	braun/braun	170	weiß/grün
120	grau/grau	180	weiß/rot
130	blau/blau		

[1]) Dabei Meßgleichspannung $U \leq 2,5$ V
[2]) Dabei Meßgleichspannung $U \leq 7,5$ V

4.6 Spannungsabhängige Widerstände

4.6.1 VDR-Widerstände

Spannungsabhängige Widerstände, auch VDR-Widerstände oder Thyrit-Widerstände genannt, bestehen aus Siliciumkarbidkörnern (SiC), die mit einem Bindemittel zusammen gesintert werden. Sie zeigen einen rasch **abnehmenden Widerstandswert, wenn die angelegte Spannung erhöht** wird. Der rechnerische Zusammenhang zwischen Spannung und Strom als zugeschnittene Größengleichung lautet:

$$\frac{U}{V} = C \cdot \left(\frac{I}{A}\right)^\beta$$

U angelegte Spannung
C Formkonstante
I Strom
β Werkstoffkonstante

C kennzeichnet den Widerstand bei einer bestimmten Spannung, β den Anstieg der Spannung mit dem Strom.

Das elektrische Verhalten spannungsabhängiger Widerstände wird üblicherweise durch die **Stromspannungskennlinie** angegeben, die als Beispiel für den Wert $\beta = 0{,}19$ dargestellt ist.

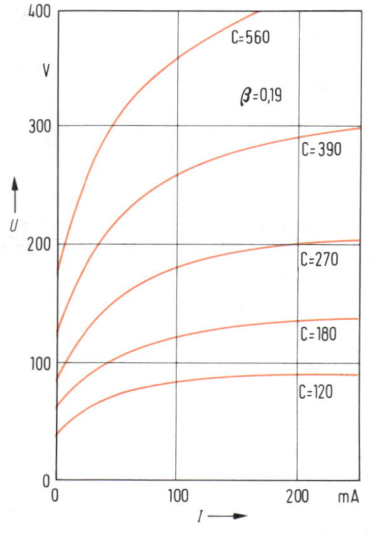

Übliche **Bauformen** spannungsabhängiger Widerstände sind Scheibenform (mit und ohne Mittelloch) oder Stabform. Die **Anwendung** erfolgt als Spannungsbegrenzer zur Verhinderung von Überspannungen (parallel zum gefährdeten Bauteil geschaltet), zur Spannungsstabilisierung sowie zur Funkenlöschung bei Kleinstmotoren.

Kenngrößen und -werte spannungsabhängiger Widerstände

Kenngröße		Kennwerte
Werkstoffkonstante	β	0,14 bis 0,40
Formkonstante	C	14 bis 1100
Maximale Spannung	U	6 bis 25 000 V
Maximaler Strom	I	0,09 bis 100 mA
Max. Verlustleistung	P_{tot}	0,8 bis 4 W

4.6.2 Metalloxid-Varistoren

Metalloxid-Varistoren sind im Aufbau einem kleinen Plattenkondensator vergleichbar, jedoch anstelle des Dielektrikums enthalten sie gesintertes Zinkoxid mit Beimengungen anderer Metalloxide. Sie zeichnen sich durch eine Z-Dioden-ähnliche Charakteristik (siehe Kennlinie) und sehr hohe Belastbarkeit aus. Ihr Widerstand von über 1 MΩ bricht bei Überspannung in weniger als 50 Nanosekunden im Extremfall auf weniger als 1 Ω zusammen. Diese hohe Spannungsabhängigkeit beruht auf dem veränderlichen Kontaktwiderstand zwischen den zusammengesinterten Zinkoxidkristallen.

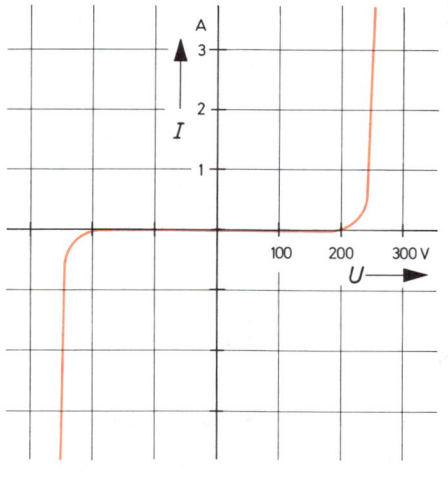

U/I-Kennlinie des Varistors S10K130

Typenbezeichnung der Metalloxid-Varistoren

Beispiel: **SIOV - S10K300**

Bedeutung: **SIOV** **SI**emens Metall-**O**xid **V**aristor
S Scheibentypen
10 Nenndurchmesser in mm (5, 7, 10, 14, 20 mm)
K Spannungstoleranz der Varistorspannung
K $\triangleq \pm 10\%$ S $\triangleq$ Spezial
J $\triangleq \pm 5\%$
300 Höchstzulässige sinusförmige Betriebswechselspannung
$U_{\text{eff max. zul.}}$
$U -$ max. zul. $\approx \sqrt{2} \cdot U_{\text{eff max. zul.}}$

Typen

SIOV-S	Scheibenvaristoren
SIOV-B	Blockvaristoren mit Kunststoffgehäuse
SIOV-C	Blockvaristoren mit Metallgehäuse
SIOV-K	„Knopf"-Varistor (Fernmelde-Varistor)

4.6 Spannungsabhängige Widerstände

Kenngrößen und -werte von Metalloxid-Varistoren

	Scheibentyp	Blocktyp B	Blocktyp C
Betriebsspannung	16–2000 V	185–1000 V	110–2000 V
Stoßstrom	bis 6500 A	bis 25000 A	bis 40000 A
Energieabsorption	bis 500 Ws	bis 1700 Ws	bis 5000 Ws
Dauerbelastbarkeit	bis 1 W	bis 1,2 W	bis 1,4 W
Betriebstemperaturbereich		-40 bis $+85\,°C$	
Temperaturkoeffizient der Ansprechspannung		$< -0,5 \cdot 10^{-3} \frac{1}{K}$	
Ansprechzeit		< 25 ns	
Spannungsfestigkeit		$> 2,5$ kV	

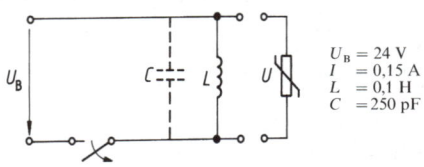

$U_B = 24$ V
$I = 0,15$ A
$L = 0,1$ H
$C = 250$ pF

Ein Varistor parallel zur Spule soll den Spannungsanstieg beim Abschalten begrenzen.

Die Auswahl des geeigneten Varistor-Typs

Die Auswahl erfolgt in drei Schritten:

1. Aufsuchen der Varistoren, die für die vorgesehene Betriebsspannung geeignet sind. Bei Anwendung als Spannungsbegrenzer wird der Varistor so gewählt, daß seine höchstzulässige Betriebsgleichspannung gleich dem vorgesehenen Spannungsbegrenzungspegel ist.

2. Unter Berücksichtigung der Werte für die höchstzulässige Dauerbelastung, die höchstzulässige Energieabsorption und dem höchstzulässigen Spitzenstrom (die beiden letztgenannten Werte unter Abschätzung der zu erwartenden Häufigkeit und Dauer des Impulses) wird der geeignetste Varistor ermittelt.

3. Der höchstmögliche Spannungsanstieg im Überspannungsfall am ausgewählten Varistor wird ermittelt und mit der Spannungsfestigkeit des zu schützenden Bauteils verglichen.

Berechnungsbeispiel: Abschalten einer Induktivität

Beim Abschalten lädt die Energie der Induktivität den parallel zur Spule liegenden Kondensator (Eigenkapazität der Spule!).

$$\frac{1}{2} L i^2 = \frac{1}{2} C u^2 \rightarrow u_{max} = i \cdot \sqrt{\frac{L}{C}}$$

$$u_{max} = 0,15 \text{ A} \cdot \sqrt{\frac{0,1 \text{ H}}{250 \text{ pF}}} = 3000 \text{ V}$$

1. Nach den Werten für die höchstzulässige Gleichspannung muß mindestens Typ S10K20 genommen werden; denn $20 \text{ V} \cdot \sqrt{2} = 28,28 \text{ V}$.

2. Der Varistor muß die Energie der Spule absorbieren.

$$E = \frac{1}{2} L i^2 = \frac{1}{2} 0,1 \text{ H} \cdot 0,15^2 \text{ A}^2 \approx 1,2 \text{ mWs}$$

Aus dem Kennlinienfeld S. 4-13 wird für den S10K20 bei 0,15 A ein Widerstand von

$$R_{Var.} \approx \frac{50 \text{ V}}{0,15 \text{ A}} = 333 \text{ Ω ermittelt.}$$

Damit wird die Zeitkonstante überschlagsmäßig

$$\tau = \frac{L}{R} = \frac{0,1 \text{ H}}{333 \text{ Ω}} = 0,3 \text{ ms} \quad (\tau \text{ nicht konstant!})$$

Der Varistor übernimmt also die Energie in angenähert 0,3 ms. Da er bei der Belastung mit einer Rechteckwelle von 2 ms bei 10^6 Stoßstrombelastungen 2,5 A maximal aufnehmen kann, ist er nicht überlastet.

Die zulässige Schalthäufigkeit ergibt sich zu:

$t = \frac{E}{P} = \frac{12 \text{ mWs}}{0,05 \text{ W}}$ E Energie, die der Varistor aufnehmen muß
$t = 24$ ms P Dauerbelastbarkeit (siehe Tabelle)
                               t Zeit

3. Dem Kennlinienfeld S. 4-13 ist zu entnehmen, daß die Spannung am Varistor bei 0,15 A auf maximal 50 V ansteigt. Dadurch wird die Spule nicht gefährdet.

Varistor-Scheibentypen (Auswahl)

Typ	max. Betriebsspannung V		max. Dauerbelastbarkeit W	max. Energieabsorption bei Rechteckwelle 2 ms Ws Anzahl der Absorptionen				max. Stoßstrom bei Rechteckwelle 2 ms A Anzahl der Stoßbelastgn.				Varistorspannung V
	U_{eff}	$U-$		1	10^2	10^4	10^6	1	10^2	10^4	10^6	
S10K14	14	18	0,05	2,1	0,4	0,29	0,22	20	5	3,4	2,5	22
S10K17	17	22	0,05	2,6	0,5	0,35	0,28	20	5	3,4	2,5	27
S10K20	20	26	0,05	3,2	0,7	0,41	0,33	20	5	3,4	2,5	33
S14K25	25	31	0,1	7,2	1,92	0,91	0,35	40	12	4,8	2,5	39
S14K30	30	38	0,1	8,8	2,35	1,11	0,45	40	12	4,8	2,5	47
S14K50	50	65	0,6	15	3,4	1,8	1,2	55	13	7,5	5	82
S20K95	95	125	1	52	12	5	2	100	25	11	4,5	150
S20K140	140	180	1	70	17	7	2,9	100	25	11	4,5	220
S20K175	175	225	1	90	21	8,6	3,4	100	25	11	4,5	270
S20K250	250	320	1	130	32	13,2	5,2	100	25	11	4,5	390
S20K385	385	505	1	140	45	18	9	70	25	10	4,8	620

4.6 Spannungsabhängige Widerstände

Kennlinien der Varistoren des Typs SIOV – S 10 K ...

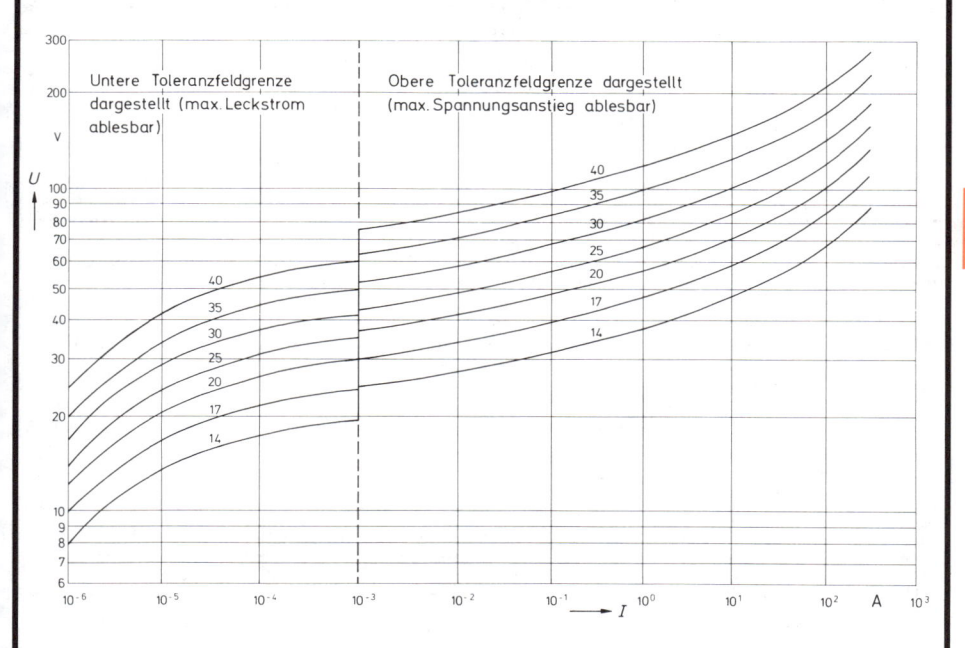

4.6.3. Funkenlösch-Schaltungen

Beim Abschalten von Induktivitäten entstehen hohe Selbstinduktionsspannungen. Um die Spule selbst oder auch andere Bauelemente des Stromkreises vor Zerstörung zu schützen bzw. elektrische Überschläge (Funken) an Kontakten zu vermeiden, werden nicht nur Varistoren benutzt, um die magnetische Feldenergie (s. S. 2-36) abzubauen.

Funkenlöschung mit *RC*-Glied

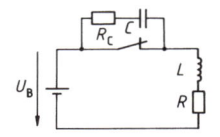

Beim Öffnen des Schalters fließt der Strom, als Kondensatorladestrom abnehmend, weiter über das *RC*-Glied; damit wird eine hohe Induktionsspannung vermieden.

Zur Bestimmung der Bauteiledaten geht man von der Zeitkonstanten aus:

$$\tau = \frac{L}{R + R_C} = (R + R_C) \cdot C$$

Wählt man $R_C = R$ und stellt man durch einen Korrekturfaktor sicher, daß die maximal am Kondensator auftretende Spannung nicht höher als die Betriebsspannung U_B wird, dann erhält man den Kondensator zu

$$C \geq \frac{L}{R^2}$$

Beispiel: $L = 0{,}8$ H; $R = 1200\ \Omega$
$R_C = ?\ \Omega;\ C = ?\ \mu F$

Lösung: Man wählt $R_C = R = 1200\ \Omega$.

$$C \geq \frac{L}{R^2} = \frac{0{,}8\ \text{H}}{1200^2\ \Omega^2} = 0{,}55\ \mu F$$

Gewählt wird $C = 0{,}68\ \mu F$.

Funkenlöschung mit Diode (Freilaufdiode)

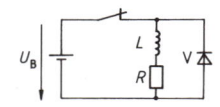

Bei geschlossenem Schalter ist die Diode in Sperrichtung an die Betriebsspannung gelegt. Die beim Abschalten auftretende Induktionsspannung ist so gerichtet, daß die Diode für den durch die Induktionsspannung hervorgerufenen Strom durchlässig ist.

Die Sperrspannung U_R der Diode muß mindestens 50% höher liegen als die Betriebsspannung U_B des Schaltkreises; u. U. müssen mehrere Dioden in Reihe geschaltet werden.

4.7 Überspannungsableiter (Ableiter)

Einteilung der Überspannungsableiter

Klasse	Einsatzort	Anforderungen	
A	Niederspannungsfreileitungen	kein Schutz gegen direktes Berühren, Überlastung/Zerstörung bei direkten Blitzeinschlägen, isolationsfest auch bei Witterungseinflüssen.	
B	Gebäude (Blitzschutzpotentialausgleich, Überspannungskategorie IV)	Schutz gegen direktes Berühren erforderlich.	
C	Gebäude (Überspannungsschutz, Überspannungskategorie III)	Überlastung führt nicht zu einer Brandgefahr.	Ansprechen der Abtrennvorrichtung bei Überlastung bei Defekt. Auslösen der Abtrennvorrichtung erkennbar.
D	Gebäude (ortsveränderlich an Steckdosen, Überspannungskategorie II)		

Begriffe

Bemessungsspannung U_r: Effektivwert der maximal zulässigen Spannung an den Klemmen des Ableiters.
Ansprechen: Entweder der Scheitelwert der ohmschen Komponente des Ableiterstromes wird 5 mA, oder es erfolgt ein Spannungseinbruch mit Ansteigen des Stromscheitelwertes auf über 5 mA.
Nennableitstromstoß: Stoßstrom nach dem Ansprechen der Stoßform 8/20 (Stirnzeit 8 µs; Rückenhalbwertszeit 20 µs).
Restspannung: Scheitelwert der Spannung am Ableiter beim Fließen des Ableitstoßstromes.
100%-Ansprech-Blitzstoßspannung: Augenblickswert der Spannung am Ableiter beim Ansprechen bei der Blitzstoßspannung 1,2/50 (Stirnzeit 1,2 µs; Rückenhalbwertszeit 50 µs).
Schutzpegel: Der höhere Wert aus 100%-Ansprech-Blitzstoßspannung und der Restspannung beim Nennableitstoßstrom.

Überspannungsableiter (Ventilableiter) bestehen aus spannungsabhängigen Widerständen (3) und/oder Funkenstrecken (2). Beide Elemente können parallel oder in Reihe geschaltet oder auch einzeln verwendet werden. Eine Abtrennvorrichtung (1) sorgt beim Versagen des Ableiters für die Trennung vom Netz. Nach dem Ansprechen der Abtrennvorrichtung ist ein Ableiter unbrauchbar geworden und muß ersetzt werden.

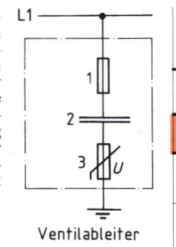

Ventilableiter

Überspannungsschutzmodule (Klasse D)

Typ	MM-NS	VC 280
Bemessungsspannung U_r	280 V/50 Hz	
Einsatzmöglichkeiten	in Reihe und parallel zum Betriebsstromkreis	
Nennstrom I_N	Reihe: bis 10 A parallel: beliebig	16 A
Nennableitstoßstrom (8/20)	1,5 kA (L(N)/PE) 1,5 kA (L/N) 2,5 kA (L, N/PE)	2,5 kA
Grenzableitstoßstrom (8/20)	5 kA (L, N/PE)	5 kA
Schutzpegel U_{sp}	bei 1,5 kA: ≤ 1,5 kV (L(N)/PE) ≤ 1 kV (L/N)	Ader/Erde bei 2,5 kA: ≤ 1250 V
Ansprechzeit t_A	25 ns (L/N) 100 ns (L, N)/PE)	≤ 25 ns
erforderliche Vorsicherung	max. 16 A gL	
Kurzschlußfestigkeit	6 kA/50 Hz bzw. entsprechend Vorsicherung	
Überwachungseinrichtung	Reihe: Netzunterbrechung parallel: externe Anzeige möglich	Anzeige: – Betriebsunterbrechung – Störanzeige einschalten – Betriebsanzeige aus

Überspannungsableiter (Klasse C)

Typ	VM 75	VM 130	VM 280	VM 500[1]
Bemessungsspannung U_r	75 V∼ 100 V−	130 V∼ 170 V−	280 V∼ 350 V−	500 V∼ 745 V−
Nennableitstoßstrom (8/20) i_{sN}	10 kA	10 kA	15 kA	10 kA
Schutzpegel bei 5 kA U_{sp} bei i_{sN}	< 300 V < 350 V	< 450 V < 550 V	950 V < 1,5 V	2 kV < 2,5 kV
Ansprechzeit t_A	< 25 ns			
Vorsicherung (wenn nicht im Netz)	max. 100 A gL			
Kurzschlußfestigkeit	25 kA/50 Hz bzw. entsprechend Vorsicherung			
Auslösestrom der Abtrennvorrichtung	5 A/30 s			
Betriebstemperaturbereich	−40 °C ⋯ +80 °C			
Anschlußquerschnitt	max. 25 mm²			

[1] Bevorzugte Anwendung in IT- und TT-Netzen 230/400 V und Industrienetzen 550 V (AC/DC).

4.8 Kondensatoren

Kondensatorart	Kurz-bezeichnung	Kapazitäts-bereich	Kapazitäts-toleranz in %	Temperatur-bereich in °C	Temperaturbeiwert in 1/°C	U_N in V	tan δ ≈	Anwendung und Eigenschaften	DIN
Keramik-Kondensatoren mit Dielektrikum aus Keramik Typ 1	P 100 NP 0 N 033 bis N 5600[1]	0,5 pF bis 390 pF	± 5 ± 10 ± 20	− 25 bis + 85	− 5600 bis + 100 · 10⁻⁶	30 bis 1000	$1 \cdot 10^{-3}$	Schwingkreis- und Filterkondensatoren. Koppel- und Entkoppelkondensatoren. Kleine Verluste.	41920 (2.65) 45910 T16,17 T20,21 (5.83)
Keramik-Kondensatoren mit Dielektrikum aus Keramik Typ 2	D 700 bis D10000[2]	190 pF bis 15000 pF	± 20 − 20 bis + 50 − 20 bis + 80	− 25 bis + 85	Temperatur-abhängigkeit der Kapazität nicht linear	30 bis 1000	$35 \cdot 10^{-3}$	Elektrische Eigenschaften schlechter als bei Typ 1. Geringer Platzbedarf.	45910 T18 (11.82)
Keramik-Sperrschicht-Kondensatoren		4700 pF bis 1 µF	− 25 bis + 50	− 55 bis + 85		bis 32	$10 \cdot 10^{-3}$	Entkoppelkondensatoren in NF- und Mittelfrequenz-Kreisen. Elektrische Eigenschaften wie Keramik-Kondensatoren Typ 2.	
Papierkondensatoren (auch mit Mischdielektrikum Papier/Kunststoff-Folie) Beläge: Alu-Folie	P	100 pF bis 1 µF	± 5 ± 10 ± 20	− 55 bis + 125	± 500 · 10⁻⁶ (Richtwert)	1250 − 600 ~	$10 \cdot 10^{-3}$	In der Leistungselektronik der Meß-, Regel- und Steuertechnik. Gute Impulsbelastbarkeit und Belastung mit Wechselspannung.	41140 (9.70)
Metallpapierkondensatoren mit aufgedampften Alu-Belägen	MP	0,1 µF bis 100 µF	± 10 ± 20	− 55 bis + 85	± 500 · 10⁻⁶ (Richtwert)	bis 6300	$6 \cdot 10^{-3}$	In der Leistungselektronik als Motorkondensatoren zur Drehfelderzeugung, zur Blindstromkompensation und zur Entstörung.	41180 (2.64)
Hochspannungs-MP-Kondensatoren	HO	0,1 µF bis 40 µF	± 20	− 40 bis + 70	+ 600 · 10⁻⁶	bis 200000	$5 \cdot 10^{-3}$	Belastung mit Wechselspannung möglich. Betriebssicher, da selbstheilend.	
Polyesterkondensatoren (Polyesterfolie mit Alu-Belägen)	KT	47 pF bis 20 µF	± 20	− 40 bis + 100	+ 500 · 10⁻⁶	1000 − 300 ~	$6 \cdot 10^{-3}$	In der Elektronik sowie HF-Technik. Koppel- und Entkoppelkondensatoren, Schwingkreise, Filter, Zeitglieder. Geringe Verluste, gute Impulsbelastbarkeit, hohe Temperaturbeständigkeit.	45910 T25 (11.85) T251 (4.86)
Polyesterkondensatoren mit aufgedampften Belägen (M)	MKT	0,1 µF bis 100 µF	± 20	− 40 bis + 100	+ 500 · 10⁻⁶	160 − 63 ~			45910 T11 T111 (9.85)
Polycarbonatkondensatoren (Polycarbonatfolie mit Alufolie als Belag)	KC	100 pF bis 10 µF	± 10 ± 20	− 55 bis + 125	+ 100 · 10⁻⁶	1000 −	$4 \cdot 10^{-3}$	Anwendung wie KT- und MKT-Kondensatoren, aber kleinere Verlustfaktoren und bessere Temperaturbeständigkeit; sie können die weniger temperaturbeständigen Styroflex-Kondensatoren ersetzen.	45910 T26 (11.86) T261 (10.86)

[1]) Die Zahlen bezeichnen den Temperaturbeiwert (P = positiv, N = negativ).
[2]) Die Zahlen bezeichnen die Permittivität ε.

4.8 Kondensatoren

Kondensatorart	Kurz-bezeich-nung	Kapazi-täts-bereich	Kapazi-tätssto-leranz in %	Tempe-ratur-bereich in °C	Temperaturbei-wert in 1/°C	U_N in V	$\tan \delta$ ≈	Anwendung und Eigenschaften	DIN
Polycarbonatkon-densatoren mit metallisierter Poly-carbonatfolie	MKC	100 pF bis 10 µF	± 10 ± 20	− 55 bis + 125	$+ 100 \cdot 10^{-6}$	50 bis 400	$3 \cdot 10^{-3}$	Besonders für RC-Glieder und Zeitkreise ge-eignet.	45910 T13 (5.78)
Styroflexkondensato-ren mit Polystyrol-folie	KS MKS	2 pF bis 10 µF	± 0,5 ± 1 ± 2,5	− 55 bis + 70	$-(120 \pm 60) \cdot 10^{-6}$	25 bis 650	$0,1 \cdot 10^{-3}$	In HF-Kreisen und Integratoren, da gute HF-Ei-genschaften und geringe Verluste. Niedrige Grenz-temperatur.	45910 T22 (11.85) T221 (4.86)
Polypropylenkonden-satoren mit Poly-propylenfolie	KP	300 pF bis 0,1 µF	± 1 ± 2,5 ± 5	− 55 bis + 85	$-(180 \pm 80) \cdot 10^{-6}$	630	$0,3 \cdot 10^{-3}$	Wie Styroflex-kondensatoren, aber mit einem erweiterten Tem-peraturbereich.	45910 T27 (4.86)
Metallisierte Poly-propylenkondensa-toren	MKP	0,01 µF bis 30 µF	± 20	− 55 bis + 105	$-50 \cdot 10^{-6}$	100 bis 400	$1 \cdot 10^{-3}$	In der Leistungs-elektronik.	45910 T23 (1.83)
Lackfolienkonden-satoren mit Lackfilm auf Alufolie	MKU (MKL) (MKY)	1 nF bis 100 µF				25 bis 630		In der Industrie-Elektronik zur Siebung, für Filter, Koppel-kondensatoren.	VG 9526 T4 (4.75)
Glimmerkondensato-ren (Dielektrikum besteht aus Glimmer-plättchen)		10 pF bis 1 µF	± 5	− 55 bis + 100	$+100 \cdot 10^{-6}$	20000	$2,5 \cdot 10^{-3}$	In Hochspan-nungskreisen, Sendeschwing-kreise. Sehr hohe Span-nungsfestigkeit, gute Tempera-turbeständigkeit und Kapazitäts-konstanz. Ge-ringe Verluste, hoher Preis.	45910 T24 T241 (11.82)
Aluminium-Elektro-lyt-Kondensatoren (Dielektrikum ist Aluminiumoxid)		0,1 µF bis 50000 µF	± 20	− 55 bis + 85	$\pm 3,5 \cdot 10^{-3}$	6 − bis 450 −	0,1 bis 2	Sieb- und Glättungskon-densatoren, in Zeitschaltungen, als Koppelkon-densatoren in der NF-Technik. Große Kapazi-täten und Verluste.	41240 (674) 45910 T12 (5.83)
Tantal-Elektrolyt-Kondensatoren (Dielektrikum ist Tantaloxid)		0,1 µF bis 2500 µF	± 10 ± 20	− 55 bis + 125	$+ 1 \cdot 10^{-3}$	6 − bis 600 −	0,02 bis 0,1	Wie Alu-Elkos, jedoch bessere elektrische Ei-genschaften, größerer Tem-peraturbestän-digkeit. Polare und unipolare Ausführung.	45910 T14 (6.86) T15 (5.83)
Double Layer Nass-Kondensatoren (Gold Capacitor)		0,1 F bis 3,3 F	− 20 bis + 80	− 25 bis + 70		1,8 5,5		Als Speicher-schutz für IC-Speicher (Mikro-Computer).	

Kapazitäten für Kondensatoren bis 1000 V nach DIN 41311 (3.71)	Nenngleichspannungen für Kondensatoren nach DIN 41312 (6.67)
Für Kondensatoren bis 1 µF entsprechen die Kapazitä-ten den Reihen E6 und E12, in Ausnahmen auch E24 (s. S. 4-3).	Für alle Kondensatorarten entsprechen die Nenngleich-spannungen den Werten der Reihe R5, in Ausnahmen auch R10 (s. S. 4-3).

4.8 Kondensatoren

Kennzeichnung der Anschlüsse für Kondensatoren bis 1000 V nach DIN 41 313 (8.76)

Kondensatorart	Anschluß, Gehäuseart, Bauform	Kennzeichnung bei Kondensatoren mit einer Kapazität	Kennzeichnung bei Kondensatoren mit mehreren Kapazitäten
Papier-, Metallpapier- und Kunststofffolien-Kondensatoren	Zylindrische oder quaderförmige Gehäuse mit axialen Draht- oder Lötfahnenanschlüssen	Der Außenbelag (Schirmbelag) ist durch einen Strich am Umfang gekennzeichnet; bei KS-Kondensatoren auch als Farbring, der zugleich die Nennspannung kennzeichnet.[1]	Der Anschluß des Außenbelags (Schirmbelag) ist durch einen Strich gekennzeichnet, der den Teil des Umfangs bedeckt, an dem der betreffende Anschluß herausgeführt ist.
	Zylindrische oder quaderförmige Gehäuse mit einseitigen Draht- oder Lötfahnenanschlüssen	Kennzeichnung des Außenbelags (Schirmbelag) durch einen Strich auf dem Umfang	
	Zylindrische oder quaderförmige Gehäuse	Außenbelag (Schirmbelag) ist durch das Zeichen auf Gehäuse oder Deckel gekennzeichnet.	
Glimmer-Kondensatoren	alle Bauformen	Der Anschluß des Außenbelags (Schirmbelag) ist durch das Zeichen gekennzeichnet.	
Keramik-Kondensatoren	Rohrkondensatoren mit axialen oder radialen Drahtanschlüssen	Der Anschluß des Innenbelags ist durch das dem Temperaturbeiwert-Typ zugeordnete Farbzeichen gekennzeichnet. Typ I A besitzt zusätzlich einen weißen Punkt am Außenbelaganschluß.	
Aluminium-Elektrolyt-Kondensatoren	Zylindrische oder quaderförmige Gehäuse mit einseitigen Anschlüssen	Der Pluspol ist durch Pluszeichen in Zuordnung zur Lage des Pluspols gekennzeichnet.	
	Zylindrische Gehäuse mit axialen Drahtanschlüssen	Der Minuspol ist durch einen Strich auf dem Umfang gekennzeichnet, der Pluspol durch Pluszeichen am Umfang.	Minuspol durch einen Strich auf dem Umfang gekennzeichnet. Pluspole durch Pluszeichen gekennzeichnet. Ladekapazität durch Kennzahl 1 oder Farbe rot gekennzeichnet.
	Unterschiedliche Bauformen mit anderen Anschlüssen (Schraubanschlüsse, Lötfahnen, u. a.)	Der Minuspol ist durch Minuszeichen gekennzeichnet, der Pluspol durch Pluszeichen, durch Kennzahl 1 oder durch Farbe rot gekennzeichnet.	Ladekapazität durch Kennzahl 1 oder Farbe rot gekennzeichnet. Teilkapazitäten durch Symbole (Buchstaben, Zahlen, Farbpunkte) oder andere Zeichen (Dreieck, Viereck, Kreis) gekennzeichnet.
Tantal-Elektrolyt-Kondensatoren	Kunststoffumhüllung mit einseitigen Drahtanschlüssen (Tropfenform)	Pluszeichen in Zuordnung zur Lage des Pluspoles. Längerer Anschlußdraht am Pluspol.	[1]) Kennzeichnung der Nennspannung bei KS-Kondensatoren durch folgende Farbringe: blau – 25 V gelb – 63 V rot – 160 V grün – 250 V violett – 400 V schwarz – 630 V braun – 1000 V
	Zylindrisches oder quaderförmiges Gehäuse mit Aufschriften und axialen Drahtanschlüssen	Pluspol durch Pluszeichen gekennzeichnet. Minuspol durch einen Strich auf dem Umfang gekennzeichnet.	
	Zylindrisches oder quaderförmiges Gehäuse mit einseitigen Anschlüssen	Pluspol durch Pluszeichen gekennzeichnet oder durch die Formgebung des Gehäuses (z. B. Orientierungsnase) angegeben.	

4.8 Kondensatoren

Papier- und Papier/Kunststoffolien-Kondensatoren bis 1000 V nach DIN 41 140 (9.70)

Anwendungsklassen nach DIN 40040 (4.87)		FKC/ KT	GPC/ KT	HSC/ KT	FMF/ LT	HPF/ LT	HUF/ LT	JUG/ MT
Nennkapazitätswerte bei 20 °C		siehe Seite 4-16 (DIN 41 311)						
Vom Nennwert zulässige Abweichung bei Anlieferung	$C_N < 0{,}1\ \mu F$	$\pm 10\%$, $\pm 20\%$						
	$C_N \geq 0{,}1\ \mu F$	$\pm 5\%$, $\pm 10\%$						
Zul. Abweichung vom Anlieferungswert nach Lager- und Betriebszeit		von 5 Jahren $\pm 4\%$			von 3 Jahren $\pm 4\%$			$\pm 5\%$
Zul. Änderung zwischen 0 und 60 °C bezogen auf den gemessenen Wert der Kapazität bei 20 °C		$\pm 3\%$ (Richtwert)						
Größtwerte des Verustfaktors $\tan \delta$ bei 20 °C	Meßfrequenz: 50 Hz	$8 \cdot 10^{-3}$						$10 \cdot 10^{-3}$
	1000 (800) Hz	$10 \cdot 10^{-3}$						$12 \cdot 10^{-3}$

Mindestwerte des Isolationswiderstandes						
Belag gegen Belag Selbstentlade-Zeitkonstante bei Anlieferung	Tränkstoff					
	chloriert	2000 s			2000 s	1000 s
	nicht chloriert	4000 s				
nach Lager- und Betriebszeit	chloriert		250 s	von 5 Jahren	von 3 Jahren	
	nicht chloriert		500 s		250 s	100 s
Isolationswiderstand bei Anlieferung	chloriert	alle Anw.-Kl.	6000 MΩ		6000 MΩ	3000 MΩ
	nicht chloriert	$C_N \leq 0{,}33\ \mu F$	12000 MΩ			
nach Lager- und Betriebszeit	chloriert		750 MΩ	von 5 Jahren	von 3 Jahren	
	nicht chloriert		1500 MΩ		750 MΩ	300 MΩ
Belag gegen Gehäuse Isolationswiderstand	bei Anlieferung	12000 MΩ			6000 MΩ	900 MΩ
	nach Lager- und Betriebszeit	von 5 Jahren 1000 MΩ			von 3 Jahren 750 MΩ	100 MΩ

Spannungsbelastbarkeit (Belag gegen Belag)

Nennspannung U_N	100, 160, 250, 400, 630, 1000 V

Dauergrenzspg. U_g	höchste Umgebungstemperatur					
	40 °C	60 °C	70 °C	85 °C	100 °C	125 °C
	$1\ U_N$	$0{,}8\ U_N$	$0{,}7\ U_N$	$0{,}6\ U_N$	$0{,}5\ U_N$	$0{,}4\ U_N$

überlagerte Wechselspg. (bzw. Wechselspg. allein)	Frequenz		
	≤ 100 Hz	1000 Hz	10000 Hz
	$0{,}2\ U_g$	$0{,}06\ U_g$	$0{,}01\ U_g$

Faktoren zur Umrechung des bei verschiedenen Temperaturen gemessenen Isolationswiderstandes auf den Wert bei 20 °C

Meßtemperatur °C	15	20	23	27	30	35
Faktor	0,71	1,00	1,23	1,62	2,00	2,83

Anwendungshinweis
Beim Löten eines Kondensators mit axialen Drahtanschlüssen: Mindestabstand Kolben-Kondensatorkörper 3 mm, Obergrenze der Lötdauer 2 Sekunden.

Gepolte Aluminium-Elektrolyt-Kondensatoren bis 450 V (Typ II A) nach DIN 41 332 T 1 (4.71)

Bei Aluminium-Elektrolyt-Kondensatoren bestehen die Anoden aus Aluminium. Der Typ II A ist für allgemeine Anforderungen und besitzt eine **rauhe Anoden**, d. h. durch Aufrauhen vergrößerte Anodenoberflächen. Eingesetzt werden diese Elektrolyt-Kondensatoren vorzugsweise als Glättungs- und Kopplungskondensatoren sowie als Kondensatoren zum Ableiten von Nieder- und Hochfrequenzströmen.
Anwendungsklassen nach DIN 40040 (4.87)

GSF	GPF	HUF	HSF	HPF

Nennkapazitätswerte nach DIN 41 311 (s. S. 4-16).

Die Kondensatoren sollten in trockenen Räumen bei Temperaturen von höchstens 40 °C gelagert werden. Mindestens ein Jahr wird spannungslos gelagert ohne Einbußen an der Zuverlässigkeit überstanden. Beim anschließenden sofortigen Anlegen der Kondensatoren an die Nennspannung können in den ersten Minuten bis zu einhundertmal größere Ströme fließen, als die für den Dauerbetrieb geltenden Betriebsreststroms I_{rb}. Ein Richtwert für den Betriebsreststrom bei einer Temperatur von 20 °C errechnet sich aus der Beziehung:

$$I_{rb} = \frac{0{,}02\ \mu A}{\mu F \cdot V} \cdot C_N \cdot U_N + 3\ A$$

Richtwerte für die Abhängigkeit des Betriebsreststromes von der Temperatur:

Temperatur °C	0	20	50	60	70	85
Faktor	0,5	1	4	5	6	10

Richtwerte für die Abhängigkeit des Betriebsreststromes von der Betriebsspannung:

Betr.-Spannung (% v. U_N)	20	40	60	80	90	100
Betr.-Reststrom (% v. I_{rb})	8	10	15	30	50	100

Durch geringe Betriebsspannungen wird die Zuverlässigkeit der Kondensatoren verbessert.

Als **Aufschrift** sollten die Kondensatoren die folgenden wichtigsten Angaben erhalten:
a) Nennkapazität in μF (statt „μF" auch „MFD")
b) Nennspannung in V –
c) Polungskennzeichen und Kennzeichnung der Ladekapazität bei Mehrfachkondensatoren (siehe Seite 4-17)
d) Herstellungsmonat und -jahr (auch in Kurzschreibweise siehe Seite 4-2)
e) Anwendungsklasse (siehe Seite 4-1)
f) Zulässige Abweichung bei eingeengter Toleranz.

4.8 Kondensatoren

Eigenschaften

Nennspannung U_N			3 V	6,3 V	10 V	16 V	25 V	35 V	50 V	63 V	100 V	160 V	250 V	350 V	450 V
Bei Anlieferung zulässige Abweichung vom Nennwert			normal: $+100\%$ -10%					eingeengt: $+50\%$ -10%					$+50\%$ -10%		
Ausfallsatz in %/Zeitdauer bei 40 °C Umgebungstemperatur und Nennspannung	Durchmesser in mm		Für je 7 °C Temperaturerhöhung: gleicher Ausfall in halber Zeit Betrieb unterhalb U_N: höhere Zeitdauer bei gleichem Ausfallsatz												
	≤ 5		10%/10 000 h												
	> 5 bis ≤ 13		5%/10 000 h							3%/10 000 h						
	> 13 bis ≤ 25		3%/10 000 h												
	> 25		5%/10 000 h												
Verlustfaktor tan δ (Größtwert)	bis 1000 µF	50 Hz	0,30	0,25	0,20	0,17	0,15	0,13	0,12	0,11	0,10	0,11	0,12	0,13	0,15
		100 Hz	0,45	0,37	0,30	0,25	0,22	0,20	0,18	0,16	0,15	0,16	0,18	0,20	0,22
	über 1000 µF	50 Hz	obenstehende Werte erhöhen sich um 0,01 je 1000 µF												
		100 Hz	obenstehende Werte erhöhen sich um 0,02 je 1000 µF												
Dauergrenzspannung U_g			$U_g = U_N$ (bei Temperaturen entsprechend der Anwendungsklasse) Falsch gepolt sind höchstens 2 V – ohne Einschränkung der Eigenschaften zulässig. Bei Falschpolung erreicht der Betriebsreststrom ca. 2- bis 3fache Werte gegenüber richtiger Polung.												
Zulässige überlagerte Wechselspannung (Effektivwert)			Summe aus Gleichspannung und Wechselspannung (Scheitelwert) darf Dauergrenzspannung nicht überschreiten. Überlagerte bzw. reine Wechselspannung darf keine umgekehrte Polarität über 2 V Scheitelwert erzeugen.												
Spitzenspannung U_S	$U_N \leq 100$ V		$1{,}15 \cdot U_N$												
	$U_N > 100$ V		$1{,}1 \cdot U_N$												
			In einer Stunde darf die Spitzenspannung höchstens 5mal bis zu einer Minute Dauer auftreten.												

Nennspannung U_N			3 V	6,3 V	10 V	16 V	25 V	35 V	50 V	63 V	100 V	160 V	250 V	350 V	450 V
Richtwerte für den zul. Effektivwert des überlagerten Wechselstromes (für eine Umgebungstemperatur bis 40 °C, nicht für Anwendungsklasse HUF) in mA	Kapazität	Frequ.													
	0,47 µF	50 Hz	–	–	–	–	–	–	3	4	–	–	10	–	
		100 Hz							6	8			11		
	1 µF	50 Hz	–	–	–	–	2	–	8	8	14	–	–		
		100 Hz					5		12	16	17				
	4,7 µF	50 Hz	–	–	–	10	–	13	30	40	40	–	–		
		100 Hz				19		24	40	45	55				
	10 µF	50 Hz	6	11	–	20	–	25	45	50	60	80	–	–	
		100 Hz	11	22		30		45	50	55	70	90			
	47 µF	50 Hz	–	60	70	100	110	120	130	150	210	250	300	320	360
		100 Hz		70	80	110	120	130	150	180	240	300	340	360	420
	100 µF	50 Hz	60	110	120	140	160	200	230	280	360	420	480	550	460
		100 Hz	100	130	150	170	190	220	260	340	400	500	600	650	550
	470 µF	50 Hz	250	320	400	500	600	700	850	950	1100	1400	1700	1800	1800
		100 Hz	300	360	460	600	700	800	1000	1100	1300	1500	1800	1900	1900
	1000 µF	50 Hz	460	600	650	850	1100	1200	1500	1700	2000	2300	–	–	–
		100 Hz	550	700	750	1000	1300	1400	1700	2000	2300	2500			
	4700 µF	50 Hz	1600	1900	2300	2700	3200	3700	4100	4800	5800	–	–	–	–
		100 Hz	1800	2100	2600	3100	3500	4000	4500	5400	6400				
	10 000 µF	50 Hz	2600	3000	3600	4200	4700	5300	6200	6800	–	–	–	–	–
		100 Hz	2900	3400	4000	4600	5200	6700	7300						

Verringerung der Wechselstrombelastung bei Temperaturen über 40 °C und maximale Gehäuseoberflächentemperaturen bei Belastung mit nicht eindeutig definierten Strömen und Frequenzen:

Umgebungstemperatur	Anwendungsklassen GPF und HPF		Anwendungsklassen GSF und HSF	
	vom Tabellenwert zul. Prozentsatz	Oberflächentemperatur	vom Tabellenwert zul. Prozentsatz	Oberflächentemperatur
40 °C	100 %	55 °C	100 %	55 °C
50 °C	90 %	62 °C	90 %	62 °C
60 °C	80 %	70 °C	60 %	65 °C
70 °C	60 %	75 °C	20 %	71 °C
80 °C	40 %	82 °C	–	–
85 °C	25 %	86 °C	–	–

4.8 Kondensatoren

Kondensatorleistung bei Kompensation der Blindleistung

$Q_C = P \cdot (\tan\varphi_1 - \tan\varphi_2)$

$C = \dfrac{Q_C}{U^2 \cdot 2\pi \cdot f}$

Q_C Kondensator-Blindleistung in var
P Wirkleistung in W
φ_1 Phasenverschiebungswinkel vor Kompensation
φ_2 Phasenverschiebungswinkel nach Kompensation
C Kapazität in F
U Spannung in V; f Frequenz in Hz
Eine Rechenhilfe bietet die folgende Tabelle.

Es muß die in der Tabelle abgelesene Zahl mit der Wirkleistung P in kW multipliziert werden, um die erforderliche Kondensatorleistung Q_C in kvar zu erhalten.

Beispiel: Vor der Kompensation Wirkleistung $P = 217$ kW bei $\cos\varphi_1 = 0{,}46$; angestrebt wird $\cos\varphi_2 = 0{,}95$. Gesucht: Kondensatorleistung

Lösung: Faktor nach Tabelle: 1,60
Kondensatorleistung $Q = 217 \cdot 1{,}60 = 347{,}2$ kvar.

Die EVUs empfehlen, ab etwa 20 kW Leistung $\cos\varphi = 0{,}9$ bis $\cos\varphi = 0{,}98$ anzustreben. Eine Kompensation über $\cos\varphi = 1$ (Überkompensation $Q_C > Q_L$) ist zu vermeiden, da dadurch u. a. unerwünschte Spannungserhöhungen auftreten können.

Beim Einschalten von Kondensatoren werden Schalter bzw. Schütze durch Ströme bis zum 30fachen des Nennstroms beansprucht. Innerhalb von 1 min nach dem Abschalten des Kondensators muß die Restspannung am Kondensator auf weniger als 50 V sinken (u. U. Entladevorrichtung vorsehen).

Vor der Kompensation: $\cos\varphi_1$	$\dfrac{Q}{P} = \tan\varphi_1$	Faktor ($\tan\varphi_1 - \tan\varphi_2$) für angestrebten Leistungsfaktor $\cos\varphi_2$ von:				
		0,80	0,85	0,90	0,95	1,00
0,40	2,29	1,54	1,67	1,81	1,96	2,29
0,41	2,23	1,47	1,61	1,74	1,90	2,23
0,42	2,16	1,41	1,54	1,68	1,83	2,16
0,43	2,10	1,35	1,48	1,61	1,77	2,10
0,44	2,04	1,29	1,42	1,56	1,71	2,04
0,45	1,99	1,24	1,37	1,51	1,66	1,99
0,46	1,93	1,18	1,31	1,45	1,60	1,93
0,47	1,88	1,13	1,26	1,40	1,55	1,88
0,48	1,83	1,08	1,21	1,34	1,50	1,83
0,49	1,78	1,02	1,16	1,29	1,45	1,78
0,50	1,73	0,98	1,11	1,25	1,40	1,73
0,51	1,69	0,94	1,06	1,20	1,36	1,69
0,52	1,64	0,89	1,03	1,16	1,31	1,64
0,53	1,60	0,85	0,98	1,12	1,27	1,60
0,54	1,56	0,81	0,94	1,08	1,23	1,56
0,55	1,52	0,77	0,90	1,03	1,19	1,52
0,56	1,48	0,73	0,86	1,00	1,15	1,48
0,57	1,44	0,69	0,82	0,96	1,11	1,44
0,58	1,41	0,66	0,78	0,92	1,08	1,41
0,59	1,37	0,62	0,75	0,89	1,04	1,37
0,60	1,33	0,58	0,71	0,85	1,01	1,33
0,61	1,30	0,55	0,68	0,82	0,97	1,30
0,62	1,27	0,52	0,65	0,78	0,94	1,27
0,63	1,23	0,48	0,61	0,75	0,90	1,23
0,64	1,20	0,45	0,58	0,72	0,87	1,20
0,65	1,17	0,42	0,55	0,69	0,84	1,17
0,66	1,14	0,39	0,52	0,66	0,81	1,14
0,67	1,11	0,36	0,49	0,62	0,78	1,11
0,68	1,08	0,33	0,46	0,59	0,75	1,08
0,69	1,05	0,30	0,43	0,57	0,72	1,05
0,70	1,02	0,27	0,40	0,54	0,69	1,02
0,71	0,99	0,24	0,37	0,51	0,66	0,99
0,72	0,96	0,21	0,34	0,48	0,64	0,96
0,73	0,94	0,19	0,32	0,45	0,61	0,94
0,74	0,91	0,16	0,29	0,43	0,58	0,91
0,75	0,88	0,13	0,26	0,40	0,55	0,88
0,76	0,86	0,11	0,23	0,37	0,53	0,86
0,77	0,83	0,08	0,21	0,35	0,50	0,83
0,78	0,80	0,05	0,18	0,32	0,47	0,80
0,79	0,78	0,03	0,16	0,29	0,45	0,78
0,80	0,75	–	0,13	0,27	0,42	0,75
0,81	0,72	–	0,10	0,24	0,39	0,72
0,82	0,70	–	0,08	0,22	0,37	0,70
0,83	0,67	–	0,05	0,19	0,34	0,67
0,84	0,65	–	0,02	0,16	0,32	0,65
0,75	0,62	–	–	0,13	0,29	0,62
0,86	0,59	–	–	0,11	0,26	0,59
0,87	0,57	–	–	0,08	0,24	0,57
0,88	0,54	–	–	0,06	0,21	0,54

Einzelkompensation	Gruppenkompensation
Für einzelne Verbraucher (z. B. Motoren, Leuchtstofflampen) im Dauerbetrieb.	Für größere Anzahl kleiner Verbraucher (z. B. Motoren, Leuchtstofflampen).

Zentralkompensation

Für größere Anlagen mit vielen kleinen und mittleren Verbrauchern, die in der Regel nicht alle gleichzeitig in Betrieb sind. Die Kondensatoren werden automatisch über Regler geschaltet.

4.8 Kondensatoren

Fortsetzung: **Kondensatorleistung bei Kompensation**

Regeln für die Bemessung der Kondensatorleistung bei Einzelkompensation

Transformatoren: Die Kondensatorleistung beträgt 10% der Transformatoren-Nennleistung in kVA. Beim Anschluß der Kondensatoren auf der Unterspannungsseite werden folgende Kondensatorleistungen zugeordnet (Tabelle).

Trafo-Nennleistung in kVA	Kondensatorleistung in kvar Trafo-Oberspannungen in kV		
	5···10	15···20	25···30
25	2	2,5	3
50	3,5	5	6
75	5	6	7
100	6	8	10
160	10	12,5	15
250	15	18	22
315	18	20	24
400	20	22,5	28
630	28	32,5	40

Schweißtransformatoren, Punktschweißmaschinen u. dgl.: Die Kondensatorleistung liegt zwischen 30 und 50% der Transformatoren-Nennleistung in kVA. Bei Schweißgleichrichtern wird die Kondensatorleistung etwa 10% der Nennleistung.

Drehstrommotoren: Die Kondensatorleistung beträgt 35 bis 50% der Motor-Nennleistung in kW (Werte siehe Tabelle).

Motornennleistung kW	Kondensatorleistung kvar	Motornennleistung kW	Kondensatorleistung kvar
1···1,2	0,6	12···16	6
1,2···1,6	0,7	16···20	7
1,6···2	0,9	20···25	9
2···3	1,2	25···30	10
3···4	1,6	30···40	12
4···5	2	40···50	16
5···7	2,5	50···60	20
7···9	3,5	60···80	25
9···12	4,5	80···100	35

Kennzeichnung der Anschlüsse von Kondensatoren nach DIN 48 505 (7.61)

Stromart	Ungepolte Kondensatoren	Gepolte Kondensatoren
Gleichstrom Stranganfang und Strangende Sternenden Mittelpunkt	A – B, C – D… A, B, C… Mp	+ und – bzw. A – B, C – D… A, B, C… Mp
Einphasenstrom	U – V	
Zweiphasenstrom verkettet unverkettet	U, XY, Y U – X, V – Y	Unterteilt U_a-X_a, U_b-X_b… Anzapfungen durch Index-Zahlen angegeben
Dreiphasenstrom (Drehstrom) verkettet unverkettet Mittel- bzw. Sternpunkt	U, V, W U – X, V – Y, W – Z Mp	

Nennbetriebsarten der Motorkondensatoren nach DIN VDE 0560 Teil 8 (6.88)

Dauerbetrieb (DB): Einschaltdauer an Nennspannung so lange, bis die konstante Kondensatorendtemperatur erreicht wird.
Aussetzbetrieb (AB): Abwechselnd Betriebszeiten und Pausen. Die Pausen sind so kurz, daß der Kondensator nicht die Kühlmitteltemperatur erreicht.
Spieldauer (SD): Bei Aussetzbetrieb die Summe aus Einschaltdauer und spannungsloser Pause.
Relative Einschaltdauer (ED): Verhältnis von Einschalt- zu Spieldauer in Prozent. AB 20% ED bedeutet z. B. 20% relative Einschaltdauer.

Überschlägige Bemessung der Kapazität der Betriebskondensatoren

Spannung bei $f = 50$ Hz	127 V	220 V	380 V
Kapazität je kW Motorleistung	200 µF	70 µF	20 µF

Beim Einphasenbetrieb von Drehstrommotoren mit Motorkondensator sinkt das Anzugsmoment auf ca. 25% des Nennmomentes; die Leistung geht bei Dauerbetrieb auf 80%, bei aussetzendem Betrieb auf 60% der Nennleistung bei Drehstrom zurück.

Motor-Kondensatoren nach DIN 48 501 (7.68)

Anlaßkondensatoren sind nach dem Hochlaufen des Motors abzuschalten. **Betriebskondensatoren** bleiben eingeschaltet.

	Nennwechselspannungen in V				
Betriebskondensatoren	125	220	240	260	280	320
	360	400	450	480	560	
Anlaßkondensatoren	160	210	240	280	320	330
	360	400				

	Nennkapazitäten in µF (bevorzugte Toleranz ± 10%)				
	0,1	0,2	0,25	0,3	0,4	0,5	0,6
	0,8	0,9	1	1,25	1,4	1,6	1,8
Betriebskondensatoren	2	2,5	3	3,5	4	4,5	5
	6	7	8	9	10	12	14
	16	18	20	25	30	35	40
	45	50	60	70	80	90	100
Anlaßkondensatoren	5	10	16	20	25	30	40
	50	60	80	100	125	160	200
	250	320	400	500			

Bevorzugte Betriebsarten

Kondensatorart	Betriebsart bei
Papier-Kondensator mit Chlor-Diphenyl gedrückt	**Betriebskondensatoren:** DB AB 25% ED, SD = 240 Minuten AB 25% ED, SD = 30 Minuten
Elektrolyt-Kondensatoren	**Anlaßkondensatoren** AB 1,7 % ED, SD = 3 Minuten AB 0,55% ED, SD = 3 Minuten
Papier- und Metallpapier-Kondensatoren mit Öl- oder Wachstränkung	**Betriebskondensatoren:** DB AB 25% ED, SD = 240 Minuten AB 20% ED, SD = 24 Stunden AB 5% ED, SD = 24 Stunden AB 25% ED, SD = 30 Minuten
	Anlaßkondensatoren AB 1,7% ED, SD = 3 Minuten

4.9 Kleintransformatoren

Berechnung eines Netztransformators

Ermittlung der vom Transformator zu liefernden Leistung: Bei einer Gleichrichterschaltung müssen dazu mit Hilfe der Faktoren nachstehender Tabelle aus den Gleichstromgrößen die Transformatorenwechselstromgrößen bestimmt werden (E = Einweggleichrichtung; M = Mittelpunktschaltung; B = Brückenschaltung).

Schaltungsart	E	M	B
Sekundäre Transformatorwechselspannung	2,22	2 · 1,11	1,11
Sekundärer Transformatorstrom	1,57	0,79	1,11
Sekundäre Scheinleistung	3,49	1,75	1,23
Primäre Scheinleistung	2,7	1,23	1,23
Transformatorenleistung	3,1	1,5	1,23

Für die Transformatorenleistung ergibt sich aus der Tabelle die Kerngröße. Aus der angegebenen Wirkungsgrad, den Windungen je V sowie den Stromdichten errechnen sich Windungszahlen und Drahtdurchmesser.

Berechnungsbeispiel:
Netztransformator; Eingang: 230 V/50 Hz, Ausgang: 60 V; 0,6 A Wechselstrom und 24 V; 4 A Gleichstrom über Gleichrichter-Brückenschaltung. Gesucht: Kerngröße, Windungszahlen, Drahtdurchmesser.

Lösung: Transformatorenleistung:
$P_g = U_g \cdot I_g = 24\,V \cdot 4\,A = 96\,W$
$S_{21} = 1{,}23 \cdot P_g = 1{,}23 \cdot 96\,VA = 118\,VA$
$S_{22} = U \cdot I = 60\,V \cdot 0{,}6\,A = 36\,VA$
Summe der Leistungen: $154\,VA$

Der Leistung entspricht **Kerngröße 102 b** (s. Tabelle).

Eingangswicklung: $S_1 = \dfrac{S_2}{\eta} = \dfrac{154\,VA}{0{,}89} = 173\,VA$

$N_1 = 2{,}34\,\dfrac{1}{V} \cdot 230\,V = 538$

$I_1 = \dfrac{S_1}{U_1} = \dfrac{173\,VA}{230\,V} = 0{,}752\,A$

$S_1 = \dfrac{I_1}{J_1} = \dfrac{0{,}752\,A}{2{,}3\,A}\,mm^2 = 0{,}327\,mm^2$

$d_1 = 0{,}65\,mm$; gewählt $d_1 = \mathbf{0{,}67\,mm}$.

1. Ausgangswicklung: $N_{21} = 2{,}46\,\dfrac{1}{V} \cdot 24\,V \cdot 1{,}11 = \mathbf{66}$

$S_{21} = \dfrac{4\,A \cdot 1{,}11}{2{,}7\,A}\,mm^2 = 1{,}643\,mm^2$

$d_{21} = 1{,}45\,mm$; gewählt $d_{21} = \mathbf{1{,}5\,mm}$.

2. Ausgangswicklung: $N_{22} = 2{,}46\,\dfrac{1}{V} \cdot 60\,V = \mathbf{148}$

$S_{22} = \dfrac{0{,}6\,A}{2{,}7\,A}\,mm^2 = 0{,}222\,mm^2$

$d_{22} = 0{,}531\,mm$; gewählt $d_{22} = \mathbf{0{,}56\,mm}$.

Berechnungstabelle für Kleintransformatoren mit M- bzw. EI-Kernblechen der Sorte 1.0813 nach DIN 46 400 Teil 1 und Spulenkörpern nach DIN 41 303 bei 50 Hz und einem Flußdichtescheitelwert von 1,2 Vs/m²

Übertragbare Leistung bei:												
1 Eingangs- und 1 oder 2 Ausgangswicklungen VA	4	12	25	50	70	95	120	175	250	320	370	450	550
mehr Wicklungen VA	3	9	21	40	65	75	100	155	230	290	340	410	510
Kernblech	M 42	M 55	M 65	M 74	M 85a	M 85b	M 102a	M 102b	EI 130a	EI 130b	EI 150a	EI 150b	EI 150c
Wirkungsgrad ca.	0,6	0,7	0,77	0,83	0,84	0,86	0,88	0,89	0,9	0,91	0,92	0,93	0,94
Primäre Windungszahl je V	23,4	11,4	7,8	5,68	4,51	3,2	3,5	2,34	3,3	2,59	2,59	2,08	1,74
Sekundäre Windungszahl je V	34,8	14,1	9	6,3	4,95	3,5	3,86	2,46	3,51	2,72	2,72	2,18	1,8
Stromdichte innen in $\frac{A}{mm^2}$	4,5	3,8	3,3	3	2,9	2,6	2,4	2,3	1,7	1,7	1,5	1,5	1,5
Stromdichte außen in $\frac{A}{mm^2}$	5,2	4,3	3,6	3,4	3,3	3	2,8	2,7	2,2	2,1	1,9	1,9	1,8
Nutzbarer Wickelraum Höhe in mm	6,4	7,6	9,1	10,1	9,2	9,2	12,2	12,2	24	24	28	28	28
Nutzbarer Wickelraum Breite in mm	24	31	36	42	46	46	58	58	61	61	68	68	68
Mittlere Windungslängen der:													
innenliegenden Wicklungshälfte cm	7,3	9,6	12	14	14,5	17	17	20,6	20	22	23	25	27
außenliegenden Wicklungshälfte cm	9,8	12,4	15,2	18	18,3	20,8	21,4	25	28	30	33	35	36
Windungslänge außen cm	11,1	13,8	16,7	20	20,2	23	23,5	27	32	34	37	39	41
Kernbreite mm	12	17	20	23	29	29	34	34	35	35	40	40	40
Pakethöhe mm	15	21	27	32	32	45	35	52	36	46	40	50	60
Eisenquerschnitt bei Füllfaktor 0,9 cm²	1,6	3,3	4,8	6,6	8,3	11,7	10,7	16	11,3	14,5	14,5	18	21,6
Kupfermenge ca. kg	0,04	0,09	0,16	0,23	0,28	0,3	0,53	0,63	1,6	2,5	2,7	2,7	3
Eisenmenge ca. kg	0,14	0,3	0,6	0,9	1,3	1,8	2	3	2,4	3	3,5	4,4	5,2

4.9 Kleintransformatoren

Kernbleche nach DIN 41 302 Teil 1, Teil 2 (5.86)

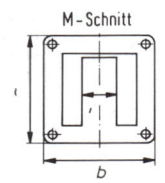

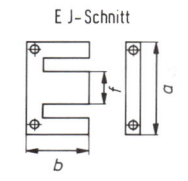

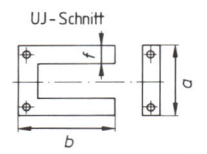

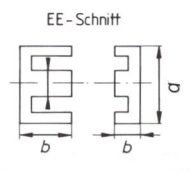

M-Schnitt, E J-Schnitt, UJ-Schnitt, EE-Schnitt

Typ und Größe (Spulenkörper)	Eisenmasse m_{Fe} kg	Eisenweglänge l_{Fe} cm	Querschnitt A_{Fe} cm	Kernblechsorte/Werkstoffnummer nach DIN 46400 Teil 1 (4.83)								
				V 400–50 A/1.0811 bei $\hat{B}$ = 1,5 T			V 530–50 A/1.0813 bei $\hat{B}$ = 1,5 T			V 700–50 A/1.0815 bei $\hat{B}$ = 1,2 T		
				Windg.spannung U_{N2} V/Wdg	Kernverluste P_{Fe} W	Scheinleistung P_S VA	Windg.spannung U_{N2} V/Wdg	Kernverluste P_{Fe} W	Scheinleistung P_S VA	Windg.spannung U_{N2} V/Wdg	Kernverluste P_{Fe} W	Scheinleistung P_S VA
abfallos												
EI 42	0,112	8,4	1,74	0,0579	0,52	6,8	0,0579	0,73	6,8	0,0464	0,56	1,77
EI 48	0,17	9,6	2,3	0,0766	0,78	10,3	0,0766	1,11	10,3	0,0613	0,85	2,69
EI 54	0,243	10,8	2,94	0,0979	1,12	14,7	0,0979	1,58	14,7	0,0783	1,22	3,84
EI 60	0,34	12	3,7	0,1232	1,56	20,6	0,1232	2,21	20,6	0,0986	1,7	5,4
EI 66a	0,45	13,2	4,46	0,1485	2,07	27,2	0,1485	2,93	27,2	0,1188	2,25	7,1
EI 78	0,76	15,6	6,4	0,2131	3,5	46	0,2131	4,94	46	0,1705	3,8	12
EI 84a	0,93	16,8	7,2	0,2398	4,28	56	0,2398	6	56	0,1918	4,65	14,7
EI 96a	1,48	19,2	10,1	0,3363	6,8	90	0,3363	9,6	90	0,2691	7,4	23,4
EI 120a	2,72	24	14,8	0,4928	12,5	165	0,4928	17,7	165	0,3943	13,6	43
EI 150 Na	5,1	30	22,2	0,7393	23,5	309	0,7393	33,2	309	0,5914	25,5	81
abfallarm												
EI 92a	0,72	19,4	4,8	0,1598	3,31	43,6	0,1598	4,68	43,6	0,1279	3,6	11,4
EI 106a	1,42	21,8	8,5	0,2831	6,5	86	0,2831	9,2	86	0,2264	7,1	22,4
EI 130a	2,4	27	11,7	0,3896	11	145	0,3896	15,6	145	0,3117	12	37,9
EI 150a	3,5	31	14,8	0,4928	16,1	212	0,4928	22,8	212	0,3943	17,5	55
EI 170a	6,3	36	22,7	0,7559	29	381	0,7559	41	381	0,6047	31,5	100
EI 195a	9,6	44,5	28,2	0,9391	44,2	580	0,9391	62	580	0,7512	48	152
EI 231a	14,8	51,9	37,4	1,2454	68	900	1,2454	96	900	0,9963	74	234
M 42	0,125	10,2	1,6	0,0533	0,58	7,6	0,0533	0,81	7,6	0,0426	0,63	1,98
M 55	0,32	13,1	3,2	0,1066	1,47	19,4	0,1066	2,08	19,4	0,0852	1,6	5,1
M 65	0,58	15,5	4,9	0,1632	2,67	35,1	0,1632	3,77	35,1	0,1305	2,9	9,2
M 74	0,93	17,6	6,9	0,2298	4,28	56	0,2298	6	56	0,1838	4,65	14,7
M 85a	1,29	19,7	8,6	0,2864	5,9	78	0,2864	8,4	78	0,2291	6,5	20,4
M 102a	2	23,8	11	0,3663	9,2	121	0,3663	13	121	0,293	10	31,6
UI 30b	0,138	12	1,5	0,05	0,63	8,3	0,05	0,9	8,3	0,04	0,69	2,18
UI 39b	0,298	15,6	2,49	0,0829	1,37	18	0,0829	1,94	18	0,0663	1,49	4,71
UI 48b	0,54	19,2	3,67	0,1222	2,48	32,7	0,1222	3,51	32,7	0,0978	2,7	8,5
UI 60a	0,68	24	3,69	0,1229	3,13	41,1	0,1229	4,42	41,1	0,0983	3,4	10,7
UI 75a	1,34	30	5,8	0,1931	6,2	81	0,1931	8,7	81	0,1545	6,7	21,2
UI 90a	2,29	36	8,3	0,2764	10,5	139	0,2764	14,9	139	0,2211	11,5	36,2
UI 102a	3,33	40,8	10,7	0,3563	15,3	201	0,3563	21,6	201	0,285	16,7	53
UI 114a	4,6	45,6	13,2	0,4396	21,2	278	0,4396	29,9	278	0,3516	23	73
UI 132a	7,2	52,8	17,8	0,5927	33,1	436	0,5927	46,8	436	0,4742	36	114
UI 150b	15,9	60	34,7	1,1555	73	960	1,1555	103	960	0,9244	80	251
UI 168a	14,9	67,2	29	0,9657	69	900	0,9657	97	900	0,7726	75	235
UI 180a	18,4	72	33,4	1,1122	85	1110	1,1122	120	1110	0,8898	92	291
UI 210a	29	84	45,4	1,5118	133	1750	1,5118	189	1750	1,209	145	458
UI 240a	44	96	60	1,998	202	2660	1,998	286	2660	1,598	220	700
3 UI 30b	0,218	19	1,5	0,05	0,63	14,6	0,05	0,9	14,6	0,04	0,69	6,2
3 UI 39b	0,471	24,7	2,49	0,0829	1,37	28,4	0,0829	1,94	28,4	0,0663	1,49	11,3
3 UI 48b	0,85	30,4	3,67	0,1222	2,48	48,1	0,1222	3,51	48,1	0,0978	2,7	18,2
3 UI 60a	1,07	38	3,69	0,1229	3,13	54	0,1229	4,42	54	0,0983	3,4	23,1

4.9 Kleintransformatoren

Spulenkörper nach DIN 41 303 (11.82)

Typ	a	f	l	b	h	Mindest-höhe für Kern mm
	Größtmaß mm			Kleinstmaß mm		
M 65	44	11,6	42	20,6	27,8	26,7
M 74	50	13,1	48	23,6	33,5	32,4
M 85a	54,6	12,4	52	29,6	33,5	31,9
M 85b					46,5	44,9
M 102a	65	15,1	64	34,6	36,5	34,9
M 102b					54	52,4
EI 92a	67,4	–	50	23,6	24,5	22,9
EI 92b					33,5	31,9
EI 106a	75,4	–	55	29,6	33,5	31,9
EI 106b					46,5	44,9
EI 130a	92	–	69	35,7	37,7	36,1
EI 130b					47,7	46,1
EI 150a	107	–	79	40,7	41,7	40,1
EI 150b					51,7	50,1
EI 150c					61,7	60,1
EI 170a	121	–	94	45,7	56,7	54,5
EI 170b					66,7	64,5
EI 170c					76,7	74,5
EI 195a	136	–	124	56,5	57,7	55,5
EI 195b					70,7	68,5
EI 195c					85,7	83,5

Typ	a	f	l	b	h	Mindest-höhe für Kern
	Größtmaß in mm			Kleinstmaß in mm		
M 20	12,5	3,5	12	5,5	5,5	5,5
M 22	12,7	3,8	14	5,2	5,2	5,2
M 30 za	17,3	5	18,7	7,3	7,3	7,3
M 30 zb					10,5	10,5
M 30 a	19	5,75	18,6	7,5	7,5	7,5
M 30 b					11,3	11,3
M 42	29	8,1	28	12,6	15,7	14,6
M 55	37	9,6	35,5	17,6	21,7	20,6

Transformatoren mit SM- und SE-Kernen nach DIN 41 300 Teil 1 (11.79)

Trafo-typ	Sekun-där-leistung P_N W	magn. Induk-tion $\hat{B}_N$ T	Strom-dichte S_N $\frac{A}{mm^2}$	Blind-lei-stung P_b VA	Eisen-ver-luste P_{Fe} W	Kupfer-ver-luste P_{Cuw} W
SM 42	5,3	1,75	7	3,89	0,246	4,1
SM 55	21,1	1,76	5,3	10,7	0,64	6,4
SM 65	45,7	1,78	4,4	21,1	1,18	8,7
SM 74	84	1,79	3,83	36,4	1,89	11,1
SM 85a	115	1,78	3,8	47,3	2,64	12,7
SM 85b	159	1,76	3,72	62	3,69	13,7
SM 102a	206	1,79	3,28	82	4,23	16,9
SM 102b	300	1,78	3,15	112	6,21	18,3
SE 130a	387	1,83	2,37	137	5,6	25
SE 130b	484	1,83	2,32	174	7,1	25,9
SE 150a	590	1,83	2,2	199	8,1	32,2
SE 150b	720	1,83	2,15	249	10,2	32,8
SE 150c	860	1,83	2,11	300	12,2	33,8
SE 170a	1130	1,83	1,91	354	14,5	41,6
SE 170b	1308	1,83	1,87	415	17	42,3
SE 170c	1490	1,83	1,84	482	19,7	43,5
SE 195a	1890	1,84	1,71	610	23	53
SE 195b	2250	1,83	1,66	680	27,9	54
SE 195c	2690	1,83	1,62	840	34,2	55
SE 231a	3000	1,84	1,46	940	35,2	63
SE 231b	3710	1,83	1,42	1050	43,2	64
SE 231c	4400	1,81	1,36	1210	54	64

Transformatoren mit SU-Kernen nach DIN 41 300 Teil 3 (11.79)

Trafo-Typ	Sekun-där-leistung P_N W	magn. Induk-tion $\hat{B}_N$ T	Strom-dichte S_N $\frac{A}{mm^2}$	Blind-lei-stung P_b VA	Eisen-ver-luste P_{Fe} W	Kupfer-ver-luste P_{Cuw} W
SU 30a	3,33	1,79	9,3	3,34	0,172	4,84
SU 30b	6,3	1,78	9	4,96	0,275	5,5
SU 39a	12,4	1,8	7	8	0,391	7,7
SU 39b	20	1,79	6,7	11,7	0,6	8,4
SU 48a	30,5	1,81	5,7	16,5	0,74	11,2
SU 48b	48,6	1,8	5,5	24,8	1,17	12,4
SU 60a	82	1,83	4,44	37,7	1,52	16,7
SU 60b	122	1,82	4,27	54	2,28	18,1
SU 75a	200	1,84	3,64	83	3,07	25,2
SU 75b	306	1,83	3,43	125	4,87	26,8
SU 90a	387	1,85	3,08	153	5,3	33
SU 90b	630	1,84	2,96	241	8,9	37,5
SU 114a	920	1,86	2,46	346	11	48,8
SU 114b	1440	1,85	2,33	520	17,9	53
SU 132a	1580	1,87	2,2	570	17,2	63
SU 132b	2370	1,86	2,07	830	27,1	67
SU 150b	3380	1,86	1,95	1160	37,7	82
SU 168a	3620	1,87	1,85	1230	35,5	94
SU 180a	4560	1,87	1,78	1530	44,9	106
SU 180b	5500	1,86	1,72	1820	56	108
SU 180c	6400	1,86	1,67	2060	66	109
SU 210a	7800	1,87	1,56	2500	71	136
SU 210b	10500	1,86	1,46	3190	100	136

4.9 Kleintransformatoren

Berechnungsdaten für Schnittbandkerne der Typenreihen SE, SU, SG, SM nach DIN 41 309 Teil 2 (7.85)

Kern-Typ	Eisenmasse $m_{Fe}{}^1)$ g	Eisenweglänge l_{Fe} cm	querschnitt $A_{Fe}{}^1)$ cm²	bei $\hat{B}=1{,}7$ T Windspanng. U_{N2} V/Wdg.	Kernverluste $P_{Fe}{}^1)$ W	Scheinleistung $P_S{}^1)$ VA	Kern-Typ	Eisenmasse $m_{Fe}{}^1)$ g	Eisenweglänge l_{Fe} cm	querschnitt $A_{Fe}{}^1)$ cm²	bei $\hat{B}=1{,}7$ T Windspanng. U_{N2} V/Wdg.	Kernverluste $P_{Fe}{}^1)$ W	Scheinleistung $P_S{}^1)$ VA
SE 130a	1117	25,9	5,64	0,213	2,46	20,7	SG 27/6	18	6,32	0,372	0,014	0,04	0,64
SE 130b	1429	25,9	7,21	0,273	3,14	26,6	SG 33/8	34,7	7,77	0,582	0,022	0,076	1,09
							SG 41/9	63	9,53	0,862	0,0326	0,14	1,8
							SG 48/9	73,5	11,13	0,862	0,0326	0,16	1,9
SE 150a	1631	29,7	7,18	0,271	3,59	29,2	SG 54/13	94	12,78	0,96	0,0363	0,21	2,3
SE 150b	2040	29,7	8,98	0,339	4,49	36,5							
SE 150c	2454	29,7	10,8	0,408	5,4	43,8							
							SG 54/19	141	12,78	1,44	0,0544	0,31	3,4
							SG 54/25	187	12,78	1,92	0,0726	0,41	4,5
SE 170a	2920	34,7	10,9	0,416	6,42	50,2	SG 54/38	281	12,78	2,88	0,109	0,62	6,8
SE 170b	3424	34,7	12,9	0,488	7,53	59	SG 70/13	145	16,54	1,15	0,0435	0,32	3,1
SE 170c	3955	34,7	14,9	0,563	8,7	68	SG 70/19	218	16,54	1,72	0,065	0,48	4,7
SE 195a	4529	42,9	13,8	0,522	10	74,5	SG 70/25	291	16,54	2,3	0,087	0,64	6,3
SE 195b	5579	42,9	17	0,643	12,3	91,8	SG 70/32	363	16,54	2,87	0,108	0,80	7,9
SE 195c	6826	42,9	20,8	0,786	15	112,2	SG 76/19	239	18,14	1,72	0,065	0,53	5
							SG 76/25	319	18,14	2,3	0,087	0,7	6,7
							SG 76/32	398	18,14	2,87	0,108	0,88	8,3
SE 231a	6871	49,9	18	0,68	15,1	109,8							
SE 231b	8665	49,9	22,7	0,858	19,1	138,5							
SE 231c	10765	49,9	28,2	1,066	23,7	172	SG 76/38	478	18,14	3,45	0,13	1,05	10
							SG 89/22	432	21,06	2,68	0,101	0,95	8,6
							SG 89/29	553	21,06	3,45	0,13	1,22	11
							SG 89/38	739	21,06	4,6	0,174	1,63	14,7
							SG 89/51	989	21,06	6,13	0,232	2,18	19,6
SU 30a	71,5	11,4	0,82	0,031	0,16	1,82							
SU 30b	117	11,4	1,34	0,0506	0,26	2,98							
SU 39a	163	14,8	1,44	0,0544	0,36	3,69							
SU 39b	254	14,8	2,24	0,0846	0,56	5,76	SG 108/19	567	25,86	2,87	0,108	1,25	10,5
SU 48a	303	18,1	2,19	0,0827	0,67	6,34	SG 108/29	896	25,86	4,54	0,172	1,98	16,7
SU 48b	480	18,1	3,47	0,131	1,06	10	SG 108/38	1138	25,86	5,75	0,217	2,5	21,1
							SG 108/51	1515	25,86	7,66	0,29	3,33	28,2
SU 60a	605	22,6	3,5	0,132	1,33	11,7	SG 127/25	1079	30,68	4,6	0,174	2,37	19,1
SU 60b	916	22,6	5,3	0,2	2,02	17,8							
SU 75a	1210	28,2	5,63	0,213	2,67	22,1	SG 127/38	1619	30,68	6,9	0,26	3,56	28,7
SU 75b	1940	28,2	9,01	0,34	4,28	35,3	SG 127/51	2163	30,68	9,23	0,349	4,76	38,4
SU 90a	2080	34	7,99	0,302	4,57	36	SG 127/70	2966	30,68	12,65	0,478	6,53	52,7
SU 90b	3490	34	13,4	0,506	7,67	51,9	SG 165/32	2363	40,23	7,68	0,29	5,2	39,4
							SG 165/51	3773	40,23	12,26	0,463	8,3	62,8
SU 102a	3080	38,4	10,5	0,397	6,78	51,9							
SU 102b	4990	38,4	17	0,642	11	84,0							
SU 114a	4230	42,8	12,9	0,487	9,31	69,7	SM 30a	9,10	6,6	0,18	0,0068	0,02	0,32
SU 114b	6960	42,8	21,2	0,801	15,3	114	SM 30b	14,7	6,6	0,29	0,011	0,032	0,51
							SM 42	54,1	9,8	0,72	0,0272	0,12	1,49
SU 132a	6590	49,5	17,4	0,657	14,5	105	SM 55	138	12,4	1,46	0,0551	0,30	3,38
SU 132b	10490	49,5	27,7	1,05	23,1	168	SM 65	250	14,6	2,24	0,085	0,55	5,70
SU 150a	9670	56,2	22,5	0,85	21,3	152							
SU 150b	14570	56,2	33,9	1,28	32,1	228							
SU 168a	13540	63	28,1	1,06	29,8	209							
SU 168b	21880	63	45,4	1,72	48,1	337	SM 74	396	16,5	3,14	0,118	0,87	8,59
							SM 85a	561	18,3	4,01	0,151	1,23	11,7
							SM 85b	792	18,3	5,66	0,213	1,74	16,5
SU 180a	17070	67,6	33	1,25	37,5	260	SM 102a	885	22,2	5,21	0,196	1,95	17,3
SU 180b	21360	67,6	41,3	1,5	47	326	SM 102b	1320	22,2	7,78	0,294	2,91	25,8
SU 180c	25600	67,6	49,5	1,87	56,3	390							
SU 210a	26850	78,7	44,6	1,68	59,1	402							
SU 210b	38470	78,7	63,9	2,41	84,6	576							
SU 210c	50090	78,7	83,2	3,12	110	749							

[1]) In Norm-Spulenkörper werden bei SM, SE und SG (bis auf SG 27/6 bis SG 48/9) normalerweise 2 Kerne eingebaut. Die Werte sind dann zu verdoppeln.

4.10 Sicherungen

4.10.1 Strombelastbarkeit von Leitungen für feste Verlegung als Schutz gegen zu hohe Erwärmung bei Dauerbetrieb und Umgebungstemperaturen von 30 °C nach DIN VDE 0298 Teil 4 (2.88) und Zuordnung von Überstrom-Schutzeinrichtungen [1]

Isolierwerkstoff	PVC (zulässige Betriebstemperatur 70 °C)			
Leitungsbauart	NYM, NYBUY, NHYRUZY, NYIF, NYIFY, HO7V-U, HO7V-R, HO7V-K			
Gruppe	A	B1	B2	C
Verlegeart	in wärme-dämmenden Wänden	auf oder in Wänden oder unter Putz		direkt verlegt
		in Elektroinstallationsrohren oder -kanälen		
	Aderleitungen im Elektroinstallations-rohr (auch im Fuß-boden bzw. Fußboden-kanälen)	Aderleitungen im Elektroinstallations-rohr auf der Wand (auch im belüfteten Fußbodenkanal)	Mehradrige Leitung im Elektroinstalla-tionsrohr auf der Wand oder auf dem Fuß-boden	Mehradrige Leitung auf der Wand oder auf dem Fußboden oder in offenen bzw. belüfteten Kanälen
	Mehradrige Leitung im Elektroinstallations-rohr	Aderleitungen im Elektroinstallations-kanal auf der Wand	Mehradrige Leitung im Elektroinstalla-tionskanal auf der Wand oder auf dem Fußboden	Einadrige Mantellei-tungen auf der Wand oder auf dem Fuß-boden
	Mehradrige Leitung in der Wand	Adernleitungen, ein-adrige Mantelleitun-gen, mehradrige Lei-tung im Elektroin-stallationsrohr im Mauerwerk		Mehradrige Leitung, Stegleitung in der Wand, in der Decke oder unter Putz

Anzahl bel. Adern	2	3	2	3	2	3	2	3
Nennquerschnitt mm² Kupfer	Zulässiger Belastungsstrom I_z und Schutzeinrichtung-Nennstrom I_n in A							

Nennquerschnitt mm² Kupfer	I_z	I_n	I_z	I_n	I_z	I_n	I_z	I_n	I_z	I_n	I_z	I_n	I_z	I_n	I_z	I_n
1,5	15,5	16	13	10	17,5	16	15,5	16	15,5	16	14	10	19,5	20	17,5	16
2,5	19,5	20	18	16	24	20	21	20	21	20	19	16	26	25	24	20
4	26	25	24	20	32	32	28	25	28	25	26	25	35	35	32	32
6	34	32	31	25	41	40	36	35	37	35	33	32	46	40	41	40
10	46	40	42	40	57	50	50	50	50	50	46	40	63	63	57	50
16	61	50	56	50	76	63	68	63	68	63	61	50	85	80	76	63
25	80	80	73	63	101	100	89	80	90	80	77	63	112	100	96	80
35	99	80	89	80	125	125	111	100	110	100	95	80	138	125	199	100
50	119	100	108	100	151	125	134	125	—	—	—	—	—	—	—	—
70	151	125	136	125	192	160	171	160	—	—	—	—	—	—	—	—
95	182	160	164	160	232	200	207	200	—	—	—	—	—	—	—	—
120	210	200	188	160	269	250	239	200	—	—	—	—	—	—	—	—

[1] Leitungsschutzsicherungen gL nach DIN VDE 0636 und Leitungsschutzschalter nach DIN VDE 0641, die der Bedingung $I_z \leq 1{,}45 \cdot I_n$ entsprechen.

4.10 Sicherungen

Fortsetzung: Strombelastbarkeit

Isolierwerkstoff	PVC (zul. Temperatur 70 °C)
Leitungsbauart	NYM, NYMZ, NYMT, NYBUY, NHYRUZY
Gruppe	E
Verlegeart	frei in Luft

Mehradrige Leitungen bei ungehinderter Wärmeabgabe mit einem Abstand von der Wand $\geq 0,3\,d$ (d = Leitungsdurchmesser)

Anzahl bel. Adern	2		3	
	Zul. Belastungsstrom I_z und Nennstrom I_n in A			
Nennquerschnitt mm² Kupfer	I_z	I_n	I_z	I_n
1,5	20	20	18,5	16
2,5	27	25	25	25
4	37	35	34	32
6	48	40	43	40
10	66	63	60	50
16	89	80	80	80
25	118	100	101	100
35	145	125	126	125

Umrechnungsfaktoren für abweichende Umgebungstemperaturen

Isolierwerkstoff	NR/SR [1)]	PVC [2)]	EPR [3)]
zul. Temperatur	60 °C	70 °C	80 °C
Umgebungstemperatur in °C	Umrechnungsfaktoren		
10	1,29	1,22	1,18
15	1,22	1,17	1,14
20	1,15	1,12	1,10
25	1,08	1,06	1,05
30	1,0	1,0	1,0
35	0,91	0,94	0,95
40	0,82	0,87	0,89
45	0,71	0,79	0,84
50	0,58	0,71	0,77
55	0,41	0,61	0,71
60	–	0,50	0,63
65	–	–	0,55
70	–	–	0,45

[1)] NR Natur-Kautschuk; SR Synthetischer Kautschuk.
[2)] PVC Polyvinylchlorid.
[3)] EPR Ethylenpropylen-Kautschuk (EPM) oder Ethylen-Propylen-Dien-Kautschuk (EPDM).

Umrechnungsfaktoren für vieladrige Leitungen mit Leiternennquerschnitten bis 10 mm²

Anzahl der bel. Adern	5	7	10	14	19	24	40
Umrechn.-Faktor	0,75	0,65	0,55	0,50	0,45	0,40	0,35

4.10.2 Strombelastbarkeit von Leitungen und Kabeln als Schutz gegen zu hohe Erwärmung bei Dauerbetrieb und Umgebungstemperaturen von 25 °C nach Beiblatt 1 zu DIN VDE 0100 Teil 430 (Entwurf 5.88) und Zuordnung von Überstrom-Schutzeinrichtungen

Isolierwerkstoff	PVC (zul. Betriebstemperatur 70 °C)															
Leitungsbauart	NYM, NYBUY, NHYRUZY, NYIF, NYIFY, HO7V-U, HO7V-R, HO7V-K															
Verlegeart	Gruppe A				Gruppe B1				Gruppe B2				Gruppe C			
Anzahl bel. Adern	2		3		2		3		2		3		2		3	
Nennquerschnitt mm² Kupfer	Zulässige Belastungsströme I_z und Nennströme I_n in A															
	I_z	I_n	I_z	I_n	I_z	I_n	I_z	I_n	I_z	I_n	I_z	I_n	I_z	I_n	I_z	I_n
1,5	16,5	16	14	10	18,5	16	16,5	16	16,5	16	15	10	21	16	18,5	16
2,5	21	20	19	16	25	25	22	20	22	20	20	20	28	25	25	25
4	28	25	25	25	34	32	30	25	30	25	28	25	37	35	34	32
6	36	35	32	32	43	40	38	35	39	35	35	35	49	40	43	40
10	49	40	45	40	60	50	53	50	53	50	49	50	67	63	60	50
16	65	63	59	50	81	80	72	63	72	63	63	63	90	80	81	80
25	85	80	77	63	107	100	94	80	95	80	82	80	119	100	102	100
35	105	100	94	80	133	125	118	100	117	100	101	100	146	125	126	125
50	126	125	114	100	160	160	142	125	–	–	129	125	–	–	161	160
70	160	160	144	125	204	200	181	160	–	–	163	160	–	–	203	200
95	193	160	174	160	246	200	219	200	–	–	–	–	–	–	–	–
120	223	200	199	200	285	250	253	250	–	–	–	–	–	–	–	–

Leitungsbauart	NYY, NYCWY, NYKY, NYM, NYMZ, NYMT, NYBUY, NHYRUZY			
Verlegeart	Gruppe E			
Anzahl bel. Adern	2		3	
Nennquerschnitt mm² Kupfer	Zulässige Belastungsströme I_z und Nennströme I_n in A			
	I_z	I_n	I_z	I_n
1,5	21	20	20	20
2,5	29	25	27	25
4	39	35	36	35
6	51	50	46	40
10	70	63	64	63
16	94	80	85	80
25	125	125	107	100
35	154	125	134	125
50	–	–	169	160
70	–	–	214	200

Zuordnung der Überstromschutzeinrichtung

Kabel und Leitungen werden vor Überlastung geschützt, wenn folgende Bedingungen erfüllt sind:

$$I_B \leq I_n \leq I_z$$
$$I_2 \leq 1{,}45 \cdot I_z$$

I_B Betriebsstrom
I_n Nennstrom der Schutzeinrichtung
I_z zul. Strombelastbarkeit
I_2 großer Prüfstrom der Schutzeinrichtung

Stehen Überstromschutzeinrichtungen mit der Charakteristik $I_2 = 1{,}45 \cdot I_n$ zur Verfügung, gilt die Beziehung $I_n = I_z$. Dies ist z. B. für Leitungsschutzschalter der Charakteristik „B" und „C" nach DIN VDE 0641 gegeben.

Bei einem anderen großen Prüfstrom gilt

$$I_n \leq \frac{1{,}45}{k} \cdot I_z$$

k Faktor zur Errechnung des großen Prüfstroms ($I_2 = k \cdot I_n$).

4.10 Sicherungen

4.10.3 Niederspannungssicherungen nach DIN VDE 0636 Teil 1 (12.83)

Funktionsklassen:

Funktionsklasse g: Ganzbereichssicherungen (full-range breaking capacity fuse-links), Sicherungseinsätze, die Ströme bis wenigstens zu ihrem Nennstrom dauernd führen und Ströme vom kleinsten Schmelzstrom bis zum Nennausschaltstrom ausschalten können.

Funktionsklasse a: Teilbereichssicherungen (partial-range breaking capacity fuse-links), Sicherungseinsätze, die Ströme bis wenigstens zu ihrem Nennstrom dauernd führen und Ströme oberhalb eines bestimmten Vielfachen ihres Nennstromes bis zum Nennausschaltstrom ausschalten können.

Schutzobjekte:
- L: Kabel- und Leitungsschutz
- M: Schaltgeräteschutz
- R: Halbleiterschutz
- B: Bergbau-Anlagenschutz
- Tr: Transformatorenschutz

Betriebsklassen:
- gL: Ganzbereichs-Kabel- und Leitungsschutz
- aM: Teilbereichs-Schaltgeräteschutz
- aR: Teilbereichs-Halbleiterschutz
- gR: Ganzbereichs-Halbleiterschutz
- gB: Ganzbereichs-Bergbauanlagenschutz
- gTr: Ganzbereichs-Transformatorenschutz

Nennspannungen

Wechselspannung V	**220**	**380**	**500**	**660**	750	1000
Gleichspannung V	**220**	**440**	**500**	**600**	750	1200
	1500	2400	**3000**			

Fettgedruckte Werte bevorzugt.

Schaltspannungen

Nennspannung U_N V	Höchstwert der Schaltspannung in V
Wechsel- und Gleichspannung: bis 300	2000
301 bis 660	2500
661 bis 800	3000
801 bis 1000	3500
Gleichspannung: 1001 bis 1200	3500
1201 bis 1500	5000
1501 bis 3000	10000

Nennströme in A

2, 4, 6, 10, 16, 20, 25, 32, 35, 40, 50, 63, 80, 100, 125, 160, 200, 250, 315, 400, 500, 630, 800, 1000, 1250.

Nennausschaltstrom in kA

Vorzugswerte, je nach Bauart und Betriebsklasse:

Wechselstromkreise	25, 50, 100 (Effektivwert)
Gleichstromkreise	8, 25

Selektivität

Für Niederspannungssicherungen nach DIN VDE 0636 Teil 1 gilt: Die Zeit/Strom-Bereiche sind so aufeinander abgestimmt, daß Sicherungen in bestimmten Bereichen der Betriebsspannung untereinander selektiv abschalten.

4.10.4 Kennfarben für Niederspannungssicherungen zum Kabel- und Leitungsschutz

Nennstrom A	Farbe des Anzeigers	Nennstrom A	Farbe des Anzeigers
2	rosa	25	gelb
4	braun	35	schwarz
6	grün	50	weiß
10	rot	63	kupfer
16	grau	80	silber
20	blau	100	rot

4.10.5 Ströme

Sicherungstyp [1]	Nennströme in A für		
	Sicherungssockel und Schraubkappen	Sicherungseinsätze	Paßeinsätze
1	16, 63, 100	2, 4, 6, 10, 16, 20, 25, 35, 50, 63, 80, 100	2, 4, 6, 10, 20, 25, 35, 50, 80
	500 V		
2	25, 63, 100	2, 4, 6, 10, 16, 20, 25, 35, 50, 63, 80, 100	2, 4, 6, 10, 20, 25, 35, 50, 63, 80, 100
	∼ 660 V ⎓ 600 V		
	63	2, 4, 6, 10, 16, 20, 25, 35, 50, 63	2, 4, 6, 10, 16, 20, 25, 35, 50, 63
3	25, 63, 100	2, 4, 6, 10, 16, 20, 25, 35, 50, 63, 80, 100	2, 4, 6, 10, 20, 25, 35, 50, 63, 80, 100

Symbol zur Kennzeichnung von Halbleiterschutzsicherungseinsätzen:

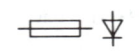

Der Nennausschaltstrom der oben angegebenen Sicherungen beträgt bei Wechselstrom 50 000 A (Effektivwert) und bei Gleichstrom 8000 A.

Sicherungseinsätze der Kabel- und Leitungsschutzsicherungen verhalten sich selektiv, wenn ihre Nennströme im Verhältnis 1 : 1,6 stehen; das gilt nur für Nennströme ≥ 16 A.

Nennströme in A für NH-Sicherungseinsätze der Kabel- und Leitungsschutzsicherungen nach DIN VDE 0636 Teil 21 (5.84)

Baugröße	∼ 660 V	∼ 500 V ⎓ 440 V
00	6 bis 100	6 bis 100
0 [2]	—	6 bis 160
1	80 bis 200	80 bis 250
2	125 bis 315	125 bis 400
3	315 bis 500	315 bis 630
4a	500 bis 800	500 bis 1250

Die untere Grenze der Umgebungstemperatur beträgt −15°C; die obere +80°C (bei Belastung).

Strom- und Zeitwerte für das Nichtabschmelzen und das Abschmelzen von Sicherungseinsätzen nach DIN VDE 0636 Teil 21 (5.84)

Nennstrom I_N A	Prüfstrom kleiner	Prüfstrom größer	Prüfdauer h
bis 4	1,5 I_N	2,1 I_N	1
über 4 bis 10	1,5 I_N	1,9 I_N	1
über 10 bis 25	1,4 I_N	1,75 I_N	1
über 25 bis 63	1,3 I_N	1,6 I_N	1
über 63 bis 160	1,3 I_N	1,6 I_N	2
über 160 bis 400	1,3 I_N	1,6 I_N	3
über 400	1,3 I_N	1,6 I_N	4

---

[1] 1 Kabel- und Leitungsschutzsicherungen, DO-System (∼ 380 V ⎓ 250 V) nach DIN VDE 0636 Teil 41 (12.83).
2 Kabel- und Leitungsschutzsicherungen, D-System (100 A/500 V bzw. 63 A/∼ 660 V ⎓ 600 V) nach DIN VDE 0636 Teil 31 (12.83).
3 Halbleiterschutzsicherungen, D-System (500 V) nach DIN VDE 0636 Teil 33 (1.86).

[2] Nur für Ersatzbedarf.

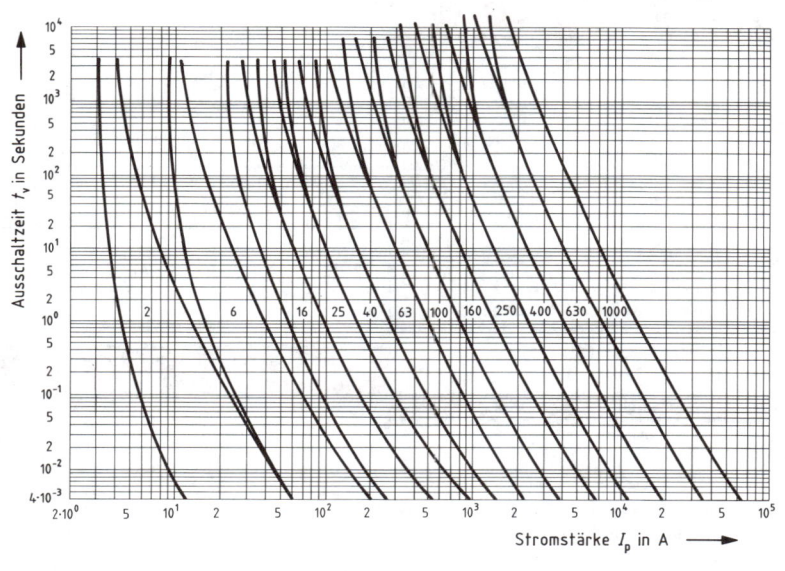

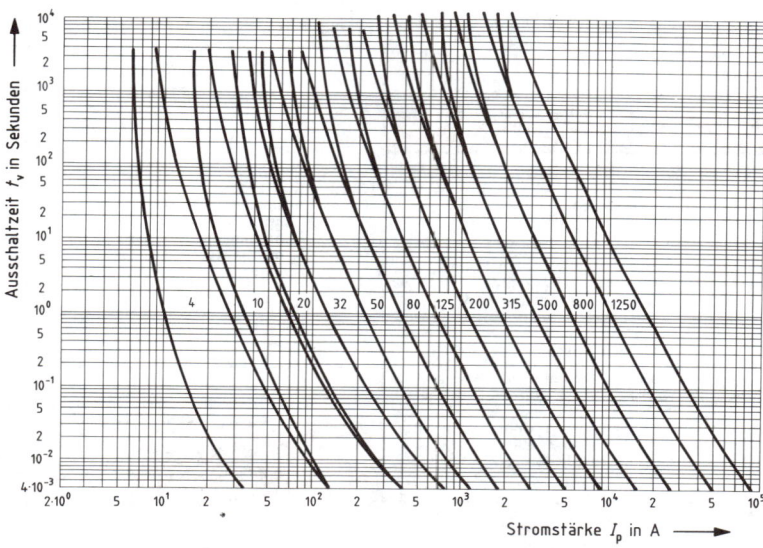

4.10 Sicherungen

4.10.6 Strom-Zeit-Bereiche für NH-Sicherungseinsätze der Betriebsklasse gL nach DIN VDE 0636 Teil 21 (5.84)

Die Zeit-Strom-Kennlinien zeigen das zeitliche Verhalten von Sicherungseinsätzen in Abhängigkeit vom Ausschaltstrom, der die Sicherungen zum Schmelzen und Ausschalten bringt. Die linke Kennlinie eines Nennstromwertes stellt die Minimalwerte (Schmelzzeit-Kennlinie), die rechte Kennlinie die Maximalwerte (Ausschaltzeit-Kennlinie) dar.

4.10 Sicherungen

4.10.7 $I^2 t$-Grenzwerte von NH-Sicherungseinsätzen nach DIN VDE 0636 Teil 21 (5.84)

Die Schmelz- und Ausschalt-$I^2 t$-Werte liegen zwischen den angegebenen Grenzwerten.

I_n A	$I^2 t_{min}$ A²s	$I^2 t_{max}$ A²s	I_n A	$I^2 t_{min}$ A²s	$I^2 t_{max}$ A²s
2	0,68	16,4	100	21 200	64 000
4	4,9	67,6	125	36 000	104 000
6	16,4	194	160	64 000	185 000
10	67,6	640	200	104 000	302 000
16	291	1 210	224	139 000	412 000
20	640	2 500	250	185 000	557 000
25	1 210	4 000	315	302 000	900 000
32	1 740	5 750	400	557 000	1 600 000
35	3 030	6 750	500	900 000	2 700 000
40	4 000	9 000	630	1 600 000	5 470 000
50	5 750	13 700	800	2 700 000	10 000 000
63	9 000	21 200	1000	5 470 000	17 400 000
80	13 700	36 000	1250	10 000 000	33 100 000

4.10.8 Geräteschutzsicherungen

Zeit-Strom-Charakteristik nach DIN VDE 0820 Teil 1 (9.86)

Symbol	Zeit/Strom-Charakteristik
FF	superflink
F	flink
M	mittelträge
T	träge
TT	superträge

G-Sicherungseinsätze nach DIN 41660, 41661 und 41662 (5.79)

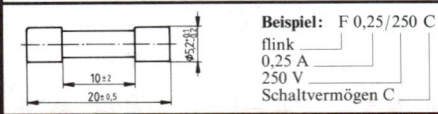

Beispiel: F 0,25/250 C
flink
0,25 A
250 V
Schaltvermögen C

Nennstrom in A

0,032	0,04	0,05	0,063	0,08	0,1	0,125
0,16	0,2	0,25	0,315	0,4	0,5	0,63
0,8	1	1,25	1,6	2	2,5	3,15
4	5	6,3				

Flink, großes Ausschaltvermögen (DIN 41660) ab 0,05 A; flink, kleines Ausschaltvermögen (DIN 41661) und träge, kleines Ausschaltvermögen (DIN 41662) ab 0,032 A.

Farbkennzeichnung

G-Sicherungseinsätze werden auch mit Farbcodierung als Kennzeichnung geliefert. Diese lehnt sich an den Farbcode für Widerstände an (s. S. 4-4). Die Ringe 1 und 2 werden für die ersten beiden Ziffern und Ring 3 für den Multiplikator eingesetzt. Bei Nennströmen mit dreistelliger Ziffernfolge entfällt die dritte Stelle. Der 4. Farbring gibt die Strom/Zeit-Charakteristik an:

superflink (FF)	schwarz	träge (T)	blau
flink (F)	rot	superträge (TT)	grau
mittelträge (M)	gelb		

Schmelzdauer und Nennausschaltvermögen für G-Sicherungseinsätze

Oberer Wert = min., unterer Wert = max.

DIN		$2,1 \cdot I_N$	$2,75 \cdot I_N$	$4 \cdot I_N$	$10 \cdot I_N$
41660		—	10 ms	3 ms	—
		30 min	2 s[1])	300 ms	20 ms
41661	bis 100 mA	—	10 ms	3 ms	—
		30 min	500 ms	100 ms	20 ms
	über 100 mA	—	50 ms	10 ms	—
		30 min	2 s	300 ms	20 ms
41662	bis 100 mA	—	200 ms	40 ms	10 ms
		2 min	10 s	3 s	300 ms
	über 100 mA	—	600 ms	150 ms	20 ms
		2 min	10 s	3 s	300 ms

DIN 41660, DIN 41661: flink.   DIN 41662: träge.

DIN	Nennausschaltvermögen
41660	1500 A
41661 41662	35 A oder $10 \cdot I_N$ (größerer Wert)

Schaltvermögen

Kennbuchstabe	Schaltvermögen in A bei	
	250 V —	250 V ~
B	12,5	50
C	20	80
D	75	300
E	250	1000
G	750	1500

4.10.9 Leitungsschutzschalter

Leitungsschutzschalter Typ B und C bis 63 A und 415 V ~ nach DIN VDE 0641 A 4 (11.88)

Aufschriften

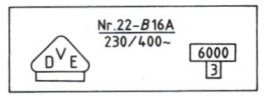

Nr. 22-B 16 A
230/400~
6000
3

Nr. 22	Kenngröße
B	Auslösecharakteristik
16 A	Nennstrom
230/400	Nennspannungen in V
6000	Nennschaltvermögen
3	Strombegrenzungsklasse

Nennströme I_n in A

6	10	13	16	20	25	32	40	50	63

Strombegrenzungsklassen und zul. $I^2 t$-Werte[2])

Schaltvermögen	Durchlaß-$I^2 t$ in A²s	
	LS-Schalt. bis 16 A	LS-Schalt. bis 32 A
	Strombegrenzungsklasse	
A	2	3	2	3
3000	31 000	15 000	40 000	18 000
6000	100 000	35 000	130 000	45 000
10000	240 000	70 000	310 000	90 000

[1]) 3 s für Nennströme von 4 bis 6,3 A.
[2]) Werte gelten für LS-Schalter Typ B; für LS-Schalter Typ C 20 % höhere Werte zugelassen!

4.10 Sicherungen

Zeit-Strom-Auslösekennlinien von Sicherungsautomaten

Auslöse-kennlinie	Nennstrom-bereich I_n in A	Thermische Auslöser kleiner Prüfstrom I_1	Thermische Auslöser großer Prüfstrom $I_2 = k \cdot I_n$	Grenzen der Auslöse- oder Nichtauslösezeit t	Elektromagnetische Auslöser Prüfströme	Auslöse-zeit
Schutzschalter nach DIN VDE 0660 Teil 104 (9.82)[1]						
K	0,2 bis 63	$1{,}05 \cdot I_n$	$1{,}2 \cdot I_n$	≥ 1 h (keine Auslösung) < 1 h (Auslösung)	keine Angaben	
Leitungsschutzschalter nach DIN VDE 0641 A 4 (11.88)[2]						
B	6 bis 63	$1{,}13 \cdot I_n$	$1{,}45 \cdot I_n$	≥ 1 h (keine Auslösung) < 1 h (Auslösung)	$3 \cdot I_n$ $5 \cdot I_n$	≥ 0,1 s < 0,1 s
C	6 bis 63	$1{,}13 \cdot I_n$	$1{,}45 \cdot I_n$	≥ 1 h (keine Auslösung) < 1 h (Auslösung)	$5 \cdot I_n$ $10 \cdot I_n$	≥ 0,1 s < 0,1 s
B, C			$2{,}55 \cdot I_n$	1 s < t < 60 s (I_n ≤ 32 A) 1 s < t < 120 s (I_n > 32 A)		

Überlastungsschutz

$I_b \leq I_n \leq I_z$
$I_2 \leq 1{,}45 \cdot I_z$
$I_n \leq \dfrac{1{,}45}{k} \cdot I_z$
$I_2 = k \cdot I_n$

I_b zu erwartender Betriebsstrom in A
I_n Nennstrom des Schutzorgans in A
I_z Strombelastbarkeit der Leitung/des Kabels in A
k Faktor zur Errechnung des großen Prüfstroms
I_2 Strom, der eine Auslösung des Schutzorgans unter den in den Gerätebestimmungen festgelegten Bedingungen bewirkt (großer Prüfstrom) in A

Haben die Schutzeinrichtungen einen großen Prüfstrom $I_2 \leq 1{,}45 \cdot I_n$, dann gilt $I_n \leq I_z$. Diese Bedingung erfüllen LS-Schalter der Charakteristik B und C nach DIN VDE 0641. Bei ihnen gilt dann die Zuordnung: Der Nennstrom I_n des LS-Schalters muß gleich/kleiner der zulässigen Strombelastbarkeit I_z der zu schützenden Leitung sein.

Beispiel:
Eine 4adrige NYM-Leitung soll bei einer Umgebungstemperatur von 21 °C als Einzelleitung auf der Wand verlegt werden; der Betriebsstrom I_b beträgt 56 A.

Lösung:
Querschnitt nach Tabelle Seite 4-26 für Verlegeart C:

$S = 16$ mm² ($I_z = 76$ A; $I_n = 63$ A).

Die Bedingung:

$I_b \leq I_n \leq I_z$ (56 A ≤ 63 A ≤ 76 A)

ist erfüllt. Gewählt wird eine Schmelzsicherung mit $I_n = 63$ A (s. Seite 4-28) und $I_2 = 1{,}6 \cdot I_n$.

Die Bedingung $I_2 \leq 1{,}45 \cdot I_z$ mit $I_2 = k \cdot I_n$ ist zu überprüfen:

$I_n \leq \dfrac{1{,}45 \cdot I_z}{k} = \dfrac{1{,}45 \cdot 76 \text{ A}}{1{,}6} = 69$ A

$I_n \leq 69$ A

Der nächst kleinere Sicherungs-Nennstrom ist 63 A; der Überlastungsschutz ist mit dieser Sicherung gegeben.

Kurzschlußschutz

Das Schaltvermögen des Kurzschlußschutzorgans muß mindestens dem größten Strom bei einem vollkommenen Kurzschluß entsprechen. Die Ausschaltzeit eines Kurzschlußstromes darf nicht länger sein als die Ausschaltzeit t, in der dieser Strom die Leitung auf die zulässige Kurzschlußtemperatur erwärmt.

$$t = \left(\dfrac{k \cdot S}{I}\right)^2$$

t zulässige Ausschaltzeit in s
S Leiterquerschnitt in mm²
I Kurzschlußstrom in A
k leitungsspezifischer Faktor mit den folgenden Werten

Werkstoff der Isolierung	Leiter aus Cu	Leiter aus Al
Gummi (G)	135	87
Polyvinylchlorid (PVC)	115	74
Vernetztes Polyethylen (VPE)	143	94
Ethylenpropylen-Kautschuk (EPR)	143	94
Butyl-Kautschuk (∥ K)	135	87

Die aus den Auslösekennlinien der Schutzorgane ablesbare Abschaltzeit für einen Kurzschlußstrom darf die errechnete (maximal zulässige) nicht übersteigen. Sind für LS-Schalter die errechneten Zeiten nicht kleiner als 0,1 s, ist Kurzschlußschutz gewährleistet; bei Ausschaltzeiten kleiner als 0,1 s ist eine Kontrolle nach dem Stromwärmeimpuls $I^2 \cdot t \leq k^2 \cdot S^2$ erforderlich.

Beispiel:
Eine PVC-isolierte Leitung (Faktor $k = 115$) mit $S = 1{,}5$ mm² soll durch einen LS-Schalter der Charakteristik B als Schutzorgan geschützt werden. Der Kurzschlußstrom soll 3 000 A betragen (Wert ist für Hausverteilungen angemessen).

Lösung:
Die zulässige Ausschaltzeit:

$$t \leq \dfrac{k^2 \cdot S^2}{I^2} = \dfrac{115^2 \cdot 1{,}5^2}{3000^2} = 0{,}0033 \text{ s}$$

Da $t < 0{,}1$ s, muß eine Kontrolle nach dem Stromwärmeimpuls durchgeführt werden.

$I^2 \cdot t \leq k^2 \cdot S^2 = 115^2 \cdot 1{,}5^2 = 29\,756$ A² s

Gewählt wird: LS-Schalter 16 A der Strombegrenzungsklasse 3 ($I^2 t = 15\,000$ A² s) mit dem Schaltvermögen 3000 A (siehe Tabelle Seite 4-30).

---

[1] Nenn-Bezugstemperatur 20 °C.
[2] Nenn-Bezugstemperatur 30 °C.

4.11 Fehlstrom-Schutzschalter

FI-Schutzschalter nach DIN VDE 0664 Teil 1 (10.85)

Die FI-Schutzschalter mit dem nebenstehenden Symbol im Typenschild lösen aus bei Wechsel- und pulsierenden Gleich-Fehlerströmen, die innerhalb der Netzperiode den Wert nahezu Null erreichen. Gleich-Fehlerströme können auftreten bei Einweggleichrichtung ohne Glättung, bei Graetz-Brückenschaltung mit/ohne Glättung sowie bei unsymmetrischer Phasenanschnittsteuerung. Zulässige Umgebungstemperatur: von $-5\,°C$ bis $+40\,°C$ und einem täglichen Mittelwert von maximal 35 °C. Das nebenstehende Bildzeichen weist auf tiefe Temperaturen hin. Selektive FI-Schutzschalter sind zeitlich verzögert und stromstoßfest, d.h. sie lösen nicht bei Stromstößen bestimmter Amplitude und Kurvenform aus.

Überstromauslösung: Bei Belastung mit dem 1,5fachen großen Prüfstrom nach DIN VDE 0641 (s. Seite 4-31) muß der FI/LS-Schalter innerhalb 1 h auslösen.

Kurzschlußstrombegrenzung: Es gilt DIN VDE 0641 (s. Seite 4-30 und 4-31).

FI-Schutzschalter bis 1000 V ~ und 200 A nach DIN VDE 0664 Teil 3 (10.88)

Nennspannungen	in V	230,	240,	400,	415,	500,
		660,	690,	750,		1000
Nennströme	in A	16,	25,	40,	63,	100,
		125,	160,	200		
Nennfehlerströme	in A	0,01; 0,03; <u>0,1</u>; <u>0,3</u>; <u>0,5</u>; <u>1</u> unterstrichen: selektive Ausführung				
Nennschaltvermögen	in A	3000,	6000,	10000,		
		20000,	50000			

Die Nenn-Kurzschlußfestigkeit in Verbindung mit einer Sicherung ist durch folgendes Bildzeichen angegeben (63 ist der Nennstromwert):

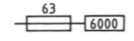

Auslösezeiten

Wechsel-fehlerstrom I_Δ	pulsierender Gleich-Fehlerstrom ($\alpha = 0°$ el) I_Δ	Auslösezeit in s
FI-Schutzschalter		
$I_{\Delta n}$	1,4 $I_{\Delta n}$	$\leq 0,2$
5 · $I_{\Delta n}$	5 · 1,4 $I_{\Delta n}$	$\leq 0,04$
Selektive FI-Schutzschalter		
$I_{\Delta n}$	1,4 $I_{\Delta n}$	$0,15 \leq t_A \leq 0,5$
2 · $I_{\Delta n}$	2 · 1,4 $I_{\Delta n}$	$0,06 \leq t_A \leq 0,2$
5 · $I_{\Delta n}$	5 · 1,4 $I_{\Delta n}$	$0,04 \leq t_A \leq 0,15$
500 A	$(1/\sqrt{2}) \cdot 500$ A	$0,04 \leq t_A \leq 0,15$

Nennspannungen (Vorzugswerte)

Nennspannungen in V	Polzahl	Einsatz in Stromkreisen
220, 230, 240	2	einphasig
220/380, 230/400, 240/415	4	einphasig mehrphasig
380, 400, 415, 500	3	dreiphasig (ohne Neutralleiter)

Maximalwerte des Erdungswiderstands R_A

Nennfehlerstrom $I_{\Delta n}$ in A	Widerstand R_A in Ω bei einer Berührungsspannung U_L von	
	50 V	25 V
0,01	5000	2500
0,03	1666	833
0,3	166	83
0,5	100	50
1	50	25

Anwendungsbeispiel:

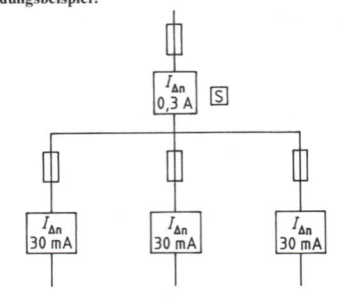

FI/LS-Schalter bis 415 V ~ und 63 A nach DIN VDE 0664 Teil 2 (8.88)

FI/LS-Schalter (Fehlerstromschutzschalter mit Überstromauslöser) bieten Schutz

a) mit dem **FI-Teil**:
- bei indirektem Berühren im TN- und TT-Netz,
- bei direktem Berühren, wenn der Nennfehlerstrom $I_{\Delta n} \leq 30$ mA ist,
- gegen elektrisch gezündete Brände.

b) mit dem **LS-Teil**:
- gegen Überlast und Kurzschluß entsprechend DIN VDE 0100 Teil 430.

Nennströme	in A	6, 32,	10, 35,	16, 40,	20, 50,	25, 63
Nennfehlerströme	in A	0,01;	0,03;	0,1;	0,3	
Nennschaltvermögen	in A	3000,	6000,	10000		

Der selektiv verzögerte 0,3-A-FI-Schutzschalter (Selektiv-Kennzeichen: S) wird in der skizzierten größeren Anlage als Zentralschalter für den FI-Schutz eingesetzt. In den Unterverteilungen sind 30 mA FI-Schutzschalter eingesetzt, die wegen des niederen Auslösestroms sowie der kürzeren Ansprechzeit selektiv arbeiten; der FI-Schutzschalter in der Unterverteilung löst immer allein aus, wenn in dem zu schützenden Stromkreis ein Fehlerstrom auftritt.

4.12 Galvanische Primärelemente

4.12.1 Ausführungen von galvanischen Primärelementen

Element	negative Elektrode	positive Elektrode	Elektrolyt	Nennspannung V	Vorteile/Nachteile	Energiedichte Wh/cm³	Anwendung
Leclanché	Zink Zn	Mangandioxid MnO_2 und Kohle	Ammoniumchlorid NH_4CL (Salmiak)	1,5	preiswert	0,08 bis 0,15	Taschenlampen, Spielzeug
Zinkchlorid	Zink Zn	Mangandioxid MnO_2	Zinkchlorid $ZnCl_2$	1,5	auslaufsicherer Elektrolyt	0,1 bis 0,25	Uhren, Radios
Alkali-Mangan	Zinkpulvergel	Mangandioxid MnO_2	Kalilauge KOH	1,5	hohe Belastbarkeit, geringe Selbstentladung bei höheren Temperaturen, gutes Tieftemperaturverhalten	0,15 bis 0,4	Kameras, Blitzgeräte, Cassettengeräte
Quecksilberoxid	Zink Zn	Quecksilberoxid HgO	Kalilauge KOH	1,35	gute Spannungskonstanz	0,5 bis 0,6	Fotoapparate, Hörgeräte
Silberoxid	Zink Zn	Silber-I-oxid AgO	Kalilauge KOH	1,55	gute Spannungskonstanz, hohe Spannung und große Energiedichte	0,5 bis 0,6	Uhren, Taschenrechner, Fotoapparate
		Silber-II-oxid Ag_2O				0,4 bis 0,5	
Magnesium	Magnesium	Mangandioxid	Magnesiumperchlorat	1,7	tropenfest, belastungsfest/ beim Einschalten Verzögerung bis Sekunden, Magnesium löst sich auch bei unbelasteter Zelle auf	≈ 0,25	für militärische Zwecke
Lithium	Lithium Li	Silberchromat Ag_2CrO_4	$LiClO_4$	3,3		≈ 0,6	Herzschrittmacher
		Thionylchlorid $SOCl_2$	Lithiumtetrachloraluminat $LiAlCl_4$	3,5	hohe Energiedichte, sehr geringe Selbstentladung (1% pro Jahr)/Rückstrom über Zelle darf 10 µA nicht überschreiten	≈ 0,9	militärische Zwecke, CMOS-Speicherschutz
		Schwefeldioxid SO_2	Lithiumbromid LiBr	2,8	gutes Tieftemperaturverhalten, geringe Selbstentladung/hoher Zelleninnendruck	≈ 0,5	militärische Zwecke, LCD-Uhren, Speicherschutz
		Mangandioxid MnO_2	organisch	3	geringe Selbstentladung (kleiner 1% pro Jahr), hohe Lagerfähigkeit (bis 10 Jahre)/Ströme über 10 µA in Laderichtung führen zur internen Gasung (Explosion)	0,4 bis 0,6	Uhren, Rechner, Film- u. Fotogeräte
		Chromdioxid CrOx	organisch	3		0,65 bis 1,0	Datenspeicher CMOS-RAM's
		Bismuttrioxid Bi_2O_3		1,5		0,35 bis 0,5	Armbanduhren
Lithium-Papier-Batterie	Lithium Li	Kohlenstoffmonofluorid	organisch	3	sehr flache Bauform (ca. 1,8 mm dick), lange Lagerzeit (über 3 Jahre)	≈ 0,4	Kameras, Rechner, Uhren, Personenrufgeräte
Luftsauerstoff	Zink Zn	Ammoniumchlorid und Aktiv-Kohle	Manganchlorid	1,5	geringe Selbstentladung, hohe Lebensdauer, große Energiedichte	≈ 0,7	Weidezaungeräte, Fernmeldegeräte, Warngeräte

4.12 Galvanische Primärelemente

4.12.2 Primärbatterien nach DIN IEC 86 Teil 1 (4.88)

Galvanische Primärbatterien werden mit Kurzzeichen versehen, die sich aus Buchstaben und Ziffern zusammensetzen. Die Buchstaben R, S und F kennzeichnen die Form: R = Rundzellen und Batterien, S = Quadratzellen und Batterien, F = Flachzellen. Wird den Buchstaben R, S und F kein oder ein zusätzlicher Buchstabe vorangestellt, so wird dadurch das elektrochemische System bezeichnet.

Buchstabe	positive Elektrode	Elektrolyt	negative Elektrode	max. EMK V	Nennspannung V
–	Mangandioxid	Ammoniumchlorid, Zinkchlorid	Zink	1,725	1,5
A	Sauerstoff	Ammoniumchlorid, Zinkchlorid	Zink	1,55	1,4
B	Polykohlenstoffmonofluorid	Organischer Elektrolyt	Lithium	3,7	3
C	Mangandioxid	Organischer Elektrolyt	Lithium	3,7	3
L	Mangandioxid	Alkalimetallhydroxid	Zink	1,65	1,5
M	Quecksilberoxid	Alkalimetallhydroxid	Zink	1,37	1,35
N	Quecksilberoxid und Mangandioxid	Alkalimetallhydroxid	Zink	1,6	1,4
P	Sauerstoff	Alkalimetallhydroxid	Zink	1,68	1,4
S	Silberoxid (Ag$_2$O)	Alkalimetallhydroxid	Zink	1,63	1,55
T	Silberoxid (AgO, Ag$_2$O)	Alkalimetallhydroxid	Zink	1,87	1,55

Kurzzeichen und Maße

Rundzellen — mit oder ohne Sicke

Quadratische Zellen

Flachzellen

Rundzellen und Batterien

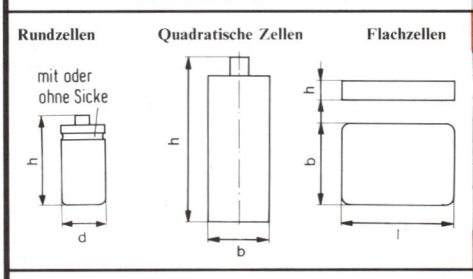

Kurzzeichen	d mm	h mm	Kurzzeichen	d mm	h mm
R 0772	7,9	7,2	R 2032	20,0	3,2
R 1220	12,5	2,0	R 2320	23,0	2,0
R 1620	16,0	2,0	R 2420	24,5	2,0
R 2016	20,0	1,6	R 2425	24,5	2,5
R 2020	20,0	2,0	R 2430	24,5	3,0
R 2025	20,0	2,5			

Flachzellen

Kurzzeichen	b mm	l mm	h mm	Kurzzeichen	b mm	l mm	h mm
F 15	14,5	14,5	3	F 50	32	32	3,6
F 16	14,5	14,5	4,5	F 70	43	43	5,6
F 20	13,5	24	2,8	F 80	43	43	6,4
F 22	13,5	24	6	F 90	43	43	7,9
F 24	–[2]	–	6	F 92	37	54	5,5
F 25	23	23	6	F 92.1	37	46	5,5
F 30	21	32	3,3	F 95	38	54	7,9
F 40	21	32	5,3	F 100	45	60	10,4

Rundzellen und Batterien

Kurzzeichen[1]	d mm	h mm	Kurzzeichen	d mm	h mm	Kurzzeichen	d mm	h mm
R 06	10	22	R 20	34,2	61,5	R 54	11,6	3,05
R 03	10,5	44,5	R 22	32	75	R 55	11,6	2,1
R 01	12	14,7	R 25	32	91	R 56	11,6	2,6
R 0	11	19	R 26	32	105	R 57	9,5	2,7
R 1	12	30,2	R 27	32	150	R 58	7,9	2,1
R 3	13,5	25	R 40	67	172	R 59	7,9	2,6
R 4	13,5	38	R 41	7,9	3,6	R 60	6,8	2,15
R 6	14,5	50,5	R 42	11,6	3,6	R 61	7,8	39
R 9	16	6,2	R 43	11,6	4,2	R 62	5,8	1,65
R 10	21,8	37,3	R 44	11,6	5,4	R 63	5,8	2,15
R 12	21,5	60	R 45	9,5	3,6	R 64	5,8	2,7
R 14	26,2	50	R 48	7,9	5,4	R 65	6,8	1,65
R 15	24	70	R 50	16,4	16,8	R 66	6,8	2,6
R 17	25,5	17	R 51	16,5	50	R 67	7,9	1,65
R 18	25,5	83	R 52	16,4	11,4	R 68	9,5	1,65
R 19	32	17	R 53	23,2	6,1	R 69	9,5	2,1

Quadratzellen und Batterien

Kurzzeichen	b mm	h mm	Kurzzeichen	b mm	h mm
S 4	57	125	S 8	85	200
S 6	57	150	S 10	95	180

Batteriebezeichnung

Die Zahl vor den Buchstaben gibt die Anzahl der zu einer Batterie in Reihe geschalteten Einzelzellen an; die Zahl nach dem Buchstaben bezeichnet die Zellengröße. Die hinter einem waagerechten Strich nachgestellte Zahl nennt die Anzahl der parallel geschalteten Zellen.

Beispiele:

           6   F 50   –   2

Batterie besteht aus 6 in Reihe geschalteten Zellen, Nennsp. 9 V
Flachzelle der Größe 50 ($b = 32$ mm, $l = 32$ mm, $h = 3,6$ mm)
jeweils 2 Zellen parallel geschaltet

          L   R 20

Mangandioxid-Alkalimetallhydroxid-Zink-System
Rundzelle der Größe 20

---

[1] Handelsübliche Bezeichnung siehe Seite 4-35.

[2] Durchmesser 23

4.12 Galvanische Primärelemente

4.12.3 Primärbatterien

Bezeichnung nach DIN-IEC/Typ[1])	Nenn-spannung V	Kapazitätsmittelwerte bei Entladung (20 °C) Belastung[2])	Betriebszeit h	Ah	Innerer Widerstand Ω	Gewicht ca. g
\multicolumn{7}{c}{Quecksilberoxid-Zink-Zelle}						
NR1	1,4	300/12/0,9	200	0,84	0,8 – 1,2	11
\multicolumn{7}{c}{Alkali-Mangan-Zelle}						
LR1	1,5	300/12/0,9	175	0,7	0,25 – 0,4	10
LRO3	1,5	300/12/0,9	200	0,82	0,16 – 0,25	11
LR6	1,5	10k/24/1 40/4/0,9	13400 54	1,75 1,64	0,13 – 0,2	23
LR14	1,5	4k/24/1 40/4/0,9	17000 180	6,05 5,55	0,1 – 0,2	65
LR20	1,5	1k/24/1 5/2/1,1	7500 23,5	9,63 5,79	0,07 – 0,14	127
6LF22	9	900/4/5,4 180/1/5,4	58 10	0,47 0,39	2 – 3	46
\multicolumn{7}{c}{Luftsauerstoff-Zelle}						
AS4	1,5	50/24/0,85 10/24/0,85	2300 400	52 38,5	0,24 – 0,36	350
AR40	1,5	10/24/0,85 5/24/0,85	800 350	80 58,5	0,1 – 0,15	570
5AR40	7,5	500/24/4,5 50/24/4,25	8500 800	85 80	0,6 – 0,9	2800
6AS4	9	600/24/5,4 120/24/5,1	4500 900	50 45	1,0 – 1,6	2000
6AR40	9	600/24/5,4	8500	85	0,8 – 1,2	3120
\multicolumn{7}{c}{Leclanché-Zelle}						
R1	1,5	300/12/0,9	97	0,39	0,7 – 1,05	7
RO3	1,5	300/12/0,9	100	0,41	0,4 – 0,6	8,5
R6/SD	1,5	10k/24/1 40/4/0,9	8500 33	1,16 1,02	0,36 – 0,54	21
R14/SD	1,5	4k/24/1 40/4/0,9	9000 108	3,1 2,44	0,29 – 0,44	49
R20/ST	1,5	1k/24/1	4700	6,17	0,2 – 0,3	95
R20/S	1,5	1k/24/1	5500	7,37	0,17 – 0,25	95
R20/SD	1,5	1k/24/1	5700	7,68	0,18 – 0,28	104
2R10/S	3	150/4/1,8	60	0,95	0,75 – 1,1	40
3R12/S	4,5	225/4/2,7	115	1,97	0,77 – 1,16	110
6F22/S	9	900/4/5,4	40	0,32	12 – 18	40
S4	1,5	50/24/0,85	800	19,5	0,2 – 0,3	480
3R20Y	4,5	120/4/2,7	170	5,3	0,6 – 0,9	370
4R25	6	10/HIFT[3])/3,6	530	4	0,74 – 1,1	600
\multicolumn{7}{c}{Lithium-Thionylchlorid-Zelle}						

Baugröße/Typ	Leerlauf-spannung V	Nennspannung V	Kapazität bei Entladung (20 °C) Belastung[4]) Ah		Max. Dauer-entladestrom mA	Gewicht ca. g
R3	3,7	3,4	18k/3	0,85	15	10
R6	3,7	3,4	18k/3	1,75	42	19
R14	3,7	3,4	3,5k/3	5,2	90	52
R20/TL-2300	3,7	3,4	3,5k/3	10,5	135	100
R20/TL-5131	3,7	3,3	30/2	10,5[5])	120[5])	100

[1]) Handelsübliche Bezeichnungen:
R03 Micro   R6 Mignon
R1 Lady   R12 Normal
R3 halbe Mignon   R14 Baby
　　　　　R20 Mono

[2]) Belastung in $\left(\Omega \left/ \frac{h}{Tag} \right.\right.$ bis V$)$

[3]) HIFT = High Industrial Flashlight Test (4 min/h; 8 h/Tag)

[4]) Belastung (Widerstand in Ω/bis V)

[5]) bei 150 °C

4.13 Galvanische Sekundärelemente

4.13.1 Galvanische Sekundärelemente nach DIN VDE 0510 (1.77)

4.13.1.1 Arten

System der Zelle oder Batterie	Kurzzeichen	Nennspannung V/Zelle	Gasungsspannung V/Zelle	aktive Masse positiv	aktive Masse negativ	Elektrolyt (Dichteangabe bei 20 °C)
Blei	Pb	2,0	etwa 2,4	PbO_2	Pb	verdünnte Schwefelsäure (1,2 bis 1,28 kg/l)
Nickel/Cadmium	Ni/Cd	1,2	etwa 1,55	NiOOH NiOOH	Cd Cd + Fe	verdünnte Kalilauge (1,17 bis 1,3 kg/l)
Nickel/Eisen	Ni/Fe	1,2	etwa 1,7	NiOOH	Fe	verdünnte Kalilauge (1,17 bis 1,3 kg/l)
Silber/Zink [1]	Ag/Zn	1,5	etwa 2,05	AgO	Zn	verdünnte Kalilauge (1,4 kg/l)

[1] Vorwiegend auf Sondergebieten eingesetzt (z. B. Militär); es gelten besondere Vorschriften.

4.13.1.2 Erhaltungsladeströme

Ladeverfahren/Batterieeinsatz	Batterien auf Wasserfahrzeugen [1]	in Landanlagen, in Landfahrzeugen
Ladeschlußstrom durch Kennlinie der Ladeeinrichtung festgelegt	der größte Wert von: Ladeschlußstrom der Ladeeinrichtung oder 1/4 des höchsten Stromes der Ladeeinrichtung [3]	Ladeschlußstrom der Ladeeinrichtung
Ladeschlußstrom von Hand eingestellt		
Ladeschlußstrom so begrenzt, daß die Gasungsspannung der Batterie nicht überschritten wird	1/4 des höchsten Stromes der Ladeeinrichtung [3]	Pb: 2 A je 100 Ah Nennkapazität [2] Ni/Cd, Ni/Fe: 4 A je 100 Ah Nennkapazität [2] Ag/Zn: 1 A je 100 Ah Nennkapazität [2]
Erhaltungsladen einer Batterie	1 A je 100 Ah Nennkapazität [2]	
Gelegentliches Aufladen (Gasungsspannung nicht überschritten)		
Batterien, die im belüfteten Raum in Ruhe stehen	1/3 A je 100 Ah Nennkapazität [2]	
Batterien, die im belüfteten Raum entladen werden (Ladung an anderem Ort)		

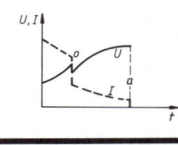

[1] Nach Vorschriften des Germanischen Lloyd (Seeschiffe) bzw. DIN 89002 Teil 1 (Binnenschiffe).
[2] Nennkapazität bei ortsfesten Bleibatterien 10stündige Kapazität, bei Fahrzeugbatterien und alkalischen Batterien 5stündige Kapazität, bei wartungsfreien Batterien 20stündige Kapazität.
[3] Ladehöchststrom: Nennstrom des Gleichrichters bzw. der Maschine oder Gleichstromnetzspannung in Volt minus Nennspannung der Batterie in Volt dividiert durch den Ladewiderstand in Ohm.

4.13.1.3 Ladekennlinien

Kurzzeichen für Kennlinien und für das Umschalten zwischen Ladearten und Abschalten:

- **I** Konstantstrom-Kennlinie
- **U** Konstantspannungs-Kennlinie
- **W** Fallende Kennlinie
- **a** Selbsttätige Ausschaltung
- **O** Selbsttätiger Kennliniensprung

Zusammengesetzte Kurzzeichen entsprechen dem Ladeverlauf, z. B.: IUWa oder WOWa.

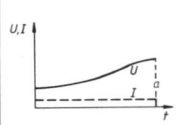

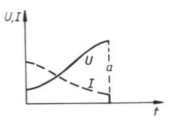

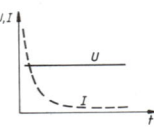

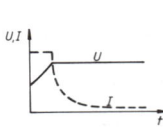

Kennlinie: Ia   Wa   U   IU   WOWa

4.13 Galvanische Sekundärelemente

Fortsetzung: Ladekennlinien

Kenn-linie	Anwendungsgebiete
I	Blei-Starterbatterien, Nickel/Cadmium(Eisen)-Batterien, nicht gasdichte Batterien und offene Sinter-Batterien.
W	GiS und PzS-Fahrzeugbatterien, Starterbatterien, offene Nickel/Cadmium-Batterien, (nicht GroE).
U	Parallel geschaltete Bleibatterien oder Nickel/Cadmium(Eisen)-Batterien gleicher Zellenanzahl unabhängig von Ladezustand und Kapazität. Gasungsspannung bei Blei- und Silber/Zink-Akkumulatoren nicht überschreiten.
IU	Mehrere parallel geschaltete Fahrzeug-Bleibatterien GiS und PzS, offene Nickel/Cadmium- und Nickel/Eisen-Batterien.
WoW	GiS und PzS-Fahrzeugbatterien, offene Nickel/Cadmium-Batterien.

Zulässige Ladestromwerte nach DIN VDE 0510 (1.77)

Die Höhe des **Ladestromes** ist zunächst nicht begrenzt; erst beim Erreichen der Gasungsspannung gelten die folgenden zulässigen **Ladestromhöchstwerte**

Bauart	Nenn-kapa-zität	Strom in A je 100 Ah Nennkapazität		
		a	b	c
GiS, PzS	K_5	5	8 / 4	2
OPzS	K_{10}	5	7 / 3,5	2
Gro/GroE (ortsfest)	K_{10}	8,5	12 / 6	3
Gro (Fahrzeug)	K_5	10	14 / 7	3
Starter-Batterie	K_{20}	10	12 / 6	2

a = Laden mit konstantem Strom, abschalten bei Volladung (Ia-Kennlinie)
b = Laden mit fallendem Strom und abschalten bei Volladung. Angegeben: Strom bei Gasungsbeginn bei 2,4 V / Ladeschlußstrom bei 2,65 V / Zelle (Wa-Kennlinie)
c = Ladeschlußstrom bei 3 Tage Ladedauer

Beim **Entladen** sinkt die Klemmenspannung vom Beginn bis zum Ende der 5stündigen Entladung um 10 bis 15%, dabei soll die festgelegte Entladeschlußspannung nicht unterschritten werden. Entladene Zellen sofort wieder aufladen!

Kapazitäten $K_1 \cdots K_5$ und **Entladestromstärken** $I_1 \cdots I_5$ in % der 5stdgen (K_5 bzw. $I_5 = 100$) bei den **Entladezeiten** $1 \cdots 5$ Stunden.

Entladezeit in Stunden		1	2	3	5
Kapazität	%	K_1 62	K_2 77	K_3 87	K_5 100
Entladestrom	%	I_1 310	I_2 190	I_3 145	I_5 100

4.13.2 Bleiakkumulatoren

Bezeichnungen

Zeichen	Beispiel	Bedeutung
Zahl mit Buchstaben V	6 V	Nennspannung
Zahl	4	Zahl der posit. Platten
vorgestellter Buchstabe	0	Platten für ortsfeste Anlagen
Buchstaben-gruppe	Gro Gi Pz	positive Groß-oberflächenplatte pos. Gitterplatte pos. Panzerplatte
nachgestellter Buchstabe	E S V	Engineinbau Spezialseparation Verschlossene Ausführung
Zahl	72	Kapazität in Ah (meist 10stündige Entladung)
Buchstabe	B	Verbundbatterie
DIN-Norm-Angabe		
kleine Buchstaben	s b	verschweißte Endpole verschraubte Endpole

Beispiel: 8 OPzS 800 DIN 40 736 (8.75)
Zelle mit 8 positiven Panzerplatten für ortsfeste Anlagen mit einer Kapazität K_{10} von 800 Ah.

Festgelegte **Nennspannung:** 2 V je Zelle.

Ladespannungen: 2,1 bis 2,75 V je Zelle (positiven Pol der Batterie an den positiven Pol der Gleichstromladeleitung anschließen).

Gasungsspannung: 2,40 bis 2,45 V je Zelle.

Wirkungsgrade
Strommengen-Wirkungsgrad (Ah): 83 bis 90%.
Energie-Wirkungsgrad (Wh): 70 bis 80% (je nach Entladung in 1–20 Stunden).
Ladefaktor (Kehrwert des Strommengen-Wirkungsgrades): 1,1 bis 1,2.

Eigenschaften

Batterie-art	Ge-wicht	Raum-bedarf	Preis	Unter-hal-tungs-kosten	Lebensdauer Entladungen + Platten	Lebensdauer Entladungen − Platten
Gi	gering	gering	niedrig	höher	300…350	600…700
Pz	mittel	mittel	höher	mittel	1000	1000
Gro	hoch	hoch	hoch	gering	1000	2000

Überschlägige Bestimmung des Batteriegewichtes, des Zellenraumes, der Kapazität (bezogen auf die 5stündige kWh-Kapazität) und normale Ladezeit.

Batterieart	Gewicht kg/kWh	Zellen-raum dm³/kWh	Kapazi-tät/Zelle kWh	Lade-zeit h
bis Gi 800	45…55	17…20	0,14…1,6	7,5
bis Gi 1890	50…70	19…29	0,6 …3,7	7,5
bis Pz 1650	59…75	20…29	0,18…3,3	9
bis Gro 1080	93…120	29…38	0,14…2,2	5

4.13 Galvanische Sekundärelemente

4.13.3 Nickel/Cadmium(Eisen)-Akkumulatoren

Bezeichnungen (Zellen und Batterien)

Zeichen	Beispiel	Bedeutung
Erster Buchstabe	D A, AZ, B, BZ, C, CZ, D, DZ	Doppelgefäß (-zelle) Schaltung der Zellen im Träger
Erste Zahl	5	Zellenzahl pro Batterie
Buchstabengruppe	R T	positive Röhrchenplatte positive Taschenplatte
	TP	Taschenplatten in Kunststoffgefäßen (...P)
	TN	Taschenplatten für Normalentladung
	TS	Taschenplatten in Stahlgefäßen für Hochstromentladung (Startstrom)
	TSP	Taschenplatten in Kunststoffgefäßen für Hochstromentladung
	FP	Sinterplatten (F) in Kunststoffgefäßen
	SP	positive Sinterplatte
	GSZ	gasdichte Zelle mit Sinterplatte (Zylinderform)
	GSP	gasdichte Zelle mit Sinterplatte (Prismenform)
	GNK	gasdichte Knopfzelle für Normalentladung
	GHK	gasdichte Knopfzelle für höhere Entladung
Zahl	4,5	Nennkapazität K_5 in Ah
nachgestellter Buchstabe	K H W	Batteriegefäß Kunststoff hoher Elektrolytstand weiter Plattenabstand
DIN-Norm-Angabe		

Schaltungen der Zellen in den Trägern

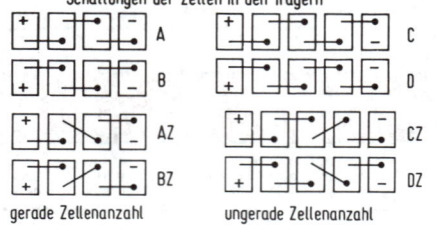

gerade Zellenanzahl: A, B, AZ, BZ
ungerade Zellenanzahl: C, D, CZ, DZ

Beispiel: Bezeichnung einer Zelle mit Taschenplatten (T) im Kunststoffgefäß (P) und einer Nennkapazität von 90 Ah:
Zelle DIN 40771-TP 90.

Masse und Raumbedarf:

Ausführung	R, FN	TN	TK	TS
Wh/kg kg/Wh	26 0,038	23 0,044	21 0,049	17 0,059
Wh/dm³ dm³/Wh	37 0,027	35 0,029	33 0,031	22 0,046

Nickel/Cadmium-Akkumulatoren nach DIN und IEC

Kennzeichen	DIN	Kennzeichen	IEC-Pub.
T	40771	KPM	623
TP	40771	KPM...P	623
DTN...K	40751		
TS	40771	KPH	623
TSP	40771	KPH...P	623
SP		KSH...P	623
FP		KSX...P	623
GNK	40765	KBL	509
GHK	40768	KBM	509
GSZ	40766	KR...	285-1
GSP	40766	KCH	622

Festgelegte **Nennspannung**: 1,2 V je Zelle.

Ladespannungen:
Nickel-Cadmium-R-Zellen: 1,45 bis 1,85 V/Zelle
Nickel-Cadmium-FN-Zellen: 1,45 bis 1,85 V/Zelle
Nickel-Cadmium-T-Zellen: 1,35 bis 1,80 V/Zelle
Nickel-Eisen-R-Zellen: 1,60 bis 1,85 V/Zelle

Gasungsspannungen:
Nickel-Cadmium-Akkumulator: 1,55 bis 1,60 V/Zelle
Nickel-Eisen-Akkumulator: 1,70 bis 1,75 V/Zelle

Strommengen-Wirkungsgrad (Ah): 71%
Energie-Wirkungsgrad (Wh): 50 bis 60%.

Laden von gasdichten Ni/Cd-Akkumulatoren

Normalladen

Ladenennstrom ist der 10stündige Entladestrom I_{10} (0,1 · C_{10} A), mit dem eine entladene Batterie 14 Stunden lang aufzuladen ist. Es kann aber auch mit kleinerem Strom, z. B. 1/3 · I_{10} in 42 Stunden oder 1/2 · I_{10} in 28 Stunden geladen werden. Gelegentliches Überladen mit dem Nennstrom I_{10} ist zulässig.

Beim Laden mit höheren Strömen gelten die folgenden einzuhaltenden Werte für Zellen mit Sinterelektroden (Buchstabe S in der Bezeichnung):

9,5 h mit 1,5 · I_{10}
oder 7,0 h mit 2 · I_{10}
oder 4,5 h mit 3 · I_{10}.

Schnellladen

Zellen mit Sinterelektroden sind mit Strömen von 5 bis 10 · I_{10} bei Ladezeiten von 1 bis 2 Stunden und Kapazitäten von ca. 90% Nennkapazität schnelladbar (für manche Typen auch bis zu 20 · I_{10} zulässig).

Bei der Schnelladung wird bis zu einer Zellenspannung von 1,5 bis 1,52 V/Zelle bei 20 °C geladen, wobei eine Temperaturkompensation von −4 mV/°C im Temperaturbereich von 0 bis 45 °C erforderlich ist; 1,6 V/Zelle darf nicht überschritten werden.

Nach Erreichen der genannten Spannungen muß abgeschaltet werden oder zur Volladung auf einen Nachladestrom von I_{10} umgeschaltet werden.

Am einfachsten durchführbar ist eine Schnellladung nach einer Vorentladung. Dabei wird die Batterie mit 3 bis 4 · I_{10} bis 0,9 V/Zelle restentladen und dann in 1 Stunde mit 10 · I_{10} bis 0,5 Stunden mit 20 · I_{10} zeitabhängig geladen (Ladezeit einhalten!). Als Energiequelle kann z. B. eine 12-V-Starterbatterie verwandt werden, wenn 7 bis 8 Zellen geladen werden sollen.

4.13 Galvanische Sekundärelemente

Zylindrische Zellen

Typ-Bezeichnung	150 RS	180 RS	225 RS	501 RS	RSH 1,8	RSH 4
Bezeichnung nach IEC 285-2	KR 15/18	KR 10/44	—	KR 15/51	KR 27/50	KR 35/62
Austauschbar gegen Primärelement (s. S. 4-34 und 4-35)	R 1 Lady	R 03 Micro	R 3 Halbe Mignon	R 6 Mignon	R 14 Baby	R 20 Mono
Nennkapazität $K_{10} = C_{10}$ in Ah	0,15	0,18	0,225	0,5	1,8	4,0
Entlade- und Ladenennstrom $I_{10} = 0,1 \cdot C_{10}$ A in mA	15	18	22,5	50	180	400
Ladezeit in h				14		
Gewicht in g	9	10	11,3	24	67	147
Gleichstromwiderstand in mΩ	105	80	82	35	12	6,5
Wechselstromwiderstand (geladene Zelle bei 1000 Hz) in mΩ	30	25	24	14	8	3,75
Entladestrom $10 \cdot I_{10}$ in A / Entnehmbare Kapazität in Ah / Entladezeit in min	0,15 / 0,135 / 54	0,18 / 0,162 / 54	0,225 / 0,2 / 54	0,5 / 0,45 / 54		
Entladestrom $20 \cdot I_{10}$ in A / Entnehmbare Kapazität in Ah / Entladezeit in min	0,3 / 0,12 / 24	0,36 / 0,144 / 24	0,45 / 0,18 / 24	1 / 0,4 / 24	3,6 / 1,6 / 27	8 / 3,4 / 25,5
Zulässige Belastungen 2 bis 3 min in A / 2 min in A / bis zu 2 s maximal in A	1 / / 2	1,8 / / 3,6	2,2 / / 4,4	5 / / 10	/ 29 / 72	/ 54 / 90

Alle Zellen, die direkt oder indirekt (auf der Verpackung) mit diesem Recyclingzeichen gekennzeichnet sind, müssen nach Beendigung der Lebensdauer aus Gründen des Umweltschutzes der Wiederaufbereitung zugeführt werden.

Gasdichte NH-Akkumulatoren

NH (Nickel-Hydrid)-Akkumulatoren sind cadmium- und quecksilberfreie (also besonders umweltfreundliche) Energiespeichersysteme mit einer spezifischen Energiedichte von ca. 55 Wh/kg bzw. 160 Wh/l, der Nennspannung 1,2 V und einem Ah-Wirkungsgrad von 0,83 bei 20 °C.

Zellentyp	750 VNH	VNH 1,0	VNH 1,2	VNH 2,2	VNH 3,2
Abmessungen Ø mm / h mm	17,2 / 28,0	14,7 / 49,5	17,2 / 43,0	23,0 / 42,2	26,0 / 49,0
Gewicht g	20	25	30	51	70
Nennkapazität C Ah	0,75	1,0	1,2	2,2	3,2
Nennentladestrom 0,2 CA bis 1 V mA	150	200	240	440	640
Nennladestrom 0,1 CA mA	75	100	120	220	320
Ladezeit h			14 bis 16		
Entladestrom 1 CA bis 0,97 V A / Entnehmbare Kapazität Ah / % / Entladezeit min	0,75 / 0,64 / 85 / 51	1,0 / 0,90 / 90 / 54	1,2 / 1,14 / 95 / 57	2,2 / 2,09 / 95 / 57	3,2 / 3,04 / 95 / 57
Entladestrom 3 CA bis 0,9 V A / Entnehmbare Kapazität Ah / % / Entladezeit min	2,25 / 0,45 / 60 / 12	3,0 / 0,7 / 70 / 14	3,6 / 0,96 / 80 / 16	6,6 / 1,76 / 80 / 16	9,6 / 2,56 / 80 / 16
Zul. Dauerbelastung bis 0,8 V A	2,25	3,75	6,0	11,0	16,0
Zul. Impulsstrom über 2 s bis 0,75 V A	7,5	10,0	12,0	22,0	32,0

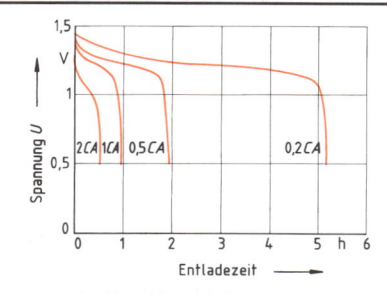

Spannungsverlauf in Abhängigkeit von der Entladezeit bei verschiedenen Entladeströmen

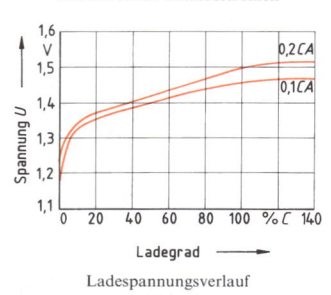

Ladespannungsverlauf

4.14 Relais

4.14.1 Kontaktarten nach DIN 41 020 (8.74)

Kontakte werden hinsichtlich der Art und der Betätigungsfolge durch Kurzzeichen bezeichnet. Dabei wird von unbetätigten Kontakten (Ruhestellung) ausgegangen.

Die Kontakte eines Kontaktfedersatzes werden in Betätigungsrichtung fortlaufend bezeichnet, ist keine Betätigungsrichtung angegeben, wird von links nach rechts bezeichnet. Bei zwei Betätigungsrichtungen wird der Ausgangspunkt gekennzeichnet und nach links und rechts bezeichnet.

Wenn aus schaltungstechnischen Gründen erforderlich, werden Folgebetätigungen von Kontakten bezeichnet. Bei zusammengesetzten Kontakten wird gekennzeichnet, welche Kontakte getrennt sind.

Zeichen	Bedeutung
−	Der Kontakt vor diesem Zeichen ist vom Kontakt nach dem Zeichen getrennt.
+	Der Kontakt vor diesem Zeichen ist vom Kontakt nach dem Zeichen getrennt; der in Betätigungsrichtung vor diesem Zeichen stehende Kontakt wird zuerst betätigt.
≶	Die Spitze zeigt auf den zuerst betätigten Kontakt bzw. auf die zuerst betätigte Seite.
( )	Ausgangspunkt der Betätigung bei zwei gleichzeitigen Betätigungsrichtungen.
) (	Ausgangspunkt der Betätigung bei zwei Betätigungsrichtungen, jede für sich allein betätigt.
×	Mittelfeder des Verbundkontaktes wird nach beiden Richtungen betätigt.

Beispiele

Benennung	Kurzzeichen	Kontaktbild	Schaltzeichen
Grundkontakte			
Schließer	1		
Öffner	2		
Verbundkontakte mit einer Betätigungsrichtung			
Zwillingsschließer	11		
Wechsler	12		
Wechsler	21		
Folgewechsler	1 < 2[1]		

[1]) Sprich: Eins vor zwei

Verbundkontakte mit zwei Betätigungsrichtungen
Beide Betätigungsrichtungen gleichzeitig

| 1 (22) 1 | | |

Betätigungsrichtung links vor rechts

| 2 (< 1) 2 | | |

Betätigungsrichtung rechts vor links

| 1 (2 > 2) 1 | | |

Jede Betätigungsrichtung für sich allein

| 11) × (11 [2]) | | |

Zusammengesetzte Kontakte, eine Betätigungsrichtung

| 11 − 1 | | |

| 11 + 1 | | |

Zusammenges. Kontakte mit zwei Betätigungsrichtungen
Beide Betätigungsrichtungen gleichzeitig

| 1 (−) 1 | | |

Betätigungsrichtung links vor rechts

| 1 (< −) 1 | | |

Betätigungsrichtung rechts vor links

| 1 (− >) 1 | | |

Jede Betätigungsrichtung für sich allein

| 1) − (1 | | |

[2]) Sprich: Eins, eins, Klammer zu, ×, Klammer auf, eins, eins

4.14 Relais

4.14.2 Relaiszeiten (Zeitverhalten)

Die Vorgänge beim Betätigen eines Relais verlaufen nicht schlagartig. Das Funktionsdiagramm zeigt für einige Kontaktarten unverzögerter Schaltrelais die verschiedenen Zeiten.

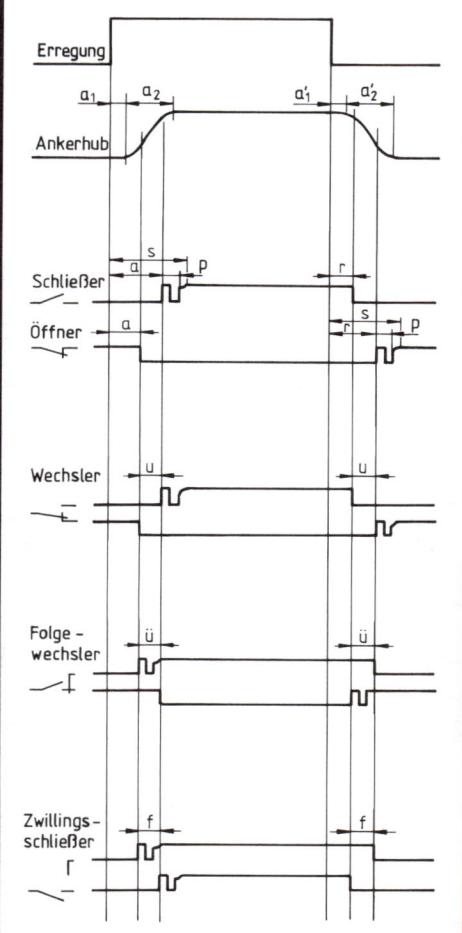

a Ansprechzeit: Zeit zwischen dem Anlegen der Ansprecherregung und dem ersten Schließen eines Schließers oder dem ersten Öffnen eines Öffners bei einem unverzögerten Relais.

a_1, a'_2 **Anlaufzeit:** Zeit zwischen dem Anlegen der Ansprecherregung und dem Beginn der ersten Ankerbewegung.

a_2, a'_2 **Hubzeit:** Zeit vom Beginn der ersten Ankerbewegung bis zum Erreichen der Ankerendlage.

r Rückfallzeit: Zeit zwischen dem Anlegen der Rückfallerregung und dem ersten Öffnen eines Schließers oder dem ersten Schließen eines Öffners bei einem unverzögerten Relais.

p Prellzeit: Zeit vom ersten bis zum letzten Schließen eines Relaiskontaktes.

s Stabilisierungszeit: Zeit zwischen dem Anlegen eines festgelegten Erregungswertes und dem Zeitpunkt, zu dem ein Kontaktkreis festgelegte Anforderungen erfüllt.

u Umschlagzeit: Zeit, während der beide Kontakte eines Wechslers offen sind.

ü Überlappungszeit: Zeit, während der beide Kontakte eines Folgewechslers geschlossen sind.

f Flugzeit: Zeit zwischen dem Schließen des ersten und dem anschließenden Schließen des zweiten Kontaktes in einem Verbundkontakt.

4.14.3 Anschlußbezeichnungen an Schaltrelais nach DIN 46199 Teil 4 (8.70)

Seitenbezeichnungen: „links" und „rechts" gelten bei untenliegender Spule bei Blickrichtung auf die Anschlüsse des Relais.

Platzziffern: Die Kontaktglieder (Schaltglieder) werden – mit 1 beginnend – von links nach rechts gezählt; bei Anordnung der Kontaktglieder in mehreren Ebenen übereinander beginnt die Zählung in der der Anbaufläche am nächsten gelegenen Ebene (im allgemeinen am Joch).

Funktionsziffern: Die Zuordnung der Funktionsziffer ist konstruktionsbedingt.

Spulenanschlüsse: a liegt links, b liegt rechts.

Kennzahl: Anzahl und Art der Kontakte wird durch eine meist dreistellige Kennzahl angegeben. Die erste Ziffer bezeichnet die Anzahl der Schließer, die zweite Ziffer die Anzahl der Öffner und die dritte Ziffer die Anzahl der Wechsler.

Beispiel: Kennzahl 2 0 3
- 2 Schließer
- keinen Öffner
- 3 Wechsler

4.14.4 Technische Daten einiger wichtiger Relaistypen

Typ	Bistabiles Relais	Stromstoßrelais	Einstellbares Zeitrelais	Reed-Umschaltrelais
	S	VS + S2L2	TS	DRC
Kontaktzahl	4	3	4	2
Bauvolumen cm³	3,5	3,9	12,3	1,7
Schaltleistungsbereich VA	10^{-10}...1000	10^{-10}...1000	10^{-10}...1000	10^{-10}...60
Ansprech-(Verzögerungs-)zeit ms	8	8	30...10^5	1
Spannungsfestigkeit Kontakt/Masse V_{eff}	1500	1500	1500	1500
Zahl der integrierten Funktionen	7	7	8	10
Betriebsenergie bei 1 s ED Ws	0,1	0,2	0,24	0,0009
Effizienz bei 10^5 Schaltungen	11400	3850	1350	78000

Der Durchgangs-/Kontaktwiderstand liegt bei den angebenen Relaistypen bei $40...50/20...30\,m\Omega$.

Die Effizienz η stellt eine Beziehung zwischen Aufwand und Ertrag dar:

$$\eta = \frac{\text{Anzahl der Kontakte} \times \text{Schaltleistung (W)}}{\text{Betriebsenergie (Ws)} \times \text{Bauvolumen (cm}^3\text{)}}$$

In obiger Tabelle ist die Effizienz auf 10^5 Schaltspiele und 95%ige Zuverlässigkeit bezogen.

Karnaughplan

	EE 00	01	11	10
00				N
01				
11				
10				

- alle 1 (einsen) zusammenfassen
- Blockgröße 2^n ; $n = 0, 1, 2, 4 ...$ (max n)
- möglichst große und wenige Blöcke bilden

Stromlaufplan

Oder ; UND ; NOR ; Äqui.

Anti

dom AUS

S—R Latch ≙ S / R1 ; S / RQ

dom EIN

R / S Latch ≙ S1 / R ; R / SQ

Relaisstromlaufplan
+24VDC
S / K / 0V

TTL-Stromlaufplan

TTL Arbeitsstromprinzip
+5V, S1, einschalten

Ruhestromprinzip
+5V
Aus- oder Stoppflt.

...ronische Bauelemente und Grundschaltungen

5.1 Diode

**... zum Gleichrichten
... Schalten**

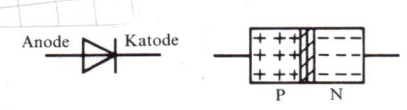

Anode ▷| Katode

Schaltzeichen und Aufbauschema

Bei direktem Kontakt einer P-Zone und einer N-Zone in einem Einkristall bildet sich infolge Rekombination von Ladungsträgern in der Grenzschicht beider Zonen eine Sperrschicht.

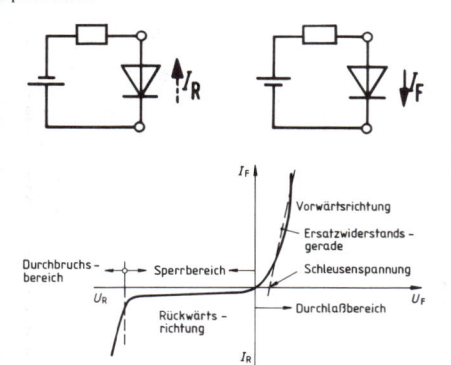

Strom-Spannung-Kennlinie

Ventilwirkung der Diode

Wird die Anode gegenüber der Katode negativ gepolt, so verbreitert sich die Sperrschicht (Raumladungszone). Bei Raumtemperatur fließt nur ein geringer Sperrstrom I_R im µA-Bereich bei Germanium- und im nA-Bereich bei Silizium-Dioden. Mit dem Erreichen der Durchbruchspannung $U_{(BR)}$ steigt der Strom I_R jedoch infolge des einsetzenden Lawinendurchbruchs schlagartig an und führt bei einer normalen Gleichrichterdiode zur Zerstörung.

Bei positiver Polung der Anode gegenüber der Katode verringert sich die Sperrschichtbreite, bis bei Erreichen der Schleusenspannung, auch Diffusionsspannung genannt, der Durchlaßstrom I_F einsetzt, der bei weiterer Spannungserhöhung exponentiell ansteigt.

Die Durchlaßkennlinie kann näherungsweise mit der Schleusenspannung U_{TD} und dem Ersatzwiderstand $r_T = \Delta U_F / \Delta I_F$ beschrieben werden. Während die Schleusenspannung nahezu ausschließlich vom Ausgangsmaterial abhängt (bei Germanium ca. 0,2 V bis 0,4 V und Silizium ca. 0,6 V bis 0,8 V), ist der durch den Ersatzwiderstand beschriebene Anstieg der Kennlinie von der Dotierung, Sperrschichtfläche und Länge der beiden Halbleiterzonen sowie der Lebensdauer der Ladungsträger abhängig.

Dynamische Eigenschaften

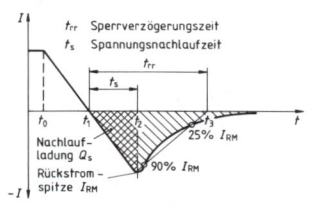

t_{rr} Sperrverzögerungszeit
t_s Spannungsnachlaufzeit

Nachlaufladung Q_s
Rückstromspitze I_{RM}

Leistungsdioden zeigen beim Übergang vom Durchlaßzustand in den Sperrzustand ein kapazitives Verhalten. Während der Sperrverzugszeit t_{rr} fließt bis zu einigen µs ein Strom in Rückwärtsrichtung, bis die freien Ladungsträger in der Sperrschicht (Träger-Staueffekt, TSE) ausgeräumt sind. Das plötzliche Abreißen des Stromes bei der Rückstromspitze kann infolge der Induktivitäten des Stromkreises zu Spannungsspitzen führen. Damit diese Spannungsspitzen bedämpft werden und die Diode nicht zerstört wird, muß bei kleinen Gleichrichterleistungen ein Kondensator und bei großen Gleichrichterleistungen ein RC-Reihenglied (TSE-Beschaltung) parallel zur Diode geschaltet werden. Die Werte für C und gegebenenfalls R sind im Datenblatt angegeben. Nur in einphasigen Gleichrichterschaltungen mit reiner Widerstandslast kann auf die TSE-Beschaltung verzichtet werden.

Temperatureinfluß

Ein wesentliches Merkmal ist die Temperaturabhängigkeit des Sperr- und Durchlaßverhaltens.

Der Sperrstrom steigt exponentiell mit der Temperatur an. Bei einem Anstieg der Sperrschichttemperatur von ca. 10 K bei einer Germanium-Diode und ca. 7 K bei einer Silizium-Diode verdoppelt sich der Sperrstrom. Folglich steigt der Sperrstrom bei einem Anstieg der Sperrschichttemperatur von 25 °C auf 200 °C auf das 10^4-fache an. Bemerkenswert ist eine Verschiebung der Durchbruchspannung bei Erwärmung zu höheren Werten um ca. 0,1 %/K.

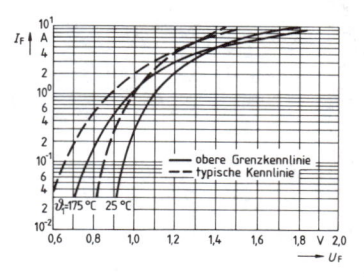

— obere Grenzkennlinie
-- typische Kennlinie

Die Schleusenspannung verringert sich mit zunehmender Sperrschichttemperatur bei Silizium-Dioden um ca. 1,3 mV/K. Der Anstieg der Durchlaßkennlinie verläuft mit zunehmender Sperrschichttemperatur etwas flacher, so daß die Durchlaßspannung bei kleineren Durchlaßströmen niedriger und bei größeren Durchlaßströmen größer wird. Folglich ist die Temperaturabhängigkeit bei einem bestimmten, bauelementetypabhängigen Stromwert Null.

Die Datenblätter enthalten neben den typischen Durchlaßkennlinien bei verschiedenen Sperrschichttemperaturen Kennlinien mit dem oberen Streuwert der Durchlaßspannung.

5.1 Diode

5.1.2 Berechnungsgrundlagen für Gleichrichterschaltungen

Bezeichnung	Einpuls-Mittelpunktschaltung M1U		Zweipuls-Mittelpunktschaltung M2U		Zweipuls-Brückenschaltung B2U		Dreipuls-Mittelpunktschaltung M3U		Sechspuls-Brückenschaltung B6U				
Schaltung													
Belastung	R	L mit U_G	R	L mit U_G	R	L mit U_G	R	L mit U_G	R	L mit U_G	R	L mit U_G	
	Erforderliche Kennwerte der einzelnen Diode												
$U_{RRM}/U_{gl} >$	3,45	2,65	3,45	2,5	1,73	1,25	2,3	2,41	1,15	1,15	1,15	1,15	
$U_{RRM}/U_{IEFF} >$	1,56	3,12	3,12	3,12	1,56	1,56	2,7	3,12	1,56	1,56	1,56	1,56	
$I_{FAVM}/I_{gl} >$	1,0		0,5		0,5		0,33		0,33		0,33		
	Charakteristische Werte der Schaltung												
U_{IEFF}/U_{gl}	2,22	0,85	1,11	0,8	1,11	0,8	0,86	0,77	0,74	0,74	0,74	0,74	
I_{IEFF}/I_{gl}	1,57	2,1	0,78 (0,71)	1,11	1,11 (1,0)	1,57	0,58	0,75	0,82	0,82	0,82	0,82	
$P_t/U_{gl} \cdot I_{gl} >$	3,1	1,73	1,48 (1,34)	1,48	1,24 (1,11)	1,24	1,35	1,57	1,05	1,05	1,05	1,05	
$U_{BrummEFF}/U_{gl}$	1,21	bis 0,05	0,48	bis 0,05	0,48	bis 0,05	0,18	bis 0,05	0,042	bis 0,05	0,042	bis 0,05	
f_{Brumm}/f_t	1	1	2	2	2	2	3	3	6	6	6	6	

mit: U_{gl} = Arithmetischer Mittelwert der Gleichspannung
I_{gl} = Arithmetischer Mittelwert des Gleichstromes
P_t = Typenleistung des Transformators
I_{FAVM} = Dauergrenzstrom

U_{RRM} = periodische Spitzensperrspannung
Die in Industrienetzen zulässige Überspannung von 10 % ist in den Tabellenwerten bereits berücksichtigt.

Die Werte für Widerstandsbelastung und induktive Belastung sind meist gleich. Ergeben sich mit Glättungsdrossel
$$L > 0,2 \frac{U_{Br}}{I_{gl} \cdot f_{Br}}$$
Abweichungen, so sind diese in Klammern getrennt aufgeführt.

Bei Belastung mit Gegenspannung, z.B. Belastung mit Kondensatoren, Akkumulatoren und Gleichstrommotoren, gelten die unter U_G aufgeführten Werte.

5.1 Diode

5.1.3 Glättung und Siebung

Glättung
Bei Belastung sinkt die Ausgangsspannung ab. Der Gleichspannung ist eine nichtsinusförmige Wechselspannung (Brummspannung) überlagert.

Einpuls-Mittelpunktschaltung

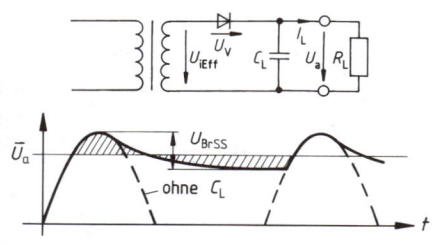

Leerlauf-Ausgangsspannung: $U_{ao} = \sqrt{2}\,U_{iEff} - U_V$

Brummspannung: $U_{BrSS} \approx \dfrac{I_L}{C_L \cdot f}$

Periodischer Spitzenstrom: $I_{DS} \leq \dfrac{U_{ao}}{\sqrt{R_i \cdot R_L}}$

Einschaltspitzenstrom: $I_{DE} \leq \dfrac{U_{iEff} \cdot \sqrt{2}}{R_i}$

Zweipuls-Brückenschaltung

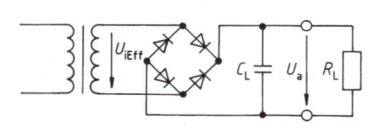

Leerlauf-Ausgangsspannung: $U_{ao} = \sqrt{2} \cdot U_{iEff} - 2\,U_V$

Brummspannung: $U_{BrSS} \approx \dfrac{I_L}{2 \cdot C_L \cdot f}$

Periodischer Spitzenstrom: $I_{DS} \leq \dfrac{U_{ao}}{\sqrt{2 \cdot R_i \cdot R_L}}$

Einschaltspitzenstrom: $I_{DE} \leq \dfrac{U_{iEff} \cdot \sqrt{2}}{R_i}$

Siebung

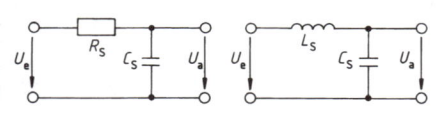

$X_C \ll R_S \ll R_L$ $\quad$ $X_C \ll X_L \ll R_L$

Glättungsfaktor:
$$G = \frac{\Delta U_e}{\Delta U_a} \approx \omega_{Br} \cdot R_S \cdot C_S \qquad G = \frac{\Delta U_a}{\Delta U_e} \approx \omega_{Br}^2 \cdot L_S \cdot C_S$$

5.1.4 Spannungsvervielfachung

Spannungsvervielfacher werden zur Erzeugung hoher Gleichspannungen für geringe Belastungen (großer R_L) eingesetzt.

Spannungsverdopplung nach Delon
(auch Greinacher-Schaltung genannt)

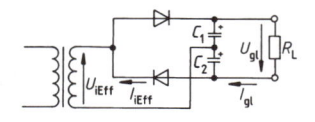

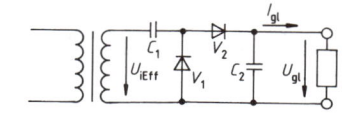

Leerlaufausgangsspannung: $U_{gl} = 2{,}82\,U_{iEff}$

Mit $C_1 = C_2 = \dfrac{0{,}4\,I_{gl}}{U_{Br} \cdot f_{Br}}$ erhält man:

$U_{gl} = 2{,}5\,U_{iEff}$
$U_{BrSS} = 0{,}05\,U_{gl}$ $\qquad U_{RRM} > 3{,}12\,U_{iEff}$
$f_{Br} = 2 f_i$ $\qquad\qquad\quad I_{iEff} = 0{,}71\,I_{gl}$

Spannungsverdopplung nach Villard
(auch Einstufige Kaskade genannt)

Leerlaufausgangsspannung: $U_{gl} = 2{,}82\,U_{iEff}$

$U_{BrSS} \approx \dfrac{I_{gl}}{C_L \cdot f}$

$U_{RRM} = 2{,}82\,U_{iEff}$

Spannungsvervielfachung nach Villard
(auch Kaskaden- oder Siemens-Schaltung genannt)

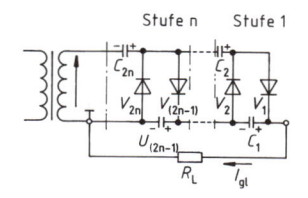

Leerlaufausgangsspannung: $U_{gl} = n \cdot 2{,}82\,U_{iEff}$

$U_{BrSS} = \dfrac{I_{gl}}{f}\left(\dfrac{1}{C_3} + \dfrac{1}{C_4} + \cdots + \dfrac{1}{C_{2n}}\right)$

$U_{RRM} > 3{,}12\,U_{iEff}$

Diodenstrom: Stufe 1: $I_{FAV} = I_{gl}$
$\qquad\qquad\quad$ Stufe 2: $I_{FAV} = 2 \cdot I_{gl}$
$\qquad\qquad\quad$ Stufe n: $I_{FAV} = n \cdot I_{gl}$

5.1 Diode

5.1.5 Kenn- und Grenzwerte (Auswahl) nach DIN 41782 (6.69)

Stoßspitzenspannung (U_{RSM})
Der höchste Augenblickswert einer nichtperiodischen Rückwärtsspannung, z. B. bei Schaltvorgängen.

Periodische Spitzensperrspannung (U_{RRM})
Höchster Augenblickswert der Rückwärtsspannung, einschließlich aller periodischen, jedoch ausschließlich aller nichtperiodischen überlagerten Spitzen, die durch Schalt- oder Übergangsvorgänge bedingt sind.

Scheitelsperrspannung (U_{RWM})
Höchstwert einer periodischen Rückwärtsspannung in Form von Sinus-Halbschwingungen mit Netzfrequenz (üblich 50 Hz oder 60 Hz).

Dauergrenzstrom (I_{FAV})
Der Mittelwert des höchsten dauernd zulässigen Durchlaßstromes, abhängig von der Stromkurvenform, dem Stromflußwinkel und den Kühlungsbedingungen (häufig in Kennlinienform angegeben).

Durchlaßstrom-Effektivwert (I_{FRMS})
Höchstwert, der auch bei bester Kühlung nicht überschritten werden darf und für beliebige Kurvenformen und Stromflußwinkel gilt.

Stoßstrom-Grenzwert (I_{FSM})
Der höchste zulässige Augenblickswert eines einzelnen Stromimpulses in Form einer Sinushalbschwingung bei 50 Hz oder 60 Hz ohne nachfolgende Beanspruchung in Rückwärtsrichtung.

Grenzlastintegral ($\int i^2 \, dt$)
Höchstzulässiger Wert des Integrals über dem Quadrat des Durchlaßstromes (meist für 10 ms bei verschiedenen Sperrschichttemperaturen). Das Grenzlastintegral dient meist zur Bemessung der Schutzeinrichtungen.

Anmerkung: In den IEC-Normen wird als Formelzeichen für die Spannung V (anstelle U) verwendet.

5.1.6 Reihen- und Parallelschaltung von Dioden

Reihenschaltung
Reicht die zulässige Scheitelsperrspannung einer Diode nicht aus, so können mehrere Dioden in Reihe geschaltet werden. Um eine gleichmäßige Spannungsaufteilung im Sperrzustand zu erreichen, sind zusätzliche Schaltungsmaßnahmen erforderlich:
- ausgesuchte Dioden mit gleicher Rückwärtskennlinie,
- paralleler Widerstand ($U_{RM}/I_R > R \gg U_F/I_F$) zu jeder Diode,
- parallele induktivitätsarme Kapazität zu jeder Diode,
- Temperaturausgleich durch Montage aller Dioden auf einem gemeinsamen Kühlkörper.

Parallelschaltung
Um eine gleichmäßige Stromaufteilung zu erzielen, können folgende Maßnahmen angewendet werden:
- ausgesuchte Dioden mit gleicher Vorwärtskennlinie,
- Einfügen eines Widerstandes oder einer Drossel in Reihe zu jeder Diode,
- Temperaturausgleich durch Montage aller Dioden auf einem gemeinsamen Kühlkörper.

Anmerkung: Hinsichtlich ins einzelne gehender Informationen sind die Herstellerangaben zu beachten.

5.1.7 Spezialdioden

Spitzendioden
Auf ein N-dotiertes Germaniumkristall wird ein zugespitzter Molybdaen-, Wolfram-, Bronze- oder Golddraht gesetzt und die Metallspitze mit einem Formierungsstromstoß einlegiert. Die damit erzielten Sperrschichtkapazitäten <1 pF ermöglichen die Gleichrichtung kleiner Wechselströme ($I_F < 50$ mA) bis zum GHz-Bereich. Handelsüblich sind Sperrspannungen <110 V.

Flächendioden
Die Herstellung entsprechend großer Sperrschichtflächen mit dem Legierungs- und Diffusionsverfahren ermöglicht zur Zeit Dauergleichströme bis zu 100 A bei Germanium-Dioden und 500 A bei Silizium-Dioden.

Schottky-Dioden
(Hot carrier Diode oder auch beam-lead-Schottkydiode genannt.)
Ähnlich einer Spitzenkontaktdiode erfolgt die Sperrschichtbildung hier zwischen einem N-dotierten Siliziumkristall und einer Metallelektrode. Kennzeichen des nach dem Planarverfahren hergestellten Metall-Halbleiterüberganges sind gegenüber Silizium-Dioden niedrige Schwellspannung (0,3 V ... 0,4 V), ein sehr scharfer Kennlinienknick in Durchlaß- und Sperrichtung, ein streng exponentieller Kennlinienverlauf, niedrige Sperrströme, geringes Rauschen und extrem schnelle Schaltzeiten (Gleichrichtung von Wechselspannungen bis zu 50 GHz). Gegenüber der Spitzenkontaktdiode zeichnet sie sich durch eine größere Impulsbelastbarkeit, geringere Stoßempfindlichkeit und kleinere Fertigungstoleranzen aus.

Lawinen-Gleichrichterdiode
Im Gegensatz zu normalen Dioden darf die Durchbruchspannung $U_{(BR)}$ mit nichtperiodischen Verlustleistungsimpulsen überschritten werden, ohne daß damit die Lawinen-Gleichrichterdiode (Si-Gleichrichterdiode mit kontrolliertem Durchbruchverhalten) zerstört wird.

Die PIN-Diode
Die P- und N-Zone dieser Si-Planardiode sind durch eine schmale, nahezu eigenleitende (intrinsic) Zone hochohmigen Siliziums getrennt. Im Gleichstromverhalten sind sie den Sperrschichtvaractoren ähnlich, weisen aber höhere zulässige Sperrspannungen (30 V ... 1000 V) auf. Von 1 MHz bis in den GHz-Bereich stellen sie einen um mehrere Zehnerpotenzen stromgesteuerten HF-Widerstand dar.

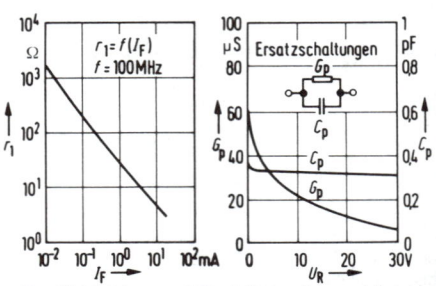

Der Gleichrichter- und Vervielfachereffekt entfallen wegen des bewußt ausgenutzten Trägheitseffektes der Ladungsträger.

5.1 Diode

5.1.8 Kapazitäts-(Variations-)Dioden

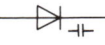

Schaltzeichen

Die durch eine Sperrschicht getrennten, gut leitenden P- und N-Zonen einer Diode bilden einen Kondensator. Durch Erhöhen einer angelegten Sperrspannung wird die Sperrschicht breiter und die Kapazität demzufolge kleiner. Für die Abhängigkeit der Kapazität von der Sperrspannung gilt die Beziehung

$$C_J = \frac{K}{(U_R + \Phi)^\gamma} \quad \text{mit}$$

K Konstante
U_R Sperrspannung
Φ Kontaktpotential

Der ebenfalls spannungsabhängige Exponent kann mit dem Herstellungsverfahren in weiten Grenzen (0,15 ... 0,75) beeinflußt werden.

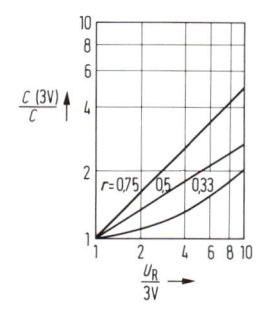

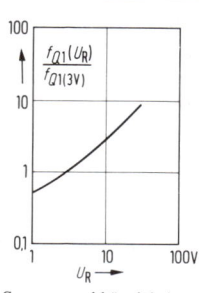

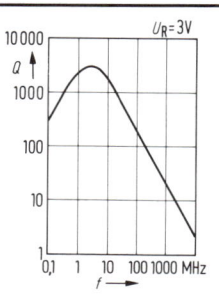

Spannungsabhängigkeit
Grenzfrequenz
der Relativwerte

Gütefaktor in Abhängigkeit von der Frequenz
$Q = f(f)$

Als Vergleichswert wurde die Grenzfrequenz f_c definiert als die Frequenz, bei der $Q = 1$ ist.
Folglich ist:

$$r_S = \frac{1}{2\pi f_c C_j} \quad \text{bzw.} \quad f_c = \frac{1}{2\pi C_j r_S}$$

Infolge der Spannungsabhängigkeit von C_J und R_S ist auch f_c spannungsabhängig.

Die Induktivität ist im wesentlichen durch die Anschlußdrähte bedingt und ergibt zusammen mit der Sperrschichtkapazität eine Serienresonanzfrequenz.

$$f_o = \frac{1}{2\pi \sqrt{L_S C_j}}$$

Sperrschichtkapazität, Serien- und Sperrschichtwiderstand sind temperaturabhängig. Der Erhöhung der Sperrschichttemperatur um 1 K entspricht etwa die Kapazitätsänderung bei einer Sperrspannungsverringerung um 2 mV. r_j verringert sich um etwa 6 %; U, r_S um etwa 1 % bei Erhöhung der Umgebungstemperatur um 1 K.

Kapazitäts-Variation verschiedener Kapazitätsdioden mit unterschiedlichem Exponenten n für eine bestimmte Spannungsvariation.

Der Kapazitätsdiode können folgende Ersatzschaltungen zugeordnet werden:

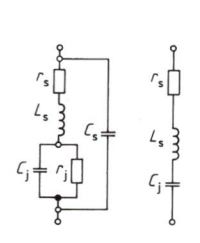

L_S Serieninduktivität
 (1 nH ... 10 nH)

C_S Gehäusekapazität

C_J Sperrschichtkapazität
 (5 pF ... 500 pF
 bei $U_R = 2$ V)

r_S Serienwiderstand
 (0,5 Ω ... 5 Ω)

r_j Sperrschichtwiderstand
 (10^6 Ω ... 10^{10} Ω)

Die parasitäre Gehäusekapazität C_S kann meist, der Sperrschichtwiderstand r_j häufig vernachlässigt werden. Wesentlich für den Einsatz der Kapazitätsdiode in Schaltungen ist neben dem Kapazitätshub C_{max}/C_{min}, der häufig auf zwei feste Sperrspannungen bezogen wird, der Gütefaktor $Q = X_C/R$. Entsprechend beider Ersatzschaltungen beträgt dieser

$$Q = \frac{1}{\omega C_j r_j + \frac{1}{\omega C_j r_j}} \qquad Q = \frac{1}{\omega C_j r_S}$$

Parallel-Resonanzkreis mit Kapazitätsdiode

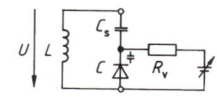

C_S verhindert den Kurzschluß der Abstimmungsspannung durch L. Um die Gesamtkapazität wenig zu beeinflussen, muß $C_S \gg C$ gewählt werden. R_V darf trotz Verringerung des Gütefaktors nicht zu groß sein (ca. 30 kΩ ... 100 kΩ), damit die Sperrstromänderung infolge Temperaturänderung gering bleibt. Der relativ geringe Temperaturkoeffizient der Sperrschichtkapazität kann durch entsprechende Wahl des Temperaturverhaltens der Serienkapazität oder entsprechendes Temperaturverhalten der Abstimmungsspannung kompensiert werden.

Varactor-Diode

Varactor-Dioden sind Kapazitätsdioden mit großer Nichtlinearität der Spannungsabhängigkeit der Sperrschichtkapazität. Sie werden als Oberwellengenerator in Frequenzvervielfacherschaltungen eingesetzt. Dabei wird eine aus dem verzerrten sinusförmigen Eingangssignal entstandene Oberwelle herausgefiltert.

5.1 Diode

5.1.9 Dioden zur Spannungsstabilisierung und -begrenzung

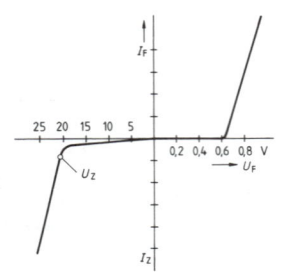

Die Z-Diode

Schaltzeichen

Im Durchlaßbereich zeigen Z-Dioden und Silizium-Gleichrichterdioden gleiches Verhalten. In Sperrichtung fließt bei einem Anstieg des Spannungswertes bis zum Erreichen der Durchbruchspannung nur ein geringer Sperrstrom im nA-Bereich. Wird der Durchbruchspannungswert U_Z – auch Z-Spannung genannt – überschritten (im Gegensatz zur Gleichrichterdiode zulässig), so steigt der Strom bei nur geringer Erhöhung der Spannung steil an. Damit eine Zerstörung der Z-Diode verhindert wird, muß der Strom oberhalb des Knickpunktes wie im Durchlaßbereich durch äußere Schaltungsmaßnahmen begrenzt werden; der zulässige Strom in Sperrichtung ist erheblich niedriger als in Durchlaßrichtung.

Die Z-Spannung läßt sich durch die Dotierung in weiten Grenzen (1,8 V ⋯ 200 V) beeinflussen. Unterhalb 5 V ist das Sperrverhalten der Z-Diode auf den Zener-Effekt, oberhalb von 5 V auf den Lawineneffekt (Avalanche-Effekt) zurückzuführen.

Mit Silizium-Z-Dioden lassen sich Potentiale verschieben, Vergleichsspannungen stabilisieren und Spannungen begrenzen. Da sie hierzu im Sperrbereich, auch Stabilisierungs- oder Z-Bereich genannt, betrieben werden, beziehen sich die angegebenen Kennlinien und Daten der Hersteller vorwiegend auf diesen Bereich.

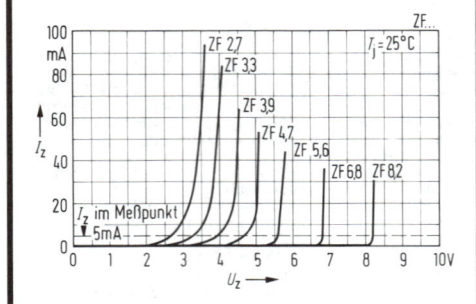

Der Zener-Effekt ist mit einem negativen, der Lawineneffekt mit einem positiven Temperaturkoeffizienten behaftet. Im Übergangsbereich von 5 V bis zu 6 V ist die Z-Spannung deshalb nahezu temperaturunabhängig.

Der inhärente differentielle Widerstand r_{zj} ist von der Z-Spannung abhängig und nimmt logarithmisch mit dem Strom I_Z ab. r_{zj} zeigt ein ausgeprägtes Minimum zwischen $U_Z = 7$ V und $U_Z = 8$ V (steilste Durchbruchkennlinie).

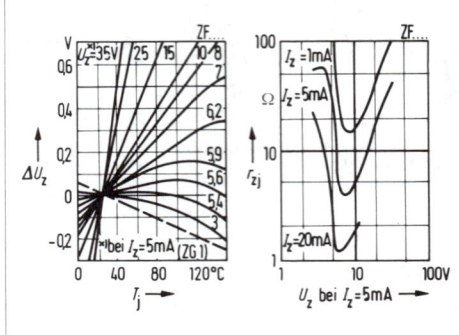

Der differentielle Widerstand wird größer, wenn I_Z so langsam ansteigt, daß auch die Kristalltemperatur entsprechend ansteigen kann.

Um bei einer Änderung der Kristalltemperatur infolge langsamer Änderung von I_Z die Durchbruchkennlinie hinreichend zu beschreiben, muß der thermische differentielle Widerstand zusätzlich berücksichtigt werden.

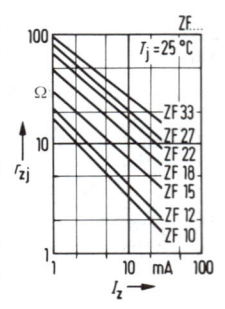

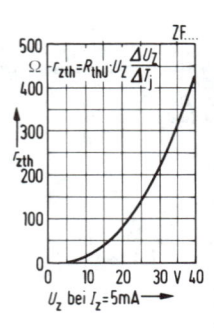

Der inhärente differentielle Widerstand r_{zj} und der thermische differentielle Widerstand r_{zth} zusammen ergeben den mitlaufenden differentiellen Widerstand $r_{zu} = r_{zj} + r_{zth}$.

Für die meisten Berechnungen ist die vereinfachte Ersatzschaltung ausreichend.

U_{zo} ist die Durchbruchspannung, extrapoliert für $I_z = 0$

Vereinfachte Ersatzschaltung

5.1 Diode

Spannungsstabilisierung mit Z-Dioden

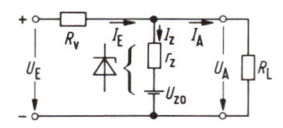

Steigt z. B. die Eingangsspannung U_E an, so nimmt der Strom der Z-Diode bei einem vergleichsweise geringen Spannungsanstieg. Die Folge ist eine Zunahme des Stromes I_E und des Spannungsfalls an R_V mit $I_E \cdot R_V$, so daß die Ausgangsspannung U_A nur geringfügig ansteigt.

Maße für die so erreichte Stabilisierung sind der Glättungsfaktor G und der Stabilisierungsfaktor S.

$$G = \frac{\Delta U_E}{\Delta U_A} = \frac{R_v}{r_{zu}} + 1$$

$$S = \frac{\frac{\Delta U_E}{U_E}}{\frac{\Delta U_A}{U_A}} = \left(\frac{R_v}{r_{zu}} + 1\right)\frac{U_A}{U_E}$$

R_V ist so zu bemessen, daß die zulässige Verlustleistung der Z-Diode nicht überschritten wird.

$$\frac{U_{E\max} - U_A}{I_{Z\max} + I_{A\min}} < R_V < \frac{U_{E\min} - U_A}{I_{Z\min} + I_{A\max}}$$

Für $I_{Z\min}$ sollten 5 % bis 10 % von $I_{Z\max}$ gewählt werden.

Reihenschaltung von Z-Dioden

Wird bei Z-Spannungen über 10 V ein niedriger Temperaturkoeffizient und kleiner differentieller Widerstand r_Z gefordert, so kann die Reihenschaltung mehrerer Z-Dioden mit Z-Spannungen von 5 V ... 6 V gegenüber einer Z-Diode höherer Z-Spannung vorteilhaft sein.

Referenzelemente

Referenzelemente enthalten eine Z-Diode, deren positiver Temperaturkoeffizient mit in Reihe geschalteten Silizium-Dioden kompensiert wird.

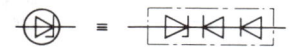

Selen-Überspannungsbegrenzer (U-Dioden)

Die Selen-Überspannungsbegrenzer ermöglichen einen wirtschaftlichen Überspannungsschutz von Spulen und Einkristallhalbleitern. Sie bestehen im wesentlichen aus Selengleichrichterplatten, die gegenüber den normalen Selengleichrichterplatten oberhalb einer bestimmten Sperrspannung in ihrer Sperrkennlinie einen Bereich mit niedrigem differentiellen Widerstand aufweisen. Sie werden wie Z-Dioden in Sperrichtung betrieben; die Schaltzeichen sind gleich. Entsprechend den zulässigen Plattenspannungen sind die erhältlichen Nennanschlußspannungen in Stufen von 20 V Gleichspannung oder 25 V Wechselspannung gestaffelt.

5.1.10 Tunneldiode

Tunneldioden (Esaki-Dioden) sind legierte Kleinflächendioden mit extrem hoch dotierten Halbleiterzonen. Zunächst steigt die Strom-Spannungskennlinie im Durchlaßbereich steil an und geht nach Durchlaufen des Höckerstromes in den Bereich negativ differentiellen Widerstands über. Nach einem flach verlaufenden Talstrom geht die Kennlinie in die bei Dioden übliche Durchlaßkennlinie über. Die Tunneldiode hat keine Sperreigenschaft.

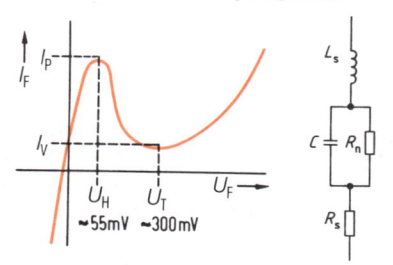

Es bedeuten (typische Werte):

R_n = Widerstand im steilsten Kennlinienpunkt des negativen Bereichs (10 Ω ... 150 Ω)
R_s = Serienwiderstand (1 Ω ... 3 Ω)
$C_{\min}$ = Sperrschichtkapazität bei I_V (2 pF ... 60 pF)
L_s = Serieninduktivität (0,7 nH ... 1,5 nH)
I_P = Höckerstrom (0,5 mA ... 30 mA)
I_V = Talstrom
Strom- oder Sprungverhältnis I_P/I_V (4 ... 8)

Die Tunneldiode findet als schneller Schalter und in Verstärker- und Oszillatorschaltungen bis in den GHz-Bereich Anwendung. Entsprechend der Ersatzschaltung für den Bereich des negativen Kennlinienverlaufs liegt die Grenzfrequenz bei

$$f_g = \frac{1}{2\pi \cdot R_n \cdot C_{\min}} \cdot \sqrt{\frac{R_n}{R_s} - 1}$$

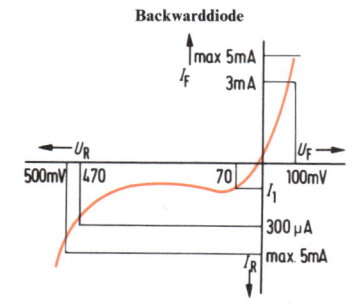

Backwarddiode

Backwarddioden sind Tunneldioden mit einem Höckerstrom $I_P < 300$ μA und einem negativ differentiellen Widerstand > 1 kΩ. Der Tunneleffekt bewirkt in der konventionellen Sperrichtung einen wesentlich größeren Stromanstieg als in der Durchlaßrichtung. Bei vertauschten Vorzeichenverhältnissen können diese Dioden wie normale Dioden als Gleichrichter (zulässige Sperrspannung etwa 500 mV), Detektordioden oder Mischer eingesetzt werden.

5.2 Transistor

5.2.1 Aufbau und Wirkungsweise, Zählrichtungen

Aufbau und Wirkungsweise

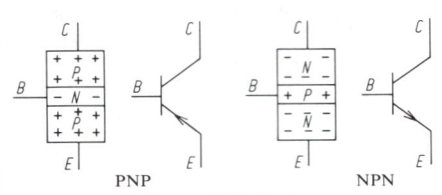

Aufbau und Schaltzeichen

PNP   NPN

Der bipolare Transistor, meist nur Transistor genannt, ist ein einkristallines Germanium- oder Silizium-Halbleiterbauelement mit drei aufeinanderfolgenden Zonen wechselnden Leitungstyps. Entsprechend dieser Folge gibt es NPN- und PNP-Typen. Die mittlere Zone bzw. Elektrode wird als Basis (B), die beiden äußeren werden als Emitter (E) und Kollektor (C) bezeichnet.

Vergleicht man den Aufbau mit zwei gegeneinandergeschalteten Dioden, so wird normalerweise die Emitter-Basis-Diode in Durchlaßrichtung (der Emitterpfeil kennzeichnet die technische Stromrichtung) und die Basis-Kollektor-Diode in Sperrichtung betrieben.

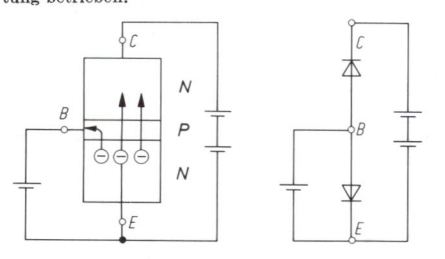

Liegt nur die Spannung U_{CE} an, so ist die Kollektor-Basis-Diode in Sperrichtung gepolt und es fließt nur ein geringer Reststrom.

Liegt zusätzlich die Spannung U_{BE} an, so fließen vom Emitter (emittere = aussenden) Elektronen in die Basiszone. Weil diese äußerst dünn (wenige µm) und nur schwach dotiert ist, können nur wenige Elektronen (0,2 % … 5 %) rekombinieren; der übrige Teil driftet in die Kollektorzone (collecta = Sammlung) und wird von der Kollektorspannung abgesaugt.

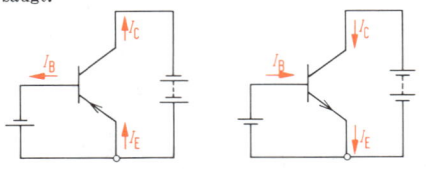

Beim PNP-Transistor müssen die Spannungen lediglich umgepolt werden. An die Stelle der Elektronen treten Löcher.

Das Hauptmerkmal eines Transistors ist die Steuerung des Kollektorstromes mit einem relativ kleinen Basisstrom. Das Stromverhältnis I_C zu I_B wird deshalb als statische Stromverstärkung bezeichnet

$$B = \frac{I_C}{I_B}$$

Sie beträgt bei Leistungstransistoren ($I_C > 1$ A) etwa 10 … 40, bei Transistoren mit $I_C < 1$ A ungefähr 50 … 800.

Zählrichtungen und Bezeichnungen für Ströme und Spannungen

Unabhängig vom Transistortyp und der tatsächlichen Stromrichtung weisen die Zählpfeile in Richtung auf das Bauelement. Weil dieses mit einem Knotenpunkt vergleichbar ist, muß die Summe aller Ströme Null sein. Der Zahlenwert ist positiv (ohne zusätzliches Vorzeichen), wenn die Bewegungsrichtung positiver Ladungsträger (konventionelle oder technische Stromrichtung) mit der willkürlich festgelegten Zählpfeilrichtung übereinstimmt oder negative Ladungsträger dazu entgegengesetzt fließen; andernfalls erhält der Zahlenwert des Stromes ein Minuszeichen. Gleichwertig dazu kann auch das Formelzeichen für diese Größe mit einem Minuszeichen versehen werden.

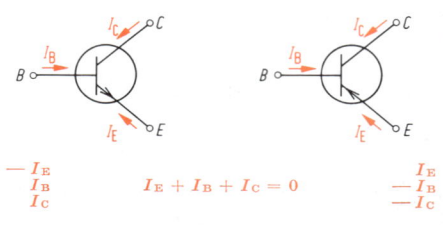

$-I_E$ $I_E + I_B + I_C = 0$ I_E
I_B $-I_B$
I_C $-I_C$

Die Zählrichtung von Spannungen wird mit einem Zählpfeil oder einem Doppelindex angegeben. Der Zahlenwert ist positiv bzw. ohne Vorzeichen, wenn das Potential am Zählpfeilschaft bzw. dem mit dem ersten Indexzeichen bezeichneten Meßpunkt positiver (höher) ist als das Potential an der Pfeilspitze bzw. dem mit dem zweiten Indexzeichen bezeichneten Bezugspunkt. Andernfalls wird der Zahlenwert oder das Formelzeichen für diese Spannung mit einem Minuszeichen versehen.

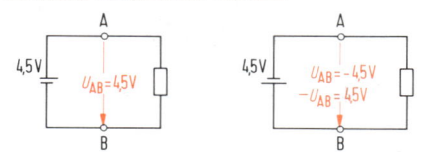

Die Spannungen am Transistor sind wie folgt festgelegt:

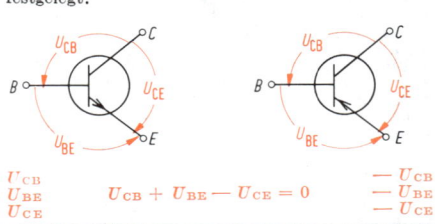

U_{CB} $U_{CB} + U_{BE} - U_{CE} = 0$ $-U_{CB}$
U_{BE} $-U_{BE}$
U_{CE} $-U_{CE}$

5.2 Transistor

5.2.2 Kennlinien und Kenngrößen

Die von den Herstellerfirmen angegebenen statischen Kennlinien sind unter vereinfachten Voraussetzungen mit Kennlinienschreibern im Impulsbetrieb (nahezu konstante Sperrschichttemperatur) aufgenommen. Sie stellen meist nur Mittelwerte ohne Berücksichtigung der Alterung dar und sind meist in Emitterschaltung aufgenommen.

Die Eingangskennlinie $I_B = f(U_{BE})$

Da die Basis-Emitter-Diode in Durchlaßrichtung betrieben wird, ist die Eingangskennlinie je nach Halbleitermaterial einer Ge- oder Si-Diodenkennlinie mit 0,2 V ⋯ 0,4 V bzw. 0,5 V ⋯ 0,9 V Schleusenspannung ähnlich.

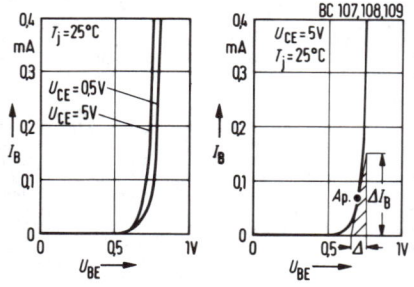

Eingangskennlinie (Emitterschaltung)

Durch Erhöhen der Kollektor-Emitter-Spannung wird die Eingangskennlinie nur um wenige mV zu niedrigeren Basis-Emitterspannungen verschoben. Das Verhältnis der Basis-Emitterspannungsänderung zu der sie verursachenden Kollektor-Emitterspannungsänderung bei konstantem Basisstrom wird als Spannungsrückwirkung μ bezeichnet.

$$\mu = \frac{\Delta U_{BE}}{\Delta U_{CE}} \text{ mit } I_B = \text{konstant}$$

Sie ist bei $U_{CE} > 1$ V mit Werten von $10^{-4} \cdots 10^{-6}$ so gering, daß sie meist vernachlässigt werden kann. Die Datenblätter enthalten deshalb nur die Eingangskennlinie für eine Kollektor-Emitterspannung, meist $U_{CE} = 5$ V.

Die Basis-Emitterstrecke belastet eine Signalspannungsquelle mit dem differentiellen Eingangswiderstand r_{BE}.

$$r_{BE} = \frac{\Delta U_{BE}}{\Delta I_B} \text{ mit } U_{CE} = \text{konstant}$$

Da r_{BE} der Kehrwert der Kennliniensteigung ist, wird deutlich, daß r_{BE} bei Vergrößerung des Basisstromes abnimmt.

Wie bei Dioden nimmt auch die Basis-Emitterspannung bei Erwärmung um 1 K bei konstantem Basisstrom um 2 mV ⋯ 3 mV ab.

Das Ausgangskennlinienfeld $I_C = f(U_{CE})$

Das Ausgangskennlinienfeld zeigt den Zusammenhang zwischen dem Kollektorstrom I_C und der Kollektor-Emitterspannung U_{CE}. Parameter ist meist der Basisstrom I_B.

Die Kennlinien mit U_{BE} als Parameter verlaufen gegenüber den Kennlinien mit I_B als Parameter flacher. Dagegen weichen die Kennlinienabstände ΔI_C für gleiche Basis-Emitterspannungsunterschiede ΔU_{BE} stärker voneinander ab als die Kennlinienabstände für gleiche Basisstromunterschiede ΔI_B. Deshalb liefert ein eingeprägtes Basisstromsignal geringere Kollektorstromverzerrungen als ein eingeprägtes Basis-Emitterspannungssignal.

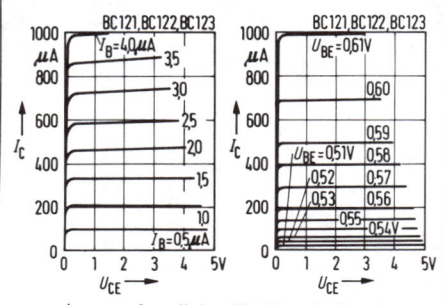

Ausgangskennlinien (Emitterschaltung)

Wird bei konstantem Basisstrom I_B die Kollektor-Emitterspannung U_{CE} gesteigert, so wächst der Kollektorstrom I_C zunächst steil an. Bei $U_{CB} = 0$ (d.h. $U_{CE} = U_{BE}$), auch als Kollektor-Emitter-Restspannung, U_{CEsat} oder Kniespannung bezeichnet, tritt eine Sättigung ein; eine weitere Steigerung von U_{CE} hat nur noch wenig Einfluß auf I_C.

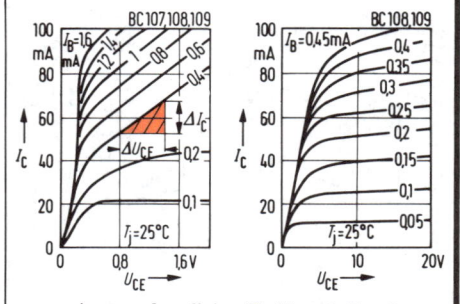

Ausgangskennlinien (Emitterschaltung)

Aus dem Ausgangskennlinienfeld lassen sich der dynamische Leerlaufausgangswiderstand $r_{CE} = 1/h_{22e}$, die statische Stromverstärkung (Gleichstromverstärkung) B und die dynamische Kurzschluß-Stromverstärkung (Wechselstromverstärkung) $\beta = h_{21e}$ ableiten:

$$r_{CE} = \frac{\Delta U_{CE}}{\Delta I_C} \text{ mit } I_B = \text{konstant}$$

$$B = \frac{I_C}{I_B} \text{ mit } U_{CE} = \text{konstant}$$

$$\beta = \frac{\Delta I_C}{\Delta I_B} \text{ mit } U_{CE} = \text{konstant}$$

Aus dem Ausgangskennlinienfeld mit U_{BE} als Parameter kann nun die Steilheit S ermittelt werden.

$$S = \frac{\Delta I_C}{\Delta U_{BE}} \text{ mit } U_{CE} = \text{konstant}$$

Eine überschlägige Bestimmung ermöglicht die Beziehung $S \approx I_C/U_T = 40 \text{ V}^{-1} \cdot I_C$ mit der Naturkonstanten U_T. Diese beträgt bei 25°C ungefähr 26 mV.

5.2 Transistor

Steuerkennlinien

Die Steuerkennlinien zeigen die Abhängigkeit des Kollektorstromes I_C (U_{CE} = konstant) von der Steuergröße. Da zwischen einer Strom- und Spannungssteuerung zu unterscheiden ist, enthalten die technischen Unterlagen z.T. eine Strom- und eine Spannungssteuerkennlinie.

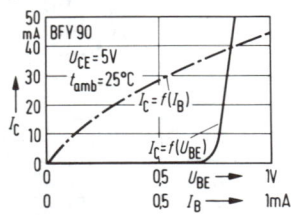

Die Abhängigkeit der Steuerkennlinien von der Kollektor-Emitterspannung ist bei $U_{CE} > U_{BE}$ sehr gering und bleibt in den technischen Unterlagen meist unberücksichtigt.

Falls die Steuerkennlinien nicht angegeben sind, können sie aus dem entsprechenden Ausgangskennlinienfeld mit I_B oder U_{BE} als Parameter abgeleitet werden.

Stromverstärkung und Steilheit

Die statische Stromverstärkung $B = I_C/I_B$ unterliegt sehr großen Exemplarstreuungen (z.B. 80... 250) und hängt von der Höhe des Kollektorstromes ab. Die Lage des Maximums hängt vom Transistortyp ab. Meist stimmen die statische Stromverstärkung B und die dynamische Stromverstärkung $\beta = i_C/i_B$ weitgehend überein.

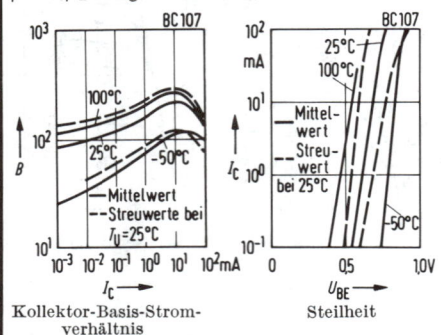

Kollektor-Basis-Stromverhältnis

Steilheit

$B = f(I_C)$ wird häufig in normierter Form angegeben. Die Stromverstärkung wird dabei für einen bestimmten Arbeitspunkt (hier $T_j = 25°C$ und $I_C = 2$ mA) willkürlich 1 gesetzt. Für alle anderen Kollektorstromwerte ist dem Diagramm der Umrechnungsfaktor zu entnehmen; z.B. beträgt $B_n = 1,4$ bei $I_C = 10$ mA. Mit einem im Datenblatt für $I_C = 2$ mA angegebenen Mittelwert $B = 180$ erhält man bei $I_C = 10$ mA: $B = 180 \cdot B_n = 180 \cdot 1,4 = 252$.

Bei höheren Frequenzen nimmt die Wechselstromverstärkung ab. Die Frequenz, bei der sie auf $1/\sqrt{2}$ (um 3 dB) des Wertes bei 1 kHz abgesunken ist, wird Grenzfrequenz f_g genannt; die Frequenz, bei der die Stromverstärkung nur noch 1 beträgt, wird als Transitfrequenz f_T oder auch β-1-Grenzfrequenz bezeichnet.

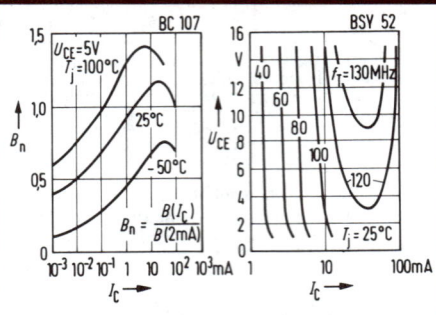

Die Transitfrequenz ist vom Kollektorstrom und der Kollektor-Emitterspannung abhängig und muß deshalb für den gewählten Arbeitspunkt dem Diagramm entnommen werden.

Transistorrauschen

Die thermischen Schwingungen der Atome und Moleküle verursachen in einem Widerstand unregelmäßige Bewegungen der freien Elektronen. Die durch sie hervorgerufenen Spannungen werden bei genügend großer Verstärkung und elektroakustischer Umwandlung als Rauschen empfunden und deshalb als Rauschspannung bezeichnet. Da die in einem Widerstand entstandene Rauschleistung $P_r = 4 k T \Delta f$ (darin ist k die Boltzmannkonstante, T die absolute Temperatur und Δf die Bandbreite) unabhängig von der Höhe des Widerstandes ist, ist die Leerlaufrauschspannung U_{ro} proportional $\sqrt{R}$

$$U_{ro} = \sqrt{P_r \cdot R}$$

Wird der Widerstand an eine äußere Spannungsquelle angeschlossen, so nimmt das Rauschen zu. Bei Leistungsanpassung wird $1/4$ der Rauschleistung an den angeschlossenen Verbraucher abgegeben.

Um beim Transistor auf einfache Aussagen zu kommen, nimmt man den Transistor als rauschfrei an und verlagert das Entstehen des Rauschens gedanklich in den Innenwiderstand R_g der Signalquelle, so daß dessen Rauschleistung zunimmt. Den Faktor, mit dem man die Rauschleistung des Generatorinnenwiderstandes P_{rRg} multiplizieren muß, um am Ausgang des idealen (rauschfreien) Transistors die tatsächliche Rauschleistung P_r zu erhalten, bezeichnet man als Rauschzahl F.

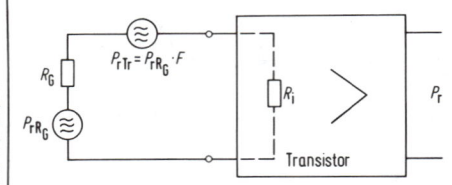

Der optimale Eingangswiderstand hängt nicht von der Anpassungsbedingung $R_G = R_i$ ab, weil damit dem Verstärker auch die höchste Rauschleistung zugeführt wird und die Rauschzahl eine Funktion des Kollektorstromes und Generatorinnenwiderstandes ist. Der Transistorhersteller gibt deshalb in den Datenblättern entsprechende Diagramme an. Häufig wird darin anstelle der Rauschzahl F das Rauschmaß $F" = 10$ dB $\lg F$ angegeben.

5.2 Transistor

Zu beachten ist, daß die Rauschzahl bzw. das Rauschmaß immer nur eine Funktion des ohmschen Anteils des Generatorwiderstandes ist.

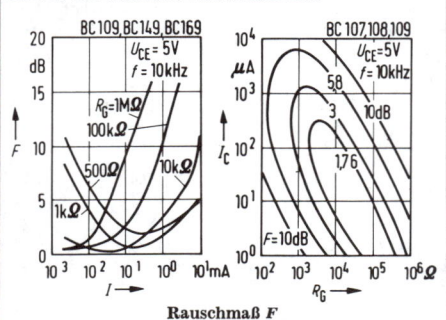

fällt es mit zunehmender Frequenz ab, bleibt dann bis etwa f_T/h_{21e} konstant, um anschließend wieder anzusteigen.

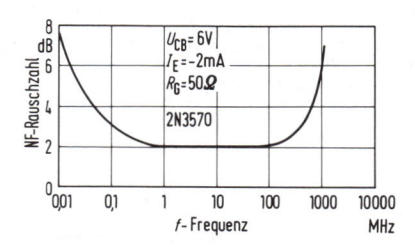

Rauschmaß F

Bei großen Generatorinnenwiderständen sind kleine Kollektorströme, bei kleinen Innenwiderständen dagegen größere vorteilhaft.

Das Rauschmaß ist frequenzabhängig. Zunächst

Um das Rauschen eines Verstärkers gering zu halten, sollte für die Eingangsstufe ein rauscharmer Transistor gewählt werden, der Kollektorstrom klein (meist < 1 mA), die Verstärkung der Eingangsstufe groß und die Bandbreite Δf nicht breiter als erforderlich sein.

Das Verhältnis der Nutzleistung P_N zur Rauschleistung P_r wird als Rauschabstand bezeichnet und in dB angegeben.

Restströme und Sperrspannungen

Restströme sind Sperrströme der Basis-Kollektor- oder Basis-Emitter-Diode des gesperrten Transistors. Sie werden von Verunreinigungen der Kristalloberfläche und durch Wärmeeinwirkung (Eigenleitung) hervorgerufen und bestimmen das Temperaturverhalten des Transistors. Entsprechend den Sperrströmen von Dioden verdoppeln sich die Restströme bei einer ungefähren Sperrschichttemperaturerhöhung um 10 K bei Ge-Transistoren und 7 K bei Si-Transistoren. Gegenüber Si-Transistoren sind die Restströme von Ge-Transistoren bei $t_{amb} = 25$ °C ungefähr $10^3...10^4$ mal so groß.

Zur Kennzeichnung der Restströme und Sperrspannungen werden drei Indexbuchstaben verwendet. Der dritte Buchstabe gibt Aufschluß über die Verbindung des dritten, vorher nicht genannten Anschlusses mit dem an zweiter Stelle genannten Anschluß:

0 Der nicht genannte Anschluß ist offen
R Zwischen beiden liegt ein Widerstand
S Beide sind miteinander kurzgeschlossen
V Zwischen beiden liegt eine Vorspannung in Sperrichtung

Die Stromverstärkung B und der Kollektorstrom werden maßgeblich vom Kollektor-Basis-Reststrom I_{CBO} beeinflußt. Er ist dem Basisstrom entgegengerichtet,

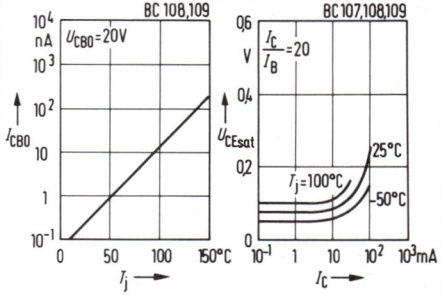

so daß sich bei Erwärmung und konstantem Kollektorstrom der Basisstrom verringert oder bei konstantem Basisstrom statt dessen der Kollektorstrom ansteigt.

Der höchste aller Restströme ist der Reststrom I_{CEO}, weil er aus dem Kollektor kommend über die Basis-Emitter-Diode abfließt und so einen Basisstrom vortäuscht $I_{CEO} \approx I_{CBO} \cdot B$. Der kleinste Kollektor-Emitter-Reststrom wird durch Anlegen einer kleinen Sperrspannung (etwa 1 V ... 2 V) an die Basis-Emitter-Diode erreicht $I_{CEV} \approx I_{CBO}$.

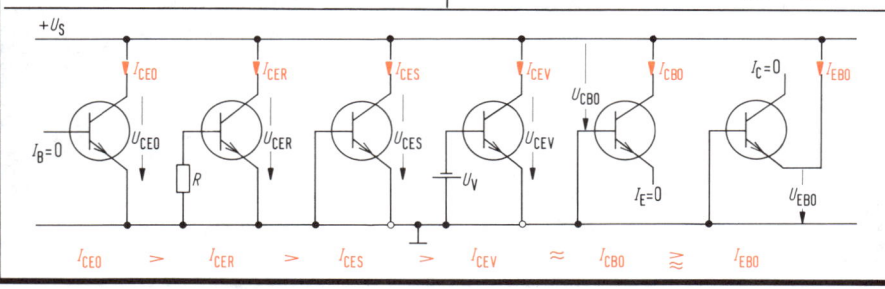

$I_{CEO} > I_{CER} > I_{CES} > I_{CEV} \approx I_{CBO} \gtrless I_{EBO}$

5.2 Transistor

5.2.3 Grenzwerte

Die vom Hersteller angegebenen **Grenzwerte** sind in der Regel absolute Grenzwerte. Werden sie überschritten, so kann das Bauelement zerstört oder die Funktion nachteilig beeinflußt werden.

Ein häufiger Ausfall von Transistoren ist auf das Überschreiten der zulässigen **Verlustleistung** P_{tot} zurückzuführen. Darunter versteht man die im Transistor in Wärme umgesetzte Leistung.

$$P_V = U_{BE} \cdot I_B + U_{CE} \cdot I_C$$
$$U_{BE} < U_{CE}; \; I_B \ll I_C$$
$$P_V \approx U_{CE} \cdot I_C$$

Meist wird im Datenblatt die höchstzulässige Verlustleistung für eine bestimmte Umgebungstemperatur t_U (z. B. ≤ 45 °C) ohne zusätzlichen Kühlkörper angegeben. Dabei geht der Hersteller von der höchstzulässigen Sperrschichttemperatur (bei Ge-Transistoren 80 °C ··· 100 °C und Si-Transistoren 170 °C ··· 200 °C) aus. Diese sollte jedoch nicht voll ausgenutzt werden, weil damit die Lebensdauer des Transistors herabgesetzt wird.

$$P_{tot} = \frac{t_j - t_U}{R_{thU}}$$

Damit kann für verschiedene Kollektor-Emitterspannungswerte U_{CE} jeweils der höchstzulässige Kollektorstrom berechnet werden.

$$I_C = \frac{P_{tot}}{U_{CE}}$$

Werden diese Werte in das Ausgangskennlinienfeld mit linearen Skalen eingetragen und miteinander verbunden, so erhält man die **Verlustleistungshyperbel**.

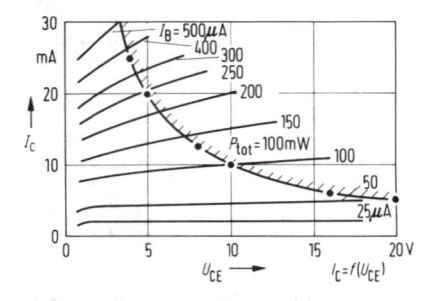

Geht man allein von der zulässigen Verlustleistung aus, so erhält man bei kleinen Kollektor-Emitterspannungen große Kollektorströme und bei kleinen Kollektorströmen große Kollektor-Emitterspannungen. Unabhängig davon müssen deshalb zusätzlich die im Datenblatt angegebenen Grenzwerte für den Kollektorstrom und die Kollektor-Emitterspannung eingehalten werden. Sie begrenzen die Leistungshyperbel an den Enden.

Die Grenze der zulässigen Kollektor-Emitterspannung, auch **Durchbruchspannung** genannt, hängt wesentlich von den Anschlußbedingungen zwischen Basis und Emitter ab. Der prinzipielle Kennlinienverlauf $I_C = f(U_C)$ bei Raumtemperatur zeigt, daß die Kollektor-Emitterdurchbruchspannung um so höher ist, je kleiner der äußere Widerstand zwischen Basis und Emitter ist. Durch Anlegen einer Sperrspannung an die Basis-Emitter-Diode ≥ 2 V kann die Durchbruchspannung häufig bis auf den Wert der zulässigen Kollektor-Basissperrspannung U_{CBO} gesteigert werden, die z. T. doppelt so hoch ist. Dabei ist zu beachten, daß die relativ kleine zulässige Emitter-Basissperrspannung U_{EBO}, oft ≤ 5 V, nicht überschritten wird.

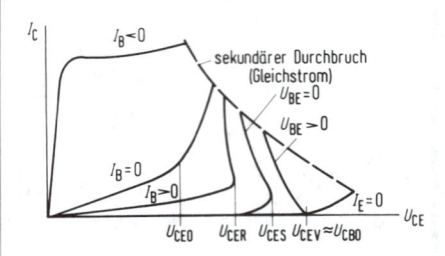

Wird die Durchbruchspannung erreicht, so ist die elektrische Feldstärke in der Basis-Kollektor-Sperrschicht so groß geworden, daß es zum **Lawinendurchbruch** (1. Durchbruch) kommt und der Transistor zerstört wird.

Zu einem sogenannten **2. Durchbruch** (second break down) kann es kommen, wenn bei leitender Basis-Emitter-Diode hohe Kollektor-Emitterspannungen zu einer Einschnürung des leitenden Kanals führen oder im Sperrmoment der Basis-Emitter-Diode noch Kollektorstrom fließt. Dabei kommt es zu örtlichen Überhitzungen in der Basis, die den Transistor zerstören. Besteht diese Gefahr innerhalb der übrigen Grenzen, so gibt der Transistorhersteller eine zusätzliche Begrenzung des Arbeitsbereiches an, deren Einhaltung einen zweiten Durchbruch ausschließt. Entsprechende Angaben, vielfach mit logarithmischen Skalen, sind meist nur für Leistungstransistoren zu finden und zu beachten.

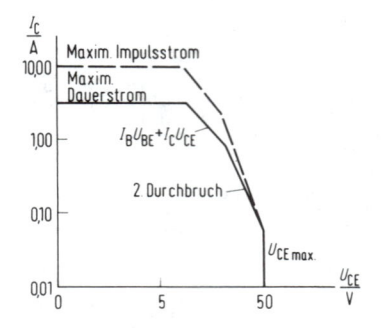

Thermische Stabilitätskriterien

Um die zulässige Sperrschichttemperatur nicht zu überschreiten, muß die im Halbleiterkristall in Wärme umgesetzte Verlustleistung an das Kühlmittel, meist Luft, abgeführt werden.

Führt ein Anstieg der Sperrschichttemperatur über eine Vergrößerung des Stromes zu einer Erhöhung der Verlustleistung, so steigt die Sperrschichttemperatur, wieder verbunden mit einem Stromanstieg und einer Erhöhung der Verlustleistung, weiter an (thermische Mitkopplung). Diese thermische Instabilität wird verhindert, wenn folgende Bedingungen erfüllt sind:

1. $P_{zu} = P_{ab}$ 2. $\dfrac{\Delta P_{zu}}{\Delta t} \leq \dfrac{\Delta P_{ab}}{\Delta t}$

5.2 Transistor

5.2.4 Wärmeableitung bei Halbleiterbauelementen

Überschlägige Berechnungen der zulässigen Verlustleistung sind anhand der Wärme-Ersatzschaltung möglich.

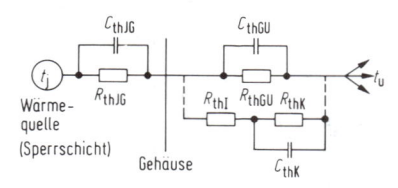

Wärme-Ersatzschaltung
Nach DIN 41 785 T 2 (9.71) bedeuten:

t_J ($t_{(VJ)}$; $t_{(vj)}$; $\vartheta_{(VJ)}$; $\vartheta_{(vj)}$)	Ersatzsperrschichttemperatur
t_U (t_{amb}; ϑ_U)	Umgebungstemperatur
R_{thJG} (R_{thJC}; R_{thG})	Wärmewiderstand zwischen Sperrschicht und Gehäuse (innerer Wärmewiderstand)
R_{thGU} (R_{thCA})	Wärmewiderstand zwischen Bauelementgehäuse und Umgebung (äußerer Wärmewiderstand)
R_{thJU} (R_{thJA}; R_{thU})	Wärmewiderstand zwischen Sperrschicht und Umgebung ($R_{thJU} = R_{thJG} + R_{thGU}$)
R_{thK} (R_{thKA}; R_{thKU})	Wärmewiderstand des Kühlkörpers
R_{thGK} (nicht DIN)	Wärmeübergangswiderstand vom Gehäuse zum Kühlkörper (z. B. Isolierscheibe)
C_{th}	Wärmekapazität
P_{tot}	Gesamtverlustleistung

Ändert sich die Verlustleistung nicht oder nur langsam, bzw. kann mit einer mittleren Verlustleistung gerechnet werden, so bleiben die Wärmekapazitäten unberücksichtigt.

$$P_{tot} = \frac{t_J - t_U}{R_{thJU}}$$

Der Wärmewiderstand zwischen Bauelementgehäuse und Umgebung kann mittels Kühlblech oder Kühlkörper erheblich verringert werden.

$$R_{thJU} = R_{thJG} + R_{thGK} + R_{thK}$$

Bei impulsweise auftretender Verlustleistung wirken sich die Wärmekapazitäten aus. Für $T \ll \tau_{thJ}$ ($\tau_{thJ} = R_{thJG} \cdot C_{thJG}$ innere Wärmezeitkonstante) kann näherungsweise mit einem Verlustleistungs-Mittelwert und einer mittleren Sperrschichttemperatur t_J mittel gerechnet werden.

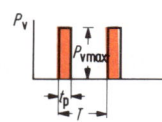

$$\frac{t_{J\,mittel} - t_U}{P_{V\,max}} = \frac{t_P}{T}(R_{thJG} + R_{thK})$$

Die Wärmewiderstandswerte für Kühlbleche aus Cu, Al und Fe können den folgenden Diagrammen entnommen werden. Diese gelten für senkrecht stehende, annähernd quadratische Kühlbleche aus blankem Blech mit in der Mitte montiertem Bauelement in ruhender Luft und ohne zusätzliche Wärmeeinstrahlung. Die ermittelte Kantenlänge S kann bei Schwärzung der Oberfläche mit dem Faktor 0,85 und muß bei waagerechter Anordnung mit dem Faktor 1,15 multipliziert werden.

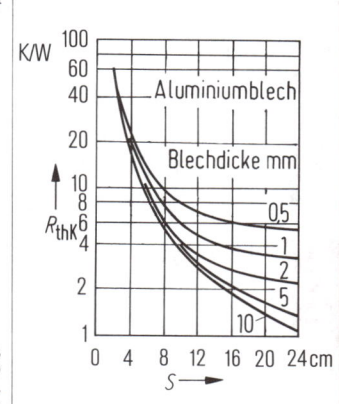

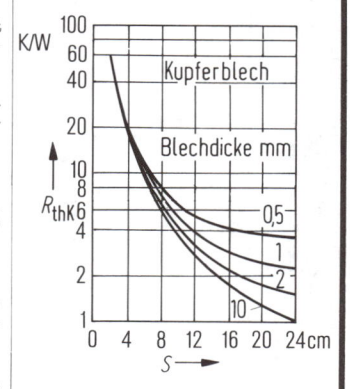

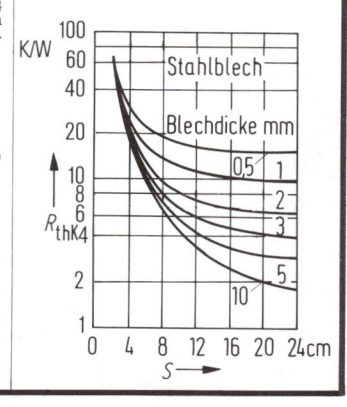

5-13

5.2 Transistor

5.2.5 Arbeitspunkteinstellung und Stabilisierung

	Schaltung 1	Schaltung 2	Schaltung 3	Schaltung 4	Schaltung 5
Schaltung	(Grundschaltung mit R_B, R_C)	(Mit Spannungsgegenkopplung über R_B)	(Mit R_B, R_C, R_q)	(Mit Emitterwiderstand R_E, C_E)	(Mit R_p, R_q)
Bemessung	$R_B = \dfrac{(U_S - U_{BE})B}{I_C}$	$R_B = \dfrac{(U_{CE} - U_{BE})B}{I_C}$	$R_B = \dfrac{(U_S - U_{BE})B}{(n+1)I_C}$ $R_q = \dfrac{U_{BE} \cdot B}{n \cdot I_C}$ $n = \dfrac{I_q}{I_B}$	$R_B = \dfrac{(U_S - U_{BE} - U_E)B}{(n+1)I_C}$ $R_q = \dfrac{(U_{BE} + U_E)B}{n \cdot I_C}$ $R_E = \dfrac{U_E}{I_C + I_B}$ $n = \dfrac{I_q}{I_B}$ $C_E = 200 \dfrac{S}{f_u}$ (−3 dB)	$R_B = \dfrac{(U_S - U_{BE})B}{(n+1)I_C} - R_p - R_\vartheta$ $R_q = \dfrac{1}{U_{BE} \cdot B} - \dfrac{1}{R_p + R_\vartheta}$ $R_p \approx \sqrt{\dfrac{0{,}9 \cdot \alpha_T \cdot n \cdot I_B}{R_{th JG}} - R_\vartheta} - \dfrac{R_\vartheta}{1}$ $n = \dfrac{I_q}{I_B}$ $R_\vartheta \approx R_{ein}$	$R_B = \dfrac{(U_S - U_{BE})B}{(n+1)I_C}$ $R_q = \dfrac{(U_{BE} - U_V)B}{n \cdot I_C}$ $n = \dfrac{I_q}{I_B}$
Stabilisierung des Arbeitspunktes	Exemplarstreuungen der Stromverst. B, Toleranz von R_B, Betriebsspannungs- und Temperaturänderungen wirken sich voll auf I_C aus.	Gute Stabilisierung des Arbeitspunktes gegen Exemplarstreuungen von B und U_{BE} und gegen Temperatur- und Betriebsspannungsänderungen bei geringster Belastung der Betriebsspannungsquelle. Verstärkungsrückgang infolge Gegenkopplung.	Exemplarstreuungen der Stromverst. B und Temperaturverhalten von I_{CBO} bei $I_q > I_B$ ohne wesentlichen Einfluß auf I_C. Exemplarstreuungen und Temperaturverhalten der Spannung U_{BE} wirken sich auf I_C aus. Großer Einfluß der Toleranzen von R_B und Betriebsspannungsänderungen auf I_C.	Sehr gute Stabilisierung des Arbeitspunktes gegen Exemplarstreuungen von B und U_{BE}, gegen Änderungen der Temperatur und Betriebsspannung und gegen Toleranzen von R_B und R_q. Verringerung des Aussteuerungsbereiches um U_E, C_E überbrückt R_E für Wechselspannungen.	Sehr gute Arbeitspunktstabilisierung bis zu hohen Temperaturen. Vorteilhafte Anwendung in Endstufen mittlerer und großer Leistung, weil R_E dort zu viel Leistung beansprucht. Transistor und Heißleiter sind thermisch zu koppeln. R_q und R_p linearisieren den Heißleitereinfluß.	Sehr gute Stabilisierung des Arbeitspunktes gegen große Schwankungen der Betriebsspannung, gute Stabilisierung gegen Temperaturschwankungen.
Wirkungsweise	—	Bei Anstieg des Kollektorstromes nimmt der Spannungsfall an R_C zu und folglich die Basis-Emitter-Spannung ab.	—	Bei Anstieg des Kollektorstromes nimmt der Spannungsfall an R_E zu und als Folge die Basis-Emitter-Spannung ab.	Bei Erwärmung nimmt die Leitfähigkeit von R_ϑ zu und damit die Basis-Emitter-Spannung ab.	Die Spannungsänderung der Diode ist bei größer Stromänderung infolge hoher Betriebsspannungsschwankungen nur gering.

5.2 Transistor

Arbeitspunkteinstellung

Der Arbeitspunkt A wird durch Wahl des Kollektorruhestromes (kein Eingangssignal) und der Kollektor-Emitterspannung U_{CE} bestimmt. Können die Blindwiderstände innerhalb des zu übertragenden Frequenzbandes vernachlässigt werden, so liegt der Arbeitspunkt auf einer Geraden, deren Lage durch den Kollektor- und Emitterwiderstand bestimmt ist. Diese Arbeitsgerade schneidet die Spannungsachse ($I_C = 0$) bei $U_{CE} = U_S$ und die Stromachse ($U_{CE} = 0$) bei $I_C = U_S / (R_C + R_E)$.

Aus der Lage des Arbeitspunktes A lassen sich der Basisstrom I_B und über die Stromsteuerkennlinie ($I_C = f[I_B]$) und die Eingangskennlinie ($I_B = f[U_{BE}]$) die zugehörige Basis-Emitterspannung ermitteln.

Aus der maximal zulässigen Transistorverlustleistung P_{tot} läßt sich für verschiedene Kollektor-Emitter-Spannungen der maximal zulässige Kollektorstrom $I_C = P_{tot} / U_{CE}$ berechnen und als Grenzlinie, auch Verlustleistungshyperbel genannt, in das Ausgangskennlinienfeld einzeichnen.

Damit sich der Arbeitspunkt bei Änderungen der Sperrschichttemperatur auf der Arbeitsgeraden nicht verschiebt, müssen Stabilisierungsmaßnahmen getroffen werden.

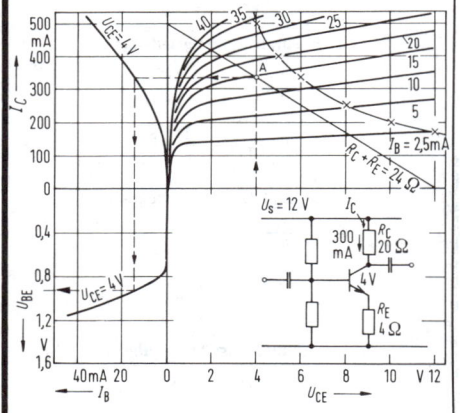

Großsignalverstärkung

Sind die Eingangs- und Ausgangssignalspannungen und -ströme nicht mehr klein gegenüber den verfügbaren Arbeitsspannungs- und Arbeitsstrombereichen, so sind die Verstärkung und die abgegebene Wechselstromleistung anhand der Transistorkennlinien zu ermitteln.

Bei voller Aussteuerung wird das Ausgangssignal nach unten durch den Sperrbereich ($I_B = 0$) und nach oben durch den Sättigungsbereich ($U_{CB} = 0$) begrenzt. Um zu große Verzerrungen infolge des gekrümmten Anfangsbereiches der Eingangskennlinie zu vermeiden, darf der Transistor nicht bis zum Sperrbereich ausgesteuert werden. Bei Leistungstransistoren lassen sich mittels Spannungssteuerung ($R_{Gen.} \ll R_1$) die durch Krümmung der Stromsteuerkennlinie entstehenden Verzerrungen durch die Krümmung der Eingangskennlinie weitgehend kompensieren.

Bei **A-Betrieb** wird der Arbeitspunkt so eingestellt, daß der Transistor symmetrisch nach beiden Seiten voll ausgesteuert werden kann. Wird der Arbeitspunkt so verschoben, daß gerade noch ein Kollektorruhestrom fließt, so liegt **B-Betrieb** vor; hierbei kann immer nur eine Halbwelle verstärkt werden. Wegen des stark gekrümmten Anfangsbereiches der Eingangskennlinie wird der Kollektorruhestrom meist etwas höher eingestellt, so daß **AB-Betrieb** vorliegt.

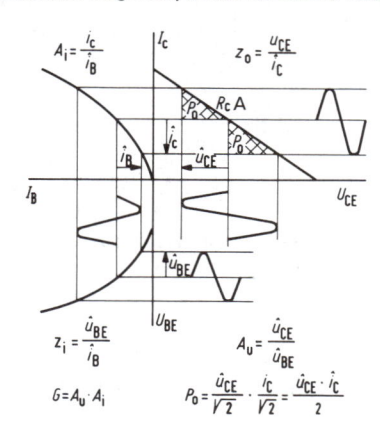

$$A_i = \frac{i_C}{i_B} \qquad z_0 = \frac{u_{CE}}{i_C}$$

$$z_i = \frac{u_{BE}}{i_B} \qquad A_u = \frac{u_{CE}}{u_{BE}}$$

$$G = A_u \cdot A_i \qquad P_0 = \frac{u_{CE}}{\sqrt{2}} \cdot \frac{i_C}{\sqrt{2}} = \frac{u_{CE} \cdot i_C}{2}$$

Kleinsignalverstärkung

Sind die Ausgangssignalgrößen klein gegenüber dem auf der Arbeitsgeraden verfügbaren Arbeitsbereich, so werden die Kennwerte einer Transistorstufe anhand der Kleinsignalparameter, auch Vierpolparameter genannt, berechnet.

Die h-Parameter werden vom Transistorhersteller meist für NF-Transistoren in Emitterschaltung und die y-Parameter für HF-Transistoren in Basis- oder Emitterschaltung angegeben. Soll der Transistor nicht in der vorgesehenen Schaltungsart betrieben werden, so sind sie entsprechend umzurechnen. Dazu genügen meist die auf Seite 3-17 angegebenen Näherungsformeln, weil die vom Hersteller angegebenen Werte nur Mittelwerte sind und oft um mehr als ± 50% streuen können.

Alle Vierpolparameter sind arbeitspunktabhängig. Die in den Datenblättern angegebenen Werte gelten nur für einen bestimmten Arbeitspunkt und müssen für andere Arbeitspunkte mit den in Diagrammform angegebenen Korrekturfaktoren umgerechnet werden.

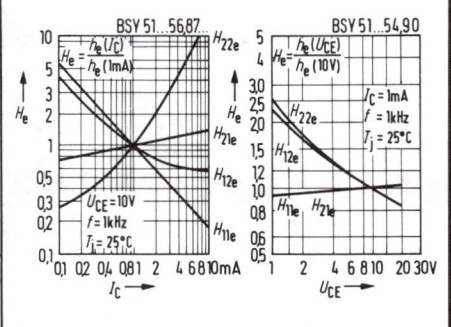

5.2 Transistor

5.2.6 Vierpolkenngrößen und Ersatzschaltungen

Ein Vierpol ist eine Schaltung mit zwei Eingangsklemmen und zwei Ausgangsklemmen. Er ist passiv, wenn er höchstens genausoviel Signal-Wirkleistung abgibt wie er Signal-Wirkleistung aufnimmt; er ist aktiv, wenn er mehr Signal-Wirkleistung abgeben kann, als er aufnimmt.

Vier voneinander unabhängige Größen, darunter mindestens eine Energiequelle, reichen aus, um das Verhalten eines Vierpols hinreichend zu beschreiben.

Die eingezeichneten Strom- und Spannungspfeile werden positiv gezählt. Ein Minuszeichen vor einem Spannungs- oder Stromzeichen entspricht einer Richtungsumkehr.

Ersatzschaltungen erleichtern oft die Betrachtungsweise und Berechnung von Schaltungen. Einfache Transistor-Ersatzschaltungen konnten nur durch Eingrenzung des Anwendungsbereiches entwickelt werden, so daß es viele solcher Ersatzschaltungen gibt, von denen die h-Parameter- und y-Parameter-Ersatzschaltung besondere Bedeutung erlangt haben.

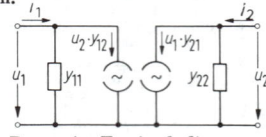

h-Parameter-Ersatzschaltung

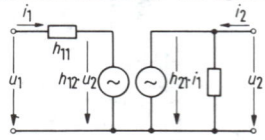

$$u_1 = h_{11} \cdot i_1 + h_{12} \cdot u_2$$
$$i_2 = h_{21} \cdot i_1 + h_{22} \cdot u_2$$

Kurzschluß-Eingangswiderstand

$$h_{11} = \frac{u_1}{i_1} \quad \text{bei } u_2 = 0$$

Leerlauf-Spannungsrückwirkung

$$h_{12} = \frac{u_1}{u_2} \quad \text{bei } i_1 = 0$$

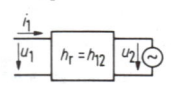

Kurzschluß-Stromverstärkung

$$h_{21} = \frac{i_2}{i_1} \quad \text{bei } u_2 = 0$$

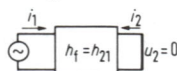

Leerlauf-Ausgangsleitwert

$$h_{22} = \frac{i_2}{u_2} \quad \text{bei } i_1 = 0$$

y-Parameter-Ersatzschaltung

$$i_1 = y_{11} \cdot u_1 + y_{12} \cdot u_2$$
$$i_2 = y_{21} \cdot u_1 + y_{22} \cdot u_2$$

Kurzschluß-Eingangsleitwert

$$y_{11} = \frac{i_1}{u_1} \quad \text{bei } u_2 = 0$$

Kurzschluß-Rückwärtssteilheit

$$y_{12} = \frac{i_1}{u_2} \quad \text{bei } u_1 = 0$$

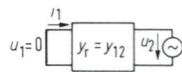

Kurzschluß-Vorwärtssteilheit

$$y_{21} = \frac{i_2}{u_1} \quad \text{bei } u_2 = 0$$

Kurzschluß-Ausgangsleitwert

$$y_{22} = \frac{i_2}{u_2} \quad \text{bei } u_1 = 0$$

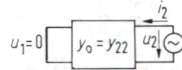

Zusammenhang zwischen h- und y-Parametern

$$h_{11} = \frac{1}{y_{11}} \qquad h_{12} = -\frac{y_{12}}{y_{11}}$$

$$h_{21} = \frac{y_{21}}{y_{11}} \qquad h_{22} = \frac{\Delta y}{y_{11}}$$

$$\Delta h = \frac{y_{22}}{y_{11}}$$

$$y_{11} = \frac{1}{h_{11}} \qquad y_{12} = -\frac{h_{12}}{h_{11}}$$

$$y_{21} = \frac{h_{21}}{h_{11}} \qquad y_{22} = \frac{\Delta h}{h_{11}}$$

$$\Delta y = \frac{h_{22}}{h_{11}}$$

5.2 Transistor

Zusammenhang zwischen den h-Parametern in E-, B- und C-Schaltung

geg.: h_e	ges.: h_b	ges.: h_c
h_{11e}	$h_{11b} = \dfrac{h_{11e}}{1 + \Delta h_e + h_{21e} - h_{12e}}$	$h_{11c} = h_{11e}$
h_{12e}	$h_{12b} = \dfrac{\Delta h_e - h_{12e}}{1 + \Delta h_e + h_{21e} - h_{12e}}$	$h_{12c} = 1 - h_{12e}$
h_{21e}	$h_{21b} = \dfrac{-\Delta h_e + h_{21e}}{1 + \Delta h_e + h_{21e} - h_{12e}}$	$h_{21c} = -(1 + h_{21e})$
h_{22e}	$h_{22b} = \dfrac{h_{22e}}{1 + \Delta h_e + h_{21e} - h_{12e}}$	$h_{22c} = h_{22e}$

geg.: h_b	ges.: h_e	ges.: h_c
h_{11b}	$h_{11e} = \dfrac{h_{11b}}{1 + \Delta h_b + h_{21b} - h_{12b}}$	$h_{11c} = \dfrac{h_{11b}}{1 + \Delta h_b + h_{21b} - h_{12b}}$
h_{12b}	$h_{12e} = \dfrac{\Delta h_b - h_{12b}}{1 + \Delta h_b + h_{21b} - h_{12b}}$	$h_{12c} = \dfrac{1 + h_{21b}}{1 + \Delta h_b + h_{21b} - h_{12b}}$
h_{21b}	$h_{21e} = \dfrac{-(h_{21b} + \Delta h_b)}{1 + \Delta h_b + h_{21b} - h_{12b}}$	$h_{21c} = \dfrac{h_{21b} - 1}{1 + \Delta h_b + h_{21b} - h_{12b}}$
h_{22b}	$h_{22e} = \dfrac{h_{22b}}{1 + \Delta h_b + h_{21b} - h_{12b}}$	$h_{22c} = \dfrac{h_{22b}}{1 + \Delta h_b + h_{21b} - h_{12b}}$

mit $\Delta h_e = h_{11e} \cdot h_{22e} - h_{12e} \cdot h_{21e}$ und $\Delta h_b = h_{11b} \cdot h_{22b} - h_{12b} \cdot h_{21b}$

Zusammenhang zwischen den y-Parametern in E-, B- und C-Schaltung

geg.: y_e	ges.: y_b	ges.: y_c
y_{11e}	$y_{11b} = y_{11e} + y_{12e} + y_{21e} + y_{22e}$	$y_{11c} = y_{11e}$
y_{12e}	$y_{12b} = -(y_{12e} + y_{22e})$	$y_{12c} = -(y_{11e} + y_{12e})$
y_{21e}	$y_{21b} = -(y_{21e} + y_{22e})$	$y_{21c} = -(y_{11e} + y_{21e})$
y_{22e}	$y_{22b} = y_{22e}$	$y_{22c} = y_{11e} + y_{12e} + y_{21e} + y_{22e}$

Berechnung einer Transistorstufe

Eingangswiderstand
$$z_i = \frac{u_1}{i_1} \qquad z_i = \frac{h_{11} + R_L \cdot \Delta h}{1 + R_L \cdot h_{22}} \qquad z_i = \frac{1 + R_L \cdot y_{22}}{y_{11} + R_L \cdot \Delta y}$$

Ausgangswiderstand
$$z_o = \frac{u_2}{i_2} \qquad z_o = \frac{h_{11} + R_G}{\Delta h + R_G \cdot h_{22}} \qquad z_o = \frac{1 + R_G \cdot y_{11}}{y_{22} + R_G \cdot \Delta y}$$

Stromverstärkung
$$A_i = \frac{i_2}{i_1} \qquad A_i = \frac{h_{21}}{1 + R_L \cdot h_{22}} \qquad A_i = \frac{y_{21}}{y_{11} + R_L \cdot \Delta y}$$

Spannungsverstärkung
$$A_u = \frac{u_2}{u_1} \qquad A_u = \frac{R_L \cdot h_{21}}{h_{11} + R_L \cdot \Delta h} \qquad A_u = \frac{-R_L \cdot y_{21}}{1 + R_L \cdot y_{22}}$$

Leistungsverstärkung
$$G = \frac{u_2 \cdot i_2}{u_1 \cdot i_1} \qquad G = \frac{R_L \cdot h_{21}^2}{(1 + R_L \cdot h_{22})(h_{11} + R_L \cdot \Delta h)} \qquad G = \frac{R_L \cdot y_{21}^2}{(1 + R_L \cdot y_{22})(y_{11} + R_L \cdot \Delta y)}$$

mit $\Delta h = h_{11} \cdot h_{22} - h_{12} \cdot h_{21}$ \qquad mit $\Delta y = y_{11} \cdot y_{22} - y_{12} \cdot y_{21}$

5.2 Transistor

5.2.7 Transistor-Grundschaltungen

HF-Ersatzschaltung nach Giacoletto

Im Gegensatz zu den Vierpolkoeffizienten sind die Elemente der physikalischen Ersatzschaltung, die bis zu Frequenzen von $f < fa/2$ meist ausreichend genau ist, über einen größeren Frequenzbereich weitgehend frequenzunabhängig.

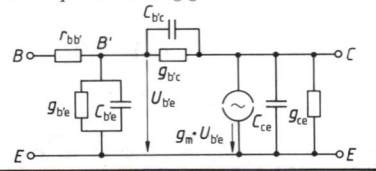

$r_{bb'}$	Basisbahnwiderstand
$g_{b'e}$	Leitwert zwischen B' und E
$g_{b'c}$	Leitwert zwischen B' und C
g_{ce}	Leitwert zwischen C und E
g_m	Koeffizient der gesteuerten Einströmung (innere Steilheit)
$u_{b'e}$	Spannung zwischen B' und E
$C_{b'e}$	Kapazität zwischen B' und E
$C_{b'c}$	Kapazität zwischen B' und C
C_{ce}	Kollektor-Emitter-Kapazität
fa	Grenzfrequenz der Kurzschluß-Stromverstärkung in Basisschaltung

Transistor-Grundschaltungen
(in Klammern typische Werte)

Bezeichnung	Emitterschaltung	Kollektorschaltung	Basisschaltung
Schaltung Anm.: $r_{BE} = h_{11}$ $\frac{1}{r_{CE}} = h_{22}$ $\beta = h_{21}$	(Schaltbild)	(Schaltbild)	(Schaltbild)
Spannungsverstärkung	$A_u = \beta \frac{R_C // r_{CE}}{r_{BE}}$ $(100 \cdots 10000)$	$A_u = 1 - \frac{r_{BE}}{\beta(R_E // r_{CE}) + r_{BE}}$ (<1)	$A_u = \beta \frac{R_C // r_{CE}}{r_{BE}}$ $(100 \cdots 10000)$
Stromverstärkung ohne Berücksichtigung von R_1 und R_2	$A_i = \beta \frac{r_{CE}}{r_{CE} + R_c}$ $(10 \cdots 500)$	$A_i = \beta \frac{r_{CE}}{R_E + r_{CE}}$ $(10 \cdots 500)$	$A_i = \frac{\beta}{1+\beta}$ (<1)
Leistungsverstärkung	$G = A_u \cdot A_I$ $(1000 \cdots 100000)$	$G = A_u \cdot A_I$ $(10 \cdots 500)$	$G = A_u \cdot A_I$ $(100 \cdots 10000)$
Eingangswiderstand	$r_1 = r_{BE} // (R_1 // R_2)$ $(10\,\Omega \cdots 5\,k\Omega)$	$r_1 = (r_{BE} + \beta R_E) // R_1$ $(500\,\Omega \cdots 5\,M\Omega)$	$r_1 = \frac{r_{BE}}{\beta} // R_E$ $(<1\,\Omega \cdots 1\,k\Omega)$
Ausgangswiderstand	$r_2 = R_c // r_{CE}$ $(10\,\Omega \cdots 500\,k\Omega)$	$r_2 = R_E // \frac{r_{BE} + R_{Gen}}{\beta}$ $(10\,\Omega \cdots 1\,k\Omega)$	$r_2 = R_c // r_{CE}$ $(100\,k\Omega \cdots 10\,M\Omega)$
Phasenlage von u_1 u. u_2	$180°$	$0°$	$0°$

Die Bezeichnung der drei Transistor-Grundschaltungen entspricht jeweils dem an konstantem Potential liegenden Transistoranschluß.

Die Emitterschaltung hat bei gleichem Lastwiderstand die höchste Leistungsverstärkung. Der Eingangswiderstand liegt zwischen dem der Basis- und dem der Kollektorschaltung. Der Ausgangswiderstand nimmt mit zunehmendem Generatorwiderstand ab, während er bei der Basis- und Kollektorschaltung ansteigt.

Die Basisschaltung zeigt die kleinste Rückwirkung des Ausgangs auf den Eingang. Gegenüber der Emitterschaltung sind die Einflüsse der Exemplarstreuungen, Alterung, Temperatur- und Versorgungsspannungsschwankungen auf die Verstärkung sehr viel kleiner. Die um den Faktor β höhere Grenzfrequenz zeichnet die Basisschaltung für HF-Anwendungen aus.

Die Kollektorschaltung findet wegen des hohen Eingangswiderstandes und niedrigen Ausgangswiderstandes vorwiegend als Impedanzwandler Anwendung.

5.2 Transistor

Emitterschaltung mit Stromgegenkopplung

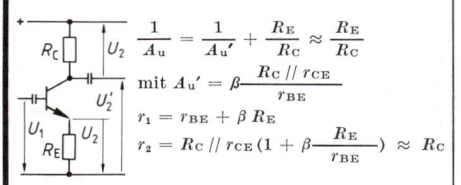

$$\frac{1}{A_u} = \frac{1}{A_u{'}} + \frac{R_E}{R_C} \approx \frac{R_E}{R_C}$$

mit $A_u{'} = \beta \dfrac{R_C \,//\, r_{CE}}{r_{BE}}$

$r_1 = r_{BE} + \beta\, R_E$

$r_2 = R_C \,//\, r_{CE}\left(1 + \beta \dfrac{R_E}{r_{BE}}\right) \approx R_C$

Sind R_C und R_E gleich groß, so können am Kollektor und Emitter gleichgroße, gegenphasige Wechselspannungen ausgekoppelt werden (Phasenumkehrstufe).

Emitterschaltung mit Spannungsgegenkopplung

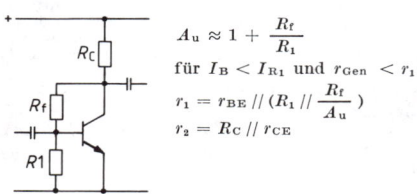

$A_u \approx 1 + \dfrac{R_f}{R_1}$

für $I_B < I_{R1}$ und $r_{Gen} < r_1$

$r_1 = r_{BE} \,//\, (R_1 \,//\, \dfrac{R_f}{A_u})$

$r_2 = R_C \,//\, r_{CE}$

Bootstrap-Schaltung

Mit Bootstrap bezeichnet man die dynamische Vergrößerung eines Widerstandes. Sie wird angewendet, um die Herabsetzung des hohen Eingangswiderstandes der Kollektorschaltung durch die Spannungsteilerwiderstände R_1 und R_2 zu vermeiden.

$r_1 = (r_{BE} + \beta\, R_E) \,//\, R_3 \dfrac{\beta\,(R_E \,//\, r_{CE})}{r_{BE}}$

Da das Ausgangssignal gleichphasig und nahezu amplitudengleich zum Eingangssignal ist und C_3 für das Ausgangssignal als Kurzschluß wirkt, fällt an R_3 nur die Differenz der Eingangs- und Ausgangssignalspannung ab. Parallel zum Eingangswiderstand $r_{BE} + \beta\, R_E$ liegt nun der um $\beta\,(R_E \,//\, r_{CE})/r_{BE}$ herauftransformierte Widerstand R_3.

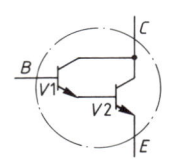

Darlington-Schaltung

$\beta_{ges} \approx \beta_1 \cdot \beta_2$

$r_1 = r_{BE1} + \beta_1\, r_{BE2}$

$r_2 = r_{CE2} \,//\, \dfrac{2 r_{CE1}}{\beta_2}$

Bei der Zusammensetzung zweier Transistoren nach Darlington wirkt der Eingangswiderstand r_{BE} des Transistors V_2 als Emitterwiderstand von Transistor V_1. Der Verbundtransistor verhält sich deshalb wie ein einzelner NPN-Transistor mit hohem Eingangswiderstand und hoher Stromverstärkung. Entsprechend können weitere Transistoren zusammengeschaltet werden.

Ähnliche Werte ergibt die Zusammenschaltung eines NPN- und eines PNP-Transistors zu einer Komplementär-Darlington-Schaltung, hier mit NPN-Verhalten, auch White-Folger genannt.

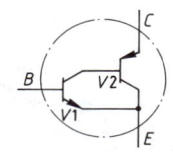

$\beta_{ges} \approx \beta_1 \cdot \beta_2$

$r_1 = r_{BE1}$

$r_2 = r_{CE2} \,//\, \dfrac{r_{CE1}}{\beta_2}$

Kaskode-Schaltung

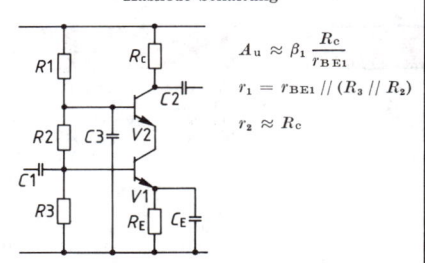

$A_u \approx \beta_1 \dfrac{R_C}{r_{BE1}}$

$r_1 = r_{BE1} \,//\, (R_3 \,//\, R_2)$

$r_2 \approx R_C$

Die Zusammenschaltung der Emitterschaltung mit V_1 und der Basisschaltung mit V_2 verbindet den relativ hohen Eingangswiderstand der Emitterschaltung mit der sehr kleinen Eingangskapazität der Basisschaltung.

Mit V_2 wird das Kollektorpotential von V_1 nahezu konstant gehalten, so daß die Spannungsverstärkung von V_1 und damit die Rückwirkung vom Ausgang auf den Eingang über die Kollektor-Basis-Kapazität von V_1 sehr klein ist.

Gegentakt-Schaltung

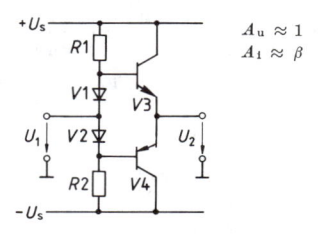

$A_u \approx 1$

$A_i \approx \beta$

Jeder Transistor der komplementären Kollektorschaltung verstärkt nur eine Halbwelle. Mit Dioden, Widerständen oder einem zusätzlichen Transistor wird der Arbeitspunkt so eingestellt und stabilisiert, daß nur ein geringer Ruhestrom fließt (AB-Betrieb) und damit die Ruheverluste und Übernahmeverzerrungen gering bleiben.

5.2 Transistor

Konstantstromquellen

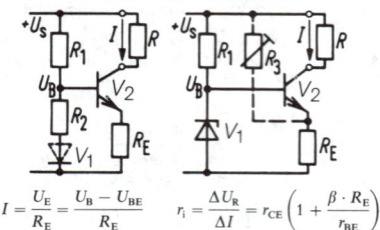

$$I = \frac{U_E}{R_E} = \frac{U_B - U_{BE}}{R_E} \qquad r_i = \frac{\Delta U_R}{\Delta I} = r_{CE}\left(1 + \frac{\beta \cdot R_E}{r_{BE}}\right)$$

Der Transistor vergleicht den vom Ausgangsstrom I an R_E erzeugten Spannungsfall mit dem Basispotential U_B und wirkt gleichzeitig als Stellglied. Der Temperatureinfluß auf die Basis-Emitter-Spannung kann mit einer oder mehreren Dioden in Reihe zu R_2 kompensiert werden. Wird R_2 durch eine Z-Diode ersetzt, so bleiben Betriebsspannungsschwankungen ohne wesentlichen Einfluß auf den Ausgangsstrom I:
$\Delta I_E = (r_Z/R_2 \cdot R_E) \Delta U_S$.

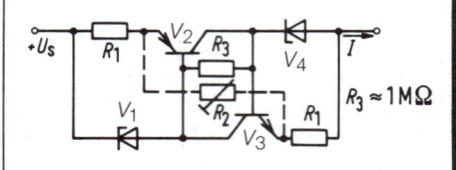

Mit $R_3 = R_1 \cdot R_E/r_Z$ kann der Stromstabilisierungsfaktor auf unendlich abgeglichen werden ($\Delta I_Z = \Delta I_E$).
Werden zwei Konstantstromquellen mit Komplementär-Transistoren zusammengeschaltet, so bleibt der Strom I auch bei großen Schwankungen der Versorgungsspannung und dem Spannungsfall an anderen Widerständen im Stromkreis konstant. Mit R_2 kann ein unendlich großer Stromstabilisierungsfaktor oder ein negativer differentieller Widerstand eingestellt werden.

5.2.8 Kopplungsarten

In mehrstufigen Verstärkern müssen meist Stufen mit unterschiedlichen Ausgangs- und Eingangsruhepotentialen mit geringem Aufwand verbunden werden, ohne das zu übertragende Signal stark abzuschwächen oder die Arbeitspunkte zu verschieben.

Gleichstromkopplung

Die Gleichstromkopplung, auch galvanische oder direkte Kopplung genannt, ist frequenzunabhängig und ermöglicht die Verstärkung von Gleich- und Wechselgrößen.

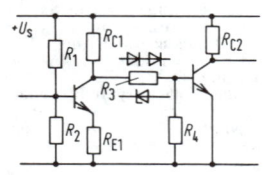

Die Kopplung über Spannungsteiler setzt die Verstärkung im gleichen Maße herab wie die Gleichspannung. Dieser Nachteil wird durch Anwendung von zusätzlichen Transistoren, Dioden oder Z-Dioden vermieden. Am einfachsten lassen sich jedoch Potentialunterschiede mit Komplementär-Transistoren (Aufeinanderfolge von NPN- und PNP-Transistoren) überbrücken.

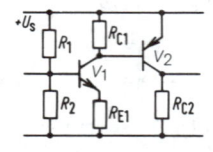

Kleine Verschiebungen des Kollektorpotentials infolge einer Änderung der Sperrschichttemperatur werden von den folgenden Stufen ebenfalls verstärkt. Deshalb sind zusätzliche Schaltungsmaßnahmen zur Arbeitspunktstabilisierung, meist Gegenkopplungs- oder Gegentaktschaltungen, erforderlich.

RC-Kopplung

Die Arbeitspunktverschiebungen infolge Temperatureinfluß bleiben ohne Auswirkung auf die folgende Stufe, so daß der Aufwand für die Temperaturkompensation vergleichsweise gering ist.

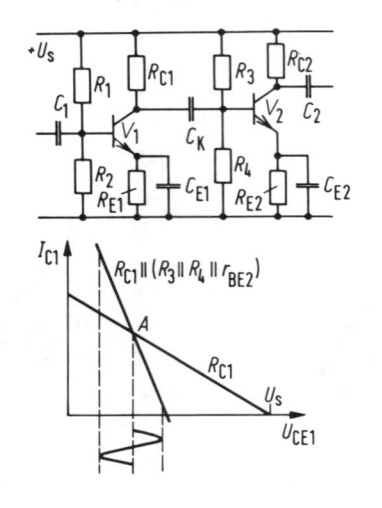

Für die Signalspannung wirkt der Koppelkondensator C_K nahezu als Kurzschluß, so daß der Eingangswiderstand der zweiten Stufe ($R_3 \parallel R_4 \parallel r_{BE2}$) zum Ausgangswiderstand der zweiten Stufe (R_{C1}) parallel geschaltet ist. Die dynamische Arbeitskennlinie verläuft deshalb sehr viel steiler als die

5.2 Transistor

Arbeitsgerade für R_{C1}. Damit der Aussteuerbereich für beide Halbwellen gleich groß wird, ist der Arbeitspunkt A mit der I_{B1}-Einstellung von der Mitte der durch R_{C1} bestimmten Arbeitsgeraden nach links zu verschieben.

Niedrige untere Grenzfrequenzen erfordern große Koppelkondensatoren. Für einen Verstärkungsabfall von 3 dB gilt: $C = 1 / 2\pi f_u (R_{C1} + R_{12})$.

Der Verstärkungsverlust infolge Fehlanpassung des Eingangswiderstandes der folgenden Stufe an den Ausgangswiderstand der vorhergehenden Stufe erfordert häufig zusätzliche Stufen.

Übertrager-Kopplung

Unterschiedliche Eingangs- und Ausgangswiderstände können optimal angepaßt werden.

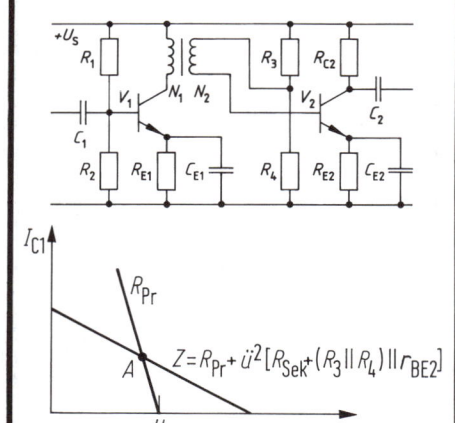

An Gleichspannung ist nur der Wirkwiderstand der Primärwicklung wirksam, so daß die Widerstandsgerade mit R_{Pr} sehr steil verläuft. Für das zu verstärkende Signal wird der Eingangswiderstand der zweiten Stufe auf die Primärseite transformiert, so daß die dynamische Arbeitskennlinie von noch mit der Steigung $1/z$ durch den mit I_{B1} eingestellten Arbeitspunkt A verläuft. Bei der Auswahl des Transistors V_1 ist zu berücksichtigen, daß die Kollektor-Emitter-Spannung bei Vollaussteuerung größer als die Speisespannung U_S sein kann.

Von Nachteil sind Größe, Gewicht und Preis des Übertragers. Bei einem zulässigen Verstärkungsabfall von 3 dB wird das übertragbare Frequenzband begrenzt von den Frequenzen.

$$f_u = \frac{1}{2\pi L_{Prim} \cdot (N_1/N_2)^2 \cdot 1/R_L + h_{22}}$$

$$f_o = \frac{1/h_{22} + (N_1/N_2)^2 \cdot R_L}{2\pi L_{streu}}$$

Durch Parallelschalten von Kondensatoren zur Primär- und Sekundärwicklung, auch Bandfilterkopplung genannt, kann eine sehr kleine Bandbreite bzw. hohe Selektivität erreicht werden. Ungeeignet ist die Übertrager-Kopplung zur Verbindung von zwei Basisstufen, zwei Kollektorstufen oder einer Emitter- und Basisstufe.

5.3 Rückkopplung

Mit Rückkopplung bzw. Rückführung wird das Zurückführen eines Bruchteils des Ausgangssignals einer Verstärkerschaltung auf deren Eingang bezeichnet.

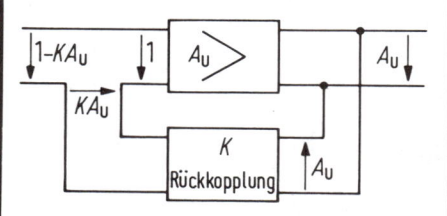

Eine am Verstärkereingang anliegende normierte Spannung 1 hat eine um den Verstärkungsfaktor A_U größere Ausgangsspannung zur Folge. Davon wird über eine Rückkopplungsschaltung der K-fache Teil der Ausgangsspannung KA_u auf den Eingang zurückgeführt, so daß am Eingang der Verstärkerschaltung die Spannung $1-KA_u$ anliegt. K wird als Rückkopplungsgrad, KA_u als Schleifenverstärkung und $1-KA_u$ als Rückkopplungsfaktor bezeichnet.

Der Einfluß der Rückkopplung auf das Verhalten der Verstärkerschaltung hängt wesentlich von der Phasenlage des zurückgeführten Signals gegenüber dem Eingangssignal ab. Deshalb wird zwischen negativer Rückkopplung oder Gegenkopplung bei Gegenphasigkeit und positiver Rückkopplung bzw. Mitkopplung bei Gleichphasigkeit beider Signale unterschieden.

Gegenkopplung

Die Gegenkopplung bewirkt eine weitgehende Verringerung des Einflusses von Betriebsspannungsschwankungen, Temperaturänderungen sowie unterschiedliche Stromverstärkungsfaktoren bzw. Röhrensteilheiten infolge Exemplarstreuungen und Alterung auf die Verstärkung. Damit verbunden sind eine Abnahme der Verzerrungen und des Übertragungswertes und eine Änderung des Eingangs- und Ausgangswiderstandes.

Eine Spannungsgegenkopplung liegt vor, wenn die rückgeführte Spannung proportional zur Ausgangsspannung ist; ist die rückgeführte Spannung proportional zum Ausgangsstrom, so liegt eine Stromgegenkopplung vor. Bei der Seriengegenkopplung liegt das zurückgeführte Signal in Reihe zum Eingangssignal, bei der Parallelgegenkopplung parallel dazu. Die Einflüsse zweier Gegenkopplungsarten lassen sich in einer gemischten Gegenkopplung miteinander verbinden. Soll die Gegenkopplung frequenzabhängig sein, so sind entsprechend Kapazitäten oder Induktivitäten in den Rückkopplungszweig einzufügen.

Mitkopplung

Die Mitkopplung wird zur Entdämpfung von Filterschaltungen und zur Schwingungserzeugung eingesetzt. Damit eine Verstärkerschaltung schwingt, müssen Eingangs- und Ausgangssignal phasengleich (Phasenbedingung) und die Schleifenverstärkung $KA_u = 1$ (Amplitudenbedingung) sein. Dann ist $1-KA_u = 0$; der Ausgangszustand wird ohne ein von außen zugeführtes Signal aufrecht erhalten. Ein frequenzabhängiges Rückkopplungsnetzwerk erfüllt diese Bedingungen nur bei einer bestimmten Frequenz, mit der die Schaltung, meist Oszillator genannt, dann schwingt.

5.3 Rückkopplung

5.3.1 Gegenkopplungs-Grundschaltungen

Bezeichnung	Spannungs- Serien- Gegenkopplung	Strom- (Serien-Gegenkopplung)	Spannungs- (Parallel-Gegenkopplung)	Strom- Parallel-Gegenkopplung
Schaltungs- prinzip	(Schaltbild mit A_u, 180°, R_1, R_2, R_L, u_1, u_2)	(Schaltbild mit A_u, 180°, R_f, R_L, u_1, u_2, i_2)	(Schaltbild mit A_u, 180°, R_f, R_L, u_1, u_2, i_1, i_1')	(Schaltbild mit A_u, 180°, R_1, R_2, R_L, u_1, u_2, i_1, i_1', i_2)
Eingangs- größe	Spannung	Spannung	Strom	Strom
Ausgangs- größe	Spannung	Strom	Spannung	Strom
Über- tragungs- wert	$A'_u = \dfrac{A_u\,R_1\,R_2 + R_1\,(R_o + R_1 + R_2) + R_o\,R_2}{R_o + R_1 + R_2}$ $A'_u = \dfrac{u_2}{u_1} \approx \dfrac{R_1 + R_2}{R_2}$ (wird kleiner)	$G'_\ddot{u} = \dfrac{A_u\,R_1 + R_f}{R_f\,R_f\,A_u + R_1(R_o + R_f + R_L) + R_f(R_o + R_L)}$ $G'_\ddot{u} = \dfrac{i_2}{u_1} \approx \dfrac{1}{R_f}$ (wird kleiner)	$R'_\ddot{u} = \dfrac{R_f(A_u\,R_f + R_o)}{R_f(A_u + 1) + R_o + R_f}$ $R'_\ddot{u} = \dfrac{u_2}{i_1} \approx R_f$ (wird kleiner)	$A'_i = \dfrac{A_u\,R_1\,R_1 + (R_o + R_L)(R_1 + R_2) + R_1(R_1 + R_2)}{R_1(A_u(R_1 + R_2) + R_2)}$ $A'_i = \dfrac{i_2}{i_1} \approx \dfrac{R_1 + R_2}{R_1}$ (wird kleiner)
Eingangs- widerstand	$R'_1 = R_1 + \dfrac{R_2[R_1\,A_u + (R_o + R_L)]}{R_o + R_1 + R_2}$ (wird größer)	$R'_1 = R_1 + \dfrac{R_f(R_1\,A_u + R_o + R_L)}{R_o + R_f + R_L}$ (wird größer)	$R'_1 = \dfrac{R_f(R_o + R_f)}{R_f(1 + A_u) + R_o + R_f}$ (wird kleiner)	$R'_1 = \dfrac{R_1}{1 + \dfrac{R_1[R_1(A_u + 1) + R_o + R_L]}{R_2(R_o + R_1 + R_L) + R_1(R_o + R_L)}}$ (wird kleiner)
Ausgangs- widerstand	$R'_o = \dfrac{R_o(R_1 + R_2)}{R_1\,R_2(A_u + 1) + (R_o + R_1)(R_1 + R_2)}$ (wird kleiner)	$R'_o = R_o + \dfrac{R_f\,R_f(A_u + 1)}{R_1 + R_f}$ (wird größer)	$R'_o = \dfrac{R_o(R_1 + R_f)}{R_f(1 + A_u) + R_o + R_f}$ (wird kleiner)	$R'_o = \dfrac{R_o(R_1 + R_2)}{R_1 + R_2}$ (wird größer)

5.3 Rückkopplung

5.3.2 Sinus-Oszillatoren

RC-Oszillatoren

Im NF-Bereich werden RC-Oszillatoren gegenüber LC-Oszillatoren bevorzugt, weil große Induktivitäten Streufelder, große Abmessungen und ein hohes Gewicht zur Folge haben. Dagegen müssen meist aufwendigere Schaltungsmaßnahmen getroffen werden, um eine konstante Verstärkung zu sichern, weil sonst das Ausgangssignal stark verzerrt wird.

Oszillator mit RC-Phasenschieber

Um das Ausgangssignal gegenüber dem Eingangssignal um 180° zu verschieben, sind mindestens drei RC-Glieder erforderlich. Weitere RC-Glieder führen zu einer größeren Frequenzstabilität. Meist wird die Tiefpaßschaltung bevorzugt, weil diese die Oberwellen bedämpft.

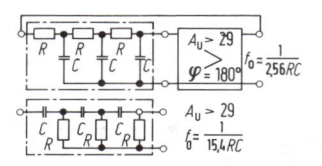

$A_u > 29$, $\varphi = 180°$, $f_0 = \dfrac{1}{25.6 RC}$

$A_u > 29$, $f_0 = \dfrac{1}{15.4 RC}$

viergliedriger Tiefpaß: $A_u \approx 18{,}5$ $f_0 \approx \dfrac{1}{5{,}23\,RC}$

viergliedriger Hochpaß: $A_u \approx 18{,}5$ $f_0 \approx \dfrac{1}{7{,}54\,RC}$

Soll die Frequenz über einen größeren Bereich verstellbar sein, so müssen alle Kondensatoren oder Widerstände des RC-Netzwerkes gleichzeitig und gleichmäßig verstellt werden. Nachteilig sind die kritische Amplitudenstabilisierung, große Verzerrungen bei zu großer Rückkopplung und eine geringe Frequenzkonstanz dieser Schaltung.

Oszillator mit Wien-Glied

Bei Verstärkern ohne Phasendrehung (gerade Stufenzahl) kann die frequenzabhängige Mitkopplung mit einem Wien-Glied bewirkt werden.

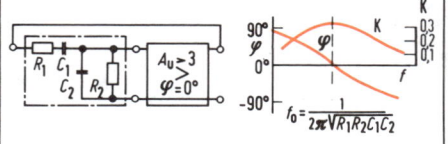

$A_u > 3$, $\varphi = 0°$, $f_0 = \dfrac{1}{2\pi \sqrt{R_1 R_2 C_1 C_2}}$

RC-Oszillator mit Wien-Robinson-Brücke

Die Frequenzstabilität läßt sich durch Hinzufügen des Spannungsteilers mit R_1 und R_2 zum Wien-Glied wesentlich erhöhen.

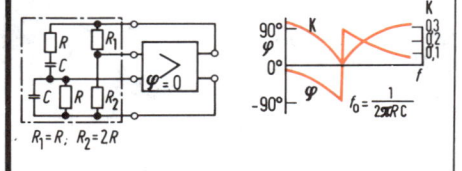

$R_1 = R;\ R_2 = 2R$, $f_0 = \dfrac{1}{2\pi RC}$

Im Resonanzfall ($\varphi = 0$) ist die Diagonalspannung der abgeglichenen Wien-Robinson-Brücke ($R_1 = 2R_2$) gleich Null. Durch geringfügiges Ändern des Spannungsteilerverhältnisses R_1/R_2 kann die Diagonalspannung u_1 an die Verstärkung des Verstärkers angepaßt werden. Im Bereich von 1 Hz – 1 MHz sind Klirrfaktorwerte unter 0,1 % erreichbar. Der Einsatz eines Heißleiters anstelle von R_1 oder eines Kaltleiters anstelle von R_2 ermöglicht eine einfache Stabilisierung der Signalamplitude.

Vergleichbare Werte sind mit einem Doppel-T-Netzwerk erreichbar, dessen Ausgangsspannung im Gegensatz zur Wien-Robinson-Brücke auch gegen Masse abgegriffen werden kann.

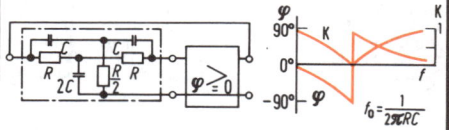

$f_0 = \dfrac{1}{2\pi RC}$

LC-Oszillatoren

Wegen des relativ hohen Ausgangswiderstandes der Emitter- und Basisschaltung werden LC-Oszillatoren meist mit Parallelschwingkreisen (hoher Resonanzwiderstand) betrieben.

Meißner-Schaltung

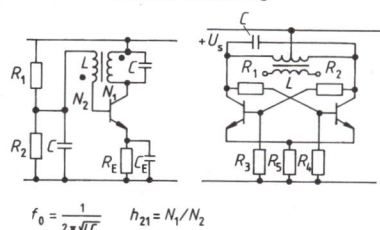

$f_0 = \dfrac{1}{2\pi \sqrt{LC}}$ $h_{21} = N_1/N_2$

Um die Phasenbedingung $\varphi = 0$ zu erfüllen, wird das zurückgeführte Signal zusätzlich durch entsprechende Polung der Sekundärwicklung um 180° gedreht. Höhere Leistungen und ein kleinerer Oberwellenanteil werden durch Zusammenschaltung zweier Meißner-Schaltungen zu einer Meißner-Gegentaktschaltung erzielt.

Dreipunktschaltung

Kapazitiv (Colpits-Schaltung)   **Induktiv** (Hartley-Schaltung)

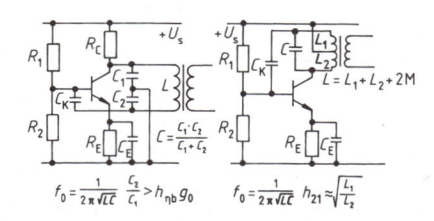

$C = \dfrac{C_1 \cdot C_2}{C_1 + C_2}$ $L = L_1 + L_2 + 2M$

$f_0 = \dfrac{1}{2\pi \sqrt{LC}}\ \dfrac{C_2}{C_1} > h_{nb}\, g_0$ $f_0 = \dfrac{1}{2\pi \sqrt{LC}}\ h_{21} \sqrt{\dfrac{L_1}{L_2}}$

Zur Erzeugung sehr hoher Frequenzen werden alle drei Schaltungen meist in Basis-Schaltung ausgeführt.

5.3 Rückkopplung

5.3.3 Sperrschwinger

Der Sperrschwinger erzeugt Impulse mit kurzer Dauer, großer Amplitude und steilen Flanken. Je nach Schaltung arbeitet er astabil oder monostabil.

Beim Einschalten der Speisespannung beginnt Transistor V_1 über R_B aufzusteuern. Der einsetzende Kollektorstrom steuert V_1 über die induktive Mitkopplung schlagartig auf; zugleich lädt der induzierte Basisstrom den Kondensator auf. Nimmt der Kollektorstrom nicht mehr zu, so wird keine Sekundärspannung mehr induziert und der Transistor vom aufgeladenen Kondensator gesperrt, bis dieser über den Widerstand R_B wieder umgeladen ist.

Ein Impuls am Triggereingang S leitet das Durchsteuern des Transistors V_2 ein. Infolge der Mitkopplung steuert V_2 durch, bis der Transistor übersteuert oder der Magnetkern gesättigt ist. Durch die Mitkopplung wirkt auch der Sperrvorgang beschleunigt. Gefährdet das zurückgekoppelte Signal die Triggerquelle, so ist der Triggereingang mittels Dioden zu entkoppeln.

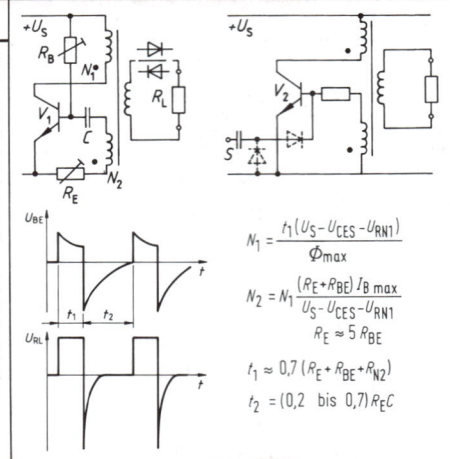

$$N_1 = \frac{t_1(U_S - U_{CES} - U_{RN1})}{\Phi_{max}}$$

$$N_2 = N_1 \frac{(R_E + R_{BE}) I_{B\,max}}{U_S - U_{CES} - U_{RN1}}$$

$$R_E \approx 5\, R_{BE}$$

$$t_1 \approx 0{,}7\,(R_E + R_{BE} + R_{N2})$$

$$t_2 = (0{,}2 \text{ bis } 0{,}7)\, R_E C$$

5.4 Transistor als Schalter

Während im Verstärkerbetrieb eine lineare Abhängigkeit der Ausgangsspannung von der Eingangsspannung angestrebt wird und die Ausgangsspannung deshalb die Aussteuerungsgrenzen nicht erreichen darf, sind diese für den Schalterbetrieb bedeutsam.

Punkt X: Fließt kein Basisstrom, so wird der Arbeitswiderstand R_c nur noch von dem Reststrom (je nach Transistortyp, Sperrschichttemperatur und Kollektor-Emitter-Spannung 10 nA bis 1 mA) durchflossen; der Transistor ist gesperrt (s. S. 5-11).

Punkt Y: Die Erhöhung des Basisstromes über $I_B = 0$ hinaus hat eine B-fache Zunahme des Kollektorstromes zur Folge, bis im Punkt Y eine Sättigung eintritt; der Transistor ist durchgesteuert ($U_{CEsat} = U_{BE}$). Eine weitere Erhöhung des Basisstromes bewirkt eine Abnahme der Restspannung U_{CEsat} und der Gleichstromverstärkung B, ohne daß der Kollektorstrom noch wesentlich zunimmt; der Transistor ist übersteuert.

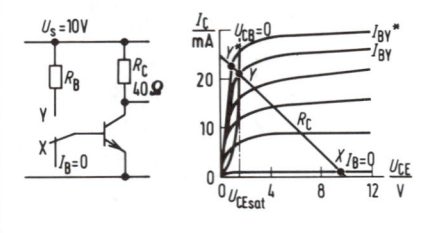

räumstrom I_{BY}^* und dem Basisstrom I_{BY}, der den Transistor gerade bis zur Übersteuerungsgrenze $U_{CB} = 0$ durchsteuert) $a = I_{BX}^*/I_{BY}$ verringert die Ausschaltzeit.

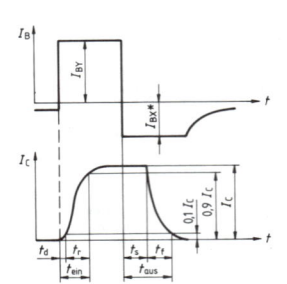

t_d	delay time Verzögerungszeit	t_s	storage time Speicherzeit
t_r	rise time Anstiegszeit	t_f	fall time Abfallzeit

Die Schaltzeiten hängen von der Einschaltzeitkonstanten τ und der Speicherzeitkonstanten τ_s des Transistortyps und der Beschaltung ab.

Die folgenden Diagramme zeigen typische Abhängigkeiten der Schaltzeiten von der Schaltungsauslegung.

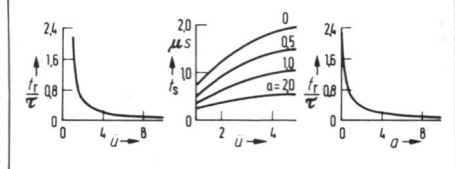

Schaltzeiten

Ein großer Übersteuerungsfaktor (das Verhältnis zwischen dem Basisstrom I_{BY}^* im übersteuerten Zustand und dem Basisstrom I_{BY}, der erforderlich ist, um den Transistor bis zur Übersteuerungsgrenze ($U_{CB} = 0$ durchzusteuern) $ü = I_{BY}^*/I_{BY}$ gewährleistet ein sicheres Durchsteuern des Transistors und verringert die Restspannung U_{CEsat} und die Einschaltzeit t_{ein}, erhöht aber die Ausschaltzeit t_{aus}. Ein großer Ausräumfaktor (das Verhältnis zwischen dem Aus-

5.4 Transistor als Schalter

Die hohe Übersteuerung zur Erzielung kurzer Einschaltzeiten läßt sich durch Überbrücken des Basiswiderstandes mit einem Kondensator von einigen hundert pF auf den Einschaltvorgang begrenzen. Beim Abschalten sorgt die Entladung des Kondensators für ein schnelles Ausräumen der Basisladung, so daß auch der Ausschaltvorgang beschleunigt wird.

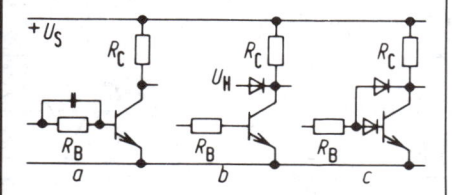

Soll unabhängig vom Stromverstärkungsfaktor B und R_B-Abgleich eine Übersteuerung des Transistors verhindert werden, so muß mit einer Abfangdiode der Kollektor-Emitter-Spannungshub begrenzt werden, um eine Polaritätsänderung der Spannung U_{CB} auszuschließen.
Eine zusätzliche Hilfsspannung U_H läßt sich z.B. mit einer zweiten Diode einsparen. Häufig reicht auch eine Begrenzung der Übersteuerung durch Parallelschalten einer Diode zur Kollektor-Basis-Diode des Transistors aus.

Die Verlustleistung

Bei Schalterbetrieb darf die zulässige statische Verlustleistung des Transistors kurzzeitig um ein Vielfaches überschritten werden, wenn die während des Umschaltvorgangs entstehende Wärmemenge von den Wärmekapazitäten aufgenommen werden kann, ohne daß dabei die zulässige Sperrschichttemperatur überschritten wird.

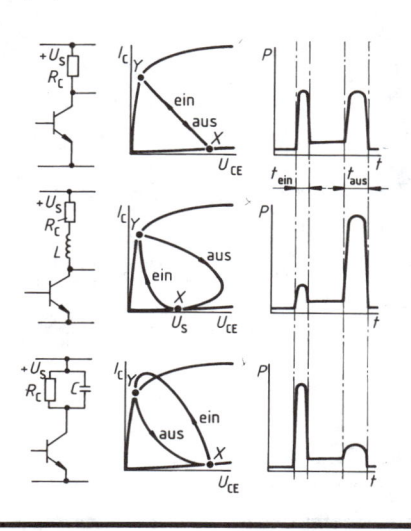

Hohe Impulsbelastungen des Transistors entstehen beim Ein- und Ausschalten von Wirkwiderständen, durch den Ladestrom beim Einschalten von Kapazitäten und durch die Induktionsspannung beim Ausschalten von Induktivitäten.
Die beim Abschalten von Induktivitäten auftretende Kollektor-Emitter-Spannung kann die Speisespannung U_S um ein Vielfaches überschreiten. Damit die Durchbruchspannung des Transistors nicht überschritten wird, muß die Induktionsspannung durch Parallelschalten eines RC-Gliedes, einer Freilaufdiode oder anderer Bauelemente zur Spule auf zulässige Spannungswerte begrenzt werden.

Berechnung einer Schaltstufe

Der wichtigste Grundbaustein der meisten digitalen Schaltungen ist die Umkehrstufe (Inverter). Ihre Betriebssicherheit hängt weitgehend von der Bemessung der Widerstände R_K und R_B ab. Deshalb ist bei der Berechnung dieser Widerstände von der ungünstigsten Kombination aller Einflußgrößen (worst-case-Berechnung) auszugehen. So soll z.B. der Transistor V_2 noch bei kleinster Speisespannung, maximaler Hilfsspannung und kleinster Stromverstärkung unter Berücksichtigung der Exemplarstreuungen und zu erwartenden Alterung sicher durchsteuern.

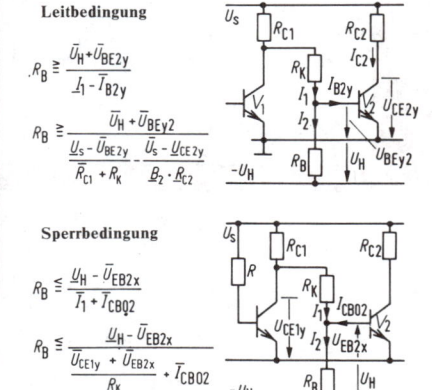

Leitbedingung

$$R_B \geq \frac{\bar{U}_H + \bar{U}_{BE2y}}{\underline{I}_1 - \bar{I}_{B2y}}$$

$$R_B \geq \frac{\bar{U}_H + \bar{U}_{BEy2}}{\frac{\underline{U}_S - \bar{U}_{BE2y}}{\bar{R}_{C1} + R_K} - \frac{\bar{U}_S - \underline{U}_{CE2y}}{\underline{B}_2 \cdot \bar{R}_{C2}}}$$

Sperrbedingung

$$R_B \leq \frac{\underline{U}_H - \bar{U}_{EB2x}}{\underline{I}_1 + \bar{I}_{CBQ2}}$$

$$R_B \leq \frac{\underline{U}_H - \bar{U}_{EB2x}}{\frac{\underline{U}_{CE1y} + \bar{U}_{EB2x}}{\bar{R}_K} + \bar{I}_{CBO2}}$$

Die graphische Darstellung erleichtert die Auswertung beider Gleichungen.

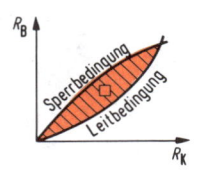

Liegt das durch die Toleranzen der Widerstände gebildete Rechteck innerhalb des schraffierten Bereiches, so werden die Leit- und Sperrbedingungen sicher eingehalten.

Anm.: Querstriche über den Formelzeichen kennzeichnen Höchstwerte, Querstriche unter den Formelzeichen kennzeichnen Kleinstwerte.

5.4 Transistor als Schalter

5.4.1 Kippschaltungen

Bezeichnung	monostabiler Multivibrator	astabiler Multivibrator	bistabiler Multivibrator	Schmitt-Trigger
Schaltung	(Schaltbild)	(Schaltbild)	(Schaltbild)	(Schaltbild)
Eingangs-spannung(en)	U_E		U_{E1}, U_{E2}	ein/aus, U_H, U_E
Basis-spannungen	U_{BE1}, U_S, $t = 0{,}7 RC$; U_{BE2}	U_{BE1}, U_S, $0{,}7 R_{B1} C_1$; U_{BE2}, U_S, $0{,}7 R_{B2} C_2$	U_{BE1}; U_{BE2}	U_{BE1}; U_{BE2}
Ausgangs-spannungen	U_S, U_{CE1}; U_S, U_{CE2}	U_S, U_{CE1}; U_S, U_{CE2}	U_S, U_{CE1}; U_S, U_{CE2}	U_{CE1}; U_{CE2}

Berechnung

Monostabiler Multivibrator:

$$R_{C1} \approx \frac{U_S}{I_{C1}}$$

$$R_{C2} \approx \frac{U_S}{I_{C2}}$$

$$R_{B2} \leq 0{,}8\, \underline{B}_{V2}\, R_{C2}$$

a) $$R_{B1} \geq \frac{\overline{U}_E + \overline{U}_{BE1}}{\dfrac{U_S - \overline{U}_{BE1}}{\overline{R}_{C1} + R_K} - \dfrac{\overline{U}_S - \underline{U}_{CES1}}{\underline{B}\, \underline{R}_{C1}}}$$

b) $$R_{B1} \leq \frac{U_E - \overline{U}_{EB1}^*}{\dfrac{U_{CE2} + \overline{U}_{EB1}^*}{R_K} + \overline{I}_{CBO}}$$

$$t_{Aus2} \approx 0{,}7\, R_{B2}\, C$$

Astabiler Multivibrator:

$$R_{C1} \approx \frac{U_S}{I_{C1}}$$

$$R_{C2} \approx \frac{U_S}{I_{C2}}$$

$$R_{B1} \leq 0{,}8\, \underline{B}_{V1}\, R_{C1}$$

$$R_{B2} \leq 0{,}8\, \underline{B}_{V2}\, R_{C2}$$

$$t_{Aus1} \approx 0{,}7\, R_{B1}\, C_1$$

$$t_{Aus2} \approx 0{,}7\, R_{B2}\, C_2$$

$$f \approx \frac{1}{t_{Aus1} + t_{Aus2}}$$

Bistabiler Multivibrator:

$$R_{C1} \approx \frac{U_S - U_E}{I_{C1}}$$

$$R_{C2} \approx \frac{U_S - U_E}{I_{C2}}$$

$$R_E \approx \frac{U_E}{I_C}$$

$(0{,}5\ V < U_E < 1{,}5\ V)$

a) $$R_{B1} \geq \frac{\overline{U}_E + \overline{U}_{BE1}}{\dfrac{U_S - \overline{U}_{BE1}}{\overline{R}_{C1} + R_{K1}} - \dfrac{\overline{U}_S - \underline{U}_{CES1}}{\underline{B}_1\, \underline{R}_{C1}}}$$

b) $$R_{B1} \leq \frac{U_E - \overline{U}_{EB1}^*}{\dfrac{U_{CE2} + \overline{U}_{EB1}^*}{R_{K1}} + \overline{I}_{CBO}}$$

$$C_E \geq \frac{t_{Umsch.}}{R_E}$$

$$C_{K1} \leq \frac{R_{K1} + R_{B1}}{5\, f\, R_{K1}\, R_{B1}}$$

Schmitt-Trigger:

$$R_{C2} \leq \frac{U_S - U_{C2\,min}}{I_L}$$

$$R_{C1} = R_{C2}$$

$$R_K < R_{C1}\, \underline{B}_2$$

a) $$R_B \geq \frac{\overline{U}_{RE} + \overline{U}_{BE2}}{\dfrac{U_S - \overline{U}_{RE} - \overline{U}_{BE2}}{\overline{R}_C + R_K} - \dfrac{\overline{U}_S - \underline{U}_{CE2}}{\underline{B}_2 \cdot \underline{R}_C}}$$

b) $$R_B \leq \frac{U_{RE} - \overline{U}_{EB2}^*}{\dfrac{\overline{U}_{CE2} + U_{EB}^*}{R_K} + \overline{I}_{CBO}}$$

$$R_E \geq \frac{R_B \cdot R_G\, (R_{C1} + R_K)}{\underline{B}_1\, R_B\, (R_{C1}\, \underline{B}_2 - R_K) - \overline{B}_2\, R_G \cdot (R_{C1} + R_B + R_K)}$$

$$U_{Hy} \leq \frac{U_S}{R_{C2} + R_E} \cdot \frac{R_B\, R_{C1}\, R_E}{R_E\, (R_B\, R_{C1}\, R_K) + R_B \cdot R_{C1}}$$

Anm.: Querstriche über den Formelzeichen kennzeichnen Maximalwerte. Querstriche unter den Formelzeichen kennzeichnen Minimumwerte.
* kennzeichnet den Sperrzustand ($I_E = 0$). a) Bedingung für den Ein-Zustand, b) für den Sperrzustand.

5.5 Gehäuse von Halbleiterbauelementen
mit typischen Wärmewiderstandswerten

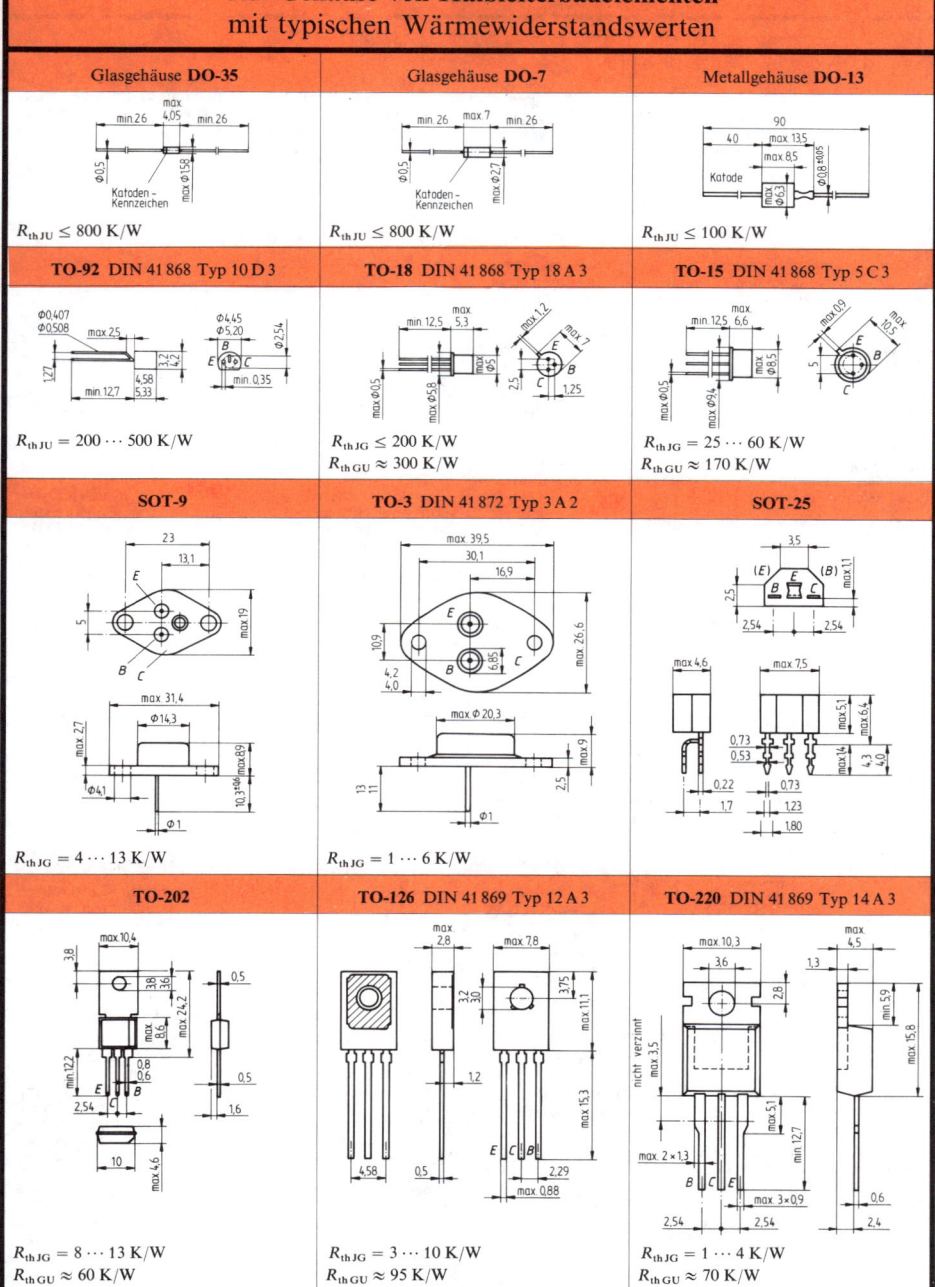

Glasgehäuse **DO-35**	Glasgehäuse **DO-7**	Metallgehäuse **DO-13**
$R_{\text{th JU}} \leq 800$ K/W	$R_{\text{th JU}} \leq 800$ K/W	$R_{\text{th JU}} \leq 100$ K/W
TO-92 DIN 41 868 Typ 10 D 3	**TO-18** DIN 41 868 Typ 18 A 3	**TO-15** DIN 41 868 Typ 5 C 3
$R_{\text{th JU}} = 200 \cdots 500$ K/W	$R_{\text{th JG}} \leq 200$ K/W $R_{\text{th GU}} \approx 300$ K/W	$R_{\text{th JG}} = 25 \cdots 60$ K/W $R_{\text{th GU}} \approx 170$ K/W
SOT-9	**TO-3** DIN 41 872 Typ 3 A 2	**SOT-25**
$R_{\text{th JG}} = 4 \cdots 13$ K/W	$R_{\text{th JG}} = 1 \cdots 6$ K/W	
TO-202	**TO-126** DIN 41 869 Typ 12 A 3	**TO-220** DIN 41 869 Typ 14 A 3
$R_{\text{th JG}} = 8 \cdots 13$ K/W $R_{\text{th GU}} \approx 60$ K/W	$R_{\text{th JG}} = 3 \cdots 10$ K/W $R_{\text{th GU}} \approx 95$ K/W	$R_{\text{th JG}} = 1 \cdots 4$ K/W $R_{\text{th GU}} \approx 70$ K/W

Anmerkung: Die genauen Wärmewiderstandswerte sind abhängig vom jeweiligen Halbleitertyp und müssen dem Datenblatt entnommen werden.

5.6 Differenz- und Operationsverstärker

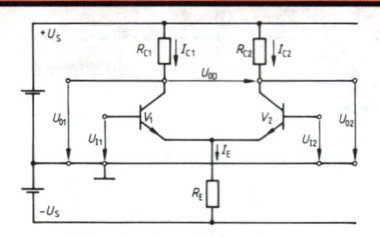

Gleiche Eingangssignale $\Delta U_{I1} = \Delta U_{I2}$ (Gleichtakt-Signal) bewirken bei vollkommener Symmetrie der Schaltung gleiche Kollektorstromänderungen; während sich die Ausgangssignale ΔU_{O1} und ΔU_{O2} im Verhältnis $R_C/2R_E$ ändern, bleibt die Differenz-Ausgangsspannung U_{OD} unbeeinflußt. Wird dagegen z. B. U_{I1} positiver als U_{I2}, so steuert Transistor V_1 weiter auf, der Spannungsfall an R_E wird größer und Transistor V_2 steuert weiter zu; U_{O1} wird um $\Delta U_{O1} \approx (U_{I1} - U_{I2}) \cdot \beta \cdot R_C/2r_{BE}$ negativer, U_{O2} um $\Delta U_{O2} = (U_{I1} - U_{I2}) \cdot \beta \cdot R_C/2r_{BE}$ positiver. Der Differenzverstärker verstärkt also nur Differenzsignale, während Gleichtaktsignale abgeschwächt werden. Gleiche Änderungen der Basis-Emitter-Spannungen von Transistor V_1 und V_2 infolge von Temperaturänderungen und Speisespannungsschwankungen wirken wie Gleichtaktspannungen.

Differenz-Leerlaufspannungsverstärkung
$$A_{UDO} = \frac{\Delta U_{O1}}{\Delta U_{ID}} = -\frac{\Delta U_{O2}}{\Delta U_{ID}} = \beta \frac{R_C // r_{CE}}{2r_{BE}}$$
mit $U_{ID} = U_{I1} - U_{I2}$

Gleichtakt-Leerlaufspannungsverstärkung
$$A_{UCO} = \frac{\Delta U_{O1}}{\Delta U_{IC}} = \frac{\Delta U_{O2}}{\Delta U_{IC}} = \frac{R_C}{2R_E}$$
mit $U_{IC} = U_{I1} = U_{I2}$

Differenz-Eingangswiderstand $\quad r_{ID} = 2r_{BE}$
Gleichtakt-Eingangswiderstand $\quad r_{CO} = \beta R_E$
Ausgangswiderstand $\quad r_O = R_C$

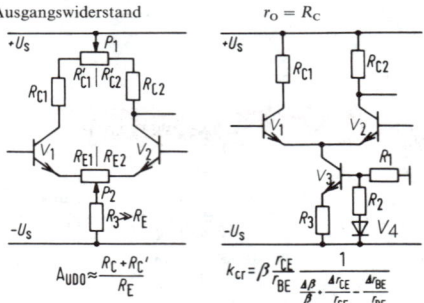

$$A_{UDO} \approx \frac{R_C + R_C'}{R_E}$$

$$k_{cr} = \beta \frac{r_{CE}}{r_{BE}} \cdot \frac{1}{\frac{\Delta \beta}{\beta} + \frac{\Delta r_{CE}}{r_{CE}} - \frac{\Delta r_{BE}}{r_{BE}}}$$

Durch Stromgegenkopplung wird die Differenzverstärkung weitgehend unabhängig vom Stromverstärkungsfaktor der Transistoren.

Die durch unterschiedliche Basis-Emitter-Spannungen hervorgerufene Eingangsfehlspannung läßt sich z. B. mit P_2 oder, wenn die dadurch hervorgerufene Stromgegenkopplung vermieden werden soll, mit P_1 auf Null abgleichen.

Mit einer Konstantstromquelle anstelle des gemeinsamen Emitter-Widerstandes wird die Gleichtaktunterdrückung nur noch von den Streuungen der Transistordaten abhängig. Mit Doppeltransistoren sind Werte bis zu 100 dB erreichbar.

Schaltzeichen

Üblich ist eine einpolige Darstellung ohne Berücksichtigung der Masseanschlüsse und Speisespannungen. Eventuell erforderliche externe Kompensationsglieder zum Erreichen einer stabilen Arbeitsweise werden seitlich eingezeichnet.

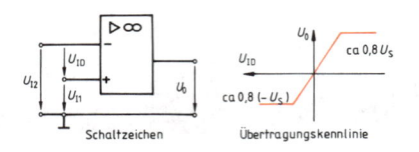

Ein Signal an dem mit ($-$) gekennzeichneten invertierenden Eingang erzeugt ein Ausgangssignal entgegengesetzter Polarität; ein Signal an dem mit ($+$) gekennzeichneten, nicht invertierenden Eingang hat ein Ausgangssignal gleicher Polarität zur Folge.

Der Operationsverstärker

Der Operationsverstärker ist eine in sich geschlossene Anordnung mit einem Differenzverstärker als Eingangsstufe und einer typischen Spannungsverstärkung und Gleichtaktunterdrückung von 80 dB bis 100 dB (10^4 bis 10^5). Mittels Gegenkopplung kann das Übertragungsverhalten dem jeweiligen Verwendungszweck angepaßt werden, so daß ein vielseitiger Einsatz gewährleistet ist.

Schaltzeichen und Begriffe entsprechen denen des Differenzverstärkers.

Die Ersatzschaltung

Zur Untersuchung der meisten Anwendungen gibt die folgende vereinfachte Ersatzschaltung hinreichend Aufschluß.

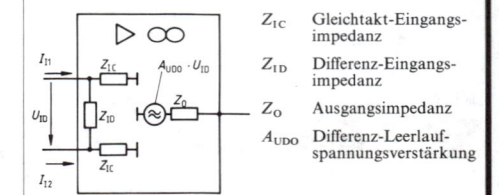

Z_{IC} Gleichtakt-Eingangsimpedanz
Z_{ID} Differenz-Eingangsimpedanz
Z_O Ausgangsimpedanz
A_{UDO} Differenz-Leerlaufspannungsverstärkung

Das Frequenzverhalten

Infolge der internen Transistor- und Schaltungskapazitäten kann sich die Gegenkopplung bei hohen Frequenzen in eine Mitkopplung verwandeln und zum Schwingen des Verstärkers führen. Deshalb muß sichergestellt sein, daß die Gesamtverstärkung kleiner als 1 wird, bevor die Gesamtphasenverschiebung der Schleifenverstärkung 360° beträgt. Um diese Bedingung auch bei stärkster Gegenkopplung mit ohmschen Widerständen zu gewährleisten, muß dem Verstärker ein Leerlaufspannungsfall von 6 dB/Oktave bzw. 20 dB/Dekade ab der 3 dB-Grenzfrequenz aufgezwungen werden. Damit wird eine Phasensicherheit von 90° erreicht. Hierzu sind bei Operationsverstärkern in integrierter Technik Kompensationspunkte herausgeführt, die entsprechend den Herstellerangaben, meist mit einem RC-Glied, zu beschalten sind; bei einigen Typen erfolgt die Kompensation bereits intern.

5.6 Differenz- und Operationsverstärker

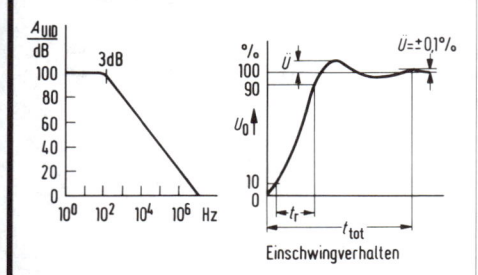

Spannungs-Komparatoren

Spannungs-Komparatoren sind spezielle Operationsverstärker mit einer kleineren Leerlaufspannungsverstärkung (10^3 bis 10^4) und einer sehr kurzen Ansprechzeit (meist < 1 V/µs). Sie werden nicht gegengekoppelt und zum Spannungsvergleich eingesetzt. Übersteigt die Eingangsspannung den Wert der Vergleichsspannung, so ändert der Ausgang seinen Zustand in definierten Grenzen.

Transconductance-Verstärker

Mit Ausnahme der extrem hohen Ausgangsimpedanz entsprechen die übrigen Daten des Transconductance-Verstärkers weitgehend denen eines idealen Operationsverstärkers. Anstelle der Spannungsverstärkung wird die Vorwärtssteilheit angegeben.

Gyrator

Der Gyrator ist ein Impedanzwandler, dessen Ausgangsstrom der Eingangsspannung und dessen Ausgangsspannung dem Eingangsstrom proportional ist. Wird der Ausgang mit einem Kondensator abgeschlossen, so verhält sich der Eingang infolge der Phasenverschiebung wie eine Induktivität.

Über das Großsignalverhalten des gegengekoppelten Operationsverstärkers gibt das Einschwingverhalten Aufschluß. Bei einem Leerlaufspannungsfall von 20 dB/Dekade hat ein idealer Rechtecksprung am Eingang ein aperiodisches Einschwingen des Ausgangssignals zur Folge.

Begriffe nach DIN 41860 (1.73)

Ruhepunkt
(quiescent point)
Gleichstrombetriebszustand des Verstärkers bei fehlenden Eingangssignalen.

Gleichtakt-Signal-Eingangsspannung U_{IC}
(common-mode input voltage)
Die Spannung zwischen den (gegebenenfalls über gleichgroße Widerstände) miteinander verbundenen Anschlüssen des Differenzeingangs und einem auf einem festen Potential (Bezugspotential) liegenden Anschluß.

$$U_{IC} = \frac{U_{I1} + U_{I2}}{2}$$

Differenz-Signal-Eingangsspannung U_{ID}
(differential input voltage)
Die Differenz der beiden Signal-Eingangsspannungen.

$$U_{ID} = U_{I1} - U_{I2}$$

Eingangsfehlspannung, Eingangs-Offset-Spannung U_{IO}
(input offset voltage)
Diejenige Differenz-Signal-Eingangsspannung, die an den Eingängen angelegt werden muß, damit die Ausgangsspannung oder der Ausgangsstrom den Wert des Ruhepunktes einnimmt.

$$U_{IO} = U_{ID} \quad \text{für} \quad U_Q = 0$$

**Mittlerer Temperaturkoeffizient
der Eingangsfehlspannung α_{UIO}**
(mean temperature coefficient of input offset voltage)
Der Quotient aus der Änderung der Eingangsfehlspannung und derjenigen Temperaturänderung, welche die Änderung der Eingangsfehlspannung hervorruft. Alle anderen Betriebsbedingungen werden konstant gehalten.

$$\alpha_{UIO} = \frac{\Delta U_{IO}}{\Delta \vartheta}$$

Äquivalente Eingangsdrift
(equivalent input voltage/current drift)
Die erforderliche Änderung der Eingangsruhespannung bzw. des Eingangsruhestroms, um eine durch Umwelteinbedingungen (z. B. Änderung der Versorgungsspannung, der Zeit oder der Temperatur) hervorgerufene Änderung der Ausgangsruhespannung bzw. des Ausgangsruhestroms zu kompensieren.

Eingangsruhestrom I_{IB}
(quiescent input current, bias current)
Eingangsgleichstrom im Ruhepunkt.

Mittelwert von Eingangsruheströmen
(average bias current)

$$\frac{I_{IB1} + I_{IB2}}{2}$$

Eingangsfehlstrom, Eingangs-Offset-Strom I_{IO}
(input offset current)
Die erforderliche Differenz der Eingangsgleichströme, damit die Ausgangsspannung oder der Ausgangsstrom den Wert des Ruhepunktes annimmt.

**Mittlerer Temperaturkoeffizient
des Eingangsfehlstroms α_{IIO}**
(mean temperature coefficient of input offset current)
Der Quotient aus der Änderung des Eingangsfehlstroms und der Temperaturänderung, welche die Änderung des Eingangsfehlstroms hervorruft. Alle anderen Betriebsbedingungen werden konstant gehalten.

$$\alpha_{IIO} = \frac{\Delta I_{IO}}{\Delta \vartheta}$$

Differenz-Spannungsverstärkung A_{UD}
(differential-mode voltage amplification)

$$A_{UD} = \frac{U_0}{U_{ID}} \quad \text{bei bestimmten Bedingungen}$$

Gleichtakt-Spannungsverstärkung A_{UC}
(common-mode voltage amplification)

$$A_{UC} = \frac{U_0}{U_{IC}} \quad \text{bei bestimmten Bedingungen}$$

Gleichtaktspannungsunterdrückung k_{CMR}
(common-mode rejection ratio)

$$k_{CMR} = \frac{A_{UD}}{A_{UC}} \quad \text{bei bestimmten, gleichen Bedingungen}$$

Mittlere Flankensteilheit der Ausgangsspannung S_{VO}
(average rate of change of the output voltage)
$S_{VO} = \Delta U_Q / \Delta t$ für eine sprungförmige Änderung des Wertes der Eingangssignalgröße und einer bestimmten (festzulegenden) großen Änderung der Ausgangsspannung.

5.6 Differenz- und Operationsverstärker

$U_A = -U_E \dfrac{R_f}{R_1}$	$U_A = U_E\left(1 + \dfrac{R_f}{R_1}\right)$	$U_A = U_E\left(1 + \dfrac{R_f}{R_1}\right)$	$U_A = U_E$
Invertierender Verstärker	Nicht-invertierender Verstärker (Elektrometer-Verstärker)	Verstärker mit erdfreiem Eingang	Impedanzwandler
$I = \dfrac{U_E}{R_1}\left(1 + \dfrac{R_f}{R_2}\right)$	$I = \dfrac{U_E}{R_1}$	$U_A = -U_z \dfrac{R_f}{R_1}$	$I_L = \dfrac{U_z}{R_1}$
Spannungs-Strom-Wandler (erdfreie Last)	Spannungs-Strom-Wandler (geerdete Last)	Konstantspannungsquelle	Konstantstromquelle
$U_A = -U_0 \dfrac{1}{2}\left(\dfrac{R_x}{R_x} - 1\right)$	$U_A = U_0 \cdot \dfrac{n}{2} \dfrac{R_x - R_f}{R_x + R_f}$	$U_A = -U_0 \cdot \dfrac{n}{\frac{1}{n}+2} \cdot \left(1 - \dfrac{R_f}{R_x}\right)$	$U_A = U_0 \dfrac{1+n}{2} \dfrac{R_x - R_1}{R_x + R_1}$
Aktive Brückenschaltung (Extrem linear und stabil)	Brückenverstärker	Brückenverstärker	Brückenverstärker
$U_A = -R_f\left(\dfrac{U_1}{R_1} + \dfrac{U_2}{R_2} + \dfrac{U_3}{R_3}\right)$	$U_A = R_f\left(\dfrac{U_1}{R_1} + \dfrac{U_2}{R_2} - \dfrac{U_3}{R_1} - \dfrac{U_4}{R_2}\right)$	$f_u = \dfrac{1}{2\pi R_1 C_1};\ R\cdot C_1 \leq R_1 \cdot C$ Stabilitätserhöhung $U_A = RC \dfrac{dU_E}{dt}$	$f_u = \dfrac{1}{2\pi R_1 C}$ Stabilitätserhöhung $U_A = -\dfrac{1}{RC}\int_0^t U_E\,dt$
Summierer	Summierer-Subtrahierer	Differenzierer	Integrierer
$U_A = -U_E \dfrac{R_f}{R_1}$ Linearer Einweggleichrichter		Präzisions-Zweiweg-Mittelwertgleichrichter	

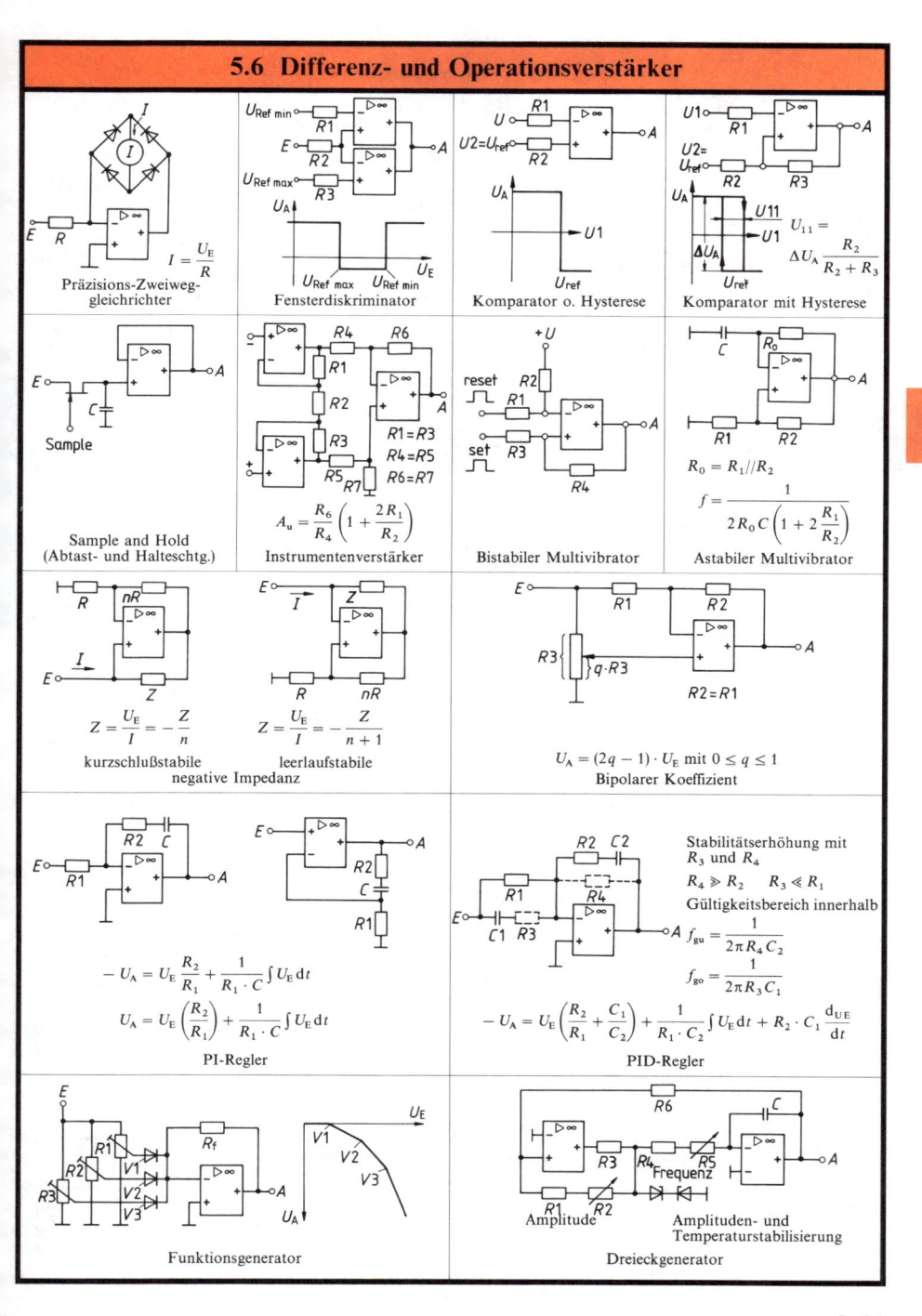

5.6 Differenz- und Operationsverstärker

Präzisions-Zweiweg-gleichrichter
$$I = \frac{U_E}{R}$$

Fensterdiskriminator

Komparator o. Hysterese

Komparator mit Hysterese
$$U_{11} = \Delta U_A \frac{R_2}{R_2 + R_3}$$

Sample and Hold (Abtast- und Halteschtg.)

Instrumentenverstärker
$$A_u = \frac{R_6}{R_4}\left(1 + \frac{2R_1}{R_2}\right)$$
$R1 = R3$
$R4 = R5$
$R6 = R7$

Bistabiler Multivibrator

Astabiler Multivibrator
$R_0 = R_1 // R_2$
$$f = \frac{1}{2R_0 C \left(1 + 2\frac{R_1}{R_2}\right)}$$

kurzschlußstabile negative Impedanz
$$Z = \frac{U_E}{I} = -\frac{Z}{n}$$

leerlaufstabile
$$Z = \frac{U_E}{I} = -\frac{Z}{n+1}$$

Bipolarer Koeffizient
$R2 = R1$
$U_A = (2q - 1) \cdot U_E$ mit $0 \leq q \leq 1$

PI-Regler
$$-U_A = U_E \frac{R_2}{R_1} + \frac{1}{R_1 \cdot C} \int U_E \, dt$$
$$U_A = U_E \left(\frac{R_2}{R_1}\right) + \frac{1}{R_1 \cdot C} \int U_E \, dt$$

PID-Regler
Stabilitätserhöhung mit R_3 und R_4
$R_4 \gg R_2$ $R_3 \ll R_1$
Gültigkeitsbereich innerhalb
$$f_{gu} = \frac{1}{2\pi R_4 C_2}$$
$$f_{go} = \frac{1}{2\pi R_3 C_1}$$
$$-U_A = U_E \left(\frac{R_2}{R_1} + \frac{C_1}{C_2}\right) + \frac{1}{R_1 \cdot C_2} \int U_E \, dt + R_2 \cdot C_1 \frac{dU_E}{dt}$$

Funktionsgenerator

Dreieckgenerator
Amplituden- und Temperaturstabilisierung

5.7 Feldeffekt-Transistoren

Beim Feldeffekt-Transistor, kurz FET genannt, wird der nur aus Majoritätsträgern bestehende Strom (unipolarer Transistor) mit einem elektrischen Feld nahezu leistungslos gesteuert. Entsprechend dem Aufbau werden drei Gruppen unterschieden. Beim Sperrschicht-Feldeffekt-Transistor (Junction Gate Field Effekt Transistor, JGFET) sind Kanal und Steuerelektrode mit einem in Sperrichtung gepolten PN-Übergang (Übergangswiderstand $10^6\Omega$ bis $10^8\Omega$), beim Isolierschicht-Feldeffekt-Transistor (Insulated Gate Field Effekt Transistor, IGFET) mit einer Isolierschicht (Übergangswiderstand $10^{12}\Omega$ bis $10^{14}\Omega$) voneinander getrennt. Die Abkürzung MOS (Metal Oxide Semiconductor) weist auf eine Metall-Oxid-Halbleiter-Folge hin. Die Isolierschicht-Feldeffekt-Transistoren werden wiederum in zwei Versionen hergestellt. Der Verarmungstyp (depletion-type) ist bei der Steuerspannung $U_{GS} = 0$ wie der Sperrschicht-Feldeffekt-Transistor leitend (selbstleitend) und sperrt erst, wenn eine genügend große Steuerspannung (Abschnürspannung bzw. pinch off voltage U_P oder Schwellenspannung bzw. threshold voltage U_{Th} genannt) die zu steuernde Strecke an Ladungsträgern verarmt. Der Anreicherungstyp (enhancement type) ist bei der Steuerspannung $U_{GS} = 0$ gesperrt (selbstsperrend); der leitfähige Kanal muß erst von der Steuerspannung durch Anreicherung mit Ladungsträgern aufgebaut werden. Alle drei FET-Gruppen werden als PNP- und NPN-Typ hergestellt.

Die Steilheit $S = \Delta I_D/\Delta U_{GS}$ von Feldeffekt-Transistoren ist $10^2 \cdots 10^3$ mal kleiner als die Steilheit $S = \Delta I_C/\Delta U_{BE}$ von bipolaren Transistoren.

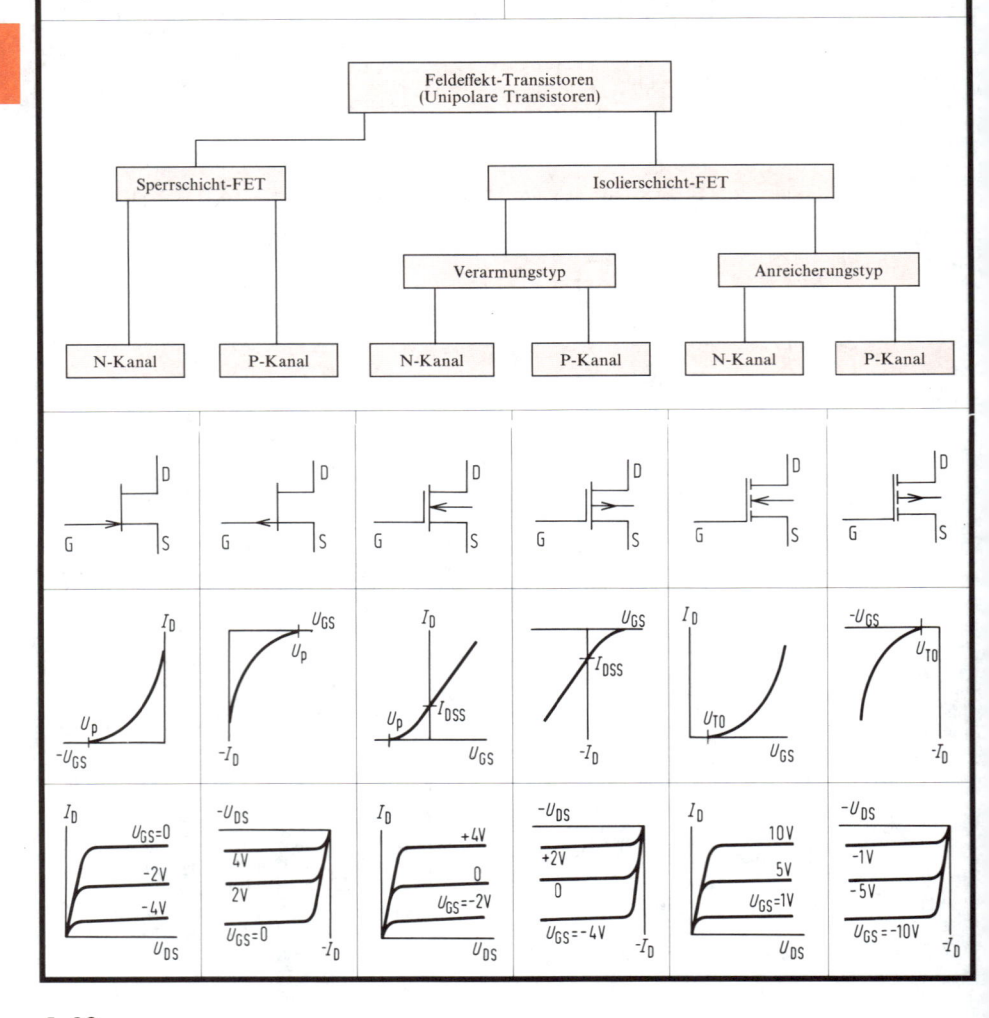

5.7 Feldeffekt-Transistoren

Wirkungsweise und Grundschaltungen

N-Kanal Sperrschicht-FET	N-Kanal Verarmungs-FET	N-Kanal Anreicherungs-FET
In das P-dotierte Kristall ist ein N-dotierter Kanal eindiffundiert. Drain und Source sind bei einer kleinen Spannung U_{DS} und ohne Einwirken einer äußeren Gate-Spannung leitend verbunden.	Die stark N-dotierten Drain- und Source-Zonen sind über einen schwach N-dotierten Kanal leitend verbunden.	Ohne äußere Gate-Spannung ist kein Kanal zwischen Drain und Source vorhanden. Der große Abstand des NP- und PN-(= NPN)Überganges verhindert den Transistoreffekt.
Durch Anlegen der Spannung $-U_{GS}$ wird der PN-Übergang zwischen Kanal und Gate (Substrat) in Sperrichtung vorgespannt. Die Sperrschicht weitet sich überwiegend in den schwächer dotierten N-Kanal aus, der dadurch weniger leitend bzw. bei genügend großer Spannung $-U_{GS}$ abgeschnürt und damit nichtleitend wird.	Bei Anlegen einer negativen Gate-Spannung werden die negativen Ladungsträger im Bereich der Gate-Elektrode abgedrängt. Das Einschnüren des Kanals führt zu einer Verringerung des Drainstromes. Umgekehrt wird der Kanal bei Anlegen einer positiven Gate-Spannung verbreitert und der Drainstrom bei gleicher Spannung U_{DS} größer.	Wird eine positive Gate-Spannung angelegt, so werden infolge der Kondensatorwirkung zwischen Gateelektrode und Substrat Elektronen an die Oberfläche des Substrats bewegt, so daß zwischen den N-leitenden Drain- und Sourcezonen ein leitender Kanal entsteht. Das Vergrößern der Gatespannung führt zu einer weiteren Anreicherung des Kanals mit Ladungsträgern.

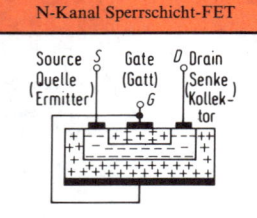

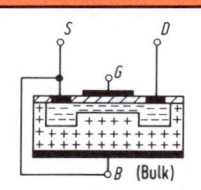

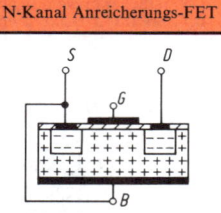

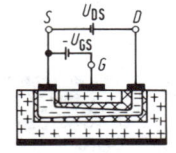

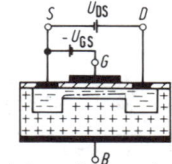

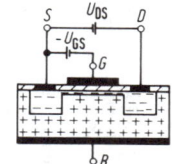

FET-Grundschaltungen

Bezeichnung	Sourceschaltung	Drainschaltung	Gateschaltung
Schaltung			
Anmerkung: $g_m = S_i = y_{21} - y_{12}$			
Spannungsverstärkung	$A_u \approx \dfrac{R_D}{1/S + R_s}$	$A_u \approx \dfrac{R_s}{1/S + R_s}$	$A_u \approx \dfrac{R_D}{1/S + R_s}$
Eingangswiderstand	$z_i \approx R_1 \parallel R_2$	$z_i \approx R_1 \parallel R_2$	$z_i \approx R_s + \dfrac{1}{g_M}$
Ausgangswiderstand	$z_0 \approx R_D$	$z_0 \approx R_s \parallel \dfrac{1}{S}$	$z_0 \approx R_D$
Phasenlage von u_1 u. u_2	180°	0°	0°

5.7 Feldeffekt-Transistoren

Arbeitspunkteinstellung und -stabilisierung

Bei Verstärkeranwendungen werden Feldeffekt-Transistoren im Abschnürbereich betrieben.

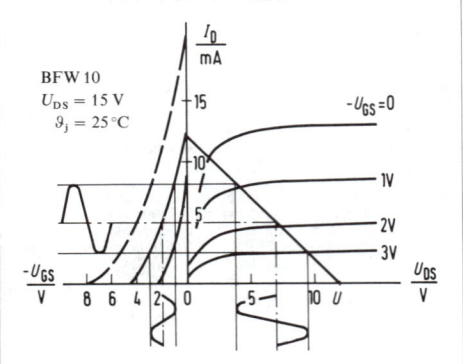

Bei der Arbeitspunkteinstellung mit fester Vorspannung (a) wirkt sich der Streubereich der Steuerkennlinie voll auf den Drainruhestrom aus. Der mit der Temperatur exponentiell ansteigende Gatereststrom verursacht an dem mit Rücksicht auf den Eingangswiderstand hochohmig gewählten Gatewiderstand R_G einen zunehmenden Spannungsfall, so daß der Drainstrom ansteigt. Diese Schaltung ist deshalb meist unbrauchbar.

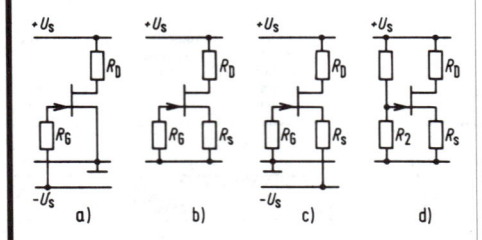

Eine zweite Speisespannungsquelle wird entbehrlich, wenn eine „automatische" Gatevorspannungserzeugung mittels Sourcewiderstand R_S nach Schaltung (b) gewählt wird. Gleichzeitig wird damit der Einfluß von Exemplarstreuungen und Temperaturänderungen auf den Drainruhestrom infolge der Stromgegenkopplung verringert. Für Wechselspannungen kann die Gegenkopplung durch Überbrücken von R_S mit einem Kondensator unterdrückt werden. Der die Gate-Elektrode vor statischer Aufladung schützende Widerstand R_G darf höchstens so groß wie der statische Eingangswiderstand r_{GS} sein und muß den maximal möglichen Gatereststrom I_{GSS} noch sicher ableiten.

Der Einfluß von Exemplarstreuungen und Temperaturänderungen ist um so kleiner, je größer R_S gewählt wird (Verringerung der Steigung $1/R_S$). Die damit verbundene Verringerung des Aussteuerbereiches läßt sich durch Kombination von fester und mittels Sourcewiderstand erzeugter Vorspannung nach Schaltung (c) vermeiden.

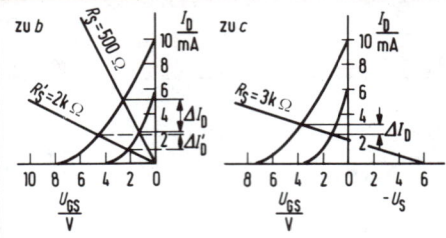

Die gleiche Wirkung wird mit nur einer Spannungsquelle erreicht, wenn nach Schaltung (d) mit einem Spannungsteiler ein entsprechendes Source-Potential, hier 6 V, eingestellt wird. Während R_2 etwa 2 bis 3 mal kleiner als R_G in Schaltung (c) gewählt wird, gilt für R_1 die Beziehung:

$$R_1 = \frac{R_2 (U_S - U_{GS} - U_{RS})}{U_{GS} + U_{RS} - I_{GSS} R_2}$$

Der Eingangswiderstand ist infolge des Spannungsteilers kleiner als in Schaltung (c).

Bei der Arbeitspunkteinstellung von Verarmungs-MOS-FETs kann der gegenüber JG-FETs etwa um den Faktor 10^3 kleinere Gate-Reststrom vernachlässigt werden. Bei Anreicherungs-MOS-FETs müssen Gate- und Sourcespannung gleiche Polarität haben. Die Arbeitspunkteinstellung erfolgt hier mit einer zweiten Spannungsquelle, einem Gate-Spannungsteiler oder mittels Drain-Gate-Gegenkopplung (Widerstand zwischen Drain und Gate) ähnlich wie bei bipolaren Transistoren.

FET als steuerbarer Widerstand

Im Bereich kleiner Drain-Source-Spannungen zeigt der Feldeffekt-Transistor zu beiden Seiten des Nullpunktes das Verhalten eines spannungsgesteuerten linearen Widerstandes.

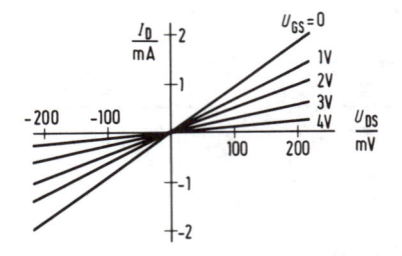

Der Stellbereich mit $r_{ds} = U_P / 2 I_{DSS} (1 - U_{GS} / U_P)$ reicht je nach Transistortyp von ca. 100 Ω bis maximal 100 kΩ bis 100 MΩ. Der infolge Kennlinienkrümmung verursachte Klirrfaktor (bis zu 10%) kann durch Gegenkopplung erheblich verringert werden.

Feldeffekt-Diode

Der Aufbau der Feldeffekt-Diode entspricht dem des Feldeffekt-Transistors. Gate und Source sind intern verbunden und nur gemeinsam herausgeführt.

Wird die Feldeffekt-Diode so gepolt, daß der PN-Übergang zwischen Gate und Kanal gesperrt ist, dann verhält sie sich wie ein Feldeffekt-Transistor

5.7 Feldeffekt-Transistoren

mit der Gatespannung $U_{GS} = 0$. Der Strom steigt zunächst steil an und bleibt beim Überschreiten der Drainsättigungsspannung $U_{DS(sat)}$ bis zur Durchbruchspannung nahezu konstant. Handelsüblich sind Dioden mit Sättigungsströmen bis zu einigen mA und Durchbruchspannungen bis zu 100 V.

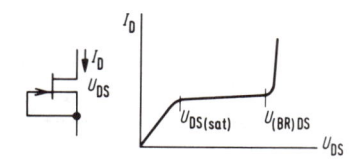

Feldeffekt-Transitor-Tetrode

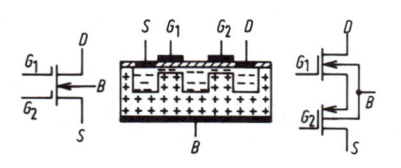

Substrat und Kanal von MOS-FET bilden einen PN-Übergang, so daß der Substratanschluß B (Bulk) auch als weitere Steuerelektrode verwendet werden kann. So kann z.B. mit der Substratspannung die Schwellenspannung U_{TO} erhöht werden. Bessere Steuereigenschaften erhält man mit in Serie geschalteten MOS-FET oder mit Doppelgate-MOS-FET, auch Feldeffekt-Transistor-Tetrode genannt.

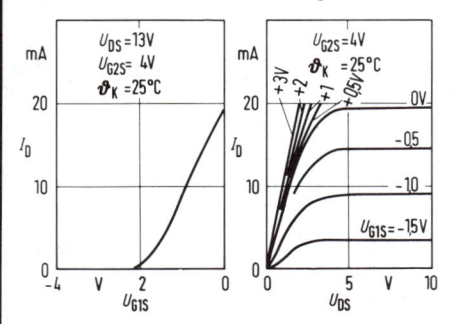

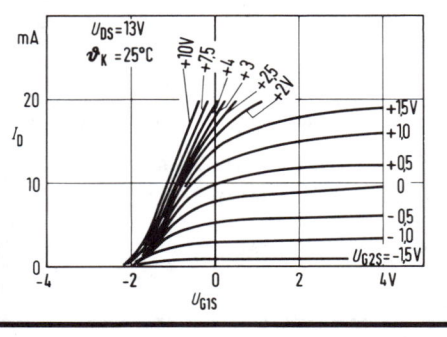

Leistungs-MOSFET

Es gibt mehrere Grundtypen von Leistungs-MOSFETs. Vorwiegend kommen N- und P-Kanal-Anreicherungstypen zum Einsatz. Diese sind ohne Gate-Source-Spannung gesperrt und werden erst leitend, wenn eine Schwellenspannung von 1 V bis 3 V überschritten wird.

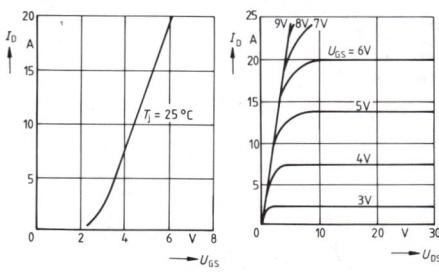

Die Leitfähigkeit von Leistungs-MOSFETs wird von der Gate-Source-Spannung bestimmt. Ein Steuerstrom ist nur erforderlich, um die Eingangskapazität auf die gewünschte Steuerspannung aufzuladen. Bei hohen Schaltfrequenzen müssen deshalb auch die Verluste für die Ansteuerung (Gate-Ladung $\cdot U_{GS} \cdot f$) berücksichtigt werden. Typisch sind Gate-Ladungen von $30 \cdot 10^{-9}$ As bei $U_{GS} = 10$ V.

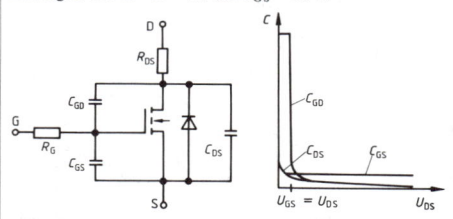

Typische Werte der Elemente des Ersatzschaltbildes sind:

R_G: 10 Ω bis 20 Ω

R_{DS}: 0,03 Ω bis 2 Ω im durchgeschalteten Zustand

C_{GS}: 50 pF bis 500 pF

C_{GD}: 50 pF bis 500 pF bei $U_{DS} > U_{GS}$; bis zu 4,5 nF bei $U_{GS} = U_{DS}$

C_{DS}: 100 pF bis 500 pF bei $U_{DS} > U_{GS}$; bis zu 1 nF bei $U_{DS} < U_{GS}$

Nahezu alle Leistungs-MOSFETs weisen parallel zur Drain-Source-Strecke eine bipolare Diode auf. Da eine Nutzung dieser Diode nicht vorgesehen ist, sind die zugehörigen Kennwerte in den Datenblättern nicht aufgeführt. Bei N-Kanal-Typen entspricht das Verhalten einer mit 0,5 A bis 1 A belastbaren Si-Diode; bei P-Kanal-Typen ergibt sich in Durchlaßrichtung ein Spannungsfall von einigen Volt.

Die wichtigsten Vorteile von Leistungs-MOSFETs gegenüber bipolaren Transistoren sind:

– sehr kurze Schaltzeiten (ca. 4 ns)
– kein zweiter Durchbruch
– ein positiver Temperaturkoeffizient
– eine geringe Steuerleistung
– einfache Parallelschaltung mehrerer Leistungs-MOSFETs ohne zusätzliche Schaltungsmaßnahmen im Leistungszweig.

MOSFETs sind handelsüblich mit maximalen Durchlaßströmen bis zu 10 A bei Sperrspannungen bis zu 1 000 V und Durchlaßströmen bis zu 50 A bei Sperrspannungen bis zu 100 V.

5.8 Elektronenröhren

Emission

Wird einem Metall durch Wärme, Bestrahlung mit Licht oder Radioaktivität, Ionenbeschuß oder einem elektrischen Feld genügend Energie – Austrittsarbeit genannt – zugeführt, so verlassen Elektronen das Metall und bilden an der Metalloberfläche eine Elektronenwolke. Bei direkter Heizung wird das Elektronen emittierende Metall, Katode genannt, direkt vom Heizstrom durchflossen; bei indirekter Heizung sind Heizwendel und Katode gegeneinander elektrisch isoliert.

Bariumoxidschicht
f = Heizungsanschlüsse
k = Katodenanschlüsse

direkt   indirekt
beheizte Glühkatode

Diode

Mit einem gegenüber der Katode positiven Potential an der Anode, die der Katode in einem evakuierten Kolben gegenüberliegt, kann die Elektronenwolke abgesaugt werden.

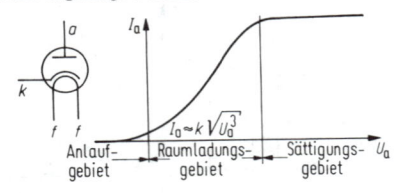

$I_a \approx k \sqrt{U_a^3}$

Anlauf- | Raumladungs- | Sättigungs-
gebiet

Die Zweielektrodenröhre, Diode genannt, wird als Gleichrichter eingesetzt. Eine zweite Anode im gleichen Kolben (Doppeldiode) vereinfacht den Aufbau von Zweiweg-Gleichrichterschaltungen.

Triode

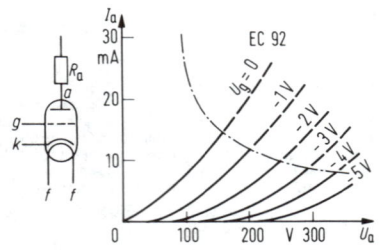

EC 92

Mit einer kleinen, gegenüber der Katode negativen Spannung am nahe der Katode angeordneten Gitter kann der Elektronenstrom nahezu leistungslos gesteuert werden.

Tetrode

Die Erhöhung des Anodenstromes bewirkt infolge des größeren Spannungsfalls an R_a einen Rückgang der Anodenspannung und damit eine Verringerung der Steuerwirkung. Ein weitmaschiges Schirmgitter $g2$ zwischen Steuergitter und Anode hebt weitgehend die Rückwirkung der Anodenspannung auf den Steuervorgang auf und verringert wesentlich die Kapazität zwischen Steuergitter und Anode.

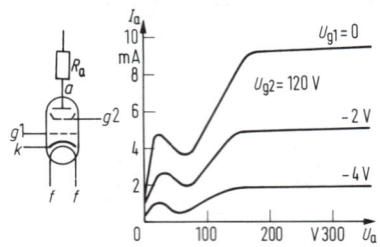

Das Schirmgitter liegt meist an einer konstanten positiven Spannung, die ungefähr halb so groß wie die Anodenspannung ist.

Bei Anodenspannungen $U_{g2} > U_a > 50\,V$ treffen die Elektronen mit so großer Energie auf die Anode, daß Sekundärelektronen aus der Anode herausgeschlagen und vom positiveren Schirmgitter angezogen werden. Diese Verringerung des Anodenstromes führt zu einer Einsattelung der $I_a - U_a$-Kennlinie.

Pentode

Ein zusätzliches weit gewickeltes und mit der Katode verbundenes Bremsgitter zwischen Schirmgitter und Anode zwingt die Sekundärelektronen zur Umkehr.

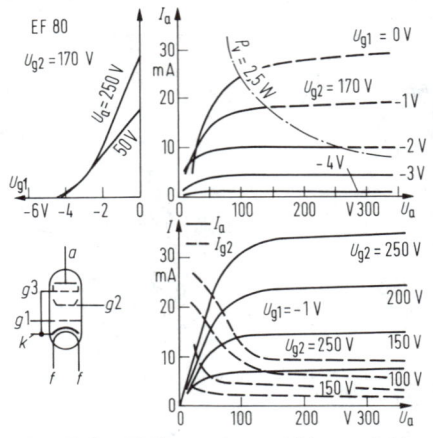

EF 80

Damit der Elektronenstrom nicht vom Schirmgitter aufgefangen wird und dieses verbrennt, darf der Anodenstromkreis während des Betriebs nicht unterbrochen werden.

Röhren-Kennwerte

Steilheit: $S = \Delta I_a / \Delta U_g$ bei U_a = konstant
Durchgriff: $D = \Delta U_g / \Delta U_a$ bei I_a = konstant
Innenwiderstand: $R_i = \Delta U_a / \Delta I_a$ bei U_g = konstant

Bei Mehrgitterröhren werden die übrigen Spannungen als konstant vorausgesetzt.

5.8 Elektronenröhren

Typenbezeichnung

Erster Buchstabe: Heizungsart
- A   4 V   H   150 mA
- B   180 mA   K   2 V
- C   200 mA   P   300 mA
- D   = 1,4 V   U   100 mA
- E   6,3 V   V   50 mA
- G   5 V   X   600 mA

Folgende Buchstaben: Elektrodensystem
- A   Diode
- B   Doppeldiode mit gemeinsamer Katode
- C   Triode (ausgenommen Endtriode)
- D   Endtriode
- E   Tetrode (ausgenommen Endtetrode)
- F   Pentode (ausgenommen Endpentode)
- H   Hexode
- K   Oktode
- L   Leistungspentode
- M   Abstimmanzeigeröhre
- Y   Einweggleichrichterröhre
- Z   Zweiweggleichrichterröhre

Erste Ziffer: Sockelart
- 2   Dekal (10 Stifte)
- 3   Oktal (8 Stifte)
- 5   Magnoval (9 Stifte; vergr. Novalsockel)
- 8   Noval (z.T. auch 18; 9 Stifte)
- 9   Miniatur (7 Stifte)

Letzte Ziffer bei HF-Pentoden: Kennlinienform
geradzahlig   lineare Steuerkennlinie
ungeradzahlig   Regelkennlinie, ausgen. Endröhren

Bei professionellen Röhren (höhere Lebensdauer) folgen auf den ersten Buchstaben zunächst die Ziffern.

Arbeitspunkteinstellung

Wie beim Transistor (s.S. 5-14) liegt der Arbeitspunkt der Röhre bei reiner Widerstandslast auf einer Geraden. Der Anodenruhestrom wird mit einer negativen Gittervorspannung oder zur Einsparung einer zweiten Spannungsquelle durch ein positives Vorspannen der Katode gegenüber dem Steuergitter mit dem Spannungsfall an R_k (automatische Gittervorspannungserzeugung) eingestellt. Ein Anstieg des Anodenstromes bewirkt zugleich eine Zunahme der Gittervorspannung, die dem Stromanstieg entgegenwirkt und den Arbeitspunkt stabilisiert. Wechselstrommäßig schließt der Kondensator C_k den Widerstand R_k kurz, damit keine Gegenkopplung entsteht. Der Gitterableitwiderstand R_g (meist 1 MΩ) verhindert ein undefiniertes negatives Aufladen des Gitters.

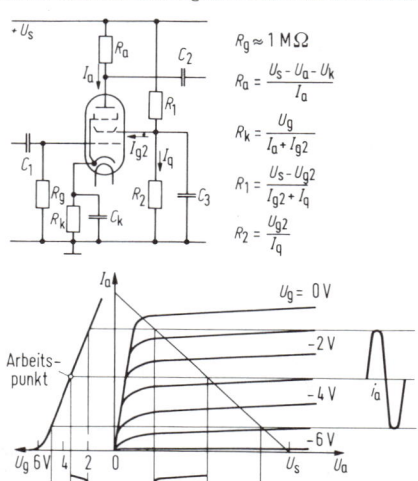

$$R_g \approx 1\,\text{M}\Omega$$

$$R_a = \frac{U_S - U_a - U_k}{I_a}$$

$$R_k = \frac{U_g}{I_a + I_{g2}}$$

$$R_1 = \frac{U_S - U_{g2}}{I_{g2} + I_q}$$

$$R_2 = \frac{U_{g2}}{I_q}$$

Soll die Schirmgitterspannung weitgehend unabhängig vom Schirmgitterstrom oder Schwankungen der Vorspannung des Steuergitters sein, so muß der Querstrom des Spannungsteilers mit R_1 und R_2 5 bis 10 mal höher als der Schirmgitterstrom I_{g2} sein. Zur Erzeugung einer gleitenden Schirmgitterspannung, die eine Linearisierung der $\Delta I_a / \Delta U_g$-Kennlinie (Steilheit) und einen Verstärkungsverlust bewirkt, kann R_2 entfallen.

Bezeichnung	Katodenbasisschaltung	Anodenbasisschaltung	Gitterbasisschaltung
Schaltung			
Spannungsverstärkung	$A_u = S \dfrac{R_i \cdot R_a}{R_i + R_a}$	$A_u < 1$	$A_u = S \dfrac{R_i \cdot R_a}{R_i + R_a}$
Eingangswiderstand	$r_1 \approx R_g$	$r_1 \approx R_g$	$r_1 \approx R_k$
Ausgangswiderstand	$r_2 \approx \dfrac{R_i \cdot R_a}{R_i + R_a}$	$r_2 \approx \dfrac{1}{S}$	$r_2 \approx S \cdot R_a$
Phasenlage von u_1 u. u_2	180°	0°	0°

5.9 Gasgefüllte Röhren

mit dem Punkt wird auf die Gasfüllung hingewiesen

Der $I = f(U)$-Kennlinienverlauf gasgefüllter Dioden hängt ab von der Art und dem Druck des Gases, dem Material, der Form, dem Abstand und den Abmessungen der Elektroden und der Art und Intensität von außen einwirkender Ionisation.

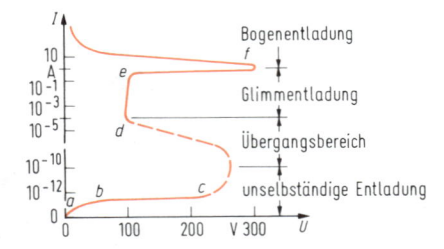

[Kennlinie: I/A gegen U/V mit Bereichen Bogenentladung (f), Glimmentladung (e), Übergangsbereich (d), unselbständige Entladung (a, b, c)]

Der typische Verlauf der Strom-Spannungs-Kennlinie zeigt zunächst bis zum Punkt a ein Ansteigen des Stromes mit der Spannung, hervorgerufen durch der z.B. durch Wärme, Licht oder radioaktive Strahlung verursachten Ionisation. Bei einem weiteren Spannungsanstieg bleibt der Strom bis zum Punkt b nahezu konstant, weil alle freien Elektronen zur Anode bzw. alle Ionen zur Katode gelangen. Eine größere Änderung des Stromes in diesem Bereich ergibt sich nur in Abhängigkeit von der von außen hervorgerufenen Ionisation. Erst bei einem Anstieg der Spannung über b hinaus steigt der Strom wieder stärker an. Die durch die äußere Ionisation frei gewordenen Elektronen sind nun so energiereich, daß sie beim Zusammenstoß mit neutralen Gasatomen diese ionisieren.

Erst eine Erhöhung der Spannung über c hinaus macht die Entladung unabhängig von einer weiteren äußeren Ionisation. Der Strom steigt bei gleichzeitigem Spannungsrückgang schlagartig an und muß durch einen Widerstand begrenzt werden. Ursache dafür ist die einsetzende Sekundäremission. Die Energie der Ionen reicht nun aus, um Elektronen aus der Katode herauszuschlagen, die wiederum neutrale Gasatome ionisieren oder diese anregen. Bei einem angeregten Atom reicht die Energie des auftreffenden Elektrons aus, um ein Elektron aus der äußeren Schale herauszulösen. Das angeregte Elektron fällt in die alte Bahn zurück und gibt die aufgenommene Stoßenergie in Form eines Lichtblitzes frei. Infolge des sehr viel größeren Potentialgefälles entsteht in der Nähe der Katode eine Glimmschicht, deren Querschnitt proportional mit dem Strom zunimmt, bis die ganze Katodenoberfläche bedeckt ist. Wird der Strom darüberhinaus erhöht, so steigt die Spannung an, bis die Katode schließlich so heiß wird, daß die thermische Emission einsetzt und ein Lichtbogen mit sehr hoher Leitfähigkeit (Plasma) entsteht; die Spannung geht auf wenige Volt zurück. Ohne Begrenzung des Stromes wird die Röhre thermisch zerstört.

Die unselbständige Entladung findet z.B. Anwendung bei der Ionisationskammer (Detektor zur Messung radioaktiver Strahlen) und der Fotozelle, die Glimmentladung bei den Glimmstabilisatoren und Ziffernanzeigeröhren und die Bogenentladung, meist Röhren mit Glühkatode, beim Thyratron und Ignitron.

Glimmtrioden

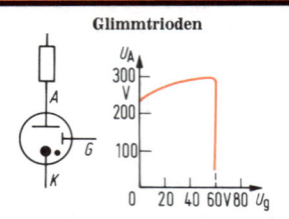

[Schaltsymbol Glimmtriode mit A, G, K; Kennlinie U_A 100–300 V gegen U_g 0–80 V]

Die Glimmtriode wird mit einer positiven Steuerspannung von 60 V bis 100 V an der Zündelektrode gegenüber der unbeheizten Katode gezündet. Damit die Röhre nicht von selbst zündet, muß die Anodenspannung kleiner als die Zündspannung der Anoden-Katodenstrecke (hier 350 V) sein. Nach dem Zünden wird der Strom nur noch vom Anodenwiderstand begrenzt; an der Röhre liegt dann nur noch die Brennspannung von etwa 40 V bis 60 V an. Gelöscht wird die Röhre nur durch Unterschreiten der Brennspannung während der Entionisierungszeit (10 µs bis 100 µs).

Entsprechend dem Zünddiagramm ist die Zündspannung innerhalb eines großen Bereiches unabhängig von der Anodenspannung. Je nach Polung und Höhe der Anoden- und Gitterspannung kann die Glimmladung zwischen Anode und Katode, Anode und Gitter oder Gitter und Katode einsetzen. Damit die Röhre nicht beschädigt wird, sollte sie nur im ersten Quadranten (Anoden- und Gitterpotential positiv gegenüber der Katode) betrieben werden. Wegen des kleinen Zündstromes ($< 100\,\mu A$) gegenüber dem relativ großen zulässigen Anodenstrom ($< 100\,mA$) werden Glimmtrioden vorwiegend als elektronische Schalter eingesetzt.

Thyratron und Ignitron

[Schaltsymbole Thyratron und Ignitron]

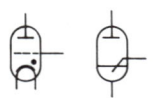

Das Thyratron, auch Stromtor genannt, ist eine gasgefüllte Entladungsröhre mit großflächiger Glühkatode und Anode. Der Zündeinsatz kann mit einer kleinen negativen Gitterspannung gegenüber der Katode gesteuert werden; nach der Zündung verliert das Gitter seine Steuerwirkung. Erst bei Unterbrechung des Anodenstromes oder Unterschreiten der Brennspannung und nach Ablauf der Entionisierungszeit (ca. 0,1 ms bis 1 ms) wird das Steuergitter wieder wirksam.

Typisch sind: Heizspannungen von 2,5 V bis 6,3 V; Heizströme von 0,2 A bis 40 A; zulässige Spitzenspannungen in Durchlaß- und Sperrichtung zwischen 300 V und 20 kV; zulässige mittlere Anodenströme von 20 mA bis 50 A bei Integrationszeiten von 15 s bis 30 s; höchstzulässige Impulsbelastungen von 1 A bis 5000 A und Brennspannungen von 5 V bis 15 V. Hauptanwendungsgebiet des Thyratrons ist der Einsatz als gesteuerter Gleichrichter.

Die Zündung des Ignitrons wird mit einem Impuls von ca. 30 A und 0,1 ms Dauer bzw. einer Zündspannung von etwa $+200\,V$ an dem in die unbeheizte Quecksilberkatode eintauchenden Zündstift eingeleitet. Zulässig sind Sperrspannungen bis zu $2{,}5\,kV_{eff}$ und mittlere Anodenströme bis zu 2500 A. Die große Verlustleistung und der gedrängte Aufbau setzen meist eine Wasserkühlung voraus. Das Ignitron findet vorwiegend zur Steuerung von Schweißströmen Anwendung.

5.10 Optoelektronik

5.10.1 Fotozelle

Trifft ein Lichtquant mit genügend großer Energie auf die meist mit Caesium bedampfte Katode, so wird ein freies Elektron erzeugt, das von der gegenüberliegenden, positiv vorgespannten Anode aufgefangen wird (äußerer Fotoeffekt). Bei der Vakuum-Fotozelle besteht oberhalb der Sättigungsspannung strenge Proportionalität zwischen Fotostrom und Lichtstrom.

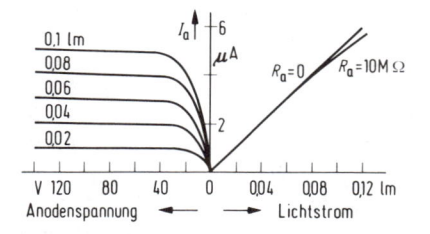

Bei der gasgefüllten Fotozelle treffen die vom Licht aus der Katode ausgelösten Elektronen auf dem Wege zur Anode auf Gasmoleküle und vermehren durch die ausgelöste Ionisation die Zahl der Ladungsträger. Die ungefähr dreifache Empfindlichkeit ist mit dem Verlust der Proportionalität und der Abhängigkeit von der Anodenspannung verbunden.

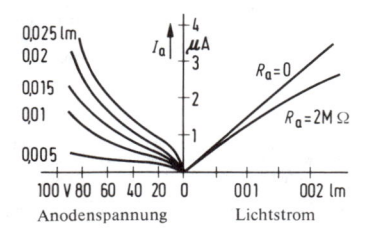

Um eine schnelle Ermüdung und Alterung der Vakuum-Fotozelle zu vermeiden, sollten hohe Stromdichten und hohe Beleuchtungsstärken ohne anliegende Anodenspannung vermieden werden. Gasgefüllte Fotozellen altern erheblich schneller, insbesondere bei hohen Anodenspannungen.

Bei gleichen Bedingungen ist die Empfindlichkeit einer gasgefüllten Fotozelle um ca. den Faktor 3 höher als die Empfindlichkeit der Vakuum-Fotozelle. Nachteilig ist die Abhängigkeit der Empfindlichkeit von der Anodenspannung und die nichtlineare Abhängigkeit des Stromes vom einfallenden Lichtstrom.

5.10.2 Fotovervielfacher

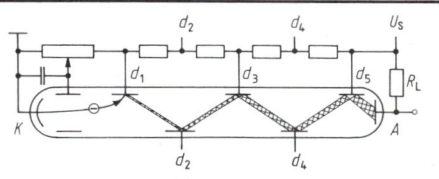

In einem Fotovervielfacher sind eine Vakuum-Fotozelle und ein Sekundärelektronen-Vervielfacher kombiniert. Die vom Licht aus der Katode ausgelösten und vom elektrischen Feld beschleunigten Elektronen lösen beim Auftreffen auf die folgende Elektrode ein Vielfaches an Sekundärelektronen aus, die ebenfalls beschleunigt werden und wiederum ein Vielfaches an Sekundärelektronen aus der nächsten Elektrode auslösen. Dieser Vorgang wiederholt sich (z. B. 10- bis 14mal) entsprechend der Anzahl der Elektroden (Dynoden genannt) zwischen Anode und Katode, so daß eine Verstärkung um mehrere Zehnerpotenzen erreicht wird.

Empfindlichkeit und Dunkelstrom sind von der Speisespannung abhängig. Soll die Verstärkungsschwankung eines zehnstufigen Fotovervielfachers kleiner als 1 % sein, so ist eine Spannungsstabilisierung von 1‰ erforderlich. Der Querstrom des Spannungsteilers soll etwa 100mal größer als der Anodengleichstrom sein. Die Gesamtspannung beträgt $1\,000\,V \cdots 3\,000\,V$.

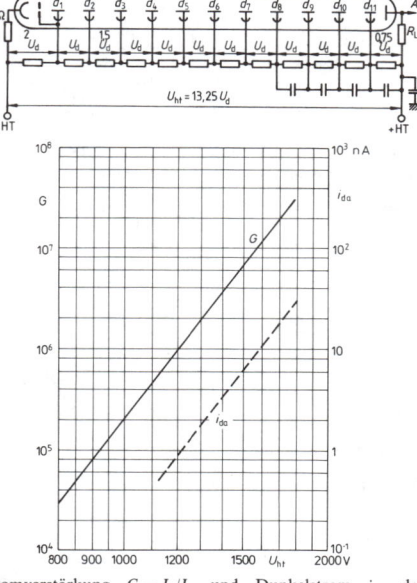

Stromverstärkung $G = I_a/I_k$ und Dunkelstrom i_{da} des 11stufigen Fotovervielfachers XP 2982

I_a Signalstrom der Anode
I_k Signalstrom der Katode

Bei einem Anodenstrom von ca. 30 µA verringert sich die Verstärkung nach ca. 5000 Betriebsstunden um den Faktor 2.

5.10 Optoelektronik

5.10.3 Fotoelement

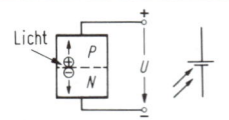

Der Aufbau entspricht einer Diode, deren Sperrschicht dicht unter der Oberfläche im Bereich der Eindringtiefe der Lichtstrahlung liegt. Die in der Nähe des PN-Überganges durch Lichteinwirkung entstehenden freien Elektronen werden in der N-leitenden Zone und die Defektelektronen in der P-leitenden Zone angesammelt. Es entsteht eine von außen durch Lichteinwirkung hervorgerufene Potentialdifferenz, auch Fotospannung U_L (Leerlaufspannung) genannt. Wird der PN-Übergang dagegen in Sperrichtung vorgespannt, so erhöhen die durch Lichteinwirkung entstehenden Ladungsträger den Sperrstrom.

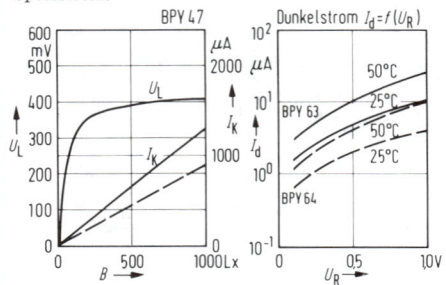

Es ist zu beachten, daß nicht nur für $R_L = 0$, sondern bis etwa zum halben Wert des Anpassungswiderstandes Kurzschlußbetrieb angenommen werden kann. Wird Leistungsanpassung angestrebt, so ist die Abhängigkeit des Sperrschichtwiderstandes R_J von der Beleuchtungsstärke zu berücksichtigen.

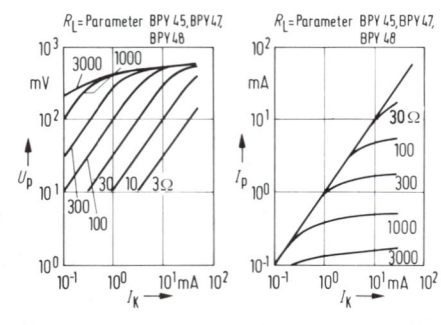

Fotoelemente liefern eine logarithmisch ansteigende Leerlaufspannung und bei ganzflächiger Beleuchtung einen linear ansteigenden Kurzschlußstrom in Abhängigkeit von der Beleuchtungsstärke B. Der Temperatureinfluß mit ungefähr $-2\,\text{mV/K}$ auf die Leerlaufspannung und $0{,}1\,\%/\text{K}$ auf den Kurzschlußstrom ist sehr gering.

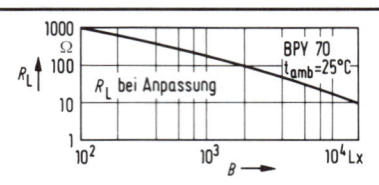

Die zeitliche Änderung des elektrischen Signals bei Änderung der Beleuchtungsstärke kann anhand der Ersatzschaltung bestimmt werden.

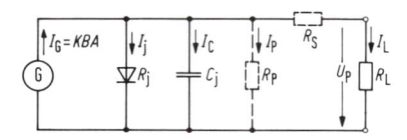

mit
K Konstante
B Beleuchtungsstärke
A Aktive Fläche des Fotoelements
R_j Sperrschichtwiderstand
C_j Sperrschichtkapazität (ca. 100 pF/mm²)
R_p parasitärer Nebenwiderstand
R_s Serienwiderstand
(R_p und R_s sind meist vernachlässigbar)

Für $R_L < R_j$ (Tendenz zum Kurzschlußbetrieb) steigt die Fotospannung bei sprungartiger Änderung der Beleuchtungsstärke nach einer e-Funktion mit $\tau = R_L \cdot C_j$ an (R_j ist gegenüber R_L vernachlässigbar):

$$U_P = I_K \cdot R_L \left(1 - e^{-\frac{1}{R_L \cdot C_j}}\right)$$

Mit $R_L > R_j$ (Tendenz zum Leerlaufbetrieb) steigt die Fotospannung bei sprungartiger Änderung der Beleuchtungsstärke entsprechend der Aufladung eines Kondensators mit einem eingeprägten Strom innerhalb der Anstiegszeit t_r linear auf 80% der Leerlaufspannung an:

$$t_r = \frac{U_P \cdot C_j}{I_K}$$

Bei sprungartiger Beendigung der Beleuchtung fällt die Fotospannung in beiden Fällen entsprechend einer Kondensatorentladung mit $\tau = R_K \cdot C_j$ nach einer e-Funktion ab.

Silizium-Fotoelemente sind als groß- und kleinflächige Elemente verfügbar:

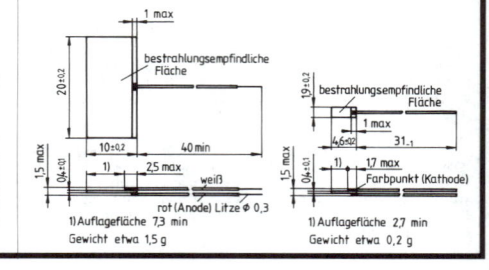

5.10 Optoelektronik

5.10.4 Fotodiode

Fotodioden entsprechen in ihrem Aufbau kleinflächigen Fotoelementen, werden jedoch in Sperrrichtung an einer von außen angelegten Spannung betrieben. Die zulässige Sperrspannung muß wesentlich höher, der Reststrom im unbeleuchteten Zustand kleiner als beim Fotoelement sein. Verbunden damit ist jedoch eine geringere Fotoempfindlichkeit.

Die folgenden Diagramme zeigen das typische Verhalten einer Germanium-Fotodiode.

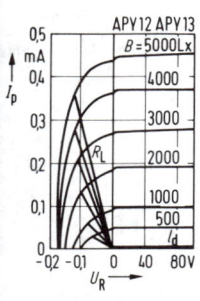

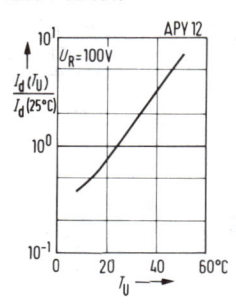

Die Temperaturabhängigkeit des Sperrstromes begrenzt den zulässigen Arbeitstemperaturbereich auf +50 °C.

Die Ansprechträgheit gegenüber Lichtwechselfrequenzen ist unabhängig von der Lichtwellenlänge und abhängig von der Sperrschichtkapazität und dem Lastwiderstand ($\tau = C_j \cdot R_L$). Da mit zunehmender Sperrspannung die Sperrschichtkapazität abnimmt, erhöht sich zugleich die Grenzfrequenz. Erreichbar sind Werte bis zu 50 MHz.

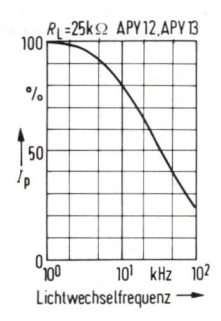

Der Fotostrom der Silizium-Fotodioden ist der Beleuchtungsstärke proportional. Sie eignen sich daher gut für quantitative Lichtmessungen. Bis zu einer 100fachen Verringerung der Ansprechzeit, einer wesentlich höheren Ansprechempfindlichkeit (ca. 0,5 µA/µW) und niedrigeren Rauschzahl führt die Anwendung des Schottky-Barrier-Effektes bei den **Schottky-Barrier-Fotodioden**. Eine weitere Verringerung der Ansprechzeit um den Faktor 10 bei nahezu gleicher Empfindlichkeit wird bei den **Avalanche-Fotodioden** erreicht.

5.10.5 Fototransistor

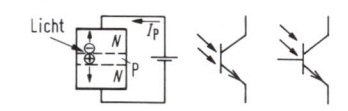

Der Fototransistor enthält zwei Sperrschichten, von denen die Kollektorsperrschicht strahlungsempfindlich ist. Die Wirkungsweise entspricht einer Fotodiode, deren Fotoempfindlichkeit um den Verstärkungsfaktor (ca. 100 bis 1000) vergrößert wird. Das Kennlinienfeld entspricht dem $I_c = f(U_{CE})$-Kennlinienfeld normaler Transistoren, mit dem Unterschied, daß an die Stelle des Basisstroms die Beleuchtungsstärke als Parameter tritt.

Ist der Basisanschluß nicht herausgeführt, so ist auch die Bezeichnung Foto-Duodiode üblich. Symmetrisch aufgebaute Foto-Duodioden können beliebig gepolt werden. Ist der Basisanschluß herausgeführt, so kann durch dessen Beschaltung der Arbeitspunkt eingestellt werden. Dies führt zu einer Herabsetzung der Fotoempfindlichkeit und einer Erhöhung der Ansprechgeschwindigkeit.

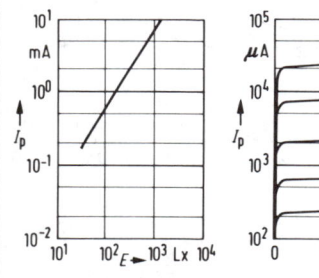

Die Schaltgeschwindigkeit von Fototransistoren ist kleiner als die von Fotodioden und Fotoelementen. Sie ist um so niedriger, je kleiner der Lastwiderstand und je größer die Amplitude des Lichtimpulses ist. Erreicht werden Ansprechzeiten von 2 µs bis 100 µs.

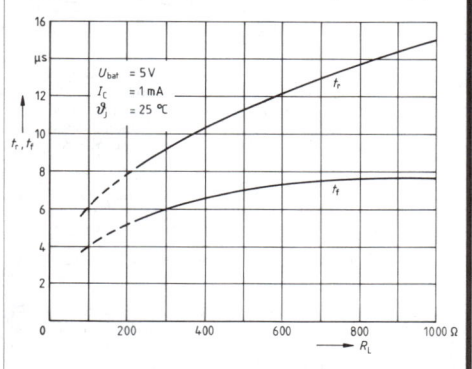

Beim Darlington-Fototransistor ist ein Fototransistor mit einem zweiten Transistor direkt verbunden und in einem Gehäuse zusammengefaßt.

5-41

5.10 Optoelektronik

5.10.6 Fotowiderstand

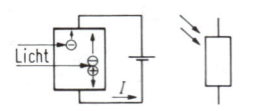

Fotowiderstände bestehen aus Mischkristallen; sie haben keine Sperrschicht und können im Gleich- und Wechselstromkreis eingesetzt werden. Je nach Basismaterial, meist polykristallines Silizium, und Dotierung reicht die Fotoempfindlichkeit vom Ultravioletten bis zum Infrarotbereich.

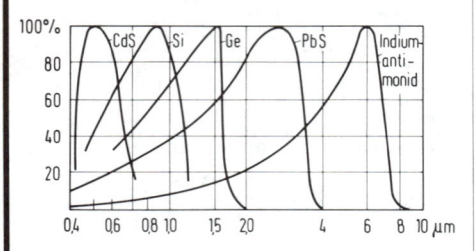

Fotowiderstände zeichnen sich durch die höchste Lichtempfindlichkeit unter den fotoelektronischen Halbleiterbauelementen aus. Ihre Widerstandsänderung in Abhängigkeit von der Beleuchtungsstärke reicht von etwa $10^2\,\Omega$ bis zu $10^8\,\Omega$.

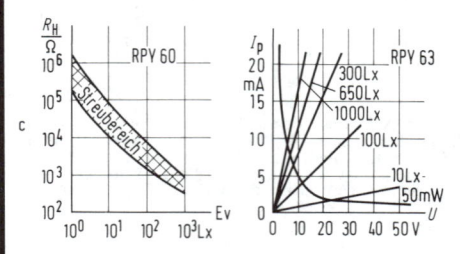

Der Temperaturkoeffizient ist mit $< 1\,\%/K$ gering. Nachteilig ist die relativ große Trägheit gegenüber Helligkeitsänderungen mit Zeitkonstanten bis zu 1 ms. Das Ansteigen des Hellwiderstandes und Verringern des Dunkelwiderstandes mit zunehmendem Alter kann durch künstliche Alterung verringert werden.

Die maximal zulässige Temperatur für die üblicherweise eingesetzten CdS-Fotowiderstände ist mit ca. 70 °C niedrig. Die höchstzulässige Verlustleistung bei einer Umgebungstemperatur von 40 °C beträgt deshalb nur 50 mW bis 200 mW. Die maximal zulässige Betriebsspannung beträgt je nach Typ 50 V bis 350 V.

Wird der Fotowiderstand über einen Serienwiderstand R_S betrieben, so erreicht die am Fotowiderstand auftretende Verlustleistung ihren maximalen Wert, wenn der Fotowiderstandswert gleich R_S ist. Daraus folgt:

$$R_S \geq \frac{U_{ges}^2}{4 \cdot P_{max}}$$

5.10.7 Solarzelle

Solarzellen sind großflächige (häufig 100 mm Durchmesser) Fotoelemente zur direkten Umwandlung von Sonnenlicht in elektrische Energie. Vorwiegend wird einkristallines Silizium als Basismaterial verwendet. Während in Laborversuchen Wirkungsgrade von 19 % erreicht werden, liegt der Wirkungsgrad der in Serie gefertigten Solarzellen bei 10 % bis 12 %. Die Fertigungskosten betragen zur Zeit ca. 10 DM/W.

Wie beim Fotoelement (s. S. 5-40) steigt die Leerlaufspannung U_0 anfangs mit zunehmender Bestrahlung steil an und erreicht bei ca. 0,6 V die Sättigungsspannung. Der Kurzschlußstrom I_K verläuft proportional zur Bestrahlungsstärke und erreicht bei Zellen mit 100 mm Durchmesser über 2 A.

Wegen der niedrigen Spannung einer Solarzelle werden meist mehrere Zellen in Reihe geschaltet. Die Parallelschaltung mehrerer Zellen, auch bei unterschiedlicher Beleuchtung der einzelnen Zellen, ist zulässig, ohne daß schädliche Folgen auftreten können.

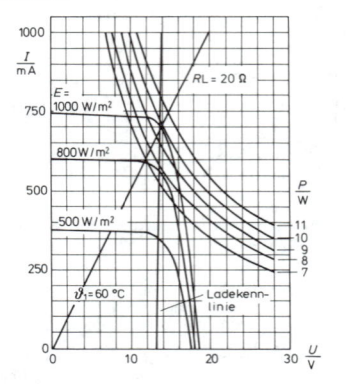

Das Diagramm zeigt die Abhängigkeit des Stromes von der Spannung einer Solarbatterie mit einer Serienschaltung von 34 Zellen bei verschiedenen Bestrahlungsstärken. Die maximale Leistungsabgabe, z. B. an einen Akkumulator, erfolgt in Kennlinienknick; der optimale Arbeitspunkt ist abhängig von der Beleuchtungsstärke und von der Temperatur der Solarzelle.

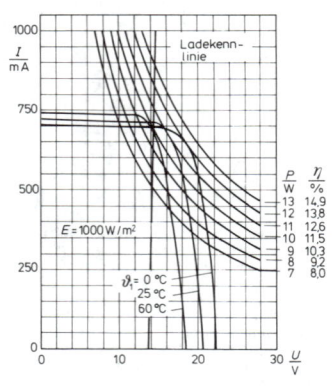

5.10 Optoelektronik

5.10.8 Typische Werte von Fotosensoren

Bauelement	Lichtempfind-liche Fläche in cm²	Empfindlichkeit bei Farbtempe-ratur 2850 K in nA/lx	maximaler Fotostrom in mA	zulässige Betriebs-spannung in V	Belast-barkeit in mW	Grenz-frequenz in kHz
Vakuum-Fotozelle	1 ··· 6	1 ··· 5	$5 \cdot 10^{-3}$	50 ··· 150	250	10^5
Gasgef.-Fotozelle	1 ··· 10	0,1 ··· 1	$5 \cdot 10^{-3}$	90	250	10
Fotovervielfacher	1 ··· 100	$10^7 \cdots 5 \cdot 10^9$	1 ··· 2	1000 ··· 3000	500	10^5
Ge-Fotodiode	10^{-2}	40 ··· 220	0,5 ··· 2	10 ··· 100	50	50
Si-Fotodiode	$(1 \cdots 20) \, 10^{-2}$	4 ··· 100	10	10 ··· 50	··· 100	10^3
Si-Fototransistor	10^{-2}	$(0,5 \cdots 5) \, 10^3$	0,1 ··· 10	10 ··· 30	··· 300	1
CdS-Fotowiderstand	0,01 ··· 3	$10^4 \cdots 10^7$		0,1 ··· 400	$10^2 \cdots 10^2$	wenige Hz
Si-Fotoelement	0,01 ··· 2	$20 \cdots 2 \cdot 10^3$	0,1 ··· 50	1	5 ··· 50	0,3 ··· 0,5

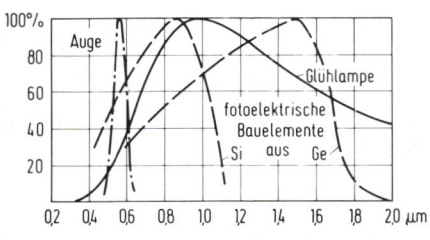

Relative Empfindlichkeit im Vergleich zur spektralen Emission einer Glühlampe (2850 K)

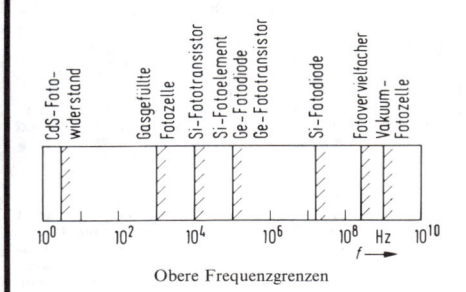

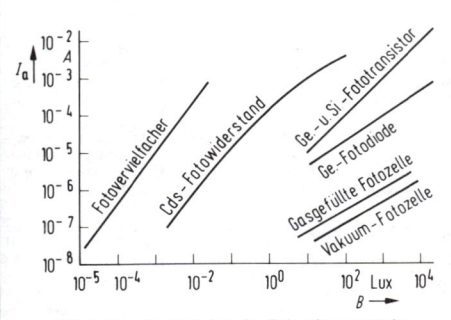

Obere Frequenzgrenzen

Hellströme als Funktion der Beleuchtungsstärke

Elektromagnetische Strahlung

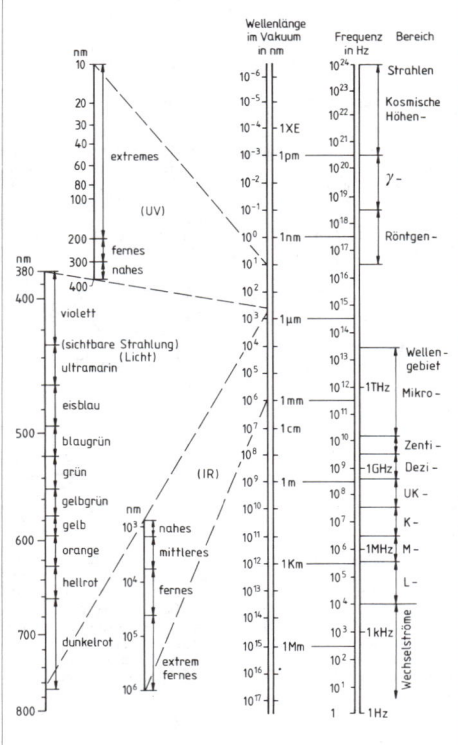

Der auf Violett folgende unsichtbare, kurzwellige Bereich des Frequenzspektrums wird Ultraviolett, auch kurz UV, genannt und hat eine starke chemische und biologische Wirkung. Der jenseits von Rot liegende unsichtbare Bereich des Spektrums äußert sich vorwiegend als Wärmestrahlung und wird als Infrarot bzw. kurz IR bezeichnet.

5.10 Optoelektronik

5.10.9 Lumineszenzdiode

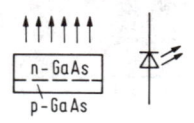

Lichtemittierende Dioden (engl. Light Emitting Diode), auch Leuchtdioden oder kurz LED genannt, geben bei Betrieb in Durchlaßrichtung je nach Dotierung und Technologie Licht im Infrarotbereich oder im sichtbaren Bereich in den Farben rot, orange, gelb, grün oder blau ab.

Der Durchlaßspannungswert ist wesentlich höher als bei einer Si-Diode; typisch hierfür sind folgende Werte:

GaAs	infrarot	900 nm	typ. 1,3 V
GaAsP	rot	650 nm	typ. 1,7 V
GaAsP	orange	610 nm	typ. 2,0 V
GaAsP	gelb	590 nm	typ. 2,5 V
GaP	grün	560 nm	typ. 2,5 V
SiC	blau	480 nm	typ. 4,0 V

Die höchstzulässige Sperrspannung beträgt meist 3 V (blau 1 V).

Ein wesentliches Beurteilungskriterium für LEDs ist die abgegebene Lichtstärke bei einem bestimmten Durchlaßstrom, wobei meist 20 mA als Vergleichswert zugrunde gelegt werden. Handelsüblich sind 1 mcd/20 mA bis 500 mcd/20 mA bei roten LEDs und 1 mcd/20 mA bis 12 mcd/20 mA bei grünen LEDs. Der erreichbare Wirkungsgrad liegt je nach Technologie zwischen 1 % und 10 %.

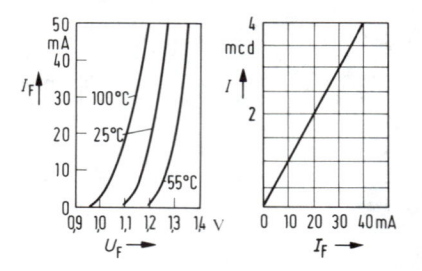

Die Lichtstärke hängt angenähert proportional vom Durchlaßstrom ab. Deshalb werden Leuchtdioden mit einem eingeprägten Strom betrieben, z. B. über einen Vorwiderstand. Da die Durchlaßspannung einem großen Streubereich unterliegt, muß eine ausreichend hohe Gesamtspannung gewählt werden. Um die starke Abnahme der Lichtstärke mit wachsender Sperrschichttemperatur zu verringern, kann dem Serienwiderstand ein Parallelwiderstand hinzugefügt werden.

$$R_p = \frac{1}{\frac{1}{[I_L(\Delta U_F/\Delta\vartheta_u)]_{I_F}(\Delta I_L/\Delta\vartheta_u)] - R_d} - \frac{1}{R_S}}$$

mit I_L Strahlungsstärke
R_d diff. Widerstand der LED

5.10.10 Flüssigkristallanzeige

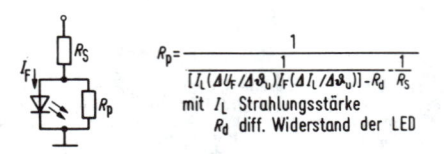

Einige organische Substanzen weisen beim Übergang vom festen Zustand in den flüssigen Zustand eine Zwischenphase auf. Dieser Übergangsbereich wird zu niedrigeren Temperaturen vom Schmelzpunkt und zu höheren Temperaturen vom Klärpunkt begrenzt. Innerhalb dieses Übergangsbereiches sind die Moleküle einerseits beweglich wie bei einer Flüssigkeit, andererseits aber nach bestimmten Regeln geordnet wie bei einem Kristall. Dieses Verhalten hat zu der Bezeichnung Flüssigkristall (engl. Liquid Crystal Device) oder kurz LCD geführt.

Eine Flüssigkristallzelle ist mit einem Kondensator vergleichbar, dessen Dielektrikum aus Flüssigkristallen besteht. Die Innenflächen der durchsichtigen Platten mit einem Abstand von 10 µm bis 100 µm tragen einen elektrisch leitenden Überzug, der ebenfalls lichtdurchlässig ist.

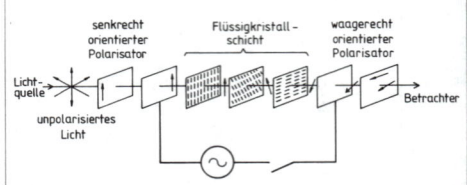

Fällt bei Anwendung des Drehzelleneffektes ungerichtetes Licht auf eine LCD-Anzeige, so kann nur das parallel zum Frontpolarisator orientierte Licht diesen passieren. Liegt keine Spannung an den Elektroden, so wird die Polarisationsebene des Lichts durch die Flüssigkristallschicht um 90° gedreht. Folglich kann das Licht den gegenüberliegenden ebenfalls um 90° gedrehten Polarisator ungehindert passieren. Bei anliegender Spannung richten sich die Moleküle der Flüssigkristallschicht senkrecht zu den Glasplatten aus, so daß das zunächst polarisierte Licht nicht mehr gedreht wird und den gegenüberliegenden Polarisator nicht mehr passieren kann.

Je nach Orientierung der Polarisationsfilter zueinander lassen sich transmissive, reflektive oder transflektive Anzeigen herstellen. Bei der reflektiven Ausführung sind die Polarisatoren senkrecht zueinander orientiert. Der hintere Polarisator ist mit einem Reflektor versehen. Bei der transflektiven Ausführung ist der Reflektor etwas lichtdurchlässig und ermöglicht die Beleuchtung mit einer Leuchtfolie oder einer zusätzlichen Lichtquelle.

Bei der transmissiven Anzeige sind die Polarisatoren parallel zueinander orientiert. Die angesteuerten Segmente werden lichtdurchlässig. Es ist eine ständige rückwärtige Beleuchtung erforderlich.

Flüssigkristallanzeigen müssen grundsätzlich mit Wechselspannung betrieben werden. Da bei Gleichspannung elektrolytische Vorgänge eintreten, muß auch bei Impulsansteuerung ein Gleichspannungsanteil vermieden werden.

Flüssigkristallanzeigen zeichnen sich durch die niedrige Betriebsspannung (3 V ··· 15 V), den geringen Leistungsbedarf (50 µW/cm² ··· 1 mW/cm²) und die preiswerte Herstellung großflächiger, elektrisch steuerbarer Anzeigen aus. Von Nachteil sind die relativ lange Ansprechzeit bis zu einigen 100 ms und die große Temperaturabhängigkeit der Ansprechzeit.

5.10 Optoelektronik

5.10.11 Vakuum-Fluoreszenz-Anzeige

Die Elemente einer Vakuum-Fluoreszenz-Anzeige (engl. Vakuum-Fluoreszenz-Display, kurz VFD) sind wie eine direkt geheizte Triode aufgebaut. Liegt gegenüber der Katode ein positives Potential (üblich sind je nach Röhrentyp 6 V bis 150 V) gleichzeitig an der Anode und an der netzförmigen Steuerelektrode (Gitter), so werden die aus der ca. 650 °C heißen Katode (Heizspannung 1 V bis 3 V Wechselspannung) austretenden Elektronen beschleunigt. Die Anode besteht aus einer leitfähigen Fluoreszenzschicht, so daß beim Auftreffen der Elektronen Licht im sichtbaren Bereich entsteht. Ist das Potential der Steuerelektrode bei abgeschalteter Anode je nach Röhrentyp 3 V bis 6 V negativer als das Katodenpotential, so wird die Leuchtwirkung der Anode unterbunden.

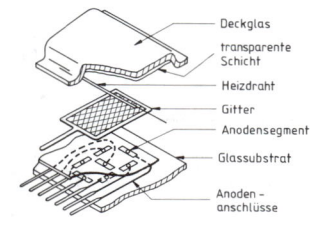

Die Anodensegmente lassen sich in vielfältiger Form, z. B. im Siebdruckverfahren, herstellen. Entsprechend der Zusammensetzung der fluoreszierenden Substanz leuchten die aktivierten Anodensegmente blau, grün, gelb, orange, rotbraun oder in einem Zwischenfarbton. Die Helligkeit geht nach 50000 bis 80000 Betriebsstunden auf die Hälfte zurück. Die erforderliche Leistung beträgt pro Stelle je nach Anzahl und Größe der aktivierten Segmente zwischen 5 mW und 100 mW.

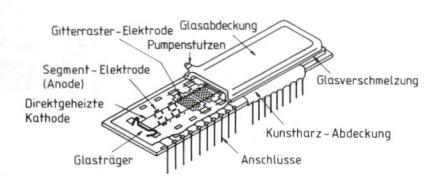

Anzeigen mit wenigen Stellen werden statisch angesteuert. Hierbei haben die Steuerelektroden aller Stellen einen gemeinsamen Anschluß, so daß sie dieselbe Spannung führen. Alle Anodensegmente sind einzeln herausgeführt und erfordern einen eigenen Decoder-Treiber.

Anzeigen mit mehr als sechs Stellen werden meist dynamisch angesteuert (Multiplexverfahren). Die Steuerelektrode jeder Stelle hat einen eigenen Anschluß. Dagegen liegen die einander entsprechenden Anodensegmente aller Anzeigestellen an einem gemeinsamen Anschluß.

Vakuum-Fluoreszenz-Anzeigen zeichnen sich aus durch
- eine niedrige Bauhöhe von 6 mm bis 12 mm
- hohe Leuchtstärkewerte
- einen großen Ablesewinkel
- eine hohe Lebensdauer
- Darstellung verschiedener Farben
- vielfältige Ausführungsformen
- eine hohe Auflösung (Punktdurchmesser bis < 1 mm)

5.10.12 Plasma-Anzeige

Plasma-Anzeigen funktionieren nach dem Prinzip der Gasentladungsröhre (s. S. 3-38). Zwei Glasplatten sind in einem Abstand von ca. 80 μm parallel zueinander angeordnet und am Rand miteinander verschweißt. Der Zwischenraum ist mit einem Gas, z. B. Neon, gefüllt. Auf die Innenflächen der beiden Glasplatten sind dünne Elektroden matrixförmig angebracht. Wird je eine x- und eine y-Elektrode angesteuert, so daß am Kreuzungspunkt eine Potentialdifferenz von ca. 250 V entsteht, so bildet sich zwischen den beiden Elektroden punktförmig ein leuchtendes Plasma.

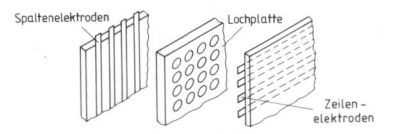

Die Gasentladung setzt beim Erreichen der Zündspannung ein und bricht beim Erreichen der Löschspannung ab. Neben dem sichtbaren Licht entsteht auch ultraviolette Strahlung. Wird diese zur Anregung eines auf die Innenfläche aufgebrachten Fluoreszenzmaterials ausgenutzt, so wird eine Farbe entsprechend dem Fluoreszenzmaterial bewirkt.

Entsprechend der Auslösung der Gasentladung durch Gleich- oder Wechselspannung werden Plasma-Anzeigen des DC- und AC-Typs unterschieden. Der AC-Typ hat gegenüber dem DC-Typ den Vorteil einer flimmerfreien Anzeige.

Plasma-Anzeigen zeichnen sich aus durch
- eine verzerrungsfreie Darstellung
- gleichmäßige Helligkeit
- einen großen Ablesewinkel
- eine hohe Auflösung bis ca. 0,3 mm
- große zulässige Bildflächen, z. B. 440 mm × 440 mm

5.10.13 Elektrolumineszenz-Anzeige

Der Aufbau einer Elektrolumineszenz-Anzeige hat Ähnlichkeit mit einer Plasma-Anzeige. Auf die gegenüberliegenden Glasplatten sind innenseitig die um 90° versetzten streifenförmigen Elektroden aufgebracht. Die Elektroden sind mit einer durchsichtigen Isolierschicht abgedeckt. Zwischen den beiden Isolierschichten befindet sich eine in der Größenordnung μm dicke mit Mangan dotierte Zinksulfidschicht. Bei einer Feldstärke in der Größenordnung 10^6 V/cm beginnt die ZnSMn-Schicht am angesteuerten Matrixpunkt gelborange zu leuchten.

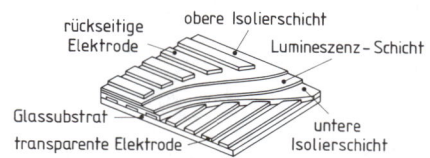

Die Ansteuerung erfolgt mit einer sinusförmigen Wechselspannung, z. B. mit $U_{eff} = 140$ V und $f = 1$ kHz. Handelsüblich sind effektive Anzeigeflächen mit z. B. 96 mm × 192 mm und 512 × 256 Bildelementen. Ein Leuchtdichteabfall von 50 % tritt erst nach mehr als 50000 Betriebsstunden ein.

5.10 Optoelektronik

5.10.14 Typische Werte von Digitalanzeigen

	LED	LCD	Vakuum-Fluoreszenz	Plasma Anzeige	Elektro-Lumineszenz
Betriebsspannung in V	2 ··· 10	2 ··· 20	10 ··· 30	80 ··· 150	120 ··· 240
Leistungsaufnahme in mW/cm²	10 ··· 100	$2 \cdot 10^{-3}$	10 ··· 50	50 ··· 120	10 ··· 20
Ansprechzeit in µs	10	10^5 (25 °C)	10	10	100
Leuchtdichte in cd/m²	2000	10 ··· 100	700	200 ··· 2000	100
Betriebstemperatur in °C	−30 ··· 85	−25 ··· 85	−20 ··· 70	−30 ··· 90	−30 ··· 60
Ablesewinkel	> 120°	> 90°	> 120°	> 120°	> 120°
Lebensdauer in Betriebsstunden	$5 \cdot 10^5$	$5 \cdot 10^4$	$5 \cdot 10^4$	$5 \cdot 10^4$	$5 \cdot 10^4$
Farbe	rot, gelb, grün, blau	abhängig von Lichtquelle und Filter	grün, gelb, orange, rot, rot-braun	orange, gelb, rot	rot, orange-gelb blau
max. Bildfläche in mm × mm	7-, 14- und 16-Segmentanz.	240 × 210	bis 40 Stellen	440 × 440	
max. Bildpunkte (horiz. × vert.)	5 × 8	640 × 400	je 5 × 15	1024 × 1024	640 × 200

5.10.15 Optokoppler

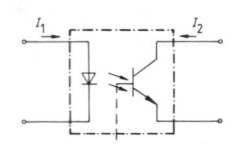

Optoelektronische Koppler, kurz Optokoppler genannt, übertragen elektrische Signale durch Umwandlung des elektrischen Signals in ein optisches Signal, das dann ohne galvanische Verbindung in einem zweiten fotoelektronischen Bauelement wieder in ein elektrisches Signal umgewandelt wird. Die Isolationsstrecke kann aus Luft, Glas, Kunststoff oder einem Lichtleiter bestehen.

Wichtige Kenngrößen sind:

- das Stromübertragungsverhältnis $CTR = I_2/I_1$, angegeben in Prozenten;
- die Grenzfrequenz, bei der der AC-CTR-Wert auf 50 % des DC-CTR-Wertes abgesunken ist;
- die maximal zulässige Isolationsspannung U_{is} zwischen einem Emitter- und einem Detektoranschluß (1 kV ··· 25 kV);
- der Isolationswiderstand R_{is} zwischen Emitter und Detektor ($10^{11}\,\Omega \cdots 10^{13}\,\Omega$);
- die Isolationskapazität C_{is} zwischen Emitter und Detektor (0,2 pF ··· 4 pF).

Beispiele mit typischen *CTR*-Werten:

50% ··· 600%	50% ··· 600%	20% ··· 600%	10% ··· 20%	$I_{FT} \le 10$ mA
20% ··· 600%	50% ··· 600%	500%	50% ··· 600%	$I_{FT} \le 10$ mA
1000%	100% ··· 500%	1000%	500%	$I_{FT} \le 10$ mA

5.11 Magnetfeldabhängige Bauelemente

5.11.1 Hallgenerator

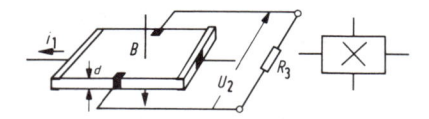

Wird ein langgestrecktes Plättchen aus geeignetem Material in Längsrichtung von einem Strom durchflossen und gleichzeitig senkrecht zur Fläche von einem Magnetfeld durchsetzt, so entsteht zwischen den seitlichen Anschlüssen eine Leerlaufhallspannung.

$$U_{20} = \frac{R_h}{d} \cdot i \cdot B$$

R_h ist eine Materialkonstante.

Typisch sind Leerlaufhallspannungen von 85 mV (In As; $I_{1n} = 100$ mA) bis 1000 mV (InSb; $I_{1n} = 15$ mA) bei $B = 1$ T. Der Nennsteuerstrom I_{1n} ist so festgelegt, daß beim Betrieb des Hallgenerators in ruhender Luft die Halbleiterschicht eine Übertemperatur von 10 °C bis 15 °C annimmt; üblich sind Werte zwischen 10 mA und 150 mA.

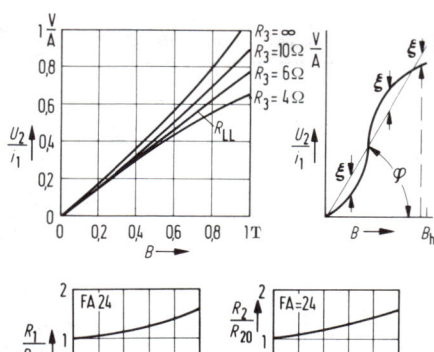

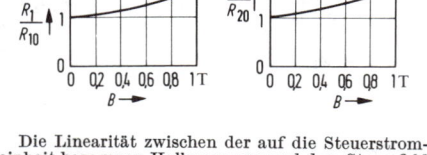

Die Linearität zwischen der auf die Steuerstromeinheit bezogenen Hallspannung und dem Steuerfeld hängt vom Lastwiderstand ab. Der Abschlußwiderstand R_{LL} für die optimale Linearität muß für jedes Exemplar experimentell ermittelt werden. Die maximale Abweichung der auf die Steuerstromeinheit bezogenen Hallspannung von der Geraden mit dem Anstieg K_{1in} auf den Meßbereichsendwert wird als Linearisierungsfehler bezeichnet, wobei

$$F_{1in} = \frac{\xi\,\text{max}}{K_{1in} \cdot B_h} \quad \text{und} \quad K_{1in} = \tan\varphi \text{ ist.}$$

Der steuerseitige Innenwiderstand R_1 und der hallseitige Innenwiderstand R_2 hängen vom Steuerfeld B ab ($R_1 = R_{10}$ und $R_2 = R_{20}$ bei $B = 0$ und $T_U = 25$ °C). Der mittlere Temperaturkoeffizient von u_{20} beträgt je nach Material etwa −0,04%/K bis 0,1%/K; der von R_{10} und R_{20} etwa 0,2%/K.

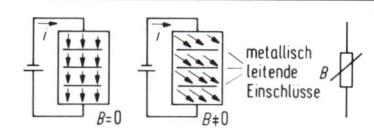

5.11.2 Feldplatte

Feldplatten sind magnetisch steuerbare Halbleiterwiderstände aus Indiumantimonid, deren Strombahnen unter dem Einfluß eines Magnetfeldes um den Hallwinkel gedreht werden. Die folgenden Diagramme zeigen den relativen Feldplattenwiderstand verschiedener Halbleitermaterialien in Abhängigkeit von der magnetischen Induktion B und der Temperatur.

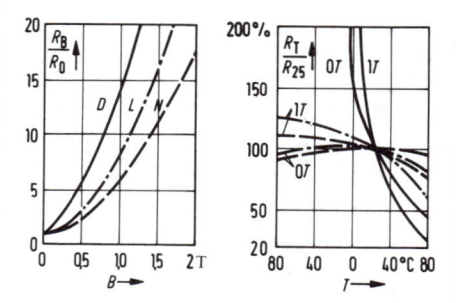

Typisch sind Grundwiderstände R_0 (bei 25 °C und $B = 0$) zwischen 10 Ω und 500 Ω.

Feldplatten werden vorzugsweise zur Positionserfassung, z. B. der Position eines Druckkopfes, eingesetzt. Das Ausgangssignal entsteht durch Ansteuerung mit einem Magneten oder einem Weicheisenteil, wobei der Luftspalt oder Weg variiert wird.

Feldplatten $R1, R2$
Festwiderstände $R3, R4$
Betriebsspannung U_B
Induktionsänderung ΔB

$$\Delta U = \frac{1}{2} \cdot \frac{1}{R} \frac{\Delta R}{\Delta B} \Delta B \cdot U_B$$

D: 6×10^{21} m^{-3}
N: $1{,}2 \times 10^{23}$ m^{-3}
—— 25 °C
- - - - −90 °C

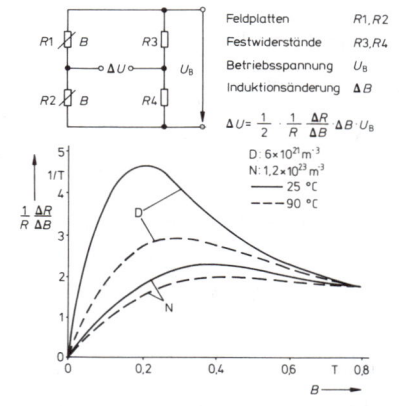

Wegen des relativ großen Temperaturkoeffizienten werden Feldplatten häufig als Differentialanordnung verwendet. Die auf beide Platten einwirkenden Induktionsänderungen ΔB haben unterschiedliche Vorzeichen, wenn z. B. ein Dauermagnet verschoben wird.

5.12 Lichtwellenleiter

Die Lichtwellenausbreitung in einem Lichtwellenleiter (LWL) erfolgt durch Brechung und Totalreflektion.

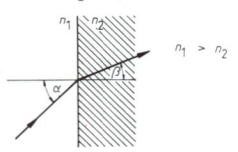

Beim Übergang einer Lichtwelle von einem Medium mit der Ausbreitungsgeschwindigkeit c_1 in ein Medium mit der Ausbreitungsgeschwindigkeit c_2 erfährt die Lichtwelle an einer ebenen Grenzfläche der beiden lichtdurchlässigen Medien eine Richtungsänderung. Nach dem Snelliusschen Brechungsgesetz gilt:

$$\frac{\sin \alpha}{\sin \beta} = \frac{c_1}{c_2} = \frac{n_2}{n_1}$$

Die Phasenbrechzahlen n_1 und n_2 zweier Medien verhalten sich umgekehrt wie die Ausbreitungsgeschwindigkeiten c_1 und c_2 der Welle. Die Phasenbrechzahl n ist der Faktor, um den die Lichtgeschwindigkeit in einem optisch dichteren Medium, z. B. Glas, kleiner ist als im Vakuum.

Beim Übergang einer Lichtwelle von einem optisch dichteren Medium mit der Phasenbrechzahl n_1 zu einem optisch weniger dichten Medium mit der Phasenbrechzahl n_2 wird bei

$$\varphi_1 \geq \text{Arc} \sin(n_2/n_1)$$

die Welle an der Grenzfläche beider Medien nicht mehr gebrochen, sondern total reflektiert.

Im wesentlichen werden drei Arten von Lichtwellenleitern unterschieden:

Multimode-Stufenindex-Faser

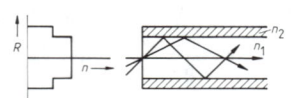

Die Phasenbrechzahl des Kerns ist größer als die Phasenbrechzahl des Mantels. An der Grenzfläche zwischen Kern und Mantel kommt es zu Totalreflexionen, solange ein bestimmter Einfallswinkel (Akzeptanzwinkel φ_A) des Lichts in die Faser nicht überschritten wird.

Abhängig vom Einfallswinkel der einzelnen Lichtwellen, genannt Moden, ergeben sich Laufzeitunterschiede (Modendispersion). Ein am Eingang des Lichtwellenleiters eingekoppelter Lichtimpuls erscheint folglich am Ausgang verbreitert.

Multimode-Gradienten-Faser

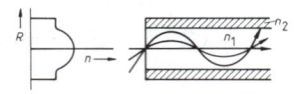

Die Phasenbrechzahl nimmt von der Fasermitte bis zum Mantel kontinuierlich ab. Die zu einem Lichtimpuls gehörenden Lichtwellen (Moden) mit unterschiedlichen Einfallswinkeln haben deshalb infolge des Phasenbrechzahlprofils trotz unterschiedlich langer Wege nahezu die gleiche Laufzeit. Dadurch ergibt sich gegenüber der Multimode-Stufenindex-Faser ein wesentlich größeres Bandbreiten-Entfernungs-Produkt.

Monomode-Stufenindex-Faser

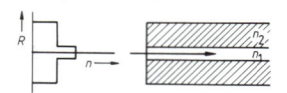

Der Kerndurchmesser beträgt nur wenige Lichtwellenlängen. Es kann sich nur noch ein Wellenmode bzw. achsparalleles Licht ausbreiten. Verbunden damit ist ein sehr großes Bandbreiten-Entfernungs-Produkt.

Vorteile des Lichtwellenleitereinsatzes

- Unempfindlichkeit gegen elektromagnetische und kapazitive Beeinflussungen;
- Potentialtrennung zwischen Sender und Empfänger;
- Vermeidung von Erdschleifen;
- Kein Übersprechen und Abhören;
- Eigensicherheit, d. h. keine Brand- und Explosionsgefahr;
- Kurzschlußfreiheit;
- Geringe Dämpfung;
- Keine Korrosion;
- Kleine Abmessungen und geringes Gewicht;
- Unbegrenzte Materialverfügbarkeit.

Prinzipielle Fehlerquellen und typische Dämpfungsverluste

Fehlerquelle	Bedingung
Kerndurchmesser	$\frac{\Delta R}{R} \leq 0{,}1 \quad R = \frac{R_1 + R_2}{2}$ $a_R \leq 0{,}7$ dB
Numerische Apertur	$\frac{\Delta A_N}{A_N} \leq 0{,}05$ $a_{AN} \leq 0{,}4$ dB
Zylindrizität	$\frac{C}{R} \leq 0{,}05$ $a_C \leq 0{,}1$ dB
Fresnelverluste	$0{,}3$ dB $\leq a_F \leq 0{,}38$ dB
Stirnflächenabstand	$0{,}5 \leq \frac{s}{R} \leq 1{,}0$ $0{,}2$ dB $\leq a_s \leq 0{,}45$ dB
Achsenversatz	$0{,}1 \leq \frac{\varepsilon}{R} \leq 0{,}2$ $0{,}25$ dB $\leq a_\varepsilon \leq 0{,}65$ dB
Kippwinkel	$0{,}5° \leq \varphi \leq 2°$ $0{,}05$ dB $\leq a_\varphi \leq 0{,}5$ dB
Fehlwinkel	$0{,}2° \leq \gamma \leq 2{,}0$ $0{,}01$ dB $\leq a_\gamma \leq 0{,}2$ dB
Oberfläche	$0{,}2 \leq \frac{r}{\lambda} \leq 2{,}0$ $0{,}01$ dB $\leq a_r \leq 0{,}3$ dB

5.12 Lichtwellenleiter

	Phasenbrechzahl	Geometrischer Aufbau	Wellenausbreitung (Moden) und Impulsausbreitung
Multimode-Stufenindex-Lichtwellenleiter	Typische Werte: $n_M = 1{,}517$ $n_K = 1{,}527$	typ. d_K/d_M: 100 μm/140 μm 100 μm/200 μm 200 μm/300 μm 400 μm/500 μm	$B \cdot 1 = 30 \cdots 100$ MHz · km Dispersion $10 \cdots 150$ ns/km
Multimode-Gradientenindex-Lichtwellenleiter	$n(r) = n_1 \left[1 - \frac{n_1 - n_2}{n_1} \left(\frac{2r}{d_M} \right)^2 \right]$ Typische Werte: $n_2 = 1{,}54$ $n_1 = 1{,}562$	typ. d_K/d_M: 45 μm/130 μm 50 μm/125 μm 63 μm/130 μm	$B \cdot 1 < 1$ GHz · km Dispersion $1 \cdots 5$ ns/km
Monomode-Stufenindex-Lichtwellenleiter	Typische Werte: $n_M = 1{,}457$ $n_K = 1{,}471$	typ. d_K/d_M: 5 μm/ 40 μm 6 μm/ 60 μm 5 μm/100 μm 5 μm/125 μm	$B \cdot 1 = 10 \cdots 50$ GHz · km Dispersion $4 \cdots 100$ ps/km

Absorptions-Verluste
Schwächung der optischen Leistung innerhalb des Lichtwellenleiters durch Absorption an Störstellen und Verunreinigungen sowie der Intrinsic-Verluste (entstehen durch Anregung von Elektronen von niedrigerem zu höherem Energieniveau).

Bandbreite-Reichweite-Produkt
Übertragbarer Frequenzbereich einer Leitung von 1 km. Die Leistung am oberen Bandende ist auf die Hälfte abgefallen (3-dB-Grenzfrequenz).

Biege-Radius
Kleinster Radius, um den eine Faser ohne Schaden gebogen werden darf.

Dämpfung
Die Verminderung der optischen Signalleistung zwischen zwei Querschnittsflächen.

$$A = -10 \lg \frac{P_2}{P_1} \quad \text{in dB} \quad \text{mit} \quad P_2 < P_1$$

Dispersion
Die Streuung der Signallaufzeit in einem Lichtwellenleiter. Sie setzt sich aus verschiedenen Anteilen zusammen: Modendispersion, Materialdispersion und Wellenleiterdispersion.

Elektrolumineszenz
Direkte Umwandlung elektrischer Energie in Licht.

Impuls-Verbreiterung
Die Differenz zwischen der Halbwertsdauer des empfangenen Impulses und der Halbwertsdauer des gesendeten Impulses: $\Delta T_H = T_{H2} - T_{H1}$.

Kohärente Strahlung
Lichtbündel von gleicher Wellenlänge und Schwingungsart; zwischen zwei beliebigen Punkten im Strahlungsfeld besteht über die Dauer der Strahlung eine feste Phasenbeziehung.

Laser
Eine kohärente Lichtquelle, die eine sehr geringe spektrale Bandbreite (≈ 2 nm) besitzt.

Numerische Apertur
Sinus des maximal möglichen Einkopplungswinkels eines Lichtwellenleiters. Der theoretische Wert ergibt sich aus $A_N = \sqrt{n_1^2 - n_2^2}$, wobei n_1 die Phasenbrechzahl im Kern und n_2 die Phasenbrechzahl im Mantel ist.

5.13 Trigger-Bauelemente

5.13.1 Zweirichtungsdiode (Diac)

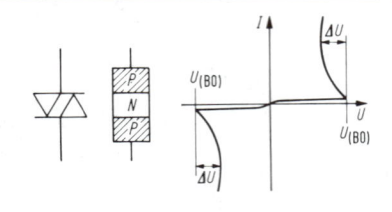

Die Zweirichtungsdiode, auch Diac oder symmetrische Triggerdiode genannt, findet als Triggerelement zur Ansteuerung von Thyristortrioden Verwendung.

Bevor die Kippspannung $U_{(BO)}$ erreicht wird, fließt nur ein kleiner Reststrom ($< 50\,\mu A$). Bei Durchbruchspannungen von 20 V ... 40 V, unabhängig von der Polung, schaltet die Zweirichtungsdiode durch und sperrt erst wieder nach einem Spannungsrückgang um $> \Delta U$ (etwa 5 V ... 10 V). Bei einer maximalen Verlustleistung < 300 mW sind periodische Spitzenströme bis zu 2 A (z. B. 30 µs, 120 Hz) zulässig.

5.13.2 Zweirichtungs-Thyristordiode

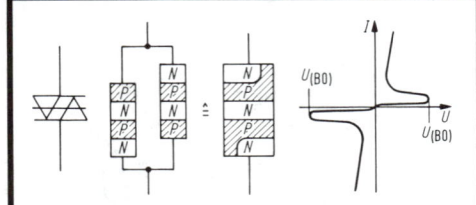

Die Zweirichtungs-Thyristordiode ist ein symmetrisch aufgebauter Wechselstromschalter, dessen Schaltverhalten dem der Zweirichtungsdiode ähnlich ist. Die Kippspannung $U_{(BO)}$ mit maximal 10 V und die Durchlaßspannung U_F mit ungefähr 1,7 V ... 2 V sind kleiner als die der Zweirichtungsdiode. Der Haltestrom beträgt etwa 0,5 mA ... 5 mA, der zulässige Durchlaßstrom 100 mA ... 300 mA.

5.13.3 Rückwärts sperrende Thyristordiode (Vierschichtdiode)

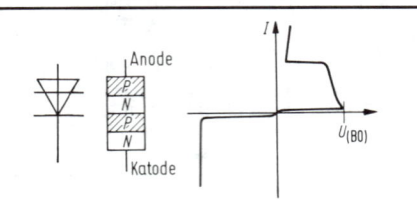

Das elektrische Verhalten der Vierschichtdiode entspricht weitgehend dem elektrischen Verhalten der rückwärts sperrenden Thyristortriode. Während das Sperrverhalten identisch ist, kann das Durchlaßverhalten mit dem sogenannten Überkopfzünden,

im Gegensatz zum Thyristor zulässig, verglichen werden.

Wird die Kippspannung $U_{(BO)}$ überschritten, so setzt ein plötzlicher Stromfluß ein, während die Spannung auf den üblichen Wert der Schleusenspannung einer Si-Diode zurückgeht. Erst wenn der Haltestrom unterschritten wird, tritt der Sperrzustand wieder ein.

Typisch sind Kippspannungen zwischen 5 V und 20 V, Halteströme < 20 mA und zulässige Verlustleistungen < 1 W.

5.13.4 Zweizonentransistor (Unijunktion-Transistor, Doppelbasisdiode)

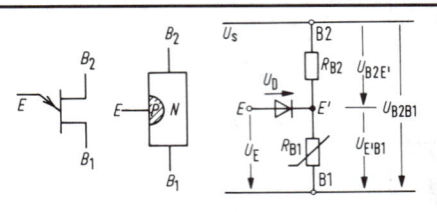

Der als Interbasiswiderstand R_{BB} bezeichnete N-leitende Widerstand mit den Anschlüssen B_1 und B_2 wird von dem P-leitenden Emitter in die Widerstände R_{B1} und R_{B2} aufgeteilt. Entsprechend der inneren Spannungsaufteilung wird das Teilerverhältnis R_{B1}/R_{B2} als inneres Spannungsverhältnis η_i definiert.

$$\eta_i = \frac{R_{B1}}{R_{B2}}$$

Ist $U_E < U_D + U_{E'B1}$, bleibt die von dem PN-Übergang gebildete Diode gesperrt. Wird $U_E = U_D + U_{E'B1}$, so fließt ein positiver Reststrom bis bei $U_E > U_D + U_{E'B1}$. Löcher in den N-leitenden Widerstand R_{B1} injiziert werden und diesen mit zunehmendem Emitterstrom verringern.

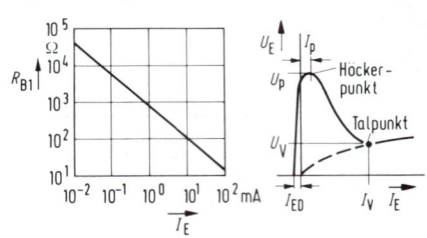

Bei genügend großem Emitterstrom bestimmt nur noch die Diode die Abhängigkeit der Emitterspannung vom Emitterstrom.

Der UJT ist auch als Komplementär-UJT mit P-leitendem Interbasiswiderstand und N-dotiertem Emitter erhältlich.

Schaltungsbeispiel

Der oft vorteilhafte Schaltungseinsatz des UJT wird am Beispiel eines einfachen RC-Generators deutlich.

Der Kondensator lädt sich über R_V auf. Nach $t = R_V \cdot C \cdot \ln(1/1 - \eta)$ erreicht U_C die Höckerspannung U_P. Der innere Basiswiderstand R_{B1} verringert sich sprungartig und C wird über E–B_1–B_2 entladen. Der Entladestromstoß kann an R_1 (meist

5.13 Trigger-Bauelemente

≈ 50 Ω) als Zündimpuls abgegriffen werden. Unterschreitet U_C die Talspannung, so sperrt der UJT und C lädt sich erneut auf.

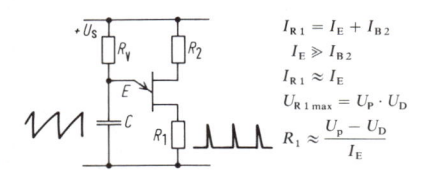

$$I_{R1} = I_E + I_{B2}$$
$$I_E \gg I_{B2}$$
$$I_{R1} \approx I_E$$
$$U_{R1\,max} = U_P \cdot U_D$$
$$R_1 \approx \frac{U_P - U_D}{I_E}$$

R_2 dient zur Temperaturstabilisierung der Höckerspannung. Während das Teilerverhältnis η von dem Temperaturkoeffizienten ≈ +0,008/K des Interbasiswertes R_{B1B2} nicht beeinflußt wird, verringert sich die Schleusenspannung der Diode um ≈ 2 mV/K. Eine nahezu temperaturunabhängige Höckerspannung wird mit

$$R_2 = \frac{0{,}7 \cdot \dfrac{R_{BB}}{\Omega}}{\eta \cdot \dfrac{U_{BB}}{V}}$$

erreicht.

5.13.5 Programmierbarer Unijunction-Transistor

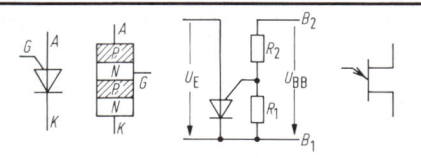

Der programmierbare Unijunction-Transistor, kurz PUT genannt, entspricht im Aufbau einem anodenseitig steuerbaren Thyristor und bei Beschaltung mit R_1 und R_2 in der Wirkungsweise einem Unijunction-Transistor. Mit den von außen zugeschalteten Widerständen R_1 und R_2 sind einstellbar (programmierbar):

Interbasiswiderstand $\quad R_{BB} = R_1 + R_2$

Teilerverhältnis $\quad \eta = \dfrac{R_1}{R_1 + R_2}$

Höckerstrom $\quad I_P$

Talstrom $\quad I_V$

Das Teilerverhältnis η ist von 0 bis 1 einstellbar. Höckerstrom und Talstrom sind bei niederohmigen Widerständen groß, bei hochohmigen Widerständen klein. Parameter der diesbezüglichen Datenblattangaben ist der Ersatzwiderstand $R_G = R_1 \cdot R_2 / R_1 + R_2$.

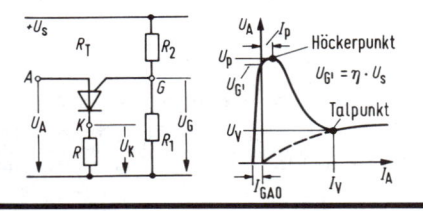

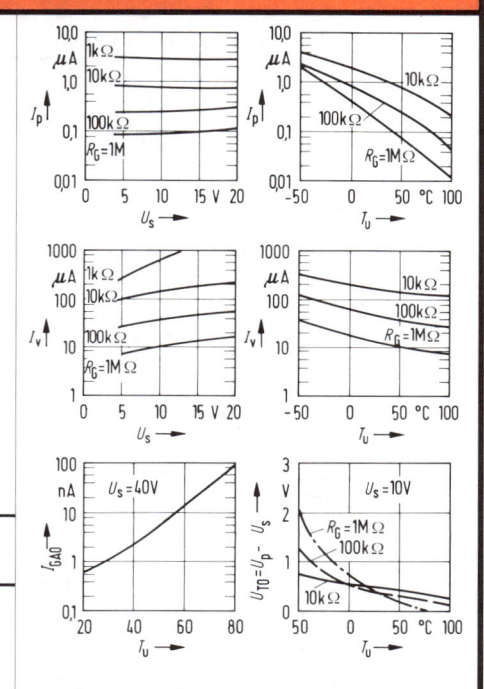

Temperaturkompensation

Um den Temperaturkoeffizienten des Diodenstromes aufzuheben, muß in den Schaltungen a, b und c $R_3 \gg R_2$ sein. Die Frequenzabweichung des nicht kompensierten RC-Oszillators d beträgt bis zu 2% innerhalb des zulässigen Temperaturbereichs. Schaltung f ermöglicht eine von der Speisespannung U_S unabhängige Temperaturkompensation.

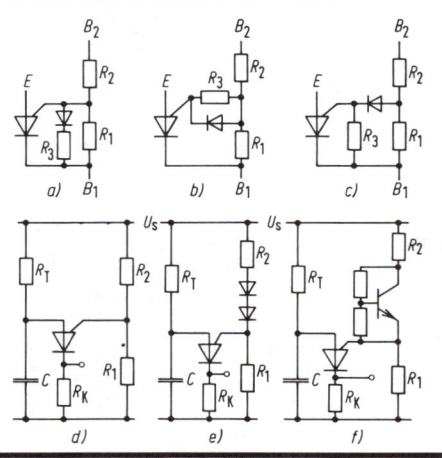

5.14 Thyristor

5.14.1 Rückwärts sperrender Thyristor

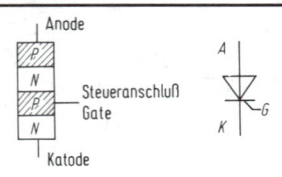

Thyristoren sind Si-Einkristall-Halbleiter-Bauelemente mit drei Sperrschichten und drei stabilen Betriebszuständen.

Wird an die beiden Hauptanschlüsse eine Spannung in Rückwärtsrichtung (Anode negativ und Katode positiv) angelegt, so verhält sich der Thyristor ähnlich einem gesperrten Siliziumgleichrichter.

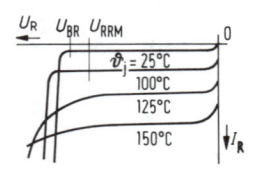

Werden bei offenem Steueranschluß die Hauptanschlüsse in Vorwärtsrichtung gepolt, so ist die mittlere Sperrschicht in Sperrichtung gepolt; die Strom-Spannungs-Kennlinie verläuft ähnlich wie die eines in Sperrichtung betriebenen Gleichrichters.

Der sehr geringe, nahezu spannungsunabhängige Sperrstrom steigt exponentiell mit der Temperatur an, die Durchbruchspannung wird geringfügig größer und der Kennlinienknick verläuft etwas abgerundeter als im kalten Zustand. Das Erreichen der Durchbruchspannung U_{BR} führt zur Zerstörung des Thyristors.

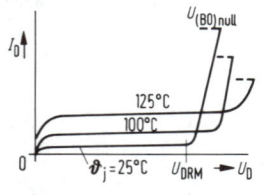

Wird die positive Spitzensperrspannung U_{DRM} überschritten, so steigt der Sperrstrom bei weiterer Spannungserhöhung lawinenartig an, bis mit Erreichen der Nullkippspannung $U_{(B0)}$ (Steuerstrom Null) der Thyristor zündet und leitend wird. Bei diesem sogenannten Überkopfzünden wird der mittlere PN-Übergang zunächst an einer punktförmigen Stelle leitend, über die der ganze Strom fließt. Ist die Stromstiegsgeschwindigkeit größer als ungefähr $1/10$ des bei normaler Zündung zulässigen Wertes, so kann der Thyristor thermisch zerstört werden.

Werden Thyristoren direkt am Netz oder über einen Transformator am Netz betrieben, so müssen die Eigenschaften des speisenden Netzes sowie der Schaltung hinsichtlich kurzzeitiger Überspannungen, z. B. beim Schalten induktiver Verbraucher, berücksichtigt werden. Deshalb muß die höchstzulässige periodische Spitzensperrspannung U_{RRM} bzw. U_{DRM} des Thyristors um den Faktor 1,5 bis 2,5 höher gewählt werden als der im Normalfall am Thyristor auftretende Scheitelwert der Sperrspannung.

Durch Anlegen einer gegenüber der Katode positiven Spannung an den Steueranschluß werden Ladungsträger in die innere P-Zone injiziert. Dies führt zu einer Verringerung der Zündspannung.

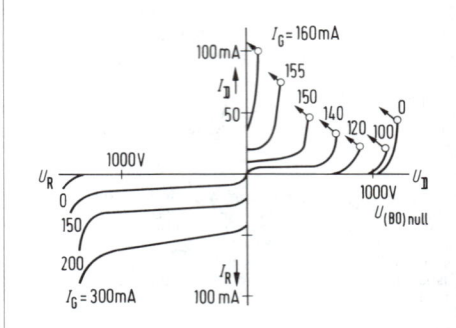

Ein positiver Steuerstrom bei negativer Sperrspannung (Rückwärtsrichtung) führt zu einer starken Erhöhung des negativen Sperrstromes. Dadurch bedingte örtliche Übererwärmungen in den Sperrschichten können zur Zerstörung führen.

Zündspannung und Zündstrom unterliegen großen Exemplarstreuungen, so daß die Zünddiagramme einen großen Streubereich zeigen. Ein sicheres Zünden aller Exemplare gleichen Typs innerhalb des zulässigen Temperaturbereichs ist nur oberhalb der oberen Zündspannung U_{GT} bzw. des oberen Zündstromes I_{GT} gewährleistet.

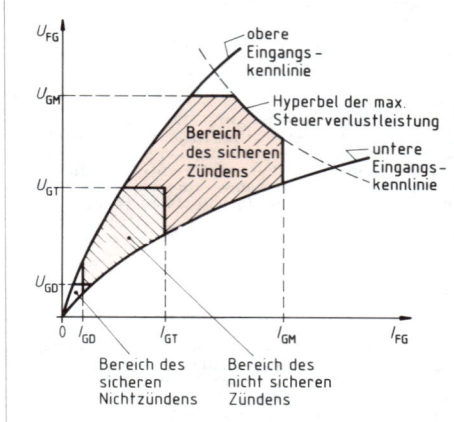

I_{GD}: höchster nicht zündender Steuerstrom
I_{GT}: Zündstrom
I_{GM}: höchstzulässiger Vorwärts-Spitzensteuerstrom
U_{GD}: höchste nicht zündende Steuerspannung
U_{GT}: Zündspannung
U_{GM}: höchstzulässige Vorwärts-Spitzensteuerspannung

Zündstrom I_{GT} und Zündspannung U_{GT} werden für eine treibende Spannung im Hauptstromkreis von 6 V, einen ohmschen Hauptstromkreis und eine Ersatzsperrschichttemperatur von 25 °C angegeben.

5.14 Thyristor

Um trotz großer Exemplarstreuungen definierte Zündwerte und -zeiten zu gewährleisten, wird von der Abhängigkeit der Kippspannung vom Steuerstrom (Vertikalsteuerung durch Variation der Höhe der Zündspannung) nur selten Gebrauch gemacht und der Zündung durch einen Zündimpuls (Horizontalsteuerung) der Vorzug gegeben.

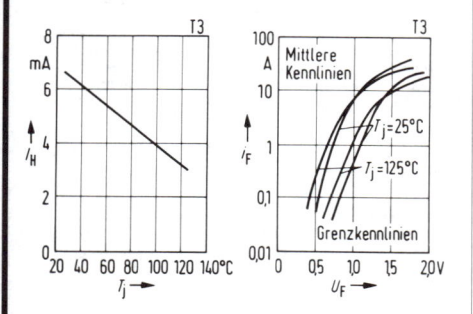

Ein gezündeter Thyristor verbleibt im Durchlaßzustand, wenn der Einraststrom I_L überschritten und der Haltestrom I_H nicht unterschritten wird. Der Einraststrom ist der kleinste Durchlaßstrom, bei dem der Thyristor unmittelbar nach dem Zünden und dem Abklingen des Zündimpulses noch im Durchlaßzustand bleibt. Der Haltestrom ist der kleinste Durchlaßstrom, bei dem der Thyristor noch im Durchlaßzustand bleibt, wenn kein Gatestrom fließt und der Durchlaßstrom abnimmt.

Die Durchlaßkennlinie eines Thyristors verläuft ähnlich wie bei einer Si-Diode.

Dynamisches Verhalten

Das dynamische Verhalten des Thyristors kennzeichnet das Übergangsverhalten von einem Betriebszustand in den anderen. Es ist abhängig von den Eigenschaften des Thyristors, von der Form, Höhe und Dauer des Steuerimpulses und vom Aufbau des Lastkreises.

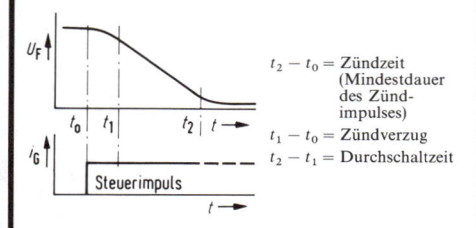

$t_2 - t_0$ = Zündzeit (Mindestdauer des Zündimpulses)
$t_1 - t_0$ = Zündverzug
$t_2 - t_1$ = Durchschaltzeit

Wird zum Zeitpunkt t_0 der Zündvorgang mit einem steilen Steuerimpuls eingeleitet, so vergeht zunächst die Zündverzugszeit t_{gd}, bis die Spannung U_F auf 90% der ursprünglichen positiven Sperrspannung abgefallen ist. Sie kann erheblich verringert werden, wenn der Steuerimpuls wesentlich über die oberen Zündwerte des Zünddiagramms hinausgeht. Dabei ist die zulässige Impulssteuerleistung in Abhängigkeit von der Impulsdauer zu beachten. Beträgt die mittlere Steuerleistung mehr als 5% der Gesamtverlustleistung, so muß sie in die Gesamtverlustleistung einbezogen werden. Die anschließende Durchschaltzeit t_{gr} hängt nahezu ausschließlich von den Eigenschaften des Lastkreises ab.

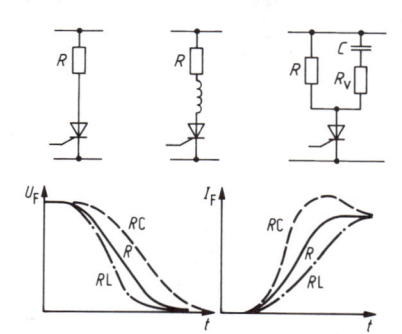

Bei kapazitiver Belastung muß die Ladestromspitze mittels Vorwiderstand begrenzt werden, damit der höchstzulässige Stoßstrom I_{FSM} des Thyristors nicht überschritten wird.

Die Zündung setzt punktuell in unmittelbarer Nähe des Steueranschlusses ein und breitet sich anschließend über die ganze Fläche aus. Damit die höchstzulässige Stromdichte während des Durchschaltvorganges nicht überschritten und eine thermische Zerstörung verhindert wird, gibt der Hersteller eine höchstzulässige Stromsteilheit di/dt an. Kann dieser Wert bei R- oder RC-Last nicht eingehalten werden, so ist die Stromanstiegsgeschwindigkeit mit zusätzlichen Schaltungsmaßnahmen, z.B. eine Reiheninduktivität, zu begrenzen.

Wird der Haltestrom unterschritten, so geht der Thyristor in den Sperrzustand über. Das Anlegen einer positiven Sperrspannung vor Ablauf der Freiwerdezeit t_q hat jedoch ein erneutes Zünden zur Folge, weil die einzelnen Zonen und PN-Übergänge noch mit Ladungsträgern überschwemmt sind.

Der Ausschaltvorgang läßt sich durch kurzzeitige Spannungsumkehr (negatives Anodenpotential gegenüber der Katode), z.B. mittels Löschkondensator, erheblich beschleunigen. Das folgende Diagramm zeigt den entsprechenden Strom-Spannungsverlauf beim Abschalten einer Wirklast.

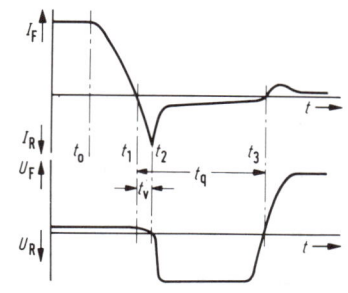

5.14 Thyristor

Der Spannungsumkehr zum Zeitpunkt t_0 folgt eine Stromabnahme. Infolge des steilen Stromrückganges sind zum Zeitpunkt t_1 noch nicht alle während des Durchlaßbetriebes gespeicherten Ladungsträger ausgeräumt (Trägerstaueffekt, Trägerspeichereffekt bzw. auch nur TSE genannt), so daß bis zum Zeitpunkt t_2 ein Stromanstieg in negativer Richtung die Folge ist. Erst wenn nach Ablauf der Sperrverzugszeit t_v die beiden äußeren Sperrschichten von freien Ladungsträgern geräumt sind, fällt an den Hauptanschlüssen eine negative Sperrspannung ab; der Rückstrom geht schnell auf den statischen Sperrstrom zurück. Die Freiwerdezeit t_q ist dagegen erst abgeschlossen, wenn auch die in der mittleren Sperrschicht noch gespeicherte Restladung durch Rekombination abgebaut ist. Erst dann kann wieder eine positive Sperrspannung angelegt werden, ohne daß der Thyristor bei fehlendem Steuerstrom zündet.

Die Freiwerdezeit ist um so kleiner, je niedriger die Sperrschichttemperatur, je kleiner der Durchlaßstrom, je kleiner der Stromrückgang (di/dt) am Ende der Durchlaßzeit, je kleiner die vorhergehende Stromflußdauer, je höher die während des Ausschaltvorganges anliegende negative Sperrspannung und je kleiner die positive Sperrspannung bzw. deren Anstieg du/dt ist.

Das schlagartige Abreißen des Rückstromes zum Zeitpunkt t_2 führt beim Vorhandensein von Induktivitäten im Lastkreis zu hohen Überspannungen $u_{Rü}$. Damit der Thyristor nicht zerstört wird, müssen diese Überspannungen durch Parallelschalten eines induktivitätsarmen RC-Gliedes bedämpft werden. Die erforderlichen Werte werden meist vom Thyristorhersteller angegeben. Die optimalen Werte müssen jedoch für jede Anwendung durch Messen bestimmt werden.

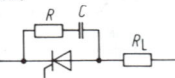

Schnelle Änderungen der positiven Sperrspannung verursachen in der Kapazität der mittleren Sperrschicht einen Verschiebungsstrom $i_C = C \cdot du/dt$, der zur Zündung des Thyristors führen kann. Wie der Anstiegsgeschwindigkeit des Laststromes ist deshalb auch dem Spannungsanstieg du/dt an den Hauptanschlüssen eine zulässige Grenze gesetzt. Die durch den Spannungsanstieg scheinbare Herabsetzung der Kippspannung (Rateeffekt) kann durch eine kleine Reiheninduktivität oder die TSE-Beschaltung (Trägerstaueffekt) verringert werden.

Bemessung des Gate-Kreises

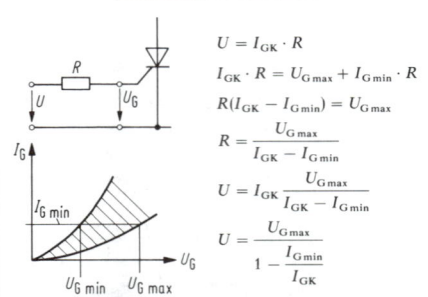

$$U = I_{GK} \cdot R$$
$$I_{GK} \cdot R = U_{G\,max} + I_{G\,min} \cdot R$$
$$R(I_{GK} - I_{G\,min}) = U_{G\,max}$$
$$R = \frac{U_{G\,max}}{I_{GK} - I_{G\,min}}$$
$$U = I_{GK} \frac{U_{G\,max}}{I_{GK} - I_{G\,min}}$$
$$U = \frac{U_{G\,max}}{1 - \frac{I_{G\,min}}{I_{GK}}}$$

Ist $I_{G\,min}$ der empfohlene Mindestgateimpuls, so ist unter Berücksichtigung der Exemplarstreuungen $U_{G\,max}$ für den ungünstigsten Fall zugrunde zu legen.

Ist der Thyristor defekt, so kann das Gate mit der Katode kurzgeschlossen sein. Um dabei das Steuergerät nicht zu beschädigen, darf der für das Steuergerät höchstzulässige Gatekurzschlußstrom I_{GK} nicht überschritten werden. Dabei ist zu beachten, daß bei den Thyristoren mit dem kleinsten Gatespannungsfall der Gatestrom die zulässige Grenze nicht überschreitet. Bei $I_{G\,min} = I_{GK}/2$ ist diese Bedingung in der Regel erfüllt.

Kurzschlußschutz

Ein Kurzschluß in einem Stromrichtergerät kann entstehen durch:
1. Kurzschluß im Lastkreis einschließlich der Verbindungsleitungen zum Stromrichter
2. Kurzschluß im Stromrichter, z. B. bei Ausfall eines Thyristors
3. Kurzschluß durch fehlerhaftes Zünden eines Thyristors oder infolge eines Wechselrichterkippens.

Da die Siliziumscheibe eines Thyristors nur eine sehr geringe Wärmekapazität hat und bei einem Kurzschluß innerhalb weniger ms zerstört werden kann, müssen superflinke Sicherungen verwendet werden. Der Gesamt-I^2t-Wert (Schmelz- und Lösch-I^2t-Wert) der Sicherung muß kleiner als der des Grenzlastintegrals des zu schützenden Thyristors sein.

Typische Werte

Zulässige Spitzensperrspannungen U_{RRM} bis zu 4000 V; Dauergrenzströme I_{TAVM} bis zu 1000 A und zulässige Stoßströme I_{TSM} bis zu 15 000 A; Zündspannungen $U_{GT} = 2V$ bis 3V; Zündströme $I_{GT} = 10$ mA ($I_{TAVM} = 0,8$ A) bis 500 mA ($I_{TAVM} = 1000$ A); krit. Stromsteilheiten di/d$t = 1,5$ A/µs bis 150 A/µs und krit. Spannungssteilheiten du/d$t = 20$ V/µs bis 1000 V/µs bei einem Spannungsanstieg auf 67% von U_{DRM} und Freiwerdezeiten $t_q = 10$ µs bis 50 µs.

Der Thyristor im Wechselstromkreis

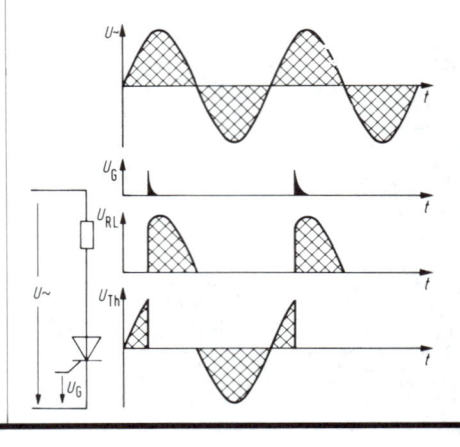

5.14 Thyristor

5.14.2. Rückwärts leitender Thyristor (RLT)

Beim rückwärts leitenden Thyristor ist zusätzlich zu einem rückwärts sperrenden Thyristor eine antiparallel geschaltete schnelle Diode in die Siliziumscheibe monolitisch integriert. Die Kennlinie in Rückwärtsrichtung ist deshalb ähnlich der des Durchlaßzustandes in Vorwärtsrichtung.

Rückwärts leitende Thyristoren werden vorzugsweise für Serien-Schwingkreis-Umrichter zur Erzielung hoher Ausgangsleistungen bei Resonanzfrequenzen bis 50 kHz eingesetzt. Gegenüber dem Einsatz von rückwärts sperrenden Thyristoren wird die Zahl der benötigten Halbleiter halbiert, so daß auch die Streu- und Verkabelungsinduktivitäten zum Teil entfallen.

Beim **asymmetrisch sperrenden Thyristor (ASCR)** besteht der Unterschied zum symmetrisch sperrenden Thyristor im zusätzlichen Einbau einer hochdotierten n-Zone. Dadurch wird die Rückwärts-Sperrfähigkeit auf ca. 30 V begrenzt. Die Ausschaltzeit ist jedoch ähnlich kurz wie beim rückwärts leitenden Thyristor.

5.14.3 Abschaltthyristor (GTO)

Der Abschaltthyristor (gate-turn-off-Thyristor) kann wie der konventionelle rückwärts sperrende Thyristor durch einen Vorwärts-Steuerstrom eingeschaltet und durch Absenken des Hauptstromes unter den Haltestrom gesperrt werden. Darüber hinaus kann der Abschaltthyristor durch einen Rückwärts-Steuerstrom abgeschaltet werden.

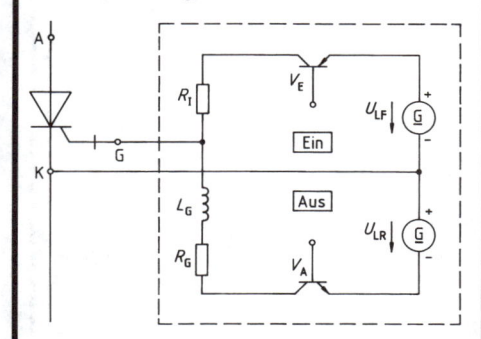

Der Steuergenerator muß einen Vorwärts-Steuerstrom für das Einschalten und den für das Abschalten erforderlichen Rückwärts-Steuerstrom zur Verfügung stellen. Für das Einschalten ist eine Leerlaufspannung $u_{LF} = 8$ V bis 24 V üblich. Der Vorwärts-Steuerstrom sollte das 4fache bis 8fache des oberen Zündstromes, seine Mindestdauer das Zweifache des Zündverzugs betragen. Erfolgt nach vorübergehendem Betrieb im Bereich des Haltestromes oder des Einraststromes wieder ein Anstieg des Durchlaßstroms, so muß auch während des stationären Durchlaßzustandes ein Vorwärts-Steuerstrom in Höhe des oberen Zündstromes fließen, damit alle Teilflächen der verschachtelten Elementstruktur wieder leitend werden.

Die Ausschaltstromverstärkung beträgt ca. 3 bis 5, so daß zum Abschalten wenige μs unter hoher Rückwärts-Steuerstrom fließen muß. Nach erfolgtem Abschalten sollte zum sicheren Sperren zwischen Gate und Kathode dauernd eine negative Spannung von ca. 2 V anliegen.

5.14.4 Triac

Seinem Aufbau nach ist der Triac eine in einem Si-Kristall integrierte Antiparallelschaltung zweier Thyristoren mit gemeinsamem Steueranschluß. Die beiden Hauptanschlüsse werden als Anode 1 und Anode 2 bezeichnet.

Der Triac kann unabhängig von der Polung der Hauptanschlüsse mit positiven und negativen Impulsen zwischen der Anode 2 und dem Steueranschluß gezündet werden.

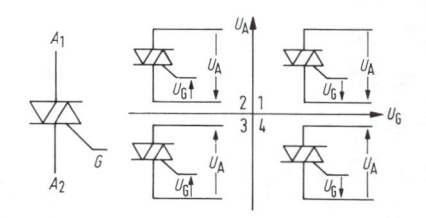

Die Zündwerte in den vier Quadranten können geringfügig voneinander abweichen. Meist ist die Empfindlichkeit im 1. und 3. Quadranten am größten und ungefähr gleich groß. Am höchsten sind die erforderlichen Zündwerte im 4. Quadranten, so daß der Betrieb in diesem Quadranten vermieden werden soll, insbesondere wenn es auf eine hohe zulässige Stromsteilheit di/dt ankommt. Der gezündete Triac erlischt, wenn der Durchlaßstrom mindestens über die Freiwerdezeit t_q unter den Haltestrom abgesunken ist.

Hinsichtlich der zulässigen Strom- und Spannungssteilheiten und den dafür erforderlichen Schaltungsmaßnahmen gelten die gleichen Überlegungen wie beim Thyristor.

Schaltungsbeispiel (Dimmer)

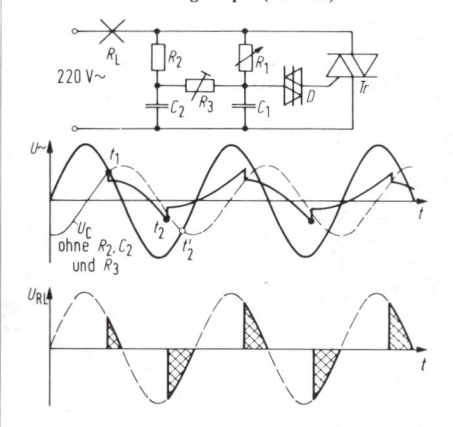

Erreicht U_C die Durchbruchspannung des Diac, so entlädt sich C_1 über die Steuerstrecke des Triac und zündet diesen; C_1 wird teilweise entladen, so daß der zweite Zündeinsatz früher folgt. Die Einengung des Steuerbereiches (Hysterese) wird durch Hinzufügen von R_2, C_2 und R_3 verringert.

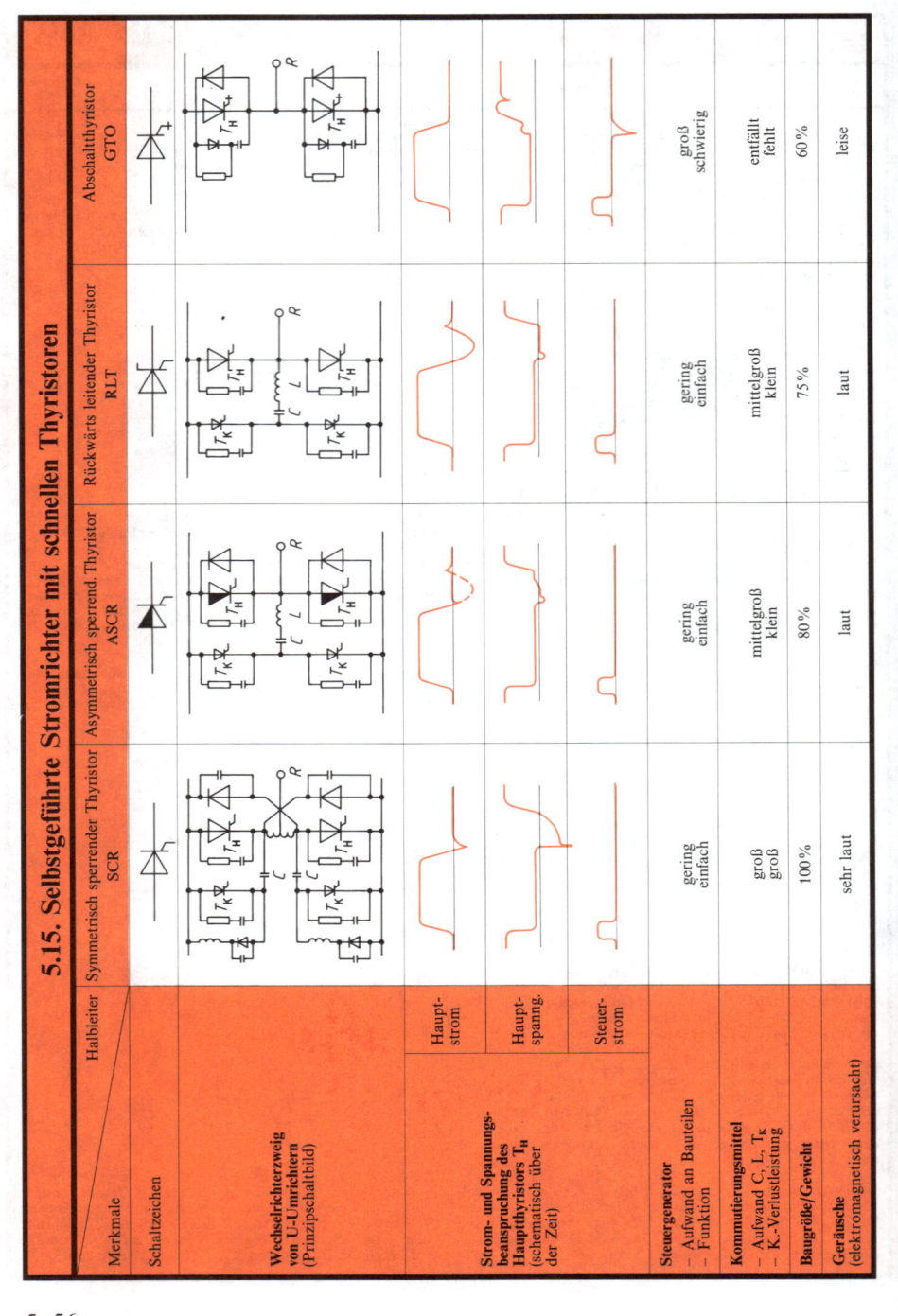

5.15. Selbstgeführte Stromrichter mit schnellen Thyristoren

Merkmale	Halbleiter	Symmetrisch sperrender Thyristor SCR	Asymmetrisch sperrend. Thyristor ASCR	Rückwärts leitender Thyristor RLT	Abschaltthyristor GTO
Schaltzeichen					
Wechselrichterzweig von U-Umrichtern (Prinzipschaltbild)					
Strom- und Spannungsbeanspruchung des Hauptthyristors T_H (schematisch über der Zeit)	Hauptstrom				
	Hauptspanng.				
	Steuerstrom				
Steuergenerator – Aufwand an Bauteilen – Funktion		gering einfach	gering einfach	gering einfach	groß schwierig
Kommutierungsmittel – Aufwand C, L, T_K – K.-Verlustleistung		groß groß	mittelgroß klein	mittelgroß klein	entfällt fehlt
Baugröße/Gewicht		100 %	80 %	75 %	60 %
Geräusche (elektromagnetisch verursacht)		sehr laut	laut	laut	leise

6 Digitaltechnik und Informationsverarbeitung

6.1 Digitaltechnik

6.1.1 Zahlensysteme

Während der Mensch gewohnheitsmäßig nach dem dezimalen Zahlensystem mit den zehn Ziffern 0 bis 9 rechnet, können Steuerungen und Computer nur zwei Schaltzustände mit vertretbarem technischem Aufwand unterscheiden. Deshalb lassen sich einem Schaltzustand (z.B. Spannung vorhanden oder Spannung nicht vorhanden) nur zwei Zeichen zuordnen. Als Binärzeichen (ein Zeichen aus einem Zeichenvorrat von zwei Zeichen) werden meist die Zeichen 0 und 1 verwendet. Das aus den Binärzeichen aufgebaute Zahlensystem wird als duales Zahlensystem (Zweiersystem) bezeichnet.

Dualzahlen

Entsprechend dem Aufbau des dezimalen Zahlensystems mit zehn Ziffern (0···9) und der Basis 10 z.B.

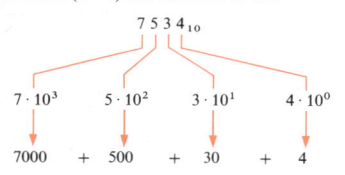

$$7534_{10}$$
$$7 \cdot 10^3 \quad 5 \cdot 10^2 \quad 3 \cdot 10^1 \quad 4 \cdot 10^0$$
$$7000 + 500 + 30 + 4$$

ist das duale Zahlensystem mit Binärzeichen, auch Dualziffern genannt, auf der Basis 2 aufgebaut.

Beispiel:

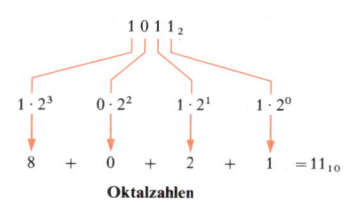

$$1011_2$$
$$1 \cdot 2^3 \quad 0 \cdot 2^2 \quad 1 \cdot 2^1 \quad 1 \cdot 2^0$$
$$8 + 0 + 2 + 1 = 11_{10}$$

Oktalzahlen

Um die Verständigung zwischen Mensch und Maschine bei vertretbarem technischen Aufwand zu erleichtern, wurden das oktale und sedezimale Zahlensystem eingeführt. Beim oktalen Zahlensystem werden drei und beim sedezimalen Zahlensystem vier aufeinanderfolgende Dualziffern zu einer Ziffer zusammengefaßt. Das oktale Zahlensystem ist auf der Basis 8 mit den acht Ziffern 0···7 aufgebaut.

Beispiel:

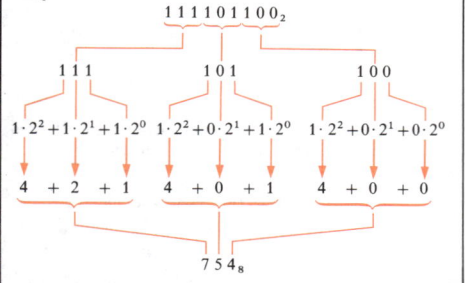

$$111101100_2$$

$$\underbrace{111}_{1 \cdot 2^2 + 1 \cdot 2^1 + 1 \cdot 2^0} \quad \underbrace{101}_{1 \cdot 2^2 + 0 \cdot 2^1 + 1 \cdot 2^0} \quad \underbrace{100}_{1 \cdot 2^2 + 0 \cdot 2^1 + 0 \cdot 2^0}$$

$$4 + 2 + 1 \quad 4 + 0 + 1 \quad 4 + 0 + 0$$

$$754_8$$

Sedezimalzahlen

Das sedezimale Zahlensystem ist auf der Basis 16 mit den sechzehn Ziffern 0···9, A, B, C, D, E und F aufgebaut. Vielfach ist auch die sprachlich nicht korrekte Bezeichnung Hexadezimalzahlen gebräuchlich.

Beispiel:

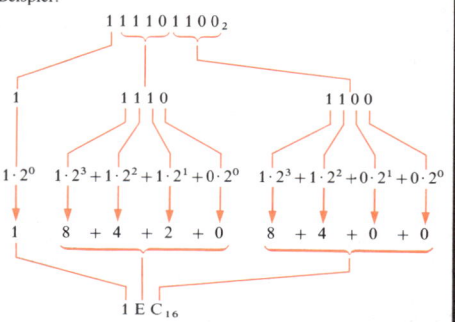

$$111101100_2$$

$$1 \quad \underbrace{1110}_{1 \cdot 2^3 + 1 \cdot 2^2 + 1 \cdot 2^1 + 0 \cdot 2^0} \quad \underbrace{1100}_{1 \cdot 2^3 + 1 \cdot 2^2 + 0 \cdot 2^1 + 0 \cdot 2^0}$$

$$1 \quad 8 + 4 + 2 + 0 \quad 8 + 4 + 0 + 0$$

$$1EC_{16}$$

Umwandlung einer Dezimalzahl in eine Zahl eines anderen Zahlensystems

Bei der Umwandlung nach der Divisionsregel wird die Dezimalzahl solange durch 2, 8 oder 16 geteilt, bis der Rest nicht mehr teilbar ist. Die Restziffern, von unten nach oben gelesen, ergeben die gesuchte Zahl.

Beispiel 1:

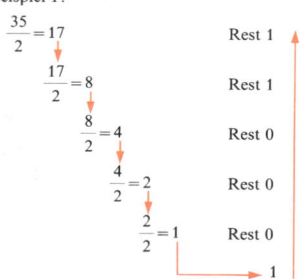

$$\frac{35}{2} = 17 \quad \text{Rest } 1$$
$$\frac{17}{2} = 8 \quad \text{Rest } 1$$
$$\frac{8}{2} = 4 \quad \text{Rest } 0$$
$$\frac{4}{2} = 2 \quad \text{Rest } 0$$
$$\frac{2}{2} = 1 \quad \text{Rest } 0$$
$$\rightarrow 1$$

$$35_{10} = 100011$$

Beispiel 2:

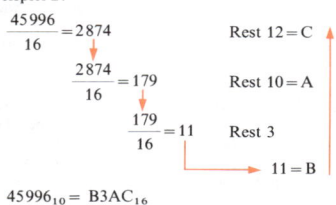

$$\frac{45996}{16} = 2874 \quad \text{Rest } 12 = C$$
$$\frac{2874}{16} = 179 \quad \text{Rest } 10 = A$$
$$\frac{179}{16} = 11 \quad \text{Rest } 3$$
$$\rightarrow 11 = B$$

$$45996_{10} = B3AC_{16}$$

6.1 Digitaltechnik

6.1.2 Beschreibung logischer Verknüpfungen

In Steuerungsschaltungen erfolgt die Signalerzeugung und Signalverarbeitung nahezu ausschließlich durch Schaltelemente mit zwei Betriebszuständen, z.B.

Schaltelement	0	1
Ventil	gesperrt	geöffnet
Schalter	geöffnet	geschlossen
Transistor	gesperrt	leitend

Infolge der Verarbeitung binärer Signale (digitaler Signale mit zwei möglichen Wertebereichen) läßt sich die Funktion von Binärschaltungen und deren Elementen eindeutig und anschaulich beschreiben. Am Beispiel der Verknüpfung von zwei binären Signalen werden die verschiedenen Möglichkeiten der Beschreibung erläutert.

Arbeitstabelle

Die Arbeitstabelle dient zur Beschreibung des physikalischen (z.B. des elektrischen oder pneumatischen) Verhaltens von Digitalschaltungen. Die physikalische Größe der Ein- und Ausgangssignale wird direkt durch ihre Werte oder die zugeordneten Pegel L (Low = niedrig) und H (High = hoch) gekennzeichnet. Der L-Pegel bzw. L-Bereich kennzeichnet den Bereich mit dem am wenigsten positiven (bzw. am meisten negativen) Pegel, der H-Pegel bzw. H-Bereich den Bereich mit dem am meisten positiven (bzw. am wenigsten negativen) Pegel eines binären Signals.

a	b	Q
L	L	L
L	H	L
H	L	L
H	H	H

- Jede Spalte enthält die Werte der binären Signale an einem Eingang oder einem Ausgang;
- jede Zeile gibt den Wert des Ausgangssignals (bei mehreren Ausgängen der Ausgangssignale) in Abhängigkeit einer Kombination von Werten der binären Signale an den Eingängen (Eingangskonfiguration) oder einem Eingang an;
- ist der Wert eines digitalen Ausgangssignals nicht vorhersehbar, so dient ein Fragezeichen der Kennzeichnung;
- hat der Wert eines digitalen Eingangssignals keinen Einfluß, so erfolgt die Kennzeichnung mit L/H oder X.

Wahrheitstabelle

Die Wahrheitstabelle gibt Aufschluß über die logischen Beziehungen zwischen dem Ausgangssignal bzw. den Ausgangssignalen (abhängige digitale Variable) von allen möglichen Kombinationen der Werte der Eingangssignale (unabhängige digitale Variable).

Das Aufstellen der Wahrheitstabelle setzt eine Logik-Vereinbarung voraus. Mit der Logik-Vereinbarung wird die Beziehung zwischen den physikalischen Werten der Arbeitstabelle und den logischen Zuständen mit den Binärwerten 0 und 1 der Wahrheitstabelle hergestellt. Die verwendete Vereinbarung soll im Stromlaufplan oder den zugehörigen Unterlagen angegeben werden.

Die logische Funktion einer digitalen Schaltung oder eines binären Elements ist abhängig von der getroffenen Logik-Vereinbarung. Geht man z.B. von dem in der Arbeitstabelle gewählten Beispiel aus, so ergibt sich bei der Zuordnung $1 \triangleq H$ und $0 \triangleq L$ (positive Logik) ein UND-Element, bei der Zuordnung $1 \triangleq L$ und $0 \triangleq H$ (negative Logik) jedoch ein ODER-Element.

$1 \triangleq H, 0 \triangleq L$				$1 \triangleq L, 0 \triangleq H$		
a	b	Q		a	b	Q
0	0	0		1	1	1
0	1	0		1	0	1
1	0	0		0	1	1
1	1	1		0	0	0

Schaltzeichen (Logiksymbol)

Das Schaltzeichen eines binären Elements kennzeichnet die tatsächlich ausgeführte logische Funktion in einem System.

UND-Element: a, b → & → Q
ODER-Element: a, b → ≥1 → Q

Die Zusammenschaltung mehrerer logischer Elemente ergibt zeichnerisch den Stromlaufplan (Verknüpfung elektrischer Größen) oder den Schaltplan (Verknüpfung pneumatischer bzw. hydraulischer Größen).

Zeitablaufdiagramm (Impulsdiagramm)

Zeitablaufdiagramme zeigen Funktionsabläufe im zeitgerechten Maßstab.
- Jede Funktion wird waagerecht, entsprechend dem gewählten Zeitmaßstab, aufgetragen;
- die Zeitachsen für jede Teilfunktion bzw. jedes Signal werden untereinander dargestellt;
- die Bezugslinie eines Signalzuges ist die logische 0. Die logische 1 wird oberhalb der Bezugslinie aufgetragen;
- Beginn und Ende des darzustellenden Funktionsablaufes zusammengehöriger Zeitachsen sind durch Anfangszeit- und Endzeit-Bezugslinie zu begrenzen;
- Signal- und Funktionsnamen stehen am linken Rand, erläuternde Angaben am rechten Rand des Diagramms.

Das folgende Zeitablaufdiagramm entspricht der Funktion eines UND-Gliedes:

a — Eingang 1
b — Eingang 2
Q — Ausgang

Zeitablaufdiagramme werden vorzugsweise zur Darstellung von taktgesteuerten digitalen Schaltungen verwendet.

Funktionsgleichung (Boolesche Gleichung)

Die logische Funktion eines binären Elements oder einer digitalen Schaltung läßt sich auch nach den Regeln der Schaltalgebra beschreiben.

6.1 Digitaltechnik

6.1.3 Elementare Verknüpfungen

Alle Schaltungsverknüpfungen können mit den Grundfunktionen UND, ODER und NICHT realisiert werden.

UND-Verknüpfung (Konjunktion)
Damit das Ausgangssignal den 1-Zustand annimmt, muß an allen Eingängen gleichzeitig ein 1-Signal anliegen.

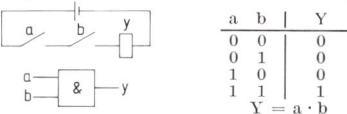

a	b	Y
0	0	0
0	1	0
1	0	0
1	1	1

$$Y = a \cdot b$$

Relais Y ist angezogen (1), wenn die Kontakte a und b geschlossen (1) sind.

ODER-Verknüpfung (Disjunktion)
Am Ausgang liegt ein 1-Signal, wenn an mindestens einem Eingang ein 1-Signal anliegt.

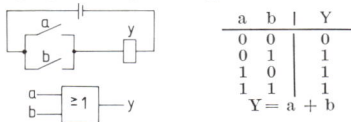

a	b	Y
0	0	0
0	1	1
1	0	1
1	1	1

$$Y = a + b$$

Relais Y ist angezogen (1), wenn Kontakt a angezogen (1) oder Kontakt b angezogen (1) ist.

NICHT-Verknüpfung (Negation)
Die NICHT-Verknüpfung bewirkt eine Signalumkehr.

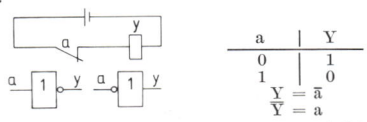

a	Y
0	1
1	0

$$Y = \bar{a}$$
$$\bar{Y} = a$$

Relais Y ist angezogen (1), wenn Kontakt a nicht betätigt (0) ist.

NAND-Verknüpfung
Die NAND-Verknüpfung besteht aus der Kombination der UND- und der NICHT-Verknüpfung.

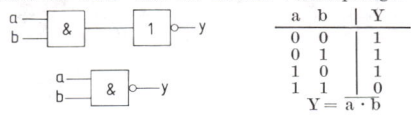

a	b	Y
0	0	1
0	1	1
1	0	1
1	1	0

$$Y = \overline{a \cdot b}$$

Liegt an allen Eingängen ein 1-Signal an, so ist das Ausgangssignal 0. Bei allen anderen Signalkombinationen steht am Ausgang ein 1-Signal an.

NOR-Verknüpfung
Die NOR-Verknüpfung besteht aus der Kombination der ODER- und der NICHT-Verknüpfung.

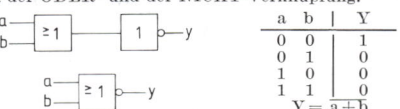

a	b	Y
0	0	1
0	1	0
1	0	0
1	1	0

$$Y = \overline{a + b}$$

Liegt an mindestens einem Eingang ein 1-Signal an, so steht am Ausgang ein 0-Signal an. Liegt an allen Eingängen ein 0-Signal an, so ist das Ausgangssignal 1.

6.1.4 Schaltalgebra (Boolesche Algebra)

Die Variablen der allgemeinen Algebra können von unendlich vielen Werten jeden beliebigen Wert annehmen. In der Schaltalgebra kann eine Variable dagegen nur zwei Werte, die Werte 0 und 1, annehmen.

Verknüpfungszeichen

Entsprechend DIN 5474 „Zeichen der mathematischen Logik" sind in DIN 66 000 den Schaltfunktionen folgende mathematische Zeichen zugeordnet:

Operation	UND	ODER	NICHT
	$\wedge$	$\vee$	$\neg$
Ersatzweise	$\cdot$	$+$	$-$

Das Zeichen $\neg$ (der waagerechte Strich steht in halber Höhe eines Buchstabens) beziehungsweise $-$ (Überstreichung des gesamten negierten Ausdrucks) bindet stärker als die Zeichen $\wedge$ und $\vee$. Da die Zeichen $\wedge$ und $\vee$ unter sich gleich stark binden, sind einzelne Terme einzuklammern.

Die Schreibweise schaltalgebraischer Funktionen wird jedoch sehr viel einfacher und übersichtlicher, wenn die ersatzweise zulässigen Zeichen $\cdot$, $+$ und $-$ verwendet werden, um im Gegensatz zu DIN 66 000 in Anlehnung an die Algebra das UND-Verknüpfungszeichen stärker als das ODER-Verknüpfungszeichen bindet. Dann können auch in der Schaltalgebra die Regeln der Algebra (z. B. Punktrechnung geht vor Strichrechnung) angewendet werden. Eine Ausnahme bildet lediglich die Eingangskonfiguration mehrerer 1-Signale der ODER-Verknüpfung:

$$1 + 1 + \ldots + 1 = 1$$

Postulate

$0 \cdot 0 = 0$	$0 + 0 = 0$
$0 \cdot 1 = 0$	$0 + 1 = 1$
$1 \cdot 0 = 0$	$1 + 0 = 1$
$1 \cdot 1 = 1$	$1 + 1 = 1$

Beispiel:

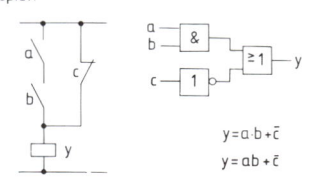

$$y = a \cdot b + \bar{c}$$
$$y = ab + \bar{c}$$

Klammernschreibweise

Für die Anwendung der Klammernschreibweise in der Schaltalgebra gelten die gleichen Regeln wie in der Algebra (s. S. 1-3).

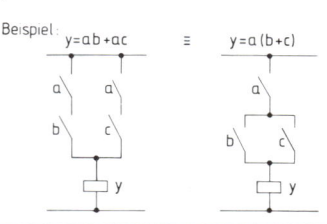

Beispiel: $y = ab + ac \equiv y = a(b + c)$

6.1 Digitaltechnik

Schaltalgebra (Boolesche Algebra)

Vereinfachungsregeln

Theoreme für eine Variable

1. $a \cdot 0 = 0$
2. $a \cdot 1 = a$
3. $a + 0 = a$
4. $a + 1 = 1$
5. $a \cdot a = a$
6. $a \cdot \bar{a} = 0$
7. $\bar{a} \cdot \bar{a} = \bar{a}$
8. $a + a = a$
9. $a + \bar{a} = 1$
10. $\bar{a} + \bar{a} = \bar{a}$

Theoreme für zwei Variable

1. $a(a+b) = a$
2. $a(\bar{a}+b) = ab$
3. $a + ab = a$
4. $a + \bar{a}b = a + b$
5. $ab + \bar{a}b = b$
6. $(a+b)(a+\bar{b}) = a$

Theoreme für drei Variable

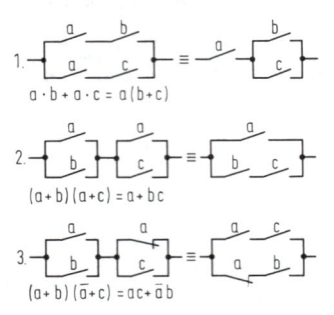

1. $a \cdot b + a \cdot c = a(b+c)$
2. $(a+b)(a+c) = a + bc$
3. $(a+b)(\bar{a}+c) = ac + \bar{a}b$

De Morgansche Theoreme

1. $\overline{a \cdot b} = \bar{a} + \bar{b}$
   $\overline{a \cdot b \cdot c \ldots n} = \bar{a} + \bar{b} + \bar{c} + \ldots + \bar{n}$
2. $\overline{a + b} = \bar{a} \cdot \bar{b}$
   $\overline{a + b + c + \ldots + n} = \bar{a} \cdot \bar{b} \cdot \bar{c} \ldots \bar{n}$

Diese beiden Theoreme sind insbesondere für die Realisierung von Schaltfunktionen mit NAND- und NOR-Gliedern wichtig.

Besondere Bedeutung haben die negierte UND-Verknüpfung (NAND = Not AND) und die negierte ODER-Verknüpfung (NOR = Not OR) erlangt. Mit jeder dieser beiden logischen Verknüpfungen können auch alle übrigen logischen Verknüpfungen und Speicherschaltungen realisiert werden.

Elementare Verknüpfung	NAND	NOR
UND $y = a \cdot b$		
ODER $y = a + b$		
NICHT $y = \bar{a}$		

6.1 Digitaltechnik

Beispiel:
Die folgende Schaltung soll in eine gleichwertige Schaltung mit NAND- bzw. NOR-Gliedern umgewandelt werden.

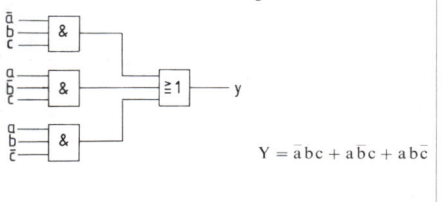

$Y = \bar{a}bc + a\bar{b}c + ab\bar{c}$

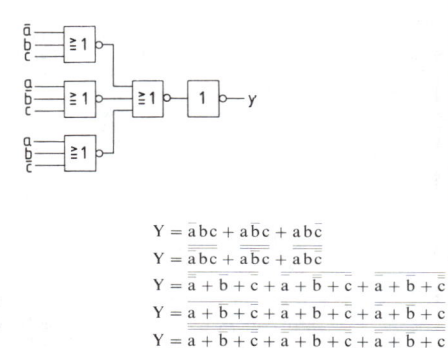

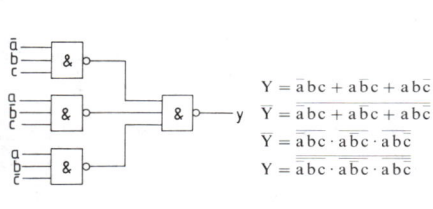

$Y = \bar{a}bc + a\bar{b}c + ab\bar{c}$
$\bar{Y} = \overline{\bar{a}bc + a\bar{b}c + ab\bar{c}}$
$\bar{Y} = \overline{\bar{a}bc} \cdot \overline{a\bar{b}c} \cdot \overline{ab\bar{c}}$
$Y = \overline{\overline{\bar{a}bc} \cdot \overline{a\bar{b}c} \cdot \overline{ab\bar{c}}}$

$Y = \bar{a}bc + a\bar{b}c + ab\bar{c}$
$Y = \overline{\overline{\bar{a}bc} + \overline{a\bar{b}c} + \overline{ab\bar{c}}}$
$Y = \overline{\overline{a+\bar{b}+\bar{c}} + \overline{\bar{a}+b+\bar{c}} + \overline{\bar{a}+\bar{b}+c}}$
$Y = \overline{\overline{a+\bar{b}+\bar{c}} + \overline{\bar{a}+b+\bar{c}} + \overline{\bar{a}+\bar{b}+c}}$
$Y = \overline{a+\bar{b}+\bar{c}} + \overline{\bar{a}+b+\bar{c}} + \overline{\bar{a}+\bar{b}+c}$

6.1.5 Die 16 logischen Verknüpfungen zwischen zwei Binärvariablen

Lfd. Nr.	Eingangsvariable a: 0 1 0 1 / b: 0 0 1 1					Relaisschaltung	Sinnbild	Schaltfunktion (Boolesche Gleichungen)	Benennung der Verknüpfung
0	c	0	0	0	0	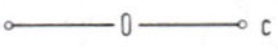		$c = 0$	Nullfunktion / Konstanz
1	c	0	0	0	1		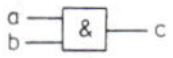	$c = a \cdot b = a \wedge b$	UND-Verknüpfung / Konjuktion
2	c	0	0	1	0			$c = \bar{a} \cdot b$	Inhibition / Sperrgatter
3	c	0	0	1	1	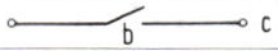		$c = b$	Identität
4	c	0	1	0	0			$c = a \cdot \bar{b}$	Inhibition / Sperrgatter
5	c	0	1	0	1	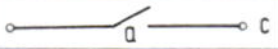		$c = a$	Identität
6	c	0	1	1	0	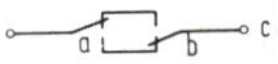	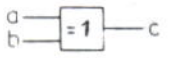	$c = (a \cdot \bar{b}) + (\bar{a} \cdot b)$	Antivalenz / Exclusives ODER
7	c	0	1	1	1	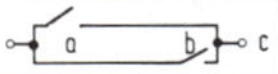		$c = a + b = a \vee b$	ODER-Verknüpfung / Disjunktion
8	c	1	0	0	0			$c = \bar{a} \cdot \bar{b} = \overline{a+b}$	NOR-Verknüpfung / Peirce-Funktion
9	c	1	0	0	1		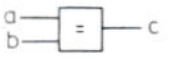	$c = \overline{(a \cdot \bar{b})} + (a \cdot b)$	Äquivalenz
10	c	1	0	1	0	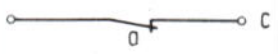		$c = \bar{a}$	Negation / Komplement
11	c	1	0	1	1	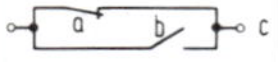	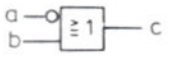	$c = \bar{a} + b$	Implikation
12	c	1	1	0	0	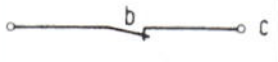	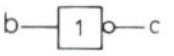	$c = \bar{b} = \neg b$	Negation / Komplement
13	c	1	1	0	1	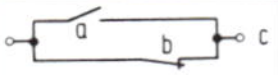		$c = a + \bar{b}$	Implikation
14	c	1	1	1	0	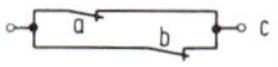		$c = \bar{a} + \bar{b} = \overline{a \cdot b}$	NAND-Verknüpfung / Sheffer Funktion
15	c	1	1	1	1			$c = 1$	Einsfunktion / Konstanz

6.1 Digitaltechnik

6.1.6 Entwurf kombinatorischer Schaltungen

Die Ausgangswerte kombinatorischer Schaltungen sind in jedem Zeitpunkt eine Funktion der Eingangsvariablen. Der systematische Entwurf dieser Schaltungen umfaßt in der Regel die Schritte:
1. Problemerfassung in einer Wahrheitstabelle
2. Aufstellung der Funktionsgleichung(en)
3. Schaltungsvereinfachung (Minimierung)
4. Schaltungsrealisierung

In der Wahrheitstabelle wird jeder möglichen Eingangskonfiguration die zugehörige Ausgangskonfiguration so zugeordnet, daß:
a) jede Spalte die binären Werte eines Eingangs oder eines Ausgangs enthält,
b) jede Zeile eine Eingangskonfiguration mit der zugehörigen Ausgangskonfiguration enthält.

Die 2^n Eingangskonfigurationen einer Schaltung mit n Eingangsvariablen werden nach aufsteigenden Dualzahlen von 0 bis $2^n - 1$ angeordnet.

Beispiel:
Ein 1-Bit Volladdierer muß aus zwei einstelligen Dualzahlen a und b und einem evtl. vorhandenen Übertrag ü aus der vorhergehenden Stelle die Summe S und ggf. den Übertrag Ü für die nächste Stelle bilden.

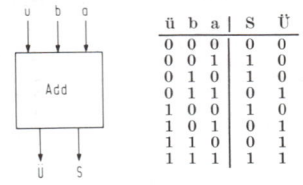

ü	b	a	S	Ü
0	0	0	0	0
0	0	1	1	0
0	1	0	1	0
0	1	1	0	1
1	0	0	1	0
1	0	1	0	1
1	1	0	0	1
1	1	1	1	1

Funktionsgleichung

Auf der Grundlage der Wahrheitstabelle lassen sich zwei Funktionsgleichungen ableiten, die die geforderte Verknüpfung der Eingangsvariablen gewährleisten: die **disjunktive** und die **konjunktive Normalform**. Hierzu wird die Wahrheitstabelle um je ein Spalte zur Bildung der **Minterme** und **Maxterme** erweitert. Minterme sind die konjunktive (UND-) Verknüpfung, Maxterme die disjunktive (ODER-) Verknüpfung aller Eingangsvariablen einer Eingangskonfiguration. Die disjunktive Normalform entsteht durch disjunktive (ODER-) Verknüpfung aller Minterme mit dem Funktionswert 1, die konjunktive Normalform durch konjunktive (UND-) Verknüpfung aller Maxterme mit dem Funktionswert 0.

Beispiel:
Es soll die Funktionsgleichung für die Übertragsbildung eines 1-Bit Volladdierers gebildet werden:

a	b	ü	Ü	Minterme	Maxterme
0	0	0	0	$\bar{a} \cdot \bar{b} \cdot \bar{ü}$	$a + b + ü$
0	0	1	0	$\bar{a} \cdot \bar{b} \cdot ü$	$a + b + \bar{ü}$
0	1	0	0	$\bar{a} \cdot b \cdot \bar{ü}$	$a + \bar{b} + ü$
0	1	1	1	$\bar{a} \cdot b \cdot ü$	$a + \bar{b} + \bar{ü}$
1	0	0	0	$a \cdot \bar{b} \cdot \bar{ü}$	$\bar{a} + b + ü$
1	0	1	1	$a \cdot \bar{b} \cdot ü$	$\bar{a} + b + \bar{ü}$
1	1	0	1	$a \cdot b \cdot \bar{ü}$	$\bar{a} + \bar{b} + ü$
1	1	1	1	$a \cdot b \cdot ü$	$\bar{a} + \bar{b} + \bar{ü}$

Disjunktive Normalform:
$$Ü = \bar{a} \cdot b \cdot ü + a \cdot \bar{b} \cdot ü + a \cdot b \cdot \bar{ü} + a \cdot b \cdot ü$$

Konjunktive Normalform:
$$Ü = (a + b + ü) \cdot (a + b + \bar{ü}) \cdot (a + \bar{b} + ü) \cdot (\bar{a} + b + ü)$$

6.1.7 Schaltungsvereinfachung (Minimierung)

Meist können die Normalformen durch Anwendung der Schaltalgebra S. 6-4 oder tabellarischer Verfahren noch wesentlich vereinfacht und damit der Schaltungsaufwand verringert werden. Wegen der größeren Übersichtlichkeit und einfacheren Handhabung der disjunktiven Normalform gegenüber der konjunktiven Normalform wird bei der Minimierung in der Regel von der disjunktiven Normalform ausgegangen.

Algebraische Vereinfachung

Die schaltalgebraische Vereinfachung beruht im wesentlichen auf der Anwendung der Vereinfachungsregeln von S. 6-4, wie das folgende Beispiel zeigt:

Beispiel:
$Ü = \bar{a} \cdot b \cdot ü + a \cdot \bar{b} \cdot ü + a \cdot b \cdot \bar{ü} + a \cdot b \cdot ü$
$Ü = \bar{a} \cdot b \cdot ü + a \cdot b \cdot ü + a \cdot b \cdot \bar{ü} + a \cdot b \cdot ü +$
$\quad a \cdot b \cdot ü + a \cdot b \cdot ü$
$Ü = \bar{a} \cdot b \cdot ü + a \cdot b \cdot ü + a \cdot \bar{b} \cdot ü + a \cdot b \cdot ü +$
$\quad a \cdot b \cdot \bar{ü} + a \cdot b \cdot ü$
$Ü = b \cdot ü \cdot (\bar{a} + a) + a \cdot ü \cdot (\bar{b} + b) + a \cdot b \cdot (\bar{ü} + ü)$
$Ü = b \cdot ü \cdot (1) + a \cdot ü \cdot (1) + a \cdot b \cdot (1)$
$Ü = b \cdot ü + a \cdot ü + a \cdot b$

Nach dieser Vereinfachung sind nur noch drei UND-Glieder mit je zwei Eingängen und ein ODER-Glied mit drei Eingängen erforderlich. Soll die Schaltung mit Relais realisiert werden, so ist eine weitere Vereinfachung sinnvoll:
$Ü = ü (a + b) + a \cdot b$

Vereinfachung mittels Karnaugh-Tafel

Wie das vorhergehende Beispiel zeigt, setzt das rein mathematische Vereinfachungsverfahren intuitives Vorgehen voraus, was bei umfangreicheren Normalformen oft zu erheblichen Schwierigkeiten führt. Deshalb wurden systematische Verfahren entwickelt, von denen die Methode nach Karnaugh und Veitch am gebräuchlichsten ist. Eine Karnaugh-Veitch-Tafel, kurz K-V-Tafel genannt, enthält für jeden Minterm ein quadratisches Feld, insgesamt also 2^n Felder (n = Anzahl der Eingangsvariablen). Diese Felder werden bei einer geraden Anzahl von Eingangsvariablen schachbrettartig so angeordnet, daß zwei nebeneinanderliegende Felder einer Zeile oder einer Spalte sich immer nur im Binärwert einer Eingangsvariablen unterscheiden. Bei einer ungeraden Anzahl von Eingangsvariablen erhält der senkrechte oder waagerechte Rand eine Eingangsvariable weniger als der andere Rand.

	a = 1			
	$\bar{a}\bar{b}\bar{c}\bar{d}$	$\bar{a}b\bar{c}\bar{d}$	$ab\bar{c}\bar{d}$	$a\bar{b}\bar{c}\bar{d}$
	$\bar{a}\bar{b}\bar{c}d$	$\bar{a}b\bar{c}d$	$ab\bar{c}d$	$a\bar{b}\bar{c}d$	d = 1
c = 1	$\bar{a}\bar{b}cd$	$\bar{a}bcd$	$abcd$	$a\bar{b}cd$
	$\bar{a}\bar{b}c\bar{d}$	$\bar{a}bc\bar{d}$	$abc\bar{d}$	$a\bar{b}c\bar{d}$

b = 1

c \ a b d	0	0	1	1
	0	1	1	0
0 0				
0 1				
1 1				
1 0				

6.1 Digitaltechnik

In die einzelnen Felder wird der Binärwert der Ausgangsvariablen (Funktionswert des entsprechenden Minterms) eingetragen, wobei die Eintragung von Nullen auch entfallen kann.

a	b	ü	Ü
0	0	0	0
0	0	1	0
0	1	0	0
0	1	1	1
1	0	0	0
1	0	1	1
1	1	0	1
1	1	1	1

→

ü\a b	0 0	0 1	1 1	1 0
0	0	0	1	0
1	0	1	1	1

Zwei Felder, die sich nur im Binärwert einer Eingangsvariablen unterscheiden, werden als benachbart oder Nachbarfelder bezeichnet. In diesem Sinne sind auch die Randfelder einer Zeile oder einer Spalte benachbart.

Steht in zwei benachbarten Feldern eine 1, so ist die Ausgangsvariable unabhängig von der Eingangsvariablen, die in dem einen Feld negiert, im anderen nicht negiert ist. Übrig bleibt ein UND-Ausdruck der beiden Feldern gemeinsamen Eingangsvariablen.

Die Übersichtlichkeit wird größer, wenn benachbarte Felder mit einer 1 durch Umrandung zu einer sogenannten Zweierschleife, auch Zweierblock genannt, zusammengefaßt werden. Dabei darf ggf. jedes Feld in mehrere Schleifen einbezogen werden.

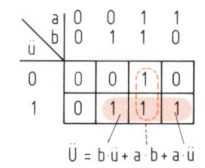

$$Ü = b \cdot ü + a \cdot b + a \cdot ü$$

Können vier oder acht Nachbarfelder zu einer Schleife zusammengefaßt werden, so ist die Ausgangsvariable innerhalb dieser Schleifen von zwei bzw. drei Eingangsvariablen unabhängig.

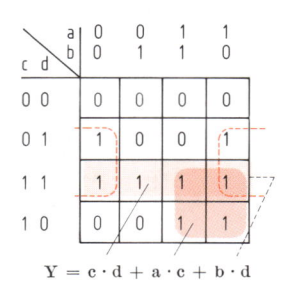

$$Y = c \cdot d + a \cdot c + b \cdot d$$

Eine K-V-Tafel für fünf Eingangsvariable läßt sich durch spiegelbildliches Aneinanderlegen zweier K-V-Tafeln für vier Eingangsvariable bilden. In einer so gebildeten Tafel unterscheiden sich symmetrisch zu den Anlegekanten (im folgenden Beispiel als Doppellinie gezeichnet) liegende Felder nur im Binärwert einer Eingangsvariablen und sind folglich ebenfalls Nachbarfelder.

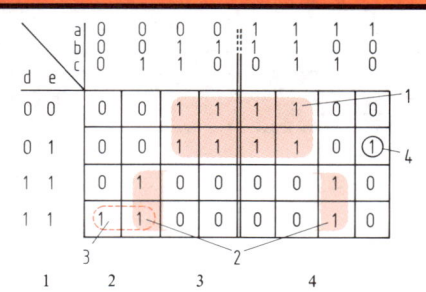

$$Y = b \cdot \overline{d} + \overline{b} \cdot c \cdot d + a \cdot \overline{b} \cdot d \cdot e + a \cdot \overline{b} \cdot \overline{c} \cdot \overline{d} \cdot e$$
$$Y = b \cdot \overline{d} + \overline{b} \cdot d(c + a \cdot \overline{e}) + a \cdot \overline{b} \cdot \overline{c} \cdot \overline{d} \cdot e$$
$$Y = b \cdot \overline{d} + \overline{b} \cdot d(c + a \cdot \overline{e}) + a \cdot \overline{c} \cdot \overline{d} \cdot e$$

Eine K-V-Tafel für sechs Eingangsvariable entsteht durch senkrechtes spiegelbildliches Aneinanderlegen zweier K-V-Tafeln für fünf Eingangsvariable.

Komplexe Schaltungen mit mehr als sechs Eingangsvariablen werden zweckmäßigerweise in Teilschaltungen mit einer kleineren Anzahl von Eingangsvariablen zerlegt, weil Nachbarfelder in Tafeln mit mehr als sechs Eingangsvariablen z. T. nur noch schwer zu erkennen sind.

Entsprechend den 1-Feldern bei der Minterm-Methode lassen sich bei der **Maxterm-Methode** alle benachbarten 0-Felder zusammenfassen. Dabei werden die Eingangsvariablen einzelner Felder oder Schleifen durch ODER-Funktion und die Felder und Schleifen untereinander mittels UND-Funktion verknüpft. Zusätzlich ist eine Negation der Eingangsvariablen erforderlich, weil Maxterme erfaßt werden.

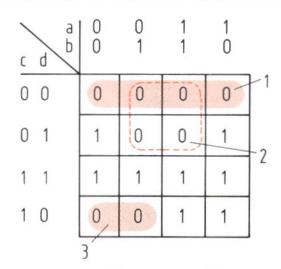

$$Y = (c + d) \cdot (\overline{b} + c) \cdot (a + \overline{c} + d)$$

Berücksichtigung von Redundanzen

Häufig können bestimmte Eingangskonfigurationen, z. B. gleichzeitige Betätigung mehrerer Stockwerksendschalter eines Fahrstuhls, nicht auftreten. Solche überflüssigen (redundanten) Verknüpfungen werden durch ein Kreuz im entsprechenden Feld der K-V-Tafel (don't care position) eingetragen und sind bei der Schleifenbildung zwecks Minimierung frei verfügbar, z. B.:

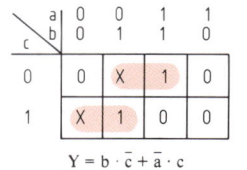

$$Y = b \cdot \overline{c} + \overline{a} \cdot c$$

6.1 Digitaltechnik

6.1.8 Darstellung logischer Verknüpfungen

Benennung Wahrheitstabelle Funktionsgleichung	Logik-Symbol nach DIN 40900 T12	pneumatische Realisierung nach ISO 1219	Stromlaufplan nach DIN 40713
UND (AND) a | b | Q 0 | 0 | 0 0 | 1 | 0 1 | 0 | 0 1 | 1 | 1 $Q = a \cdot b$	&		
ODER (OR) a | b | Q 0 | 0 | 0 0 | 1 | 1 1 | 0 | 1 1 | 1 | 1 $Q = a + b$	≥ 1		
NICHT (NOT) a | Q 0 | 1 1 | 0 $Q = \overline{a}$	1		
NAND a | b | Q 0 | 0 | 1 0 | 1 | 1 1 | 0 | 1 1 | 1 | 0 $Q = \overline{a \cdot b}$	&		
NOR a | b | Q 0 | 0 | 1 0 | 1 | 0 1 | 0 | 0 1 | 1 | 0 $Q = \overline{a + b}$	$\geq$		
SPEICHER (Flip Flop) S | R | Q | $\overline{Q}$ 1 | 0 | 1 | 0 0 | 0 | 1 | 0 0 | 1 | 0 | 1 0 | 0 | 0 | 1	S R Q $\overline{Q}$		

6.1 Digitaltechnik

6.1.9 Zuordnung elektrischer Pegel und logischer Zeichen

Nach DIN 41785 wird der von den zwei Spannungsbereichen digitaler Schaltungen näher an $-\infty$ liegende Spannungsbereich mit L (Low) und der näher an $+\infty$ liegende Spannungsbereich mit H (High) bezeichnet. Die Zuordnung der Logik-Zeichen 0 und 1 zu den mit L und H bezeichneten Spannungsbereichen ist nicht zwingend vorgeschrieben und bleibt dem Anwender überlassen. Je nach Zuordnung kann z. B. eine Schaltung die UND- oder die ODER-Bedingung erfüllen:

	$L \triangleq 0; H \triangleq 1$					$L \triangleq 1; H \triangleq 0$			
a	b	Y	a	b	Y		a	b	Y
L	L	L	0	0	0		1	1	1
L	H	L	0	1	0		1	0	1
H	L	L	1	0	0		0	1	1
H	H	H	1	1	1		0	0	0

der ungeraden Prüfbit-Erzeugung (**Odd-Parity**) wird das Prüfbit so ergänzt, daß eine ungerade Zahl von Einsen entsteht; bei einer geraden Prüfbit-Erzeugung (**Even-Parity**) wird das Prüfbit so ergänzt, daß eine gerade Zahl von Einsen entsteht.

Stark redundante Codes sind z. B. der 2-aus-5-Code und der 1-aus-10-Code:

Dezimal-ziffer	2-aus-5-Code	1-aus-10-Code
		9 8 7 6 5 4 3 2 1 0
0	0 0 0 1 1	0 0 0 0 0 0 0 0 0 1
1	0 0 1 0 1	0 0 0 0 0 0 0 0 1 0
2	0 0 1 1 0	0 0 0 0 0 0 0 1 0 0
3	0 1 0 0 1	0 0 0 0 0 0 1 0 0 0
4	0 1 0 1 0	0 0 0 0 0 1 0 0 0 0
5	0 1 1 0 0	0 0 0 0 1 0 0 0 0 0
6	1 0 0 0 1	0 0 0 1 0 0 0 0 0 0
7	1 0 0 1 0	0 0 1 0 0 0 0 0 0 0
8	1 0 1 0 0	0 1 0 0 0 0 0 0 0 0
9	1 1 0 0 0	1 0 0 0 0 0 0 0 0 0

6.1.10 Begriffe binärer Codierung

Um Informationen mit vertretbarem technischen Aufwand schnell und sicher übertragen und verarbeiten zu können, müssen z. B. die Buchstaben des allgemeinen Alphabets und die Dezimalziffern in eine maschinengerechte Sprache übersetzt (codiert) werden. Nach DIN 44300 Teil 2 ist ein **Code** die eindeutige Zuordnung der Elemente (Zeichen) eines endlichen Zeichenvorrats zu denjenigen eines zweiten Zeichenvorrats nach einer bestimmten Vorschrift. Werden den zu verschlüsselnden Zeichen Folgen aus den Binärzeichen 0 und 1 zugeordnet, so erhält man einen **binären Code**. Eine Folge aus mehreren Binärzeichen (auch Bit genannt, wenn der Unterschied nicht hervorgehoben wird), die in dem Sinne einer solchen Zuordnung eine Einheit bilden (z. B. 1001 $\triangleq$ 9), werden als **Wort** bezeichnet. Für 8-Bit-Wörter ist auch die Bezeichnung Byte üblich.

In der digitalen Rechentechnik werden vorzugsweise vierstellige Codes, auch 4-Bit-Codes oder **tetradische Codes** genannt, verwendet. Bei den **BCD-Codes** (Binär-Codierte-Dezimalziffer) wird jeder Binärstelle eine Wertigkeit zugeordnet, so daß für jedes 4-Bit-Wort, auch **Tetrade** genannt, die entsprechende Dezimalziffer aus der Summe der Einzelwertigkeiten berechnet werden kann.

Die **Redundanz** R ist ein Maß für Zeichen und Wörter, die zur direkten Informationsübermittlung nicht notwendig sind:

$$R = n - H$$

Hierin ist n die Anzahl der Binärstellen des Codes, auch **Entscheidungsgehalt** genannt, und H der duale Logarithmus der zu codierenden Menge der Nachrichtenelemente, auch sogenannte mittlere bedingte Informationsgehalt. Da z. B. aus einem 4-Bit-Zeichenvorrat insgesamt sechszehn 4-Bit-Wörter gebildet werden können, sind bei der Codierung der zehn Dezimalziffern sechs Tetraden, die sogenannten **Pseudotetraden**, überflüssig:

$$R = 4 - \text{ld}\, 10$$
$$= 4 - 3{,}3$$
$$= 0{,}7 \text{ Bit}$$

Durch Erweiterung der Stellenzahl über die zur direkten Codierung der Information erforderliche Stellenzahl hinaus (Redundanz) kann ein Code hinsichtlich Übertragungsfehler überprüfbar und ggf. korrigierbar aufgebaut werden. Im einfachsten Fall wird jedes Code-Wort um ein **Prüfbit** ergänzt. Bei

Läßt sich, wie z. B. beim Aiken-Code, innerhalb einer Codetabelle eine Symmetrielinie finden, unterhalb der das Komplement der oberen Hälfte abgebildet ist, so wird der Code als **symmetrischer Code** bezeichnet. Fehlen in einem Code die besonders fehleranfälligen Codewörter 0000 und 1111, so wird der Code als **markierter Code** bezeichnet.

Bei den **einschrittigen Codes**, auch progressive Codes genannt, ändert sich bei jedem Ziffernschritt nur ein Bit. Sie werden vorzugsweise bei Codelinealen und Codescheiben zur Umsetzung der Position eines Maschinenteils in ein Bitmuster angewendet. Infolge der Einschrittigkeit werden unzulässige Bitmuster beim Übergang von einem Schritt zum nächsten Schritt vermieden, wenn z. B. nicht alle Lesestellen exakt ausgerichtet sind.

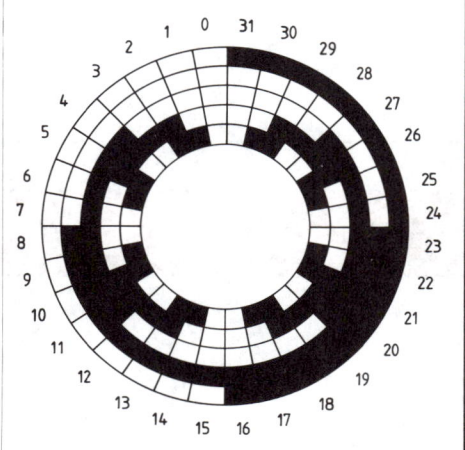

Der Gray-Code läßt sich auf einfache Weise in einen gewichteten binären Code, auch **bewerteter Code** genannt, umsetzen. Bei einem **gewichteten Code** wird die zu einem Codewort zugehörige Dezimalzahl durch Addition der Stellengewichte, z. B. der Zweierpotenzen, aller logisch 1 führenden Stellen ermittelt.

6.1 Digitaltechnik

6.1.11 Binäre Codes

Bewertete tetradische Codes

Dezimalziffer Wertigk.	Reiner Binär-Code 8 4 2 1	Aiken-Code 2 4 2 1	White-Code 5 2 1 1	Jump-at-2-Code 2 4 2 1	Jump-at-8-Code 2 4 2 1	4-2-2-1 Code 4 2 2 1	5-2-2-1 Code 5 2 2 1	5-3-1-1 Code 5 3 1 1	5-4-2-1 Code 5 4 2 1
0	0 0 0 0	0 0 0 0	0 0 0 0	0 0 0 0	0 0 0 0	0 0 0 0	0 0 0 0	0 0 0 0	0 0 0 0
1	0 0 0 1	0 0 0 1	0 0 0 1	0 0 0 1	0 0 0 1	0 0 0 1	0 0 0 1	0 0 0 1	0 0 0 1
2	0 0 1 0	0 0 1 0	0 1 0 0	1 0 0 0	0 0 1 0	0 0 1 0	0 0 1 0	0 0 1 1	0 0 1 0
3	0 0 1 1	0 0 1 1	0 1 0 1	1 0 0 1	0 0 1 1	0 0 1 1	0 0 1 1	0 1 0 0	0 0 1 1
4	0 1 0 0	0 1 0 0	0 1 1 1	1 0 1 0	0 1 0 0	0 1 1 0	0 1 1 0	0 1 0 1	0 1 0 0
5	0 1 0 1	1 0 1 1	1 0 0 0	1 0 1 1	0 1 0 1	0 1 1 1	1 0 0 0	1 0 0 0	1 0 0 0
6	0 1 1 0	1 1 0 0	1 0 0 1	1 1 0 0	0 1 1 0	1 1 0 0	1 0 0 1	1 0 0 1	1 0 0 1
7	0 1 1 1	1 1 0 1	1 1 0 0	1 1 0 1	0 1 1 1	1 1 0 1	1 0 1 0	1 0 1 1	1 0 1 0
8	1 0 0 0	1 1 1 0	1 1 0 1	1 1 1 0	1 1 1 0	1 1 1 0	1 0 1 1	1 1 0 0	1 0 1 1
9	1 0 0 1	1 1 1 1	1 1 1 1	1 1 1 1	1 1 1 1	1 1 1 1	1 1 1 0	1 1 0 1	1 1 0 0

Einschrittige tetradische Codes

Dezimalziffer Binärst.	Gray-Code 4 3 2 1	Glixon-Code 4 3 2 1	Petherick-Code 4 3 2 1	Gillham-Code 4 3 2 1	Reflekt. Exzeß-3-Code 4 3 2 1	O'Brien-Code 1 4 3 2 1	O'Brien-Code 2 4 3 2 1	Tompkins-Code 1 4 3 2 1	Tompkins-Code 2 4 3 2 1
0	0 0 0 0	0 0 0 0	0 1 0 1	0 0 0 0	0 0 1 0	0 0 0 0	0 0 0 1	0 0 0 0	0 0 1 0
1	0 0 0 1	0 0 0 1	0 0 0 1	0 0 0 1	0 1 1 0	0 0 0 1	0 0 1 1	0 0 0 1	0 0 1 1
2	0 0 1 1	0 0 1 1	0 0 1 1	0 0 1 1	0 1 1 1	0 0 1 1	0 0 1 0	0 0 1 1	0 1 1 1
3	0 0 1 0	0 0 1 0	0 0 1 0	0 0 1 0	0 1 0 1	0 0 1 0	0 1 1 0	0 0 1 0	0 1 0 1
4	0 1 1 0	0 1 1 0	0 1 1 0	0 1 1 0	0 1 0 0	0 1 1 0	0 1 0 0	0 1 1 0	0 1 0 0
5	0 1 1 1	0 1 1 1	1 1 1 0	0 1 0 0	1 1 0 0	1 1 1 0	1 1 0 0	1 1 1 0	1 1 0 0
6	0 1 0 1	0 1 0 1	1 0 1 0	1 1 0 0	1 1 0 1	1 0 1 0	1 1 1 0	1 1 1 1	1 1 0 1
7	0 1 0 0	0 1 0 0	1 0 1 1	1 1 1 0	1 1 1 1	1 0 1 1	1 0 1 0	1 1 0 1	1 0 0 1
8	1 1 0 0	1 1 0 0	1 0 0 1	1 0 1 0	1 1 1 0	1 0 0 1	1 0 1 1	1 1 0 0	1 0 1 1
9	1 1 0 1	1 0 0 0	1 1 0 1	1 0 1 1	1 0 1 0	1 0 0 0	1 0 0 1	1 0 0 0	1 0 1 0

Pentadische Codes

Dezimalziffer Binärst.	Walking-Code 5 4 3 2 1	Libaw-Craig-Code 5 4 3 2 1	Nuding-Code 5 4 3 2 1	Lorenz-Code 5 4 3 2 1	Zahlensicherungs-Code 5 4 3 2 1	7-4-2-1-0 Code 5 4 3 2 1	8-4-2-1-0 Code 5 4 3 2 1
0	0 0 0 1 1	0 0 0 0 0	0 0 0 1 0	1 0 0 1 1	0 1 0 1 1	1 1 0 0 0	1 0 1 0 0
1	0 0 1 0 1	0 0 0 0 1	0 0 1 0 1	1 0 1 0 1	1 1 1 0 0	0 0 0 1 1	0 0 0 1 1
2	0 0 1 1 0	0 0 0 1 1	0 1 0 0 0	1 1 0 0 1	1 1 0 1 0	0 0 1 0 1	0 0 1 0 1
3	0 1 0 1 0	0 0 1 1 1	0 1 0 1 1	0 0 1 1 1	1 1 0 0 1	0 0 1 1 0	0 0 1 1 0
4	0 1 1 0 0	0 1 1 1 1	0 1 1 1 0	0 1 0 1 1	1 0 1 1 0	0 1 0 0 1	0 1 0 0 1
5	1 0 1 0 0	1 1 1 1 1	1 0 0 0 1	0 1 1 0 1	1 0 1 0 1	0 1 0 1 0	0 1 0 1 0
6	1 1 0 0 0	1 1 1 1 0	1 0 1 0 0	0 1 1 1 0	1 0 0 1 1	0 1 1 0 0	0 1 1 0 0
7	0 1 0 0 1	1 1 1 0 0	1 0 1 1 1	1 0 1 1 0	0 0 1 1 1	1 0 0 0 1	1 1 0 0 0
8	1 0 0 0 1	1 1 0 0 0	1 1 0 1 0	1 1 0 1 0	0 1 0 1 0	1 0 0 1 0	1 0 0 0 1
9	1 0 0 1 0	1 0 0 0 0	1 1 0 0 1	1 1 1 0 0	0 1 0 0 1	1 0 1 0 0	1 0 0 1 0

6.1 Digitaltechnik

6.1.12 ASCII-Code

In der Datenverarbeitung hat der ASCII-Code (American Standard Code for Information Interchange = amerikanischer Standard-Code für den Informationsaustausch) die größte Bedeutung erlangt.

Sieben Bit dienen der Codierung von 128 Zeichen. Das 6. und 7. Bit ermöglichen eine Unterscheidung von Steuerbefehlen sowie alphanumerischen Zeichen und Sonderzeichen.

Es werden drei Arten von Steuerbefehlen unterschieden: Übertragungs-Steuerbefehle CC (Comunication Control), Format-Steuerbefehle FE (Format Effektor) und Trennbefehle IS (Information Seperator).

Das 8. Bit kann als Prüfbit ergänzt werden. Jedes Codewort wird auf eine gerade Anzahl von Stellen mit der Wertigkeit 1 (even parity) oder eine ungerade Anzahl von Stellen mit der Wertigkeit 1 (odd parity) gebracht.

HEX			MSD	P=1	8	9	A	B	C	D	E	F
				P=0	0	1	2	3	4	5	6	7
			BIT	8	P	P	P	P	P	P	P	P
				7	0	0	0	0	1	1	1	1
				6	0	0	1	1	0	0	1	1
LSD	4	3	2	1	5	0	1	0	1	0	1	0	1
0	0	0	0	0		NUL	DLE	SP	0	@	P	`	p
1	0	0	0	1		SOH	DC1	!	1	A	Q	a	q
2	0	0	1	0		STX	DC2	"	2	B	R	b	r
3	0	0	1	1		ETX	DC3	#	3	C	S	c	s
4	0	1	0	0		EOT	DC4	$	4	D	T	d	t
5	0	1	0	1		ENQ	NAK	%	5	E	U	e	u
6	0	1	1	0		ACK	SYN	&	6	F	V	f	v
7	0	1	1	1		BEL	ETB	'	7	G	W	g	w
8	1	0	0	0		BS	CAN	(	8	H	X	h	x
9	1	0	0	1		HT	EM	)	9	I	Y	i	y
A	1	0	1	0		LF	SUB	*	:	J	Z	j	z
B	1	0	1	1		VT	ESC	+	;	K	[	k	{
C	1	1	0	0		FF	FS	,	<	L	\	l	|
D	1	1	0	1		CR	GS	-	=	M	]	m	}
E	1	1	1	0		SO	RS	.	>	N	^	n	~
F	1	1	1	1		SI	US	/	?	O	_	o	DEL

Befehl	Art des Befehls	Bezeichnung	Bedeutung
ACK	CC	acknowlegde	Bestätigung an den Sender
BEL	CC	bell	Klingel, zum Teil auch Rückmeldung
BS	FE	back space	Rückschritt; Empfänger meldet dem Sender, daß eine Zeile nicht richtig empfangen wurde
CAN	CC	cancel	Widerruf; Meldung, daß Empfänger noch keine neuen Daten aufnehmen kann
CR	FE	carriage return	Wagenrücklauf
DC	CC	device control	Gerätesteuersignal DC1 bis DC4 für die Ansteuerung vier verschiedener Geräte
DEL		delete	Auslöschen fehlerhaft gesendeter Zeichen
DLE	CC	data link escape	Empfänger meldet Verlust von Daten bei der Übertragung
EM	CC	end of medium	z. B. Meldung des Senderausfalls
ENQ	CC	enquiry	Suchbefehl; Anfrage „wer da?"
EOT	CC	end of transmission	Ende der Übertragung
ESC	CC	escape	Empfänger unterbricht den Sender
ETB	CC	end of transmission block	Ende eines Übertragungsblocks
ETX	CC	end of text	Ende des Textes
FF	FE	form feed	Formularvorschub für neues Formular
FS	IS	file separator	Block-Trennzeichen
GS	IS	group separator	Gruppen-Trennzeichen
HT	FE	horizontal tabulation	horizontale Tabellierung; Überspringen von Leerschritten
LF	FE	line feed	Zeilenvorschub
NAK	CC	negative acknowledge	Fehlermeldung; das Aussenden von Daten wird blockiert
NL	CC	null (idle)	Null; Empfänger wird auf Empfang geschaltet
RS	IS	record separator	Trennzeichen; ähnlich FS- und GS-Signal
SI	FE	shift in	Einrücken; Wagen geht in arretierte Ruhestellung
SO	FE	shift out	Ausrücken; Wagen geht in seine Startstellung
SOM	CC	start of message	Beginn der Nachricht
SP	FE	space	Zwischenraum
SS	CC	start of special	Unterbrechung der Datenübermittlung und Ausspeicherung der Daten, z. B. bei Ausfall eines Gerätes
STX	CC	start of text	Beginn des Textes
SYN	CC	synchronous idle	Herstellen einer Synchronisation zwischen Empfänger und Sender
US	IS	unit separator	Trennzeichen für eine Einheit; ähnlich FS-, GS- und RS-Signal
VT	FE	vertical tabulation	vertikale Tabellierung; Überspringen der Zwischenräume
@		at-sign	„Klammeraffe"; Auf- und Abruf bestimmter Funktionen

6.1 Digitaltechnik

6.1.13 Kippglieder

In sequentiellen Schaltungen wird der Binärwert der Ausgangsvariablen nach (t_{n+1}) einer Änderung des Binärwertes der Eingangsvariablen zusätzlich vom inneren Zustand der Schaltung vor (t_n) der Änderung bestimmt.

Wesentlicher Bestandteil sequentieller Schaltungen sind bistabile Elemente, auch Flipflops, bistabile Kippglieder, Impulsspeicher, bistabile Kippstufen oder bistabile Multivibratoren genannt.

RS-Kippglied

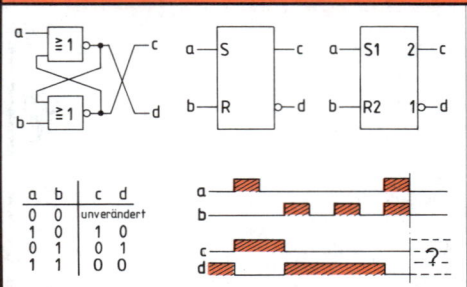

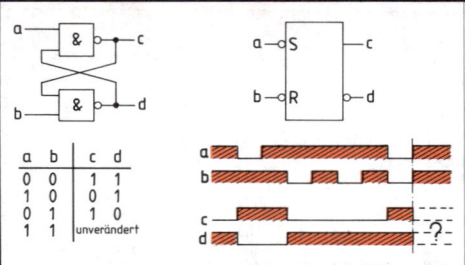

a	b	c	d
0	0	unverändert	
1	0	1	0
0	1	0	1
1	1	0	0

Das RS-Kippglied, auch Basiskippglied oder asynchrones Kippglied genannt, spricht unmittelbar auf Eingangssignalwechsel an. Es entsteht z. B. durch Zusammenschalten zweier NOR-Glieder.

Das RS-Kippglied wird mit einem 1-Signal am Setzeingang S gesetzt und mit einem 1-Signal am Rücksetzeingang R zurückgesetzt. Liegt an beiden Eingängen ein 0-Signal, so bleibt der Ausgangszustand erhalten.

Liegt an beiden Eingängen gleichzeitig ein 1-Signal, so entsteht ein pseudostabiler Ausgangszustand. Der gleichzeitige Rückgang der Eingangssignale a und b von 1 nach 0 erzeugt ein nicht vorhersehbares stabiles und komplementäres Ausgangsmuster. Die Beschriftung des rechten Schaltzeichens ist ein Hinweis auf diesen pseudostabilen Ausgangszustand.

$\overline{RS}$-Kippglied

a	b	c	d
0	0	1	1
1	0	0	1
0	1	1	0
1	1	unverändert	

Im Gegensatz zum NOR-Kippglied wird das NAND-Kippglied mit 0-Signalen eingestellt. Der Ausgangszustand ist nur stabil, wenn beide Eingangsvariable entgegengesetzte Werte oder den Wert 1 annehmen.

Entsprechend den Eingangsbezeichnungen R und S wird das NOR-Kippglied auch als RS(L)-Kippglied und das NAND-Kippglied als $\overline{RS}$(H)-Kippglied bezeichnet. Die Querstriche über den Eingangsbezeichnungen weisen auf die aktiven Eingangspegel L, die Pegelangabe in der Klammer auf die pseudostabilen Ausgangspegel bei gleichzeitigem Anlegen des aktiven Pegels an beide Eingänge hin.

Kippglied mit dominierendem Eingang

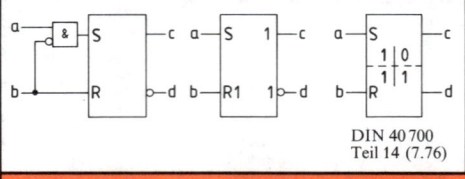

	1	0
	1	1

DIN 40 700
Teil 14 (7.76)

Setzen und Rücksetzen erfolgen wie bei einem RS-Kippglied. Befinden sich jedoch beide Eingänge gleichzeitig im internen 1-Zustand, so nimmt das Kippglied den internen 0-Zustand an.

Kippglied mit Grundstellung

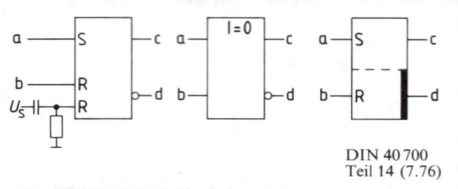

DIN 40 700
Teil 14 (7.76)

Nimmt ein Kippglied durch interne Schaltungsmaßnahmen oder durch einen Richtimpuls beim Einschalten der Versorgungsspannung einen bestimmten internen Zustand an – hier 0 –, so kann dies durch eine entsprechende Eintragung im Schaltzeichen gekennzeichnet werden.

Anmerkung: Die beiden R-Eingänge sind durch ODER verknüpft.

6.1 Digitaltechnik

Einzustandsgesteuertes Kippglied
(latch)

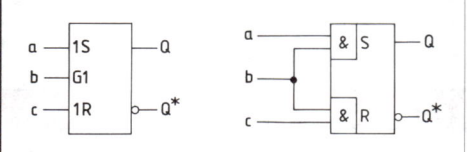

Antivalente Signale an den Eingängen 1 S und 1 R, jetzt Vorbereitungseingänge genannt, können nur wirksam werden, wenn am Eingang G 1 (Gate = Tor) gleichzeitig ein 1-Signal anliegt.

Entsprechend den Eingangsbezeichnungen und wirksamen Pegeln wird dieses Kippglied auch als $R_G S_G(L)$-Kippglied bezeichnet. Andere Varianten einzustandsgesteuerter Kippglieder sind z. B. das $R_{\bar{G}} S_G(L)$-, das $\bar{R}_G \bar{S}_G(H)$- und das $\bar{R}_{\bar{G}} \bar{S}_{\bar{G}}(H)$-Kippglied.

Anmerkung: Anstelle der Bezeichnung G ist auch die Bezeichnung C (Clock = Uhr = Takt) zulässig.

Zweizustandsgesteuertes Kippglied
(pulse-triggered bistable)

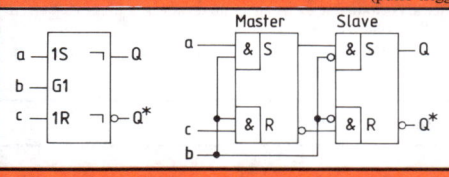

Hat die Eingangsvariable b den Wert 1, so übernimmt das Master-Kippglied die Werte der Eingangsvariablen a und c. Nimmt die Eingangsvariable b anschließend den Wert 0 an, so übernimmt das Slave-Kippglied die Information des Master-Kippgliedes.

Anmerkung: Anstelle der Bezeichnung G ist auch die Bezeichnung C (Clock = Uhr = Takt) zulässig.

Flankengesteuerte Kippglieder

In Zähler- und Registerschaltungen muß ein Kippglied häufig bereits am Eingang eine neue Information übernehmen, während am Ausgang noch die alte Information ausgelesen wird.

Dies setzt eine Zwischenspeicherung voraus, die beim einflankengesteuerten Kippglied dynamisch und beim zweiflankengesteuerten Kippglied statisch erfolgt.

Einflankengesteuertes Kippglied
(edge-triggered bistable)

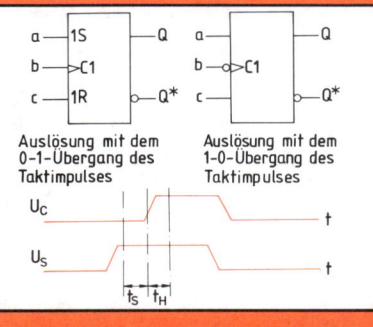

Die Vorbereitungseingänge 1 S und 1 R sind nur während der auslösenden Flanke (meist der 1-0-Übergang, auch negative Flanke genannt) des Taktimpulses am Eingang C wirksam. Damit es zu keinem Fehlverhalten des Kippgliedes kommt, darf die Information an den Vorbereitungseingängen 1 S und 1 R während der Setzzeit (set up time) t_S und der Haltezeit (hold time) t_H nicht geändert werden; außerdem muß das Taktsignal mindestens während der Haltezeit t_H den Wert 1 beibehalten.

Die Flankensteilheit des einflankengesteuerten Kippgliedes, auch $R_T S_T$-Kippglied genannt, darf einen Mindestwert nicht unterschreiten.

Auslösung mit dem 0-1-Übergang des Taktimpulses

Auslösung mit dem 1-0-Übergang des Taktimpulses

Zweiflankengesteuertes Kippglied
(data-lock-out bistable)

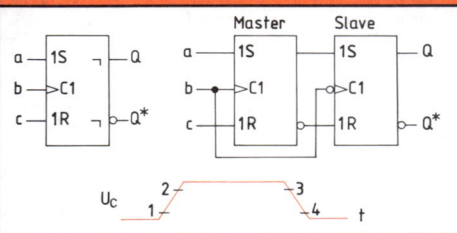

Das zweiflankengesteuerte Kippglied kann man mit beliebig langsam ansteigenden und abfallenden Taktimpulsflanken betreiben. Es benötigt keine Setzzeit t_S vor dem Eintreffen des Taktimpulses und keine Haltezeit t_H nach der Informationsübernahme in das Master-Kippglied. Es kann jedoch solange über die Vorbereitungseingänge S und R gestört werden, wie am Takteingang C ein 1-Signal anliegt.

6.1 Digitaltechnik

D-Kippglied

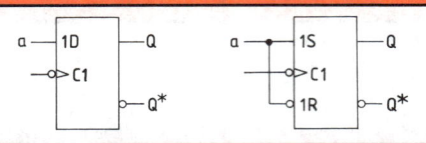

Die Signalkombination $S = R = 1$ führt bei einem RS-Kippglied zu einem nicht vorhersehbaren Speicherverhalten. Dieser Fall wird ausgeschlossen, wenn dem Eingang R zwangsläufig die Negation des Signals an S zugeführt wird.

D-Kippglieder sind als zustandsgesteuerte, ein- und zweiflankengesteuerte Kippglieder handelsüblich.

JK-Kippglied

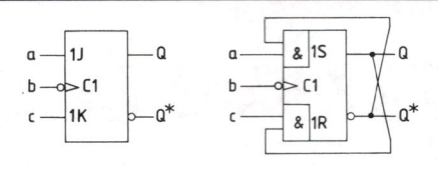

Infolge der inneren Rückführung öffnet der Taktimpuls immer nur das UND-Glied, dessen zweiter Eingang vom Ausgang her ein 1-Signal erhält. Liegt an beiden Vorbereitungseingängen J und K gleichzeitig ein 1-Signal an, so wirkt das JK-Kippglied wie ein Binärteiler, d. h., daß jede wirksame Taktflanke einen Wechsel der Ausgangssignale zur Folge hat. Bei allen anderen Eingangskonfigurationen wirkt es wie ein einflankengesteuertes RS-Kippglied.

Das JK-Kippglied ist auch zweiflankengesteuert erhältlich.

6.1.14 Digitale Halbleiterspeicher

Schreib-Lese-Speicher; RAM

(**R**andom-**A**ccess-**M**emory). Über die Adreßeingänge A_0 bis A_3 kann wahlweise auf die einzelnen Zeilen des wortweise (4-Bit-Worte) organisierten RAMs zugegriffen werden. Zum Einschreiben eines an den Dateneingängen D_1 bis D_4 anliegenden Wortes müssen am CE-Eingang (**C**hip **E**nable = Sperreingang) und am W/$\overline{R}$-Eingang (**W**rite = schreiben; **R**ead = lesen) 1-Signale anliegen. Liegt dagegen am CE-Eingang ein 1-Signal und am W/$\overline{R}$-Eingang ein 0-Signal, so kann das über die Eingänge A_0 bis A_3 adressierte Wort an den Ausgängen Q_1 bis Q_4 zerstörungsfrei ausgelesen werden. Bei Ausfall der Betriebsspannung geht die in den Kippgliedern gespeicherte Information des RAMs verloren.

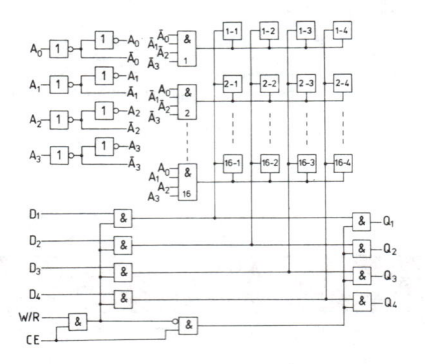

Die zu speichernde Information wird bei statischen RAMs (SRAM) in Kippglieder und bei dynamischen RAMs (DRAM) als Kondensatorladung festgehalten.

Vorteilhaft ist der geringere Schaltungsaufwand der dynamischen RAMs gegenüber dem der statischen RAMs, so daß ein höherer Integrationsgrad möglich ist. Nachteilig ist die erforderliche periodische Regenerierung (refresh) der gespeicherten Ladungen infolge der unvermeidbaren Leckströme.

Nur-Lese-Speicher; ROM

(**R**ead-**O**nly-**M**emory = Nurlesespeicher). Der Speicherinhalt wird vom Halbleiterhersteller entsprechend den Kundenangaben „eingeschrieben". Der Zugriff zum Speicherinhalt entspricht dem des RAMs. Der Speicherinhalt ist nullspannungssicher (bleibt bei Ausfall der Versorgungsspannung erhalten) und kann nachträglich nicht mehr verändert werden.

Programmierbare Nur-Lese-Speicher

Der Speicherinhalt aller programmierbaren Nur-Lesespeicher ist nullspannungssicher.

Bei einem **PROM** (**P**rogrammable **R**ead **O**nly **M**emory) wird der Speicherinhalt vom Anwender mittels eines Programmiergerätes programmiert. Dabei wird z. B. eine Brücke in einem Diodenzweig zwischen Zeilen- und Spaltenleitung mit einem Stromimpuls aufgetrennt, so daß nur eine einmalige Programmierung möglich ist.

Beim **EPROM** (**E**rasable PROM) werden beim Programmieren als Information elektrische Ladungen gespeichert, die nur in sehr langen Zeiträumen (z. B. 10 Jahre) abfließen können. Mit Hilfe einer UV-Lichtquelle hoher Intensität kann die gesamte gespeicherte Information wieder gelöscht werden, so daß anschließend eine erneute Programmierung möglich ist. Die Zugriffszeit beträgt 200 bis 500 ns.

Ein **EAROM** (**E**lectrical **A**lterable **ROM**) ist ein elektrisch programmierbarer und löschbarer Festwertspeicher mit meist kleiner Speicherkapazität, Lesezeiten im Mikrosekunden- und Schreibzeiten im Millisekundenbereich.

Ein **EEPROM** (**E**lectrical **E**rasable **ROM**), auch **E²PROM** genannt, kann elektrisch programmiert und gelöscht werden. Die Speicherkapazität beträgt bis zu 64 KBit. Die Zugriffszeit liegt im µs-Bereich, die Lösch- und Schreibzeit im ms-Bereich.

Im Gegensatz zu ROMs ist bei den **PLAs** (**P**rogrammable **L**ogic **A**rray) von den 2^n Eingangskonfigurationen der n Eingangsvariablen nur ein geringer Teil verfügbar, so daß der Adreßraum wesentlich größer als die Zahl der nutzbaren Worte ist.

FPLAs (**F**ield **P**rogrammable **L**ogic **A**rray) gestatten die einmalige elektrische Programmierung sowohl der Adressen als auch der unter diesen Adressen abrufbaren Worte.

6.1 Digitaltechnik

6.1.15 Zähler und Register

Asynchrone Schaltungstechnik

In einer asynchronen Schaltung wird nur ein Teil der Kippglieder vom Zähltakt gesteuert, während die anderen Kippglieder seriell (nacheinander) von einem davorliegenden Kippglied angesteuert werden.

Um einen asynchronen 2^n-Teiler zu erhalten, werden n Kippglieder so hintereinander geschaltet, daß der Ausgang jeweils mit dem Eingang des folgenden Kippgliedes verbunden ist.

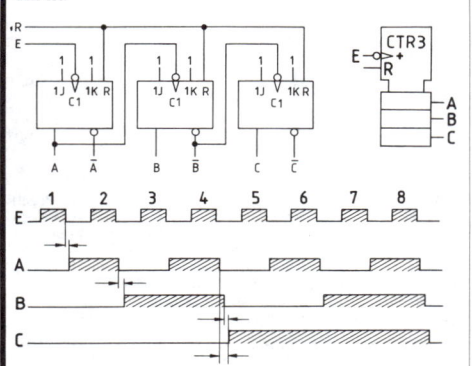

Der Schaltungsaufwand asynchroner Schaltungen ist gegenüber synchronen Schaltungen geringer.

Diesem Vorteil stehen erhebliche Nachteile gegenüber. So werden z. B. nach dem 8. Zählimpuls des asynchronen 2^3-Teilers die Ausgangskonfigurationen ABC, $\overline{A}BC$ und $\overline{AB}C$ durchlaufen, bis sich der definierte Ausgangszustand $\overline{ABC}$ einstellt. Der Zählerstand darf erst decodiert werden, wenn alle Umschaltvorgänge abgelaufen sind; bei n Kippgliedern also zum Teil nach n Kippgliedschaltzeiten, was zu einer Herabsetzung der zulässigen Betriebsfrequenz führt.

Um den Schaltungsaufwand, insbesondere der Decodierung zu begrenzen, werden Zähler meist nach dem Dezimalsystem organisiert, wobei die einzelnen Dekaden binär codiert (BCD = **B**inär **C**odierte **D**ezimalziffer) sind.

Der Ausgang D liefert auch den Übertrag für die nächste Dekade.

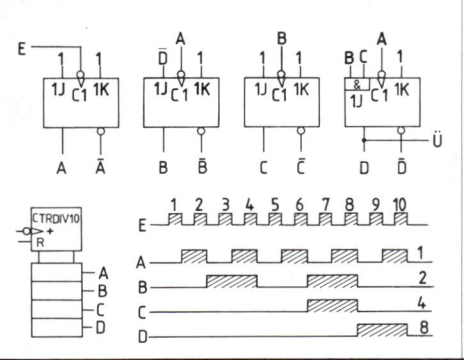

Synchrone Schaltungstechnik

In synchronen Schaltungen sind die Takteingänge aller Kippglieder verbunden, so daß die Umschaltung aller an einem Schaltvorgang beteiligten Kippglieder synchron (gleichzeitig) erfolgt. Die Kippgliedverzögerungszeit tritt nur noch einmal auf, so daß die zulässige Betriebsfrequenz höher ist. Die Störsicherheit ist größer als bei asynchronen Schaltungen, weil die Vorbereitungseingänge nur kurzzeitig von der wirksamen Taktflanke freigegeben werden.

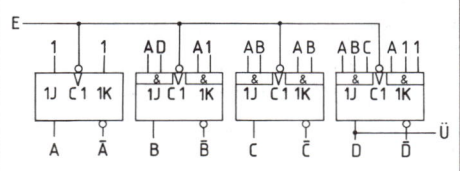

Bei Vernachlässigung der Kippgliedschaltzeiten stimmt das Impulsdiagramm des synchronen BCD-Zählers mit 8421-Code mit dem Impulsdiagramm des asynchronen BCD-Zählers mit 8421-Code überein.

Das **Schieberegister** ist eine Kettenschaltung, in der das gemeinsame Taktsignal die in den Kippgliedern gespeicherte Information je nach Zusammenschaltung um eine Stelle nach links oder rechts verschiebt.

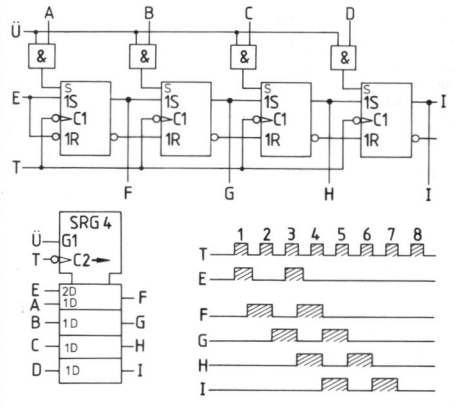

Ein 4-Bit-Wort kann mit 4 Taktimpulsen seriell (nacheinander) über den Eingang E in ein 4-Bit-Schieberegister hineingeschoben und anschließend an den Ausgängen F bis I parallel (gleichzeitig) abgefragt werden. Mit 4 weiteren Taktimpulsen wird das gespeicherte Wort zum Ausgang I seriell hinausgeschoben. Ein an die Eingänge A bis D parallel angelegtes 4-Bit-Wort kann jedoch auch mit einem Impuls am Eingang Ü parallel übernommen werden.

Wird der Ausgang I mit dem Eingang E verbunden, so erhält man ein **Ringschieberegister**. Eine einmal eingespeicherte Information kann ringförmig (endlos) weitergeschoben werden.

6.1 Digitaltechnik

6.1.16 Spezifikationen digitaler Schaltkreisfamilien

TTL (Transistor-Transistor-Logik)

Dies ist die am weitesten verbreitete Schaltkreisfamilie. Ein invers betriebener Transistor mit Vielfachemitter ermöglicht eine UND-Verknüpfung mit nur einem Transistor.

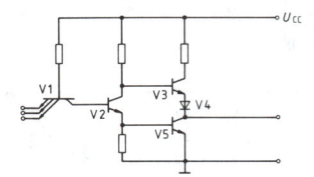

NAND-Glied in TTL-Technik

Befinden sich alle Eingangspegel im H-Zustand, so ist V1 invers leitend. V2 ist ebenfalls leitend, so daß V3 den Ausgang niederohmig mit Masse verbindet. Die Diode verhindert, daß bei diesem Betriebszustand auch Transistor V5 leitend wird.

Im Umschaltaugenblick sind kurzfristig beide Endstufentransistoren leitend, so daß nur R_4 die Stromaufnahme begrenzt. Um die Einwirkung des entstehenden Stromimpulses auf andere Schaltkreise zu unterbinden, sind niederohmige Masse- und Betriebsspannungsleitungen sowie ein induktivitätsarmer Stützkondensator unmittelbar am IC zwischen den Spannungsversorgungsleitungen Voraussetzung.

S-TTL (Schottky-TTL)

Der Schaltungsaufbau entspricht weitgehend dem Schaltungsaufbau der TTL-Technik. Die Basis-Kollektor-Strecke der bipolaren Transistoren ist mit einer integrierten Schottky-Diode überbrückt, so daß die Basis-Kollektor-Spannung eines leitenden Transistors statt ca. 0,7 V nur noch ca. 0,4 V beträgt und die Übersteuerung begrenzt wird. Daraus ergeben sich sehr viel kürzere Signal-Laufzeiten bei etwa gleicher Verlustleistung je Gatter.

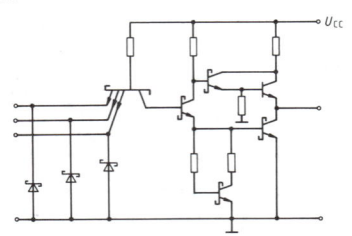

NAND-Glied in LS-TTL-Technik

LS-TTL (Low-Power Schottky TTL)

Der Schaltungsaufbau entspricht dem Schaltungsaufbau der Schottky-TTL-Familie. Durch Erhöhung der Widerstandswerte wird eine verringerte Leistungsaufnahme bei einer höheren Signal-Laufzeit erreicht.

AS-TTL und ALS-TTL

Fortschrittlichere (Advanced) Herstellungsverfahren mit reduzierten Chipgeometrien sowie neue Schaltungskonfigurationen haben zu geringeren Sperrschicht- und Diffusions-kapazitäten geführt. Damit wurde ein günstiger Kompromiß zwischen Verlustleistung und Geschwindigkeit unter Beibehaltung der vollen Kompatibilität zur S-TTL- und LS-TTL-Schaltungsfamilie erreicht.

Metal Gate CMOS
(Complementary Metal Oxide Semiconductor)

Typisch für diese Schaltungsfamilie ist der Inverter am Ausgang mit zwei in Reihe geschalteten komplementären, selbstsperrenden Feldeffekt-Transistoren.

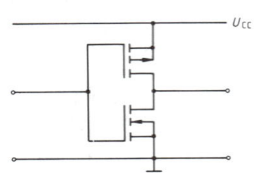

Wird an den Eingang eine positive Spannung (H-Pegel) angelegt, so entsteht unter dem Einfluß des elektrischen Feldes im unteren Transistor längs der Isolierschicht eine n-leitende Zone zwischen Drain und Source – der n-leitende Kanal. Am Ausgang ergibt sich annähernd Massepotential (L-Pegel). Bei einem L-Pegel am Eingang wird der p-Kanal des oberen Transistors leitend und am Ausgang erscheint ein der Versorgungsspannung entsprechender H-Pegel.

Diodennetzwerke schützen die hochohmigen Eingänge und Ausgänge gegen elektrostatische Aufladungen und begrenzen die entstehenden Überspannungen auf die zulässigen Versorgungsspannungswerte U_{CC} und $-0,5$ V.

Gegenüber bipolaren Schaltkreisfamilien ergeben sich folgende Vorteile:
– großer Versorgungsspannungsbereich,
– hohe Störsicherheit (ca. $0,5 \cdot U_{CC}$),
– geringe Ruheverlustleistung,
– großer zulässiger Umgebungstemperaturbereich.

Dem stehen drei Nachteile gegenüber:
– niedrige Schaltgeschwindigkeit,
– geringe Ausgangs-Treiberleistung,
– frequenzabhängige Arbeitsverlustleistung.

Gegenüber nur einem Inverter bei der ungepufferten Reihe enthält die gepufferte (Buffered) Reihe 4000 B drei unmittelbar aufeinanderfolgende Inverter am Ausgang. Daraus resultieren:
– eine rechteckförmige Übertragungskennlinie mit belastungsunabhängiger, konstanter Ausgangsimpedanz,
– ein noch höherer Störabstand,
– eine ungefähre Verdopplung der Signal-Laufzeiten,
– ein kurzes Schwingen des Ausgangssignals beim Signalwechsel, wenn die Anstiegs- oder Abfallzeit des Eingangssignals > 1 ms ist.

Silicon Gate CMOS (High Speed CMOS)

Erheblich reduzierte Chipgeometrien und der Ersatz der Metal-Gate-Technologie durch die Silizium-Gate-Technologie mit kleineren parasitären Kapazitäten erlauben Arbeitsfrequenzen entsprechend der LS-Technologie bei einer sehr viel kleineren Verlustleistung.

Anmerkung: Da die CMOS-Familien eine höhere Eingangsspannung V_{TH} benötigen, als die Ausgangsspannung V_{OH} der TTL-Familien beträgt, ist keine volle Kompatibilität zu den TTL-Familien gegeben.

6.1 Digitaltechnik

Technologie Logik-Familie			Standard TTL 74 ···	Schottky TTL 74 S ···	Low-Power Schottky TTL 74 LS ···	Advanced Schottky TTL 74 AS ···	Advanced Low-Power Schottky TTL 74 ALS ···	Metal Gate CMOS 4000	Silicon Gate CMOS 74 HC ···
V_{CC}	min nominal max	V V V	4,75 5,0 5,5	4,75 5,0 5,25	4,75 5,0 5,5	4,75 5,0 5,5	4,75 5,0 5,25	3,0 5,0 10,0 15,0	2,0 5,0 6,0

Verlustleistung je Gatter
    statisch
    bei 100 kHz
		
		mW
		mW
			
			10
			10
				
				19
				19
					
					2
					2
						
						8,5
						8,5
							
							1
							1
								
								10^{-3}
								0,1
									
									$2,5 \cdot 10^{-6}$
									0,17

t_{Pd} (bei $C_L = 15$ pF) $f_{Taktmax}$ (bei $C_L = 15$ pF)		ns MHz	10 35	3 125	10 40	1,7 200	4 70	60 30 8 16	10 40

Fan Out (LS-Lasten)
    Standard Ausgänge
    High Current Ausgänge
			
			40
			120
				
				50
				160
					
					20
					60
						
						50
						120/160
							
							20
							60/120
								
								4
								—
									
									10
									15

V_{IH} V_{IL}	min max	V V	2,0 0,8	2,0 0,8	2,0 0,8	2,0 0,8	2,0 0,8	4,0 8,0 1,0 2,0	3,15 0,8
V_{OH} V_{OL}	min max	V V	2,4 0,4	2,7 0,5	2,7 0,5	2,7 0,5	2,7 0,5	4,5 9,0 0,05	4,5 0,1
I_{IH} I_{IL}	max max	µA µA	40 −1600	50 −2000	20 −400	50 −500	20 −100	1 −1	±1 ±1

I_{OS} ($V_0 = 0,4$ V) min
    Standard Ausgänge
    High Current Ausgänge
		
		mA
		mA
			
			16
			48
				
				20
				64
					
					8
					24
						
						20
						48/64
							
							8
							24/48
								
								1,6<>—
									
									4
									6

V_{CC} (Supply Voltage)
Versorgungsspannung, bezogen auf Massepotential (Ground)

V_{IL} (Low-Level Input Voltage)
Eingangsspannung bei L-Pegel

V_{IH} (High-Level Input Voltage)
Eingangsspannung bei H-Pegel

V_{OL} (Low-Level Output Voltage)
Ausgangsspannung bei L-Pegel

V_{OH} (High-Level Output Voltage)
Ausgangsspannung bei H-Pegel

I_{IL} (Low-Level Input Current)
Eingangsstrom je Eingang bei L-Pegel

I_{IH} (High-Level Input Current)
Eingangsstrom je Eingang bei H-Pegel

I_{OL} (Low-Level Output Current)
Ausgangsstrom je Ausgang bei L-Pegel

I_{OH} (High-Level Output Current)
Ausgangsstrom je Ausgang bei H-Pegel

I_{OS} (Output short-circuit Current)
Kurzschlußstrom eines Ausgangs im H-Zustand

t_P (Propagation delay time)
Die Signal-Laufzeit t_{PLH} gibt die Impulsverzögerungszeit zwischen Eingangs- und Ausgangsspannung an, wenn das Ausgangssignal von L nach H wechselt. Entsprechendes gilt für die Signal-Laufzeit t_{PHL}, bei der das Ausgangssignal von H nach L wechselt. Für die mittlere Signal-Laufzeit t_{Pd} gilt:

$$t_{Pd} = \frac{t_{PLH} + t_{PHL}}{2}$$

Die Impulsverzögerungszeiten werden zwischen den festgelegten Bezugspunkten der Eingangs-Flanke 0,5 ($V_{TL} + V_{IH}$) und der Ausgangs-Flanke 0,5 ($V_{OL} + V_{OH}$) gemessen.

Die Signal-Übergangszeiten der Impulsflanken werden zwischen den 10%- und 90%-Punkten ermittelt.

Eingangslastfaktor (Fan-In)

Der Eingangslastfaktor, auch Einheitslast genannt, ist die Belastung eines Ausgangs mit einem Eingang einer logischen Schaltung innerhalb einer Schaltungsfamilie.

Eingangslastfaktoren von 2 und höher kommen hauptsächlich bei Kippgliedern und höher integrierten Bausteinen vor.

Ausgangslastfaktor (Fan-Out)

Der Ausgangslastfaktor gibt an, mit wieviel Eingangslastfaktoren innerhalb einer Schaltungsfamilie ein Ausgang maximal belastet werden darf.

Statische Störsicherheit

Die statische Störsicherheit gibt den zulässigen Spannungshub an, der den logischen Zustand eines Schaltgliedes noch nicht ändert.

Dynamische Störsicherheit

Die dynamische Störsicherheit kennzeichnet das Verhalten der Schaltglieder gegenüber Störimpulsen, deren Dauer im Vergleich zur Signal-Laufzeit klein ist. Bei einer Impulsdauer $b < 0,5$ t_p darf die Störamplitude größer sein als der statische Störabstand.

Anmerkung:
Diese Tabelle enthält nur die charakteristischen Werte der Bausteinfamilien bei einer Umgebungstemperatur von 25 °C. Die Werte für bestimmte Schaltkreise und Bausteinfamilien bestimmter Hersteller können hiervon abweichen und sind den entsprechenden Unterlagen zu entnehmen.

6.2 Informationsverarbeitung

6.2.1 Sinnbilder und ihre Anwendung nach DIN 66001 (12.83)

Darstellungsarten

Ein **Datenflußplan** (DF) stellt Verarbeitungen und Daten sowie die Verbindungen zwischen beiden dar. Die Verbindungen stellen die Zugriffsmöglichkeiten von Verarbeitungen auf Daten dar.

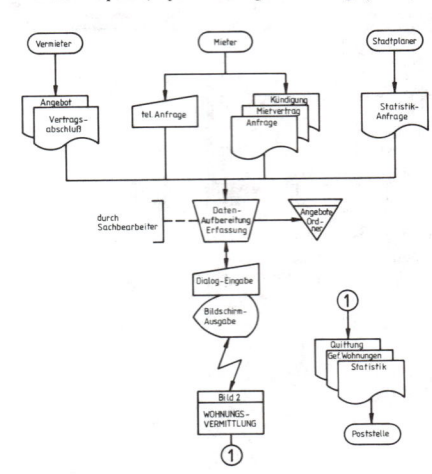

Ein **Programmablaufplan** (PA) stellt die Verarbeitungsfolgen (ohne Daten) in einem Programm dar.

Ein **Programmnetz** (PN) ist die Vereinigung von einem oder mehreren Programmablaufplänen mit einem oder mehreren Datenflußplänen.

Ein **Datennetz** (DN) zeigt Daten mit ihren Verbindungen als mögliche Zugriffswege auf. Verarbeitungen werden nicht dargestellt.

Eine **Programmhierarchie** (PH) stellt die Über- und Unterordnung von Verarbeitungen (ohne Daten und Verarbeitungsreihenfolgen) dar.

Eine **Datenhierarchie** (DH) stellt die Zusammenfassung bzw. Unterteilung von Daten dar. Die Verbindungen zeigen in Verbindungsrichtung, welche Daten andere Daten enthalten. Die Unterteilung muß nicht vollständig sein und gibt keine Reihenfolge der Anordnung an. Verarbeitungen und Zugriffswege werden nicht dargestellt.

Ein **Konfigurationsplan** (KP) stellt Verarbeitungseinheiten und Datenträgereinheiten (ohne Verarbeitung und Daten) mit ihren Verbindungen dar. Die Verbindungen zeigen die Datenübertragungswege.

Regeln

– Bei den „Verbindungen" gilt die Vorzugsrichtung von links nach rechts und von oben nach unten. Abweichungen sind durch Pfeilspitzen (Form beliebig) zu kennzeichnen.

– Im Konfigurationsplan gelten Verbindungen als beidseitig gerichtet (Ein- und Ausgabe). Einseitig gerichtete Verbindungen (nur Eingabe oder nur Ausgabe) können durch Pfeilspitzen hervorgehoben werden.

– Wird eine Teildarstellung verfeinert, so kann diese zur Verdeutlichung mit einer durchbrochenen Linie umrahmt werden.

– Sich kreuzende Verbindungslinien sollen vermieden werden; sie stellen keine Zusammenführung dar.

– Zur Darstellung von Daten auf Benutzerstationen bzw. von Benutzerstationen können die Sinnbilder für die unterschiedlichen Formen der manuellen, optischen oder akustischen Ein- und Ausgabe durch direktes Aneinanderzeichnen der Sinnbilder ohne Verbindungslinie verknüpft werden.

– Die Innenbeschriftung soll besonders bei Sinnbildern, die auf weitere Abläufe hinweisen, bei Teilen von Sinnbildern und bei Sinnbildern, die in unmittelbarem Zusammenhang zu weiteren Sinnbildern stehen, die eindeutige Zuordnung erkennen lassen.

– Die Beschriftung eines Sinnbildes erfolgt unabhängig von der Richtung der Verbindungslinien von links nach rechts und zeilenweise von oben nach unten.

– Um eine Beziehung zu anderen Teilen einer Dokumentation herzustellen, darf oben links am Sinnbild eine Beschriftung (z. B. die Marke oder Adresse in der zugehörigen Programmliste) angebracht werden.

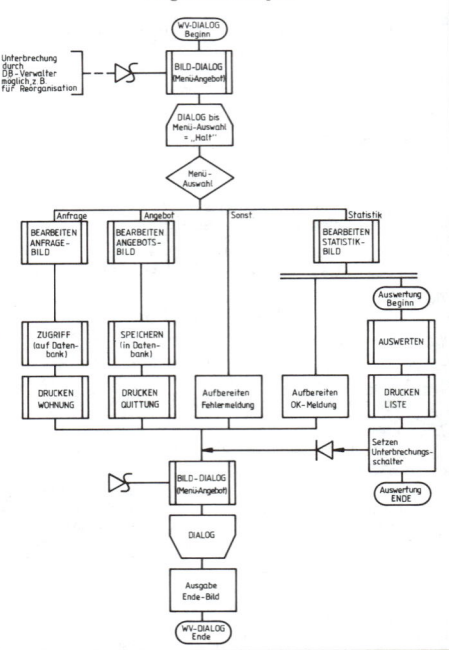

6.2 Informationsverarbeitung

Sinnbild	Benennung u. Bemerkung	Sinnbild	Benennung u. Bemerkung	Sinnbild	Benennung u. Bemerkung
	Verarbeitungen, Verarbeitungseinheiten Verarbeitung, allgem. (einschließlich Ein- und Ausgabe) Verarbeitungseinheit, allgemein		**Daten** Daten, allgemein Datenträgereinheit, allgemein		Maschinell erzeugte optische oder akustische Daten, Optische oder akustische Ausgabeeinheit
	Manuelle Verarbeitung (einschließlich Ein- und Ausgabe), Manuelle Verarbeitungsstelle		Maschinell zu verarbeitende Daten, Datenträgereinheit für maschinell verarbeitbare Daten		Manuelle opt. oder akust. Eingabedaten, Eingabeeinheit
	Verzweigung, Auswahleinheit (z. B. Schalter)		Manuell zu verarbeitende Daten, Manuelle Ablage		**Verbindungen** Verbindung: Verarbeitungsfolge, Zugriffsmöglichkeit, Zugriffsweg, Über-/Unterordnung, Zusammenfassung/Untertlg.
	Schleifenbegrenzung Anfang		Daten auf Schriftstück (z. B. auf Belegen, Mikrofilm), Ein-/Ausgabeeinheit für Schriftstücke (z. B. Drucker)		Verbindung zur Darstellung der Datenübertragung, Datenübertragungsweg
	Schleifenbegrenzung Ende		Daten auf Karte (z. B. Lochkarte, Magnetkarte), Lochkarteneinheit		**Darstellungshilfen** Grenzstelle (zur Umwelt) (z. B. Beginn oder Ende einer Folge)
	Synchronisierung paralleler Verarbeitungen, Synchronisiereinheit		Daten auf Lochstreifen (Lochstreifeneinheit)		Verbindungsstelle (Unterbrechung und Fortsetzung einer Verbindung an anderer Stelle erhalten die gleiche Innenbeschriftung)
	Sprung mit Rückkehr		Daten auf Speicher mit nur sequentiellem Zugriff, Datenträgereinheit mit nur sequentiellem Zugriff		Verfeinerung
	Sprung ohne Rückkehr				
	Unterbrechung einer anderen Verarbeitung		Daten auf Speicher mit auch direktem Zugriff, Datenträgereinheit mit auch direktem Zugriff		Bemerkung: Mit diesem Sinnbild kann erläuternder Text jedem anderen Sinnbild zugeordnet werden (die durchbrochene Linie darf durch eine Vollinie ersetzt werden)
	Steuerung der Verarbeitungsfolge von außen		Daten im Zentralspeicher, Zentralspeicher		

Anordnung mehrerer Ausgänge	Zusammenführung von Verbindungslinien

Hinweis auf Detaillierung	Hinweis auf Dokumentation an anderer Stelle	Verknüpfung von Sinnbildern (Beispiele)
Mit einer eindeutigen Referenz im oberen Teil kann auf eine detailliertere Darstellung in derselben Dokumentation hingewiesen werden.	Mit einer eindeutigen Innenbeschriftung kann auf eine an anderer Stelle aufgeführte Dokumentation verwiesen werden.	für Fernschreiber / für Benutzerstation

6.2 Informationsverarbeitung

6.2.2 Sinnbilder für Struktogramme nach Nassi-Shneiderman DIN 66261 (11.85)

Struktogramm DIN 66261	Programmablaufplan DIN 66001 – PA	Struktogramm DIN 66261	Programmablaufplan DIN 66001 – PA
Verarbeitung		Wiederholung mit vorausgehender Bedingungsprüfung	
Block (ermöglicht die Zusammenfassung mehrerer Verarbeitungen unter einem Namen)		Wiederholung mit nachfolgender Bedingungsprüfung	
Folge		Wiederholung ohne Bedingungsprüfung	

Struktogramm DIN 66261	Ersatzdarstellung	Programmablaufplan DIN 66001 – PA
bedingte Verarbeitung		
einfache Alternative		

6.2 Informationsverarbeitung

Struktogramm DIN 66261	Ersatzdarstellung	Programmablaufplan DIN 66001 – PA

mehrfache Alternative

G; B_1 ... B_{n-1} B_n ; V_1 ... V_{n-1} V_n

Parallelverarbeitung

V_1 ... V_n

Abbruchanweisung

N

Anmerkung: x = Ende des Konstuktes N

Struktogramm: Bsp. Wohnungsvermittlungs-Dialog

BILD - DIALOG
- Ausgabe Menü - Angebot
- Eingabe Menü - Auswahl

Schleife: Solange Menü-Auswahl ≠ 'Halt'

Menü-Auswahl:
- = Anfrage: BEARBEITEN ANFRAGE-BILD; ZUGRIFF (auf Datenbank); DRUCKEN WOHNUNG
- = Angebot: BEARBEITEN ANGEBOTS-BILD; Überlauf Datenbank (Nein: SPEICHERN (in Datenbank) / Ja: Fehlermeldung, Schleife); DRUCKEN QUITTUNG
- = Statistik: BEARBEITEN STATISTIK-BILD; Aufbereiten OK-Meldung; AUSWERTEN; DRUCKEN LISTE
- SONST

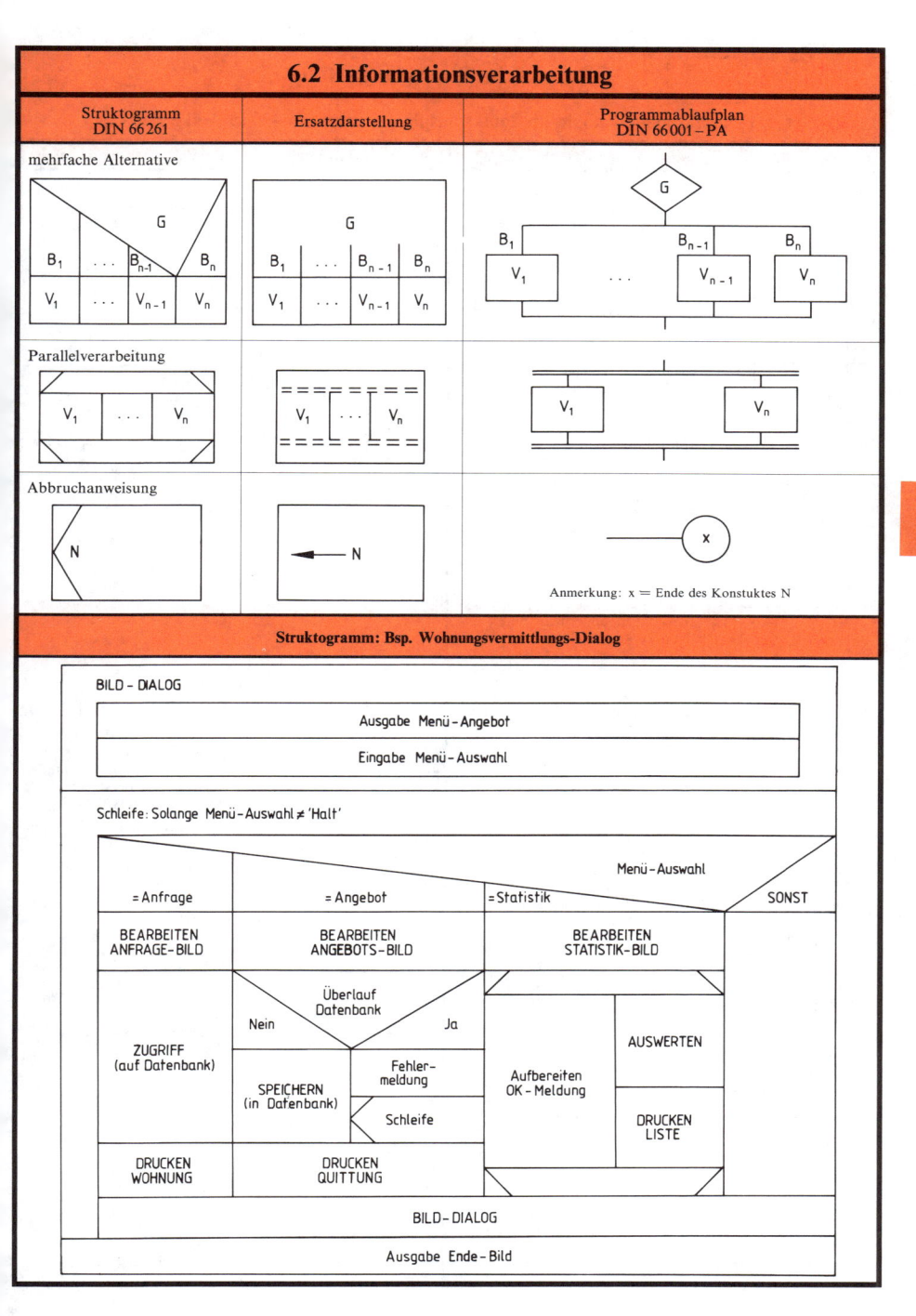

BILD - DIALOG
Ausgabe Ende-Bild

6.2 Informationsverarbeitung

6.2.3 Regeln und Symbole für Funktionspläne nach DIN 40719 Teil 6 (3.77)

Graphisches Symbol	Benennung und Bemerkung	Graphisches Symbol	Benennung und Bemerkung
	Grundform für Funktionssymbol (beliebiges Seitenverhältnis)	A) / B)	**Schritt** In Feld A) steht die frei wählbare Schritt-Nr. In Feld B) kann Text stehen. Ein Schritt wird speichernd gesetzt, wenn alle Eingangsvariablen den Wert 1 haben (UND-Verknüpfung). Er wird gelöscht durch den Setzvorgang des nachfolgenden Schrittes, außerdem durch Befehle oder in Sonderfällen auch über einen mit R gekennzeichneten Löscheingang.
	Wirkungslinie allgemein speziell, z. B. Wirkung über den Prozeß, Überlaufbedingung zeichnerische Zusammenfassung von Wirkungslinien, vereinfachte und ausführliche Darstellung.		
	Abbruchstelle einer Wirkungslinie, desgleichen wahlweise (Die Zusammengehörigkeit von Abbruchstellen muß eindeutig erkennbar bzw. gekennzeichnet sein.)		① Setzen über Befehl ② Löschen über Befehl ③ Löschen durch Setzvorgang des nächsten Schrittes
	Eingänge sind vorzugsweise oben oder links anzuordnen, andernfalls durch Pfeile zu kennzeichnen.		**Verzweigung** von Wirkungslinien, allgemein
	Eine Eingangsseite darf über eine oder beide Ecken hinaus verlängert werden.	14 / =1 / 115 / 215	**ODER-Verzweigung (1 aus n)** Wirkungslinien zwischen den Schrittsymbolen zur Darstellung von Ablaufketten, bei denen nur einer der Zweige durchlaufen wird. Der vorhergehende Schritt wird gelöscht, wenn der 1. Schritt in einem folgenden Zweig gesetzt wird.
	Ausgänge sind vorzugsweise unten oder rechts anzuordnen, andernfalls durch Pfeile zu kennzeichnen.	21 / & / 122 / 222	**UND-Verzweigung** Wirkungslinien zwischen den Schrittsymbolen zur Darstellung von Ablaufketten, bei denen alle Zweige durchlaufen werden. Der vorhergehende Schritt wird gelöscht, wenn der 1. Schritt in allen folgenden Zweigen gesetzt worden ist.
	Verknüpfungen (Bsp.: UND-Verknüpfung) Ein- und Ausgänge liegen an gegenüberliegenden Seiten des Symbols. Pfeile zur Kennzeichnung von Ein- und Ausgängen sind nicht erforderlich.		
xxxx / xxxx / xxxx	**Benennung von Variablen** An den xxxx gekennzeichneten Stellen steht die Benennung; sie bezeichnet den Zustand, bei dem die Variable den Wert 1 hat. Negierung einer Benennung	Es bedeuten: D verzögert NSD nicht gespeichert und verzögert SD gespeichert und verzögert F Freigabe R Löscheingang	RC Rückmeldung S gespeichert SH gespeichert, auch bei Energieausfall T zeitliche begrenzt ST gespeichert und zeitlich begrenzt

6.2 Informationsverarbeitung

Befehl der Steuerung, allgemein

Ein Befehl wirkt mit Hilfe von Stellgliedern auf den Prozeß ein oder löst Funktionen innerhalb der Steuerung aus. Als Befehl wird hier die Anweisung für eine Zustandsänderung verstanden.

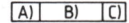

| A) | B) | C) |

Feld A) enthält die Kennzeichnung für die Befehlsart: D, S, SD, NS, NSD, SH, T oder ST (Bedeutung s. S. 4-22 und 4-24).

Feld B) gibt die Wirkung des Befehls an. Ist die Wirkung des nicht ausgegebenen Befehls nicht eindeutig, so kann diese in Klammern angegeben werden.

Feld C) enthält die Kennzeichnung für die Abbruchstelle eines Befehlsausgangs. Ist keine Abbruchstelle vorhanden, so kann dieses Feld entfallen.

Feld B) soll mindestens doppelt so groß sein, wie das größere der Felder A) und C).

Ein Stellglied darf von einem Schritt nur einmal angesprochen werden. Beziehen sich mehrere, von verschiedenen Schritten ausgegebene Befehle auf dasselbe Stellglied, so gilt der Befehl, dessen Schritt zuletzt gesetzt wurde.

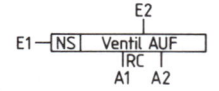

```
         E2
E1 ─[NS │ Ventil AUF ]
        │ RC │
          A1  A2
```

Die Unterteilung in Felder erfolgt nur zur Unterscheidung der verschiedenen Angaben. Ein- und Ausgänge dürfen deshalb an beliebigen Stellen des Symbols angeordnet werden.

Ein Befehl kann mehrere Eingänge mit z.T. unterschiedlichen Wirkungen haben. Buchstaben kennzeichnen spezielle Wirkungen der Eingänge:

F   Freigabe
R   Löscheingang
RC   Rückmeldung

Die Kennzeichnung RC wird an die Wirkungslinie oder in das Feld C) eingetragen.

Ausgänge der Befehle werden als Wirkungslinie dargestellt oder als laufende Nummer in das Feld C) eingetragen. Die laufende Nummer wird je Schritt neu angefangen.

Die Variablen nicht zusätzlich bezeichneter Ausgänge haben den Wert 1, wenn die Steuerung den Befehl zur Betätigung des Stellgliedes ausgibt. Die Variablen an den mit RC bezeichneten Ausgängen sind dagegen Rückmeldungen vom Stellglied. Sie haben den Wert 1, solange sich das Stellglied in der Stellung befindet, die der in Feld B) beschriebenen Wirkung des Befehls entspricht.

Die Anordnung von Befehlen

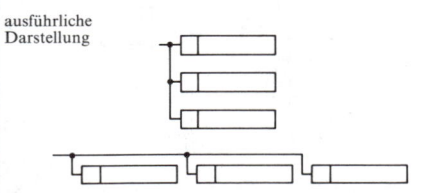

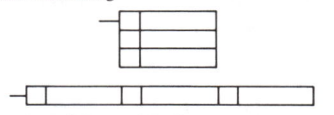

ausführliche Darstellung

vereinfachte Darstellung

Werden den Befehlen und Bedingungen Kommentare und Hinweise zugeordnet, so ist die Anordnung untereinander vorteilhaft. Werden Freigabe- oder Löscheingänge für die Befehle benutzt, so ist die Anordnung nebeneinander zu bevorzugen.

Die lückenlose Befehlsanordnung bei vereinfachter Darstellung setzt voraus, daß diese Befehle einen gemeinsamen Eingang haben. Die übrigen Ein- und Ausgänge gelten jeweils nur für einen Befehl.

Darstellungsvereinfachung durch Abbruchstellen

Gestattet die Anordnung der Befehle nicht eine einfache Führung der Wirkungslinien, so kann ein Funktionsplan durch Abbruchstellen übersichtlicher gestaltet werden. Sind als Fortschaltbedingungen des nächsten Schrittes die Rückmeldungen von Befehlsausgängen vorangegangener Schritte darzustellen, so gelten folgende Regeln:

a) Bei Befehlsanordnung nebeneinander sind Abbruchstellen zu vermeiden.

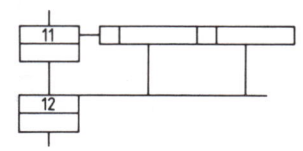

b) Bei Befehlsanordnung untereinander sind die Abbruchstellen durch die Nummer (Ziffern oder Buchstaben) der Befehle zu kennzeichnen.

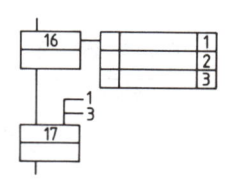

c) Überspringt die Abbruchstelle einen oder mehrere Schritte, so ist der Nummer des Befehlsausgangs die Schritt-Nr. voranzustellen.

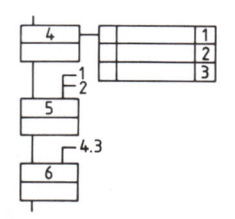

6-23

6.2 Informationsverarbeitung

Graphisches Symbol	Erläuterung
Beispiele für Befehle: Befehl der Steuerung, nicht gespeichert — E1 → NS	Ventil AUF (E2, RC, A1, A2)	Logik: E1 & E2 → Befehl: Ventil AUF; Grenztaster (A1, A2)
Befehl der Steuerung, nicht gespeichert und verzögert — E1 → NSƎ	Hupe EIN, t=30s (E2, E3 F, E4 F, A)	E1 & E2 → t 0 → & (E3 F, E4 F) → Befehl: Hupe EIN
Befehl der Steuerung, gespeichert — E1 → S	Motor EIN (E2, E3 R, E4 R, E5 F, E6 F, RC, A1, A2)	E1 & E2 → S1/R1 → & (E5, E6) → Befehl: Motor EIN; n-Wächter; E3, E4 → ≥1 → R1; ①— Löschen über Befehl "Motor Aus"
Befehl der Steuerung, gespeichert und verzögert — E1 → SƎ	Schieber AUF, t=15min (E2, E3 R, E4 R, E5 F, RC, A1, A2)	E1 & E2 → S1/R1 → t 0 → & E5 → Befehl: Schieber AUF; Rückmeldung; E3, E4 → ≥1 → R1; ②— Löschen über Befehl "Schieber zu"
Befehl der Steuerung, gespeichert und zeitlich begrenzt — E1 → ST	Rührwerk 10min einsch. (E2, E3 F, E4 F, RC, A1, A2)	E1 & E2 → S/R → & (E3 F, E4 F) → Befehl: Rührwerk EIN; t 0 → Rückmeldung; ③ → ≥1 → R; ③— Löschen über Befehl "Rührwerk AUS"

6.2 Informationsverarbeitung

6.2.4 Begriffe nach DIN 44300 (3.72)

Adresse: Ein bestimmtes Wort zur Kennzeichnung eines Speicherplatzes, eines zusammenhängenden Speicherbereiches oder einer Funktionseinheit.

Akkumulator: Ein Speicherelement in einem Rechenwerk, das für Rechenoperationen benutzt wird. Vor der Rechenoperation enthält der Akkumulator einen Operanden, nach durchgeführter Operation das Ergebnis.

alphanumerisch: Bezeichnung für einen Zeichenvorrat, der mindestens aus den Dezimalziffern und Buchstaben besteht.

Anweisung: Eine in einer beliebigen Sprache abgefaßte Arbeitsvorschrift, die im gegebenen Zusammenhang wie auch im Sinne der benutzten Sprache abgeschlossen ist.

Assemblierer: Ein Übersetzer, der in einer maschinenorientierten Sprache abgefaßte Quellanweisungen in Zielanweisungen der zugehörigen Maschinensprache umwandelt (assembliert).

Ausgabewerk: Eine Funktionseinheit, die das Übertragen von Daten von der Zentraleinheit in Ausgabeeinheiten oder periphere Speicher steuert und dabei die Daten gegebenenfalls modifiziert.

Befehl: Eine Anweisung, die sich in der benutzten Sprache nicht mehr in Teile zerlegen läßt, die selbst Anweisungen sind.

Betriebssystem: Die Programme eines digitalen Rechensystems, die zusammen mit den Eigenschaften der Rechenanlage die Grundlage der möglichen Betriebsarten des digitalen Rechensystems bilden und insbesondere die Abwicklung von Programmen steuern und überwachen.

binär: genau zweier Werte fähig; die Eigenschaft bezeichnend, eines von zwei Binärzeichen (0 und 1) als Wert anzunehmen.

Bit: a) Kurzform für Binärzeichen; auch für Dualziffer, wenn es auf den Unterschied nicht ankommt (das Bit, die Bits).
b) Sondereinheit für die Anzahl der Binärentscheidungen (Kurzzeichen bit).

Byte: n-Bit-Zeichen, bei dem n fest vorgegeben ist. Anm.: n ist meistens gleich 8.

Code: Eine Vorschrift für die eindeutige Zuordnung (Codierung) der Zeichen eines Zeichenvorrats zu denjenigen eines anderen Zeichenvorrats (Bildmenge).

Daten: Zeichen oder kontinuierliche Funktionen, die zum Zweck der Verarbeitung Information auf Grund bekannter oder unterstellter Abmachungen darstellen.

dual: Zahlensystem, dessen Zeichenvorrat nur aus 2 Zeichen (0 und 1) besteht.

Eingabewerk: Funktionseinheit, die das Übertragen von Daten von Eingabeeinheiten oder peripheren Speichern in die Zentraleinheit steuert und dabei die Daten gegebenenfalls modifiziert.

Festpunktschreibweise: Stellenschreibweise, bei der die Anzahl der Stellen für den ganzen Teil des Betrages der Zahl und die Anzahl der Stellen für dessen gebrochenen Teil vereinbart oder unterstellt werden (d. h. die Stellung des Kommas ist fest vereinbart).

Gleitpunktschreibweise: Eine Schreibweise für Zahlen Z durch Zahlenpaare X und Y mit der Bedeutung $Z = X \cdot C^Y$, wobei C eine natürliche Zahl > 1 ist.

Interpretierer: Eine Funktionseinheit, die eine Anweisung analysiert und deren Ausführung bewirkt, bevor sie die nächstfolgende Anweisung behandelt (interpretiert).

Kompilierer: Ein Übersetzer, der in einer problemorientierten Programmiersprache abgefaßte Quellanweisungen in Zielanweisungen einer maschinenorientierten Programmiersprache umwandelt (kompiliert).

Leitwerk: Eine Funktionseinheit,
– die Reihenfolge steuert, in der die Befehle eines Programms ausgeführt werden,
– diese Befehle entschlüsselt und dabei gegebenenfalls modifiziert und
– die für ihre Ausführung erforderlichen digitalen Signale abgibt.

Maschinensprache: Eine maschinenorientierte Programmiersprache, die zum Abfassen von Arbeitsvorschriften nur Befehle zuläßt, die Befehlswörter einer bestimmten digitalen Rechenanlage sind.

Nachricht: Zeichen oder kontinuierliche Funktionen, die aufgrund von bekannten oder unterstellten Abmachungen und vorrangig zum Zwecke einer vom Sender zum Empfänger gerichteten Übermittlung Informationen darstellen und im Rahmen einer solchen Übermittlung als Einheit betrachtet werden.

Operandenteil: Der Teil eines Befehlswortes, der für Operanden oder für Angaben zum Auffinden von Operanden oder Befehlswörtern vorgesehen ist.

Operationscode: Ein Code zur Darstellung des Operationsteils von Befehlswörtern.

Operationsteil: Der Teil eines Befehlswortes, der die auszuführende Operation angibt.

periphere Einheit: Eine Funktionseinheit, die nicht zur Zentraleinheit gehört.

Prozessor: Eine Funktionseinheit innerhalb eines digitalen Rechensystems, die Rechenwerk und Leitwerk umfaßt.

Rechenwerk: Eine Funktionseinheit innerhalb eines digitalen Rechensystems, die Rechenoperationen ausführt.

Schaltnetz: Ein Schaltwerk, dessen Wert am Ausgang zu irgendeinem Zeitpunkt nur vom Wert am Eingang zu diesem Zeitpunkt abhängt.

Schaltwerk: Eine Funktionseinheit zum Verarbeiten von Schaltvariablen, wobei der Wert am Ausgang zu einem bestimmten Zeitpunkt abhängt von den Werten am Eingang an diesem und endlich vielen vorangegangenen Zeitpunkten.

Signal: Die physikalische Darstellung von Nachrichten oder Daten.

Software: Programm für Rechensysteme, die zusammen mit deren Eigenschaften zusätzliche Betriebsarten oder Anwendungsarten ermöglichen.

Wort: Eine Folge von Zeichen, die in einem bestimmten Zusammenhang als eine Einheit betrachtet wird.

Zentraleinheit, Rechner: Eine Funktionseinheit innerhalb eines digitalen Rechensystems, die Prozessoren, Eingabewerke, Ausgabewerke und Zentralspeicher umfaßt.

7 Steuerungs-, Regelungs- und Fluidtechnik

7.1 Steuerungstechnik

7.1.1 Die Begriffe Steuern und Regeln

In einer **Steuerung** werden Eingangsgrößen entgegengenommen und entsprechend dem Aufbau der Steuerung verknüpft. Die von den Verknüpfungselementen erzeugten Stellbefehle werden an die Stellglieder der Steuerstrecke weitergegeben.

Kennzeichen des Steuerns ist der offene Wirkungsablauf in jedem Übertragungsglied oder in der Steuerkette. Die Ausgangsgrößen werden von den Eingangsgrößen und von den Störgrößen beeinflußt.

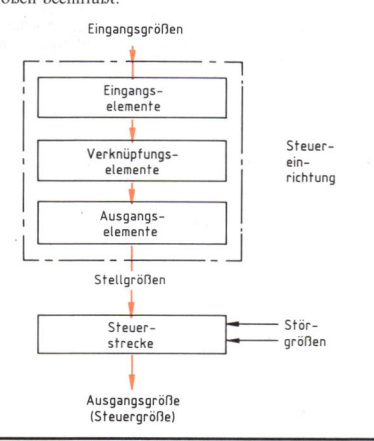

Kennzeichen des **Regelns** ist ein geschlossener Wirkungsablauf. Die zu regelnde Größe x (Regelgröße) wird fortlaufend erfaßt (Istwert), mit einer Führungsgröße w (Sollwert) verglichen und abhängig vom Ergebnis dieses Vergleichs die Stellgröße y abgeleitet.

Infolge des geschlossenen Wirkungsablaufs werden die Störgrößen z_n weitgehend ausgeregelt.

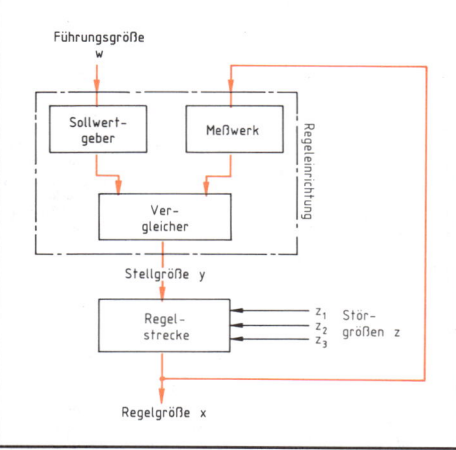

7.1.2 Die Begriffe Analog und Digital

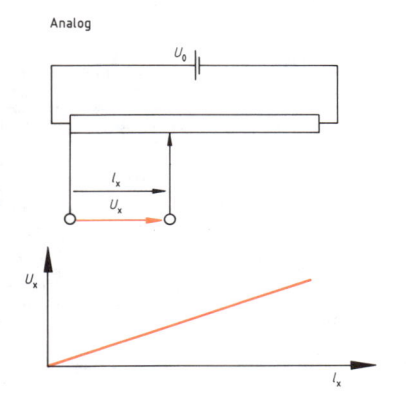

Die Abbildung des Meßwertes l erfolgt in einer anderen analogen (entsprechenden) Größe. Jedem Wert der Meßgröße l_x wird z. B. ein entsprechender Wert U_x eindeutig zugeordnet. Die Menge der Werte U_x ist nicht abzählbar; sie ist im Rahmen der technisch möglichen Abbildungsgenauigkeit unendlich.

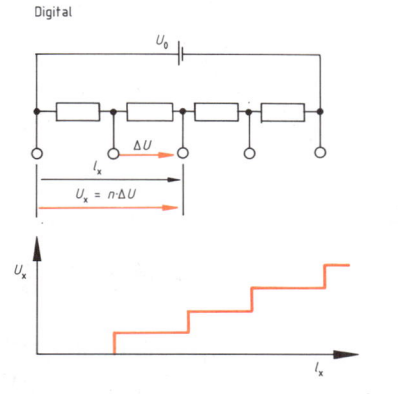

Die Abbildung des Meßwertes l erfolgt in einer begrenzten Anzahl von Signalwerten. Die Signalgröße U_x ist ein ganzzahliges Vielfaches der Grundeinheit ΔU. Für U_x ergibt sich eine begrenzte Anzahl von Werten durch Abzählung. Die Auflösung der digitalen Abbildung entspricht der Grundeinheit ΔU.

Anm.: Digital von lateinisch „digitus" = Finger bedeutet im übertragenen Sinne „An den Fingern abgezählt".

7.1 Steuerungstechnik

7.1.3 Begriffe der Steuerungstechnik (Auszug) nach DIN 19237 (2.80)

Eine Steuerungseinrichtung läßt sich in die Funktionsblöcke Signaleingabe, Signalverarbeitung und Signalausgabe unterteilen.

[Blockschaltbild: Bedienungssignale → Steuerungseinrichtung (Signal-Eingabe → Signal-Verarbeitung → Signal-Ausgabe) → Anlage; Rückmelde-Signale (nicht immer vorhanden)]

Signaleingabe

Der Signaleingabe werden Bedienungssignale (z. B. von Tastern und Schaltern) und Rückmeldesignale (z. B. von Sensoren und Grenzwertschaltern) zugeführt. **Eingabeglieder** können die Eingabesignale z. B. entstören, umformen, umsetzen, potentialtrennen und an die Signalpegel der Signalverarbeitung anpassen. Man unterscheidet **Analog-Eingabeeinheiten** für analoge Eingabesignale, **Binär-Eingabeeinheiten** für binäre (zweiwertige, nicht zahlenwertmäßig dargestellte Informationen) Eingabesignale und **Digital-Eingabeeinheiten** für digitale (vorwiegend zahlenmäßig dargestellte Informationen) Eingabesignale.

Signalverarbeitung

Die Signalverarbeitung leitet aus den Eingabesignalen im Sinne von Verknüpfungs-, Zeit- und/oder Speicherfunktionen die Ausgabesignale ab. Die Gesamtheit aller Anweisungen und Vereinbarungen für die Signalverarbeitung, durch die eine zu steuernde Anlage (Prozeß) aufgabengemäß beeinflußt wird, ergibt das **Programm** der Steuerung.

Entsprechend der Programmverwirklichung ergibt sich folgende Einteilung:

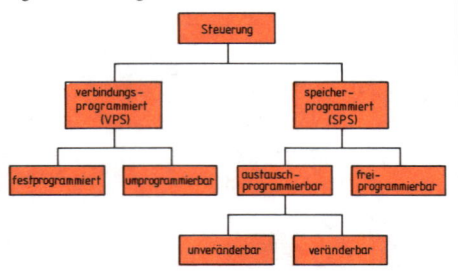

[Baumdiagramm: Steuerung → verbindungsprogrammiert (VPS) {festprogrammiert, umprogrammierbar} / speicherprogrammiert (SPS) {austauschprogrammierbar {unveränderbar, veränderbar}, freiprogrammierbar}]

Bei einer **verbindungsprogrammierten Steuerung** (VPS) ist das Programm durch die Art der Funktionsglieder und deren Verbindung vorgegeben. VPS können elektrisch, elektronisch, pneumatisch oder hydraulisch realisiert sein. Bei **festprogrammierten Steuerungen** sind Programmänderungen nicht vorgesehen; das Programm ist z. B. durch feste Draht-, Schlauch- oder Leiterplattenverbindungen vorgegeben. **Umprogrammierbare Steuerungen** ermöglichen dagegen Programmänderungen in einfacher Weise, z. B. durch Umstecken von Leitungen, Auswechseln von Lochkarten oder Ändern von Diodenmatrizen.

Bei **speicherprogrammierten Steuerungen** (SPS) ist das Programm in digitaler Form in einem Programmspeicher gespeichert. **Freiprogrammierbare Steuerungen** enthalten als Programmspeicher einen Schreib-Lese-Speicher (RAM), dessen gesamter Inhalt ohne mechanischen Eingriff in die Steuerungseinrichtung, d. h. ohne Herausnahme des Speichers, in beliebig kleinem Umfang verändert werden kann. **Austauschprogrammierbare Steuerungen** ermöglichen Programmänderungen nur durch Austausch des Programmspeichers. Man unterscheidet **austauschprogrammierbare Steuerungen mit veränderbarem Speicher**, deren Inhalt nach der Herstellung programmiert und mehrmalig verändert werden kann (z. B. mit UV-Licht löschbare Nur-Lese-Halbleiterspeicher) sowie **austauschprogrammierbare Steuerungen mit unveränderbarem Speicher**, deren Inhalt nur einmal programmiert werden kann (z. B. mit ROM oder PROM als Speicher).

Entsprechend der Signalverarbeitung werden unterschieden:

synchrone Steuerungen, bei denen die Signalverarbeitung synchron zu einem Taktsignal erfolgt;

asynchrone Steuerungen, die ohne Taktsignal arbeiten und deren Signaländerungen nur durch Änderungen der Eingangssignale ausgelöst werden;

Verknüpfungs-Steuerungen, deren Signalzustände der Ausgangssignale den Signalzuständen der Eingangssignale im Sinne boolescher Verknüpfungen zugeordnet sind;

Ablaufsteuerungen, bei denen das Weiterschalten von einem Schritt auf den programmgemäß folgenden abhängig von Weiterschaltbedingungen erfolgt;

zeitgeführte Ablaufsteuerungen, deren Weiterschaltbedingungen nur von der Zeit abhängig sind;

prozeßabhängige Ablaufsteuerungen, deren Weiterschaltbedingungen nur von Signalen der gesteuerten Anlage (Prozeß) abhängig sind.

Signalausgabe

Der Signalverarbeitung ist die Signalausgabe nachgeschaltet. Die Ausgabeeinheit besteht aus **Ausgabegliedern**, die die Ausgabesignale bzw. Ausgabedaten aufbereiten und ausgeben. Entsprechend der Signalform werden **Analog-Ausgabeeinheiten**, **Binär-Ausgabeeinheiten** und **Digital-Ausgabeeinheiten** unterschieden.

Gerätetechnische Begriffe

Kontaktlose Steuerung: Steuerung, deren Signalverarbeitung ohne mechanisch wirkende Schaltglieder erfolgt.

Störfestigkeit: Grenzwert eines Störsignals (Signal, das ungewollt durch kapazitive, induktive oder galvanische Kopplung auf den Leitungen auftritt) bis zu dem die Geräte und Schaltglieder einer Steuerung in ihrer Funktion noch nicht beeinträchtigt werden.

Zerstörfestigkeit: Grenzwert eines Störsignals, bis zu dem die Geräte und Schaltglieder einer Steuerung noch nicht zerstört werden.

Verarbeitungstiefe: Die Anzahl der signalverarbeitenden Grundfunktionen n_s (Verknüpfungs-, Zeit- und Speicherfunktionen) einer Steuerungseinrichtung, bezogen auf die Summe der Eingänge n_E und Ausgänge n_A.

$$V = \frac{n_s}{n_E + n_A}$$

7.1 Steuerungstechnik

7.1.4 Kennfarben für Leuchtmelder und Druckknöpfe nach DIN IEC 73 (2.78)

Farbe	Leuchtmelder			Druckknöpfe	
	Bedeutung	Erläuterung	Typische Anwendung	Bedeutung	Typische Anwendung
ROT	Gefahr oder Alarm	Warnung vor möglicher Gefahr oder Zuständen, die ein sofortiges Eingreifen erfordern	– Ausfall des Schmiersystems – Gefahr durch zugängliche spannungsführende oder sich bewegende Teile	Handeln im Gefahrenfall STOP (HALT)	– Not-Halt – Brandbekämpfung – Stoppen von Motoren und Maschinenteilen – Ausschalten eines Schaltgerätes – Rückstellknopf, kombiniert mit Stopfunktion
GELB	Vorsicht	Veränderung oder bevorstehende Änderung der Bedingungen	– Temperatur, abweichend von Normalwert – Überlast mit begrenzt zulässiger Dauer	Eingriff	– Eingriff, um abnormale Bedingungen zu unterdrücken oder unerwünschte Änderungen zu vermeiden
GRÜN	Sicherheit	Anzeige sicherer Betriebsverhältnisse oder Freigabe des weiteren Betriebsablaufes	– Kühlmittel läuft – Maschine fertig zum Start – Autom. Steuerung eingeschaltet	START oder EIN	– alles einschalten – Starten von Motoren und Maschinenteilen – Einschalten eines Schaltgerätes
BLAU	spezielle Information	darf jede beliebige Bedeutung haben, nicht jedoch die der Farben ROT, GELB, GRÜN	– Anzeige für Fernsteuerung – Wahlschalter in Einrichtstellung	jede beliebige Bedeutung, die nicht durch die Farben ROT, GELB, GRÜN abgedeckt ist	
WEISS	allgemeine Information	jede beliebige Bedeutung, z.B. wenn Zweifel bezüglich der Anwendung von ROT, GELB und GRÜN bestehen und z.B. als Bestätigung		keiner besonderen Bedeutung zugeordnet (auch GRAU u. SCHWARZ zul.)	kann für jede Bedeutung angewendet werden, mit Ausnahme von STOP- oder AUS-Drucktasten

7.1.5 Darstellung der Funktion einer elektrischen Steuerung

Entwurf, Inbetriebnahme, Wartung und Störungssuche setzen eine sorgfältige Dokumentation einer Steuerung als Verständigungsmittel voraus. Die Zuordnung der Schaltungsunterlagen, entsprechend den verschiedenen Normen und Richtlinien, ist im Einzelfall von der Art und Größe einer Anlage abhängig.

Technologieschema

Das Technologieschema zeigt in vereinfachter Form schematisch die zum Verständnis der Funktion wesentlichen Bestandteile einer Maschine oder Anlage sowie die Anordnung der dafür erforderlichen Eingangs- und Ausgangselemente einer Steuerung.
Das folgende Beispiel zeigt das Technologieschema der Aufzugsteuerung einer Mischanlage:

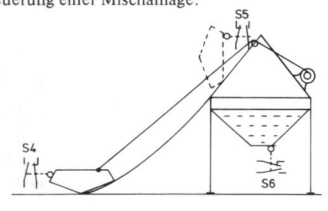

Verbale Funktionsbeschreibung

Die verbale (sprachliche) Funktionsbeschreibung ergänzt das Technologieschema:
1. Eine Seilwinde bewegt den Kübel auf- oder abwärts.
2. Die Aufwärts-Bewegung wird von Hand mit dem Taster S2 eingeleitet (kein Tippbetrieb).
3. Die Umschaltung von „Aufwärts" zu „Stillstand" erfolgt automatisch mit dem oberen Grenztaster S5 oder von Hand mit dem Taster S1.
4. Die Umschaltung von „Stillstand" zu „Abwärts" soll durch Betätigen des Taster S3 oder, wenn der Kübel in der oberen Endlage steht, automatisch nach einer einstellbaren Zeit t erfolgen.
5. Die Abschaltung der Abwärts-Bewegung muß sofort automatisch bei Betätigung des Grenztasters S4 oder des Tasters S1 erfolgen.
6. Die Aufwärts-Bewegung darf nur eingeleitet werden können, wenn die Abwärts-Bewegung nicht eingeschaltet ist oder umgekehrt.
7. Die Aufwärts-Bewegung darf nicht beginnen bzw. muß sofort gestoppt werden, wenn die Tür des Silos (S6) geöffnet ist.

Übersichtsschaltplan

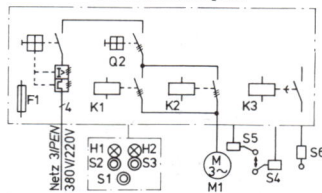

Der Übersichtsschaltplan (block diagram) ist die vereinfachte, meist einpolige Darstellung der Schaltung, wobei nur die wesentlichen Teile berücksichtigt werden. Er zeigt die Gliederung und Arbeitsweise einer elektrischen Einrichtung.

7.1 Steuerungstechnik

Stromlaufplan in aufgelöster Darstellung

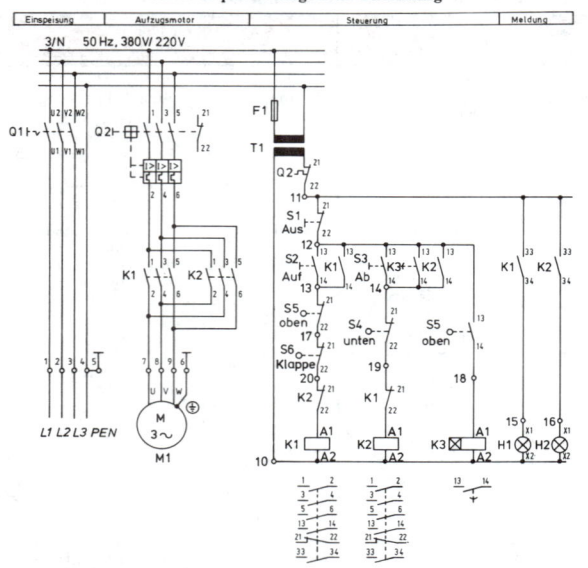

Stromlaufplan in zusammenhängender Darstellung

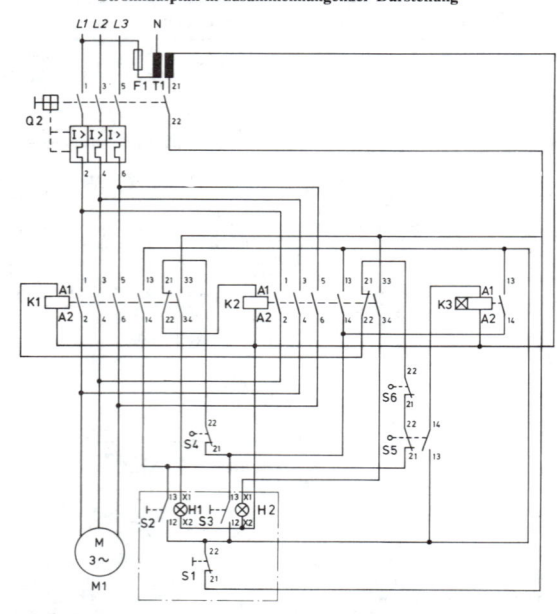

Schaltplan

Ein Schaltplan (diagram) zeigt, wie die verschiedenen elektrischen Betriebsmittel miteinander in Beziehung stehen. Dabei werden die Betriebsmittel durch Schaltzeichen, gelegentlich auch durch Abbildungen oder vereinfachte Konstruktionszeichen, dargestellt.

Stromlaufplan

Ein Stromlaufplan (circuit diagram) ist die ausführliche Darstellung einer Schaltung in ihren Einzelteilen.

Stromlaufplan in aufgelöster Darstellung

Stromlaufpläne werden meist in aufgelöster Darstellung gezeichnet, so daß jeder Stromweg leicht zu verfolgen ist. Alle belegten Schaltglieder eines elektrischen Betriebsmittels erhalten die gleiche Bezeichnung. Hauptstromkreis, Steuerstromkreis und Meldestromkreis werden getrennt, meist von links nach rechts, gezeichnet.

Stromlaufplan in zusammenhängender Darstellung

Alle Schaltglieder eines elektrischen Betriebsmittels werden zusammenhängend gezeichnet. Da Haupt- und Hilfsstromkreise in einem Bild erscheinen, wird der Überblick über die Funktion der Schaltung wesentlich erschwert.

7.1 Steuerungstechnik

Stromlaufplan in aufgelöster Darstellung

Der Stromlaufplan in aufgelöster Darstellung zeigt die Realisierung der Aufzugssteuerung in kontaktloser Technik.

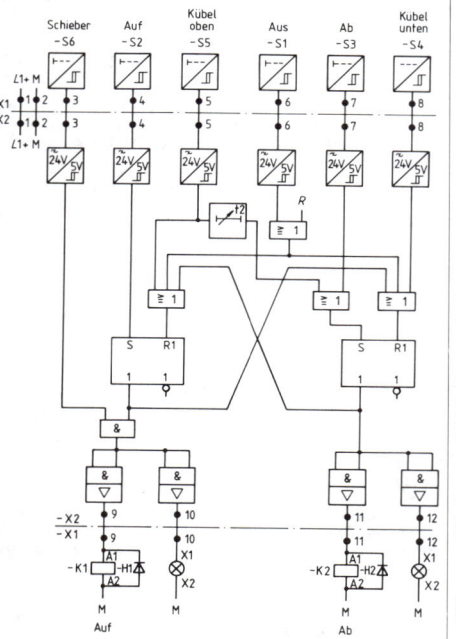

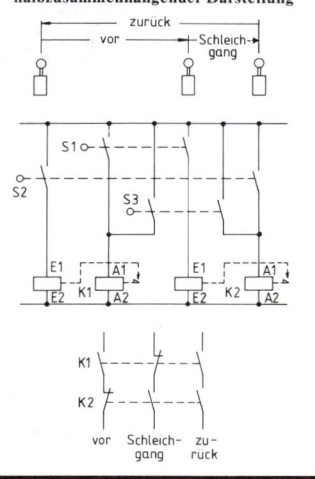

Im Gegensatz zum Stromlaufplan in aufgelöster Darstellung werden im Stromlaufplan in halbzusammenhängender Darstellung die Schaltzeichen für die verschiedenen Teile eines elektrischen Betriebsmittels so angeordnet, daß die mechanischen Verbindungen zwischen den zusammengehörenden Teilen eingezeichnet werden können.

Zugunsten einer klaren Führung der elektrischen Verbindungslinien dürfen die mechanischen Wirkverbindungslinien auch geknickt und verzweigt dargestellt werden.

Anschlußpläne
nach DIN 40 719 T 9 (4.79)

In einem Anschlußplan sind die Anschlußstellen einer elektrischen Einrichtung und die daran angeschlossenen inneren und äußeren leitenden Verbindungen dargestellt.

Die Anschlußstellen werden als Quadrate, Rechtecke, Punkte oder Kreise dargestellt. Die Anschlußstellen werden mit Ziffern und/oder Buchstaben gekennzeichnet; die Kennzeichnung muß mit der Bezeichnung der Anschlußstellen im Stromlaufplan übereinstimmen.

Zum Auffinden des Gegenanschlusses und zur Leitungsverfolgung sind die Verbindungslinien an den Anschlußstellen zu kennzeichnen, z. B. durch Zielbezeichnungen, Leitungsnummern oder Signalbezeichnungen.

Das zu verwendende Leitungsmaterial soll im Anschlußplan oder in einer dazugehörigen Unterlage angegeben werden.

Die Abbildung zeigt die Klemmleiste für den Stromlaufplan der Aufzugssteuerung mit Zielbezeichnung der inneren und äußeren Verbindungen; die Ziele sind entsprechend DIN 40 719 T 2 (s. S. 7-16) gekennzeichnet.

Stromlaufplan in halbzusammenhängender Darstellung

Netz 3/PEN ~380 V/220 V			
L1	1	– Q1 : U1
L2	2	– Q1 : V1
L3	3	– Q1 : W1
PE	4	: N
	5	
: PE	6	
: U	7	– K1 : 2
: V	8	– K1 : 4
: W	9	– K1 : 6
– T1 : U	10	– K1 : A2
– S1 : 21	11	– Q2 : 22
– S1 : 22 – S2 : 13	12	– K1 : 13
– S2 : 13 – S5 : 21	13	– K1 : 14
– S3 : 14 – S4 : 21	14	– K2 : 14
– H1	15	– K1 : 34
– H2	16	– K2 : 34
– S5 : 22 – S6 : 21	17	
– S5 : 14	18	– K3 : A1
– S4 : 14	19	– K1 : 21
– S6 : 22	20	– K2 : 21

7-5

7.1 Steuerungstechnik

Schaltfolgediagramm

Das Schaltfolgediagramm nach DIN 40719 T 11 (8.78) stellt die funktionelle Folge der Schaltzustände von Betriebsmitteln (Relais) dar und wird vorzugsweise bei Relaisschaltungen als Ergänzung des Stromlaufplanes zur Veranschaulichung der Aufeinanderfolge der einzelnen Schaltvorgänge angewendet. Die Darstellung ist meist nicht zeitproportional.

In der ersten Zeile (Kopfzeile) des Schaltfolgediagramms sind die einzelnen Betriebsmittel und gegebenenfalls Signale angegeben. Die erste Spalte enthält die laufenden Nummern; die folgenden die Bezeichnung der Schaltvorgänge und ihre Gliederung, ausgehend von der äußeren Ursache zur Einleitung des Funktionsablaufs bis zu dessen Ergebnis bzw. Wirkung nach außen.

Das folgende Beispiel zeigt das Schaltfolgediagramm der Aufzugssteuerung (s. S. 7-16):

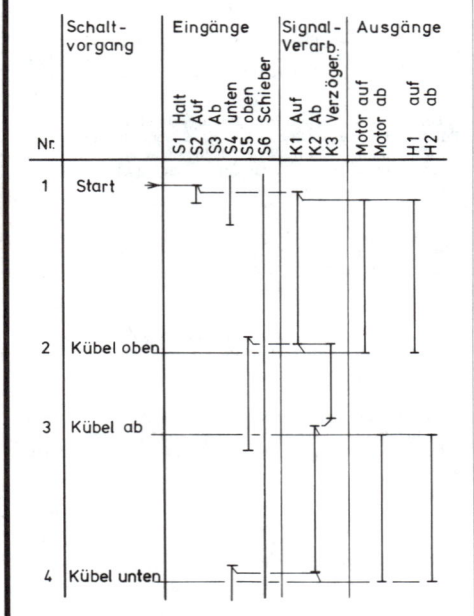

Nr.	Schalt-vorgang	Eingänge S1 Halt S2 Auf S3 Ab S4 unten S5 oben S6 Schieber	Signal-Verarb. K1 Auf K2 Ab K3 Verzöger.	Ausgänge Motor auf Motor ab H1 auf H2 ab
1	Start			
2	Kübel oben			
3	Kübel ab			
4	Kübel unten			

Eine durchgehende Linie kennzeichnet den Erregerstrom, der das Relais bzw. Schütz in Arbeitsstellung bringt oder hält bzw. bei einer Ausschaltverzögerung den Schaltzustand „Ein" mit Angabe der Verzögerungszeit. Bei Kontakten kennzeichnet eine durchgehende Linie die Arbeitsstellung; keine Linie entspricht der Ruhestellung bzw. Darstellung des Kontaktes im Stromlaufplan.

Eine gestrichelte Linie kennzeichnet einen Erregerstrom, der das Relais nicht in Arbeitsstellung bringt oder hält bzw. bei einer Einschaltverzögerung den Schaltzustand „Aus" mit Angabe der Verzögerungszeit.

Beginn und Ende eines Schaltvorganges werden mit einem Querstrich gekennzeichnet.

Verzögerte Ansprech- und Rückfallzeiten können mit einem Dreieck dargestellt werden, wobei die Länge des Dreiecks der Verzögerungszeit entsprechen kann.

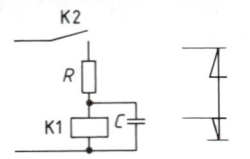

Zusätzliche Striche mit einer Neigung von ca. 30° gegen die Senkrechte werden verwendet, wenn die **Angabe der Stromrichtung** erforderlich ist, z. B. bei Gegenerregung:

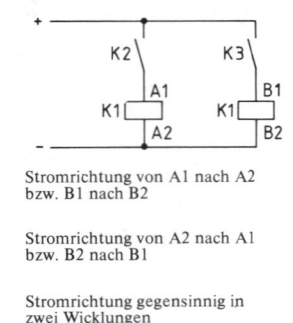

Stromrichtung von A1 nach A2 bzw. B1 nach B2

Stromrichtung von A2 nach A1 bzw. B2 nach B1

Stromrichtung gegensinnig in zwei Wicklungen

Bei **bistabilen Relais**, z. B. Telegrafenrelais, gibt der Schrägstrich den Zusammenhang zwischen dem Stromfluß in der Wicklung und der daraus resultierenden Stellung der Kontakte bzw. des Ankers an:

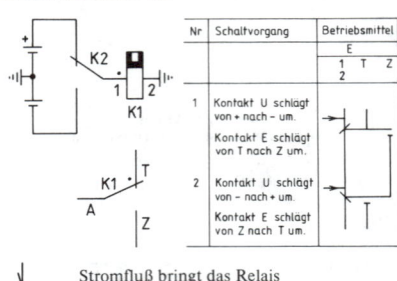

Nr	Schaltvorgang	Betriebsmittel E 1 T Z 2
1	Kontakt U schlägt von + nach − um.	
	Kontakt E schlägt von T nach Z um.	
2	Kontakt U schlägt von − nach + um.	
	Kontakt E schlägt von Z nach T um.	

Stromfluß bringt das Relais in Ruhestellung

Stromfluß bringt das Relais in die Arbeitsstellung

Die Stromrichtungen in zwei Wicklungen sind gegensinnig

Zeitablaufdiagramme

Zeitablaufdiagramme nach DIN 40719 T 11 (8.78) werden vorzugsweise zur Darstellung des Funktionsablaufes in taktgesteuerten, digitalen Schaltungen verwendet.

Jede Funktion wird entsprechend dem gewählten Zeitmaßstab waagerecht aufgetragen. Die Zeitachsen werden für jede Teilfunktion bzw. jeden Takt untereinander dargestellt (Beispiele s. S. 6-13).

7.1 Steuerungstechnik

7.1.6 Speicherprogrammierte Steuerungen

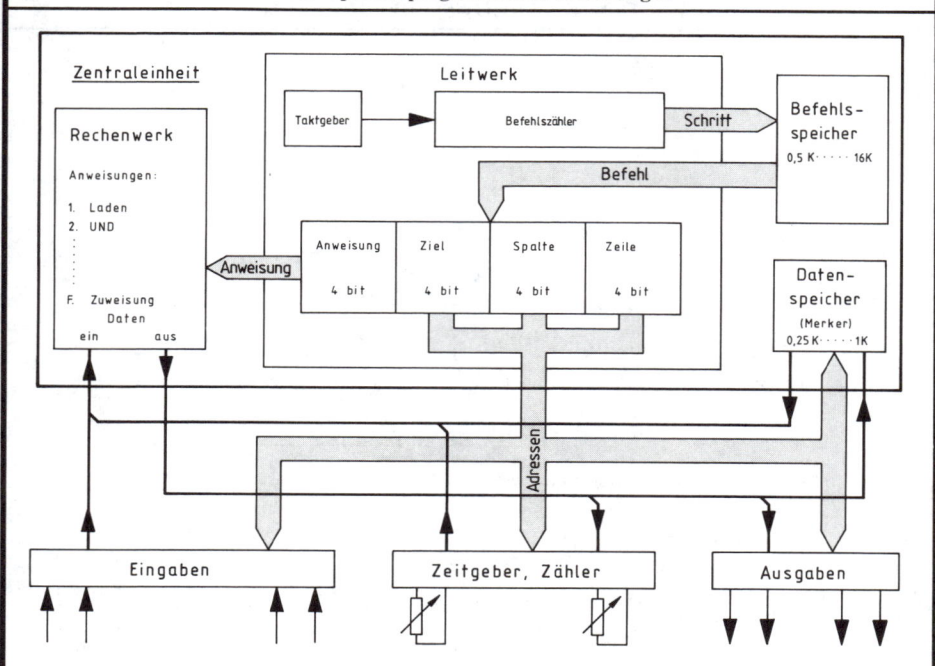

Der interne Aufbau eines speicherprogrammierten Steuerungsgerätes entspricht weitgehend dem internen Aufbau eines Computers.

Das Programm – die Gesamtheit aller Anweisungen und Vereinbarungen für die Signalverarbeitung – wird mittels einer Programmiereinheit in den Befehlsspeicher eingegeben und dort nullspannungsgesichert gespeichert.

Nach dem Einschalten der Betriebsspannung wird zunächst ein Neutralisierungszyklus durchlaufen, in dem die Ausgangsmerker und nicht nullspannungsgesicherten Merker auf Ø gesetzt werden. Anschließend wird der Befehlszähler zurückgesetzt.

Das vom Befehlszähler adressierte 16-Bit-Wort des Befehlsspeichers enthält eine vollständige Steuerungsanweisung. Die ersten 4 Bit enthalten den Operationsteil, die folgenden 12 Bit den Operandenteil. Der Operationsteil beschreibt die auszuführende Operation, z. B. eine logische Verknüpfung, während der Operandenteil die Adresse des Datenbits beschreibt, mit dem die Operation ausgeführt werden soll.

Enthält der Operationsteil einen Lade- oder Verknüpfungsbefehl, so wird der im Operandenteil adressierte Ausgangsmerker (parallel zu jedem Ausgang ist im Datenspeicher ein Merker angelegt) oder Eingang einer Eingabegruppe über den Datenbus (1 Bit) nach seinem Signalzustand abgefragt. Im Rechenwerk erfolgt die Speicherung oder Verknüpfung mit dem Inhalt des Resultatregisters, auch Akkumulator genannt; das Verknüpfungsergebnis wird anschließend im Akkumulator gespeichert. Enthält der Operationsteil dagegen z. B. einen Setzbefehl, so wird der im Operandenteil adressierte Ausgangsmerker und Ausgang eines Zeitgebers oder einer Ausgabegruppe über den Datenbus (1 Bit) eingeschaltet, wenn im Akkumulator ein 1-Signal gespeichert ist. Nach der Ausführung des Befehls wird der Inhalt des Befehlszählers um 1 erhöht und der nächste Befehl abgearbeitet.

Nach der Bearbeitung der letzten im Befehlsspeicher stehenden Anweisung oder der Anweisung PE (Programmende) wird der Befehlszähler zurückgesetzt, so daß sich die Bearbeitung der Anweisungsfolge ständig wiederholt. Die Zeit für eine einmalige Bearbeitung aller Anweisungen wird Zykluszeit genannt; sie beträgt je nach Fabrikat 1 ms bis 50 ms je 1 K ($=1024$) Anweisungen.

Vielfach wird die Zykluszeit mit einer sogenannten Watch-Dog-Schaltung überwacht. Wird ein Bearbeitungszyklus nicht innerhalb einer bestimmten Zeit beendet, weil z. B. ein Programm- oder Gerätefehler vorliegt, so werden die Programmbearbeitung gestoppt und alle Ausgänge der SPS zurückgesetzt. Die Watch-Dog-Schaltung spricht ebenfalls an, wenn bei zugeschalteter Programmiereinheit die Betriebsart „RUN" verlassen wird.

Große SPS-Geräte verfügen neben der beschriebenen Bit-Verarbeitung zusätzlich über eine Wortverarbeitung, z. B. für Vergleiche und mathematische Operationen.

7.1 Steuerungstechnik

Bestimmungen zur elektrischen Ausrüstung von Industriemaschinen (Auszug) nach DIN IEC 44(CO)48/VDE 0113 E (6.80)

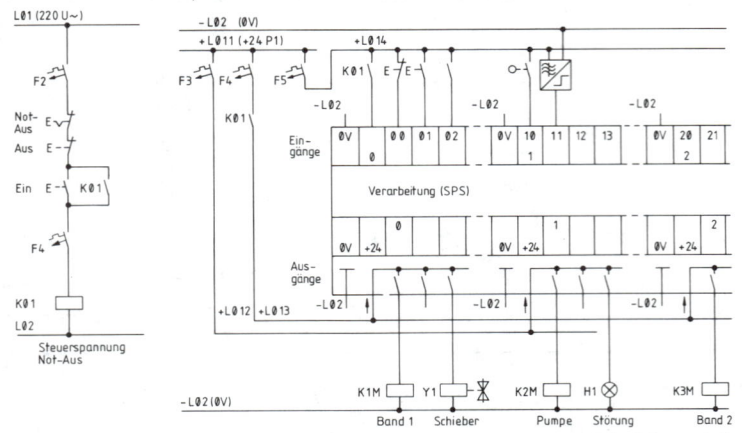

Elektronische Werkzeugmaschinensteuerung mit Sicherheitskreis (NOT-AUS) in Schütztechnik

Hauptschalter

Die elektrische Ausrüstung der Maschine muß mit Einrichtungen ausgestattet sein:
a) zum Stillsetzen der Maschine im Gefahrenfall und – falls notwendig – zur Drehrichtungsumkehr;
b) zum Abtrennen der elektrischen Ausrüstung von der Netzspannung.

Wenn für die NOT-AUS-Einrichtung die gleichen Stromkreise ausgeschaltet werden dürfen, darf für beide Funktionen ein Gerät verwendet werden.

NOT-AUS-Einrichtung

Wenn Gefahren für Personen oder Schäden an der Maschine entstehen können, müssen zu ihrer Verhinderung durch Betätigen der NOT-AUS-Einrichtung gefährliche Teile der Maschine oder die ganze Maschine so schnell wie möglich stillgesetzt werden. Hierzu ist eine der beiden folgenden Methoden anzuwenden:
a) ein NOT-AUS-Schalter, der die Speisung der entsprechenden Stromkreise unterbricht. Ein solcher Schalter darf handbetätigt ein- oder fernbetätigt durch das Ausschalten eines entsprechenden Steuerstromkreises auszuschalten sein.
b) Eine Anordnung in den Steuerstromkreisen, die durch einen Befehl alle Stromverbraucher durch Entregen unmittelbar abschaltet, die zu einer Gefährdung führen können.

Die Betätigung der NOT-AUS-Einrichtung darf weder den Bedienenden noch die Maschine gefährden und darf nicht solche Hilfseinrichtungen abschalten, die auch im Notfall weiterarbeiten müssen, wie z. B. die Erregung von Spannplatten.

Das Rückstellen (Entriegeln) der NOT-AUS-Einrichtung darf nicht den Wiederanlauf der Maschine oder ihrer Teile bewirken.

NOT-AUS-Schalter müssen vom Standplatz des Bedienenden aus gut sichtbar und leicht erreichbar sein.

Anschluß von Signalgebern

Hinsichtlich der Drahtbruchsicherheit wird gefordert:
a) Das Starten wird durch Einschalten des entsprechenden Stromkreises oder, im Falle digitaler elektronischer Bauelemente, durch 1-Signal ausgeführt.
b) Das Stillsetzen wird durch Ausschalten des entsprechenden Stromkreises oder, im Falle digitaler elektronischer Bauelemente, durch 0-Signal ausgeführt.
c) Der Halt-Befehl hat Vorrang vor dem zugeordneten Startbefehl.

Hinsichtlich des Schutzes gegen unbeabsichtigten Anlauf durch Erdschluß wird gefordert:

Erdschlüsse in Steuerstromkreisen dürfen weder zum unbeabsichtigten Anlauf oder zu gefährlichen Bewegungen einer Maschine führen, noch deren Stillsetzung verhindern. Um diese Forderung zu erfüllen, sollen die Steuerstromkreise einseitig mit dem Schutzleitersystem verbunden und Spulen und Hilfsschalter wie folgt angeordnet sein.

Anschluß von Spulen und Hilfsschaltgliedern

In Steuerstromkreisen muß eine Anschlußstelle von Betätigungsspulen direkt an den Schutzleiter angeschlossen sein. Alle Schaltglieder von Steuergeräten, die auf diese Spule wirken, müssen zwischen dem anderen Anschluß der Spule und dem nicht mit dem Schutzleiter verbundenen Leiter des Steuerstromkreises angeschlossen sein.

Ausnahmen, z. B. für Hilfsschalter von Überstromrelais und bei Verwendung von Schleifleitungen und Vielfachsteckern, sind nur unter bestimmten Voraussetzungen zulässig.

Steuertransformator

Für die Speisung von elektronischen Steuer- und Meldestromkreisen müssen Steuertransformatoren vorgesehen werden.

7.1 Steuerungstechnik

Programmierung von SPS nach DIN 19 239 (5.83)

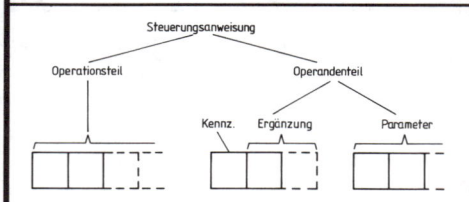

Kennzeichen von Operanden

E	Eingang	T	Zeitglied
A	Ausgang	Z	Zähler
M	Merker	P	Programmbaustein
K	Konstante	F	Funktionsbaustein

Das Programm einer speicherprogrammierten Steuerung besteht aus einer Folge von Steuerungsanweisungen. Eine Steuerungsanweisung enthält den Operationsteil und den Operandenteil. Der Operandenteil kann auch entfallen oder durch eine Adresse ersetzt werden. Operandenkennzeichen können durch Ergänzungen näher erläutert werden.

Der Operationsteil kann bis zu vier Zeichen, das Operandenkennzeichen mit Ergänzungen bis zu drei Zeichen und der Parameterteil beliebig viele Zeichen enthalten. Teile der Steuerungsanweisung können durch Leerzeichen (blanks) getrennt werden.

Die Norm legt weder den Mindest- noch den Höchstumfang aller in speicherprogrammierten Steuerungen verwendeten Operationen und Operanden fest. Eine speicherprogrammierte Steuerung kann deshalb Teilmengen der Norm beherrschen oder auch den aufgeführten Umfang überschreiten.

Ergänzungen zu Operandenkennzeichen

T	Tetrade (4 Bit)	A	Analog
B	Byte: 8 Bit	I	Impuls
W	Wort: 2 Byte	E	Einschalt-Verzögerung
D	Doppelwort	A	Ausschalt-Verzögerung

Beispiel:
Programmierung einer Stern-Dreieck-Anlasserschaltung nach Kontaktplan

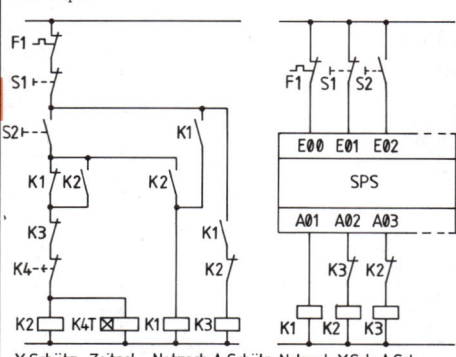

Operationen

L	Laden: Beginn einer Anweisungsfolge. Der Signalzustand des abgefragten Eingangs, Ausgangs oder Merkers wird in den Accu übernommen.
NOP	Nulloperation; Programmschritt, bei dem der Signalzustand des Accus nicht beeinflußt wird.
U	UND-Verküpfung des Accu-Signalzustandes mit dem Signalzustand des nachfolgenden Operanden.
O	ODER-Verknüpfung des Accu-Signalzustandes mit dem Signalzustand des nachfolgenden Operanden.
N	Der abgefragte Signalzustand wird vor dem Speichern oder Verknüpfen umgekehrt. Anwendung im Zusammenhang mit den Operationen Laden (LN), UND (UN), ODER (ON), Zuweisung (= N).
=	Zuweisung; Setzen eines Ausgangs, Merkers oder Timers mit dem Signalzustand des Accus.
S	Speicherndes Setzen eines Ausgangs oder Merkers, wenn der Signalzustand des Accus „1" ist.
R	Speicherndes Rücksetzen eines Ausgangs oder Merkers, wenn der Signalzustand des Accus „1" ist.
PE	Programm-Ende; anschließend läuft das Programm erneut ab der Startadresse 000 ab.
SP	Ein unbedingter Sprung wird zur angegebenen Adresse (Sprungziel), unabhängig vom Signalzustand des Accus, ausgeführt.
SPB	Ein bedingter Sprung wird zur angegebenen Adresse nur ausgeführt, wenn der Signalzustand des Accus „1" ist.
BA	Baustein-Aufruf; Aufruf einer signalverarbeitenden Baugruppe oder eines „Programmbausteins".
BE	Baustein Ende.

0.0.0	L	.	E.0.0
0.0.1	U	.	E.0.1
0.0.2	=	.	M.0.0
0.0.3	L	.	A.0.1
0.0.4	U	.	A.0.2
0.0.5	O	.	E.0.2
0.0.6	U	.	M.0.0
0.0.7	=	.	M.0.1
0.1.0	L.N.	A.0.1	
0.1.1	O	.	A.0.2
0.1.2	U	.	M.0.1
0.1.3	U.N.	A.0.3	
0.1.4	U.N.	T.0.0	
0.1.5	=	.	A.0.2
0.1.6	=	.	T.0.0
0.1.7	L	.	E.0.2
0.2.0	U	.	A.0.2
0.2.1	O	.	A.0.1
0.2.2	U	.	M.0.0
0.2.3	=	.	A.0.1
0.2.4	L	.	M.0.0
0.2.5	U	.	A.0.1
0.2.6	U.N.	A.0.2	
0.2.7	=	.	A.0.3
0.3.0	P.E.		

Anmerkung:
1) Die Realisierung einer Stern-Dreieck-Anlasserschaltung mit einer SPS ist nur im Rahmen einer größeren Anlagensteuerung sinnvoll.
2) Je nach Fabrikat erfolgt die Adressierung der Anweisungen und Parameter dezimal, sedezimal (Ziffernvorrat 0 ⋯ 9, A ⋯ F) oder oktal (Ziffernvorrat 0 ⋯ 7) wie im Beispiel.
3) Stromlaufplan des Leistungsteils s. S. 10-11.

7-9

7.1 Steuerungstechnik

Benennung	Zeichen[1] d e Z2	Kontaktplan- Darstellung[2]	Nachbildung der [2][3] Kontaktplan-Darstellg.	Funktionsplan- Darstellung[2]	Anweisungsliste[2]
UND	U A &	K1, K2 in Reihe, K3 Spule	E01 E02 A03 (Reihenkontakte)	E01, E02 → & → A03	0.0.0 L E.0.1 0.0.1 U E.0.2 0.0.2 = A.0.3 0.0.3 P.E.
ODER	O O /	K1, K2 parallel, K3 Spule	E01, E02 parallel → A03	E01, E02 → 1 → A03	0.0.0 L E.0.1 0.0.1 O E.0.2 0.0.2 = A.0.3 0.0.3 P.E.
Exklusiv- ODER	XO XO	K1/K1, K2/K2, K3	E01 E02 A03 / E01 E02	E01, E02 → =1 → A03	0.0.0 L E.0.1 0.0.1 XO E.0.2 0.0.2 = A.0.3 0.0.3 P.E.
NICHT/ Negation	N N	K1, K0, K2, K0/K3	E01 E02 A03 (/)	E01, E02 → & → ∘A03	0.0.0 L E.0.1 0.0.1 U E.0.2 0.0.2 =N A.0.3 0.0.3 P.E.
Merker	M M	K1, K3, K2, K4, K5	E01 E02 A05 / E03 E04	E01, E02 → &; E03, E04 → & → 1 → A05	0.0.0 LN E.0.1 0.0.1 U E.0.2 0.0.2 = M.0.0 0.0.3 L E.0.3 0.0.4 UN E.0.4 0.0.5 U M.0.0 0.0.6 = A.0.5 0.0.7 P.E.

Anmerkung:

[1] Die aus der englischen Sprache (e) abgeleiteten mnemotechnischen Kurzbezeichnungen sind nur Empfehlungen. Die Zeichen unter Z2 sind an die mathematische Schreibweise angelehnt.

[2] Bei den Beispielen wurde immer davon ausgegangen, daß alle Eingabeglieder Schließer sind.

[3] Die Nachbildung der Kontaktplan-Darstellung wird ausschließlich zur Darstellung von Programmen, nicht jedoch als Schaltzeichen in Schaltungsunterlagen verwendet.

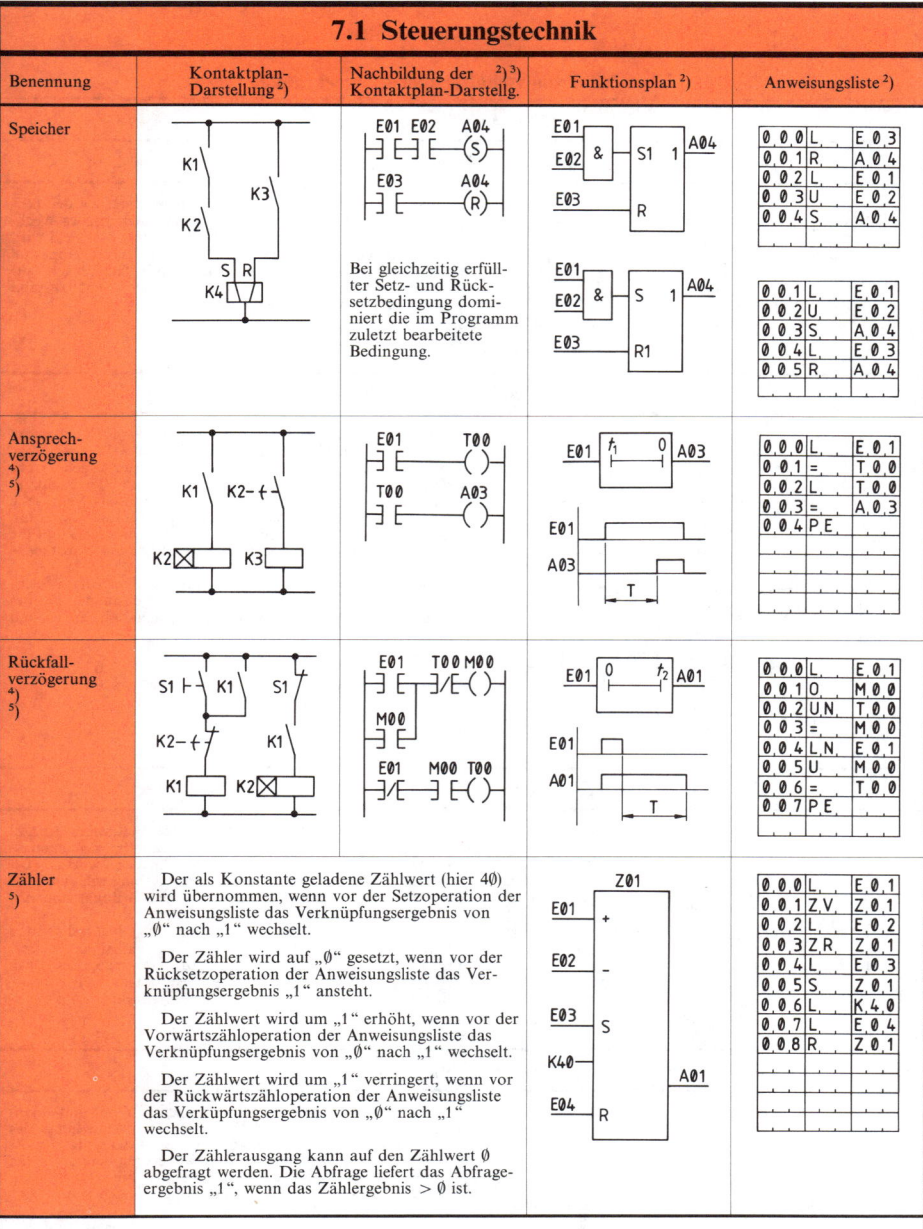

7.1 Steuerungstechnik

Benennung	Kontaktplan-Darstellung [2]	Nachbildung der [2][3] Kontaktplan-Darstellg.	Funktionsplan [2]	Anweisungsliste [2]
Speicher	K1, K2, K3, K4 (S R) Kontaktplan	E01 E02 A04 —(S); E03 A04 —(R)	E01, E02 &, S1 1, A04; E03 R	0.0.0 L E.0.3; 0.0.1 R A.0.4; 0.0.2 L E.0.1; 0.0.3 U E.0.2; 0.0.4 S A.0.4
		Bei gleichzeitig erfüllter Setz- und Rücksetzbedingung dominiert die im Programm zuletzt bearbeitete Bedingung.	E01, E02 &, S 1, A04; E03 R1	0.0.1 L E.0.1; 0.0.2 U E.0.2; 0.0.3 S A.0.4; 0.0.4 L E.0.3; 0.0.5 R A.0.4
Ansprechverzögerung [4][5]	K1, K2, K3	E01 T00 —( ); T00 A03 —( )	E01 t_1 0 A03; Diagramm E01, A03, T	0.0.0 L E.0.1; 0.0.1 = T.0.0; 0.0.2 L T.0.0; 0.0.3 = A.0.3; 0.0.4 P.E.
Rückfallverzögerung [4][5]	S1, K1, K2, K1	E01 T00 M00 —] [—]/[—( ); M00 —] [—( ); E01 M00 T00 —]/[—] [—( )	E01 0 t_2 A01; Diagramm E01, A01, T	0.0.0 L E.0.1; 0.0.1 O M.0.0; 0.0.2 UN T.0.0; 0.0.3 = M.0.0; 0.0.4 L N E.0.1; 0.0.5 U M.0.0; 0.0.6 = T.0.0; 0.0.7 P.E.
Zähler [5]	Der als Konstante geladene Zählwert (hier 40) wird übernommen, wenn vor der Setzoperation der Anweisungsliste das Verknüpfungsergebnis von „0" nach „1" wechselt. Der Zähler wird auf „0" gesetzt, wenn vor der Rücksetzoperation der Anweisungsliste das Verknüpfungsergebnis „1" ansteht. Der Zählwert wird um „1" erhöht, wenn vor der Vorwärtszähloperation der Anweisungsliste das Verknüpfungsergebnis von „0" nach „1" wechselt. Der Zählwert wird um „1" verringert, wenn vor der Rückwärtszähloperation der Anweisungsliste das Verküpfungsergebnis von „0" nach „1" wechselt. Der Zählerausgang kann auf den Zählwert 0 abgefragt werden. Die Abfrage liefert das Abfrageergebnis „1", wenn das Zählergebnis > 0 ist.		Z01; E01 +; E02 −; E03 S; K40; E04 R; A01	0.0.0 L E.0.1; 0.0.1 ZV Z.0.1; 0.0.2 L E.0.2; 0.0.3 ZR Z.0.1; 0.0.4 L E.0.3; 0.0.5 S Z.0.1; 0.0.6 L K.4.0; 0.0.7 L E.0.4; 0.0.8 R Z.0.1

[1][2][3]) siehe S. 7-10.

[4]) Hier wurde davon ausgegangen, daß die Zeitstufen mit Ausgabebefehlen gestartet und mit dem Ladebefehl „L" sowie Verknüpfungsbefehlen abgefragt werden können. Die Verzögerungszeit sei mit einem Potentiometer einstellbar.

[5]) Die Programmierung von Zeitgliedern und Zählern ist produktabhängig.

7.1 Steuerungstechnik

7.1.7 Näherungsschalter und Lichtschranken

7.1.7.1 Ausführungsarten

Induktive Näherungsschalter

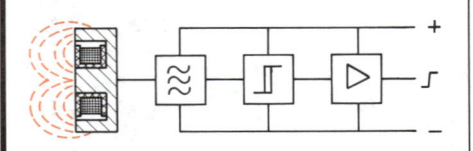

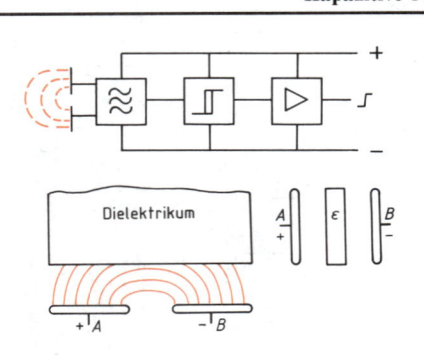

Die Schwingkreisspule des Oszillators erzeugt vor der aktiven Fläche des Näherungsschalters ein magnetisches Wechselfeld. Beim Eintauchen eines Metallteils in dieses Feld wird der Schwingkreis bedämpft, so daß die Triggerstufe kippt und einen Wechsel des Ausgangszustandes herbeiführt. Nach Entfernen des Metallteils wird der ursprüngliche Schaltzustand des Näherungsschalters wieder hergestellt.

Kapazitive Näherungsschalter

Zwei konzentrisch angeordnete metallische Elektroden auf der aktiven Fläche des Näherungsschalters wirken als Kondensator eines RC-Oszillators, der bei freier Fläche nicht schwingt. Gelangt ein Gegenstand aus Metall oder Nichtmetall bei Annäherung an die aktive Fläche in das elektrische Feld vor den Elektroden, so vergrößert sich die Kapazität, und der Oszillator beginnt zu schwingen. Dadurch kippt die Triggerstufe und führt einen Wechsel des Ausgangszustandes herbei.

Der Schaltabstand ist um so kleiner, je kleiner die Dielektrizitätskonstante des zu erfassenden Gegenstandes ist. Berechnungsfaktoren zur Ermittlung des Schaltabstandes sind z.B.:

Metalle	1,0	Wasser	1,0
Holz	0,2 bis 0,7	PVC	0,6
Glas	0,5	Öl	0,1

Ultraschall-Näherungsschalter

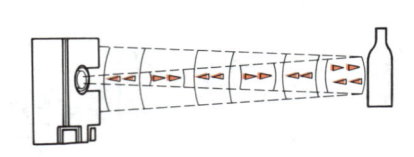

Der Ultraschall-Wandler sendet eine bestimmte Anzahl von Schallwellen im Ultraschallbereich aus, die vom zu erfassenden Objekt reflektiert werden. Anschließend wird der Ultraschall-Wandler auf Empfangsbetrieb umgeschaltet. Die Zeit bis zum Eintreffen des Echos ist proportional zum Abstand des Objektes vom Näherungsschalter.

Digitale Ausgänge ermöglichen nur eine Objekterkennung innerhalb des Erfassungsbereiches, der mit einem Potentiometer einstellbar ist. Ultraschall-Sensoren mit einem analogen Ausgang liefern dagegen ein elektrisches Signal, das proportional zum Abstand des zu erfassenden Objektes ist.

Einweg-Lichtschranke

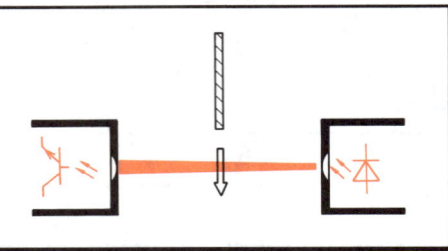

Sender und Empfänger sind räumlich getrennt und einander gegenüberliegend montiert. Eine Unterbrechung des Lichtstrahls löst im Empfänger einen Schaltvorgang aus.

Durch Synchronisation des Empfängers mit dem gepulsten Sender, auf die Sendefrequenz abgestimmte Filter im Empfänger und Infrarot-Filter wird eine hohe Störsicherheit gegen Fremdlicht erreicht.

Dem Nachteil des größeren Montage- und Installationsaufwandes im Vergleich zu den anderen Positionssensoren stehen die große Reichweite (bis >100 m) und die Erkennung kleinster Gegenstände bei kleinen Abständen gegenüber.

7.1 Steuerungstechnik

Reflexions-Lichtschranke

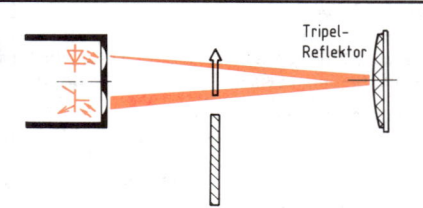

Sender und Empfänger sind in einem Gehäuse untergebracht. Der Sender strahlt ein Lichtbündel auf einen gegenüberliegend angebrachten Reflektor aus Glas oder Kunststoff, so daß ein Teil des Lichtstrahls vom Reflektor zurück auf den Empfänger gelangt. Wird der Lichtweg vom zu erfassenden Objekt unterbrochen, so wird im Empfänger ein Schaltvorgang ausgelöst.

Dem erheblich reduzierten Montage- und Installationsaufwand steht eine geringere Reichweite gegenüber.

Reflexions-Lichttaster

Sender und Empfänger sind im selben Gehäuse untergebracht. Das zu erfassende Objekt wirkt selber als Reflektor. Reflexions-Lichttaster finden Anwendung, wenn weder Empfänger noch Reflektoren montiert werden können. Von Nachteil ist die große Abhängigkeit der Reichweite von der Farbe, Oberfläche und Größe des zu erfassenden Objektes.

7.1.7.2 Anschlußarten

2-Leiter-Anschluß

Näherungsschalter mit 2-Leiter-Anschluß werden wie mechanische Grenztaster mit der Last in Reihe geschaltet. Der Näherungsschalter erhält seine Versorgungsspannung von typisch 10 V bis 60 V Gleichspannung (DC) oder 20 V bis 250 V Wechselspannung (AC) über den Verbraucher. Deshalb fließt auch im gesperrten Zustand ein Ruhestrom von ca. 3 mA bis 5 mA. Im durchgeschalteten Zustand tritt bei maximalem Strom von ≤ 100 mA ein Spannungsfall von 5 V bis 10 V auf.

Gleichspannungsschalter sind verpolungssicher oder können zum Teil mit beliebiger Polarität angeschlossen werden. Wechselspannungsschalter sind meist für 2-Leiter-Anschluß ausgelegt und gegen Spannungsspitzen aus dem Netz geschützt.

3- und 4-Leiter-Anschluß

Die Versorgungsspannung wird über einen zusätzlichen Leiter zugeführt. Der Reststrom über den Verbraucher im gesperrten Zustand ist vernachlässigbar klein. Der Spannungsfall im durchgesteuerten Zustand bei einem maximalen Laststrom von typisch 200 mA beträgt nur ca. 2 V bis 4 V.

Näherungsschalter mit 4-Leiter-Anschluß haben einen antivalenten Ausgang und können als Umschalter eingesetzt werden.

Beide Ausführungen sind meist gegen Kurzschluß, Überlast und Zerstörung durch Spannungsspitzen beim Schalten induktiver Lasten geschützt. Gleichspannungsschalter sind verpolungssicher oder mit beliebiger Polarität anschließbar.

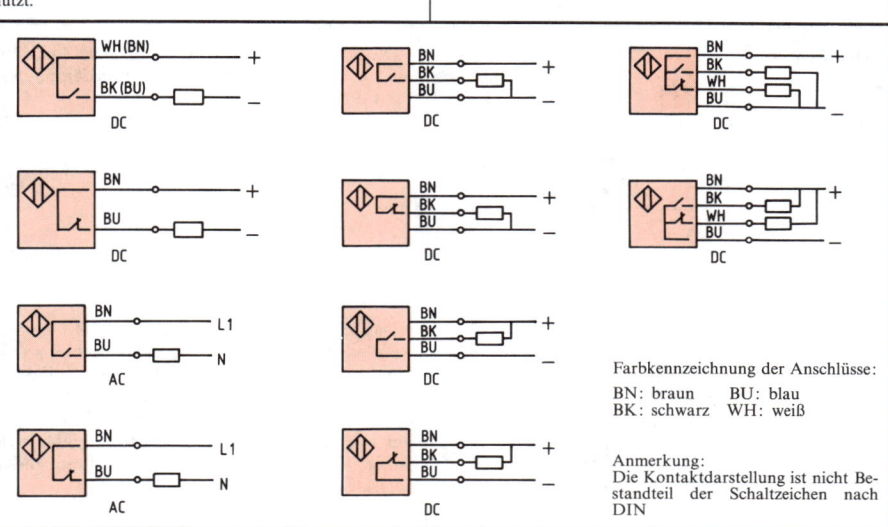

Farbkennzeichnung der Anschlüsse:
BN: braun   BU: blau
BK: schwarz WH: weiß

Anmerkung:
Die Kontaktdarstellung ist nicht Bestandteil der Schaltzeichen nach DIN

7.1 Steuerungstechnik

Schaltabstände

Meßplatte
Sicher ausgeschaltet
s_u max
s_r max
s_n
s_r min
s_u min
Sicher eingeschaltet
s_u max + H
s_r max + H
s_n + H
s_r min + H
s_u min + H
Aktive Fläche
Näherungsschalter

Begriffe

Schaltabstand s
Der Schaltabstand ist die Entfernung, bei der eine sich der aktiven Fläche des Näherungsschalters nähernde Meßplatte einen Signalwechsel bewirkt.

Nennabschaltabstand s_n
Der Nennabschaltabstand ist eine Gerätekenngröße, bei der Exemplarstreuungen und äußere Einflüsse wie Temperatur- und Spannungsabweichungen nicht berücksichtigt werden.

Realschaltabstand s_r
Der Realschaltabstand ist der bei Nenntemperatur (meist $T_u = 20\ °C$) und Nennbetriebsspannung ermittelte Schaltabstand unter Berücksichtigung der Exemplarstreuungen.
Bsp.: $s_r = s_n \pm 10\%$ bzw. $0{,}9\ s_n \leq s_r \leq 1{,}1\ s_n$

Nutzschaltabstand s_u
Der Nutzschaltabstand ist der innerhalb des zulässigen Temperatur- und Betriebsbereiches gewährleistete Schaltabstand.
Bsp.: $s_u = s_r \pm 10\%$ bzw. $0{,}81\ s_n \leq s_u \leq 1{,}21\ s_n$

Schalthysterese H
Dies ist die Entfernung zwischen dem Signalwechsel beim Annähern der Meßplatte und dem Signalwechsel beim Entfernen der Meßplatte.

Arbeitsabstand s_a
Der Arbeitsabstand ist der Abstand, der einen sicheren Betrieb unter angegebenen Temperatur- und Spannungsbedingungen gewährleistet. Er liegt zwischen 0 und dem kleinsten Nutzschaltabstand.

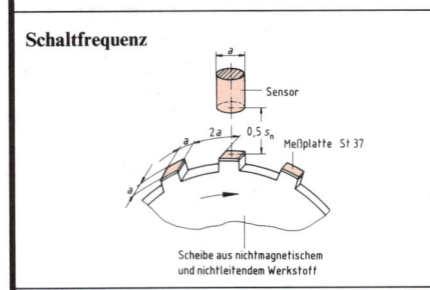

Schaltfrequenz

Sensor
$2a$ $0{,}5\ s_n$ Meßplatte St 37
Scheibe aus nichtmagnetischem und nichtleitendem Werkstoff

Die Schaltfrequenz f ist die maximale Anzahl der Wechsel vom bedämpften zum nicht bedämpften Zustand je Sekunde.

Anziehdrehmoment

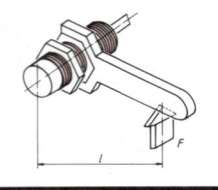

Das zulässige Anziehdrehmoment $M = F \cdot l$ muß bei allen Bauformen mit Gewinde beachtet werden, damit der Näherungsschalter nicht beschädigt wird. Der in den Herstellerunterlagen genannte Wert ist für die mitgelieferten Muttern anzuwenden.
Bei stark vibrationsgefährdeten Einbaustellen empfiehlt sich die Anwendung von Schraubensicherungslack.

7.1 Steuerungstechnik

Einbauarten

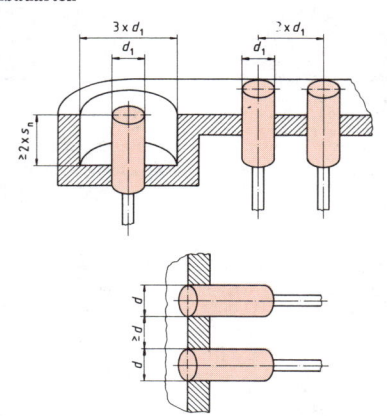

Nichtbündiger Einbau
Näherungsschalter werden nichtbündig eingebaut, wenn eine freie Zone notwendig ist, um die in den Herstellerunterlagen aufgeführten Schaltabstände und Nennwerte zu erhalten.
Bei gegenüberliegend eingebauten Schaltern muß der Abstand mindestens $6 s_n$ betragen.

Bündiger Einbau
Bündig einbaubare Näherungsschalter haben eine Vorkehrung gegen seitlich austretende Feldanteile. Vorteilhaft sind ein
- besserer Schutz der aktiven Fläche
- geringerer Einfluß äußerer Störfelder
- kleinerer zulässiger Abstand zwischen mehreren Näherungsschaltern infolge geringerer gegenseitiger Beeinflussung.

Nachteilig ist ein geringerer zulässiger Schaltabstand gegenüber bündig einbaubaren Näherungsschaltern.

Ansprechkurven induktiver Näherungsschalter

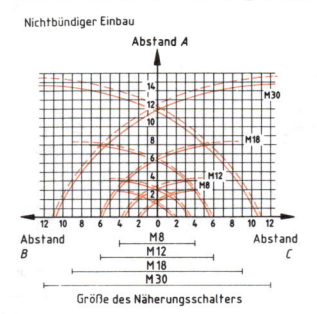

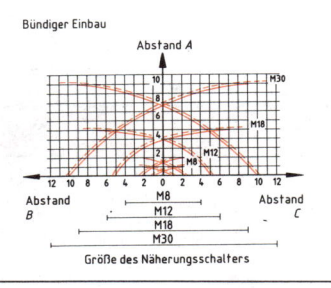

Die Ansprechkurve ist die Grenzkennlinie, bei deren Überfahren durch die Meßplatte (Kantenlänge = Durchmesser des Näherungsschalters) aus 1 mm Stahl St37 der Ausgang des Sensors schaltet. Die Anfahrrichtung der Meßplatte kann aus seitlicher oder axialer Richtung erfolgen.

Die durchgezogenen Linien zeigen den Einschaltpunkt, die unterbrochenen Linien den Ausschaltpunkt des zu erfassenden Objektes.

Die Bedämpfung durch Nichteisen-Metalle führt zu geringeren Schaltabständen. Die aufgeführten Werte haben einen Toleranzbereich, abhängig von der Oszillatorfrequenz sowie Legierungsbestandteilen, Struktur und Geometrie des zu erfassenden Objektes, z.B.:

Werkstoff	Faktor
Stahl (St 37)	1
Messing	$0{,}35 \cdots 0{,}5$
Kupfer	$0{,}25 \cdots 0{,}45$
Aluminium	$0{,}35 \cdots 0{,}5$

NAMUR-Sensoren
Gemäß DIN 19239 sind dies gepolte Zweidraht-Sensoren. Sie sind zum Anschluß an externe Schaltverstärker konzipiert und werden vorwiegend in explosionsgefährdeten Räumen eingesetzt.
Die durch Dämpfung hervorgerufene Änderung des Innenwiderstandes hat eine Stromänderung zur Folge, die von einem Trennschaltverstärker mit eigensicherem Stromkreis in ein binäres Ausgangssignal umgesetzt wird.

7.1 Steuerungstechnik

7.1.8 Kennzeichnung von elektrischen Betriebsmitteln nach DIN 40719 T 2 (6.78)

Kennbuchstabe 6.78	Kennbuchstabe 9.57	Art des Betriebsmittels	Beispiele
A		Baugruppen	Gerätekombinationen und Teilbaugruppen, die eine konstruktive Einheit bilden, anderen Buchstaben aber nicht eindeutig zugeordnet werden können; z. B. Einschübe, Einsätze, Rahmen, Steckkarten
B	f	Umsetzer von nichtel. Größen auf el. Größen und umgekehrt	Meßumformer für Temperatur, Licht, Drehfrequenz u. a.; Näherungsinitiatoren, Weg- und Winkelumsetzer
C	k	Kondensatoren	
D		Binäre Elemente, Verzögerungseinrichtungen Speichereinrichtungen	Einrichtungen und integrierte Schaltkreise der digitalen Steuerungs-, Regelungs- und Rechentechnik; z. B. UND-Glieder, digitale Zähler, Plattenspeicher
E		Verschiedenes	an anderer Stelle dieser Tabelle nicht aufgeführte Einrichtungen, z. B. Heizungen, Beleuchtungen
F	e	Schutzeinrichtungen	Sicherungen, Schutzrelais, Überspannungsableiter, Druckwächter, Windfahnenrelais, Buchholzschutz
G	m	Stromversorgungen, Generatoren	Stromversorgungseinrichtungen, Generatoren, Batterien, Ladegeräte, Oszillatoren, Taktgeneratoren
H	h	Meldeeinrichtungen	Leucht- und Hörmelder, Zeitfolgemelder
K	c, d	Schütze, Relais	Leistungs- und Hilfsschütze; Hilfsrelais, Blinkrelais
L	k	Induktivitäten	Drosselspulen, Frequenzsperren
M	m	Motoren	
N	p	Verstärker, Regler	Einrichtungen der analogen Steuerungs-, Regelungs- und Rechentechnik; Operationsverstärker
P	g	Meßgeräte, Prüfeinrichtungen	analog und digital anzeigende und registrierende Meßeinrichtungen, Datensichtgeräte, Simulatoren
Q		Starkstrom-Schaltgeräte	Leistungsschalter und -trenner, Motorschutzschalter, Installationsschalter, Stern-Dreieck-Schalter
S	a, b	Schalter, Wähler	Taster, Grenztaster, Befehlsgeräte, Wählscheiben
T	m	Transformatoren	Spannungs- und Stromwandler, Netz- und Trenntransform.
U		Modulatoren, Umsetzer von el. Größen in andere el. Größen	Spannungs-Frequenz-Wandler, Code-Umsetzer, Parallel-Serien-Umsetzer, Opto-Koppler, Fernwirkgeräte
V	p	Halbleiter, Röhren	Transistoren, Thyristoren, Röhren, Thyratrons
W		Übertragungswege, Leitungen, Antennen	Schaltdrähte, Sammelschienen, Kabel, Hohlleiter, Dipole, Lichtleiter
X		Klemmen, Stecker, Steckdosen	
Y		el. betätigte mechan. Einr.	Bremsen, Kupplungen, Ventile
Z		Filter, Entzerrer, Begrenzer, Abschlüsse	Hoch-, Tief- und Bandpässe; Funkentstör- und Funkenlöscheinrichtungen; Frequenzweichen

Kennzeichnung allgemeiner Funktionen

Kennbuchst.	Allgemeine Funktion	Kennbuchst.	Allgemeine Funktion	Kennbuchst.	Allgemeine Funktion
A	Hilfsfunktion, Aus	J	Integration	S	speichern, aufzeichnen
B	Bewegungsrichtung	K	Tastbetrieb	T	Zeitmessung, verzögern
C	Zählung	L	Leiterkennzeichnung	V	Geschwindigkeit (bremsen, beschleunigen)
D	Differenzierung	M	Hauptfunktion		
E	Funktion Ein	N	Messung	W	addieren
F	Schutz	P	proportional	X	multiplizieren
G	Prüfung	Q	Zustand (Start, Stop, Begrenzung)	Y	analog
H	Meldung	R	rückstellen, löschen	Z	digital

Vorzeichen:	= Anlage + Ort	− Funktion : Anschluß	Beispiel: −K3M	− Funktion K Schütz	3 Zählnummer M Hauptfunktion

7.1 Steuerungstechnik

7.1.9 Anschlußbezeichnungen, Kennzahlen, Kennbuchstaben für Niederspannungs-Schaltgeräte

Allgemeine Regeln nach DIN EN 50 005 (7.77)

Der Geltungsbereich umfaßt Niederspannungsschaltgeräte bis 1000 V Wechselspannung und 1200 V Gleichspannung.

Die Festlegungen gelten für den Auslieferungszustand; lediglich die Ordnungsziffer kann vom Gerätehersteller oder Anwender festgelegt werden.

Die Anschlußbezeichnungen müssen eindeutig sein; das heißt, jede Bezeichnung darf nur einmal am gleichen Betriebsmittel vorkommen. Sie müssen die Zugehörigkeit der Anschlüsse eines Stromkreis-Elementes in einer Strombahn erkennen lassen.

Sollen Eingangs- und Ausgangsanschlüsse eines Stromkreis-Elementes unterschieden werden, so erhält der Eingang die niedrigere Zahl.

Spulen und Leuchtmelder

Die Bezeichnung erfolgt stets alphanumerisch:

A1, A2 Spule eines Antriebes
B1, B2 2. Wicklung eines Antriebes
C1, C2 Arbeitsstromauslöser
D1, D2 Unterspannungsauslöser
E1, E2 Verriegelungsmagnete
X1, X2 Leuchtmelder

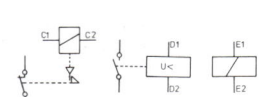

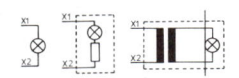

Schaltglieder bei Schaltern mit zwei Schaltstellungen

Hauptstromkreise

Die Anschlüsse von Hauptschaltgliedern werden mit einzifferigen Zahlen bezeichnet. Zu jedem mit einer ungeraden Zahl bezeichneten Anschluß gehört der Anschluß mit der unmittelbar folgenden geraden Zahl.

Hilfsstromkreise

Die Anschlüsse von Hilfsschaltgliedern werden mit zweiziffrigen Zahlen bezeichnet, wobei die Ziffer an der Einerstelle die Funktion kennzeichnet und die Ziffer an der Zehnerstelle eine Ordnungsziffer ist.

Öffner erhalten die Funktionsziffern 1 und 2, Schließer die Funktionsziffern 3 und 4. Bei Wechslern erhält der Drehpunkt eine ungerade Ziffer; die zweite ungerade Ziffer entfällt.

Bei Hilfsschaltgliedern mit speziellen Funktionen, z. B. zeitverzögerte Hilfsschaltglieder, wird der Öffner mit 5 und 6, der Schließer mit 7 und 8 bezeichnet.

Gleiche Ordnungsziffern kennzeichnen die zusammengehörigen Anschlüsse eines Schaltgliedes. Alle Schaltglieder eines Betriebsmittels mit gleicher Funktion müssen unterschiedliche Ordnungsziffern haben.

Überlast-Schutzeinrichtungen

Die Anschlüsse der Hauptstrombahnen werden wie die Anschlüsse von Hauptschaltgliedern bezeichnet. Die Anschlüsse der Hilfsschaltglieder werden wie die Anschlüsse von Spezialschaltgliedern, jedoch mit der Ordnungsziffer 9, bezeichnet.

Kennzahlen

Schaltgeräten mit einer festen Anzahl von Hilfsschaltgliedern können zweizifferige Kennzahlen zugeordnet werden. Die Ziffer der Einerstelle gibt die Anzahl der Öffner, die Ziffer der Zehnerstelle die Anzahl der Schließer an.

Beispiel:
Gerät mit 3 Schließern und 1 Öffner

Hilfsschaltglieder von bestimmten Schützen nach DIN EN 50 012 (2.77)

Hilfsschaltglieder von Schützen beliebiger Bauform und Baugröße können eine Kennzahl und eine Anschlußbezeichnung entsprechend DIN EN 50 005 erhalten. Die Anschlußbezeichnungen stimmen mit der Anschlußbezeichnung entsprechender Hilfsschütze mit dem Kennbuchstaben E (EN 50 011) überein.

Folgende Kennziffern sind aufgeführt:
01, 10, 11, 12, 13, 21, 22, 23, 31, 32, 41

Bestimmte Befehlsgeräte nach DIN EN 50 013 (2.77)

Schaltglieder von Befehlsgeräten mit zwei definierten Schaltstellungen können eine Kennzahl und eine Anschlußbezeichnung entsprechend DIN EN 50 005 erhalten. Die Anschlußbezeichnungen stimmen mit der Anschlußbezeichnung entsprechender Hilfsschütze mit dem Kennbuchstaben E (DIN EN 50 011) überein.

Folgende Kennziffern sind aufgeführt:
01, 02, 03, 04, 10, 11, 12, 13, 20, 21, 22, 30, 31

Zusätzlich sind aufgeführt:

7.1 Steuerungstechnik

7.1.10 Anschlußbezeichnungen, Kennzahlen, Kennbuchstaben für bestimmte Hilfsschütze nach DIN EN 50 011 (2.77)

Für **Hilfsschütze mit dem Kennbuchstaben E** sind die Reihenfolge der Schließer und Öffner sowie die Kennzahlen festgelegt. Die Ordnungsziffern der Anschlüsse sind mit der Zählfolge von links nach rechts identisch.

Bei mehretagigen Geräten beginnt die Zählfolge mit der Etage, die der Montageebene am nächsten liegt. Das folgende Beispiel zeigt zwei Hilfsschütze verschiedener Bauart, jedoch mit der gleichen Kennziffer 62 E:

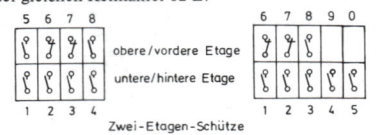

Weichen Lage und Anschlußbezeichnungen der Schaltglieder von der Ausführung E ab, so erhält das Hilfsschütz den Kennbuchstaben X:

Bei Hilfsschützen mit dem Kennbuchstaben Z entspricht die Anschlußbezeichnung der Ausführung E; die Lage der Schaltglieder weicht jedoch ab.

Folgende Kombinationen sind mit dem Buchstaben Y gekennzeichnet:

Schaltzeichen der Hilfsschütze mit dem Kennbuchstaben E

7.2 Regelungstechnik
7.2.1 Grundbegriffe der Regelungstechnik

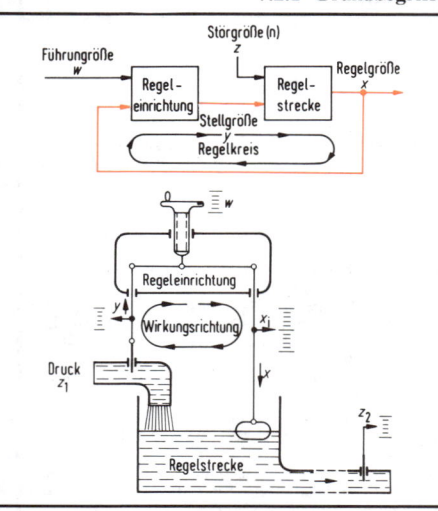

Nach DIN 19226 ist „das Regeln beziehungsweise die Regelung ein Vorgang, bei dem die zu regelnde Größe (Regelgröße) fortlaufend erfaßt, mit der Führungsgröße verglichen und abhängig vom Ergebnis dieses Vergleichs im Sinne einer Angleichung an die Führungsgröße beeinflußt wird. Der sich dabei ergebende Wirkungsablauf findet in einem geschlossenen Kreis, dem Regelkreis, statt".

Das Beispiel zeigt eine Wasserstandsregelung. Regelstrecke ist der Wasserbehälter, Regelgröße der Wasserstand. Im Beharrungszustand des Regelkreises sind die Istwerte der Regel- und Stellgröße (Schieberstellung in der Zuleitung) sowie der Störgrößen (Änderung des Wasserdrucks in der Zuleitung und der Abflußmenge) im Gleichgewicht; die Wasserstandshöhe im Behälter ist konstant. Wird z.B. infolge eines Druckabfalls in der Zuleitung die zufließende Wassermenge kleiner als die abfließende, so sinkt der Flüssigkeitsstand; der Schwimmer (Meßglied) öffnet über einen Hebel das Eingangsventil (Stellglied) und erhöht damit die zufließende Wassermenge. Mit steigendem Wasserstand verringert die Regeleinrichtung den Zufluß so lange, bis zu- und abfließende Wassermenge wieder im Gleichgewicht sind und der ursprüngliche Wasserstand wieder nahezu erreicht ist.

Regelungstechnische Begriffe und Bezeichnungen

Begriff und Formelzeichen		Definition nach DIN 19226 (5.68)
Führungsgröße	w	Eine der Regeleinrichtung von außen zugeführte und von der Regelung unbeeinflußte Größe, der die Regelgröße in einer vorgegebenen Abhängigkeit folgen soll.
Führungsbereich	W_h	Bereich, innerhalb dessen die Führungsgröße liegen kann.
Regeleinrichtung		(Auch Einrichtung oder Regler genannt) Die gesamte Einrichtung, die über das Stellglied aufgabengemäß (meist Konstanthaltung der Regelgröße) auf die Strecke einwirkt.
Regelkreis		Alle Glieder des geschlossenen Wirkungsablaufs der Regelung bilden den Regelkreis (Zusammenhaltung von Regelstrecke und Regeleinrichtung).
Regelstrecke		(Auch Strecke genannt) Der gesamte Teil der Anlage, in dem die Regelgröße aufgabengemäß (meist Konstanthaltung) beeinflußt wird.
Regelgröße	x	Größe, die in der Regelstrecke konstant gehalten oder nach einem vorgegebenen Programm beeinflußt werden soll.
Regelbereich	X_h	Bereich, innerhalb dessen die Regelgröße unter Berücksichtigung der zulässigen Grenzen der Störgrößen eingestellt werden kann, ohne die Funktionsfähigkeit der Regelung zu beeinträchtigen.
Istwert der Regelgröße	x_i	Der tatsächliche Wert der Regelgröße im betrachteten Zeitpunkt.
Sollwert der Regelgröße	x_s	Der angestrebte Wert der Regelgröße im betrachteten Zeitpunkt.
Regelabweichung[1])	x_w	Die Differenz zwischen Regelgröße und Führungsgröße $x_w = x - w$. Die negative Regelabweichung wird als Regeldifferenz bezeichnet $x_d = w - x = -x_w$.
Stellgröße	y	Sie überträgt die steuernde Wirkung der Regeleinrichtung auf die Regelstrecke.
Stellbereich	Y_h	Bereich, innerhalb dessen die Stellgröße einstellbar ist.
Stellglied		Am Eingang der Strecke liegendes Glied, das dort den Messe- oder Energiestrom entsprechend der Stellgröße beeinflußt.
Störgröße	z	Von außen auf den Regelkreis einwirkende Störungen, die die Regelgröße ungewollt beeinträchtigen.
Störbereich	Z_h	Bereich, innerhalb dessen die Störgröße liegen darf, ohne daß die Funktionsfähigkeit der Regelung beeinträchtigt wird.

[1]) Anmerkung: nach DIN 19221 (2.81) wird anstelle der Regelabweichung die Regeldifferenz $e = w - x$ verwendet.

7.2 Regelungstechnik

7.2.2 Zeitverhalten von Regelkreisgliedern

Um das oft komplizierte Zusammenwirken von Regelstrecke und Regeleinrichtung zu verstehen und zu optimieren, ist es sinnvoll, den Regelkreis längs des Wirkungsweges in gleichberechtigte, rückwirkungsfreie Glieder – wobei Regelstrecke und Regeleinrichtung ebenfalls aus solchen Gliedern zusammengesetzt sein können – zu unterteilen.

Ein solches Regelkreisglied kann im einfachsten Fall durch ein Rechteck, Block genannt, mit einem Eingangssignal u und einem Ausgangssignal v dargestellt werden.

Folgende Verfahren sind zur Beschreibung der zeitlichen Abhängigkeit des Ausgangssignals v vom Eingangssignal u, auch Signalübertragungsverhalten oder kurz Übertragungsverhalten genannt, üblich:

Sprungantwort oder Übergangsfunktion

Die Sprungantwort ist der zeitliche Verlauf der Ausgangsgröße v nach einer sprungartigen Änderung der Eingangsgröße u.

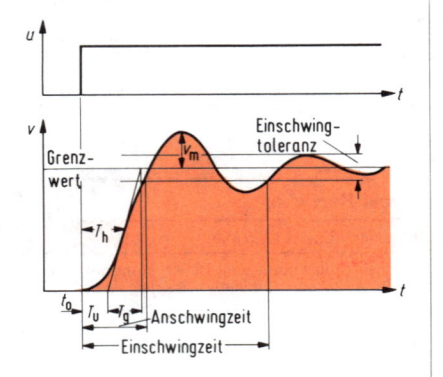

Hat die Sprungantwort für alle $t \geq t_o$ das gleiche Vorzeichen und strebt sie für $t \to \infty$ gegen einen von Null verschiedenen endlichen Grenzwert, so lassen sich folgende Kennwerte bestimmen:

Die **Verzugszeit** T_u, bestimmt durch den Punkt t_o und den Schnittpunkt der ersten Wendetangente mit der Zeitachse;

die **Ausgleichszeit** T_g, bestimmt durch die Schnittpunkte der ersten Wendetangente mit der Zeitachse und der Abszissenparallele durch den Grenzwert;

die **Halbwertszeit** T_h; sie endet, wenn die Sprungantwort erstmalig den halben Grenzwert erreicht;

die **Anschwingzeit** vergeht vom Zeitpunkt t_o an bis die Sprungantwort erstmalig eine der Grenzen der Einschwingtoleranz überschreitet;

die **Einschwingzeit** ist beendet, wenn die Sprungantwort letztmalig eine der Grenzen der Einschwingtoleranz überschreitet;

die **Einschwingtoleranz** ist die Differenz der zulässigen größten und kleinsten Abweichung der Sprungantwort vom Grenzwert;

die **Überschwingweite** V_m gibt die maximale Abweichung der Sprungantwort vom Grenzwert nach dem erstmaligen Überschreiten einer der Grenzen der Einschwingtoleranz an.

Wird die Sprungantwort auf die Sprunghöhe der Eingangsgröße bezogen, so entsteht die bezogene Sprungantwort, Übergangsfunktion $h(t) = v(t)/u(t)$ genannt.

Die Sprungantwort bzw. Übergangsfunktion läßt sich meist mit geringem Aufwand experimentell ermitteln.

Impulsantwort oder Gewichtsfunktion

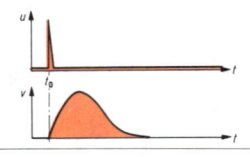

Die Impulsantwort ist der zeitliche Verlauf der Ausgangsgröße bei einem Nadelimpuls (im Idealfall der Differentialquotient des Sprunges eines idealen Rechteckimpulses) als Eingangsgröße.

Wird die Impulsantwort auf die Zeitfläche der Eingangsgröße bezogen, so entsteht die bezogene Impulsantwort, Gewichtsfunktion $g(t) = v(t)/u(t)$ genannt.

Anstiegsantwort

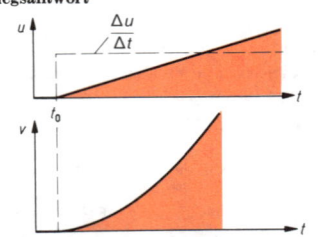

Die Anstiegsantwort ist der zeitliche Verlauf der Ausgangsgröße v bei einer Anstiegsfunktion mit bestimmter Änderungsgeschwindigkeit du/dt als Eingangsgröße.

Sinusantwort

Die Sinusantwort ist der zeitliche Verlauf der Ausgangsgröße v bei sinusförmigem Verlauf der Eingangsgröße u.

Der Eingang des zu untersuchenden Regelkreisgliedes wird mit sinusförmigen Signalen verschiedener Frequenz beaufschlagt und die Amplituden sowie deren Phasenlage im eingeschwungenen Zustand zum Eingangssignal in Beziehung gesetzt.

7.2 Regelungstechnik

Frequenzgang

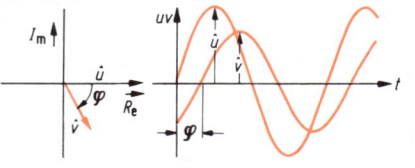

$$F(j\omega) = \frac{\hat{v} \cdot e^{j(\omega t + \varphi)}}{\hat{u} \cdot e^{j\omega t}} = \frac{\hat{v}}{\hat{u}} e^{j\varphi} = \left|\frac{\hat{v}}{\hat{u}}\right| e^{j\varphi}$$
$$= |F(j\omega)| e^{j\varphi}$$

Die zusammenfassende Aussage über das Amplitudenverhältnis und die Phasenlage zwischen Ausgangs- und Eingangssignal bei verschiedenen Frequenzen wird als Frequenzgang bezeichnet. Hierfür ist die Zeigerdarstellung in der komplexen Zahlenebene sinnvoll.

Die Länge der Zeiger ergibt sich aus dem Amplitudenverhältnis v/u, die Winkelstellung aus der Phasenverschiebung des Ausgangssignals gegenüber dem Eingangssignal als Bezugsgröße. Die komplexe Variable $j\omega$ wird häufig auch mit p abgekürzt geschrieben. Klingt die Schwingung mit dem Dämpfungsfaktor σ ab, so gilt entsprechend $p = j\omega + \sigma$.

Ortskurve des Frequenzganges

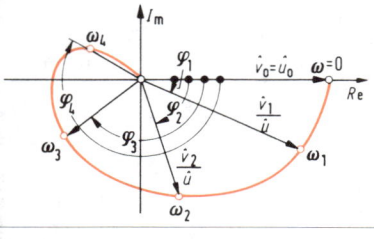

Werden Amplitudenverhältnis und Phasenlage für den Frequenzbereich $\omega = 0$ bis $\omega = \infty$ als Zeiger in die Gaußsche Zahlenebene (Polarkoordinaten) eingetragen und die Endpunkte aller Zeiger miteinander verbunden, so erhält man die Ortskurve des Frequenzganges, auch Nyquist-Diagramm genannt.

Amplituden und Phasengang

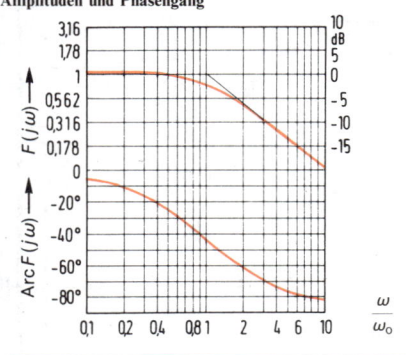

Der Amplitudengang ist das Amplitudenverhältnis $|F(j\omega)|$ $= |\hat{v}/\hat{u}|$ in Abhängigkeit von der Frequenz; der Phasengang ist der Phasenwinkel Arc $F(j\omega) = \varphi$ des Frequenzganges in Abhängigkeit von der Frequenz. Üblich ist die Darstellung im rechtwinkligen Koordinatensystem, wobei die Kreisfrequenz und der Amplitudengang meist im logarithmischen Maßstab oder in normierter Form dargestellt werden. Häufig wird der Amplitudengang auch in Dezibel (dB) aufgetragen.

Als Frequenzkennlinien, auch Bode-Diagramm genannt, werden Amplituden- und Phasengang gemeinsam in Abhängigkeit von dem logarithmisch abgebildeten Wert der Kreisfrequenz ω oder der normierten Kreisfrequenz ω/ω_0 dargestellt.

Zusammenschaltung von Regelkreisgliedern

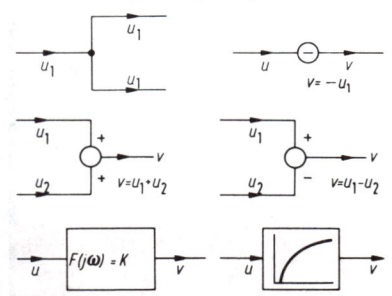

Verzweigt sich eine Wirkungslinie in mehrere weiterlaufende Wirkungslinien, wobei das ursprüngliche Signal nach wie vor nicht beeinflußt wird, so wird die Verzweigungsstelle durch einen Punkt mit einem Durchmesser von dreifacher Strichdicke dargestellt. Ein Kreis mit einem Minuszeichen kennzeichnet die alleinige Vorzeichenumkehr eines Signals.

Addieren sich mehrere Signale an einer Verzweigungs- oder Verbindungsstelle, so kann die Additionsstelle anstelle eines Blocks durch einen Kreis dargestellt werden. Dabei können die Pluszeichen entfallen.

Der wirkungsmäßige Zusammenhang zwischen Ein- und Ausgangssignal kann z. B. mittels Gleichung, Gewichtsfunktion, komplexer Übertragungsfunktion, Frequenzgang oder qualitativer zeichnerischer Darstellung, z. B. der Übergangsfunktion, genauer gekennzeichnet werden.

7-21

7.2 Regelungstechnik

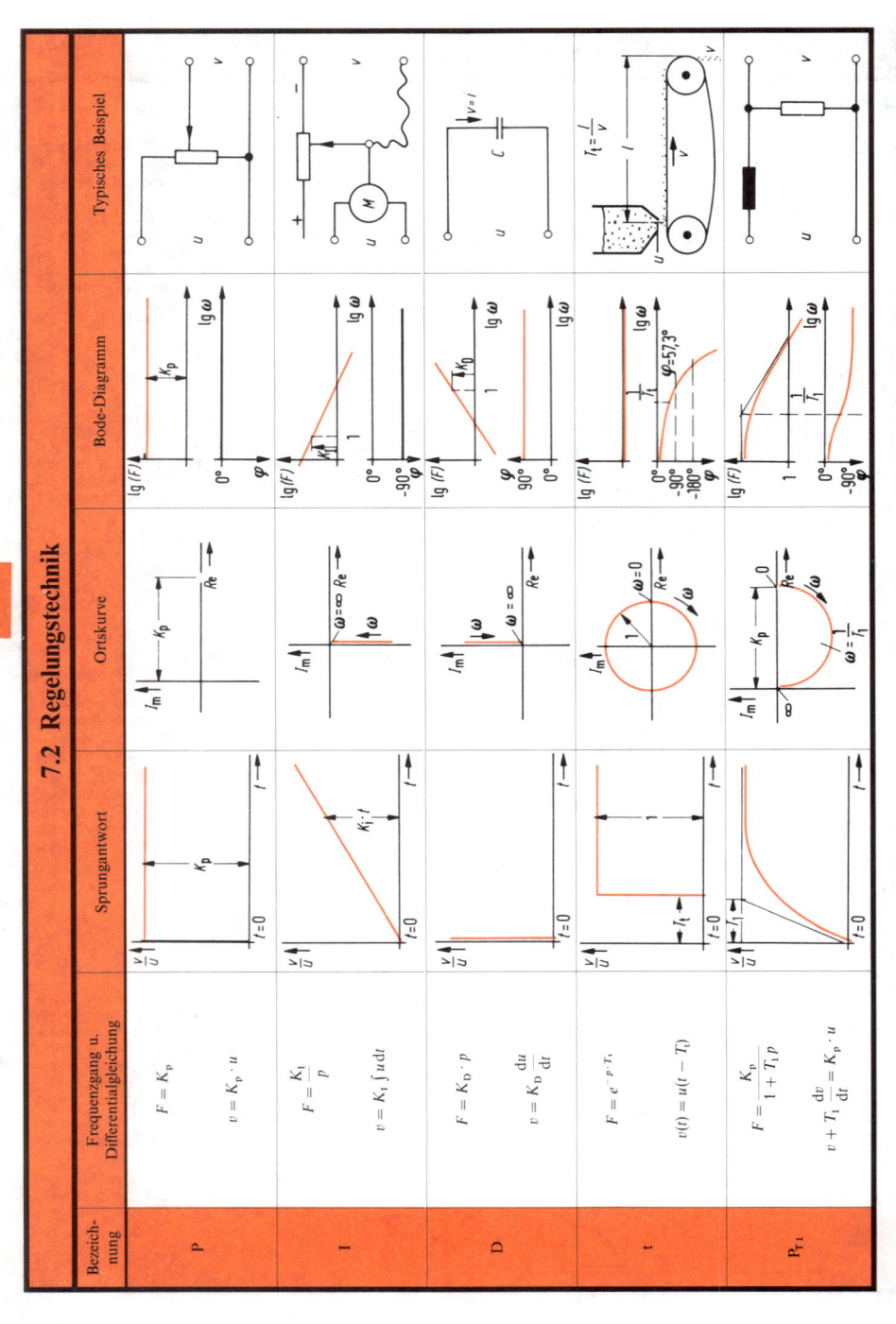

Bezeichnung	Frequenzgang u. Differentialgleichung	Sprungantwort	Ortskurve	Bode-Diagramm	Typisches Beispiel
P	$F = K_p$ $v = K_p \cdot u$				
I	$F = \dfrac{K_1}{p}$ $v = K_1 \int u\,dt$				
D	$F = K_D \cdot p$ $v = K_D \dfrac{du}{dt}$				
t	$F = e^{-p\,T_t}$ $v(t) = u(t - T_t)$				
P_{T_1}	$F = \dfrac{K_p}{1 + T_1 p}$ $v + T_1 \dfrac{dv}{dt} = K_p \cdot u$				

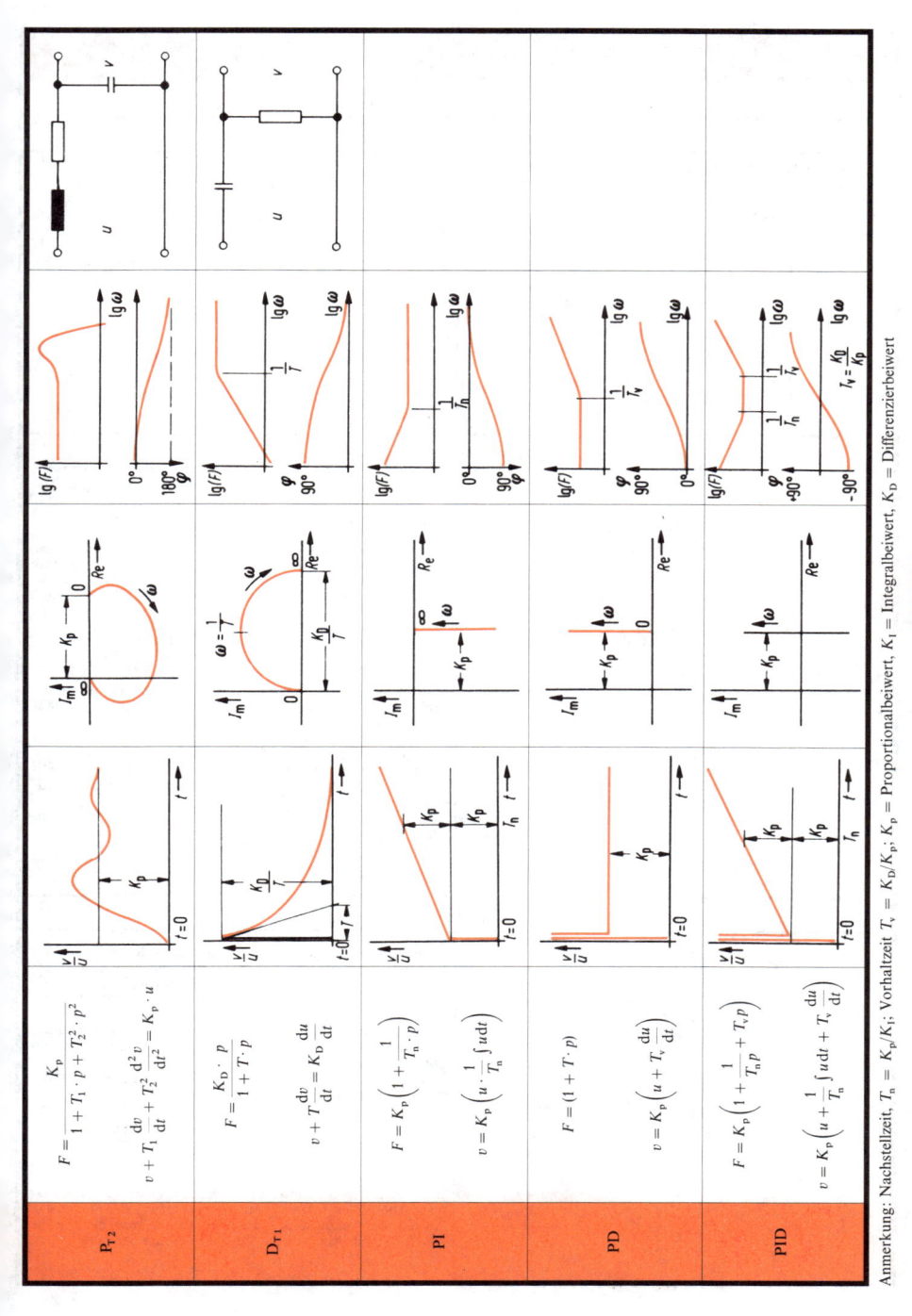

P_{T2}	D_{T1}	PI	PD	PID
$F = \dfrac{K_p}{1 + T_1 \cdot p + T_2^2 \cdot p^2}$	$F = \dfrac{K_D \cdot p}{1 + T \cdot p}$	$F = K_p\left(1 + \dfrac{1}{T_n \cdot p}\right)$	$F = (1 + T \cdot p)$	$F = K_p\left(1 + \dfrac{1}{T_n p} + T_v p\right)$
$v + T_1 \dfrac{dv}{dt} + T_2^2 \dfrac{d^2 v}{dt^2} = K_p \cdot u$	$v + T \dfrac{dv}{dt} = K_D \dfrac{du}{dt}$	$v = K_p\left(u \cdot \dfrac{1}{T_n} \int u\, dt\right)$	$v = K_p\left(u + T_v \dfrac{du}{dt}\right)$	$v = K_p\left(u + \dfrac{1}{T_n} \int u\, dt + T_v \dfrac{du}{dt}\right)$

Anmerkung: Nachstellzeit, $T_n = K_p/K_I$; Vorhaltzeit $T_v = K_D/K_p$; K_p = Proportionalbeiwert, K_I = Integralbeiwert, K_D = Differenzierbeiwert

7.2 Regelungstechnik

7.2.3 Regelstrecken

Regelstrecken ohne Ausgleich

Regelstrecken mit einem gegen unendlich gehenden Übertragungsbeiwert K_S bzw. einem gegen Null strebenden Ausgleichswert Q, meist auf ein I-Verhalten zurückzuführen, werden als Regelstrecke ohne Ausgleich bezeichnet.

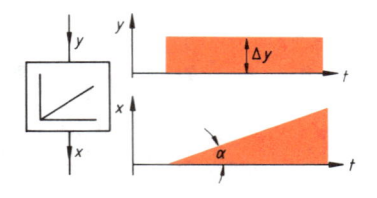

Die Regelgröße wächst nach einer Änderung der Stellgröße oder einer Störgrößenänderung stetig weiter an, ohne einem Endwert zuzustreben. Kenngröße ist der Anlaufwert A bei einer Verstellung des Stellgliedes um den ganzen Stellbereich Y_h:

Ist eine Änderung um Y_h nicht möglich, so wird die Stellgröße nur um den Betrag Δy verstellt und entsprechend umgerechnet

$$A = \frac{1}{\tan \alpha} = \frac{\Delta t}{\Delta x} \qquad A = \frac{\Delta t}{\Delta x} \cdot \frac{\Delta y}{\Delta Y_h}$$

Der Kehrwert des Anlaufwertes gibt die maximale Änderungsgeschwindigkeit der Regelgröße an, die bei einer Verstellung des Stellgliedes um den ganzen Stellbereich Y_h auftritt.

Regelstrecken mit Ausgleich

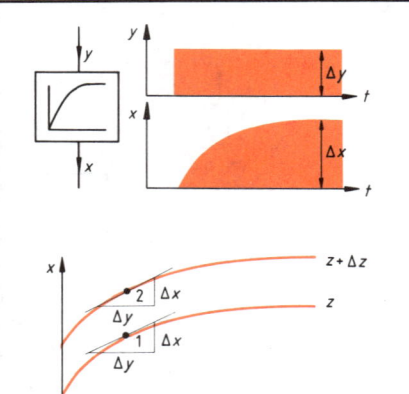

Bei einer Regelstrecke mit Ausgleich strebt die Regelgröße x nach einer bestimmten Stellgrößenänderung Δy oder Störgrößenänderung Δz einem bestimmten neuen Endwert, Beharrungszustand genannt, zu.

Kennzeichnende Größe ist der Übertragungsbeiwert der Regelstrecke im Beharrungszustand K_S, häufig auch Verstärkung der Regelstrecke genannt, bzw. der reziproke Wert von K_S, Ausgleichswert der Regelstrecke Q genannt, bei konstanten Werten der Störgrößen.

$$K_S = \frac{\Delta x}{\Delta y} \qquad Q = \frac{1}{K_S} = \frac{\Delta y}{\Delta x}$$

Je kleiner K_S bzw. je größer Q ist, um so besser ist die „Selbstregeleigenschaft" der Strecke und um so leichter läßt sie sich regeln.

K_S und Q lassen sich für verschiedene Arbeitspunkte und Störgrößenwerte aus dem Strecken-Kennlinienfeld ermitteln. Für die Berechnung werden die meist gekrümmten Kennlinien oder Abschnitte von ihnen näherungsweise durch Geraden (Tangenten) ersetzt.

Kennzeichen einer Regelstrecke mit Ausgleich ist ein endlicher K_S-Wert bzw. $Q > 0$: sie stellt ein P- oder P-T-Glied dar, dessen P-Beiwert K_p identisch mit K_S ist.

Regelstrecken mit Verzögerung

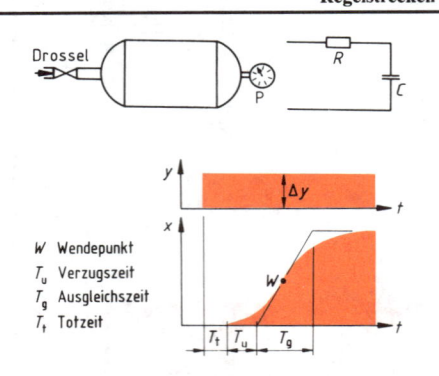

Die meisten Regelstrecken entsprechen der Reihenschaltung aus P-Systemen (Strecken mit Ausgleich) mit einem oder mehreren T_1-Systemen (Strecken mit Trägheit). Eine Regelstrecke 1. Ordnung entsteht z.B. durch die Reihenschaltung einer Drosselstelle und einem dahinterliegenden Speicher.

Die Reihenschaltung von n P-T_1-Gliedern führt zu einer Regelstrecke n. Ordnung. Die Sprungantwort gibt Aufschluß über die Regelbarkeit dieser Strecke.

Die Regelbarkeit einer Strecke ist um so besser, je größer das Verhältnis T_g/T_u ist. Als Richtwerte gelten:

$T_g/T_u \geq 10$ gut regelbar
$T_g/T_u \approx 6$ mäßig regelbar
$T_g/T_u < 3$ schwer regelbar

Bei Regelstrecken mit Totzeit reagiert die Regelgröße erst nach Ablauf der Totzeit T_t auf eine Änderung der Stellgröße. Anstelle der Verzugszeit T_u ist die Totzeit T_t bzw. die Summe aus $T_t + T_u$ ein Maß für die Regelbarkeit der Strecke.

W Wendepunkt
T_u Verzugszeit
T_g Ausgleichszeit
T_t Totzeit

7.2 Regelungstechnik

Dynamische Kennwerte von Regelstrecken

Regelgröße	T_t	T_u	A
Temperatur			
Kleiner elektrischer Laboratoriumsofen	0,5 min ··· 1 min	5 min ··· 15 min	1 s/°C
Großer elektrischer Glühofen	1 min ··· 3 min	10 min ··· 20 min	3 s/°C
Destillations-Kolonne	1 min ··· 3 min	5 min ··· 15 min	3 s/°C
Raumheizung.	1 min ··· 5 min	10 min ··· 60 min	1 min/°C
Druck			
Dampfkessel (bei Mühlenfeuerung).	1 min ··· 2 min	2 min ··· 5 min	–
Gasrohrleitungen	0	0,1 s	–
Wasserstand			
in Dampfkesseln	0,5 min ··· 1 min		3 s/cm ··· 10 s/cm
Drehzahl			
Dampfturbine	0		20 s/1 000 U/min
Kleine Elektromotorantriebe	0	0,2 s ··· 20 s	–
Große Elektromotorantriebe	0	5 s ··· 40 s	–
Spannung			
Kleine Generatoren	0	0,5 s ··· 5 s	–
Große Generatoren	0	5 s ··· 10 s	–

Zur Totzeit der Regelstrecke ist die Totzeit des Meßfühlers zu addieren. Diese kann insbesondere bei Temperaturregelvorgängen nicht vernachlässigt werden. Für Thermometer mit Schutzrohren aus Metall gelten folgende Richtwerte:

Strömender Hochdruckdampf,
Wasser, Schmelzen . . . . 2 s ··· 60 s
Schwere langsame Flüssigkeiten . . . . 30 s ··· 100 s
Öl, Sattdampf . . . . 10 s ··· 200 s
Gase und Dämpfe bei
Atmosphärendruck und
langsamer Geschwindigkeit. . . . . 100 s ··· 1000 s

Wahl einer geeigneten Regeleinrichtung bei gegebener Strecke

Strecke	Regler	P	I	PI	PD	PID
	reine Totzeit	unbrauchbar	etwas schlechter als PI	Führung + Störung	unbrauchbar	unbrauchbar
	Totzeit + Verzögerung 1. Ordnung	unbrauchbar	schlechter als PI	etwas schlechter als PID	unbrauchbar	Führung + Störung
	Totzeit + Verzögerung 2. Ordnung	nicht geeignet	schlecht	schlechter als PID	schlecht	Führung + Störung
	1. Ordnung + sehr kleine Totzeit (Verzugszeit)	Führung	nicht geeignet	Störung	Führung bei Verzugszeit	Störung bei Verzugszeit
	höherer Ordnung	nicht geeignet	schlechter als PID	etwas schlechter als PID	nicht geeignet	Führung + Störung
	ohne Ausgleich mit Verzögerung	Führung (ohne Verzögerung)	unbrauchbar, Struktur instabil	Störung (ohne Verzögerung)	Führung	Störung

Es ist zu unterscheiden, ob der Einfluß von Störgrößen (Störung) auf die Regelgröße ausgeregelt werden soll oder der Istwert einer Folgeregelung einem laufend veränderten Sollwert nachgeführt werden soll (Führung).

7.2 Regelungstechnik

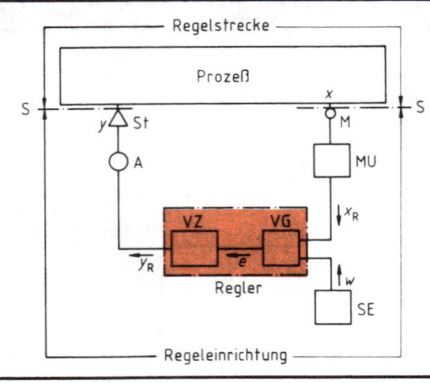

7.2.4 Regler

Der **Regler** ist nach DIN 19225 ein Ausschnitt der Regeleinrichtung mit:

M	Meßgrößenaufnehmer	VZ	Verstärker mit Zusatzgliedern
MU	Meßumformer	A	Stellantrieb
SE	Sollwerteinsteller	St	Stellglied
VG	Vergleicher	S	Schnittstellen

Der Regler umfaßt mehrere Funktionen, mindestens jedoch den Vergleicher und ein weiteres wesentliches Bauglied, z.B. den Verstärker mit das Zeitverhalten bestimmenden Zusatzgliedern.

Bei **stetigen Reglern** kann die Stellgröße y_R innerhalb des Stellbereiches y_h jeden Wert annehmen.

Im Gegensatz dazu kann die Stellgröße bei **unstetigen Reglern** nur zwei oder mehrere verschiedene Werte annehmen. Die Verwendung von Relais oder Schütze als Stellglied ergibt hierbei eine hohe Leistungsverstärkung bei geringem materiellen bzw. finanziellen Aufwand.

P-Regler

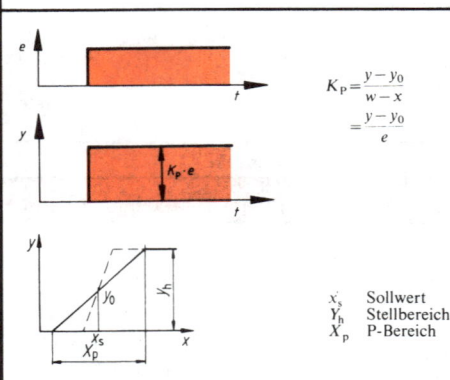

$$K_P = \frac{y - y_0}{w - x} = \frac{y - y_0}{e}$$

x_s Sollwert
Y_h Stellbereich
X_p P-Bereich

Bei einer Änderung der Regelgröße um die Regeldifferenz e verstellt der proportional wirkende Regler die Stellgröße unverzögert um einen verhältnisgleichen (proportionalen) Betrag (den Proportionalbeiwert K_p).

$$y - y_0 = K_p \cdot e$$

Oft wird anstelle des P-Bereiches der auf den Regelbereich X_h bezogene (normierte) P-Bereich X_P/X_h, meist in Bruchteilen oder Prozenten, angegeben.

P-Regler wirken schnell. Je kleiner der K_P-Wert eingestellt ist, desto schwächer greift der Regler in den Regelvorgang ein und um so gedämpfter verläuft der Regelvorgang. Da der Regler beim Einwirken einer Störgröße eine veränderte Stellgröße aufrechterhalten muß, tritt eine bleibende Regeldifferenz auf; diese kann maximal so groß werden wie der Proportionalbereich $X_P = 1/K_P \cdot 100\%$. Da ein zu großer K_P-Wert zur Instabilität des Regelvorgangs führt, muß zwischen Stabilität und bleibender Regeldifferenz ein Kompromiß getroffen werden.

I-Regler

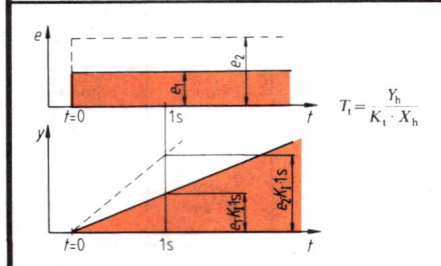

$$T_t = \frac{Y_h}{K_t \cdot X_h}$$

Integralbeiwert $K_t = \dfrac{\Delta y}{\Delta t} \cdot \dfrac{1}{w - x} = \dfrac{\Delta y}{\Delta t} \cdot \dfrac{1}{e}$

oder $K_t = \dfrac{y - y_0}{(w - x) \Delta t} = \dfrac{y - y_0}{e \Delta t}$

Der integral wirkende Regler ordnet einer bestimmten Regeldifferenz e eine bestimmte Stellgeschwindigkeit $\Delta y / \Delta t$ zu, so daß die Änderung der Stellgröße dem Zeitintegral der Regeldifferenz entspricht.

$$\frac{\Delta y}{\Delta t} = K_t \cdot e$$

$$y - y_0 = K_t \cdot \int e \cdot dt$$

y_0 ist der Anfangswert der Stellgröße zum Zeitpunkt der Regelgrößenänderung $t = 0$. Häufig wird auch der Kehrwert des Integrierbeiwertes in normierter Form als Integrierzeit T_t angegeben.

Ein reiner I-Regler summiert die Regeldifferenz über die Zeit, so daß das Stellglied so lange nachgestellt wird, bis die Regeldifferenz aufgehoben ist. Das Stellglied nimmt folglich nach dem Ausregeln der Regeldifferenz die ursprüngliche Lage nach nicht wieder ein, so daß es zum Überschwingen kommt. Darüber hinaus erfolgt der Eingriff relativ langsam. Deshalb werden I-Glieder meist nur in Verbindung als PI- oder PID-Regler eingesetzt.

Anm.: y_0 ist der Wert der Stellgröße bei $e = w - x = 0$ (Arbeitspunkt)

7.2 Regelungstechnik

PI-Regler

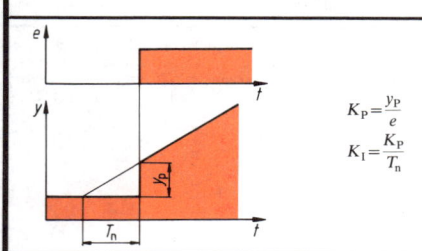

$$K_P = \frac{y_P}{e}$$

$$K_I = \frac{K_P}{T_n}$$

Eine Änderung der Regelgröße bewirkt eine proportionale Veränderung der Stellgröße, der sich eine Verstellung der Stellgröße mit einer bestimmten Verstellgeschwindigkeit anschließt.

$$y - y_0 = e(K_P + K_I \cdot t)$$

Kenngrößen sind der Proportionalbeiwert K_P und der Integrierbeiwert K_I bzw. die Nachstellzeit T_n. Während der Nachstellzeit ruft die I-Wirkung die gleiche Stellgrößenänderung hervor wie der P-Anteil.

PD-Regler

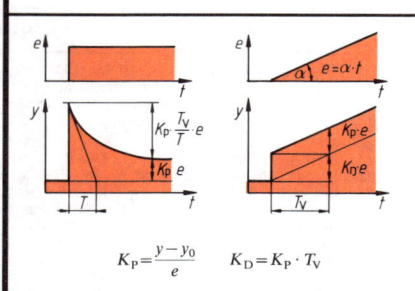

$$K_P = \frac{y - y_0}{e} \qquad K_D = K_P \cdot T_V$$

Zu dem P-Anteil der Stellgröße wird ein weiterer Anteil entsprechend der Änderungsgeschwindigkeit der Regeldifferenz de/dt addiert. Kenngrößen sind der Proportionalbeiwert K_P und der Differenzierbeiwert K_D bzw. die Vorhaltzeit T_V. Diese Zeit würde ein reiner P-Regler benötigen, um die gleiche Änderung der Stellgröße zu bewirken, die ein PD-Regler sofort bewirkt.

$$y - y_0 = K_P \cdot e + K_D \frac{\Delta e}{\Delta t}$$

D-Regelglieder sind als Regler ungeeignet, weil sie bei einer statischen Eingangsgröße kein Stellsignal abgeben. Das zusätzliche D-Verhalten ermöglicht jedoch beim PD-Regler gegenüber dem P-Regler eine Vergrößerung des K_{PR}-Wertes und folglich ein schnelleres Eingreifen des Reglers sowie eine Verringerung der bleibenden Regeldifferenz.

PID-Regler

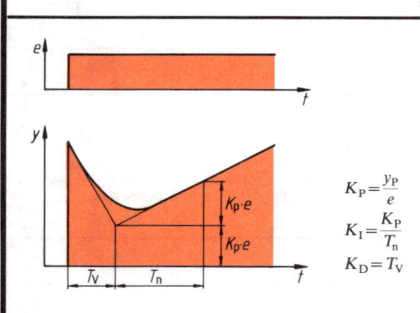

$$K_P = \frac{y_P}{e}$$

$$K_I = \frac{K_P}{T_n}$$

$$K_D = T_V$$

Die Änderung der Stellgröße eines PID-Reglers setzt sich aus einem proportionalen, integralen und differentialen Anteil zusammen:

$$y - y_0 = K_P \cdot e + K_I \cdot e \cdot \Delta t + K_D \frac{\Delta e}{\Delta t}$$

Die Stellgröße ändert sich zunächst um einen von der Änderungsgeschwindigkeit der Eingangsgröße $\Delta e/\Delta t$ abhängigen Betrag (D-Anteil). Nach Ablauf der Vorhaltzeit T_V geht die Stellgröße auf den dem Proportionalbereich entsprechenden Wert zurück und ändert sich dann entsprechend der Nachstellzeit T_n.

Gegenüber dem PI-Regler ermöglicht der D-Anteil eine kleinere zulässige Nachstellzeit, so daß die bleibende Regeldifferenz des P-Anteils schneller ausgeregelt wird. Gegenüber dem PD-Regler erlaubt der zusätzliche I-Anteil eine größere zulässige Vorhaltzeit, so daß der PID-Regler während des Entstehens der Regeldifferenz wirkungsvoller eingreift als ein PD-Regler.

Signalflußpläne idealisierter PID-Regler

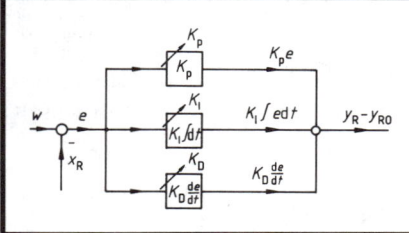

Nach DIN 66 201 Teil 1 ist der Regelalgorithmus eine Vorschrift zur Berechnung der Werte einer oder mehrerer Stellgrößen aus den Werten einer oder mehrerer Regeldifferenzen.

Der Regelalgorithmus für einen idealisierten PID-Regler mit ebenfalls idealisiert wirkenden Proportional-, Integral- und Differentialgliedern in Parallelstruktur lautet:

$$y - y_0 = K_P \cdot e + K_I \cdot \int e \cdot dt + K_D \frac{de}{dt}$$

Unabhängig einstellbar sind hierbei als Reglerparameter die Beiwerte K_P, K_I und K_D.

7.2 Regelungstechnik

(Forts. Signalflußpläne idealisierter PID-Regler)

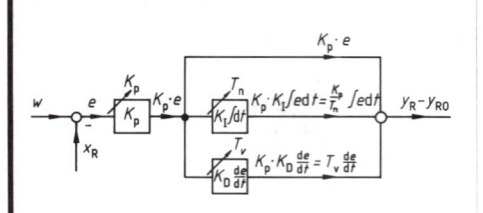

Werden die idealisierten P-, I- und D-Glieder nach nebenstehendem Signalflußplan angeordnet, so lassen sich unabhängig voneinander die Reglerparameter „Proportionalbeiwert K_P", „Nachstellzeit T_n" und die „Vorhaltezeit T_v" einstellen:

$$y_R - y_{R0} = K_P \cdot e + K_P \cdot K_I \int e \, dt + K_P \cdot K_D \frac{de}{dt}$$

Mit $T_n = \dfrac{K_P}{K_I}$ und $T_v = \dfrac{K_D}{K_P}$ folgt daraus

$$y_R - y_{R0} = K_P \left(e + \frac{1}{T_n} \int e \cdot dt + T_v \frac{de}{dt} \right)$$

Digitale Regler

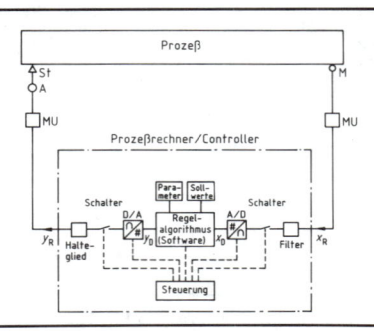

Bei digitalen Reglern, auch DDC-Regler (Direct Digital Control) genannt, wird das Reglerverhalten von einem Prozeßrechner bzw. Controller nach einem mittels Programm (Software) vorgegebenen Algorithmus bestimmt.

Die analoge Reglereingangsgröße x_R wird zunächst gefiltert, abgetastet und mittels A-D-Wandler digitalisiert. Der Prozeßrechner vergleicht anschließend die digitalisierte Regelgröße x_D mit der digitalisierten Führungsgröße w_D und errechnet entsprechend dem mittels Software bestimmten Regelalgorithmus die digitale Ausgangsgröße y_D. Diese wird über den D-A-Wandler in ein stetiges Signal umgewandelt, abgetastet, mit einem Halteglied bis zur nächsten Abtastung gespeichert und über einen Meßumformer MU und Stellantrieb A einem stetig arbeitenden Stellantrieb St zugeführt.

Um ein gutes quasi-kontinuierliches Regelverhalten zu erzielen, muß die Streckenzeitkonstante mindestens fünf- bis zehnmal so groß wie die Abtastzeit des Reglers sein.

Selbstoptimierende Regler

Mittels entsprechendem Algorithmus kann ein digitaler Regler selbsttätig einen Sollwertsprung auf die Regelstrecke geben und gemäß der Reaktion der Regelgröße selbsttätig die optimalen Reglerparameter K_p, T_n und T_v (z. B. nach Ziegler und Nichols) berechnen und einstellen. Auch diese Regler werden zunehmend als adaptive Regler bezeichnet, selbst wenn die Parametereinstellung auf diese Weise nur einmalig erfolgt.

Adaptive Regler

Adaptive Regler passen die Optimierung der Reglerparameter fortlaufend veränderlichen Streckenparametern bzw. Betriebsbedingungen selbsttätig an. Z. B. können die Parameter von Strecken mit nichtlinearem Übertragungsverhalten während des Betriebsablaufs variieren, wenn durch einen relativ großen Sollwertsprung der Arbeitspunkt der Strecke verschoben wird.

Zweipunkt-Regler

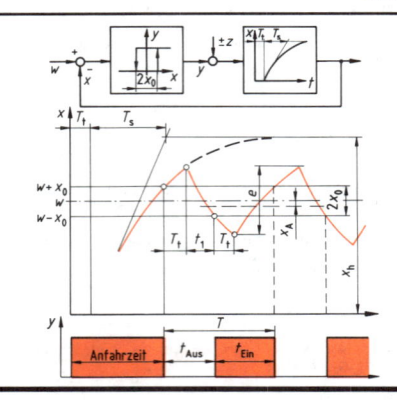

Das Beispiel zeigt die Regelung einer Strecke erster Ordnung mit Totzeit, gekennzeichnet durch die Zeitkonstante T_S und die Totzeit T_t.

Überschreitet die Regelgröße x den Wert w, so bleibt die Stellgröße y infolge der Hysterese des Reglers ($2x_0$) noch bis zum Punkt A ($w + x_0$) eingeschaltet. Die Regelgröße steigt jedoch zunächst noch weiter an und fällt erst nach Ablauf der Totzeit T_t entsprechend der Zeitkonstanten T ab. Die Stellgröße wird beim Unterschreiten des Wertes $w - x_0$ erneut eingeschaltet, so daß die Regelgröße im eingeschwungenen Zustand dauernd mit der Periodendauer T und der Amplitude x_0 um den Sollwert w pendelt. Der Mittelwert dieser Pendelung weicht vom Sollwert w um die P-Abweichung x_{PA} ab.

Für $X_h = 2w$ (100 % Leistungsüberschuß) gilt angenähert:

$$T \approx 4\, T_t \qquad e \approx \frac{T_t}{T_S} X_h \qquad x_{PA} = \left(\frac{1}{2} - \frac{w + x_0}{X_h} \right) e$$

Zweipunktregler werden vorwiegend für einfache Temperaturregelungen eingesetzt.

7.2 Regelungstechnik

Zweipunkt-Regler mit Rückführung

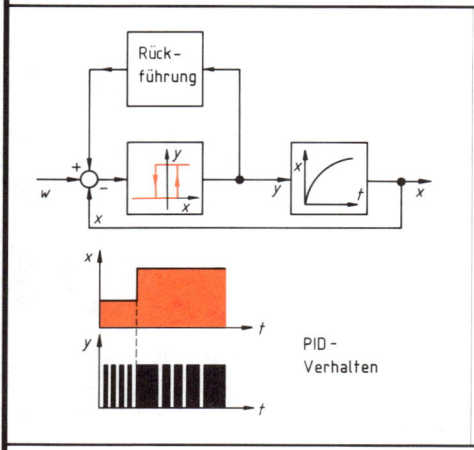

Unstetige Regler bzw. Zweipunkt-Regler ohne Rückführung haben außer dem Vorteil des einfachen Aufbaus den Nachteil einer Dauerschwingung des Istwertes um den Sollwert; außerdem ist die Schaltfrequenz von dem Verhältnis der Verzugszeit T_u zur Ausgleichszeit T_g der Strecke abhängig.

Durch Hinzufügen einer passend ausgelegten Rückführung läßt sich an Strecken mit größeren Verzugszeiten (z. B. Öfen) ein **stetigähnliches Verhalten** erreichen. Die Folge ist eine höhere Schaltfrequenz, verbunden mit einer kleineren Regelabweichung und ein Zeitverhalten wie bei den stetigen Reglern. Der über ein passend gewähltes Zeitintervall gebildete Mittelwert der pulsbreitenmodulierten Ausgangsgröße zeigt angenähert denselben zeitlichen Verlauf wie bei einem Regler mit stetiger Ausgangsgröße.

Eine verzögert nachgebende Rückführung (das rückgeführte Signal nimmt auch bei bleibender Regelabweichung mit der Zeit zu) hat PD-Verhalten des Reglers zur Folge. Eine nachgebende Rückführung (das rückgeführte Signal nimmt auch bei bleibender Regelabweichung mit der Zeit ab) bewirkt PI-Verhalten des Reglers.

Die Einstellung der Reglerparameter erfolgt nach den gleichen Kriterien wie bei den stetigen Reglern.

Dreipunkt-Regler

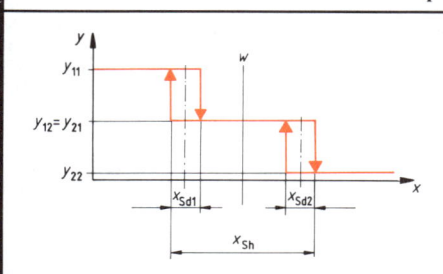

Dreipunkt-Regler haben zwei Ausgangssignalstufen und können als Zusammenschaltung zweier Zweipunkt-Regler angesehen werden.

Bipolare Dreipunkt-Regler geben innerhalb eines kleinen Bereichs um die Regelabweichung $e = 0$ bzw. $x = w$ kein Ausgangssignal ab. Je nach Vorzeichen der Regelabweichung wird bei Überschreiten des halben Schaltpunktabstands ($x_{Sh}/2$) ein Ausgangssignal an den entsprechenden Ausgang gegeben. Einstellbar sind der Schaltpunktabstand x_{Sh} und die Schaltdifferenz x_{Sd}.

Einsatzgebiete für Dreipunkt-Regler sind vorzugsweise Wärme-, Kälte- und Klimakammern sowie die Werkzeugheizung für kunststoffverarbeitende Maschinen.

Dreipunkt-Schrittregler

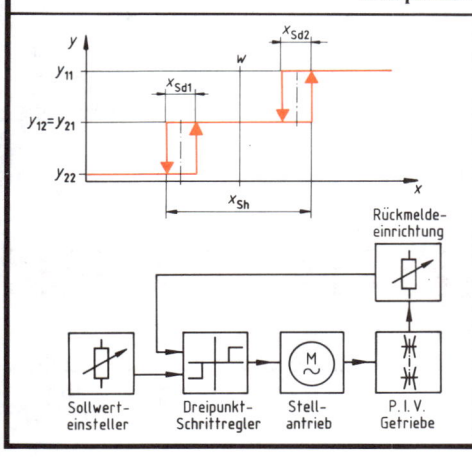

Während beim Dreipunkt-Regler die beiden Stellglieder (z. B. Schütz oder Magnetventil) nur ein- und ausgeschaltet werden können, wird bei einem Dreipunktschrittregler meist ein Elektromotor als Stellantrieb geschaltet. Abhängig von Betrag und Vorzeichen der Regelabweichung ergeben sich die Antriebszustände Linkslauf, Stillstand und Rechtslauf. Da Stellantriebe eine bestimmte Zeit für das Durchfahren des Stellbereichs benötigen (meist 60 s), kann jede Stellung, z. B. eines Ventils, einer Drosselklappe oder eines Stelltransformators innerhalb des Stellbereichs schrittweise angefahren und aufrechterhalten werden.

Im ausgeregelten Zustand ($e = 0$) wird der Stellmotor nicht mehr angesteuert, so daß das Stellglied in einem der dazu erforderlichen Energiemenge entsprechenden Zustand verbleibt.

Der Dreipunkt-Schrittregler muß PD-Verhalten aufweisen, damit im Zusammenwirken mit dem integrierend wirkenden Antrieb ein sinnvolles Übertragungsverhalten (PI-Verhalten) entsteht.

Dreipunkt-Schrittregler werden bevorzugt zur Temperaturregelung und zur Verstellung stufenloser Getriebe für Drehfrequenzregelungen eingesetzt.

7-29

7.2 Regelungstechnik

7.2.5 Einstellung der Regler-Kennwerte (Optimierung)

Unter Optimierung werden nach DIN 19236 (1.77) Maßnahmen zur Erzeugung einer bestimmten Wirkungsweise eines Systems verstanden, so daß unter den gegebenen Nebenbedingungen und Beschränkungen das Gütekriterium entweder einen möglichst großen oder einen möglichst kleinen Wert annimmt.

Bei einer statischen Optimierung werden nur die zeitlich konstanten Zustände eines Systems bewertet; die Übergangsvorgänge zwischen verschiedenen Systemzuständen finden keine Beachtung. Bei der dynamischen Optimierung wird der Übergang des Systems von einem Anfangszustand in einen Endzustand bewertet.

Im allgemeinen ist ein Regler um so besser eingestellt, je kürzer die Ausregelzeit, je kleiner die Überschwingweite der Regelgröße und je kleiner die bleibende Regelabweichung ist. Aufschluß gibt hierüber der Verlauf der Regelgröße als Funktion der Zeit.

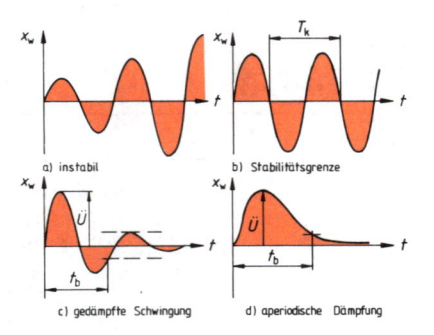

a) instabil
b) Stabilitätsgrenze
c) gedämpfte Schwingung
d) aperiodische Dämpfung

Im ungünstigsten Fall wird die Schwingung der Regelgröße um den Sollwert immer größer; der Regelkreis arbeitet instabil (*a*). Ursache hierfür ist meist eine zu große **Kreisverstärkung**

$$V_O = |K_{PR} \cdot K_{PS}|$$

bzw. ein zu kleiner **Regelfaktor**

$$R = \frac{1}{1 + |K_{PR} \cdot K_{PS}|} = \frac{1}{1 + V_O}$$

Wird der Proportionalbeiwert des Reglers K_{PR} soweit verringert, daß der Regelkreis stabil zu arbeiten beginnt (Stabilitätsgrenze), so führt der Regelgröße sinusförmige Dauerschwingungen um den Sollwert aus (*b*). Kenngrößen hierfür sind die kritische Periodendauer T_k und der kritische Proportionalbeiwert K_{PRk} des Reglers. Eine weitere Verringerung des Proportionalbeiwertes K_{PR} führt zu dem erwünschten Verhalten des Regelkreises (*b* und *c*). Kenngrößen sind die Überschwingweite $Ü$ der Regelgröße und die Beruhigungszeit t_b bis zum Erreichen der zulässigen Regelabweichung nach einem Einheitssprung der Führungsgröße *w* oder einer Störgröße *z*.

Welches Gütekriterium einer Regelung zugrunde gelegt wird, hängt vom Anwendungsfall ab. Nach DIN 19236 (1.77) werden unterschieden:

– **Kriterium des verbrauchsoptimalen Übergangs**
Hierbei wird die auftretende Leistung oder der Massefluß während des Zustandsübergangs des Systems bewertet.

– **Kriterium des zeitoptimalen Übergangs**
Für den Übergang eines Systems von einem gegebenen Anfangszustand x_0 in einen gegebenen Endzustand x_E wird die kürzest mögliche Zeit angestrebt.

– **Kriterium der mittleren quadratischen Abweichung**
Es wird die Abweichung einer zufällig schwankenden Größe $x(t)$ von einer Bezugsgröße $x_r(t)$ bewertet.

$$\frac{1}{2T} \sum_{-T}^{T} [x(t) - x_r(t)]^2 \cdot \Delta t \rightarrow \text{Minimum}$$

– **Kriterium der Betragsregelfläche (IAE-Kriterium)**
Bewertet wird der Betrag der Regeldifferenz $e(t) = w(t) - x(t)$ minus deren Endwert $e(\infty)$ über die Zeit.

$$\sum_{t_0}^{\infty} |e(t) - e(\infty)| \cdot \Delta t \rightarrow \text{Minimum}$$

– **Kriterium der quadratischen Regelfläche (ISE-Kriterium)**
Es wird das Quadrat der Regeldifferenz über die Zeit bewertet, so daß große Abweichungen besonders stark bewertet werden.

$$\sum_{t_0}^{\infty} [e(t) - e(\infty)]^2 \Delta t \rightarrow \text{Minimum}$$

– **Kriterium der zeitgewichteten Betragsregelfläche (ITAE-Kriterium)**
Es wird das Quadrat der Regeldifferenz minus deren Endwert über die Zeit bewertet.

$$\sum_{t_0}^{\infty} |e(t) - e(\infty)| \, t \, \Delta t \rightarrow \text{Minimum}$$

Die Auswertung zahlreicher Optimierungsversuche hat zu den folgenden Faustformeln geführt. Ihre Anwendung kann im Einzelfall eine Nachoptimierung erforderlich machen.

Einstellregeln nach Ziegler und Nichols

Dieses Verfahren setzt zunächst keine Regelstreckendaten voraus. Es ist wie folgt vorzugehen:

– Der Regler wird zunächst als reiner P-Regler betrieben ($T_v = 0$, $T_n = \infty$).
– Der Proportionalbeiwert K_{PR} wird langsam so lange erhöht, bis die Regelgröße *x* gerade Dauerschwingungen mit konstanter Amplitude ausführt (Stabilitätsgrenze). Der hierfür am Regler eingestellte Proportionalbeiwert wird als K_{PRk} bezeichnet.
– Dann wird die kritische Periodendauer T_k der Regelschwingung ermittelt.
– Die Werte für die Reglerparameter sind entsprechend der folgenden Tabelle zu berechnen.
– Der Regler ist nach den errechneten Werten einzustellen.

Regler	Proportional-beiwert K_{PR}	Nachstellzeit T_n	Vorhaltzeit T_v
P	$0,5 \cdot K_{PRk}$	–	–
PI	$0,45 \cdot K_{PRk}$	$0,85 \cdot T_k$	–
PD	$0,8 \cdot K_{PRk}$	–	$0,12 \cdot T_k$
PID	$0,6 \cdot K_{PRk}$	$0,5 \cdot T_k$	$0,12 \cdot T_k$

Ist aus betrieblichen Gründen das Betreiben des Regelkreises an der Stabilitätsgrenze nicht zulässig, so kommt dieses Optimierungsverfahren nicht in Frage.

Anmerkung: Die Kennwerte der Regler werden oft mit einem R im Index gekennzeichnet.

7.2 Regelungstechnik

Einstellregeln nach Chien, Hrones und Reswik

Hierzu müssen der Übertragungsbeiwert K_S, die Ausgleichszeit T_g und die Verzugszeit T_u der Regelstrecke bekannt sein. Sie können z. B. mittels einer Sprungantwort ermittelt werden. Bei Regelstrecken mit Totzeit T_t ist anstelle der Verzugszeit T_u die Ersatztotzeit aus $T_u + T_t$ zu berücksichtigen.

Bei der Ermittlung der Reglerparameter nach der folgenden Tabelle ist zu unterscheiden, ob ein aperiodischer Regelverlauf oder ein Einschwingen der Regelgröße mit 20 % Überschwingen erreicht werden soll und ob ein optimales Störverhalten oder ein optimales Führungsverhalten (Folgeregelung) angestrebt wird.

Regler	aperiodischer Regelverlauf		Regelverlauf mit 20% Überschwingen	
	Störung	Führung	Störung	Führung
P	$K_{PR} \approx \dfrac{0{,}3}{K_S} \dfrac{T_g}{T_u}$	$K_{PR} \approx \dfrac{0{,}3}{K_S} \dfrac{T_g}{T_u}$	$K_{PR} \approx \dfrac{0{,}7}{K_S} \dfrac{T_g}{T_u}$	$K_{PR} \approx \dfrac{0{,}7}{K_S} \dfrac{T_g}{T_u}$
PI	$K_{PR} \approx \dfrac{0{,}6}{K_S} \dfrac{T_g}{T_u}$ $T_n \approx 4 \cdot T_u$	$K_{PR} \approx \dfrac{0{,}35}{K_S} \dfrac{T_g}{T_u}$ $T_n \approx 1{,}2 \cdot T_g$	$K_{PR} \approx \dfrac{0{,}7}{K_S} \dfrac{T_g}{T_u}$ $T_n \approx 2{,}3 \cdot T_u$	$K_{PR} \approx \dfrac{0{,}6}{K_S} \dfrac{T_g}{T_u}$ $T_n \approx T_g$
PID	$K_{PR} \approx \dfrac{0{,}95}{K_S} \dfrac{T_g}{T_u}$ $T_n \approx 2{,}4 \cdot T_u$ $T_v \approx 0{,}42 \cdot T_u$	$K_{PR} \approx \dfrac{0{,}6}{K_S} \dfrac{T_g}{T_u}$ $T_n \approx T_g$ $T_v \approx 0{,}5 \cdot T_u$	$K_{PR} \approx \dfrac{1{,}2}{K_S} \dfrac{T_g}{T_u}$ $T_n \approx 2 \cdot T_u$ $T_v \approx 0{,}42 \cdot T_u$	$K_{PR} \approx \dfrac{0{,}95}{K_S} \dfrac{T_g}{T_u}$ $T_n \approx 1{,}35 \cdot T_g$ $T_v \approx 0{,}47 \cdot T_u$

Reglereinstellung für Strecken ohne Ausgleich

Für Strecken ohne Ausgleich können die Einstellwerte des Reglers der folgenden Tabelle entnommen werden.

Die Werte für die Integrierzeit T_i, die Verzugszeit T_u und den Integrierbeiwert K_I können z. B. mittels einer Sprungantwort der Strecke ermittelt werden:

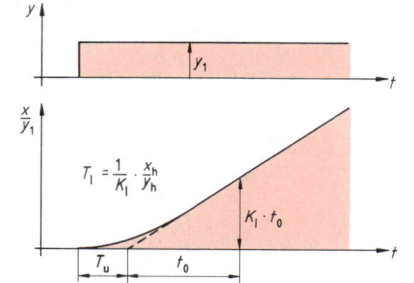

Regler	K_{PR}	T_n	T_v	x_p
P	$0{,}5 \dfrac{1}{K_I \cdot T_u}$			$2 \cdot \dfrac{T_u}{T_i} \cdot 100\%$
PD	$0{,}5 \dfrac{1}{K_I \cdot T_u}$		$0{,}5 \cdot T_u$	$2 \cdot \dfrac{T_u}{T_i} \cdot 100\%$
PI	$0{,}42 \dfrac{1}{K_I \cdot T_u}$	$5{,}8 \cdot T_u$		$2{,}4 \cdot \dfrac{T_u}{T_i} \cdot 100\%$
PID	$0{,}4 \dfrac{1}{K_I \cdot T_u}$	$3{,}2 \cdot T_u$	$0{,}8 \cdot T_u$	$2{,}5 \cdot \dfrac{T_u}{T_i} \cdot 100\%$

$$T_i = \frac{1}{K_I} \cdot \frac{x_h}{y_h}$$

Kaskadenregelung

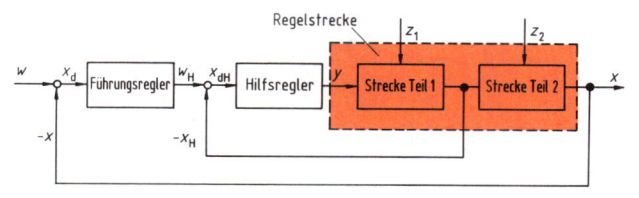

Das dynamische Verhalten von Regelkreisen, insbesondere von nur schwer zu regelnden Strecken mit einem Verhältnis $T_g/T_u < 2$ bis 3, kann durch eine Kaskadenregelung wesentlich verbessert werden. Hierzu wird der Regelkreis in mehrere (meist zwei) Teilkreise zerlegt. Da die Teilkreise nur einen Bruchteil der Gesamtverzugszeit haben, wird ihre Regelung erheblich einfacher.

Die Bestimmung der Reglerkenngrößen kann ebenfalls nach den oben aufgeführten Faustformeln erfolgen. Zunächst wird der innerste Hilfsregler an seine Teilstrecke angepaßt, nachfolgend gegebenenfalls der nächste Hilfsregler usw., bis zum Schluß der Führungsregler eingestellt wird.

Weitere Vorteile der Kaskadenregelung sind eine Zerlegung komplizierter Regelaufgaben in einfache und leicht lösbare Teilaufgaben, die Möglichkeit der Begrenzung von Zwischengrößen und eine in Abschnitte aufteilbare Inbetriebnahme.

7.2 Regelungstechnik

7.2.6 Benennung und Einteilung von Reglern nach DIN 19225 (12.81)

Regler können wie folgt benannt werden:

- allgemein als Regler, z.B. wenn der Regler nur von den übrigen Geräten des Regelkreises unterschieden werden soll oder bei theoretischen Betrachtungen;
- nach den Aufgaben der Regler;
  - nach der Art der Regelgröße, z.B. Temperaturregler, Drehzahlregler, Spannungsregler,
  - nach einer speziellen Regelaufgabe, z.B. Gleichlaufregler, Grenzwertregler oder auch Gleichlauf-Drehzahlregler und Grenzwert-Temperaturregler,
- nach dem geregelten Objekt, z.B. Heizungsregler,
- entsprechend der Führungsgröße, z.B. Folgeregler, Zeitplanregler, Festwertregler, Führungsregler,
- nach den Eigenschaften der Regler, z.B. PI-Regler, stetige Regler, Einzweckregler, elektronische Regler;
- nach der Signalform der Reglereingangs- und Reglerausgangsgrößen. Häufig vorkommende Signalformen zeigt die folgende Abbildung.

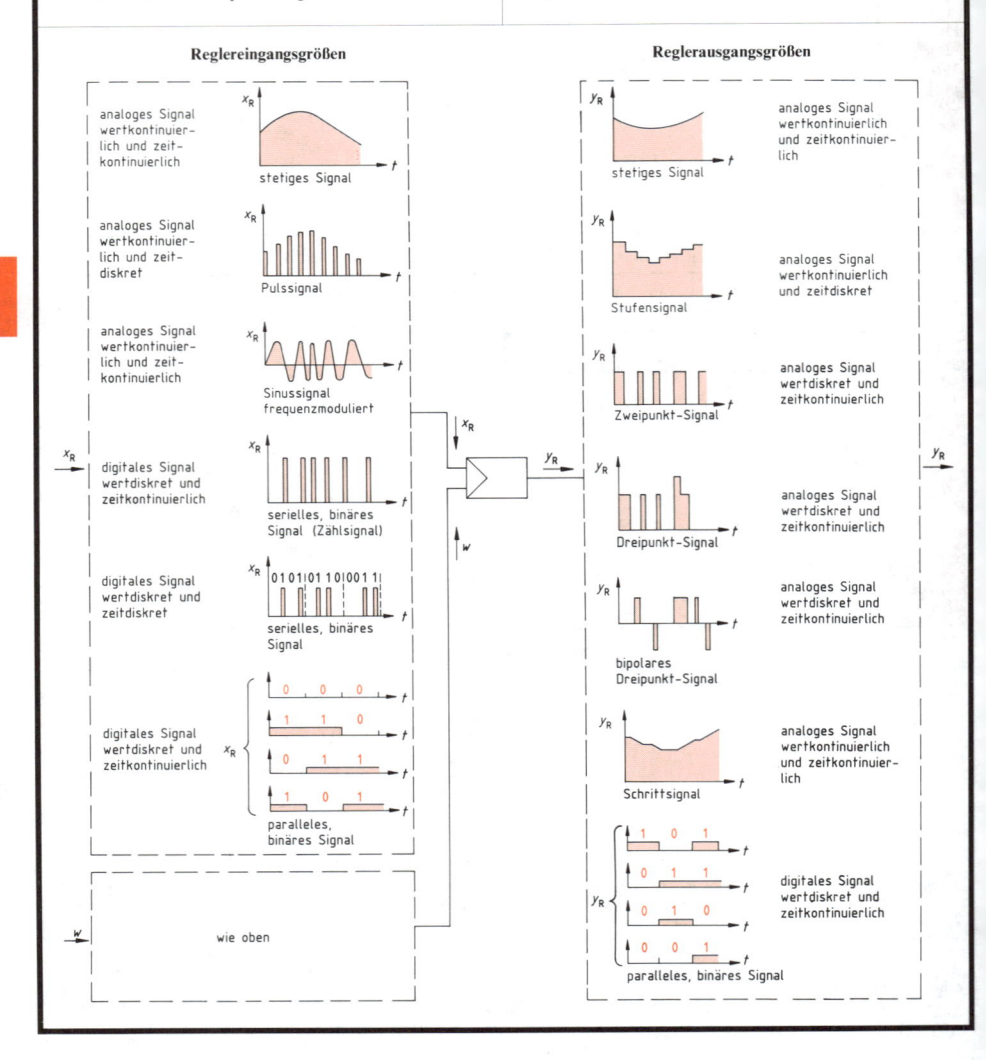

Reglereingangsgrößen

- analoges Signal wertkontinuierlich und zeitkontinuierlich — stetiges Signal
- analoges Signal wertkontinuierlich und zeitdiskret — Pulssignal
- analoges Signal wertkontinuierlich und zeitkontinuierlich — Sinussignal frequenzmoduliert
- digitales Signal wertdiskret und zeitkontinuierlich — serielles, binäres Signal (Zählsignal)
- digitales Signal wertdiskret und zeitdiskret — serielles, binäres Signal
- digitales Signal wertdiskret und zeitkontinuierlich — paralleles, binäres Signal
- wie oben

Reglerausgangsgrößen

- stetiges Signal — analoges Signal wertkontinuierlich und zeitkontinuierlich
- Stufensignal — analoges Signal wertkontinuierlich und zeitdiskret
- Zweipunkt-Signal — analoges Signal wertdiskret und zeitkontinuierlich
- Dreipunkt-Signal — analoges Signal wertdiskret und zeitkontinuierlich
- bipolares Dreipunkt-Signal — analoges Signal wertdiskret und zeitkontinuierlich
- Schrittsignal — analoges Signal wertkontinuierlich und zeitkontinuierlich
- paralleles, binäres Signal — digitales Signal wertdiskret und zeitkontinuierlich

7.3 Fluidtechnik

7.3.1 Druckluftaufbereitung

Filter und Kondensatabscheider

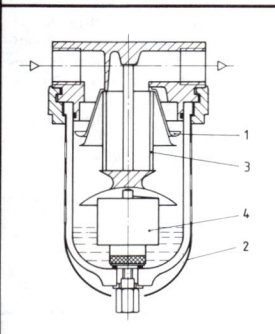

Schaltzeichen:

Je nach Anwendungsfall werden folgende Anforderungen an die Druckluftqualität gestellt:
- frei von dampfförmigen, flüssigen und festen Fremdstoffen
- konstanter Druck
- schmiermittelhaltig oder schmiermittelfrei.

Folglich ist an der Verbraucherstelle eine Aufbereitung der Druckluft unumgänglich.

Da die Luft über den Wirbeleinsatz (1) tangential in den Filterbehälter (2) einströmt und verwirbelt wird, werden die groben Schmutz- und Flüssigkeitsteilchen durch Fliehkraft ausgeschieden. Die kleineren Partikel werden durch den Filtereinsatz (3) zurückgehalten. Die Entleerung des Kondensatbehälters erfolgt ohne Luftverlust entweder durch einen Handablaß (4) oder einen automatischen Kondensatablaß (4).

Druckregler

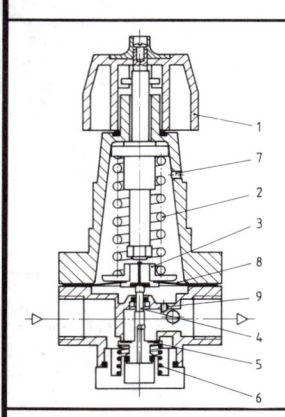

Schaltzeichen:

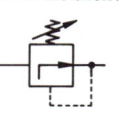

Druckregler halten den Betriebsdruck konstant auf dem eingestellten Wert, unabhängig von Schwankungen des Primärdrucks und Luftbedarfs.

Bei entspannter Feder (2) ist der Druckregler über Ventilsitz (5) geschlossen; Ein- und Ausgangsseite sind völlig getrennt. Mit der Regulierschraube (1) wird nun die Feder (2) entgegen der Membrane (8) über Federteller (3) gespannt, wodurch die Ventilspindel (4) den Ventilsitz (5) öffnet. Die Druckluft strömt darauf von der Eingangs- zur Ausgangsseite so lange, bis sich über die Verbindung (9) zur Unterdruckseite der Membrane (8) ein Druck aufbaut, dessen Wirkung größer ist als derjenige der Feder. Der Ventilsitz (5) beginnt eine durch die Feder (6) gestützte Schließbewegung; das System Feder (2) und Membrane (8) erreicht eine Gleichgewichtslage und hält so weitgehend den Ausgangsdruck konstant.

Ölvernebler

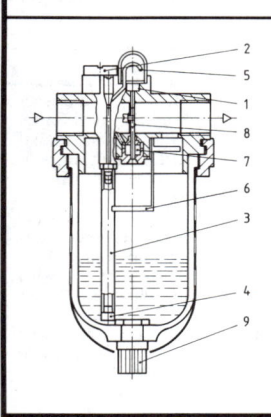

Schaltzeichen:

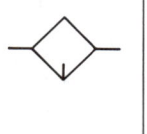

Der Ölvernebler erzeugt einen dosierten ununterbrochenen Ölnebel, der vom Luftstrom ca. 10 m bis 20 m getragen werden kann.

Von der über das Ansaugrohr (3) mit Ölfilter (4) transportierten und am Tropfrohr (5) sichtbaren Ölmenge gelangt ein geringer Anteil in Abhängigkeit von der Einstellung der Ölmengen-Einstellschraube (1) in den Luftstrom. Der Rest fällt am Düsen-Prallplattensystem (6) und (7) aus und fließt in den Behälter zurück. Die im Hauptstrom angeordnete, automatisch wirkende Drosselmembrane (8) hält das eingestellte Mischverhältnis Luft-Öl auch bei unterschiedlichem Luftstrom konstant. Eventuell anfallendes Kondensat kann an der Schraube (9) abgelassen werden.

Für die Druckluftaufbereitung kommt meist die zusammengeschraubte Einheit aus Filter, Druckregler mit Manometer zur Anzeige des Sekundärdrucks und Ölvernebler, der sogenannten **Wartungseinheit**, zum Einsatz.

7.3 Fluidtechnik

7.3.2 Hydropumpen und Hydromotore

Außenverzahnte Zahnradpumpe

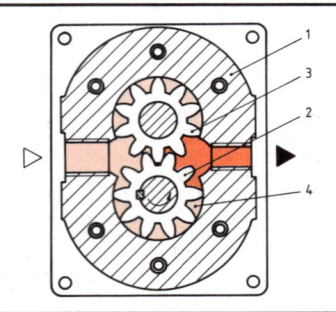

Das untere Zahnrad wird in Pfeilrichtung angetrieben und dreht das obere Zahnrad mit. Die bei der Drehbewegung auseinanderlaufenden Zähne lassen die Zahnkammern frei werden. Der dadurch entstehende negative Überdruck sowie der atmosphärische Druck auf dem Flüssigkeitsspiegel im Tank bewirken, daß der Pumpe aus dem Tank Flüssigkeit zuläuft. Diese Flüssigkeit füllt die Zahnkammern und wird von der Saug- zur Druckseite befördert. Dort greifen die Zähne wieder ineinander und verdrängen die Flüssigkeit aus den Zahnkammern.

Die Drehrichtung der Pumpe ist bei der Herstellung festgelegt und darf nicht geändert werden.

Innenverzahnte Zahnradpumpe

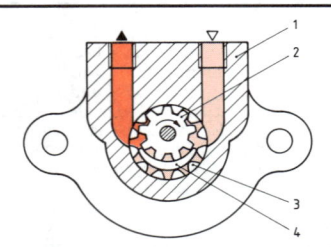

Das innere außenverzahnte Zahnrad (2) wird in Pfeilrichtung angetrieben und nimmt das äußere innenverzahnte Zahnrad (3) in der gleichen Drehrichtung mit. Saug- und Druckseite sind durch die mit dem Gehäuse (1) fest verbundene Sichel (4) getrennt. Der Pumpvorgang verläuft ähnlich wie bei der außenverzahnten Zahnradpumpe.

Die innenverzahnte Zahnradpumpe ist gegenüber der außenverzahnten Zahnradpumpe teurer, leiser und liefert einen pulsationsärmeren Förderstrom.

Schraubenpumpe

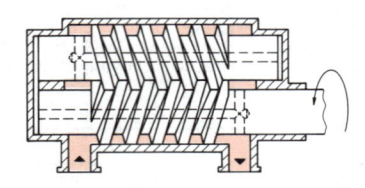

Zwei oder mehr Spindeln sind in einem Gehäuse gelagert. Infolge der guten Abdichtung der Spindeln sowohl zueinander als auch gegenüber dem Gehäuse entstehen Kammern, die bei der Drehung der Spindeln von der Saugseite zur Druckseite wandern.

Neben vergleichsweise geringen Laufgeräuschen entsteht ein pulsationsfreier Förderstrom. Nachteilig sind sehr hohe Herstellungskosten und ein niedriger Wirkungsgrad.

Flügelzellenpumpe

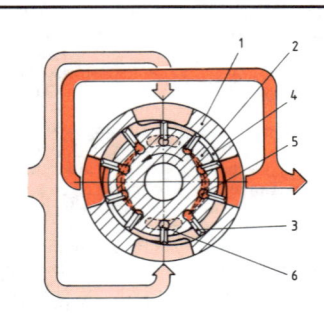

Der Stator (1) hat eine doppeltexzentrisch ausgebildete Innenlauffläche, wodurch jeweils zwei Saug- und zwei Druckräume gegenüberliegen. Die radial beweglichen Flügel (3) werden bei Drehung des Rotors (2) durch die Fliehkraft gegen die Innenlaufbahn des Stators gedrückt.

In der Nähe des Saugkanals sind die Zellen (4) zunächst noch klein. Mit weiterer Drehung wird das Zellenvolumen größer und füllt sich mit Flüssigkeit. Hat eine Zelle ihre maximale Größe erreicht, so wird sie über seitlich angeordnete Steuerscheiben von der Saugseite getrennt und mit der Druckseite verbunden. Bei weiterer Drehung werden die Flügel in die Rotorschlitze geschoben, so daß das Zellenvolumen wieder abnimmt und die Flüssigkeit zum Druckanschluß verdrängt wird.

7.3 Fluidtechnik

Radialkolbenpumpe

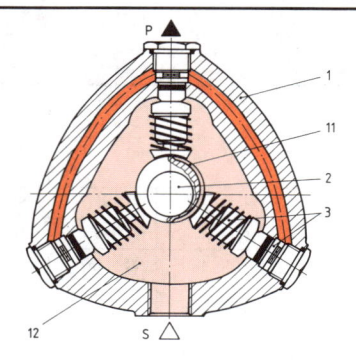

Drei, fünf oder zehn Zylinder sind radial angeordnet. Die Hubbewegung der Kolben wird durch eine rotierende Exzenterwelle erzeugt. Bei Abwärtsbewegung des Kolbens (6) wird über dem Arbeitsraum (10) über eine radiale Nut (11) im Exzenter (2), dem hohlgebohrten Kolben (6) und dem Saugventil (4) Flüssigkeit zugeführt. Bei Aufwärtsbewegung des Kolbens (6) schließt sich das Saugventil (4) und das Druckventil (5) öffnet sich zum Druckanschluß P.

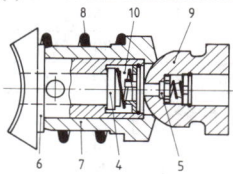

Axialkolbenpumpe mit Taumelscheibe

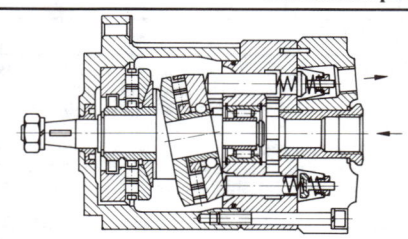

Bei **Axialkolbenpumpen** sind Kolben und Zylinder parallel zur Antriebswelle angeordnet. Die Kolbenbewegung wird mittels Schrägscheibe, Taumelscheibe oder Schrägtrommel hervorgerufen. Über Ventile bzw. Steuerkanäle werden die Zylinder entsprechend der Kolbenbewegung mit dem Saug- oder Druckanschluß verbunden.

Der Kolbenhub wird von der angetriebenen Taumelscheibe verursacht; der Rückhub der Kolben erfolgt durch Federn. Die Steuerung des Flüssigkeitsstromes erfolgt über Saug- und Druckventile.

Axialkolbenpumpe mit Schrägtrommel

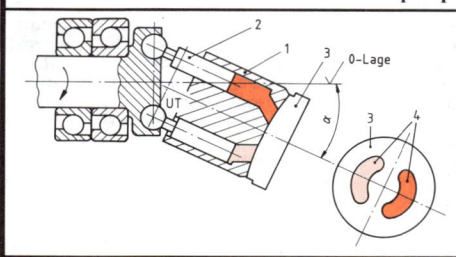

Die beweglich gelagerte Schrägscheibe (1) kann über einen Verstellmechanismus (2) um $\pm 15°$ zur Mittellage geschwenkt werden. Der Hub der neun Kolben (3) und damit die Fördermenge sind abhängig vom Neigungswinkel der Schrägscheibe.

Axialkolbenpumpe mit Schrägscheibe

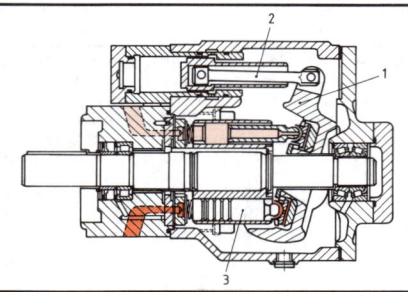

Die Kolben (2) bewegen sich in einer rotierenden Trommel (1), die gegen die feststehende Steuerscheibe (3) gepreßt wird. Saug- und Druckanschluß sind mit je einer nierenförmigen Nut (4) in der Steuerscheibe verbunden.

Bei **Verstellpumpen** läßt sich je nach Bauart der Winkel der Schrägscheibe, Taumelscheibe oder Schrägtrommel von Hand, hydraulisch oder elektrohydraulisch verstellen, so daß die Fördermenge einstellbar ist. Durch Schwenken über die Nullage hinaus läßt sich die Förderrichtung umkehren.

Erfolgt die Verstellung in Verbindung mit einer Regeleinrichtung, so kann der Druck, die Fördermenge oder die Leistung geregelt werden.

7.3 Fluidtechnik

7.3.3 Typische Kennwerte von Hydropumpen

Bauart	Druck p_{max} in bar	Drehzahl in min^{-1}	Fördermenge Q_{max} in l/min	Wirkungsgrad η_{ges}	Schalldruck in dB	Filterfeinheit in µm
Außenverzahnte Zahnradpumpe	120 ··· 250	500 ··· 3 500	300	0,5 ··· 0,9	60 ··· 80	100
Innenverzahnte Zahnradpumpe	100 ··· 300	300 ··· 3 000	100	0,6 ··· 0,9	60 ··· 80	100
Schraubenpumpe	160	500 ··· 3 500	1 000	0,6 ··· 0,8	60 ··· 80	50
Flügelzellenpumpe	100 ··· 200	1 000 ··· 2 000	200	0,65 ··· 0,85	60 ··· 75	50
Radialkolbenpumpe	300 ··· 650	200 ··· 3 000	200	0,8 ··· 0,9	60 ··· 80	50
Axialkolbenpumpe mit Taumelscheibe mit Schrägtrommel mit Schrägscheibe	250 400 400	500 ··· 2 000 500 ··· 6 000 1 000 ··· 3 000	100 2 000 5 000	0,8 ··· 0,9 0,8 ··· 0,9 0,8 ··· 0,9	75 ··· 80 70 ··· 75 70 ··· 75	25 25 25

7.3.4 Druckventile

Druckbegrenzungsventil

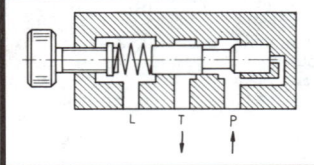

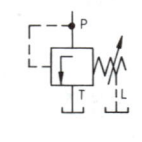

Ein Druckbegrenzungsventil, auch Sicherheitsventil genannt, begrenzt in einem Hydrauliksystem oder einem Teil des Systems den Druck. Steigt der Druck im Weg P über den eingestellten Wert, so wird der Kolben gegen die Feder verschoben, so daß ein Teil des Förderstroms oder der gesamte Förderstrom über den Anschluß T (meist in den Tank) abströmt.

Druckregelventil

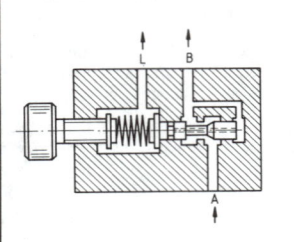

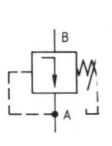

Druckregelventile, auch Druckreduzier- oder Druckminderventile genannt, liefern bei Druckänderung am Anschluß A oder bei äußerer Krafteinwirkung am Verbraucher einen konstanten Ausgangsdruck. Voraussetzung ist, daß der Eingangsdruck höher als der Ausgangsdruck ist.

Steigt z.B. der Druck am Anschluß A durch einen geringeren Verbrauch auf der Ausgangsseite, so wird der Kolben soweit gegen die Feder verschoben, daß der Druck am Anschluß B infolge größerer Drosselung wieder dem eingestellten Wert entspricht.

Gegenüber 2-Wege-Druckregelventilen haben 3-Wege-Druckregelventile als zusätzlichen Weg den Anschluß T, über den bei gesperrtem Durchfluß A–B das Öl von B nach T abströmen kann.

Folgeventil

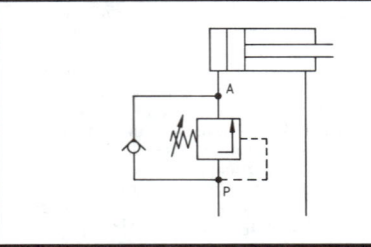

Der Aufbau des Folgeventils, auch Druckzuschaltventil genannt, ist ähnlich dem Aufbau eines Druckbegrenzungsventils. Erreicht der Druck auf der Eingangsseite am Anschluß P den eingestellten Wert, so öffnet das Folgeventil und ermöglicht den Druckaufbau im nachgeschalteten System am Anschluß A.

Zur freien Rückführung des Ölstroms von Kanal A nach Kanal P dient ein, vielfach bereits in das Folgeventil eingebautes, Rückschlagventil.

7.3 Fluidtechnik

7.3.5 Wegeventile

Bauarten

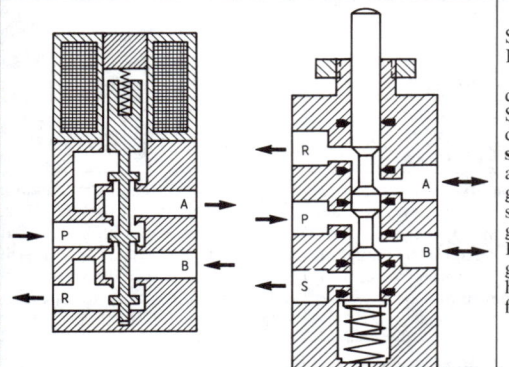

Wegeventile dienen zum Steuern von Start, Stop und Durchflußrichtung eines Gas- oder Flüssigkeitsstromes.

Sitzventile zeichnen sich durch hohe Dichtqualität, geringes Bauvolumen und kurzen Schalthub aus. Nachteilig ist eine dem Betriebsdruck proportionale Betätigungskraft. **Kolbenschieber** ermöglichen mit wenigen Gerätevarianten eine Vielzahl von Steuerungsverknüpfungen. Der druckausgeglichene Kolben gewährleistet eine nahezu vom Betriebsdruck unabhängige Betätigungskraft. Darüber hinaus läßt diese Bauart einen überschneidungsfreien Schaltvorgang zu. Nachteilig sind die vergleichsweise hohen Anforderungen an die Reinheit des Durchflußmediums.

Benennung und Schaltzeichen

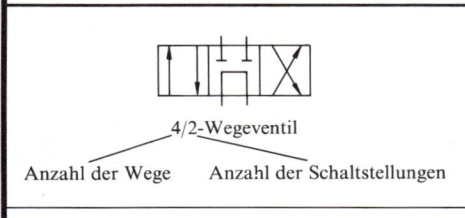

4/2-Wegeventil

Anzahl der Wege   Anzahl der Schaltstellungen

Wegeventile werden nach der Anzahl der Anschlüsse und der Schaltstellungen bezeichnet.

Jeder Schaltstellung ist im Schaltzeichen ein Quadrat zugeordnet. Die Verbindungen der Anschlüsse untereinander sind durch Linien dargestellt; Pfeile geben die Strömungsrichtung an, Querstriche kennzeichnen einen gesperrten Anschluß. Die Anschlüsse sind an das Quadrat gezeichnet, das die Ruhelage des Ventils kennzeichnet.

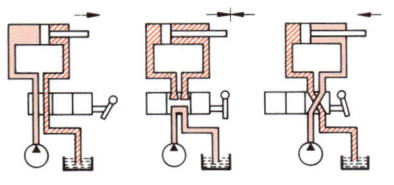

Die Wirkung der verschiedenen Schaltstellungen wird erkennbar, wenn man das gesamte Schaltzeichen gedanklich so verschiebt, daß das Quadrat für die wirksame Schaltstellung zwischen den feststehenden Leitungsanschlüssen liegt.

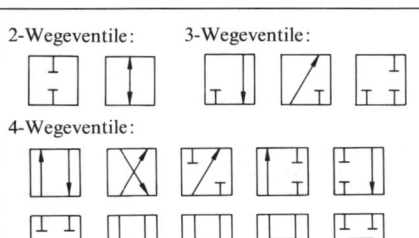

2-Wegeventile: 3-Wegeventile:

4-Wegeventile:

5-Wegeventile:

Entsprechend den technischen Anforderungen sind vielfältige Verbindungen zwischen den einzelnen Anschlüssen handelsüblich.

Wenn der Vorgang während des Umschaltens von Bedeutung ist, kann die sogenannte Schaltüberdeckung durch zusätzliche Quadrate mit gestrichelten Seitenlinien dargestellt werden.

Schaltüberdeckung

7-37

7.3 Fluidtechnik

Schaltüberdeckung

Positive Schaltüberdeckung (+Ü)	Nullschaltüberdeckung (0 Ü)	Negative Schaltüberdeckung (−Ü)
Bei der positiven Schaltüberdeckung (+Ü) sind kurzzeitig alle Anschlußkanäle gemeinsam abgesperrt. Folglich bleibt der Druck aufrechterhalten. Es kann jedoch zu Schaltschlägen und Druckspitzen kommen.	Die Null-Schaltüberdeckung (0 Ü) ermöglicht ein schnelles und exaktes Steuern. Wegen der erforderlichen hohen Fertigungsgenauigkeit wird sie jedoch nur bei Wegeservoventilen angewandt.	Die negative Schaltüberdeckung (−Ü) mit einer kurzzeitigen Verbindung aller Anschlußkanäle hat ein weicheres Umschalten zur Folge. Jedoch kann z.B. die Last kurzzeitig absinken oder ein Speicher teilweise entladen werden.

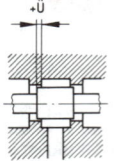

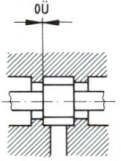

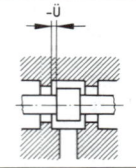

Gebräuchliche elektromechanische Betätigung

Wegeventile werden durch äußere mechanische, elektrische oder pneumatische bzw. hydraulische Betätigung in ihre Schaltstellungen gebracht.
– Direkte Betätigung durch Elektromagnet mit Rückstellung durch Federkraft. Das rechte Schaltzeichen weist auf eine zusätzliche Handhilfsbetätigung hin.

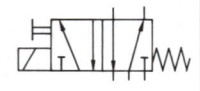

– Direkte Betätigung durch Elektromagnet mit Speicherverhalten (Impulsventil).

– Die jeweilige Schaltstellung bleibt auch im stromlosen Zustand der Spulen aufrechterhalten, bis kurzzeitig die Spule der gegenüberliegenden Schaltstellung erregt wird.
– Um auch größere Ventile mit der gleichen elektrischen Leistung bzw. entsprechend kleinen Elektromagneten wie bei Wegeventilen kleinerer Nenngröße ansteuern zu können, wird die Vorsteuerung, auch indirekte Betätigung genannt, angewendet.

Die folgenden Abbildungen zeigen ein vorgesteuertes 4/3-Wegeventil mit Federzentrierung sowie externem Steuerölzufluß und externem Steuerölabfluß in ausführlicher und in vereinfachter Darstellung.

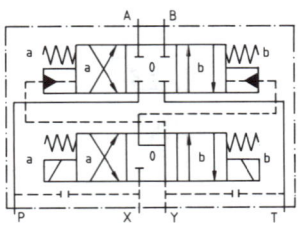

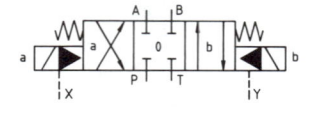

Kennzeichnung der Schaltstellungen und Anschlüsse

Die Schaltstellungen werden mit 0, a, b, ... gekennzeichnet, wobei 0 nur für die Ruhestellung von Wegeventilen mit drei Schaltstellungen verwendet wird.
Die Betätigungsorgane werden entsprechend ihrer Zuordnung zu den Schaltstellungen ebenfalls mit den Buchstaben a, b, ... gekennzeichnet.

Die Anschlüsse werden mit folgenden Buchstaben gekennzeichnet.
P Druckanschluß (Pumpe)
T Rücklaufanschluß
L Leckölanschluß
A ⎫ Arbeitsanschlüsse
B ⎭ (Verbraucher)
X ⎫ Steueranschlüsse
Y ⎭

7.3 Fluidtechnik

7.3.6 Richtungssteuerung mit Wegeventilen

Richtungssteuerung ohne Zwischenhalt

Schaltzeichen	Bezeichnung	Beschreibung
	4/2-Wegeventil mit Federrückstellung	Mit einem 4/2-Wegeventil kann der Kolben des Zylinders nur in die Endlagen gefahren werden, wobei der Kolben weiterhin druckbeaufschlagt bleibt. Die Arbeitsrichtung wird beim Umschalten des Wegeventils sofort umgekehrt. Bei erregtem Magneten (Schaltstellung a) fährt die Kolbenstange aus. Ist der Magnet nicht erregt, so fährt der Kolben in die Ausgangsstellung zurück.
	4/2-Wegeventil mit Impulsbetätigung	Die jeweilige Schaltstellung des Impulsventils wird durch mechanische Rastung gespeichert. Der Zylinderhub wird auch beendet, wenn der Magnet z.B. bei Ausfall der Steuerspannung stromlos wird. Anwendung findet die Schaltung vorwiegend bei Spannfunktionen.

Richtungssteuerung mit Zwischenhalt

Schaltzeichen	Bezeichnung	Beschreibung
	4/3-Wegeventil mit Sperrstellung	In Mittelstellung sind alle Anschlüsse gesperrt. Bei Zwischenhaltstellung bleibt der Kolben eingespannt. Die Leckage von P nach A und B führt jedoch beim Differentialzylinder zum Kriechen des Kolbens.
	4/3-Wegeventil mit Umlaufstellung	In Mittelstellung sind die Anschlüsse P und T miteinander verbunden, so daß der Ölstrom der Hydraulikpumpe nahezu drucklos zum Tank abfließen kann. Der Kolben des Zylinders wird in beliebiger Stellung sofort gestoppt, kann jedoch durch längere äußere Krafteinwirkung wegen des Lecköls im Ventil verschoben werden. Bei längeren Stillstandzeiten des Kolbens wird neben der Energieeinsparung eine starke Erwärmung der Hydraulikflüssigkeit, verbunden mit einer beschleunigten Alterung der Hydraulikflüssigkeit und einer geringeren Lebensdauer der Bauelemente, vermieden.
	4/3-Wegeventil mit Schwimmstellung	In Schaltstellung 0 ergibt sich ein nahezu druckloser Ölumlauf. Der Kolben läßt sich bei Zwischenhaltstellung durch äußere Krafteinwirkung verschieben.
	4/3-Wegeventil mit Eilgangstellung	In Schaltstellung 0 wird der Kolben gegenüber der Schaltstellung a mit größerer Geschwindigkeit verschoben, weil sich zum Pumpenförderstrom Q der Rücklaufstrom Q_R addiert. Die Förderstromeinsparung ist jedoch nur sinnvoll, weil in der Eilgangstellung nur die Fläche der Kolbenstange wirksam wird. Ein Zwischenhalt ist nicht möglich.

7.3 Fluidtechnik

7.3.7 Stromventile

Drosselventile

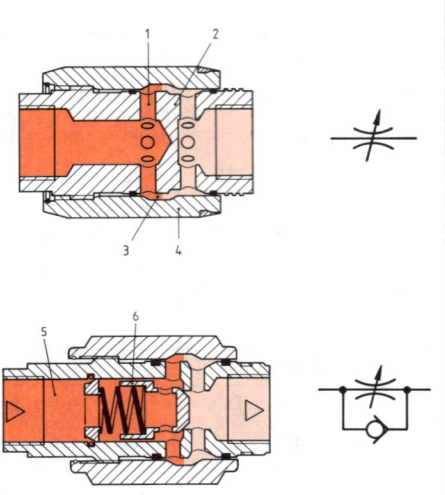

Die Flüssigkeit gelangt über seitliche Bohrungen (1) im Gehäuse (2) zur Drosselstelle (3). Diese wird zwischen dem Gehäuse und der verstellbaren Hülse (4) gebildet. Durch Drehen der Hülse kann der ringförmige Querschnitt der Drosselstelle stufenlos verändert werden. Die Drosselung erfolgt in beiden Richtungen.

Soll die Drosselung nur in einer Durchflußrichtung erfolgen, so ist zusätzlich ein Rückschlagventil erforderlich.

Drosselventile werden eingesetzt, wenn
– ein konstanter Arbeitswiderstand gegeben ist
– oder eine Geschwindigkeitsänderung bei wechselnder Last unbedeutend oder erwünscht ist.

Die Durchflußmenge Q ist proportional abhängig vom Drosselquerschnitt A und der Quadratwurzel aus der Druckdifferenz an der Drosselstelle $\sqrt{\Delta p}$.

In Drosselrichtung gelangt das Druckmedium auf die Rückseite (5) des Ventilkegels (6). Der Kegel des Rückschlagventils wird auf den Sitz gedrückt.

In Gegenrichtung (von rechts nach links) wirkt das Druckmedium auf die Stirnfläche des Rückschlagventils. Der Kegel wird vom Sitz abgehoben; das Druckmedium kann ungedrosselt durch das Ventil strömen.

Stromregelventile

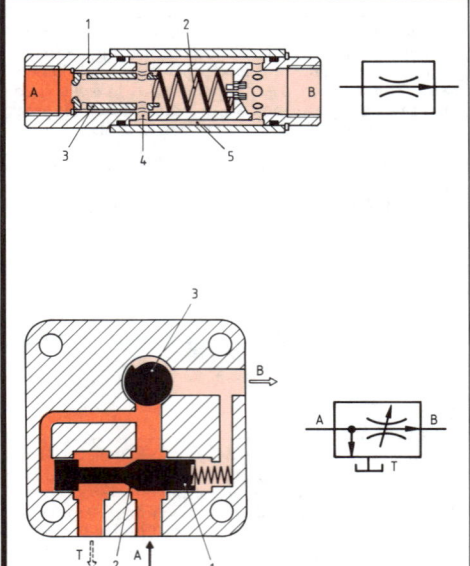

Die Flüssigkeit fließt von der Blendenseite A in das Ventil, über seitliche Bohrungen (4) und einen Ringkanal (5) weiter zum Ventilausgang B.

Bei Durchströmung entsteht an der Blende ein Druckgefälle. Die Blendenbüchse (3) wird gegen die Feder verschoben. Mit zunehmendem Durchfluß und folglich größer werdendem Δp werden die Durchflußquerschnitte der seitlichen Bohrungen (4) entsprechend dem erhöhten Druckgefälle verringert. Der Durchfluß bleibt damit konstant.

Dieses Ventil gibt es auch in verstellbarer Ausführung mit einstellbarer Federvorspannung und mit Rückschlagventil entsprechend dem Drosselrückschlagventil.

Stromregelventile werden eingesetzt, wenn trotz unterschiedlicher Belastungen am Verbraucher die Arbeitsgeschwindigkeit konstant bleiben soll.

Im Vergleich zum obigen 2-Wege-Stromregelventil hat das 3-Wege-Stromventil zusätzlich einen Tankanschluß T. Der Regelkolben (1) ist so angeordnet, daß die nicht benötigte Pumpenfördermenge über die Steuerkante (2) direkt dem Tank zugeführt wird. Die Feder ist so ausgelegt, daß der Pumpendruck ca. 2 bar höher ist als der Arbeitsdruck. Die Durchflußmenge ist mit dem verstellbaren Drosselspalt (3) einstellbar.

7.3 Fluidtechnik

7.3.8 Proportionalventile

Proportional-Druckventil

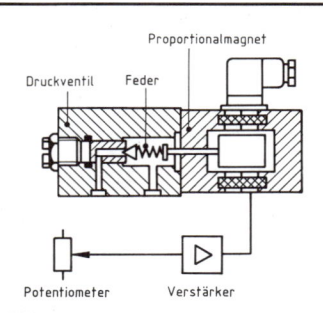

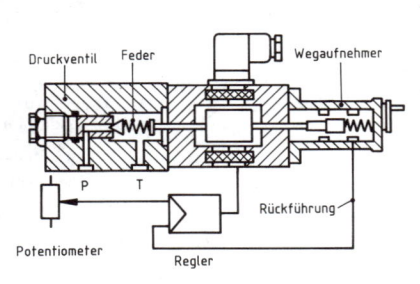

Proportionalventile sind Stetigventile. Die hydraulische Ausgangsgröße ist proportional der elektrischen Eingangsgröße. Proportionalventile ermöglichen eine stufenlose (stetige) Steuerung und Regelung von Geschwindigkeit, Beschleunigung, Kraft und Drehmoment.

Beim Proportional-Druckventil folgt einer Änderung des elektrischen Stromes proportional eine Druckänderung.

Fließt durch die Spule ein Strom, so erzeugt der Proportionalmagnet eine dem Strom proportionale Kraft. Diese verschiebt so lange einen Stößel gegen eine Feder, bis sich ein Gleichgewicht zwischen Magnetkraft und Federkraft einstellt.

Mit einem induktiven Wegaufnehmer läßt sich die Ankerstellung des Proportionalmagneten erfassen. Die abgegebene elektrische Spannung ist proportional der Ankerstellung. Wird mit einem Regler die Spannung des Wegaufnehmers (Istwert) mit der am Sollwertgeber (Potentiometer) eingestellten Spannung verglichen, so bewirkt der Ausgangsstrom des Reglers eine Verschiebung des Ankers, bis die Spannung des Wegaufnehmers mit der Spannung des Sollwertgebers übereinstimmt. Damit wird die Reibung und Hysterese des Magnettankers ausgeregelt, nicht jedoch die Änderung der Federkraft.

Da die Hubarbeit eines Proportionalmagneten gering ist (ca. 100 Ncm), sind Proportional-Druckventile meist vorgesteuert.

Proportional-Wegeventil

Proportional-Wegeventile dienen der Richtungs- und stufenlosen Geschwindigkeitssteuerung von Hydrozylindern und Hydromotoren.

Wie das Schaltzeichen zeigt, wirkt abhängig von der gewünschten Durchflußrichtung einer von zwei Proportionalmagneten auf den Steuerkolben.

Wird die Stellung des Steuerkolbens mit einem induktiven Wegaufnehmer erfaßt und die abgegebene Spannung (Istwert) von einem Regler mit der Spannung des Sollwertgebers verglichen, so wird eine höhere Stellgenauigkeit des Steuerkolbens erreicht. Damit lassen sich die Störgrößen (Hysterese beider Magnettanker, Reibungs- und Strömungskräfte sowie die Änderung der Kräfte beider Rückstellfedern) ausregeln.

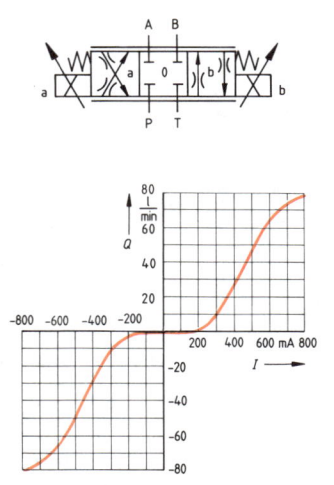

Durchflußmenge in Abhängigkeit vom Steuerstrom

7-41

7.3 Fluidtechnik

7.3.9 Geschwindigkeitssteuerungen

Bei Drosselventilen ist der Volumenstrom bei gleichem Durchflußquerschnitt von der Druckdifferenz ϱ_{P-A} (vom Eingang P zum Ausgang A) abhängig. Bei Stromregelventilen ist der Volumenstrom dagegen unabhängig von der Druckdifferenz.

Volumenzumessung pro Zeiteinheit

Drossel-Ventile (druckabhängig): $Q = \sqrt{\Delta p_{P-A}}$

Stromregel-Ventile (druckunabhängig): Q = konstant durch Differenzdruckregler

$Q = f(\Delta p, A)$, Drosselquerschnitt A = konstant

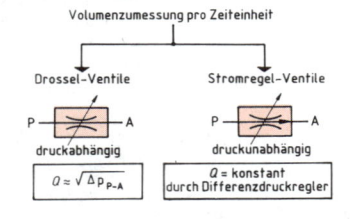

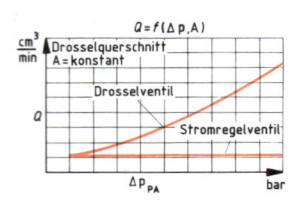

Zylindergeschwindigkeit: $V = \dfrac{Q}{A_{Zyl}}$ Drehfrequenz Hydraulikmotor: $n = \dfrac{Q}{V}$

mit Q = Volumenstrom
 A_{Zyl} = Zylinderfläche
 V = Schluckvolumen des Hydraulikmotors

Steuerungsart	Vorteile	Nachteile
Primärsteuerung mit 2-Wege-Stromregelventil		
(Schaltbild mit $F_1, F_2, P_2, Q_2, F_W, P_3, Q_3, P_1, Q_1, Q_4$)	– Am Arbeitszylinder steht nur der Druck an, der aus dem Arbeitswiderstand resultiert. – Steuerung des größeren Ölstromes, da die Kolbenseite mit dem geregelten Ölstrom beaufschlagt wird (wichtig bei kleinen Vorschüben). – Guter Wirkungsgrad in bezug auf die Reibung der Manschetten, da sich nur der erforderliche Druck im Zylinder aufbaut. – Die Vorschubgeschwindigkeit wird nur durch das Stromregelventil bestimmt.	– Bei negativen Arbeitswiderständen ist ein Druckbegrenzungsventil im Rücklauf erforderlich. – Druckeinbrüche bei schnellen Absteuervorgängen. Bei Hydromotoren können Kolben abheben. – Die Drosselwärme wird dem Verbraucher zugeführt. – Das Druckbegrenzungsventil muß entsprechend dem größten Verbraucherdruck eingestellt werden. Die Pumpe muß auch bei niedrigem Kraftbedarf am Verbraucher gegen den maximal eingestellten Druck fördern.
Sekundärsteuerung mit 2-Wege-Stromregelventil		
(Schaltbild mit $F_2, F_1, P_2, Q_2, P_3, Q_3, F_W, P_1, Q_1$)	– Bei negativen Arbeitswiderständen ist kein zusätzliches Drosselventil im Rücklauf erforderlich. – Die Drosselwärme wird dem Tank zugeführt. – Schnelle Absteuervorgänge führen nicht zum Abheben der Kolben von Hydromotoren. – Die Vorschubgeschwindigkeit wird nur durch das Stromregelventil bestimmt.	– Auch im Leerlauf sind alle Elemente des Zylinders mit dem max. Druck beaufschlagt. – Regelung des kleineren Ölstroms auf der Rücklaufseite bei kleinen Vorschubgeschwindigkeiten. – Größere Reibung am Zylinder infolge höherer Drücke. – Das Druckbegrenzungsventil muß entsprechend dem größten Verbraucherdruck eingestellt werden. Die Pumpe muß auch bei niedrigem Kraftbedarf am Verbraucher gegen den maximal eingestellten Druck fördern. – Nicht alle Hydraulikmotoren sind für Sekundärsteuerung geeignet.

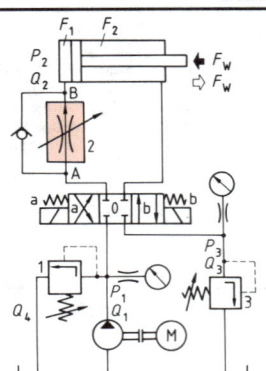

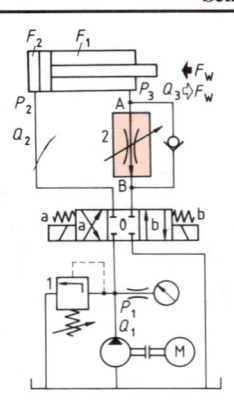

7.3 Fluidtechnik

Steuerungsart	Vorteile	Nachteile
Bypass-Steuerung mit 2-Wege-Stromregelventil		
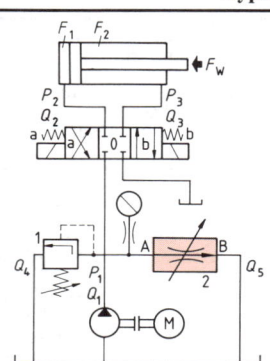	– Höherer Wirkungsgrad, da die Pumpe nur gegen den erforderlichen Lastdruck arbeitet. – Die Drosselwärme wird dem Tank zugeführt.	– Am Kolben dürfen keine negativen Kräfte auftreten. – Der Einbau eines Speichers ist nicht möglich, da dieser über den Bypass leerläuft. – Schwankungen des Pumpenförderstromes werden nicht ausgeglichen und führen zu Vorschubfehlern. Bei Eilgang kann je nach Schaltung ein Volumenstrom in den Tank verlorengehen.
Primärsteuerung mit 3-Wege-Stromregelventil		
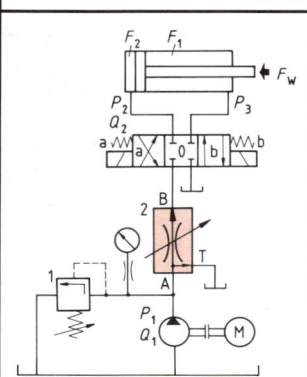	– Höherer Wirkungsgrad, da die Pumpe nur gegen den erforderlichen Lastdruck arbeitet. – Geringe Wärmeentwicklung im Stromregelventil, weil der Regelkolben (Druckwaage) nur eine geringe Druckdifferenz (ca. 2 bar) erfordert. – Die am Drosselquerschnitt des Differenzdruckreglers entstandene Wärme wird dem Tank zugeführt.	– Nur Primärsteuerung möglich. – Am Kolben dürfen keine negativen Kräfte auftreten.

Vor- und Nachteile von 2- und 3-Wege-Stromregelventilen

	2-Wege-Stromregelventil	3-Wege-Stromregelventil
Vorteile:	– Es ist sowohl eine Zulaufsteuerung (primär) als auch eine Ablaufsteuerung (sekundär) möglich. – Der geregelte Volumenstrom wird dem Arbeitszylinder direkt zu- oder abgesteuert.	– Die Pumpe muß nur gegen den Lastdruck arbeiten. Ist der Lastdruck niedrig, so ist auch die Belastung der Pumpe entsprechend klein. – Der Wirkungsgrad ist höher als beim Einsatz von 2-Wege-Stromregelventilen.
Nachteile:	– Unabhängig vom anstehenden Arbeitswiderstand muß die Pumpe immer gegen den am Druckbegrenzungsventil eingestellten Druck arbeiten.	– 3-Wege-Stromregelventile können nur auf der Zulaufseite (Primärsteuerung) eingesetzt werden. – Bei der Ablaufsteuerung (Sekundärsteuerung) wird durch den entstehenden Staudruck der Differenzdruckregler gegen die Federkraft voll geöffnet und gibt so den Volumenstrom von A nach T ohne Regelung frei.

7-43

7.3 Fluidtechnik

7.3.10 Zylinder (Linearmotor)

Einfachwirkender Zylinder

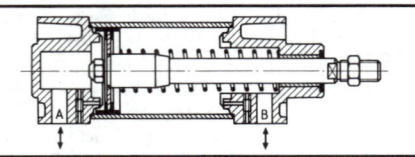

Der einfachwirkende Zylinder findet in pneumatischen Steuerungen Anwendung z.B. zum Spannen, Ausstoßen, Fixieren und Magazinieren.

Der Rückhub erfolgt ohne Rückzuglast durch Federkraft. Die Hublänge ist infolge des für die Feder erforderlichen Einbauraums auf maximal 200 mm begrenzt.

Doppeltwirkender Zylinder (Differentialzylinder)

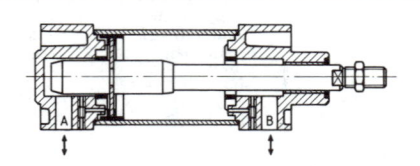

Beim Ausfahren der Kolbenstange ist die gesamte Kolbenfläche wirksam; beim Einfahren ist nur die um die Fläche der Kolbenstange kleinere Ringfläche wirksam. Deshalb ist die maximal zulässige Kraft, abhängig von der jeweils wirksamen Fläche und dem maximal zulässigen Betriebsdruck, beim Ausfahren größer als beim Einfahren der Kolbenstange. Die Bewegungsgeschwindigkeiten verhalten sich bei konstantem Förderstrom umgekehrt zu den wirksamen Flächen.

Endlagendämpfung

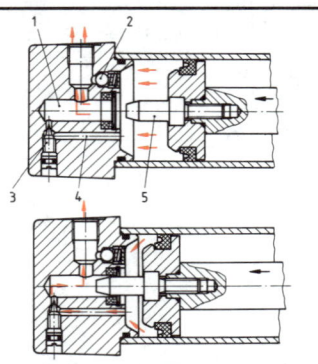

Ab einer bestimmten Hubgeschwindigkeit (ca. $v > 0{,}1$ ms) ist eine Endlagendämpfung erforderlich, damit beim Aufschlag des Kolbens Zylinderteile nicht zerstört werden.

Taucht die Dämpfungsbuchse (5) in die Bohrung (1) des Zylinderbodens ein, so verringert sich der Querschnitt für das aus dem Kolbenraum entweichende Druckmedium. Ist die Bohrung schließlich ganz verschlossen, so kann das Druckmedium nur noch über die Bohrung (4) und das einstellbare Drosselventil (3) abfließen. Mittels der Drosselschraube läßt sich die Dämpfungswirkung entsprechend den Betriebsverhältnissen einstellen.

Ein Rückschlagventil (2) sorgt dafür, daß bei Umschaltung das Druckmedium sofort den gesamten Kolbenquerschnitt beaufschlagt. Damit wird eine Verzögerung beim Ausfahren des Kolbens verhindert.

Zylinder mit beidseitiger Kolbenstange (Gleichgangzylinder)

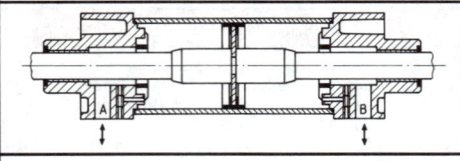

Die durchgehende Kolbenstange hat gleiche Ringflächen auf beiden Seiten des Kolbens zur Folge. Daraus ergeben sich für beide Bewegungsrichtungen gleiche zulässige Kräfte.

Teleskop-Zylinder

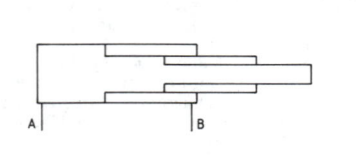

Diese Zylinderbauart ermöglicht eine große Hublänge bei kleiner Einbaulänge.

Werden die Kolben über Anschluß A beaufschlagt, so fährt zunächst der größte Kolben aus. Bei gleichbleibender Last steigt der erforderliche Druck infolge der kleiner werdenden Fläche mit jeder Stufe an. Die Ausfahrgeschwindigkeit erhöht sich bei konstantem Förderstrom von Stufe zu Stufe. Beim Einfahren kehrt sich die Reihenfolge um.

7.3 Fluidtechnik

7.3.11 Dokumentation einer hydraulischen Steuerung

Technologieschema einer Spritzgußmaschine

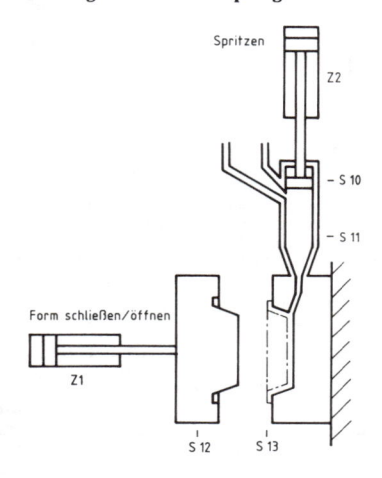

Entwurf, Inbetriebnahme, Wartung und Störungssuche setzen eine sorgfältige Dokumentation einer Steuerung als Verständigungsmittel voraus. Die Zuordnung der Schaltungsunterlagen, entsprechend den verschiedenen Normen und Richtlinien, ist im Einzelfall von der Art und Größe einer Anlage abhängig.

Technologieschema

Das Technologieschema zeigt in vereinfachter Form schematisch die zum Verständnis der Funktion wesentlichen Bestandteile einer Maschine oder Anlage sowie die Anordnung der dafür erforderlichen Eingangselemente (Sensoren, hier $S10 \cdots S13$ und Ausgangselemente (Aktoren, hier $Z1$ und $Z2$).

Verbale Funktionsbeschreibung

Die verbale (sprachliche) Funktionsbeschreibung ergänzt das Technologieschema:

Formzylinder und Spritzzylinder werden hydraulisch gesteuert. Das Wegeventil des Formzylinders ist als Impulsventil ausgeführt. Ein Ventil mit drei Schaltstellungen steuert den Spritzzylinder an.

1. Die Steuerung muß für folgende Betriebsarten ausgelegt sein:
   a) Einzelschaltung
      Jeder Zylinder muß einzeln über Taster von Hand gesteuert werden können.
   b) Automatischer Arbeitsablauf (ein Arbeitstakt).
2. Die Hydraulikpumpe muß durch einen separaten Taster eingeschaltet werden.
3. Ein Taster ist für ALLES-AUS bzw. NOT-AUS vorzusehen. Bei dessen Betätigung muß auch die Hydraulikpumpe stillgelegt werden.

Hydraulik-Schaltplan einer Spritzgußmaschine

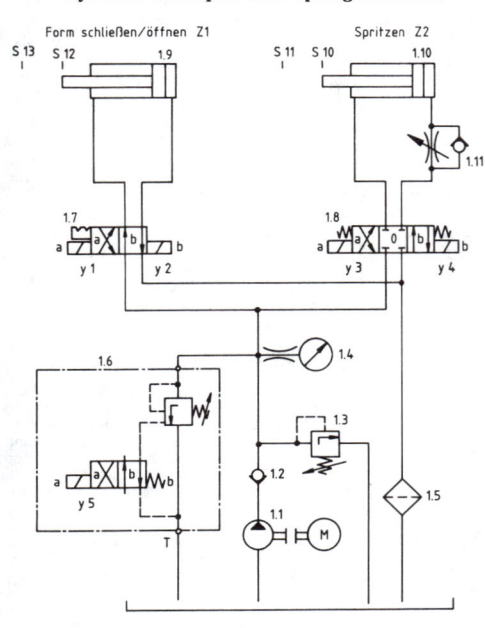

Hydraulik-Schaltplan

Die Verbindung der hydraulischen Bauglieder, dargestellt durch Bildzeichen, zeigt der Hydraulik-Schaltplan. Den exakten zeitlichen Arbeitsablauf einer Anlage zeigt das ergänzende Funktionsdiagramm.

Funktionsdiagramm

Das Funktionsdiagramm nach VDI 3260, häufig auch Weg-Schritt-Diagramm genannt, zeigt den Verlauf der Zustandsänderung einzelner Bauglieder in Abhängigkeit vom Zustand anderer Bauglieder, Arbeitseinheiten oder Arbeitsmaschinen.

Der Arbeitsablauf einer Anlage wird in Schritte aufgeteilt. Als Schritt wird der Bereich zwischen zwei aufeinanderfolgenden Zustandsänderungen bezeichnet. Der Arbeitsablauf beginnt mit Schritt 1; die folgenden Schritte erhalten mit der jeweils einleitenden Zustandsänderung fortlaufende Ziffern. Ist der Endpunkt des letzten Schrittes gleichzeitig der Anfangspunkt des 1. Schrittes des folgenden Arbeitstaktes, so wird er mit 1 bezeichnet.

7.3 Fluidtechnik

Geräte-Stückliste einer Spritzgußmaschine

Stück	Benennung	Lfd.Nr.	Maße	Bestellangaben
1	Hydraulik-Pumpe	1.1	Q	
1	Rückschlagventil	1.2	NG	
1	Druckbegrenzungsventil	1.3	NG	
1	Manometer	1.4	R	
1	Rücklauffilter	1.5	R	
1	Druckschaltventil	1.6	NG	
1	4/2-Wegeventil	1.7	NG	
1	4/3-Wegeventil	1.8	NG	
1	Hydraulik-Zylinder	1.9	NG	
1	Hydraulik-Zylinder	1.10		
1	Drosselrückschlagventil	1.11		

Funktionsdiagramm einer Spritzgußmaschine

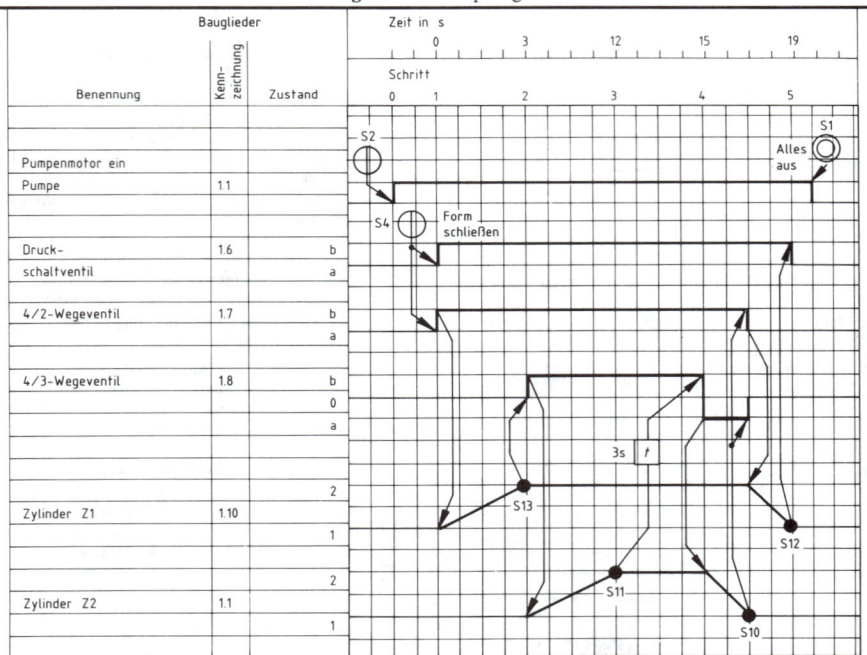

Bauglieder			Zeit in s / Schritt
Benennung	Kennzeichnung	Zustand	
Pumpenmotor ein / Pumpe	1.1		S2 ... Alles aus S1
Druckschaltventil	1.6	b / a	S4 Form schließen
4/2-Wegeventil	1.7	b / a	
4/3-Wegeventil	1.8	b / 0 / a	3s t
Zylinder Z1	1.10	2 / 1	S13 / S12
Zylinder Z2	1.11	2 / 1	S11 / S10

Schritt 0: Bei Betätigung von S2 wird die Hydraulikpumpe eingeschaltet.

Schritt 1: Wird S4 betätigt, so schaltet das Druckschaltventil von Stellung a nach Stellung b um. Gleichzeitig schaltet das 4/2-Wegeventil von Stellung a nach Stellung b um, so daß Zylinder Z1 in die Lage 2 ausfährt.

Schritt 2: Betätigt der ausgefahrene Zylinder Z1 den Grenztaster S13, so wird das 4/3-Wegeventil in die Stellung b umgeschaltet; Zylinder Z2 fährt in die Lage 2.

Schritt 3: Betätigt der ausgefahrene Zylinder Z2 den Grenztaster S11, so wird eine Zeitverzögerung eingeleitet.

Schritt 4: Nach Ablauf der Zeitverzögerung von 3s wird das 4/3-Wegeventil in die Stellung a umgeschaltet, so daß Zylinder Z2 zurückfährt und in der Ausgangsstellung Grenztaster S10 betätigt. Damit werden das 4/3-Wegeventil in die Stellung 0 und das 4/2-Wegeventil in die Stellung a umgeschaltet. Die Umschaltung des 4/2-Wegeventils bewirkt das Zurückfahren des Zylinders Z1.

Schritt 5: Bei Erreichen der Ausgangsstellung betätigt Zylinder Z1 den Grenztaster S12, so daß das Druckschaltventil in Stellung b umschaltet.

8 Meßtechnik

8.1 Symbole für Meßgeräte

Kurzzeichen	Benennung	Kurzzeichen	Benennung
	Drehspulmeßwerk mit Dauermagnet, allgemein		Gleichrichter [1]
	Drehspul-Quotientenmeßwerk		Elektron. Anordnung [1] im Meßpfad
	Drehmagnetmeßwerk		in einem Hilfsstromkreis
	Drehmagnet-Quotientenmeßwerk		
	Dreheisenmeßwerk		**Schirmung** elektrostatisch
	Dreheisen-Quotientenmeßwerk		elektromagnetisch
	Elektrodynamisches Meßwerk (eisenlos)		Gebrauchsanleitung beachten
	desgl. eisengeschlossen		Allgemeines Zubehör [2]
	Elektrodynamisches Quotientenmeßwerk (eisenlos)		Nullsteller
	desgl. eisengeschlossen		**Art des zu messenden Stromes** Gleichstrom Wechselstrom Gleich- u. Wechselstrom (Allstr.) Drehstrom-Meßgerät mit 1 Meßwerk Drehstrom-Meßgerät mit 2 Meßwerken Drehstrom-Meßgerät mit 3 Meßwerken
	Induktionsmeßwerk		
	Induktions-Quotientenmeßwerk		**Sicherheit Prüfspannung** nicht ermittelt
	Hitzdrahtmeßwerk		500 V
	Bimetallmeßwerk		über 500 V, z. B. 2 kV
	Elektrostatisches Meßwerk		Hochspannung am Instrument oder Zubehör
	Vibrationsmeßwerk		**Gebrauchslage** senkrecht waagerecht
	Thermoumformer, nicht isoliert		schräg mit Neigungswinkelangabe
	desgl. mit Drehspul- [1] meßwerk		Nenngebrauchsbereich von 45° bis 75°
	Isolierter Thermo- [1] umformer	45···60···75°	

[1] Sind diese Symbole mit dem Symbol eines Meßgerätes kombiniert, so ist das Bauelement bzw. die Anordnung eingebaut.
Sind die Symbole dagegen mit [2] kombiniert, so befindet sich das Bauelement bzw. die Anordnung außerhalb des Meßgerätes.
Die Kurzzeichen sind auch Bestandteil von DIN 43 780, DIN 43 781 und VDE 0410.

8.2 Meßwerke

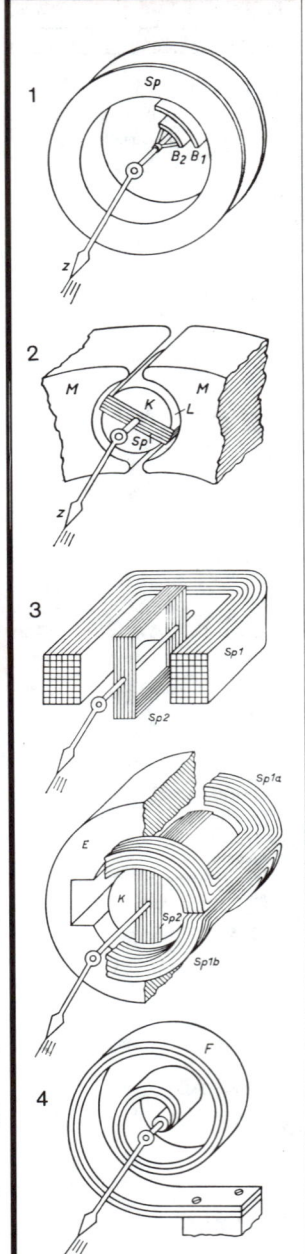

1. Dreheisen-(Weicheisen-)Meßwerk

In der Spule Sp befindet sich ein festliegendes, trapezförmiges Weicheisenblech B_1 und ein drehbar gelagertes Weicheisenblech B_2, das mit dem Zeiger Z verbunden ist. Die bei stromdurchflossener Spule B_1 und B_2 entstehenden gegenüberliegenden gleichnamigen Magnetpole stoßen sich ab. Eine stromlose (nicht gezeichnete) Spiralfeder wirkt als Gegenkraft.

Dreheisen-Meßgeräte messen den Effektivwert. Sie sind mechanisch und elektrisch robust. Die etwa gleichmäßige Skalenteilung beginnt bei 10 bis 20% des Skalenendwertes. Die Anzeige bleibt bis ca. 100 Hz innerhalb der Fehlergrenze. Der Eigenverbrauch ist mit 0,3 bis 5 VA höher als bei Drehspulmeßwerken. Deshalb sind Spannungsmeßbereiche unter 6 V sowie Meßbereichserweiterungen von Strommessern mit Nebenwiderständen nicht sinnvoll.

2. Drehspul-Meßwerk

Die auf ein Aluminiumrähmchen gewickelte, drehbar gelagerte Spule Sp ist fest mit dem Zeiger verbunden. Wird die Drehspule vom Strom durchflossen, so dreht sie sich im Luftspalt L zwischen Dauermagnet M und feststehendem Weicheisenkern K. Zwei gegensinnig gewickelte spiralförmige Stromzuführungsfedern (nicht gezeichnet) erzeugen dabei eine Gegenkraft.

Drehspul-Meßwerke messen den arithmetischen Mittelwert. Die Skalenbeschriftung von Drehspul-Meßwerken mit Gleichrichter erfolgt nach Effektivwerten bei sinusförmigem Strom. Die Messung von nichtsinusförmigen Wechselströmen ergibt Fehlresultate. Die Skalenteilung ist über den gesamten Bereich linear; der Nullpunkt kann an eine beliebige Stelle gelegt werden. Die obere Frequenzgrenze liegt bei 10 kHz bis 20 kHz. Der Eigenverbrauch beträgt wenige mW, der Innenwiderstand 10 kΩ/V bis 100 kΩ/V.

3. Elektrodynamisches Meßwerk

Werden die feststehende Spule Sp 1 und die mit dem Zeiger verbundene drehbar gelagerte Spule Sp 2 von einem Strom durchflossen, so versucht sich das Magnetfeld der Spule Sp 2 entsprechend dem Magnetfeld der Spule Sp 1 auszurichten. Zwei spiralförmige Stromzuführungsfedern (nicht gezeichnet) bilden die Gegenkraft.

Beim eisengeschlossenen Meßwerk ist die feststehende Stromspule in zwei Formspulen Sp 1a und Sp 1b unterteilt, die in dem geblätterten Eisenmantel E eingebettet sind. Die Drehspule Sp 2 enthält einen feststehenden Eisenkern K. Das Drehmoment ist höher als beim eisenlosen Meßwerk.

Elektrodynamische Meßwerke werden vorwiegend zur Leistungsmessung eingesetzt, wobei Spule Sp 1 als Strompfad und Spule Sp 2 als Spannungspfad dient. Bei Wechselstrom wird die Wirkleistung gemessen. Die Skalenteilung ist nahezu linear. Der Eigenverbrauch des Strompfades beträgt ca. 0,3 W, der des Spannungspfades wenige mW. Die obere Frequenzgrenze liegt bei 100 Hz.

Elektrodynamische Meßwerke lassen sich auch zur Strom- und Spannungsmessung einsetzen, wobei die Spulen je nach Meßbereich parallel oder in Reihe geschaltet werden. Die Skalenteilung verläuft hierbei quadratisch.

4. Bimetall-Meßwerk

Die aus zwei Metallen verschiedener Wärmeausdehnung bestehende Bimetall-Spiralfeder F wird durch Stromwärme gestreckt und dreht den Zeiger. Eine entgegengesetzt wirkende, stromlose Bimetall-Kompensationsfeder (nicht gezeichnet) macht die Anzeige unabhängig von der Raumtemperatur.

Infolge der vergleichbaren thermischen Zeitkonstante sind Bimetall-Strommesser besonders zum Überwachen der Belastung von Kabeln und Transformatoren geeignet. Sie sind thermisch träge (Einstellzeit 10 bis 15 Minuten) und zeigen den mittleren Effektivwert an. Kurzzeitige Stromspitzen haben keinen Einfluß auf die Anzeige.

Das gegenüber anderen Meßwerken etwa tausendmal höhere Drehmoment erlaubt die Mitnahme eines Schleppzeigers zur Anzeige eines Höchstwertes.

8.2 Meßwerke

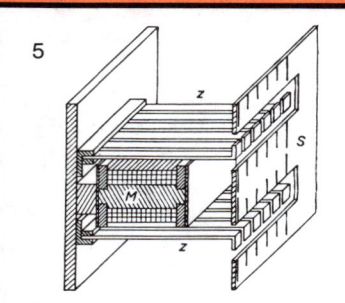

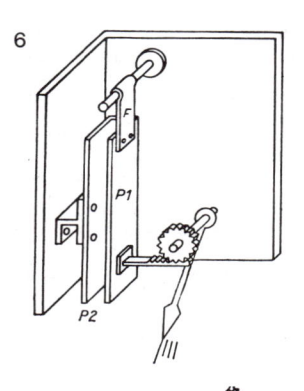

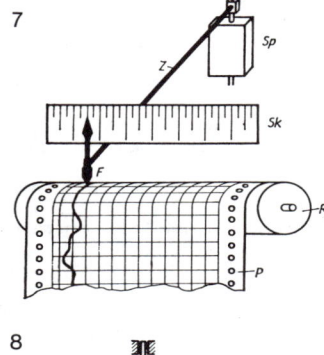

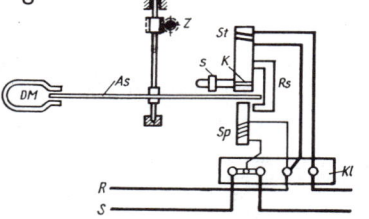

5. Zungenfrequenzmesser

Vor den Polen eines Elektromagnets M sind zwei Reihen Stahlzungen Z angeordnet. Weiter rechts stehende Zungen haben eine etwas höhere Eigenschwingungszahl als die benachbarten linken Zungen. Wird die Spule von einem Wechselstrom durchflossen, so kommt jene Stahlzunge zum Schwingen, deren Eigenschwingungszahl (Resonanz) der Frequenz des Wechselstromes entspricht.

Zungenfrequenzmesser dienen meist zur Anzeige der Netzfrequenz. Der Eigenverbrauch beträgt 0,5 bis 10 VA.

6. Elektrostatisches Meßwerk (Elektrometer)

Bei angeschlossener Spannung wird die bewegliche Platte $P1$ von der feststehenden Platte $P2$ abgestoßen. Der Ausschlag wird auf den Zeiger übertragen. Die Blattfeder F bildet die Gegenkraft.

Das elektrostatische Meßwerk findet vorwiegend zur Hochspannungsmessung Anwendung. Bei Gleichspannungsmessung fließt nur ein geringer Aufladestrom beim Einschalten. Der Strom beträgt bei Netzfrequenz Bruchteile eines Mikroamperes und steigt auf etwa 1 mA bei 10^5 bis 10^6 Hz an.

7. Schreibende Meßgeräte

Linienschreiber: Der von der Spule Sp des Meßgerätes bewegte Zeiger Z trägt einen Schreibstift F, der die Zeigerstellung auf einen Papierstreifen P fortlaufend aufträgt. Die Rolle R, die den Papierstreifen an dem Schreibstift vorbeibewegt, wird durch ein Uhrwerk (meist mit Selbstaufzug) angetrieben.

Punktschreiber: Die jeweilige Zeigerstellung wird durch einen Fallbügel in gleichen Zeitabständen auf dem gleichmäßig bewegten Papierstreifen punktförmig markiert. Häufig ist mit der Abtastung die Umschaltung eines Meßstellenschalters und des Farbbandes verbunden, so daß bis zu 12 Meßstellen gleichmäßig abgefragt und deren Meßwerte aufgezeichnet werden können.

8. Wechselstromzähler

Meßstrom und Meßspannung werden feststehenden Spulen auf Kernen aus lamellierten Blechen zugeführt. Durch die beiden Wechselfelder der gegeneinander versetzten Stromspule St und Spannungsspule Sp entsteht ein Wanderfeld, das in der Al-Scheibe Induktionswärme erzeugt. Es entsteht ein Drehmoment, das proportional zu $U \cdot I \cdot \cos\varphi$ (Wirkleistung) ist. Das Magnetfeld schließt sich außen über den Rückschlußbügel Rs. Der Kern der Stromspule trägt noch eine Kurzschlußwicklung K, deren Induktivität durch die Schnalle S so abgeglichen wird, daß der Zähler bei dem Leistungsfaktor $\cos\varphi = 0$ des Verbraucherstromes stillsteht. Die Al-Scheibe wird abgebremst durch die zwischen den Polen des Dauermagneten DM in ihr erzeugten Wirbelströme. Die Drehfrequenz der Aluminiumscheibe ist verhältnisgleich der dem Netz entnommenen Wirkleistung. Die vom Zählwerk Z angezeigte Gesamtzahl der Umdrehungen in der Zeit t ist ein Maß für die in dieser Zeit aus dem Netz entnommene Arbeit.

9. Drehstromzähler

Sie stellen eine Kombination von zwei oder drei Wechselstromzählern dar, die auf die gemeinsame Zählerwelle arbeiten und die Leistungen der drei Außenleiter addieren. Die Schaltung erfolgt entsprechend S. 9-14.

Durch entsprechende Schaltung der Spannungsspulen lassen sie sich als Blindverbrauchszähler schalten und messen dann die Blindleistung $U \cdot I \cdot \sin\varphi$.

8.3 Grundbegriffe der Meßtechnik nach DIN 1319 (6.85)

Bezeichnung	Bedeutung
Messen	das experimentelle Ermitteln eines speziellen Wertes einer physikalischen Größe als Vielfaches einer Einheit oder eines Bezugswertes.
Meßgröße	die durch eine Messung erfaßte physikalische Größe (z. B. Strom, Länge).
Meßwert	der gemessene spezielle Wert der Meßgröße; er wird als Produkt aus Zahlenwert und Einheit angegeben (z. B. 4,5 A, 12 m).
Meßprinzip	die bei der Messung zugrundeliegende charakteristische Erscheinung (z. B. die Auswertung der Längenausdehnung bei der Temperaturmessung).
Meßverfahren	die praktische Auswertung eines Meßprinzips; es umfaßt alle für die Gewinnung eines Meßwertes notwendigen experimentellen Maßnahmen.
direkte Meßverfahren	der gesuchte Meßwert einer Meßgröße wird durch unmittelbaren Vergleich mit einem Bezugswert derselben Meßgröße gewonnen, z. B. der Vergleich einer Masse mit Gewichtsstücken.
indirekte Meßverfahren	der gesuchte Meßwert einer Meßgröße wird unter Anwendung von physikalischen Zusammenhängen zu andersartigen physikalischen Größen ermittelt (z. B. der Weg aus der Schleiferverstellung eines Potentiometers).
Meßgerät	liefert oder verkörpert Meßwerte, auch die Verknüpfung mehrerer voneinander unabhängiger Meßwerte.
Meßeinrichtung	besteht aus einem Meßgerät oder mehreren zusammenhängenden Meßgeräten mit zusätzlichen Einrichtungen, die ein Ganzes bilden.
Meßkette	System aus Aufnehmer, in Kette geschalteten Übertragungsgliedern (Meßverstärker, Meßumformer und Meßumsetzer) und Ausgeber.
Meßanlage	umfaßt mehrere voneinander unabhängige Meßeinrichtungen, die in räumlichem oder funktionalem Zusammenhang stehen.
Prüfen	feststellen, ob der Prüfgegenstand vereinbarte, vorgeschriebene oder erwartete Bedingungen erfüllt. Mit dem Prüfen ist immer eine Entscheidung verbunden. Das Prüfen kann subjektiv durch Sinneswahrnehmung oder objektiv mit Meß- oder Prüfgeräten (auch automatisch) erfolgen.
Kalibrieren (Einmessen)	das Feststellen der Meßabweichungen am fertigen Meßgerät (ohne technischen Eingriff am Meßgerät).
Justieren (Abgleichen)	das Einstellen oder Abgleichen eines Meßgerätes, damit die Anzeige so wenig wie möglich vom richtigen Wert bzw. als richtig geltenden Wert abweicht.
Eichen	das Prüfen und Stempeln eines Meßgerätes von der zuständigen Eichbehörde nach den Eichvorschriften.
Anzeigebereich	der Ausgabebereich bei anzeigenden Meßgeräten bzw. der Bereich aller an einem Meßgerät ablesbaren Werte der Meßgröße.
Unterdrückungsbereich	derjenige Bereich von Meßwerten, oberhalb dessen das Meßgerät erst anzuzeigen beginnt.
Meßbereich	derjenige Bereich von Meßgeräten, in welchem vereinbarte Fehlergrenzen nicht überschritten werden.
Skalenlänge	der Abstand zwischen dem ersten und letzten Teilstrich der Skale, die oft beide besonders hervorgehoben sind.
Skalenteil	Teilstrichabstand als Teilungseinheit, in der die Anzeige ausgegeben werden kann.
Skalenteilungswert	Änderung des Wertes der Meßgröße, die einer Verschiebung der Marke um ein Skalenteil entspricht.
Skalenkonstante/ Gerätekonstante	der Größenwert k, mit dem der Zahlenwert der Anzeige z_A multipliziert werden muß, um den gesuchten Meßwert x zu erhalten. $x = k \cdot z_A$ und $k = x/z_A$
Mehrbereich-Meßgeräte	zu jedem Bereich ist der zugehörige Skalenwert oder die zugehörige Skalenkonstante anzugeben.
Empfindlichkeit	der Quotient einer beobachteten Änderung des Ausgangssignals bzw. der Anzeige durch die sie verursachende (hinreichend kleine) Änderung der Meßgröße als Eingangssignal.
Umkehrspanne	die Differenz der Anzeigen, wenn der festgelegte Meßwert einmal von kleineren Werten her und einmal von größeren Werten her stetig oder schrittweise langsam eingestellt wird.
Ansprechschwelle	der Wert einer erforderlichen geringen Änderung der Meßgröße, welche eine erste eindeutig erkennbare Änderung der Anzeige hervorruft.
Ansprechwert	die Ansprechschwelle am Nullpunkt.
Anlaufwert	der Ansprechwert integrierender Meßgeräte, z. B. von Zählern und Durchflußmeßgeräten.
Meßabweichung	die Differenz zwischen dem Meßwert und einem Bezugswert (unbekannter wahrer Wert), hervorgerufen durch Unvollkommenheit der Meßgeräte und Meßeinrichtungen, des Meßverfahrens und Meßobjektes, durch Umwelt- und Beobachtereinflüsse, u. U. auch durch Wahl eines ungeeigneten Meß- und Auswerteverfahrens sowie Nichtbeachten bekannter Störeinflüsse.
Systematische Abweichungen	ergeben sich z. B. auf Grund falscher Justierung des Meßgerätes, Abnutzung und Alterung. Sie haben während der Messung einen konstanten Betrag und ein bestimmtes Vorzeichen. Wird die systematische Abweichung berücksichtigt, so erhält man den **berichtigten Meßwert**; andernfalls ist das Ergebnis **unrichtig**.

8.4 Analoge Weg- und Winkelmessung
Prinzipienübersicht

lfd. Nr.	Physik. Effekt	Änderung von...	Prinzipbild	Ausführungs- beispiele	Richtwerte Meß- bereich	Auf- lösung	Frequenz- bereich	Linea- rität	Empfind- lich- keit
1	R Widerstandsänderung	Abgriff	R_{max}; s_{max} ; $s(t)$; $R(s)$	Draht-Potentiometer Ringrohr-Potentiometer Kohle-Potentiometer elektrolytischer Geber	0 bis 2000 mm	0,1 bis 10^{-3} mm	0 bis 5 Hz	≤ 0,2%	300 $\Omega/_0$
2		Ab- messung	$s(t)$; $R(\varepsilon)$	DMS Halbleitergeber Freidrahtgeber Metallfilmgeber Flüssigkeitsgeber	-10^{-3} bis $+10^{-2}$ mm	je nach k-Faktor	0 bis 50 kHz	1 bis 20%	3 Ω bei $\varepsilon = 10^{-2}$
3		Enge- wider- stand	$R(\varepsilon)$	Engewiderstands- dehnungsgeber			0 bis 10^4 Hz	nicht linear	
4		Tempe- ratur	$s(t)$; $R(s)$; Luft	Bolometer	bis 10^{-1} mm	bis 10^{-3} mm	0 bis 10^2 Hz	1%	10^{-1} $A/_{mm}$
5	C Kapazitätsänderung	Platten- abstand	$s(t)$	Absolut-Aufnehmer Diff.-Aufnehmer Winkel-Aufnehmer z. B. Wellenschlagmesser	0 bis 1 mm	bis zu <1 nm	0 bis 40 kHz	nicht linear	abh. vom Meß- weg
6		Fläche	$s(t)$	Abstands-Aufnehmer Winkel-Aufnehmer Rohrkondensator Diff.-Ausführungen	1 bis 1000 mm	10^{-5} mm	0 bis 10^4 Hz	<0,05 %	50 $pF/_{mm}$
7		Lage des Diel.	$s(t)$; ε_2 ; ε_1	Unwuchtmesser Füllstandsmesser	bis mehre- re m		0 bis 10^4 Hz	sehr gut	
8		Dicke des Diel.	ε_1 ; d ; ε_2	Dickenmesser			0 bis 10^4 Hz	nicht linear	
9	L Induktionsänderung	Abgriff	$-L(s)$; $s(t)$	Weg-Aufnehmer Winkel-Aufnehmer induktiver Spannungsteiler			0 bis 5 Hz		
10		Luft- spalt	$s(t)$; Fe	Queranker-Aufnehmer für Weg- und Winkelmessung Diff.-Ausführung	0 bis 5 mm	0,1 µm	0 bis 10 kHz	schlecht	
11		Lage des Kerns	Fe ; $s(t)$	Tauchkern-Aufnehmer Diff.-Tauchkern- Aufnehmer	0 bis 2000 mm	10 nm	0 bis 10 kHz	1%	1 $V/_{mV}$
12		Fluß- ver- drängung	elektr. leitend ; $s(t)$	Absolut-Aufnehmer Diff.-Aufnehmer Tauchanker-Ausführg. Vibrometer	bis 3 mm	10 µm	0 bis 100 Hz	nicht linear	1 $mV/_{nm}$
13	M Kopplung	Lage zuein- ander	$s(t)$; $-U_2(s)$; J ; $-U_1$	Längsverschiebung Querverschiebung Drehmelder (einphasig mehrphasig)	360°		0 bis 1 kHz	nicht linear	
14		Lage des Kerns	$-U_2(s)$; J ; $-U_1$; $s(t)$	einfache Ausführung Diff.-Ausführung (2 Kamm., 3 Kamm.) Diff.-Winkel-Aufnehm.	0 bis 20 mm	<10^{-4} mm	0 bis 10^4 Hz	1 bis 5‰	250 $mV/_{mm}$

8.4 Analoge Weg- und Winkelmessung
Prinzipienübersicht

lfd. Nr.	Physik. Effekt	Änderung von...	Prinzipbild	Ausführungs-beispiele	Richtwerte Meßbereich	Auflösung	Frequenzbereich	Linearität	Empfindlichkeit
15	Kopplung M	Wirbelstrom		einfache Ausführung Diff.-Ausführung	0 bis ±10 mm		0 bis 10^4 Hz	≤±2%	1 V/mm
16		Lage zueinander		induktives Potentiometer	0 bis 120°		0 bis 10 Hz	±0,25%	
17	Magnetfeldänderung B	B durch anderes B		magn. vorgesp. (FP) nicht vorgesp. (HG) Doppelfeldplatte		10^{-4} mm	MHz mögl.	linear	0,5 Ω/μm
18		Lage der Sonde		kontinuierlich inhomogenes Feld Eintauchen in homogenes Feld (Sonden: Hallgenerator, Feldplatte, Magnetdiode)	0 bis 10 mm	10^{-5} mm	MHz mögl.	linear	0,5 Ω/μm
19		B durch Eisenkörper		bewegter Anker, Sonde fest; Sonde am bewegten Anker			MHz mögl.	nicht linear	0,5 Ω/μm
20	"Träger" Licht	Lichtstrom		optoelektronischer Bewegungswandler Schattenbildverfahren	±0,25 μm bis 2 mm	≤1 μm	0 bis 10^2 kHz	±1,5%	2 V/mm
21		Lage einer Kante		elektro-optische Bewegungskamera	1 mm bis 20 m	1 μm	0 bis 20 kHz	≤0,2%	
22		Ort der Belichtung		Photoelement mit Graukeil laterales Photoelement z. B. Photopotentiometer					
23		Laser		Autokollimationslaser Verändern der Resonatorlänge (Frequenzmessung) Laser mit Konverter (Asymmetriemessg.)	10^{-6} mm 100 m	10^{-8} mm 10^{-4} mm			
24	Piezoeffekt	Ladung		piezoelektrischer Wegaufnehmer Dehnungsaufnehmer			10 bis 10^5 Hz		100 mV bei ε = 10^{-6}
25	Ionisation			Ionisationswegaufnehmer			0 bis 10^3 Hz		sehr groß
26	"Träger" Schall			Ultraschall-Wegaufnehmer	0 bis 2 m	∞		≤0,05 %	

8.5 Analoge Geschwindigkeitsmessung
Prinzipienübersicht

lfd. Nr.	Physik. Effekt	Änderung von...	Prinzipbild	Ausführungs-beispiele	Richtwerte				
					Meß-bereich	Auf-lösung	Frequenz-bereich	Linea-rität	Empfind-lich-keit
1	Zeit-messung	Weg ist konstant		Zeitmesser z. B.: Quarzuhr Start-Stopp-Geber z. B.: magn. Impulsg.	bis Über-schall	$100\,\frac{mm}{s}$	10^6 Hz	±1%	
2	Weg-messung	Zeit ist konstant		siehe Weg-(Winkel-)Messung	einige $\frac{m}{s}$			≤ 1%	
3	Präzession	Präzessions-moment		Kardanisch aufge-hängter Kreisel $\alpha_P \sim \omega_M$ Winkelabgriff mit Potentiometer	0,1 bis $2\,\frac{m}{s}$		10 Hz	≤ 2%	
4	Wegmess. Differen-zierglied	Differen-zieren des Weges	siehe Wegmessung; Differenzierglieder: RC-Glied, RL-Glied, Rechenverstärker	z. B. Nr. 6 Wegmessung →RC-Glied	$30\,\frac{\mu m}{s}$ bis $0,3\,\frac{m}{s}$		25 Hz	1%	
5	Beschl.-messung	Integr. der Beschl.	Quarz-Geber DMS-Geber elektrodyn. Geber	seism. Geber Rechenverstärker	$4\,\frac{cm}{s}$		1 Hz bis 2 kHz	±2%	
6	elektrodynamischer Effekt	indu-zierte Spannung		Lineargeschwindigkeits-aufnehmer Gleichstromdynamo Drehschwingungsgeber	bis $60\,\frac{m}{s}$			≤ 1%	
7		Wirbel-strom→Kraft		siehe Kraftmessung	0,5 bis 10^4 $\frac{mm}{s}$			≤ 5%	
8		indu-zierte Spannung		Tauchspulgerät Tauchanker	0,0005 bis $2,5\,\frac{m}{s}$		1 kHz	±1%	$100\,\frac{mV}{mm/s}$
9		Wirbel-strom→Magn. Feld		Lineargeschwindigkeits-aufnehmer Wirbelstromwinkel-geschwindigkeitsgeber (auch Magnet bewegt)	einige $\frac{m}{s}$	100 Hz	nicht gut		$1\,\frac{mV}{m/s}$
10	elektro-magn. Effekt	Indukti-vität		einfache Ausführung Tauchmagnet-aufnehmer	$55\,\frac{m}{s}$		45 Hz bis 2 kHz	≤ 1%	$250\,\frac{mV}{cm/s}$
11	Kopplung M	Strom-mitnahme		Strommitnahme-aufnehmer für Linear- und Winkel-geschwindigkeiten	1 bis 200 $\frac{m}{s}$		40 Hz bis 10 kHz	≤ 1%	$1\,\frac{V}{m/s}$
12	elektro-kinet. Effekt	elektr. Doppel-Schicht		elektrokinetischer Geschwindigkeits-aufnehmer			1 Hz bis 15 kHz		hoch

8.5 Analoge Geschwindigkeitsmessung
Prinzipienübersicht

lfd. Nr.	Physik. Effekt	Änderung von...	Prinzipbild	Ausführungsbeispiele	Richtwerte Meßbereich	Auflösung	Frequenzbereich	Linearität	Empfindlichkeit
13	Doppler-Effekt	Lichtwellen (Laser)		mit He-Ne-Laser mit Ringlaser (Drehgeschwindigkeit)	0,003 bis 1000 m/s		bis 120 kHz	≤ 0,2%	
14	Doppler-Effekt	Lichtwellen (Laser)		Geschw.-Messung an Flugzeugen, Schiffen, Autos usw.	$1\frac{m}{s}$ bis $500\frac{m}{s}$	$1\frac{m}{s}$		1%	
15	Widerstandsänder.	Temperatur		Hitzdraht-, Heißfilm-Anemometer Bolometer	$10\frac{mm}{s}$ bis $150\frac{m}{s}$	$0,005\frac{m}{s}$	0,2 Hz bis 1,2 MHz	≤ 2%	hoch
16	Widerstandsänder.	Ionenlaufbahn		Airflow-Meter	0 bis 100 $\frac{m}{s}$	$0,005\frac{m}{s}$	0,1 Hz bis 1 kHz	≤ 2%	

8.6 Analoge Beschleunigungsmessung
Prinzipienübersicht

lfd. Nr.	Physik. Effekt	Änderung von...	Prinzipbild	Ausführungsbeispiele	Meßbereich	Auflösung	Frequenzbereich	Linearität	Empfindlichkeit
1	Widerstandsänderung	Abgriff		Draht-Potentiometer Kohle-Potentiometer elektrolyt. Geber	bis 100 g	hoch	0 bis 5 Hz	±1%	
2	Widerstandsänderung	Abmessung		DMS, Halbleitergeber Freidrahtgeber Metallfilmgeber Flüssigkeitsgeber	±500 g	hoch	2 bis $1,5 \cdot 10^4$ Hz	±1%	30 $\frac{mV}{g}$
3	Induktionsänderung	Luftspalt		Queranker-Aufnehmer	0 bis 250 g	4 g	0 bis 10^3 Hz	≤ 2%	80 $\frac{mV}{V}$
4	Induktionsänderung	Lage des Kerns		Tauchkernaufnehmer	0,5 bis 50 g		45 bis $2 \cdot 10^3$ Hz	±1%	hoch
5	elektrodynam. Effekt	induzierte Spannung		Tauchkernaufnehmer Tauchmagnetaufnehmer	±0,1 bis ±30 g		$2 \cdot 10^1$ bis 10^3 Hz	±3%	
6	Magnetostriktion	Induktion		Integration der Spannung U über der Zeit t	bis $1,6 \cdot 10^3$ g		$7 \cdot 10^3$ Hz		hoch
7	Piezo-Effekt	Ladung		Quarz-Beschleunigungsaufnehmer	10^{-6} bis 10^5 g	$3 \cdot 10^{-4}$ g	1 bis $2,5 \cdot 10^4$ Hz		2,5 bis 10^4 $\frac{mV}{g}$
8	Wegmessung	Zeit ist konstant	siehe Wegmessung 2 störspannungsempfindlich					≤ 2%	abhängig von f
9	Geschwindigkeitsmessung	Zeit ist konstant	siehe Geschwindingkeitsmessung 3					≤ 2%	

8.7 Analoge Kraftmessung
Prinzipienübersicht

lfd. Nr.	Physik. Effekt	Änderung von...	Prinzipbild	Ausführungsbeispiele	Meßbereich	Auflösung	Frequenzbereich	Linearität	Empfindlichkeit
					\multicolumn{5}{c}{Richtwerte}				
1	R Widerstandsänderung	Abmessung		DMS Halbleitergeber Freidrahtgeber Metallfilmgeber Flüssigkeitsgeber	0 bis 10^9 N	bis $2,5 \cdot 10^7$ N	0 bis 50 Hz	≤ 0,15%	$0,4 \frac{mN}{kg}$
2		Engewiderstand		Engewiderstandskraftgeber			bis 20 kHz	nicht linear	hoch
3	Kapazitätsänderung	Plattenabstand		Kraftmessung über Wegmessung	0 bis 20 N		0 bis 40 kHz	nicht linear	abh. vom Meßweg
4	Induktionsänderung	Luftspalt		Queranker-Aufnehmer Kraftmessung über Wegmessung			0 bis 10 kHz	≤ 3%	hoch
5	L	Lage des Kerns		Tauchkern-Aufnehmer Kraftmessung über Wegmessung	10^{-4} bis $4 \cdot 10^6$ N	10^{-6} N	0 bis 10 kHz	≤ 1%	$1,0 \frac{mV}{N}$
6		Flußverdrängung		Tauchanker Kraftmessung über Wegmessung	10 bis 10^6 N		0 bis 10 Hz	< 1%	hoch
7	Magnetoelastik	Permeabilität		Preßduktor	bis $5 \cdot 10^7$ N		bis 3 kHz	< 1%	$50 \frac{\mu V}{mV}$
8	Magnetostriktion	Induktion		mit Spannungsintegration	bis 10^6 N		30 kHz		groß
9	Piezoeffekt	Ladung		Quarz-Geber	0 bis $5 \cdot 10^4$ N	10^5 N	10^{-3} bis 10^5 Hz	< ±1%	$40 \frac{mV}{N}$
10	Präzession	Präzessionsmoment		Kreiselwaage $\omega \sim F(t)$	$1,2 \cdot 10^6$ N	hoch		gut	groß
11	Schwingsaite	Schwingfrequenz		Schwingsaitengeber	0 bis 10^6 N	0,2 N	bis 25 Hz	≤ 1%	groß
12	Leitfähigkeit	pn-Übergang		druckempfindlicher Si-npn-Planar-Transistor	ab 10^{-2} N		bis 10^3 Hz	± 0,5%	
13	Elektrodynamischer Ef.	Wirbelstrom Magn. Fel.		Wirbelstromaufnehmer	bis 10^{-1} N			≤ 5%	

8.8 Analoge Druckmessung
Prinzipienübersicht

lfd. Nr.	Physik. Effekt	Änderung von...	Prinzipbild	Ausführungs-beispiele	Meß-bereich	Auf-lösung	Frequenz-bereich	Linea-rität	Empfind-lichkeit
					\multicolumn{5}{c}{Richtwerte}				
1	Widerstandsänderung	Abgriff	R_{max}, p_{max}; $p(t)$, $R(p)$	Draht-Potentiometer Ringrohr-Potentiometer Kohle-Potentiometer elektronischer Geber	bis $3 \cdot 10^5$ Hz	hoch	0 bis 5 Hz	$<\pm 1\%$	
2		mech. Spann.-zustand	$p(t)$	Widerstandsdraht-druckgeber	bis 10^7 N/cm²		0 bis 50 Hz	$\leq \pm 1\%$	gering
3		Abmes-sung	$R(\varepsilon)$; $p(t)$	DMS Halbleitergeber Freidrahtgeber Metallfilmgeber Flüssigkeitsgeber	bis $7 \cdot 10^7$ N/cm²		0 bis 100 kHz	$<\pm 1\%$	$50 \frac{mV}{N/cm^2}$
4		Enge-wider-stand	Metall, Halbleiter; $p(t)$, $R(\varepsilon)$	Kohledruckdose	10^2 N/cm²	hoch	0 bis 10^4 Hz	nicht linear	hoch
5	Leitfä-higkeit	pn-Übergang	$p(t)$	Si-npn-Planar Transistor	ab 5 N/cm²		bis 10^3 Hz	$\pm 0,5\%$	hoch
6	Kapazitätsänderung	Platten-abstand	$p(t)$	Abstandsgeber	10^{-2} bis 10^4 N/cm²		0 bis $4 \cdot 10^5$ Hz	2%	
7		Fläche	$p(t)$	Flächengeber			0 bis 10^4 Hz		
8		Lage des Dielek-trikums	$p(t)$; ε_2, ε_1				0 bis 10^4 Hz		
9	Induktionsänderung	Luft-spalt	Fe; $p(t)$	Querankergeber Druckmessung über Wegmessung	bis 10^4 N/cm²		0 bis 10^4 Hz	schlecht	
10		Lage des Kerns	Fe, $p(t)$	Tauchkerngeber Druckmessung über Wegmessung	0 bis $2 \cdot 10^4$ N/cm²		0 bis $3 \cdot 10^4$ kHz	$<\pm 1\%$	$4 \frac{mV}{N/cm^2}$
11		Flußver-drängung	elektr. leitend; $p(t)$	Flußverdrängungs-geber Druckmessung über Wegmessung	10^4 N/cm²		0 bis 10^4 Hz	nicht linear	
12	Magneto-elastik	Permea-bilität	$p(t)$	Magnetoelastischer Geber	bis 10^8 N/cm²		bis 10^4 Hz	$\leq 1\%$	hoch
13	Magneto-strik-tion	In-duktion	$p(t)$	Magnetostriktions-geber Integration	bis 10^8 N/cm²		bis $3 \cdot 10^4$ Hz		hoch

8.8 Analoge Druckmessung
Prinzipienübersicht

lfd. Nr.	Physik. Effekt	Änderung von…	Prinzipbild	Ausführungs- beispiele	Richtwerte				
					Meß- bereich	Auf- lösung	Frequenz- bereich	Linea- rität	Empfind- lichkeit
14	Elektro- dynam. Effekt	indu- zierte Spannung		Tauchspule	bis 10^4 N/cm²		5 bis 10^4 Hz	±1%	
15	Piezo- effekt	Ladung		Quarz-Druckaufnehmer	1 bis 10^4 N/cm²	2·10^{-2} N	10 bis $2·10^5$ Hz	±1%	0,1 $\frac{V}{N/cm^2}$
16	elektro- kinetisch. Effekt	elektr. Doppel- schicht		elektrokinetischer Geber Geschwindigkeits- Geber	10^{-6} bis 10^2 N/cm²		4 bis 1,5·10^4 Hz		0,5 $\frac{V}{N/cm^2}$
17	Vibrationsgeber	Kapazi- tät		Schwingmembran- aufnehmer	10^{-7} bis 13 N/cm²		bis 100 Hz	nicht linear	
18		Frequenz		Schwingsaiten- aufnehmer	bis $3·10^4$ N/cm²	0,2 N	bis 25 Hz	<1%	hoch

8.9 Anschlußbezeichnungen für Schalttafel-Meßgeräte zur Leistungs- und Leistungsfaktor-Messung

Bezeichnung der Meßgeräte-Anschlußklemmen

	Bezeichnung der Klemme für		
	Strom von Strom- quelle ankommend	Spannung	Strom zum Ver- braucher abgehend
bei Wechsel- und Drehstrom			
Außenleiter L1	1	2	3
Außenleiter L2	4	5	6
Außenleiter L3	7	8	9
bei Dreileiter- Gleichstrom			
Außenleiter L+	1	2	3
Außenleiter L−	4	5	6
Mittelleiter M	10	11	12
bei Zweileiter- Gleichstrom			
Außenleiter L+	1	2	3
Mittelleiter M	4	5	6
oder			
Außenleiter L−	3	5	1
Mittelleiter M	4	2	6

Anschlüsse für Antriebsmotoren und Zeitschreiberrelais

Antriebsmotor 20, 21
Erstes Zeitschreiberrelais 50, 51
Zweites Zeitschreiberrelais 52, 53

Anschlüsse für Grenzschalter

	Schließer		Öffner	
einzelne oder parallelliegende Minimum- und Maximumschalter	30	31	40	41
	Mini- mum	Maxi- mum	Mini- mum	Maxi- mum
Minimum- und Maximumschalter einpolig verbunden	30	31 33	40	41 43
Minimum- und Maximumschalter getrennt	30 31	32 33	40 41	42 43

Außenliegende Vorwiderstände

Bei Meßgeräten mit nur einem Meßbereich sind die zu verbindenden Klemmen von Meßgerät und Vorwiderstand mit großen Buchstaben zu kennzeichnen. Die Buchstaben sind den Klemmenzahlen zuzuordnen, z. B. A und 1, D und 4. Die Buchstaben K und L sind nicht zulässig.

Anschlußbezeichnungen sind in DIN 43807 (10.83) genormt.

8.10 Leistungs- und Leistungsfaktor-Messung

Gleichstrom-Leistungsmeßgeräte

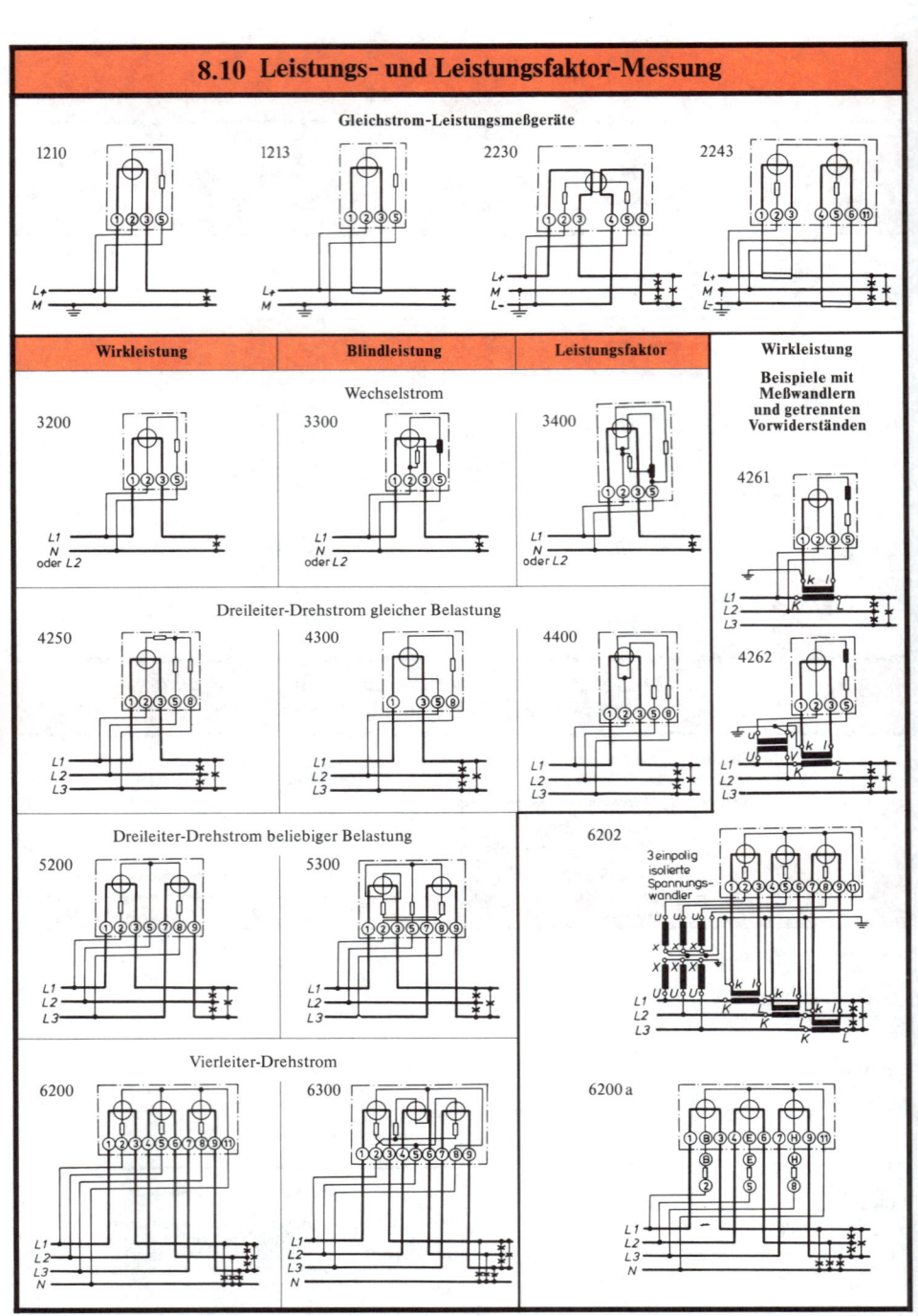

1210   1213   2230   2243

Wirkleistung	Blindleistung	Leistungsfaktor	Wirkleistung Beispiele mit Meßwandlern und getrennten Vorwiderständen
Wechselstrom			
3200	3300	3400	4261
L1 / N oder L2	L1 / N oder L2	L1 / N oder L2	L1 L2 L3
Dreileiter-Drehstrom gleicher Belastung			
4250	4300	4400	4262
L1 L2 L3	L1 L2 L3	L1 L2 L3	L1 L2 L3
Dreileiter-Drehstrom beliebiger Belastung			6202
5200	5300		3 einpolig isolierte Spannungswandler
L1 L2 L3	L1 L2 L3		L1 L2 L3
Vierleiter-Drehstrom			
6200	6300		6200 a
L1 L2 L3 N	L1 L2 L3 N		L1 L2 L3 N

Anmerkung: Die Schaltplan-Nummern entsprechen dem Kennzeichenschlüssel nach DIN 43 807

8.11 Elektrizitätszähler

Anschlußklemmen nach DIN 43856 (1.73)

	Nummer	Klemmenart
Zähler	1 bis 12	Strom- und Spannungspfade
	13	Zweitarifauslöser
	14	Maximumauslöser
	15	gemeinsamer Anschluß der Zusatzeinrichtungen
	16	Überbrückung für die Kurzschließschaltung
	17, 18, 19	Maximum-Rückstellung
Tarif-schalt-uhren	1, 2	Netzanschluß
	3, 4	Tagesschalter
	3, 4, 5	Tagesumschalter
	6, 7	Maximumschalter
	8, 9	Wochenschalter
Rund-steuer-Empfänger	1, 2	Netzanschluß
	3, 4, 5	erster Umschalter
	6, 7, 8	zweiter Umschalter
	9, 10, 11	dritter Umschalter
	12, 13, 14	vierter Umschalter
		Umschaltkontakt jeweils an 4, 7, 10 und 13

Technische Werte nach DIN 43850 (8.80)

Nennströme

Nennströme in A		Zählerart
10		für Einphasen-Wechselstrom
10	15	für Drehstrom
1	5	für Stromwandler-Anschluß

Grenzströme

Zählerart	für Einphasen-Wechselstrom	für Drehstrom	
Nennstrom I_N in A	10	10	15
Grenzstrom I_G in A	40 oder 60	40 oder 60	60

Überschreitet I_G das 1,25fache von I_N, so ist der Wert von I_G hinter dem Wert von I_N in Klammern anzugeben, z. B. 10(40) A.

Zählerkonstante C_Z in U/kWh
120 150 187,5 240 300 375 480 600 750 960
sowie ihre dekadischen Vielfachen und Teile

Meßperiode für Maximumzähler
5 10 15 (Vorzugswert) 30 oder 60 Minuten

8.12 Schaltungsnummern für Elektrizitätszähler und Zusatzeinrichtungen [1]

Zahlenstelle				Zähler-Ausführung
1	2	3	4	
				Grundart des Zählers
1				einpoliger ⎫ Wechselstrom-
2				zweipoliger ⎭
3				Dreileiter- ⎫ Drehstrom-
4				Vierleiter- ⎭ Wirkverbrauchzähler
5				Dreileiter- ⎫ Drehstrom-Blind- ⎰ 60°-Abgleich
6				Dreileiter- ⎬ verbrauchzähler ⎨ 90°-Abgleich
7				Vierleiter- ⎭ mit ⎱ 90°-Abgleich
				Zusatzeinrichtungen
	0			ohne Zusatzeinrichtung
	1			mit Zweitarifeinrichtung
	2			mit Maximumeinrichtung
	3			mit Zweitarif- und Maximumeinrichtung
	4			mit Maximumeinrichtung einschließlich el. Rückstellung
	5			mit Zweitarif- und Maximumeinrichtung einschließlich el. Rückstellung
				Äußerer Anschluß der Grundart
		0		für unmittelbaren Anschluß
		1		für Anschluß an Stromwandler
		2		für Anschluß an Strom- und Spannungswandler
				Schaltungen der Zusatzeinrichtungen
			0	ohne äußeren Anschluß
			1	mit einpoligem inneren Anschluß
			2	mit äußerem Anschluß
			3	mit einpoligem inneren Anschluß und Maximumauslöser in Öffnungsschaltung
			4	mit einpoligem inneren Anschluß und Maximumauslöser in Kurzschließschaltung
			5	mit äußerem Anschluß und Maximumauslöser in Öffnungsschaltung
			6	mit äußerem Anschluß und Maximumauslöser in Kurzschließschaltung

	Ausführung der Tarifschaltuhr
01	mit Tagesschalter
02	mit Maximumschalter
03	mit Tages- und Maximumschalter
04	mit Tages- und Wochenschalter
05	mit Maximum- und Wochenschalter
06	mit Tages-, Wochen- und Maximumschalter

	Ausführung von Rundsteuerempfängern
11	mit einem Umschalter
12	mit zwei Umschaltern
13	mit drei Umschaltern
14	mit vier Umschaltern

	Zusätzliche Bezeichnungen
Z	Zweitarif-Auslöser zum Umschalten der Zählwerke
d	Tagesschalter zum Betätigen der Zweitarif-Auslöser
w	Wochenschalter
M	Maximum-Auslöser
ML	Maximum-Laufwerk
MR	Auslöser für Maximum-Rücksteller
mo	Maximum-Schalter zum Betätigen der Maximum-Auslöser in Öffnungsschaltung
mk	Maximum-Schalter zum Betätigen der Maximum-Auslöser in Kurzschließschaltung
Ⓜ	Antriebsmotor
Ⓔ	Rundsteuerempfänger-Empfangsteil

[1] Nach DIN 43856 (1.73)

8.13 Zählerschaltungen

Wechselstrom-Wirkverbrauchzähler (unmittelbarer Anschluß)

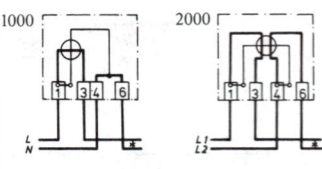

1000	2000	1101 ... 01	1102 ... 01
Einpoliger Anschluß	Zweipoliger Anschluß	mit innerem Anschluß einer Zweitarifeinr. / Tarifschaltuhr mit Tagesschalter	mit äußerem Anschluß einer Zweitarifeinr. / Tarifschaltuhr mit Tagesschalter

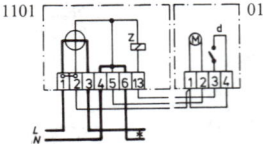

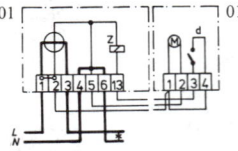

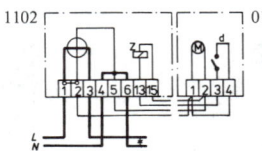

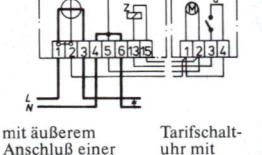

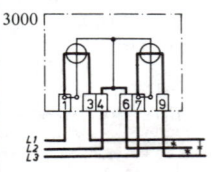

Dreileiter-Drehstrom-Wirkverbrauchzähler

3000	3020	3303 ... 03
mit unmittelbarem Anschluß	2 zweipolig isolierte Spannungswandler in V-Schaltung / 3 einpolig isolierte Spannungswandler — für Anschluß an Strom- und Spannungswandler	für unmittelbaren Anschluß, mit äußerem Anschluß von Zweitarifeinr. u. Maximum-Auslöser in Öffnungssch. / Tarifschaltuhr mit Tages- und Maximumschalt. für Öffnungssch.

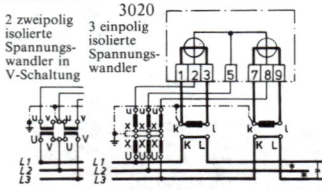

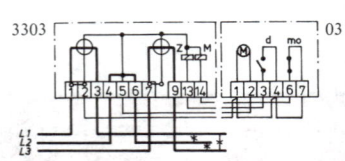

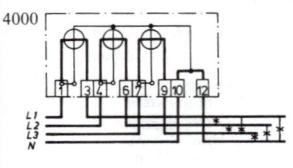

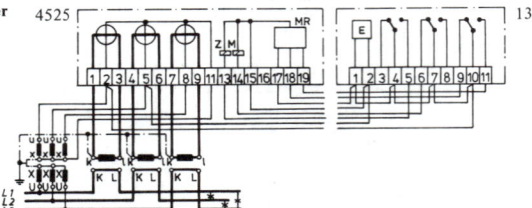

Vierleiter-Drehstrom-Wirkverbrauchzähler

4000	4525 ... 13	
mit unmittelbarem Anschluß	für Anschluß an Strom- und Spannungswandler, mit Maximum-Laufwerk und elektrischer Maximum-Rückstellung (äußerer Anschluß)	Rundsteuerempfänger mit einem Umschalter

Drehstrom-Blindverbrauchzähler (für Anschluß an Strom- und Spannungswandler)

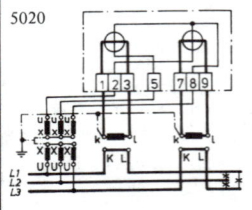

5020	6020	7020
Dreileiter-Anschluß mit 60°-Abgleich	Dreileiter-Anschluß mit 90°-Abgleich	Vierleiter-Anschluß mit 90°-Abgleich

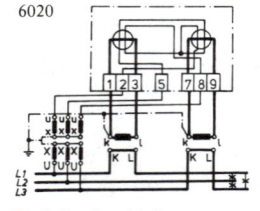

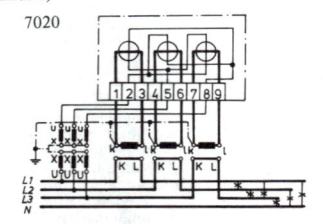

Nach DIN 43856 (1.73)

8.14 Meßbrücken (Abgleichverfahren)

	Wheatstone	Thomson	Wien-Maxwell	Schering
Schaltplan	(Schaltbild)	(Schaltbild)	(Schaltbild)	(Schaltbild)
Brückenabgleich	$R_x = \dfrac{R_2}{R_4} \cdot R_N$	$R_x = \dfrac{R_1}{R_2} \cdot R_N = \dfrac{R_3}{R_4} \cdot R_N$	Ⓐ $C_x = \dfrac{R_4}{R_2} \cdot C$ Ⓑ $L_x = R_2 \cdot R_3 \cdot C$ $Q = R_3 \cdot \omega \cdot C$ $Q = R_4 \cdot \omega \cdot C$	$C_x = C_1 \dfrac{R_3}{R_4} \dfrac{1}{1+(\omega C_4 R_4)^2} \approx C_1 \dfrac{R_3}{R_4}$ $\delta = \omega C_4 R_4$
Meßbereich	0,1 Ω bis 1 MΩ	10^{-6} Ω bis 1 Ω	0,1 pF bis 1000 µF 0,1 µH bis 100 H 8 bis 200 8 bis 100	–
Anwendung	Die Messung von Widerständen erfolgt mittels Brückenabgleich (Diagonalstrom = 0). Zur Einstellung des Brückenabgleichs ist R_N meist feinstufig und R_2:R_4 zur Vereinfachung der Rechnung dekadisch einstellbar. Die Verwendbarkeit für kleine Widerstände ist begrenzt, weil Übergangswiderstände und der Widerstand der Zuleitungen in das Meßergebnis eingehen. Wird anstelle R_x ein entsprechender Meßfühler eingefügt, so lassen sich andere physikalische Größen, z. B. die Temperatur, nach dem Ausschlagverfahren messen. Für das Ausschlagverfahren gilt: $$I_5 = \dfrac{U_0(R_N R_2 - R_x R_4)}{(R_x+R_N)[R_2 R_4 + R_5(R_2+R_4)] + R_x R_N (R_2+R_4)}$$	Die Thomson-Meßbrücke findet zur Messung von niederohmigen Widerständen < 1 Ω Anwendung. Die Spannung des Prüflings R_x wird mit der des Normalwiderstandes R_N verglichen, die beide als Vierpolwiderstände mit Potentialklemmen versehen sind und vom selben Strom durchflossen werden. Die Widerstände R_1 bis R_4 sind gegenüber den Widerständen R_x und R_N sehr hochohmig, so daß die Zuleitungs- und Übergangswiderstände von R_x und R_N vernachlässigbar sind. Zur Erzeugung eines hinreichend hohen Spannungsabfalls an R_x und R_N ist ein Strom von einigen Ampere erforderlich. Meist sind $R_1 = R_3$ und $R_2 = R_4$ gewählt, so daß bei $I_5 = 0$ $R_x \cdot R_N = R_1 \cdot R_2 = R_3 \cdot R_4$ ist.	Werden die Widerstände R_x, R_N, R_2 und R_4 der Wheatstone-Brücke durch vier Scheinwiderstände ersetzt, so ist die Brücke abgeglichen, wenn für die Beträge $Z_x \cdot Z_N = Z_2 \cdot Z_4$ und für die Phasenverschiebungswinkel $\varphi_x + \varphi_4 = \varphi_2 + \varphi_N$ gilt. Deshalb muß sowohl im Abgleich (Tonminimum im Lautsprecher) nach Betrag als auch Phasenlage erfolgen. Bei der Wien-Brücke (Schalterstellung A) zur Kapazitätsmessung erfolgt der Betragsabgleich mit R_4 und der Phasenabgleich mit R_3. Bei der Maxwell-Brücke (Schalterstellung B) zur Induktivitätsmessung erfolgt der Betragsabgleich mit R_3 und der Phasenabgleich mit R_4.	Die Schering-Brücke dient zur Messung der Kapazität und des Verlustfaktors von Kabeln, Isolatoren und anderen Hochspannungseinrichtungen. Der Prüfling C_x wird unter Hochspannung bis zu 1 MV mit dem verlustfreien Normalkondensator C_N (Luftkondensator) verglichen. Die Meßwiderstände R_3 und R_4 sind klein gegenüber den Wechselstromwiderständen ωC_x und ωC_N, so daß an den Diagonalpunkten nur geringe Spannungen gegenüber Erde auftreten. Die Brücke wird mit R_3 und C_4 so abgeglichen, daß das Nullmeßgerät keinen Ausschlag mehr zeigt.

8.15 Elektronenstrahl-Oszilloskop

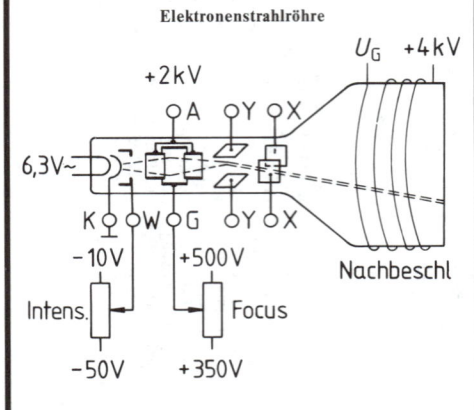

Elektronenstrahlröhre

Die aus der indirekt beheizten Katode austretenden Elektronen werden von der Anodenhochspannung beschleunigt. Während die meisten Elektronen auf die Anode auftreffen und über die Spannungsquelle zur Katode zurückfließen, fliegt ein Teil durch die Öffnung des Anodenblechs zum gegenüberliegenden Bildschirm.

Der Wehnelt-Zylinder W umgibt die Katode. Von der gegenüber der Katode negativen Spannung wird ein Teil der aus der Katode austretenden Elektronen zurückgedrängt; mit der Höhe dieser Spannung läßt sich so die durch den Wehnelt-Zylinder hindurchgelangende Elektronenmenge steuern.

Infolge der gleichnamigen el. Ladung der Elektronen strebt der aus dem Wehnelt-Zylinder austretende Elektronenstrahl auseinander. Mit der Spannung am Zylinder G der aus diesem Zylinder und den zwei Anodenzylindern bestehenden Elektronenoptik läßt sich der Elektronenstrahl so bündeln, daß er als kleiner Punkt auf dem Bildschirm auftrifft.

Die Ablenkung des Elektronenstrahls ist abhängig von der Höhe und Polarität der Spannungen an den beiden Ablenkplattenpaaren X und Y. Der auf dem Schirm auftreffende gebündelte Elektronenstrahl erzeugt einen Leuchtfleck, dessen Farbe und Nachleuchtdauer von dem auf der Innenseite des Schirms aufgebrachten Leuchtschicht abhängt.

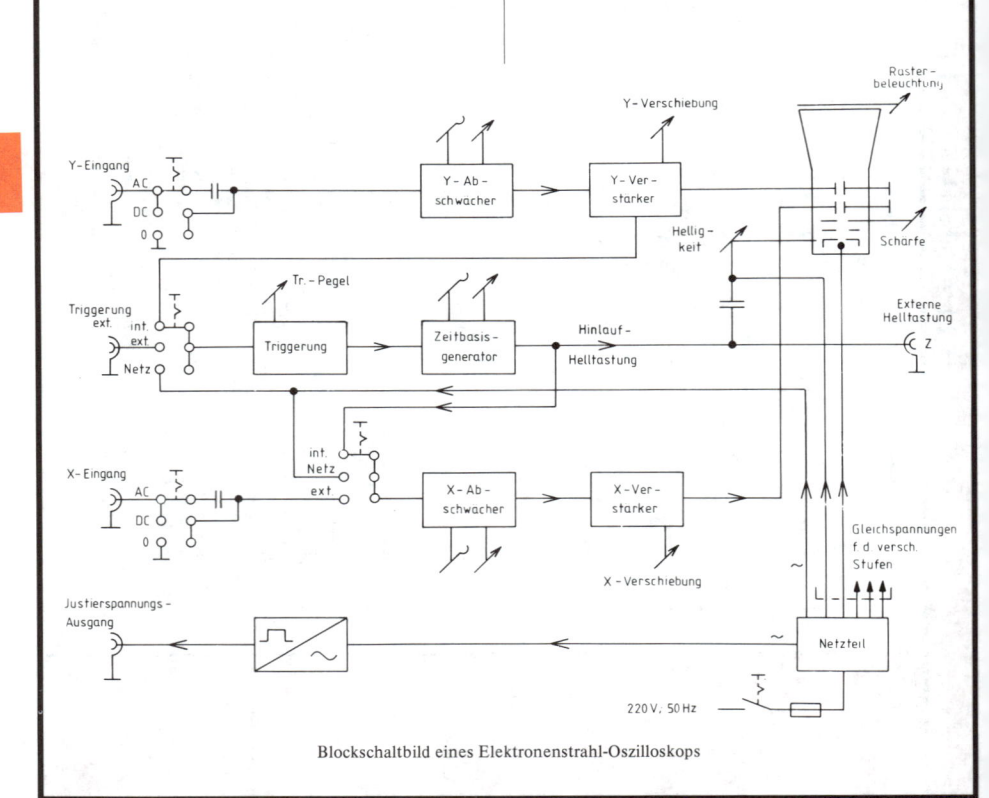

Blockschaltbild eines Elektronenstrahl-Oszilloskops

8.15 Elektronenstrahl-Oszilloskop

Triggerung

Die Zeitablenkung bewirkt eine zeitproportionale Ablenkung des Elektronenstrahls mit Hellsteuerung beim Hinlauf und Dunkeltastung beim Rücklauf. Die Triggerung löst den Anstieg der Ablenkspannung bei einem bestimmten Wert (Triggerpegel) des Meßsignals aus; der Ablenkgenerator bestimmt die Anstiegsgeschwindigkeit und Amplitude, unabhängig vom Meßsignal. Nach dem Rücklauf bleibt der Elektronenstrahl in der Ausgangslage, bis das Meßsignal den Triggerpegel erreicht und damit erneut den Anstieg der Ablenkspannung auslöst, so daß periodische Meßsignale als stehendes Bild abgebildet werden.

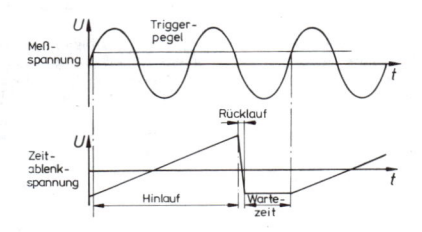

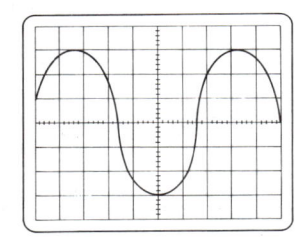

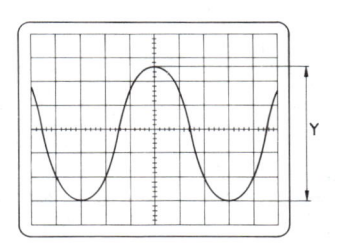

Beispiel: K_Y = 5 V/div
Y = 5,6 div

Lösung: $U_{SS} = K_Y \cdot Y$ = 5 V/div · 5,6 div = 28 V

Bei sehr hohen Frequenzen ist die Parallelkapazität von 10 pF bis 30 pF des Y-Eingangs zu berücksichtigen, deren Blindwiderstand hochohmige Meßstellen belastet und das Meßergebnis verfälscht.

Differenzspannungsmessungen

Der eine Pol der Y-Eingänge hat meist Massebezug. Bei Zweikanal-Oszilloskopen mit der Möglichkeit der Summendarstellung $Y_1 + Y_2$ und der Inversion eines Y-Kanals (-Y-Darstellung) kann dennoch die Differenzspannung direkt gemessen werden.

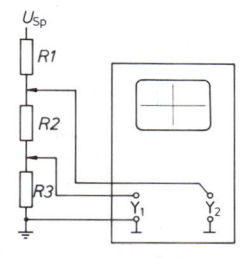

Spannungsmessungen

Die Meßspannung wird zwischen Massebuchse und Eingangsbuchse Y angelegt. Bei sehr kleinen Spannungen wird eine abgeschirmte Koaxialleitung verwendet, wobei das Nullpotential über die Abschirmung geführt wird; für hohe Spannungen, z. B. Netzspannung, wird ein Abschwächer 10:1 oder 100:1 vorgeschaltet.

Der Meßbereichsschalter (Abschwächer) wird so eingestellt, daß die gerasterte Schirmhöhe (Y-Achse) möglichst voll ausgenutzt wird. Der Feineinsteller muß dabei in der Cal.-Position stehen.

Die Y-Verschiebung ist so einzustellen, daß das untere Maximum auf einer Rasterlinie liegt. Die X-Verschiebung wird so eingestellt, daß ein oberes Maximum auf der fein unterteilten Y-Mittelachse liegt.

In der AC-Stellung des Schalters im Y-Eingang werden nur Wechselspannungen bzw. Wechselspannungsanteile abgebildet. In der DC-Stellung werden Gleich- und Wechselspannungen bzw. bei Mischspannungen beide Anteile abgebildet. In der O- oder Gnd.-Stellung kann die Null-Lage der Y-Auslenkung exakt eingestellt werden, ohne daß die Meßleitung herausgezogen werden muß.

Der Meßwert wird aus der vertikalen Ablenkung Y und dem Ablenkkoeffizienten K_Y berechnet:

Folgende Einstellungen sind zusätzlich erforderlich:

Summenbildung $Y_1 + Y_2$ sowie Invertierung eines Y-Kanals einschalten.

Nullabgleich und Cal.-Einstellung beider Y-Kanäle kontrollieren.

Bei beiden Kanälen den gleichen Ablenkkoeffizienten einstellen.

$U_{R2} = U_{Diff} = K_Y \cdot Y$

Strommessungen

Mit dem Oszilloskop lassen sich nur Spannungen unmittelbar messen. Der Stromwert muß deshalb mittelbar aus dem gemessenen Spannungsabfall an einem Widerstand mit bekanntem Widerstandswert ermittelt werden. Gegebenenfalls muß hierzu ein Widerstand in den Stromkreis eingefügt werden, wobei der Widerstandswert so klein sein muß, daß die elektrischen Größen in dem Meßkreis nicht wesentlich beeinflußt werden. Wegen des üblichen Massebezugs der Y-Eingänge muß eine Seite des Hilfswiderstandes auf Masse bzw. Erdpotential liegen.

8-17

8.15 Elektronenstrahl-Oszilloskop

Zeit- und Frequenzmessungen

Die Zeitablenkung ist so einzustellen, daß die gerasterte Schirmbreite möglichst für eine Periodendauer voll ausgenutzt wird. Der Feineinsteller muß dabei in der Cal.-Position stehen.

Die Y-Ablenkung ist so einzustellen, daß die Schirmhöhe möglichst ausgenutzt wird.

Mit der Y-Verschiebung ist die Y-Auslenkung so einzustellen, daß die Periodendauer auf der fein unterteilten X-Achse ermittelt werden kann.

Die X-Verschiebung ist so einzustellen, daß der Bezugspunkt für die Zeitmessung, z. B. der vordere Nulldurchgang einer Sinuskurve oder die Spitze eines Dreieckverlaufs, auf einer senkrechten Rasterlinie liegt.

Der Meßwert wird aus der horizontalen Ablenkung X und dem Zeitkoeffizienten K_t berechnet:

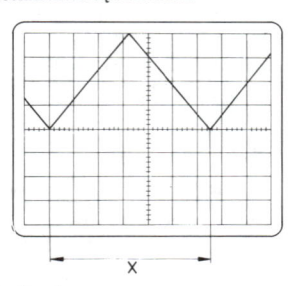

Beispiel: $K_t = 5\ \mu s$
$X = 6{,}5\ div$

Lösung: $T = K_t \cdot X = 5\ \mu s / div \cdot 6{,}5\ div = 32{,}5\ \mu s$
$f = \dfrac{1}{T} = \dfrac{1}{32{,}5\ \mu s} = 30{,}8\ kHz$

Phasenverschiebung

Mit einem Einkanal-Oszilloskop muß bei der zeitlich getrennt erfolgenden Abbildung des zweiten Signals sichergestellt sein, daß der gemeinsame zeitliche Bezug beider Signale erhalten bleibt.

Bei Signalen mit Netzfrequenz wird die Triggerung auf „Netz" bzw. „50 Hz" eingestellt. Bei der Abbildung des ersten Signals (Bezugssignal) wird der Zeitkoeffizient so eingestellt, daß z. B. der zu merkende Nulldurchgang mit einem Rasterschnittpunkt der fein unterteilten X-Mittelachse zusammenfällt. Anschließend wird unter Beibehaltung des eingestellten Zeitkoeffizienten das zweite Signal abgebildet und der Abstand des entsprechenden Nulldurchgangs zum gemerkten Nulldurchgang des ersten Signals ermittelt.

Bei Signalen mit $f = 50\ Hz$ wird eines der beiden Signale dem Triggereingang zugeführt und die Triggerung auf „extern" eingestellt. Im übrigen wird wie zuvor verfahren.

Wird das zweite Signal gleichzeitig dem X-Eingang zugeführt, so entsteht bei sinusförmigen Signalen und gleichen Ablenkkoeffizienten des X- und Y-Kanals eine Lissajousfigur, aus der sich überschlägig der Phasenverschiebungswinkel berechnen läßt: $\sin \varphi = Y_0 / Y_{max}$

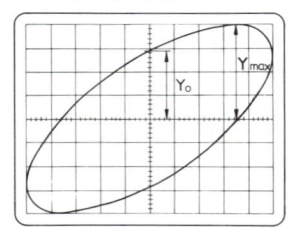

Beispiel: $Y_0 = 2{,}9\ div$; $Y_{max} = 4\ div$

Lösung: $\sin \varphi = \dfrac{Y_0}{Y_{max}} = \dfrac{2{,}9\ div}{4\ div} = 0{,}72$

$\varphi = 46{,}5°$

Bei einem Zweikanal-Oszilloskop werden beide Signale gleichzeitig abgebildet und der Versatz der Nulldurchgänge ermittelt.

Oszilloskop-Beschriftung

Inschrift	Engl. Bezeichnung	Bedeutung	Inschrift	Engl. Bezeichnung	Bedeutung
AC	alternating current	Wechselspannung bzw. -strom	INPUT	input	Eingang
ADD	added	zugeschaltet	INT.	internal	von innen
ADJ.	adjustment	Einstellung	INTENS.	intensity	Helligkeit
AMPL.	amplification	Verstärkung	INV.	inverted	umgekehrt
ASTIGM.	astigmatism	punktförmig	LEVEL	level	Pegel
AUT.	automatic	automatisch	MAGN.	magnification	Dehnung
BAL.	balance	Gleichgewicht	MODE	mode	Betriebsart
BANDW.	bandwidth	Bandbreite	NORMAL	normal	normal
BEAM	beam	Strahl	OFF	off	aus
CAL	calibration	Kalibrierung	ON	on	ein
CH	chanel	Kanal	POWER	power	Netz, Speisung
CHECK	check	Kontrolle	PROBE	probe	Tastkopf
CHOPPED	chopped	zerhackt	PULL	pull	ziehen
DC	direct current	Gleichspannung bzw. -strom	REJ.	rejection	Unterdrückung
			SCALE	scale	Skalenbeleuchtung
DEFL.	deflection	Ablenkung	SENS.	sensitivity	Empfindlichkeit
DELAY	delay	Verzögerung	SHIFT	shift	Bildverschiebung
DIV.	division	Teil	STAB.	stability	Stabilität
EXT.	external	von außen	SYNC.	synchronisation	Synchronisation
FOCUS	focus	Schärfe	TIME BASE	time base	Zeitbasis
GND	ground	Masse	TRIGG.	triggering	Auslösung
HOR.	horizontal	waagerecht	TV FRAME	tv frame	Fernseh-Teilbild
ILLUM.	illumination	Beleuchtung	VERT.	vertical	senkrecht
			ZERO	zero	Null, Nullpunkt

8.16 Temperaturmessung

8.16.1 Begriffe für Thermometer (Auswahl) nach DIN 16160 (1.70)

Thermometer sind Meßeinrichtungen oder Meßgeräte, deren Eingangsgröße (Meßgröße) die Temperatur ist. Ausgangsgröße (Ausgangssignal) kann jede Größe sein, die eindeutig von der Temperatur abhängt. Hierunter versteht man insbesondere:
- die vollständige, in einer einzigen Baueinheit zusammengefaßte Meßeinrichtung. Diese besteht aus Temperaturfühler, dessen Länge Fühlerlänge genannt wird, sowie z. B. einem Verbindungsglied und einem Meßglied mit Anzeigevorrichtung;
- den Temperaturfühler als konstruktiv in sich abgeschlossene Baueinheit, der das Ausgangssignal zur Weiterverarbeitung liefert.

Das **Mantelrohr** umgibt den Temperaturfühler und unter Umständen auch als Verlängerung andere dem zu messenden Stoff aussetzbare Teile des Thermometers; es bildet mit diesen eine konstruktive Einheit. Gebräuchlich sind auch die Benennungen Tauchrohr bei Maschinen-Glasthermometern, bei Flüssigkeits- und Dampfdruck-Federthermometern sowie Einsatzrohr bei elektrischen Thermometern, wenn es für den Einbau in Schutzrohre vorgesehen ist.

Der Temperaturfühler und seine Verlängerung mit oder ohne Mantelrohr sind zum Schutz gegen mechanische oder chemische Beanspruchung in das **Schutzrohr** eingesetzt. Sind zwei Schutzrohre ineinander gesteckt, so ist zwischen Außen- und Innenschutzrohr zu unterscheiden.

Mit dem Schutz- oder Mantelrohr sind die Befestigungsmittel, wie z. B. Einschraubzapfen oder Befestigungsflansche, fest oder abschraubbar verbunden.

Der über den Anschlag des Befestigungsmittels hinausragende Teil des Mantel- oder Schutzrohres wird als **Hals**, seine Länge als Halslänge bezeichnet.

Die **Nennlänge** eines Schutzrohres ohne Befestigungsmittel ist die Länge von der Unterkante des Anschlußkopfes bis zum Ende des Schutzrohres.

Die **Eintauchtiefe** ist die Länge des Thermometerteiles, der vom Meßobjekt umgeben ist.

Der **Verwendungsbereich** gibt an, innerhalb welcher Temperaturgrenzen das Thermometer verwendet werden darf.

Das **Zeitverhalten** kennzeichnet, in welcher Weise die Anzeige bzw. das Ausgangssignal einer Änderung der Temperatur zeitlich folgt.

Das Zeitverhalten der dargestellten Temperatur t_x wird durch die **Übergangsfunktion** $\eta(z)$ nach einer sprungförmigen Änderung der Temperatur des Meßobjektes von t_1 auf t_2 zur Übergangszeit $z = 0$ gekennzeichnet

$$\eta(z) = \frac{t_x - t_1}{t_2 - t_1}$$

Diskrete Werte der Übergangsfunktion $\eta(z)$ werden Übergangswerte η, die zugehörigen Zeiten Übergangszeiten z genannt. Die Übergangsfunktion kann meist ausreichend durch ein bis drei diskrete Wertepaare $(z; \eta)$ beschrieben werden, z. B. durch die Übergangswerte = 0,1; 0,5 und 0,9 mit den entsprechenden Zeiten 1/10-Wert-Zeit ($z_{0,1}$), Halbwert-Zeit ($z_{0,5}$) und 9/10-Wert-Zeit ($z_{0,9}$).

Grundwerte elektrischer Thermometer sind die für bestimmte Temperaturen festgelegten Werte des elektrischen Ausgangssignals (bei Widerstandsthermometern gelten die Grundwerte für den Meßwiderstand ohne Innenleitung).

8.16.2 Thermometer mit Thermoelement

Meßprinzip

Werden zwei elektrische Leiter unterschiedlicher Werkstoffe an einem Ende leitend verbunden, so erhält man eine Thermospannung (Seebeck-Effekt), deren Wert mit der Temperaturdifferenz zwischen Verbindungsstelle (Meßstelle) und den freien Enden (Vergleichsstelle) ansteigt.

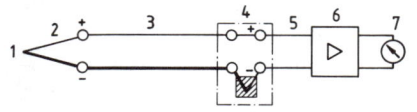

Thermoelement-Meßanordnung mit

1 Meßstelle
2 Thermopaar
3 Ausgleichsleitung
4 Vergleichsstelle
5 Kupferleitungen
6 Verstärker
7 Anzeigeinstrument

Um die Thermospannung als Maß für die Temperatur auswerten zu können, müssen die freien Enden des Thermopaares (Vergleichsstelle) einer konstanten Bezugstemperatur ausgesetzt sein. Ist die Vergleichsstelle Temperaturschwankungen ausgesetzt, so müssen diese durch eine Vergleichsstelle mit Thermostat, Widerstandsnetzwerk mit temperaturabhängigem Widerstand oder mit einer elektronischen Schaltung kompensiert werden.

Thermopaare

Thermoelemente haben eine nichtlineare Funktion $U = f(t)$, so daß der Anstieg der Thermospannung von Grad zu Grad unterschiedlich ist. Für die am häufigsten verwendeten Thermopaare enthält deshalb die Norm DIN IEC 584 Tabellen mit den Grundwerten und Grenzabweichungen für die Thermospannungen in Abhängigkeit von der Temperatur.

Die Thermopaare können in verschiedenen Ausführungsformen, z. B. als Mantel-Thermoelemente nach DIN 43721, bezogen werden oder vom Anwender aus Drähten nach DIN 43712 hergestellt werden.

Thermopaare werden aus zwei Gruppen von Werkstoffen hergestellt. Die Edelmetallwerkstoffe zeichnen sich durch einen höheren Schmelzpunkt, eine größere Beständigkeit gegen Oxidation, eine höhere Reinheit und damit durch eine höhere Genauigkeit aus. Thermopaare aus unedlen Metallen geben dagegen eine etwa 5- bis 7-mal höhere Thermospannung ab.

Der nichtlineare Verlauf der Kennlinie $U = f(t)$ setzt häufig eine Linearisierung auf elektronischem Wege voraus. Infolge der niedrigen Thermospannung verursachen Übergangsstellen, z. B. von Steckverbindungen, leicht Meßfehler bis zu einigen Grad; darüber hinaus ist meist ein hochwertiger Meßverstärker erforderlich. Deshalb werden Thermoelemente vorwiegend nur zur Messung hoher Temperaturen eingesetzt.

8.16 Temperaturmessung

Thermopaare[1]) **nach DIN IEC 584 Teil 1 (4.84)**

Thermopaar Material	Typ	Meß-bereich	Thermo-spannung
Cu-CuNi	T	−270 °C bis 400 °C	−6,26 mV bis 20,87 mV
NiCr-CuNi	E	−270 °C bis 1 000 °C	−9,84 mV bis 76,36 mV
Fe-CuNi (Fe-Konst.)	J	−210 °C bis 1 200 °C	−8,1 mV bis 69,54 mV
NiCr-Ni	K	−270 °C bis 1 372 °C	−6,46 mV bis 54,88 mV
PtRh13-Pt	R	−50 °C bis 1 769 °C	−0,23 mV bis 21,10 mV
PtRh10-Pt	S	−50 °C bis 1 769 °C	−0,24 mV bis 18,69 mV
PtRh30-PtRh6	B	−0 °C bis 1 820 °C	−0,00 mV bis 13,81 mV

Anmerkung: Bei der Kennzeichnung der Thermopaare steht der positive Schenkel an erster Stelle.

Auswahlkriterien für Thermopaare

Fe-CuNi hat bei Temperaturen bis 500 °C eine fast unbegrenzte Gebrauchsdauer. Oberhalb 600 °C beginnt der Fe-Draht stark zu zundern. Gegen reduzierende Gase (außer H_2) ist es sehr beständig.

Cu-CuNi hat gegenüber Fe-CuNi den Vorteil, nicht zu rosten. Da Kupfer bei 400 °C anfängt zu oxidieren, ist der Anwendungsbereich begrenzt.

NiCr-Ni ist gegen oxidierende Gase (Feuergase) am beständigsten. Es ist besonders empfindlich gegen schwefelhaltige Gase und wird in reduzierender Atmosphäre von Siliziumdämpfen angegriffen. Gasgemische mit einem Sauerstoffgehalt unter 1 % verursachen die „Grünfäule", die Thermospannung und Festigkeit verändert.

PtRh-Pt ist wegen der Reinheit der verwendeten Metalle besonders anfällig gegen Verunreinigungen jeder Art, bietet aber in rein oxidierender Atmosphäre eine gute chemische Beständigkeit.

Typ B hat ähnliche korrosionschemische Eigenschaften wie PtRh-Pt, ist jedoch gegen Verunreinigungen etwas weniger empfindlich.

Schutzrohr

Insbesondere bei höheren Temperaturen müssen Thermopaare vor den Einwirkungen agressiver Gase und Dämpfe durch ein keramisches Innenrohr geschützt werden. Das metallene Außenrohr bietet keinen ausreichenden Schutz, da bei hohen Temperaturen Gase und Dämpfe durch das Metall hindurchdiffundieren. Genaue Angaben sind den Normen für metallene Schutzrohre DIN 43 724 sowie für keramische Schutzrohre DIN 43 724 sowie Firmenunterlagen zu entnehmen.

Bezeichnungsbeispiel:
Schutzrohr DIN 43 724 − 15 × 1030 − Ker 410
(Bezeichnung für ein keramisches Schutzrohr mit einem Außendurchmesser von 15 mm und einer Schutzrohrlänge von 1030 mm aus keramischem Isolierwerkstoff KER 310 DIN 40 685.)

Ausgleichsleitungen

Das Thermoelement endet meist an den Anschlußklemmen im Anschlußkopf. Da der Anschlußkopf oft großen Temperaturschwankungen ausgesetzt ist, eignet er sich nicht zur Aufnahme der Vergleichsstelle. Die Entfernung zwischen Thermoelement und Vergleichsstelle muß mit einer Leitung aus demselben Leitungsmateriale wie beim Thermopaar oder mit einer Ausgleichsleitung überbrückt werden.

Ausgleichsleitungen aus Sonderwerkstoffen, die zwischen 0 °C und 200 °C die gleiche Thermospannung abgeben wie das Thermoelementmaterial, werden eingesetzt, weil sie:
− preiswerter sind als Leitungen mit Thermopaarwerkstoffen,
− zum Teil einen kleineren spezifischen Widerstand haben als das Thermopaar-Material und
− im Aufbau den Anforderungen der Installationstechnik entsprechen.

Nach DIN 43714 (6.79) sind Bezeichnung, Aufbau und Farbkennzeichnung von Ausgleichsleitungen für bestimmte Thermopaare festgelegt:
Cu-CuNi: braun   NiCr-Ni: grün
Fe-CuNi: dunkelblau   PtRh-Pt: weiß

Bei Ausgleichsleitungen für allgemeine Zwecke sind der Kunststoffmantel und ein Kennfaden der äußeren Umflechtung in dieser Farbe eingefärbt. Bei Ausgleichsleitungen für eigensichere Stromkreise sind der hellblau eingefärbte Kunststoffmantel mit einem Streifen und die äußere Umflechtung mit einem Kennfaden in der entsprechenden Farbe versehen.

Ausgleichsleitg. (Agl)	Kurzz.	Aufbau
einadrig mit Ausgleichs-Draht (D)	10 D	thermoplastischer Kunststoff
	11 D	Glas oder Asbest / wärmebeständiger Kunststoff
	20 D	Isolierhülle und Mantel aus thermoplastischem Kunststoff
zweiadrig mit verseilten Ausgleichs-Drähten (D)	21 D[1])	Glas[2]), [3]) Bleimantel / wärmebeständiger Kunststoff
	22 D[1])	wärmebeständiger Kunststoff / Glas [3]) Bleim. Stahldraht
	23 D	wärmebeständiger Kunststoff / Glas [3]) Umfl. [3]) Stahldraht
zweiadrig mit verseilten Ausgleichs-Litzen (L)	25 L	Isolierhülle und Mantel aus thermoplastischem Kunststoff
	26 L	Isolierhülle und Mantel aus wärmebeständigem Kunststoff
	27 L	wärmebeständiger Kunststoff / [3]) [3]) Stahldrahtumflechtung

[1]) Nicht verwendbar für Dauertemperaturen über 150 °C
[2]) Nach Wahl des Herstellers auch ohne Glasumflechtung
[3]) Werkstoffe und Aufbau für Beilauf, Seelenbewicklung und Umflechtung nach Wahl des Herstellers

Bei allen Ausgleichsleitungen ist der Plus-Pol rot gekennzeichnet. Bei Nichtbeachtung der Polung oder Verwendung falscher Ausgleichsleitungen können Anzeigefehler bis zu mehreren 100 °C entstehen.

Bezeichnungsbeispiel: Agl DIN 43714 − 21D Fe-CuNi

[1]) Thermoelement-Spannungen siehe Seite 2-20.

8.16 Temperaturmessung

8.16.3 Widerstandsthermometer

Meßprinzip

Bei Temperaturmessungen mit Widerstandsthermometern wird als Temperaturfühler ein Meßwiderstand verwendet, dessen Widerstandswert sich mit der Temperatur ändert. Mit Hilfe einer Brückenschaltung wird zum Beispiel die Widerstandsänderung in ein elektrisches Signal umgewandelt.

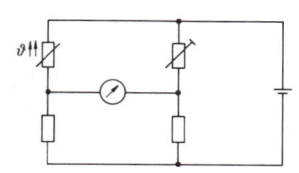

Gegenüber der Temperaturmessung mit Hilfe von Thermopaaren ergeben sich bei Verwendung von Meßwiderständen folgende Vorteile:
- das elektrische Signal ist wesentlich höher
- die Kennlinie ist weitgehend linear
- die Langzeitstabilität ist höher
- eine Vergleichsstelle ist nicht notwendig.

Nachteilig ist ein kleinerer zulässiger Temperaturbereich bis ca. 800 °C.

Meßwiderstände

Meßwiderstände werden vorwiegend aus Nickel oder Platin gemäß DIN 43760 (10.80) hergestellt.

Meß-temperatur in °C	Ni 100 Grundwert in Ω	Ni 100 zul. Abw. in Ω	Pt 100 Grundwert in Ω	Pt 100 zul. Abweichung in Ω Klasse A	Pt 100 zul. Abweichung in Ω Klasse B
−200	−	−	18,49	0,24	0,56
−100	−	−	60,25	0,14	0,32
−60	69,5	1,0	−	−	−
0	100,0	0,2	100,00	0,06	0,12
100	161,8	0,8	138,50	0,13	0,30
180	223,2	1,3	−	−	−
200	−	−	175,84	0,20	0,48
300	−	−	212,02	0,27	0,64
400	−	−	247,04	0,33	0,79
500	−	−	280,90	0,38	0,93
600	−	−	313,59	0,43	1,06
650	−	−	329,51	0,46	1,13
700	−	−	345,13	−	1,17
800	−	−	375,51	−	1,28
850	−	−	390,26	−	1,34

Da sich Platin trotz eines niedrigeren Temperaturkoeffizienten gegenüber Nickel durch eine geringere Korrosionsanfälligkeit, einen größeren zulässigen Temperaturbereich und eine höhere zeitliche Konstanz seiner elektrischen Eigenschaften auszeichnet, werden vorwiegend Pt 100-Meßwiderstände eingesetzt.

Zunehmend werden Meßwiderstände mit höheren Nennwerten (Grundwiderstand bei 0 °C) eingesetzt: Pt 500 und Pt 1000. Der Einfluß des Zuleitungswiderstandes und seiner temperaturabhängigen Änderung auf das Meßergebnis reduzieren sich um den Faktor 5 bzw. 10. Häufig erübrigt sich dadurch ein Abgleich des Zuleitungswiderstandes.

Damit das Meßergebnis nicht durch Eigenerwärmung des Meßwiderstandes beeinflußt wird, soll der Meßstrom 5 mA nicht überschreiten.

Anschlußarten

Die Meßgenauigkeit eines Widerstandsthermometers hängt wesentlich von der Anschlußart des Meßfühlers ab.

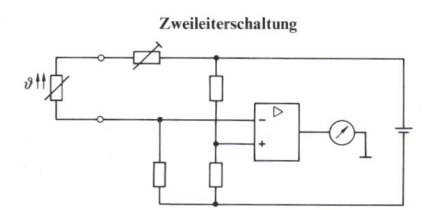

Zweileiterschaltung

Dem Vorteil des vergleichsweise geringen Leitungsaufwandes stehen erhebliche Nachteile gegenüber:
- Der Widerstand der Anschlußleitungen liegt in Reihe zum Meßwiderstand und muß deshalb bei der Installation auf einen bestimmten Wert (meist 10 Ω) abgeglichen werden.
- Widerstandsänderungen der Zuleitung infolge Temperaturschwankungen gehen als Fehler in die Messung ein.

Dreileiterschaltung

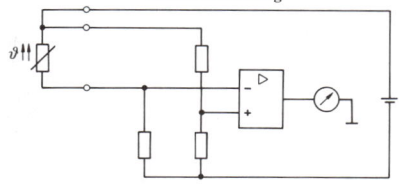

Für die Energieversorgung des Meßwertgebers und den Abgriff des Meßsignals werden getrennte Leitungen verlegt, wobei eine gemeinsame Leitung als Bezugspotential dient.

Ist der Widerstand der Leitungsadern gleich groß, so kann der Leitungsabgleich entfallen; der Einfluß von Änderungen der Leitungswiderstände infolge Temperaturschwankungen ist wesentlich kleiner als bei der Zweileiterschaltung.

Vierleiterschaltung

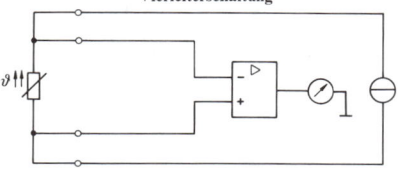

Über ein Adernpaar wird der Meßwiderstand mit einem konstanten Strom gespeist. Der temperaturabhängige Spannungsfall am Meßwiderstand wird hochohmig über ein zweites Adernpaar abgegriffen.

Ein Leitungsabgleich erübrigt sich und Änderungen der Zuleitungswiderstände infolge Temperaturschwankungen bleiben ohne Einfluß auf das Meßergebnis.

Im Gegensatz zur Dreileiterschaltung beeinflussen auch die Übergangswiderstände an den Klemmen und unterschiedliche Leitungswiderstände nicht das Meßergebnis.

8.17 Durchflußmessung [1]

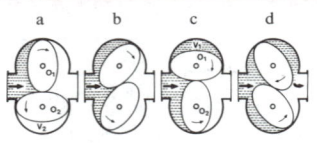

Ovalradzähler

Zwei ovalradförmige Zahnräder rollen so aufeinander ab, daß die Flüssigkeit durch die zwischen den Ovalrädern und dem Gehäuse entstehenden Kammern mit den Volumina V_1 und V_2 strömen muß. Die treibende Kraft ist der Druck der Flüssigkeit.

Die Drehbewegung der Ovalräder wird mit Hilfe einer Magnetkupplung auf ein Zählwerk übertragen, welches die Teilvolumina zur Gesamtmenge addiert. Mit einem zusätzlichen Generator läßt sich der Durchfluß messen.

O Ovalrad
V Volumen

Ringkolbenzähler

In einem feststehenden Außenzylinder 4 wird ein Innenzylinder 5 (Ringkolben) vom Flüssigkeitsstrom exentrisch zum Umlauf gebracht. Der Ringkolben wird mit seinem Zapfen 2 von einem Kreisring und mit seinem Schlitz von einer Trennwand 1 geführt. Die im Gehäuseboden befindliche Eintrittsöffnung E und Austrittsöffnung A werden von der Trennwand 1 abgegrenzt.

In der Stellung a wird das Volumen V_1 des Ringkolbens gefüllt. Der Ringkolben wird von der Flüssigkeit weggedrängt (Stellung b) und das Volumen V_2 im Gehäuse gefüllt; gleichzeitig wird die im Gehäuse vorhandene Füllung entleert. In der Stellung c beginnt die Entleerung von V_1.

Über eine Magnetkupplung wird ein Zählwerk zur Erfassung der Durchflußmenge und gegebenenfalls ein Generator zur Messung des Durchflusses angetrieben.

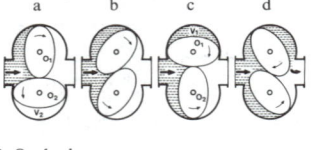

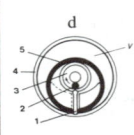

1 Trennwand
2 Führungszapfen
3 Ringraum
4 Außenzylinder
5 Innenzylinder
E Eintrittsöffnung
A Austrittsöffnung

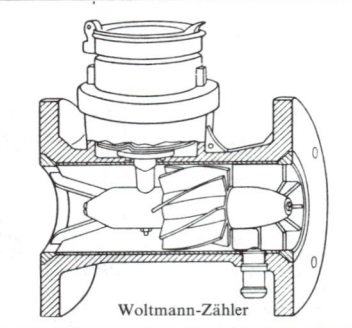

Turbinendurchflußmesser

In Strömungsrichtung liegt die Achse eines Flügelrades, dessen Umdrehungsfrequenz proportional zur Strömungsgeschwindigkeit ist.

Beim Woltmann-Zähler wird die Umdrehung des Flügelrades direkt über ein Schneckenrad und Getriebe auf das außen liegende Zählwerk übertragen. Im Turbinendurchflußmesser erfolgt dagegen die Übertragung berührungslos auf eine außen im Gehäuse liegende Spule (induktiv) oder über eine Lichtschranke. Die Frequenz der entstehenden Impulse ist proportional zur Umdrehungsfrequenz des Turbinenrades bzw. dem Durchfluß.

Während Woltmann-Zähler ausschließlich für Flüssigkeiten mit niedriger Viskosität eingesetzt werden, sind Turbinendurchflußmesser („Schnelläufer") infolge der sehr viel geringeren Lagerreibung auch für Flüssigkeiten mit hoher Viskosität und Gase verwendbar.

Woltmann-Zähler

Dralldurchflußmesser

Das Medium wird beim Eintritt in das Meßgerät durch den Leitkörper, vergleichbar mit einem feststehenden Turbinenrad, zur Rotation gezwungen. Im Zentrum des Meßrohres entsteht ein Wirbelkern, der im Auslaufdiffusor die Schraubenbewegung mitmacht. Die Umdrehungsfrequenz ist ein Maß für die Durchflußgeschwindigkeit bzw. dem dazu proportionalen Volumendurchfluß; sie kann mit einem Thermistor- oder Piezofühler erfaßt werden.

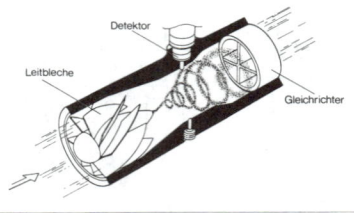

Wirbeldurchflußmesser

Befindet sich inmitten einer Strömung ein fester Störkörper, so bilden sich beidseitig Wirbel aus, die sich wechselseitig ablösen. Der Zusammenhang zwischen der Wirbelfrequenz f, der Fließgeschwindigkeit v und dem Durchmesser d des Störkörpers ist durch die Strouhal-Zahl Sh beschrieben. Bei Gasen, Dämpfen und Flüssigkeiten mit einer Viskosität < 15 mm²/s ist Sh in einem weiten Bereich der Fließgeschwindigkeit konstant. Deshalb kann mit Piezoelementen, Thermistoren, Dehnungsmeßstreifen oder induktiven Abgriffen die Wirbelfrequenz f bzw. der dazu proportionale Volumendurchfluß V gemessen werden.

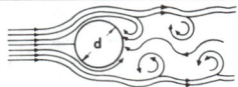

Karmansche Wirbelstraße hinter einem Zylinder
d Durchmesser des Störkörpers

$$Sh = \frac{f \cdot d}{v}$$

---

[1]) Durchfluß: Die Stoffmenge, die in der Zeiteinheit durch einen Rohrquerschnitt fließt.

8.17 Durchflußmessung

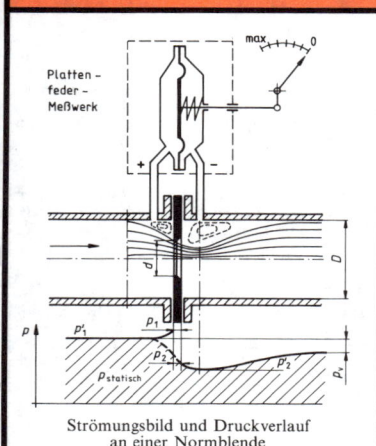

Strömungsbild und Druckverlauf an einer Normblende

p_1 Plusdruck
p_2 Minusdruck
Δp Wirkdruck
p_v bleibender Druckverlust

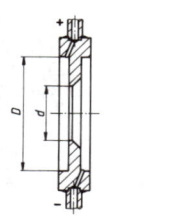

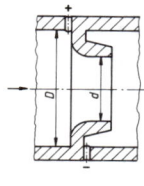

Normblende

Normdüse

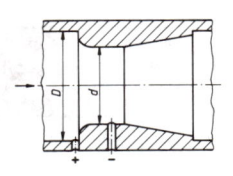

Normventuridüse

Wirkdruckverfahren

Für die kontinuierliche Durchflußmessung von flüssigen, gas- oder dampfförmigen Stoffen wird bevorzugt das Wirkdruckverfahren, auch Differenzdruckverfahren genannt, eingesetzt. Ohne bewegliche Teile im strömenden Meßstoff können in geschlossenen Rohrleitungen die größten Durchflüsse bei allen vorkommenden Temperaturen und statischen Drücken sowie Durchflußschwankungen bis 10:1 gemessen werden.

Durchströmt ein Stoff eine Rohrleitung mit einem verengten Querschnitt, so entsteht an der Einschnürung eine Erhöhung der Strömungsgeschwindigkeit w. Die hierdurch entstehende Druckdifferenz Δp, der Wirkdruck, ist ein Maß für den Durchfluß:

$$q = c \cdot \sqrt{\Delta p}$$

Die Konstante c ist abhängig von zahlreichen Einflußfaktoren, z. B. von der Drosselgeräteart und dem zugehörigen Öffnungsverhältnis $m = d^2/D^2$, von der Rohrrauheit und der Viskosität des Meßstoffs. Die zur genauen Berechnung von c erforderlichen Zusammenhänge und Daten sind in den Durchflußregeln DIN 1952 für Norm-Drosselgeräte aufgeführt oder werden vom Hersteller des verwendeten Drosselgeräts angegeben.

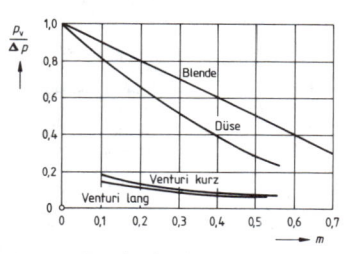

Druckverlust in Drosselgeräten

Anwendungsgrenzen der Drosselgeräte

	Normblende	Normdüse	Venturidüse
D in mm	50 ⋯ 1000	50 ⋯ 500	50 ⋯ 250
$m = d/D$	0,05 ⋯ 60	0,09 ⋯ 0,64	0,09 ⋯ 0,56
Reynolds-zahl	$5 \cdot 10^3 \cdots 10^8$	$2 \cdot 10^4 \cdots 10^7$	$2 \cdot 10^5 \cdots 2 \cdot 10^6$

Der vom Drosselgerät hervorgerufene Wirkdruck wird mit einem Differenzdruckmeßumformer in ein elektrisches oder pneumatisches Einheitssignal umgeformt. Der statische Druck an der Meßstelle darf das Meßergebnis nicht beeinflussen. Wird ein linearer Zusammenhang zwischen Durchfluß und Anzeige bzw. Einheitssignal gefordert, so muß die zum Wirkdruck proportionale Ausgangsgröße radiziert werden.

Magnetisch-induktive Durchflußmesser

Die magnetisch-induktive Durchflußmessung beruht auf Anwendung des Faradayschen Induktionsgesetzes und ist für alle Flüssigkeiten mit einer elektrischen Leitfähigkeit > 0,5 µS/cm geeignet.

Senkrecht zur Strömungsrichtung wird ein Magnetfeld mit der Flußdichte B erzeugt. Durch dieses Magnetfeld bewegt sich die elektrisch leitfähige Flüssigkeit mit der Strömungsgeschwindigkeit v. Zwischen den Elektroden entsteht infolge Induktion eine Spannung U_q, deren Wert proportional zur Strömungsgeschwindigkeit ist: $U_q = B \cdot D \cdot v$. Bei Einbeziehung des Rohrquerschnitts ist die induzierte Spannung proportional zum Durchflußvolumen.

Damit sich Störspannungen eliminieren lassen, werden die Erregerspulen mit sinusförmigem Wechselstrom oder geschaltetem Gleichstrom gespeist.

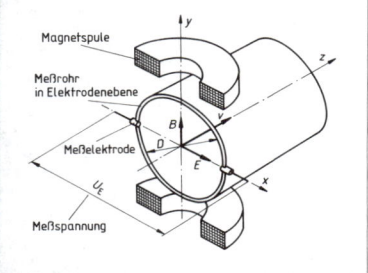

8.17 Durchflußmessung

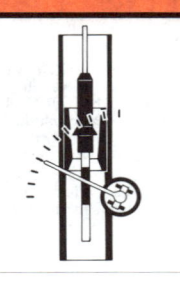

Schwebekörper-Durchflußmesser

Ein senkrecht angebrachtes, nach oben konisch erweitertes Rohr wird von unten nach oben von einer Flüssigkeit oder einem Gas durchströmt. Der im konischen Teil des Rohres befindliche Schwebekörper wird soweit angehoben, bis der ringförmige Spalt zwischen Schwebekörper und Rohrwand so groß geworden ist, daß die drei auf den Schwebekörper einwirkenden Kräfte (Strömungskraft F_S, Auftriebskraft F_A und Schwerkraft F_a) im Gleichgewicht sind. Die Zentrierung des Schwebekörpers erfolgt z. B. mit drei Rippen oder Flächen am Meßrohr; die vertikale Bewegung ist durch Anschläge begrenzt.

Die Höheneinstellung des Schwebekörpers ist ein Maß für den Durchfluß; sie kann an einer auf dem Meßrohr angebrachten Skale abgelesen werden oder wird mittels eines Magnetfolgesystems nach außen übertragen.

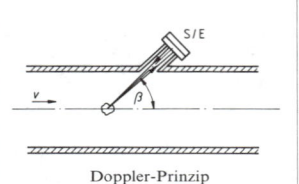

Ultraschall-Durchflußmesser

Beim Doppler-Prinzip treffen die von einem piezoelektrischen Sender S gegen die Strömungsrichtung geschickten Schallwellen auf ein Partikel (Feststoffteilchen oder Gasblase) und werden in Strömungsrichtung zum Empfänger E reflektiert. Die Geschwindigkeit v des Partikels beeinflußt die Frequenz f_S der Schallwelle und folglich die Empfangsfrequenz f_E. Aus der Frequenzänderung $\Delta f = f_S - f_E$ und der Schallgeschwindigkeit c läßt sich die Strömungsgeschwindigkeit v ermitteln:

$$v = c \cdot \cos \beta \left(1 - \frac{f_S}{f_S - \Delta f}\right)$$

Doppler-Prinzip

Nachteilig ist die Abhängigkeit der Schallgeschwindigkeit c von der Dichte und folglich von Temperatur- und Konsistenzschwankungen.

Sender und Empfänger können dasselbe Element sein, das in seiner Funktion umgeschaltet wird.

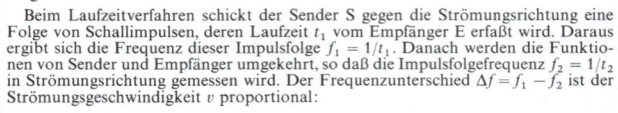

Beim Laufzeitverfahren schickt der Sender S gegen die Strömungsrichtung eine Folge von Schallimpulsen, deren Laufzeit t_1 vom Empfänger E erfaßt wird. Daraus ergibt sich die Frequenz dieser Impulsfolge $f_1 = 1/t_1$. Danach werden die Funktionen von Sender und Empfänger umgekehrt, so daß die Impulsfolgefrequenz $f_2 = 1/t_2$ in Strömungsrichtung gemessen wird. Der Frequenzunterschied $\Delta f = f_1 - f_2$ ist der Strömungsgeschwindigkeit v proportional:

$$v = \Delta f \frac{l}{2 \cdot \cos \beta}$$

Die Schallgeschwindigkeit und somit der Dichteeinfluß gehen hierbei nicht in das Meßergebnis ein.

Laufzeitverfahren

Während das Doppler-Prinzip eine Mindestmenge von Feststoffen erfordert, soll der Feststoffanteil beim Laufzeitverfahren möglichst gering sein, weil sonst unerwünschte Reflexionen auftreten.

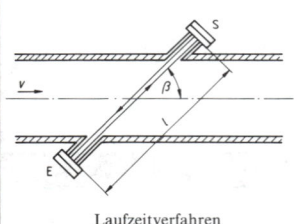

	Volumenzähler				Durchflußmesser			
	Ovalrad-zähler	Ring-kolben-zähler	Turbinen-zähler	Wirbel- und Drall-zähler	Wirkdruck-verfahren	Schwebekör-per-Durch-flußmesser	magn.-ind. Durchfluß-messer	Ultra-schall-D.-Messer
Meßspanne	1:10 bis 1:30	1:10 bis 1:30	1:15 bis 1:150	1:15	1:3 bis 1:10	1:12,5	1:20 bis 1:50	1:20
Fehler-grenzen	0,1% bis 1% vom Meßw.	0,1% bis 0,5% v. M.	[1]) 0,5% v. M. [2]) 2% v. M.	0,5% bis 1% v. M.	1% bis 3% vom Endw.	1,5% v. M. +0,5% v. E.	0,5% vom Meßw.	1% v. E. [3]) bis 10%
Änderung von Dichte, Druck, Temperatur	geringe Fehler			Einfluß bei Gasen	Einfluß auf Δp	Dichte ändert Auftrieb	—	Schallge-schwindigk. bei Dopp-lereffekt
Gasanteile in Flüssigk.	Fehler	Fehler	Gefahr des Überdrehens	Kavitation möglich	Fehler	Fehler	Fehler	max. 5% bei Doppler
max. zul. Meßstoff-temperatur	300 °C	300 °C	200 °C	80 °C bis 215 °C	1 000 °C	300 °C	180 °C	150 °C
max. zul. Druck	PN 400	PN 100	[1]) PN 400 [2]) PN 40	PN 100	PN 630	PN 100	PN 250	PN 40
Druckverlust bei Viskosi-tät 1 mPas	0,3 bar	0,5 bar	[1]) 0,4 bar [2]) 0,1 bar	0,05 bar bis 0,1 bar	—	maximal 0,2 bar	—	—
Nennweiten DN	6 bis 400	10 bis 100	[1]) 5 bis 600 [2]) 50 bis 500	[4]) 25 bis 250 [5]) 15 bis 400	50 bis 1000 (2000)	1,6 bis 150	2 bis 2000	15 bis 2200

[1]) Turbine   [2]) Woltmannzähler   [3]) Dopplereffekt   [4]) Wirbelzähler   [5]) Drallzähler

8.18 Dehnungsmeßstreifen

Meßprinzip

Dehnungsmeßstreifen, kurz DMS genannt, wandeln eine durch Zug oder Druck verursachte Längenänderung Δl (Dehnung oder Stauchung) in eine proportionale Widerstandsänderung ΔR um.

Mit DMS lassen sich alle physikalischen Größen erfassen, die sich in eine Formänderung umwandeln lassen. So gibt es z.B. DMS-Meßwertaufnehmer für die Messung von Zug- und Druckkräften von einigen mN bis zu vielen 100 MN, Drehmomente zwischen einigen Ncm bis zu 100 Nm und Gas- und Flüssigkeitsdrücke zwischen 1 bar und 2000 bar.

Aufbau

Bei Draht-DMS wird z.B. ein Konstantan-Draht mit ca. 20 μm bis 30 μm Durchmesser auf eine Trägerfolie rundgewickelt oder mäanderförmig flach aufgebracht. Das mäanderförmige Meßgitter von Folien-DMS wird aus einer 2 μm bis 10 μm dicken Metallfolie ähnlich wie bei einer gedruckten Schaltung geätzt und beidseitig durch eine Kunststoffolie geschützt. Bei Halbleiter-DMS besteht das Meßgitter aus einem ca. 15 μm dicken Silizium-Streifen, der durch Ätzen aus einem Silizium-Einkristall hergestellt wird.

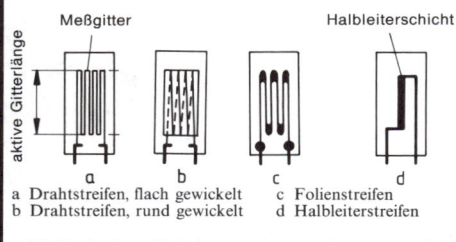

a Drahtstreifen, flach gewickelt   c Folienstreifen
b Drahtstreifen, rund gewickelt   d Halbleiterstreifen

DMS mit einem Meßgitter werden zur Messung von Dehnungen mit einer bekannten Hauptrichtung eingesetzt. Bei unbekannter Hauptrichtung der Dehnung werden zur Ermittlung von Betrag und Richtung DMS mit mehreren rosettenförmig angeordneten Meßgittern eingesetzt.

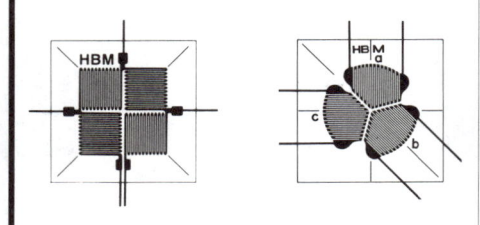

k-Faktor

Bei vielen Metallen ist die relative Widerstandsänderung $\Delta R/R_0$ innerhalb des elastischen Bereiches (relative Längenänderung bis ca. 5%) der relativen Längenänderung $\Delta l/l_0$ direkt proportional:

$$\frac{\Delta R}{R_0} = k \cdot \frac{\Delta l}{l_0}$$

Der k-Faktor ist ein Maß für die Dehnungsempfindlichkeit eines DMS. Für metallische DMS beträgt der k-Faktor ca. 2 bis 3. Halbleiter-DMS haben einen wesentlich größeren k-Faktor von 110 bis 130 bei p-leitendem Silizium und -80 bis -110 bei n-leitendem Silizium; im Gegensatz zu Metall-DMS ist die Kennlinie nicht linear und der Temperatureinfluß hoch.

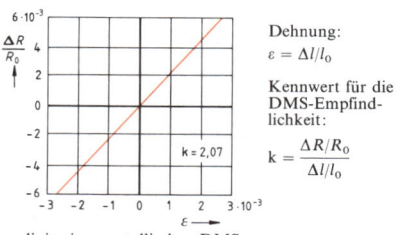

Kennlinie eines metallischen DMS mit Konstantan-Meßgitter

Dehnung:
$\varepsilon = \Delta l/l_0$

Kennwert für die DMS-Empfindlichkeit:

$$k = \frac{\Delta R/R_0}{\Delta l/l_0}$$

Temperatureinfluß

Temperaturänderungen können das Meßergebnis mehrfach beeinflussen.

Damit der Widerstand des Meßgitters weitgehend konstant bleibt, wird vorwiegend Konstantan (ca. 60% Cu, 40% Ni) verwendet.

Hat die Temperaturänderung eine unterschiedliche Ausdehnung des Meßobjektes und des aufgeklebten DMS zur Folge, so wird eine Materialdehnung, scheinbare Dehnung genannt, vorgetäuscht. Durch Hinzufügen von geringen Mengen Eisen oder Magnesium und speziell fertigungstechnische Maßnahmen werden „selbstkompensierende DMS" hergestellt, deren Ausdehnungskoeffizient innerhalb eines begrenzten Temperaturbereiches an den Ausdehnungskoeffizienten des Meßobjektes, z.B. St 37, angepaßt ist.

Verbleibende Auswirkungen lassen sich durch entsprechende Anordnung mehrerer DMS auf einem Meßobjekt und Anwendung einer geeigneten Brückenschaltung kompensieren.

Nennwiderstand

Vorwiegend sind DMS im Handel, deren Widerstand zwischen den beiden zum Anschluß des Meßkabels bestimmten Punkten bei Raumtemperatur (23 °C) 120 Ω, 300 Ω, 350 Ω, 500 Ω, 600 Ω und 1 kΩ beträgt. Vorzugsweise werden DMS mit 120 Ω und 600 Ω eingesetzt.

Üblich sind zulässige Abweichungen von $\pm 1\%$.

Maximale Dehnbarkeit

Bei einwandfreier Klebung kann bei Raumtemperatur von den folgenden maximal zulässigen statischen Dehnungen ausgegangen werden:

Draht-DMS
   ≤ 5 mm Gitterlänge 1%
   > 5 mm Gitterlänge 1% ··· 2%
Folien-DMS
   ≤ 5 mm Gitterlänge 3%
   > 5 mm Gitterlänge 3% ··· 4%
Halbleiter-DMS ca. 0,5%

Es können Dehnungsänderungen bis zu Frequenzen von einigen 100 kHz erfaßt werden.

Befestigung

DMS werden überwiegend durch Klebung mit hartelastischen organischen Klebstoffen auf das Meßobjekt befestigt. Damit das Meßergebnis nicht beeinflußt wird, muß der Klebstoff Dehnung und Stauchung ohne elastische und plastische Einwirkungen übertragen. Alterung, Luftfeuchtigkeit und ein großer Temperaturbereich dürfen keine Änderung der Eigenschaften bewirken. Darüber hinaus sind gute Isolationseigenschaften, eine dünne Klebefuge und eine einfache Anwendbarkeit (Verarbeitung, Härtung) gefordert.

9 Schutzbestimmungen

9.1 Schutzmaßnahmen nach DIN VDE 0100

9.1.1 Gliederung von DIN VDE 0100

Die Normenreihe DIN VDE 0100 „Errichten von Starkstromanlagen mit Nennspannungen bis 1000 V" enthält Festlegungen für das Errichten von Starkstromanlagen bis $U_{eff} = 1000$ V Wechselspannung mit maximal 500 Hz und bis 1500 V Gleichspannung. Die Neufassung wurde im Rahmen einer internationalen Harmonisierung notwendig; mit der Herausgabe wurde 1980 begonnen.

Gegenüber der alten Ausgabe wurden Begriffe zum Teil neu festgelegt, neue Inhalte aufgenommen und ein neues Ordnungsschema eingeführt.

Die Neufassung ist in sieben Gruppen untergliedert:
100 Anwendungsbereich, Allgemeine Anforderungen
200 Allgemeingültige Begriffe
300 Allgemeine Angaben zur Planung elektrischer Anlagen
400 Schutzmaßnahmen
500 Auswahl und Errichtung el. Betriebsmittel
600 Prüfungen
700 Betriebsstätten, Räume und Anlagen besonderer Art

Gegenüberstellung der Schutzmaßnahmen nach VDE 0100 (5.73) zu den Netzsystemen mit Schutzeinrichtungen nach DIN VDE 0100

Netzsystem	Kennzeichnung des Netzsystems	Schutzeinrichtung	Alte Bezeichnung nach VDE 0100 Schutzmaßnahme (5.73)
TT-System	Stromquelle geerdet Körper geerdet	Überstrom-Schutzeinrichtung Fehlerstrom-Schutzeinrichtung Fehlerspannungs-Schutzeinrichtung	Schutzerdung Fehlerstrom-Schutzschaltung Fehlerspannungs-Schutzschaltung
IT-System	Stromquelle nicht geerdet	Überstrom-Schutzeinrichtung	Schutzleitungssystem
TN-S-System	Stromquelle geerdet Körper über PE an Betriebserde	Überstrom-Schutzeinrichtung Fehlerstrom-Schutzeinrichtung	Nullung mit getrenntem Schutzleiter (moderne Nullung)
TN-C-System	desgl., PE und N zusammengefaßt	Überstrom-Schutzeinrichtung	Nullung ohne getrennten Schutzleiter (klassische Nullung)

9.1.2 Gefährliche Körperströme

Grundlage des wesentlichen Teils der Normenreihe, Teil 410 (10.83), ist der Schutz gegen gefährliche Körperströme. Die Gefährdung eines Menschen ist abhängig von:
– der Stromhöhe
– der Einwirkungsdauer
– dem Stromweg durch den Körper
– der Stromform und Frequenz
– der physischen und psychischen Verfassung

Der gegenwärtige Erkenntnisstand ist in den aktuellen Arbeitspapieren gemäß IEC 64 (Secretariat) ausgewiesen:

Bereich	Körperreaktion
1	Gewöhnlich keine Reaktion
2	Gewöhnlich keine schädliche Wirkung
3	Störungen bei der Bildung und Weiterleitung der Impulse im Herzen Herzstillstand ohne Herzkammerflimmern möglich
4	Herzkammerflimmern wahrscheinlich; Herzstillstand, Atemstillstand und schwere Verbrennungen möglich

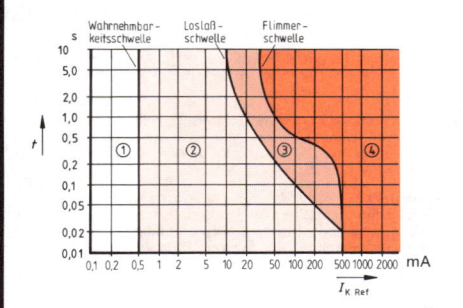

Gefährdungsbereiche von Körperwechselströmen (50 Hz) bei Erwachsenen, Stromweg von der linken Hand zu beiden Füßen.

Bei Gleichstrom liegen die Schwellen bei höheren Stromwerten. Darüber hinaus hängt die Gefährdung von der Stromrichtung ab.

Die Impedanz des menschlichen Körpers zwischen Ein- und Austrittsstelle des Körperstroms hängt in erster Linie von der Haut an den Ein- und Austrittsstellen ab. Feuchtigkeit, Kontaktdruck, Berührungsfläche und Umgebungstemperatur sowie Stromweg, Stromflußdauer und Berührungsspannung haben erheblichen Einfluß. Zwischen linker oder rechter Hand zu beiden Füßen ergeben sich Impedanzwerte von 5 kΩ bis herab zu 500 Ω.

Die internationale Harmonisierung der dauernd zulässigen Berührungsspannung von $U_L = 50$ V für Wechselspannung und $U_L = 120$ V für Gleichspannung erfolgte unter Berücksichtigung der bisher bekannten physiologischen Daten über das Herzkammerflimmern und der Auswertung zahlreicher Unfälle. Dabei wurde von einem Stromweg von einer Hand zu beiden Füßen und einer Körperimpedanz an der unteren Grenze ausgegangen. Für besondere Anwendungsfälle mit erheblich ungünstigeren Unfallbedingungen gelten niedrigere Werte.

9.1 Schutzmaßnahmen nach DIN VDE 0100

9.1.3 Allgemeingültige internationale Begriffe, Teil 200 (7.85)

Abdeckungen gewähren Schutz gegen direktes Berühren in allen üblichen Zugangs- oder Zugriffsrichtungen.

Ableitstrom ist der in einem fehlerfreien Stromkreis zur Erde oder zu einem fremden leitfähigen Teil abfließende Strom. Der Ableitstrom kann auch einen kapazitiven Anteil haben, z. B. bei Verwendung von Entstörkondensatoren.

Aktive Teile sind unter normalen Betriebsbedingungen unter Spannung stehende Leiter und leitfähige Teile. Hierzu gehören auch Neutralleiter, nicht aber PEN-Leiter und die mit diesen leitend verbundenen Teile.

Berührungsspannung ist die Spannung, die zwischen gleichzeitig berührbaren Teilen während eines Isolationsfehlers auftreten kann. Die höchste Berührungsspannung, die bei einem Fehler mit vernachlässigbarer Impedanz je auftreten kann, wird als zu erwartende Berührungsspannung bezeichnet.
Anm.: Dieser Begriff wird nur im Zusammenhang mit Schutzmaßnahmen bei indirektem Berühren angewendet.

Betriebsstrom (I_B) ist der im Stromkreis bei ungestörtem Betrieb fließende Strom.

Differenzstrom ist die Summe der Augenblickswerte von Strömen aller aktiven Leiter eines Stromkreises, die an einer Stelle der elektrischen Anlage fließen.

Direktes Berühren ist das Berühren aktiver Teile durch Personen oder Nutztiere (Haustiere).

Elektrische Betriebsmittel sind alle Gegenstände, die zur Erzeugung, Umwandlung, Übertragung, Verteilung und Anwendung von elektrischer Energie benutzt werden.

Elektrische Verbrauchsmittel sind zur Umwandlung elektrischer Energie in andere Energieformen, z. B. Licht, Wärme und mechanische Energie.

Elektrischer Schlag ist ein pathophysiologischer (schädigender) Effekt, der von einem den Körper eines Menschen oder Tieres durchfließenden Strom ausgelöst wird.

(Elektrischer) Stromkreis; hierzu gehören alle elektrischen Betriebsmittel einer Anlage, die von demselben Speisepunkt versorgt und durch dieselbe(n) Überstrom-Schutzeinrichtung(en) geschützt sind.

Elektrisch unabhängige Erder sind in einem solchen Abstand voneinander angebracht, daß der höchste Strom, der durch einen Erder fließen kann, das Potential der anderen Erder nicht nennenswert beeinflußt.

Endstromkreis (eines Gebäudes) ist ein Stromkreis, an den unmittelbar Stromverbrauchsmittel oder Steckdosen angeschlossen sind.

Erde ist die Bezeichnung für das leitfähige Erdreich (z. B. Humus, Sand, Gestein), dessen elektrisches Potential an jedem Punkt vereinbarungsgemäß gleich null gesetzt wird.

Erder sind leitfähige Teile, die in gutem Kontakt mit Erde sind und mit dieser eine elektrisch leitfähige Verbindung bilden.

Erdungsleiter ist ein Schutzleiter, der die Haupterdungsklemme oder -schiene mit dem Erder verbindet.

Fremde leitfähige Teile, z. B. leitfähige Fußböden, gehören nicht zur elektrischen Anlage, können jedoch ein elektrisches Potential oder Erdpotential übertragen.

Gefährlicher Körperstrom ist ein den Körper eines Menschen oder Tieres durchfließender Strom mit den Merkmalen eines üblicherweise schädigenden Effektes.

Handbereich ist der Bereich, in dem ein Mensch ohne Hilfsmittel von üblicherweise betretenen Stätten aus mit der Hand nach allen Richtungen hin gelangen kann.

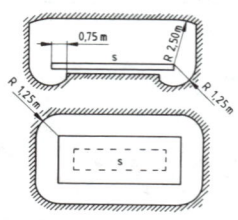

Handgeräte sind ortsveränderliche Betriebsmittel und dazu bestimmt, während des üblichen Gebrauchs in der Hand gehalten zu werden.

Haupterdungsklemme (im VDE-Vorschriftenwerk auch Potentialausgleichsleitung genannt) ist eine Klemme oder Schiene, die zum Verbinden des Schutzleiters, der Potentialausgleichsleiter und gegebenenfalls der Leiter für die Funktionserdung mit der Erdungsleitung und den Erdern vorgesehen ist.

Hindernisse verhindern ein unbeabsichtigtes direktes Berühren, jedoch nicht eine beabsichtigte Handlung.

Indirektes Berühren ist das Berühren von Körpern elektrischer Betriebsmittel, die infolge eines Fehlers unter Spannung stehen.

Körper ist ein berührbares leitfähiges Teil eines elektrischen Betriebsmittels, das nur im Fehlerfall unter Spannung stehen kann.

Nennspannung kennzeichnet eine Anlage oder einen Teil davon. Die tatsächliche Spannung kann innerhalb der zulässigen Grenzen hiervon abweichen.

Neutralleiter (N) ist ein mit dem Mittel- oder Sternpunkt verbundener Leiter, der geeignet ist, zur Übertragung elektrischer Energie beizutragen.

Ortsfeste Betriebsmittel haben keine Tragevorrichtung und eine so große Masse (nach IEC ≥ 18 kg), daß sie nicht leicht bewegt werden können.

Ortsveränderliche Betriebsmittel können während des Betriebes bewegt werden oder von einem Platz zu einem anderen gebracht werden, während sie an den Versorgungsstromkreis angeschlossen sind.

Schutzleiter (PE) verbinden Körper elektrischer Betriebsmittel je nach Schutzmaßnahme mit fremden leitfähigen Teilen, Erdern, einem künstlichen Sternpunkt oder einem geerdeten Punkt der Stromquelle oder der Haupterdungsklemme.

Umhüllungen schützen Betriebsmittel gegen bestimmte äußere Einflüsse und gewähren Schutz gegen direktes Berühren in allen Richtungen.

Verteilungsstromkreis (eines Gebäudes) ist der eine Verteilungstafel versorgende Stromkreis.

9.1 Schutzmaßnahmen nach DIN VDE 0100

9.1.3 Allgemeingültige nationale Begriffe, Teil 200 (7.85)

Abgeschlossene el. Betriebsstätten dienen ausschließlich zum Betrieb el. Anlagen und sind verschlossen zu halten. Der Verschluß darf nur von beauftragten Personen geöffnet werden. Der Zutritt ist nur unterwiesenen Personen gestattet.

Ausbreitungswiderstand eines Erders ist der Widerstand der Erde zwischen dem Erder und der Bezugserde.

Außenleiter verbinden die Stromquellen mit den Verbrauchsmitteln; sie gehen nicht vom Mittel- oder Sternpunkt aus.

Berührungsspannung (U_B) ist der Teil der Fehler- oder Erderspannung, der vom Menschen überbrückt werden kann.

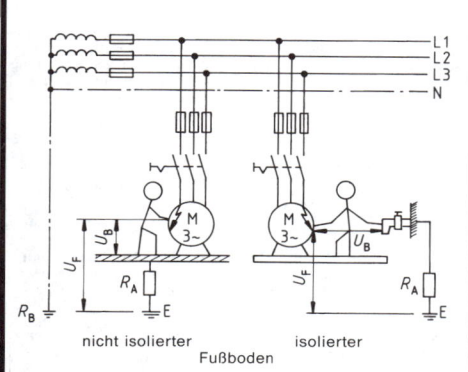

Hauptstromkreise enthalten Betriebsmittel zum Erzeugen, Umformen, Verteilen, Schalten und Umwandeln elektrischer Energie.

Hausinstallationen sind Starkstromanlagen mit Nennspannungen bis 250 V gegen Erde, die in Art und Umfang der Ausführung den Starkstromanlagen für Wohnungen entsprechen.

Hilfsstromkreise sind Stromkreise für zusätzliche Funktionen, z. B. Steuer-, Melde- und Meßstromkreise.

Körperschluß ist eine durch einen Fehler entstandene leitende Verbindung zwischen Körper und aktiven Teilen elektrischer Betriebsmittel.

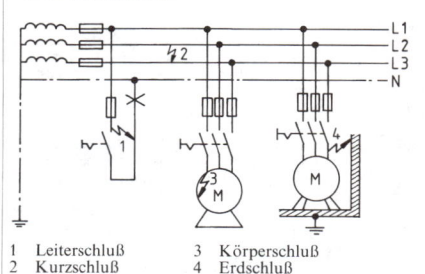

nicht isolierter / isolierter Fußboden

1 Leiterschluß
2 Kurzschluß
3 Körperschluß
4 Erdschluß

U_F Fehlerspannung
U_B Berührungsspannung
E Bezugserde
R_B Summe der Erdungswiderstände des Verteilungsnetzes
R_A Erdungswiderstand am am Standort

Betriebserdung ist die Erdung eines Punktes des Betriebsstromkreises. Sie ist unmittelbar, wenn sie außer dem Erdungswiderstand keine weiteren Widerstände enthält und mittelbar, wenn sie über zusätzliche Wirk- oder Blindwiderstände hergestellt ist.

Elektrische Betriebsstätten sind Räume oder Orte, die im wesentlichen zum Betrieb el. Anlagen dienen und in der Regel nur von unterwiesenen Personen betreten werden.

Erdschluß ist eine durch Fehler oder Lichtbogen entstandene leitende Verbindung eines Außenleiters oder betriebsmäßig isolierten Mittelleiters mit Erde oder geerdeten Teilen.

Erdschlußsicher sind Betriebsmittel und Strombahnen, bei denen unter normalen Betriebsbedingungen kein Erdschluß zu erwarten ist.

Erdschlußstrom ist der infolge eines Erdschlusses fließende Strom.

Erdung ist die Gesamtheit aller Mittel und Maßnahmen zum Erden.
Bei einer offenen Erdung sind Überspannungsschutzorgane oder Schutzfunkenstrecken in die Erdungsleitung eingebaut.

Fehlerstrom (I_F) ist der durch einen Isolationsfehler zum Fließen kommende Strom.

Freischalten ist das allseitige Abschalten und Abtrennen einer Anlage oder eines Betriebsmittels von allen nicht geerdeten Leitern.

Kurzschluß ist eine durch einen Fehler entstandene leitende Verbindung zwischen betriebsmäßig gegeneinander unter Spannung stehenden Leitern (aktiven Teilen), wenn kein Nutzwiderstand im Fehlerstromkreis liegt.

Kurzschlußfest ist ein Betriebsmittel, das den thermischen und dynamischen Wirkungen des an dem Einbauort zu erwartenden Kurzschlußstromes ohne Beeinträchtigung der Funktionsfähigkeit standhält.

Kurzschlußsicher sind Betriebsmittel und Strombahnen, bei denen unter normalen Betriebsbedingungen kein Kurzschluß zu erwarten ist.

Leiterschluß ist eine durch einen Fehler entstandene leitende Verbindung zwischen betriebsmäßig gegeneinander unter Spannung stehenden Leitern, wenn ein Nutzwiderstand im Fehlerstromkreis liegt.

Leitungsnetz ist die Gesamtheit aller Leitungen und Kabel vom Stromerzeuger bis zum Verbraucheranschluß.

Natürlicher Erder ist ein unmittelbar oder über Beton mit der Erde in Verbindung stehendes Metallteil, das als Erder wirkt, dessen ursprünglicher Zweck aber nicht die Erdung ist (z. B. Rohrleitung).

Schleifenimpedanz ist die Summe aller Scheinwiderstände in einer Stromschleife (Impedanz der Stromquelle und der Impedanz von Hin- und Rückleitung zwischen Stromquelle und Meßstelle).

Starkstromanlagen sind el. Anlagen mit Betriebsmitteln zum Erzeugen, Umwandeln, Speichern, Fortleiten, Verteilen und Umformen el. Energie, um Arbeit zu verrichten.

Verbraucheranlage ist die Gesamtheit aller el. Betriebsmittel hinter dem Hausanschlußkasten oder, wo dieser nicht erforderlich ist, hinter den Ausgangsklemmen der letzten Verteilung vor den Verbrauchsmitteln.

9.1 Schutzmaßnahmen nach DIN VDE 0100

9.1.4 Schutz sowohl gegen direktes als auch bei indirektem Berühren Teil 410 (11.83)

	Schutzkleinspannung	Funktionskleinspannung mit sicherer Trennung	Funktionskleinspannung ohne sichere Trennung
	(Schaltbild: L1, N, max. 50 V)	*(Schaltbild: L1, PEN, max. 50 V)*	*(Schaltbild: L1, PEN, max. 50 V)*
Anwendung	In Fällen besonders hoher Gefährdung (oder wenn ein Schutz gegen direkte Berührung nicht möglich ist, z. B. bei Kinderspielzeug mit max. 25 V).	Wenn die Sicherheit durch die Konstruktion der Betriebsmittel wirtschaftlicher als durch Maßnahmen bei der Anlagenerrichtung zu erreichen ist.	Wenn bei normalen Betriebsbedingungen eine kleine Nennspannung gewählt wird, z. B. in der Steuer-, Meß- und Fernmeldetechnik.
Stromquelle	Die Nennspannung darf 50 V Wechselspannung (Effektivwert) oder 120 V Gleichspannung (Welligkeit ≤ 10%) nicht überschreiten. Kleinspannungs-Stromkreise dürfen untereinander nur verbunden werden, wenn dadurch diese Werte nicht überschritten werden.		
	Sicherheitsstromquelle Sicherheitstransformatoren nach VDE 0551; Motorgeneratoren mit entsprechend getrennten Wicklungen nach VDE 0530 Teil 1; galvanische Elemente. Ortsveränderliche Transformatoren müssen schutzisoliert sein. Bei elektronischen Geräten muß sichergestellt sein, daß beim Auftreten eines Fehlers im Gerät die Spannung an den Ausgangsklemmen und gegen Erde nicht höher ist als obige Werte. Höhere Spannungen sind jedoch zulässig, wenn sichergestellt ist, daß bei Berühren von aktiven Teilen oder von Körpern fehlerbehafteter Betriebsmittel die Spannungen an den Ausgangsklemmen unmittelbar (d. h. ohne Abschaltung durch eine Überstrom-Schutzeinrichtung) innerhalb von 0,2 s auf obige oder niedrigere Werte herabgesetzt werden.		Meist wird die Kleinspannung mit Transformatoren erzeugt. Hierbei reicht jedoch eine normale Isolierung zwischen Primär- und Sekundärwicklung aus, wie sie z. B. für Steuertransformatoren nach VDE 0550 gefordert ist. Anm.: Die Erzeugung der Kleinspannung aus einer höheren Spannung mittels Potentiometer ist auch hier **nicht** zulässig.
Anordnung der Stromkreise	Kein Punkt des Stromkreises und Körpers darf mit Erde oder mit Schutzleitern oder aktiven Teilen anderer Stromkreise verbunden sein.	Der Kleinspannungs-Stromkreis oder die Körper der Betriebsmittel sind aus Funktionsgründen geerdet oder mit Schutzleitern verbunden.	
	Zwischen aktiven Teilen von Kleinspannungs-Stromkreisen und Stromkreisen höherer Spannung, z. B. Relais, Schütze und Stromstoßschalter, muß die elektrische Trennung mindestens derjenigen zwischen der Primär- und der Sekundärseite eines Sicherheitstransformators entsprechen. Die Leitungen der Kleinspannungs-Stromkreise sind vorzugsweise getrennt von den Leitungen anderer Stromkreise zu verlegen. Ist dies nicht möglich, muß eine der folgenden Maßnahmen getroffen werden: – die Leitungen von Kleinspannungs-Stromkreisen müssen zusätzlich zur Aderisolierung einen nichtmetallenen Mantel oder eine gleichwertige Umhüllung haben; – die Leitungen von Stromkreisen verschiedener Spannung müssen durch einen geerdeten Metallschirm oder Metallmantel voneinander getrennt sein; – Mehradrige Kabel, Leitungen und Leiterbündel dürfen Stromkreise verschiedener Spannung enthalten. Die Leitungsadern der Kleinspannungs-Stromkreise müssen einzeln oder gemeinsam mit einer Isolierung versehen sein, die der höchsten vorkommenden Betriebsspannung entspricht.		Aktive Teile von Funktionskleinspannungs-Stromkreisen dürfen nicht mit aktiven Teilen anderer Stromkreise verbunden sein.

9.1 Schutzmaßnahmen nach DIN VDE 0100

	Schutzkleinspannung	Funktionskleinspannung	
		mit sicherer Trennung	ohne sichere Trennung
Schutzmaßnahme gegen direktes Berühren	In der Regel n i c h t erforderlich, wenn die Nennspannung 25 V Wechselspannung oder 60 V Gleichspannung nicht überschreitet. Andernfalls ist ein Schutz erforderlich durch: – eine Isolierung, die einer Prüfspannung von U_{eff} = 500 V Wechselspannung 1 min standhält. oder – Abdeckungen oder Umhüllungen mindestens in Schutzart IP 2X.	Aktive Teile müssen vollständig mit einer Isolierung umgeben sein, die nur durch Zerstören entfernt werden kann.	
		Die Isolierung muß einer Prüfspannung von U_{eff} = 500 V Wechselspannung 1 min standhalten.	Die Isolierung muß derjenigen Mindestspannung standhalten, die für die Betriebsmittel der Stromkreise der höheren Spannung vorgeschrieben ist, von der der Funktionskleinspannungs-Stromkreis nicht sicher getrennt ist.
		oder	oder
		Aktive Teile müssen von Umhüllungen umgeben oder hinter Abdeckungen angeordnet sein, die mindestens der Schutzart IP 2X entsprechen. Sind jedoch größere Öffnungen für den ordnungsgemäßen Betrieb el. Betriebsmittel oder beim Auswechseln von Teilen (z. B. Sicherungen) erforderlich, so muß durch geeignete Vorkehrungen verhindert werden, daß Personen und ggfs. Nutztiere unbeabsichtigt mit aktiven Teilen in Berührung kommen.	
		Die Errichtung oder Verwendung von Betriebsmitteln, die nicht in dieser Weise gegen direktes Berühren geschützt sind, ist zulässig, wenn die Abweichung technologisch bedingt ist und die Betriebsmittel den für sie geltenden Bestimmungen entsprechen.	Abdeckungen oder Umhüllungen mit leicht zugänglichen horizontalen Oberflächen müssen mindestens der Schutzart IP 4X entsprechen. Die Abdeckungen und Umhüllungen dürfen nur mit Werkzeug und nach Ausschalten der Spannung an allen aktiven Teilen entfernbar sein.
Schutz bei indirektem Berühren	Kein weiterer Schutz erforderlich.	Die Maßnahme gegen direktes Berühren schließt den Schutz bei indirektem Berühren ein.	Die Körper der Betriebsmittel des Kleinspannungsstromkreises sind in die Schutzmaßnahme der Stromkreise höherer Spannung einzubeziehen, d. h. mit dem Schutz- oder Potentialausgleichsleiter zu verbinden.

9.1.5 Schutz gegen direktes Berühren Teil 410 (11.83)

1. Vollständiger Schutz

Ein vollständiger Schutz gegen direktes Berühren aktiver Teile darf in allen Fällen angewendet werden und wird sichergestellt durch:

– **Isolierung aktiver Teile**

Die Isolierung muß die aktiven Teile vollständig umgeben, den entsprechenden Normen genügen und darf nur durch Zerstören entfernt werden können.

– **Abdeckungen oder Umhüllungen**

Aktive Teile müssen von Umhüllungen umgeben oder hinter Abdeckungen angeordnet sein, die mindestens der Schutzart IP 4X entsprechen. Die Abdeckungen müssen eine ausreichende Festigkeit und Haltbarkeit haben, sicher befestigt sein und dürfen nur mittels Werkzeug nach Ausschalten der Spannung an allen aktiven Teilen entfernbar sein.

2. Teilweiser Schutz

Ein teilweiser Schutz gegen direktes Berühren aktiver Teile darf nur angewendet werden, sofern die Normen dies ausdrücklich gestatten. Dieser teilweise Schutz kann sichergestellt werden durch:

– **Hindernisse**

Z. B. Schutzleisten, Geländer oder Gitterwände müssen die zufällige Annäherung an aktive Teile verhindern. Die Hindernisse dürfen ohne Werkzeug abnehmbar sein; ein unbeabsichtigtes Entfernen muß jedoch verhindert werden.
Verhindert werden muß auch das zufällige Berühren aktiver Teile bei bestimmungsgemäßem Gebrauch von Betriebsmitteln, z. B. durch Abdeckungen.

– **Abstand**

Im Handbereich dürfen sich keine gleichzeitig berührbaren Teile (weniger als 2,50 m voneinander entfernt) unterschiedlichen Potentials befinden. Der Handbereich vergrößert sich entsprechend an Stellen, an denen üblicherweise sperrige oder lange leitfähige Gegenstände gehandhabt werden.

3. Zusätzlicher Schutz durch FI-Schutzeinrichtung

Fehlerstromschutz-Einrichtungen mit einem Nennfehlerstrom von $I_{AN} \leq 30$ mA ermöglichen einen zusätzlichen Schutz bei direktem Berühren aktiver Teile. Die Verwendung als alleiniger Schutz ist nicht zulässig; die übrigen Vorschriften werden dadurch nicht eingeschränkt.

Anm.: Der Schutz gegen direktes Berühren gilt bis auf weiteres erfüllt, wenn die Entladungsenergie nicht größer als 350 mWs ist.

9.1 Schutzmaßnahmen nach DIN VDE 0100

9.1.6 Schutz bei indirektem Berühren Teil 410 (11.83)

Als Schutz bei indirektem Berühren ist im allgemeinen in jeder Anlage ein „Schutz durch Abschaltung oder Meldung" vorzusehen.

Die Schutzmaßnahmen „Schutzkleinspannung", „Schutzisolierung" und „Schutztrennung" dürfen in jeder elektrischen Anlage angewendet werden. In besonderen Fällen sind sie sogar zwingend vorgeschrieben.

Ist ein Schutz durch „Abschaltung oder Meldung" nicht möglich oder nicht zweckmäßig, so dürfen auch die Schutzmaßnahmen „Schutz durch nichtleitende Räume" und „Schutz durch erdfreien örtlichen Potentialausgleich" durchgeführt werden.

1. Schutz durch Abschaltung oder Meldung

Eine Schutzeinrichtung muß den zu schützenden Teil der Anlage im Fehlerfall innerhalb der zulässigen Zeit gemäß den nachfolgenden Bestimmungen abschalten, damit keine zu hohe Berührungsspannung bestehen bleiben kann.

Die Körper müssen unter den für das entsprechende Netzsystem festgelegten Bedingungen an den Schutzleiter angeschlossen werden. Sofern für besondere Anwendungsfälle keine niedrigeren Werte vorgeschrieben sind, beträgt die dauernd zulässige Berührungsspannung bei Wechselspannung max. $U_L = 50$ V und bei Gleichspannung max. $U_L = 120$ V.

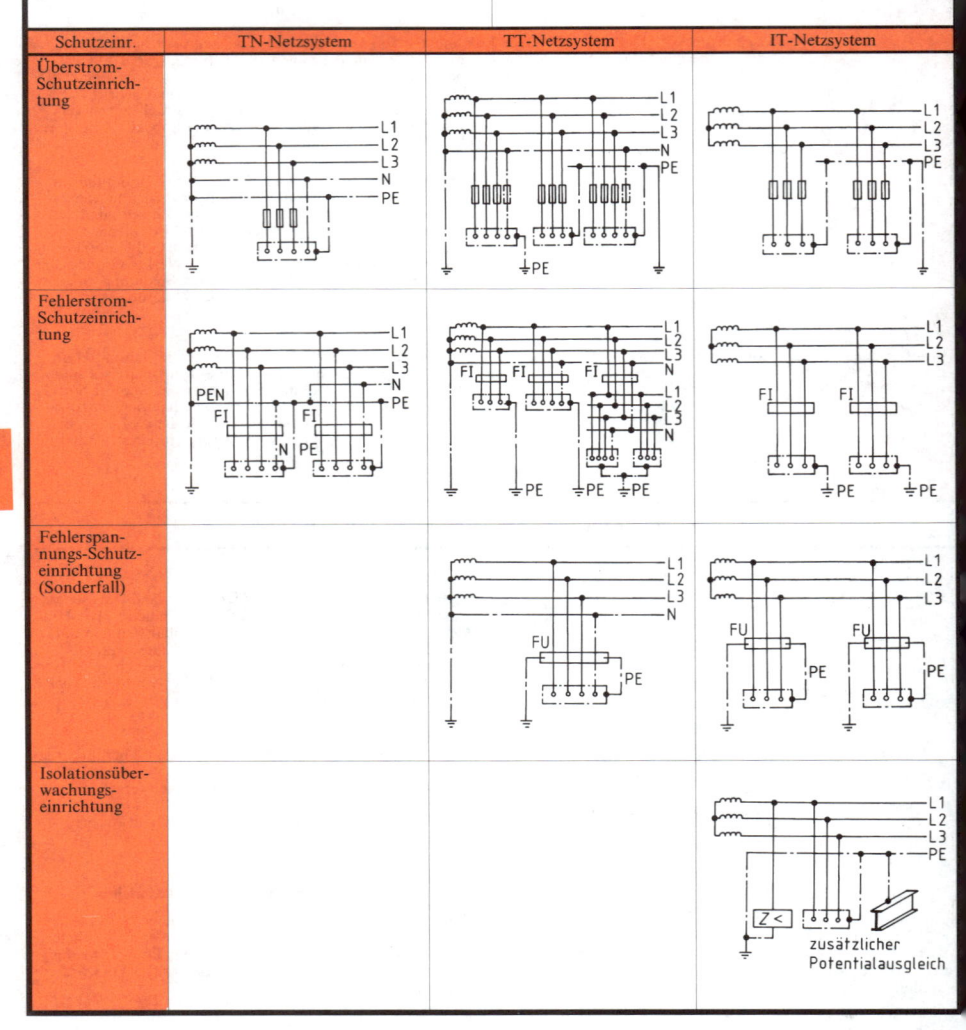

Schutzeinr.	TN-Netzsystem	TT-Netzsystem	IT-Netzsystem
Überstrom-Schutzeinrichtung			
Fehlerstrom-Schutzeinrichtung			
Fehlerspannungs-Schutzeinrichtung (Sonderfall)			
Isolationsüberwachungseinrichtung			

9.1 Schutzmaßnahmen nach DIN VDE 0100

Netzsystem	TN-Netzsystem	TT-Netzsystem	IT-Netzsystem
Schutzleiter	Alle Körper müssen durch Schutz- bzw. PEN-Leiter verbunden sein. Ist ein Sternpunkt nicht vorhanden oder nicht zugänglich, so darf ein Außenleiter geerdet werden. Hierbei dürfen die Funktionen des Außenleiters und des Schutzleiters nicht in einem Leiter vereinigt werden. Der Schutz- bzw. PEN-Leiter muß in der Nähe jedes Transformators oder Generators geerdet werden. Damit das Potential des Schutz- bzw. PEN-Leiters im Fehlerfall möglichst wenig vom Erdpotential abweicht, soll der Schutz- bzw. PEN-Leiter an möglichst vielen Stellen und am Eintritt in Gebäude geerdet werden. PEN- und N-Leiter dürfen für sich allein nicht schaltbar sein. Sind sie zusammen mit den Außenleitern schaltbar, so muß das im PEN-Leiter bzw. N-Leiter liegende Schaltstück beim Einschalten vor- und beim Ausschalten nacheilen.	Der Sternpunkt von Transformatoren oder Generatoren muß geerdet werden. Fehlt ein Sternpunkt, so muß ein Außenleiter geerdet werden. Werden in besonderen Fällen Überstrom-Schutzeinrichtungen verwendet, so muß auch im N-Leiter eine Überstrom-Schutzeinrichtung vorgesehen werden. Alle durch eine Schutzeinrichtung gemeinsam geschützten Körper müssen durch Schutzleiter an demselben Erder angeschlossen werden. Gleichzeitig berührbare Körper müssen an einem gemeinsamen Erder angeschlossen werden.	Kein aktiver Leiter der Anlage darf direkt geerdet werden. Zur Herabsetzung von Überspannungen oder zur Dämpfung von Schwingungen kann eine Erdung über Impedanzen oder künstliche Sternpunkte notwendig sein. Die Körper müssen einzeln, gruppenweise oder in ihrer Gesamtheit mit einem Schutzleiter verbunden sein.
Bedingungen	Damit die Abschaltung innerhalb der festgelegten Zeit erfolgt, sind die Kennwerte der Schutzeinrichtungen und die Leiterquerschnitte so auszuwählen, daß folgende Bedingung erfüllt ist: $Z_S \cdot I_a \leq U_0$ Kann diese Bedingung nicht erfüllt werden, so ist ein zusätzlicher Potentialausgleich erforderlich. Überstromschutzeinrichtungen im PEN-Leiter sind unzulässig. Um bei Erdschluß eines Außenleiters den Spannungsanstieg aller anderen Leiter, insbesondere des Schutz- bzw. PEN-Leiters, zu begrenzen, muß der Gesamterdungswiderstand aller Betriebserder $\leq 2\,\Omega$ sein. Ist dieser Wert, z.B. bei Böden mit niedrigem Leitwert, nicht erreichbar, gilt $$\frac{R_B}{R_E} \leq \frac{U_L}{U_0 - U_L}$$ mit R_B: Gesamterdungswiderstand aller Betriebserder. R_E: angenommener kleinster Erdübergangswiderstand der nicht mit einem Schutzleiter verbundenen fremden leitfähigen Teile, über die ein Erdschluß entstehen kann.	$R_A \cdot I_a \leq U_L$ Kann diese Bedingung nicht erfüllt werden, so ist ein zusätzlicher Potentialausgleich erforderlich. Der Schutz- bzw. Hilfserdungsleiter darf mit der Zuleitung keine gemeinsame Umhüllung haben. Bei der FI- und FU-Schutzeinrichtung müssen alle Leiter vom Schutzschalter geschaltet werden.	Der erste Fehlerstrom löst keine Schutzeinrichtung aus, wenn $R_A \cdot I_d \leq U_L$ Beim zweiten Fehler gelten hinsichtlich des Schutzes und der Abschaltung die Bedingungen für TN- bzw. TT-Netzsystem, je nach dem, ob alle Körper durch einen Schutzleiter verbunden sind oder nicht. Ist eine Isolationsüberwachungseinrichtung vorgesehen, mit der der erste Fehler angezeigt wird, muß diese Einrichtung – ein akustisches oder optisches Signal auslösen oder – eine automatische Abschaltung herbeiführen. Mittelleiter, wenn vorhanden, sind wie Außenleiter zu isolieren und zu verlegen.
Kennwerte	I_a: Strom, der das automatische Abschalten der Schutzeinrichtung bewirkt innerhalb 0,2 s im TN-Netzsystem in Stromkreisen mit Steckdosen bis 32 A Nennstrom und in Stromkreisen mit tragbaren, ortsveränderlichen Betriebsmitteln der Schutzklasse 1, die während des Betriebes üblicherweise in der Hand gehalten werden; 5 s im TN-Netzsystem in Stromkreisen mit ortsfest installierten Betriebsmitteln; 5 s im TT-Netzsystem. Bei Verwendung einer FI-Schutzeinrichtung ist I_a der Nennfehlerstrom $I_{\Delta N}$. I_d: Fehlerstrom im Falle des ersten Fehlers zwischen einem Außenleiter und einem Körper unter Berücksichtigung der Ableitströme und der Gesamtimpedanz gegen Erde. U_0: Nennspannung gegen geerdete Leiter U_L: Grenze der dauernd zulässigen Berührungsspannung. R_A: Erdungswiderstand der Erder der Körper. Werden FU-Schutzeinrichtungen verwendet, so soll R_a 200 Ω, in Ausnahmefällen (z.B. bei felsigem Boden) 500 Ω, nicht überschreiten. Z_S: Impedanz der Fehlerschleife (ermittelt durch Rechnung, Messung oder am Netzmodell).		

9.1 Schutzmaßnahmen nach DIN VDE 0100

2. Hauptpotentialausgleich

Bei jedem Gebäudeanschluß muß ein Hauptpotentialausgleich die folgenden leitfähigen Teile an zentraler Stelle miteinander verbinden:
- Hauptschutzleiter (der von der Stromquelle kommende oder vom Hausanschlußkasten abgehende Schutzleiter)
- Haupterdungsleitung (die vom Erder bzw. den Erdern kommende Leitung)
- Blitzschutzerder
- Hauptwasser- und Hauptgasrohre (Wasserverbrauchsleitungen und Gasinnenleitungen nach der Hauseinführung in Fließrichtung hinter der ersten Absperrarmatur)
- andere metallene Rohrsysteme und Metallteile der Gebäudekonstruktion soweit möglich.

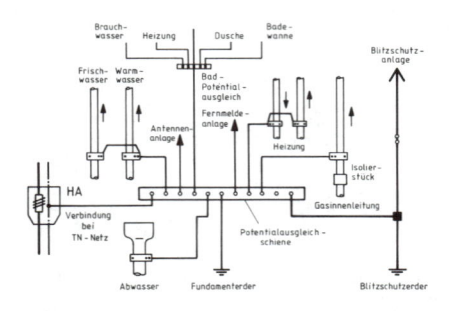

3. Zusätzlicher Potentialausgleich

Neben dem Hauptpotentialausgleich ist ein zusätzlicher örtlicher Potentialausgleich gefordert, wenn in Anlagen oder Anlagenteilen
- im TN- oder TT-Netzsystem die Abschaltbedingungen nicht eingehalten werden können, z.B. beim Schweranlauf von Motoren;
- im IT-Netzsystem, sofern nur eine Isolationsüberwachungseinrichtung angewendet wird;
- dies durch bes. Bestimmungen gefordert ist; z.B. in Baderäumen und im Standbereich von Tieren.

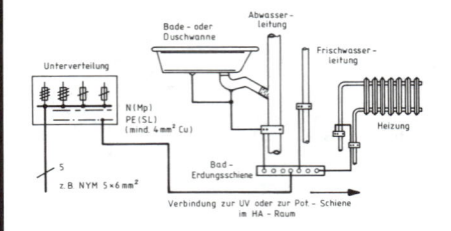

Alle gleichzeitig berührbaren Körper ortsfester Betriebsmittel, Schutzleiteranschlüsse und alle fremden leitfähigen Teile müssen in den zusätzlichen Potentialausgleich einbezogen werden. Wenn möglich, gilt dies auch für die Bewehrung der Stahlbetonkonstruktionen des Gebäudes.

4. Schutzisolierung

An den berührbaren Teilen elektrischer Betriebsmittel muß das Auftreten gefährlicher Spannungen infolge eines Fehlers in der Basisisolierung vermieden werden. Folgende Bedingungen sind einzuhalten:

a) Alle leitfähigen Teile eines Betriebsmittels, die nur durch eine Basisisolierung von aktiven Teilen getrennt sind, müssen von einer isolierenden Umhüllung mindestens in Schutzart IP 2X umschlossen sein. Mechanische leitfähige Teile dürfen nur so durch die Isolierstoffumhüllung geführt werden, daß dadurch keine Spannungen verschleppt werden können.
Kennzeichen schutzisolierter Betriebsmittel ist ein Doppelquadrat.

b) Leitfähige Teile innerhalb der Umhüllungen dürfen nur an einen Schutzleiter angeschlossen werden, wenn dies die Normen für die betreffenden Betriebsmittel ausdrücklich fordern.

c) Enthält die Anschlußleitung eines Betriebsmittels einen Schutzleiter, so muß dieser im Stecker angeschlossen werden, während im Betriebsmittel kein Anschluß erfolgen darf.

5. Schutz durch nichtleitende Räume

Die Betriebsmittel sind in so großem Abstand voneinander bzw. zu fremden leitfähigen Teilen anzuordnen, daß eine Person auch im Fehlerfall nur e i n potentialbehaftetes Teil berühren kann.

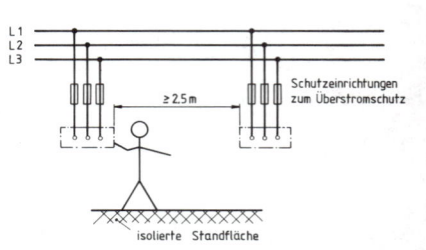

Ein Raum gilt in diesem Sinne als nichtleitend, wenn:

a) der Mindestabstand zwischen Körpern und fremden leitfähigen Teilen innerhalb des Handbereiches 2,50 m und außerhalb des Handbereiches 1,25 m beträgt;

b) an Betriebsmitteln der Schutzklasse I und an Steckdosen kein Schutzleiter angeschlossen ist (ausgenommen der Anschluß des Potentialausgleichsleiters);

c) der Widerstand von isolierenden Fußböden und isolierenden Wänden an keiner Stelle folgende Werte unterschreitet:
50 kΩ bei einer Nennspannung bis 500 V Wechselspannung oder 750 V Gleichspannung,
100 kΩ bei Werten darüber;

d) sichergestellt ist, daß keine Spannung aus diesem Raum durch fremde leitfähige Teile verschleppt werden kann.

9-8

9.1 Schutzmaßnahmen nach DIN VDE 0100

6. Schutz durch erdfreien, örtlichen Potentialausgleich

Das Auftreten einer gefährlichen Berührungsspannung wird verhindert, wenn:

a) alle gleichzeitig berührbaren Körper und fremden leitfähigen Teile durch Potentialausgleichsleiter nach DIN VDE 0100 Teil 540 verbunden sind;
b) das örtliche Potentialausgleichssystem weder über Körper noch über fremde leitfähige Teile mit Erde verbunden ist. Kann diese Forderung nicht erfüllt werden, so kann ein Schutz durch automatische Abschaltung angewendet werden;
c) sichergestellt ist, daß Personen beim Betreten eines erdpotentialfreien Raumes keiner gefährlichen Berührungsspannung ausgesetzt werden.

7. Schutztrennung

Durch die Verwendung einer Sicherheitsstromquelle, z. B. eines Trenntransformators, wird ein neues, erdfreies Netzsystem geschaffen, so daß bei einem Körperschluß am Betriebsmittel keine Berührungsspannung entsteht. Folgende Bedingungen müssen gleichzeitig erfüllt sein:

a) Speisung aus einer Sicherheitsstromquelle, z. B. Trenntransformator nach VDE 0550 Teil 3.
b) Ortsveränderbare Trenntransformatoren müssen schutzisoliert sein. Ortsfeste Sicherheitsstromquellen müssen schutzisoliert sein oder so beschaffen sein, daß der Ausgang sowohl vom Eingang als auch von leitfähigen Gehäusen durch eine Isolierung entsprechend den Bedingungen der Schutzisolierung getrennt ist.
c) Aktive Teile des Sekundärstromkreises dürfen weder geerdet noch mit dem Schutzleiter verbunden sein und müssen von anderen Stromkreisen entsprechend den Bedingungen der Sicherheitsstromquelle sicher getrennt sein.
d) Alle Stellen beweglicher Leitungen, die mechanischen Beanspruchungen ausgesetzt sind, müssen sichtbar sein. Es sind Gummischlauchleitungen, mindestens vom Typ H07 RN-F oder A07 R-F nach DIN 57282 Teil 810, zu verwenden.
e) Können Stromkreise mit Schutztrennung nicht von anderen Stromkreisen getrennt verlegt werden, so müssen mehradrige Kabel oder Leitungen ohne Metallmantel oder isolierte Leiter in Isolierstoffrohren verwendet werden. Ihre Nennspannung muß mindestens der höchsten vorkommenden Betriebsspannung entsprechen. Jeder dieser Stromkreise muß gegen die Auswirkungen von Überstrom geschützt sein.

Ist die Schutztrennung wegen besonderer Gefährdung zwingend vorgeschrieben, so darf an die Sicherheitsstromquelle nur e i n einzelnes Verbrauchsmittel angeschlossen werden.

Ist der Standort des Benutzers metallisch leitend, z. B. in Kesseln, so ist der Körper des zu schützenden Verbrauchsmittels durch einen besonderen, außerhalb der Zuleitung sichtbar verlegten Leiter zu verbinden. Der Querschnitt dieses Leiters muß nach DIN VDE 0100 Teil 540 bemessen sein.

Von einer Sicherheitsstromquelle dürfen mehrere Verbrauchsmittel gespeist werden, wenn:

– alle Körper miteinander durch ungeerdete Potentialausgleichsleiter verbunden sind;
– die Schutzkontakte der Steckdosen mit den Potentialausgleichsleitern verbunden sind;
– alle beweglichen Leitungen einen Schutzleiter enthalten, der als Potentialausgleichsleiter verwendet wird. Ausgenommen hiervon sind die Anschlußleitungen an schutzisolierten Betriebsmitteln;
– sichergestellt ist, daß beim Auftreten von zwei Fehlern mit vernachlässigbarer Impedanz zwischen verschiedenen Außenleitern und dem Potentialausgleichsleiter oder damit verbundenen Körpern eine automatische Abschaltung mindestens eines Fehlers innerhalb von 0,2 s bzw. 5 s erfolgt.

8. Verwendung von Fehlerspannungs-Schutzeinrichtungen

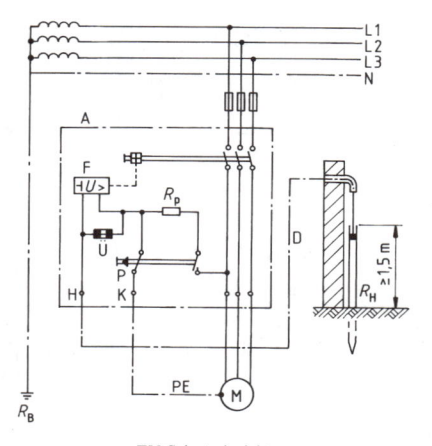

FU-Schutzeinrichtung

A	Schutzeinrichtung	PE	Schutzleiter
D	isolierter Hilfserdungsleiter	R_B	Betriebserder
F	Fehlerspannungsspule	R_H	Hilfserder
H	Hilfserdungsleiteranschluß	R_p	Prüfwiderstand
K	Schutzleiteranschluß	Ü	Überspannungsableiter
P	Prüfeinrichtung		

Folgende Bedingungen müssen erfüllt sein:

a) Die Fehlerspannungsspule ist so anzuschließen, daß sie zwischen dem zu schützenden Anlagenteil und dem Hilfserder auftretende Spannung überwacht.
b) Damit die Fehlerspannungsspule nicht überbrückt wird, muß der Hilfserdungsleiter gegen den Schutzleiter, Gehäuse des zu schützenden Gerätes sowie allen mit dem Gerät in leitender Verbindung stehenden Gebäude- und Konstruktionsteilen isoliert verlegt sein.
c) Der Schutzleiter darf nur mit solchen Betriebsmitteln in Verbindung kommen, deren Zuleitungen im Fehlerfall durch die Schutzeinrichtung abgeschaltet werden; andernfalls muß auch der Schutzleiter isoliert verlegt sein.

9.1 Schutzmaßnahmen nach DIN VDE 0100

d) Als Hilfserder muß ein besonderer Erder verwendet werden, der außerhalb des Spannungsbereichs anderer Erder liegen muß. Es ist deshalb ein Abstand von mindestens 10 m zu anderen Erdern erforderlich.

e) Es dürfen nur Fehlerspannungs-Schutzeinrichtungen verwendet werden, die alle Außenleiter und einen gegebenenfalls vorhandenen Neutralleiter gleichzeitig abschalten.

f) Wenn mehrere Betriebsmittel an eine Fehlerspannungs-Schutzeinrichtung angeschlossen sind und eines dieser Betriebsmittel mit einem Erder verbunden ist, dessen Erdungswiderstand kleiner als 5 Ω ist, dann muß der Querschnitt jedes Schutzleiters mindestens gleich dem halben Außenleiterquerschnitt desjenigen Betriebsmittels sein, das am höchsten abgesichert ist.

Anmerkung: Da bei einer engen Bebauung oft kein Punkt außerhalb des Spannungstrichters eines anderen Erders mehr zu finden ist und die Auslösespule leicht und ungewollt überbrückt werden kann (z. B. mit Rohrleitungen), ist die FU-Schutzeinrichtung nur noch für Sonderfälle vorgesehen. Dies trifft z. B. zu, wenn im Zusammenhang mit elektronischen Betriebsmitteln kein ausreichend großer Strom zum Abschalten anderer Schutzeinrichtungen fließen kann.

Ausnahmen

Schutzmaßnahmen gegen direktes Berühren

Von einem Berührungsschutz kann abgesehen werden bei Schweißeinrichtungen, Glüh- und Schmelzöfen sowie elektrochemischen Anlagen, wenn dieser technisch und aus Betriebsgründen nicht durchführbar ist. In diesen Fällen sind andere Maßnahmen zu treffen, z. B. isolierender Standort, isolierende Fußbekleidung, isoliertes Werkzeug. Darüber hinaus sind Warnschilder anzubringen.

Schutzmaßnahmen bei indirektem Berühren

Schutzmaßnahmen bei indirektem Berühren werden nicht gefordert in Anlagen und für Betriebsmittel mit:

a) Spannungen bis 250 V gegen Erde für Betriebsmittel der öffentlichen Stromversorgung zur Messung elektrischer Leistung und Arbeit, z. B. Elektrizitätszähler, die in regelmäßigen Fristen von Prüfstellen überprüft werden. Für diese Betriebsmittel wird jedoch die Schutzisolierung empfohlen.

b) Wechselspannungen bis 1000 V und Gleichspannungen bis 1500 V für
   – Metallrohre mit isolierenden Auskleidungen. Metallrohre zum Schutz von Mehraderleitungen oder Kabeln. Metallmantel von Kabeln, sofern diese nicht im Erdreich verlegt sind.
   – Stahl- und Stahlbetonmaste in Verteilungsnetzen.
   – Dachständer und mit diesen leitend verbundene Metallteile in Verteilungsnetzen.

c) Körpern, die so klein (ca. 50 mm × 50 mm) oder so angebracht sind, daß der Anschluß eines Schutzleiters nur unter Schwierigkeiten möglich ist oder unzuverlässig wäre, wenn sie nicht umgriffen oder in nennenswerten Kontakt mit Teilen des menschlichen Körpers kommen können.

9.1.7 Räume mit Badewanne oder Dusche nach DIN VDE 0100 Teil 701 (5.84)

In diesen Räumen ist aufgrund der Verringerung des elektrischen Widerstandes des menschlichen Körpers infolge Feuchtigkeit und seiner Verbindung mit Erdpotential mit erhöhter Wahrscheinlichkeit des Auftretens eines gefährlichen Körperstromes zu rechnen. Deshalb gelten für die Auswahl und Errichtung elektrischer Anlagen für die Bereiche mit erhöhter Gefährdung besondere Anforderungen. Diese Bereiche sind wie folgt festgelegt:

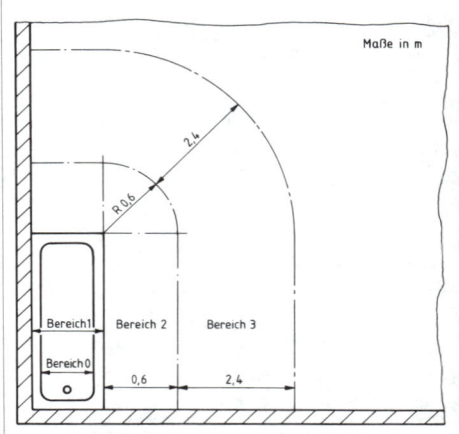

Beispiel der Bereichseinteilung bei Räumen mit Badewanne

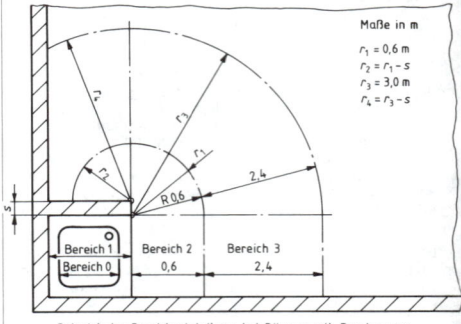

Beispiel der Bereichseinteilung bei Räumen mit Duschwanne und fester Trennwand

Maße in m
$r_1 = 0,6$ m
$r_2 = r_1 - s$
$r_3 = 3,0$ m
$r_4 = r_3 - s$

Verlegt werden dürfen nur folgende Kabel und Leitungen:
- Kunststoffkabel ohne metallene Umhüllung, z. B. NYY nach VDE 0271
- Mantelleitungen, z. B. NYM nach VDE 0250 Teil 204
- Kunststoffaderleitungen nach VDE 0281 Teil 103 in nichtmetallenen Rohren (z. B. nach VDE 0605)
- in Wänden des Bereichs 3 auch Stegleitungen nach VDE 0250 Teil 210, z. B. NYIF

9.1 Schutzmaßnahmen nach DIN VDE 0100

Bereich	0	1	2	3
Begrenzung in der Fläche	Inneres der Bade- oder Duschwanne.	durch die senkrechte Fläche um die Bade- oder Duschwanne. Ist keine Duschwanne vorhanden, gilt die senkrechte Fläche in 0,6 m Abstand um den Brausekopf in Ruhelage	durch die die Bereich 1 begrenzende senkrechte Fläche und eine zu ihr parallele Fläche im Abstand von 0,6 m.	durch die die Bereich 2 begrenzende senkrechte Fläche und eine zu ihr parallele Fläche im Abstand von 2,4 m.
in der Senkrechten	durch den Fußboden und die waagerechte Fläche in 2,25 m Höhe über dem Fußboden.			
Schutz gegen gefährliche Körperströme	Schutz durch Schutzkleinspannung mit einer Nennspannung von maximal 12 V. Die Stromquelle muß sich außerhalb des Bereiches 0 befinden.	Für Ruf- und Signalanlagen darf nur die Schutzmaßnahme Schutzkleinspannung mit einer Nennspannung von höchstens 25 V Wechselspannung oder 60 V Gleichspannung angewendet werden.		Steckdosen sind zulässig, wenn diese – entweder einzeln von Trenntransformatoren gespeist, – oder mit Schutzkleinspannung gespeist, – oder durch eine FI-Schutzeinrichtung mit $I_{AN} \leq 30$ mA im TN-Netz oder TT-Netz geschützt sind.
Zusätzlicher Potentialausgleich		Der leitfähige Ablaufstutzen an der Bade- oder Duschwanne, die leitfähige Bade- oder Duschwanne und alle metallenen Rohrleitungssysteme einschließlich der metallenen Wasserverbrauchsleitung müssen durch einen Potentialausgleichsleiter verbunden werden. Dies gilt auch, wenn in dem Raum keine elektrischen Anlagen vorhanden sind. Der Potentialausgleichsleiter muß einen Mindestquerschnitt von 4 mm² Cu oder 2,5 mm × 20 mm feuerverzinktem Bandstahl haben. Er muß mit dem Schutzleiter verbunden sein an – einer zentralen Stelle, z.B. Verteiler oder – der Hauptpotentialausgleichsschiene oder – einer Wasserverbrauchsleitung, die eine durchgehende leitende Verbindung zum Hauptpotentialausgleich hat. Bei Metallwannen, Kunststoffablaufrohren und Metallablaufventilen muß nur die Wanne in den Potentialausgleich einbezogen werden. Auch bewegliche Bade- oder Duschwannen müssen über einen Potentialausgleichsleiter mit dem Schutzleiter der elektrischen Betriebsmittel verbunden werden.		
Verlegen von Kabeln und Leitungen	Unzulässig sind Kabel und Leitungen, die zur Stromversorgung anderer Räume dienen.			
	Auf der Rückseite der Wände muß zwischen Kabel oder Leitungen einschließlich Wandeinbaugehäusen und der Wandoberfläche der Bade- oder Duschwanne eine Wanddicke von mindestens 0,06 m erhalten bleiben. Innerhalb dieser Bereiche sind Verbindungsdosen unzulässig. Es dürfen keine Leitungen im oder unter Putz sowie hinter Wandverkleidungen verlegt werden. Ausgenommen hiervon sind Leitungen zur Versorgung im Bereich 1 und im Bereich 2 festangebrachter Verbrauchsmittel, wenn sie senkrecht verlegt und von hinten in diese eingeführt werden.			Zulässig sind Verbindungs-, Geräte- und Geräteverbindungsdosen aus Isolierstoff.
Schalter und Steckdosen	Das Anbringen ist unzulässig. Hiervon ausgenommen sind Schalter in Verbrauchsmitteln, die in den Bereichen 1 und 2 angebracht sind.			Nur Steckdosen (siehe oben)
Sonstige elektrische Betriebsmittel	nur Betriebsmittel, die ausdrücklich zur Verwendung in Badewannen erlaubt sind.	nur ortsfeste Wasserwärmer (auch mit Gas- oder Ölfeuerung) und Ablaufgeräte	nur ortsfeste Wasserwärmer und Abluftgeräte sowie Leuchten.	
IP-Schutzarten für elektrische Betriebsmittel	IP X7	IP X4, IP X5*	IP X4, IP X5*	IP X1**, IP X5*

* Bäder, in denen sich häufig Nässe infolge Betauung bildet, z.B. in öffentlichen Bädern.
** Für Leuchten genügt IP X0.

9.1 Schutzmaßnahmen nach DIN VDE 0100

9.1.8 Erdung nach DIN VDE 0100 Teil 540 (11.83)

Die Bestimmungen gelten der Errichtung von Erdungsanlagen zum Schutz bei indirektem Berühren und zu Betriebszwecken.

Erdungsanlage

Dies ist eine örtlich abgegrenzte Gesamtheit miteinander leitend verbundener Erder oder in gleicher Weise wirkender Metallteile und Erdungsleitungen.

Durch Auswahl der Einzelteile und das Errichten der Erdungsanlage muß sichergestellt sein, daß:
– der Wert des Ausbreitungswiderstandes der Erder den Erfordernissen des Schutzes und der Funktion der Anlagen entspricht und erwartet werden kann, daß die Funktion des Erders erhalten bleibt.
– der Werkstoff richtig ausgewählt, ausreichend bemessen und eventuell mit zusätzlichem mechanischen Schutz versehen ist, damit er den zu erwartenden äußeren Einflüssen standhält.
– Erdfehlerströme und Erdableitströme ohne Gefahr, z. B. infolge thermischer, elektrodynamischer oder elektrolytischer Beanspruchung abgeleitet werden können.

Erder

Mindestabmessungen für Erder				
Werkstoff	Form	Mindestmaße		
		Durch-messer mm	Quer-schnitt mm²	Dicke mm
Stahl feuer-verzinkt mit mind. 70 µ	Band		100	3
	Rundstahl	10	78	
	zusammen-gesetzte Tiefenerd.	20		
	Rohr	25		2
Stahl mit Cu-Auflage 20% des Stahlquer-schnitts	Rundstahl		50 Stahl-seele 35 Cu	
	zusammen-gesetzte Tiefenerd.	15		
Kupfer	Band		50	2
	Seil	1,8	35	
	Rundkupfer		35	
	Rohr	20		2

Als Erder können verwendet werden:

a) Oberflächenerder (Banderder, Seilerder, Erder aus Rundmaterial) sollen im allgemeinen 0,5 m bis 1 m tief verlegt werden, sofern die Bodenverhältnisse dies erlauben. Der Erder soll mit bindigem, verfestigten Erdreich umgeben sein.

b) Tiefenerder (Stab- und Rohrerder) können besonders dann von Vorteil sein, wenn mit der Tiefe der spezifische Erdwiderstand sinkt. Sind zum Erreichen eines geforderten Ausbreitungswiderstandes mehrere Tiefenerder notwendig, so ist ein gegenseitiger Mindestabstand von der doppelten wirksamen Länge eines einzelnen Erders anzustreben.

c) Fundamenterder sind besonders in dicht besiedelten Stadt- und Wohngebieten vorteilhaft, da hier Oberflächenerder kaum noch verlegt werden können und das Wasserrohrnetz durch das Vordringen der Kunststoffrohre nicht mehr als Erder zur Verfügung steht. Die Verlegung muß nach den „Richtlinien für das Einbetten von Fundamenterdern in Gebäudefundamente", herausgegeben von der Vereinigung Deutscher Elektrizitätswerke e. V. (VDEW), erfolgen.

d) Natürliche Erder, z. B. Metallbewehrung von Beton im Erdreich, Bleimäntel und andere metallene Umhüllungen von Kabeln, metallene Wasserleitungen oder andere geeignete unterirdische Konstruktionsteile. Die Verwendung von metallenen Umhüllungen sowie Wasserleitungen als Erder setzen das Einverständnis der Besitzer und der Betreiber sowie Vereinbarungen über eventuelle Änderungen an diesen natürlichen Erdern voraus.
Rohrleitungen für andere Zwecke, z. B. für brennbare Flüssigkeiten oder Gase und Heizungen dürfen nicht als Erder für Schutzzwecke verwendet werden.

Erdungsleitungen

Der Anschluß einer Erdungsleitung an einen Erder muß zuverlässig und elektrotechnisch einwandfrei ausgeführt werden. Folgendes ist zu beachten:

– Der Anschluß kann erfolgen
  · mit einer Erdungsschelle, wobei Erder und Erdungsleitung nicht beschädigt werden dürfen
  · durch Schraubanschluß mit mindestens M 10
  · mit Hülsenverbinder, z. B. Kerb-, Preß- oder Schraubenverbinder an Seilen.

– Zum Prüfen des Ausbreitungswiderstandes eines Erders ist an zugänglicher Stelle, möglichst an einer Übergangsstelle, eine Trennstelle in die Erdungsleitung einzubauen.

– Erdungsleitungen außerhalb der Erde müssen sichtbar oder bei Verkleidung zugänglich verlegt werden. Sie sind gegen zu erwartende mechanische oder korrosive Einflüsse zu schützen. Schalter oder ohne Werkzeug leicht lösbare Verbindungen sind unzulässig.

Mindestquerschnitte von Erdungsleitungen in Erde		
Verlegung	mechanisch geschützt	mechanisch ungeschützt
isoliert	Al, Cu, Fe wie für Schutzleiter gefordert	Al unzulässig Cu 16 mm² Fe 16 mm²
blank	Al unzulässig Cu 25 mm² Fe 50 mm² feuerverzinkt	

Haupterdungsschiene, Potentialausgleichsschiene

Jedem Hausanschluß oder gleichwertigem Versorgungsanschluß muß eine Haupterdungsschiene (-klemme) oder Potentialausgleichsschiene zugeordnet werden.

9.1 Schutzmaßnahmen nach DIN VDE 0100

9.1.9 Schutzleiter nach DIN VDE 0100 Teil 540 (11.83)

Schutzleiter

a) Als Schutzleiter können verwendet werden:
  - Leiter in mehradrigen Kabeln und Leitungen,
  - isolierte oder blanke Leiter in gemeinsamer Umhüllung mit Außenleitern und dem N-Leiter, z. B. in Rohren und Elektroinstallationskanälen,
  - fest verlegte blanke oder isolierte Leiter,
  - metallische Umhüllungen wie Mäntel, Schirme und konzentrische Leiter bestimmter Kabel (s. DIN VDE 0100 Teil 540),
  - Metallrohre oder andere Metallumhüllungen, z. B. Installationskanäle und Metallgehäuse.

b) Fremde leitfähige Teile können als Schutzleiter verwendet werden, wenn sie für eine solche Verwendung vorgesehen sind und
  - die durchgehende elektrische Verbindung durch Bauart oder Anwendung geeigneter Verbindungselemente gewährleistet ist, so daß eine Beeinträchtigung infolge mechanischer, chemischer oder elektrochemischer Einflüsse verhindert wird;
  - ihre Leitfähigkeit muß mindestens dem Wert des Mindestquerschnitts der nebenstehenden Tabelle entsprechen;
  - Vorkehrungen gegen den Ausbau der fremden leitfähigen Teile getroffen sind.

Fremde leitfähige Teile dürfen nicht als PEN-Leiter verwendet werden.

Metallschläuche und dergleichen dürfen nicht als Schutzleiter verwendet werden.

c) Die Aufrechterhaltung der durchgehenden elektrischen Verbindung als Schutzleiter muß sichergestellt sein:
  - Schutzleiter müssen angemessen gegen die Beeinträchtigung ihrer Eigenschaften infolge mechanischer und chemischer Einflüsse sowie elektrodynamischer Beanspruchung geschützt werden.
  - Schutzleiterverbindungen müssen zwecks Besichtigung und Prüfung zugänglich sein, es sei denn, sie sind vergossen.
  - Im Schutzleiter darf kein Schaltorgan eingebaut werden. Zulässig sind jedoch Trennelemente oder Klemmstellen, die für Prüfzwecke mit Werkzeug auftrennbar sind.
  - Schutzleiterverbindung und Schutzleiteranschlüsse müssen gegen Selbstlockern gesichert sein. Befestigungs- und Verbindungsschrauben sind nicht für den Anschluß ankommender und abgehender Schutzleiter geeignet.

Der **Querschnitt** der Schutzleiter muß entweder aus einer Tabelle ausgewählt oder berechnet werden. Die Werte der Tabelle haben beim Schutzleiter das gleiche Material wie beim Außenleiter zur Voraussetzung. Trifft dies nicht zu, so ist der Querschnitt des Schutzleiters so festzulegen, daß sich die gleiche Leitfähigkeit ergibt wie bei Anwendung der Tabelle. Ergeben sich nicht genormte Querschnitte, so ist der nächst höhere Querschnitt der Normreihe auszuwählen.

Im IT-Netzsystem braucht der Querschnitt eines getrennt verlegten Schutzleiters aus Fe oder einer Erdungsleitung aus

Zuordnung der Mindestquerschnitte von Schutzleitern zum Querschnitt der Außenleiter

Außen-leiter	Schutzleiter oder PEN-Leiter		Schutzleiter getrennt verlegt		
	Isolierte Starkstrom-leitungen	0,6/1-kV-Kabel mit 4 Leitern	geschützt		ungeschützt
mm^2	mm^2	mm^2	Cu mm^2	Al mm^2	Cu mm^2
bis 0,5	0,5	–	2,5	4	4
0,75	0,75	–	2,5	4	4
1	1	–	2,5	4	4
1,5	1,5	1,5	2,5	4	4
2,5	2,5	2,5	2,5	4	4
4	4	4	4	4	4
6	6	6	6	6	6
10	10	10	10	10	10
16	16	16	16	16	16
25	16	16	16	16	16
35	16	16	16	16	16
50	25	25	25	25	25
70	35	35	35	35	35
95	50	50	50	50	50
120	70	70	50	50	50
150	70	70	50	50	50
185	95	95	50	50	50
240	–	120	50	50	50

Fe jedoch nicht größer als 120 mm² zu sein, sofern zusätzlicher Potentialausgleich und Isolationsüberwachung angewendet werden.

Ungeschütztes Verlegen von Leitern aus Aluminium ist nicht zulässig.

Ab einem Querschnitt des Außenleiters von ≥ 95 mm² sind vorzugsweise blanke Leiter anzuwenden. PEN-Leiter ≥ 10 mm² Cu oder ≥ 16 mm² Al s. S. 12 – 14.

Zur Berechnung der Mindestquerschnitte für Abschaltzeiten bis 5 s ist folgende Gleichung anzuwenden:

$$S = \frac{\sqrt{I^2 \cdot t}}{k}$$

S Mindestquerschnitt in mm²

I effektiver Wechselstromwert des Fehlerstromes in A, der bei einem vollkommenen Kurzschluß durch die Schutzvorrichtung fließen kann

t Ansprechzeit in s für die Abschaltvorrichtung

k ist ein Materialbeiwert, der abhängt
  - von dem Leiterwerkstoff des Schutzleiters
  - von dem Werkstoff der Isolierung
  - von dem Werkstoff anderer Teile
  - von der Anfangs- und Endtemperatur des Schutzleiters

Einheit von k: $\mathrm{A} \dfrac{\sqrt{s}}{mm^2}$

Die Materialbeiwerte k für Schutzleiter bei verschiedener Anwendung und verschiedenen Schutzarten sind den Tabellen in DIN VDE 0100 Teil 540 zu entnehmen.

9.1 Schutzmaßnahmen nach DIN VDE 0100

9.1.10 Potentialausgleichsleiter und PEN-Leiter nach DIN VDE 0100 Teil 540 (11.83)

Querschnitte für Potentialausgleichsleiter

	normal	mindestens	mögliche Begrenzung
Haupt-potential-ausgleich	0,5 × Querschnitt des Hauptschutzleiters [1])	6 mm² Cu oder gleichwertiger Leitwert	25 mm² Cu oder gleichw. Leitwert [2])
Zusätzlicher Potentialausgleich	zwischen zwei Körpern: 1 × Querschnitt des kleineren Schutzleiters	bei mechanischem Schutz 2,5 mm² Cu 4 mm² Al	
	zwischen einem Körper u. einem fremden leitf. Teil: 0,5 × Querschnitt des Schutzleiters	ohne mechanischen Schutz: 4 mm²	

PEN-Leiter

Wird die Erdung zugleich für Schutz- und Funktionszwecke verwendet, so haben die Festlegungen für die Schutzmaßnahmen Vorrang. Zu beachten ist:
– Ein gemeinsamer Leiter (PEN-Leiter) sowohl für die Funktion des Schutzleiters als auch die des Neutralleiters ist in TN-Netzen bei fester Verlegung und einem Leiterquerschnitt von mindestens 10 mm² Cu oder 16 mm² Al zulässig. Für größere PEN-Leiterquerschnitte ist die Abhängigkeit vom Außenleiterquerschnitt nach Tabelle auf 12-13 zu bemessen.
– Zur Vermeidung von Streuströmen muß der PEN-Leiter für die höchste zu erwartende Spannung isoliert sein (in Schaltanlagen nicht erforderlich).
– Hinter der Aufteilung des PEN-Leiters in Neutral- und Schutzleiter dürfen diese nicht mehr miteinander verbunden werden.
 Der Neutralleiter darf nach der Aufteilung nicht mehr geerdet werden.

Anmerkung: Für die Schutz- und Neutralleiter müssen an der Aufteilungsstelle getrennte Klemmen oder Schienen vorgesehen werden. Der PEN-Leiter muß an die für den Schutzleiter bestimmte Klemme oder Schiene angeschlossen werden.
Die Aufteilung des PEN-Leiters in je nur einen Schutz- und Neutralleiter ist mit einer einzelnen geeigneten Klemme zulässig. Bei geeigneten Klemmen kann auch zusätzlich ein Potentialausgleichsleiter angeschlossen werden. Getrennte Klemmstellen auf einer gemeinsamen Schiene sind hierfür ebenfalls geeignet.

Isolierte Schutzleiter und isolierte PEN-Leiter sind in ihrem ganzen Verlauf durchgehend grün-gelb zu kennzeichnen. Diese Kennzeichnung darf auch für
- Potentialausgleichsleiter mit Schutzfunktion
- Erdungsleitung mit Schutzfunktion

verwendet werden. Für andere Leiter ist diese Kennzeichnung nicht zulässig.

9.2 Schutzmaßnahmen nach DIN VDE 0105

9.2.1 Der Einsatz von Arbeitskräften nach DIN VDE 0105 Teil 1 (7.83)

	Elektrofachkraft	Elektrotechn. unterwiesene Person	Laie
Arbeitskräfte	Jemand, der auf Grund seiner fachlichen Ausbildung, Kenntnisse und Erfahrungen sowie Kenntnis der einschlägigen Normen der ihm übertragenen Arbeiten beurteilen und mögliche Gefahren erkennen kann.	Jemand, der durch eine Elektrofachkraft über die ihr übertragenen Aufgaben und die möglichen Gefahren bei unsachgemäßem Verhalten unterrichtet und erforderlichenfalls angelernt sowie über die notwendigen Schutzeinrichtungen und Schutzmaßnahmen belehrt wurde.	Jemand, der weder als Elektrofachkraft noch als elektrotechnisch unterwiesene Person qualifiziert ist.
Einsatz der Arbeitskräfte	Zutritt zu verschlossen gehaltenen elektrischen Betriebsstätten. Die Öffnung darf nur von beauftragten Personen vorgenommen werden.		Zutritt nur in Begleitung von Elektrofachkr. u. elektrot. unterw. Pers.
	Betreten von Prüffeldern mit Spannungen bis 1 000 V. Starkstromanlagen entsprechend den Errichtungsnormen in ordnungsgemäßem Zustand erhalten.		Nur unter Aufsichtsführung
	Starkstromanlagen, außer solchen in Wohnungen, und Betriebsmittel in angemessenen Zeiträumen auf ihren Zustand hin prüfen.	Betriebsmittel unter Leitung und Aufsicht einer Fachkraft prüfen.	–
	Auswechseln von Sicherungseinsätzen und ohne Werkzeug herausnehmbaren Leitungsschutzschaltern, wenn beim Herausnehmen oder Einsetzen kein Schutz gegen direktes Berühren besteht.		–
	Auswechseln stromführender Sicherungseinsätze des NH-Systems mit geeigneten Hilfsmitteln und nach besonderer Schulung.		–
	Auswechseln von unter Spannung stehenden Lampen über 200 W bis 1 000 W mit Nennspannungen bis 250 V		

[1]) Hauptschutzleiter im Sinne dieser Festlegung ist der von der Stromquelle kommende oder vom Hausanschlußkasten oder dem Hauptverteiler abgehende Schutzleiter.
[2]) Unzulässig ist die ungeschützte Verlegung von Al-Leitern.

9-14

9.2 Schutzmaßnahmen nach DIN VDE 0105

9.2.2 Die „5 Sicherheitsregeln" nach DIN VDE 0105 Teil 1 (7.83)

Herstellen und Sicherstellen des spannungsfreien Zustandes vor Arbeitsbeginn und Freigabe der Arbeit

a) Das zuständige Bedienungspersonal ist vor Beginn der Arbeiten, die nur im spannungsfreien Zustand ausgeführt werden dürfen, zu verständigen.

b) Wird die Arbeit von mehreren Personen gemeinschaftlich ausgeführt, so ist eine Person als Aufsicht zu bestimmen.

c) Die Reihenfolge der folgenden 5 Maßnahmen ist im allgemeinen einzuhalten.

1. Freischalten

1.1 Es müssen alle Teile der Anlage freigeschaltet werden, an denen gearbeitet werden soll.

1.2 In Anlagen mit Nennspannungen über 1 kV müssen die erforderlichen Trennstrecken hergestellt werden. Sicherungstrennschalter genügen den Trennbedingungen nur im ausgeschalteten Zustand.

Hierbei muß auch ein im Sternpunktleiter liegender Schalter ausgeschaltet werden; ausgenommen sind hiervon starr geerdete Netze.

1.3 Sofern die aufsichtsführende oder allein arbeitende Person nicht selbst frei geschaltet hat, muß die mündliche, fernmündliche, schriftliche oder fernschriftliche Bestätigung der Freischaltung abgewartet werden. Zur Vermeidung von Hörfehlern ist eine mündliche oder fernmündliche Meldung der Freischaltung von der aufsichtsführenden oder allein arbeitenden Person zu wiederholen und die Gegenbestätigung abzuwarten. Die Meldung muß Namen und erforderlichenfalls die Dienststelle der für das Freischalten und die richtige Übermittlung verantwortlichen Person enthalten.

Das Festlegen eines Zeitpunktes ersetzt die vorhergehende Forderung nicht. Es ist keine Bestätigung der vollzogenen Freischaltung, wenn die Spannung fehlt.

2. Gegen Wiedereinschalten sichern

2.1 Betriebsmittel, mit denen freigeschaltet wurde, sind gegen Wiedereinschalten zu sichern.

2.2 Für die Dauer der Arbeit muß ein Verbotsschild zuverlässig an Schaltgriffen, Antrieben oder Tastern der Betriebsmittel angebracht sein, mit denen ein Anlagenteil freigeschaltet worden ist oder unter Spannung gesetzt werden kann.

2.3 Zum Freischalten benutzte Sicherungseinsätze oder einschraubbare Leitungsschutzschalter müssen herausgenommen und sicher verwahrt oder mit Schraubkappen bzw. Blindeinsätze, die nur mit besonderem Werkzeug entfernbar sind, ersetzt werden.

Zum Freischalten verwendete festeingebaute Leitungsschutzschalter sind durch geeignete Maßnahmen, z. B. Klebfolien, gegen Wiedereinschalten zu sichern.

2.4 Bei Kraftantrieben sind die Mittel für deren Antriebskraft und Steuerung, z. B. Strom, Federkraft oder Druckluft unwirksam zu machen.

2.5 Bei handbetätigten Schaltgeräten müssen vorhandene Verriegelungseinrichtungen gegen Wiedereinschalten benutzt werden.

2.6 Ist eine sichere Übertragung gewährleistet, so dürfen Maßnahmen zum Sichern gegen Wiedereinschalten auch durch Fernsteuerung vorgenommen werden.

3. Spannungsfreiheit feststellen

3.1 Die Spannungsfreiheit darf nur durch eine Elektrofachkraft oder unterwiesene Person festgestellt werden.

3.2 In jedem Fall muß die Spannungsfreiheit an der Arbeitsstelle allpolig festgestellt werden.

3.3 Bei Kabeln und isolierten Leitungen darf vom Prüfen auf Spannungsfreiheit an der Arbeitsstelle abgesehen werden, wenn das freigeschaltete Kabel bzw. die isolierte Leitung eindeutig ermittelt ist.

4. Erden und Kurzschließen

4.1 Teile, an denen gearbeitet werden soll, müssen an der Arbeitsstelle erst geerdet und dann kurzgeschlossen werden.

4.2 Erdung und Kurzschließung müssen von der Arbeitsstelle aus sichtbar sein.

In der Nähe der Arbeitsstelle darf geerdet und kurzgeschlossen werden, wenn dies aus Sicherheitsgründen oder örtlichen Gegebenheiten erforderlich ist.

4.3 Vorrichtungen zum Erden und Kurzschließen müssen immer zuerst geerdet und erst dann mit den zu erdenden Leitern verbunden werden.

4.4 Soweit es die Messung erfordert, darf für die Dauer der Messung die Kurzschließung und Erdung aufgehoben werden.

Zum Einmessen von Fehlerstellen an Kabeln muß vor Arbeitsbeginn kurzzeitig geerdet und kurzgeschlossen werden.

4.5 Liegen Kabel mit durchgehender, allseitig geerdeter metallener Umhüllung im Einflußbereich von Wechselstrombahnen oder starr geerdeten Hochspannungsnetzen, so ist der Kabel-Metallmantel wegen möglicher Ausgleichs- und Induktionsströme an der Arbeitsstelle vor dem Auftrennen durch eine Leitung von mindestens 16 mm² Cu zu überbrücken.

4.6 Das Erden und Kurzschließen darf außer mit den dafür bestimmten Einrichtungen der Anlagen, z. B. Erdungsschalter, nur mit freigeschalteten Erdungs- und Kurzschließgeräten nach DIN VDE 0683 vorgenommen werden. In Anlagen mit Nennspannungen bis 1 kV darf auch mit blanken Kupferseilen oder Kupferdrähten kurzgeschlossen werden.

4.7 Bei Erdungs- und Kurzschließseilen muß die Seillänge zwischen je zwei Anschlußstellen mindestens das 1,2-fache des Abstandes der Anschlußstellen betragen.

4.8 Beim Parallelschalten mehrerer Seile von Kurzschließvorrichtungen müssen folgende Bedingungen erfüllt sein: gleiche Seillänge, gleiche Seilquerschnitte, gleiche Anschlußteile und Anschlußstücke, Einbau der Geräte dicht nebeneinander mit Parallelführung der Seile.

4.9 In Anlagen sowie für schutzisolierte Freileitungen mit Nennspannungen bis 1 kV darf vom Erden und Kurzschließen abgesehen werden, wenn der spannungsfreie Zustand gemäß der Maßnahmen 1., 2. und 3. sichergestellt ist.

5. Abdecken und Abschranken benachbarter unter Spannung stehender Teile

Benachbarte, unter Spannung stehende Teile sind durch hinreichend feste und zuverlässig angebrachte isolierende Abdeckungen gegen zufälliges Berühren zu sichern, wenn aus zwingenden Gründen das Herstellen des spannungsfreien Zustandes nicht möglich ist.

9.3 Netzsysteme nach DIN VDE 0100 Teil 310 (4.82)

Netzsystem	TN-Netzsystem	TT-Netzsystem	IT-Netzsystem
Schaltung	Ein Punkt des Netzsystems ist direkt geerdet (Betriebserder); alle Körper der elektrischen Anlage sind über Schutzleiter bzw. PEN-Leiter mit diesem Punkt verbunden. **TN-S-Netzsystem** Neutralleiter und Schutzleiter sind im gesamten Netz getrennt. **TN-C-Netzsystem** Neutralleiter- und Schutzleiterfunktionen sind im gesamten Netzsystem in einem einzigen Leiter, dem PEN-Leiter, zusammengefaßt. **TN-C-S-Netzsystem** Neutralleiter- und Schutzleiterfunktion sind nur in einem Teil des Netzsystems in einem einzigen Leiter, dem PEN-Leiter, zusammengefaßt.	Ein Punkt des Netzsystems ist direkt geerdet (Betriebserder); alle Körper der elektrischen Anlage sind mit von Betriebserder getrennten Erdern verbunden.	Das Netzsystem ist entweder gegen Erde isoliert oder über eine ausreichend hohe Impedanz geerdet.
zulässige aktive Schutzmaßnahmen	Schutzisolierung (Verwendung von Betriebsmitteln der Schutzklasse II); Schutzkleinspannung (Verwendung von Betriebsmitteln der Schutzklasse III, max. $U_L = 50$ V); Schutztrennung		
zulässige aktive Schutzeinrichtungen nach DIN VDE 0100 Teil 410	– Überstrom-Schutzeinrichtung – FI-Schutzeinrichtung	– Überstrom-Schutzeinrichtung – FI-Schutzeinrichtung – FU-Schutzeinrichtung in Sonderfällen	– Isolationsüberwachungseinrichtung – Überstrom-Schutzeinrichtung – FI-Schutzeinrichtung – FU-Schutzeinrichtung in Sonderfällen
Kennzeichen	Erster Buchstabe: Erdungsbedingung der speisenden Spannungsquelle T direkte Erdung eines Punktes I entweder Isolierung aller aktiven Teile gegen Erde oder Verbindung eines Punktes mit Erde über eine Impedanz	Zweiter Buchstabe: Erdungsbedingung der Körper der elektrischen Anlage T Körper direkt geerdet N Körper direkt mit der Betriebserde verbunden; in Wechselspannungsnetzsystemen ist der geerdete Punkt meist der Sternpunkt	Weitere Buchstaben: Anordnung des Mittelleiters und des Schutzleiters S Mittelleiter und Schutzleiterfunktion durch getrennte Leiter C Mittelleiter- und Schutzleiterfunktionen kombiniert in einem Leiter, dem PEN-Leiter

10 Elektrische Maschinen

10.1 Dreiphasenwechselstrom (Drehstrom)

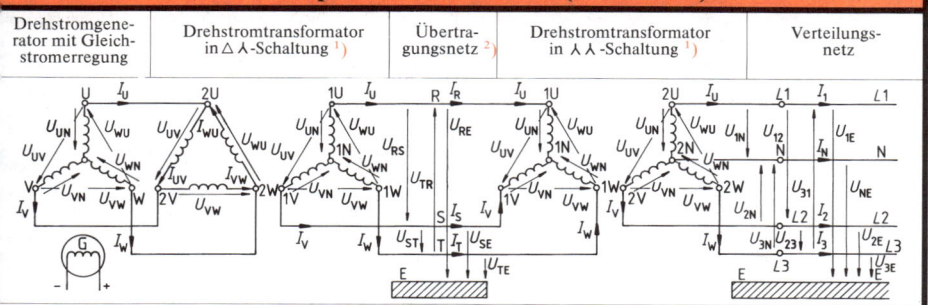

| Drehstromgenerator mit Gleichstromerregung | Drehstromtransformator in $\triangle \lambda$-Schaltung [1]) | Übertragungsnetz [2]) | Drehstromtransformator in $\lambda \lambda$-Schaltung [1]) | Verteilungsnetz |

Beispiel einer Drehstromübertragung

Begriffe nach DIN 40 108 (5.78)

Drehstromsystem ist die übliche Bezeichnung für ein dreiphasiges Wechselstromsystem.
Phase ist der augenblickliche Schwingungszustand eines periodischen Schwingungsvorgangs.
Phasenfolge ist in einem Mehrphasensystem die zeitliche Reihenfolge, in der die gleichartigen Augenblickswerte der Spannungen in den einzelnen Strombahnen nacheinander auftreten.
Mittelpunkt, bei einem Mehrphasensystem auch **Sternpunkt** genannt, ist ein Anschlußpunkt, von dem in Anordnung und Wirkung gleichwertige Stränge eines Systems ausgehen.
Außenleiter ist ein Leiter, der an einem Außenpunkt angeschlossen ist, z. B. $L1$, $L2$ und $L3$.
Neutralleiter ist ein Leiter, der an einem Mittelpunkt oder Sternpunkt angeschlossen ist.
Mittelleiter ist ein Neutralleiter, der an einem Mittelpunkt angeschlossen ist.
Nulleiter ist ein unmittelbar geerdeter Leiter, meist der Neutralleiter.
Strang ist die Strombahn in einem Mehrphasensystem, in der Strom einer Phase (in der Bedeutung von Schwingungszustand) fließt.

Außenleiterspannung ist die Spannung zwischen zwei Außenleitern mit zeitlich aufeinanderfolgenden Phasen, z. B. U_{UV}, U_{VW} und U_{WU}.
Dreieckspannung ist der effektive Nennwert der Außenleiterspannung eines Drehstromsystems.
Außenleiter-Mittelleiterspannung ist die Spannung zwischen einem Außenleiter und dem Mittelleiter (Mittelpunkt), z. B. U_{UN}, U_{VN}, U_{WN}.
Sternspannung ist die Spannung zwischen einem Außenleiter und dem Sternpunkt.
Strangspannung ist die Spannung zwischen den Enden eines Stranges, unabhängig davon, in welcher Schaltung die Stränge zusammengeschlossen sind.
Mittelpunktspannung ist die Spannung zwischen einem Mittelpunkt (Mittelleiter) und einem Punkt mit festgelegtem Potential, z. B. der Bezugserde.
Sternpunktspannung ist die Spannung zwischen einem Sternpunkt und einem Punkt mit festgelegtem Potential, z. B. der Bezugserde.
Dreieckstrom ist eine andere Bezeichnung für den Strangstrom in Dreieckschaltung.
Sternstrom ist eine andere Bezeichnung für den Strangstrom bei Mehrphasensystemen in Sternschaltung.

Sternschaltung und Dreieckschaltung
mit symmetrischer Belastung

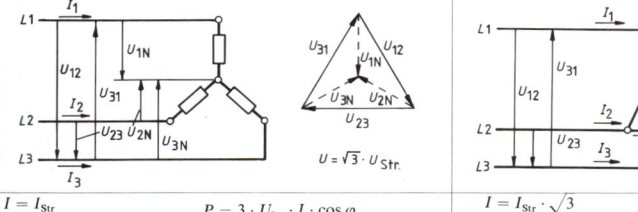

Sternschaltung:
$U = \sqrt{3} \cdot U_{Str}$

$I = I_{Str}$
$U = U_{Str} \cdot \sqrt{3}$
$S = 3 \cdot U_{Str} \cdot I$
$ = \sqrt{3} \cdot U \cdot I$

$P = 3 \cdot U_{Str} \cdot I \cdot \cos\varphi$
$ = \sqrt{3} \cdot U \cdot I \cdot \cos\varphi$
$Q = 3 \cdot U_{Str} \cdot I \cdot \sin\varphi$
$ = \sqrt{3} \cdot U \cdot I \cdot \sin\varphi$

Dreieckschaltung:
$I = \sqrt{3} \cdot I_{Str}$

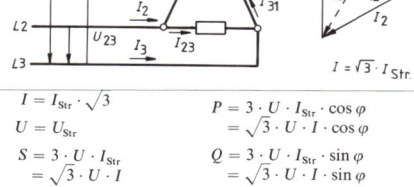

$I = I_{Str} \cdot \sqrt{3}$
$U = U_{Str}$
$S = 3 \cdot U \cdot I_{Str}$
$ = \sqrt{3} \cdot U \cdot I$

$P = 3 \cdot U \cdot I_{Str} \cdot \cos\varphi$
$ = \sqrt{3} \cdot U \cdot I \cdot \cos\varphi$
$Q = 3 \cdot U \cdot I_{Str} \cdot \sin\varphi$
$ = \sqrt{3} \cdot U \cdot I \cdot \sin\varphi$

mit U Außenleiterspannung U_{12}, U_{23}, U_{31}
U_{Str} Strangspannung U_{1N}, U_{2N}, U_{3N}
I Außenleiterstrom I_1, I_2, I_3
I_{Str} Strangstrom I_{12}, I_{23}, I_{31}

$\sqrt{3}$ Verkettungsfaktor
S Scheinleistung
P Wirkleistung
Q Blindleistung

[1]) Nach DIN 40 108 (5.78); die Spannungszeiger weichen aus Gründen einer übersichtlicheren Darstellung von DIN 40 714 Teil 1 ab.
[2]) Als Beispiel für Bezeichnung in alten Anlagen.

10.2 Leistungsschilder nach DIN 42961 (6.80)

```
┌─────────────────────────┐
│  ○      1          ○    │
│  │Typ│    2      │      │
│  │ 3 │Nr  4  │  5       │
│     6  │  7  │V│ 8  │A  │
│   9  │ 10 │ 11│COS φ│12 │
│   │ 13 │ 14 │/min│15│Hz│
│   │ 16 │ 17 │ 18 │V│19│A│
│  │I.Cl.│20 │IP 21│  22 │t│
│  ○         23          ○│
└─────────────────────────┘
```

Felder-Erklärung

1 **Hersteller**
2 **Typ**, bei Normmotoren zusätzlich Baugröße
3 **Stromart**
   Schaltz. nach DIN 40700 Teil 4
4 **Art der Maschine**
   z. B. Generator   Gen.
   Motor   Mot.
   Blindleistungsmaschine Bl. M.
   Umformer   U.
5 **Fertigungsnummer** (oder Typ-Kennz.)
   und Herstellungsjahr
6 **Schaltungsart** der Wicklung von Wechselstrommaschinen, Schaltz. n. DIN 40700
7 **Nennspannungen**
8 **Nennstrom**
9 **Nennleistung**
10 **Einheit und Leistung**
11 **Nennbetriebsarten**
   Abk. und Bed. entsprechend VDE 0530 (s. S. 10-3)

12 **Leistungsfaktor**
   Bei blindleistungsaufnehmenden Synchron- und Blindleistungsmaschinen ist das Zeichen „u" für untererregt hinzugefügt.
13 **Drehrichtung** nach DIN 57530 (s. S. 10-6)
14 **Nenndrehfrequenz** und wenn notwendig zulässige Überdrehfrequenz bzw. Schleuderdrehfrequenz und im Betrieb höchstzulässige Höchstdrehfrequenz.
15 **Nennfrequenz** bei Wechselstrommaschinen
16 **Erregung** oder Err
   bei Gleichstrommaschinen, Synchronmaschinen oder Einanker-Umformern
17 **Schaltungsart** (Schaltzeichen) der Läuferwicklung, wenn keine Dreiphasenwicklung vorliegt.
18 **Nennerregerspannung**
   bei Gleichstrom- und Synchronmaschinen
19 **Erregerstrom** für Nennbetrieb
   bei Gleichstrom- und Synchronmaschinen
20 **Isolierstoffklasse**
   Kennbuchstaben nach VDE 0530 und 0532 oder Grenz-Übertemperatur.
   Bei unterschiedlicher Ausführung ist zunächst die Isolierstoffklasse der Ständerwicklung und dann - durch Schrägstrich getrennt - die der Läuferwicklung anzugeben.
21 **Schutzart**
   Kennbuchstaben für Berührungs-, Fremdkörper- und Wasserschutz nach DIN IEC 34 T 5 (s. S. 10-4).
22 **Gewicht** (ungefähr) in t bei Maschinen mit einem Gesamtgewicht über 1 t.
23 **Zusätzliche Vermerke**
   z. B. Kühlmittelmenge bei Fremdkühlung, Trägheitsmoment oder Trägheitskonstant, Jahr der Reparatur usw.

10.3 Betriebsarten nach VDE 0530 (12.84)

Kennzeichnung

Unter **Betrieb** versteht man die Festlegung der Belastung für die Maschine einschließlich ihrer zeitlichen Dauer und Reihenfolge sowie gegebenenfalls einschließlich Anlauf, elektrisches Bremsen, Leerlauf und Pausen.

Eine Betriebsart kann durch ein Kennzeichen der folgenden Seite gekennzeichnet werden.

Beispiel: S1 oder DB
   für Maschinen, die für Nenn-Dauerbetrieb, d. h. allgemeine Zwecke, hergestellt sind.

Bei der Betriebsart S2 folgt nach dem Kurzzeichen S2 die Angabe der Betriebsdauer.

Beispiel: S2 30 min

Bei den Betriebsarten S3 und S6 folgt nach dem Kurzzeichen die Angabe der relativen Einschaltdauer und der Spieldauer, falls sie von 10 min abweicht.

Beispiele: S3 30%   S6 40%

Bei den Betriebsarten S4 und S5 werden diese Kurzzeichen erweitert um die Angabe der relativen Einschaltdauer sowie das Trägheitsmoment des Motors (J_M) und das Trägheitsmoment der Last (J_{ext}), beide auf die Motorwelle bezogen.

Beispiel: S4 25% $J_M = 0,15$ kg m^2 $J_{ext} = 0,8$ kg m^2

Bei der Betriebsart S7 wird das Kurzzeichen erweitert um das Trägheitsmoment des Motors (J_M) und das Trägheitsmoment der Last (J_{ext}), beide auf die Motorwelle bezogen.

Beispiel: S7 $J_M = 0,4$ kg m^2 $J_{ext} = 7,2$ kg m^2

Bei der Betriebsart S8 wird das Kurzzeichen erweitert um das Trägheitsmoment des Motors (J_M) und das Trägheitsmoment der Last (J_{ext}), beide auf die Motorwelle bezogen, sowie die Last, die Drehfrequenz und die relative Einschaltdauer für jede in Frage kommende Drehfrequenz.

Beispiel: S8 $J_M = 0,4$ kg m^2 $J_{ext} = 7,2$ kg m^2
   15 kW   740 min^{-1} 30%
   25 kW   980 min^{-1} 40%
   40 kW   1460 min^{-1} 30%

Folgt der Nennleistung keine Kennzeichnung, so gilt Nenn-Dauerbetrieb.

In den Abbildungen verwendete Formelzeichen:

P	Leistung	t_A	Anlaufzeit
P_V	Verluste	t_B	Belastungszeit
n	Drehfrequenz	t_{Br}	Bremszeit
ϑ	Temperatur	t_L	Leerlaufzeit
ϑ_{max}	höchste Temperatur	t_r	relative Einschaltdauer
		t_S	Spieldauer
t	Zeit	t_{St}	Stillstandszeit

10.3 Betriebsarten nach VDE 0530 (12.84)

Dauerbetrieb (S 1)

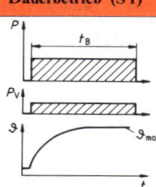

Ein Betrieb mit konstanter Belastung P, dessen Dauer ausreicht, den thermischen Beharrungszustand zu erreichen.

Kurzzeitbetrieb (S 2)

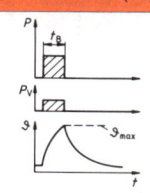

Die Betriebsdauer mit konstanter Belastung P reicht nicht aus, um den thermischen Beharrungszustand zu erreichen. In der Pause erfolgt Abkühlung, bis Maschinen- und Kühlmitteltemperatur höchstens um 2 K voneinander abweichen.

Aussetzbetrieb (S 3)

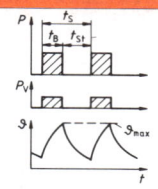

Der Betrieb ist eine Folge gleichartiger Spiele mit konstanter Nennlast und Stillstandszeit. Der Anlaufstrom beeinflußt die Erwärmung nicht merklich.

$$t_r = \frac{t_B}{t_B + t_{St}} \cdot 100\%$$

Aussetzbetrieb mit Einfluß des Anlaufvorgangs (S 4)

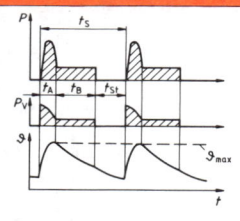

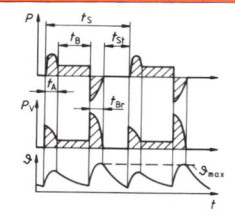

Betriebsart mit einer Folge gleichartiger Spiele aus merklicher Anlaufzeit, Zeit mit konstanter Belastung und Pause.

$$t_r = \frac{t_A + t_B}{t_A + t_B + t_{St}} \cdot 100\%$$

Aussetzbetrieb mit elektrischer Bremsung (S 5)

Betriebsart mit einer Folge gleichartiger Spiele aus merklicher Anlaufzeit, Zeit mit konstanter Belastung, Zeit schneller elektrischer Bremsung und Pause.

Ununterbrochener periodischer Betrieb mit Aussetzbelastung (S 6)

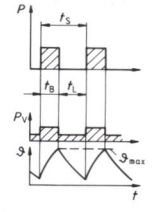

Der Betrieb ist eine Folge gleichartiger Spiele aus Zeit mit konstanter Belastung und Leerlaufzeit. Es tritt keine Pause auf.

$$t_r = \frac{t_B}{t_B + t_L} \cdot 100\%$$

Ununterbrochener periodischer Betrieb mit elektrischer Bremsung (S 7)

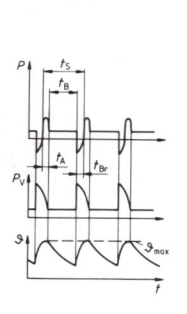

Der Betrieb ist eine Folge gleichartiger Spiele aus merklicher Anlaufzeit, Zeit mit konstanter Belastung und Zeit mit schneller elektrischer Bremsung. Es tritt keine Pause auf.

Ununterbrochener periodischer Betrieb mit Drehfrequenzänderung (S 8)

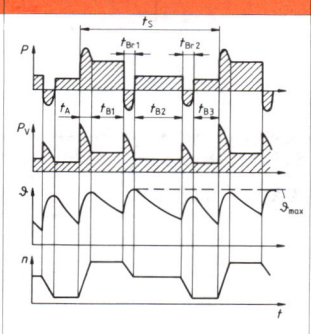

Folge gleichartiger Spiele aus Zeit mit konstanter Belastung und bestimmter Drehfrequenz; anschließend Zeit(en) mit anderer konstanter Drehfrequenz und Belastung.

Ununterbrochener Betrieb mit nichtperiodischer Last- und Drehfrequenzänderung (S 9)

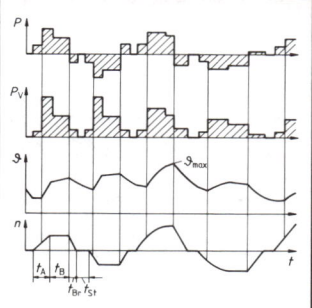

Belastung und Drehfrequenz ändern sich innerhalb des zulässigen Betriebsbereiches nichtperiodisch; häufig auftretende Belastungsspitzen können weit über der Nennleistung liegen.

10.4 IP-Schutzarten für umlaufende elektrische Maschinen nach DIN IEC 34 Teil 5 (11.83)

Erste Kenn-ziffer	Berührungs- und Fremdkörperschutz Schutzgrad	Zweite Kenn-ziffer	Wasserschutz Schutzgrad
0	Kein besonderer Schutz.	0	Kein besonderer Schutz.
1	Schutz gegen Eindringen von festen Fremdkörpern mit einem Durchmesser größer als 50 mm (große Fremdkörper). Schutz gegen zufälliges oder versehentliches Berühren von unter Spannung stehenden Teilen und gegen Annäherung an solche Teile sowie gegen Berühren sich bewegender Teile innerhalb des Gehäuses mit einer großen Körperfläche (z. B. Hand); aber kein Schutz gegen absichtlichen Zugang zu diesen Teilen.	1	Senkrecht fallendes Tropfwasser darf keine schädliche Wirkung haben.
		2	Senkrecht fallendes Tropfwasser darf keine schädliche Wirkung haben, wenn die Maschine um einen Winkel bis 15° gegenüber ihrer normalen Lage gekippt ist.
		3	Sprühwasser, das in einem Winkel bis zu 60° von der Senkrechten fällt, darf keine schädliche Wirkung haben.
2	Schutz gegen Eindringen von festen Fremdkörpern mit einem Durchmesser größer als 12 mm (mittelgroße Fremdkörper). Schutz gegen Berühren von unter Spannung stehenden Teilen und gegen Annähern an solche Teile sowie gegen Berühren sich bewegender Teile innerhalb des Gehäuses mit den Fingern oder ähnlichen Gegenständen nicht länger als 80 mm.	4	Wasser, das aus allen Richtungen gegen die Maschine spritzt, darf keine schädliche Wirkung haben.
		5	Ein Wasserstrahl aus einer Düse, der aus allen Richtungen gegen die Maschine gerichtet wird, darf keine schädliche Wirkung haben.
3	Schutz gegen Eindringen von festen Fremdkörpern mit einem Durchmesser größer als 2,5 mm (kleine Fremdkörper). Schutz gegen Berühren von unter Spannung stehenden Teilen und gegen Annähern an solche Teile sowie gegen Berühren sich bewegender Teile innerhalb des Gehäuses mit Werkzeugen oder Drähten mit einer Dicke größer als 2,5 mm.	6	Wasser durch schwere Seen oder Wasser in starkem Strahl darf nicht in schädlichen Mengen in das Gehäuse eindringen.
		7	Wasser darf nicht in schädlichen Mengen eindringen, wenn die Maschine unter festgelegten Druck- und Zeitbedingungen in Wasser getaucht wird.
		8	Die Maschine ist geeignet zum dauernden Untertauchen in Wasser bei Bedingungen, die durch den Hersteller zu beschreiben sind.
4	Schutz gegen Eindringen von festen Fremdkörpern mit einem Durchmesser größer als 1 mm (kornförmige Fremdkörper). Schutz gegen Berühren von unter Spannung stehenden Teilen und gegen Annähern an solche Teile sowie gegen Berühren sich bewegender Teile innerhalb des Gehäuses mit Drähten oder Bändern mit einer Dicke größer als 1 mm.		
5	Schutz gegen schädliche Staubablagerungen im Innern. Vollständiger Berührungsschutz.		
6[1]	Schutz gegen Eindringen von Staub. Vollständiger Berührungsschutz.		

Kurzzeichen

Das Kurzzeichen für die Schutzart besteht aus den Buchstaben IP und zwei nachfolgenden Ziffern für die Schutzgrade. Beispiel: IP 21

Wenn die Schutzart nur für einen einzelnen Schutzgrad angegeben wird, so ist anstelle der fehlenden Kennziffer der Buchstabe X zu setzen. Beispiel: IP X5 oder IP 2X

Für besondere Anwendungen kann den Kennziffern ein Buchstabe nachgestellt werden. Beispiel: IP 55S

Der Zusatzbuchstabe gibt an, ob der Schutz gegen schädlichen Wassereintritt bei stillstehender Maschine (S) oder laufender Maschine (M) nachgewiesen oder geprüft wurde.

Gegenüber den IP-Schutzarten für elektrische Betriebsmittel nach DIN 40050 (7.80) enthält DIN IEC 34 (11.83) Ergänzungen für die besonderen Belange der umlaufenden elektrischen Maschinen. Hierzu gehören insbesondere der Schutz „... bei Annäherung an unter Spannung stehende oder sich bewegende Teile". Die international am häufigsten verwendeten Schutzarten sind: IP 12, IP 21, IP 22, IP 23, IP 44, IP 54 und IP 55.

10.5 Ermittlung der Übertemperaturen von Wicklungen nach VDE 0530 (12.84)

Zur Ermittlung von Wicklungstemperaturen einer Maschine ist grundsätzlich das Widerstandsverfahren anzuwenden. Die Temperatur wird hierbei aus der Widerstandszunahme berechnet.

Die Übertemperatur $\vartheta_2 - \vartheta_a$ wird für Kupfer-Wicklungen nach folgender Zahlenwertgleichung ermittelt:

$$\frac{\vartheta_2 + 235}{\vartheta_1 + 235} = \frac{R_2}{R_1}$$

Daraus folgt: $\vartheta_2 - \vartheta_a = \dfrac{R_2 - R_1}{R_1}(235 + \vartheta_1) + \vartheta_1 - \vartheta_a$

Hierin bedeuten:

ϑ_2 Temperatur der Wicklung am Ende der Prüfung in °C

ϑ_1 Temperatur der kalten Wicklung zum Zeitpunkt der Anfangsmessung in °C

ϑ_a Temperatur des Kühlmittels am Ende der Prüfung in °C

R_2 Widerstand der Wicklung am Ende der Prüfung

R_1 Widerstand der Wicklung bei der Temperatur ϑ_1 im kalten Zustand

---

[1]) Die erste Kennziffer 6 ist nur Bestandteil von DIN 40050.

10.6 Grenz-Übertemperaturen in K von indirekt mit Luft gekühlten Maschinen nach VDE 0530 (12.84)

Ermittlung der Übertemperaturen nach dem Widerstandsverfahren

	Maschinenteil	\multicolumn{7}{c}{Isolierung nach Klasse}
		Y	A	E	B	F	H	C
1	Alle Wicklungen, mit Ausnahme von 2, 3 und 4	nicht festgelegt	60	75	80	105	125	nicht festgelegt
2	Wechselstromwicklungen von Maschinen < 600 W (VA) sowie Maschinen mit Eigenkühlung, ohne Lüfter (IC 40)		65	75	85	110	130	
	Wechselstromwicklungen der übrigen Maschinen mit P_N < 200 kW (kVA)		60	75	80	105	125	
3	Feldwicklungen von Vollpolläufer-Synchronmaschinen mit in Nuten eingebetteter Gleichstromwicklung				90	110	135	
4	Einlagige Feldwicklungen mit freiliegender blanker oder lackierter Metalloberfläche und einlagige Kompensationswicklungen		65	80	90	110	135	
5	Eisenkerne und andere Teile, die mit Wicklungen Berührung haben		60	75	80	100	125	
6	Kommutatoren und Schleifringe		60	70	80	90	100	
7	Dauernd kurzgeschlossene nicht isolierte Wicklungen, Eisenkerne und andere Teile, die mit Wicklungen nicht in Berührung sind	\multicolumn{7}{l}{Die Grenz-Übertemperaturen dürfen Isolationen und andere benachbarte Teile nicht gefährden}
	Den Isolierstoffklassen zugeordnete Grenztemperaturen in °C	90	105	120	130	155	180	>180

Die Werte gelten für eine maximale Eintrittstemperatur des Kühlmittels von 40 °C und eine Aufstellungshöhe unter 1000 m.

10.7 Toleranzen elektrischer Maschinen nach VDE 0530 (12.84)

Nenngröße	Art der Maschine	zulässige Abweichung			
Drehfrequenz		$\dfrac{P_N}{n/1000}$	< 0,67	≥ 0,67 ... 2,5	≥ 2,5 ... 10	≥ 10
bei Nennlast in betriebswarmem Zustand	Nebenschlußmotor Reihenschlußmotor Doppelschlußmotor		± 15 % ± 20 %	± 10 % ± 15 %	± 7,5 % wie beim Reihenschlußmotor oder nach Vereinbarung	± 5 % ± 7,5 %
	Drehstrom-Kommutatorm. mit Nebenschlußverhalten	− 3 % der synchronen Drehfrequenz bei Höchstdrehfrequenz + 3 % der synchronen Drehfrequenz bei Mindestdrehfrequenz			
Drehfrequenzänderung zwischen Leerlauf und Nennlast	Gleichstrommotoren mit Nebenschluß- oder Doppelschlußverhalten	± 20 % der gewährleisteten Drehfrequenzänderung; mindestens ± 2 % der Nenndrehfrequenz			
Wirkungsgrad	Elektromotoren allgemein	bei indirekter Ermittlung P_N ≤ 50 kW: − 0,15 (1 − η) P_N > 50 kW: − 0,1 (1 − η) bei direkter Messung − 0,15 (1 − η)			
Schlupf	Induktionsmotoren	P_N ≥ 1 kW (kVA): ± 20 % des gewährleisteten Schlupfes P_N < 1 kW (kVA): ± 30 % des gewährleisteten Schlupfes			
cos φ	Induktionsmaschinen	$-\dfrac{1 - \cos \varphi}{6}$; mindestens 0,02; höchstens 0,07			
Anzugsstrom	Käfigläufer Synchronmotoren	± 20 % des gewährleisteten Anzugsstromes; keine Begrenzung nach unten			
Anzugsmoment	Induktionsmotoren und Synchronmotoren	− 15 % und + 25 % des gewährleisteten Anzugsmomentes + 25 % bei Vereinbarung			
Kippmoment	Induktionsmotoren Synchronmotoren	− 10 % des gewährleisteten Wertes bei M_K ≥ 1,6 M_N sowie bei Käfigläufern in Sonderausführung und I_A ≤ 4,5 I_N; M_K ≥ 1,5 M_N − 10 % des gewährleisteten Wertes bei M_K ≥ 1,35 M_N bzw. bei Schenkelpolausführung M_K ≥ 1,5 M_N			
Sattelmoment	Induktionsmotoren	− 15 % des gewährleisteten Wertes			
Trägheitsmoment		± 10 % des gewährleisteten Wertes			

10.8 Anschlußbezeichnungen und Drehsinn von umlaufenden elektrischen Maschinen nach DIN 57530 Teil 8 (2.83)

1. Grundregeln für Anschlußbezeichnungen

Ohne Zwischenraum sind Zahlen und lat. Großbuchstaben aneinandergefügt. Jedem Wicklungsstrang ist ein Buchstabe zugeordnet. Eine nachgestellte Zahl kennzeichnet Anfang, Ende und Zwischenanzapfungen.

Der Anfang wird mit einer nachgestellten 1, das Ende mit einer nachgestellten 2 bezeichnet. Anzapfungen sind fortlaufend, beginnend mit 3 bei der dem Anfang nächstgelegenen Anzapfung, mit einer nachgestellten Zahl numeriert.

Wicklungsstränge mit ähnlicher Aufgabe, die räumlich getrennt sind oder verschiedenen Stromsystemen angehören, werden mit dem gleichen Buchstaben bezeichnet und durch eine vorangestellte Zahl unterschieden.

Sind Mißverständnisse ausgeschlossen, so können vorangestellte und/oder nachgestellte Zahlen weggelassen werden.

Für Informationszwecke sind die Bezeichnungen von Wicklungsenden, die nicht als äußere Klemmen oder Anschlußenden für den Netzanschluß bestimmt sind, in Klammern angegeben.

2. Drehsinn

Die Drehrichtung wird durch Blick auf die Stirnseite des einzigen Wellenendes oder bei Maschinen mit zwei Wellenenden auf die des dickeren Wellenendes festgestellt.

Bei Maschinen mit zwei Wellenenden gleicher Dicke oder ohne Wellenenden wird die Drehrichtung festgestellt durch Beobachtung

a) der dem Kommutator oder den Schleifringen abgewendeten Maschinenseite, wenn Kommutator und Schleifringe nur auf einer Maschinenseite angebracht sind;

b) der Maschinenseite, an der die Schleifringe angebracht sind, wenn Kommutator und Schleifringe auf unterschiedlichen Seiten angebracht sind.

Die Drehrichtung im Uhrzeigersinn gilt als Rechtslauf.

3. Kommutatorlose Wechselstrommaschinen

Wicklung		Kennbuchstabe					
		neu			Stern-	alt	
		Strang			punkt	Strang	
		1	2	3		1	2	3
primär	Anfang	U1	V1	W1	N	U	V	W
	Ende	U2	V2	W2		X	Y	Z
sekundär	Anfang	K1	L1	M1	Q	u	v	w
	Ende	K2	L2	M2		x	y	z

Für andersartige Wicklungen dürfen die Buchstaben R, S, T, X, Y und Z verwendet werden.

Für Gleichstrom durchflossene Erregerwicklungen ist der Buchstabe F zu verwenden.

Bei einem System mit mehr als drei Strängen kann die Unterscheidung auch durch die vorangestellte Zahl erfolgen.

Beispiele:
a)   b)

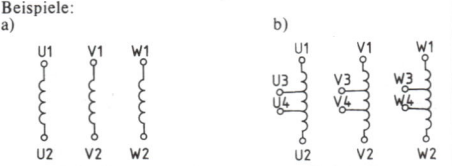

Dreiphasen-Asynchronmotor mit Käfigläufer
a) mit offenen und b) mit angezapften Wicklungen

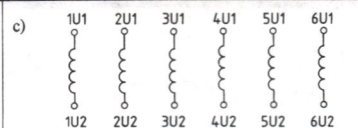

c) Sechsphasen-Asynchronmotor mit Käfigläufer

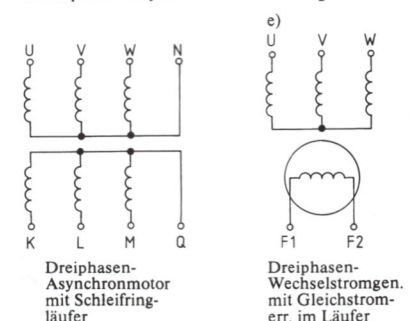

d) Dreiphasen-Asynchronmotor mit Schleifringläufer

e) Dreiphasen-Wechselstromgen. mit Gleichstromerr. im Läufer

Entspricht die alphabetische Folge der Buchstaben in den Anschlußbezeichnungen (z. B. U1, V1, W1) der zeitlichen Phasenfolge der Spannungen (L1, L2, L3), so ergibt sich als **Drehsinn** Rechtslauf.

4. Gleichstrommaschinen

Kennbuchstabe		Wicklung
neu	alt	
A1	A2	A	B	Ankerwicklung
B1	B2	G	H	Wendepolwicklung
C1	C2	G	H	Kompensationswicklung
D1	D2	E	F	Reihenschluß-Erregerwicklung
E1	E2	C	D	Nebenschluß-Erregerwicklung
F1	F2	I	K	Fremderregungs-Erregerwicklung
H1	H2	–	–	Hilfswicklung in der Längsachse
I1	I2	–	–	Hilfswicklung in der Querachse

Beispiele

a) 1C1 — (1C2) — (1B2) — (A2) — (2B2) — 2C2
        (1B1)   (A1)   (2B1)   (2C1)

Läuferwicklung mit symm. geschalteter Wendepol- und Kompensationswicklung

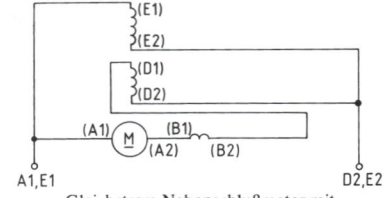

b)
A1,E1   D2,E2

Gleichstrom-Nebenschlußmotor mit Hilfsreihenwicklung und Wendepolwicklung

Werden Läufer- und Erregerwicklung in gleicher Folge der nachgestellten Zahl in der Anschlußbezeichnung (z. B. vom Wicklungsanfang zum Wicklungsende) vom Strom durchflossen, so ergibt sich als Drehsinn Rechtslauf.

10.9 Bauformen und Aufstellung von umlaufenden elektrischen Maschinen Code I DIN IEC 34 Teil 7 (4.83)

Kurzz.	Erklärung	Kurzz.	Erklärung
	2 Lagerschilde, mit Füßen	V 3	Befestigungsflansch oben auf der Antriebsseite; Zugang von der Gehäuseseite
B 3	Aufstellung auf Unterbau		
B 35	Aufstellung auf Unterbau mit zusätzlichem Befestigungsflansch; Zugang von der Gehäuseseite	V 4	Befestigungsflansch oben entgegen der Antriebsseite; Zugang von der Gehäuseseite
B 34	Aufstellung auf Unterbau mit zusätzlichem Befestigungsflansch; kein Zugang von der Gehäuseseite	V 10	Befestigungsflansch unten in Gehäusenähe; Zugang von der Gehäuseseite
B 6	Wandbefestigung; Füße auf Antriebsseite gesehen links; Bauform B 3; Lagerschilde nötigenfalls um 90° gedreht	V 14	Befestigungsflansch oben in Gehäusenähe; Zugang von der Gehäuseseite
B 7	Wandbefestigung; Füße auf Antriebsseite gesehen rechts; Bauform B 3, Lagerschilde nötigenfalls um 90° gedreht	V 16	Befestigungsflansch in Gehäusenähe auf Antriebsseite Befestigungsflansch unten; Zugang von der Gehäuseseite
B 8	Deckenbefestigung; Bauform B 3; Lagerschilde nötigenfalls um 180° gedreht	V 18	Befestigungsflansch unten auf der Antriebsseite; kein Zugang von der Gehäuseseite
		V 19	Befestigungsflansch oben auf der Antriebsseite; kein Zugang von der Gehäuseseite
B 20	Eingelassen in Unterbau, mit hochgezogenen Füßen	V 21	Befestigungsflansch unten auf der Antriebsseite; Befestigungsfläche oben; Zugang von der Gehäuseseite
	2 Lagerschilde, ohne Füße	V 30	Einbau in Kanal oder Rohrleitung; 3 oder 4 Nocken an einem Lagerschild, beiden Lagerschilden oder am Gehäuse. Wellenende unten
B 5	Befestigungsflansch in Lagernähe; Zugang von der Gehäuseseite		
B 10	Befestigungsflansch in Lagernähe auf Antriebsseite; Zugang von der Gehäuseseite	V 31	Einbau in Kanal oder Rohrleitung; 3 oder 4 Nocken an einem Lagerschild, beiden Lagerschilden oder am Gehäuse. Wellenende oben
B 14	Befestigungsflansch in Lagernähe auf Antriebsseite; kein Zugang von der Gehäuseseite		**2 Lagerschilde, mit Füßen**
B 30	Einbau in Kanal oder Rohrleitung; 3 oder 4 Nocken an einem Lagerschild, beiden Lagerschilden oder am Gehäuse	V 15	Befestigung an der Wand, zusätzlicher Befestigungsflansch unten; Zugang oder kein Zugang von der Gehäuseseite
	1 Lagerschild	V 36	Befestigung an der Wand oder auf Unterbau mit zusätzlichem Befestigungsflansch oben; Zugang von der Gehäuseseite
B 9	Anbau an Gehäusestirnfläche auf Antriebsseite; Bauform B 5 oder B 14 ohne Lagerschild und ohne Wälzlager auf Antriebsseite	V 5	Befestigung an der Wand oder auf Unterbau; freies Wellenende unten
B 15	Aufstellung auf Unterbau; Anbau an Gehäusestirnfläche auf Antriebsseite; Bauform B 3 ohne Lagerschild und ohne Wälzlager auf Antriebsseite	V 6	Befestigung an der Wand oder auf Unterbau; freies Wellenende oben
	2 Lagerschilde, ohne Füße		**1 Lagerschild**
V 1	Flanschanbau unten auf Antriebsseite; Zugang von der Gehäuseseite	V 8	Anbau an Gehäusestirnfläche; Bauform V 1 oder V 18 ohne Lagerschild und ohne Wälzlager auf der Antriebsseite
V 2	Befestigungsflansch unten entgegen der Antriebsseite; Zugang von der Gehäuseseite	V 9	Anbau an Gehäusestirnfläche; Bauform V 3 oder V 19 ohne Lagerschild und ohne Wälzlager auf der Antriebsseite

Anmerkung: Diese Norm betrifft nur umlaufende elektrische Maschinen mit Schildlager und einem freien Wellenende. Die Bezeichnung besteht aus den Buchstaben IM (International Mounting), denen ein Buchstabe (B: waagerechte und V: senkrechte Anordnung) und eine Zahl folgt.

10.10 Drehstrommotoren

Motor	Synchronmotor	Käfigläufermotor	Schleifringläufermotor	DS-Nebenschluß-motor (läufergespeist)
Schaltung **Rechtslauf**	L1 L2 L3 / U1 V1 W1 / U2 V2 W2 / M 2~ / F1 F2	L1 L2 L3 / U1 V1 W1 / U2 V2 W2 / M	L1 L2 L3 / U1 V1 W1 / U2 V2 W2 / M / K L M, Läufer zweisträngig	L1 L2 L3
Anschließen **Rechtslauf**	F1 F2 / L+ L− / Ständeranschluß wie beim Käfigläufer	Y: W2 U2 V2 / U1 V1 W1 / L1 L2 L3 ; Δ: U2 V2 W2 / L1 L2 L3	K L M Läufer zweisträngig ; K L M Läufer zweisträngig / Ständeranschluß wie beim Käfigläufermotor	U1 V1 W1 / L1 L2 L3. Zum Teil sind auch Sekundärwicklungs- und Bürstenanschlüsse zum Anschluß von Vorwiderständen herausgeführt.
Linkslauf	Vertauschen zweier Netzzuleitungen gegenüber Anschluß für Rechtslauf			
Drehmoment-Drehfrequenz-Kennlinien (normierte Darstellung)	n/n_s vs M/M_N	Tiefnutläufer / Widerstandsläufer	$R_V=$, R_2, $3R_2$, $5R_2$	bei 3 versch. Bürstenstellungen
Anzugsmoment / Nennmoment	0,5 bis 1,2	0,5 bis 2,5	1 bis 3	1,6 bis 2
Anzugsstrom / Nennstrom	1,5 bis 4,5	3 bis 7	1,5 bis 2,5	1,2 bis 2
Eigenschaften	Der Synchronmotor läuft über eine Dämpferwicklung ähnlich wie ein Käfigläufermotor an. Nach dem Hochlaufen wird an die bis dahin kurzgeschlossene Läuferwicklung Gleichspannung angelegt, so daß das Polrad in Synchronismus fällt.	Die Drehmoment-Drehfrequenz-Kennlinie läßt sich durch Wahl des Werkstoffes und der Querschnittsform der Läuferstäbe in weiten Grenzen den Erfordernissen der Antriebsmaschine anpassen.	Durch Vorschaltwiderstände im Läuferkreis können Drehmoment und Stromaufnahme beim Anlauf in weiten Grenzen verändert werden. Der Schleifringläufermotor wird vorzugsweise bei Antrieben mit Volllast- und Schweranlauf eingesetzt.	Die stufenlose Drehfrequenzverstellung erfolgt durch Verschieben zweier Bürstensätze auf dem Kommutator. Bei allen eingestellten Drehfrequenzen kann ein nahezu gleichbleibendes Drehmoment abgenommen werden.

10.11 Polumschaltbare Drehstrom-Asynchronmotoren

Eine Wicklung in Dahlanderschaltung

Bei der meist üblichen Dreieck/Doppelstern-Schaltung liegen die Absolutwerte der Nenn-Drehmomente bei der $\curlyvee\curlyvee$-Schaltung niedriger als bei der Dreieckschaltung.

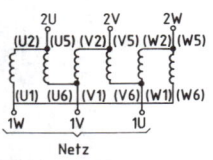

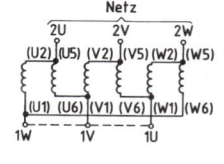

Niedrige Drehfrequenz
Wicklungsschaltung:
Reihen-Dreieck-Schaltung

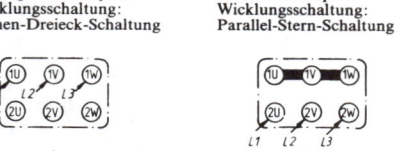

Hohe Drehfrequenz
Wicklungsschaltung:
Parallel-Stern-Schaltung

Schaltung	Polzahl	Nenn-Drehmoment bei niedr. Drehfrequ.	hoher Drehfrequ.
△/⋏⋏	4/2	100%	65%
	8/4	100%	75%
	12/6	100%	75%
⋏/⋏⋏	4/2	100%	250%
	8/4	100%	250%
	12/6	100%	250%

Zwei getrennte Wicklungen, zwei Drehfrequenzen

Die Wahl der Auslegung beider Wicklungen ist weitgehend frei, so daß die beiden Nenn-Drehmomente dem Bedarfsfall angepaßt werden können.
Meist wird ein konstantes Drehmoment bei beiden Drehfrequenzen, teilweise auch eine konstante Leistung zugrunde gelegt.

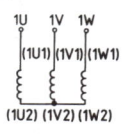

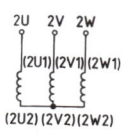

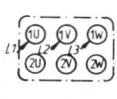

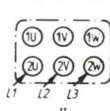

Schaltung	Ausführung	Nenn-Drehmoment bei niedr. Drehfrequ.	hoher Drehfrequ.
⋏/⋏	M = konst.	100%	100%
	P = konst.	100%	$\frac{\text{niedr. Polz.}}{\text{hohe Polz.}} = 100\%$

Zwei getrennte Wicklungen, drei Drehfrequenzen

Zwei Drehmoment-Kennlinien werden durch Dahlanderschaltung erzielt, während die dritte Kennlinie frei wählbar ist.
In Anlehnung an die praktischen Bedürfnisse und mit Rücksicht auf die magnetische Ausnutzung der Motortypen sind die folgenden Drehmoment-Abstufungen üblich:

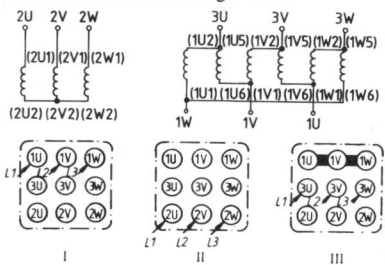

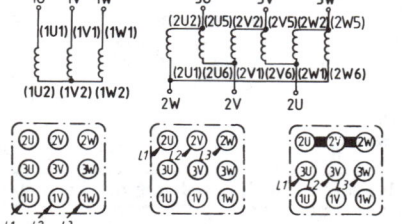

Schaltfolge △/⋏/⋏⋏

Schaltfolge ⋏/△/⋏⋏

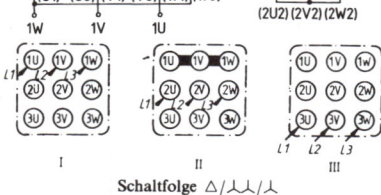

Schaltfolge △/⋏⋏/⋏

Schaltung	Polzahlen	Nenn-Drehmoment bei		
		niedr. Drehfrequ.	mittl. Drehfrequ.	hoher Drehfrequ.
△/⋏/⋏⋏	8/6/4	100%	100%	80%
	12/8/4	100%	100%	90%
⋏/△/⋏⋏	6/4/2	100%	100%	85%
	8/4/2	100%	100%	85%
	12/4/2	100%	100%	70%
△/⋏⋏/⋏	12/6/4	100%	90%	70%
	8/4/2	100%	80%	75%
	12/6/2	100%	90%	70%

10.12 Drehstrom-Normmotor mit Käfigläufer, Bauform IM B3

Anbaumaße und Hüllmaße nach DIN 42672 (4.83) und DIN 42673 (4.83)

Bau- größe	Anbaumaße in mm				Oberflächengekühlt Hüllmaße in mm				Innengekühlt Hüllmaße in mm			
	h	a	b	w_1	s	XA	XB	Y	Z	XA	XB	Y	Z
56	56	71	90	36	M 5	62	104	174	166				
63	63	80	100	40	M 6	73	110	210	181				
71	71	90	112	45	M 6	78	130	224	196				
80	80	100	125	50	M 8	96	154	256	214				
90 S	90	100	140	56	M 8	104	176	286	244				
90 L		125						298					
100 L	100	140	160	63	M10	122	194	342	266				
112 M	112	140	190	70	M10	134	218	372	300				
132 S	132	140	216	89	M10	158	232	406	356				
132 M		178						440					
160 M	160	210	254	108	M12	186	274	542	480	212	304	566	440
160 L		254						562					
180 M	180	241	279	121	M12	206	312	602	554	230	346	616	505
180 L		279						632					
200 M	200	267	318	133	–	–	–	–	600	258	388	680	570
200 L		305			M16	240	382	680				746	
225 S	225	286	356	149	M16	270	488	764	675	–	–	–	–
225 M		311								288	442	740	640
250 S	250	286	406	168	–	–	–	–	730	316	490	790	710
250 M		349			M20	300	462	874				820	
280 S	280	368	457	190	M20	332	522	984	792	364	536	920	785
280 M		419						1036				970	
315 S	315	406	508	216	M24	372	576	1050	865	396	586	990	865
315 M		457						1100				1040	

Wellenende und Zuordnung der Leistungen nach DIN 42672 (4.83) und DIN 42673 (4.83)

Bau- größe	Wellenende (Z) nach DIN 42946 Drehfrequ. in U/min		Leistung in kW bei 50 Hz Drehfelddrehfrequenz in U/min				Wellenende (Z) nach DIN 42946 Drehfrequ. in U/min		Leistung in kW bei 50 Hz Drehfelddrehfrequenz in U/min			
	3000	1500	3000	1500	1000	750	3000	1500	3000	1500	1000	750
56	9 × 20		0,09[1]	0,06[1]								
63	11 × 23		0,18[1]	0,12[1]								
71	14 × 30		0,37[1]	0,25[1]								
80	19 × 40		0,75[1]	0,55[1]	0,37[1]							
90 S	24 × 50		1,5	1,1	0,75							
90 L			2,2	1,5	1,1							
100 L	28 × 60		3	2,2[1]	1,5	0,75[1]						
112 M			4	4	2,2	1,5						
132 S	38 × 80		5,5[1]	5,5	3	2,2						
132 M			–	7,5	4[1]	3						
160 M	42 × 110		11[1]	11	7,5	4[1]	48 × 110		15	11	7,5	5,5
160 L			18,5	15	11	7,5			18,5[1]	15[1]	11	7,5
180 M	48 × 110		22	18,5	–	–	55 × 110		30	22	15	11
180 L			–	22	15	11			37	30	18,5	15
200 M	55 × 110		–	–	–	–	60 × 140		45	37	22	18,5
200 L			30[1]	30	18,5[1]	15			55	45	30	22
225 S	55 × 110	60 × 140	–	37	–	18,5	60 × 140	65 × 140	–	–	–	–
225 M			45		30	22			75	55	37	30
250 S	60 × 140	65 × 140	–	–	–	–	65 × 140	75 × 140	90	75	45	37
250 M			55		37	30			100	90	55	45
280 S	65 × 140	75 × 140	75		45	37	65 × 140	80 × 170	–	110	75	55
280 M			90		55	45			132		90	75
315 S	65 × 140	80 × 170	110		75	55	70 × 140	90 × 170	160		110	90
315 M			132		90	75			200		132	110

[1]) oder der nächst folgende Leistungswert nach DIN 42973.

10.13 Schützschaltungen

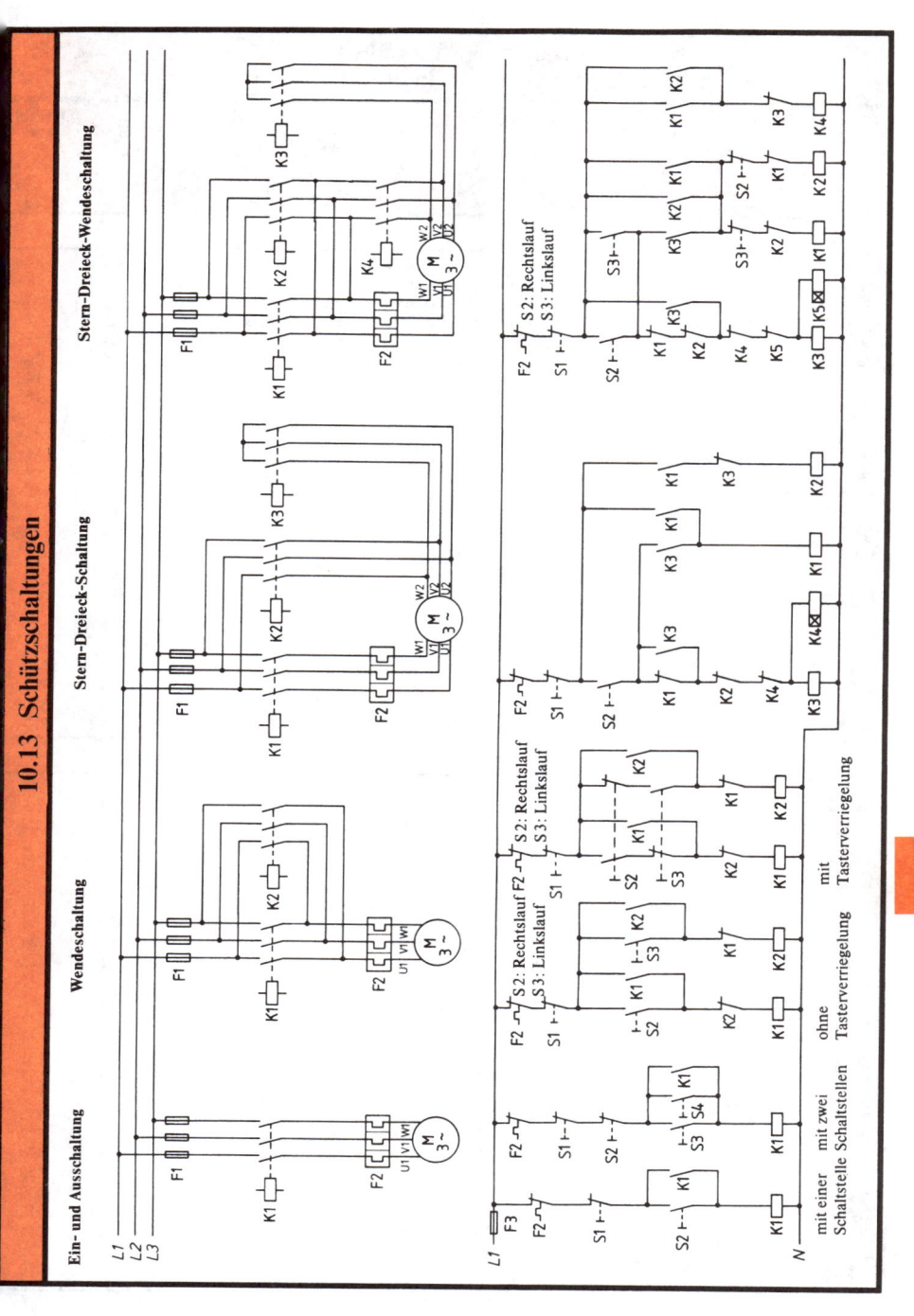

Ein- und Ausschaltung — **Wendeschaltung** — **Stern-Dreieck-Schaltung** — **Stern-Dreieck-Wendeschaltung**

mit einer Schaltstelle / mit zwei Schaltstellen / ohne Tasterverriegelung / mit Tasterverriegelung

10.14 Typische Betriebswerte oberflächengekühlter Drehstrommotoren mit Käfigläufer

Typ	Nenn-leistung kW	Nenn-drehfrequenz 1/min	Nennstrom bei 220 V A	Nennstrom bei 380 V A	Nennstrom bei 500 V A	Wirkungsgrad η %	Leistungsfaktor cos φ	Anzugsmoment Nennmoments	Kippmoment Nennmoments	Anzugsstrom Nennstroms	Gewicht netto ca. kg
Drehfrequenz 3000 1/min											
63 a	0,18	2755	0,94	0,54	0,41	65,5	0,78	2,3	2,3	4,2	4
63 b	0,25	2800	1,3	0,75	0,57	67	0,76	2,8	2,8	4,8	5
71 a	0,37	2750	1,7	0,98	0,75	68	0,84	2,9	2,5	4,8	6
71 b	0,55	2780	2,35	1,36	1,03	73,5	0,84	2,9	2,7	5,5	7
80 a	0,75	2800	3,2	1,86	1,42	72	0,85	2,7	2,3	5,5	9
80 b	1,1	2795	4,6	2,65	2,0	75	0,84	2,9	2,5	5,5	10
90 S	1,5	2825	5,9	3,4	2,6	77	0,87	2,4	2,4	5,2	14
90 L	2,2	2825	8,5	4,9	3,7	80	0,86	2,8	2,9	5,9	18
100 L	3	2885	10,9	6,3	4,8	83	0,87	2,7	3,1	6,6	24
112 M	4	2880	13,5	7,8	5,9	84,5	0,92	2,9	2,6	6,6	41
132 S1	5,5	2915	20	11,5	8,7	83	0,88	2,5	2,4	6,2	56
132 S2	7,5	2920	27,2	15,7	12	84,5	0,86	2,9	2,6	6,4	59
160 M	11	2910	38	22	16,9	86,5	0,88	2,5	2,7	5,8	110
160 M	15	2915	51	29,5	22,5	88	0,88	2,5	2,7	6,0	112
160 L	18,5	2910	61	35,5	27	88	0,90	2,9	2,8	6,4	135
180 M	22	2950	73,5	42,5	32,5	89,5	0,88	2,9	2,6	6,5	155
200 L1	30	2960	97	56	43	90,5	0,90	2,3	2,1	6,8	250
200 L2	37	2955	121	70	53	90,5	0,89	2,3	2,7	6,8	260
225 M	45	2965	143	83	63	92	0,90	2,2	2,4	6,5	340
250 M	55	2970	176	102	78	92,5	0,89	2,1	2,4	6,8	435
280 S	75	2980	235	136	103	94,5	0,89	2,0	2,0	6,8	613
280 M	90	2980	280	162	123	95	0,89	2,2	2,3	7,0	650
315 S	110	2980	342	198	150	93	0,91	1,35	2,8	6,8	785
315 M1	132	2980	415	240	182	93	0,90	1,45	2,9	7,3	880
315 M2	160	2985	492	285	217	95	0,90	1,50	2,2	7,5	960
Drehfrequenz 1500 1/min											
63 a	0,12	1385	0,85	0,49	0,37	61,5	0,64	2,1	2,0	3,2	4
63 b	0,18	1370	1,12	0,65	0,49	62	0,70	2	1,9	3,1	5
71 a	0,25	1390	1,37	0,8	0,61	66	0,72	2,4	2,3	3,7	6
71 b	0,37	1375	1,97	1,14	0,87	69	0,72	2,4	2,3	3,7	7
80 a	0,55	1405	2,7	1,55	1,18	72,5	0,76	2	2,1	4,2	9
80 b	0,75	1410	3,4	1,95	1,48	74,5	0,78	2,1	2,3	4,7	10
90 S	1,1	1410	4,8	2,75	2,1	75	0,81	1,9	2,1	4,7	14
90 L	1,5	1415	6,3	3,6	2,75	77	0,82	2,3	2,6	5,0	18
100 L1	2,2	1405	8,8	5,1	3,9	80	0,82	2,4	2,8	5,5	24
100 L2	3	1400	12,6	7,3	5,6	80	0,79	2,5	2,8	5,6	25
112 M	4	1420	14,9	8,6	6,6	83	0,85	2,3	3,2	5,9	41
132 S	5,5	1440	19,7	11,4	8,7	86	0,85	2,6	3,2	6,2	62
132 M	7,5	1445	27	15,5	11,8	87	0,84	2,6	3,2	7,0	72
160 M	11	1460	39	22,5	17,1	89	0,84	2,5	2,4	6,1	114
160 L	15	1450	52	30	23	89	0,86	2,4	2,3	6,1	135
180 M	18,5	1470	64	37,0	28,0	90	0,86	2,8	2,2	6,1	155
180 L	22	1470	74	43	32,5	91	0,86	2,9	2,2	6,5	175
200 L	30	1470	99	58	43,5	91,5	0,87	2,6	2,3	6,5	252
225 S	37	1475	124	72	54,5	91,5	0,86	2,5	2,3	6,5	320
225 M	45	1470	147	85	65	92,5	0,87	2,6	2,4	6,5	370
250 M	55	1475	178	103	78	93	0,88	2,5	2,2	7,0	450
280 S	75	1485	252	146	111	93	0,84	2,4	2,1	6,8	630
280 M	90	1485	298	173	132	93	0,85	2,4	2,3	6,8	710
315 S	110	1485	343	198	150	93,5	0,9	1,9	2,1	6,6	845
315 M1	132	1485	407	235	179	94,8	0,9	2,0	2,0	7,0	935
315 M2	160	1480	–	281	214	96	0,9	2,2	2,2	7,2	1030

10.14 Typische Betriebswerte oberflächengekühlter Drehstrommotoren mit Käfigläufer

Typ	Nenn-leistung kW	Nenn-drehfrequenz 1/min	Nennstrom bei 220 V A	Nennstrom bei 380 V A	Nennstrom bei 500 V A	Wirkungsgrad η %	Leistungsfaktor cos φ	Anzugsmoment (Vielfaches Nennmoments)	Kippmoment (Vielfaches Nennmoments)	Anzugsstrom (Vielfaches Nennstroms)	Gewicht netto ca. kg
Drehfrequenz 1000 1/min											
71 a	0,18	850	1,33	0,77	0,58	55	0,72	1,5	1,6	2,5	6
71 b	0,25	865	1,73	1	0,76	55	0,72	1,8	2,0	2,5	7
80 a	0,37	915	2,1	1,2	0,91	65	0,74	1,6	1,8	3,1	9
80 b	0,55	915	3,1	1,8	1,35	68	0,71	1,8	1,9	3,3	10
90 S	0,75	890	4,15	2,4	1,8	62	0,77	1,7	1,9	3,2	15
90 L	1,1	910	5,8	3,4	2,55	69	0,72	2,0	2,3	3,5	18
100 L	1,5	940	7,8	4,5	3,4	73	0,70	2,1	2,5	4,0	24
112 M	2,2	945	9,9	5,8	4,4	77	0,75	2,0	2,0	4,5	41
132 S	3	960	11,7	6,8	5,2	83	0,80	2,6	2,8	5,8	62
132 M1	4	955	16	9,3	7,0	83	0,80	2,4	2,6	5,7	70
132 M2	5,5	955	21,5	12,4	9,4	84	0,80	2,6	2,8	6,0	75
160 M	7,5	965	28,2	16,3	12,4	86	0,82	2,5	2,9	6,5	114
160 L	11	965	40,6	23,5	17,8	88	0,82	2,3	2,6	6,5	135
180 L	15	965	54	31	23,5	89	0,83	2,0	1,9	5,8	175
200 L1	18,5	970	65	37,5	28,5	90	0,83	2,4	2,0	5,0	260
200 L2	22	970	78	45	34	90	0,83	2,4	2,0	5,0	280
225 M	30	975	105	61	46,5	91	0,83	2,6	2,1	6,2	350
250 M	37	985	133	77	59	91,5	0,80	2,4	2,4	6,0	445
280 S	45	990	145	84	64	92,5	0,88	2,3	2,2	6,7	660
280 M	55	985	176	102	78	93	0,88	2,3	2,2	6,4	730
315 S	75	985	252	146	111	93	0,84	2,4	2,4	6,2	845
315 M1	90	990	301	174	132	94	0,84	2,4	2,3	6,5	935
315 M2	110	990	366	212	161	94	0,84	2,4	2,3	6,8	1030
Drehfrequenz 750 1/min											
71 a	0,09	660	0,9	0,52	0,4	48	0,62	1,8	1,6	2,0	6
71 b	0,12	655	1,2	0,7	0,53	51	0,60	2,2	2,0	2,0	7
80 a	0,18	695	1,45	0,83	0,63	53	0,62	1,8	1,6	2,5	9
80 b	0,25	695	1,73	1	0,76	61	0,62	1,9	1,7	2,5	10
90 S	0,37	690	2,6	1,5	1,14	63	0,60	1,8	1,9	2,7	15
90 L	0,55	690	3,5	2	1,54	66	0,63	1,7	1,6	2,7	18
100 L1	0,75	700	4,3	2,5	1,9	67	0,68	2,0	2,0	3,5	24
100 L2	1,1	690	6,0	3,45	2,6	67	0,72	2,0	2,0	3,9	25
112 M	1,5	700	7,6	4,35	3,3	74	0,72	1,9	2,2	3,7	43
132 S	2,2	715	10,2	5,9	4,5	81	0,70	2,1	2,3	4,2	62
132 M	3	715	13,7	7,9	6,0	82,5	0,70	2,1	2,3	4,5	75
160 M1	4	715	16,8	9,7	7,4	82	0,76	1,7	2,7	4,3	110
160 M2	5,5	725	23,5	13,6	10,3	84	0,74	1,8	2,8	4,8	114
160 L	7,5	720	31	18	13,6	86	0,76	2,45	3,5	5,5	135
180 L	11	720	41,5	24	18,2	86,5	0,81	2,1	1,8	5,5	175
200 L	15	725	56	32,5	24,5	88	0,80	2,5	2,2	5,0	256
225 S	18,5	730	72	41,5	31,5	88,5	0,77	2,6	2,3	5,0	320
225 M	22	725	84	48,5	37	89	0,78	2,6	2,3	5,0	360
250 M	30	735	109	63	48	90,5	0,80	2,3	2,1	5,2	440
280 S	37	740	130	75	57	92,5	0,81	2,2	2,0	5,5	640
280 M	45	740	164	95	72	91	0,79	2,5	2,3	5,9	700
315 S	55	740	188	109	83	93	0,82	2,5	2,3	6,8	830
315 M1	75	740	260	151	115	93	0,81	2,6	2,4	7,0	920
315 M2	90	740	313	181	138	93,5	0,81	2,5	2,4	7,2	1010

10.15 Drehstrom-Selbstanlasser

Direkte Einschaltung

Sie wird stets gewählt, wenn es die Netzverhältnisse und die angetriebene Maschine zulassen. Nach VDEW ist die direkte Einschaltung an 380 V bei Einfach-Käfigläufern auf 2,2 kW und bei Stromverdrängungsläufern auf 4 kW begrenzt.

Dreisträngiger Ständer-Anlaßwiderstand

Die Spannung am Motor kann beliebig reduziert werden. Der Anzugsstrom sinkt proportional mit der Spannung, das Anzugsmoment vermindert sich jedoch quadratisch damit. Einer verhältnismäßig geringen Herabsetzung des Stromes steht eine unverhältnismäßig hohe Verminderung des Anzugsmomentes gegenüber. Ständer-Anlaßwiderstände sind deshalb wenig verbreitet und finden nur Anwendung, wenn das Anzugsmoment merklich herabgesetzt werden soll.

Einsträngiger Ständer-Anlasser

Ist eine Herabsetzung des Anzugsstromes nicht erforderlich und nur ein stoßfreier Anlauf erwünscht, so wird die Kusa-Schaltung (**K**urzschlußläufer-**Sa**nftanlaufschaltung) gewählt. Der Anzugsstrom wird dabei nur in dem Wicklungsstrang mit dem vorgeschalteten Widerstand herabgesetzt.

Stern-Dreieck-Anlasser

Diese Schaltung ist das am meisten verbreitete Verfahren, den Einschaltstrom von Drehstrom-Käfigläufermotoren herabzusetzen. Die Motorwicklung ist für die Betriebsspannung in Dreieckschaltung ausgelegt und wird in der Anlaßstufe in Stern geschaltet. Dadurch sinkt die Spannung je Wicklungsstrang auf das $1/\sqrt{3}$-fache der Nennspannung; Anzugsmoment und Anzugsstrom gehen gegenüber der direkten Einschaltung auf ein Drittel zurück.

Nach VDEW (Vereinigung Deutscher Elektrizitätswerke) ist die Stern-Dreieck-Einschaltung an 380 V für Einfach-Käfigläufer auf 4 kW und für Stromverdrängungsläufer auf 7,5 kW begrenzt.

Steuerstromkreis s. S. 10-11
Motorschutz s. S. 10-15

Anlaßtransformator

Der dem Netz entnommene Strom und das Anzugsmoment nehmen quadratisch mit der Motorspannung ab; bei gleicher Abnahme des Anzugsmomentes sinkt der Anzugsstrom wesentlich stärker als beim Ständer-Anlaßwiderstand ab.

Anlaßtransformatoren werden vielfach beim Anlauf von Hochspannungsmotoren eingesetzt. Da das Anlaufgerät nur drei Leitungen zum Motor erfordert, werden häufig auch Unterwasserpumpen in engen Bohrungen über Anlaßtransformatoren angelassen.

Drehstrom-Läuferanlasser

Drehstrom-Läuferanlasser dienen zur Verminderung des Einschaltstromes von Motoren mit Schleifringläufer, wobei gleichzeitig das Anzugsmoment heraufgesetzt wird. Bei entsprechenden Widerstandswerten kann das Anlaufmoment gleich dem Kippmoment gewählt werden.

Sind die Widerstände für Dauerbetrieb ausgelegt, so ist damit auch eine Drehzahlsteuerung durch Schlupfänderung möglich.

Anlasser s. S. 10-16

10.16 Motorschutzeinrichtungen

Schutzeinrichtung	Sicherungen	Motorschutzschalter	Schütz mit Motorschutzrelais und Sicherungen	Thermistorschutz und Sicherungen
Ursachen für thermische Überbeanspruchung				
Im Betrieb				
Überlastung im Dauerbetrieb	○	●	●	●
Zu lange Anlauf- und Bremsvorgänge	◐	◐	●	●
Zu hohe Schalthäufigkeit	○	◐	◐	●
Bei Störung				
Einphasenlauf	○	◐	●	●
Unter- und Überspannungen im Netz	○	●	●	●
Frequenzschwankungen	○	●	●	●
Festbremsen des Läufers	◐	●[1]	●[1]	●[1]
Zuschalten des Motors mit blockiertem Läufer				
von ständerkritischen Motoren	◐	●	●	●
von läuferkritischen Motoren	○	●[1]	●[1]	◐[1]
Fremderwärmung, z. B. infolge Lagererwärmung	○	○	○	●
Behinderte Kühlung				
Erhöhte Umgebungstemperatur	○	○	○	●
Behinderung des Kühlmittelflusses	○	○	○	●

[1]) Bei läuferkritischen Maschinen ist eine zusätzliche Läufertemperaturüberwachung sinnvoll.

○ kein Schutz　　◐ nur bedingter Schutz　　● voller Schutz

Motorschutzrelais in selbsttätigen Stern-Dreieck-Schaltern

K1: Netzschütz
K2: Dreiecksch.
K3: Sternschütz

Anordnung			
Einstellung	0,58 × Motornennstrom	1 × Motornennstrom	0,58 × Motornennstrom
Vorteil	Schutz des Motors auch in Sternschaltung	ermöglicht längere Anlaufzeiten (15 bis 40 s); Schutz gegen Nichtanlauf	ermöglicht sehr lange Anlaufzeiten (> 40 s)
Nachteil	Anlaufzeit < 15 s	nur bedingter Motorschutz in λ-Schaltung	kein Motorschutz in λ-Schaltung
Anwendung	Normalanlauf	erschwerte Anlaufbedingungen	überlanger Anlauf, z. B. Zentrifugen

10.17 Anlasser für Elektromotoren nach DIN 46 062 (11.70)

Anzahl der Vor- und Anlaßstufen, Leistungszuordnung

Anlasser verwendbar bei			Anlaßzeit	Anlaßzahl	Anlaßhäufigkeit bei		Anzahl der	
Vollastanlauf	Halblastanlauf	Schweranlauf	t_a	z	Luftkühlung	Ölkühlung	Vorstufen	Anlaßstufen
für Motorleistungen bis kW			s		h h^{-1}		m_1	m_2
mindestens			mindestens	mindestens	mindestens		mindestens	
2,5 4	5 8	1,7 2,8	6 7	4	6	3	0	3
6,3 10	12,5 20	4,4 7	8 9					
16 25	31 50	11 17	10 12	3	4	2		4
40 63	80 125	28 44	14 16			1		
100 160	200 315	70 110	19 22	2	2	0,6	1	5
250 400	500 800	175 280	25 30			0,4		

Normal gestufte Anlasser haben mindestens die angegebene Anzahl der Vorstufen und Anlaßstufen.

Grob gestufte Anlasser haben wenigstens die halbe Anlaßstufenzahl. Vorstufen werden nicht gefordert.

Fein gestufte Anlasser haben mindestens die doppelte Anlaßstufenzahl und die gleiche Anzahl Vorstufen entsprechend der Tabelle.

Für **Drehstromanlasser** gilt die Mindestanzahl der Anlaßstufen nur bei symmetrischer Abschaltung. Bei Drehstromanlassern mit unsymmetrischer Abschaltung der Widerstandsstufen gilt als Mindestanzahl $m_{2u} = 3 \, (m_2 - 1)$. Werden Stufen teils unsymmetrisch, teils symmetrisch abgeschaltet, so ist eine symmetrische Stufe entsprechend Tabelle durch mindestens zwei unsymmetrische Stufen zu ersetzen.

Die Werte für die Anlaßzeit t_a entsprechen gerundet der empirischen Formel $t_a \approx 4\sqrt[3]{P}$, wobei P die Motorleistung in kW ist.

Bei $k_a \approx 1{,}4 \cdot k/f$ und Einhaltung der angegebenen Mindestzahlen für die Anlaßstufen werden die Spitzenströme begrenzt bei
Vollastanlauf auf das 1,8fache
Halblastanlauf auf das 1,0fache
Schweranlauf auf das 2,5fache

des Nennstromes. Hierbei wird davon ausgegangen, daß die Anlaßkennlinien linear verlaufen und die folgenden Spannungsabfälle im Läufer + Zuleitungen bei Läufernennstrom
bei Motoren bis 10 kW   10 %
bei Motoren bis 63 kW   6 %
bei Motoren bis 400 kW   3,5 %

der Läuferstillstandsspannung nicht unterschritten werden.

Für **Gleichstromanlasser** gelten diese Angaben ebenfalls, wenn Nennleistung und Nennspannung richtig ausgelegt sind und der Spannungsabfall im Läufer + Zuleitung auf die Nennspannung bezogen wird.

Genormte Anlasserkennwerte k_a für Drehstrom-Anlasser und zugeordnete Läuferkennwerte

Anlasserkennwerte k_a für Anlasser von Drehstrom-Schleifringläufermotoren

k_a in Ω	0,4	0,5	0,63	0,8	1	1,25	1,6	2	2,5	3,2	4	5	6,3	8	10	12,5	16

Diese Anlasserkennwerte werden den Läuferkennwerten k der Drehstrom-Schleifringläufermotoren nach der Beziehung $k_a \approx 1{,}4 \cdot k/f$ entsprechend der Anlaßschwere den folgenden Tabellen zugeordnet.

Vollastanlauf $f = 1{,}4$

k_a in Ω	0,63	0,8	1	1,25	1,6	2	2,5	3,2	4	5	6,3	8	10
k in Ω	0,56	0,71	0,9	1,1	1,4	1,8	2,2	2,8	3,6	4,5	5,6	7,1	9	11

Halblastanlauf $f = 0{,}7$

k_a in Ω	1	1,25	1,6	2	2,5	3,2	4	5	6,3	8	10	12,5	16
k in Ω	0,45	0,56	0,71	0,9	1,1	1,4	1,8	2,2	2,8	3,6	4,5	5,6	7,1	9

Schweranlauf $f = 2$

k_a in Ω	0,4	0,5	0,63	0,8	1	1,25	1,6	2	2,5	3,2	4	5	6,3
k in Ω	0,45	0,63	0,8	1,0	1,25	1,6	2	2,5	3,2	4	5	6,3	8	10

Beispiel:
Ein Anlasser mit dem Anlasserkennwert $k_a = 2{,}5$ Ω wird bei Halblastanlauf für Motoren mit Läuferkennwerten von $k = 1{,}1$ Ω bis $k = 1{,}4$ Ω verwendet.

10.17 Anlasser für Elektromotoren nach DIN 46062 (11.70)

Die Norm gilt für Widerstandsanlasser, unabhängig davon, wie das Kurzschließen des Widerstandes vorgenommen wird.

Bei ordnungsgemäßem Anlassen verharrt der Anlasser so lange auf jeder Anlaßstellung, bis der Anlaßstrom bzw. die Motordrehfrequenz sich nicht mehr merklich ändern.

Mit drei Buchstaben wird die **Art des Anlassers** auf dem Leistungsschild gekennzeichnet:

G Gleichstrom-Anlasser
D Drehstrom-Anlasser
L mit Luftkühlung
O mit Ölkühlung
g grob gestuft
n normal gestuft
f fein gestuft

Beispiel: DLf für Drehstrom-Anlasser mit Luftkühlung, feingestuft

Kenngrößen von Anlassern

Anlaßschwere f

$$f = \frac{I_m}{I_{Nm}} \quad \text{mit} \quad I_m = \frac{1}{2}(I_1 + I_2)$$

$$f \approx \frac{M_m}{M_N} \quad \text{mit} \quad M_N = \frac{P_N \cdot 9{,}55 \cdot 10^3}{n_N}$$

Die Anlaßschwere kann aus dem Motor-Nenndrehmoment und dem mittleren Anlaufmoment berechnet werden oder anhand der Normalwerte für f bestimmt werden; diese betragen

$f = 0{,}7$ für Halblastanlauf
 1,4 bei Vollastanlauf
 2,0 bei Schweranlauf

Diese Werte schließen eine ausreichende Beschleunigungsreserve ein, wenn das Gegenmoment der angetriebenen Arbeitsmaschine während des Anlaufs das 0,5-, 0,4- bzw. 1,4-fache des Motornennmomentes nicht übersteigt.

Bei Lüfterantrieben wird von einer Anlaßschwere $f = 1$ ausgegangen.

Anlaßhäufigkeit h

Die Anlaßhäufigkeit h eines Anlaßgerätes ist die Zahl der in gleichmäßigen Abständen dauernd zulässigen Anlaßvorgänge je Stunde bei betriebswarmem Gerät.

Bei luftgekühlten Widerständen kann man h angenähert aus der Anlaßzahl z berechnen, wobei $z \geq 2$ sein muß:

bei Gußeisenwiderständen $h \approx 5 \cdot z$
bei Drahtwiderständen $h \approx 7{,}5 \cdot z$

Anlaßzeit t_a

Dies ist die Zeitspanne, in der der Anlaßwiderstand (ohne etwaige Vorstufen) oder Teile von ihm Strom führen; sie entspricht der Dauer des Anlaßvorgangs, also der Zeit zwischen Stillstand des Motors und dem Erreichen der Nenndrehfrequenz (Anlaßstufen stromlos).

Anlaßzahl z

Die Anlaßzahl ist die Anzahl der hintereinander zulässigen Anlaßvorgänge vom kalten Zustand des Widerstandseinschaltens aus bis zum Erreichen seiner Grenztemperatur unter den jeweils festgelegten Bedingungen für Anlaßzeit, mittleren Anlaßstrom und bei einer Pause von der doppelten Anlaßzeit zwischen je zwei Anlaßvorgängen.

Die Anlaßzahl wird mindestens gleich zwei gewählt, damit ein zweiter Anlauf ohne größere Wartezeit möglich ist, wenn eine Wiederholung des Anlaßvorgangs erforderlich sein sollte.

Die Anlaßzahl z läßt sich berechnen aus

$$z = \frac{\text{mögliche Anlaßarbeit}}{\text{tatsächliche Anlaßarbeit}} \quad \begin{array}{l}\text{(Betriebswerte)}\\\text{(berechnete Werte)}\end{array}$$

Anlaßarbeit W

Die Anlaßarbeit ist die bei einem Anlauf vom Anlasser aufzunehmende Leistung je Sekunde in kJ.

Wird die aus dem Netz aufgenommene Anlaßarbeit W zur Hälfte im Widerstandsgerät in Wärme und die andere Hälfte als Beschleunigungsarbeit im Motor umgesetzt, so gilt

$$W = 0{,}5 \cdot P_N \cdot f \cdot t_a$$

Anlasserkennwert k_a

Der Anlasserkennwert gilt für Schleifringläufermotoren und ergibt sich aus dem Läuferkennwert k des anzulassenden Motors und der Anlaßschwere f:

$$k_a \approx 1{,}4 \cdot \frac{k}{f}$$

Der Läuferkennwert eines Schleifringläufermotors wird wie folgt berechnet:

$$k = \frac{\text{Läuferstillstandsspannung}}{\text{Läufernennstrom} \cdot \sqrt{3}}$$

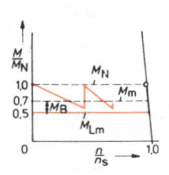

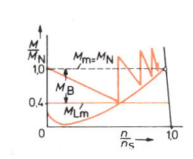

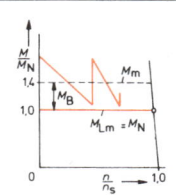

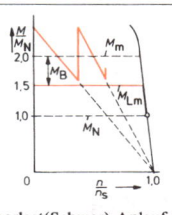

Halblastanlauf $f = 0{,}7$
z. B. Drehmaschinen, Schleifmaschinen, Stanzen, Umformer

Lüfteranlauf $f = 1{,}0$
z. B. Lüfter, Kreiselpumpen

Vollastanlauf $f = 1{,}4$
z. B. Werkzeugmaschinen unter Last, Mühlen

Überlast(Schwer)-Anlauf $f = 2{,}0$
z. B. Kneter, Brecher

I_m	mittlerer Anlaßstrom in A
I_{Nm}	Nennstrom des Motors in A
I_1	Schaltstrom, unmittelbar vor dem Kurzschließen einer Widerstandsstufe in A
I_2	Spitzenstrom, unmittelbar nach dem Kurzschließen einer Widerstandsstufe in A
P_N	Nennleistung des Motors in kW

bei Drehstrommotoren: Läuferstrom (Effektivwert)

M_m	mittleres Anlaßmoment in Nm
M_N	Motornenndrehmoment in Nm
M_{Lm}	mittleres Lastmoment in Nm
M_B	Beschleunigungsmoment in Nm
n_N	Motornenndrehfrequenz in U/min
n_s	synchrone Drehfrequenz in U/min

10.18 Einphasenbetrieb von Asynchronmotoren

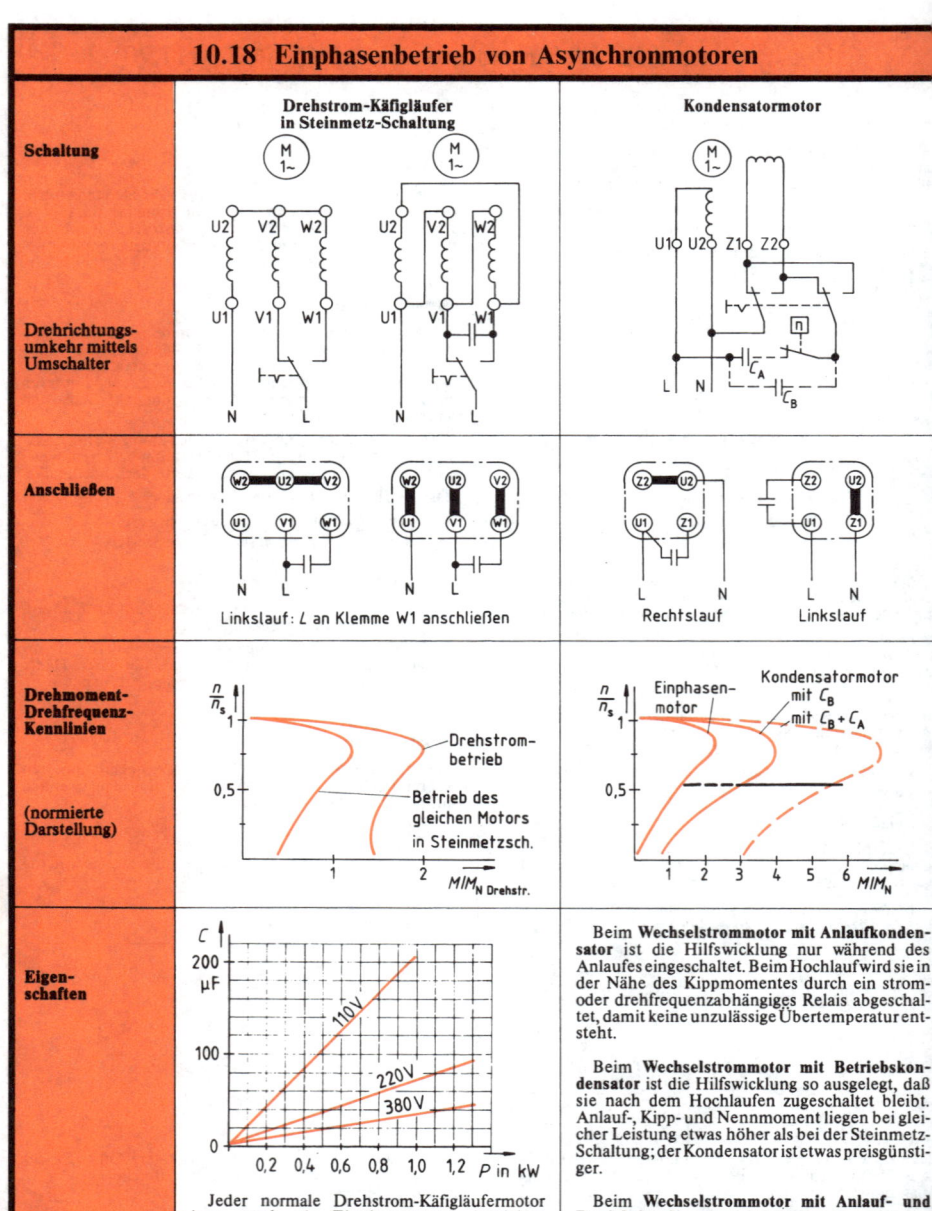

	Drehstrom-Käfigläufer in Steinmetz-Schaltung	Kondensatormotor
Schaltung Drehrichtungsumkehr mittels Umschalter	*(Schaltbilder mit Klemmen U1, V1, W1, U2, V2, W2)*	*(Schaltbild mit Klemmen U1, U2, Z1, Z2 und Kondensatoren C_A, C_B)*
Anschließen	Linkslauf: L an Klemme W1 anschließen	Rechtslauf / Linkslauf
Drehmoment-Drehfrequenz-Kennlinien (normierte Darstellung)	Diagramm n/n_s über $M/M_{N\,Drehstr.}$: Drehstrombetrieb, Betrieb des gleichen Motors in Steinmetzsch.	Diagramm n/n_s über M/M_N: Einphasenmotor, Kondensatormotor mit C_B, mit $C_B + C_A$
Eigenschaften	Diagramm C in µF über P in kW für 110 V, 220 V, 380 V	

Jeder normale Drehstrom-Käfigläufermotor kann auch als Einphasenmotor betrieben werden. Beim Anlauf werden etwa 10% bis 15% des Anlaufmomentes bei Drehstrombetrieb und im Betrieb ungefähr 80% der Drehstromnennleistung erreicht. Für höhere Anlaufmomente muß während des Hochlaufens ein Anlaßkondensator mit etwa doppelter Kapazität zum Betriebskondensator parallel geschaltet werden.

Beim **Wechselstrommotor mit Anlaufkondensator** ist die Hilfswicklung nur während des Anlaufes eingeschaltet. Beim Hochlauf wird sie in der Nähe des Kippmomentes durch ein strom- oder drehfrequenzabhängiges Relais abgeschaltet, damit keine unzulässige Übertemperatur entsteht.

Beim **Wechselstrommotor mit Betriebskondensator** ist die Hilfswicklung so ausgelegt, daß sie nach dem Hochlaufen zugeschaltet bleibt. Anlauf-, Kipp- und Nennmoment liegen bei gleicher Leistung etwas höher als bei der Steinmetz-Schaltung; der Kondensator ist etwas preisgünstiger.

Beim **Wechselstrommotor mit Anlauf- und Betriebskondensator** wird gleichzeitig ein hohes Anzugsmoment und ein gutes Betriebsverhalten erreicht. Der Anlaßkondensator sollte etwa die dreifache Kapazität des Betriebskondensators haben, dessen Werte vom Motorhersteller angegeben werden.

10.19 Schrittmotor

Schrittmotoren werden als Bindeglied zwischen Mechanik und Elektronik eingesetzt.

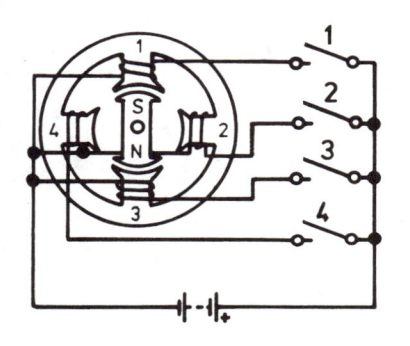

Innerhalb des Stators mit den Wicklungen ist ein Dauermagnet als Rotor drehbar gelagert. Eine Steuerlogik, z. B. ein Ringzähler, setzt die Impulse eines Oszillators in ein Impulsmuster um, mit dem über Leistungsstufen die Wicklungen angesteuert werden. Entsprechend der Polarität der Ständerpole rastet der Läufer so ein, daß der magnetische Widerstand am geringsten ist. Beim folgenden Impuls nimmt der Läufer eine neue Raststellung ein, so daß die Welle sich bei jedem Impuls um einen definierten Winkel schrittweise weiterdreht. Je nach Aufbau und Ansteuerung sind 4 bis 500 Schritte je Umdrehung bei Vollschrittbetrieb handelsüblich.

Bei **Vollschrittbetrieb** wird bei jedem Impuls eine Wicklung abgeschaltet und gleichzeitig eine Wicklung zugeschaltet:

Wicklung (Schalter)	Schritt 1	2	3	4
1	1	0	0	1
2	1	1	0	0
3	0	1	1	0
4	0	0	1	1

Die Schrittzahl je Umdrehung verdoppelt sich, wenn zunächst ein Wicklungsstrang abgeschaltet und erst beim folgenden Impuls ein Wicklungsstrang wieder zugeschaltet wird, so daß abwechselnd ein Wicklungsstrang und zwei Wicklungsstränge eingeschaltet sind:

Wicklung (Schalter)	Schritt 1	2	3	4	5	6	7	8
1	1	0	0	0	0	0	1	1
2	1	1	1	0	0	0	0	0
3	0	0	1	1	1	0	0	0
4	0	0	0	0	1	1	1	0

Da man beim **Halbschrittbetrieb** abwechselnd einen „harten" und einen „weichen" Schritt erhält, ist das Drehmoment je nach Ansteuerung um 15% bis 30% geringer als beim Vollschrittbetrieb. Das Überschwingen eines Schrittes ist jedoch kleiner, so daß Resonanzstellen viel weniger ausgeprägt auftreten.

Wird die Erregung eines Stranges stufenweise verringert bei gleichzeitiger stufenweiser Erhöhung im zweiten Strang, so läßt sich entsprechend der Stufenzahl eine weitere Unterteilung eines Vollschrittes in sogenannte Minischritte erreichen.

Bei der unipolaren Ansteuerung ist auch bei Vollschrittbetrieb immer nur ein Teil der Wicklungen angesteuert. Die Leistungsstufen können jedoch mit vergleichsweise geringem Aufwand realisiert werden. Bei der bipolaren Ansteuerung trägt das ganze Kupfervolumen zum Aufbau des Magnetfeldes bei. Bei gleicher Motorerwärmung sind höhere Start- und Betriebsfrequenzwerte sowie ein höheres Drehmoment erreichbar. Der Aufwand für die Leistungsstufen ist aber wesentlich höher.

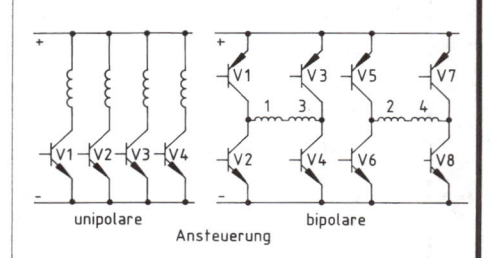

unipolare   bipolare
Ansteuerung

Wird ein Vorwiderstand in die Wicklungszweige eingefügt, so verringert sich die Zeitkonstante L/R des Stromanstieges. Bei gleichem Strangstrom werden höhere Start- und Betriebsfrequenzen erreicht. Nachteilig ist jedoch eine höhere Verlustleistung.

Soll der Strangstrom bei verschiedenen Schrittfrequenzen konstant bleiben, so muß die Spannung zur Veränderung der Spulenimpedanz automatisch angepaßt werden. Hohe Schrittfrequenzen und Drehmomente bei optimaler Motorleistung lassen sich deshalb durch Konstantstrom-Betrieb erreichen.

Das folgende Diagramm zeigt den prinzipiellen Verlauf der Kennlinien eines Schrittmotors:

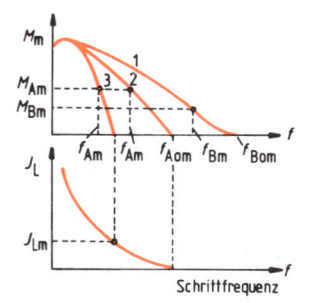

f_{Am} Start-Grenzfrequenz (lastabhängig)

f_{Aom} Maximale Startfrequenz, bei welcher der unbelastete Motor ohne Schrittfehler starten und stoppen kann.

f_{Bm} Betriebsgrenzfrequenz, bei welcher der Motor mit einer bestimmten Last ohne Schrittfehler betrieben werden kann.

f_{Bom} Maximale Betriebsfrequenz des unbelasteten Motors

M_m Maximales Drehmoment des Motors

M_{Am} Start-Grenzmoment für ein bestimmtes Lastträgheitsmoment

M_{Bm} Betriebsgrenzmoment, mit dem der Motor bei einem bestimmten Lastträgheitsmoment und vorgegebener Steuerfrequenz betrieben werden kann.

J_L Lastträgheitsmoment (Summe aller äußeren auf den Läufer reduzierten Massenträgheitsmomente)

10.20 Betriebsverhalten von Kleinmotoren

	Asynchronmotoren				Synchronmotoren	Kommutatormotoren	
	Drehstrommotor	Einphasen-Asynchronmotor mit abschaltbarem Hilfsstrang	Betriebs-Kondensatormotor	Spaltpolmotor	Reluktanzmotor	Reihenschlußmotor	Gleichstrommotor mit dauermagnetischem Feld
	$n_s = \dfrac{60 f}{p}$ $n < 3000$ min^{-1} ($f = 50$ Hz)	$n < 3000$ min^{-1}	$n < 3000$ min^{-1} b: $P_2 < 250$ W	$n < 3000$ min^{-1} $P_2 < 150$ W	$n = 3000$ min^{-1}	$n > 3000$ min^{-1}	$n \geq 2000$ min^{-1}
	$\eta = 0{,}5 \cdots 0{,}75$	$\eta = 0{,}5 \cdots 0{,}7$	$\eta = 0{,}5 \cdots 0{,}7$	$\eta = 0{,}1 \cdots 0{,}35$	$\eta = 0{,}3 \cdots 0{,}6$	$\eta = 0{,}5 \cdots 0{,}8$	$\eta = 0{,}6 \cdots 0{,}85$
	$\dfrac{M_A}{M_N} = 1 \cdots 3$	$\dfrac{M_A}{M_N} = \begin{cases} 1 \cdots 2 \text{(a)} \\ 2 \cdots 5 \text{(b)} \end{cases}$	$\dfrac{M_A}{M_N} = 1 \cdots 2$	$\dfrac{M_A}{M_N} = 0{,}2 \cdots 1$	$\dfrac{M_A}{M_N} = 0{,}5 \cdots 2$	$\dfrac{M_A}{M_N} = 2 \cdots 5$	$\dfrac{M_A}{M_N} = 4 \cdots 6$
	$M_A, M_K \sim U^2$	$M_A, M_K \sim U^2$	$M_A, M_K \sim U^2$	$M_A, M_K \sim U^2$	$M_A, M_K \sim U^2$	$M \sim I^2$	$M \sim I, \Phi$

10.21 Hauptgruppen elektronisch gesteuerter Kleinantriebe

Phasenanschnitt			
Einphasen-Asynchronmotoren		Reihenschluß-Kommutatormotoren	
Steller	Regelung (Tacho)	Steller	Regelung (Tacho)
Triac	Triac	Triac oder Thyristor	Triac oder Thyristor
Geringer Drehfrequenzstellbereich nach unten	Großer Drehfrequenzstellbereich nach unten	Großer Drehfrequenzbereich	Großer Drehfrequenzbereich
Arbeitspunkt oft instabil; Anzugsmoment bleibt nicht erhalten	Stabile Arbeitspunkte Anzugsmoment bleibt voll erhalten	Arbeitsdrehfrequenz stark last- und spannungsabhängig	Strombegrenzung

Schaltnetzteile	Schaltlogik	Umrichtergespeiste Antriebe	
Gleichstrom-Permanentmagnetmotoren	Schrittmotoren	Synchronmotoren mit Permanentmagnetläufer	Asynchronmotoren und Hysteresemotoren
Steller bei genügend steifer M_d-n-Kennlinie	Steuerlogik	Regelung (Tacho oder EMK-Messung)	oft Stellerbetrieb
Schalttransistor	Schalttransistoren	Gleichstrom-Zwischenkreis: Schalttransistor Wechselrichter-Teil: Thyristoren oder Transistoren	
Großer stabiler Drehfrequenzbereich	Schrittwinkel meist bauartbedingt	Großer stabiler Drehfrequenzbereich möglich	Großer stabiler Drehfrequenzbereich möglich
Strombegrenzung	max. Schrittfrequenz vom Momentenbedarf und Aussteuerverfahren vorgegeben	Strombegrenzung	Anlauf: Frequenzhochlauf Strombegrenzung

10.22 Gleichstrommotoren

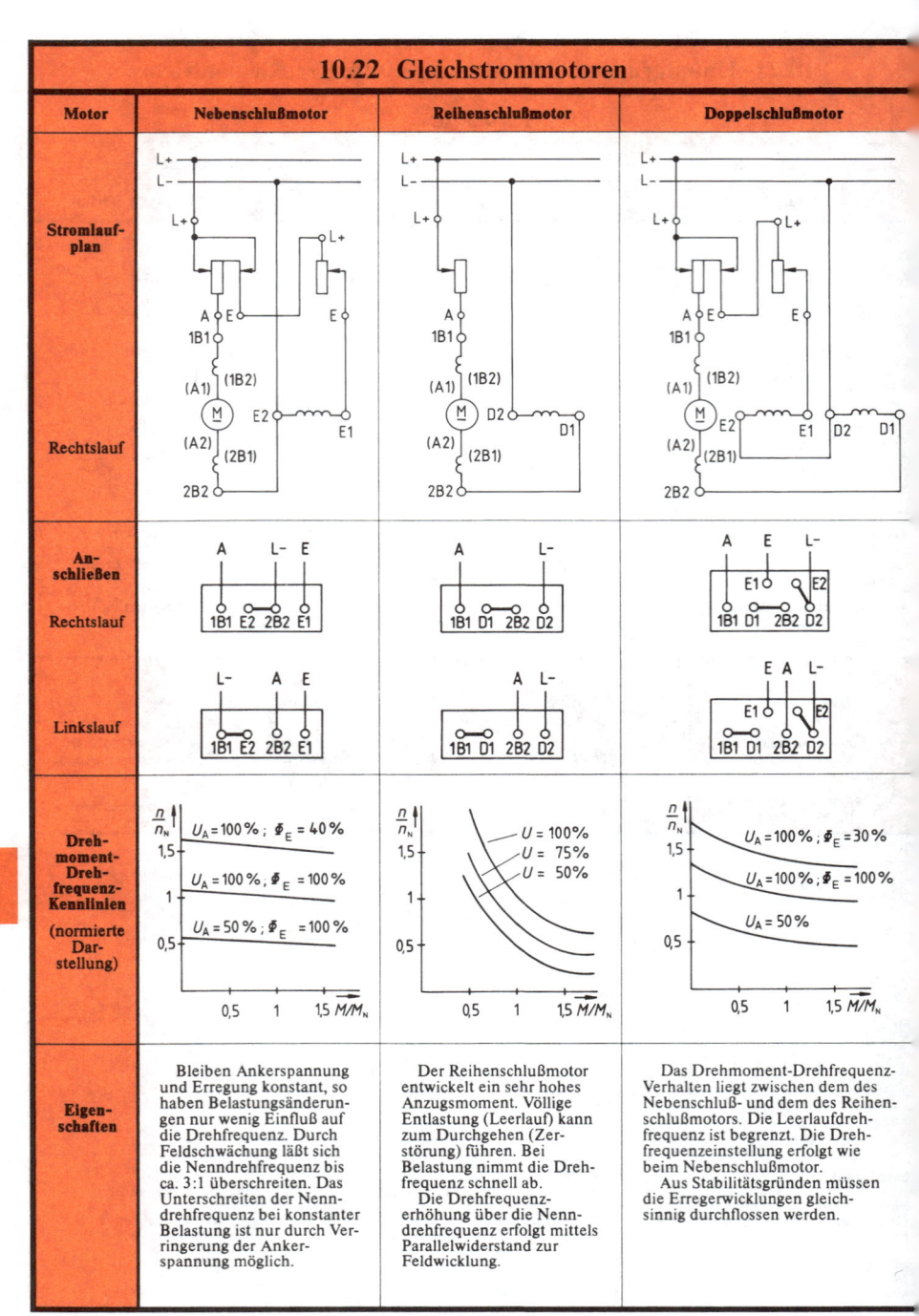

Motor	Nebenschlußmotor	Reihenschlußmotor	Doppelschlußmotor
Stromlaufplan Rechtslauf	Schaltung mit Anschlüssen L+, L−, A, E, 1B1, (A1), (1B2), (A2), (2B1), 2B2, E1, E2	Schaltung mit Anschlüssen L+, L−, A, 1B1, (A1), (1B2), (A2), (2B1), 2B2, D1, D2	Schaltung mit Anschlüssen L+, L−, A, E, 1B1, (A1), (1B2), (A2), (2B1), 2B2, E1, E2, D1, D2
Anschließen Rechtslauf	A L− E 1B1 E2 2B2 E1	A L− 1B1 D1 2B2 D2	A E L− E1 E2 1B1 D1 2B2 D2
Anschließen Linkslauf	L− A E 1B1 E2 2B2 E1	A L− 1B1 D1 2B2 D2	E A L− E1 E2 1B1 D1 2B2 D2
Drehmoment-Drehfrequenz-Kennlinien (normierte Darstellung)	n/n_N vs M/M_N: $U_A = 100\%; \Phi_E = 40\%$ $U_A = 100\%; \Phi_E = 100\%$ $U_A = 50\%; \Phi_E = 100\%$	n/n_N vs M/M_N: $U = 100\%$ $U = 75\%$ $U = 50\%$	n/n_N vs M/M_N: $U_A = 100\%; \Phi_E = 30\%$ $U_A = 100\%; \Phi_E = 100\%$ $U_A = 50\%$
Eigenschaften	Bleiben Ankerspannung und Erregung konstant, so haben Belastungsänderungen nur wenig Einfluß auf die Drehfrequenz. Durch Feldschwächung läßt sich die Nenndrehfrequenz bis ca. 3:1 überschreiten. Das Unterschreiten der Nenndrehfrequenz bei konstanter Belastung ist nur durch Verringerung der Ankerspannung möglich.	Der Reihenschlußmotor entwickelt ein sehr hohes Anzugsmoment. Völlige Entlastung (Leerlauf) kann zum Durchgehen (Zerstörung) führen. Bei Belastung nimmt die Drehfrequenz schnell ab. Die Drehfrequenzerhöhung über die Nenndrehfrequenz erfolgt mittels Parallelwiderstand zur Feldwicklung.	Das Drehmoment-Drehfrequenz-Verhalten liegt zwischen dem des Nebenschluß- und dem des Reihenschlußmotors. Die Leerlaufdrehfrequenz ist begrenzt. Die Drehfrequenzeinstellung erfolgt wie beim Nebenschlußmotor. Aus Stabilitätsgründen müssen die Erregerwicklungen gleichsinnig durchflossen werden.

10.23 Gleichstromgeneratoren

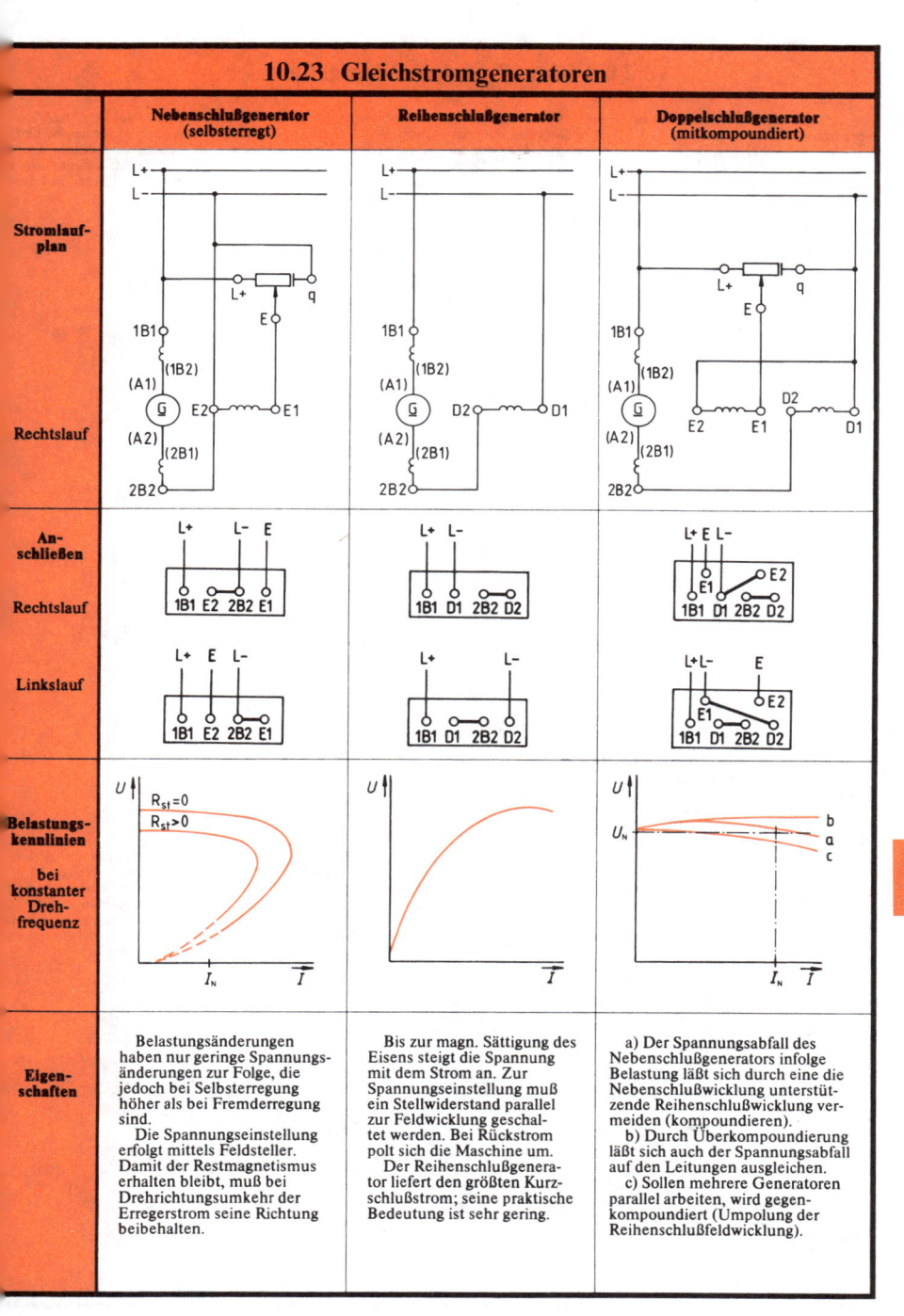

	Nebenschlußgenerator (selbsterregt)	Reihenschlußgenerator	Doppelschlußgenerator (mitkompoundiert)
Stromlaufplan Rechtslauf	Schaltung mit Anschlüssen L+, L−, 1B1, (1B2), (A1), (A2), 2B2, E, E1, E2, q	Schaltung mit Anschlüssen L+, L−, 1B1, (1B2), (A1), (A2), 2B2, D1, D2	Schaltung mit Anschlüssen L+, L−, 1B1, (1B2), (A1), (A2), 2B2, E, E1, E2, D1, q
Anschließen Rechtslauf	L+ L− E / 1B1 E2 2B2 E1	L+ L− / 1B1 D1 2B2 D2	L+ E L− / 1B1 D1 2B2 D2 mit E1, E2 Brücken
Anschließen Linkslauf	L+ E L− / 1B1 E2 2B2 E1	L+ L− / 1B1 D1 2B2 D2	L+ L− E / 1B1 D1 2B2 D2 mit E1, E2 Brücken
Belastungskennlinien bei konstanter Drehfrequenz	Kennlinie U über I mit $R_{st}=0$ und $R_{st}>0$, Nennpunkt I_N	Kennlinie U über I, ansteigend bis Sättigung	Kennlinien U über I mit U_N, Kurven b, a, c bei I_N
Eigenschaften	Belastungsänderungen haben nur geringe Spannungsänderungen zur Folge, die jedoch bei Selbsterregung höher als bei Fremderregung sind. Die Spannungseinstellung erfolgt mittels Feldsteller. Damit der Restmagnetismus erhalten bleibt, muß bei Drehrichtungsumkehr der Erregerstrom seine Richtung beibehalten.	Bis zur magn. Sättigung des Eisens steigt die Spannung mit dem Strom an. Zur Spannungseinstellung muß ein Stellwiderstand parallel zur Feldwicklung geschaltet werden. Bei Rückstrom polt sich die Maschine um. Der Reihenschlußgenerator liefert den größten Kurzschlußstrom; seine praktische Bedeutung ist sehr gering.	a) Der Spannungsabfall des Nebenschlußgenerators infolge Belastung läßt sich durch eine die Nebenschlußwicklung unterstützende Reihenschlußwicklung vermeiden (kompoundieren). b) Durch Überkompoundierung läßt sich auch der Spannungsabfall auf den Leitungen ausgleichen. c) Sollen mehrere Generatoren parallel arbeiten, wird gegenkompoundiert (Umpolung der Reihenschlußfeldwicklung).

10.24 Ein- und Mehrquadrantenantriebe

Antriebe erfordern vielfach sowohl ein treibendes als auch bremsendes Drehmoment, so daß dieselbe Maschine ohne Änderung der Schaltung zeitweise als Motor und zeitweise als Generator arbeiten muß. Häufig kommen noch beide Drehrichtungen hinzu.

Die möglichen Betriebsarten lassen sich anschaulich im kartesischen Koordinatensystem (hier am Beispiel der Gleichstrommaschine) darstellen. Die Felder zwischen den Koordinaten werden als Quadranten bezeichnet, entgegen dem Uhrzeigersinn gezählt und mit den römischen Ziffern I bis IV gekennzeichnet. Der Drehrichtung Rechtslauf und dem rechtsdrehenden Moment werden positive Vorzeichen zugeordnet.

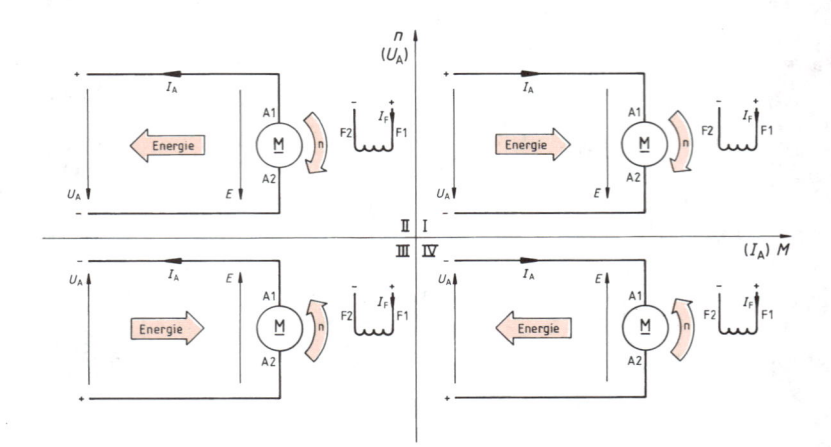

In den Quadranten I und III wirkt die elektrische Maschine als Motor, in den Quadranten II und IV als Generator. Bei Generatorbetrieb wird die in elektrische Energie umgewandelte mechanische Energie über Widerstände in Wärme umgesetzt oder über den als Wechselrichter arbeitenden Stromrichter in das Netz zurückgespeist.

Einquadrantbetrieb

Einquadrantantriebe sind nur für den Motorbetrieb geeignet. Sie arbeiten im I. und/oder III. Quadranten. Werden beide Drehrichtungen benötigt, jedoch kein Bremsbetrieb, so erfolgt bei stehendem Motor ($n = 0$) die Polaritätsumkehr mit Schützen im Anker- oder Feldkreis.

Zweiquadrantbetrieb

Zweiquadrantantriebe arbeiten normalerweise in den Quadranten I und IV oder III und II. Es sind Antriebe mit zwei Drehrichtungen, aber nur einer Drehmomentrichtung. Die Anwendung ist stark begrenzt. Sie ergibt sich zum Beispiel bei Hubwerken, deren schweres Ladegeschirr kein Kraftsenken notwendig macht. Eingesetzt werden hierfür Einfachstromrichter in vollgesteuerter Ausführung.

Vierquadrantantriebe

Vierquadrantantriebe arbeiten mit zwei Drehmomentrichtungen und zwei Drehrichtungen mit der vorteilhaften Möglichkeit der geführten Bremsung und Zwischenbremsung durch Netzrückspeisung. Diese Rückspeisung erfolgt über die Stromrichtungsumkehr; sie kann im Ankerkreis (Abb. oben) oder im Feldkreis (Abb. unten) des Motors vorgenommen werden.

Feldumsteuerung

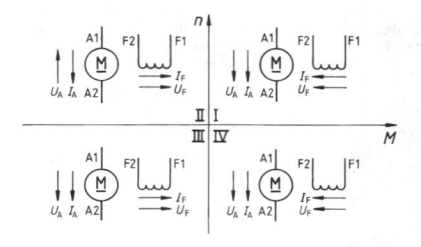

10.25 Gleichstromantriebe

Die Vorteile des Gleichstromnebenschlußmotors gegenüber dem Drehstrom-Asynchronmotor sind die einfache Drehzahlverstellung, eine hohe Dynamik und kostengünstigere Lösungen des Gesamtantriebes. Als Nachteil wirkt sich der Kommutator aus, der die obere Drehfrequenz und Leistung begrenzt und gewartet werden muß. Deshalb spielt der Gleichstromantrieb auch weiterhin bei geregelten Antrieben eine dominierende Rolle.

Physikalische Zusammenhänge der Maschinengrößen:

Induzierte Spannung im Läufer:

$$E = -c_1 \cdot \Phi \cdot n$$
$$= (U_{dA} - I_A \cdot R_A)$$

Drehfrequenz:

$$n = \frac{U_{dA} - I_A \cdot R_A}{c_1 \cdot \Phi}$$

Drehmoment:

$$M = c_2 \cdot I_A$$

Magnetischer Fluß:

$\Phi \sim I_F$ (Sättigung nicht berücksichtigt)

U_{dA}	Ankerspannung
I_A	Ankerstrom
R_A	Widerstand der vom Ankerstrom durchflossenen Wicklungen
c_1, c_2	Maschinenkonstanten
Φ	magn. Fluß
n	Motordrehfrequenz
M	Drehmoment
I_F	Feldstrom

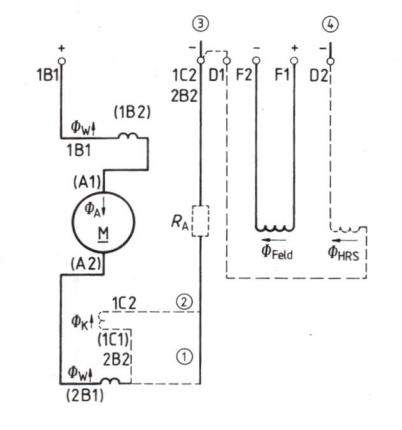

① ohne Kompensationswicklung
② mit Kompensationswicklung
③ ohne Hilfsreihenschlußwicklung
④ mit Hilfsreihenschlußwicklung

Φ	Erregerfeld
Φ_{HRS}	Hilfsreihenschlußfeld
Φ_K	Kompensationsfeld
Φ_W	Wendepolfeld
E	EMK
R_A	Widerstand der vom Ankerstrom durchflossenen Wicklungen

Drehfrequenzverstellung:

- Innerhalb des „Ankerbereiches" ($n = 0 \cdots n_N$) kann die Drehfrequenz durch Verstellen der Ankerspannung U_{dA} verändert werden. Das Drehmoment ist hierbei proportional dem Ankerstrom.
- Durch Schwächen des Erregerfeldes Φ nimmt bei konstanter Ankerspannung die Motordrehfrequenz umgekehrt proportional zur Flußänderung zu. Bei gleichem Ankerstrom nimmt das Drehmoment ab. (Konstante Leistung: $P = M \cdot \omega$.) Diese Beziehungen gelten für den „Feldbereich" ($n = n_N \cdots 2{,}5\, n_N$).
- Bei der sogenannten „Überlaufregelung" wird die Drehfrequenz bis n_N durch Ankerspannungsänderung und über n_N durch Feldschwächung verstellt.

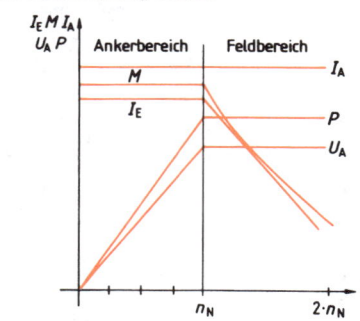

Regelungsarten

Ankerspannungsregelung (Grunddrehzahlbereich):

Als Istwert wird der Motordrehfrequenz proportionale Ankerspannung erfaßt. Infolge des Spannungsfalls ($I_A \cdot R_A$) bei Belastung des Motors und der temperaturbedingten Erregerstromänderung ergeben sich Drehfrequenzänderungen, die nicht oder nur bedingt ausgeregelt werden können.

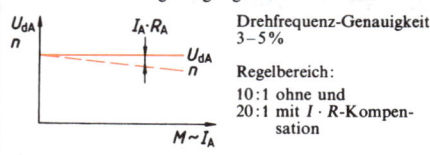

Drehfrequenz-Genauigkeit
3–5 %

Regelbereich:
10:1 ohne und
20:1 mit $I \cdot R$-Kompensation

Drehfrequenzerfassung mit Tachogenerator:

Als Istwert wird mit einem Tachogenerator die Drehfrequenz unmittelbar erfaßt. Der Einfluß der Störgrößen $I_A \cdot R_A$ und der temperaturbedingten Erregerstromänderung werden ausgeregelt.

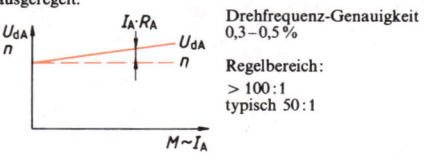

Drehfrequenz-Genauigkeit
0,3–0,5 %

Regelbereich:
> 100:1
typisch 50:1

10.26 Drehfrequenzveränderbare Gleichstromantriebe mit Gleichstrom-Nebenschlußmotor

Antrieb	Leonard-Antrieb	Einquadrant-Antrieb mit Einfachstromrichter[1]	Mehrquadrant-Antrieb mit Einfachstromrichter			Mehrquadrant-Antrieb mit Zweifachstromrichter	
Stellgröße	Ankerspannung des Motors, ggf. auch Feld des Motors						
Drehfrequenzänderung und Drehmomentumkehr	Einstellung der Ankerspannung über Gleichstromgenerator mit Feldsteuerung	Einstellung der Ankerspannung über Stromrichteraussteuerung					
			Drehmomentumschaltung über Kommandostufe mit Schützen		kreisstromfrei: elektronische Drehmomentumschaltung über Kommandostufe	kreisstromführend: ständig zwei Stromrichter im Eingriff	
			im Ankerkreis	im Feldkreis			
Typische Betriebsart	2 Drehrichtungen, Treiben und Bremsen	1 Drehrichtung Treiben	2 Drehrichtungen, Treiben und Bremsen		2 Drehrichtungen, Treiben und Bremsen		
Drehmomentfreie Pause bei Drehmomentumkehr, desgl. bei Richtungsumkehr	keine	–	Ankerkreisumschaltung 0,1 bis 0,2 s	Feldkreisumschaltung 0,5 bis 0,2 s	kreisstromfrei: 5 bis 10 ms	kreisstromführend: keine	
Typischer Leistungsbereich in kW	1 bis 10000	1 bis 10000	18 bis 10000	keine	18 bis 10000	keine	
Typische Nenndrehfrequenzen in min^{-1}	1000 bis 3000	1000 bis 3000	1000 bis 3000		1000 bis 3000		
Typischer Drehfrequenzstellbereich	keine Beschränkung	1 : 50	keine Beschränkung		keine Beschränkung		
Typische Merkmale	geringer Steuerungsaufwand	geringer Stromrichteraufwand	Leistungsgrenze durch Wendeschütze	keine Beschränkung durch Wendeschütze	regeldynamisch hochwertig		
Anwendungsschwerpunkte	Schnellaufzüge, Werkzeugmaschinen	Verarbeitungsmaschinen	Hebezeuge, Pressen, Zentrifugen, Drehmaschinen, Walzenstraßen		Krane, Walzenstraßen, Papier- und Textilmaschinen, Werkzeugmaschinen		

[1]) Auch als konstruktive Einheit aus Stromrichter und Motor (Kompaktantrieb) mit 1,5 bis 65 kW erhältlich

10.27 Drehfrequenzveränderbare Drehstromantriebe

Antrieb	Drehstrom-Nebenschlußmotor	Stromrichterkaskade DS-Schleifringläufermotor	Pulsumrichter Synchromotor[1]	Stromrichtermotor DS-Synchronmotor
Stellgröße	Steuerspannung durch Bürstenverstellung	Gegenspannung des Umrichters	Ständerfrequenz und Ständerspannung	Ständerspannung
Drehfrequenzänderung und Drehmomentänderung	Zu- und Abführung von Schlupfleistung, Abgriff über Kommutatorbürsten	Einstellung der Läuferspannung und Abführung der Schlupfleistung über einen Umrichter im Läuferkreis	Impuls-Breitenmodulation im motorseitigen Stromrichter	Einstellung der Zwischenkreisspannung, motorseitiger Stromrichter lastgeführt und drehwinkelabhängig gesteuert
Typische Betriebsart	eine Drehrichtung, Treiben und Bremsen	eine Drehrichtung, Treiben	eine Drehrichtung, Treiben	eine Drehrichtung, Treiben
Drehmomentfreie Pause bei Drehmomentumkehr, desgl. bei Richtungsumkehr	keine 0,2 bis 0,5 s	—	keine	keine
Typ. Leistungsbereich in kW	2 bis 65	10 bis 20000	50 bis 300	0,5 bis 10000
Typ. Nenndrehfrequenzen in min^{-1}	1450 bis 2300	600 bis 1500 (3000)	1000 bis 3000	1000 bis 3000
Typ. Drehfrequenzstellbereich	1 : 3 bis 1 : 20	1 : 1,3 bis 1 : 5	1 : 20 bis 1 : ∞	1 : 20 bis 1 : 50
Typische Merkmale	Besonders wirtschaftlich bei kleinem Drehfrequenzstellbereich	Besonders wirtschaftlich bei kleinem Drehfrequenzstellbereich	guter cos φ	Betriebsverhalten wie kommutatorlose Gl.-Maschine
Anwendungsschwerpunkte	Verarbeitungsmaschinen (Textil, Druck, Kunststoff)	Pumpen und Lüfter	Einmotoren- und Gruppenantriebe	Verarbeitungsmaschinen, große Gebläse und Pumpen

[1] zum Teil auch mit Käfigläufer-Induktionsmotor

10.28 Drehfrequenzveränderbare Drehstromantriebe mit Käfigläufer-Induktionsmotor

Antrieb	Drehstromsteller	Direktumrichter[1])	Zwischenkreisumrichter mit eingeprägter Spannung[1])	Zwischenkreisumrichter mit eingeprägtem Strom
Stellgröße	Ständerspannung	Ständerfrequenz und Ständerspannung	Ständerfrequenz und Ständerspannung	Ständerfrequenz und Ständerstrom
Drehfrequenzänderung und Drehmomentänderung	Einstellung der Schlupfleistung im Läufer durch Flußschwächung (Absenken der Drehmomentkennlinie)	Gegenparallelschaltung mit sinus- oder rechteckförmig gesteuerter Ausgangsspannung	Einstellung der Ständerfrequenz, mitführen der Ständerspannung durch gesteuerten Gleichrichter	Einstellung der Ständerfrequenz, einprägen des Ständerstromes über Zwischenkreisspannung
Typische Betriebsart	eine Drehrichtung, Treiben	zwei Drehrichtungen, Treiben und Bremsen	eine Drehrichtung, Treiben	eine Drehrichtung, Treiben und Bremsen
Drehstromfreie Pause bei Drehmomentumkehr, desgl. bei Richtungsumkehr	0,1 bis 0,2 s	keine	0 bis 10 ms <1 s	keine
Typ. Leistungsbereich in kW	bis 50	MW-Bereich	8 bis 200	50 bis 400
Typ. Nenndrehfrequ. in min^{-1}	1 000 bis 3 000	15	1 000 bis 3 000	1 000 bis 3 000
Typ. Drehfrequenzstellbereich	1 : 3 bis 1 : 50	1 : ∞	1 : 20	1 : 20
Typische Merkmale	Überdimensionierung des Motors wegen hoher Läuferverlustleistung	Max. Ausgangsfrequenz etwa 0,4fache Netzfrequenz	Hohe Drehfrequenzen (> 3 000 min^{-1}) durch entsprechende Umrichterfrequenz	
Anwendungsschwerpunkte	Pumpen und Lüfter kleiner Leistung, Spulmaschinen	Langsamlaufende Antriebe, z. B. Rohrmühlen	Gruppenantrieb, z. B. Kunstfaserherstellung	Einmotorenantrieb, z. B. Pendelmaschinen

[1]) zum Teil auch mit DS-Sychronmotor

10.29 Gebrauchskategorien für Last-, Motor- und Hilfsstromschalter nach VDE 0660 bzw. IEC 158

L = Induktivität des Prüfstromkreises
R = Ohmscher Widerstand des Prüfstromkreises
I = Strom, I_e = Nennbetriebsstrom
U = Spannung, U_e = Nennspannung

Gebrauchs-kategorie	Stromart	Beispiele für die Anwendung		normale Beanspruchung						gelegentliche Beanspruchung					
				Einschalten			Ausschalten			Einschalten			Ausschalten		
				$\frac{I}{I_e}$	$\frac{U}{U_e}$	$\cos\varphi$ bzw. L/R	$\frac{I}{I_e}$	$\frac{U}{U_e}$	$\cos\varphi$ bzw. L/R	$\frac{I}{I_e}$	$\frac{U}{U_e}$	$\cos\varphi$ bzw. L/R	$\frac{I}{I_e}$	$\frac{U}{U_e}$	$\cos\varphi$ bzw. L/R
für Last- und Motorschalter															
AC 1	Wechselstrom	Nicht induktive oder schwach induktive Belastungen, Widerstandsöfen		1	1	0,95	1	1	0,95	1,5	1,1	0,95	1,5	1,1	0,95
AC 2		Anlassen von Schleifringläufermotoren	ohne Gegenstrombremsen	2,5	1	0,65	1	1	0,65	4	1,1	0,65	4	1,1	0,65
			mit Gegenstrombremsen	2,5	1	0,65	2,5	1	0,65	4	1,1	0,65	4	1,1	0,65
AC 3		Anlassen von Käfigläufermotoren, Ausschalten von Motoren während des Laufes	für Motoren = 16 A	6	1	0,65	1	0,17	0,65	10⁴⁾	1,1	0,65	8	1,1	0,65
			16 A bis 100 A	6	1	0,35	1	0,17	0,35	10⁴⁾	1,1	0,35	8	1,1	0,35
			100 A	6	1	0,35	1	0,17	0,35	8⁴⁾	1,1	0,35	6	1,1	0,35
AC 4		Anlassen von Käfigläufermotoren, Tippen, Gegenstrombremsen, Reversieren	für Motoren = 16 A	6	1	0,65	6	1	0,65	12⁴⁾	1,1	0,65	10	1,1	0,65
			16 A bis 100 A	6	1	0,35	6	1	0,35	12⁴⁾	1,1	0,35	10	1,1	0,35
			100 A	6	1	0,35	6	1	0,35	10⁴⁾	1,1	0,35	8	1,1	0,35
DC 1	Gleichstrom	Nicht induktive oder schwach induktive Belastungen, Widerstandsöfen		1	1	1 ms	1	1	1 ms	1,5	1,1	1 ms	1,5	1,1	1 ms
DC 2		Nebenschlußmotoren	Anlassen, Ausschalten während des Laufes	2,5	1	2 ms	1	0,1	7,5 ms	4	1,1	2,5 ms	4	1,1	2,5 ms
DC 3			Anlassen, Tippen²⁾, Reversieren³⁾, Gegenstrombremsen	2,5	1	2 ms	2,5	1	2 ms	4	1,1	2,5 ms	4	1,1	2,5 ms
DC 4		Reihenschlußmotoren	Anlassen, Ausschalten während des Laufes	2,5	1	7,5 ms	1	0,3	10 ms	4	1,1	15 ms	4	1,1	15 ms
DC 5			Anlassen, Tippen²⁾, Reversieren³⁾, Gegenstrombremsen	2,5	1	7,5 ms	2,5	1	7,5 ms	4	1,1	15 ms	4	1,1	15 ms
für Hilfsstromschalter für Magnetantriebe															
AC 11	Wechselstrom			10	1	0,7	1	1	0,4	10	1,1	0,7	10	1,1	0,7
DC 11	Gleichstrom	¹) $P = U_e \times I_e \leq 5$ W $L/R = 15$ ms $P = U_e \times I_e \leq 5$ W bis 20 W $L/R = 50$ ms $P = U_e \times I_e > 20$ W $L/R = 200$ ms		1	1	¹)	1	1	¹)	1,1	1,1	¹)	1,1	1,1	¹)

²) Unter Tippen versteht man die einmalige oder wiederholte kurze Speisung eines Motors, um kleine Bewegungen zu erreichen.
³) Unter Reversieren versteht man das Umkehren der Laufrichtung des Motors durch Wechseln der Primäranschlüsse während des Laufes.
⁴) Die Werte entsprechen den Anlaufströmen der Mehrzahl der Motoren. In Sonderfällen können bis zu 30% höhere Ströme auftreten.

10.30 Leistungstransformatoren

10.30.1 Aufbau der Transformatoren

Leistungstransformatoren übertragen elektrische Energie mittels elektromagnetischer Induktion von einem System mit der Wechselspannung U_1 in ein System mit der Wechselspannung U_2.

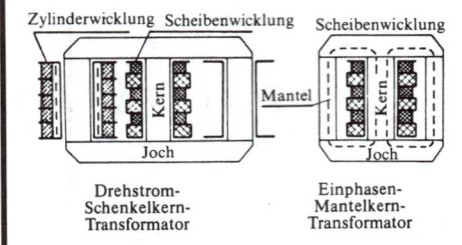

Drehstrom-Schenkelkern-Transformator

Einphasen-Mantelkern-Transformator

Der magnetische Kreis ist aus dünnen kornorientierten Blechen (Kern- und Jochbleche) in Mantel- oder Schenkelform aufgebaut. Meist wird der Dreischenkelkern mit drei in einer Ebene angeordneten bewickelten Schenkeln bevorzugt. Ein erheblicher Gewinn an Wicklungshöhe ist mit dem Fünfschenkelkern durch Reduzierung des Jochquerschnittes auf den $1/\sqrt{3}$fachen Wert des Schenkelquerschnittes zu erzielen. Hierbei sind die beiden außenliegenden Schenkel unbewickelt.

Am häufigsten wird die Zylinderwicklung gewählt. Aus isolationstechnischen Gründen wird die Oberspannungswicklung auf die Unterspannungswicklung gewickelt. Eine Verringerung der Kurzschlußspannung und Kurzschlußkräfte sowie Erhöhung der Leistung wird mit der doppelkonzentrischen Wicklung erreicht; die Unterspannungswicklung wird so in zwei Teile unterteilt, daß die Oberspannungswicklung radial innerhalb der unterteilten Unterspannungswicklung liegt. Soll eine besonders geringe Streuung erzielt werden, so wird die aufwendige Scheibenwicklung angewendet; Primär- und Sekundärwicklung werden unterteilt und abwechselnd übereinandergeschichtet.

Leistungstransformatoren werden mit Luft oder Wasser gekühlt. Der Wärmetransport von den Wicklungen zur Kühleinrichtung erfolgt über Öl. Eine ausreichende Ölzirkulation muß sichergestellt sein. Das Öl muß frei sein von Wasser, Salzen, Säuren, Alkali, Schwefel und Beimengungen wie Fasern, Sand usw.

Größere Rippenkessel erhalten ein Ausgleichsgefäß zur Verhütung der Kondenswasserbildung und ein Fahrgestell.

10.30.2 Wicklungen und Schaltgruppen nach VDE 0532 (3.82)

Wicklungen (Teil 1)

Wicklung: Gesamtheit der Windungen, die einem elektrischen Kreis mit einer der dem Transformator zugeordneten Spannungen angehören.

Bei einem Mehrphasentransformator wird die Gesamtheit der Wicklungsstränge als Wicklung bezeichnet.

Wicklungsstrang: Die Gesamtheit der zu einer Phase einer mehrphasigen Wicklung gehörenden Windungen.

Primärwicklung oder **Eingangswicklung:** Die Wicklung, die unter Betriebsbedingungen die Wirkleistung aus dem speisenden Netz aufnimmt.

Sekundärwicklung oder **Ausgangswicklung:** Die Wicklung, die Wirkleistung an den Belastungsstromkreis abgibt.

Unterspannungswicklung (US-Wicklung): Die Wicklung für die niedrigste Nennspannung.

Dies kann bei einem Zusatztransformator die Wicklung mit dem höheren Isolationspegel sein.

Mittelspannungswicklung (MS-Wicklung): Die Wicklung eines Mehrwicklungstransformators, deren Nennspannung zwischen denen der Wicklungen mit der niedrigsten und der höchsten Nennspannung liegt.

Oberspannungswicklung (OS-Wicklung): Die Wicklung für die höchste Nennspannung.

Parallelwicklung: Der gemeinsame Teil der Wicklungen eines Spartransformators.

Reihenwicklung: Der Teil der Wicklung eines Spartransformators oder die Wicklung eines Zusatztransformators, die mit einem System in Reihe liegt.

Hilfswicklung: Eine Wicklung, deren zulässige Belastung gegenüber der Nennleistung des Transformators gering ist.

Ausgleichswicklung: Eine Zusatzwicklung in Dreieckschaltung, insbesondere bei Transformatoren in Stern-Stern- oder Stern-Zickzackschaltung, um die Nullimpedanz der Sternwicklung zu verringern.

Schaltgruppe (Teil 4)

Die Schaltgruppenbezeichnung besteht aus einem Großbuchstaben für die Schaltung der Oberspannungswicklung und einem Kleinbuchstaben für die Schaltung der Unterspannungswicklung, gegebenenfalls auch Mittelspannungswicklung, (D bzw. d für Dreieckschaltung, Y bzw. y für Sternschaltung und Z bzw. z für Zickzackschaltung) sowie einer Kennzahl. Bei herausgeführtem Sternpunkt ist hinter dem Schaltungszeichen der Wicklung ein N bzw. n zu ergänzen.

Bei Spartransformatoren mit einem gemeinsamen Teil zweier Wicklungen wird die Wicklung dieses Paares, welche die niedrigere Nennspannung aufweist, mit dem Buchstaben a gekennzeichnet.

Bei Mehrwicklungstransformatoren folgen die Zeichen in der Reihenfolge der abnehmenden Nennspannungen der Wicklungen, z. B. Y, yn0, zn1.

Die **Kennzahl**, mit 30° multipliziert, gibt die Winkeldifferenz (Phasenverschiebung) zwischen den Zeigern der Unterspannungswicklung und den entsprechenden Zeigern der Oberspannungswicklung (Bezugsgröße) an. Bei beiden Wicklungen wird vom vorhandenen oder einem gedachten Sternpunkt und den entsprechenden Anschlüssen ausgegangen.

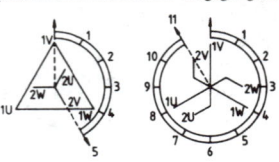

Schaltgruppe Dy5   Schaltgruppe Yz11

Die Kennzahl wird ermittelt, indem das Spannungszeigerbild der OS-Wicklung mit dem Zifferblatt einer Uhr so in Deckung gebracht wird, daß der Zeiger der Klemme IV auf die Ziffer 12 fällt. An der Klemme 2V1 oder 2V2 der US-Seite ist dann die Kennzahl der Schaltgruppe abzulesen.

10.30 Leistungstransformatoren

10.30.3 Gebräuchliche Schaltgruppen für Drehstromtransformatoren nach VDE 0532 Teil 4 (3.82)

Bezeichnung		Zeigerbild		Schaltungsbild[2])		Übersetzung $N_1:N_2$	Alte Bezeichnung	Belastbarkeit des Sternpunktes auf der Unterspannungsseite
Kennzahl	Schaltgruppe[1])	OS	US	OS	US			
0	D d 0	—	—	—	—	$\dfrac{N_1}{N_2}$	A 1	———
0	$\overline{\text{Y y 0}}$	—	—	—	—	$\dfrac{N_1}{N_2}$	A 2	mit maximal 10% des Nennstromes belastbar
0	D z 0	—	—	—	—	$\dfrac{2 N_1}{3 N_2}$	A 3	mit Nennstrom belastbar
5	$\overline{\text{D y 5}}$	—	—	—	—	$\dfrac{N_1}{\sqrt{3}\, N_2}$	C 1	mit Nennstrom belastbar
5	Y d 5	—	—	—	—	$\dfrac{\sqrt{3}\, N_1}{N_2}$	C 2	———
5	$\overline{\text{Y z 5}}$	—	—	—	—	$\dfrac{2 N_1}{\sqrt{3}\, N_2}$	C 3	mit Nennstrom belastbar
6	D d 6	—	—	—	—	$\dfrac{N_1}{N_2}$	B 1	———
6	Y y 6	—	—	—	—	$\dfrac{N_1}{N_2}$	B 2	mit maximal 10% des Nennstromes belastbar
6	D z 6	—	—	—	—	$\dfrac{2 N_1}{3 N_2}$	B 3	mit Nennstrom belastbar
11	D y 11	—	—	—	—	$\dfrac{N_1}{\sqrt{3}\, N_2}$	D 1	mit Nennstrom belastbar
11	Y d 11	—	—	—	—	$\dfrac{\sqrt{3}\, N_1}{N_2}$	D 2	———
11	Y z 11	—	—	—	—	$\dfrac{2 N_1}{\sqrt{3}\, N_2}$	D 3	mit Nennstrom belastbar

10.30.4 Einphasentransformatoren

Kennzahl	Schaltgruppe	Zeigerbild	Schaltungsbild	Übersetzung	Alte Bezeichnung
0	1 i 0	—	—	$\dfrac{N_1}{N_2}$	E
0	1 a 0	—	—	$\dfrac{N_1}{N_{ges}}$	E

[1]) Bei herausgeführtem Sternpunkt ist hinter dem Schaltungszeichen der Wicklung N bzw. n zu ergänzen.
[2]) Bei den Wicklungen ist gleicher Wicklungssinn vorausgesetzt, d.h., räumlich gesehen sind in den Schaltungsbildern die Wicklungen nach unten geklappt zu denken. Herausgeführte Sternpunkte werden mit 1 N bzw. 2 N bezeichnet.

10.30 Leistungstransformatoren

10.30.5 Bauarten, Kühlung und Begriffe nach VDE 0532 Teil 1 (3.82)

Bauarten

Leistungstransformator (LT): Die elektrisch getrennten Wicklungen sind parallel an die zugehörigen Netzen geschaltet. Die gesamte Leistung wird induktiv übertragen.

Spartransformator: Mindestens zwei Wicklungen sind elektrisch leitend hintereinander geschaltet. Die Durchgangsleistung wird teils leitend, teils induktiv übertragen.

Zusatztransformator: Beide Wicklungen sind galvanisch getrennt; eine Wicklung ist mit einem System in Reihe geschaltet, um dessen Spannung zu ändern. Die Primärwicklung liegt parallel zum zugehörigen Netz. Die Zusatzleistung wird rein induktiv übertragen.

Öltransformator: Kern und Wicklungen befinden sich in Öl.
In diesen Bestimmungen werden auch Kühl- und Isolierflüssigkeiten als Öl angesehen. Üblicherweise werden Transformatoren dann nach dem Handelsnamen ihrer Füllung bezeichnet, z. B. Clophentransformator.

Trockentransformator: Weder Kern noch Wicklung befinden sich in einer Kühl- und Isolierflüssigkeit.

Kühlungsarten

Die Kühlungsart wird vom Hersteller durch vier Buchstaben gekennzeichnet. Die ersten beiden Buchstaben geben Kühlmittel und Kühlmittelbewegung für die Wicklung und die letzten beiden Buchstaben Kühlmittel und Kühlmittelbewegung für die äußere Kühlung an. Trockentransformatoren ohne dichtschließendes Schutzgehäuse erhalten lediglich zwei Kurzzeichen für die Wicklungskühlung. Unterschiedliche Kühlungsarten eines Transformators werden mittels Schrägstrich getrennt.

Kühlmittel	Kurzzeichen
Mineralöl	O
Askarel (Clophen)	L
Glas	G
Wasser	W
Luft	A

Kühlmittelbewegung	Kurzzeichen
Natürlich	N
Erzwungen (Öl nicht gerichtet)	F
Erzwungen (Öl gerichtet)	D

Bsp.: OFAF Öltransformator mit erzwungener Öl- und Luftkühlung.
AN Trockentransformator ohne dichtschließendes Schutzgehäuse bei natürlicher Luftbewegung.

Normale Betriebsbedingungen

Höhe über NN kleiner als 1000 m, sofern nichts anderes vereinbart wurde.

Temperatur des Kühlmittels bei luftgekühlten Transformatoren maximal 40 °C. Die Lufttemperatur darf − 25 °C nur kurzzeitig auf − 30 °C unterschreiten, falls nichts anderes festgelegt ist. Darüber hinaus darf bei luftgekühlten Transformatoren die Lufttemperatur eine mittlere Tagestemperatur von 30 °C und eine mittlere Jahrestemperatur von 20 °C nicht überschreiten.

Die Eintrittstemperatur des Kühlwassers darf bei wassergekühlten Transformatoren 25 °C nicht überschreiten.

Begriffe

Nennübersetzung $ü_N$: Das Verhältnis der Nennspannung einer Wicklung zu der niedrigeren oder gleichen Nennspannung einer anderen Wicklung.

Leerlaufstrom I_O: Der über einen Leiteranschluß einer Wicklung fließende Strom, wenn Nennspannung U_N mit der Nennfrequenz f_N anliegt und die anderen Wicklungen unbelastet bleiben.
Die Angabe erfolgt häufig in Prozent des Nennstromes dieser Wicklung. Bei Mehrwicklungstransformatoren bezieht sich dieser Prozentsatz auf den Nennstrom der höchsten Nennleistung.
Bei Mehrphasentransformatoren werden die Einzelströme oder der arithmetische Mittelwert dieser Leerlaufströme angegeben.

Nennleistung S_N: Die abgegebene Scheinleistung in kVA oder MVA legt einen bestimmten Nennstrom fest, der bei angelegter Nennspannung und festgelegten Bedingungen fließt.

Leerlaufverluste P_O: Die aufgenommene Wirkleistung, wenn an einer Wicklung Nennspannung mit der Nennfrequenz f_N anliegt und die anderen Wicklungen unbelastet bleiben.

Kurzschlußverluste P_K: Die aufgenommene Wirkleistung, wenn eine Wicklung Nennstrom aufnimmt, während die andere Wicklung kurzgeschlossen ist. Die restlichen Wicklungen bleiben gegebenenfalls unbelastet.

Gesamtverluste P_G: $\quad P_G = P_O + P_K$.

Nennkurzschlußspannung U_{kN}: Die mit Nennfrequenz an die Primärseite anzulegende Spannung, damit bei kurzgeschlossener Sekundärseite der Nennstrom I_N fließt. Die Angabe erfolgt meist in Prozent der Nennspannung U_N der Wicklung, an die die Spannung angelegt wird.

$$u_{kN} = 100\% \cdot U_{kN}/U_N$$

Die Kurzschlußspannung setzt sich aus dem mit dem Strom in Phase liegenden Spannungsfall U_R, u_R und die dem Strom um 90° vorauseilende Streuspannung U_X, u_X zusammen.
In Verteilnetzen werden meist Transformatoren mit $u_{kN} = 4\%$ eingesetzt, um den Spannungsfall klein zu halten.
In Industrienetzen und in Verteilnetzen hoher Leistung sind zur Begrenzung der Kurzschlußbeanspruchung Transformatoren mit $u_{kN} = 6\%$ vorzuziehen.
Noch höher liegen die Nennkurzschlußspannung der Mittel- und Großtransformatoren, um ausreichende Kurzschlußfestigkeit zu erzielen.

Spannungsänderung u_φ: Aus der Nennkurzschlußspannung u_{kN} und den Kurzschlußverlusten P_K kann die Spannungsänderung bei einer beliebigen symmetrischen Belastung S und beliebigem $\cos\varphi$ berechnet werden.

$$u_\varphi = n \cdot u'_\varphi + 0{,}5 \, \frac{(n \cdot u''_\varphi)^2}{10^2} + 0{,}125 \, \frac{(n \cdot u''_\varphi)^4}{10^6}$$

mit $n = S/S_N$
$u'_\varphi = u_{RN} \cdot \cos\varphi + u_{XN} \cdot \sin\varphi$
$u''_\varphi = u_{RN} \cdot \sin\varphi - u_{XN} \cdot \cos\varphi$

Bsp.: Es ist die Spannungsänderung u_φ eines 50 kVA, 600 V-Transformators bei Nennlast und $\cos\varphi = 0{,}8$ mit $u_R = 2{,}5\%$ und $u_{kN} = 3{,}6\%$ zu berechnen.

Lösung:
$u_X = \sqrt{3{,}6^2 - 2{,}5^2} = 2{,}59 \approx 2{,}6\%$
$u'_\varphi = 2{,}5\% \cdot 0{,}8 + 2{,}6\% \cdot 0{,}6 = 3{,}56\%$
$u''_\varphi = 2{,}5\% \cdot 0{,}6 - 2{,}6\% \cdot 0{,}8 = -0{,}58\%$
$u_\varphi = \frac{3{,}56\%}{100} + 0{,}5 \cdot \frac{-0{,}58\%^2}{100} = 3{,}56\%$

10.30 Leistungstransformatoren

10.30.6 Parallelbetrieb von Transformatoren

Zur Vermeidung von gefährlichen Ausgleichströmen sind für den Parallelbetrieb nach VDE 0532 (3.82) folgende Bedingungen zu erfüllen:
1. Gleiche Kennzahl der Schaltgruppen, d. h. gleiche Phasenlage.
2. Die Übersetzungen sollen innerhalb der zulässigen Toleranzgrenzen gleich sein.
3. Gleiche Nennkurzschlußspannungen innerhalb der zulässigen Toleranzgrenzen. Andernfalls ist die zulässige Gesamtleistung kleiner als die Summe der zulässigen Einzelleistungen.
4. Das Verhältnis der Nennleistungen soll kleiner als 3:1 sein, da sonst die Unterschiede der Verhältnisse u_X/u_R zu groß werden.

Abweichend hiervon können Transformatoren mit der Kennzahl 5 mit Transformatoren der Kennzahl 11 parallel betrieben werden, wenn das folgende Anschlußschema eingehalten wird:

geforderte Kennzahl	vorhandene Kennzahl	Anschluß an die Leiter der OS-Seite			Anschluß an die Leiter der US-Seite		
		1L1	1L2	1L3	2L1	2L2	2L3
5 (11)	5 (11)	1U	1V	1W	2U	2V	2W
	11 (5)	1U	1W	1V	2W	2V	2V
		1W	1V	1U	2V	2U	2W
		1V	1U	1W	2U	2W	2V

Nach Anschluß aller Primärwicklungen und eines Außenleiters auf der Sekundärseite darf zwischen den noch zu verbindenden Ausgangsklemmen und den zugehörigen Anschlußpunkten keine Spannung liegen.

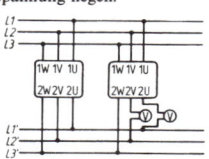

Lastverteilung bei gleichen Nennkurzschlußspannungen

$S_{N\,ges} = S_{N1} + S_{N2} + \cdots$

Die von den einzelnen Transformatoren abgegebene Leistung beträgt

$$S_1 = S_{ges} \cdot \frac{S_{N1}}{S_{N\,ges}} \qquad S_2 = S_{ges} \cdot \frac{S_{N2}}{S_{N\,ges}}$$

Beispiel: Es ist die Lastverteilung zweier parallelgeschalteter Transformatoren mit gleicher Nennkurzschlußspannung zu berechnen:
Transformator 1: $S_N = 160\,kVA$, $u_{kN} = 4\%$
Transformator 2: $S_N = 250\,kVA$, $u_{kN} = 4\%$
Gesamtleistung: $S_{ges} = 300\,kVA$, $u_{kN} = 4\%$

Lösung:

$$S_1 = 300\,kVA \cdot \frac{160\,kVA}{410\,kVA} = 117\,kVA$$

$$S_2 = 300\,kVA \cdot \frac{250\,kVA}{410\,kVA} = 183\,kVA$$

Lastverteilung bei ungleichen Nennkurzschlußspannungen

Parallelgeschaltete Transformatoren nehmen eine solche Teillast auf, daß alle Transformatoren die gleiche mittlere Kurzschlußspannung haben.

$$\frac{S_{ges}}{u_k} = \frac{S_{N1}}{u_{kN1}} + \frac{S_{N2}}{u_{kN2}} + \cdots$$

Die resultierende Kurzschlußspannung beträgt

$$u_k = \frac{S_{N\,ges}}{\frac{S_{N1}}{u_{kN1}} + \frac{S_{N2}}{u_{kN2}} + \cdots}$$

Die von den einzelnen Transformatoren abgegebene Leistung beträgt

$$S_1 = S_{N1} \cdot \frac{u_k}{u_{k1}} \cdot \frac{S_{ges}}{S_{N\,ges}}$$

$$S_2 = S_{N2} \cdot \frac{u_k}{u_{k2}} \cdot \frac{S_{ges}}{S_{N\,ges}}$$

Beispiel: Es ist die Leistungsabgabe von drei parallelgeschalteten Transformatoren mit unterschiedlicher Nennkurzschlußspannung zu berechnen:
Transformator 1: $S_{N1} = 100\,kVA$, $u_{kN1} = 4,0\%$
Transformator 2: $S_{N2} = 250\,kVA$, $u_{kN2} = 4,5\%$
Transformator 3: $S_{N3} = 400\,kVA$, $u_{kN3} = 6,0\%$
Gesamtleistung: $S_{ges} = 550\,kVA$

Lösung:

$$u_k = \frac{100\,kVA}{4,0\%} + \frac{250\,kVA}{4,5\%} + \frac{400\,kVA}{6,0\%} = 5,1\%$$

$$S_1 = 100\,kVA \cdot \frac{5,1\%}{4,0\%} \cdot \frac{550\,kVA}{750\,kVA} = 93,5\,kVA$$

$$S_2 = 250\,kVA \cdot \frac{5,1\%}{4,5\%} \cdot \frac{550\,kVA}{750\,kVA} = 207,8\,kVA$$

$$S_3 = 400\,kVA \cdot \frac{5,1\%}{6,0\%} \cdot \frac{550\,kVA}{750\,kVA} = 249,3\,kVA$$

Verlustarme Parallelarbeit von Transformatoren gleicher Bauart und Leistung

Niederspannungsnetze werden oft über mehrere parallel geschaltete Transformatoren gleicher Bauart und Nennleistung gespeist. Die Zu- und Abschaltung erfolgt meist entsprechend wirtschaftlichen Überlegungen nach der geringsten Verlustleistung aller in Betrieb befindlichen Transformatoren und nicht nach dem jeweiligen Leistungsbedarf.

Die Nennleistung von „n" in Betrieb befindlichen Transformatoren mit der Nennleistung S_N beträgt

$$P_{Vn} = n \cdot P_O + \left(\frac{S}{n \cdot S_N}\right)^2 \cdot n \cdot P_k$$

Für die Zuschaltung eines weiteren Transformators ist die Gleichheit der Verluste maßgebend:

$$P_{Vn} = P_{V(n+1)} \Rightarrow \frac{S}{S_N} = \sqrt{\frac{P_O}{P_k} \cdot n(n+1)}$$

Bei einem Verhältnis $P_O : P_k = 1:6$ bei Öltransformatoren nach DIN 42503 ergibt sich folgende Gegenüberstellung:

n	S/S_N	$S/n \cdot S_N$
1	0,577	0,577
2	1,000	0,500
3	1,141	0,472
4	1,825	0,457

Die Zuschaltung eines weiteren Transformators sollte etwa bei Halblast der in Betrieb befindlichen Transformatoren erfolgen. Eine hohe Auslastung der Transformatoren ist deshalb im Normalbetrieb nicht wirtschaftlich.

11 Elektrische Anlagen

11.1 Beleuchtungstechnik

11.1.1 Größen, Einheiten und Begriffe der Lichttechnik

Größe und Zeichen	Einheit	Erläuterungen	
Lichtstrom Φ	lm (Lumen)		Der von einer Lichtquelle ausgestrahlte oder auf eine Fläche auftreffende photometrisch dem spektralen Hellempfindlichkeitsgrad $V(\lambda)$ nach bewertete Strahlungsfluß. Φ_L = Lichtstrom einer Leuchte; Φ_1 = Lichtstrom der Lampen einer Leuchte; Φ_N = Nutzlichtstrom; Φ_0 = Anfangslichtstrom
Lichtmenge Q	lm h (Lumenstunde)	$Q = \Phi \cdot t$	Produkt aus Lichtstrom und Zeit
Spezifische Lichtausstrahlung M	$\dfrac{\text{lm}}{\text{cm}^2}$	$M = \dfrac{\Phi}{A}$	Quotient aus dem von einer Fläche abgegebenen Lichtstrom und der leuchtenden Fläche
Lichtstärke (Strahlstärke) I	cd (Candela)	$I = \dfrac{\Phi}{\Omega}$	Quotient aus dem von einer Lichtquelle in einer bestimmten Richtung ausgesandten Lichtstrom und dem durchstrahlten Raumwinkel
Beleuchtungsstärke E	$1\,\dfrac{\text{lm}}{\text{m}^2}$ = 1 lx (Lux)	$E = \dfrac{\Phi}{A}$	Quotient aus dem auf eine Fläche auftreffenden Lichtstrom und der beleuchteten Fläche
Leuchtdichte (Strahldichte) L	cd/cm² bei Selbststrahlern cd/m² bei beleuchteten Flächen	$L = \dfrac{\Phi}{\Omega \cdot A \cdot \cos \varepsilon}$	Quotient aus dem durch eine Fläche in einer bestimmten Richtung durchtretenden Lichtstrom und dem Produkt aus dem durchstrahlten Raumwinkel und der Projektion der Fläche auf eine zur betrachteten Richtung senkrechte Ebene
Belichtung H	lx s	$H = E \cdot t$	Produkt aus Beleuchtungsstärke und Dauer des Beleuchtungsvorgangs
Lichtausbeute η	lm/W	$\eta = \dfrac{\Phi}{P}$	Verhältnis des abgegebenen Lichtstroms zur aufgewendeten Leistung
Leuchten-Betriebswirkungsgrad η_{LB}	1		Verhältnis des bei einer bestimmten Umgebungstemperatur (normal 25 °C) von einer Leuchte abgegebenen Lichtstromes zu dem vom Lampenhersteller angegebenen Gesamtlichtstrom der Lampen
Optischer Wirkungsgrad η_L	1		Verhältnis des von einer Leuchte abgegebenen Lichtstromes zu dem dabei von den Lampen insgesamt erzeugten Lichtstrom
Raumwirkungsgrad η_R	1	$\eta_R = \dfrac{\Phi_N}{\Sigma \Phi}$ (η_R auch > 1)	Verhältnis des auf die Nutzfläche A treffenden Lichtstromes Φ_N zu dem von den Leuchten abgegebenen Gesamtlichtstrom $\Sigma \Phi$
Beleuchtungswirkungsgrad η_B	1	$\eta_B = \dfrac{\Phi_N}{\Sigma \Phi_L}$ $\eta_B = \eta_R \cdot \eta_{LB}$	Verhältnis des auf die Nutzfläche A treffenden Lichtstromes Φ_N zu dem von den Lampen erzeugten Gesamt-Nennlichtstrom $\Sigma \Phi_L$
Reflexionsgrad	1		Verhältnis des von einem Körper zurückgestrahlten Lichtstromes zu dem auffallenden Lichtstrom. Der Reflexionsgrad gilt für gerichtete, gestreute oder gemischte Reflexion
Transmissionsgrad τ	1		Verhältnis des von einem Körper durchgelassenen Lichtstromes zu dem auffallenden Lichtstrom. Der Transmissionsgrad gilt für gerichtete, gestreute oder gemischte Transmission
Absorptionsgrad α	1		Verhältnis des von einem Körper absorbierten Lichtstromes zu dem auffallenden Lichtstrom $\varrho + \tau + \alpha = 1$
Gleichmäßigkeit g	1	$g = \dfrac{E_{min}}{E_{max}}$ bzw. $\dfrac{E_{min}}{E_m}$	Verhältnis der kleinsten zur größten bzw. mittleren Beleuchtungsstärke auf einer Fläche
Meßebene			Im Innenraum im allgemeinen die Horizontalebene 0,85 m über dem Boden, bei Außenanlagen im allgemeinen die Horizontalebene der Fahrbahn oder maximal 20 cm darüber
Raumwinkel Ω	sr (Steradiant)	$\Omega = \dfrac{A}{r^2}$	Der Raumwinkel schneidet aus einer Kugel mit dem Radius r die Fläche A aus. Ein voller Raumwinkel beträgt 4π sr
Ausstrahlungswinkel ε	Grad		Bei Leuchten: Winkel zur Senkrechten nach unten als 0°-Achse Bei strahlenden Flächen: Winkel zur Normalen auf die Fläche
Lichtstärkeverteilungskurve (LVK)	cd		Gibt die Lichtstärke I_ε einer Lichtquelle in Abhängigkeit vom Ausstrahlungswinkel ε in einer bestimmten Ebene an. Darstellung in Polarkoordinaten für Φ = 1000 lm

11.1 Beleuchtungstechnik

11.1.2 Lichtquellen und Leuchten

11.1.2.1 Glühlampen

Standardlampen für 220 V

Leistungs-aufnahme W	Licht-strom lm	Abmessungen Durchmesser mm	Abmessungen Länge mm	Sockel
25	230	60	105	
40	430	60	105	
60	730	60	105	
75	960	60	105	E 27
100	1380	60	105	
150	2220	65	118	
200	3150	80	160	
300	5000	90	189	
500	8400	110	240	E 40
1000	18800	130	274	

Lampen der Hauptreihe von 40 W bis 200 W werden mit Doppelwendel geliefert. Sie geben bei gleichem Energieverbrauch je nach Typ bis zu 20% mehr Licht als Einfachwendellampen.

Lampen von 25 W bis 200 W sind mattiert oder klar; Lampen von 300 W bis 1000 W klar. Mattierte Lampen verringern die Blendung und dämpfen die Schattenbildung; klare Lampen geben ein brillantes Licht.

S-Lampen für 220 V (stoßfest mit „Hammerzeichen")

Leistung W	25	40	60	100	200
Sockel			E 27		

25 W – 100 W mattiert, 200 W klar.

T-Lampen für 220 V

T-Lampen sind Allgebrauchslampen mit Temperaturkennzeichen für den Einsatz in schlagwetter- und explosionsgeschützten Hänge- und Handleuchten (nach VDE 0165/0166 und 0170/0171).

Leistung W	25	40	60	100	200	300	500
Sockel			E 27				E 40

25 W – 200 W mattiert, 300 W und 500 W klar.

Niedervoltlampen, 24 V und 42 V, mattiert

Leistung W	25	40	60	100
Sockel		E 27		

Tropfenlampen für 220 V, klar oder mattiert

Leistung	W	25	40
Durchmesser	mm		45
Länge	mm		80
Sockel		E 14 oder E 27	

Kerzenlampen für 220 V, klar oder mattiert

Leistung	W	25	40	60
Durchmesser	mm		35	
Länge	mm		100	
Sockel			E 14	

11.1.2.2 Quecksilberdampf-Hochdrucklampen mit Yttrium-Vanadat-Leuchtstoff für 220 V

Brennstellung der Lampen beliebig

Leistungs-aufnahme der Lampe W	Licht-strom lm	Licht-ausbeute lm/W	Leucht-dichte cd/cm²	Leistungs-aufnahme mit Drossel W	Nenn-strom A	Leistungs-faktor $\cos \varphi$	Kompensations-kondensator für 50 Hz und $\cos \varphi \approx 0{,}9$ µF	Sockel
50	2000	40	4	59	0,6	0,43	7	
80	3800	48	5	89	0,8	0,51	7	E 27
125	6300	50	7	137	1,15	0,54	10	
250	13500	54	10	266	2,15	0,56	18	
400	23000	58	11	425	3,25	0,59	25	E 40
700	40000	57	13	735	5,45	0,61	40	
1000	55000	55	15	1045	7,0	0,63	50	

Die vorgeschaltete Sicherung muß für die kurzzeitig auftretenden Stromspitzen und den erhöhten Anlaufstrom (bis zum doppelten Nennstrom) bemessen sein. Es werden träge Schmelzsicherungen/Automaten empfohlen.

Werden in kompensierten Anlagen mehrere Lampen ohne Benutzung des Mittelleiters zwischen den Außenleitern eines Drehstromnetzes betrieben, muß zur Verhinderung von Resonanzerscheinungen bei Ausfall eines Außenleiters automatisch abgeschaltet werden.

11.1.2.3 Halogen-Metalldampflampen

Leistungs-aufnahme der Lampe W	Licht-strom lm	Licht-ausbeute lm/W	Leucht-dichte cd/cm²	Netz-spannung V	Nenn-strom A	Lei-stungs-faktor $\cos \varphi$	Kompensations-kondensator für 50 Hz und $\cos \varphi \approx 0{,}9$ µF	Sockel
250	19000	76	1100	220	3	0,42	32	E 40
360	28000	78	700	220	3,5	0,5	35	E 40
1000	80000	80	810	220	9,5	0,5	85	E 40
2000	170000	85	920	380	10,3	0,53	50	E 40
3500	300000	86	880	380	18	0,53	90	E 40

11.1 Beleuchtungstechnik

11.1.2.4 Natrium-Dampflampen für 220 V

Leistungs-aufnahme der Lampe W	Licht-strom lm	Licht-aus-beute lm/W	Leucht-dichte cd/cm²	Leistungs-aufnahme mit Drossel W	Nenn-strom A	Kompensationskonden-sator für 50 Hz und $\cos \varphi \approx 0{,}9$ µF	Sockel	Brenn-stellung
Natrium-Niederdrucklampen (monochromatisch gelb)									
35	4800	137	10	56	1,4	20	BY22d	h 110
55	8000	145	10	76	1,4	20	BY22d	h 110
90	13500	150	10	113	2,1	26	BY22d	p 20
135	22500	166	10	175	3,1	45	BY22d	p 20
Natrium-Hochdrucklampen (Lichtfarbe warmweiß, Farbwiedergabestufe 4)									
150	14500	97	300	170	1,8	20	E 40	
250	25500	102	400	275	3	32	E 40	beliebig
400	48000	120	500	450	4,4	50	E 40	
1000	130000	130	600	1090	10,3	100	E 40	

11.1.2.5 Leuchtstofflampen für 220 V

Bezeich-nung	Leistungsaufnahme Lampe W	Leistungsaufnahme mit Drossel W	Nenn-strom A	Licht-strom lm	Licht-ausbeute lm/W	Leucht-dichte cd/cm²	Abmessungen Rohrdurchm. mm	Abmessungen Länge bzw. ⌀ mm
Lampen in Stabform								
L 4 W/25	4	10	0,17	120	30	0,85	16	136
L 6 W/25	6	12	0,16	240	40	0,95	16	212
L 8 W/25	8	14	0,145	350	43,8	0,95	16	288
L 13 W/25	13	19	0,165	650	50	0,95	16	517
L 10 W/41	10	14	0,17	630	63	0,5	26	470
L 15 W/25	15	25	0,33	720	48	0,75	26	438
L 16 W/25	16	21	0,2	950	60	0,6	26	720
L 30 W/25				1800	60			
L 30 W/21	30	39	0,365	2400	80	0,9	26	895
L 30 W/41				2300	76			
Lampen in Stabform								
NL 20 W/20				1150	58	0,65		
NL 20 W/25	20	25	0,37	1050	53	0,55	38	590
NL 20 W/30				1150	58	0,65		
NL 40 W/20				3000	75	0,75		
NL 40 W/25	40	49	0,43	2500	63	0,60	38	1200
NL 40 W/30				3000	75	0,75		
NL 65 W/20				4800	74	1,0		
NL 65 W/25	65	76	0,67	4000	62	0,8	38	1500
NL 65 W/30				4800	74	1,0		
Lampen in U-Form								
NL 16 W/25U	16	21	0,2	900	56	0,6	26	370
NL 16 W/30U	16	21	0,2	1050	66	0,6	26	370
NL 20 W/25U	20	25	0,37	950	47	0,55	38	310
NL 40 W/25U	40	50	0,43	2400	60	0,6	38	607
NL 40 W/30U	40	50	0,43	2700	68	0,6	38	607
NL 65 W/25U	65	78	0,67	3900	60	0,8	38	765
NL 65 W/30U	65	78	0,67	4500	70	0,95	38	765
Lampen in Ringform								
NL 32 W/25C	32	42	0,45	1700	53	0,75	32	311
NL 32 W/30C	32	42	0,45	2000	63	0,75	32	311
NL 40 W/25C	40	50	0,43	2300	58	0,60	32	413
NL 40 W/30C	40	50	0,43	2900	73	0,75	32	413

11.1 Beleuchtungstechnik

11.1.2.6 Mischlichtlampen mit Leuchtstoff

Leistungs-aufnahme W	Licht-strom lm	Licht-ausbeute lm/W	Leucht-dichte cd/cm²	Sockel
160	3100	19	9	E 27
250	5600	22	11	E 27/E 40
500	14000	28	13	E 40
1000	32500	32,5	17	E 40

Mischlichtlampen werden für zwei Nennspannungen gebaut:
a) für 225 V (220 V bis 229 V),
b) für 235 V (230 V bis 239 V).

11.1.2.7 Niederdruck-Entladungslampe für 220 V

Leistungs-aufnahme W	Licht-strom lm	Licht-ausbeute lm/W	Leistungs-faktor cos φ	Lampen-strom A
9	425	47	0,5	0,08
13	600	46	0,48	0,12
18	900	50	0,48	0,17
25,5	1200	48	0,5	0,224

Niederdruck-Entladungslampen lassen sich fast überall anstelle von Glühlampen einsetzen. Sie sind so hell wie 40, 60, 75 bzw. 100 W Glühlampen. Mittlere Lebensdauer 5000 h, zul. Umgebungstemperatur $-10 \cdots + 55$ °C.

11.1.2.8 Zusammenstellung der Eigenschaften von Lichtquellen

Eigenschaft	Glüh-lampen	Leuchtstoff-lampen	Mischlicht-lampen	Quecksilber-dampfhoch-drucklampen	Metall-Halogendampf-lampen	Niederdruck-Natriumdampf-lampen	Hochdruck-Natriumdampf-lampen
Lichtstrom lm	230 bis 18800	120 bis 8700	1100 bis 32500	2000 bis 120 000	11250 bis 300 000	1800 bis 33 000	3500 bis 130 000
Lichtausbeute lm/W	9,2 bis 18,8	30 bis 85	11 bis 32,5	40 bis 60	76 bis 97	100 bis 183	70 bis 130
Leistungen W	25 bis 1000	4 bis 140	100 bis 1000	50 bis 2000	150 bis 3500	18 bis 180	50 bis 1000
Lichtfarbe		ww, nw, tw	nw	ww, nw	nw	gelb	ww
Farbwiedergabe-stufe	1	1, 2, 3	3	3	2	4	4
Lebensdauer h	1000	7500	2000 bis 5000	9000	2000 bis 6000	9000	9000
Vorschalt-geräte	keine	Drossel-spule	keine	Drossel-spule	Drossel-spule	Streutrafo Hybrid-VG	Drossel-spule
Zünd-vorrichtung	keine	Starter	keine	keine	Zündgerät	Zündgerät	Zündgerät
Anlaufzeit min	keine	keine	sofort/2	4	4	10	4
Wiederzündzeit min	sofort	sofort	5	5	10	sofort	1

Lichtfarben: ww = warmweiß, nw = neutralweiß, tw = tageslichtweiß

11.1.2.9 Einteilung der Leuchten nach DIN 5040 Teil 1 und Teil 2 (2.76)

Leuchten werden entsprechend der Verteilung ihres Lichtstromes in den oberen und unteren Halbraum eingeteilt:

Art der Beleuch-tung	Lichtstromanteil in % oberhalb der Horizontalen	Lichtstromanteil in % unterhalb der Horizontalen	Kenn-buch-stabe
direkt	0 – 10	90 – 100	A
vorwiegend direkt	über 10 – 40	60 – unter 90	B
direkt-indirekt	über 40 – 60	40 – unter 60	C
vorwiegend indirekt	über 60 – 90	10 – unter 40	D
indirekt	über 90 – 100	0 – unter 10	E

Leuchten werden zusätzlich in bezug auf den direkt auf die Nutzebene und den direkt auf die Decke fallenden Lichtstrom eingeteilt:

1. Kenn-ziffer	Lichtstromanteil in % vom unteren | oberen halbräumlichen Lichtstrom		2. Kenn-ziffer
	unteren	oberen	
1	0 – 30	0 – 50	1
2	über 30 – 40	über 50 – 70	2
3	über 40 – 50	über 70 – 90	3
4	über 50 – 60	über 90 – 100	4
5	über 60 – 70		
6	über 70 – 100		

Kurzzeichen für Leuchten setzen sich aus Kennbuchstabe, 1. und 2. Kennziffer zusammen:
Innenleuchte C 41 ist beispielsweise eine Leuchte mit einem unteren halbräumlichen Lichtstromanteil zwischen 40 und 60%, bei der zwischen 50 und 60% des unteren halbräumlichen Lichtstromes direkt auf die Nutzebene und zwischen 0 und 50% des oberen halbräumlichen Lichtstromes direkt auf die Decke gelangen.

11.1 Beleuchtungstechnik

11.1.3 Beleuchtung im Innenraum

11.1.3.1 Allgemeine Anforderungen nach DIN 5035 Teil 1 (10.79)

Nennbeleuchtungsstärken

Die auf einen mittleren Alterungszustand einer Anlage bezogenen Nennwerte der Beleuchtungsstärke sind: 20/50/100/300/500/750/1000/1500/2000 lx.

Beleuchtungsstärken am Arbeitsplatz

Ständig besetzte Arbeitsplätze: mindestens 200 lx. Räume/Raumzonen, in denen sich ständig Personen aufhalten: mindestens 100 lx.

Unabhängig vom Alterungszustand darf der arithmetische Mittelwert der Beleuchtungsstärke den 0,8fachen Wert der Nennbeleuchtungsstärke nicht unterschreiten; zu keiner Zeit darf die Beleuchtungsstärke den 0,6fachen Wert der Nennbeleuchtungsstärke unterschreiten.

(Beleuchtungsstärken siehe Seite 11-6)

Leuchtdichteverteilung im Gesichtsfeld

Für gute Sehbedingungen ist ein ausgewogenes Verhältnis der Leuchtdichten im Gesichtsfeld erforderlich. Für vollkommen gestreut reflektierende (matte) Oberflächen läßt sich die Leuchtdichte von Raumoberflächen berechnen.

$$L = \frac{\varrho}{\pi} \cdot E$$

- L Leuchtdichte in cd/m²
- ϱ Reflexionsgrad der Oberfläche (siehe Seite 11-7)
- E Beleuchtungsstärke auf der Oberfläche mit dem Reflexionsgrad

Anzustreben ist für die horizontale Nutzebene im Raum bzw. in der einer bestimmten Tätigkeit dienenden Raumzone eine Gleichmäßigkeit der Beleuchtungsstärken von etwa 1:1,5.

Die Reflexionsgrade der Umgebung des Arbeitsplatzes sollten so gewählt werden, daß sich zwischen dem Arbeitsfeld und dem Umfeld keine größeren Leuchtdichteverhältnisse als etwa 3:1 ergeben.

Für Oberflächen von Arbeitstischen sind Reflexionsgrade von 0,2 bis 0,5 angebracht.

Ein guter Wirkungsgrad der Beleuchtung und eine ausreichende Aufhellung der Raumbegrenzungsflächen wird im allgemeinen erreicht, wenn der Reflexionsgrad der Decke im Mittel 0,7, der der Wände 0,5 und der des Bodens 0,2 beträgt.

Güteklassen der Blendungsbegrenzung

Güteklasse	Anforderung
1	hoch
2	mittel
3	gering

Geforderte Güteklassen für Beleuchtungsanlagen siehe Seite 11-6.

R e f l e x b l e n d u n g durch Lichtreflexe auf dem Sehobjekt kann verringert oder verhindert werden durch:
a) Anordnung von Leuchten und Arbeitsplätzen.
b) Leuchtdichtebegrenzung der Leuchten.
c) Gestaltung der Oberflächen, in denen sich Leuchten spiegeln können (matt oder entspiegelt).
d) Helle Decke und Wände.

Lichtfarbengruppen

Für allgemeine Beleuchtungszwecke verwendete Lichtfarben werden in drei Gruppen eingeteilt:

ähnlichste Farbtemperatur unter 3300 K	warmweiße Lichtfarben (ww)
ähnlichste Farbtemperatur 3300 bis 5000 K	neutralweiße Lichtfarben (nw)
ähnlichste Farbtemperatur über 5000 K	tageslichtweiße Lichtfarben (tw)

Empfohlene Lichtfarben für bestimmte Tätigkeiten siehe unten und Seite 11-6.

Farbwiedergabe

Die Farbwiedergabeeigenschaften werden durch den allgemeinen Farbwiedergabeindex R_a in der folgenden Stufung gekennzeichnet:

Stufe	R_a-Bereich
1	$85 \leq R_a$
2	$70 \leq R_a < 85$
3	$40 \leq R_a < 70$
4	$R_a < 40$

Für Farbkontrollen/Farbprüfungen: $R_a > 90$ und Nennbeleuchtungsstärke mindestens 1000 lx. Weitere Farbwiedergabestufen siehe unten und Seite 11-6.

11.1.3.2 Lichtfarben und Farbwiedergabeeigenschaften von Lampen

Farbwieder-gabe-eigenschaften	Lichtfarbe		
	tageslichtweiß (tw)	neutralweiß (nw)	warmweiß (ww)
Stufe 1 sehr gut	Leuchtstoff-lampen der Lichtfarben 11, 19	Leuchtstoff-lampe der Lichtfarbe 21	Glühlampe
			Leuchtstoff-lampen der Lichtfarben 31, 41
	Halogen-Metall-dampflampe	Halogen-Metall-dampflampe	
Stufe 2 gut		Leuchtstoff-lampe der Lichtfarbe 25	Mischlicht-lampe
		Mischlicht-lampe	Halogen-Metall-dampflampe
Stufe 3 weniger gut		Leuchtstoff-lampe der Lichtfarbe 20	Leuchtstoff-lampe der Lichtfarbe 30
		Halogen-Metall-dampflampe	Quecksilber-dampf-Hoch-drucklampe
		Quecksilber-dampf-Hoch-drucklampe	
		Mischlicht-lampe	
Stufe 4 ungenügend			Natrium-dampflampe

11.1 Beleuchtungstechnik

11.1.3.3 Richtwerte für die Beleuchtung von Arbeitsstätten im Innenraum[1])

Nennbeleuchtungsstärke in lx[2])	Farbwiedergabeeigenschaft: Stufe	Güteklasse d. Blendungsbegrenzung	Art der Tätigkeit bzw. Art des Raumes
Lichtfarbe: ww			
200	1	–	Speiseräume
Lichtfarbe: nw			
300	2	1	Nahrungsmittelindustrie: Schneiden und Auslesen von Gemüse und Obst
	2	2	Arbeitsplätze und -zonen in Schlachtereien, Metzgereien, Molkereien, Mühlen, auf Filterböden
500	2	1	Nahrungsmittelindustrie: Kontrolle von Gläsern, Produktionskontrolle, Garnieren, Dekorieren
	2	2	Herstellung von Feinkost, Küchen, Herstellung von Zigarren
Lichtfarbe: ww, nw			
50	3	–	Verkehrszonen in Abstellräumen, Lagerräume für großteiliges oder gleichartiges Lagergut
	3	3	Verfahrungstechnische Anlagen mit Fernbedienung, Produktionsanlagen ohne manuelle Eingriffe
100	2	1	Empfangsräume
	2	2	Umkleideräume, Waschräume, Toilettenräume
	3	2	Geneigte Verkehrswege in Gebäuden, Treppen, Fahrtreppen
	3	3	Lagerräume mit Suchaufgaben, Verkehrswege in Gebäuden für Personen und Fahrzeuge, Verladerampen, automatische Fördereinrichtungen, verfahrenstechnische Anlagen mit gelegentlichen manuellen Eingriffen, Maschinenräume, Energieversorgung und Energieverteilung
200	2	1	Kantinen, Räume mit Publikumsverkehr
	2	2	Arbeiten an der Hobelbank, Leimen, Zusammenbau
	2	3	Arbeitsplätze im Brauhaus, am Malzboden, für Waschen, Abfüllen in Fässer, Reinigung, Sieben, Schälen, Kochen, Arbeitsplätze in Zuckerfabriken
	3	2	Lagerräume mit Leseaufgabe, Versand, Freiform-Schmieden kleiner Teile, Verarbeitung von schweren Blechen (mit mehr als 5 mm), Grobmontage, Gußputzerei, am Kupolofen, am Mischer
	3	3	Ständig besetzte Arbeitsplätze in verfahrenstechnischen Anlagen und Produktionsanlagen
300	2	1	Telefonvermittlung, Büroräume mit Arbeitsplätzen nur in unmittelbarer Fensternähe, Sitzungszimmer und Besprechungsräume, Verkaufsräume, Selbstbedienungsgaststätten
	2	2	Meßstände, Steuerbühnen, Warten, Laboratorien, Konfektionierungen, in der Nahrungsmittelindustrie: Verlesen und Waschen von Produkten, Mahlen, Mischen, Abpacken
	3	1	Mittelfeinmontage, Kabel- und Leitungsherstellung, Lackieren und Tränken von Spulen, Montage großer elektrischer Maschinen, Wickeln von Spulen und Ankern mit grobem Draht
	3	2	Schweißen, grobe und mittlere Maschinenarbeiten wie Drehen, Fräsen, Hobeln (zulässige Abweichung > 0,1 mm), Draht- und Rohrziehereien, Herstellung von Kaltprofilen, Verarbeitung von leichten Blechen (mit weniger als 5 mm), Handformerei, Kernmacherei
500	1	1	Sanitätsräume, Räume für Erste Hilfe, ärztliche Betreuung, Modelltischlerei
	2	1	Fernschreibstelle, Poststelle, Büroräume, Räume für Datenverarbeitung, Arbeiten mit erhöhter Sehaufgabe, Abrichten, Schlitzen, Schneiden, Sägen, Fräsen, Holzveredelung, Kassenarbeitsplätze
	3	1	Feine Maschinenarbeiten (zulässige Abweichung < 0,1 mm), Feinmontage, Modellbau
750	1	1	Fehlerkontrolle
	2	1	Großraumbüros (mit hoher Reflexion), Technisches Zeichnen
	3	1	Anreiß- und Kontrollplätze, Meßplätze
1000	2	1	Großraumbüros (mit mittlerer Reflexion)
Lichtfarbe: ww, nw, tw			
500	1	1	Haarpflege
	2	1	Prüf- und Kontrollplätze
	3	1	Montage von Telefonapparaten, Wickeln von Spulen und Ankern mit mittlerem Draht
	3	2	Karosserie-Rohbau, Karosserie-Oberflächen-Bearbeitung
750	1	1	Kosmetik
	3	1	Lackiererei-Schleifplätze und Inspektion
1000	2	1	Herstellung von Schmuckwaren
	3	1	Nacharbeit Lackiererei, Montage feiner Geräte, Rundfunk- und Fernsehapparate, Wickeln feiner Drahtspulen, Fertigung von Schmelzsicherungen, Justieren, Prüfen, Eichen
1500	2	1	Montage feinster Teile, elektronische Bauteile, Optiker und Uhrmacherwerkstatt

[1]) Nach Arbeitsstättenverordnung (3.75), entspricht DIN 5035 Teil 2 (10.79).
[2]) Die angegebenen Nennbeleuchtungsstärken beziehen sich im allgemeinen auf die horizontale Arbeitsfläche in 0,85 m Höhe über dem Fußboden. Bei Verkehrswegen in Gebäuden beziehen sie sich auf deren Mittellinie in 0,2 m Höhe über dem Fußboden.

11.1 Beleuchtungstechnik

11.1.3.4 Beleuchtungskalender (Mitteleuropäische Zeit)[1]

Monat	Beleuchtungszeit Beginn	Ende	Monat	Beleuchtungszeit Beginn	Ende	Monat	Beleuchtungszeit Beginn	Ende
Januar 1.–10.	16:35	7:50	Mai 1.–10.	19:55	4:15	September 1.–10.	19:05	5:10
Januar 11.–20.	16:50	7:45	Mai 11.–20.	20:10	4:00	September 11.–20.	18:45	5:25
Januar 21.–31.	17:05	7:40	Mai 21.–31.	20:25	3:45	September 21.–30.	18:20	5:40
Februar 1.–10.	17:25	7:25	Juni 1.–10.	20:35	3:35	Oktober 1.–10.	18:00	6:00
Februar 11.–20.	17:40	7:05	Juni 11.–20.	20:45	3:30	Oktober 11.–20.	17:35	6:15
Februar 21.–28.	18:00	6:45	Juni 21.–30.	20:50	3:15	Oktober 21.–31.	17:15	6:30
März 1.–10.	18:15	6:30	Juli 1.–10.	20:50	3:15	November 1.–10.	16:55	6:50
März 11.–20.	18:30	6:10	Juli 11.–20.	20:40	3:45	November 11.–20.	16:40	7:05
März 21.–31.	18:45	5:45	Juli 21.–31.	20:30	4:00	November 21.–30.	16:30	7:20
April 1.–10.	19:05	5:20	August 1.–10.	20:10	4:20	Dezember 1.–10.	16:25	7:35
April 11.–20.	19:20	5:00	August 11.–20.	19:50	4:35	Dezember 11.–20.	16:20	7:45
April 21.–30.	19:40	4:35	August 21.–31.	19:30	4:50	Dezember 21.–31.	16:25	7:50

11.1.3.5 Beleuchtungsstunden in den einzelnen Monaten[1]

Monat	Jan.	Febr.	März	April	Mai	Juni	Juli	Aug.	Sept.	Okt.	Nov.	Dez.	Zus. f. 1 Jahr
von Sonnenuntergang													
bis 17 Uhr	6	–	–	–	–	–	–	–	–	–	9	19	34
bis 18 Uhr	36	9	–	–	–	–	–	–	–	12	39	50	146
bis 19 Uhr	67	37	15	–	–	–	–	–	9	43	69	81	321
bis 20 Uhr	98	65	46	19	1	–	–	7	38	74	99	112	559
bis 21 Uhr	129	93	77	49	26	8	11	37	68	105	129	143	875
bis 22 Uhr	160	121	108	79	57	38	42	68	98	136	159	174	1240
bis 23 Uhr	191	149	139	109	88	68	73	99	128	167	189	205	1605
bis 24 Uhr	222	177	170	139	119	98	104	130	159	198	219	236	1970
bis 1 Uhr	253	205	201	169	150	128	135	161	188	229	249	267	2335
bis 2 Uhr	284	233	232	199	181	158	166	192	218	260	279	298	2700
bis 3 Uhr	315	261	263	229	212	188	197	223	248	291	309	329	3065
bis Sonnenaufgang	462	376	360	288	242	203	218	272	321	392	432	475	4041
von 3 Uhr	147	115	97	59	30	15	21	49	73	101	123	146	976
von 4 Uhr	116	87	66	29	2	–	–	18	43	70	83	115	629
von 5 Uhr	85	59	35	3	–	–	–	–	13	39	53	84	371
von 6 Uhr	54	31	7	–	–	–	–	–	–	8	33	53	186
von 7 Uhr bis Sonnenaufgang	23	5	–	–	–	–	–	–	–	–	4	22	54

11.1.3.6 Reflexionsgrade ϱ verschiedener Farben und Materialien für weißes Licht

Farbe	ϱ %
weiß	70–85
steingrau	40–50
dunkelgrau	10–20
schwarz	3–9
creme, hellgelb	50–75
gelbbraun	30–40
dunkelbraun	10–20
rosa	45–55
hellrot	30–50
dunkelrot	10–20
hellgrün	45–65
dunkelgrün	10–20
hellblau	45–55
dunkelblau	5–15

Material		ϱ %
Aluminium		
matt		55–60
poliert		65–75
hartblank gewalzt		75–80
hochglanz eloxiert		80–85

Material		ϱ %
Beton	hell	30–50
	dunkel	15–25
Chrom	poliert	60–70
Email	weiß	75–85
Glas-Silberspiegel		80–90
Granit		15–25
Holz	hell	30–50
	dunkel	10–25
Lack	weiß	80–85
Marmor	weiß	60–70
Messing	matt	50–55
	poliert	60
Mörtel	hell	35–55
	dunkel	20–30
Nickel	poliert	60–70
Sandstein	hell	30–40
	dunkel	15–25
Schallschluckdecke		
	weiß	50–65
Stahl	poliert	55–65
Teerdecke		8–15
Ziegel	hell	30–40
	dunkel	15–25

11.1.3.7 Leuchten-Betriebswirkungsgrade η_{LB}

Art der Lichtverteilung / Art der Leuchte	Betriebswirkungsgrad
direkt	
Reflektorleuchten	0,7–0,8
Einbauleuchten mit Raster	0,52–0,62
Einbauleuchten mit Kunststoffglas, weiß	0,45–0,60
vorwiegend direkt	
Leuchten mit Kunststoffglaswannen: weiß	0,50–0,65
glasklar	0,60–0,85
Lamellen-Rasterleuchte in Deckenmontage	0,55–0,75
gleichförmig	
frei strahlende Leuchten	0,84–0,92
Lamellen-Rasterleuchte in Pendelmontage	0,65–0,85
vorwiegend indirekt	0,60–0,80
indirekt	0,60–0,80

11.1.3.8 Temperaturfaktoren des Leuchtenwirkungsgrades von Leuchtstofflampen

Temperatur °C	Temperaturfaktor für Lampe		
	L 40 W	L 65 W	L 100 W, L 120 W
25	1,0	1,0	1,0
35	0,94	0,91	0,94
45	0,88	0,83	0,88
55	0,82	0,74	0,82

[1] Ohne Berücksichtigung der Einführung einer Sommerzeit.

11.1 Beleuchtungstechnik

11.1.3.9 Raumwirkungsgrade η_R

Raumgestaltung	Raumindex k	Beleuchtungsart				
		direkt	vorwiegend direkt	gleichförmig	vorwiegend indirekt	indirekt
Decke hell $\varrho = 0{,}8$	0,6	0,40	0,30	0,25	0,21	0,14
	0,8	0,51	0,40	0,35	0,28	0,23
Wände mittelhell $\varrho = 0{,}5$	1,0	0,59	0,48	0,43	0,36	0,30
	1,25	0,67	0,56	0,49	0,43	0,37
Boden mittelhell $\varrho = 0{,}3$	1,5	0,76	0,63	0,55	0,50	0,43
	2	0,87	0,73	0,66	0,60	0,53
	2,5	0,93	0,80	0,71	0,67	0,61
	3	0,98	0,86	0,77	0,73	0,66
	4	1,05	0,94	0,84	0,80	0,73
	5	1,09	0,98	0,90	0,86	0,79
Decke mittelhell $\varrho = 0{,}5$	0,6	0,34	0,23	0,19	0,13	0,07
	0,8	0,43	0,30	0,25	0,17	0,10
Wände dunkel $\varrho = 0{,}3$	1,0	0,51	0,37	0,31	0,22	0,13
	1,25	0,58	0,41	0,35	0,27	0,17
Boden dunkel $\varrho = 0{,}3$	1,5	0,64	0,44	0,40	0,31	0,20
	2	0,72	0,53	0,46	0,37	0,25
	2,5	0,77	0,59	0,50	0,41	0,29
	3	0,81	0,64	0,53	0,44	0,32
	4	0,87	0,70	0,59	0,49	0,36
	5	0,92	0,73	0,63	0,53	0,40

11.1.3.10 Berechnung von Innenraum-Beleuchtungsanlagen

Ziel der Berechnung ist es, die Zahl der Lampen und Leuchten zu bestimmen, die nötig sind, um nach DIN 5053 Teil 2 (siehe Seite 11-6) erforderliche mittlere Horizontalbeleuchtungsstärke in der Nutzebene (0,85 m über dem Boden) zu erzeugen. Eine einfache Methode ist das **Wirkungsgradverfahren**. Dabei werden alle auf das Beleuchtungsergebnis einflußnehmenden Faktoren – außer dem Lichtstrom und der Nutzfläche – im Beleuchtungswirkungsgrad η_B zusammengefaßt. Dieser errechnet sich aus dem Leuchten-Betriebswirkungsgrad η_{LB} (siehe Seite 11-7) und dem Raumwirkungsgrad η_R (siehe oben) zu:

$$\eta_B = \eta_{LB} \cdot \eta_R$$

Der Betriebswirkungsgrad η_{LB} der Leuchten wird in den lichttechnischen Laboratorien der Herstellerwerke bei einer Umgebungstemperatur von 25 °C bestimmt. (Umrechnung auf andere Temperaturen siehe Seite 11-7).

Der Raumwirkungsgrad η_R wird durch folgende Faktoren beeinflußt:

1. Lichtstromverteilung der Leuchten;
2. Reflexionsgrade ϱ der Raumbegrenzungsflächen (Angaben für ϱ siehe Seite 11-7);
3. Leuchtenanordnung im Raum;
4. Geometrische Verhältnisse des Raumes, ausgedrückt durch den Raumkoeffizient k.

Der Raumkoeffizient k wird aus der Länge und der Breite des Raumes (a und b) sowie der Leuchtenhöhe h über der Nutzebene errechnet nach der Beziehung

$$k = \frac{a \cdot b}{h \cdot (a + b)}$$

Eine ganz genaue Bestimmung der Raumwirkungsgrade η_R macht den Einsatz elektronischer Datenverarbeitung erforderlich. Eine ausreichend genaue Berechnung von Beleuchtungsanlagen ist aber mit den Werten der obigen Tabelle möglich: Angegeben ist η_R in Abhängigkeit vom Raumindex k, der Leuchtenart (direkt, vorwiegend direkt usw.) und zwei Kombinationen der Reflexionsgrade ϱ der Raumbegrenzungsflächen (Decke, Wände, Boden).

Um eine geforderte Nennbeleuchtungsstärke E (entsprechend DIN 5035) zu erhalten, ist ein bestimmter Gesamtlichtstrom $\Phi_{ges} = n \cdot \Phi$ erforderlich, der von der Anzahl n der Lampen mit dem Lichtstrom Φ erzeugt wird. Der Gesamtlichtstrom ist dann

$$n \cdot \Phi = \frac{E \cdot A}{\eta_B} \cdot 1{,}25 \quad \text{und damit}$$

$$n = \frac{1{,}25 \cdot E \cdot A}{\Phi \cdot \eta_B}$$

Dabei ist $A = a \cdot b$ die Größe der Nutzfläche in m² und 1,25 der Faktor, der den Rückgang des Lichtstromes im Laufe der Betriebszeit berücksichtigt.

11.1 Beleuchtungstechnik

11.1.3.11 Berechnungsbeispiel einer Innenraumbeleuchtung mit Leuchtstofflampen

Art des Raumes				Büro
Maße:	Breite	a	m	4,8
	Länge	b	m	8,2
	Fläche	$A = a \cdot b$	m²	$4,8 \cdot 8,2 = 39,4$
	Raumhöhe	h_R	m	2,8
	Leuchtenhöhe über Nutzebene	h	m	$2,8 - 0,85 = 1,95$
Raumindex		$k = \dfrac{a \cdot b}{h \cdot (a + b)}$		$\dfrac{4,8 \cdot 8,2}{1,95 \cdot (4,8 + 8,2)} = 1,55$
Raumtemperatur		t	°C	unter 25
Reflexionsgrade (ϱ) für Decke/Wände/Boden (Tabelle Seite 11-7)				hell (0,8) / mittelhell (0,5) / mittelhell (0,3)
Raumzweck/Sehaufgabe				**Stenogramm, Maschineschreiben**
Nennbeleuchtungsstärke (Tabelle Seite 11-6)		E	lx	500
Lichtfarbe (Tabelle Seite 11-6)				nw
Stufe der Farbwiedergabeeigenschaften (Tabelle Seite 11-6)				2
Art der Lichtverteilung (Tabelle Seite 11-4)				vorwiegend direkt
Art der Leuchte (Tabelle Seite 11-4)				Leuchten mit Kunststoffglaswanne, weiß
Leuchten-Betriebswirkungsgrad η_{LB} (Tabelle Seite 11-7)				0,6 ⎫
Temperaturfaktor (Tabelle Seite 11-7)				1,0 ⎬ $0,6 \cdot 1,0 = 0,6$ für η_{LB}
Raumwirkungsgrad η_R (Tabelle Seite 11-8)				0,64 (durch Interpolation zwischen $k = 1,5/\eta_R = 0,63$ und 2/0,73)
Beleuchtungswirkungsgrad $\eta_B = \eta_{LB} \cdot \eta_R$				$0,64 \cdot 0,6 = 0,384$
Lampenart				**L 65 W/25**
Nennlichtstrom (Tabelle Seite 11-3)		Φ	lm	4000
Lampenzahl		$n = \dfrac{1,25 \cdot E \cdot A}{\Phi \cdot \eta_B}$		$\dfrac{1,25 \cdot 500 \cdot 39,4}{4000 \cdot 0,384} = 16,03 \approx 16$
Leuchtenzahl nach Rechnung				2 Lampen je Leuchte ergeben $\dfrac{16}{2} = 8$
Leuchtenzahl gewählt				8
Kontrolle		$E = \dfrac{n \cdot \Phi \cdot \eta_B}{1,25 \cdot A}$	lx	$\dfrac{8 \cdot 2 \cdot 4000 \cdot 0,384}{1,25 \cdot 39,4} = 499$
Elektrische Leistung (Lampe und Vorschaltgerät)			W	$76 \cdot 16 = 1216$
Leuchtenanordnung				2 unterbrochene Lichtbänder

11.1.3.12 Überschlägige Berechnung von Innenbeleuchtungen

Für angenäherte Berechnungen kann man bei einer **Beleuchtungsstärke von 100 lx** und einem überschlägigen **Beleuchtungswirkungsgrad von 0,3** den Leistungsbedarf pro m² Bodenfläche errechnen. Für G l ü h l a m p e n mit $\eta \approx 15$ lm/W wird

$$\frac{P}{A} = \frac{100 \text{ lm W}}{0,3 \cdot 15 \text{ lm}} = 22,22 \frac{\text{W}}{\text{m}^2} \approx 22 \frac{\text{W}}{\text{m}^2}$$

Für L e u c h t s t o f f l a m p e n mit $\eta \approx 60$ lm/W wird

$$\frac{P}{A} = \frac{100 \text{ lm W}}{0,3 \cdot 60 \text{ lm}} = 5,55 \frac{\text{W}}{\text{m}^2} \approx 5,5 \frac{\text{W}}{\text{m}^2}$$

Für Lichtbänder mit Leuchtstofflampen benötigt man überschlägig für eine mittlere Beleuchtungsstärke von 250 lx bei einer Lichtbandhöhe von 2–3 m über der Nutzungsebene ein Einrohr-Lichtband vom Typ L 40 W/25 für je 3 m Raumbreite oder vom Typ L 65 W/25 für je 4 m Raumbreite.

Beispiel: Büroraum des Beispiels nach 11.1.3.11 (siehe oben)

Lösung: $P = 39,4 \text{ m}^2 \cdot 5,5 \text{ W/m}^2 \approx 220$ W
Für 500 lx: $P = 220 \text{ W} \cdot 5 = 1100$ W
Anzahl der Leuchtstofflampen mit 65 W:
$$n = \frac{1100 \text{ W}}{65 \text{ W}} = 16,9 \approx 16$$

11.1 Beleuchtungstechnik

11.1.4 Beleuchtung im Freien

11.1.4.1 Berechnung der Beleuchtungsstärke E aus der Lichtstärke I

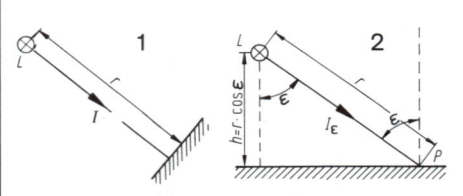

Sollen die Beleuchtungsstärken E für die gegebene Lichtausstrahlung (Lichtstärkeverteilungskurve) einer Leuchte an mehreren beliebigen Punkten auf der Meßebene ermittelt werden, so gilt folgende Beziehung für $E = f(\varepsilon)$

$$E = \frac{I_\varepsilon \cdot \cos^3 \varepsilon}{h^2}$$

Die Lichtstärkewerte I_ε sind für die jeweiligen Ausstrahlungswinkel ε aus der Lichtstärkeverteilungskurve der benutzten Leuchte zu entnehmen. Zu den so ermittelten Beleuchtungsstärken müssen dann noch die von benachbarten Leuchten erzeugten Beleuchtungsstärken anteilmäßig addiert werden. Die Werte für $\cos^3 \varepsilon$ lassen sich aus der Tabelle auf Seite 11-11 entnehmen.

Entfernungsgesetz

Die Beleuchtungsstärke E auf einer senkrecht zur Strahlungsrichtung I im Abstand r von der Lichtquelle L liegenden Fläche wird errechnet nach (Bild 1):

$$E = \frac{I}{r^2}$$

E	Beleuchtungsstärke in lx
I	Lichtstärke in cd
r	Abstand in m

Ist die Fläche so gedreht, daß die Lichtstrahlung I_ε unter dem Winkel ε zur Flächennormalen einfällt, so ist die Beleuchtungsstärke E im Punkt P (Bild 2):

$$E = \frac{I_\varepsilon \cdot \cos \varepsilon}{r^2}$$

I_ε	Lichtstärke der Lichtquelle in Richtung zum Punkt P
ε	Winkel zwischen Strahlrichtung und Flächennormale

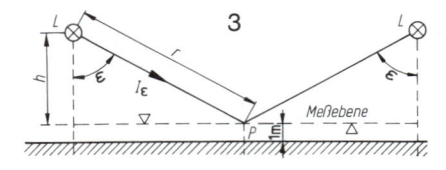

Für die Straßen- bzw. Streckenbeleuchtung ermittelt man die Lichtstärke I_ε durch die Beziehung $I_\varepsilon = E \cdot h^2/(2 \cdot \cos^3 \varepsilon)$. Anschließend bestimmt man aus der Lichtstärkeverteilungskurve der gewählten Leuchte die Lichtstärke dieser Leuchte in Richtung ε bei einer Lampe mit einem Lichtstrom von 1000 lm (Lichtstärkeverteilungskurven gelten im allgemeinen für 1000 lm). Durch Division des errechneten Wertes I_ε durch den aus der Lichtstärkeverteilungskurve abgelesenen stellt man fest, den wievielfachen Wert des Lichtstromes von 1000 lm die zu verwendende Lampe aussenden muß. Die Auswahl der Lampe erfolgt dann nach den Tabellen Seite 11-2 bis 11-4.

Im Regelfall soll:

1. die Lichtpunkthöhe h nicht kleiner sein als ein Drittel der Straßenbreite;
2. der Leuchtenabstand c
   a) bei Tiefstrahlern gleich dem 3- bis 4fachen der Lichtpunkthöhe sein,
   b) bei Leuchten für direktes Licht gleich dem 3- bis 4fachen der Lichtpunkthöhe sein (und mehr, wenn nur als Richtungslampen eingesetzt),
   c) bei Schirmbreitstrahlern gleich dem 5- bis 5,5fachen der Lichtpunkthöhe sein.

Straßen- und Streckenbeleuchtung

Vorgegeben ist meistens die in der Mitte zwischen zwei Leuchten bestehende Mindestbeleuchtungsstärke E, die von den zwei Leuchten erzeugt wird (Bild 3). Eine Leuchte hat dann nur den Anteil $E/2$ zu liefern:

$$I_\varepsilon = \frac{E \cdot r^2}{2 \cdot \cos \varepsilon}$$

Die Entfernung r ist direkt schwer zu messen. Sie läßt sich aber bestimmen aus

$$r = \frac{h}{\cos \varepsilon}$$

r	Entfernung in m
h	Lichtpunkthöhe über der Meßebene (1 m über dem Boden)
ε	Winkel

Dieser Wert in die Beziehung für I_ε eingesetzt ergibt

$$I_\varepsilon = \frac{E \cdot h^2}{2 \cdot \cos^3 \varepsilon}$$

1. Beispiel: Eine Straße von 22 m Breite soll mit Leuchten für direktes Licht beleuchtet werden; Mindestbeleuchtungsstärke 4 lx.

Lösung:

Lichtpunkthöhe $h >$ ⅓ der Straßenbreite

$$h > \frac{1}{3} \cdot 22 \text{ m} > 7{,}33 \text{ m}; \qquad \text{gewählt } h = 8 \text{ m}$$

Der Lampenabstand c darf die 3- bis 4fache Lichtpunkthöhe betragen. Gewählt wird $3 \cdot 8$ m, also 24 m. Damit ist $c/2 = 12$ m.

Nach der Fluchtlinientafel (Seite 11-11) ergibt sich mit $h = 8$ m und $c/2 = 12$ m ein Winkel von 56°. Der $\cos^3 \varepsilon$ wird nach der Tabelle (Seite 11-11) 0,1749. Damit errechnet sich die benötigte Lichtstärke I_ε zu.

11.1 Beleuchtungstechnik

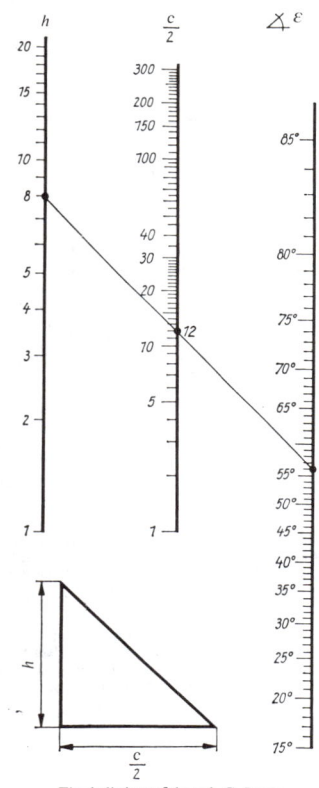

∢°	$\cos^3 \varepsilon$	∢°	$\cos^3 \varepsilon$	∢°	$\cos^3 \varepsilon$	∢°	$\cos^3 \varepsilon$
0	1,0000	23	0,7800	46	0,3352	68	0,0526
1	0,9995	24	0,7624	47	0,3172	69	0,0460
2	0,9982	25	0,7445	48	0,2996	70	0,0400
3	0,9959			49	0,2824		
4	0,9927	26	0,7261	50	0,2656	71	0,0345
5	0,9886	27	0,7074			72	0,0295
		28	0,6883	51	0,2492	73	0,0250
6	0,9836	29	0,6690	52	0,2334	74	0,0209
7	0,9778	30	0,6495	53	0,2180	75	0,0173
8	0,9711			54	0,2031		
9	0,9635	31	0,6298	55	0,1887	76	0,0142
10	0,9551	32	0,6099			77	0,0114
		33	0,5899	56	0,1749	78	0,00898
11	0,9459	34	0,5698	57	0,1615	79	0,00694
12	0,9358	35	0,5496	58	0,1488	80	0,00524
13	0,9250			59	0,1366		
14	0,9135	36	0,5295	60	0,1250	81	0,00383
15	0,9012	37	0,5094			82	0,00270
		38	0,4893	61	0,1140	83	0,00181
16	0,8882	39	0,4694	62	0,1035	84	0,00114
17	0,8746	40	0,4495	63	0,0936	85	0,00066
18	0,8603			64	0,0842		
19	0,8453	41	0,4299	65	0,0755	86	0,00034
20	0,8298	42	0,4104			87	0,00014
		43	0,3912	66	0,0673	88	0,00004
21	0,8137	44	0,3722	67	0,0597	89	0,00001
22	0,7971	45	0,3535			90	0,00000

Fluchtlinientafel nach G. Laue

$$I_\varepsilon = \frac{E \cdot h^2}{2 \cdot \cos^3 \varepsilon} = \frac{4 \text{ lx} \cdot 8^2 \text{ m}^2}{2 \cdot 0,1749} \approx 730 \text{ cd}$$

Aus der Lichtstärkeverteilungskurve der verwendeten Leuchte (siehe unten) liest man auf Linie B unter 56° eine Lichtstärke in dieser Richtung von 134 cd ab. Die Lampe muß also den 730 : 134 = 5,45fachen Lichtstrom der für 1000 lm angegebenen Lichtstärkeverteilungslinie erhalten, also 5450 lm. Gewählt wird eine Quecksilberdampf-Hochdrucklampe von 125 W mit 6300 lm.

Kontrolle: Mit dieser Lampe beträgt die Beleuchtungsstärke

$$E = \frac{2 \cdot I_\varepsilon \cdot 6,3 \cdot \cos^3 \varepsilon}{h^2} = \frac{2 \cdot 134 \cdot 6,3 \cdot 0,1749}{64} \text{ lx}$$

$E = 4,6$ lx, also besser als gefordert.

Die Beleuchtungsstärke senkrecht unter der Leuchte ist:

$$E = \frac{I}{h^2} = \frac{135 \cdot 6,3}{64} \text{ lx} = 13,3 \text{ lx}$$

Der Wert $I = 135$ cd ist aus der Lichtstärkeverteilungskurve Linie B für $\varepsilon = 0°$ abgelesen.

Die Gleichmäßigkeit der Beleuchtung ist $4,6 : 13,3 = 1 : 2,89$.

2. Beispiel: Ein Marktplatz von 40 m Breite und 60 m Länge soll beleuchtet werden. Lichtpunkthöhe $h = 10$ m; Beleuchtungsstärke mindestens 4 lx; Lampenabstand $c = 20$ m.

Lösung:
Nach der Fluchtlinientafel ergibt sich für $h = 10$ m und $c/2 = 10$ m ein Winkel $\varepsilon = 45°$. Damit erhält man aus der Tabelle den Wert $\cos^3 \varepsilon = 0,3535$. Die Lichtstärke errechnet sich zu

$$I_\varepsilon = \frac{4 \cdot 10^2}{2 \cdot 0,3535} \text{ cd} = 566 \text{ cd}$$

Aus der Lichtstärkeverteilungskurve liest man unter Linie B unter 45° die Lichtstärke 140 cd ab. Notwendiger Lichtstrom = $\frac{565}{140} \cdot 1000$ lm = 4035 lm. Gewählt Mischlichtlampe von 250 W mit 5600 lm.

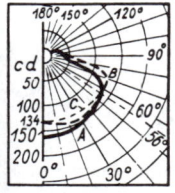

Lichtstärkeverteilung einer Leuchte für direktes Licht mit unten offener Glocke mit einer 1000-lm-Glühlampe

A = Kreiswendel
B = Wellenwendel

11.1 Beleuchtungstechnik

Die Beleuchtungsstärke zwischen zwei Lampen errechnet sich zu

$$E = \frac{2 \cdot 140 \cdot 5{,}6 \cdot 0{,}3535}{10^2} \text{ lx} = 5{,}54 \text{ lx}$$

Beleuchtungsstärke senkrecht unter der Lampe

$$E = \frac{135 \cdot 5{,}6}{100} \text{ lx} = 7{,}56 \text{ lx}$$

Die Gleichmäßigkeit der Beleuchtung ist
$g = 5{,}54 : 7{,}56 = 1 : 1{,}36$ (sehr gut).

11.1.4.2 Berechnung der Beleuchtungsstärke E nach dem Wirkungsgradverfahren

Die mittlere horizontale Beleuchtungsstärke E einer Beleuchtung im Freien – vor allem einer verhältnismäßig langen, geraden Straße – kann auch mit dem bei Innenraumbeleuchtungsanlagen üblichen Wirkungsgradverfahren (siehe Seite 11-8) ermittelt werden. Es gilt:

$$E = \frac{1{,}25 \cdot \Phi \cdot \eta_B}{a \cdot b}$$

E	mittlere horizontale Beleuchtungsstärke in lx
1,25	Faktor, der die Alterung berücksichtigt
Φ	Lichtstrom in lm
a	Abstand zwischen zwei Leuchten in m
b	Breite der Straße in m
η_B	Beleuchtungswirkungsgrad

Der Beleuchtungswirkungsgrad ist das Produkt aus dem Raumwirkungsgrad (eine Funktion der Anlagengeometrie) und dem Betriebswirkungsgrad der Leuchte:

$\eta_B = \eta_R \cdot \eta_{LB}$
η_B Beleuchtungswirkungsgrad
η_R Raumwirkungsgrad
η_{LB} Leuchten-Betriebswirkungsgrad

Der Beleuchtungswirkungsgrad η_B wird üblicherweise als Funktion von b/h angegeben, wobei b = Straßenbreite in m und h = Lichtpunkthöhe in m.

Im folgenden Schaubild gilt Kurve 1 für eine Mastaufsatzleuchte mit schräggestellter Optik und Kurve 2 für eine Seilleuchte mit symmetrischer Optik.

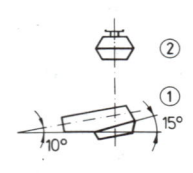

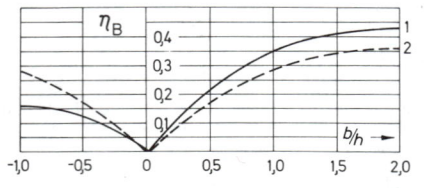

Bei positivem Leuchtenüberhang s, d.h. wenn die Leuchten bis über die Fahrbahn ragen, kann man sich die Fahrbahn entsprechend der folgenden Darstellung in einzelne Streifen b_1, b_2 und b_3 unterteilt denken und kommt zu einzelnen Werten von η_{B1}, η_{B2} und η_{B3}.

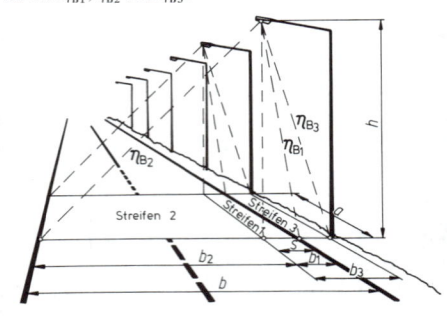

Der gesamte Beleuchtungswirkungsgrad ergibt sich aus der Summe der Streifenwirkungsgrade:

$\eta_{Bges} = \eta_{B1} + \eta_{B2} + \eta_{B3}$

Bei Beleuchtungsberechnungen ist noch darauf zu achten, daß bei Verwendung von Leuchtstofflampen der Lampenlichtstrom stark temperaturabhängig ist (für Deutschland gilt eine Jahresdurchschnittstemperatur von 6 °C).

Beispiel: Einseitige Leuchtenanordnung von Mastansatzleuchten mit schräggestellter Optik für eine Verkehrsstraße von 16 m Breite. Abstand der Leuchten $a = 20$ m; Lichtpunkthöhe $h = 8$ m; positiver Leuchtenüberhang $s = 2$ m; mittlere Beleuchtungsstärke $E = 5$ lx.

Gesucht: notwendige Lampen

Lösung:
Einteilung der Straße in zwei Streifen:

$b_1 = 14$ m   und $b_2 = 2$ m $= s$

$\dfrac{b_1}{h} = \dfrac{14 \text{ m}}{8 \text{ m}} = 1{,}75$ $\dfrac{b_2}{h} = \dfrac{2 \text{ m}}{8 \text{ m}} = 0{,}25$

Aus der Darstellung für die Beleuchtungswirkungsgrade für Kurve 1 erhält man:

$\eta_{B1} = 0{,}425$ und $\eta_{B2} = 0{,}11$

Damit gesamter Beleuchtungswirkungsgrad

$\eta_{Bges} = \eta_{B1} + \eta_{B2} = 0{,}425 + 0{,}11 = 0{,}535$

Für den Lichtstrom ergibt sich

$$\Phi = \frac{E \cdot a \cdot b}{1{,}25 \cdot \eta_B} = \frac{5 \text{ lx} \cdot 20 \text{ m} \cdot 16 \text{ m}}{1{,}25 \cdot 0{,}535} = 2393 \text{ lm}$$

Gewählt wird als Lampe eine Quecksilberdampf-Hochdrucklampe von 80W mit 3800 lm.

11.1 Beleuchtungstechnik

11.1.4.3 Sinnbilder zur Darstellung der Straßenbeleuchtung in Lageplänen nach DIN 49782 (6.75)

1. Leuchten

	Leuchte, allgemein	Ansatzleuchte	Aufsatzleuchte	Hängeleuchte
elektrisch	✕	→✕	✕ auf T	✕ hängend
elektrisch, für kolbenförmige Lichtquellen	⬭	→⬭	⬭ auf T	⬭ hängend
elektrisch, für stabförmige Lichtquellen	▭	→▭	▭ auf T	▭ hängend
Gas	◇	→◇	◇ auf T	◇ hängend

2. Lichtmaste

Holzmast	Gittermast	Stahlmast	Betonmast	Aluminiummast	Kunststoffmast
(H)	(Gi)	(S)	(B)	(Al)	(K)

3. Zubehör   **4. Beispiel**

Spannseil	Mauerhaken	Anschluß- und Übergangskasten	Schaltstelle	Gittermast mit elektrischer Ansatzleuchte
⊢⊣	▨◀	▨■	—⊏⊐—	(Gi)—✕

11.1.4.4 Richtlinien zur Straßenbeleuchtung nach DIN 5044 Teil 1 (9.81)

Blendungsbegrenzungsklassen KB

KB	Maximale Lichtstärke	
	für $\gamma = 90°$	für $\gamma = 80°$
1	10 cd/1000 lm höchstens 500 cd	30 cd/1000 lm höchstens 1000 cd
2	50 cd/1000 lm höchstens 1000 cd	100 cd/1000 lm höchstens 2000 cd

Richtwerte für die ortsfeste Beleuchtung von Straßen mit geringer Verkehrsbelastung, die ausnahmsweise nach der Beleuchtungsstärke zu bemessen sind

Straße überwiegend mit	E_n in lx	g_1 [1])	KB
Anliegerfunktion	3	0,1	2
Sammelfunktion	7	0,2	2

Gleichmäßigkeit der Leuchtdichte (s. S. 8-14)

$$U_l = \frac{L_{l,\min}}{L_{l,\max}}$$

U_l Längsgleichmäßigkeit
$L_{l,\min}$ minimale Leuchtdichte
$L_{l,\max}$ maximale Leuchtdichte

$$U_0 = \frac{L_{\min}}{L}$$

U_0 Gesamtgleichmäßigkeit (Regel: $U_0 \geq 0{,}4$)
$L_{\min}$ minimale Leuchtdichte
L mittlere Leuchtdichte

Empfohlene Bereiche für die Abstufung des Lichtstromes im Verlauf einer Adaptionsstrecke

Φ_{Red} reduzierter Lichtstrom
Φ_{Hpt} Lichtstrom der Leuchten der Hauptstrecke

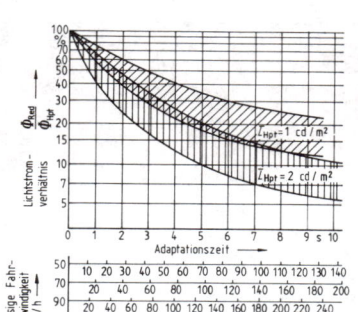

[Diagramm: Lichtstromverhältnis Φ_{Red}/Φ_{Hpt} über Adaptationszeit (0–10 s); Kurven für $L_{Hpt} = 1$ cd/m² und $L_{Hpt} = 2$ cd/m². Zulässige Fahrgeschwindigkeit in km/h (50, 70, 90, 110, 130) vs. Länge der Adaptationsstrecke in m.]

[1]) $g_1 = E_{\min}/\overline{E}$

11.1 Beleuchtungstechnik

Richtwerte für die ortsfeste Beleuchtung von Straßen innerhalb bebauter Gebiete[1]
(Abschnitte außerhalb von Knotenpunkten)

a) Straßenquerschnitt ohne Mittelstreifen

Straßenart	Verkehrsstärke bei Dunkelheit in Kfz/(h × Fahrstreifen)														
	600			300			100			100			100 (Anlieger)		
	Überschreitungsdauer in h/Jahr														
	≥ 200			≥ 300			≥ 300			< 300			< 300		
	L_n	U_l	KB	L_n	U_l	KB	L_n	U_l	KB	L_n	U_l	KB	L_n	U_l	KB
Ortsstraßen bebaut, ruhender Verkehr auf/an der Fahrbahn	2	0,7	1	2	0,7	1	1,5	0,6	1	0,5	0,4	2	0,3	0,3	2
bebaut, kein ruhender Verkehr auf/an der Fahrbahn	2	0,7	1	1,5	0,6	1	1	0,6	2	0,5	0,4	2	0,3	0,3	2
anbaufrei, kein ruhender Verkehr auf/an der Fahrbahn	1,5	0,6	1	1,5	0,6	1	1	0,6	2	0,5	0,4	2	0,3	0,3	2
Kraftfahrstraßen (Z. 331 StVO) $v_{zul} > 70$ km/h	1,5	0,6	1	1	0,6	1	0,5	0,6	2	0,5	0,6	2			
$v_{zul} \leq 70$ km/h	1	0,6	1	1	0,6	1	0,5	0,5	2	0,5	0,5	2			

b) Straßenquerschnitt mit Mittelstreifen

Straßenart	Verkehrsstärke bei Dunkelheit in Kfz/(h × Fahrstreifen)											
	900			600			200			200		
	Überschreitungsdauer in h/Jahr											
	≥ 200			≥ 300			≥ 300			< 300		
	L_n	U_l	KB	L_n	U_l	KB	L_n	U_l	KB	L_n	U_l	KB
Ortsstraßen bebaut, ruhender Verkehr auf/an Fahrbahn	2	0,7	1	2	0,7	1	1,5	0,6	1	1	0,6	2
bebaut, kein ruhender Verkehr auf/an Fahrbahn	1,5	0,6	1	1,5	0,6	1	1	0,6	2	0,5	0,5	2
anbaufrei, kein ruhender Verkehr auf/an Fahrbahn	1	0,6	1	1	0,6	1	0,5	0,5	2	0,5	0,5	2
Kraftfahrstraßen (Z. 331 StVO) $v_{zul} > 70$ km/h	1,5	0,6	1	1	0,6	1	0,5	0,6	2	0,5	0,6	2
$v_{zul} \leq 70$ km/h	1	0,6	1	1	0,6	1	0,5	0,5	2	0,5	0,5	2
Autobahnen (Z. 330 StVO) $v_{zul} > 110$ km/h	1	0,7	1	1	0,7	1	1	0,7	1	1	0,7	1
$v_{zul} \leq 110$ km/h	1	0,7	1	1	0,5	1	0,6	1	0,5	0,6	1	

Richtwerte für die ortsfeste Beleuchtung von Straßen außerhalb bebauter Gebiete[1]
(Abschnitte außerhalb von Knotenpunkten)

Straßenart	mit Mittelstreifen									ohne Mittelstreifen					
	Verkehrsstärke bei Dunkelheit in Kfz/(h × Fahrstreifen)														
	900			600			600			600			300		300		
	Überschreitungsdauer in h/Jahr														
	≥ 200			≥ 300			< 300			≥ 200			≥ 300		< 300		
	L_n	U_l	KB	L_n	U_l	KB	L_n	U_l	KB	L_n	U_l	KB	L_n	U_l	KB
Straßen ohne befest. Seitenstreifen, ohne Rad- und Fußwege										1	0,6	1	0,5	0,6	1	0,5	0,5	2
mit befest. Seitenstreifen oder/und Rad- und Fußwege										0,5	0,6	1	0,5	0,6	1	0,5	0,5	2
Kraftfahrstraßen (Z. 331 StVO) $v_{zul} > 70$ km/h	1,5	0,6	1	1	0,6	1	0,5	0,6	2	1	0,7	1	1	0,7	1	0,5	0,6	2
$v_{zul} \leq 70$ km/h	1	0,6	1	1	0,5	1	0,5	0,5	2	1	0,6	1	0,5	0,6	1	0,5	0,6	2
Autobahnen (Z. 330 StVO) $v_{zul} > 110$ km/h	1	0,7	1	1	0,7	1	1	0,7	1									
$v_{zul} \leq 110$ km/h	1	0,7	1	1	0,5	1	0,6	1										

[1] L_n Nennleuchtdichte in cd/m². Lichtpunktabstände < 30 m: $U_l + 0,05$; > 40 m: $U_l - 0,05$.

11.1 Beleuchtungstechnik

11.1.5 Installationsschaltungen

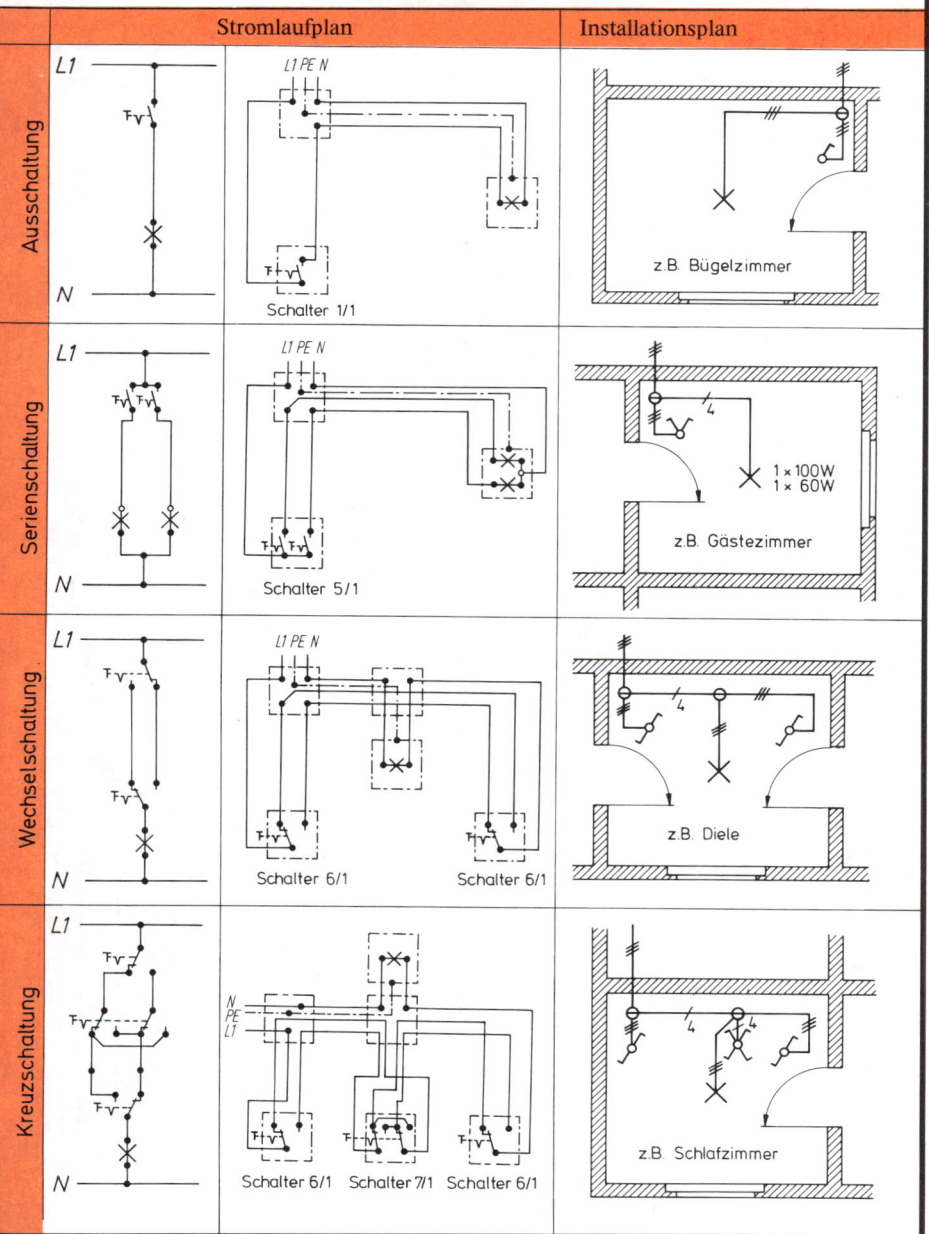

	Stromlaufplan	Installationsplan
Ausschaltung	Schalter 1/1	z.B. Bügelzimmer
Serienschaltung	Schalter 5/1	1 × 100W 1 × 60W z.B. Gästezimmer
Wechselschaltung	Schalter 6/1 — Schalter 6/1	z.B. Diele
Kreuzschaltung	Schalter 6/1 — Schalter 7/1 — Schalter 6/1	z.B. Schlafzimmer

11.1 Beleuchtungstechnik

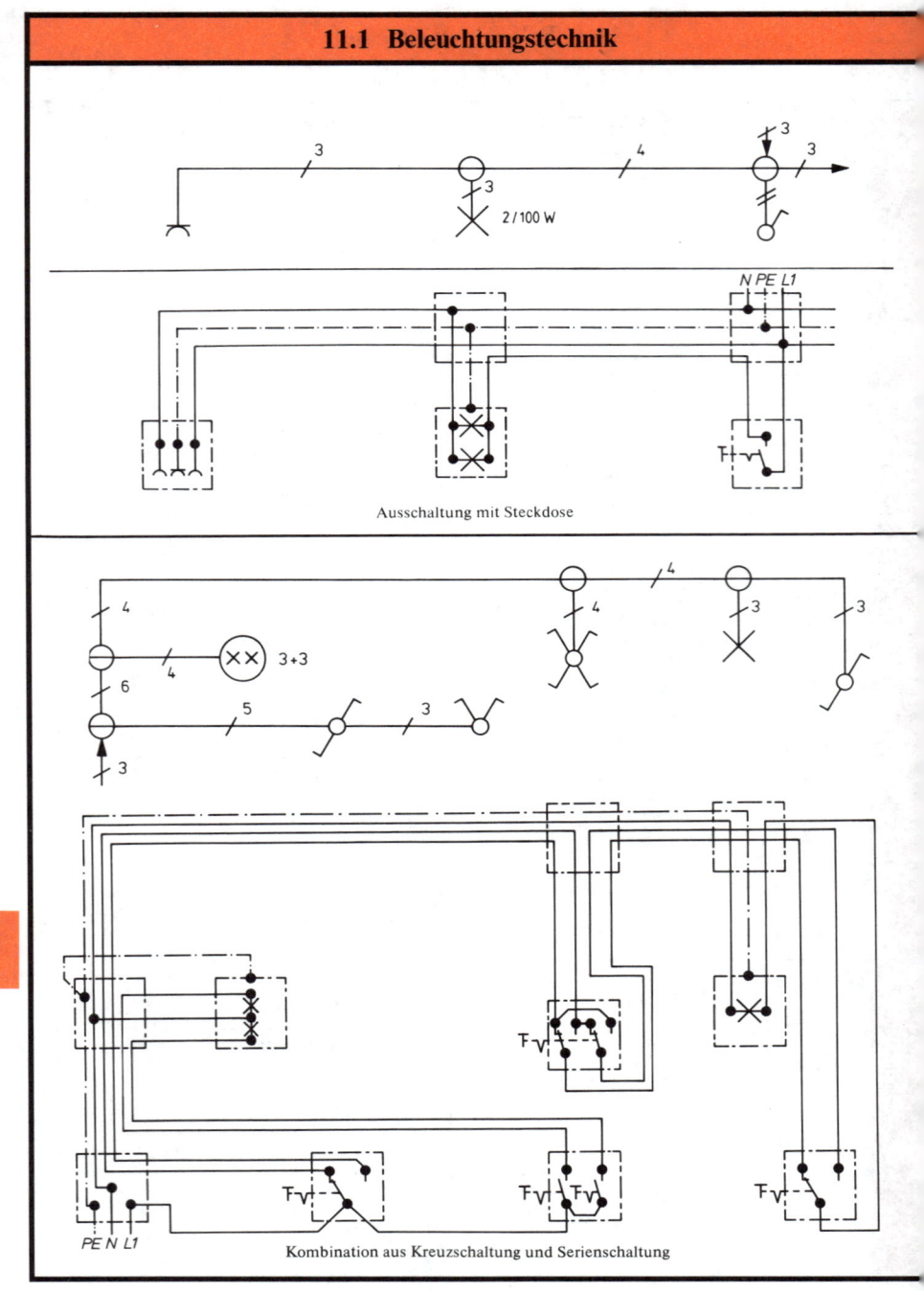

Ausschaltung mit Steckdose

Kombination aus Kreuzschaltung und Serienschaltung

11-16

11.1 Beleuchtungstechnik

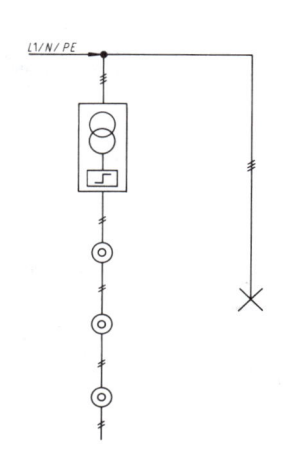

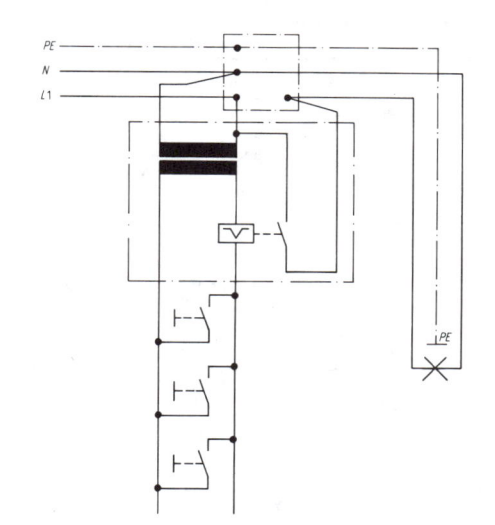

Kreuzschaltung unter Verwendung von Stromstoßschaltern

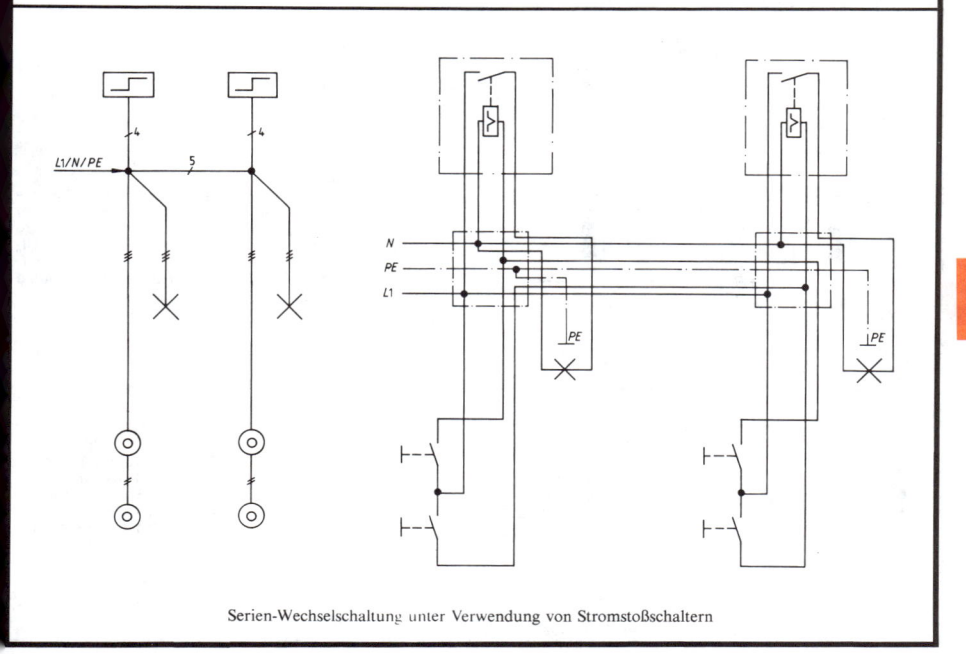

Serien-Wechselschaltung unter Verwendung von Stromstoßschaltern

11.1 Beleuchtungstechnik

11.1.6 Schaltungen für Leuchtstofflampen

11.1.6.1 Mit Elektrodenvorheizung und mit Starter

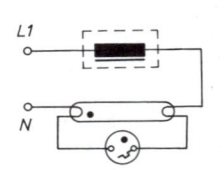

Induktive Schaltung
Das Vorschaltgerät (Drosselspule) liegt in Reihe mit der Lampe und zu ihr parallel der Starter (mit Glimmzünder und Entstörkondensator)
$\cos \varphi \approx 0{,}5$

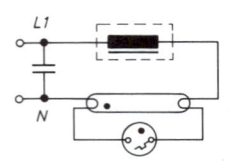

Induktiv-kompensierte Schaltung
Parallel zum Netz wird der Kompensationskondensator angeordnet
$\cos \varphi \approx 0{,}9$

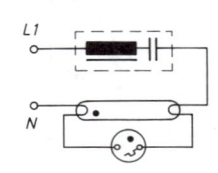

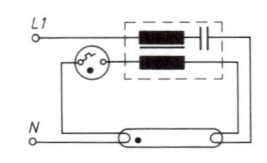

Kapazitive Schaltung
Das Vorschaltgerät besteht aus einem Kondensator und einer Drosselspule in Reihe. Überkompensierte Schaltung
$\cos \varphi \approx 0{,}5$ kapazitiv

Kapazitive Schaltung
Je Lampe ist ein Spezialvorschaltgerät erforderlich
$\cos \varphi \approx 0{,}5$ kapazitiv

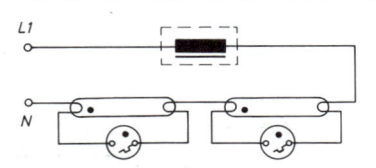

Induktive Tandemschaltung
Schaltung eignet sich für Lampen von 4–40 W, wobei zwei Lampen in Reihe an 220 V~ liegen. Vorschaltgerät: Drosselspule. Zur Kompensation Kondensator parallel zum Netz schalten
$\cos \varphi \approx 0{,}5$

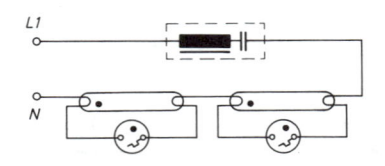

Kapazitive Tandemschaltung
Für Lampen von 4–40 W. Zwei Lampen (z. B. 2×15 W) werden an einem Vorschaltgerät (30 W) betrieben
$\cos \varphi \approx 0{,}5$ kapazitiv

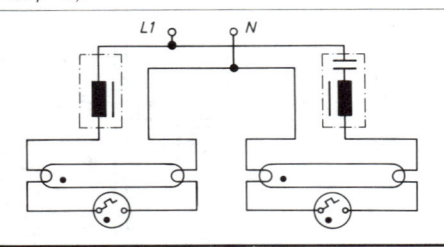

Duo-Schaltung
Bei dieser Schaltung sind stets zwei Lampen zusammengefaßt, entweder in einer zweilampigen oder zwei einlampigen Leuchten. Die eine Lampe wird dabei in induktiver, die andere in kapazitiver Schaltung betrieben. Je Lampe ist ein Vorschaltgerät erforderlich.
(Auch kapazitive und induktive Tandemschaltung können zusammen in Duo-Schaltung betrieben werden)
$\cos \varphi \approx 1$

11.1.6.2 Mit Elektrodenvorheizung und ohne Starter

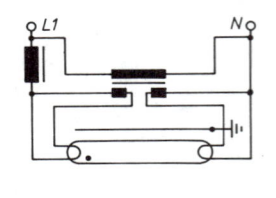

Induktive RS-Schaltung
Transformator heizt Elektroden vor. Zündung nach ca. 1–2 s flackerfrei. Zündhilfe durch Zündnetz über Lampe oder durch Lampen mit Außenzündanstrich (Bezeichnung Sa)

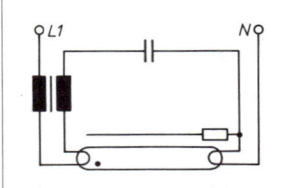

RD-Schaltung
Das Vorschaltgerät aus Drosselspule und Kondensator bildet einen Reihenresonanzkreis (Spannungserhöhung!). Nach ca. 1,5 s zündet die Lampe flackerfrei. Zündhilfe durch Außenzündanstrich,
$\cos \varphi \approx 1$

11-18

11.1 Beleuchtungstechnik

11.1.6.3 Kompensationskondensatoren von Leuchtstofflampen für $\cos\varphi > 0{,}9$

Lampen-Leistung W	Durchmesser bzw. Rohrlänge mm	Kapazität des Parallelkondensators in µF ± 10% bei induktiver Schaltung an 50 Hz und Netzspannung			Kapazität des Parallelkondensators in µF ± 10% bei Tandem-schaltung an	Kapazität des Reihen-kondensators bei kapazitiver Schaltung in µF ± 4% an
		220 V	127 V	110 V	220 V/50 Hz	220 V/50 Hz
4		2,0	3,0	3,5	1,5	1,2
6		2,0	3,0	3,5	1,5	1,2
8		2,0	3,0	3,5	1,5	1,3
10		2,0	12,0	16,0	–	1,4
13		2,0	12,0	16,0	–	1,5
14		4,5	8,0	9,0	4,5	3,0
15	⌀ 26	3,5	6,0	6,0	3,5	–
15	⌀ 38	4,5	7,0	8,0	3,5	2,6
16		2,5	12,0	16,0	–	1,7
20	59	4,5	7,0	7,0	3,5	3,0
22	22	5,0	8,0	8,0	4,5	3,3
25	97	3,5	16,0	22,0	–	2,5
30	⌀ 26	4,5	18,0	24,0	–	3,0
30	⌀ 38	4,5	18,0	24,0	–	3,0
32	31	4,5	22,0	30,0	–	3,6
33	74	8,0	12,0	12,0	7,0	–
40	59	12,0	18,0	20,0	10,0	–
40	97	6,0	–	–	–	4,6
40	120	4,5	22,0	30,0	–	3,75
42	104,7	6,0	–	–	–	4,4
65	150	7,0	–	–	–	5,9
80	120	10,0	–	–	–	7,6
80	150	10,0	–	–	–	7,2
90	150	20,0	–	–	–	–
100	120	18,0	–	–	–	≈ 12
100	150	20,0	–	–	–	–
120	150	18,0	–	–	–	≈ 12

11.1.7 Schaltungen für Quecksilberdampf-, Halogen-Metalldampf-, Natriumdampf-Niederdruck- und Natriumdampf-Hochdrucklampen

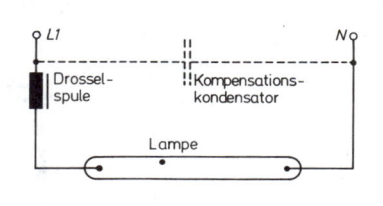

Induktive Schaltung für Quecksilberdampf-Hochdrucklampen

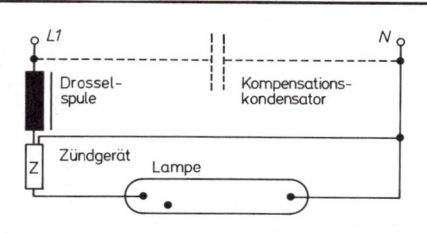

Schaltung mit Zündgerät für Halogen-Metalldampflampe und Natriumdampf-Hochdrucklampe

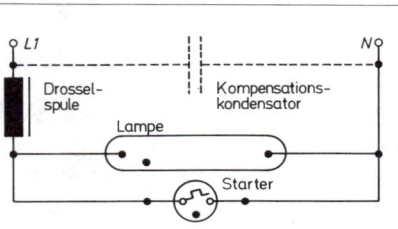

Schaltung mit Starter für Halogen-Metalldampflampe und Quecksilberdampf-Hochdrucklampe

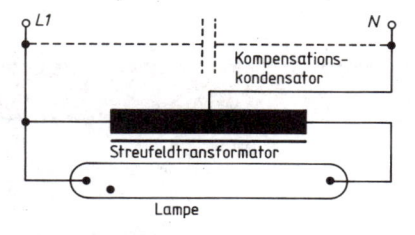

Schaltung mit Streufeld-Transformator für Natriumdampf-Niederdrucklampe

11.1 Beleuchtungstechnik

11.1.8 Montageanweisung für Leuchten bis 1000 V für begrenzte Oberflächentemperaturen nach DIN VDE 0710 Teil 5 (2.83)

Montage	Kennzeichen für die Montageart	
	geeignet	nicht geeignet
1. an der Decke		
2. an der Wand		
3. waagerecht an der Wand		
4. senkrecht an der Wand		
5. an der Decke und waagerecht an der Wand		
6. an der Decke und senkrecht an der Wand		
7. in der waagerechten Ecke, Lampe seitlich		
8. in der waagerechten Ecke, Lampe unterhalb		
9. in der waagerechten Ecke, Lampe seitlich und unterhalb		
10. im U-Profil		
11. am Pendel		

11.1.9 Leuchten und Beleuchtungsanlagen nach DIN VDE 0100 Teil 559 (3.83)

In Abhängigkeit vom Brandverhalten des Montageflächenmaterials sind Leuchten nach den folgenden Tabellen auszuwählen:

a) Leuchten für die Montage auf Gebäudeteilen

Gebäudeteile aus Baustoffen nach DIN 4102 Teil 1	Leuchten für Glühlampen	Leuchten für Entladungslampen[1]
nichtbrennbar	alle Leuchten	alle Leuchten
schwer- oder normalentflammbar		nur Leuchten mit dem Kennzeichen ▽M , ▽M , oder ▽F , ▽F

b) Leuchten für die Montage in und an Einrichtungsgegenständen (Möbelleuchten)

Einrichtungsgegenstände aus Werkstoffen	Leuchten für Glühlampen	Leuchten für Entladungslampen[1]
– die in ihrem Brandverhalten nichtbrennbaren Baustoffen im Sinne von DIN 4102 Teil 1 entsprechen (z. B. Metall).	mit dem Zeichen ▽M	mit dem Zeichen ▽M oder ▽M ▽M
– die in ihrem Brandverhalten schwer- oder normalentflammbaren Baustoffen im Sinne von DIN 4102 Teil 1 entsprechen (z. B. Holz oder Holzwerkstoffe, auch wenn sie beschichtet, lackiert oder furniert sind).		
– deren Brandverhalten nicht bekannt ist (gilt auch, wenn sie beschichtet, furniert oder lackiert sind).	mit dem Zeichen ▽M ▽M	

11.1.10 Mechanische Schutzarten für Leuchten nach VDE 0710 Teil 1 (3.69)

Intern. Schutzartzeichen	Schutzgrade für		Bildzeichen nach VDE 0710 und IEC 162/II
	1. Ziffer Fremdkörperschutz	2. Ziffer Wasserschutz	
IP 20	abgedeckt	kein Schutz	
IP 40	kornförmige Fremdkörper (bis Ø 1 mm)	kein Schutz	
IP 50	staubgeschützt	kein Schutz	
IP 60	staubdicht	kein Schutz	
IP 22	abgedeckt	schrägfallendes Tropfwasser	
IP 23	abgedeckt	Regen	
IP 43	kornförmige Fremdkörper (bis Ø 1 mm)	Regen	
IP 44	kornförmige Fremdkörper (bis Ø 1 mm)	Spritzwasser	
IP 53	staubgeschützt	Regen	
IP 54	staubgeschützt	Spritzwasser	
IP 55	staubgeschützt	Strahlwasser	
IP 65	staubdicht	Strahlwasser	
IP 67	staubdicht	wasserdicht	
IP 68	staubdicht	druckwasserdicht (m. Angabe d. Druckes)	

[1] Auch Leuchten mit getrennt angeordneten Vorschaltgeräten.

11.2 Leitungsberechnung

Formeln zur Leitungsberechnung

γ elektrische Leitfähigkeit in m/($\Omega \cdot$ mm^2)	P Wirkleistung in W	**Einphasenstrom**
l einfache Leiterlänge in m	$p_{V\%}$ Leistungsverlust in % von P	$U_V = \dfrac{2 \cdot l \cdot I}{\gamma \cdot S}$
U Nennspannung in V (bei Drehstrom = Außenleiterspannung)	I Stromstärke in der Leitung in A	**Drehstrom**
U_V Spannungsfall auf Leitung in V	S Querschnitt der Leitung in mm^2	$U_V = \dfrac{1{,}73 \cdot l \cdot I}{\gamma \cdot S}$
ΔU Spannungsunterschied (-verlust) in V	$\cos \varphi$ Wirkleistungsfaktor	$\Delta U = U_E - U_A \approx U_V \cdot \cos \varphi$

Leitungsart	Spannungsunterschied	Querschnitt	Leistungsverlust	Querschnitt
a) Für Gleichstrom und Wechselstrom mit $\cos \varphi = 1$				
Unverzweigte Leitung	$\Delta U = \dfrac{2 \cdot l \cdot I}{\gamma \cdot S}$	$S = \dfrac{2 \cdot l \cdot I}{\gamma \cdot \Delta U}$	$p_{V\%} = \dfrac{200 \cdot l \cdot P}{\gamma \cdot S \cdot U^2}$	$S = \dfrac{200 \cdot l \cdot P}{\gamma \cdot U^2 \cdot p_{V\%}}$
Verzweigte Leitung mit gleichbleibendem Querschnitt	$\Delta U = \dfrac{2 \cdot \Sigma(l \cdot I)}{\gamma \cdot S}$	$S = \dfrac{2 \cdot \Sigma(l \cdot I)}{\gamma \cdot \Delta U}$	$p_{V\%} = \dfrac{200 \cdot \Sigma(l \cdot P)}{\gamma \cdot S \cdot U^2}$	$S = \dfrac{200 \cdot \Sigma(l \cdot P)}{\gamma \cdot U^2 \cdot p_{V\%}}$
	$\Sigma(l \cdot I) = l_1 \cdot I_1 + l_2 \cdot I_2 + l_3 \cdot I_3 + \ldots$		$\Sigma(l \cdot P) = l_1 \cdot P_1 + l_2 \cdot P_2 + l_3 \cdot P_3 + \ldots$	
b) Für Einphasenwechselstrom mit induktiver oder kapazitiver Last				
Unverzweigte Leitung	$\Delta U = \dfrac{2 \cdot l \cdot I \cdot \cos \varphi}{\gamma \cdot S}$	$S = \dfrac{2 \cdot l \cdot I \cdot \cos \varphi}{\gamma \cdot \Delta U}$	$p_{V\%} = \dfrac{200 \cdot l \cdot P}{\gamma \cdot S \cdot U^2 \cdot \cos^2 \varphi}$	$S = \dfrac{200 \cdot l \cdot P}{\gamma \cdot U^2 \cdot \cos^2 \varphi \cdot p_{V\%}}$
Verzweigte Leitung mit gleichbl. Querschnitt	$\Delta U = \dfrac{2 \cdot \Sigma(l \cdot I \cdot \cos \varphi)}{\gamma \cdot S}$	$S = \dfrac{2 \cdot \Sigma(l \cdot I \cdot \cos \varphi)}{\gamma \cdot \Delta U}$		
	$\Sigma(l \cdot I \cdot \cos \varphi) = l_1 \cdot I_1 \cdot \cos \varphi_1 + l_2 \cdot I_2 \cdot \cos \varphi_2 + l_3 \cdot I_3 \cdot \cos \varphi_3 + \ldots$			
c) Drehstrom mit induktiver oder kapazitiver Last				
Unverzweigte Leitung	$\Delta U = \dfrac{1{,}73 \cdot l \cdot I \cdot \cos \varphi}{\gamma \cdot S}$	$S = \dfrac{1{,}73 \cdot l \cdot I \cdot \cos \varphi}{\gamma \cdot \Delta U}$	$p_{V\%} = \dfrac{100 \cdot l \cdot P}{\gamma \cdot S \cdot U^2 \cdot \cos^2 \varphi}$	$S = \dfrac{100 \cdot l \cdot P}{\gamma \cdot U^2 \cdot \cos^2 \varphi \cdot p_{V\%}}$
Verzweigte Leitung mit gleichbl. Querschnitt	$\Delta U = \dfrac{1{,}73 \cdot \Sigma(l \cdot I \cdot \cos \varphi)}{\gamma \cdot S}$	$S = \dfrac{1{,}73 \cdot \Sigma(l \cdot I \cdot \cos \varphi)}{\gamma \cdot \Delta U}$		
	$\Sigma(l \cdot I \cdot \cos \varphi) = l_1 \cdot I_1 \cdot \cos \varphi_1 + l_2 \cdot I_2 \cdot \cos \varphi_2 + l_3 \cdot I_3 \cdot \cos \varphi_3 + \ldots$			

Zwischen der Übergabestelle des EVU und den Meßeinrichtungen darf nach § 12 AVBEltV[1] ein **Spannungsfall** von 0,5% auftreten. Bei einem Leistungsbedarf von mehr als 100 kVA sind nach TAB[2] zulässig: über 100 bis 250 kVA maximaler Spannungsfall 1,00%, über 250 bis 400 kVA maximaler Spannungsfall 1,25%, über 400 kVA maximaler Spannungsfall 1,5%.

Der Spannungsfall in der elektrischen Anlage hinter den Meßeinrichtungen soll nach DIN 18015 Teil 1 (11.84) 3% nicht überschreiten.

Beachte auch:
Belastbarkeit isolierter Leitungen Seite 4-26 und 4-27 sowie Seite 12-9 bis 12-12 und Strombelastbarkeit von Kabeln Seite 12-15 bis Seite 12-19.

[1] Verordnung über Allgemeine Bedingungen für die Elektrizitätsversorgung von Tarifkunden (Juni 1979)
[2] Technische Anschlußbedingungen (1980)

11.2 Leitungsberechnung

Tabelle 1: Produktwerte zur Leitungsberechnung

Quer-schnitt S mm²	Gleichstrom oder Zweileiter-Wechselstrom mit cos φ = 1 Spannungsunterschied (-verlust) ΔU										Wider-stand für l = 1000 m R Ω
	1 V	2 V	3 V	4 V	5 V	6 V	8 V	10 V	12 V	14 V	16 V
	Streckenlänge × Stromstärke Produktwerte $l \times I$ in Am										
1,5	42,8	86	128	171	214	257	342	428	513	600	684	23,4
2,5	71	143	214	285	356	428	570	713	855	1000	1140	14,0
4	114	228	342	456	570	684	912	1140	1370	1600	1820	8,77
6	171	342	513	684	855	1030	1370	1710	2050	2400	2740	5,85
10	285	570	855	1140	1430	1710	2280	2850	3420	3990	4560	3,51
16	456	912	1370	1820	2280	2740	3650	4560	5470	6380	7300	2,19
25	713	1430	2140	2850	3560	4280	5700	7130	8550	9980	11400	1,40
35	1000	2000	2990	3990	4990	5990	7980	9980	11800	14000	16000	1,00
50	1430	2850	4280	5700	7130	8550	11400	14300	17100	20000	22800	0,702
70	2000	3990	5990	7980	10000	12000	16000	20000	23900	27900	31900	0,501
95	2710	5410	8120	10800	13500	16200	21700	27100	32500	37900	43300	0,370
120	3420	6840	10300	13700	17100	20500	27400	34200	41000	47900	54700	0,292
150	4280	8550	12800	17100	21400	25700	34200	42800	51300	59900	68400	0,234
185	5280	10500	15800	21100	26400	31600	42200	52700	63300	73800	84400	0,190
240	6840	13700	20500	27400	34200	41000	54700	68400	82100	95800	109400	0,146
300	8550	17100	25700	34200	42800	51300	68400	85500	102600	119800	136800	0,117
400	11400	22800	34200	45600	57000	68400	91200	114000	136800	159600	182400	0,0877
500	14300	28500	42800	57000	71300	85500	114000	142500	171000	199500	228000	0,0702

Tabelle 2: Umrechnungstabelle

Stromart und Art der Leitung	Werkstoff	Querschnitt S in mm²				
		10 16	25 35	50	70	95
Drehstrom		Umrechnungsfaktor				
Induktiv belastete Niederspannungs-Frei-leitungen[1]) cos φ = 0,8	Kupfer Alum. Aldrey	0,8 1,3 1,5	0,9 1,4 1,6	1,1 1,5 1,7	1,3 1,6 1,8	1,5 1,8 2,1
dgl. Installations-leitungen[2])	Kupfer Alum. Aldrey	0,70 1,13 1,31				
Induktionsfrei belastet cos φ = 1	Kupfer Alum. Aldrey	0,87 1,40 1,63				
Gleichstrom oder Zweileiter-Wechselstrom						
Induktionsfrei belastet (alle Leitungen)	Kupfer Alum. Aldrey Stahl	1 1,61 1,87 7,33				

Der Spannungsverlust ΔU hängt von dem Leiterwerkstoff und der Phasenverschiebung cos φ ab. Die Umrechnungsfaktoren der Tabelle 2 berücksichtigen diese Einflüsse: Die nach der Tabelle 1 errechneten Werte des Spannungsverlustes ΔU und des Querschnittes S sind mit den Umrechnungsfaktoren der Tabelle 2 zu multiplizieren, die errechneten Werte der Streckenlängen l und der Stromstärken I durch die Umrechnungsfaktoren zu dividieren.

Drehstromleitungen sind vor allem auf Leistungsverlust durchzurechnen, auf Spannungsverlust nur **Installationsleitungen** von Längen l über 100 m und **Freileitungen**.

Berechnungsbeispiele

1. Der Spannungsverlust in einer induktionsfrei belasteten Zweileiter-Wechselstrom-Cu-Leitung von S = 70 mm² und I = 168 m beträgt ΔU = 12 V. Welcher Strom fließt in der Leitung?

Lösung: Für S = 70 mm² und ΔU = 12 V enthält die Tabelle 1 $l \times I$ = 23900 Am. Dann ist $I = I \cdot l/l$ = 23900 Am/168 m = 142,3 A.

2. Der Spannungsverlust einer Gleichstrom-Al-Leitung darf bei l = 330 m Streckenlänge und I = 32 A Belastung ΔU = 24 V betragen. Berechne S.

Lösung: Da die Tabelle 1 ΔU nur bis 16 V enthält, ΔU aber proportional I ist, rechnet man mit halben Größen I = 16 A und ΔU = 16 A · 330 m = 5280 Am. Der Tabelle 1 enthält den Wert 5470 Am für S = 16 mm². Da die Leitung aus Aluminium besteht, muß noch mit dem Umrechnungsfaktor 1,61 nach Tabelle 2 multipliziert werden: S = 16 mm² · 1,61 = 25,7 mm².

Gewählt wird ein Querschnitt S = 25 mm².

3. In einer Installationsleitung für einen Drehstrommotor mit I = 60 A Stromaufnahme sind bei 380 V Nennspannung 2% Spannungsverlust zulässig. Welcher Querschnitt ist bei l = 40 m Streckenlänge für eine Kupferleitung zu wählen?

Lösung: ΔU = 0,02 · 380 V = 7,6 V ≈ 8 V; $I \cdot l$ = 60 A · 40 m = 2400 Am; der nächstgelegene Wert in Tabelle 1 ist $I \cdot l$ = 2280 Am, wofür man S = 10 mm² findet, der aber bei Rohrverlegung nur mit 45 A belastet werden darf (s. S. 6-26). Es ist daher 16 mm² zu wählen. Für Drehstrom und Kupfer ist dieser Wert nach Tabelle 2 mit 0,70 zu multiplizieren. S = 16 mm² · 0,7 = 11,2 mm². Gewählt wird eine Leitung mit S = 16 mm².

[1]) Niederspannungs-Freileitungen ≈ 450 mm Leiterabstand.
[2]) Installationsleitungen in gemeinsamem Rohr, auf 3fach Rollen oder verseilte Kabel.

11.2 Leitungsberechnung

Höchstzulässige Dauerbelastungen, Leistungs- u. Spannungsverluste je 100 m Streckenlänge [1])

Querschnitt S mm²	Höchstzuläss. Dauerstrom[2]) A	Sicherung Nennstrom[2]) A	Gruppe A nach DIN VDE 0298 Teil 4 (2.88). Siehe Seite 4-26.		Gleichstrom Betriebsspannung Volt				Wechselstrom 230 V $\cos \varphi$			Drehstrom Betriebsspannung								
												230 Volt $\cos \varphi$			400 Volt $\cos \varphi$			690 Volt $\cos \varphi$		
					110	220	440	600	1	0,8	0,6	1	0,8	0,6	1	0,8	0,6	1	0,8	0,6
					Isolierte Kupferleitungen															
1,5	15,5	16	Höchstbelastung[3])	kW	1,70	3,41	6,82	9,30	3,57	2,85	2,14	5,17	4,13	3,10	9,00	7,20	5,40	15,5	12,4	9,31
			Leistungs-verlust ΔP	kW	0,55	0,55	0,55	0,55	0,55	0,55	0,55	0,58	0,58	0,58	0,58	0,58	0,58	0,58	0,58	0,58
				%	32,5	16,2	8,10	5,95	15,4	19,3	25,7	11,2	14,0	18,7	6,44	8,06	10,7	3,74	4,68	6,24
	13	10	Spannungs-verlust ΔU	V	35,7	35,7	35,7	35,7	35,7	28,6	21,4	25,9	20,7	15,5	25,9	20,7	15,5	25,9	20,7	15,5
				%	32,5	16,2	8,10	5,95	15,5	12,4	9,30	11,3	9,00	6,74	6,48	5,18	3,89	3,75	3,00	2,25
2,5	19,5	20	Höchstbelastung	kW	2,14	4,29	8,58	11,7	4,49	3,59	2,69	7,16	5,73	4,30	12,5	9,96	7,47	21,5	17,2	12,9
			Leistungs-verlust ΔP	kW	0,52	0,52	0,52	0,52	0,52	0,52	0,52	0,67	0,67	0,67	0,67	0,67	0,67	0,67	0,67	0,67
				%	24,5	12,2	6,11	4,48	11,6	14,5	19,3	9,36	11,7	15,6	5,36	6,70	8,93	3,12	3,90	5,19
	18	16	Spannungs-verlust ΔU	V	26,9	26,9	26,9	26,9	26,9	21,5	16,1	21,5	17,2	12,9	21,5	17,2	12,9	21,5	17,2	12,9
				%	24,5	12,2	6,11	4,48	11,7	9,35	7,00	9,35	7,48	5,61	5,38	4,30	3,23	3,12	2,49	1,87
4	26	25	Höchstbelastung	kW	2,86	5,72	11,4	15,6	5,98	4,78	3,59	9,55	7,64	5,73	16,6	13,3	9,96	28,6	22,9	17,2
			Leistungs-verlust ΔP	kW	0,58	0,58	0,58	0,58	0,58	0,58	0,58	0,74	0,74	0,74	0,74	0,74	0,74	0,74	0,74	0,74
				%	20,4	10,2	5,09	3,73	9,70	12,1	16,2	7,75	9,69	12,9	4,46	5,57	7,43	2,59	3,23	4,31
	24	20	Spannungs-verlust ΔU	V	22,4	22,4	22,4	22,4	22,4	17,9	13,4	17,9	14,3	10,7	17,9	14,3	10,7	17,9	14,3	10,7
				%	20,4	10,2	5,09	3,73	9,74	7,78	5,83	7,78	6,23	4,67	4,48	3,58	2,69	2,59	2,08	1,56
6	34	32	Höchstbelastung	kW	3,74	7,48	14,9	20,4	7,82	6,26	4,69	12,3	9,87	7,40	21,5	17,2	12,9	37,0	29,6	22,2
			Leistungs-verlust ΔP	kW	0,66	0,66	0,66	0,66	0,66	0,66	0,66	0,83	0,83	0,83	0,83	0,83	0,83	0,83	0,83	0,83
				%	17,8	8,91	4,45	3,26	8,44	10,5	14,1	6,75	8,43	11,2	3,86	4,83	6,43	2,24	2,80	3,74
	31	25	Spannungs-verlust ΔU	V	19,6	19,6	19,6	19,6	19,6	15,7	11,8	15,4	12,3	9,24	15,4	12,3	9,24	15,4	12,3	9,24
				%	17,8	8,91	4,45	3,26	8,52	6,83	5,13	6,70	5,36	4,02	3,85	3,08	2,31	2,23	1,79	1,34
10	46	40	Höchstbelastung	kW	5,06	10,1	20,2	27,6	10,6	8,46	6,35	16,7	13,4	10,0	29,1	23,3	17,4	50,1	40,1	30,1
			Leistungs-verlust ΔP	kW	0,73	0,73	0,73	0,73	0,73	0,73	0,73	0,92	0,92	0,92	0,92	0,92	0,92	0,92	0,92	0,92
				%	14,5	7,23	3,61	2,65	6,89	8,61	11,5	5,51	6,87	9,18	3,16	3,95	5,27	1,84	2,30	3,06
	42	40	Spannungs-verlust ΔU	V	15,9	15,9	15,9	15,9	15,9	12,7	9,54	12,7	10,2	7,63	12,7	10,2	7,63	12,7	10,2	7,63
				%	14,5	7,23	3,61	2,65	6,91	5,52	4,15	5,52	4,42	3,31	3,18	2,54	1,91	1,84	1,47	1,10
16	61	50	Höchstbelastung	kW	6,71	13,4	26,8	36,6	14,0	11,2	8,42	22,3	17,8	13,4	38,8	31,0	23,4	66,8	53,5	40,1
			Leistungs-verlust ΔP	kW	0,80	0,80	0,80	0,80	0,80	0,80	0,80	1,01	1,01	1,01	1,01	1,01	1,01	1,01	1,01	1,01
				%	12,0	6,00	3,00	2,20	5,71	7,14	9,52	4,53	5,66	7,55	2,60	3,25	4,34	1,51	1,89	2,52
	56	50	Spannungs-verlust ΔU	V	13,2	13,2	13,2	13,2	13,2	10,6	7,92	10,5	8,37	6,28	10,5	8,37	6,28	10,5	8,37	6,28
				%	12,0	6,00	3,00	2,20	5,74	4,61	3,44	4,57	3,65	2,74	2,63	2,10	1,58	1,52	1,22	0,91
25	80	80	Höchstbelastung	kW	8,80	17,6	35,2	48,0	18,4	14,7	11,0	29,0	23,2	17,4	50,5	40,4	30,3	87,1	69,7	52,3
			Leistungs-verlust ΔP	kW	0,88	0,88	0,88	0,88	0,88	0,88	0,88	1,10	1,10	1,10	1,10	1,10	1,10	1,10	1,10	1,10
				%	10,1	5,05	2,52	1,85	4,78	5,98	7,97	3,79	4,74	6,32	2,18	2,72	3,63	1,26	1,58	2,10
	73	63	Spannungs-verlust ΔU	V	11,1	11,1	11,1	11,1	11,1	8,88	6,66	8,71	6,97	5,23	8,71	6,97	5,23	8,71	6,97	5,23
				%	10,1	5,05	2,52	1,85	4,83	3,86	2,90	3,79	3,03	2,27	2,18	1,74	1,31	1,26	1,01	0,76
35	99	80	Höchstbelastung	kW	10,9	21,8	43,6	59,4	22,8	18,2	13,7	35,4	28,3	21,2	61,6	49,3	37,0	106	85,0	63,7
			Leistungs-verlust ΔP	kW	0,97	0,97	0,97	0,97	0,97	0,97	0,97	1,17	1,17	1,17	1,17	1,17	1,17	1,17	1,17	1,17
				%	8,86	4,43	2,22	1,63	4,25	5,32	7,09	3,31	4,13	5,51	1,90	2,37	3,17	1,10	1,38	1,84
	89	80	Spannungs-verlust ΔU	V	9,75	9,75	9,75	9,75	9,75	7,80	5,85	7,59	6,07	4,55	7,59	6,07	4,55	7,59	6,07	4,55
				%	8,86	4,43	2,22	1,63	4,24	3,39	2,54	3,30	2,64	1,98	1,90	1,52	1,14	1,10	0,88	0,66
50	119	100	Höchstbelastung	kW	13,1	26,2	52,4	71,4	27,4	21,9	16,4	43,0	34,4	25,8	74,7	59,8	44,8	129	103	77,4
			Leistungs-verlust ΔP	kW	0,98	0,98	0,98	0,98	0,98	0,98	0,98	1,20	1,20	1,20	1,20	1,20	1,20	1,20	1,20	1,20
				%	7,46	3,73	1,87	1,37	3,58	4,47	5,96	2,79	3,49	4,65	1,61	2,00	2,68	0,93	1,16	1,55
	108	100	Spannungs-verlust ΔU	V	8,21	8,21	8,21	8,21	8,21	6,57	4,93	6,45	5,16	3,87	6,45	5,16	3,87	6,45	5,16	3,87
				%	7,46	3,73	1,87	1,37	3,57	2,86	2,14	2,80	2,24	1,68	1,61	1,29	0,97	0,93	0,75	0,56
70	151	125	Höchstbelastung	kW	16,6	33,2	66,4	90,6	34,7	27,8	20,8	54,1	43,3	32,5	94,1	75,3	56,5	162	130	97,4
			Leistungs-verlust ΔP	kW	1,12	1,12	1,12	1,12	1,12	1,12	1,12	1,36	1,36	1,36	1,36	1,36	1,36	1,36	1,36	1,36
				%	6,76	3,38	1,69	1,24	3,23	4,03	5,38	2,51	3,14	4,19	1,45	1,81	2,41	0,84	1,05	1,40
	136	125	Spannungs-verlust ΔU	V	7,44	7,44	7,44	7,44	7,44	5,95	4,46	5,79	4,63	3,47	5,79	4,63	3,47	5,79	4,63	3,47
				%	6,76	3,38	1,69	1,24	3,23	2,59	1,94	2,52	2,01	1,51	1,45	1,16	0,87	0,84	0,67	0,50

Beispiel: Cu-Leitungen Gruppe A für 34/31 A Dauerstrom erhalten $S = 6$ mm² Querschnitt und Sicherungen für 32/25 A Nennstrom. Für $l = 45$ m Streckenlänge betragen bei

Gleichstrom 220 V
Höchstdauerleistung = 7,48 kW
Leistungsverlust = 0,45 · 0,66 kW = 0,297 kW
prozentualer Leistungsverl. = 0,45 · 8,91 % = 4 %
Spannungsverl. = 0,45 · 19,6 V = 8,8 V
prozentualer Spannungsverl. = 0,45 · 8,91 % = 4 %

Wechselstrom 230 V (bei cos φ = 0,6)
Höchstdauerbelastung = 4,69 kW
prozentualer Leistungsverl. = 0,45 · 14,1 % = 6,35 %
prozentualer Spannungsverl. = 0,45 · 5,13 % = 2,31 %

Drehstrom 230 V (bei cos φ = 1)
Höchstdauerbelastung = 12,3 kW
prozentualer Leistungsverl. = 0,45 · 6,75 % = 3,04 %
prozentualer Spannungsverl. = 0,45 · 6,70 % = 3,02 %

[1]) Belastbarkeit und Überlastungsschutz s. Seite 4-26.
[2]) Obere Werte für 2 belastete Adern (Gleich- und Wechselstrom); untere Werte für 3 belastete Adern (Drehstrom).
[3]) Höchstzulässige Dauerbelastung.

11.2 Leitungsberechnung

Höchstzulässige Dauerbelastungen, Leistungs- u. Spannungsverluste je 100 m Streckenlänge[1]

Querschnitt S	Höchstzuläss. Dauerbelast.[2]	Sicherung Nennstrom[2]	Gruppe B1 nach DIN VDE 0298 Teil 4 (2.88). Siehe Seite 4-26.		Gleichstrom Betriebs- spannung Volt				Wechselstrom Betriebsspannung 230 V $\cos\varphi$			Drehstrom Betriebsspannung							
												230 Volt $\cos\varphi$			400 Volt $\cos\varphi$			690 Volt $\cos\varphi$		
					110	220	440	600	1	0,8	0,6	1	0,8	0,6	1	0,8	0,6	1	0,8	0,6
mm²	A	A			Isolierte Kupferleitungen															
1,5	17,5	16	Höchstbelastung[3]	kW	1,92	3,85	7,70	10,5	4,03	3,22	2,42	6,17	4,94	3,70	10,7	8,58	6,44	18,5	14,8	11,1
			Leistungs-	kW	0,70	0,70	0,70	0,70	0,70	0,70	0,70	0,83	0,83	0,83	0,83	0,83	0,83	0,83	0,83	0,83
			verlust ΔP	%	36,5	18,2	9,09	6,67	17,4	21,7	28,9	13,4	16,8	22,3	7,73	9,66	12,9	4,47	5,59	7,45
	15,5	16	Spannungs-	V	40,3	40,3	40,3	40,3	40,3	32,2	24,2	30,8	24,7	18,5	30,8	24,7	18,5	30,8	24,7	18,5
			verlust ΔU	%	36,5	18,2	9,09	6,67	17,5	14,0	10,5	13,4	10,7	8,03	7,70	6,16	4,62	4,46	3,57	2,68
2,5	24	20	Höchstbelastung	kW	2,64	5,28	10,6	14,4	5,52	4,42	3,31	8,36	6,68	5,01	14,5	11,6	8,72	25,1	20,1	15,0
			Leistungs-	kW	0,79	0,79	0,79	0,79	0,79	0,79	0,79	0,91	0,91	0,91	0,91	0,91	0,91	0,91	0,91	0,91
			verlust ΔP	%	30,1	15,1	7,53	5,52	14,3	17,9	23,9	10,9	13,6	18,2	6,28	7,85	10,5	3,63	4,54	6,05
	21	20	Spannungs-	V	33,1	33,1	33,1	33,1	33,1	26,5	19,9	25,1	20,1	15,0	25,1	20,1	15,0	25,1	20,1	15,0
			verlust ΔU	%	30,1	15,1	7,53	5,52	14,4	11,5	8,63	10,9	8,72	6,54	6,27	5,01	3,76	3,63	2,91	2,18
4	32	32	Höchstbelastung	kW	3,52	7,04	14,1	19,2	7,36	5,89	4,42	11,1	8,91	6,68	19,4	15,5	11,6	33,4	26,7	20,1
			Leistungs-	kW	0,88	0,88	0,88	0,88	0,88	0,88	0,88	1,01	1,01	1,01	1,01	1,01	1,01	1,01	1,01	1,01
			verlust ΔP	%	25,1	12,5	6,27	4,60	12,0	14,9	19,9	9,11	11,4	15,2	5,21	6,52	8,69	3,03	3,78	5,05
	28	25	Spannungs-	V	27,6	27,6	27,6	27,6	27,6	22,1	16,6	20,9	16,7	12,5	20,9	16,7	12,5	20,9	16,7	12,5
			verlust ΔU	%	25,1	12,5	6,27	4,60	12,0	9,60	7,20	9,08	7,26	5,45	5,22	4,18	3,13	3,03	2,42	1,82
6	41	40	Höchstbelastung	kW	4,51	9,02	18,0	24,6	9,43	7,54	5,66	14,3	11,5	8,59	24,9	19,9	14,9	43,0	34,4	25,8
			Leistungs-	kW	0,97	0,97	0,97	0,97	0,97	0,97	0,97	1,11	1,11	1,11	1,11	1,11	1,11	1,11	1,11	1,11
			verlust ΔP	%	21,4	10,7	5,36	3,93	10,3	12,9	17,1	7,78	9,73	13,0	4,47	5,59	7,45	2,59	3,24	4,31
	36	35	Spannungs-	V	23,6	23,6	23,6	23,6	23,6	18,9	14,2	17,9	14,3	10,7	17,9	14,3	10,7	17,9	14,3	10,7
			verlust ΔU	%	21,4	10,7	5,36	3,93	10,3	8,21	6,16	7,77	6,22	4,66	4,47	3,57	2,68	2,59	2,07	1,55
10	57	50	Höchstbelastung	kW	6,27	12,5	25,1	34,2	13,1	10,5	7,87	19,9	15,9	11,9	34,6	27,7	20,8	59,7	47,7	35,8
			Leistungs-	kW	1,12	1,12	1,12	1,12	1,12	1,12	1,12	1,31	1,31	1,31	1,31	1,31	1,31	1,31	1,31	1,31
			verlust ΔP	%	17,9	8,94	4,47	3,27	8,55	10,7	14,2	6,58	8,22	11,0	3,78	4,73	6,31	2,19	2,74	3,66
	50	50	Spannungs-	V	19,7	19,7	19,7	19,7	19,7	15,8	11,8	15,1	12,1	9,08	15,1	12,1	9,08	15,1	12,1	9,08
			verlust ΔU	%	17,9	8,94	4,47	3,27	8,57	6,85	5,14	6,58	5,27	3,95	3,78	3,03	2,27	2,19	1,76	1,32
16	76	63	Höchstbelastung	kW	8,36	16,7	33,4	45,6	17,5	14,0	10,5	27,1	21,6	16,2	47,1	37,6	28,2	81,2	64,9	48,7
			Leistungs-	kW	1,25	1,25	1,25	1,25	1,25	1,25	1,25	1,49	1,49	1,49	1,49	1,49	1,49	1,49	1,49	1,49
			verlust ΔP	%	14,9	7,46	3,73	2,74	7,14	8,93	11,9	5,52	6,89	9,19	3,17	3,97	5,29	1,84	2,30	3,07
	68	63	Spannungs-	V	16,4	16,4	16,4	16,4	16,4	13,1	9,84	12,7	10,2	7,62	12,7	10,2	7,62	12,7	10,2	7,62
			verlust ΔU	%	14,9	7,46	3,73	2,74	7,13	5,70	4,28	5,52	4,42	3,31	3,18	2,54	1,91	1,84	1,47	1,10
25	101	100	Höchstbelastung	kW	11,1	22,2	44,4	60,6	23,2	18,6	13,9	35,4	28,3	21,2	61,6	49,3	37,0	106	85,0	63,7
			Leistungs-	kW	1,41	1,41	1,41	1,41	1,41	1,41	1,41	1,64	1,64	1,64	1,64	1,64	1,64	1,64	1,64	1,64
			verlust ΔP	%	12,7	6,34	3,17	2,33	6,08	7,60	10,1	4,62	5,78	7,70	2,66	3,32	4,43	1,54	1,93	2,57
	89	80	Spannungs-	V	13,9	13,9	13,9	13,9	13,9	11,1	8,34	10,6	8,50	6,37	10,6	8,50	6,37	10,6	8,50	6,37
			verlust ΔU	%	12,7	6,34	3,17	2,33	6,04	4,83	3,63	4,62	3,70	2,77	2,66	2,12	1,59	1,54	1,23	0,92
35	125	125	Höchstbelastung	kW	13,8	27,5	55,0	75,0	28,8	23,0	17,3	44,2	35,3	26,5	76,8	61,4	46,1	133	106	79,5
			Leistungs-	kW	1,54	1,54	1,54	1,54	1,54	1,54	1,54	1,82	1,82	1,82	1,82	1,82	1,82	1,82	1,82	1,82
			verlust ΔP	%	11,2	5,60	2,80	2,05	5,35	6,68	8,91	4,11	5,14	6,86	2,37	2,96	3,95	1,37	1,71	2,28
	111	100	Spannungs-	V	12,3	12,3	12,3	12,3	12,3	9,84	7,38	9,47	7,57	5,68	9,47	7,57	5,68	9,47	7,57	5,68
			verlust ΔU	%	11,2	5,60	2,80	2,05	5,35	4,28	3,21	4,12	3,29	2,47	2,37	1,89	1,42	1,37	1,10	0,82
50	151	125	Höchstbelastung	kW	16,6	33,2	66,4	90,6	34,7	27,8	20,8	53,3	42,7	32,0	92,7	74,2	55,6	160	128	96,0
			Leistungs-	kW	1,57	1,57	1,57	1,57	1,57	1,57	1,57	1,85	1,85	1,85	1,85	1,85	1,85	1,85	1,85	1,85
			verlust ΔP	%	9,48	4,74	2,37	1,73	4,52	5,66	7,54	3,48	4,35	5,80	2,00	2,50	3,33	1,16	1,45	1,93
	134	125	Spannungs-	V	10,4	10,4	10,4	10,4	10,4	8,32	6,24	8,00	6,40	4,80	8,00	6,40	4,80	8,00	6,40	4,80
			verlust ΔU	%	9,48	4,74	2,37	1,73	4,52	3,62	2,71	3,48	2,78	2,09	2,00	1,60	1,20	1,16	0,93	0,70
70	192	160	Höchstbelastung	kW	21,1	42,2	84,5	115	44,2	35,3	26,5	68,0	54,4	40,8	118	94,7	71,0	204	163	122
			Leistungs-	kW	1,82	1,82	1,82	1,82	1,82	1,82	1,82	2,15	2,15	2,15	2,15	2,15	2,15	2,15	2,15	2,15
			verlust ΔP	%	8,61	4,31	2,15	1,58	4,12	5,15	6,86	3,17	3,96	5,28	1,82	2,28	3,04	1,06	1,32	1,76
	171	160	Spannungs-	V	9,47	9,47	9,47	9,47	9,47	7,58	5,68	7,28	5,82	4,37	7,28	5,82	4,37	7,28	5,82	4,37
			verlust ΔU	%	8,61	4,31	2,15	1,58	4,12	3,29	2,47	3,16	2,53	1,90	1,82	1,46	1,09	1,05	0,84	0,63
95	232	200	Höchstbelastung	kW	25,5	51,0	102	139	53,4	42,7	32,0	82,4	65,9	49,4	143	115	85,9	247	198	148
			Leistungs-	kW	1,95	1,95	1,95	1,95	1,95	1,95	1,95	2,32	2,32	2,32	2,32	2,32	2,32	2,32	2,32	2,32
			verlust ΔP	%	7,66	3,83	1,92	1,40	3,65	4,56	6,09	2,82	3,52	4,69	1,62	2,03	2,71	0,94	1,17	1,57
	207	200	Spannungs-	V	8,42	8,42	8,42	8,42	8,42	6,74	5,05	6,48	5,19	3,89	6,48	5,19	3,89	6,48	5,19	3,89
			verlust ΔU	%	7,66	3,83	1,92	1,40	3,66	2,93	2,20	2,82	2,25	1,69	1,62	1,30	0,97	0,94	0,75	0,56

Beispiel: Ein Einphasen-Wechselstrommotor der Nennspannung 230 V belastet eine Cu-Leitung der Gruppe B1 von $l = 45$ m bei $\cos\varphi = 0,8$ mit 14 kW.
Gesucht: S, ΔU, ΔP
Lösung: Aus der Tabelle findet man 14 kW bei $S = 16$ mm².

Für 100 m ist der Leistungsverlust $\Delta P = 1,25$ kW oder 8,93 %; für 45 m ist $\Delta P = 0,45 \cdot 1,25$ kW $= 0,563$ kW oder $0,45 \cdot 8,93 \% = 4,02 \%$.
Der Spannungsverlust wird $\Delta U = 0,45 \cdot 13,1$ V $= 2,57$ V oder $0,45 \cdot 5,7 \% = 2,57 \%$.

---
[1] Belastbarkeit und Überlastungsschutz s. Seite 4-26.
[2] Obere Werte für 2 belastete Adern (Gleich- und Wechselstrom); untere Werte für 3 belastete Adern (Drehstrom).
[3] Höchstzulässige Dauerbelastung.

11.2 Leitungsberechnung

Höchstzulässige Dauerbelastungen, Leistungs- u. Spannungsverluste je 100 m Streckenlänge [1]

Querschnitt S mm²	Höchstzuläss. Dauerstrom[2] A	Sicherung Nennstrom[2] A	Gruppe C nach DIN VDE 0298 Teil 4 (2.88). Siehe Seite 4-26.		Gleichstrom Betriebsspannung Volt				Wechselstrom 230 V cos φ			Drehstrom Betriebsspannung								
												230 Volt cos φ			400 Volt cos φ			690 Volt cos φ		
					110	220	440	600	1	0,8	0,6	1	0,8	0,6	1	0,8	0,6	1	0,8	0,6
					Isolierte Kupferleitungen															
1,5	19,5	20	Höchstbelastung[3]	kW	2,15	4,29	8,58	11,7	4,50	3,59	2,69	6,96	5,57	4,18	12,1	9,67	7,27	20,9	16,7	12,5
			Leistungsverlust ΔP	kW	0,87	0,87	0,87	0,87	0,87	0,87	0,87	1,05	1,05	1,05	1,05	1,05	1,05	1,05	1,05	1,05
				%	40,7	20,3	10,2	7,48	19,3	24,2	32,2	15,1	18,9	25,2	8,71	10,9	14,5	5,04	6,30	8,41
	17,5	16	Spannungsverlust ΔU	V	44,9	44,9	44,9	44,9	44,9	35,9	26,9	34,8	27,9	20,9	34,8	27,9	20,9	34,8	27,9	20,9
				%	40,7	20,3	10,2	7,48	19,5	15,6	11,7	15,1	12,1	9,08	8,70	6,96	5,22	5,05	4,04	3,03
2,5	26	25	Höchstbelastung	kW	2,86	5,72	11,4	15,6	5,98	4,78	3,59	9,55	7,64	5,73	16,6	13,3	9,96	28,6	22,9	17,2
			Leistungsverlust ΔP	kW	0,93	0,93	0,93	0,93	0,93	0,93	0,93	1,19	1,19	1,19	1,19	1,19	1,19	1,19	1,19	1,19
				%	32,6	16,3	8,15	6,00	15,6	19,4	25,9	12,5	15,6	20,8	7,17	8,96	11,9	4,16	5,20	6,93
	24	20	Spannungsverlust ΔU	V	35,9	35,9	35,9	35,9	35,9	28,7	21,5	28,6	22,9	17,2	28,6	22,9	17,2	28,6	22,9	17,2
				%	32,6	16,3	8,15	6,00	15,6	12,5	9,37	12,5	9,96	7,47	7,16	5,73	4,30	4,15	3,32	2,49
4	35	35	Höchstbelastung	kW	3,85	7,70	15,4	21,0	8,05	6,44	4,83	12,7	10,2	7,64	22,1	17,7	13,3	38,2	30,6	22,9
			Leistungsverlust ΔP	kW	1,06	1,06	1,06	1,06	1,06	1,06	1,06	1,32	1,32	1,32	1,32	1,32	1,32	1,32	1,32	1,32
				%	27,4	13,7	6,86	5,05	13,2	16,5	21,9	10,4	13,0	17,3	6,00	7,47	9,96	3,46	4,32	5,76
	32	32	Spannungsverlust ΔU	V	30,2	30,2	30,2	30,2	30,2	24,2	18,1	23,9	19,1	14,3	23,9	19,1	14,3	23,9	19,1	14,3
				%	27,4	13,7	6,86	5,05	13,1	10,5	7,88	10,4	8,30	6,22	5,97	4,77	3,58	3,46	2,77	2,07
6	46	40	Höchstbelastung	kW	5,06	10,1	20,2	27,6	10,6	8,46	6,35	16,3	13,1	9,79	28,4	22,7	17,0	48,9	39,2	29,4
			Leistungsverlust ΔP	kW	1,22	1,22	1,22	1,22	1,22	1,22	1,22	1,44	1,44	1,44	1,44	1,44	1,44	1,44	1,44	1,44
				%	24,0	12,0	6,00	4,42	11,5	14,4	19,2	8,86	11,1	14,8	5,08	6,36	8,47	2,95	3,69	4,91
	41	40	Spannungsverlust ΔU	V	26,5	26,5	26,5	26,5	26,5	21,2	15,9	20,4	16,3	12,2	20,4	16,3	12,2	20,4	16,3	12,2
				%	24,0	12,0	6,00	4,42	11,5	9,22	6,91	8,85	7,08	5,31	5,09	4,07	3,05	2,95	2,36	1,77
10	63	63	Höchstbelastung	kW	6,93	13,9	27,7	37,8	14,5	11,6	8,69	22,7	18,1	13,6	39,4	31,6	23,7	68,0	54,4	40,8
			Leistungsverlust ΔP	kW	1,37	1,37	1,37	1,37	1,37	1,37	1,37	1,70	1,70	1,70	1,70	1,70	1,70	1,70	1,70	1,70
				%	19,8	9,88	4,94	3,62	9,45	11,8	15,7	7,50	9,37	12,5	4,32	5,40	7,20	2,50	3,13	4,17
	57	50	Spannungsverlust ΔU	V	21,7	21,7	21,7	21,7	21,7	17,4	13,0	17,3	13,8	10,4	17,3	13,8	10,4	17,3	13,8	10,4
				%	19,8	9,88	4,94	3,62	9,43	7,55	5,66	7,50	6,00	4,50	4,31	3,45	2,59	2,50	2,00	1,50
16	85	80	Höchstbelastung	kW	9,35	18,7	37,4	51,0	19,6	15,6	11,7	30,2	24,2	18,1	52,6	42,1	31,6	90,7	72,6	54,4
			Leistungsverlust ΔP	kW	1,56	1,56	1,56	1,56	1,56	1,56	1,56	1,87	1,87	1,87	1,87	1,87	1,87	1,87	1,87	1,87
				%	16,7	8,35	4,17	3,06	7,96	9,95	13,3	6,18	7,73	10,3	3,55	4,44	5,92	2,06	2,57	3,43
	76	63	Spannungsverlust ΔU	V	18,4	18,4	18,4	18,4	18,4	14,7	11,0	14,2	11,4	8,52	14,2	11,4	8,52	14,2	11,4	8,52
				%	16,7	8,35	4,17	3,06	8,00	6,40	4,80	6,17	4,94	3,70	3,55	2,84	2,13	2,06	1,65	1,23
25	112	100	Höchstbelastung	kW	12,3	24,6	49,3	67,2	25,8	20,6	15,5	38,2	30,6	22,9	66,4	53,1	39,9	115	91,7	68,8
			Leistungsverlust ΔP	kW	1,73	1,73	1,73	1,73	1,73	1,73	1,73	1,90	1,90	1,90	1,90	1,90	1,90	1,90	1,90	1,90
				%	14,1	7,04	3,52	2,57	6,71	8,38	11,2	4,98	6,23	8,30	2,87	3,58	4,78	1,65	2,07	2,76
	96	80	Spannungsverlust ΔU	V	15,5	15,5	15,5	15,5	15,5	12,4	9,30	11,5	9,17	6,88	11,5	9,17	6,88	11,5	9,17	6,88
				%	14,1	7,04	3,52	2,57	6,74	5,39	4,04	4,98	3,99	2,99	2,86	2,29	1,72	1,66	1,33	1,00
35	138	125	Höchstbelastung	kW	15,2	30,4	60,7	82,8	31,7	25,4	19,0	47,4	37,9	28,4	82,3	65,9	49,4	142	114	85,2
			Leistungsverlust ΔP	kW	1,88	1,88	1,88	1,88	1,88	1,88	1,88	2,09	2,09	2,09	2,09	2,09	2,09	2,09	2,09	2,09
				%	12,3	6,17	3,09	2,27	5,93	7,41	9,88	4,41	5,51	7,35	2,54	3,17	4,23	1,47	1,84	2,45
	119	100	Spannungsverlust ΔU	V	13,6	13,6	13,6	13,6	13,6	10,9	8,16	10,1	8,12	6,90	10,1	8,12	6,90	10,1	8,12	6,90
				%	12,3	6,17	3,09	2,27	5,91	4,73	3,55	4,41	3,53	2,65	2,54	2,03	1,52	1,47	1,18	0,88
50	167	160	Höchstbelastung	kW	18,4	36,7	73,5	100	38,4	30,7	23,0	57,3	45,8	34,4	99,6	79,7	59,8	172	138	103
			Leistungsverlust ΔP	kW	1,92	1,92	1,92	1,92	1,92	1,92	1,92	2,14	2,14	2,14	2,14	2,14	2,14	2,14	2,14	2,14
				%	10,5	5,23	2,61	1,92	5,00	6,25	8,33	3,74	4,67	6,23	2,15	2,69	3,58	1,24	1,56	2,07
	144	125	Spannungsverlust ΔU	V	11,5	11,5	11,5	11,5	11,5	9,20	6,90	8,59	6,88	5,16	8,59	6,88	5,16	8,59	6,88	5,16
				%	10,5	5,23	2,61	1,92	5,00	4,00	3,00	3,74	2,99	2,24	2,15	1,72	1,29	1,25	1,00	0,75
70	213	200	Höchstbelastung	kW	23,4	46,9	93,7	128	49,0	39,2	29,4	72,8	58,3	43,7	127	101	76,0	218	175	132
			Leistungsverlust ΔP	kW	2,24	2,24	2,24	2,24	2,24	2,24	2,24	2,47	2,47	2,47	2,47	2,47	2,47	2,47	2,47	2,47
				%	9,56	4,78	2,40	1,75	4,57	5,71	7,62	3,39	4,23	5,64	1,94	2,43	3,24	1,13	1,41	1,89
	183	160	Spannungsverlust ΔU	V	10,5	10,5	10,5	10,5	10,5	8,40	6,30	7,79	6,23	4,67	7,79	6,23	4,67	7,79	6,23	4,67
				%	9,56	4,78	2,40	1,75	4,57	3,65	2,74	3,39	2,71	2,03	1,95	1,56	1,17	1,13	0,90	0,68
95	258	250	Höchstbelastung	kW	28,4	56,8	114	155	59,3	47,5	35,6	87,9	70,3	52,8	153	122	91,6	264	211	158
			Leistungsverlust ΔP	kW	2,42	2,42	2,42	2,42	2,42	2,42	2,42	2,65	2,65	2,65	2,65	2,65	2,65	2,65	2,65	2,65
				%	8,51	4,25	2,13	1,56	4,08	5,10	6,80	3,01	3,76	5,02	1,73	2,16	2,88	1,00	1,25	1,67
	221	200	Spannungsverlust ΔU	V	9,37	9,37	9,37	9,37	9,37	7,50	5,62	6,92	5,54	4,15	6,92	5,54	4,15	6,92	5,54	4,15
				%	8,51	4,25	2,13	1,56	4,07	3,26	2,44	3,01	2,41	1,81	1,73	1,39	1,04	1,00	0,80	0,60

Beispiel: Nach Gruppe C verlegte Leitung mit der Länge $l = 500$ m überträgt 10 kW Drehstrom bei 400 V und einem cos $\varphi = 0,8$. Wie groß sind der Querschnitt S und der Leistungsverlust ΔP?
Lösung: Für $l = 100$ m wäre die gleichartig wirkende Belastung $P = (500 \text{ m} \times 10 \text{ kW})/100 \text{ m} = 50$ kW. Nächster Tabellenwert: 53,1 kW bei $S = 25$ mm² mit einem Leistungsverlust $\Delta P\% = 3,58\%$. Für 50 kW ist $\Delta P\% = (3,58\% \cdot 50)/53,1 = 3,37\%$. Damit wird $\Delta P = (10000 \text{ W} \cdot 3,37)/100 = 337$ W.

[1] Belastbarkeit und Überlastungsschutz s. Seite 4-26.
[2] Obere Werte für 2 belastete Adern (Gleich- und Wechselstrom); untere Werte für 3 belastete Adern (Drehstrom).
[3] Höchstzulässige Dauerbelastung.

11.3 Elektrowärme

11.3.1 Warmwasserbereitung

Auswahl der Warmwassergeräte für den Bedarf im Wohnbereich

Warmwassergerät	Kochendwassergerät	Warmwasserspeicher offen				Warmwasserspeicher geschlossen			Durchlauferhitzer	Durchlaufspeicher		Standspeicher	Wärmetauscherspeicher
Nenninhalt Liter	5	5	12	15	30	100	30	100	150		30	100	200···1000	300
Nennleistung kW										18/21/24				
Einzelversorgung														
Küchenspüle	■	■	■	■										
Waschtisch		■	■											
Dusche					■					■				
Badewanne														
Badversorgung														
Waschtisch, Dusche							■			■	■			
Waschtisch, Dusche, Wanne								■		■		■		
Körperduschen, Großwanne									■	■		■		
Zentrale Wohnungsversorgung														
Küchenspüle, Waschtisch, Dusche							■	■		■			■	■
Küchenspüle, Waschtisch, Wanne								■	■	■			■	■

Warmwasserbedarf

Haushalt mit	Wasser von 60 °C pro Person Liter/Tag
niedrigem Bedarf	10 bis 20
mittlerem Bedarf	20 bis 40
hohem Bedarf	40 bis 80

Gewerbe Anwendung	Wasser von 60 °C Liter/Tag	Bezogen auf je
Bäckereien Teigbereitung, Maschinenreinigung	50	1 m² Backfläche
Betriebsreinigung	0,5	1 m² Betriebsfläche
Körperpflege	30	Beschäftigten
Fleischereien Maschinen- und Gerätereinigung	80[1]	1 Schwein/Woche
Betriebsreinigung	1	1 m² Betriebsfläche
Friseurbetriebe Herrensalon	40	Naßplatz
Damensalon bis 8 Naßplätze	100	Naßplatz
9···14 Naßplätze	80	Naßplatz
mehr als 14 Naßplätze	60	Naßplatz
Hotels Zimmer mit Bad und Dusche	120···180	Gast
Zimmer mit Dusche	50···95	Gast
Pensionen, Heime	25···50	Gast
Krankenhäuser	200	Bettplatz
Wohnheime wie Altersheime, Kinderheime	75	Bettplatz

Ermittlung der Warmwasserleistung von Durchlauferhitzern

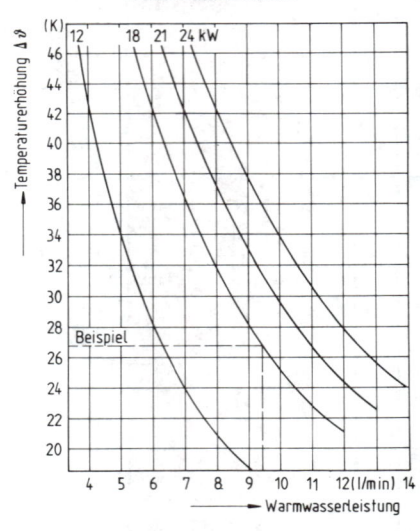

Beispiel: Ein 18-kW-Durchlauferhitzer soll Wasser mit 37 °C erzeugen; Kaltwassertemperatur 10 °C. Wie groß ist die Warmwasserleistung?

Lösung: $\Delta \vartheta = 37\,°C - 10\,°C = 27\,°C \rightarrow \approx 9{,}3$ l/min.

[1]) Warmwasser für 300-Liter-Kochkessel einmal enthalten.

11.3 Elektrowärme

11.3.2 Raumheizung

Grundlage einer Raumheizungsberechnung ist die Errechnung des Wärmedurchgangs durch Wände, Decke, Fußboden usw. Die über eine Fläche abströmende Wärme muß als elektrische Leistung zugeführt werden.

$$P = k \cdot S \cdot (t_2 - t_1)$$

P Leistung in W
k Wärmedurchgangszahl in W/(K · m²)
S Fläche in m² (Wand, Decke, Boden ...)
t_2 Zimmertemperatur
t_1 Außentemperatur

Tabelle der k-Werte

Fläche	k in $\frac{W}{K \cdot m^2}$
Stein-Außenwand, 11,5 cm	2,8
Stein-Außenwand, 24 cm	2,0
Stein-Außenwand, 36,5 cm	1,2
Stein-Innenwand, 11,5 cm	2,5
Stein-Innenwand, 24 cm	1,7
Stein-Innenwand, 36,5 cm	1,0
Decke (je nach Dicke)	0,60 bis 1,4
Fußboden (je nach Dicke)	0,45 bis 1,1
Innentür	2,3
Einfachfenster	7,0
Verbundfenster	3,5
Doppelfenster	2,7

Für Räume mit mehreren Außenwänden ist noch ein Zuschlag von 10 bis 15% zu machen.

Beispiel: Ein Zimmer von 5 m × 7 m Bodenfläche und 2,6 m Höhe liegt mit der Schmalseite nach außen. Es hat 4 m² Fensterfläche (Einfachfenster) und 4 m² Türfläche. Welche Leistung ist zur Erhaltung einer Innentemperatur von 20 °C nötig, wenn im Freien −15 °C herrschen und die benachbarten Räume nicht geheizt werden?

Lösung: Die Leistung für die einzelnen Flächen ist getrennt zu berechnen.

Außenwand (Stein; 36,5 cm dick)

$P_1 = (2,6 \text{ m} \cdot 5 \text{ m} - 4 \text{ m}^2) \cdot 1,2 \frac{W}{K \cdot m^2} \cdot 35 \text{ K} = 378 \text{ W}$

Fenster

$P_2 = 4 \text{ m}^2 \cdot 7 \frac{W}{K \cdot m^2} \cdot [20\,°C - (-15\,°C)] = 980 \text{ W}$

Innenwände (Stein; 11,5 cm dick)

$P_3 = [2,6 (5 \text{ m} + 2 \cdot 7 \text{ m}) - 4 \text{ m}^2] \cdot 2,5 \frac{W}{K \cdot m^2} \cdot (20\,°C - 0\,°C) = 2270 \text{ W}$

Tür

$P_4 = 4 \text{ m}^2 \cdot 2,3 \frac{W}{K \cdot m^2} \cdot (20\,°C - 0\,°C) = 184 \text{ W}$

Boden

$P_5 = 5 \text{ m} \cdot 7 \text{ m} \cdot 0,65 \frac{W}{K \cdot m^2} (20\,°C - 0\,°C) = 455 \text{ W}$

Decke

$P_6 = 5 \text{ m} \cdot 7 \text{ m} \cdot 1 \frac{W}{K \cdot m^2} (20\,°C - 0\,°C) = 700 \text{ W}$

Gesamtleistung P = **4967 W**

Das ergibt je m³: $\frac{4967 \text{ W}}{7 \cdot 5 \cdot 2,6 \text{ m}^3} = 54{,}58 \frac{W}{m^3}$

Für überschlägige Rechnungen nimmt man bei Übergangsheizung 40 W je m³ und für Dauerheizung 60 bis 100 W je m³.

Für die Ermittlung der elektrischen Leistung für Räume bis zu 5 m Höhe kann auch nachstehende Tabelle benutzt werden.

Tabelle des Leistungsbedarfs

Art der Begrenzungsfläche	Erforderliche Leistung in W je m² Begrenzungsfläche bei einem Temperaturunterschied zwischen innen und außen von							
	5K	10K	15K	20K	25K	30K	35K	40K
Wand, Stein 12 cm	15	29	44	58	73	87	102	115
Wand, Stein 24 cm	11	21	31	42	52	63	73	82
Wand, Stein 38 cm	8	15	23	30	38	45	53	60
Wand, Stein 51 cm	7	13	20	26	33	38	45	51
Decke	5	8	13	16	21	24	29	32
Fußboden	4	7	10	14	17	21	24	28
Tür	15	23	35	46	58	70	81	93
Fenster, einfach	40	60	94	125	157	188	219	230
Fenster, doppelt	20	30	44	60	73	87	102	115

Für Außenwände beträgt der Zuschlag 10%

Beispiel: Ein Zimmer von 4 m × 5 m Grundfläche und 2,6 m Höhe hat zwei doppeltverglaste Fenster von je 1,4 m Breite und 1,3 m Höhe und zwei Türen von je 2 m Höhe und 0,9 m Breite. Wanddicke 24 cm. Welche Leistung muß für die Dauerheizung des Zimmers aufgewendet werden, wenn der Temperaturunterschied 25 K beträgt?

Lösung: Größe der Begrenzungsflächen

Fenster: $2 \cdot 1{,}4 \text{ m} \cdot 1{,}3 \text{ m} = 3{,}64 \text{ m}^2$
Türen: $2 \cdot 2 \text{ m} \cdot 0{,}9 \text{ m} = 3{,}6 \text{ m}^2$
Decke: $4 \text{ m} \cdot 5 \text{ m} = 20 \text{ m}^2$
Fußboden: $4 \text{ m} \cdot 5 \text{ m} = 20 \text{ m}^2$
Wände: $2 \cdot (4 \text{ m} + 5 \text{ m}) \cdot 2{,}6 \text{ m} - 7{,}24 \text{ m}^2 = 39{,}56 \text{ m}^2$

Nach Tabelle sind folgende Leistungen erforderlich

Fenster: $3{,}64 \text{ m}^2 \cdot 73 \text{ W/m}^2 = 265{,}72 \text{ W}$
Türen: $3{,}6 \text{ m}^2 \cdot 58 \text{ W/m}^2 = 208{,}80 \text{ W}$
Decke: $20 \text{ m}^2 \cdot 21 \text{ W/m}^2 = 420{,}00 \text{ W}$
Fußboden: $20 \text{ m}^2 \cdot 17 \text{ W/m}^2 = 340{,}00 \text{ W}$
Wände: $39{,}56 \text{ m}^2 \cdot 52 \text{ W/m}^2 = 2057{,}12 \text{ W}$

10% Zuschlag für **Außenwand**

$0{,}1 \cdot (5 \text{ m} \cdot 2{,}6 - 3{,}64 \text{ m}^2) \cdot 52 \frac{W}{m^2} = 48{,}67 \text{ W}$

Gesamtleistung $P = 3340{,}31 \text{ W}$

Das ergibt je m³: $\frac{3340{,}31 \text{ W}}{52 \text{ m}^3} = 64{,}24 \frac{W}{m^3}$

11.4 Blitzschutz an Gebäuden
Nach ABB (Allgemeine Blitzschutz-Bestimmungen)

Auffangeinrichtungen von Blitzschutzanlagen werden beim Errichten an Turm- und Giebelspitzen, entlang dem First, an Schornsteinen, Dunstschloten und sonstigen Dachaufbauten, an Giebelkanten vom First zur Traufe und an Traufkanten bei flachen Dächern und freistehenden baulichen Anlagen angebracht. Kein Punkt der Dachfläche darf mehr als 10 m von einer Auffangvorrichtung entfernt sein.

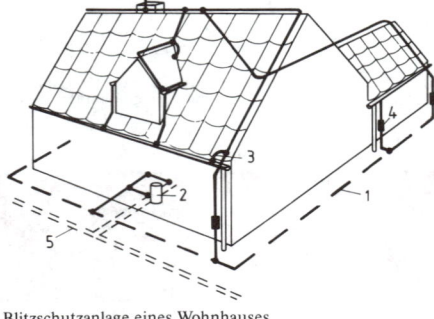

Blitzschutzanlage eines Wohnhauses
1 Erdsammelleitung 2 Überbrückung des Wasserzählers
3 Dachrinnenanschluß 4 Trennstück 5 Wasserleitung

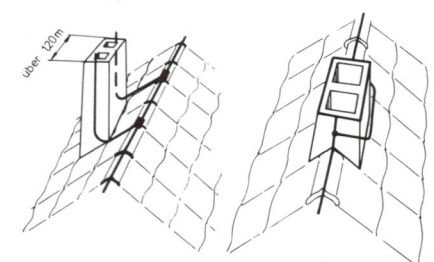

Schornstein in Firstnähe · Schornstein im First

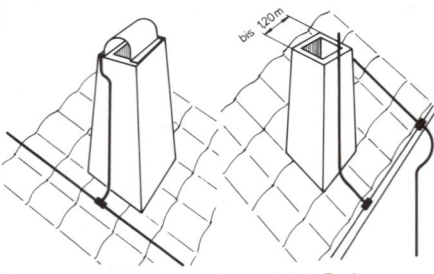

Metallaufsätze an eine Dachleitung anschließen · Schornstein in Dachrinnennähe

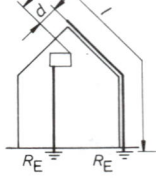

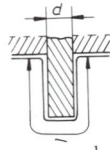

Eigennäherung – Gefahr, wenn d kleiner als $\frac{1}{20}\, l$

Leitungen für Blitzschutzanlagen nach DIN 48 801 (3.85)

Bezeichnung	Maße	Werkstoff Ausführung
Rundstahl Rd 8–St Rd 10–St nach DIN 177	⌀ 8 mm ⌀ 10 mm	USt 37-2 n. DIN 17100 verzinkt
Flachzeug Fl 20–St Fl 30–St nach DIN 1016	2,5 × 20 3,5 × 30	
Aluminiumdrähte Rd 8–Al	⌀ 8 mm	E-AlMgSi0,5 n. DIN 1725 T1
Aluminiumdrähte Rd 10–Al	⌀ 10 mm	E-AlF7 n. DIN 40501 T4
Flachstangen aus Al Fl 20–Al nach DIN 46433	4 × 20	E-AlF10 n. DIN 40501 T3
Kupferdrähte Rd 8–Cu nach DIN 1757	⌀ 8 mm	E-Cu57F20 n. DIN 40500 T4
Flachstangen aus Cu Fl 20–Cu nach DIN 46433	2,5 × 20	E-Cu57F20 n. DIN 40500 T1

Hauptableitungen

Steildächer (First über 1 m höher als Traufkante)		Zahl der Hauptableitungen
Gebäudebreite in m	länge in m	
bis 12	bis 20	2
	über 20 bis 40	3
	über 40 bis 60	4
über 12	über 20 bis 40	6
bis 20	über 40 bis 60	8

Flachdächer

bis 20	bis 20	4
über 20 bis 40	über 20 bis 40	8

Näherungen an größeren Metallteile

Bei Näherungen können Blitzüberschläge verhindert werden durch Vergrößerung des Abstandes oder durch Verbindung der Blitzschutzanlage an ihrem Fußpunkt mit größeren Metallmassen. Dies sind Wasser- und Gasleitungen, Zentralheizungen, Wendeltreppen, Stahlgerüste von Aufzügen u. ä. Man unterscheidet zwischen Eigennäherung und Fremdnäherung.

Eigennäherung liegt vor, wenn Teile der Blitzschutzanlage nahe beieinander verlegt sind, z. B. wenn die Leitung um einen Mauervorsprung o. ä. herumgeführt wird. Auch bei der Dachleitung der Blitzschutzanlage ist Eigennäherung vorhanden, wenn diese am Ausdehnungsgefäß der Warmwasserheizung vorbeiführen und der Fußpunkt der Heizung mit der Blitzschutzanlage verbunden ist. Der Abstand d darf nicht kleiner als $1/20\, l$ sein.

Nichtleitende Werkstoffe dürfen bei der Berechnung des Mindestabstandes mit dem 5fachen Wert ihrer Dicke eingesetzt werden.

11.4 Blitzschutz an Gebäuden

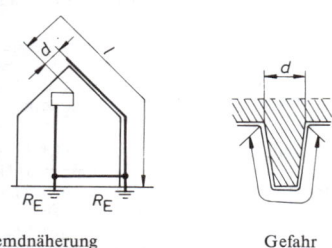

Beispiel: Liegt zwischen einer Ableitung und der mit ihr am Fußpunkt verbundenen Rohrleitung eine Mauer von 0,3 m Dicke, so gilt für $d = 5 \cdot 0,3 \text{ m} = 1,5 \text{ m}$.

Bei einer Leitungslänge $l = 24$ m erhält man einen Mindestabstand $d = \frac{1}{20} l = \frac{1}{20} \cdot 24 \text{ m} = 1,2 \text{ m}$.

Es liegt keine Eigennäherung vor!

Fremdnäherung liegt vor, wenn die Blitzschutzleitungen in der Nähe größerer Metallmassen verlegt sind und diese nicht mit der Blitzschutzanlage verbunden sind. Hier besteht Überschlagsgefahr, wenn der kleinste Abstand in m dieser Metallmassen kleiner als $\frac{1}{5}$ des Zahlenwertes des Erdungswiderstandes in Ohm ist. **Beispiel:** Bei einem Erdungswiderstand der Blitzschutzanlage von $R_E = 10\,\Omega$ beträgt der Mindestabstand $d = \frac{1}{5} R_E = \frac{1}{5} \cdot 10 = 2,0 \text{ m}$.

Beispiel: Ein Ausdehnungsgefäß ist durch eine 0,4 m dicke Mauer von der Dachleitung getrennt. Dies entspricht einem Abstand von $d = 5 \cdot 0,4 \text{ m} = 2,0 \text{ m}$.

Es liegt keine Fremdnäherung vor.

Fremdnäherung
Gefahr, wenn d kleiner
als $\frac{1}{5} R_E$ oder $\frac{1}{20} l$

Gefahr beseitigt

Blitzschutz bei Antennenanlagen nach DIN VDE 0855 Teil 1 (5.84)

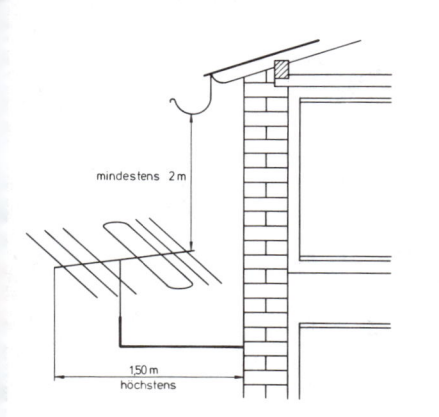

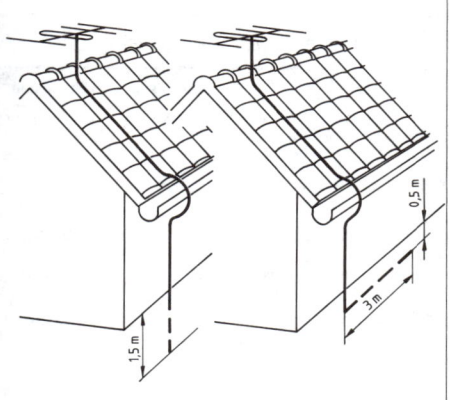

Antennenträger, die auf oder an Gebäuden angebracht sind, sind möglichst kurz mit Erde zu verbinden. Dies geschieht durch Erdungsleiter. Ist aus Betriebsgründen eine leitende Verbindung nicht möglich, so darf die Erdungsleitung durch Trennfunkenstrecken unterbrochen werden.

Mindestabmessungen für Erdungsleiter und Potentialausgleichsleiter

Werkstoff	Mindestabmessungen bzw. Mindestquerschnitt	
Stahl verzinkt	Rd 8 – St Fl 20 – St	Draht $\varnothing$ 8 mm Band 2,5 × 20
Kupfer blank o. isoliert	16 mm²	eindrähtig oder mehrdrähtig, nicht feindrähtig
Aluminium blank o. isoliert	25 mm²	
Aluminium-Knetlegierung	50 mm² Rd 8	

Auch andere elektrisch leitfähige Teile, wie Heizungsrohre, Wasserverbrauchsleitungen aus Metall, Stahlskelette in Bauten, Metallblenden und -bekleidungen, durchgehende Feuerleitern und Eisentreppen sind als Erdungsleitungen geeignet. Die Erdungsleitungen werden an Erder angeschlossen. Möglich sind (siehe auch Bild links):
1. Staberder von mindestens 1,5 m Länge aus verzinktem Stahl;
2. Banderder von mindestens 3 m Länge, in einer Mindesttiefe von 0,5 m verlegt, aus verzinktem Stahl;
3. Fundamenterder;
4. Blitzschutzerder;
5. Stahlbauten, Stahlskelette.

Besitzt ein Gebäude einen geerdeten Potentialausgleich, so muß der Erder der Antennenanlage in den Potentialausgleich mit einbezogen werden. Für die Potentialausgleichsleitungen zwischen den Betriebsmitteln der Antennenanlage ist ein Mindestquerschnitt von 4 mm² Kupfer, blank oder isoliert, vorzusehen.

Außerhalb von Gebäuden angebrachte Antennenanlagen müssen mit einer Erder leitend verbunden werden.

Bei Zimmerantennen, Einbauantennen, Antennen unter der Dachhaut und bei Außenantennen, deren höchster Punkt mind. 2 m unterhalb der Dachrinnen und deren äußerster Punkt nicht mehr als 1,5 m von der Außenwand des Gebäudes abliegt, darf auf eine Erdung verzichtet werden.

Erdung von Antennenanlagen
Staberder   Banderder

11.5 Antennenanlagen

11.5.1 Empfangsbereiche und Antennenformen

Die **Art der Empfangsantenne** ergibt sich aus den verschiedenen Frequenzbereichen im Ton- und Fernsehrundfunkdienst:

Bereich	Frequenzbereich von···bis in MHz	geeignete Empfangsantenne
Langwellen	0,15···0,285	unabgestimmte Draht- oder Stabantenne (Länge: 2···15 m)
Mittelwellen	0,525···1,605	
Kurzwellen	3,95···26,1	
VHF Band I (Fernsehen)	47···68	Yagi-Antenne
VHF Band II (UKW-Rundfunk)	87,5···104	Dipol- oder Kreuzdipolantenne, Yagi-Antenne
VHF Band III (Fernsehen)	160···230	Yagi-Antenne
UHF Band IV UHF Band V (Fernsehen)	470···622 622···790	Yagi-Antenne, Mehrebenen-Antenne, Flächenantenne
SHF Band VI (Fernsehen)	11700···12700	Parabolantenne

11.5.2 Hinweise zur Antennenmontage

Antennenanlagen auf Dächern dürfen den Zugang zu Schornsteinen und anderen Einrichtungen nicht erschweren. Bestehende Anlagen dürfen nicht gestört werden. Auf Dächern aus Stroh, Reet oder Schilf darf keine Antennenanlage errichtet werden, sondern nur vom Haus abgesetzt oder unter Dach, wobei der Abstand der Antenne und der HF-Kabel zum Dach mindestens 1 m betragen muß.

Keine Antennen in Schornsteinnähe oder an Schornsteinen montieren.

Antennen nicht in die Nähe von Störfeldern (z. B. Fahrstuhlschacht) bringen.

Geeigneten Standort, optimale Ausrichtung und Höhe der Empfangsspannung durch Probemessungen (Antennenmeßgerät) bestimmen.

Ein guter mechanischer Aufbau besteht aus einem solide befestigten stabilen Standrohr mit einer guten Dachabdichtung.

Die UHF-Antenne möglichst hoch anbringen (Windlast!).

Der vertikale Abstand zwischen zwei Antennen sollte mindestens 80 cm betragen, der Abstand von der Antenne zum Dach mindestens 1 m.

Der waagerechte Abstand des Standrohres oder eines Antennenträgers und der Abstand zwischen Teilen der Antenne und Starkstromfreileitungen darf 1 m nicht unterschreiten.

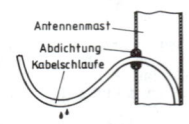

Kabelschlaufen beim Einführen des Kabels in das Standrohr ausbilden. Sie verhindern, daß Wasser in das Standrohr eindringt. Nicht benutzte Kabeleinführungen mit Stopfen verschließen.

Das Antennenstandrohr über Dach muß geerdet werden (siehe Seite 11-29).

Senderpolarisation beachten: Die meisten Großsender strahlen ihr elektromagnetisches Feld horizontal polarisiert ab, Füllsender (Umsetzer) hingegen vertikal polarisiert. Die Empfangsantenne muß in der gleichen Ebene wie die Senderantenne montiert werden.

Antennenstandrohre dürfen bis zu einer freien Länge von 6 m montiert werden; Mindestwandstärke im Einspannbereich 2 mm. Der Werkstoff der Standrohre muß sicherstellen, daß sie bei Überlastung nicht abbrechen, sondern höchstens abknicken (Gas- und Wasserrohre deshalb nicht geeignet als Standrohre). Die Rohrbefestigung erfolgt verdrehsicher durch zwei Halterungen, deren Abstand zueinander mindestens ein Sechstel der Gesamtlänge betragen muß. Jede Halterung ist mit mindestens zwei 8-mm-Schrauben am Dachgebälk, Mauerwerk oder einer Beton- bzw. Stahlkonstruktion zu befestigen.

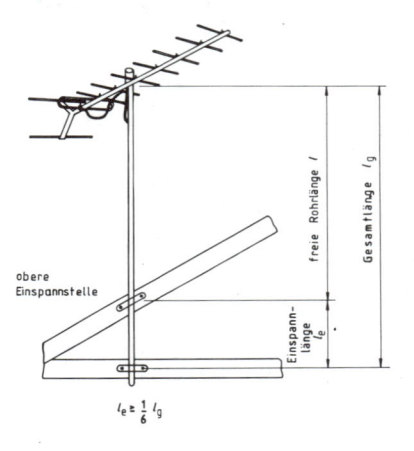

$l_e \geq \frac{1}{6} l_g$

11.5.3 Windlastberechnung

Zur Windlastberechnung festgelegte **Staudruckwerte** q sind:

1. Bei Bauwerken bis zu acht Geschossen (bis ungefähr 20 m über Geländeoberfläche)

$q = 800$ Pa $= 800$ N/m²,

2. bei höheren Bauwerken

$q = 1100$ Pa $= 1100$ N/m².

Der **Antennenwindlastwert** ist für Antennen in Katalogen angegeben. Er kann, wenn nur für einen Staudruck angegeben, auf den anderen umgerechnet werden durch das Verhältnis $1100/800 = 1,375$.

Die Windlast W einer Antenne erzeugt mit der Rohrlänge l bis zur oberen Einspannstelle ein Biegemoment M_b, welches vom Standrohr ausgehalten werden muß.

$M_b = l \cdot W$

M_b Biegemoment in Nm
l freie Rohrlänge in m
W Windlast in N

11.5 Antennenanlagen

Befinden sich **mehrere Antennen an einem Standrohr**, errechnet sich das Gesamtbiegemoment M_{bges} zu:

$M_{bges} = l_1 \cdot W_1 + l_2 \cdot W_2 + l_3 \cdot W_3 + ...$

M_{bges} Gesamtbiegemoment in Nm
l_1, l_2, l_3 Rohrlänge (Abstand) in m
W_1, W_2, W_3 Windlast in N

Beispiel: Eine Antennenanlage auf einem Gebäude bis zu 20 m Bauhöhe besteht aus einer LMKU-Antenne mit $W_1 = 80$ N in $l_1 = 4$ m Höhe, einer UHF-Antenne mit $W_2 = 59$ N in $l_2 = 3$ m Höhe und einer VHF-Antenne mit $W_3 = 51$ N in $l_3 = 2$ m Höhe. Wie groß ist das Gesamtbiegemoment M_{bges}?

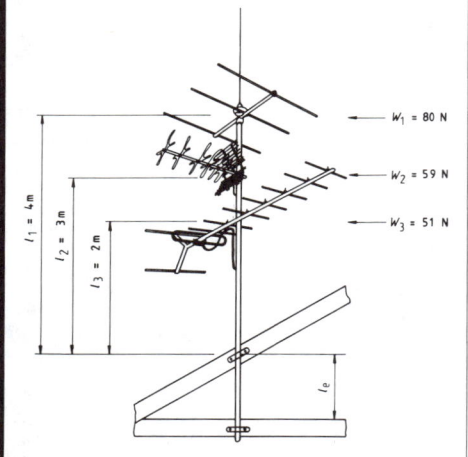

Lösung:
$M_{bges} = l_1 \cdot W_1 + l_2 \cdot W_2 + l_3 \cdot W_3$
$M_{bges} = 4 \text{ m} \cdot 80 \text{ N} + 3 \text{ m} \cdot 59 \text{ N} + 2 \text{ m} \cdot 51 \text{ N}$
$M_{bges} = 320 \text{ Nm} + 177 \text{ Nm} + 102 \text{ Nm}$
$M_{bges} = 599 \text{ Nm}$

Das **maximal zugelassene Biegemoment des Standrohres** (Standrohrbelastungsgrenze) errechnet sich wie folgt:

$M_{bmax} = \dfrac{\pi}{32} \cdot \sigma \cdot \dfrac{D^4 - d^4}{D}$

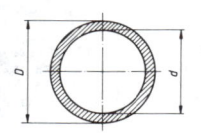

M_{bmax} maximales Biegemoment des Rohres in Nm
σ zulässige Rohrbeanspruchung in N/m²
D Rohraußendurchmesser in m
d Rohrinnendurchmesser in m

Die tatsächliche Beanspruchung σ darf 90% der für das Rohrmaterial gewährleisteten Streckgrenze sein, die einer bleibenden Rohrverformung von 0,2% entspricht.

Beispiel: Stahl 52-3 hat eine entsprechende Streckgrenze von $354 \cdot 10^6$ N/m². Welchen Wert hat σ?

Lösung:
$\sigma = 0{,}9 \cdot 354 \cdot 10^6$ N/m²
$\sigma = 318{,}6 \cdot 10^6$ N/m²

Beispiel: Ein Standrohr hat $D = 50$ mm und $d = 45$ mm. Wie groß ist M_{bmax}?

Lösung:
$M_{bmax} = \dfrac{\pi}{32} \cdot \sigma \cdot \dfrac{D^4 - d^4}{D}$

$M_{bmax} = \dfrac{\pi}{32} \cdot 318{,}6 \cdot 10^6 \dfrac{\text{N}}{\text{m}^2} \cdot \dfrac{(0{,}05 \text{ m})^4 - (0{,}045 \text{ m})^4}{0{,}05 \text{ m}}$

$M_{bmax} = 1345$ Nm

Das **Gesamtbiegemoment M_{bmax} darf nach VDE 0855 maximal 1650 Nm betragen.** Wird dieser Wert überschritten oder ist die freie Rohrlänge über 6 m, so ist eine statische Festigkeitsberechnung des Standrohres im Konzept des Gesamtgebäudes durch einen Statiker zu erstellen.

Auch ohne Antenne wird ein Standrohr schon vom Wind auf Biegung beansprucht.

$M_{bRohr} = W_{Rohr} \cdot \dfrac{l}{2}$

M_{bRohr} Biegemoment in Nm
W_{Rohr} Windlast des Rohres in N

$W_{Rohr} = c \cdot q \cdot D \cdot l$

l freie Rohrlänge in m
c Faktor (nach VDE ist $c = 1{,}2$)
q Staudruck (800 oder 1100 N/m²)

Beispiel: $D = 50$ mm, $q = 800$ N/m², $l = 4$ m
Welches Biegemoment tritt durch die Windlast des Rohres auf?

Lösung:
$M_{bRohr} = W_{Rohr} \cdot \dfrac{l}{2} = c \cdot q \cdot D \cdot \dfrac{l^2}{2}$

$M_{bRohr} = 1{,}2 \cdot 800 \dfrac{\text{N}}{\text{m}^2} \cdot 0{,}05 \text{ m} \cdot \dfrac{(4 \text{ m})^2}{2}$

$M_{bRohr} = 384$ Nm

Vom Gesamtbiegemoment muß das Rohrbiegemoment abgezogen werden, um das durch die Antenne/Antennen zusätzlich **zugelassene Biegemoment M_z** zu erhalten.

$M_z = M_{bmax} - M_{bRohr}$

Beispiel: $M_{bmax} = 1345$ Nm, $M_{bRohr} = 384$ Nm
Wie groß ist M_z?

Lösung: $M_z = 1345$ Nm $- 384$ Nm $= 961$ Nm

Für die im Beispiel gewählte Antennenanlage ist $M_z = 961$ Nm > 599 Nm $= M_{bges}$, damit kann sie in dieser Form aufgebaut werden.

Wird das zulässige Biegemoment überschritten, dann können folgende Maßnahmen zum Ziel führen:

1. Standrohr höherer Belastbarkeit nehmen.
2. Abstand Antenne–Dach bis auf 1 m und der Antennen untereinander auf 80 cm reduzieren.
3. Seitliche Ausleger am Standrohr zur Aufnahme der Antennen anbringen (Biegemoment Ausleger mit berechnen!).
4. Eventuell eine Antenne unter Dach montieren.
5. Die Antennen auf zwei Maste verteilen.

11.6 Funkentstörung

11.6.1 Störungsarten

Elektrische Betriebsmittel treten als Erzeuger (Funkstörquellen) unerwünschter elektromagnetischer Schwingungen auf. Die Störsignale (Dauer- und Knackstörungen) werden mit den Nutzsignalen zusammen über die Antenne von Funk-Empfangsanlagen aufgenommen und beeinträchtigen die Wiedergabe der Nutzsignale.

Die Funkstörungen heißen schmalbandig, wenn sich nur eine Störfrequenz auswirkt; sie heißen breitbandig, wenn mehrere Frequenzen auftreten.

Mit Hilfe von Funkmeßempfängern lassen sich Funkstörspannung, Funkstörleistung und Funkstörfeldstärke messen. Für diese Meßgrößen sind als frequenzabhängige Grenzen Funkstörgrade in DIN VDE 0875 Teil 3 (12.88) festgelegt.

Der **Funkstörgrad 0** gilt für Betriebsmittel und Anlagen, die im Bereich 150 kHz bis 30 MHz den Störspannungswert 1 µV und in 3 m Entfernung im Bereich 30 bis 300 MHz die Störfeldstärke 16 µV/m nicht überschreiten.

Die Grenzwerte für die **Funkstörgrade G (grob), N (normal) und K (klein)** sind für Dauerstörungen dem folgenden Diagramm zu entnehmen.

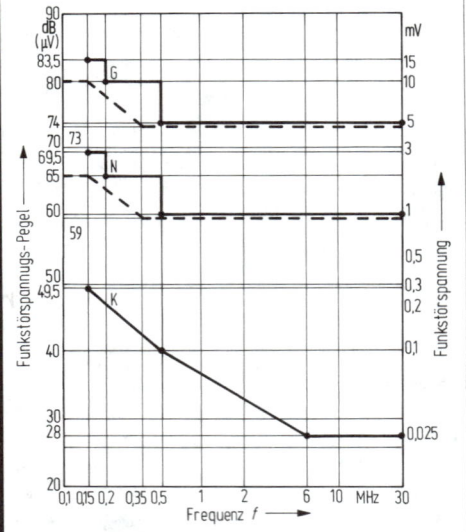

Im folgenden Diagramm sind die Grenzen der zulässigen Störleistungen für Dauerstörer je nach Störgrad enthalten.

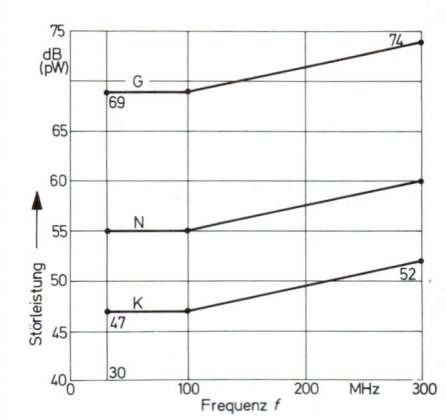

Zum Nachweis der Einhaltung der Funk-Entstörbedingungen können Betriebsmittel und Anlagen mit dem **Funkschutzzeichen** (mit Angabe des Störgrades) gekennzeichnet sein.

Störgrad G ist bei Geräten, Maschinen und Anlagen einzuhalten, die in Industriegebieten betrieben werden. Störgrad N ist bei Geräten einzuhalten, die in Wohngebieten betrieben werden. Störgrad K stellt besonders hohe Anforderungen hinsichtlich der Entstörmaßnahmen, z.B. das Entstören elektronischer Geräte in Meßräumen, Studios, Laboratorien u.ä.

11.6.2 Entstörmittel

Störschwingungen werden auf angeschlossenen Leitungen fortgeleitet und als **symmetrische Störspannungen** bezeichnet. **Unsymmetrische Störspannungen** breiten sich bei **Geräten mit Schutzleiteranschluß (Schutzklasse I)** zwischen den Leitungen einerseits und Masse oder berührbarem metallischen Gehäuse andererseits sowie bei **Geräten mit Schutzisolierung (Schutzklasse II)** zwischen den störungsbehafteten Leitungen und nicht berührbaren Metallteilen aus.

Eine Verminderung der Funkstörspannung auf Leitungen erfolgt durch eine Spannungsteilung zwischen dem HF-Innenwiderstand der Störquelle und dem des Entstörkondensators, der gegen die Störquellenmasse bzw. Erde geschaltet wird. Reicht der Innenwiderstand der Störquelle nicht aus, wird eine Entstördrossel in die Leitung geschaltet.

Kondensatoren, die zwischen beide Zuleitungen geschaltet sind und damit symmetrische Störspannungen kurzschließen, heißen **X-Kondensatoren**. Unsymmetrische Störspannungen, die zwischen den Zuleitungen und berührbaren leitenden Teilen auftreten, werden durch **Y-Kondensatoren** gedämpft.

Vollinie: gemessen mit einer 150-Ω-V-Netznachbildung.
Gestrichelt: gemessen mit einer 50-Ω-/50-µH-V-Nachbildung.

Für die **Störfeldstärken** in 10 m Entfernung und im Bereich 30 bis 300 MHz gelten folgende Grenzwerte:

Funkstörgrad	Störfeldstärke µV/m	Störabstand dB/(µV/m)
G	500	54
N	100	40
K	40	32

11.6 Funkentstörung

11.6.3 Entstörschaltungen

Schaltkontakt	z.B. für Klingel, el. Zählwerk		C = 0,1 bis 1 µF R = 20 bis 100 Ω
Geräte der Schutzklasse I (C_K = Koppelkapazität zum Gehäuse)	Netz — C_Y, C_X, C_Y, L — C_K Störquelle		ortsveränderliche Geräte C_X = 0,1 µF C_Y ≤ 7500 pF ortsfeste Geräte C_X = 0,1 µF C_Y ≤ 35000 pF
Geräte der Schutzklasse II (C_K = Koppelkapazität zum Gehäuse)	Netz — C_Y, C_X, C_Y, L — C_K Störquelle		C_X = 0,1 µF C_Y ≤ 2500 pF
Leuchtröhre mit Hochspannungs-anlage	L, S, C, C, S, L — A		C = 0,1 bis 0,5 µF L = 30 bis 50 mH A Röhrenfassung S Sicherung
Thyristorsteuerung	Netz — Last — C_{XY} C_X L Steuerteil Triac		Hochwertige Entstörung durch Breitband-Vierpol-Kondensator C_{XY} (0,2 F + 2 × 2500 pF)
Motor oder Generator mit Stromwender	ortsbeweglich	größerer Motor: S C_1 C_1 S C_2 — Kleinmotor: C_3 C_2	C_1 = 0,1 bis 2 µF C_2 = 5000 pF C_3 = 0,02 bis 0,1 µF S Sicherung
	ortsfest	S C_1 C_1 S — L C_1 C_1 L C_2	C_1 = 0,5 bis 4 µF C_2 = 5000 pF L ≈ 100 mH S Sicherung

12 Drähte, Leitungen, Kabel

12.1 Runddrähte aus Kupfer

12.1.1 Zulässige Belastung lackisolierter Wickeldrähte nach DIN 46 435 bei verschiedenen Stromdichten (elektrische Leitfähigkeit 58 m/($\Omega \cdot mm^2$))

Nenn-durch-messer mm	Quer-schnitt mm^2	Wider-stand bei 20 °C Ω/m	Stromdichte in A/mm^2							
			1,5	2	2,5	3	3,5	4	5	6
			zulässige Belastung in A							
0,02	0,000314	54,88	0,00047	0,00063	0,00079	0,00094	0,00110	0,00126	0,00157	0,00188
0,03	0,000707	24,39	0,00106	0,00141	0,00177	0,00221	0,00247	0,00283	0,00354	0,00424
0,04	0,001257	13,72	0,00189	0,00251	0,00314	0,00377	0,00440	0,00503	0,00629	0,00754
0,05	0,001964	8,781	0,00295	0,00393	0,00491	0,00589	0,00687	0,00786	0,00982	0,0118
0,06	0,002827	6,098	0,00424	0,00565	0,00707	0,00848	0,00990	0,0113	0,0141	0,0170
0,071	0,003959	4,355	0,00594	0,00792	0,00990	0,0119	0,0139	0,0158	0,0198	0,0238
0,08	0,005027	3,430	0,00754	0,0101	0,0126	0,0151	0,0176	0,0201	0,0251	0,0302
0,09	0,006362	2,710	0,00954	0,0127	0,0159	0,0191	0,0223	0,0254	0,0318	0,0382
0,1	0,007854	2,195	0,0118	0,0157	0,0196	0,0236	0,0275	0,0314	0,0393	0,0471
0,112	0,009852	1,750	0,0148	0,0197	0,0246	0,0296	0,0345	0,0394	0,0493	0,0591
0,125	0,01227	1,405	0,0184	0,0245	0,0307	0,0368	0,0429	0,0491	0,0614	0,0736
0,14	0,01539	1,120	0,0231	0,0308	0,0385	0,0462	0,0539	0,0616	0,0770	0,0923
0,15	0,01767	0,9757	0,0265	0,0353	0,0442	0,0530	0,0618	0,0707	0,0884	0,106
0,16	0,02011	0,8575	0,0302	0,0402	0,0503	0,0603	0,0704	0,0804	0,101	0,121
0,17	0,02270	0,7596	0,0341	0,0454	0,0568	0,0681	0,0795	0,0908	0,114	0,136
0,18	0,02545	0,6775	0,0382	0,0509	0,0636	0,0764	0,0891	0,102	0,127	0,153
0,19	0,02836	0,6081	0,0425	0,0567	0,0709	0,0851	0,0993	0,113	0,142	0,170
0,2	0,03142	0,5488	0,0471	0,0628	0,0786	0,0943	0,110	0,126	0,157	0,189
0,212	0,03530	0,4884	0,0530	0,0706	0,0883	0,106	0,124	0,141	0,177	0,212
0,224	0,03941	0,4375	0,0592	0,0788	0,0985	0,118	0,138	0,158	0,197	0,236
0,236	0,04372	0,3941	0,0656	0,0874	0,109	0,131	0,153	0,175	0,219	0,262
0,25	0,04909	0,3512	0,0736	0,0982	0,123	0,147	0,172	0,196	0,245	0,295
0,265	0,05517	0,3126	0,0828	0,110	0,138	0,166	0,193	0,221	0,276	0,331
0,28	0,06158	0,2800	0,0924	0,123	0,154	0,185	0,216	0,246	0,308	0,369
0,3	0,07069	0,2439	0,106	0,141	0,177	0,212	0,247	0,283	0,353	0,424
0,315	0,07793	0,2212	0,117	0,156	0,195	0,234	0,273	0,312	0,390	0,468
0,335	0,08815	0,1956	0,132	0,176	0,220	0,264	0,309	0,353	0,441	0,529
0,355	0,09898	0,1742	0,148	0,198	0,247	0,297	0,346	0,396	0,495	0,594
0,375	0,11046	0,1561	0,166	0,221	0,276	0,331	0,387	0,442	0,552	0,663
0,4	0,1257	0,1372	0,189	0,251	0,314	0,377	0,440	0,503	0,629	0,754
0,425	0,1419	0,1215	0,213	0,284	0,355	0,426	0,497	0,568	0,710	0,851
0,45	0,1590	0,1084	0,239	0,318	0,398	0,477	0,557	0,636	0,795	0,954
0,475	0,1772	0,09730	0,266	0,354	0,443	0,532	0,620	0,709	0,886	1,06
0,5	0,1964	0,08781	0,295	0,393	0,491	0,589	0,687	0,786	0,982	1,18
0,56	0,2463	0,07000	0,369	0,493	0,616	0,739	0,862	0,985	1,23	1,48
0,6	0,2827	0,06098	0,424	0,565	0,707	0,848	0,989	1,131	1,41	1,70
0,71	0,3959	0,04355	0,594	0,792	0,990	1,19	1,39	1,58	1,98	2,38
0,75	0,4418	0,03903	0,663	0,884	1,10	1,33	1,55	1,77	2,21	2,65
0,8	0,5027	0,03430	0,754	1,01	1,26	1,51	1,76	2,01	2,51	3,02
0,85	0,5675	0,03038	0,851	1,14	1,42	1,70	1,97	2,27	2,84	3,41
0,9	0,6362	0,02710	0,954	1,27	1,59	1,91	2,23	2,54	3,18	3,82
0,95	0,7088	0,02432	1,06	1,42	1,77	2,13	2,48	2,84	3,54	4,25
1	0,7854	0,02195	1,18	1,57	1,96	2,36	2,75	3,14	3,93	4,71
1,12	0,9852	0,01750	1,48	1,97	2,46	2,96	3,45	3,94	4,93	5,91
1,25	1,227	0,01405	1,84	2,45	3,07	3,68	4,29	4,91	6,14	7,36
1,32	1,369	0,01260	2,05	2,74	3,42	4,11	4,79	5,48	6,85	8,21
1,4	1,539	0,01120	2,31	3,08	3,85	4,62	5,39	6,16	7,70	9,32
1,5	1,767	0,009757	2,65	3,53	4,42	5,30	6,18	7,07	8,84	10,60
1,6	2,011	0,008575	3,02	4,02	5,03	6,03	7,04	8,04	10,06	12,07
1,7	2,270	0,007596	3,41	4,54	5,68	6,81	7,95	9,08	11,35	13,62
1,8	2,545	0,006775	3,82	5,09	6,36	7,64	8,91	10,18	12,73	15,27
1,9	2,836	0,006081	4,25	5,67	7,09	8,51	9,93	11,34	14,18	17,02
2	3,142	0,005488	4,71	6,28	7,86	9,43	11,00	12,57	15,71	18,85
2,12	3,530	0,004884	5,30	7,06	8,83	10,59	12,36	14,12	17,65	21,18
2,24	3,941	0,004375	5,91	7,88	9,85	11,82	13,79	15,76	19,71	23,65
2,36	4,375	0,003941	6,56	8,75	10,94	13,12	15,31	17,50	21,88	26,25
2,5	4,909	0,003512	7,36	9,82	12,27	14,73	17,18	19,64	24,55	29,45
2,65	5,516	0,003126	8,27	11,03	13,79	16,55	19,31	22,06	27,58	33,10
2,8	6,158	0,002800	9,24	12,32	15,40	18,47	21,55	24,63	30,79	36,95
3	7,069	0,002439	10,60	14,14	17,67	21,21	24,74	28,28	35,35	42,41

12.1 Runddrähte aus Kupfer

12.1.2 Runddrähte aus Kupfer, lackisoliert, nach DIN 46 435 (4.77)

Außendurchmesser: Kl = Kleinstmaß; Gr = Größtmaß; Lackisolierung: L = lackisoliert Grad 1,
2L = lackisoliert Grad 2; Gleichstromwiderstand errechnet mit der Leitfähigkeit 58 m/(Ω · mm²)

Durch- messer d_1 mm	Außendurchmesser d_2 L Kl mm	Gr mm	2L Kl mm	Gr mm	Wider- stand bei 20 °C Ω/m	Durch- messer d_1 mm	Außendurchmesser d_2 L Kl mm	Gr mm	2L Kl mm	Gr mm	Wider- stand bei 20 °C Ω/m
0,02	0,023	0,025	0,025	0,027	54,88	0,375	0,398	0,416	0,413	0,435	0,1561
0,025	0,028	0,031	0,032	0,034	35,12	0,4	0,424	0,442	0,438	0,462	0,1372
0,03	0,034	0,038	0,039	0,041	24,39	0,425	0,450	0,468	0,465	0,489	0,1215
0,032	0,036	0,040	0,041	0,043	21,44	0,45	0,475	0,495	0,490	0,516	0,1084
0,036	0,040	0,045	0,045	0,049	16,94	0,475	0,500	0,522	0,517	0,543	0,09730
0,04	0,044	0,050	0,050	0,054	13,72	0,5	0,526	0,548	0,543	0,569	0,08534
0,045	0,050	0,056	0,055	0,061	10,84	0,53	0,556	0,580	0,575	0,601	0,07815
0,05	0,056	0,062	0,062	0,068	8,781	0,56	0,587	0,611	0,606	0,632	0,07000
0,056	0,062	0,069	0,068	0,076	7,000	0,6	0,626	0,654	0,648	0,674	0,06098
0,06	0,066	0,074	0,073	0,081	6,098	0,63	0,658	0,684	0,678	0,708	0,05531
0,063	0,068	0,078	0,077	0,085	5,531	0,67	0,698	0,726	0,720	0,748	0,04890
0,071	0,076	0,088	0,087	0,095	4,355	0,71	0,739	0,767	0,762	0,790	0,04355
0,08	0,088	0,098	0,099	0,105	3,430	0,75	0,779	0,809	0,802	0,832	0,03903
0,09	0,098	0,110	0,109	0,117	2,710	0,8	0,829	0,861	0,853	0,885	0,03430
0,1	0,109	0,121	0,121	0,129	2,195	0,85	0,879	0,913	0,905	0,937	0,03038
0,106	0,115	0,127	0,128	0,136	1,954	0,9	0,929	0,965	0,956	0,990	0,02710
0,112	0,122	0,134	0,135	0,143	1,750	0,95	0,979	1,017	1,007	1,041	0,02432
0,118	0,128	0,142	0,142	0,150	1,577	1	1,030	1,068	1,059	1,093	0,02195
0,125	0,135	0,149	0,147	0,159	1,405	1,06	1,090	1,130	1,123	1,155	0,01954
0,132	0,143	0,157	0,157	0,167	1,260	1,12	1,150	1,192	1,181	1,217	0,01750
0,14	0,152	0,166	0,164	0,176	1,120	1,18	1,210	1,254	1,241	1,279	0,01576
0,15	0,163	0,177	0,174	0,187	0,9757	1,25	1,281	1,325	1,313	1,351	0,01405
0,16	0,173	0,187	0,185	0,199	0,8575	1,32	1,351	1,397	1,385	1,423	0,01260
0,17	0,184	0,198	0,196	0,210	0,7596	1,4	1,433	1,479	1,466	1,506	0,01120
0,18	0,195	0,209	0,206	0,222	0,6775	1,5	1,533	1,581	1,568	1,608	0,009757
0,19	0,204	0,220	0,217	0,233	0,6081	1,6	1,633	1,683	1,669	1,711	0,008575
0,2	0,216	0,230	0,227	0,245	0,5488	1,7	1,733	1,785	1,771	1,813	0,007596
0,212	0,229	0,243	0,240	0,258	0,4884	1,8	1,832	1,888	1,870	1,916	0,006775
0,224	0,242	0,256	0,252	0,272	0,4224	1,9	1,932	1,990	1,972	2,018	0,006081
0,236	0,254	0,268	0,266	0,286	0,3941	2	2,032	2,092	2,074	2,120	0,005488
0,25	0,268	0,284	0,279	0,301	0,3512	2,12	2,154	2,214	2,195	2,243	0,004884
0,265	0,285	0,299	0,295	0,317	0,3126	2,24	2,274	2,336	2,316	2,366	0,004375
0,28	0,301	0,315	0,310	0,334	0,2800	2,36	2,393	2,459	2,436	2,488	0,003941
0,3	0,322	0,336	0,333	0,355	0,2439	2,5	2,533	2,601	2,577	2,631	0,003512
0,315	0,336	0,352	0,349	0,371	0,2212	2,65	2,682	2,754	2,728	2,784	0,003126
0,335	0,358	0,374	0,370	0,392	0,1956	2,8	2,831	2,907	2,878	2,938	0,002800
0,355	0,377	0,395	0,392	0,414	0,1742	3	3,030	3,110	3,078	3,142	0,002439

Lackdrahttypen: Kennbuchstaben
Drähte für mechanische Beanspruchung **Typ M**, direkt verzinnbare Drähte **Typ V**, direkt verzinnbare Backlackdrähte **Typ VB**, wärmebeständige Drähte mit Temperaturindex 155 **Typ W 155**, mit Temperaturindex 180 **Typ W 180**.

Bezeichnungsbeispiel:
Bezeichnung eines Runddrahtes aus Kupfer, lackisoliert nach Grad 1 (L), Nenndurchmesser 0,1, direkt verzinnbar (V):
Rund DIN 46 435 – L 0,1 V
oder kurz **Rd DIN 46 435 – L 0,1 V**

12.1.3 Runddrähte aus Kupfer, lackisoliert (L) und umsponnen, nach DIN 46 436 Teil 2 (1.75)

Iso- lierung Kenn- zahl	größte Durchmesserzunahme $d_3 - d_2$ bei d_1					Isolierstoffkennzahlen			
	0,03 bis 0,06	> 0,06 bis 0,1	> 0,1 bis 0,3	> 0,3 bis 0,8	> 0,8 bis 1,5	> 1,5	Zahl	Isolierstoff	Zahl	Isolierstoff

Iso- lierung Kennzahl	0,03 bis 0,06	>0,06 bis 0,1	>0,1 bis 0,3	>0,3 bis 0,8	>0,8 bis 1,5	>1,5	Zahl	Isolierstoff	Zahl	Isolierstoff
							10	Zellulosepapier	62	Zellwollgarn
							12	stabilisiertes Zellulosepapier	63	Polyamidgarn
									64	Polyestergarn
1 × 52	0,035	0,035	0,035	0,4	–	–	16	Polyamid-Papier	68	Polyamidgarn (arom.)
1 × 60	–	0,05	0,05	0,06	0,07	–	19	Triacetatfolie	70	Feinglimmerband
1 × 50	–	–	0,1	0,12	0,12	0,15	21	Acetobutyratfolie		Träger: PETP-Folie
1 × 25	–	–	–	0,07	0,1	0,13	25	Polyesterfolie	71	Feinglimmerband
1 × 85	–	–	–	0,07	0,07	0,12	27	Polyimidfolie		Träger: PETP-Vlies
							29	Polytetrafluor- ethylenfolie	72	Feinglimmerband Träger: Glasgarn
							50	Baumwollgarn	80	Glasgarn ohne Lack
							52	Seidengarn	83	Glasgarn, Lack Kl. E
							55	Asbest	85	Glasgarn, Lack Kl. H
							60	Cuprogarn	88	Glasgarn, Lack Kl. H
							61	Azetatgarn	89	Glasgarn, Lack Kl. C

Die zulässige Abweichung der größten Durchmesserzunahme beträgt bis −10%, Ausnahme ist die Umspinnung mit Glasgarn mit −20%.

d_1 = Durchmesser des blanken Kupferdrahtes
d_2 = Durchmesser des lackisolierten Drahtes
d_3 = Durchmesser des umsponnenen Drahtes

12.1 Runddrähte aus Kupfer

2.1.4 Runddrähte aus Kupfer (genau gezogen) nach DIN 46 431 (6.70)

Nenn-durch-messer mm	zulässige Abweichung mm	Nenn-querschnitt mm²	Gewicht $\left(8{,}9\,\dfrac{kg}{dm^3}\right)$ kg/km	Widerstand[1] Ω/m
0,05		0,00196	0,0175	8,80
0,063		0,00312	0,0278	5,53
0,071	± 0,003	0,00396	0,0353	4,35
0,08		0,00503	0,0447	3,43
0,09		0,00636	0,0566	2,71
0,1		0,00785	0,0699	2,196
0,112		0,00985	0,0878	1,75
0,125		0,01227	0,109	1,402
0,14		0,01539	0,137	1,12
0,16	± 0,005	0,02011	0,179	0,8573
0,18		0,02545	0,226	0,6774
0,2		0,03142	0,280	0,5487
0,224		0,03941	0,351	0,4375
0,25		0,04909	0,437	0,3512
0,28	± 0,007	0,06158	0,548	0,2799
0,315		0,07793	0,694	0,2213
0,355		0,09898	0,882	0,1743
0,4		0,1257	1,12	0,1372
0,45		0,1590	1,42	0,1084
0,5	± 0,009	0,1964	1,75	0,0878
0,56		0,2463	2,19	0,0700
0,63		0,3117	2,78	0,0553
0,71		0,3959	3,53	0,04354
0,75		0,4418	3,93	0,03902
0,8		0,5027	4,47	0,03429
0,85	± 0,012	0,5675	5,05	0,03038
0,9		0,6362	5,66	0,02710
0,95		0,7088	6,31	0,02432
1		0,7854	6,99	0,02195
1,06		0,8825	7,86	0,01954
1,12		0,9852	8,78	0,01750
1,18	± 0,016	1,094	9,75	0,01577
1,25		1,227	10,9	0,01405
1,32		1,368	12,2	0,01260
1,4		1,539	13,7	0,01120
1,5		1,767	15,7	0,00976
1,6	± 0,020	2,011	17,9	0,00858
1,7		2,270	20,2	0,00760
1,8		2,545	22,6	0,00677
1,9		2,835	25,2	0,00608
2	± 0,025	3,142	28,0	0,00549
2,12		3,530	31,5	0,00488
2,24		3,941	35,1	0,00437
2,36		4,374	39,0	0,003941
2,5		4,909	43,7	0,003512
2,65	± 0,03	5,516	49,2	0,003126
2,8		6,158	54,8	0,002799
3		7,069	62,9	0,002439
3,15		7,793	69,5	0,002212
3,35		8,814	78,6	0,001956
3,55	± 0,04	9,898	88,2	0,001742
3,75		11,05	98,4	0,001561
4		12,57	112	0,001372
4,25		14,19	126,4	0,001215
4,5		15,9	141,7	0,001084
4,75	± 0,05	17,72	157,9	0,0009729
5		19,63	175	0,0008780
6,3	± 0,06	31,17	278	0,000553
8	± 0,08	50,27	447	0,000343
10	± 0,10	78,54	699	0,000220
12,5	± 0,12	127,7	1094	0,000141
16	± 0,16	201,1	1790	0,0000858

[1]) Gleichstromwiderstand bei 20 °C für E-Cu F 20

[2]) Wechselstrom bis 60 Hz

12.2 Sammelschienen

12.2.1 Dauerbelastbarkeit einer Sammelschiene aus Kupfer oder Aluminium

Querschnitt mm²	Abmessungen mm	Kupfer (blank) Gew. kg/m	Kupfer (blank) zul. Dauerbel.[2] A	Alum. (blank) A	Alum. (blank) Gew. kg/m
23,5	12 × 2	0,209	108	84	0,0633
29,5	15 × 2	0,262	128	100	0,0795
44,5	15 × 3	0,396	162	126	0,120
39,5	20 × 2	0,351	162	127	0,107
59,5	20 × 3	0,529	204	159	0,161
99,1	20 × 5	0,882	274	214	0,268
199	20 × 10	1,77	427	331	0,538
74,5	25 × 3	0,663	245	190	0,201
124	25 × 5	1,11	327	255	0,335
89,5	30 × 3	0,796	285	222	0,242
149	30 × 5	1,33	379	295	0,403
299	30 × 10	2,66	573	445	0,808
119	40 × 3	1,06	366	285	0,323
199	40 × 5	1,77	482	376	0,538
399	40 × 10	3,55	715	557	1,08
249	50 × 5	2,22	583	455	0,673
499	50 × 10	4,44	852	667	1,35
299	60 × 5	2,66	688	533	0,808
599	60 × 10	5,33	985	774	1,62
399	80 × 5	3,55	885	688	1,08
799	80 × 10	7,11	1240	983	2,16
499	100 × 5	4,44	1080	846	1,35
999	100 × 10	8,89	1490	1190	2,70
1500	100 × 15	–	–	1450	4,04
1200	120 × 10	10,7	1740	1390	3,24
1800	120 × 15	–	–	1680	4,86
1600	160 × 10	14,2	2220	1780	4,32
2400	160 × 15	–	–	2130	6,47
2000	200 × 10	17,8	2690	2160	5,40
3000	200 × 15	–	–	2580	8,09

Die Belastbarkeit gilt für hochkant stehende Schienen. Zwei in geringem Abstand parallel verlaufende Sammelschienen dürfen nicht mit dem 2fachen, sondern nur mit dem 1,7fachen Stromwert belastet werden.

Für gestrichene Schienen Belastung 15…20% höher; für Gleichstrom ab 100 × 10 ≈ 5% höher. Genaue Angaben siehe **DIN 43 670/43 671** (12.75).

12.2.2 Stromschienen mit Kreisquerschnitt

∅/Querschnitt mm/mm²	Gewicht Cu kg/m	Gewicht Al kg/m	Dauerstrom in A bei Gleich- und Wechselstrom bis 60 Hz Kupfer gestr.	Kupfer blank	Aluminium gestr.	Aluminium blank
5/19,6	0,175	0,053	95	85	75	67
8/50,3	0,447	0,136	179	159	142	124
10/78,5	0,699	0,212	243	213	193	167
16/201	1,79	0,543	464	401	370	314
20/314	2,80	0,848	629	539	504	424
32/804	7,16	2,17	1160	976	954	789
50/1960	17,5	5,30	1930	1610	1680	1360

Bei Wechselstrom gilt:
für Kupfer Hauptleitermittenabstand ≥ 2 × Durchmesser.
für Alum. Hauptleitermittenabstand ≥ 1,25 × Durchmesser.

Die **Dauerstromwerte** gelten für Stromschienen in Innenanlagen bei 35 °C Lufttemperatur und 65 °C Schienentemperatur.

12.3 Leitungsseile

12.3.1 Aluminium-Stahl-Leitungsseile nach DIN 48 204 (4.84)

Querschnitt		Seil-durch-messer	Ge-wicht (etwa)	Rech-nerische Bruch-kraft[1]	Max. Dauer-strom[2]	Aluminium-Anteil				Stahl-Anteil			
						Drähte		Mantel		Drähte		Kern	
Nenn-wert	Soll-wert					An-zahl	Durch-messer	Draht-lagen-anzahl	Quer-schnitt	An-zahl	Durch-messer	Durch-messer	Quer-schnitt
mm^2	mm^2	mm	kg/m	N	A		mm		mm^2		mm	mm	mm^2
16/2,5	17,8	5,4	62	5810	105	6	1,8	1	15,27	1	1,8	–	2,54
25/4	27,8	6,8	97	9020	140	6	2,25	1	23,86	1	2,25	–	3,98
35/6	40,1	8,1	140	12700	170	6	2,7	1	34,35	1	2,7	–	5,73
44/32	75,7	11,2	373	45460	–	14	2	1	43,98	7	2,4	7,2	31,67
50/8	56,3	9,6	196	17180	210	6	3,2	1	48,25	1	3,2	–	8,04
50/30	81	11,7	378	44280	–	12	2,33	1	51,17	7	2,33	6,99	29,85
70/12	81,3	11,7	284	26310	290	26	1,85	2	69,89	7	1,44	4,32	11,4
95/15	109,7	13,6	383	35170	350	26	2,15	2	94,39	7	1,67	5,01	15,33
95/55	152,8	16	714	80200	–	12	3,2	1	96,51	7	3,2	9,6	56,3
105/75	181,2	17,5	899	106690	–	14	3,1	1	105,67	19	2,25	11,25	75,55
120/20	141,4	15,5	494	44940	410	26	2,44	2	121,57	7	1,9	5,7	19,85
120/70	193,4	18	904	98160	–	12	3,6	1	122,15	7	3,6	10,8	71,25
125/30	157,8	16,3	590	57860	425	30	2,33	2	127,92	7	2,33	6,99	29,85
150/25	173,1	17,1	604	54370	470	26	2,7	2	148,86	7	2,1	6,31	24,25
170/40	211,9	18,9	794	77010	520	30	2,7	2	171,77	7	2,7	8,1	40,08
185/30	213,6	19	744	66280	535	26	3	2	183,78	7	2,33	6,99	29,85
210/35	243,2	20,3	848	74940	590	26	3,2	2	209,1	7	2,49	7,47	34,09
210/50	261,5	21	979	92250	610	30	3	2	212,06	7	3	9	49,48
230/30	260,8	21	874	73090	630	24	3,5	2	230,91	7	2,33	6,99	29,85
240/40	282,5	21,8	985	86460	645	26	3,45	2	243,05	7	2,68	8,04	39,49
265/35	297,8	22,4	998	82940	680	24	3,74	2	263,66	7	2,49	7,47	34,09
300/50	353,7	24,5	1233	105090	740	26	3,86	2	304,26	7	3	9	49,48
305/40	344,1	24,1	1155	99300	740	54	2,68	3	304,62	7	2,68	8,04	39,49
340/30	369,2	25	1174	92560	790	48	3	3	339,29	7	2,33	6,99	29,85
380/50	431,5	27	1448	120910	840	54	3	3	381,7	7	3	9	49,48
385/35	420,1	26,7	1336	104310	850	48	3,2	3	386,04	7	2,49	7,47	34,09
435/55	490,6	28,8	1647	136270	900	54	3,2	3	434,29	7	3,2	9,6	56,3
450/40	488,2	28,7	1553	120190	920	48	3,45	3	448,71	7	2,68	8,04	39,49
490/65	553,8	30,6	1860	152850	960	54	3,4	3	490,28	7	3,4	10,2	63,55
495/35	528,4	29,9	1636	120310	985	45	3,74	3	494,36	7	2,49	7,47	34,09
510/45	555,8	30,7	1770	134330	995	48	3,68	3	510,54	7	2,87	8,61	45,28
550/70	620,6	32,4	2085	167420	1020	54	3,6	3	549,65	7	3,6	10,8	71,25
560/50	611,2	32,2	1943	146280	1040	48	3,86	3	561,7	7	3	9	49,48
570/40	610,7	32,2	1889	137980	1050	45	4,02	3	571,16	7	2,68	8,04	39,49
650/45	698,8	34	2163	155520	1120	45	4,3	3	653,49	7	2,87	8,61	45,28
680/85	764,5	36	2564	209990	1150	54	4	3	678,58	19	2,4	12	85,95
1045/45	1090,7	43	3249	217870	1580	72	4,3	4	1045,58	7	2,87	8,61	45,28

12.3.2 Leitungsseile nach DIN 48 201 Teil 1 (4.81/Kupfer), Teil 5 (4.81/Aluminium)

Querschnitt		Einzeldrähte		Seil-durch-messer	Aluminium			Kupfer		
					Gewicht	Rechner. Bruch-kraft	Max. Dauer-strom[2]	Gewicht	Rechner. Bruch-kraft	Max. Dauer-strom[2]
Nenn-wert	Soll-wert	An-zahl	Durch-messer							
mm^2	mm^2		mm	mm	kg/km	kN	A	kg/km	kN	A
10	10,02	7	1,35	4,1	–	–	–	90	4,02	90
16	15,89	7	1,7	5,1	43	2,84	110	143	6,37	125
25	24,25	7	2,1	6,3	66	4,17	145	218	9,72	160
35	34,36	7	2,5	7,5	94	5,78	180	310	13,77	200
50	49,48	7	3	9,0	135	7,94	225	446	19,84	250
50	48,35	19	1,8	9,0	133	8,45	225	437	19,38	250
70	65,81	19	2,1	10,5	181	11,32	270	596	26,38	310
95	93,27	19	2,5	12,5	256	15,68	340	845	37,39	380
120	116,99	19	2,8	14,0	322	18,78	390	1060	46,90	440
150	147,11	37	2,25	15,8	406	25,30	455	1337	58,98	510
185	181,62	37	2,5	17,5	500	30,54	520	1649	72,81	585
240	242,54	61	2,25	20,3	670	39,51	625	2209	97,23	700
300	299,43	61	2,5	22,5	827	47,70	710	2725	120,04	800
400	400,14	61	2,89	26,0	1104	60,86	855	3640	160,42	960
500	499,83	61	3,23	29,1	1379	74,67	990	4545	200,38	1110
625	626,20	91	2,96	32,6	1732	95,25	1140	And. Werkst. n. DIN 48 201: Bronze (T 2), Stahl (T 3), Aldrey (T 6), Staku (T 7).		
800	802,09	91	3,35	36,9	2218	118,39	1340			
1000	999,71	91	3,74	41,1	2767	145,76	1540			

[1] Gilt für St III.   [2] Bis 60 Hz, 0,6 m/s Windgeschwindigkeit und Sonneneinwirkung, Umgebungstemperatur 35 °C, Seil-Endtemperatur 80 °C bei Al und 70 °C bei Cu (in ruhender Luft Werte um 30 % herabsetzen).

12.4 Freileitungen

12.4.1 Mindestquerschnitte und zulässige Höchstzugspannungen [1]) für Starkstrom-Freileitungen

Leiterwerkstoff	Anzahl Drähte	Leitungen bis 1 kV DIN VDE 0211 (12.85)		Leitungen über 1 kV DIN VDE 0210 (12.85)
		Mindestquerschnitt mm^2	max. Zugspannung N/mm^2	Mindestquerschnitt mm^2
Kupfer DIN 48 201 T1	7 oder 19	10	175	25
Kupfer-Knetlegierungen DIN 48 201 T2	7 oder 19	10	Bz I: 235 Bz II: 295 Bz III: 365	25
Aluminium DIN 48 201 T5	7 oder 19	25	70	50
E-AlMgSi DIN 48 201 T6	7 oder 19	25	140	35
Stahl DIN 48 201 T3	7 oder 19	25	St I: 160 St II: 280 St III: 450 St IV: 550	25
Aluminium-Stahl DIN 48 204	14/7 12/7 6/1 26/7 24/7	25/4	240 220 120 120 110	35/6
E-AlMgSi/St DIN 48 206	14/7 12/7 6/1 26/7 24/7	25/4	270 255 175 175 165	35/6
Isolierte Freileitungsseile DIN VDE 0274	7 oder 19	nicht festgelegt	70	nicht genormt
Stahl, aluminium-ummantelt DIN 48 201 T8	–	–	–	25

12.4.2 Mindestdurchhang von Kupferfreileitungen

für Niederspannung in Ortsnetzen

Bei verschiedenen Querschnitten auf dem gleichen Gestänge ist der Durchhang des stärksten Querschnittes für alle Querschnitte zu wählen.

Querschnitt in mm^2	Temperatur								
	+10 °C			+25 °C			−10 °C		
	Spannweite in m								
	20	35	50	20	35	50	20	35	50
	Durchhang in cm								
6 bis 25	25	40	70	25	50	80	15	25	50
35	35	50	75	40	60	85	25	35	55
50	45	60	80	50	70	90	35	45	60
70	55	70	90	60	80	100	45	55	70
95	65	80	100	70	90	110	55	65	80

12.4.3 Dauerstrombelastbarkeit für Freileitungen nach DIN 48 201 T 1···7 (4.81)

Nennquerschnitt mm^2	Dauerstrombelastbarkeit[1]) in A bei									
	Cu	Al	E-AlMgSi	Bz I	Bz II	Bz III	alum.-umm. Stahl	Staku I/30	Staku I/40	Staku II/30	Staku II/40
6	–	–	–	–	–	–	40	45	36	42
10	90	–	–	85	75	50	–	56	61	51	59
16	125	110	105	115	100	70	–	75	84	70	80
25	160	145	135	150	130	90	65	95	105	90	100
35	200	180	170	185	160	115	80	119	140	112	127
50	250	225	210	235	200	145	115	150	167	140	157
70	310	270	255	285	245	175	135	180	200	170	193
95	380	340	320	355	305	215	170	227	250	213	244
120	440	390	365	410	350	250	195	260	290	244	280
150	510	455	425	470	410	290	225				
185	585	520	490	540	465	330	255				
240	700	625	585	645	560	395	310				
300	800	710	670	735	635	450	355				
400	960	855	810	890	765	540					
500	1110	990	930	1020	880	625					
625	–	1140	1075	–	–	–					
800	–	1340	1255	–	–	–					
1000	–	1540	1450	–	–	–					

[1]) Richtwerte gültig bis 60 Hz bei Windgeschwindigkeit 0,6 m/s und Sonneneinwirkung für Umgebungs-Ausgangs-Temperatur 35 °C und Leitungsseil-Endtemperatur 70 °C (bei Cu und Bz) bzw. 80 °C (bei allen anderen). Für besondere Fälle bei ruhender Luft die Werte im Mittel um 30% herabsetzen.

12

[1]) Die Höchstzugspannung ist der Wert der Horizontalkomponente der Leiterzugspannung.

12.5 Drähte aus Widerstandslegierungen

12.5.1 Runddrähte aus Cu-Widerstandslegierungen, blank, nach DIN 46461 (4.84)

Nenn-durch-messer mm	Nenn-quer-schnitt mm²	\multicolumn{10}{c}{Gleichstrom-Widerstand je Meter bei 20 °C (Ω/m)}									
		CuMn2Ni Nennwert	zul. Abw. %	CuNi44 Nennwert	zul. Abw. %	CuNi30Mn Nennwert	zul. Abw. %	CuMn3 Nennwert	zul. Abw. %	CuMn12NiAl Nennwert	zul. Abw. %
0,02	0,0003142	1370		1560		1270		–		–	
0,022	0,0003801	1130		1290		1050		–		–	
0,25	0,0004909	876	±10	998	±10	815	±10	–		–	
0,028	0,0006158	698		796		650		–		–	
(0,03)	0,0007069	608		693		566		–		–	
0,032	0,0008042	535		609		497		–		–	
0,036	0,001018	422		481		393		–		–	
0,04	0,001257	342		390		318		–		–	
0,045	0,001590	270		308		252		–		–	
0,05	0,001964	219		249		204		63,6		–	
0,056	0,002463	175		199		162		50,8		–	
(0,06)	0,002827	152	± 8	173	± 8	141	± 8	44,2	±8	–	
0,065	0,003117	138		157		128		40,1		–	
0,075	0,003959	109		124		101		31,6		–	
0,08	0,005027	85,5		97,5		79,6		24,9		–	
0,09	0,006362	67,6		77,0		62,9		19,6		–	
0,1	0,007854	54,7		62,4		50,9		15,9		–	
0,112	0,009852	43,6		49,7		40,6		12,7		–	
0,125	0,01227	35,0		39,9		32,6		10,2		–	
0,14	0,01539	27,9	± 7	31,8	± 7	26,0	± 7	8,12	±7	–	
(0,15)	0,01767	24,3		27,7		22,6		7,07		–	
0,16	0,02011	21,4		24,4		19,9		6,22		–	
0,18	0,02545	16,9		19,3		15,7		4,91		–	
0,2	0,03142	13,7		15,6		12,7		3,98		–	
0,224	0,03941	10,9		12,4		10,1		3,17		–	
0,25	0,04909	8,76	± 6	9,98	± 6	8,15	± 6	2,55	±6	–	
0,28	0,06158	6,98		7,96		6,50		2,03		–	
(0,3)	0,07069	6,08		6,93		5,66		1,77		–	
0,315	0,07793	5,52		6,29		5,13		1,60		–	
0,355	0,09898	4,34	± 5	4,95	± 5	4,04	± 5	1,26	±5	–	
0,4	0,1257	3,42		3,90		3,18		0,994		–	
0,45	0,1590	2,70		3,08		2,52		0,786		–	
0,5	0,1964	2,19		2,49		2,04		0,636		–	
0,56	0,2463	1,75		1,99		1,62		0,508		2,03	
(0,6)	0,2877	1,52		1,73		1,41		0,442		1,77	
0,63	0,3117	1,38	± 4	1,57	± 4	1,28	± 4	0,401	±4	1,60	±4
0,71	0,3959	1,09		1,24		1,01		0,316		1,26	
0,8	0,5027	0,855		0,975		0,796		0,249		0,995	
0,9	0,6362	0,676		0,770		0,629		0,196		0,786	
1	0,7854	0,547	± 4	0,624	± 4	0,509	± 4	0,159	±4	0,637	±4
1,12	0,9852	0,436		0,497		0,406		0,127		0,508	
1,25	1,227	0,350		0,399		0,326		0,102		0,407	
1,4	1,539	0,279		0,318		0,260		0,0812		0,325	
1,5	1,767	0,243		0,277		0,226		0,0707		0,283	
1,6	2,011	0,214	± 4	0,244	± 4	0,199	± 4	0,0622	±4	0,249	±4
1,8	2,545	0,169		0,193		0,157		0,0491		0,196	
2	3,142	0,137		0,156		0,127		0,0398		0,159	
2,24	3,941	0,109		0,124		0,101		0,0317		0,127	
2,5	4,909	0,0876		0,0998		0,0815		0,0255		0,102	
2,8	6,158	0,0698		0,0796		0,0650		0,0203		0,0812	
3	7,069	0,0608	± 4	0,0693	± 4	0,0566	± 4	0,0177	±4	0,0707	±4
3,15	7,793	0,0552		0,0629		0,0513		0,0160		0,0642	
3,55	9,898	0,0434		0,0495		0,0404		0,0126		0,0505	
4	12,57	0,0342		0,0390		0,0318		0,0994		0,0398	
4,5	15,90	0,0270		0,0308		0,0252		0,00786		0,0314	
5	19,64	0,0219	± 4	0,0249	± 4	0,0204	± 4	0,00637	±4	0,0255	±4
5,6	24,63	0,0175		0,0199		0,0162		0,00508		0,0203	
6	28,27	0,0152		0,0173		0,0141		0,00442		0,0177	
6,3	31,17	0,0138		0,0157		0,0128		0,00401		0,0160	

12.5 Drähte aus Widerstandslegierungen

Fortsetzung: Runddrähte aus Widerstandslegierungen, blank

Nenndurchmesser mm	ungefähres Gewicht (Masse) je 1000 m Länge			
	CuNi 44 kg	CuNi 30 Mn und CuMn 3 kg	CuMn 12 Ni kg	CuMn 12 NiAl kg
0,02	0,00280	0,0276	0,00264	—
0,028	0,00548	0,00542	0,00517	—
0,04	0,0112	0,0111	0,0106	—
0,05	0,0175	0,0173	0,0165	—
0,08	0,0447	0,0442	0,0422	—
0,1	0,0699	0,0691	0,066	—
0,14	0,137	0,135	0,127	—
0,16	0,179	0,177	0,169	—
0,2	0,28	0,276	0,264	—
0,28	0,548	0,542	0,517	—
0,4	1,12	1,11	1,06	—
0,5	1,75	1,73	1,65	—
0,8	4,47	4,42	4,22	4,12
1	6,99	6,91	6,6	6,44
1,5	15,7	15,6	14,8	14,5
2	28	27,6	26,4	25,8
2,5	43,7	43,2	41,2	40,3
3	62,9	62,2	59,4	58
4	112	111	106	103
5	175	173	165	161
6	252	249	238	232

Spezifische elektrische Widerstände und Temperaturkoeffizienten (Lieferzustand)

Werkstoff	Werkstoffnummer DIN 17471	spezifischer Widerstand $\Omega \cdot mm^2/m$	Temperaturkoeffizient α des Gleichstromwiderstands zwischen 20 °C und 50 °C $10^{-6}/K$	Temperaturkoeffizient α des Gleichstromwiderstands zwischen 20 °C und 105 °C $10^{-6}/K$
CuNi 44	2.0842	0,49	—	−80 bis +40
CuNi 30 Mn	2.0890	0,40	—	+80 bis +180[1]
CuMn 3	2.1356	0,125	—	+280 bis +380[1]
CuMn 12 Ni	2.1362	0,43	−10 bis +10[1]	—
CuMn 12 NiAl	2.1365	0,50	—	−50 bis +50[2]

12.5.2 Runddrähte aus Nickel-Widerstandslegierungen, blank, nach DIN 46463 (5.81)[3]

Durchmesser mm	Querschnitt mm²	Gleichstromwiderstand bei 20 °C in Ω/m		
		NiCr 80 20 Nennwert	NiCr 60 15 Nennwert	NiCr 20 AlSi Nennwert
0,01	0,00007854	13800	14100	16800
0,011	0,00009503	11400	11700	13900
0,013	0,0001327	8140	8360	9950
0,014	0,0001539	7020	7210	8570
0,016	0,0002011	5370	5520	6570
0,018	0,0002545	4240	4360	5190
0,02	0,0003142	3440	3530	4200
0,022	0,0003801	2840	2920	3470
0,025	0,0004909	2200	2260	2690
0,028	0,0006168	1750	1800	2140
(0,03)	0,0007069	1530	1570	1870
0,032	0,0008042	1340	1380	1640
0,036	0,001018	1060	1090	1300
0,04	0,001257	859	883	1050
0,045	0,001590	679	698	830
0,05	0,001964	550	565	672
0,056	0,002463	438	451	536
(0,06)	0,002827	382	393	467
0,063	0,003117	346	356	423
0,071	0,003959	273	280	333
0,08	0,005027	215	221	263
0,09	0,006362	170	174	207
0,1	0,007854	138	141	168

12.5.3 Strombelastbarkeit blanker Widerstandsdrähte

Durchmesser mm	Querschnitt mm²	Belastbarkeit Dauerbetrieb A/mm²	Belastbarkeit Dauerbetrieb A
0,1	0,0078	9,9	0,077
0,2	0,0314	7,6	0,24
0,3	0,0707	6,7	0,47
0,4	0,126	6,0	0,76
0,5	0,196	5,6	1,1
0,6	0,283	5,3	1,5
0,7	0,385	5,0	1,9
0,8	0,503	4,8	2,4
0,9	0,636	4,6	2,9
1,0	0,785	4,4	3,5
1,1	0,95	4,3	4,1
1,2	1,13	4,1	4,7
1,3	1,33	4,0	5,4
1,4	1,54	4,0	6,2
1,5	1,77	3,9	6,9
1,6	2,01	3,8	7,6
1,7	2,27	3,7	8,5
1,8	2,54	3,6	9,3
1,9	2,84	3,6	10,2
2,0	3,14	3,5	11,1
2,2	3,80	3,4	13,0
2,5	4,91	3,3	16,1
2,8	6,16	3,2	19,5
3,0	7,07	3,0	21,3
3,3	8,55	3,0	25,6
3,5	9,62	2,9	28,2

[1] Zwischen 0 °C und 60 °C parabolische Widerstand-Temperatur-Kurve mit einem Maximum des Widerstands zwischen +20 °C und +40 °C.
[2] Unverbindliche Richtwerte.
[3] Auszug.

12.6 Kennzeichnung blanker und isolierter Leitungen

12.6.1 Farben und Farbkurzzeichen für Niederfrequenz-Kabel, isolierte Leitungen, Litzen, Schnüre und Drähte nach DIN 47002 (8.87)

Farbe	Kurz-zeichen	Farben nach RAL-Farbregister 840 HR
blau[1]	bl	RAL 5015
braun	br	RAL 8003
gelb	ge	RAL 1021
grau[2]	gr	RAL 7000
grau[2]	gr	RAL 7032
grau[2]	gr	RAL 7035
grün	gn	RAL 6018
orange	or	RAL 2003
rosa	rs	RAL 3015
rot	rt	RAL 3000
schwarz	sw	RAL 9005
türkis	tk	RAL 6027
violett	vi	RAL 4005
weiß	ws	RAL 1013

Für ungefärbte Massen wird die Bezeichnung **naturfarben** mit dem Kurzzeichen **nf** verwendet. Für **glasklar** steht das Kurzzeichen **gk** und für **transparent** das Kurzzeichen **tr**.

[1]) In harmonisierten Bestimmungen der Starkstromtechnik z. Z. mit hellblau (hbl) bezeichnet.

[2]) RAL 7000 für Adern, Schaltdrähte, Litzen; RAL 7032 für Mäntel und Schutzhüllen der Nachrichtentechnik; RAL 7035 für Mäntel und Schutzhüllen der Starkstromtechnik.

Sind Adern **mehrfarbig**, so werden die Kurzzeichen der einzelnen Farben direkt aneinandergereiht, beispielsweise **grüngelb = gnge**.

12.6.2 Kennzeichnung isolierter und blanker Leiter nach DIN 40705 (2.80)

Leiter-bezeichnung		Kennzeichnungen		
		alpha-numerisch	Bild-zeichen	Farbe
Gleich-strom-netz	Positiv	L+	+	[1])
	Negativ	L−	−	[1])
	Mittelleiter	M		hellblau[2])
Wechsel-strom-netz	Außenleiter 1	L1		[1])
	Außenleiter 2	L2		[1])
	Außenleiter 3	L3		[1])
	Mittelleiter	N		hellblau[2])
Schutzleiter		PE	⏚	grüngelb[3])
Neutralleiter mit Schutzfunktion		PEN	⏚	grüngelb[3])
Erde		E	⏚	[1])
Fremdspannungsarme Erde		TE		[1])

[1]) Farbkennzeichnung nicht festgelegt.

[2]) Ist kein Mittelleiter vorhanden, kann der hellblaue Leiter in einem mehradrigen Kabel auch für andere Zwecke, jedoch nicht für den Schutzleiter, verwendet werden.

[3]) Diese Farbkennzeichnung darf für keinen anderen Zweck verwendet werden.

Einadrige isolierte Leiter bei Innenverdrahtungen von Geräten sollten vorzugsweise schwarz ausgeführt werden. Ist nur eine zusätzliche Farbe für die individuelle Kennzeichnung von getrennten Leitergruppen erforderlich, sollte braun bevorzugt werden.

Frühere Aderkennzeichnung:

Als Mittel- oder Nulleiter wurde bei Leitungen oder Kunststoffkabeln die hellgraue Ader, bei papierisolierten Kabeln die naturfarbene Ader verwendet. Als Schutzleiter wurde bei allen Leitungen und Kabeln ohne konzentrischen Leiter die rote Ader verwendet.

12.6.3 Aderkennzeichnung isolierter Starkstromleitungen/-kabel nach DIN VDE 0293 (1.90)

Anzahl der Adern	mit grüngelb gekenn-zeichneter Ader	ohne grüngelb gekenn-zeichnete Ader	mit konzentrischem Leiter	Bemerkungen
		Leitungen/Kabel für feste Verlegung		
2	gnge/sw[1])	sw/bl	sw/bl	Einadrige ummantelte Leitungen und einadrige Kabel sind schwarz oder grüngelb, ausgenommen Illuminations- oder Lichterkettenleitungen, bei denen die Ader braun ist.
3	gnge/sw/bl	sw/bl/br	sw/bl/br	
4	gnge/sw/bl/br	sw/bl/br/sw	sw/bl/br/sw	
5	gnge/sw/bl/br/sw	sw/bl/br/sw/sw	sw mit Zahlenaufdruck	
6 und mehr	gnge, weitere Adern sw mit Zahlenaufdruck	sw mit Zahlenaufdruck	sw mit Zahlenaufdruck	
		Flexible Leitungen		
	mit grüngelb gekenn-zeichneter Ader	ohne grüngelb gekenn-zeichnete Ader		Vieladrige Leitungen mit Gummiisolierung dürfen auch eine grüngelb gekennzeichnete und eine blaue oder eine blaue und eine braune Ader aufweisen. Sind weitere Lagen vorhanden, befindet sich in jeder eine braune Ader; alle übrigen Adern in allen Lagen sind gleichfarbig, aber nicht grün, gelb, blau oder braun.

In vieladrigen Leitungen und Kabeln besteht die Bedruckung aus einer sich wiederholenden Zahl, deren Leserichtung durch Unterstreichen angegeben ist. |
2	−	br/bl		
3	gnge/br/bl	sw/bl/br		
4	gnge/sw/bl/br	sw/bl/br/sw		
5	gnge/sw/bl/br/sw	sw/bl/br/sw/sw		
6 und mehr	gnge/weitere Adern sw mit Zahlenaufdruck	Adern sw mit Zahlenaufdruck		

[1]) Nur zulässig bei Leiterquerschnitten ab 10 mm² Cu oder 16 mm² Al.

12.7 Isolierte Starkstromleitungen

12.7.1 Isolierte Starkstromleitungen nach VDE 0250

Bauart	Bauartkurz-zeichen	Nennspannung U_0/U V	Aderanzahl	Leiterquerschnitt, Leiteraufbau[1] mm²	Verwendung
					Leitungen für feste Verlegung
PVC-Verdrahtungsleitungen erhöhter Wärmebeständigkeit (90 °C)	NYFAW NYFAFW NYFAZW	220/380	1 1 2	0,5···2,5 e 0,5···1 f 0,5···0,75 f	Für d. Einsatz bei Umgebungstemperaturen über 55 °C, innere Verdrahtung v. Leuchten, Wärmegeräten bis höchstens 105 °C.
Gummiaderleitungen mit erhöhter Wärmebeständigkeit (120 °C)	N4GA N4GAF	450/750	1	0,5···16 e 16···95 m 0,5···95 f	Bei Umgebungstemperaturen über 55 °C, innere Verdrahtung von Leuchten, Wärmegeräten, Schaltanlagen bis 750 V– bzw. 1000 V ~.
ETFE-Aderleitungen mit erhöhter Wärmebeständigkeit (135 °C)	N7YA N7YAF	450/750	1	0,25···6 e 0,25···6 f	Bei Umgebungstemperaturen über 55 °C, innere Verdrahtung von Geräten der Leistungselektronik, Wärmegeräte, Leuchten.
Silikon-Fassungsader erhöhter Wärmebeständigkeit (180 °C)	N2GFA N2GFAF	300/300	1	0,75 e 0,75 f	Bei Umgebungstemperaturen über 55°C, insbes. zur Verdrahtung von Leuchten.
Sonder-Gummiaderleitungen	NSGAÖU NSGAFÖU NSGAFCMÖU	0,6/1 kV 1,8/3 kV 3,6/6 kV 0,6/1 kV 1,8/3 kV 3,6/6 kV 3,6/6 kV	1 1 1 1 1 1 1	1,5···10 e 16···300 m 1,5···10 e 16···300 m 1,5···10 e 16···185 m 1,5···300 f 1,5···300 f 1,5···185 f 185 f	In Schienenfahrzeugen und Omnibussen sowie in trockenen Räumen. Leitungen mit mindestens 1,7/3 kV gelten in Schaltanlagen und Verteilern bis 1000 V als kurzschluß- und erdschlußsicher. NSGAFCMÖU für höhere mechanische Beanspruchung bestimmt, z. B. als Kupplungsleitung für Heizkreise (Fahrzeuge).
Stegleitungen	NYIF NYIFY	220/380	2···5 2 u. 3	1,5···2,5 e 1,5···4 e	Verlegung im oder unter Putz in trockenen Räumen.
PVC-Mantelleitungen	NYM	300/500	1 2···5 7	1,5···10 e 16 m 1,5···10 e 16···35 m 1,5···25, e	Verlegung über, auf, im und unter Putz in trockenen, feuchten und nassen Räumen, Mauerwerk, Beton (nicht in Rüttel- oder Stampfbeton), auch im Freien (ohne Sonneneinstrahlung).
PVC-Mantelleitungen mit Trageflecht	NYMZ	300/500	2···5	1,5···10 e 16 m	Bei selbsttragender Aufhängung auch im Freien; Spannweiten bis 50 m.
PVC-Mantelleitungen mit Tragseil	NYMT	300/500	2···5	1,5···10 e 16···35 m	Bei selbsttragender Aufhängung auch im Freien; Spannweiten bis 50 m.
Umhüllte Rohrdrähte für Räume mit HF-Anlagen	NHYRUZY	300/500	2···4 5	1,5···10 e 16···25 m 1,5···6 e	Verlegung in Räumen mit Hochfrequenz-Anlagen, nicht in explosionsgefährdeten Räumen.
Bleimantelleitungen	NYBUY	300/500	2···4 5	1,5···10 e 16···35 m 1,5···6 e	Für Anwendungen, bei denen Einwirkungen durch Lösungsmittel/Chemikalien zu erwarten sind, auch in explosionsgefährdeten Bereichen.
Wetterfeste PVC-Leitungen	NFYW	0,6/1 kV	1	6···50 m	Verwendung als Hausanschlußleitungen nach VDE 0211.
Gummi-Pendelschnüre	NPL	220/380	2···3	0,75 f	Zum Anschluß von Zugpendel- oder Schnurpendelleuchten.
PVC-Pendelschnüre erh. Wärmebeständigkeit (90 °C)	NYPLYW	220/380	2···4	0,75 f	Zum Anschluß von Leuchten (oberhalb 90 °C bis 105 °C geringere Gebrauchsdauer).
Illuminations-Flachleitungen	NIFLÖU	300/500	2	1,5 f	Für Lichtketten mit besonderen Lampenfassungen.
PVC-Leuchtröhrenleitungen	NYL	4/8 kV	1	1,5 f	Für Leuchtröhrenanlagen nach DIN VDE 0128; in Rohre verlegen.
PVC-Leuchtröhrenleitungen mit Metallumhüllung	NYLRZY NYLY	4/8 kV	1	1,5 f	Für Leuchtröhrenanlagen nach DIN VDE 0128.

e = eindrähtiger, f = feindrähtiger, ff = feinstdrähtiger, m = mehrdrähtiger Leiter.

12.7 Isolierte Starkstromleitungen

Isolierte Starkstromleitungen nach VDE 0250 (Fortsetzung)

Bauart	Bauartkurz-zeichen	Nennspannung U_0/U V	Aderanzahl	Leiterquerschnitt, Leiteraufbau[1] mm^2	Verwendung
Geschirmte PVC-Leitungen für BUT mit Steueradern u. Überwachungsleitungen	NYHSSYCY	3,6/6 kV 300/500	3 3	25 ⋯ 95 f 2,5 f	Zum Anschluß von Betriebsmitteln, die dem Abbau oder Vortrieb folgen.
Dachständer-Einführungsleitung	NYDY	300/500	4	10 ⋯ 35 m	Für Dachständeranschlüsse zum Einführen in Dachständerrohre.
Halogenfreie Mantelleitung mit verbessertem Verhalten im Brandfall	NHXMH	300/500	1 2 ⋯ 5 7	1,5 ⋯ 10 e 16 m 1,5 ⋯ 10 e 16 ⋯ 35 m 1,5 ⋯ 2,5 e	Zur Verlegung über, auf, im, unter Putz in trockenen und nassen Räumen, im Mauerwerk, im Beton (nicht direkt in Rüttelbeton), im Freien.
Halogenfreie Adernleitung mit verbessertem Verhalten im Brandfall	NHXA NHXAF	450/750	1 1	0,5 ⋯ 10 e 6 ⋯ 400 m 0,5 ⋯ 240 f	In trockenen Räumen zur Verdrahtung von Leuchten, Geräten, Schaltanlagen; für Verlegung in Rohren, geschlossenen Installationskanälen.
Flexible Leitungen					
PVC-Schlauchleitungen	NYMHYV	300/500	2 ⋯ 5	1 und 1,5 f	Für den Anschluß gewerblich genutzter Bodenreinigungsgeräte.
PVC-Steuerleitungen	NYSLYÖ NYSLYCYÖ	300/500	3 ⋯ 60	0,5 ⋯ 2,5 f	Für Steuergeräte an Werkzeugmaschinen, Förderanlagen usw., in trockenen, feuchten, nassen Räumen.
Silikonaderschnüre mit erh. Wärmebeständigkeit (180 °C)	N2GSA rd N2GSA fl	300/300	2 u. 3 2	0,75 ⋯ 1,5 f 0,75 ⋯ 1,5 f	Für den Anschluß von Heizgeräten und Leuchten.
Silikon-Schlauchleitungen mit erh. Wärmebeständigkeit (180 °C)	N2GMH2G	300/500	2 ⋯ 5	0,75 ⋯ 2,5 f	Bei hohen Umgebungstemperaturen in trockenen, feuchten und nassen Räumen, auch im Freien; geringe mechanische Beanspruchung.
Sonder-Gummi-Schlauchleitungen	NMHVÖU	220/380	2 ⋯ 4 3 ⋯ 4	0,75 f 1,5 f	Zum Anschluß von Elektrowerkzeugen; hohe Verdrehbeanspruchung.
Geschirmte Gummi-Schlauchleitungen	NSHCÖU	0,6/1 kV	2 ⋯ 4	1,5 ⋯ 16 f	Bei hohen mechanischen Beanspruchungen in trockenen, feuchten, nassen Räumen, im Freien, wenn elektrische Schirmung erforderlich.
Gummi-Schlauchleitungen NSSH...	NSSHÖU	0,6/1 kV	1 2 ⋯ 4 5 ⋯ 7 vieladrig	2,5 ⋯ 400 f 1,5 ⋯ 185 f 1,5 ⋯ 95 f 1,5 ⋯ 4 f	Für sehr hohe mechanische Beanspruchung; Bergbau, Baustellen, Industrie; in trockenen und feuchten Räumen, im Freien; auch feste Verlegung auf Putz.
Gummi-Schlauchleitungen für Hebezeuge	NSHTÖU	0,6/1 kV	3 u. 4 5 ⋯ 7 vieladrig	1,5 ⋯ 240 f 1,5 ⋯ 95 f 1,5 ⋯ 4 f	Für Fälle, bei denen häufiges Auf- und Abwickeln auftritt bei gleichzeitiger Zug- und Torsionsbeanspruchung, bei Zwangsführung der Leitung.
Theaterleitungen	NTSK	300/500	beliebig	2,5 ⋯ 35 f	Für beweglich aufgehängte Beleuchtungskörper bzw. -gerüste.
Schweißleitungen	NSLFFÖU	bis 100 V	1	16 ⋯ 185 f	Verbindung vom Schweißgerät zur Elektrode.
Gummi-Flachleitungen	NGFLGÖU	300/500	2 ⋯ 24 3 ⋯ 8 3 ⋯ 7 3 u. 4	1 ⋯ 2,5 f 1 ⋯ 4 f 1 ⋯ 35 f 1 ⋯ 95 f	Anschluß bewegter Teile von Werkzeugmaschinen, Förderanlagen usw. bei Biegungen in nur einer Ebene; in trockenen, feuchten und nassen Räumen und im Freien.
Leitungstrossen	NTM ⋯ WÖU NTS ⋯ WÖU	0,6/1 kV bis 20/35 kV	1 ⋯ 4 5 ⋯ 7 vieladrig	2,5 ⋯ 185 f 2,5 ⋯ 95 f 2,5 ⋯ 4 f	Für sehr hohe mechanische Beanspruchung, z. B. Bergbau, Baustellen, Industrie. Weitere Nennspannungen siehe DIN VDE 0250 Teil 813.
Schlauchleitung mit Polyurethanmantel	NGMH11YÖ	300/500	2 ⋯ 5 3 ⋯ 4	0,75 ⋯ 2,5 f 4 ⋯ 6 f	Für hohe mechanische Beanspruchung (scheuern, schleifen) in trockenen und nassen Räumen und im Freien. Anschluß von Elektr.-Werkzeug.

[1]) e = eindrähtiger, f = feindrähtiger, ff = feinstdrähtiger, m = mehrdrähtiger Leiter.

12.7 Isolierte Starkstromleitungen

12.7.2 Aufbau der harmonisierten Typenkurzzeichen

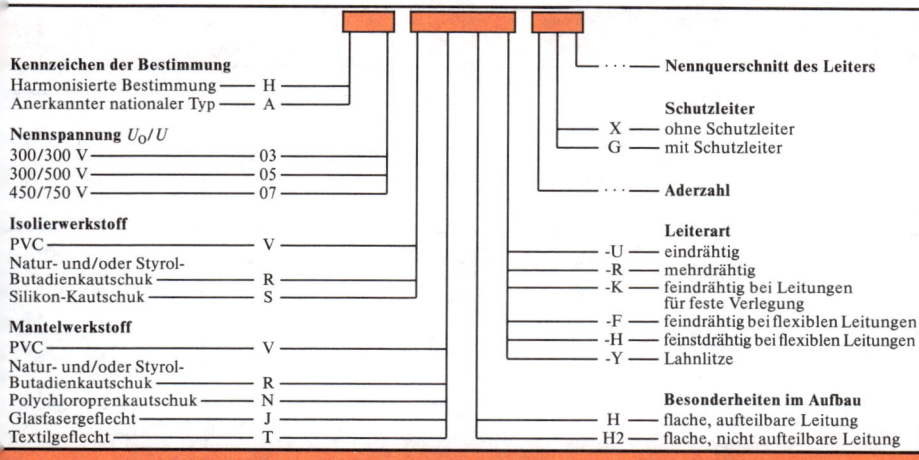

Kennzeichen der Bestimmung
Harmonisierte Bestimmung —— H
Anerkannter nationaler Typ —— A

Nennspannung U_0/U
300/300 V —— 03
300/500 V —— 05
450/750 V —— 07

Isolierwerkstoff
PVC —— V
Natur- und/oder Styrol-Butadienkautschuk —— R
Silikon-Kautschuk —— S

Mantelwerkstoff
PVC —— V
Natur- und/oder Styrol-Butadienkautschuk —— R
Polychloroprenkautschuk —— N
Glasfasergeflecht —— J
Textilgeflecht —— T

Nennquerschnitt des Leiters

Schutzleiter
X —— ohne Schutzleiter
G —— mit Schutzleiter

Aderzahl

Leiterart
-U —— eindrähtig
-R —— mehrdrähtig
-K —— feindrähtig bei Leitungen für feste Verlegung
-F —— feindrähtig bei flexiblen Leitungen
-H —— feinstdrähtig bei flexiblen Leitungen
-Y —— Lahnlitze

Besonderheiten im Aufbau
H —— flache, aufteilbare Leitung
H2 —— flache, nicht aufteilbare Leitung

12.7.3 PVC- isolierte Starkstromleitungen nach DIN VDE 0281

Bauart	Bauart-kurzzeichen	Nennspannung U_0/U V	Ader-anzahl	Leiterquerschn., Leiteraufbau[1]) mm^2	Verwendung
				Leitungen für feste Verlegung	
PVC-Verdrahtungsleitungen	H05V-U H05V-K	300/500	1	0,5 ··· 1 e 0,5 ··· 1 f	Für die innere Verdrahtung von Geräten, Leuchten. Für Signalanlagen in Rohren auf und unter Putz.
PVC-Aderleitungen	H07V-U H07V-R H07V-K	450/750	1	1,5 ··· 16 e 6 ··· 400 m 1,5 ··· 240 f	Für Verlegung in Rohren auf, in und unter Putz sowie in geschlossenen Installations-Kanälen.
Wärmebeständige PVC-Verdrahtungsleitung	H05V2-U H05V2-K	300/500	1 1	0,5 ··· 2,5 e 0,5 ··· 2,5 f	Für die innere Verdrahtung von Leuchten, Wärmegeräten bis 85 °C Berührungstemperatur.
Kältebeständige PVC-Aderleitung	H07V3-U H07V3-R H07V3-K	450/750	1 1 1	1,5 ··· 10 e 1,5 ··· 400 m 1,5 ··· 240 f	Verlegung in Rohren auf, in, unter Putz; in geschlossenen Installationskanälen bis −25 °C.
				Flexible Leitungen	
Leichte Zwillingsleitungen	H03VH-Y	300/300	2	0,1 (Lahnlitze)	Anschluß besonders leichter Handgeräte, bis 2 m Länge zul., Strombelastung nicht über 0,2 A.
Zwillingsleitungen	H03VH-H	300/300	2	0,5 und 0,75 ff	Anschluß leichter Elektrogeräte bei sehr geringen mechanischen Beanspruchungen.
PVC-Schlauchleitungen 03VV	H03VV-F H03VVH2-F A03VV-F	300/300	2 ··· 4 2 3 ··· 4	0,5 ··· 0,75 f 0,5 ··· 0,75 f 0,5 ··· 0,75 f	Anschluß leichter Elektrogeräte bei geringen mechanischen Beanspruchungen.
PVC-Schlauchleitungen 05VV	H05VV-F H05VVH2-F A05VV-F	300/500	2 ··· 5 7 2 3 ··· 5 7	0,75 ··· 4 f 1 ··· 2,5 f 0,75 f 0,75 ··· 4 f 1 ··· 2,5 f	Anschluß von Elektrogeräten mit mittleren mechanischen Beanspruchungen auch in feuchten und nassen Räumen.
PVC-Flachleitungen 05VVH6	H05VVH6-F H05VVD3H6-F	300/500	3 ··· 5 6 ··· 24	1 f 0,75 und 1 f	Installation von Transportanlagen, Werkzeugmaschinen; für Aufzüge, Hebezeuge bei einer freien Einhängelänge bis 35 m und einer Fahrgeschwindigkeit bis 1,6 m/s. (Nicht im Freien oder bei Umgebungstemp. < 0 °C bzw. > 40 °C).
PVC-Flachleitungen 07VVH6	H07VVH6-F H07VVD3H6-F A07VVH6-F A07VVD3H6-F	450/750	3 ··· 12 4 und 5 4 5	1,5 ··· 2,5 f 4 ··· 25 25 f 1,5 ··· 25 f	

[1]) e = eindrähtiger, f = feindrähtiger, ff = feinstdrähtiger, m = mehrdrähtiger Leiter.

12.7 Isolierte Starkstromleitungen

12.7.4 Gummi-isolierte Starkstromleitungen nach DIN VDE 0282

Bauart	Bauartkurzzeichen	Nennspannung U_0/U V	Aderanzahl	Leiterquerschn., Leiteraufbau[1] mm²	Verwendung
Leitungen für feste Verlegung					
Silikon-Aderleitungen erh. Wärmebeständigkeit (180 °C)	H05SJ-K A05SJ-K A05SJ-U	300/500	1	0,5 ··· 16 f 25 ··· 95 f 1 ··· 16 e	Für Umgebungstemperaturen über 55 °C; innere Verdrahtung von Leuchten, Wärmegeräten; in Schaltanlagen.
Wärmebeständige Gummiaderleitungen	H07G-U H07G-R H07G-K	450/750	1	0,5 ··· 10 e 16 ··· 95 m 0,5 ··· 95 f	Für Leuchten (Durchgangsverdrahtung), in Wärmegeräten, Schaltanlagen, Verteilern bis 110 °C.
Flexible Leitungen					
Gummi-Aderschnüre	H03RT-F A03RT-F	300/300	2 u. 3 3	0,75 ··· 1,5 f 0,75 ··· 1,5 f	Bei geringen mechanischen Beanspruchungen für den Anschluß von Heizgeräten (z. B. Bügeleisen).
Gummi-Schlauchleitungen 05RR	H05RR-F A05RR-F A05RRT-F	300/500	2 u. 5 3 u. 4 3 u. 4 5	0,75 ··· 2,5 f 0,75 ··· 6 f 0,75 ··· 6 f 0,75 ··· 2,5 f	Anschluß von Elektrogeräten bei geringen mechanischen Beanspruchungen in Haushalten, Büros; in Möbeln.
Illuminationsleitungen	H05RN-F H05RNH2-F	300/500	1 2	0,75 ··· 1,5 f 1,5 f	Für Lichterketten, dekorative Einrichtungen; auch im Freien.
Gummi-Schlauchleitungen 05RN	H05RN-F A05RN-F	300/500	2 u. 3 1 u. 3 4	0,75 ··· 1 f 0,75 ··· 1 f 0,75 f	Anschluß von Elektrogeräten bei geringen mechanischen Beanspruchungen in trockenen und nassen Räumen, im Freien; in Möbeln.
Gummi-Schlauchleitungen 07RN	H07RN-F A07RN-F	450/750	1 2 u. 5 3 u. 4 3 u. 4 5 7, 12, 18 27, 36	1,5 ··· 500 f 1 ··· 25 f 1 ··· 300 f 1 ··· 300 f 1 ··· 25 f 1,5 ··· 4 f 1,5 ··· 2,5 f	Bei mittleren mechanischen Beanspruchungen in trockenen, feuchten und nassen Räumen, im Freien; für Geräte in gewerblichen und landwirtschaftlichen Betrieben; transportable Motore auf Baustellen; auch für feste Verlegung auf Putz.
Gummi-isolierte Aufzugssteuerleitungen 05RT und 05RN	H05RTD5-F H05RND5-F H05RTD3-F H05RND3-F A05R ··· D5FM-F	300/500	4 ··· 24	0,75 f	Anschluß von Aufzugs-, Förder- und Transportanlagen; bewegte Teile von Werkzeugmaschinen und Großgeräten bei mittlerer mechanischer Beanspruchung. Für die Installation von Aufzügen und Hebezeuge, deren freie Einhängelängen 35 m und deren Fahrgeschwindigkeit 1,6 m/s nicht überschreiten.
Gummi-isolierte Aufzugssteuerleitung 07RT und 07RN	H07RTD5-F H07RND5-f H07RTD3-F H07RND3-F A07R ··· D5FM-F	450/750	4 ··· 24	1 f	

12.7.5 Mindest-Leiterquerschnitt für Leitungen nach DIN VDE 0100 Teil 523 (6.81)

Verlegungsart		Querschnitt in mm² bei Al	Querschnitt in mm² bei Cu	Verlegungsart	Querschnitt in mm² Cu
feste geschützte Verlegung		2,5	1,5	**Bewegliche Leitungen zum Anschluß von:**	
Leitungen in Schaltanlagen und Verteilern	bis 2,5 A	—	0,5	leichten Handgeräten bis 1 A und 2 m Länge	0,1
	über 2,5 bis 16 A	—	0,75	Geräten bis 2,5 A und 2 m Leitungslänge	0,5
	über 16 A	—	1,0	Geräten, Gerätesteck- und Kupplungsdosen bis 10 A	0,75
offene Verlegung auf Isolatoren				Geräten über 10 A, Mehrfachsteck-, Gerätesteck- und Kupplungsdosen über 10 bis 16 A	1,0
Abstand der Befestigungspunkte	bis 20 m	16	4	Lichtketten für Innenräume (VDE 0710 Teil 3) zwischen Lichtkette und Stecker	0,75
	über 20 bis 45 m	16 m	6		
Fassungsadern			0,75	zwischen einzelnen Lampen	0,5

[1] e = eindrähtiger, f = feindrähtiger, ff = feinstdrähtiger, m = mehrdrähtiger Leiter.

12.8 Starkstromkabel

12.8.1 Allgemeines für Kabel bis 18/30 kV nach DIN VDE 0298 Teil 1 (11.82)

12.8.1.1 Kurzzeichen

Kurzzeichen	Bedeutung
	Bauartkurzzeichen für Kabel mit Kunststoffisolierung
A	Aluminiumleiter
Y	Isolierung aus Polyvinylchlorid (PVC)
2Y	Isolierung aus Polyethylen (PE)
2X	Isolierung aus vernetztem Polyethylen (VPE)
C	konzentrischer Leiter aus Kupfer
CW	konzentrischer Leiter aus Kupfer, wellenförmig aufgebracht
CE	konzentrischer Leiter aus Kupfer bei 3adrigen Kabeln über jede Ader aufgebracht
S	Schirm aus Kupfer
SE	Schirm aus Kupfer bei 3adrigen Kabeln über jede Ader aufgebracht
K	Bleimantel
Y	PVC-Schutzhülle zwischen Kupferschirm bzw. konzentrischem Leiter und Bewehrung
F	Bewehrung aus verzinkten Stahlflachdrähten
R	Bewehrung aus verzinkten Stahlrunddrähten
G	Gegen- oder Haltewendel aus verzinktem Stahlband
Y	PVC-Mantel
2Y	PE-Mantel
–J[1])	Kabel mit grün-gelb gekennzeichneter Ader
–O[1])	Kabel ohne grün-gelb gekennzeichnete Ader
	Bauartkurzzeichen für Kabel mit Papierisolierung
A	Aluminiumleiter
H	Schirmung beim Höchstädter Kabel
E	einzeln mit Metallmantel umgebene Adern (Dreimantelkabel)
K	Bleimantel
KL	gepreßter, glatter Aluminiummantel
E	Schutzhülle mit eingebetteter Schicht aus Elastomerband oder Kunststoffolie
Y	innere PVC-Schutzhülle
B	Bewehrung aus Stahlband
F	Bewehrung aus Stahlflachdraht
FO	Bewehrung aus Stahlflachdraht, offen
R	Bewehrung aus Stahlrunddraht
RO	Bewehrung aus Stahlrunddraht, offen
G	Gegen- oder Haltewendel aus Stahlband
Z	Bewehrung aus Z-förmigem Stahlprofildraht
A	Schutzhülle aus Faserstoffen
Y	PVC-Mantel
YV	verstärkter PVC-Mantel
–J[1])	Kabel mit grün-gelb (grün-naturfarben) gekennzeichneter Ader
–O[1])	Kabel ohne grün-gelb (grün-naturfarben) gekennzeichnete Ader

Kurzzeichen für Leiterform und -art

Kurzzeichen	Bedeutung
RE	eindrähtiger Rundleiter
RM	mehrdrähtiger Rundleiter
SE	eindrähtiger Sektorleiter
SM	mehrdrähtiger Sektorleiter
RF	feindrähtiger Rundleiter

Der Querschnitt des Schirmes oder der Schirme aus Kupfer wird hinter einem Schrägstrich im Anschluß an das Kurzzeichen für die Außenleiter angegeben, z. B. NYSEY 3 × 95 RM/16 6/10 kV.

Der Querschnitt des konzentrischen Leiters wird gleichfalls hinter einem Schrägstrich im Anschluß an das Kurzzeichen für die Außenleiter angegeben, z. B. NYCWY 3 × 95 SM/50 0,6/1 kV.

12.8.1.2 Nennspannung

Es werden die Spannungen U_0/U angegeben:

U_0 Spannung zwischen Leiter und metallener Umhüllung oder Erde,

U Spannung zwischen Außenleitern eines Drehstromsystems.

Für den Einsatz in Drehstromsystemen sind Kabel geeignet mit einer Nennspannung $U_N = 3 \cdot U_0$.

Für den Einsatz in Einphasensystemen mit beiden Außenleitern isoliert sind Kabel geeignet für eine Nennspannung $U_N = 2 \cdot U_0$.

Für den Einsatz in Einphasensystemen mit einem geerdeten Außenleiter sind Kabel geeignet für eine Netzspannung $U_N = U_0$.

12.8.1.3 Höchste dauernd zulässige Betriebsspannung

Nennspannung U_0/U	Drehstromsysteme	Einphasensysteme beide Außenleiter isoliert	ein Außenleiter geerdet
kV/kV	kV	kV	kV
0,6/1	1,2	1,4	0,7
3,6/6	7,2	8,3	4,1
6/10	12	14	7
12/20	24	28	14
18/30	36	42	21

Höchste Spannung U_m in

12.8.2 Zulässige Biegeradien für Kabel mit U_0/U bis 18/30 kV nach DIN VDE 0298 Teil 1 (11.82)

Kabel	Kunststoffkabel		Papierisolierte Kabel	
	$U_0 = 0,6$ kV	$U_0 > 0,6$ kV	mit Bleimantel oder gewelltem Al-Mantel	mit glattem Al-Mantel
einadrig	$15 \cdot d$	$15 \cdot d$	$25 \cdot d$	$30 \cdot d$
mehradrig vieladrig	$12 \cdot d$	$15 \cdot d$	$15 \cdot d$	$25 \cdot d$

d = Kabeldurchmesser

Beim einmaligen Biegen können die Biegeradien auf die Hälfte verringert werden, wenn fachgemäße Bearbeitung (auf 30 °C erwärmen, über Schablone biegen) sichergestellt ist.

[1]) Für Kabel mit U_0/U 0,6/1 kV.

12.8 Starkstromkabel

12.8.3 Einsatzgebiete von Kabeln mit Nennspannungen U_0/U bis 18/30 kV

Kabel	Zulässige Einsatzgebiete					
	in Innen-räumen	im Freien	in Erde	in Wasser[2]	in Beton
Kabel mit massegetränkter Papierisolierung und Metallmantel (ausgenommen Gasdruck- und Ölkabel) nach DIN VDE 0255 A 4 (10.81)[1]	×	×	×	×	
Installationskabel mit Isolierung und Mantel aus thermoplastischem PVC nach DIN VDE 0262 (noch Entwurf)	×	×			×
Kabel mit Kunststoffisolierung und Bleimantel für Starkstromanlagen nach DIN VDE 0265 (10.81)[1]	×	×	×	×	×
Halogenfreie Kabel mit verbessertem Verhalten im Brandfall; Nennspannungen U_0/U 0,6/1 kV nach DIN VDE 0266 (2.85)	×	×	×	×	×
Kabel mit Isolierung und Mantel aus thermoplastischem PVC; Nennspannungen bis 6/10 kV nach DIN VDE 0271 (6.86)	×	×	×	×	×[3]
Kabel mit Isolierung aus vernetztem Polyethylen und Mantel aus thermoplast. PVC; Nennspannung U_0/U 0,6/1 kV n. DIN VDE 0272 (9.89)	×	×	×	×	×
Kabel mit Isolierung aus vernetztem Polyethylen; Nennspannungen U_0/U 6/17, 12/20, 18/30 kV nach DIN VDE 0273 (12.87)	×	×	×	×	

12.8.4 Aufbau und Verwendung von Kabeln

Kurzzeichen	Aufbau	Verwendung
Kabel mit Isolierung aus vernetztem Polyethylen (18/30 bis 87/150 kV) nach DIN VDE 0263 (2.91)		
N2XS(Fl)2Y 1 × 300RM/35 64/110 kV	N: Kabel nach Norm, Kupferleiter, 2X: Isolierung PE, S/35: Cu-Schirm 35 mm², (Fl)2Y: längswasserdicht im Schirmbereich und Al/PE-Schichtenmantel, 1 × 300: einadrig 300 mm², RM: mehrdrähtiger Rundleiter, 64/100 kV: Nennspannung U_0/U	In Drehstromnetzen, deren a) Sternpunkt niederohmig geerdet ist, b) Sternpunkt gelöscht oder isoliert ist.
Niederdruck-Ölkabel (18/30 bis 230/400 kV) nach DIN VDE 0256 (12.87)		
NÖKUDEY 1 × 300RM 12H 36/60 kV	NÖ: genormtes Niederdruckölkabel mit Cu-Leiter, K: Bleimantel, UD: unmagnetische Druckbandage, E: Schutzhülle und eingebettete Schicht, Y: PVC-Mantel, 1 × 300: einadrig 300 mm², RM: mehrdrähtiger Rundleiter, 12H: Hohlleiter mit 12 mm Ölkanaldurchmesser, 36/60 kV: Nennspannung U_0/U	In Drehstromnetzen, deren a) Sternpunkt niederohmig geerdet ist, b) Sternpunkt gelöscht oder isoliert ist.
Kabel mit Gummiisolierung für Starkstromanlagen nach DIN VDE 0261 (3.88)		
MGCG 3 × 4	MGCG: geschirmtes Schiffskabel mit Gummiisolierung und Gummimantel, 3 × 4: 3adrig/Leiter 4 mm²	Für feste Verlegung auf Schiffen. MGG ist schutzisoliert.
Gasinnen- und Gasaußendruckkabel nach DIN VDE 0257 A 2 und DIN VDE 0258 A 2 (10.81)		
NIKLDEY	Gasinnendruckkabel mit papierisolierten Leitern und Aluminiummantel mit Dehnungselementen; Schutzhülle mit eingebetteter Schicht; Außenschutzhülle aus Kunststoff (PVC)	Zum Übertragen großer Leistungen bei hohen Spannungen. Es können lange Strecken ohne zusätzliche Einspeisung – wie bei Ölkabeln erforderlich – überwunden werden (z. B. Durchquerung von Meeresarmen). Einsatz auch im Bereich möglicher chemischer und mechanischer Beanspruchung (Großstädte, Bergsenkungsgebiete, Industrieanlagen). Nennspannung: bis 64/110 kV.
NPKDvFStA	Gasaußendruckkabel (zum Einziehen) im Stahlrohr mit papierisolierten Leitern, Bleimantel und unmagnetischer Druckschutzbandage; verseilte Kabel mit innerer Schutzhülle und Stahlflachdrahtbewehrung; Außenschutzhülle aus Glasfaserband	

[1] Zulässig auch, wenn die Gefahr der Einwirkung von Lösungsmitteln und Treibstoffen besteht.
[2] Wenn nach der Verlegung keine mechanische Beschädigung zu erwarten ist.
[3] Gilt nur für Kabel mit der Nennspannung U_0/U 0,6/1 kV.

12.8 Starkstromkabel

12.8.5 Strombelastbarkeit nach DIN VDE 0298 Teil 2 (11.79), siehe auch S. 12-16

12.8.5.1 Papierisolierte Kabel mit Aluminium-Mantel und $U_0/U = 0{,}6/1$ kV nach VDE 0255 (10.81)

Leiter-nenn-querschnitt mm²	\:\:[1]		⊛		⚛		⊙⊙⊙ [3]		\:\:[1]		⊛		⚛		⊙⊙⊙ [3]	
	Cu	Al	Cu	Al	Cu	Al	Cu	Al	Cu	Al	Cu	Al	Cu	Al	Cu	Al
	Belastbarkeit in A bei einer Anordnung entsprechend Darstellung — Verlegung in Erde								Verlegung in Luft							
25	135	104	146	—	169	—			114	88	136	—	163	—		
35	162	125	174	135	200	155			139	107	166	128	199	154		
50	192	149	206	160	234	184			168	130	200	155	239	186		
70	237	184	251	195	282	222			213	166	251	195	299	234		
95	284	221	299	233	331	263			262	203	306	238	361	284		
120	324	252	339	265	367	294			304	237	354	277	412	328		
150	364	283	379	297	402	325			350	272	403	316	463	370		
185	411	322	426	335	443	361			402	314	462	363	522	421		
240	475	373	488	388	488	406			474	372	545	432	594	489		
300	533	421	544	435	529	446			542	428	619	494	657	548		
400	603	483	610	496	571	491			628	503	726	589	734	627		
500	—	—	665	552	603	529			—	—	809	669	786	687		

12.8.5.2 PVC-isolierte Kabel mit $U_0/U = 0{,}6/1$ kV nach VDE 0271 (6.86)

Nenn-quer-schnitt mm²	⊙[2]		⊙⊙		⊙⊙⊙[1]		⊛		⚛		⊙⊙⊙[3]		⊙[2]		⊙⊙		⊙⊙⊙[1]		⊛		⚛		⊙⊙⊙[3]	
	Cu	Al	Cu	Al	Cu	Al	Cu	Al	Cu	Al	Cu	Al	Cu	Al	Cu	Al	Cu	Al	Cu	Al	Cu	Al	Cu	Al
	Belastbarkeit in A bei einer Anordnung entsprechend Darstellung — Verlegung in Erde												Verlegung in Luft											
1,5	40	—	32	—	26	—	—	—	—	—	—	—	26	—	20	—	18,5	—	20	—	25	—		
2,5	54	—	42	—	34	—	—	—	—	—	—	—	35	—	27	—	25	—	27	—	34	—		
4	70	—	54	—	44	—	—	—	—	—	—	—	46	—	37	—	34	—	37	—	45	—		
6	90	—	68	—	56	—	—	—	—	—	—	—	58	—	48	—	43	—	48	—	57	—		
10	122	—	90	—	75	—	—	—	—	—	—	—	79	—	66	—	60	—	66	—	78	—		
16	160	—	116	—	98	—	107	—	127	—			105	—	89	—	80	—	89	—	103	—		
25	206	—	—	—	128	99	137	—	163	—			140	128	118	91	106	83	118	—	137	—		
35	249	192	—	—	157	118	165	127	195	151			174	145	145	113	131	102	145	113	169	131		
50	296	229	—	—	185	142	195	151	230	179			212	176	176	138	159	124	176	138	206	160		
70	365	282	—	—	228	176	239	186	282	218			269	224	224	174	202	158	224	174	261	202		
95	438	339	—	—	275	211	287	223	336	261			331	271	271	210	244	190	271	210	321	249		
120	499	388	—	—	313	242	326	254	382	297			386	314	314	244	282	220	314	244	374	291		
150	561	435	—	—	353	270	366	285	428	332			442	361	361	281	324	252	361	281	428	333		
185	637	494	—	—	399	308	414	323	483	376			511	412	412	320	371	289	412	320	494	384		
240	743	578	—	—	464	363	481	378	561	437			612	484	484	378	436	339	484	378	590	460		
300	843	654	—	—	524	412	542	427	632	494			707	548	—	—	481	377	549	433	678	530		
400	986	765	—	—	600	475	624	496	730	572			859	666	—	—	560	444	657	523	817	642		
500	1125	873	—	—	—	—	698	562	823	649			1000	776	—	—	—	—	749	603	940	744		

12.8.5.3 VPE-isolierte Kabel mit $U_0/U = 0{,}6/1$ kV nach VDE 0272 (9.89)

Leiter-nenn-querschnitt mm²	⊙[2]		⊙⊙⊙[1]		⚛		⊛		⊙⊙⊙[3]		⊙[2]		⊙⊙⊙[1]		⚛		⊛		⊙⊙⊙[3]	
	Cu	Al	Cu	Al	Cu	Al	Cu	Al	Cu	Al	Cu	Al	Cu	Al	Cu	Al	Cu	Al	Cu	Al
	Belastbarkeit in A bei einer Anordnung entsprechend Darstellung — Verlegung in Erde										Verlegung in Luft									
1,5	48	—	30	—	32	—	39	—			32	—	24	—	25	—	32	—		
2,5	63	—	40	—	43	—	51	—			43	—	32	—	34	—	42	—		
4	82	—	52	—	55	—	66	—			57	—	42	—	44	—	56	—		
6	103	—	64	—	68	—	82	—			72	—	53	—	57	—	71	—		
10	137	—	86	—	90	—	109	—			99	—	73	—	77	—	96	—		
16	177	—	111	—	115	—	139	—			131	—	96	—	102	—	128	—		
25	229	177	143	111	149	—	179	—			177	137	130	100	139	—	173	—		
35	275	212	173	132	178	137	213	164			218	168	160	122	170	131	212	163		
50	327	253	205	157	211	163	251	195			266	206	195	147	208	161	258	200		
70	402	311	252	195	259	201	307	238			338	262	247	189	265	205	328	254		
95	482	374	303	233	310	240	366	284			416	323	305	232	326	253	404	313		
120	550	427	346	266	352	274	416	323			487	377	355	270	381	296	471	366		
150	618	479	390	299	396	308	465	361			559	433	407	308	438	341	541	420		
185	701	543	441	340	449	350	526	408			648	502	469	357	507	395	626	486		
240	819	637	511	401	521	408	610	476			779	605	551	435	606	475	749	585		
300	931	721	580	455	587	462	689	537			902	699	638	501	697	548	864	675		
400	1073	832	663	526	669	531	788	616			1270	830	746	592	816	647	1018	798		
500	1223	949	—	—	748	601	889	699			1246	966	—	—	933	749	1173	926		

[1] Kabel im Drehstrombetrieb. [2] Belastbarkeit in Gleichstromanlagen. [3] Zwischenraum 7 cm.

12.8 Starkstromkabel

Fortsetzung: Strombelastbarkeit von Kabeln

12.8.5.4 Allgemeine Hinweise

Die Tabellenwerte für die **Belastbarkeit bei Verlegung in Erde** gelten für die Größtlast und einem Belastungsgrad von 0,7 (Größtlast ist die größte Last des Tageslastspiels; Durchschnittslast ist der Mittelwert der Last des Tageslastspiels; Belastungsgrad = Durchschnittslast/Größtlast).

Als Legetiefe sind 0,7 m (0,7···1,2 m) gewählt; als Erdbodentemperatur in Legetiefe werden 20 °C angenommen und die spezifischen Erdbodenwärmewiderstände sind im Feuchtebereich mit 1 K · m/W bzw. im Trockenbereich mit 2,5 K · m/W berücksichtigt.

Werden Kabel mit Ziegelsteinen, Zementplatten oder flachen bis leicht gekrümmten dünnen Platten aus Kunststoff abgedeckt, so haben diese keinen belastungsmindernden Einfluß. Bei stärker gekrümmten Abdeckhauben (Lufteinschlüsse!) wird eine Belastungsminderung auf 90% der angegebenen Tabellenwerte empfohlen.

Bei Verlegung der Kabel in Rohrsystemen wird eine Belastungsminderung auf 85% der Tabellenwerte empfohlen. Auf eine Belastungsminderung kann verzichtet werden bei nur stellenweiser Rohrverlegung im Netz (bei Straßenkreuzungen usw.).

Die Tabellenwerte für die **Belastbarkeit bei Verlegung in Luft** gelten für Dauerbetrieb und eine Lufttemperatur von 30 °C sowie für frei verlegte Kabel und Systeme aus 3 einadrigen Kabeln. Frei verlegt heißt: Abstand der Kabel von Wand, Boden oder Decke mindestens 2 cm; Zwischenraum bei Kabeln nebeneinander bzw. übereinander mindestens 2facher Kabeldurchmesser; Abstand der Kabellagen bei übereinander liegenden Kabeln mindestens 20 cm.

12.8.5.5 Umrechnungsfaktoren für Verlegung in Erde (alle Kabel außer PVC-Kabel für 6/10 kV) nach DIN VDE 0298 Teil 2 (11.79), Auszug

Erdbodentemperatur	Spezifischer Erdbodenwärmewiderstand in K · m/W											
	0,7 Belastungsgrad				1,0 Belastungsgrad				1,5 Belastungsgrad				2,5 Bel.-Grad 0,5 bis 1,00
	0,50	0,70	0,85	1,00	0,50	0,70	0,85	1,00	0,50	0,70	0,85	1,00	
Zulässige Betriebstemperatur 90 °C												
5	1,24	1,18	1,13	1,07	1,11	1,07	1,03	1,00	0,99	0,97	0,96	0,94	0,89
10	1,23	1,16	1,11	1,05	1,09	1,05	1,01	0,98	0,97	0,95	0,93	0,91	0,86
15	1,21	1,14	1,08	1,03	1,07	1,02	0,99	0,95	0,95	0,92	0,91	0,89	0,84
20	1,19	1,12	1,06	1,00	1,05	1,00	0,96	0,93	0,92	0,90	0,88	0,86	0,81
25					1,02	0,98	0,94	0,90	0,90	0,87	0,85	0,84	0,78
30						0,95	0,91	0,88	0,87	0,84	0,83	0,81	0,75
35										0,82	0,80	0,78	0,72
40													0,68
Zulässige Betriebstemperatur 80 °C												
5	1,27	1,20	1,14	1,08	1,12	1,07	1,04	1,00	0,99	0,97	0,95	0,93	0,88
10	1,25	1,17	1,12	1,06	1,10	1,05	1,01	0,97	0,97	0,94	0,92	0,91	0,85
15	1,23	1,15	1,09	1,03	1,07	1,03	0,99	0,95	0,94	0,92	0,90	0,88	0,82
20	1,20	1,13	1,07	1,01	1,05	1,00	0,96	0,92	0,91	0,89	0,87	0,85	0,78
25					1,03	0,97	0,93	0,89	0,88	0,86	0,84	0,82	0,75
30						0,95	0,91	0,86	0,85	0,83	0,81	0,78	0,72
35										0,80	0,77	0,75	0,68
40													0,64
Zulässige Betriebstemperatur 70 °C												
5	1,29	1,22	1,15	1,09	1,13	1,08	1,04	1,00	0,99	0,97	0,95	0,93	0,86
10	1,27	1,19	1,13	1,06	1,11	1,06	1,01	0,97	0,96	0,94	0,92	0,89	0,83
15	1,25	1,17	1,10	1,03	1,08	1,03	0,99	0,94	0,93	0,91	0,88	0,86	0,79
20	1,23	1,14	1,08	1,01	1,06	1,00	0,96	0,91	0,90	0,87	0,85	0,83	0,76
25					1,03	0,97	0,93	0,88	0,87	0,84	0,82	0,79	0,72
30						0,94	0,89	0,85	0,84	0,80	0,78	0,76	0,68
35										0,77	0,74	0,72	0,63
40													0,59
Zulässige Betriebstemperatur 65 °C												
5	1,31	1,23	1,16	1,09	1,14	1,09	1,04	1,00	0,99	0,96	0,94	0,92	0,85
10	1,29	1,20	1,14	1,06	1,11	1,06	1,02	0,97	0,96	0,93	0,91	0,89	0,82
15	1,26	1,18	1,11	1,04	1,09	1,03	0,98	0,94	0,93	0,90	0,88	0,85	0,78
20	1,24	1,15	1,08	1,01	1,06	1,00	0,95	0,90	0,90	0,86	0,84	0,82	0,74
25					1,03	0,97	0,92	0,87	0,86	0,83	0,80	0,78	0,70
30						0,94	0,89	0,83	0,82	0,79	0,77	0,74	0,65
35										0,75	0,72	0,70	0,60
40													0,55
Zulässige Betriebstemperatur 60 °C												
5	1,33	1,24	1,17	1,10	1,15	1,09	1,05	1,00	0,99	0,96	0,94	0,92	0,84
10	1,30	1,21	1,14	1,07	1,12	1,06	1,02	0,97	0,96	0,93	0,90	0,88	0,80
15	1,28	1,19	1,12	1,04	1,09	1,03	0,98	0,93	0,92	0,89	0,87	0,84	0,76
20	1,25	1,16	1,09	1,01	1,06	1,00	0,95	0,90	0,89	0,86	0,83	0,80	0,72
25					1,03	0,97	0,92	0,86	0,85	0,82	0,79	0,76	0,67
30						0,93	0,88	0,82	0,81	0,78	0,75	0,72	0,62
35										0,73	0,70	0,67	0,57
40													0,51

12.8 Starkstromkabel

12.8.5.6 Umrechnungsfaktoren für Verlegung in Erde bei einem spezifischen Erdbodenwärmewiderstand von 1 K · m/W und einem Belastungsgrad von 0,7 nach DIN VDE 0298 Teil 2 (11.79), Auszug

Kabelart	Anzahl der Systeme			
	1	2	3	4

Einadrige Kabel in Drehstromsystemen im Dreieck gebündelt verlegt mit einem lichten Abstand von 7 cm.

VPE-Kabel 0,6/1 bis 18/30 kV	1,00	0,85	0,75	0,70
PE-Kabel 6/10 bis 18/30 kV	1,00	0,85	0,75	0,70
PVC-Kabel 0,6/1 bis 6/10 kV	1,00	0,85	0,75	0,70
Masse-Kabel 0,6/1 bis 18/30 kV	1,00	0,85	0,75	0,70

Einadrige Kabel in Drehstromsystemen im Dreieck gebündelt verlegt mit einem lichten Abstand von 25 cm.

VPE-Kabel 0,6/1 bis 18/30 kV	1,00	0,89	0,82	0,78
PE-Kabel 6/10 bis 18/30 kV	1,00	0,89	0,82	0,78
PVC-Kabel 0,6/1 bis 6/10 kV	1,00	0,90	0,82	0,79
Masse-Kabel 0,6/1 bis 18/30 kV	1,00	0,89	0,81	0,77

Einadrige Kabel in Drehstromsystemen nebeneinander verlegt mit einem lichten Abstand von 7 cm.

VPE-Kabel 0,6/1 bis 18/30 kV	1,00	0,87	0,77	0,73
PE-Kabel 6/10 bis 18/30 kV	1,00	0,87	0,77	0,73
PVC-Kabel 0,6/1 bis 6/10 kV	1,00	0,87	0,78	0,74
Masse-Kabel 0,6/1 bis 18/30 kV	1,00	0,87	0,78	0,74

Dreiadrige Kabel in Drehstromsystemen[1] mit einem lichten Abstand von 7 cm.

VPE-Kabel[2] 0,6/1 und 6/10 kV	1,00	0,85	0,75	0,70
PE-Kabel 6/10 kV	1,00	0,85	0,75	0,70
PVC-Kabel[2] 0,6/1 und 3,6/6 kV	1,00	0,86	0,76	0,71
Masse-Kabel, Gürtelkabel 0,6/1; 3,6/6 kV Dreimantelkabel 3,6/6; 6/10 kV	1,00	0,86	0,77	0,72

Dreiadrige Kabel in Drehstromsystemen mit einem lichten Abstand von 7 cm.

PVC-Kabel 0,6/1 kV[3] PVC-Kabel 6/10 kV Masse-Gürtelkabel 6/10 kV H-Kabel 6/10 bis 18/30 kV Masse-Dreimantelkabel 12/20 und 18/30 kV	1,00	0,89	0,80	0,75

[1] In Drehstromsystemen gelten diese Werte auch für Kabel für 0,6/1 kV mit vier oder fünf Leitern.

[2] Die Werte gelten auch in Gleichstromsystemen für einadrige Kabel für 0,6/1 kV.

[3] Zwei- und dreiadrige Kabel in Einphasenwechsel- und Gleichstromsystemen.

12.8.5.7 Umrechnungsfaktoren für vieladrige PVC-Kabel mit Leiterquerschnitten von 1,5 bis 10 mm²

Die Umrechnungsfaktoren sind bezogen auf die Belastungswerte für drei- bzw. vieradrige PVC-Kabel auf Seite 10–18.

	Anzahl der belasteten Adern						
	5	7	10	14	19	24	40	61
Verlegung in Erde	0,70	0,60	0,50	0,45	0,40	0,35	0,30	0,25
Verlegung in Luft	0,75	0,65	0,55	0,50	0,45	0,40	0,35	0,30

12.8.5.8 Zulässige Betriebstemperaturen ϑ_{zul} und zulässige Temperaturerhöhungen $\Delta\vartheta_{zul}$

Kabel-Bauart	DIN/VDE	ϑ_{zul} °C	$\Delta\vartheta_{zul}$ K
Massekabel Gürtelkabel	—/0255		
0,6/1 bis 3,6/6 kV		80	55
6/10 kV		65	35
Einadrige-, Dreimantel- u. H-Kabel			
0,6/1 bis 3,6/6 kV		80	55
6/10 kV		70	45
12/20 kV		65	35
18/30 kV		60	30
VPE-Kabel	57272/0272 57273/0273	90	—
PE-Kabel	57273/0273	70	—
PVC-Kabel	57265/0265 —/0271	70	—

12.8.5.9 Umrechnungsfaktoren für abweichende Lufttemperaturen nach DIN VDE 0298 Teil 2 (11.79)

Kabel-Bauart	Lufttemperatur in °C				
	10	15	20	25	30
Massekabel Gürtelkabel					
0,6/1 bis 3,6/6 kV	1,05	1,05	1,05	1,05	1,0
6/10 kV	1,0	1,0	1,0	1,0	1,0
Einadrige-, Dreimantel- u. H-Kabel					
0,6/1 bis 3,6/6 kV	1,05	1,05	1,05	1,05	1,0
6/10 kV	1,06	1,06	1,06	1,06	1,0
12/20 kV	1,0	1,0	1,0	1,0	1,0
18/30 kV	1,0	1,0	1,0	1,0	1,0
VPE-Kabel	1,15	1,12	1,08	1,04	1,0
PE-Kabel PVC-Kabel	1,22	1,17	1,12	1,07	1,0

	Lufttemperatur in °C			
	35	40	45	50
Massekabel Gürtelkabel				
0,6/1 bis 3,6/6 kV	0,95	0,89	0,84	0,77
6/10 kV	0,93	0,85	0,76	0,65
Einadrige-, Dreimantel- u. H-Kabel				
0,6/1 bis 3,6/6 kV	0,95	0,89	0,84	0,77
6/10 kV	0,94	0,87	0,79	0,71
12/20 kV	0,93	0,85	0,76	0,65
18/30 kV	0,91	0,82	0,71	0,58
VPE-Kabel	0,96	0,91	0,87	0,82
PE-Kabel PVC-Kabel	0,94	0,87	0,79	0,71

12.8 Starkstromkabel

12.8.5.10 Umrechnungsfaktoren für Häufung in Luft nach DIN VDE 0298 Teil 2 (11.79)

Einadrige Kabel in Drehstromsystemen

Anordnung der Kabel: Ebene Verlegung, Zwischenraum = Kabeldurchmesser d, Abstand von Wand $\geq$ 2 cm

Anzahl der Systeme nebeneinander		1	2	3
Auf dem Boden liegend		0,92	0,89	0,88
Auf Kabelwannen liegend (behinderte Luftzirkulation)	Anzahl der Wannen			
	1	0,92	0,89	0,88
	2	0,87	0,84	0,83
	3	0,84	0,82	0,81
	6	0,82	0,80	0,79
Auf Kabelrosten liegend (unbehinderte Luftzirkulation)	Anzahl der Roste			
	1	1,00	0,97	0,96
	2	0,97	0,94	0,93
	3	0,96	0,93	0,92
	6	0,94	0,91	0,90
Anzahl der Systeme übereinander		1	2	3
Auf Gerüsten oder an der Wand angeordnet		0,94	0,91	0,89
Anordnungen, für die keine Reduktion erforderlich ist		Bei ebener Verlegung mit größerem Abstand wird die gegenseitige Erwärmung zwar geringer, gleichzeitig nehmen aber die Mantel- und Schirmverluste zu. Daher keine Angaben.		

Anordnung der Kabel: gebündelte Verlegung, Zwischenraum = $2d$, Abstand von der Wand $\geq$ 2 cm

Anzahl der Systeme nebeneinander		1	2	3
Auf dem Boden liegend		0,95	0,90	0,88
Auf Kabelwannen liegend (behinderte Luftzirkulation)	Anzahl der Wannen			
	1	0,95	0,90	0,88
	2	0,90	0,85	0,83
	3	0,88	0,83	0,81
	6	0,86	0,81	0,79
Auf Kabelrosten liegend (unbehinderte Luftzirkulation)	Anzahl der Roste			
	1	1,00	0,98	0,96
	2	1,00	0,95	0,93
	3	1,00	0,94	0,92
	6	1,00	0,93	0,90
Anzahl der Systeme übereinander		1	2	3
Auf Gerüsten oder an der Wand angeordnet		0,89	0,86	0,84
Anordnungen, für die keine Reduktion erforderlich ist				

12.8 Starkstromkabel

Fortsetzung: Umrechnungsfaktoren für Häufung in Luft nach DIN VDE 0298 Teil 2 (11.79)

Mehradrige Kabel und einadrige Gleichstromkabel

Anordnung der Kabel: Zwischenraum = Kabeldurchmesser d, Abstand von Wand $\geq$ 2 cm

Anzahl der Kabel nebeneinander		1	2	3	6	9
Auf dem Boden liegend		0,95	0,90	0,88	0,85	0,84
	Anzahl der Wannen					
Auf Kabelwannen liegend (behinderte Luftzirkulation)	1	0,95	0,90	0,88	0,85	0,84
	2	0,90	0,85	0,83	0,81	0,80
	3	0,88	0,83	0,81	0,79	0,78
	6	0,86	0,81	0,79	0,77	0,76
	Anzahl der Roste					
Auf Kabelrosten liegend (unbehinderte Luftzirkulation)	1	1,00	0,98	0,96	0,93	0,92
	2	1,00	0,95	0,93	0,90	0,89
	3	1,00	0,94	0,92	0,89	0,88
	6	1,00	0,93	0,90	0,87	0,86
Anzahl der Kabel übereinander		1	2	3	6	9
Auf Gerüsten oder an der Wand angeordnet		1,00	0,93	0,90	0,87	0,86
Anordnungen, für die keine Reduktion erforderlich ist		Anzahl der übereinander angeordneten Kabel beliebig				

Anordnung der Kabel: gegenseitige Berührung, Wandberührung

Anzahl der Kabel nebeneinander		1	2	3	6	9
Auf dem Boden liegend		0,90	0,84	0,80	0,75	0,73
	Anzahl der Wannen					
Auf Kabelwannen liegend (behinderte Luftzirkulation)	1	0,95	0,84	0,80	0,75	0,73
	2	0,95	0,80	0,76	0,71	0,69
	3	0,95	0,78	0,74	0,70	0,68
	6	0,95	0,76	0,72	0,68	0,66
	Anzahl der Roste					
Auf Kabelrosten liegend (durch die Kabel behinderte Luftzirkulation)	1	0,95	0,84	0,80	0,75	0,73
	2	0,95	0,80	0,76	0,71	0,69
	3	0,95	0,78	0,74	0,70	0,68
	6	0,95	0,76	0,72	0,68	0,66
Anzahl der Kabel übereinander		1	2	3	6	9
Auf Gerüsten oder an der Wand angeordnet		0,95	0,78	0,73	0,68	0,66
Anordnungen, für die keine Reduktion erforderlich ist		Anzahl der Kabel nebeneinander beliebig				

12.9 Leitungen und Kabel der Nachrichtentechnik

12.9.1 Kurzzeichen für die Bezeichnung von Installationsleitungen und Kabeln für Fernmeldeanlagen

Kurzzeichen	Bedeutung	Kurzzeichen	Bedeutung
Installationsleitungen		O2Y	Isolierhülle aus Zell-PE
		D	Konzentrische Lage aus Kupferdrähten, z. B. in Signalkabeln der Eisenbahn
J–	Installationskabel und Stegleitung	M	Bleimantel
JE–	Installationskabel für Industrie-Elektronik	Mz	Bleimantel mit Erhärtungszusatz
Y	Isolierhülle oder Mantel aus Polyvinylchlorid (PVC)	L	Glatter Aluminiummantel
2Y	Isolierhülle oder Mangel aus Polyethylen (PE)	LD	Aluminiumwellmantel
(St)	statischer Schirm	(L)2Y	Schichtenmantel
(Zg)	Zugentlastung aus gebündelten Glasgarnen	F(L)2Y	Kabelseele mit Petrolatfüllung und Schichtenmantel
Lg	Lagenverseilung	W	Stahlwellmantel
Bd	Bündelverseilung	b	Bewehrung
Li	Litzenleiter aus verseilten oder verdrillten Drähten	(Z)	Stahldrahtgeflecht über PVC-Innenmantel
C	Schirm aus Kupferdrahtgeflecht	c	Schutzhülle aus Jute und zähflüssiger Masse
F	Stegleitung, flach	E	Masseschicht mit eingebettetem Kunststoffband
St III	Stern-Vierer mit besonderen Eigenschaften	DM	Dieselhorst-Martin-Vierer
Kabel		F	Stern-Vierer in Streckenfernkabeln der Eisenbahn
		St	Stern-Vierer
A–	Außenkabel	St I	Stern-Vierer
AB–	Außenkabel mit Blitzschutzforderungen	St III	Stern-Vierer mit besonderen Eigenschaften
AJ–	Außenkabel mit Induktionsschutzforderungen	PiMF	Geschirmtes Paar (in Metallfolie)
G–	Grubenkabel	S	Signalkabel der Eisenbahn
GJ–	Grubenkabel mit Induktionsschutzforderungen	Bd	Bündelverseilung
P	Isolierhülle aus Papier	Lg	Lagenverseilung
Y	Mantel oder Schutzhülle aus PVC		
Yv	Verstärkte Schutzhülle aus PVC		
2Y	Isolierhülle aus Voll-PE oder Mantel oder Schutzhülle aus Polyethylen (PE)		
2Yv	Verstärkte Schutzhülle aus PE		

Beispiel: JE–Y(St) Y 8 × 2 × 0,8 Bd

Installationskabel für Industrie-Elektronik mit PVC-Isolierhülle, statischem Schirm, PVC-Mantel, 8 Paaren mit Kupferleitern von 0,8 mm Durchmesser und in Bündelverseilung.

12.9.2 Installationsleitungen für Fernmeldeanlagen nach DIN VDE 0815 (9.85)

Bezeichnung Kurzzeichen	Aderzahlen bzw. Doppeladerzahlen	Leiterdurchmesser (Fläche) mm	Max. Leiterwiderstand Ω/km	Mindest-Isolationswiderstand MΩ/km	Verseilelement bzw. Verseilart	Verwendung
Installationsdraht Y	1, 2, 3, 4 (Adern)	0,6	65	100	mehradrig: Schlaglänge ≈ 50 mm	in trockenen und zeitweise feuchten Betriebsstätten
		0,8	36,6			
Stegleitung J-FY	2, 3 (Adern)	0,6	65		parallel angeordnet	wie oben, in und unter Putz
Einführungsdraht 2YY	1 (Ader)	1,0 verzinnt	23,4	5000	–	wie oben, im Freien, in und unter Putz
Installationskabel J-Y (St) Y · · · Lg	2, 4, 6, 10, 16, 20, 24, 30, 40, 50, 60, 80, 100 (Doppeladern)	0,6	130		in Paaren verseilt	in trockenen und feuchten Betriebsstätten, in und unter Putz
		0,8	73,2 (Schleife)			
Installationskabel JE-Y (St) Y · · · Bd	2, 4, 8, 12, 20, 32, 40 (Doppeladern)	0,8	73,2 (Schleife)	100	Bündelverseilung Paar	in trockenen und feuchten Betriebsstätten, in und unter Putz, im Freien bei fester Verlegung
Installationskabel JE-YCY · · · Bd						
Installationskabel JE-LiYCY · · · Bd		(0,5 mm²)	78,4 (Schleife)			
Installationskabel JE-LiYY · · · Bd	4, 8, 16, 24, 32, 40, 80 (Adern)	(0,5 mm²)	38,4 (Ader)		Bündelverseilung Ader	in trockenen und feuchten Betriebsstätten, in und unter Putz, im Freien bei fester Verlegung
Installationskabel J-YY · · · Bd	2, 4, 6, 10, 20, 30, 40, 50, 60, 80, 100 (Doppeladern)	0,6	130 (Schleife)		Bündelverseilung Stern-Vierer	
Installationskabel mit Zugentlastung J-2Y (St) (Zg) 2Y · · · St III Bd	2, 4, 6, 10, 20, 30, 50 (Doppeladern)	0,5		10000		

12.9 Leitungen und Kabel der Nachrichtentechnik

12.9.3 Koaxiale HF-Kabel (Antennenkabel)

Kabeltyp	Anwendung Verlegung	Abmaße in mm	elektr. Daten	Dämpfung in dB/100 m
KOKA 702	Einzel- und Gemeinschaftsantennenempfangsanlagen Auf- oder Unterputz in Rohren	$d = 0{,}75$ $D = 4{,}8$ $D_a = 7{,}0$ $r_{st} = 35$ $r_{dy} = 70$	$Z_L = 75\,\Omega$ $R = 4{,}28\,\Omega$ $k = 0{,}66$	1 MHz: 0,8 68 MHz: 6,5 100 MHz: 8,5 300 MHz: 14,8 800 MHz: 26,0 1750 MHz: 40,0
KOKA 712	Einzel- und Gemeinschaftsantennenempfangsanlagen Auf- oder Unterputz in Rohren	$d = 0{,}75$ $D = 4{,}8$ $D_a = 6{,}8$ $r_{st} = 70$ $r_{dy} = 340$	$Z_L = 75\,\Omega$ $R = 4{,}85\,\Omega$ $k = 0{,}66$	1 MHz: 0,8 68 MHz: 6,4 100 MHz: 8,4 300 MHz: 14,5 800 MHz: 25,2 1750 MHz: 40,0
KOKA 792	Empfängeranschlußkabel	$d = 0{,}6$ $D = 3{,}3$ $D_a = 5{,}0$ $r_{st} = 50$ $r_{dy} = 250$	$Z_L = 75\,\Omega$ $R = 10{,}02\,\Omega$ $k = 0{,}66$	1 MHz: 1,1 68 MHz: 9,6 100 MHz: 12,0 300 MHz: 22,0 800 MHz: 41,0 1750 MHz: 65,0
KOKA 715	vorwiegend Außeninstallation Auf- oder Unterputz in Rohren	$d = 0{,}75$ $D = 4{,}8$ $D_a = 6{,}8$ $r_{st} = 70$ $r_{dy} = 340$	$Z_L = 75\,\Omega$ $R = 4{,}85\,\Omega$ $k = 0{,}66$	1 MHz: 0,8 68 MHz: 6,4 100 MHz: 8,2 300 MHz: 14,5 800 MHz: 25,2 1750 MHz: 40,0
KOKA 741	große Gemeinschaftsantennenempfangsanlagen Auf- oder Unterputz, Erdverlegung	$d = 1{,}1$ $D = 7{,}2$ $D_a = 10{,}6$ $r_{st} = 115$ $r_{dy} = 575$	$Z_L = 75\,\Omega$ $R = 2{,}31\,\Omega$ $k = 0{,}66$	1 MHz: 0,5 68 MHz: 4,2 100 MHz: 5,3 300 MHz: 9,6 800 MHz: 17,0 1750 MHz: 28,0
KOKA 744	große Gemeinschaftsantennenempfangsanlagen Auf- oder Unterputz, Erdverlegung	$d = 1{,}8$ $D = 11{,}5$ $D_a = 14{,}8$ $r_{st} = 150$ $r_{dy} = 750$	$Z_L = 75\,\Omega$ $R = 1{,}08\,\Omega$ $k = 0{,}66$	1 MHz: 0,3 68 MHz: 2,7 100 MHz: 3,4 300 MHz: 6,2 800 MHz: 11,5 1750 MHz: 20,1
KOKA 751	große Gemeinschaftsantennenempfangsanlagen Freileitung; Zugbelastung 5490 N	$d = 1{,}1$ $D = 7{,}3$ $D_a = 10{,}6$ $r_{st} = 105$ $r_{dy} = 575$	$Z_L = 75\,\Omega$ $R = 2{,}31\,\Omega$ $k = 0{,}66$	1 MHz: 0,5 68 MHz: 4,2 100 MHz: 5,3 300 MHz: 9,6 800 MHz: 17,0 1750 MHz: 28,0

Aufbau und Kenndaten

Mantel – Außenleiter – Dielektrikum – Innenleiter

Abmessungen:
- d Durchmesser des Innenleiters;
- D Innendurchmesser des Außenleiters;
- D_a Außendurchmesser des Mantels.

Wellenwiderstand Z_L: Eigenschaft einer Übertragungsstrecke (der Energietransport entlang der Übertragungsstrecke erfolgt wellenförmig).

Wellenwiderstand bei Koaxialkabeln:

$$Z_L = \frac{60\,\Omega}{\sqrt{\varepsilon_r}} \ln \frac{D}{d}$$

- Z_L Wellenwiderstand
- ε_r relative Permittivität des Dielektrikums

Eine maximale Energieübertragung ist nur möglich, wenn der Abschlußwiderstand R_a am Ende der Leitung gleich dem Wellenwiderstand Z_L ist; anderenfalls tritt Reflexion auf.

Gleichstromwiderstand R: Widerstand der Schleife aus Innenleiter und Außenleiter (Abschirmung) für 100 m Kabel bei 20 °C.

Verkürzungsfaktor k: Der Verkürzungsfaktor $k = v/c_0 = 1/\sqrt{\varepsilon_r}$ gibt an, um wieviel die Signalfortpflanzungsgeschwindigkeit v auf der Leitung kleiner ist als die Lichtgeschwindigkeit c_0. ($c_0 = 3 \cdot 10^8$ m/s; $k < 1$)

Biegeradius:
- r kleinster zulässiger Biegeradius;
- r_{st} für einmaliges Biegen (feste Montage);
- r_{dy} für mehrmaliges Biegen (bewegte Anwendung).

13 Werkstoffe und Werkstoffnormung

13.1 Chemische Elemente und ihre Verbindungen

13.1.1 Trivialnamen und chemische Benennung technisch wichtiger Stoffe

Trivialname	chemische Formel	chemischer Name bzw. Erläuterung	Trivialname	chemische Formel	chemischer Name bzw. Erläuterung
Aceton	C_3H_6O	Propanon	Kochsalz, Steinsalz	$NaCl$	Natriumchlorid
Acetylen	C_2H_2	Ethin	Königswasser		Gemisch aus 3 Teilen konz. HCl und 1 Teil konz. HNO_3
Äther[1])	$C_4H_{10}O$	Diethylether			
Ätzkali	KOH	Kaliumhydroxid			
Ätzkalk	$Ca(OH)_2$	Calciumhydroxid			
Ätznatron[2])	$NaOH$	Natriumhydroxid			
Aktivkohle	C	feinteilige, porenreiche Kohle	Kohlendioxid	CO_2	Kohlenstoffdioxid
			Kohlenoxid	CO	Kohlenstoffmonoxid
Aluminiumazetat	$Al(CH_3COO)_3$	Essigsaure Tonerde	Korund, Schmirgel	Al_2O_3	Aluminiumoxid
Anilin	$C_6H_5NH_2$	Aminobenzol	Kreide, Kalkstein	$CaCO_3$	Calciumcarbonat
Antichlor	$Na_2S_2O_3 \cdot 5H_2O$	Natriumthiosulfat	Kupfervitriol	$CuSO_4 \cdot 5H_2O$	Kupfer(II)-sulfatpentahydrat
Benzol	C_6H_6	Benzol			
Bittersalz	$MgSO_4 \cdot 7H_2O$	Magnesiumsulfat	Linolsäure	$C_{18}H_{32}O_2$	Linolsäure
Blausäure	HCN	Zyanwasserstoff	Lötsalz	$ZnCl_2 + 2NH_4Cl$	Lösung von Zinkchlorid und Ammoniumchlorid
Bleiglätte	PbO	Blei(II)-oxid	(in Lösung)		
Bleiweiß	$2PbCO_3 \cdot Pb(OH)_2$	basisches Bleicarbonat	Lötwasser		
Blutlaugensalz, gelbes	$K_4Fe(CN)_6 \cdot 3H_2O$	Kaliumhexacyanoferrat(II)	Lachgas	N_2O	Distickstoffoxid
–, rotes	$K_3Fe(CN)_6$	Kaliumhexacyanoferrat(III)	Magnesia	MgO	Magnesiumoxid
			Mennige	Pb_3O_4	Blei(II, IV)-oxid
Borax	$Na_2B_4O_7 \cdot 10H_2O$	Natriumtetraborat	Methylenchlorid	CH_2Cl_2	Dichlormethan
Borsäure	H_3BO_3	Borsäure	Natron	$NaHCO_3$	Natriumbicarbonat
Braunstein	MnO_2	Mangandioxid	Nitroglycerin	$C_3H_5(NO_3)_3$	Propantrioltrinitrat
Carborundum	SiC	Siliciumcarbid	Öl	$C_{57}H_{104}IO_6$	Trioleïn
Chilesalpeter	$NaNO_3$	Natriumnitrat	Oxalsäure	$C_2H_2O_4$	Ethandisäure
Chlorkalk	$CaCl(OCl)$	Calciumchloridhypochlorit	Perchloräthylen	$CCl_2=CCl_2$	Tetrachlorethen
			Pottasche	K_2CO_3	Kaliumcarbonat
Chloroform	$CHCl_3$	Trichlormethan	Ruß	C	Gemenge von feinteiligem Kohlenstoff und öligen Kohlenwasserstoffen (Teeren)
Eisenchlorid	$FeCl_2 \cdot 4H_2O$	Eisen(II)-chloridtetrahydrat			
Eisenrost	$FeO \cdot Fe_2O_3 \cdot 2H_2O$	Eisenoxidhydrat			
Eisessig, Essig, Essigsäure	CH_3COOH	Ethansäure			
			Salmiak	NH_4Cl	Ammoniumchlorid
Fixiersalz	$Na_2S_2O_3$	Natriumthiosulfat	Salmiakgeist	NH_4OH	Ammoniumhydroxid
Flußsäure	HF	Fluorwasserstoffsäure	Salpetersäure	HNO_3	Salpetersäure
			Salzsäure	HCl	Hydrogenchlorid
			Schwefelkies	FeS_2	Pyrit
Fruchtzucker	$C_6H_{12}O_6$	Lävulose	Soda calc.	Na_2CO_3	Natriumcarbonat
Gips	$CaSO_4 \cdot 2H_2O$	Calciumsulfatdihydrat	Soda krist.	$Na_2CO_3 \cdot 10H_2O$	Natriumcarbonatdecahydrat
Glaubersalz	$NaSO_4 \cdot 10H_2O$	Natriumsulfatdecahydrat	Spiritus	C_2H_5OH	Ethanol
			Tetra	CCl_4	Tetrachlormethan
Glycerin	$C_3H_5(OH)_3$	Propantriol	Toluol	$C_6H_5CH_3$	Methylbenzol
Grubengas, Sumpfgas	CH_4	Methan	Tonerde	Al_2O_3	Aluminiumoxid
Holzessig	CH_3COOH	Ethansäure	Traubenzucker	$C_6H_{12}O_6$	Dextrose
Holzgeist	CH_3OH	Methanol	Tri	C_2HCl_3	Trichlorethen
Kalk, gebrannter	CaO	Calciumoxid	Wasserglas		Lösung von Natrium- und Kaliumsilikaten
–, gelöschter	$Ca(OH)_2$	Calciumhydroxid			
Kalkstein siehe Kreide			Weingeist	C_2H_5OH	Ethanol
			Zellulose	$C_6H_{10}O_5$	Dextrin
Karbid	CaC_2	Calciumcarbid	Zitronensäure	$C_6H_8O_7$	Zitronensäure
Karborund	SiC	Siliciumcarbid			

Beispiele chemischer Vorgänge [3])

1. 1 kg Kohlenstoff (~1,1 kg Steinkohle) verbrennt zu Kohlenstoffdioxid nach Formel $C + 2O = CO_2$ und verbraucht dabei $(2 \cdot 16) : 12 = 2,67$ kg Sauerstoff (9 m³ Luft).

2. Wird aus einer Lösung von Kupfervitriol in Wasser durch Elektrolyse (Zersetzung durch el. Strom) 1 g Kupfer abgeschieden, so zerfallen $(63,54 + 32,06 + 4 \cdot 16) : 63,54 = 2,51$ g $CuSO_4$, entsprechend $(63,54 + 32,06 + 4 \cdot 16 + 5 \cdot 2 \cdot 1 + 5 \cdot 16) : 63,54 = 3,93$ g kristallwasserhaltiges, handelsübliches Salz, $CuSO_4 \cdot 5H_2O$.

3. 100 g einer Blei-Zinn-Legierung bilden nach Zersetzung in Säure und Ausglühen ein Gemenge aus Blei(II)-oxid (PbO) und Zinn(IV)-oxid (SnO_2), das 124,037 g wiegt. Bezeichnet man die Anzahl der Gramm Blei in der Legierung mit X, so gilt die Gleichung:

$$X \cdot \frac{\text{Atomgew. v. O}}{\text{Atomgew. v. Pb}} + (100 - X) \cdot \frac{2 \text{ Atomgew. v. O}}{\text{Atomgew. v. Sn}}$$
$$= (124,037 - 100)$$
$$X \cdot \frac{16,0}{207,19} + (100 - X) \cdot \frac{2 \cdot 16,0}{118,7} = 24,037$$

Daraus ergibt sich $X = 15,19$, d.h. die Legierung enthält 15,19 % Blei.

---
[1]) Nach DIN 32 640 (12.86) lautet die Schreibweise Ether.
[2]) Trivialname Ätznatron soll nach DIN 32 640 (12.86) nicht mehr verwandt werden.
[3]) Es bedeuten: $2 \cdot 16 = 2$ Atomgewicht Sauerstoff; $12 =$ Atomgewicht Kohlenstoff $2 \cdot 1 + 16 = 2$ Atomgewicht Wasserstoff + Atomgewicht Sauerstoff; $40,08 + 2 \cdot 12 =$ Atomgewicht Calcium + 2 Atomgewicht Kohlenstoff. $5 \cdot 2 \cdot 1 = 5 \cdot 2$ Atomgewicht Wasserstoff.

13.1 Chemische Elemente und ihre Verbindungen

13.1.2 Das Periodensystem der Elemente

Erklärung

- Ordnungszahl — 26
- relative Atommasse — 55,847
- Elementname — Eisen
- Elementsymbol — Fe
- Aufbau der Elektronenhülle (Orbitalmodell) — [Ar]3d^{6}4s^2

Gruppe / Periode	Hauptgruppen I	II				Nebengruppen					
1.	1 Wasserstoff 1,00797 **H** 1s^1										
2.	3 Lithium 6,939 **Li** 1s^2 2s^1	4 Beryllium 9,0122 **Be** 1s^2 2s^2									
3.	11 Natrium 22,9898 **Na** [Ne]3s^1	12 Magnesium 24,312 **Mg** [Ne]3s^2									
4.	19 Kalium 39,102 **K** [Ar]4s^1	20 Calcium 40,08 **Ca** [Ar]4s^2	21 Scandium 44,956 **Sc** [Ar]3d^{1}4s^2	22 Titan 47,90 **Ti** [Ar]3d^{2}4s^2	23 Vanadium 50,942 **V** [Ar]3d^{3}4s^2	24 Chrom 51,996 **Cr** [Ar]3d^{5}4s^1	25 Mangan 54,938 **Mn** [Ar]3d^{5}s^2	26 Eisen 55,847 **Fe** [Ar]3d^{6}4s^2	27 C 58,933		
5.	37 Rubidium 85,47 **Rb** [Kr]5s^1	38 Strontium 87,62 **Sr** [Kr]5s^2	39 Yttrium 88,905 **Y** [Kr]4d^{1}5s^2	40 Zirkon 91,22 **Zr** [Kr]4d^{2}5s^2	41 Niob 92,906 **Nb** [Kr]4d^{4}5s^1	42 Molybdän 95,94 **Mo** [Kr]4d^{5}5s^1	43 Technetium (98) *Tc* ^{1}) [Kr]4d^{5}5s^2	44 Ruthenium 101,07 **Ru** [Kr]4d^{7}5s^1	45 R 102,905		
6.	55 Cäsium 132,905 **Cs** [Xe]6s^1	56 Barium 137,34 **Ba** [Xe]6s^2	57 Lanthan 138,91 **La** [Xe]5d^{1}6s^2	72 Hafnium 178,49 **Hf** [Xe]4f^{14}5d^{2}6s^2	73 Tantal 180,948 **Ta** [Xe]4f^{14}5d^{3}6s^2	74 Wolfram 183,85 **W** [Xe]4f^{14}5d^{4}6s^2	75 Rhenium 186,2 **Re** [Xe]4f^{14}5d^{5}6s^2	76 Osmium 190,2 **Os** [Xe]4f^{14}5d^{6}6s^2	77 Ir 192,2		
7.	87 Francium (223) **Fr** [Rn]7s^1	88 Radium (226) **Ra** [Rn]7s^2	89 Actinium (227) **Ac** [Rn]6d^{1}7s^2	104 Kurtschatovium (261) **Ku** [Rn]5f^{14}6d^{2}7s^2	105 Hahnium (262) **Ha** [Rn]5f^{14}6d^{3}7s^2						

Lanthaniden-Elemente

58 Cer 140,12 **Ce** [Xe]4f^{1}5d^{1}6s^2	59 Praseodym 140,907 **Pr** [Xe]4f^{3}5d^{0}6s^2	60 Neodym 144,24 **Nd** [Xe]4f^{4}5d^{0}6s^2	61 Promethium (147) *Pm* [Xe]4f^{5}5d^{0}6s^2	62 Sa 150,35 **S** [Xe]4

Actiniden-Elemente

90 Thorium 232,04 **Th** [Rn]5f^{0}6d^{2}7s^2	91 Protactinium (231) **Pa** [Rn]5f^{2}6d^{1}7s^2	92 Uran 238,03 **U** [Rn]5f^{3}6d^{1}7s^2	93 Neptunium (237) *Np* [Rn]5f^{4}6d^{1}7s^2	94 Pl (242) [Rn]

^{1}) Graue Schrift: künstlich hergestelltes Element

13.1 Chemische Elemente und ihre Verbindungen

Fortsetzung: Das Periodensystem der Elemente

			Hauptgruppen				
		III	IV	V	VI	VII	VIII
							2 Helium 4,0026 **He** $1s^2$
		5 Bor 10,811 **B** $1s^22s^22p^1$	**6** Kohlenstoff 12,01115 **C** $1s^22s^22p^2$	**7** Stickstoff 14,0067 **N** $1s^22s^22p^3$	**8** Sauerstoff 15,9994 **O** $1s^22s^22p^4$	**9** Fluor 18,9984 **F** $1s^22s^22p^5$	**10** Neon 20,183 **Ne** $1s^22s^22p^6$
	Nebengruppen	**13** Aluminium 26,9815 **Al** $[Ne]3s^23p^1$	**14** Silicium 28,086 **Si** $[Ne]3s^23p^2$	**15** Phosphor 30,9738 **P** $[Ne]3s^23p^3$	**16** Schwefel 32,064 **S** $[Ne]3s^23p^4$	**17** Chlor 35,453 **Cl** $[Ne]3s^23p^5$	**18** Argon 39,948 **Ar** $[Ne]3s^23p^6$
28 Nickel 58,71 **Ni** $[Ar]3d^84s^2$	**29** Kupfer 63,54 **Cu** $[Ar]3d^{10}4s^1$	**30** Zink 65,37 **Zn** $[Ar]3d^{10}4s^2$	**31** Gallium 69,72 **Ga** $[Ar]3d^{10}4s^24p^1$	**32** Germanium 72,59 **Ge** $[Ar]3d^{10}4s^24p^2$	**33** Arsen 74,922 **As** $[Ar]3d^{10}4s^24p^3$	**34** Selen 78,96 **Se** $[Ar]3d^{10}4s^24p^4$	**35** Brom 79,909 **Br** $[Ar]3d^{10}4s^24p^5$	**36** Krypton 83,80 **Kr** $[Ar]3d^{10}4s^24p^6$
46 Palladium 106,4 **Pd** $[Kr]4d^{10}5s^0$	**47** Silber 107,87 **Ag** $[Kr]4d^{10}5s^1$	**48** Cadmium 112,40 **Cd** $[Kr]4d^{10}5s^2$	**49** Indium 114,82 **In** $[Kr]4d^{10}5s^25p^1$	**50** Zinn 118,69 **Sn** $[Kr]4d^{10}5s^25p^2$	**51** Antimon 121,75 **Sb** $[Kr]4d^{10}5s^25p^3$	**52** Tellur 127,6 **Te** $[Kr]4d^{10}5s^25p^4$	**53** Iod 126,9 **I** $[Kr]4d^{10}5s^25p^5$	**54** Xenon 131,3 **Xe** $[Kr]4d^{10}5s^25p^6$
78 Platin 195,09 **Pt** $[Xe]4f^{14}5d^96s^1$	**79** Gold 196,967 **Au** $[Xe]4f^{14}5d^{10}6s^1$	**80** Quecksilber 200,59 **Hg** $[Xe]4f^{14}5d^{10}6s^2$	**81** Thallium 204,37 **Tl** $[Xe]4f^{14}5d^{10}6s^26p^1$	**82** Blei 207,19 **Pb** $[Xe]4f^{14}5d^{10}6s^26p^2$	**83** Bismut 208,98 **Bi** $[Xe]4f^{14}5d^{10}6s^26p^3$	**84** Polonium (210) **Po** $[Xe]4s^{14}5d^{10}6s^26p^4$	**85** Astat (210) **At** $[Xe]4f^{14}5d^{10}6s^26p^5$	**86** Radon (222) **Rn** $[Xe]4f^{14}5d^{10}6s^26p^6$

63 Europium 151,96 **Eu** $[Xe]4f^75d^06s^2$	**64** Gadolinium 157,25 **Gd** $[Xe]4f^75d^16s^2$	**65** Terbium 158,924 **Tb** $[Xe]4f^95d^06s^2$	**66** Dysprosium 162,50 **Dy** $[Xe]4f^{10}5d^06s^2$	**67** Holmium 164,93 **Ho** $[Xe]4f^{11}5d^06s^2$	**68** Erbium 167,26 **Er** $[Xe]4f^{12}5d^06s^2$	**69** Thulium 168,93 **Tm** $[Xe]4f^{13}5d^06s^2$	**70** Ytterbium 173,04 **Yb** $[Xe]4f^{14}5d^06s^2$	**71** Lutetium 174,97 **Lu** $[Xe]4f^{14}5d^16s^2$
95 Americium (243) **Am** $[Rn]5f^76d^07s^2$	**96** Curium (247) **Cm** $[Rn]5f^76d^17s^2$	**97** Berkelium (247) **Bk** $[Rn]5f^86d^17s^2$	**98** Californium (249) **Cf** $[Rn]5f^{10}6d^07s^2$	**99** Einsteinium (254) **Es** $[Rn]5f^{11}6d^07s^2$	**100** Fermium – **Fm** $[Rn]5f^{12}6d^07s^2$	**101** Mendelevium – **Md** $[Rn]5f^{13}6d^07s^2$	**102** Nobelium – **No** $[Rn]5f^{14}6d^07s^2$	**103** Lawrencium – **Lw** $[Rn]5f^{14}6d^17s^2$

13.2 Physikalische Eigenschaften von Metallen

13.2.1 Reine Metalle

Metall	Dichte ϱ (20 °C) $\frac{g}{cm^3}$	Schmelzpunkt (1,03 bar) °C	Siedepunkt (1,03 bar) °C	Spezifische Wärmekapazität c (20···100 °C) $\frac{kJ}{kg \cdot °C}$	Wärmeleitfähigkeit λ (0 °C) $\frac{W}{m \cdot °C}$	Längenausdehnungskoeffiz. α (0···100 °C) $\frac{10^{-6}}{°C}$	Spezifischer Widerstand ϱ $\frac{\Omega \cdot mm^2}{m}$	Elektrische Leitfähigkeit γ $\frac{m}{\Omega \cdot mm^2}$	Temperaturbeiwert α $\frac{10^{-3}}{°C}$
Aluminium	2,70	660	2500	0,896	231	23,9	0,0265	37,8	4,7
Antimon	6,69	630,5	1635	0,21	231	10,8	0,386	2,59	5,4
Arsen	5,78	817	622	0,333	—	5	0,38	2,63	4,7
Barium	3,59	726,2	1640	0,277	—	19	0,36	2,78	6,5
Beryllium	1,85	1285	2970	1,99	159	12	0,032	31,2	9,0
Bismut	9,803	271,3	1560	0,125	8,3	12,1	1,11	0,91	4,5
Blei	11,34	327,4	1750	0,128	35,3	29	0,21	4,77	4,2
Bor, krist.	2,4	2050	3675	1,21	—	8	1,10	0,91	—
Cadmium	8,65	321	767	0,233	96,2	31	0,073	13,7	4,2
Cer	6,77	804	3468	0,188	—	—	0,78	1,28	—
Chrom	7,19	1903	2500	0,44	—	8,5	0,15	6,76	—
Cobalt	8,89	1492	3185	0,428	68,6	14,2	0,056	17,8	5,9
Eisen	7,87	1539	3070	0,465	72,3	11,9	0,1	10	4,6
Gallium	5,91	29,78	2400	0,335	—	18	0,4	2,5	4,0
Germanium	5,32	936	2700	0,306	—	6	890	0,0011	1,4
Gold	19,28	1063	2950	0,133	310	14,2	0,021	47,6	4,0
Iridium	22,55	2454	4527	0,134	58,5	6,6	0,049	20,4	4,1
Kalium	0,862	63,5	754	0,72	96,2	84	0,063	15,9	5,7
Kupfer	8,93	1083	2595	0,386	395	16,8	0,0173	58	4,3
Lithium	0,53	180,5	1340	3,44	67	58	0,085	11,7	4,9
Magnesium	1,74	650	1105	0,102	143	26	0,043	23,3	4,1
Mangan	7,47	1244	2041	0,486	50	22,8	0,39	2,56	5,3
Molybdaen	10,22	2620	5550	0,247	142	5,3	0,05	20	4,7
Natrium	0,966	97,8	881	1,165	138	71	0,043	23,3	5,4
Neptunium	20,45	637	—	0,544	57,1	—	—	—	—
Nickel	8,9	1458	2730	—	92,2	13,3	0,069	14,5	6,7
Niob	8,4	2470	2900	0,272	—	7,1	0,217	4,6	3,4
Osmium	22,48	2700	4400	0,131	—	7,0	0,095	10,5	4,2
Palladium	11,99	1552	2930	0,247	70,3	10,6	0,098	10,2	3,7
Platin	21,45	1769	3800	0,134	71,2	9,0	0,098	10,2	3,9
Plutonium	19,82	639,5	—	—	—	—	—	—	—
Quecksilber, fl.	13,55	−38,84	356,6	0,139	8,05	—	0,9407	1,063	0,99
Radium	6	700	1140	—	—	—	—	—	—
Rhenium	21,02	3180	5500	0,137	—	4	0,19	5,26	4,5
Rhodium	12,42	1960	3670	0,247	87,3	9	0,043	23,3	4,4
Ruthenium	11,9	2450	4100	0,241	—	10	0,72	1,39	4,6
Selen	4,26	220	68,5	0,377	—	—	—	—	—
Silber	10,5	961,3	2177	0,234	410	19,7	0,0149	67,1	4,1
Silicium	2,33	1420	2600	0,71	—	7	1000	0,001	—
Strontium	2,583	770	1385	—	—	—	0,308	3,25	3,8
Tantal	16,67	2990	4100	0,138	54,5	6,58	0,14	7,14	3,5
Technetium	11,49	2200	4600	—	—	—	—	—	—
Tellur	6,2	452	1300	0,203	—	17,2	600	0,0016	—
Thallium	11,84	302,5	1457	0,134	50,2	29	0,16	6,25	5,2
Thorium	11,72	1820	4200	0,144	—	11,1	0,13	7,69	2,7
Titan	4,508	1668	3260	0,616	—	—	0,42	2,38	5,4
Uran	19,05	1130	3500	0,106	25,67	—	0,21	4,76	2,8
Vanadium	5,96	1890	3000	0,487	—	—	—	—	3,9
Wolfram	19,25	3380	6000	0,135	162	4,5	0,055	18,2	4,8
Zink	7,134	419,5	908,5	0,388	113	30	0,057	17,6	4,2
Zinn	7,285	231,9	2507	0,227	66	23	0,115	8,7	4,6
Zirconium	6,504	1850	3580	0,489	—	14,3	0,41	2,44	4,4

13.2.2 Legierungen

AlMgSi	2,7	—	—	—	—	23	0,033	30,3	3,6
CrAl 20 5	7,2	1500	—	0,462	—	12	1,37	0,73	0,05
CuNi 44	8,9	1280	—	0,411	—	15,2	0,49	2,04	0,04
CuMn 12 Ni	8,4	960	—	0,408	—	19,5	0,43	2,33	0,01
CuNi 30 Mn	8,8	1180	—	0,399	—	16	0,4	2,5	0,15
CuZn 36	8,3	950	—	0,391	—	18,5	0,07	14,3	1,3

13.2 Physikalische Eigenschaften von Metallen

13.2.3 Kontaktwerkstoffe

Werkstoff	Dichte $\frac{g}{cm^3}$	Schmelz-punkt °C	Siede-punkt °C	Spez. elektr. Widerstand $\frac{\Omega \cdot mm^2}{m}$	Temperaturbeiwert des elektr. Widerst. $\alpha \cdot 10^{-3}$ 1/K	Elektr. Leitfähigkeit $\frac{m}{\Omega \cdot mm^2}$	Wärmeleitfähigkeit $\frac{W}{m \cdot °C}$
Reine Metalle							
Kupfer	8,9	1083	2595	0,017	3,9	58	394
Aluminium	2,7	660	2500	0,0265	4,67	37,6	226
Nickel	8,9	1458	2730	0,069	6,7	14,5	92
Chrom	7,19	1903	2500	0,15	5,9	6,7	67
Cadmium	8,65	321	767	0,0683	4,26	14,6	93
Silber	10,5	961	2177	0,015	4,1	67,1	410
Gold	19,3	1063	2950	0,021	4,0	47,6	304
Platin	21,4	1769	3800	0,098	3,9	10,2	71,2
Palladium	12,0	1552	2930	0,098	3,7	10,2	71
Iridium	22,45	2454	4527	0,049	4,1	20,4	58,6
Rhenium	21,03	3180	5500	0,198	4,5	5,26	58
Molybdaen	10,2	2620	5550	0,053	4,75	20	152
Wolfram	19,3	3380	6000	0,055	4,82	17,6	160
Graphit	1,9	3917	—	6…15	—	0,16…0,066	104…159
Wolframcarbid	15,8	2870	—	0,053	—	19	29
Kontaktlegierungen							
Kupfergruppe:							
Cu-Ag (2…6% Ag) (Silberbronze)	9,2	1010	2500	0,026	—	38	113
Cu + 0,7% Cr (Elmedur)	8,92	1075	2600	0,021	—	48	335
Cu-Si-Bronze 0,2 Si	8,7	1096	2500	0,067	2,6	28	—
Cu-Ni-Si 97,4/2/0,6 (Kuprodur)	8,8	1050	2650	0,084	—	12	67
Silbergruppe:							
Ag mit 2% Cu+Ni (Hartsilber)	10,45	945	2150	0,0193	3,5	52	406
Ag-Cu 90/10	10,3	900	2150	0,019	3,7	52	343
Ag-Cd 92/8	10,4	930	950	0,035	1,9	28	172
Ag-Au 90/10	11,4	965	2160	0,036	—	28	197
Ag-Pd 96/4	10,54	985	2200	0,037	1,74	27	222
Goldgruppe:							
Au-Ni 95/5	18,2	1010	2600	0,14	0,68	7,1	84
Au-Cu 92/8	18,5	950	2400	0,105	0,42	10	92
Au-Ag 92/8	18,7	1045	2300	0,09	—	11	100
Au-Pt 90/10	19,5	1150	2600	0,125	0,98	8,3	92
Au-Ag-Cu 70/20/10	15,1	890	2200	0,14	0,446	7,2	71
Au-Ag-Pt 67/26/7	17,1	1100	2400	0,15	—	6,7	—
Platingruppe:							
Pt-Ir 90/10	21,6	1790	4400	0,245	2,2	5,5	46
Pt-Ir 80/20	21,7	1840	4450	0,31	0,77	3,21	18
Pt-W 88/12	21,1	1920	4800	0,48	0,23	2,1	—
Pt-Cu 90/10	19	1610	3400	0,65	0,06	1,51	—
Pt-Ag 70/30	12,8	1090	2600	0,3	0,3	3,4	—
Palladiumgruppe:							
Pd-Ag 40/60	11	1230	2200	0,204	0,34	4,9	—
Pd-Ag 60/40	11,3	1360	2500	0,42	0,006	2,4	—
Pd-Cu 60/40	10,5	1230	2450	0,37	0,28	2,7	—
Pd-Cu-Ni 80/10/10	11,2	1430	3800	0,37	0,8	2,7	—
Pd-W 90/10	12,6	1730	4300	0,38	0,83	2,65	—
Pd-W 80/20	13,4	1840	4600	1,09	0,06	0,91	—
Gesinterte Kontaktwerkstoffe							
Silber-Nickel 90/10	10,1	960	2150	0,02	—	50	356
Silber-Nickel 70/30	9,7	960	2150	0,025	—	40	264
Silber-Cadmiumoxid (10% CdO)	10,2	960	2150	0,0208	—	43	285
Silber-Zinnoxid (5% SnO_2)	9,8	960	2150	0,0205	—	49	—
Silber-Graphit (2,5% C)	9,5	960	2150	0,021	—	48	—
Wolfram-Kupfer 80/20	15,5	1050	2240	0,05	—	20	155
Wolfram-Silber 80/20	15,5	960	2150	0,045	—	22	230
Silber-Wolframcarbid: 50/50	13	960	2150	0,045	—	22	—
20/80	12,5	960	2150	0,05	—	20	—

13.3 Stahl und Eisen/Werkstoffnormung

13.3.1 Normbezeichnung und Einteilung der Eisenwerkstoffe

Werkstoffnummern nach DIN 17007 T1, T2, T3 (4.59; 9.61; 1.71) (s. auch S. 13-13)

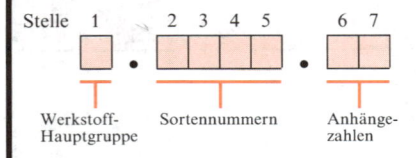

Stelle 1 — Werkstoff-Hauptgruppe
Stellen 2 3 4 5 — Sortennummern
Stellen 6 7 — Anhängezahlen

Das Nummernsystem für Werkstoffe aller Art ist besonders für die Datenverarbeitung geeignet. Die Punkte zwischen den Stellen sind wichtiger Bestandteil der Werkstoffnummer. Die Stellen 4 und 5 sind Zählnummern, ohne mögliche Rückschlüsse auf die Zusammensetzung.

Stelle 1	Werkstoff-Hauptgruppen	Stelle 2, 3 Sortennummer	Werkstoff-Hauptgruppe 0 Sortenklasse
0	Roheisen, Ferrolegierungen	00⋯19	Roheisen
1	Stahl	20⋯49	Sonderroheisen, Vorlegierungen
2	Nichteisen-Schwermetalle	60⋯69	Gußeisen, Lamellengraphit
3	Leichtmetalle	70⋯99	Gußeisen, Kugelgraphit
4⋯8	Nichtmetallische Werkstoffe	80⋯89	Temperguß
9	Frei für interne Benutzung	90⋯99	Sondergußeisen

Stelle 2, 3 Sortennummer	Werkstoff-Hauptgruppe 1 Sortenklasse	Stelle 2, 3 Sortennummer	Werkstoff-Hauptgruppe 1 Sortenklasse
	Massen- und Qualitätsstahl		**Legierter Edelstahl**
00	Handels- und Grundgüte	20⋯28	Werkzeugstahl
01⋯02	Allgemeiner Baustahl	32⋯33	Schnellarbeitsstahl
03⋯07	Qualitätsstahl, unlegiert	34	verschleißfester Stahl
08⋯09	Qualitätsstahl, legiert	35	Wälzlagerstahl
90⋯99	Sondersorten	36⋯39	Eisenwerkstoff mit besonderer physikalischer Eigenschaft
	Unlegierter Edelstahl	40⋯45	Nichtrostender Stahl
10	Stahl mit besonderer physikalischer Eigenschaft	47⋯48	Hitzebeständiger Stahl
		49	Hochtemperaturwerkstoffe
11⋯12	Baustahl	50⋯84	Baustahl
15⋯18	Werkzeugstahl (W1, W2, W3, WS)	85	Nitrierstahl
		88	Hartlegierung

Anhängezahlen			
Stelle 6	Erschmelzung	Stelle 7	Behandlung
0	unbestimmt oder ohne Bedeutung	0	keine oder beliebige
1	unberuhigter Thomasstahl	1	normalgeglüht
2	beruhigter Thomasstahl	2	weichgeglüht
3	unberuhigte sonstige Erschmelzung	3	auf gute Zerspanbarkeit wärmebeh.
4	beruhigte sonstige Erschmelzung	4	zähvergütet
5	unberuhigter Siemens-Martin-Stahl	5	vergütet
6	beruhigter Siemens-Martin-Stahl	6	hartvergütet
7	unberuhigter Sauerstoffaufblas-Stahl	7	kaltverformt
8	beruhigter Sauerstoffaufblas-Stahl	8	federhart kaltverformt
9	Elektrostahl	9	nach besonderen Angaben

13.3 Stahl und Eisen/Werkstoffnormung

Kurznamen der Eisenwerkstoffe nach DIN-Normenheft 3 (5.83)

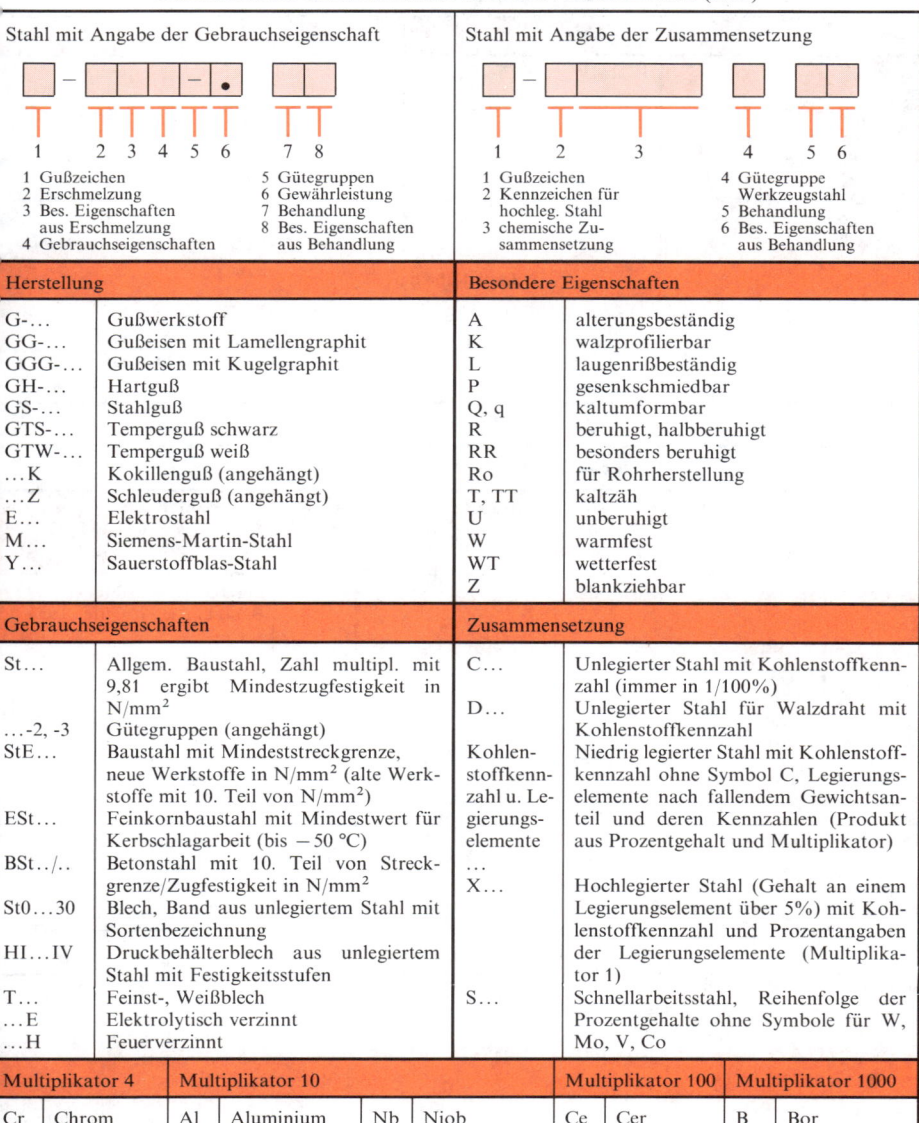

Stahl mit Angabe der Gebrauchseigenschaft

Positionen: 1 – 2 3 4 5 – 6 • 7 8

1 Gußzeichen
2 Erschmelzung
3 Bes. Eigenschaften aus Erschmelzung
4 Gebrauchseigenschaften
5 Gütegruppen
6 Gewährleistung
7 Behandlung
8 Bes. Eigenschaften aus Behandlung

Stahl mit Angabe der Zusammensetzung

Positionen: 1 – 2 3 4 5 6

1 Gußzeichen
2 Kennzeichen für hochleg. Stahl
3 chemische Zusammensetzung
4 Gütegruppe Werkzeugstahl
5 Behandlung
6 Bes. Eigenschaften aus Behandlung

Herstellung

G-…	Gußwerkstoff
GG-…	Gußeisen mit Lamellengraphit
GGG-…	Gußeisen mit Kugelgraphit
GH-…	Hartguß
GS-…	Stahlguß
GTS-…	Temperguß schwarz
GTW-…	Temperguß weiß
…K	Kokillenguß (angehängt)
…Z	Schleuderguß (angehängt)
E…	Elektrostahl
M…	Siemens-Martin-Stahl
Y…	Sauerstoffblas-Stahl

Besondere Eigenschaften

A	alterungsbeständig
K	walzprofilierbar
L	laugenrißbeständig
P	gesenkschmiedbar
Q, q	kaltumformbar
R	beruhigt, halbberuhigt
RR	besonders beruhigt
Ro	für Rohrherstellung
T, TT	kaltzäh
U	unberuhigt
W	warmfest
WT	wetterfest
Z	blankziehbar

Gebrauchseigenschaften

St…	Allgem. Baustahl, Zahl multipl. mit 9,81 ergibt Mindestzugfestigkeit in N/mm²
…-2, -3	Gütegruppen (angehängt)
StE…	Baustahl mit Mindeststreckgrenze, neue Werkstoffe in N/mm² (alte Werkstoffe mit 10. Teil von N/mm²)
ESt…	Feinkornbaustahl mit Mindestwert für Kerbschlagarbeit (bis −50 °C)
BSt../..	Betonstahl mit 10. Teil von Streckgrenze/Zugfestigkeit in N/mm²
St0…30	Blech, Band aus unlegiertem Stahl mit Sortenbezeichnung
Hl…IV	Druckbehälterblech aus unlegiertem Stahl mit Festigkeitsstufen
T…	Feinst-, Weißblech
…E	Elektrolytisch verzinnt
…H	Feuerverzinnt

Zusammensetzung

C…	Unlegierter Stahl mit Kohlenstoffkennzahl (immer in 1/100%)
D…	Unlegierter Stahl für Walzdraht mit Kohlenstoffkennzahl
Kohlenstoffkennzahl u. Legierungselemente …	Niedrig legierter Stahl mit Kohlenstoffkennzahl ohne Symbol C, Legierungselemente nach fallendem Gewichtsanteil und deren Kennzahlen (Produkt aus Prozentgehalt und Multiplikator)
X…	Hochlegierter Stahl (Gehalt an einem Legierungselement über 5%) mit Kohlenstoffkennzahl und Prozentangaben der Legierungselemente (Multiplikator 1)
S…	Schnellarbeitsstahl, Reihenfolge der Prozentgehalte ohne Symbole für W, Mo, V, Co

Multiplikator 4

Cr	Chrom
Co	Cobalt
Mn	Mangan
Ni	Nickel
Si	Silicium
W	Wolfram

Multiplikator 10

Al	Aluminium
Be	Beryllium
Pb	Blei
Cu	Kupfer
Mo	Molybdän
Nb	Niob
Ta	Tantal
Ti	Titan
V	Vanadium
Zr	Zirconium

Multiplikator 100

Ce	Cer
P	Phosphor
S	Schwefel
N	Stickstoff

Multiplikator 1000

B	Bor

13.3 Stahl und Eisen/Werkstoffnormung

Fortsetzung: **Kurznamen der Eisenwerkstoffe**

Gewährleistungsumfang	.1	.2	.3	.4	.5	.6	.7	.8	.9	Behandlung			
Kennziffer	.1	.2	.3	.4	.5	.6	.7	.8	.9	B	beste Bearbeitbarkeit	TM	thermomechanisch
Streckgrenze	o			o		o	o			BF	best. Festigkeit	U	unbehandelt
Falt- oder Stauchversuch			o		o	o	o			C	Scherbarkeit	V	vergütet
Kerbschlagarbeit					o		o	o		G	weichgeglüht	m	matt
Warm- oder Dauerfestigkeit								o		GKZ	kugelige Carbide	N	normalgeglüht
Elektr. oder magnetische Eigenschaften									o	g	glatt	r	rauh
										K	kaltgezogen	S	spannungsarm

Besonderheiten

f	Flamm- oder Induktionshärtung	m	Größt- und Kleinstwert S-Gehalt	W1	Werkzeugstahl 1. Güte
				W2	Werkzeugstahl 2. Güte
k	kleiner P- und S-Gehalt	W	Werkzeugstahl	W3	Werkzeugstahl 3. Güte
				WS	Werkzeugstahl Sonderzwecke

13.3.2 Eisenwerkstoffe

Allgemeine Baustähle nach DIN 17100 (1.80)

Werkstoff-Kurzname	Nummer	Zugfestigkeit R_m in N/mm²	Streckgrenze R_{eH}	Bruchdehnung A_5 in %	Faltversuch Dorn-$\varnothing$	C %	Verwendung
St 33	1.0035	290	185	18	3 a	–	untergeordnete Zwecke, Bauschlosserei: Gitter
USt 37-2	1.0036	340···470	235	26	1 a	0,17	niedrige Beanspruchung, Stahl-, Maschinenbau: Schmiedeteile, Niet-, Schweißkonstruktionen, Bolzen, Hebel
St 37-2	1.0037						
RSt 37-2	1.0038						
St 37-3	1.0116						
St 44-2	1.0044	410···540	275	22	2,5 a	0,21	mittlere Beanspruchung, Maschinenteile, Stahlhoch-, Kranbau, Achsen, Wellen
St 44-3	1.0144					0,20	
St 52-3	1.0570	490···630	355	22	2,5 a	0,20	hohe Beanspruchung, kleine Teile, Paßfedern, Stifte, große Teile, härtbar, vergütbar
St 50-2	1.0050	470···610	295	20	–	0,30	
St 60-2	1.0060	570···710	335	16	–	0,40	
St 70-2	1.0070	670···830	365	11	–	0,50	

Automatenstähle nach DIN 1651 (4.70)

9 S 20	1.0711	360	220	25		Nicht für eine Wärmebehandlung bestimmt: niedrige Beanspruchung, kleine Teile, Griffe, Füße, Scheiben, Stifte Bolzen
9 SMn 28	1.0715	380	230	23		
9 SMnPb 28	1.0718	380	230	23		
9 SMn 36	1.0736	380	230	23		
9 SMnPb 36	1.0737	380	230	23		
10 S 20	1.0721	360	230	25		Automaten-Einsatzstähle: höhere Flächenpressung, Bolzen, Stifte
10 SPb 20	1.0722	360	210	25		
35 S 20	1.0726	490···610	290	18		Automaten-Vergütungsstähle: hohe Beanspruchung, Wellen, Spindeln, Stifte
45 S 20	1.0727	590···710	330	14		
60 S 20	1.0728	660···790	360	9		

13.3 Stahl und Eisen/Werkstoffnormung

Einsatzstähle nach DIN 17210 (9.86)

Werkstoff-Kurzname	Nummer	Zugfestigkeit R_m in N/mm²	Streckgrenze R_e	Bruchdehnung A_5 in %	Verwendung
C 10	1.0301	500…650	300	16	niedrige Beanspruchung, kleine Teile:
C 15	1.0401	600…800	350	14	Bolzen, Hebel
Ck 10	1.1121	500…650	300	16	mittlere Beanspruchung, hohe Zähig-
Ck 15	1.1141	600…800	350	14	keit, mittlere Teile:
Cm 15	1.1140	600…800	350	14	Gelenke, Werkzeuge
17 Cr 3	1.7016	750…1050	450	11	höhere Beanspruchung, größere Teile:
16 MnCr 5	1.7131	800…1100	600	10	Prüfmittel, Nockenwellen, Zahnräder,
20 MnCr 5	1.7147	1000…1300	680	8	Wellen, Kolbenbolzen,
20 MoCr 4	1.7321	800…1100	600	10	Kupplungsteile
15 CrNi 6	1.5919	900…1200	630	9	sehr hohe Beanspruchung, große
17 CrNiMo 6	1.6587	1050…1350	780	8	Teile: Wellen, Getriebe, Zahnräder

Die Festigkeitswerte gelten für gehärtete Querschnitte von 30 mm Durchmesser.

Vergütungsstähle nach DIN EN 10083 T1, T2 (10.91)

Werkstoff-Kurzname	Nummer	Zugfestigkeit R_m in N/mm²	Dehngrenze $R_{p0,2}$	Bruchdehnung A_5 in %	Verwendung
1 C 22	1.0402	500…650	300	22	Normale Beanspruchung, kleine
1 C 35	1.0501	600…750	370	19	Querschnitte, allgemeiner Maschi-
1 C 45	1.0503	650…800	430	16	nenbau: Zahnräder, Wellen, Zapfen,
1 C 55	1.0535	750…900	500	14	Nockenwellen
1 C 60	1.0601	800…950	520	13	
28 Mn 6	1.1170	690…840	490	15	Mittlere Beanspruchung, große
38 Cr 2	1.7003	700…850	450	15	Querschnitte, Motoren- und Fahr-
46 Cr 2	1.7006	800…950	550	14	zeugbau: Keil-, Kurbelwellen,
37 Cr 4	1.7034	850…1000	630	13	Lenkhebel, Achsschenkel, Kipphebel,
25 CrMo 4	1.7218	800…950	600	14	Turbinenteile
50 CrMo 4	1.7228	1000…1200	780	10	Hohe Beanspruchung, sehr große
36 CrNiMo 4	1.6511	1000…1200	800	11	Querschnitte, Schwermaschinenbau:
30 CrNiMo 8	1.6580	1250…1450	1050	9	Generatorwellen, Kurbelwellen,
51 CrV 4	1.8159	1000…1200	800	10	Pleuel, Kugelbolzen

(Werkstoff-Nummern entsprechend DIN 17200)
Die Qualitätsstähle werden auch als Edelstähle (Ck…), einige Edelstähle auch mit gewährleisteter Schwefelspanne hergestellt.
Die Festigkeitswerte gelten für den vergüteten Zustand bei Querschnitten von 16 bis 40 mm Durchmesser. Die Werte unter 16 mm liegen ≈ 10% höher, zwischen 40 und 100 mm ≈ 10% niedriger.

13.3 Stahl und Eisen/Werkstoffnormung

Werkzeugstähle nach DIN 17350 (10.80)

Werkstoff-Kurzname	Nummer	Verwendung
Unlegierte Kaltarbeitsstähle		
C 45 W C 60 W	1.1730 1.1740	Handwerkzeuge, landw. Werkzeuge, Zangen, Schäfte von HSS- bzw. Hartmetallwerkzeugen, Aufbauteile für Werkzeuge, Warmsägeblätter
C 70 W 2 C 80 W 1	1.1620 1.1525	Handmeißel, Handsägen, Körner, Messer, Drucklufteinsteckwerkzeuge für Straßen- und Bergbau, Gesenke für flache Gravuren
C 85 W 1	1.1830	Mähmaschinenmesser, Holzbearbeitungswerkzeuge: Kreis-, Bandsägen
C 105 W 1	1.1545	Endmaße, Gewindeschneid-, Präge-, Gesteinswerkzeuge
Legierte Kaltarbeitsstähle		
21 MnCr 5	1.2162	einsatzgehärtete Kunststoffbearbeitungswerkzeuge (spanend bearbeitet)
51 CrV 4	1.2241	Schraubwerkzeuge
60 WCrV 7 90 MnCrV 8	1.2550 1.2842	Schnitte für Blech, Stempel zum Lochen, Auswerfer, Schneidwerkzeuge, Tiefziehwerkzeuge, Meßzeuge, Zähne für Kettensägen, Prägewerkzeuge
60 MnSiCr 4	1.2826	Spannzeuge
100 Cr 6 105 WCr 6	1.2067 1.2419	Meßwerkzeuge, Lehren, Dorne, Kaltwalzen, Schnittplatten, Stempel, Ziehdorne, Fäser, Reibahlen, Bohrer, Gewindeschneidwerkzeuge, Scherenmesser, Holzbearbeitungswerkzeuge
115 CrV 3	1.2210	Senker, Gewindebohrer, Auswerfer, Stemmeisen, Stempel
145 V33	1.2838	Gesenke mit hohem Verschleißwiderstand, Kaltschlagwerkzeuge
X 19 NiCrMo 4 X 36 CrMo 17 X 40 CrMnMoS 8 6	1.2764 1.2316 1.2312	Einsatzstahl (lufthärtend) für Kunststofformen Werkzeuge für chemisch aggressive Kunststoffe Werkzeuge für Kunststoffverarbeitung, Formrahmen
X 45 NiCrMo 4	1.2767	höchstbeanspruchte Kaltverformungswerkzeuge, Scherenmesser für größte Dicken, Massivprägewerkzeuge höchster Zähigkeit
X 155 CrV Mo 12 1	1.2379	Maßbeständiger Hochleistungsschnittstahl, Metallsägen, Biege-, hochbeanspruchte Holzbearbeitungs-, Fließpreßwerkzeuge
X 210 CrW 12	1.2436	Räumnadeln, Schnitt-, Tiefzieh-, Preßwerkzeuge, Ziehringe, Scherenmesser bis 3 mm Stahlblech, Gewindewalzwerkzeuge, Sandstrahldüsen
Warmarbeitsstähle		
55 NiCrMoV 6	1.2713	Hammergesenke bis zu mittleren Abmessungen
X 32 CrMoV 3 3 X 38 CrMoV 5 1 X 40 CrMoV 5 1	1.2365 1.2343 1.2344	Gesenke und Gesenkeinsätze, Druckgußformen für Leichtmetalle und Kupferlegierungen, hochbeanspruchte Strangpreßwerkzeuge für Leichtmetalle und Kupferlegierungen, Werkzeuge für Schmiedemaschinen
Schnellarbeitsstähle		
S 6-5-2 S 6-5-2-5	1.3343 1.3243	Kreissägen, Räumwerkzeuge, Bohrer, Reibahlen, Fräser, Senker, Gewindebohrer, Hobel-, Schneid-, Umformwerkzeuge
S 10-4-3-10 S 12-1-4-5 S 18-1-2-5	1.3207 1.3202 1.3255	Drehmeißel, Formstähle Drehmeißel, Formstähle Fräser, Dreh-, Hobelmeißel

13.4 Magnetische Werkstoffe

13.4.1 Magnetische Werkstoffe für Übertrager nach DIN 41301 (7.67)

Kurzname	Chemische Zusammensetzung	Dichte g/cm³	spezif. Widerstand $\Omega \cdot \text{mm}^2/\text{m}$	Koerzitiv-Feldstärke A/m	Sättigungsinduktion Vs/m²	Curie-Temp. °C	Werkstoff-Permeabilitätszahl	Verwendung
A 0	Stahl mit 2,5 bis 4,5% Si	7,7	0,40	100	2,03	750	450	Übertrager, Relais, Ringkerne
A 2		7,63	0,55	60	2,0	750	800···900	
A 3		7,57	0,69	35	1,92	750	750···900	
C 2	Stahl mit 3,5 bis 4,5% Si	7,55	0,5	30	2,0	750	1300	Meßwandler
C 5		7,65	0,45	15	2,0	750	–	
D 1	Stahl mit 36 bis 40% Si	8,15	0,75	60	1,3	250	1900···2100	Relaisteile und Polschuhe
D 1a		8,15	0,75	50	1,3	250	2200···2400	
D 3		8,15	0,75	15	1,3	250	2500···2900	
E 3	Ni-Fe-Legierung mit 75% Ni und weiteren Zusätz.	8,6	0,5	2	0,7···0,8	400	16···20	NF- und HF-Übertrager
E 4		8,7	0,55	1	0,6···0,8	270 bis 400	30···40	
F 3	Ni-Fe-Legierung mit 50% Ni	8,25	0,45	10	1,5	470	4,0	Magnetverstärker

13.4.2 Elektroblech und Elektroband nach DIN 46400

Kurzname	Nenndicke mm	Ummagnetisierungsverlust P in W/kg (max.)			Magnetische Polarisation J in T (min.) bei Feldstärke in A/m			Stapelfaktor (min.)	Dichte kg/dm³
		1,5 T	1,0 T	1,7 T	800	2500	5000	10000	

Teil 1 (4.83, Auszug): kaltgewalzt, nichtkornorientiert, schlußgeglüht

V250-35A	0,35	2,50	1,00		1,49	1,60	1,70	0,95	7,60
V300-35A	0,35	3,00	1,20		1,49	1,60	1,70	0,95	7,65
V270-50A	0,50	2,70	1,10		1,49	1,60	1,70	0,97	7,60
V290-50A	0,50	2,90	1,15		1,49	1,60	1,70	0,97	7,60
V310-50A	0,50	3,10	1,25		1,49	1,60	1,70	0,97	7,60
V330-50A	0,50	3,30	1,35		1,49	1,60	1,70	0,97	7,60
V400-50A	0,50	4,00	1,70		1,51	1,61	1,71	0,97	7,65
V530-50A	0,50	5,30	2,30		1,54	1,64	1,74	0,97	7,70
V700-50A	0,50	7,00	3,00		1,58	1,68	1,76	0,97	7,80
V350-65A	0,65	3,50	1,50		1,49	1,60	1,70	0,97	7,60
V470-65A	0,65	4,70	2,00		1,51	1,61	1,71	0,97	7,65
V600-65A	0,65	6,00	2,60		1,54	1,64	1,74	0,97	7,70
V800-65A	0,65	8,00	3,60		1,58	1,68	1,76	0,97	7,80
V940-65A	0,65	9,40	4,20		1,58	1,68	1,77	0,97	7,80

Teil 2 (1.87): kaltgewalzt, nichtkornorientiert, nicht schlußgeglüht

VH660-50	0,50	6,60	2,80		1,62	1,70	1,79		7,85
VH890-50	0,50	8,90	3,70		1,60	1,68	1,78		7,85
VH1050-50	0,50	10,50	4,30		1,58	1,65	1,77		7,85
VH800-65	0,65	8,00	3,30		1,62	1,70	1,79		7,85
VH1000-65	0,65	10,00	4,20		1,60	1,68	1,78		7,85
VH1200-65	0,65	12,00	5,00		1,58	1,65	1,77		7,85

Teil 3 (4.89): kornorientiert

VM89-27N[1]	0,27	0,89		1,40	1,75			0,950	7,65
VM97-30N[1]	0,30	0,97		1,50	1,75			0,955	7,65
VM111-35N[1]	0,35	1,11		1,65	1,75			0,960	7,65
VM130-27S[2]	0,27			1,30	1,78			0,950	7,65
VM140-30S[2]	0,30			1,40	1,78			9,955	7,65
VM155-35S[2]	0,35			1,55	1,78			0,960	7,65
VM111-30P[3]	0,30			1,11	1,85			0,955	7,65
VM117-30P[3]	0,30			1,17	1,85			0,955	7,65

Teil 4 (1.87): aus legierten Stählen, kaltgewalzt, nichtkornorientiert, nicht schlußgeglüht

VE340-50	0,50	3,40	1,40		1,52	1,62	1,73		7,65
VE390-50	0,50	3,90	1,60		1,54	1,64	1,75		7,70
VE450-50	0,50	4,50	1,90		1,55	1,65	1,76		7,75
VE560-50	0,50	5,60	2,40		1,56	1,66	1,77		7,80
VE390-65	0,65	3,90	1,60		1,52	1,62	1,73		7,65
VE450-65	0,65	4,50	1,90		1,54	1,64	1,75		7,70
VE520-65	0,65	5,20	2,20		1,55	1,65	1,76		7,75
VE630-65	0,65	6,30	2,70		1,56	1,66	1,77		7,80

[1] Kennbuchstabe N: Erzeugnisse mit normalen Ummagnetisierungsverlusten.
[2] Kennbuchstabe S: Erzeugnisse mit eingeschränkten Ummagnetisierungsverlusten.
[3] Kennbuchstabe P: Erzeugnisse mit niedrigen Ummagnetisierungsverlusten.

13.4 Magnetische Werkstoffe

13.4.3 Dauermagnetwerkstoffe nach DIN 17 410 (5.77)

Gruppe	Kurzname	Hauptbestandteile
Metallische Dauermagnetwerkstoffe	AlNiCo PtCo FeCoVCr SECo	Aluminium-Nickel-Cobalt-Eisen-Kupfer-Titan Platin-Cobalt Eisen-Cobalt-Vanadin-Chrom Seltenerdmetall-Cobalt
Keramische Dauermagnetwerkstoffe	Hartferrite	Zusammensetzung: $MeO \cdot x\,Fe_2O_3$ (mit Me = Ba, Sr und/oder Pb und mit x = 4,5 bis 6,5

Werkstoff	Chemische Zusammensetzung in %, Rest Fe (Richtwerte)						Remanenz B_r mT	Koerzitivfeldstärke $_BH_c$[1]) kA/m	Koerzitivfeldstärke $_JH_c$[2]) kA/m	$(B \cdot H)_{max}$-Wert kJ/m³	Dichte g/cm³
	Al	Co	Cu	Nb	Ni	Ti					
isotrope AlNiCo-Legierungen											
AlNiCo 9/5	11⋯13	0⋯5	2⋯4		21⋯28	0⋯1	550	44	47	9,0	6,8
AlNiCo 12/6	9⋯13	12⋯17	2⋯6		18⋯24	0⋯1	650	54	57	12,0	7,1
AlNiCo 18/9	6⋯8	24⋯34	3⋯6		13⋯19	5⋯9	600	80	86	18,0	7,2
anisotrope AlNiCo-Legierungen											
AlNiCo 35/5	8⋯9	23⋯26	3⋯4	0⋯1	13⋯16	–	1120	47	48	35,0	7,2
AlNiCo 44/5	8⋯9	23⋯26	3⋯4	0⋯1	13⋯16	–	1200	52	53	44,0	7,2
AlNiCo 52/6	8⋯9	23⋯26	3⋯4	0⋯1	13⋯16	–	1250	55	56	52,0	7,2
AlNiCo 26/6	7⋯9	25⋯27	3⋯4	0⋯3	14⋯16	0⋯1	900	58	60	26,0	7,2
AlNiCo 30/10	6⋯8	30⋯36	3⋯4	0⋯1	13⋯15	4⋯6	800	100	104	30,0	7,2
AlNiCo 60/11	6⋯8	35⋯39	2⋯4	0⋯1	13⋯15	4⋯6	900	110	112	60,0	7,2
AlNiCo 30/14	6⋯8	38⋯42	2⋯4	0⋯1	13⋯15	7⋯9	680	136	144	30,0	7,2
kunststoffgebundene isotrope AlNiCo-Legierungen											
AlNiCo 3/5p	11⋯13	0⋯5	2⋯4		21⋯28	0⋯1	280	37	46	3,1	5,3
AlNiCo 5/6p	9⋯13	12⋯17	2⋯6		18⋯24	0⋯1	320	46	56	5,2	5,4
AlNiCo 7/8p	6⋯8	24⋯34	3⋯6		13⋯19	5⋯9	340	72	84	7,0	5,5

Werkstoff	Chemische Zusammensetzung in %, Rest Fe (Richtwerte)				Remanenz B_r mT	Koerzitivfeldstärke $_BH_c$[1]) kA/m	Koerzitivfeldstärke $_JH_c$[2]) kA/m	$(B \cdot H)_{max}$-Wert kJ/m³	Relative permanente Permeabilität μ_p	Dichte g/cm³
	Pt	Co	V	Cr						
PtCo-Legierung										
PtCo 60/40	77⋯78	22⋯23			600	350	400	60,0	1,1	15,5
FeCoVCr-Legierungen										
FeCoVCr 11/2		51⋯54	8⋯15	0⋯4	800	24	24	11,0	2,0⋯8,0	8,2
FeCoVCr 4/1		51⋯54	3⋯15	0⋯6	1000	5	5	4,0	9,0⋯25,0	8,2
Seltenerdmetall-Cobalt-Legierung										
SECo 112/100					750	520	1000	112,0	1,1	8,1
isotrope und anisotrope Hartferrite										
Hartferrit 7/21					190	125	210	6,5	1,2	4,9
Hartferrit 20/19					320	170	190	20,0	1,1	4,8
Hartferrit 20/28					320	220	280	20,0	1,1	4,6
Hartferrit 24/23					350	215	230	24,0	1,1	4,8
Hartferrit 25/14					380	130	135	25,0	1,1	5,0
Hartferrit 25/25					370	230	250	25,0	1,1	4,8
kunststoffgebundene isotrope und anisotrope Hartferrite										
Hartferrit 1/18p					63	50	175	0,8	1,1	2,3
Hartferrit 3/18p					135	85	175	3,2	1,1	3,9
Hartferrit 9/19p					220	145	190	9,0	1,1	3,4

Zahlen im Kurzzeichen bedeuten vor dem Schrägstrich $(B \cdot H)_{max}$-Wert in kJ/m³; nach dem Schrägstrich ein Zehntel des $_JH_c$-Wertes in kA/m (gerundet). p bedeutet Bindemittel.

[1]) Koerzitivfeldstärke der magnetischen Flußdichte.   [2]) Koerzitivfeldstärke der magnetischen Polarisation.

13.5 Nichteisenmetalle

Werkstoffnummern nach DIN 17007 T4 (7.63) (s. auch S. 13-6)

Stelle	1	2	3	4	5	6	7

Stelle 1–2: Werkstoff-Hauptgruppe
Stelle 2–5: Sortennummern
Stelle 6–7: Anhängezahlen

Stelle 1	Werkstoff-Hauptgruppen
2	Nichteisenschwermetalle
3	Leichtmetalle

Sortennummer	Grundmetalle
2.0000 ··· 2.1799	Kupfer
2.2000 ··· 2.2499	Zink, Cadmium
2.3000 ··· 2.3499	Blei
2.3500 ··· 2.3999	Zinn
2.4000 ··· 2.4999	Nickel, Cobalt
2.5000 ··· 2.5999	Edelmetalle
2.6000 ··· 2.6999	Hochschmelzende Metalle
3.0000 ··· 3.4999	Aluminium
3.5000 ··· 3.5999	Magnesium
3.7000 ··· 3.7999	Titan

Stelle 6	Zustandsgruppe
0	unbehandelt
1	weich
2	kaltverfestigt (Zwischenhärten)
3	kaltverfestigt („hart" und darüber)
4	lösungsgeglüht, ohne mechan. Nacharbeit
5	lösungsgeglüht, kaltnachbearbeitet
6	warmausgehärtet, ohne mechan. Nacharbeit
7	warmausgehärtet, kaltnachbearbeitet
8	entspannt, ohne vorherige Kaltverfestigung
9	Sonderbehandlungen (z. B. Stabilisierungsglühen)

Werkstoffkurzzeichen für Nichteisenmetalle nach DIN 1700 (7.54)

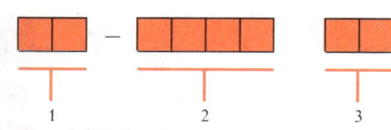

1. Herstellung und Verwendung
2. Zusammensetzung: chemische Symbole für Grundwerkstoff und Legierungselemente, falls erforderlich auch Kennzahlen in Prozent (meist nur für Legierungselemente).
3. Besondere Eigenschaften.

Herstellung/Verwendung		Zusammensetzung		Besondere Eigenschaften	
E	elektrische Leitlegierung	Al	Aluminium	F	Mindestzugfestigkeit als 10. Teil in N/mm²
E1	sauerstoffhaltig	Ag	Silber		
E2	sauerstoffhaltig	As	Arsen	H	Hüttenwerkstoff
F	feuerraffiniert (sauerstoffhaltig)	Be	Beryllium	L	Leitfähigkeit
S	sauerstofffrei	Co	Cobalt	R	Reinstwerkstoff
		Cr	Chrom		
		Cu	Kupfer	a	ausgehärtet
G	Guß (allgemein) Sand- und Formguß	Cd	Cadmium	g	geglüht und abgeschreckt
GC	Strangguß	Fe	Eisen		
GD	Druckguß	Mg	Magnesium	h	hart
GK	Kokillenguß	Mn	Mangan	fh	federhart
GZ	Schleuderguß (Zentrifugalguß)	Mo	Molybdän	hh	halbhart
		Nb	Niob	ho	homogenisiert
		Ni	Nickel	ka	kaltausgehärtet
Gl	Gleitmetall (Lagermetall)	P	Phosphor	p	gepreßt
		Pb	Blei	pl	plattiert
L	Lot	S	Schwefel	ta	teilausgehärtet
S	Schweißzusatzlegierung	Si	Silicium	w	weich
V	Vor- und Verschnittlegierung	Sn	Zinn	wa	warmausgehärtet
		Te	Tellur	wh	walzhart
		Ti	Titan	zh	ziehhart
		Zn	Zink		
		Zr	Zirkon		

13.5 Nichteisenmetalle

13.5.1 Nichteisenmetalle und ihre Legierungen

Kupfer nach DIN 1708 (1.73)

Kurzzeichen	Zusammensetzung in %	Elektr. Leitfähigkeit	Verwendung
Katodenkupfer			
KE-Cu	99,9 Cu	mind. 58 m/($\Omega \cdot$ mm²)	Katoden
Kupfer-sauerstoffhaltig			
E 1-Cu 58	99,9 Cu, 0,005···0,04 Sauerstoff	im weichen Zustand	ohne Anforderung an
E 2-Cu 58	99,9 Cu, 0,005···0,04 Sauerstoff	mind. 58 m/($\Omega \cdot$ mm²)	Schweiß- und
E-Cu 57	99,9 Cu, 0,005···0,04 Sauerstoff	mind. 57 m/($\Omega \cdot$ mm²)	Hartlötbarkeit
Kupfer-sauerstofffrei, nicht desoxidiert			
OF-Cu	99,95 Cu	mind. 58 m/($\Omega \cdot$ mm²)	Herstellung von Gußstücken und Legierungen
Kupfer-sauerstofffrei, mit Phosphor desoxidiert			
SE-Cu	99,9 Cu, 0,003 P	mind. 57 m/($\Omega \cdot$ mm²)	gut schweiß- und lötbar
SW-Cu	99,9 Cu, 0,005···0,014 P	mind. 57 m/($\Omega \cdot$ mm²)	gut schweiß- und lötbar
SF-Cu	99,9 Cu, 0,015···0,04 P	etwa 52 m/($\Omega \cdot$ mm²)	sehr gut schweiß- und lötbar

Kupfer für Bleche und Bänder der Elektrotechnik nach DIN 40500 Teil 1 (4.80)

Kurzzeichen	Festigkeitskurzzeichen	Dicke mm	Zugfestigkeit R_m N/mm²	0,2-Grenze[1] $R_{p\,0,2}$ N/mm²	Bruchdehnung A_5 % (min.)	Bruchdehnung A_{10} % (min.)	Brinell-Härte HB 2,5/62,5	Elektr. Eigensch. b. 20°C spez. Widerstand ϱ $\Omega \cdot$ mm²/m	Leitfähigkeit γ m/($\Omega \cdot$ mm²)
E-Cu 57	F 20	0,1···1	200···250	max. 120	38	32	45···70	0,01754	57
E-Cu 58								0,01724	58
SE-Cu[2]		über 1···5			45	38		0,01754	57
E-Cu 57 SE-Cu[2] CuAg0,1 CuAg0,1P	F 25	0,1···1	250···300	min. 200 (bis 290)	17	14	70···90	0,01786	56
		über 1···5			20	16			
	F 30	0,1···1	300···360	min. 250 (bis 350)	7	4	85···105	0,01818	55
		über 1···5			8	5		0,01786	56
	F 37	0,1···1	min. 360	min. 320	3	2	95···120	0,01818	55
		über 1···3			5	3			
E-Cu 58	F 25	0,1···1	250···300	min. 200 (bis 290)	17	14	70···90	0,01737	57,5
		über 1···5			20	16			
	F 30	0,1···1	300···360	min. 250 (bis 350)	7	4	85···105	0,01786	56
		über 1···5			8	5		0,01770	56,5
	F 37	0,1···1	min. 360	min. 320	3	2	95···120	0,01786	56
		über 1···3			5	3			

Aluminium für die Elektrotechnik nach DIN 40501 Teil 1···3 (6.85), **Teil 4** (8.73)

Kurzzeichen	Zugfestigkeit R_m N/mm²	0,2-Grenze N/mm;	Bruchdehnung A_5 in %	Brinellhärte HB	Elektrische Leitfähigkeit γ_{20} m/($\Omega \cdot$ mm²)	Verwendung
E-Al F 7	65···100	25···80	25	20···30	35,4	Bleche, Bänder, Rohre, Profile, Stangen, Drähte
E-Al F 8	80	50···105	15	22···32	35,2	
E-Al F 10	100···140	70···120	7	28···38	34,8	
E-Al F 13	130	110···160	5	32	34,5	
E-AlMgSi 0,5 F 17	170···220	120···180	12	45···65	32	
E-AlMgSi 0,5 F 22	215···280	160···240	12	65···90	30	

[1] Eingeklammerte Werte nur dann bindend, wenn sie vereinbart werden.
[2] Kann auch mit einer elektr. Leitfähigkeit mindestens 58 m/($\Omega \cdot$ mm²) im weichen Zustand geliefert werden.

13.5 Nichteisenmetalle

Kurzzeichen	Zusammensetzung (Masseanteil) in %	Dichte kg/dm³	Verwendung
Kupfer-Zink-Legierung nach DIN 17660 (12.83)			
CuZn5	94···96 Cu, Rest Zn. Zulässig: 0,02 Al, 0,05 Fe, 0,2 Ni, 0,05 Pb, 0,05 Sn	8,9	für Dämpferstäbe, als Emaillier-Qualität
CuZn10	89···91 Cu, Rest Zn. Zulässig: wie CuZn5	8,8	Installationsteile für Elektrotechnik
CuZn15	84···86 Cu, Rest Zn. Zulässig: wie CuZn5	8,8	für Schlauchrohre, Druckmeßgeräte, Hülsen für Federungskörper
CuZn20	79···81 Cu, Rest Zn. Zulässig: wie CuZn5	8,7	
CuZn28	71···73 Cu, Rest Zn. Zulässig: wie CuZn5	8,6	Musikinstrumente, Blattfedern, Tiefziehteile aller Art, Kühlerbänder
CuZn30	69···71 Cu, Rest Zn. Zulässig: wie CuZn5	8,5	
CuZn33	66···68,5 Cu, Rest Zn. Zulässig: wie CuZn5	8,5	Kühlerbänder
CuZn36	63,5···65 Cu, Rest Zn. Zulässig: wie CuZn5	8,4	Zifferblätter, sonst wie CuZn37
CuZn37	62···64 Cu, Rest Zn. Zulässig: 0,03 Al, 0,1 Fe, 0,3 Ni, 0,1 Pb, 0,1 Sn	8,4	Hauptlegierung für Kaltumformen durch Tiefziehen, Drücken, Stauchen, Walzen
CuZn40	59,5···61,5 Cu, Rest Zn. Zulässig: 0,05 Al, 0,2 Fe, 0,3 Ni, 0,3 Pb, 0,2 Sn	8,4	Beschlag- und Schloßteile, Nippeldraht, Kondensatorböden
Kupfer-Zinn-Legierungen nach DIN 17662 (12.83)			
CuSn4	3,5···4,5 Sn, 0,01···0,35 P, Rest Cu. Zulässig: 0,1 Fe, 0,3 Ni, 0,05 Pb, 0,3 Zn	8,9	stromführende Federn, Steckverbinder
CuSn6	5,5···7 Sn, sonst wie CuSn4	8,8	Federn, Steckverbinder, Siebdrähte
CuSn8	7,5···8,5 Sn, sonst wie CuSn4	8,8	Gleitelemente, Holländermesser
CuSn6Zn6	5···7 Sn, 0,01···0,1 P, 5···7 Zn, Rest Cu. Zulässig: 0,1 Fe, 0,3 Ni, 0,05 Pb	8,8	Verschleißteile aller Art
Kupfer-Nickel-Legierungen nach DIN 17664 (12.83) (Auszug)			
CuNi9Sn2	8,5···10,5 Ni, 1,8···2,8 Sn, Rest Cu. Zulässig: 0,3 Fe, 0,3 Mn, 0,03 Pb, 0,1 Zn	8,9	federnde Kontakte (Relais, Schalter, Steckverbinder), Lötrahmen, Gehäuse
CuNi10Fe1Mn	9···11 Ni, 1···2 Fe, 0,5···1 Mn, Rest Cu. Zulässig: 0,05 C, 0,03 Pb, 0,05 S, 0,5 Zn	8,9	Rohre für Seewasserleitungen; Rohre, Platten, Böden für Wärmetauscher
CuNi25	24···26 Ni, Rest Cu. Zulässig: 0,3 Fe, 0,5 Mn, 0,05 C, 0,03 Pb, 0,02 S, 0,5 Zn	8,9	Münzlegierung, Plattierwerkstoff
CuNi44Mn1	43···45 Ni, 0,5···2 Mn, Rest Cu. Zulässig: 0,5 Fe, 0,05 C, 0,01 Pb, 0,02 S, 0,2 Zn	8,9	Anlaß-, Regel-, Kontroll- und Belastungswiderstände, Röhreneinbauwerkstoff

13.5.2 Widerstandslegierungen nach DIN 17471 (4.83)

Kurzzeichen	Zusammensetzung (Masseanteile) in %						Spez. Widerstand b. 20 °C $\Omega \cdot mm^2 / m$	Anwendungsgrenze °C	Temperaturkoeffizient d. Widerstands zwischen 20 und 105 °C $10^{-6}/K$	Mittlere Wärmeausdehn. 20···400 °C $10^{-6}/K$	Verwendung
	Al	Cr	Fe	Mn	Si	Ni	Cu					
CuNi2	–	–	–	–	–	2	Rest	0,05	300	+1000···+1600	17,5	niedrigohmige Widerstände
CuNi6	–	–	–	–	–	6	Rest	0,10	300	+500···+900	17,5	Heizdrähte ger. Temperatur
CuMn3	–	–	–	3	–	–	Rest	0,125	200	+280···+380	18	niedrigohmige Widerstände ger. Belastung
CuNi10	–	–	–	–	–	10	Rest	0,15	400	+350···+450	17,5	wie CuNi2/CuNi6
CuNi23Mn	–	–	–	1,5	–	23	Rest	0,3	500	+220···+280	17,5	Widerstände, Heizdrähte und -kabel
CuNi30Mn	–	–	–	3	–	30	Rest	0,4	500	+80···+130	16	Widerstände, Anlasser, Kennmelder
CuMn12Ni	–	–	–	12	–	2	Rest	0,43	140	–10···+10	19,5	Präzisions- und Meßwiderstände
CuNi44	–	–	1	–	–	44	Rest	0,49	600	–80···+40	15	Widerstände, Potentiometer, Heizdrähte
CuMn12NiAl	1,2	–	–	12	–	5	Rest	0,5	500	–50···+50	19	Widerstände
NiCr8020	–	20	–	–	–	Rest	–	1,08	600	+50···+150	15	hochohmige Widerstände, Heizleiter
NiCr6015	–	15	20	–	–	Rest	–	1,11	600	+100···+200	15	
NiCr20AlSi	3,5	20	0,5	0,5	1	Rest	–	1,32	200	–50···+50	15	hochohmige Präzisions- und Meßwiderstände

13.5 Nichteisenmetalle

13.5.3 Thermobimetalle nach DIN 1715 Teil 1 (11.83)

Kurz-zeichen	Werkstoff-kurzzeichen	Spezifische thermische [1]		Linearitäts-bereich	Anwen-dung bis	Spez. elektr. Widerstand bei 20 °C	Spez. Wärme-kapazität bei 20 °C	Wärmeleit-zahl
		Krümmung $10^{-6} K^{-1}$	Ausbiegung $10^{-6} K^{-1}$	°C	°C	$\mu\Omega \cdot m$	Ws/(g·K)	W/(m·K)
TB20110	MnCuNi	39,0±5%	20,8	−20···200	350	1,10± 5%	0,46	6
TB1577A	NiMn20 6	28,5±5%	15,5	−20···200	450	0,78± 5%	0,46	13
TB1577B	X60NiMn14 7	28,5±5%	15,5	−20···200	450	0,78± 5%	0,46	13
TB1170A	NiMn20 6	22,0±5%	11,7	−20···380	450	0,70± 5%	0,46	13
TB1170B	X60NiMn14 7	22,0±5%	11,7	−20···380	450	0,70± 5%	0,46	13
TB1075	NiCr16 11	20,0±5%	10,8	−20···200	550	0,75± 5%	0,46	19
TB0965	NiMn20 6	18,6±5%	9,8	−20···425	450	0,65± 5%	0,46	15
TB1555	NiMn20 6	28,2±5%	15,0	−20···200	450	0,55± 5%	0,46	16
TB1435	NiMn20 6	27,4±5%	14,8	−20···200	450	0,35± 5%	0,46	22
TB1425	NiMn20 6	26,1±5%	14,0	−20···200	450	0,25± 7%	0,44	28
TB1511	NiMn20 6	27,8±5%	15,0	−20···200	400	0,11±10%	0,44	70
TB1109	NiMn20 6	21,6±5%	11,5	−20···380	400	0,09±10%	0,46	88

Das Kurzzeichen TB... wird gebildet aus dem Wert für die spezifische thermische Ausbiegung α in $10^{-6} \cdot K^{-1}$ und dem Wert des spezifischen elektrischen Widerstands ϱ in μΩm · 100.

13.5.4 Heizleiterlegierungen für Rund- und Flachdrähte nach DIN 17470 (10.84)

Kurzname	Zusammensetzung Masseanteile in %				Spez. elektr. Widerstand ϱ [2] in $\Omega \cdot mm^2/m$ bei °C					Dichte bei 20 °C	Zug-festig-keit [3]	Wärmeausdehnungs-koeffizient $10^{-6}/K$ zwischen 20 °C und		
					20	200	400	600	800	1100					
					zulässige Abweichung										
	Al	Cr	Fe	Ni	±5%		±6%	±7%		±8%	g/cm³	N/mm²	400 °C	800 °C	1000 °C
NiCr 80 20	−	20	−	80	1,12	1,13	1,15	1,15	1,14	1,16	8,3	650	15	16	17
NiCr 70 30	−	30	−	70	1,19	1,22	1,24	1,24	1,24	1,25	8,1	650	15	16	17
NiCr 60 15	−	15	22	60	1,13	1,16	1,20	1,21	1,22	1,26	8,2	600	15	16	17
NiCr 30 20	−	20	Rest	30	1,04	1,11	1,17	1,22	1,26	1,32	7,9	600	16	18	19
CrNi 25 20	−	25	Rest	20	0,95	1,03	1,11	1,18	1,22	1,28	7,8	600	17	18	19
CrAl 25 5	5	25	Rest	−	1,44	1,44	1,45	1,46	1,48	1,49	7,1	600	12	14	15
CrAl 20 5	5	20	Rest	−	1,37	1,38	1,39	1,42	1,44	1,45	7,2	600	12	14	15
CrAl 14 4	4	14	Rest	−	1,25	1,27	1,30	1,34	1,39	1,44	7,3	600	12	14	15

Kurzname	Obere Anwen-dungstempe-ratur an Luft °C	Beständigkeit bei 20 °C gegen atmosphärische Korrosion	Beständigkeit bis obere Anwendungstemperatur gegen				Aufkohlung
			Luft und andere sauer-stoffhaltige Gase	stickstoff-haltige, sauerstoff-arme Gase	schwefelhaltige Gase		
					oxidierend	reduzierend	
NiCr 80 20	1 200	hoch	hoch	hoch	gering	gering	gering
NiCr 70 30	1 200	hoch	hoch	hoch	mittel	gering	gering
NiCr 60 15	1 150	hoch	hoch	hoch	gering	gering	hoch
NiCr 30 20	1 100	hoch	hoch	mittel	gering	gering	hoch
CrNi 25 20	1 050	hoch	hoch	mittel	hoch	hoch	mittel
CrAl 25 5	1 300	mittel	hoch	hoch	gering	hoch	hoch
CrAl 20 5	1 200	mittel	hoch	hoch	gering	hoch	hoch
CrAl 14 4	1 000	mittel	hoch	hoch	gering	hoch	hoch

[1] Für den Temperaturbereich 20 bis 130 °C.
[2] Die Werte gelten für den Zustand, der sich nach 15 min langem Glühen bei über 600 °C und anschließender langsamer Abkühlung (Abkühlungs-geschwindigkeit ≦ 10 K/min) einstellt.
[3] Bei 20 °C, weichgeglüht.

13.5 Nichteisenmetalle

13.5.5 Lote

Kurzzeichen	Chemische Zusammensetzung in Gew.-%	Schmelzber. °C fest	Schmelzber. °C flüssig	Arbeits- temp. °C	Verwendung
	**Weichlote für Schwermetalle nach DIN 1707 (2.81) (Auszug)**				
a) Blei-Zinn und Zinn-Blei-Weichlote					
L-PbSn 35 Sb	35 Sn; 0,5···2,0 Sb; Rest Pb	186	235		Schmierlot, Bleilötungen,
L-Sn 50 PbSb	50 Sn; 0,5···3,0 Sb; Rest Pb	186	205		feinere Klempnerarbeiten,
L-Sn 60 Pb (Sb)	60 Sn; 0,12···0,5 Sb; Rest Pb	183	190		Verzinnung, Feinlötungen, Elektroindustrie
b) Zinn-Blei-Weichlote mit Kupfer oder Silber-Zusatz					
L-Sn 50 PbCu	50 Sn; 1,2···1,6 Cu; Rest Pb	183	215		Elektrogerätebau, Elek-
L-Sn 60 PbCu	60 Sn; Rest Pb	183	190		tronik, Miniaturtechnik,
L-Sn 50 PbAg	50 Sn; 3,0···4,0 Ag; Rest Pb	178	210		gedruckte Schaltungen
L-Sn 60 PbAg	60 Sn; 3,0···4,0 Ag; Rest Pb	178	180		
c) Sonder-Weichlote					
L-SnAg 5	3,0···5,0 Ag; Rest Sn	221	240		Elektro- u. Kälteindustrie
L-PbAg 3	2,1···3,0 Ag; Rest Pb	304	305		Elektromotoren
L-SnPbCd 18	32 Pb; 18 Cd; Rest Sn	145	145		Schmelzsicherungen, Kabellötung
d) Weichlote					
L-SnZn 10	8···15 Zn; Rest Sn	200	250		Reiblot, Ultraschall-Löten
L-SnZn 40	30···50 Zn; Rest Sn	200	350		Reiblot, Löten mit
L-CdZn 20	17···25 Zn; Rest Cd	265	280	280	Flußmittel
	**Hartlote für Schwermetalle nach DIN 8513 T 1···4 (Auszug)**				
a) Kupferlote (T 1/10.79)					
L-CuSn 6	5···8 Sn; bis 0,4 P; Rest Cu	910	1040	1040	Eisen- und Nickel-
L-CuSn 12	11···13 Sn; bis 0,4 P; Rest Cu	825	990	990	werkstoffe
L-ZnCu 42	41···43 Cu; Rest Zn	835	845	845	Neusilber
L-CuZn 46	53···55 Cu; Rest Zn	880	890	890	Stahl, Temperguß, Cu u. Cu-Legierung
L-CuNi 10 Zn 42	46···50 Cu; 8···11 Ni; 0,1···0,3 Si; Rest Zn	890	920	910	Stahl, Temperguß, Ni u. Ni-Legierung, Gußeisen
L-CuP 7	6,7···7,5 P; Rest Cu	710	820	720	Kupfer
b) Silberhaltige Hartlote mit weniger als 20% Silber (T 2/10.79)					
L-Ag 12 Cd	11···13 Ag; 5···9 Cd; 49···51 Cu; Rest Zn	620	825	800	Stahl, Temperguß, Cu u. Cu-Legierungen, Ni u. Ni-Legierungen
L-Ag 12	11···13 Ag; 47···49 Cu; Rest Zn	800	830	830	
L-Ag 15 P	14···16 Ag; 4,7···5,3 P; Rest Cu	650	800	710	Kupfer, Messing, Bronze, Rotguß, Cu- u. Zn-Leg.
L-Ag 5 P	4···6 Ag; 5,7···6,3 P; Rest Cu	650	810	710	Cu- u. Sn-Legierungen
c) Silberhaltige Hartlote mit mind. 20% Silber (T 3/6.86)					
L-Ag 50 Cd	49···51 Ag; 15···19 Cd; 14···16 Cu; Rest Zn	620	640	640	Edelmetalle, Cu-Leg., Stahl
L-Ag 40 Cd	39···41 Ag; 18···22 Cd; 18···20 Cu; Rest Zn	595	630	610	Stahl, Temperguß, Cu u. Cu-Legierungen, Ni u. Ni-Legierungen
L-Ag 20 Cd	19···21 Ag; 13···17 Cd; 39···41 Cu; Rest Zn	605	765	750	
L-Ag 25	24···26 Ag; 40···42 Cu; Rest Zn	700	800	780	Stahl, Temperguß, Cu und Cu-Legierungen, Ni und Ni-Legierungen
L-Ag 20	19···21 Ag; 43···45 Cu; Rest Zn	690	810	810	
L-Ag 72	71···73 Ag; Rest Cu	779	779	780	
L-Ag 60	59···61 Ag; 25···27 Cu; Rest Zn	695	730	710	
d) Hartlote (Aluminiumbasislote) (T 4/2.81)					
L-AlSi 7,5	Si 6,8···8,2; Rest Al	575[1]	615[1]	615[1]	Lotplattiertes Blech
L-AlSi 10	Si 9,0···10,5; Rest Al	575[1]	595[1]	605[1]	Lotplattiertes Blech
L-AlSi 12	11,0···13,5; Rest Al	575[1]	590[1]	600[1]	angesetzt, eingelegt

[1] Schmelzbereich und Arbeitstemperatur sind Richtwerte

13.6 Kunststoffe

13.6.1 Kennzeichnung der Polymere nach DIN 7728 T1 (1.88)

Aufbau des Kurzzeichens: □□□ — □□□□
1 2 3   4

Stelle	Erläuterung
1	Buchstabe für Basispolymer (z. B. PP für Polypropylen). Buchstaben bei Copolymeren; die Komponenten werden durch Schrägstrich getrennt (z. B. S/B für Styrol/Butadien).
2	Zahlen nach dem/den ersten Buchstaben kennzeichnen verschiedene Kondensationsreihen (z. B. PA 11 für Polymer aus 11-Aminoundecansäure).
3	Mittestrich
4	Kennbuchstaben für besondere Eigenschaften; möglich sind bis zu vier Angaben (z. B. PVC-P für Polyvinylchlorid, weichmacherhaltig).

Kennzeichen für besondere Eigenschaften

Zeichen	Eigenschaften	Zeichen	Eigenschaften	Zeichen	Eigenschaften
C	chloriert	I	schlagzäh	U	ultra, weichmacherfrei
D	Dichte	L	linear, niedrig	V	sehr
E	verschäumt, verschäumbar	M	Masse, mittel, molekular	W	Gewicht
F	flexibel, flüssig	N	normal, Novolak	X	vernetzt, vernetzbar
H	hoch	P	weichmacherhaltig		
		R	erhöht, Resol		

Kurzzeichen	Erklärung	Kurzzeichen	Erklärung	Kurzzeichen	Erklärung
ABS	Acrylnitril/Butadien/Styrol (-Polymer)	PA 610	Polymer aus Hexamethylendiamin und Sebazinsäure	PSU	Polysulfon
A/MMA	Acrylnitril/Methylmethacrylat (-Polymer)	PA 6/12	Copolymer aus ε-Caprolactam und ω-Dodecanolactam	PTFE	Polytetrafluorethylen
				PUR	Polyurethan
ASA	Acrylnitril/Styrol/Acrylester (-Polymer)	PA 11	Polymer aus 11-Aminoundecansäure	PVAC	Polyvinylacetat
				PVAL	Polyvinylalkohol
CA	Celluloseacetat	PA 12	Polymer aus ω-Dodecanolactam	PVB	Polyvinylbutyral
CAB	Celluloseacetobutyrat			PVC	Polyvinylchlorid
CF	Kresol-Formaldehyd	PA 66/610	Copolymer aus Hexamethylendiaminadipinsäure und Sebazinsäure	PVC-C	Chloriertes Polyvinylchlorid
CMC	Carboxymethylcellulose, Celluloseglykolsäure			PVDC	Polyvinylidenchlorid
				PVDF	Polyvinylidenfluorid
CN	Cellulosenitrat	PAN	Polyacrylnitril	PVF	Polyvinylfluorid
CP	Cellulosepropionat	PB	Polybuten-1	PVFM	Polyvinylformal
CSF	Casein-Formaldehyd	PBT	Polybuthylenterephthalat	PVK	Polyvinylcarbazol
CTA	Cellulosetriacetat	PC	Polycarbonat	PVP	Polyvinylpyrrolidon
EC	Ethylcellulose	PCTFE	Polychlortrifluorethylen	SAN	Styrol/Acrylnitril
E/EA	Ethylen/Ethylacrylat	PDAP	Polydiallylphthalat	S/B	Styrol/Butadien
EP	Epoxid (-Harz)	PE	Polyethylen	S/MA	Styrol/Moleinsäureanhydrid
E/VA	Ethylen/Vinylacetat	PE-C	Chloriertes Polyethylen		
E/VAL	Ethylen/Vinylalkohol	PEOX	Polyethylenoxid	S/MS	Styrol/α-Methylstyrol
E/TFE	Ethylen/Tetrafluorethylen	PET	Polyethylenterephthalat	UF	Harnstoff-Formaldehyd (-Harz)
FEP	Tetrafluorethylen/Hexafluorpropylen	PF	Phenol-Formaldehyd	UP	Ungesättigter Polyester
		PI	Polyimid	VC/E	Vinylchlorid/Ethylen
		PIB	Polyisobutylen	VC/E/MA	Vinylchlorid/Ethylen/Methylacrylat (-Polymer)
MBS	Methacrylat/Butadien/Styrol (-Polymer)	PIR	Polyisocryanurat		
		PMI	Polymethacrylimid	VC/E/VAC	Vinylchlorid/Ethylen/Vinylacetat (-Polymer)
MC	Methylcellulose	PMMA	Polymethylmethacrylat		
MF	Melamin-Formaldehyd	PMP	Poly-4-methylpenten-1	VC/MA	Vinylchlorid/Methylacrylat (-Polymer)
MPF	Melamin/Phenol-Formaldehyd (-Harz)	POM	Polyoxymethylen, Polyformaldehyd, Polyacetal	VC/MMA	Vinylchlorid/Methylmethacrylat (-Polymer)
PA	Polyamid	PP	Polypropylen		
PA 6	Polymeres aus ε-Caprolactam	PPE	Polyphenylenether	VC/OA	Vinylchlorid/Octylacrylat (-Polymer)
		PPOX	Polypropylenoxid		
PA 66	Polykondensat aus Hexamethylendiamin und Adipinsäure	PPS	Polyphenylensulfid	VC/VAC	Vinylchlorid/Vinylacetat (-Polymer)
		PPSU	Polyphenylensulfon	VC/VDC	Vinylchlorid/Vinylidenchlorid (-Polymer)
		PS	Polystyrol		

13.6 Kunststoffe

13.6.2 Thermoplaste (Plastomere)

Werkstoff nach DIN 7728 T1 (1.88)	Handelsname	Chemische Beständigkeit	Eigenschaften	Verwendung
CA Celluloseacetat CAB, CP	Cellidor, Cellit, Cellan, Trolit	Benzin, Benzol, Trichlorethylen	hart, zäh, glasklar, einfärbbar, hohe Wasseraufnahme, geruch-, geschmackfrei, schalldämmend	bis 80 °C, Brillengestelle, Folien, Gerätegehäuse, Werkzeuggriffe
PA Polyamide	Durethan, Rilsan, Ultramid, Vestamid, Nylon, Perlon	Alkohol, Kraftstoffe, Öle, schwache Laugen, Säuren, Salze	hart, sehr zäh, teilkristallin, abriebfest, gleitfähig, schall-, schwingungsdämpfend, maßbeständig	bis 100 °C formbest., kurzzeitig bis 150 °C, Druckschläuche, Feinwerktechnik, Lager, Fasern, Zahnräder
PC Polycarbonat	Makrolon, Makrofol, Lexan	Alkohol, Benzin, Öl, schwache Säuren	hart, steif, schlagfest, formstabil, glasklar, glänzend, elektr. Isolierung	bis 135 °C, schlagzäh bis −100 °C, Gehäuse, Schalter, Stecker, Filme, Lacke
PE Polyethylen	Hostalen, Lupolen, Vestolen, Trolen	Laugen, Lösungsmittel, Säuren, keine Wasseraufnahme, witterungsbeständig	weich, flexibel (PE-LD) bis steif, unzerbrechlich (PE-HD), teilkristallin, durchscheinend bis milchig, geruchfrei	bis 80 °C (PE-LD), bis 100 °C (PE-HD), Behälter, Dichtungen, Hohlkörper, Folien, Isoliermaterial, Rohre
PI Polyimide	Kapton, Vespel	fast alle Lösungsmittel (außer Laugen)	abriebfest, formbeständig, sehr gute Gleit- und elektrische Eigenschaften, geringste Gasdurchlässigkeit, strahlenbeständig	bis 280 °C dauernd, bis 480 °C kurzzeitig, bis −240 °C kältebeständig, Formgebung durch Sintern, Dichtungen, Lager
PMMA Poly(methylmethacrylat)	Degulan, Plexiglas, Resarit	schwache Laugen, Säuren, Benzin, witterungsbeständig	hart, spröde, splittert nicht, alterungsbeständig, transparent	bis 90 °C, Modelle, Leuchten, Sicherheitsverglasungen, Zeichengeräte
POM Polyoxymethylen	Delrin, Hostaform, Ultraform	fast alle Lösungsmittel	hart, zäh, teilkristallin, maßbeständig, geringe Wasseraufnahme	bis 150 °C, Armaturen, Beschläge, Lager, Zahnräder
PP Polypropylen	Hostalen PP, Luparen, Novolen, Vestolen P	ähnlich PE	hart, unzerbrechlich, formstabil, teilkristallin, geruch-, geschmackfrei	bis 130 °C, versprödet unter 0 °C, Batteriekästen, Geräteteile, Waschmaschinenteile
PS Polystyrol	Hostyron, Trolitul, Vestyron	Alkohol, Laugen, Öl, Säuren, Wasser	hart, spröde, steif, glasklar, glänzend, einfärbbar, geruch- und geschmackfrei	bis 80 °C, Isolierfolien, Spielwaren, Verpackungen, Zeichengeräte
S/B Styrol/Butadien (PS schlagfest)	Hostyren, Polystyrol 400, Vestyron 500	wie PS	schlagfest, schwer zerbrechlich, Versprödung durch Licht, Wärme, sonst wie PS	bis 70 °C, Behälter, Elektroinstallation, Geräte- und Tiefziehteile
SAN Styrol/Acrylnitril	Luran, Vestoran	ätherische Öle, sonst wie PS	sehr schlagzäh, steif, stabil, temperatur-, wechselbeständig	bis 95 °C, Batteriekästen, Gerätegehäuse, Spielwaren

13.6 Kunststoffe

Werkstoff nach DIN 7728 T1 (1.88)	Handelsname	Chemische Beständigkeit	Eigenschaften	Verwendung
ABS Acrylnitril/ Butadien/Styrol	Novodur, Terluran, Vestodur	besser als PS	alterungsbeständig, sonst wie SAN	bis 95 °C, Armaturen, Batteriekästen, Schutzhelme
PS-E Polystyrol verschäumt	Styropor, Vestypor	wie S/B	geringe Dichte, gute Schall-, Wärmedämmung	Platten für Wärme-, Schallschutz, Schwimmkörper, Verpackungen
PVC-H D Poly(vinylchlorid)	Hostalit, Trosiplast, Vestolit, Vinnol, Vinoflex	Alkohol, Laugen, Säuren, Mineralöl	abriebfest, hornartig zäh	bis 60 °C, Rohre, Fittings, Folien, Hohlkörper, Batteriekästen
PVC-L D Poly(vinylchlorid)	Acella, Mipolam, Skay, Vestolit	etwas geringer als PVC hart	abriebfest, gummibis lederartig, keine Wasseraufnahme	bis 80 °C, Bekleidung, Bodenbelag, Folien, el. Isolierung
PTFE Poly(tetrafluorethylen)	Hostaflon, Teflon	beste Beständigkeit	hart, zäh, teilkristallin, keine Wasseraufnahme, sehr gute Gleit- und elektrische Eigenschaften, nicht benetzbar	bis 250 °C, kältebeständig bis −90 °C, Formgebung durch Sintern, Beschichtungen, Dichtungen, Isolierfolien, Lager
13.6.3 Duroplaste (Duromere)				
EP Epoxyd (-Harz)	Araldit, Epikote, Epoxin, Lekutherm, Uhu-plus	Alkohol, schwache Laugen, Säuren, Lösungsmittel, geringe Wasseraufnahme, witterungsbest.	hart, zäh, schwer zerbrechlich, glasklar bis gelblich, gute Haft- und elektrische Eigenschaften, geruch- und geschmackfrei	bis 130 °C, Gieß-, Laminier-, Kleb- und Lackharz, elektrische Isolierungen, Schalter, Geräte
PF Phenol-Formaldehyd	Alberite, Bakelite, Corephan, Luphen, Supraplast	schwache Laugen, Säuren, Lösungsmittel, Wasser	hart, spröde, gelbbraun, einfärbbar gute elektrische Isolierung	bis 100 °C, Schalter, Gehäuse, Kupplungs-, Bremsbeläge, Lager, Hartpapier, Schichtpreßholz, Gieß-, Kleb-, Laminierharz
PUR Polyurethan	Bayflex, Contilan, Desmocoll, Lycra, Moltopren, Ultramid, Vulkollan	schwache Laugen, Säuren, Lösungsmittel, Öl, Treibstoffe	hart, zäh (Duroplast) bis weich, elastisch (Elastomer), abriebfest, gelblich, gute Haftfähigkeit, alterungsbeständig	Kupplungsbeläge, Lager, Laufrollen, Riemen, Zahnräder, Lack- und Klebharz, Schaumformteile
UF Harnstoff-Form. (-Harz) MF Melamin-Form.	Hornitex, Kaurit, Pollopas, Resamin, Resopal, Urecoll	Lösungsmittel, Öl	hart, schlagfest, glasklar, lichtecht, geruch- und geschmackfrei	MF bis 130 °C, UF bis 90 °C, Holzleim, Haushalts-, Küchengeräte, Möbelschichtstoffe
UP Ungesättigter Polyester	Aldenol, Laminac, Leguval, Palatal, Vestopal, Diolen, Trevira	schwache Laugen, Säuren, Lösungsmittel, witterungsbeständig	je nach Füllstoff hart, zäh bis weich elastisch, glasklar, glänzend, einfärbbar, gute Haft- und elektrische Eigenschaften	bis 120 °C, Fasern, Textilien, Gieß-, Laminier-, Kleb- und Lackharz, Kunstharzbeton

13.6 Kunststoffe

13.6.4 Eigenschaften von Kunststoffen

Kunststoff	Kurzzeichen	Mechanische Eigenschaften			Elektrische Eigenschaften		
		Dichte kg/dm^3	Zugfestigkeit N/mm^2	Kerbschlagzähigkeit $N \cdot mm/mm^2$	Spez. Widerstand $\Omega \cdot cm$ [1]	Oberflächenwiderstand Ω [1]	Permittivitätszahl ε_r
Acrylnitril/Butadien/Styrol	ABS	1,04 ··· 1,06	32 ··· 45	7 ··· 20	10^{15}	10^{13}	2,4 ··· 5
Celluloseacetat	CA	1,27 ··· 1,40	25 ··· 70	15	10^{12}		5
Ethylcellulose	EC	1,14	49 ··· 63		10^{15}		4
Epoxidharz	EP	1,9	30 ··· 40	3	10^{14}	10^{12}	3,5 ··· 5
Tetrafluorethylen/Hexafluorpropylen	FEP	2,12 ··· 2,17	22 ··· 28	13 ··· 15	10^{18}	10^{17}	2,1
Melamin-Formaldehyd	MF	1,5	30	1,5	10^{11}	10^{8}	9
Polyamid	PA	1,1 ··· 1,2	60 ··· 80		10^{10}	10^{10}	3 ··· 4
Polybuthylenterephthalat	PBT	1,31	40	4	10^{16}	10^{13}	3
Polycarbonat	PC	1,2	60	20 ··· 30	10^{16}	10^{13}	3
Polydiallylphthalat	PDAP	1,51 ··· 1,78	40 ··· 75		10^{13}	10^{13}	5,2
Polyethylen	Weich-PE	0,92	8 ··· 20		10^{17}	10^{14}	2,3
	Hart-PE	0,95	20 ··· 30		10^{17}	10^{14}	2,5
Polyethylenterephthalat	PET	1,37	47	4	10^{16}	10^{16}	4
Phenol-Formaldehyd	PF	1,4	25	1,5	10^{11}	10^{8}	6
Polyimid(-folie)	PI	1,7	180		10^{18}	10^{15}	3
Polymethylmethacrylat	PMMA	1,20	50 ··· 70	2	10^{15}	10^{15}	3
Polyacetal	POM	1,4	70		10^{15}		4
Polypropylen	PP	0,9	20 ··· 35	3 ··· 17	10^{17}	10^{13}	2,5
Polyphenylensulfid	PPS	1,34	75		10^{16}		3,1
Polystyrol	PS	1,05	45	2 ··· 2,5	10^{14}	10^{13}	2,3 ··· 2,5
Polysulfon	PSU	1,24	50 ··· 100		10^{16}		3,1
Polytetrafluorethylen	PTFE	2,2	15 ··· 30		10^{16}	10^{17}	2
Polyurethan	PUR	1,1 ··· 1,2	20 ··· 60		10^{15}	10^{14}	3 ··· 4
Polyvinylchlorid	Weich-PVC	1,16 ··· 1,35	10 ··· 20		10^{11}	10^{11}	3 ··· 8
	Hart-PVC	1,38 ··· 1,55	50 ··· 70	2 ··· 50	10^{15}	10^{13}	3,5
Polyvinylcarbazol	PVK	1,19	20 ··· 30	2	10^{16}	10^{14}	3
Styrol/Acrylnitril	SAN	1,08	75	2 ··· 3	10^{16}	10^{13}	2,6 ··· 3,4
Ungesättigter Polyester	UP	1,4 ··· 2,0	18 ··· 28	3	10^{13}	10^{10}	3 ··· 4

[1] Mindestwerte.

13.6 Kunststoffe

13.6.5 Schichtpreßstoffe nach DIN 7735 Teil 2 (Mindestwerte) (9.75)

Hartpapier Hp, Hartgewebe Hgw und Hartmatte Hm

Typ		Zusammensetzung PF = Phenol-, MF = Melamin-, EP = Epoxid- u. SI = Silikonharz	Rohdichte	Zug-festigkeit N/mm²	Druck-festigkeit N/mm²	Biegefestig-keit N/mm²	Elastizitäts-modul N/mm²	Elektr. Widerstand Ω	Kriech-stromfestigkeit Verfahren KC	1-min-Prüfspann. in kV parallel zur Schichtung Elektr.-Abstand 25 mm	1-min-Prüfspann. in kV senkrecht 3 mm	Grenz-temperatur °C
Hp	2061	PF + Papier	1,3···1,4	120	150	150	7000	–	KC100	15	15	120
	2061.5			100	150	130	7000	–	KC100	40	40	120
	2062,8			70	–	80	7000	–	KC100	25	30	120
	2063			70	120	80	7000	10^{10}	KC100	20	25	120
	2064			100	100	130	7000	10^{10}	KC100	–	–	90
Hp	2262	MF + Papier	1,3···1,4	80	150	100	5000	10^6	KC600	25	20	90
Hp	2361	EP + Papier	1,3···1,4	70	120	120	6000	10^{10}	KC180	20	20	110
Hgw	2031	PF + Asbestgewebe	1,7···1,9	40	120	65	10000	10^8	KC100	–	–	130
	2072	+ Glasfilamentgewebe	1,6···1,8	100	150	200	14000	10^8	KC100	20	25	130
	2081	+ Baumwoll-Grobgewebe	1,3···1,4	50	170	100	7000	10^8	KC100	8	5	110
	2082	+ Baumwoll-Feingewebe	1,3···1,4	80	170	130	7000	–	KC100	8	5	110
	2083	+ Baumwoll-Feinstgewebe	1,3···1,4	100	170	150	7000	–	KC100	8	5	110
Hgw	2272	MF + Glasfilamentgewebe	1,8···2,0	120	180	270	14000	10^7	KC600	20	20	130
	2282	+ Baumwoll-Feingewebe	1,3···1,4	70	200	100	5000	–	KC600	8	5	95
Hgw	2372	EP + Glasfilamentgewebe	1,7···1,9	220	200	350	18000	$5 \cdot 10^{10}$	KC200	40	40	130
	2372,1			220	200	350	18000	$5 \cdot 10^{10}$	KC200	40	40	120
	2372,4			220	150	350	18000	$5 \cdot 10^{10}$	KC180	40	40	155
Hgw	2572	SI + Glasfilamentgewebe	1,6···1,7	90	50	125	13000	10^8	KC440	25	20	180
Hm	2471	ungesättigtes Polyesterharz	1,4···1,6	60	140	125	7000	10^8	KC500	30	25	130
	2472	+ Glasfilamentgewebe	1,6···1,8	100	150	200	10000	10^8	KC500	30	25	130

Lieferform: Tafeln und daraus hergestellt Streifen

Hp	2068	PF + Papier	1,2···1,4	–	70	80	7000	10^5	KC100	10	15	120
Hgw	2088	+ Baumwoll-Feingewebe	1,2···1,4	–	70	80	7000	10^5	KC100	5	5	120
	2089	+ Baumwoll-Feinstgewebe	1,15···1,4	50	80	80	7000	–	KC100	5	5	120

Lieferform: Formgepreßte Rohre, Vollstäbe, Flachleisten, Formteile und Umpressungen

Hp	2065	PF + Papier	über 1,05	50	40	100	6000		KC100	25	25	120
	2067			50	50	100	6000	$5 \cdot 10^5$	KC100	25	–	120
Hgw	2084	PF + Baumwoll-Grobgewebe	1,15···1,4	50	40	80	6000		KC100	10	5	120
	2085	+ Baumwoll-Feingewebe		50	40	80	6000		KC100	10	5	120
	2086	+ Baumwoll-Feinstgewebe		50	40	80	6000		KC100	10	–	120
Hgw	2275	MF + Glasfilamentgewebe	1,6···1,8	90	80	120	14000	10^{10}	KC500	10	10	130
	2375	EP + Glasfilamentgewebe	1,7···1,9	200	150	300	18000	–	KC180	40	30	130

Lieferform: Nicht formgepreßte, gewickelte Rundrohre

13.7 Isolierstoffe

13.7.1 Eigenschaften elektrischer Isolierstoffe

Werkstoff	Spez. Widerstand Ω cm	Permittivitätszahl ε_r bei 20 °C	Verlustfaktor für f = 1 kHz tan δ · 10^{-3}	Durchschlagfestigkeit bei 20 °C kV$_{eff}$/cm	Dichte kg/dm³
Glas	> 10^{10}	3,5 bis 9	0,5 bis 10	100 bis 400	2,5
Glimmer	10^{14} bis 10^{17}	4 bis 8	0,1 bis 1	600 bis 2000	2,6 bis 3
Hartgewebe	10^{10} bis 10^{12}	5 bis 8	40 bis 80	60 bis 300	1,3 bis 1,4
Hartgummi	10^{15} bis 10^{16}	3 bis 3,5	2,5 bis 25	100 bis 150	1,2
Hartpapier	10^{12} bis 10^{14}	4 bis 6	30 bis 100	100 bis 200	1,4
Hartporzellan	10^{11} bis 10^{12}	5 bis 6,5	10 bis 20	340 bis 380	2,3 bis 2,5
Luft		1		24	0,00129
Naturgummi	10^{15} bis 10^{16}	2,2 bis 2,8	2 bis 10	100 bis 300	1
Papier, imprägniert	bis 10^{15}	2,5 bis 4	1,5 bis 10	160	0,94
Epoxidharz EP	10^{15} bis 10^{16}	3,2 bis 3,9	5 bis 8	200 bis 450	1,8
Polycarbonat PC	> 10^{16}	3	≈ 1	250 bis 1000	1,2
Polyesterharz UP	10^{13} bis 10^{15}	3 bis 7	3 bis 30	250 bis 450	1,6 bis 1,8
Polyacetal POM	10^{15}	4	1 bis 1,5	700	1,42
Polyamid (PA 66)	10^{14}	3,5	20	400	1,12 bis 1,15
Polyethylen PE	10^{16} bis 10^{17}	2,3	0,5	600	0,92
Polypropylen PP	10^{18}	2,25	0,5	400	0,9
Polystyrol PS	10^{19}	2,5	0,1 bis 0,3	600	1,05
PVC-Isoliermischung	10^{15} bis 10^{16}	5 bis 8	100 bis 150	200 bis 500	1,28
PVC hart (Vinidur)	10^{16} bis 10^{17}	3,2 bis 3,5	20	400	1,3 bis 1,4
Polyurethan PUR	bis 10^{13}	3,1 bis 4	15 bis 60	200 bis 250	1,2
Quarz	10^{14} bis 10^{16}	1,7 bis 4,4	0,1		2,7
Quarzglas	10^{15} bis 10^{19}	4,2	0,5	250 bis 400	2,2
Teflon	bis 10^{16}	2	0,2 bis 0,5	400	2,2
Transformatorenöl	bis 10^{13}	2 bis 2,5	1	125 bis 230	0,8

13.7.2 Preßspan nach DIN 7733 (6.62) (Aus hochwertigen Zellulosefasern gepreßte Feinpappe)

Typ	Lieferform	Rohdichte g/cm³	Durchschlagfestigkeit in kV/mm bei 20 °C Nenndicke in mm				Verwendung
			bis 0,25	bis 1,0	bis 1,5	bis 2,5	
Psp 3010, 3011, 3012	Tafel	1,25	10,0	11,0	10,0	9,5	Elektromaschinen, Spulen, Spulenkörper
Psp 3020, 3021, 3022	Rolle	1,1	8,0	10,0	–	–	
Psp 3030, 3032	Tafel	1,3	11,0	13,0	12,0	11,0	Nutenisolation für Elektromaschinen
Psp 3040, 3042	Rolle	1,1	8,0	10,0	–	–	
Psp 3050[1], 3051, 3052	Tafel	1,2	10,5	12,0	11,0	10,0	für Transformatoren
Psp 3055	Rolle	1,2	9,5	10,5	–	–	
Psp 3060	Tafel	1,3	10,5	12,0	11,0	10,0	für Kondensatoren

Tafeln: 0,1 bis 5 mm dick, 600 bis 1000 mm breit, 1000 bis 2000 mm lang; Rollen zu 50 kg.
[1]) Werte gelten für Psp 3050.

13.7 Isolierstoffe

13.7.3 Isolierfolien nach DIN 40634 Blatt 2 (11.69) (Dicke bis 1 mm)

Kurz-zeichen	Werkstoff	Zugefestigkeit N/mm² längs	Zugefestigkeit N/mm² quer	Durchschlag-festigkeit kV/mm	Permittivitätszahl 50 Hz	Permittivitätszahl 1 kHz	Permittivitätszahl 1 MHz	Durchgangs-widerstand Ω cm
F 1110	PE	20 ··· 26	16 ··· 19	200	2,2	2,2	2,2	10^{17}
F 1115	PE	20 ··· 40	20 ··· 30	200	2,2	2,2	2,2	10^{17}
F 1130	PP	120 ··· 180	140 ··· 200	300	2,3	2,3	2,3	10^{17}
F 1150	PS	50 ··· 80	40 ··· 70	200	2,5	2,5	2,5	10^{17}
F 1210	PVC	20 ··· 32	16 ··· 28	60 ··· 170	5 ··· 12	4 ··· 10	3 ··· 8	$10^{12} \cdots 10^{13}$
F 1215	PVC	18 ··· 35	16 ··· 34	60 ··· 150	3,5 ··· 10	3 ··· 9	2,5 ··· 8	$10^{11} \cdots 10^{14}$
F 1220	PVC	40 ··· 60	40 ··· 60	110	4,2	4,0	3,0	10^{13}
F 1240	PTFE	10 ··· 25	10 ··· 25	50	2,1	2,1	2,1	10^{17}
F 1310	PA	25 ··· 40	25 ··· 40	100	18	12	—	10^{10}
F 1410	PA	160 ··· 200	160 ··· 200	270	3,5	3,5	3,4	10^{17}
F 1510	PETP	160 ··· 250	200 ··· 290	300	3,3	3,2	3,1	10^{17}
F 1515	PETP	260 ··· 350	160 ··· 250	300	3,3	3,2	3,1	10^{17}
F 1530	PC	80 ··· 90	80 ··· 90	240	3,1	3,0	2,9	10^{17}
F 1535	PC	130 ··· 140	70 ··· 80	260	2,9	2,9	2,8	10^{17}
F 1540	PC	220 ··· 280	70 ··· 80	280	2,8	2,8	2,7	10^{17}
F 1610	Celluloseacetat	80 ··· 100	80 ··· 100	220	4,5	4,4	4,1	10^{14}
F 1615	triacetat	70 ··· 80	70 ··· 80	200	4,3	4,1	3,6	10^{15}
F 1620	CAB	50 ··· 60	50 ··· 60	220	3,8	3,8	3,6	10^{15}
F 1625	CAB	50 ··· 60	50 ··· 60	220	3,8	3,8	3,6	10^{14}

13.7.4 Isolierschläuche nach DIN 40620 (5.69) (gewebehaltig [1]) und 40621 (3.62) (gewebelos [2])

Nennmaß Innen-⌀ × Wanddicke [1]	Nennmaß Innen-⌀ × Wanddicke [2]	Gewicht g/m [1]	Gewicht g/m [2]	Spannungsfestigkeit kV [1]	Spannungsfestigkeit kV [2]	Nennmaß Innen-⌀ × Wanddicke [1]	Nennmaß Innen-⌀ × Wanddicke [2]	Gewicht g/m [1]	Gewicht g/m [2]	Spannungsfestigkeit kV [1]	Spannungsfestigkeit kV [2]
0,3 × 0,25		0,5	0,6			6 × 0,5	6 × 0,6	12	16		
0,5 × 0,25		0,7	0,8			7 × 0,5	7 × 0,7	14	21		
0,8 × 0,25		0,95	1,1			8 × 0,5	8 × 0,7	15	25	3	5
1 × 0,25		1,2	1,3			9 × 0,5	9 × 0,7	17	28		
1,2 × 0,25		1,4	1,5	2,25		10 × 0,7	10 × 0,7	19	31		
1,5 × 0,25		1,6	1,8			12 × 0,7	12 × 0,8	32	41		
2 × 0,25		2,1	2,3			14 × 0,7	14 × 1	38	62		
3 × 0,5	3 × 0,4	3,0	5,6		4	16 × 0,7	16 × 1	41	70	3,75	7
4 × 0,5	4 × 0,5	8,3	9,2	3		18 × 0,7	18 × 1	49	78		
5 × 0,5	5 × 0,6	10	14		5	20 × 0,7	20 × 1,2	55	104		10

DIN 40620: Geflochtene Textilschläuche mit Öllack oder Kunstharzlack, getränkt, Stücklänge 1 bis 2 m. Rollen bis 100 m. Farben: blau, braun, gelb, grün, naturfarben, rot und schwarz.

DIN 40621: Aus thermoplastischem Kunststoff (PVC) im Spritzverfahren hergestellte Schläuche. Lieferung in Ringen von mind. 100 m. Farben: blau, braun, grau, grün, rot, schwarz und violett. Nebenfarben: braun, orange, rosa, weiß und naturfarben.

13.7.5 Selbstklebende Isolierbänder (Kunststoffbänder) nach DIN 40631 (1.68) und DIN 40633 Teil 1 (5.75)

Typ	Werkstoff	Dicke Bereich mm	Zug-festigkeit N/mm²	Durchschlag-spannung in kV	Durchgangs-widerstand in Ω cm	Grenz-temperatur °C	Lieferform (Rollen)
K 10	PVC	0,1 ··· 0,5	15		10^{10}	90	Breite: 6, 9, 12, 15, 19, 25 und 30 mm
K 20	PE	0,1 ··· 0,5	10		10^{13}	80	
K 30	CA	0,05 ··· 0,1	30	2,5	10^{12}	105	Länge: K 10 bis K 20: 10, 20, 25 und 33 m;
K 31	CAB	0,05 ··· 0,1	30		10^{12}	105	K 31 bis K 50:
K 40	PC	0,05 ··· 0,1	30		10^{13}	115	66 und 100 m
K 50	PETB	0,03 ··· 0,1	50		10^{13}	130	

14 Technisches Zeichnen/Maschinennormteile

14.1 Technisches Zeichnen

14.1.1 Blattgrößen

Blattgrößen nach DIN 476 Reihe A	Fertigblatt	Zeichen-fläche	Rohblatt Kleinstmaß
A 0	841 × 1189	831 × 1179	880 × 1230
A 1	594 × 841	584 × 831	625 × 880
A 2	420 × 594	410 × 584	450 × 625
A 3	297 × 420	287 × 410	330 × 450
A 4	210 × 297	200 × 287	240 × 330
A 5	148 × 210	138 × 200	165 × 240
A 6	105 × 148	95 × 138	120 × 165

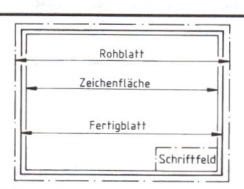

14.1.2 Schriftzeichen nach DIN 6776 Teil 1 (4.76)

Schriftform B, vertikal[1]

ABCDEFGHIJKLMN
OPQRSTUVWXYZ
abcdefghijklmnop
qrstuvwxyz
[(!?.,"-=+×·√%&)]∅
1234567890 IVX

14.1.3 Maßstäbe nach DIN ISO 5455 (12.79)

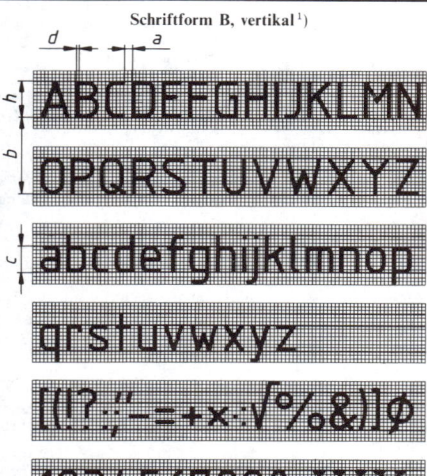

Natürlicher Maßstab	1:1	Verklei-nerungs-maßstäbe	1:2
Vergrö-ßerungs-maßstäbe	2:1		1:5
	5:1		1:10
	10:1		1:20
	20:1		1:50
	50:1		1:100
	100:1		1:200
			1:500
			1:1000

14.1.4 Angabe der Oberflächenbeschaffenheit in Zeichnungen nach DIN ISO 1302 (6.80)

Rauheits-klasse	Rauheitswert R_a in µm	Rauheits-klasse	Rauheitswert R_a in µm
N 12	50	N 6	0,8
N 11	25	N 5	0,4
N 10	12,5	N 4	0,2
N 9	6,3	N 3	0,1
N 8	3,2	N 2	0,05
N 7	1,6	N 1	0,025

Oberflächenbeschaffenheits-Symbole

Symbol	Bedeutung/Erklärung
∨	Nur aussagefähig, wenn es durch eine zusätzliche Angabe erklärt wird. Bei Angabe mit einem Rauheitswert darf die Oberfläche mit beliebigem Verfahren hergestellt bzw. nachbearbeitet werden.
∇	Materialabtrennend bearbeitete Oberfläche (Spanen, Zerteilen oder Abtragen).
⌀	Ohne Zusatzangaben: Oberfläche in Anlieferzustand belassen (z. B. Halbzeug, Rohguß). Mit Zusatzangaben: Oberfläche ohne materialabtrennende Bearbeitung herstellen (z. B. Beschichten, Umformen, Urformen).

Maße

Beschriftungsmerkmal	Schriftform A	Schriftform B
h Höhe der Großbuchstaben	(14/14) h	(10/10) h
c Höhe der Kleinbuchstaben ohne Ober-/Unterlängen	(10/14) h	(7/10) h
a Mindestabstand zwischen Schriftzeichen	(2/14) h	(2/10) h
b Mindestabstand zwischen Grundlinien	(20/14) h	(14/10) h
Mindestabstand zwischen Grundlinien bei Buchstaben mit Ober-/Unterlängen	(22/14) h	(16/10) h
e Mindestabstand zwischen Wörtern	(6/14) h	(6/10) h
d Linienbreite	(1/14) h	(1/10) h

Für die Höhe h ist folgende Reihe festgelegt:
2,5 – 3,5 – 5 – 7 – 10 – 14 und 20 mm

Zusatzangaben

Lage und Bedeutung der Oberflächenzusatzangaben

a Mittenrauhwert R_a in µm
b Fertigungsverfahren, Behandlung oder Überzug
c Bezugsstrecke, Grenzwellenlänge in mm
d Rillenrichtung
e Bearbeitungszugabe
f andere Rauheitsmeßgrößen

Kennzeichnung der Rillenrichtung

= parallel zur Projektionsebene verlaufend
⊥ senkrecht zur Projektionsebene verlaufend
× schräg zur Projektionsebene in zwei Richtungen verlaufend (gekreuzt)
M in mehreren Richtungen verlaufend
C annähernd kreisförmig verlaufend
R annähernd radial zum Mittelpunkt verlaufend

[1]) **Schriftform kursiv** ist vertikal unter einem Winkel von 15° nach rechts geneigt.

14.1 Technisches Zeichnen

14.1.5 Linien nach DIN 15 Teil 1 und Teil 2 (6.84)

Linienart	Benennung	Anwendungen entsprechend ISO 128-1982	weitere Anwendungen
A ⎯⎯⎯⎯⎯	Vollinie (breit)	1. sichtbare Kanten 2. sichtbare Umrisse	3. Gewindespitzen 4. Grenze der nutzbaren Gewindelänge 5. Hauptdarstellungen in Diagrammen, Karten, Fließbildern 6. Systemlinien (Stahlbau)
B ⎯⎯⎯⎯⎯	Vollinie (schmal)	1. Lichtkanten 2. Maßlinien 3. Maßhilfslinien 4. Hinweislinien 5. Schraffuren 6. Umrisse am Ort eingeklappter Schnitte 7. Kurze Mittellinien	8. Gewindegrund 9. Maßlinienbegrenzungen 10. Diagonalkreuz zur Kennzeichnung ebener Flächen 11. Biegelinien 12. Umrahmungen von Einzelheiten 13. Kennzeichnung sich wiederholender Einzelheiten 14. Umrahmungen von Prüfmaßen 15. Faser und Walzrichtungen 16. Lagerichtung von Schichtungen (z. B. Trafoblech) 17. Projektionslinien 18. Rasterlinien
C ∼∼∼∼∼ D ⎯⋀⎯⋀⎯	Freihandlinie (schmal) Zickzacklinie (schmal)	Begrenzung von abgebrochenen oder unterbrochen dargestellten Ansichten und Schnitten, wenn die Begrenzung keine Mittellinie ist.	Hinweis: In einer Zeichnung sollte nur eine dieser Linienarten angewendet werden.
E ▬ ▬ ▬ ▬	Strichlinie (breit)	1. verdeckte Kanten[1] 2. verdeckte Umrisse[1]	3. mögliche Kennzeichnung zulässiger Oberflächenbehandlung
F ⎯ ⎯ ⎯ ⎯	Strichlinie (schmal)	1. verdeckte Kanten 2. verdeckte Umrisse	
G ⎯·⎯·⎯·⎯	Strichpunktlinie (schmal)	1. Mittellinien 2. Symmetrielinien 3. Trajektorien	4. Teilkreise bei Verzahnungen 5. Lochkreise 6. Teilungsebenen (Formteilung)
H	Strichpunktlinie (schmal, Ende u. Richtungsänderung breit)	Kennzeichnung der Schnittebene	Hinweis: Statt Linienart H ist die Linienart J bevorzugt anzuwenden.
J ▬·▬·▬·▬	Strichpunktlinie (breit)	1. Kennzeichnung geforderter Behandlungen (z. B. Wärmebehandlung)	2. Kennzeichnung der Schnittebene
K ⎯··⎯··⎯	Strich-Zweipunktlinie (schmal)	1. Umrisse von angrenzenden Teilen 2. Grenzstellen von beweglichen Teilen 3. Schwerlinien 4. Umrisse (ursprüngliche) vor Verformung 5. Teile, die vor der Schnittebene liegen	6. Umrisse von wahlweisen Ausführungen 7. Fertigformen in Rohteilen 8. Umrahmungen von besonderen Feldern oder Bereichen (z. B. für Kennzeichnungen von Teilen)

Liniengruppen und Linienbreiten			Maße für Linienarten E bis K		
Liniengruppe	Linienbreite d in mm für Linienart		Linienart	Länge des langen Striches ≈	Länge des kurzen Striches (Punktes) und/oder des Abstandes ≈
	A E (H) J	B C D F G (H) K			
0,25	0,25	0,13	E	10 d	2,5 d
0,35	0,35	0,18	F	20 d	5 d
0,5[2]	0,5	0,25	G, (H), K	40 d	5 d
0,7[2]	0,7	0,35	(H), J	20 d	2,5 d
1	1	0,5			
1,4	1,4	0,7	Linienart H sollte möglichst vermieden werden.		
2	2	1			

Überdecken sich Linien verschiedener Art, dann soll folgender Rang eingehalten werden:
1. sichtbare Kanten und Umrisse
2. verdeckte Kanten und Umrisse
3. Schnittebenen
4. Mittellinien
5. Schwerlinien
6. Maßhilfslinien.

[1] Für verdeckte Kanten und Umrisse anstelle von Linienart E Linienart F anwenden.
[2] Fettgedruckte Liniengruppen bevorzugen.

14.1 Technisches Zeichnen

14.1.6 Graphische Darstellungen nach DIN 461 (3.73)

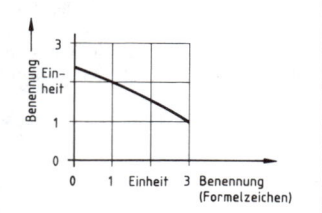

Die graphische Darstellung ist die Veranschaulichung und zeichnerische Lösung funktioneller Zusammenhänge. Die Linienbreiten werden nach DIN 15 (6.84) etwa im Verhältnis Netz zu Achsen zu Kurven von 1 zu 2 zu 4 gewählt.

Zur Beschriftung dient vertikale Normschrift mit Ausnahme der Formelzeichen und Hinweisziffern, die kursiv auszuführen sind. Die Beschriftung soll von unten, nur ausnahmsweise (z.B. lange Ausdrücke an der Ordinate) von rechts lesbar sein.

Diagramme (Schaubilder) **im kartesischen Koordinatensystem**

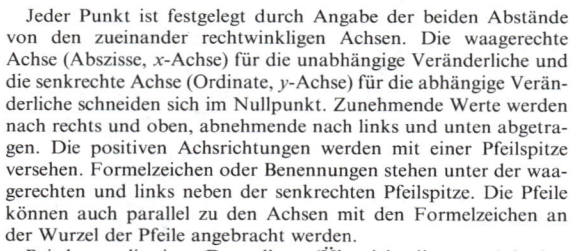

Jeder Punkt ist festgelegt durch Angabe der beiden Abstände von den zueinander rechtwinkligen Achsen. Die waagerechte Achse (Abszisse, x-Achse) für die unabhängige Veränderliche und die senkrechte Achse (Ordinate, y-Achse) für die abhängige Veränderliche schneiden sich im Nullpunkt. Zunehmende Werte werden nach rechts und oben, abnehmende nach links und unten abgetragen. Die positiven Achsrichtungen werden mit einer Pfeilspitze versehen. Formelzeichen oder Benennungen stehen unter der waagerechten und links neben der senkrechten Pfeilspitze. Die Pfeile können auch parallel zu den Achsen mit den Formelzeichen an der Wurzel der Pfeile angebracht werden.

Bei der qualitativen Darstellung (Übersichtsdiagramm) besitzt das Koordinatensystem keine Teilung. Koordinaten wichtiger Punkte können durch Kreise und Formelzeichen oder Ziffern markiert werden. Auf nichtlineare Teilung ist hinzuweisen (z.B. $\log y$, z^2, $1/x$).

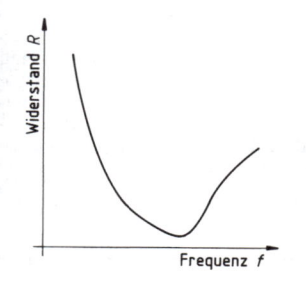

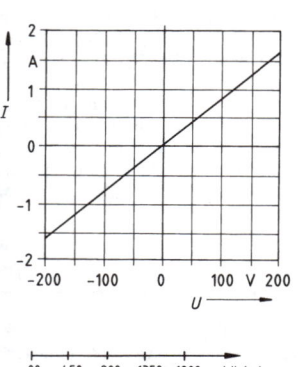

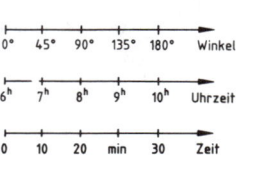

Zur quantitativen Darstellung erhalten die Achsen eine bezifferte Teilung (Skale) in Schritten von $1 \cdot 10^n$, $2 \cdot 10^n$ oder $5 \cdot 10^n$ mit $n = 0$, ± 1, $\pm 2 \ldots$ Bei positiven Zahlenwerten kann auf das Pluszeichen (+) verzichtet werden. Jeder negative Wert ist mit dem Minuszeichen (−), die Nullpunkte beider Achsen mit einer Null (0) zu versehen. Der Anfangsbereich einer Kurve (einschließlich Nullpunkt) kann auch unterdrückt werden. Von den Teilstrichen müssen mindestens die ersten und letzten beziffert sein. Bei sehr großen oder sehr kleinen Zahlenwerten wird die Zehnerpotenz nur einmal zwischen die beiden letzten Zahlenwerte gesetzt. Bei größeren Zahlenbereichen erzeugt eine logarithmische Teilung eine gleichbleibende Ablesegenauigkeit.

Zum Ablesen kann ein Koordinatennetz mit Beschriftung außerhalb der Diagrammfläche bis zu den Randlinien ergänzt werden. Die Einheitenzeichen stehen am rechten Ende der Abszisse bzw. am oberen Ende der Ordinate zwischen den beiden letzten Ziffern (bei Platzmangel vor- und drittletzte Ziffer auslassen). Die Einheit darf nicht in Klammern gesetzt werden. Winkelangaben erhalten an jedem Zahlenwert die Angabe Grad (°) bzw. Minuten (′) oder Sekunden (″), ebenso Zeitpunkte mit hochgestellten Einheiten für Stunden (^{h}) bzw. Minuten (^{min}) oder Sekunden (^{s}). Die Einheit der Zeitspanne wird nur einmal angegeben (z.B. s, min, h). Zahlenwertangaben sind auch möglich in Bruchform $\left(\text{z.B. } s/\text{mm oder } \dfrac{s}{\text{mm}}\right)$ oder mit dem Wort „in" (z.B. U in V).

14.1 Technisches Zeichnen

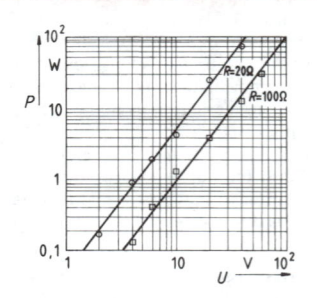

Bei mehreren Kurven der gleichen Veränderlichen in einem Koordinatensystem werden an jede Kennlinie der Parameter oder Hinweisziffern oder -buchstaben mit Erläuterungen in der Bildunterschrift verwendet.

Verschiedene abhängige Veränderliche in einem Diagramm können in gleicher oder unterschiedlicher Linienart, farbig und mit ihren Formelzeichen verdeutlicht werden.

Die Kurven sind die zügig ausgleichende Verbindung der errechneten oder gemessenen Werte. Meßpunkte können mit diesen Zeichen eingetragen werden:

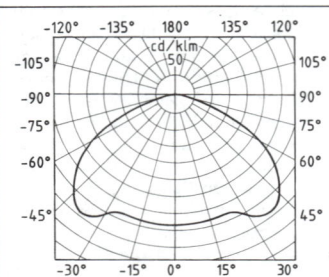

○ ● □ ■ △ ▲ + ×

Diagramme im Polarkoordinatensystem

Im Polarkoordinatensystem wird der vom Nullpunkt (Pol) nach rechts oder nach unten gehenden Achse meist der Winkel Null zugeordnet. Der Winkel wird positiv entgegen dem Uhrzeigersinn bzw. negativ im Uhrzeigersinn abgetragen. Der Radius nimmt vom Nullpunkt nach außen hin zu. Zur Erzeugung eines Koordinatennetzes wird die Teilung des Radius mit konzentrischen Kreisen, die des Winkels mit Strahlen eingetragen.

Beispiel: Lichtstärkeverteilung einer Leuchte (cd/klm).

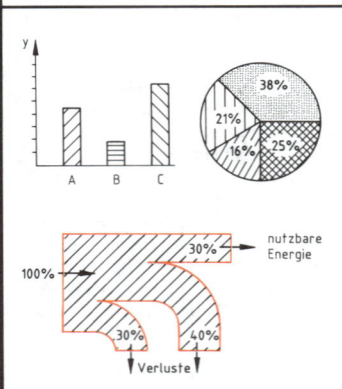

Flächendiagramme

Säulendiagramm: Die zu vergleichenden Größen werden als senkrechte oder waagerechte Balken mit der gleichen Breite und gegebenenfalls verschiedener Schraffur oder Farbe dargestellt.

Kreisflächendiagramm: Prozentwerte werden als Kreisausschnitte (Sektoren) verdeutlicht. Der Umfang der Kreisfläche entspricht 100%. Der Mittelpunktswinkel α des Ausschnitts von x Prozent ist $\alpha = x\% \cdot 360°/100\%$.

Sankey-Diagramm: Aufteilung von Energieströmen durch Abzweigungen bandförmiger Flächenstreifen. Die Breite der Streifen entspricht den zu- bzw. abgeführten Energien. Der in ursprünglicher Richtung verlaufende Reststreifen ist die nutzbare Energie.

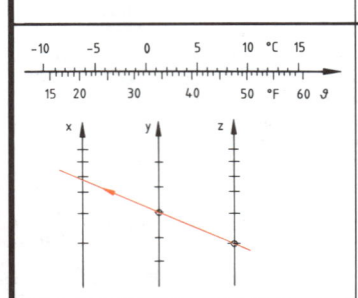

Nomogramme

Zahlenleiter: Auf einer Geraden werden zwei veränderliche Größen dargestellt.

Leitertafeln (Fluchtlinientafeln): Eine unbekannte Größe (x) wird aus zwei oder mehreren bekannten Veränderlichen (y, z) bestimmt. An dem Schnittpunkt der Verbindungslinie (bzw. deren Verlängerung) der bekannten Größen mit der Leiter der unbekannten ist das Ergebnis abzulesen.

14.1 Technisches Zeichnen

14.1.7 Darstellungen in Normalprojektion nach DIN 6 Teil 1, Teil 2 (12.86)

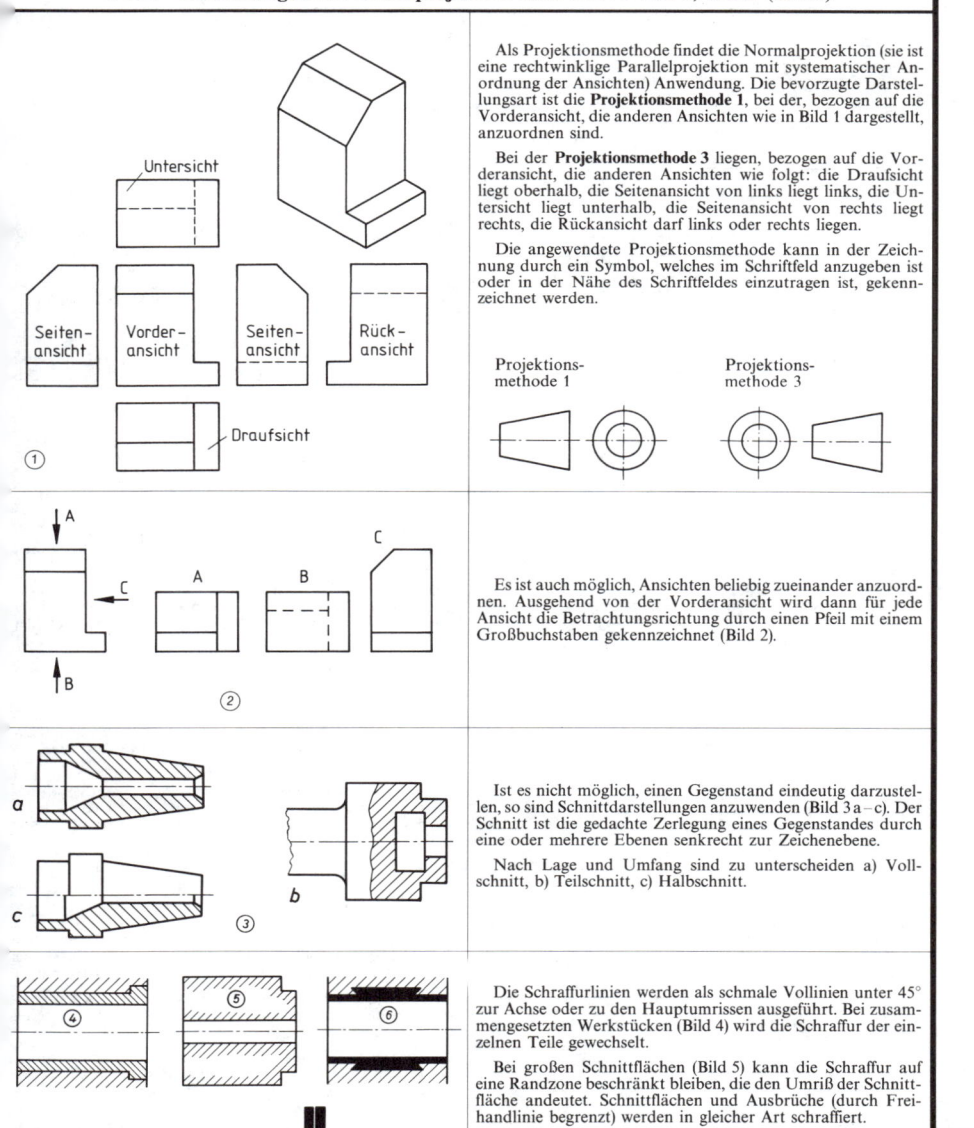

Als Projektionsmethode findet die Normalprojektion (sie ist eine rechtwinklige Parallelprojektion mit systematischer Anordnung der Ansichten) Anwendung. Die bevorzugte Darstellungsart ist die **Projektionsmethode 1**, bei der, bezogen auf die Vorderansicht, die anderen Ansichten wie in Bild 1 dargestellt, anzuordnen sind.

Bei der **Projektionsmethode 3** liegen, bezogen auf die Vorderansicht, die anderen Ansichten wie folgt: die Draufsicht liegt oberhalb, die Seitenansicht von links liegt links, die Untersicht liegt unterhalb, die Seitenansicht von rechts liegt rechts, die Rückansicht darf links oder rechts liegen.

Die angewendete Projektionsmethode kann in der Zeichnung durch ein Symbol, welches im Schriftfeld anzugeben ist oder in der Nähe des Schriftfeldes einzutragen ist, gekennzeichnet werden.

Es ist auch möglich, Ansichten beliebig zueinander anzuordnen. Ausgehend von der Vorderansicht wird dann für jede Ansicht die Betrachtungsrichtung durch einen Pfeil mit einem Großbuchstaben gekennzeichnet (Bild 2).

Ist es nicht möglich, einen Gegenstand eindeutig darzustellen, so sind Schnittdarstellungen anzuwenden (Bild 3 a–c). Der Schnitt ist die gedachte Zerlegung eines Gegenstandes durch eine oder mehrere Ebenen senkrecht zur Zeichenebene.

Nach Lage und Umfang sind zu unterscheiden a) Vollschnitt, b) Teilschnitt, c) Halbschnitt.

Die Schraffurlinien werden als schmale Vollinien unter 45° zur Achse oder zu den Hauptumrissen ausgeführt. Bei zusammengesetzten Werkstücken (Bild 4) wird die Schraffur der einzelnen Teile gewechselt.

Bei großen Schnittflächen (Bild 5) kann die Schraffur auf eine Randzone beschränkt bleiben, die den Umriß der Schnittfläche andeutet. Schnittflächen und Ausbrüche (durch Freihandlinie begrenzt) werden in gleicher Art schraffiert.

Sehr schmale Schnittflächen (Bild 6 u. 7) können voll geschwärzt werden.

Mehrere geschwärzte Schnittflächen (Bild 8), die aneinanderstoßen, sind durch Andeuten der Fugen zu kennzeichnen.

14.1 Technisches Zeichnen

Fortsetzung: Darstellungen in Normalprojektion

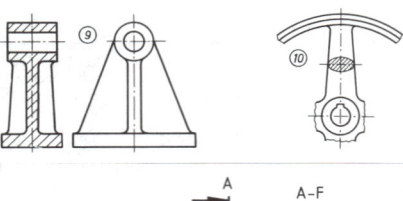

Schrauben, Niete, Bolzen, Wellen, Rippen (Bild 9) und Speichen (Bild 10), die in der Schnittebene liegen, werden nicht im Längsschnitt dargestellt.

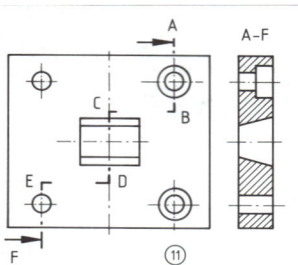

Ist der Schnittverlauf (Bild 11) durch einen Körper nicht ohne weiteres ersichtlich, so ist er durch breite Strichpunktlinien zu kennzeichnen. Die Blickrichtung auf den Schnitt wird durch Pfeile angedeutet, die vollschwarz sind und einen Winkel von etwa 15° einschließen, sie sind 1,5mal Maßpfeilgröße lang.

Ist die Schnittlinie mit Buchstaben (im Bedarfsfall durch Ziffern ergänzt) gekennzeichnet, so stehen der Anfangs- und Endbuchstabe der Schnittlinie über dem entsprechenden Schnitt.

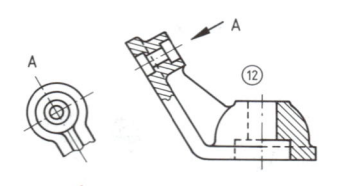

Bei Werkstücken, die geneigt zu den Zeichenrissen liegen, legt man die Betrachtungsrichtung, angegeben durch den Pfeil, so fest, daß eine günstige Projektion (ohne Verkürzungen) möglich ist. Die zugehörige Ansicht wird in der durch den Pfeil gekennzeichneten Richtung projektionsgerecht angeordnet (Bild 12).

Die Ansicht darf auch in einer anderen Lage dargestellt werden. Dann ist an den Buchstaben ein Symbol für die Drehung in die entsprechende Richtung anzufügen; auch der Drehwinkel darf angegeben werden.

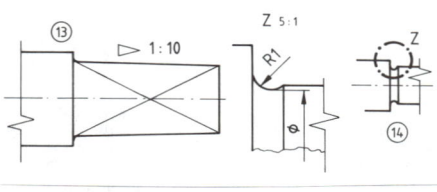

Das Diagonalkreuz (schmale Vollinie) (Bild 13) kennzeichnet ebene Flächen. Wenn Seitenansicht oder Draufsicht fehlen, muß das Diagonalkreuz angewendet werden. Das Diagonalkreuz ist aber auch bei Vorhandensein zweier Ansichten zulässig.

Einzelheiten (Bild 14) können im vergrößerten Maßstab herausgezeichnet werden. Ein strichpunktierter Kreis (Linienbreite wie bei Mittellinie) wird um die herauszuzeichnende Stelle gezogen.

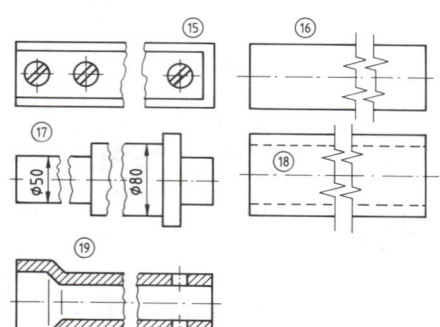

Zur Ersparnis an Zeichenfläche können Gegenstände (Bild 15) abgebrochen gezeichnet werden. Die Bruchlinie ist als Freihandlinie oder als Zickzacklinie zu zeichnen (Bild 16).

Auch rotationssymmetrische Körper erhalten als Kennzeichnung für die Bruchkanten eine Freihandlinie (Bild 17) oder eine Zickzacklinie (Bild 18).

Bei Durchdringungen von Zylindern (Bild 19), deren Durchmesser sich wesentlich unterscheiden, darf auf flach verlaufende Durchdringungskurven verzichtet werden.

14.1 Technisches Zeichnen

14.1.8 Maßeintragung in Zeichnungen, Regeln, nach DIN 406 Teil 10–12 (12.92), Auszug

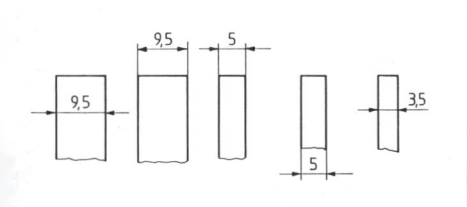

Zur Maßeintragung werden benutzt: Maßlinien, Maßhilfslinien, Maßlinienbegrenzung und Maßzahlen.

Maßlinien

Die Maßlinien bei Längenmaßen werden im allgemeinen rechtwinklig zwischen den Körperkanten (sichtbare Kanten des dargestellten Teiles) oder parallel zu der angegebenen Abmessung angeordnet.

Maßlinien und Maßhilfslinien sind schmale Vollinien. Die Maßlinien sollen etwa 10 mm von den Körperkanten entfernt liegen. Parallele Maßlinien sollen voneinander etwa 7 mm Abstand haben.

Mittellinien und Kanten dürfen nicht als Maßlinien benutzt werden.

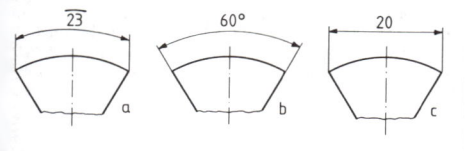

Bei Bogen- und bei Winkelmaßen (Bild a und b) ist die Maßlinie ein zum Mittelpunkt des Kreises oder zum Scheitelpunkt des Winkels konzentrisch liegender Kreisbogen.

Beim Bogen (Bild a, Zentriwinkel kleiner als 90°) werden Maßlinienbogen vom Mittelpunkt des Bogens eingetragen, über die Maßzahl wird ein Bogenstrich gesetzt.

Beim Sehnenmaß (Bild c) werden die Maßhilfslinien rechtwinklig zur Maßlinie gezeichnet.

Maßhilfslinien

Maßhilfslinien beginnen unmittelbar an den Körperkanten. Sie ragen 1 bis 2 mm über die Maßlinie hinaus. Maßhilfslinien sollen andere Linien möglichst nicht schneiden.

Maße, die nicht zwischen den Körperkanten eingetragen werden können, z. B. wenn dadurch die Übersicht leiden würde, werden mittels Maßhilfslinien herausgezogen.

Maßhilfslinien dürfen ausnahmsweise unter Winkeln von 60° zur Richtung der Maßlinie stehen, wenn dadurch die Maßeintragung deutlicher wird.

Von einer Ansicht zur anderen dürfen Maßhilfslinien nicht durchgezogen werden.

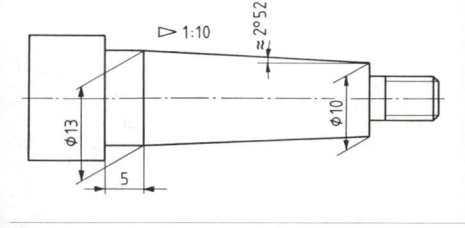

Mittellinien

Mittellinien sind Linien zur Festlegung der geometrischen Mitte dargestellter Formelemente.

Mittellinien können als Maßhilfslinien benutzt werden. Außerhalb der Körperkanten sind sie dann als schmale Vollinie auszuziehen.

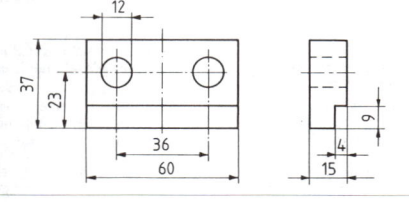

Maßlinienbegrenzung

1. Maßpfeile

ausgefüllt oder nicht ausgefüllt oder offen

2. Schrägstriche

Der Verlauf des Schrägstrichs ist von links unten nach rechts oben unter einem Winkel von 45° zur jeweiligen Maßlinie; Länge ≈ 12 × Linienbreite.

3. Punkte

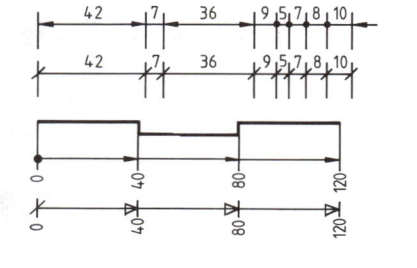

ausgefüllt oder nicht ausgefüllt
$\varnothing \approx 5 \times$ Linienbreite $\varnothing \approx 8 \times$ Linienbreite

14.1 Technisches Zeichnen

Forts.: Maßeintragung in Zeichnungen, Regeln, nach DIN 406 Teil 10–11 (12.92), Auszug

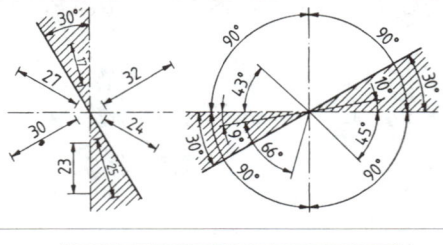

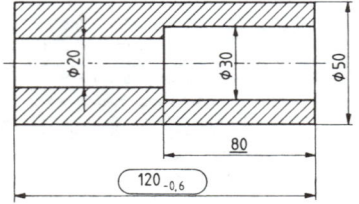

Maßzahlen

Die Maßzahlen dürfen durch Linien nicht getrennt oder gekreuzt werden. Sie sollen in Zeichnungen nicht kleiner als 3,5 mm sein.

Alle Maßzahlen und Winkelangaben sollen von unten oder von rechts lesbar sein. Maßzahlen sollen möglichst nicht im schraffierten Winkelbereich von 30° stehen. Ist dies nicht zu vermeiden, müssen sie von links her lesbar sein. Maßzahlen, bei denen Verwechslungen möglich sind (z. B. 9, 66, 86 und ähnliche) erhalten hinter der Zahl einen Punkt.

Bei nicht maßstäblich gezeichneten Abmessungen müssen die Maßzahlen unterstrichen werden, jedoch nicht bei unterbrochen gezeichneten Teilen. Eingerahmte Maße werden vom Besteller (Empfänger) bei der Prüfung besonders beachtet.

In einer Zeichnung sind alle Maße in der gleichen Einheit anzugeben, vorzugsweise in mm. Abweichende Einheiten müssen angegeben werden.

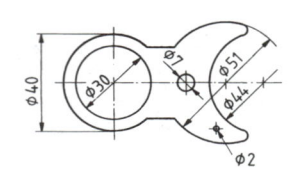

Durchmesser

Das graphische Symbol $\varnothing$ wird in jedem Fall vor die Maßzahl gesetzt.

Beim Durchmesserzeichen ist der Kreisdurchmesser gleich der Größe der Kleinbuchstaben. Das $\varnothing$-Zeichen ist in gleicher Höhe vor die Maßzahl zu setzen.

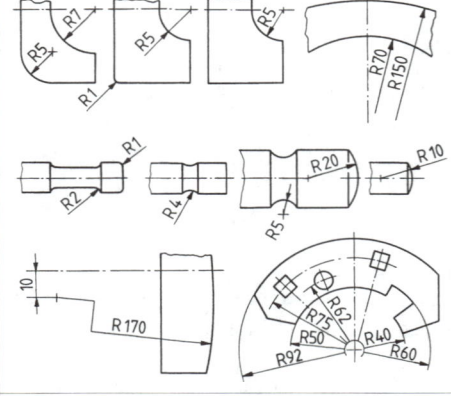

Radien

Die Maßlinien der Radien erhalten nur einen Maßpfeil am Kreisbogen. Der Mittelpunkt wird durch ein Mittellinienkreuz gekennzeichnet.

Vor die Maßzahl ist in jedem Falle ein „R" zu setzen. Liegt bei großen Radien der Mittelpunkt außerhalb der Zeichenfläche, so ist die Maßlinie in zwei parallelen Abschnitten mit einem rechtwinkligen Knick zu zeichnen. Die Maßzahl soll an dem Abschnitt, der den Kreisbogen berührt und auf den geometrischen Mittelpunkt des Radius gerichtet ist, eingetragen werden. Bei rechnerunterstützter Anfertigung von Zeichnungen dürfen nur gerade Maßlinien (ohne Knick) angewendet werden.

Sind Radien in größerer Anzahl anzuordnen, so brauchen sie nicht bis zum Mittelpunkt, sondern nur bis zu einem kleinen Hilfskreisbogen gezogen zu werden.

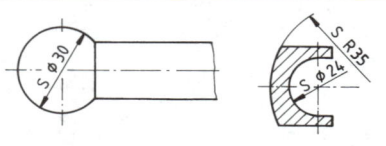

Kugel

Bei Kugelformen ist dem Durchmesser- oder Halbmesserzeichen der Großbuchstabe S vor dem R- oder $\varnothing$-Zeichen voranzustellen.

14.1 Technisches Zeichnen

Forts.: Maßeintragung in Zeichnungen, Regeln, nach DIN 406 Teil 10–11 (12.92), Auszug

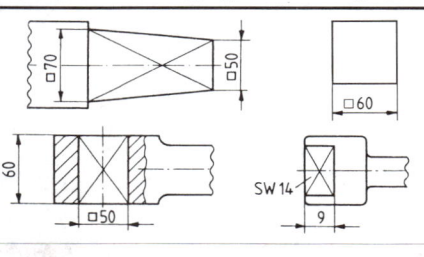

Quadratische Formen und Schlüsselweite

Das Quadratzeichen wird in jedem Fall vor die Maßzahl gesetzt. Die Größe des Quadratzeichens ist gleich der Höhe der Kleinbuchstaben. Es wird in gleicher Höhe vor die Maßzahl gesetzt. Das Quadratzeichen und Diagonalkreuz (schmale Vollinie) müssen angewendet werden, wenn nur eine Ansicht vorhanden ist.

Ist die Form aus der Benennung ersichtlich, genügt bei genormten Vierkanten die einmalige Angabe der Seitenlänge bzw. der Schlüsselweite.

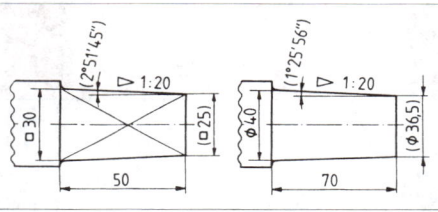

Verjüngungen

Die Eintragung von Maßen und Toleranzen für Kegel in technische Zeichnungen ist in DIN ISO 3040 genormt.

Die Abbildungen zeigen die Bemaßung eines pyramidenförmigen Übergangs (links) und eines kegelförmigen Übergangs (rechts).

Der Einstellwinkel (halber Kegelwinkel) kann angegeben werden, um das Einstellen der Bearbeitungsmaschinen zu erleichtern.

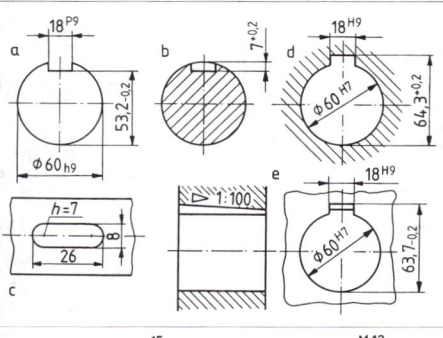

Nuten

Die Bemaßung der Nuten für Paßfedern und Keile in zylindrischen Wellen und Bohrungen zeigen die Bilder.

Nuten in Wellen werden entsprechend Darstellung a oder b bemaßt; a wird angewendet bei durchgehenden Nuten, b bei nicht durchgehenden Nuten.

Die Tiefe von Nuten kann in der Draufsicht vereinfacht angegeben werden, wenn andere Ansichten fehlen (Darstellung c).

Nuten für Paßfedern in zylindrischen Bohrungen werden entsprechend Darstellung c bemaßt, Keilnuten in Naben entsprechend Darstellung e.

Gewinde

Für genormte Gewinde sind die Kurzbezeichnungen nach DIN 202 anzuwenden.

M 16 LH = Metrisches Linksgewinde mit 16 mm Gewinde-Nenndurchmesser

M 16 RH = Metrisches Rechtsgewinde mit 16 mm Gewinde-Nenndurchmesser

Bei Stiftschrauben rechnet der Gewindeauslauf des Einschraubendes mit zur nutzbaren Gewindelänge. Bei Gewindesacklöchern wird die Kernlochtiefe und die nutzbare Gewindelänge ohne Auslauf angegeben.

Anordnung der Maße

In eine Zeichnung ist jedes Maß nur einmal einzutragen und zwar in der Ansicht, in der die Zuordnung von Darstellung und Maß am deutlichsten zu erkennen ist. Maße, die zusammengehören, sollten auch möglichst zusammen eingetragen werden.

Maßlinien und Maßhilfslinien werden an Vollinien angesetzt, an Strichlinien (verdeckte Kanten) sollten sie nicht angesetzt werden.

Bei flachen Werkstücken darf in oder auf einer abgeknickten Hinweislinie neben der Darstellung die Werkstückdicke t angegeben werden.

14-9

14.2 Maschinennormteile

14.2.1 Gewinde

14.2.1.1 Metrisches ISO-Gewinde nach DIN 13 Teil 1 (12.86)
Regelgewinde-Nennmaße (Maße in mm)

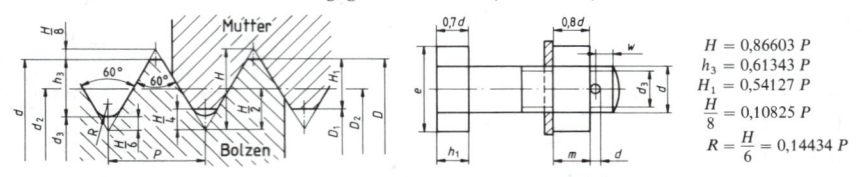

$H = 0{,}86603\,P$
$h_3 = 0{,}61343\,P$
$H_1 = 0{,}54127\,P$
$\dfrac{H}{8} = 0{,}10825\,P$
$R = \dfrac{H}{6} = 0{,}14434\,P$

Bezeichnung eines Metrischen Regelgewindes von Gewinde-Nenndurchmesser $d = 16$ mm : M 16

Gewinde-Nenndurchmesser $d = D$		Steigung P	Flankendurchmesser $d_2 = D_2$	Kerndurchmesser		Gewindetiefe		Rundung R	Kernquerschnitt mm²	Kernlochbohr-∅ mm	Scheibe nach DIN 125				Schlüsselweite s	Spitzkant e
Reihe 1	Reihe 2			Bolzen d_3	Mutter D_1	Bolzen h_3	Mutter H_3				Loch-∅	Außen-∅	Dicke	Gewicht kg/1000 St		
M 1		0,25	0,838	0,693	0,729	0,153	0,135	0,036	0,377	0,75	–	–	–	–	2,5	2,9
	M 1,1	0,25	0,938	0,793	0,829	0,153	0,135	0,036	0,494	0,85	–	–	–	–	3	3,5
M 1,2		0,25	1,038	0,893	0,929	0,153	0,135	0,036	0,626	0,95	–	–	–	–	3	3,5
	M 1,4	0,3	1,205	1,032	1,075	0,184	0,162	0,043	0,835	1,1	–	–	–	–	3	3,5
M 1,6		0,35	1,373	1,171	1,221	0,215	0,189	0,051	1,075	1,25	1,7	4	0,3	0,024	3,2	3,7
M 2		0,4	1,740	1,509	1,567	0,245	0,217	0,058	1,788	1,6	2,2	5	0,3	0,037	4	4,6
	M 1,8	0,35	1,573	1,371	1,421	0,215	0,189	0,051	1,476	1,45	–	–	–	–	3,5	4
	M 2,2	0,45	1,908	1,648	1,713	0,276	0,244	0,065	2,133	1,75	–	–	–	–	4,5	–
M 2,5		0,45	2,208	1,948	2,013	0,276	0,244	0,065	2,98	2,05	2,7	6,5	0,5	0,108	5	5,8
M 3		0,5	2,675	2,387	2,459	0,307	0,271	0,072	4,47	2,5	3,2	7	0,5	0,12	5,5	6,4
	M 3,5	0,6	3,110	2,764	2,850	0,368	0,325	0,087	6,00	2,9	3,7	8	0,5	0,156	6	6,9
M 4		0,7	3,545	3,141	3,242	0,429	0,379	0,101	7,75	3,3	4,3	9	0,8	0,308	7	8,1
	M 4,5	0,75	4,013	3,580	3,688	0,460	0,406	0,108	10,07	3,7	–	–	–	–	–	–
M 5		0,8	4,480	4,019	4,134	0,491	0,433	0,115	12,7	4,2	5,3	10	1	0,443	8	9,2
M 6		1	5,350	4,773	4,917	0,613	0,541	0,144	17,9	5	6,4	12,5	1,6	1,14	10	11,5
M 8		1,25	7,188	6,466	6,647	0,767	0,677	0,180	32,8	6,8	8,4	17	1,6	2,14	13	15
M 10		1,5	9,026	8,160	8,376	0,920	0,812	0,217	52,3	8,5	10,5	21	2	4,08	17	19,6
M 12		1,75	10,863	9,853	10,106	1,074	0,947	0,253	76,2	10,2	13	24	2,5	6,27	19	21,9
M 16		2	14,701	13,546	13,835	1,227	1,083	0,289	144	14	17	30	3	11,3	24	27,7
	M 14	2	12,701	11,546	11,835	1,227	1,083	0,289	105	12	15	28	2,5	8,6	22	25,4
	M 18	2,5	16,376	14,933	15,294	1,534	1,353	0,361	175	15,5	19	34	3	14,7	27	31,2
M 20		2,5	18,376	16,933	17,294	1,534	1,353	0,361	225	17,5	21	37	3	17,2	30	34,6
	M 22	2,5	20,376	18,933	19,294	1,534	1,353	0,361	282	19,5	23	39	3	18,4	32	36,9
M 24		3	22,051	20,319	20,752	1,840	1,624	0,433	324	21	25	44	4	32,3	36	41,6
	M 27	3	25,051	23,319	23,752	1,840	1,624	0,433	427	24	28	50	4	42,3	41	47,3
M 30		3,5	27,727	25,706	26,211	2,147	1,894	0,505	519	26,5	31	56	4	53,6	46	53,1
M 36		4	33,402	31,093	31,670	2,454	2,165	0,577	759	32	37	66	5	92,0	55	63,5
	M 33	3,5	30,727	28,706	29,211	2,147	1,894	0,505	646	29,5	34	60	5	75,4	50	57,7
	M 39	4	36,402	34,093	34,670	2,454	2,165	0,577	913	35	40	72	6	133	60	69,3
M 42		4,5	39,077	36,479	37,129	2,760	2,436	0,650	1050	37,5	43	78	7	183	65	75
M 48		5	44,752	41,866	42,587	3,067	2,706	0,722	1380	43	50	92	8	294	75	86,5
	M 45	4,5	42,077	39,479	40,129	2,760	2,436	0,650	1124	40,5	46	85	7	220	70	80,8
	M 52	5	48,752	45,866	46,587	3,067	2,706	0,722	1652	47	54	98	8	330	80	92,4
M 56		5,5	52,428	49,252	50,046	3,374	2,977	0,794	1910	50,5	58	105	9	425	85	98
M 64		6	60,103	56,639	57,505	3,681	3,248	0,866	2520	58	66	115	9	492	95	110
	M 60	5,5	56,428	53,252	54,046	3,374	2,977	0,794	2227	55	62	110	9	458	90	104
	M 68	6	64,103	60,639	61,505	3,681	3,248	0,866	2880	62	70	120	10	540	100	116

14.2.1.2 Whitworth-Rohrgewinde nach DIN 259 Teil 1 (8.79)

Kurzzeichen	Außen-∅ d	Kern-∅ d_1	Steigung P	Gangzahl auf 25,4 mm	Gewindetiefe H_1	Rundung r
R 1/8	9,728	8,566	0,907	28	0,581	0,125
R 1/4	13,157	11,445	1,337	19	0,856	0,184
R 3/8	16,662	14,950	1,337	19	0,856	0,184
R 1/2	20,955	18,631	1,814	14	1,162	0,249
R 3/4	26,441	24,117	1,814	14	1,162	0,249
R 1	33,249	30,291	2,309	11	1,479	0,317
R 1¼	41,910	38,952	2,309	11	1,479	0,317
R 1½	47,803	44,845	2,309	11	1,479	0,317
R 2	59,614	56,656	2,309	11	1,479	0,317
R 2½	75,184	72,226	2,309	11	1,479	0,317
R 3	87,884	84,926	2,309	11	1,479	0,317
R 3½	100,330	97,372	2,309	11	1,479	0,317
R 4	113,030	110,072	2,309	11	1,479	0,317
R 5	138,430	135,472	2,309	11	1,479	0,317
R 6	163,830	160,872	2,309	11	1,479	0,317

14.2 Maschinennormteile

14.2.1.3 Metrisches ISO-Gewinde
Feingewinde mit Steigungen von 1 ··· 6 mm nach DIN 13 Teil 5 ··· 10

d = Gewindedurchmesser, d_1 = Kerndurchmesser Bolzen, D_1 = Kerndurchmesser Mutter, P = Steigung

Teil 5 (12.86) $P = 1$ mm			Teil 6 (12.86) $P = 1,5$ mm			Teil 7 (12.86) $P = 2$ mm			Teil 8 (12.86) $P = 3$ mm			Teil 9 (12.86) $P = 4$ mm			Teil 10 (12.86) $P = 6$ mm		
d	d_1	D_1	d	d_1	D_1	d	d_1	D_1	d	d_1	D_1	d	d_1	D_1	d	d_1	D_1
8	6,773	6,917	12	10,16	10,376	18	15,546	15,835	30	26,319	26,752	42	37,093	37,67	72	64,639	65,505
10	8,773	8,917	14	12,16	12,376	20	17,546	17,835	33	29,319	29,752	45	40,093	40,67	76	68,639	69,505
12	10,773	10,917	16	14,16	14,376	22	19,546	19,835	36	32,319	32,752	48	43,093	43,67	80	72,639	73,505
14	12,773	12,917	18	16,16	16,376	24	21,546	21,835	39	35,319	35,752	52	47,093	47,67	85	77,639	78,505
16	14,773	14,917	20	18,16	18,376	27	24,546	24,835	42	38,319	38,752	56	51,093	51,67	90	82,639	83,505
18	16,773	16,917	22	20,16	20,376	30	27,546	27,835	45	41,319	41,752	60	55,093	55,67	95	87,639	88,505
20	18,773	18,917	24	22,16	22,376	33	30,546	30,835	48	44,319	44,752	64	59,093	59,67	100	92,639	93,505
22	20,773	20,917	27	25,16	25,376	36	33,546	33,835	52	48,319	48,752	68	63,093	63,67	105	97,639	98,505
24	22,773	22,917	30	28,16	28,376	39	36,546	36,835	56	52,319	52,752	72	67,093	67,67	110	102,639	103,505
27	25,773	25,917	33	31,16	31,376	42	39,546	39,835	60	56,319	56,752	76	71,093	71,67	120	112,639	113,505
30	28,773	28,917	36	34,16	34,376	45	42,546	42,835	64	60,319	60,752	80	75,093	75,67	130	122,639	123,505
33	31,773	31,917	39	37,16	37,376	48	45,546	45,835	68	64,319	64,752	85	80,093	80,67	140	132,639	133,505
36	34,773	34,917	42	40,16	40,376	52	49,546	49,835	72	68,319	68,752	90	85,093	85,67	150	142,639	143,505
39	37,773	37,917	45	43,16	43,376	56	53,546	53,835	76	72,319	72,752	95	90,093	90,67	160	152,639	153,505
42	40,773	40,917	48	46,16	46,376	60	57,546	57,835	80	76,319	76,752	100	95,093	95,67	170	162,639	163,505
45	43,773	43,917	52	50,16	50,376	64	61,546	61,835	85	81,319	81,752	105	100,093	100,67	180	172,639	173,505
48	46,773	46,917	56	54,16	54,376	68	65,546	65,835	90	86,319	86,752	110	105,093	105,67	190	182,639	183,505
52	50,773	50,917	60	58,16	58,376	72	69,546	69,835	95	91,319	91,752	120	115,093	115,67	200	192,639	193,505
56	54,773	54,917	64	62,16	62,376	76	73,546	73,835	100	96,319	96,752	130	125,093	125,67	210	202,639	203,505
60	58,773	58,917	68	66,16	66,376	80	77,546	77,835	105	101,319	101,752	140	135,093	135,67	220	212,639	213,505
64	62,773	62,917	72	70,16	70,376	85	82,546	82,835	110	106,319	106,752	150	145,093	145,67	230	222,639	223,505
68	66,773	66,917	76	74,16	74,376	90	87,546	87,835	120	116,319	116,752	160	155,093	155,67	240	232,639	233,505
72	70,773	70,917	80	78,16	78,376	100	97,546	97,835	130	126,319	126,752	170	165,093	165,67	250	242,639	243,505
76	74,773	74,917	90	88,16	88,376	110	107,546	107,835	140	136,319	136,752	180	175,093	175,67	260	252,639	253,505
80	78,773	78,917	100	98,16	98,376	120	117,546	117,835	150	146,319	146,752	190	185,093	185,67	270	262,639	263,505
90	88,773	88,917	110	108,16	108,376	130	127,546	127,835	160	156,319	156,752	200	195,093	195,67	280	272,639	273,505
100	98,773	98,917	120	118,16	118,376	140	137,546	137,835	170	166,319	166,752	210	205,093	205,67	300	292,639	293,505

14.2.1.4 Bohrerdurchmesser für Gewindekernlöcher nach DIN 336 Teil 1 (4.69)

Für Metrische Gewinde ($\varnothing$ = Bohrerdurchmesser)

Maße in mm

Kurzzeichen M	$\varnothing$	Kurzzeichen M	$\varnothing$	Kurzzeichen M	$\varnothing$	Kurzzeichen M	$\varnothing$	Kurzzeichen M	$\varnothing$	Kurzzeichen M	$\varnothing$
						22 × 1	21	32 × 1,5	30,5	45 × 1,5	43,5
						22 × 1,5	20,5	32 × 2	30	45 × 2	43
						22 × 2	20	33 × 1,5	31,5	45 × 3	42
						24 × 1	23	33 × 2	31	45 × 4	41
						24 × 1,5	22,5	33 × 3	30	48 × 1,5	46,5
1 × 0,2	0,8	5,5 × 0,5	5,2	14 × 1	13	24 × 2	22	35 × 1,5	33,5	48 × 2	46
1,1 × 0,2	0,9	6 × 0,75	5,2	14 × 1,25	12,8	25 × 1	24	36 × 1,5	34,5	48 × 3	45
1,2 × 0,2	1	7 × 0,75	6,2	14 × 1,5	12,5	25 × 1,5	23,5	36 × 2	34	48 × 4	44
1,4 × 0,2	1,2	8 × 0,75	7,2	15 × 1	14	25 × 2	23	36 × 3	33	50 × 1,5	48,5
1,4 × 0,25	1,15	8 × 1	7	15 × 1,5	13,5	26 × 1,5	24,5	38 × 1,5	36,5	50 × 2	48
1,6 × 0,2	1,4	9 × 0,75	8,2	16 × 1	15	27 × 1	26	39 × 1,5	37,5	50 × 3	47
1,8 × 0,2	1,6	9 × 1	8	16 × 1,5	14,5	27 × 1,5	25,5	39 × 2	37	52 × 1,5	50,5
2 × 0,25	1,75	10 × 0,75	9,2	17 × 1	16	27 × 2	25	39 × 3	36	52 × 2	50
2,2 × 0,25	1,95	10 × 1	9	17 × 1,5	15,5	28 × 1	27	40 × 1,5	38,5	52 × 3	49
2,5 × 0,35	2,15	10 × 1,25	8,8	18 × 1	17	28 × 1,5	26,5	40 × 2	38	52 × 4	48
3 × 0,35	2,65	11 × 0,75	10,2	18 × 1,5	16,5	28 × 2	26	40 × 3	37		
3,5 × 0,35	3,15	11 × 1	10	18 × 2	16	30 × 1	29	42 × 1,5	40,5		
4 × 0,5	3,5	12 × 1	11	20 × 1	19	30 × 1,5	28,5	42 × 2	40		
4,5 × 0,5	4	12 × 1,25	10,8	20 × 1,5	18,5	30 × 2	28	42 × 3	39		
5 × 0,5	4,5	12 × 1,5	10,5	20 × 2	18	30 × 3	27	42 × 4	38		

14.2 Maschinennormteile

14.2.2 Schrauben und Muttern

14.2.2.1 Mechanische Eigenschaften von Schrauben nach DIN ISO 898 Teil 1 (1.89)

Festigkeitsklassen

Das Kennzeichen zur Bezeichnung der Festigkeitsklassen für Schrauben besteht aus zwei durch einen Punkt getrennte Zahlen (z. B. 3.6). Die erste Zahl entspricht 1/100 der Nennzugfestigkeit R_m in N/mm²; die zweite Zahl ist das 10fache des Verhältnisses der Nennstreckgrenze R_{eL} bzw. $R_{p0,2}$ zur Nennzugfestigkeit R_m. Multipliziert man beide Zahlen, so erhält man die Nennstreckgrenze R_{eL} bzw. $R_{p0,2}$ in N/mm².

Eigenschaft		Festigkeitsklasse									
		3.6	4.6	4.8	5.6	5.8	6.8	8.8 ≤ M 16	8.8 > M 16[1]	9.8[2]	10.9	12.9
Zugfestigkeit R_m N/mm²	Nennwert	300	400		500		600	800		900	1000	1200
	min.	330	400	420	500	520	600	800	830	900	1040	1220
Streckgrenze R_{eL} N/mm²	Nennwert	180	240	320	300	400	480	—	—	—	—	—
	min.	190	240	340	300	420	480	—	—	—	—	—
0,2%-Dehngrenze $R_{p0,2}$ N/mm²	Nennwert	—	—	—	—	—	—	640	640	720	900	1080
	min.	—	—	—	—	—	—	640	660	720	940	1100
Bruchdehnung A_5 %	min.	25	22	14	20	10	8	12	12	10	9	8
Mindest-Kerbschlagarbeit J		—	—	—	—	25	—	30	30	25	20	15

Mindestbruchkräfte für Schrauben

Gewinde	Steigung für Regelgewinde mm	Nennspannungsquerschnitt A_s mm²	Festigkeitsklasse									
			3.6	4.6	4.8	5.6	5.8	6.8	8.8	9.8	10.9	12.9
			Mindestbruchkraft ($A_s \cdot R_m$) in N									

Für Schrauben mit metrischem ISO-Regelgewinde

Gewinde	Steigung mm	A_s mm²	3.6	4.6	4.8	5.6	5.8	6.8	8.8	9.8	10.9	12.9
M 3	0,5	5,03	1660	2010	2110	2510	2620	3020	4020	4530	5230	6140
M 3,5	0,6	6,78	2240	2710	2850	3390	3530	4070	5420	6100	7050	8270
M 4	0,7	8,78	2900	3510	3690	4390	4570	5270	7020	7900	9130	10700
M 5	0,8	14,2	4690	5680	5960	7100	7380	8520	11350	12800	14800	17300
M 6	1	20,1	6630	8040	8440	10000	10400	12100	16100	18100	20900	24500
M 7	1	28,9	9540	11600	12100	14400	15000	17300	23100	26000	30100	35300
M 8	1,25	36,6	12100	14600	15400	18300	19000	22000	29200	32900	38100	44600
M 10	1,5	58,0	19100	23200	24400	29000	30200	34800	46400	52200	60300	70800
M 12	1,75	84,3	27800	33700	35400	42200	43800	50600	67400[3]	75900	87700	103000
M 14	2	115	38000	46000	48300	57500	59800	69000	92000[3]	104000	120000	140000
M 16	2	157	51800	62800	65900	78500	81600	94000	125000[3]	141000	163000	192000
M 18	2,5	192	63400	76800	80600	96000	99800	115000	159000	—	200000	234000
M 20	2,5	245	80800	98000	103000	122000	127000	147000	203000	—	255000	299000
M 22	2,5	303	100000	121000	127000	152000	158000	182000	252000	—	315000	370000
M 24	3	353	116000	141000	148000	176000	184000	212000	293000	—	367000	431000
M 27	3	459	152000	184000	193000	230000	239000	275000	381000	—	477000	560000
M 30	3,5	561	185000	224000	236000	280000	292000	337000	466000	—	583000	684000
M 33	3,5	694	229000	278000	292000	347000	361000	416000	576000	—	722000	847000
M 36	4	817	270000	327000	343000	408000	425000	490000	678000	—	850000	997000
M 39	4	976	322000	390000	410000	488000	508000	586000	810000	—	1020000	1200000

Für Schrauben mit metrischem ISO-Feingewinde

Gewinde	Steigung mm	A_s mm²	3.6	4.6	4.8	5.6	5.8	6.8	8.8	9.8	10.9	12.9
M 8	1	39,2	12900	15700	16500	19600	20400	23500	31360	35300	40800	47800
M 10	1	64,5	21300	25800	27100	32300	33500	38700	51600	58100	67100	78700
M 12	1,5	88,1	29100	35200	37000	44100	45800	52900	70500	79300	91600	107500
M 14	1,5	125	41200	50000	52500	62500	65000	75000	100000	112000	130000	152000
M 16	1,5	167	55100	66800	70100	83500	86800	100000	134000	150000	174000	204000
M 18	1,5	216	71300	86400	90700	108000	112000	130000	179000	—	225000	264000
M 20	1,5	272	89800	109000	114000	136000	141000	163000	226000	—	283000	332000
M 22	1,5	333	110000	133000	140000	166000	173000	200000	276000	—	346000	406000
M 24	2	384	127000	154000	161000	192000	200000	230000	319000	—	399000	469000
M 27	2	496	164000	194000	208000	248000	258000	298000	412000	—	516000	605000
M 30	2	621	205000	248000	261000	310000	323000	373000	515000	—	646000	758000
M 33	2	761	251000	304000	320000	380000	396000	457000	632000	—	791000	928000
M 36	3	865	285000	346000	363000	432000	450000	519000	718000	—	900000	1055000
M 39	3	1030	340000	412000	433000	515000	536000	618000	855000	—	1070000	1260000

[1] Für Stahlbauschrauben ab M 12
[2] Nur für Größen bis 16 mm Gewindedurchmesser
[3] Für Stahlschrauben 70000, 95500 bzw. 130000 N

14.2 Maschinennormteile

14.2.2.2 Ausführungen von Schrauben nach Beiblatt 1 zu DIN 267 Teil 2 (11.84), Auszug

Bild	Benennung	DIN	Bild	Benennung	DIN
	Senkschraube mit Schlitz	63, 87, 963		Zylinderschraube mit Innensechskant und niedrigem Kopf	7984
	Senkschraube mit Kreuzschlitz	965, 7987		dgl. mit Schlüsselführung	6912
	Zylinderschraube mit Schlitz	84		Senkschraube mit Innensechskant	7991
	Flachkopfschraube mit Schlitz	85			
	Linsensenkschraube mit Schlitz	88, 91, 964		Linsenschraube mit Kreuzschlitz	7985
	Linsensenkschraube mit Kreuzschlitz	966, 7988		Sechskant-Gewinde-Schneidschraube (auch Zylinder-, Senk- u. Linsensenkschraube)	7513
	Kreuzlochschraube mit Schlitz	404		dgl. mit Kreuzschlitz (nicht Sechskantschr.)	7516
	Schaftschraube mit Schlitz und Kegelkuppe	427		Zylinder-Blechschraube mit Schlitz weitere Blechschr.: Senk-Blechschraube mit Schlitz mit Kreuzschlitz Sechskant-Blechschr.	7971 7972 7982 7976
	Gewindestift mit Schlitz und Ringschneide	438		Linsensenk-Holzschr. mit Schlitz mit Kreuzschlitz weitere Holzschr.: Halbrund mit Schlitz mit Kreuzschlitz Senk mit Schlitz mit Kreuzschlitz	95 7995 96 7996 97 7997
	Gewindestift mit Schlitz und Kegelkuppe	551			
	Gewindestift mit Schlitz und Spitze	553			
	Augenschraube	444		Spannschloß aus Stahlrohr oder Rundstahl	1478
	Augenschraube mit kleinem Auge	81 698		dgl. geschmiedet, offene Form	1480
	Hohe Rändelschraube	464			
	Hohe Rändelschraube mit Schlitz	465		Flügelschrauben	315, 316
	Vierkantschraube mit Bund	478		Hammerschraube mit Vierkant mit Nase mit großem Kopf Hammerschraube	186 188 7992 261
	Sechskantschraube	601, 7990		Flachkopfschraube mit Schlitz und kleinem Kopf und großem Kopf	920 921
	Sechskantschraube mit großen Schlüsselweiten	6914			
	Sechskant-Holzschraube	571		Flachrundschraube mit Vierkantansatz	603
	Sechskant-Paßschraube mit langem Gewindezapfen	609		Stiftschraube Einschraubende $\approx 2d$ Einschraubende $\approx 1d$ Einschraubende $\approx 1,25 d$ Einschraubende $\approx 2,5 d$	835 938 939 940
	Sechskant-Paßschraube mit kurzem Gewindezapfen	610			

14-13

14.2 Maschinennormteile

14.2.2.3 Zylinderschrauben mit Innensechskant

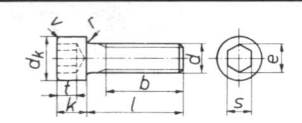

Bezeichnung einer Zylinderschraube mit Innensechskant, mit Gewinde M 12 und Nennlänge $l = 60$ mm, Festigkeitsklasse 10.9:
Zylinderschraube DIN 912 – M 12 × 60 – 10.9

Zylinderschrauben nach DIN 7984 (5.85) (Maße in mm)

d_1	b	d_2	$e \approx$	k	r	s	t	l
M 3	12	5,5	2,3	2	0,1	2	1,5	5 ··· 20
M 4	14	7	2,87	2,8	0,2	2,5	2,3	6 ··· 25
M 5	16	8,5	3,44	3,5	0,2	3	2,7	8 ··· 30
M 6	18	10	4,58	4	0,25	4	3	10 ··· 40
M 8	22	13	5,72	5	0,4	5	3,8	12 ··· 60
M 10	26	16	8,01	6	0,4	6	4,5	16 ··· 70
M 12	30	18	9,15	7	0,6	8	5	20 ··· 80
M 14	34	21	11,43	8	0,6	10	5,3	30 ··· 80
M 16	38	24	13,72	9	0,6	12	5,5	30 ··· 80
M 18	42	27	13,72	10	0,6	12	6,5	40 ··· 100
M 20	46	30	16	11	0,8	14	7,5	40 ··· 100
M 22	50	33	16	12	0,8	14	8	50 ··· 100
M 24	54	36	19,44	13	0,8	17	8	50 ··· 100

Zylinderschrauben nach DIN 912 (12.83) (Maße in mm)

d	b	d_k[1])	e	t	k	r	s	v	l
M 1,4	14	2,6	1,5	0,6	1,4	0,1	1,3	0,14	2 ··· 12
M 1,6	15	3	1,73	0,7	1,6	0,1	1,5	0,16	2,5 ··· 16
M 2	16	3,8	1,73	1	2	0,1	1,5	0,2	2,5 ··· 20
M 2,5	17	4,5	2,3	1,1	2,5	0,1	2	0,25	3 ··· 25
M 3	18	5,5	2,87	1,3	3	0,1	2,5	0,3	5 ··· 30
M 4	20	7	3,44	2	4	0,2	3	0,4	6 ··· 40
M 5	22	8,5	4,58	2,5	5	0,2	4	0,5	8 ··· 50
M 6	24	10	5,72	3	6	0,25	5	0,6	10 ··· 60
M 8	28	13	6,86	4	8	0,4	6	0,8	12 ··· 80
M 10	32	16	9,15	5	10	0,4	8	1	16 ··· 100
M 12	36	18	11,43	6	12	0,6	10	1,2	20 ··· 120
M 14	40	21	13,72	7	14	0,6	12	1,4	25 ··· 140
M 16	44	24	16,00	8	16	0,6	14	1,6	25 ··· 160
M 18	48	27	16,00	9	18	0,6	14	1,8	30 ··· 180
M 20	52	30	19,44	10	20	0,8	17	2	30 ··· 200
M 22	56	33	19,44	11	22	0,8	17	2	35 ··· 200
M 24	60	36	21,73	12	24	0,8	19	2,4	40 ··· 200
M 27	66	40	21,73	13,5	27	1	19	2,7	45 ··· 200
M 30	72	45	25,15	15	30	1	22	3	50 ··· 200
M 33	78	50	27,43	18	33	1	24	3,3	50 ··· 300
M 36	84	54	30,85	19	36	1	27	3,6	55 ··· 300
M 42	96	63	36,57	24	42	1,2	32	4,2	60 ··· 300
M 48	108	72	41,13	28	48	1,6	36	4,8	70 ··· 300
M 56	124	84	46,83	34	56	2	41	5,5	80 ··· 300
M 64	140	96	52,53	38	64	2	46	6,4	90 ··· 300
M 72	156	108	62,81	43	72	2	55	7,2	100 ··· 300
M 80	172	120	74,24	48	80	2,5	65	8	120 ··· 300
M 90	192	135	85,61	54	90	2,5	75	9	140 ··· 300
M 100	212	150	97,04	60	100	3	85	10	150 ··· 300

Stufung der Nennlängen l in mm

2; 2,5; 3; 4; 5; 6; 9; 10; 12; 16; 20; 25; 30; 35; 40; 45; 50; 55; 60; 65; 70; 80; 90; 100; 110; 120; 130; 140; 150; 160; 180; 200; 220; 240; 260; 280; 300

14.2.2.4 Senkschrauben mit Schlitz nach DIN 963 (8.90)[2])

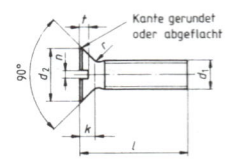

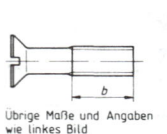

Bezeichnung einer Senkschraube mit Gewinde $d_1 = $ M 4, Länge $l = 16$ mm und Festigkeitsklasse 4.8:
Senkschraube M 4 × 16 DIN 963 – 4.8

			k		r		t	
	b	d_2	max	n	max	min	max	l
M 1	[3])	1,9	0,6	0,25	0,1	0,2	0,3	2 ··· 5
M 1,2	[3])	2,3	0,72	0,3	0,12	0,25	0,35	2 ··· 6
M 1,4	[3])	2,6	0,84	0,3	0,14	0,28	0,4	2 ··· 10
M 1,6	15	2,9	0,96	0,4	0,16	0,32	0,45	2 ··· 10
M 2	16	3,8	1,2	0,5	0,2	0,4	0,6	3 ··· 18
M 2,5	18	4,7	1,5	0,6	0,25	0,5	0,7	3 ··· 25
M 3	19	5,6	1,65	0,8	0,3	0,6	0,85	4 ··· 30
M 3,5	20	6,5	1,93	0,8	0,35	0,7	1	4 ··· 35
M 4	22	7,5	2,2	1	0,4	0,8	1,1	5 ··· 40
M 5	25	9,2	2,5	1,2	0,5	1	1,3	6 ··· 50
M 6	28	11	3	1,6	0,6	1,2	1,6	8 ··· 50
M 8	34	14,5	4	2	0,8	1,6	2,1	10 ··· 60
M 10	40	18	5	2,5	1	2	2,6	12 ··· 60
M 12	46	22	6	3	1,2	2,4	3	20 ··· 60
M 14	52	25	7	3	1,4	2,8	3,5	22 ··· 80
M 16	58	29	8	4	1,6	3,2	4	25 ··· 100
M 18	64	33	9	4	1,8	3,6	4,5	28 ··· 100
M 20	70	36	10	5	2	4	5	30 ··· 100

Festigkeitsklassen: Werkstoff „Stahl": 4.8; 5.8; 8.8
Werkstoff „Nichtrostender Stahl": A2-70; A4-70
Werkstoff „Nichteisenmetall": CuZn

14.2.2.5 Linsen-Senkschrauben mit Kreuzschlitz nach DIN 966 (8.90)[2])

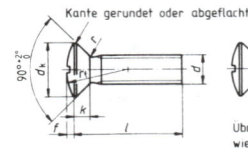

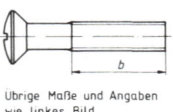

Bezeichnung einer Linsen-Senkschraube mit Gewinde $d = $ M 3, der Länge $l = 10$ mm, der Festigkeitsklasse 5.8 und Kreuzschlitz H:
Senkschraube DIN 966 – M 3 × 10 – 5.8 – H

---

[1]) Für glatte Köpfe.   [2]) Alle Maße in mm.   [3]) Nur mit Gewinde bis Kopf.

14.2 Maschinennormteile

Fortsetzung: Linsen-Senkschrauben

d	$P^{1)}$	b	d_k max	f ≈	k max	r max	r_f ≈	l
M 1,6	0,35	15	3	0,5	0,96	0,4	3	3⋯16
M 2	0,4	16	3,8	0,5	1,2	0,5	4	3⋯20
M 2,5	0,45	18	4,7	0,6	1,5	0,7	5	3⋯25
M 3	0,5	19	5,6	0,75	1,65	0,8	6	4⋯30
M 3,5	0,6	20	6,5	0,9	1,93	0,95	7	4⋯35
M 4	0,7	22	7,5	1	2,2	1	8	5⋯40
M 5	0,8	25	9,2	1,25	2,5	1,3	10	6⋯50
M 6	1	28	11	1,5	3	1,6	12	8⋯50
M 8	1,25	34	14,5	2	4	2	16	10⋯55
M 10	1,5	40	18	2,5	5	2,5	20	12⋯60

Kreuzschlitzgrößen

Gewinde d	M 1,6	M 2⋯M 3	M 3,5⋯M 5	M 6	M 8, M 10
Kreuzschlitzgröße	0	1	2	3	4

Werkstoffe

Stahl	Festigkeitsklasse: 4.8; 5.8; 8.8
Nichtrostender Stahl	A2-70; A4-70
Nichteisenmetall	CuZn = Kupfer-Zink-Legierung (vorzugsweise CU2 oder CU3)

14.2.2.6 Sechskantschrauben mit Gewinde bis Kopf nach DIN 933 (9.87), Auszug

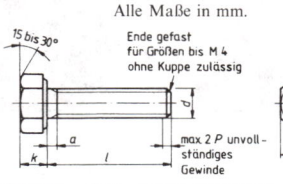

Alle Maße in mm.

Bezeichnung einer Sechskantschraube mit Gewinde $d = M\,6$, Länge $l = 20$ mm und Festigkeitsklasse 8.8:

Sechskantschraube DIN 933 – M 6 × 20 – 8.8

d	$P^{1)}$	a max	s (min) $A^{2)}$	s (min) $B^{2)}$	k	s	l $A^{2)}$
M 1,6	0,35	1,05	3,41	–	1,1	3,2	2⋯16
M 2	0,4	1,2	4,32	–	1,4	4	3⋯20
M 2,5	0,45	1,35	5,45	–	1,7	5	3⋯25
M 3	0,5	1,5	6,01	–	2	5,5	4⋯30
M 3,5	0,6	1,8	6,58	–	2,4	6	5⋯35
M 4	0,7	2,1	7,66	7,5	2,8	7	5⋯40
M 5	0,8	2,4	8,79	8,63	3,5	8	6⋯50
M 6	1	3	11,05	10,89	4	10	6⋯60
M 7	1	3	12,12	11,94	4,8	11	7⋯70
M 8	1,25	3,75	14,38	14,20	5,3	13	8⋯80
M 10	1,5	4,5	18,9	18,72	6,4	17	8⋯100
M 12	1,75	5,25	21,1	20,88	7,5	19	10⋯120
M 14	2	6	24,49	23,91	8,8	22	10⋯140
M 16	2	6	26,75	26,17	10	24	12⋯150
M 18	2,5	7,5	30,14	29,56	11,5	27	16⋯150
M 20	2,5	7,5	33,53	32,95	12,5	30	16⋯150

Produktklassen

Klasse A bis M 24 und Längen $\leq 10\,d$ bzw. 150 mm.
Klasse B über M 24 oder Längen $> 10\,d$ bzw. 150 mm.

Werkstoff

Festigkeitsklassen (Stahl): 8.8   5.6   10.9

14.2.2.7 Linsen-Blechschrauben mit Kreuzschlitz nach DIN 7981 (12.84)

Alle Maße in mm.

Form C mit Spitze   Form F mit Zapfen

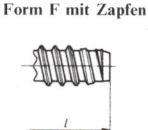

übrige Maße wie linkes Bild

Bezeichnung einer Linsen-Blechschraube mit der Gewindegröße ST 4,2, der Länge $l = 16$ mm, der Spitze Form C und Kreuzschlitz Z:

Blechschraube DIN 7981 – ST 4,2 × 16 – C – Z

Gewindegröße	$P^{1)}$	a max	d_k	k	r max	r_f ≈	l
ST 2,2	0,8	0,8	4,2	1,8	0,3	3,4	4,5⋯16
ST 2,9	1,1	1,1	5,6	2,2	0,4	4,4	6,5⋯19
ST 3,5	1,3	1,3	6,9	2,6	0,5	5,4	9,5⋯25
ST 3,9	1,4	1,4	7,5	2,8	0,5	5,8	9,5⋯25
ST 4,2	1,4	1,4	8,2	3,05	0,6	6,2	9,5⋯32
ST 4,8	1,6	1,6	9,5	3,55	0,7	7,2	9,5⋯38
ST 5,5	1,8	1,8	10,8	3,95	0,8	8,2	13⋯38
ST 6,3	1,8	1,8	12,5	4,55	0,9	9,5	13⋯38

Kreuzschlitzgrößen

Gewinde	ST 2,2; ST 2,9	ST 3,5⋯ST 4,8	ST 5,5; ST 6,3
Kreuzschlitz	1	2	3

14.2.2.8 Blechschraubenverbindungen nach DIN 7975 (8.89)

Bei einer einfachen Schraubenverbindung mit Blechschrauben werden die zu verbindenden Teile lediglich vorgebohrt oder gelocht; die Schraube formt sich ihr Gewinde selbst. Für diese Verbindungsart bestehen Anwendungsgrenzen hinsichtlich der Dicken der zu verschraubenden Bleche. Für Blechdicken an der unteren Grenze S_{min} und/oder geringer Festigkeit des Blechwerkstoffs ($R_m = 100$ N/mm²) sind die kleinen Kernlochdurchmesser zu wählen; für große Blechdicken und große Werkstoffestigkeit (R_m bis 500 N/mm²) sind die großen Kernlochdurchmesser zu wählen.

Grenzen der Blechdicken und Kernlochdurchmesser (Angaben in mm)

Gewindegröße	Untere Grenze S_{min}	Obere Grenze S_{max}	Kernlochdurchmesser[3)] von	Kernlochdurchmesser[3)] bis
ST 2,2	0,8	1,8	1,7	1,9
ST 2,9	1,1	2,2	2,2	2,5
ST 3,5	1,3	2,8	2,6	3,1
ST 3,9	1,3	3	2,9	3,5
ST 4,2	1,4	3,5	3,1	3,7
ST 4,8	1,6	4	3,6	4,3
ST 5,5	1,8	4,5	4,2	5,0
ST 6,3	1,8	5	4,9	5,8
ST 8	2,1	6,5	6,3	7,4

[1)] P = Gewindesteigung   [2)] Produktklassen
[3)] Kleiner Kernlochdurchmesser für S_{min}, größer Kernlochdurchmesser für S_{max}; genaue Zwischenwerte siehe DIN 7975.

14.2 Maschinennormteile

14.2.2.9 Ausführungen von Muttern nach Beiblatt 1 zu DIN 267 Teil 2 (11.84)

Bild	Benennung	DIN
	Rohrmutter (Whitworth-Rohrgewinde)	431
	Sechskantmutter, niedrige Form	439
	Sechskantmutter (m und mg)	934
	Flache Sechskantmutter (m u. mg)	936
	Sechskantmutter Typ 1, Typ 2	971
	Sechskantmutter 1,5 d hoch	6330
	Sechskantmutter mit großen Schlüsselweiten (HV-Verbindung)	6915
	Sechskantmutter, Ausführung g	555
	Sechskantmutter Typ 1, Produktklasse C	972
	Vierkantmutter, Ausführung g	557
	Vierkantmutter, niedrige Form	562
	Flache Rändelmutter	467
	(Hohe Rändelmutter)	466
	Ankermutter für Ankerschrauben nach DIN 797	798
	Vierkant-Schweißmutter	928 / 929
	Schlitzmutter	546
	Zweilochmutter	547
	Kreuzlochmutter	548
	Hutmutter, niedrige Form	917
	Sechskantmutter, selbstsichernd, niedrige Form	985
	Hutmutter, selbstsichernd (Hutmutter, hohe Form)	986 / 1587
	Sechskantmutter 1,5 d hoch mit Bund	6331
	Kronenmutter Ausführung m, mg, g	935
	flache Ausführung	937
	niedrige Form	979
	Einschraubmutter (Schraubdübel)	7965
	Dreikantmutter (für schlagwetter- und explosionsgeschützte Geräte)	22425

14.2.2.10 Schraube-Mutter-Verbindungen

Muttern mit Nennhöhen $\geq 0{,}8\,D$

Festigkeitsklasse der Mutter	Zugehörige Schraube nach DIN ISO 898 T 2 (3.81)		DIN 267 T 23 (8.83) (Feingewinde)	
	Festigkeitsklasse	Größe	Festigkeitsklasse	Größe
4	3.6; 4.6; 4.8	> M 16	—	—
5	3.6; 4.6; 4.8	≤ M 16		
	5.6; 5.8	alle		
6	6.8	alle	3.6; 4.6; 4.8	alle
			5.6; 5.8; 6.8	alle
8	8.8	alle	8.8	alle
9	8.8	> M 16 ≤ M 39	—	—
	9.8	≤ M 16		
10	10.9	alle	10.9	alle
12	12.9	≤ M 39	12.9	alle

Muttern mit Nennhöhen $\geq 0{,}5\,D < 0{,}8\,D$ nach DIN ISO 898 Teil 2 (3.81)

Festigkeitsklasse der Mutter	Mindestspannung in Schraube vor Abstreifen des Gewindes in N/mm² bei Paarung mit Schrauben der Festigkeitsklasse				Prüfspannung der Mutter N/mm²
	6.8	8.8	10.9	12.9	
04	260	300	330	350	380
05	290	370	410	450	500

14.2 Maschinennormteile

14.2.3 Toleranzen und Passungen

Allgemeintoleranzen nach DIN ISO 2768 T1 (6.91)

Toleranzklasse	Grenzabmaße für Längenmaße in mm Nennmaßbereiche von ··· bis								
	0,5 ··· 3	3 ··· 6	6 ··· 30	30 ··· 120	120 ··· 400	400 ··· 1000	1000 ··· 2000	2000 ··· 4000	(4000 ··· 8000)
f(f) fein	±0,05	±0,05	±0,1	±0,15	±0,2	±0,3	±0,5	±−(0,8)	(−)
m(m) mittel	±0,1	±0,1	±0,2	±0,3	±0,5	±0,8	±1,2	±2	(±3)
c(g) grob	±0,2 (0,15)	±0,3 (0,2)	±0,5	±0,8	±1,2	±2	±3	±4	(±5)
v(sg) sehr grob	−	±0,5	±1	±1,5	±2,5 (2)	±4 (3)	±6 (4)	±8 (6)	(±8)

Passungen nach DIN ISO 286 T1, T2 (11.90)

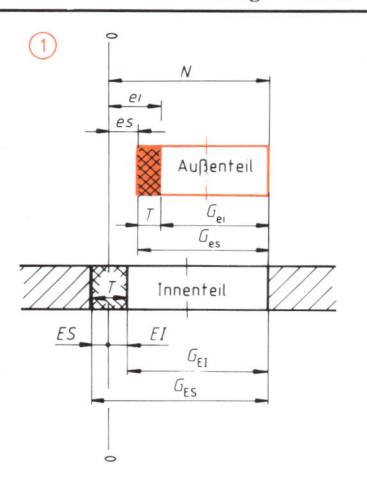

Wird die Funktion eines Werkstücks durch die Anwendung der Allgemeintoleranzen bei einem Nennmaß nicht gewährleistet, ist ein Paßmaß erforderlich. Die Toleranzfeldlage wird entsprechend der Bearbeitungsrichtung gewählt, d. h. bei Innenmaßen wird das Mindestmaß, bei Außenmaßen das Höchstmaß zum Nennmaß gemacht. Das Nennmaß legt die Nullinie als Bezugslinie für die Grenzmaße fest.

1. Bezeichnungen:
Nennmaß N
oberes/unteres Abmaß für Wellen es/ei
Höchstmaß $G_{es} = N + es$ Mindestmaß $G_{ei} = N + ei$
Maßtoleranz $T = G_{es} − G_{ei}$ oder $T = es − ei$
oberes/unteres Abmaß für Bohrungen ES/EI
Höchstmaß $G_{ES} = N + ES$ Mindestmaß $G_{EI} = N + EI$
Maßtoleranz $T = G_{ES} − G_{EI}$ oder $T = ES − EI$

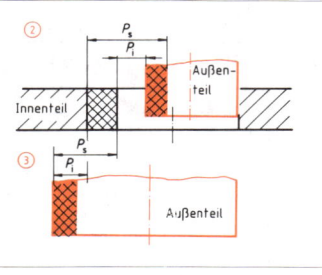

2. Spielpassung
Höchstpassung (Höchstspiel) $P_s =$ positiv
Mindestpassung (Mindestspiel) $P_i \geq$ Null
Höchstpassung $P_s = G_{ES} − G_{ei}$
Mindestpassung $P_i = G_{EI} − G_{es}$
Paßtoleranz $P_T = P_s − P_i$

3. Übermaßpassung
Höchstpassung (Mindestübermaß) $P_s \leq$ Null
Mindestpassung (Höchstübermaß) $P_i =$ negativ

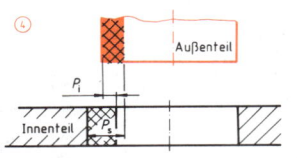

4. Übergangspassung
Höchstpassung (Höchstspiel) $P_s =$ positiv
Mindestpassung (Höchstübermaß) $P_i =$ negativ

14.2 Maschinennormteile

Paßsysteme

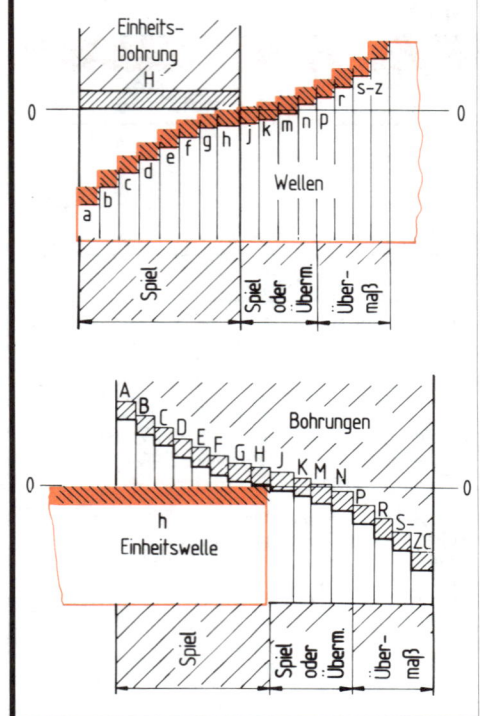

1. Um in Konstruktion und Fertigung die Funktion der Passung kostengünstig (geringe Zahl von Werkzeugen und Prüfmitteln) zu erreichen, wurden planmäßige Reihen von Abmaßen aufgebaut: die Paßsysteme Einheitsbohrung, Einheitswelle sowie ein noch engeres, überwiegend anzuwendendes Auswahlsystem (DIN 7157).
2. Die ISO-Toleranzen gelten nicht für Absatzmaße und Lochmittenabstände.
3. Die Toleranzfeldlage zur Nullinie wird zur Angabe im Kurzzeichen durch Buchstaben festgelegt. Um Verwechslungen mit anderen Zeichen zu vermeiden, scheiden die Groß- und Kleinbuchstaben i, l, o, q und w aus. Zusätzlich werden die Kombinationen cd, ef, fg, js, za, zb und zc verwendet.
4. Die Größe des Toleranzfeldes bestimmt sich aus Nennmaß und Toleranzgrad der Passung. Die Angabe im Kurzzeichen erfolgt durch eine Ziffer.
5. Im System Einheitsbohrung erhält die Bohrung für alle Passungen desselben Nennmaßes einheitlich das H-Toleranzfeld (Mindestmaß = Nennmaß). Die Art der Passung wird durch entsprechende Wahl der Wellentoleranz erreicht.
6. Im System Einheitswelle wird die Welle für alle Passungen desselben Nennmaßes einheitlich mit dem h-Toleranzfeld (Höchstmaß = Nennmaß) gefertigt. Die Art der Passung wird durch die Bohrungstoleranz erzielt.

ISO-Grundtoleranzen

Nennmaß	Toleranzgerade IT in μm																	
über … bis in mm	Lehren						allgem. Maschinenbau						Walz-, Preß-, Schmiedeerzeugnisse					
	01	0	1	2	3	4	5	6	7	8	9	10	11	12	13	14	15	16	17	18
…3	0,3	0,5	0,8	1,2	2	3	4	6	10	14	25	40	60	100	140	250	400	600	1000	1400
3…6	0,4	0,6	1	1,5	2,5	4	5	8	12	18	30	48	75	120	180	300	480	750	1200	1800
6…10	0,4	0,6	1	1,5	2,5	4	6	9	15	22	36	58	90	150	220	360	580	900	1500	2200
10…18	0,5	0,8	1,2	2	3	5	8	11	18	27	43	70	110	180	270	430	700	1100	1800	2700
18…30	0,6	1	1,5	2,5	4	6	9	13	21	33	52	84	130	210	330	520	840	1300	2100	3300
30…50	0,6	1	1,5	2,5	4	7	11	16	25	39	62	100	160	250	390	620	1000	1600	2500	3900
50…80	0,8	1,2	2	3	5	8	13	19	30	46	74	120	190	300	460	740	1200	1900	3000	4600
80…120	1	1,5	2,5	4	6	10	15	22	35	54	87	140	220	350	540	870	1400	2200	3500	5400
120…180	1,2	2	3,5	5	8	12	18	25	40	63	100	160	250	400	630	1000	1600	2500	4000	6300
180…250	2	3	4,5	7	10	14	20	29	46	72	115	185	290	460	720	1150	1850	2900	4600	7200
250…315	2,5	4	6	8	12	16	23	32	52	81	130	210	320	520	810	1300	2100	3200	5200	8100
315…400	3	5	7	9	13	18	26	36	57	89	140	230	360	570	890	1400	2300	3600	5700	8900
400…500	4	6	8	10	15	20	27	40	63	97	155	250	400	630	970	1550	2500	4000	6300	9700

14.2 Maschinennormteile

ISO-Passungen: Grenzabmaße in µm

Einheitsbohrung nach DIN ISO 286 T2 (11.90), Auszug

Einheitswelle nach DIN ISO 286 T2 (11.90), Auszug

Nennmaß-bereich [1]		H6	n5	m5	k5	j5	h5	g5	H7	s6	r6	n6	k6	j6	h6	g6	f7	h8	X8 [2] / U8	H8	F8	E8	D9	h11	H9	H11	D10	C11	A11
über 1 bis 3	Gut Aus	0 +6	+8 +4	+6 +4	+4 0	+4 −2	0 −4	−2 −6	0 +10	+20 +14	+16 +10	+10 +4	+6 0	+4 −2	0 −6	−2 −8	−6 −16	0 −14	−14 −34 −20 −28	0 +14	+6 +20	+14 +28	+20 +45	0 −60	0 +25	0 +60	+20 +60	+60 +120	+270 +330
über 3 bis 6	Gut Aus	0 +8	+13 +8	+9 +4	+6 +1	+6 −1	0 −5	−4 −9	0 +12	+27 +19	+23 +15	+16 +8	+9 +1	+6 −2	0 −8	−4 −12	−10 −22	0 −18	−18 −46 −28	0 +18	+10 +28	+20 +38	+30 +60	0 −75	0 +30	0 +75	+30 +78	+70 +145	+270 +345
über 6 bis 10	Gut Aus	0 +9	+16 +10	+12 +6	+7 +1	+7 −2	0 −6	−5 −11	0 +15	+32 +23	+28 +19	+19 +10	+10 +1	+7 −2	0 −9	−5 −14	−13 −28	0 −22	−22 −56 −34	0 +22	+13 +35	+25 +47	+40 +76	0 −90	0 +36	0 +90	+40 +98	+80 +170	+280 +370
über 10 bis 14	Gut Aus	0 +11	+20 +12	+15 +7	+9 +1	+8 −3	0 −8	−6 −14	0 +18	+39 +28	+34 +23	+23 +12	+12 +1	+8 −3	0 −11	−6 −17	−16 −34	0 −27	−27 −67 −40	0 +27	+16 +43	+32 +59	+50 +93	0 −110	0 +43	0 +110	+50 +120	+95 +205	+290 +400
über 14 bis 18	Gut Aus																												
über 18 bis 24	Gut Aus	0 +13	+24 +15	+17 +8	+11 +2	+9 −4	0 −9	−7 −16	0 +21	+48 +35	+41 +28	+28 +15	+15 +2	+9 −4	0 −13	−7 −20	−20 −41	0 −33	−33 −81 −48	0 +33	+20 +53	+40 +73	+65 +117	0 −130	0 +52	0 +130	+65 +149	+110 +240	+300 +430
über 24 bis 30	Gut Aus																												
über 30 bis 40	Gut Aus	0 +16	+28 +17	+20 +9	+13 +2	+11 −5	0 −11	−9 −20	0 +25	+59 +43	+50 +34	+33 +17	+18 +2	+11 −5	0 −16	−9 −25	−25 −50	0 −39	−39 −99 / −60 −109 / −70	0 +39	+25 +64	+50 +89	+80 +142	0 −160	0 +62	0 +160	+80 +180	+120 +280	+310 +470
über 40 bis 50	Gut Aus																		−133 −87									+130 +290	+320 +480
über 50 bis 65	Gut Aus	0 +19	+33 +20	+24 +11	+15 +2	+12 −7	0 −13	−10 −23	0 +30	+72 +53	+60 +41	+39 +20	+21 +2	+12 −7	0 −19	−10 −29	−30 −60	0 −46	−46 −148 / −102	0 +46	+30 +76	+60 +106	+100 +174	0 −190	0 +74	0 +190	+100 +220	+140 +330	+340 +530
über 65 bis 80	Gut Aus											+62 +43							−178 −124									+150 +340	+360 +550
über 80 bis 100	Gut Aus	0 +22	+38 +23	+28 +13	+18 +3	+13 −9	0 −15	−12 −27	0 +35	+93 +71	+73 +51	+45 +23	+25 +3	+13 −9	0 −22	−12 −34	−36 −71	0 −54	−54 −178 / −124	0 +54	+36 +90	+72 +126	+120 +207	0 −220	0 +87	0 +220	+120 +260	+170 +390	+380 +600
über 100 bis 120	Gut Aus									+101 +79	+76 +54								−198 −144									+180 +400	+410 +630
über 120 bis 140	Gut Aus	0 +25	+45 +27	+33 +15	+21 +3	+15 −11	0 −18	−14 −32	0 +40	+117 +92	+88 +63	+52 +27	+28 +3	+14 −11	0 −25	−14 −39	−43 −83	0 −63	−63 −233 / −170	0 +63	+43 +106	+85 +148	+145 +245	0 −250	0 +100	0 +250	+145 +305	+200 +450	+460 +710
über 140 bis 160	Gut Aus									+125 +100	+90 +65								−253 −190									+210 +460	+520 +770
über 160 bis 180	Gut Aus									+133 +108	+93 +68								−273 −210									+230 +480	+580 +830
über 180 bis 200	Gut Aus	0 +29	+51 +31	+37 +17	+24 +4	+18 −13	0 −20	−15 −35	0 +46	+151 +122	+106 +77	+60 +31	+33 +4	+16 −13	0 −29	−15 −44	−50 −96	0 −72	−72 −308 / −236	0 +72	+50 +122	+100 +172	+170 +285	0 −290	0 +115	0 +290	+170 +355	+240 +530	+660 +950
über 200 bis 225	Gut Aus									+159 +130	+109 +80								−330 −258									+260 +550	+740 +1030
über 225 bis 250	Gut Aus									+169 +140	+113 +84								−356 −284									+280 +570	+820 +1110
über 250 bis 280	Gut Aus	0 +32	+57 +34	+43 +20	+27 +4	+20 −16	0 −23	−17 −40	0 +52	+190 +158	+126 +94	+66 +34	+36 +4	+16 −16	0 −32	−17 −49	−56 −108	0 −81	−81 −396 / −315	0 +81	+56 +137	+110 +191	+190 +320	0 −320	0 +130	0 +320	+190 +400	+300 +620	+920 +1240
über 280 bis 315	Gut Aus									+202 +170	+130 +98								−431 −350									+330 +650	+1050 +1370

[1] Gut = Gutseite, Aus = Ausschußseite
[2] Bis Nennmaß 24 mm: x 8, über 24 mm: u 8.

14.2 Maschinennormteile

Passungsauswahl nach DIN 7157 (1.66)

Einheits-bohrung	Einheits-welle	Merkmale	Anwendung
H8/x8 H7/s6 H7/r6		Großes bis geringes Übermaß, Fügen durch hohen Druck oder Schrumpfen, ohne zusätzliche Sicherung gegen Verdrehen	Zapfen, Bunde, Räder auf Achsen Rad-, Zahnkränze, Buchsen in Radnaben
H7/n6 H7/k6 H7/j6		Spiel kleiner als Übermaß, Fügen mit mittlerem Druck oder Schrumpfen, Sicherung gegen Verdrehen erforderlich	Zahn-, Schneckenräder auf Achsen Buchsen im Gehäuse
H7/k6 H7/j6		Spiel und Übermaß etwa gleich groß, Fügen mit geringer Kraft möglich	Häufiger auszubauende Teile, Kupplungen, Stifte, Bolzen
H7/h6 **H8/h9**		Sehr geringes Spiel, gerade gleitfähig, mit geringer Kraft verschiebbar	Fräser auf Dorn, Pinole, Säulenführungen, Stellringe
H7/g6 **H7/f7** **H8/f7**	G7/h6 **F8/h6** **F8/h9**	Bewegung mit merklichem Spiel für gute Schmierung, leichtes Verschieben	Schieberäder, Gleitlager, Gleitführungen
H8/e8 H8/d9	**E9/h9** D10/h9	Bewegung mit reichlichem Spiel	Lange Wellen, Lager an Bau-, Landmaschinen, Förderanlagen
H11/h11 H11/d9	H11/h11 **C11/h9**	Bewegung mit geringem Spiel bei großen Toleranzen	Gezogene Wellen, Fügeteile zum Stiften, Schrauben, Schweißen, Lager an Bau-, Landmaschinen
H11/c11 H11/a11	C11/h11 A11/h11	Bewegung mit großem Spiel bei großen Toleranzen	Haushaltsmaschinen, Lager bei starker Verschmutzung, Erwärmung, mangelhafter Schmierung

Nach DIN 7157 wird aufgrund von Erfahrungen nur eine geringe Zahl von Passungen zur Nutzung empfohlen. Diese gewährleisten für den größten Teil des Maschinenbaus funktionsgerechte Lösungen. Die hervorgehobenen Passungen sind zu bevorzugen.

Wälzlagerpassungen nach DIN 5425 T1 (11.84)

Innenring	Welle	Außenring	Gehäuse	Beispiele
Radiallager				
Punktlast, Loslager loser Sitz zulässig	j h g f	Umfangslast, fester Sitz nötig, Gehäuse ungeteilt	J K M N P	Laufräder, Seilrollen, Unwuchtschwinger
Umfangslast fester Sitz nötig	h j k m n p	Punktlast, loser Sitz zulässig, geteilte Gehäuse möglich, Loslager	J H G F	Stirnradgetriebe, Elektromaschinen, Naben mit Unwucht
Axiallager				
Punktlast loser Sitz zulässig	j	Umfangslast fester Sitz nötig	K M	
Umfangslast axial und radial	j k m	Punktlast loser Sitz zulässig	H J	
reine Axiallast	h j k		H G E	

Soweit Montage und Funktion es zulassen, sind für Wälzlager festere Passungen vorzuziehen. Dies gilt besonders bei steigender oder ungleichmäßiger Last und Rollenlagern. Mit zunehmender Lagergröße werden Höchst- bzw. Mindestpassung vergrößert.

15.1 Verzeichnis der behandelten Normen und Vorschriften

DIN	Seite	DIN	Seite	DIN	Seite	DIN	Seite
6 T1, T2	14-5	835	14-13	6776 T1	14-1	40108	10-1
13 T1	14-10	912	14-14	6912	14-13	40500 T1	13-14
13 T5···10	14-11	917	14-16	6914	14-13	40501 T1···4	13-14
15 T1, T2	14-2, 14-3	920	14-13	6915	14-16	40620	13-24
63	14-13	921	14-13	7157	14-18, 14-20	40621	13-24
84	14-13	928	14-16	7513	14-13	40631	13-24
85	14-13	929	14-16	7516	14-13	40633	13-24
87	14-13	933	14-15	7728 T1	13-18, 13-19,	40634 T2	13-24
88	14-13	934	14-16		13-20	40685	8-20
91	14-13	935	14-16	7733	13-23	40700	3-23, 10-2
95	14-13	936	14-16	7735 T2	13-22	40700 T14	6-12
96	14-13	937	14-16	7965	14-16	40705	12-8
97	14-13	938	14-13	7971	14-13	40713	6-8
125	14-10	939	14-13	7972	14-13	40714	10-1
177	11-28	940	14-13	7975	14-15	40719 T2	7-5, 7-16
186	14-13	963	14-13, 14-14	7976	14-13	40719 T3	3-30
188	14-13	964	14-13	7981	14-15	40719 T6	6-22
202	14-9	965	14-13	7982	14-13	40719 T9	7-5
259 T1	14-10	966	14-13, 14-14	7984	14-13,	40719 T11	7-6
261	14-13	971	14-16		14-14	40736	4-37
267 T2 Bbl 1	14-13, 14-16	972	14-16	7985	14-13	40771	4-38
267 T23	14-16	979	14-16	7987	14-13	40900 T1, 2, 3, 4.	3-1,
315	14-13	985	14-16	7988	14-13		3-5
316	14-13	986	14-16	7990	14-13	40900 T5	3-1, 3-12
323	4-3	1016	11-28	7991	14-13	40900 T6	3-1, 3-8, 3-9
336 T1	14-11	1025	2-17	7992	14-13	40900 T7	3-1, 3-5,
404	14-13	1301 T1, T2, T3	2-1	7995	14-13		3-6, 3-7, 3-8
406 T10···T11		1302	1-1	7996	14-13	40900 T8	3-1, 3-10
	14-7···14-9	1304 T1	2-2, 2-3	7997	14-13	40900 T9, 10, 11	3-1,
427	14-13	1315	1-6	8513 T1···T4	13-17		3-4
431	14-16	1319	8-4	16160	8-19	40900 T12	3-1,
438	14-13	1323	2-35	17007 T1, T2, T3	13-6		3-14···3-22, 6-8
439	14-16	1478	14-13	17007 T4	13-13	40900 T13	3-1, 3-13
444	14-13	1480	14-13	17100	13-8	41020	4-40
461	14-3	1587	14-16	17200	13-9	41140	4-15, 4-18
464	14-13	1651	13-8	17210	13-9	41180	4-15
465	14-13	1700	13-13	17350	13-10	41240	4-16
466	14-16	1707	13-17	17410	13-12	41300 T1, T3	4-24
467	14-13	1708	13-14	17470	13-15	41301	13-11
476	14-1	1715 T1	13-16	17471	12-7, 13-15	41302 T1, T2	4-23
478	14-13	1757	11-28	17660	13-15	41303	4-22, 4-24
546	14-16	1952	8-23	17662	13-15	41309 T2	4-25
547	14-16	4102 T1	11-20	17664	13-15	41311	4-16, 4-18
548	14-16	4109	2-23	19225	7-26, 7-32	41312	4-16
551	14-13	5035 T1	11-5	19226	7-19	41313	4-17
553	14-13	5035 T2	11-6, 11-8	19236	7-30	41332 T1	4-18
555	14-16	5040 T1, T2	11-4	19237	7-2	41660	4-30
557	14-16	5044 T1	11-13	19239	7-15	41661	4-30
571	14-13	5425 T1	14-20	22425	14-16	41662	4-30
562	14-16	5473	1-1	32640	13-1	41782	5-4
601	14-13	5474	1-2	40003	2-24	41785 T2	5-13, 6-9
603	14-13	5483 T3	2-47	40004	2-24	41860	5-29
609	14-13	6330	14-16	40040	4-1, 4-2, 4-6,	41868	5-27
610	14-13	6331	14-16		4-10, 4-18	41869	5-27
798	14-16	6774	3-30	40050	6-4	41872	5-27

15.1 Verzeichnis der behandelten Normen und Vorschriften

DIN	Seite	DIN	Seite	DIN VDE	Seite	IEC	Seite
41910 T16···18, 20, 21	4-15	48201 T1···3, T5···T7	12-4, 12-5	0418 T1	2-24	509	4-38
41920	4-15	48201 T8	12-5	0510	4-36, 4-37	617	3-1
42503	10-33	48204	12-4, 12-5	0560 T8	4-21	622	4-38
42672	10-10			0636	4-26	623	4-38
						DIN IEC	**Seite**
42673	10-10	48206	12-5	0636 T1, T21, T31, T33, T41	4-28	34 T5	10-2, 10-4
42946	10-10	48505	4-21			34 T7	10-7
42961	10-2	48501	4-21	0636 T21	4-29, 4-30	38	2-24
43670	12-3	48801	11-28	0641 A4	4-30	44 (CO)48	7-8
43671	12-3	49782	11-13	0641	4-26, 4-27	62	4-2···4-4
43712	8-19	57282 T810	9-9	0641 A4	4-31	63	4-3
43714	8-20	57530	10-2	0660 T104	4-31	73	7-3
43720	8-20	57530 T8	10-6	0664 T1, T2, T3	4-32	86 T1	4-34
43721	8-19	66001	6-18, 6-20, 6-21	0683	9-15	584 T1	2-20, 8-19, 8-20
43724	8-20	66201 T1	7-27	0710 T5	11-20	651	2-23
43760	8-21	66261	6-20, 6-21	0815	12-20		
43780	8-1	81698	14-13	0820 T1	4-30		
43781	8-1	89002 T1	4-36	0855 T1	11-29		
43807	8-11, 8-12			0875 T3 E	11-32		
43850	8-13	**DIN VDE**	**Seite**	**VDE**	**Seite**	**DIN EN**	**Seite**
43856	8-13, 8-14	0100	9-1···9-14	0100	9-1	10083 T1, T2	13-9
44051	4-5	0100 T200	9-2, 9-3	0113 E	7-8	50005	7-17
44052	4-5	0100 T410	9-1, 9-4···9-6, 9-16	0165	11-2	50011	7-17, 7-18
44054	4-5	0100 T310	9-16	0166	11-2	50012	7-17
44055	4-5			0170	11-2	50013	7-17
44061	4-5	0100 T430 E	4-27, 4-32	0171	11-2		
44063	4-5	0100 T523	12-12	0211	12-9		
44064	4-5	0100 T540	9-9, 9-12, 9-13, 9-14	0250	12-9, 12-10		
44071	4-9			0250 T204	9-10		
44072	4-9	0100 T559	11-20	0250 T210	9-10	**DIN ISO**	**Seite**
44073	4-9	0100 T701	9-10	0250 T813	12-10	286 T1, T2	14-17, 14-19
44080	4-10	0105 T1	9-14, 9-15	0255	12-15	898 T1	14-12
44081	4-10	0128	12-9	0271	9-10, 12-15	898 T2	14-16
44300	6-25	0211	12-5	0272	12-15	1219	3-24
44300 T2	6-9	0210	12-5	0281 T103	9-10		
45910 T11, T25, T26, T111, T251, T261	4-15	0255 A4	12-14	0410	8-1	1302	14-1
		0256	12-14	0530	10-2···10-5	2768 T1	14-1
		0257 A2	12-14	0530 T1	9-4	3040	14-9
45910 T12, T13, T14, T15, T22, T23,		0258 A2	12-14	0532	10-2, 10-33	5455	14-1
		0261	12-14	0532 T1, T4		**ISO**	**Seite**
T24, T27, T221, T241	4-16	0262 E	12-14		10-30···10-32	128-1982	14-2
45921 T207, T208	4-4	0263	12-14	0550	9-4	1219	6-8
46062	10-16, 10-17	0265	12-14	0550 T3	9-9		
46199 T4	4-41	0266	12-14	0551	9-4		
		0271	12-14	0605	9-10	**Sonstige**	**Seite**
46400 T1	4-22, 4-23, 13-11	0272	12-14	0660	10-29	ABB (Allgemeine Blitzschutzbestimmungen)	11-28
46400 T2···T4	13-11	0273	12-14	0710 T1	11-20		
46431	12-3	0274	12-5	0710 T3	12-12	Arbeitsstättenverordnung	11-6
46433	11-28	0281	12-11	0855	11-31		
		0282	12-12	**IEC**	**Seite**	AVBEltV § 12 (Verordnung über Allgemeine Bedingungen für die Elektrizitätsversorgung von Tarifkunden)	11-21
46435	12-1, 12-2	0293	12-8	64	9-1		
46436 T2	12-2	0298 T1	12-13	158	10-29		
46461	12-6, 12-7	0298 T2	12-15···12-19	162/II	11-20		
46463	12-7	0298 T4	4-26, 11-23···11-25	285-2	4-39		
47002	12-8			285-1	4-38		

15.1 Verzeichnis der behandelten Normen und Vorschriften

Sonstige	Seite	Sonstige	Seite	Sonstige	Seite	Sonstige	Seite
DIN-Normenheft 3	13-7	Deutschen Normenausschuß) 840 HR	12-8	fundamente VDEW (Vereinigung Deutscher Elektrizitätswerke e.V.)	9-12	Anschlußbedingungen)	11-21
RAL (Ausschuß für Lieferbedingungen und Gütesicherung beim		Richtlinie für das Einbetten von Fundamentendern in Gebäude-		TAB (Technische		TA Lärm	2-23
						VG 9526 T 4	4-16
						VDI 3260	3-28, 7-45

15.2 Stichwortverzeichnis

A

A-Betrieb 5-15
A-Schallpegel 2-23
AB-Betrieb 5-15
Abgleichverfahren ... 8-15
Abhängigkeitsnotation 3-18
Abkühlzeitkonstante,
  Heißleiter 4-8
Ableiter, Überspannung 4-14
Ableitstrom 9-2
Ableitung 1-1
Abschaltthyristor ... 5-55
Abschaltung 9-6
Absorptionsverluste . 5-49
Absperrventile, Symbole 3-26
Abszisse 1-5, 14-3
Adaptionsstrecken ... 11-13
Addieren 1-2
Addition 1-3
– geometrische 2-38
– Wechselspannungen 2-38
Aderkennzeichnung,
  Starkstrom 12-8
Adjunktion 1-2
Adressen-Abhängigkeit,
  Symbole 3-19
Akkumulatoren . 4-36···4-39
– Symbole 3-1
Algebra .... 1-3···1-5
Algebraische/
  Schreibweise 2-5
– Vereinfachung ... 6-6
Alkali-Mangan-Zellen 4-35
Allgemeintoleranzen . 14-17
Alphabet, griechisches 2-3
ALS-TTL 6-16
Altgrad 1-6
Aluminium, Elektrolyt-Kondensatoren 4-18
– Legierungen 13-14
– Stahl-Leitungsseile 12-4
Ampere 2-1
Amplitudenmoduliert . 2-25

Analoge/ Beschleunigungs-
  messung 8-8
– Druckmessung 8-10, 8-11
– Geschwindigkeits-
  messung 8-7, 8-8
– Informations-
  verarbeitung,
  Schaltzeichen 3-13
– Kraftmessung 8-9
– Symbole 3-13
– Wegmessung ... 8-5, 8-6
– Winkelmessung 8-5, 8-6
AND-Verknüpfung ... 6-8
Ankathete 1-6
Ankerspannungsrege-
  lung 10-25
Anlasser, Elektro-
  motoren 10-16, 10-17
– Kenngrößen 10-17
– Schaltzeichen ... 3-8
Anlaß/kondensatoren . 4-21
– transformator 10-14
Anode 5-1
Anodenbasisschaltung . 5-37
Anreicherungstyp 5-32
Anschluß/bezeichnun-
  gen, elektrische
  Maschinen 10-6
– – Hilfsschütze ... 7-14
– – Niederspannungs-
      Schaltgeräte ... 7-17
– pläne 7-5
– arten, Widerstands-
  thermometer 8-21
Ansichten in Zeichnun-
  gen 14-5
Ansprech/kurven,
  Näherungsschalter .. 7-15
– verzögerung, SPS .. 7-11
Anstiegsantwort 7-20
Antennen/anlagen
  .... 11-30, 11-31
– – Blitzschutz 11-29
– – formen 11-30
– kabel 12-21
– montage 11-30

Antriebe, Schaltzeichen 3-7
Antriebs/arten . 10-26···10-28
– – Symbole 3-3
– leistung 2-12, 2-13
Anwendungsklassen,
elektrische Bau-
elemente 4-1
Anzeigeglieder,
  Symbole 3-28
Anzieh/kraft, Schrauben 2-10
– moment, Schrauben 2-10
Apertur, numerische .. 5-49
Arbeit, elektrische 2-44
– mechanische 2-12
Arbeitskräfte-Einsatz .. 9-14
Arbeitspunkteinstellung,
Transistor 5-14, 5-15
– Elektronenröhren . 5-37
– FET 5-34
Arbeitstabelle 6-2
Archimedisches Gesetz 2-11
Argument 1-5
Arithmetik ..... 1-3···1-5
Arithmetische Elemente,
  Symbole 3-17
AS-TTL 6-16
ASA (American Standards
  Association) 3-23
ASCII-Code 6-11
ASCR 5-55, 5-56
Assemblierer 6-25
Assoziativgesetz 1-3
Astabile Elemente,
  Symbole 3-20
Astabiler Multi-
  vibrator 5-26, 5-31
Asymmetrisch sperrender
  Thyristor 5-55
Asynchrone/
  Schaltungstechnik .. 6-15
– Steuerung 7-2
Asynchron/maschinen,
  Schaltzeichen 3-8
– motor, Betriebs-
  verhalten 10-20
Atmosphärendruck ... 2-11

15.2 Stichwortverzeichnis

Atome 13-2, 13-3
Atommasse 13-2, 13-3
Auflagerkräfte ... 2-16, 2-18
Auftrieb 2-11
Ausdehnung, Wärme . 2-21
Ausdehnungskoeffizient 2-21
Ausfall/satz 4-2
– quotient, elektrische
 Bauelemente 4-1
Ausgänge, Symbole .. 3-15
Ausgangs/lastfaktor .. 6-17
– kennlinie 5-9
– widerstand,
 Transistor 5-18
Ausgleichsleitungen,
 Temperaturmessung 8-20
Ausschalt/ung . 11-15, 11-16
– zeit-Kennlinie 4-29
Aussetzbetrieb 10-3
Austauschprogrammier-
 bare Steuerung 7-2
Außenkabel 12-20
Automatenstähle 13-8
Axialkolbenpumpe ... 7-35
Axiallager 14-20

B

B-Betrieb 5-15
B-Werte, Heißleiter ... 4-9
Backwarddiode 5-7
Band/breite 2-43
– erder 11-29
Bänder 13-11
Basis 1-3
– einheiten 2-1
– größen 2-1
– schaltungen 5-18
– Transistor 5-8
Batterien 4-34, 4-35
Bauart/en, Transforma-
 toren 10-32
– kurzzeichen, Stark-
 stromkabel 12-13
Bauelemente, elektroni-
 sche .... 5-1···5-56
– Elektrotechnik 4-1···4-41
– magnetfeldabhängige 5-47
– Trigger- 5-50, 5-51
Bauformen, elektrische
 Maschinen 10-7
– Heißleiter 4-9
Baustähle 13-8
BCD-Code 6-9
Beanspruchung, ein-
 achsige 2-15

Beanspruchungsdauer,
 elektrische Bau-
 elemente 4-2
Befehlsspeicher 7-7
Begriffe, analog 7-1
– Binäre Codierung .. 6-9
– Differenz- u. Opera-
  tionsverstärker 5-29
– digital 7-1
– Drehstrom 10-1
– Festigkeit 2-15
– gerätetechnische ... 7-2
– Informations-
  verarbeitung 6-25
– Lichttechnik 11-1
– Mathematik ... 1-1, 1-2
– Optik, Licht 5-49
– Regelungstechnik .. 7-19
– Schall 2-23
– Schalter 7-14
– Schutzmaßnah-
  men 9-2, 9-3
– Steuerungstechnik . 7-2
– Thermometer 8-19
– Transformatoren .. 10-32
– Überspannungs-
  ableiter 4-14
Behälter, Symbole 3-27
Belastbarkeit,
 Leitungen 4-26, 4-27
Belastungsfälle,
 Biegung 2-18
Beleuchtungen
 im Freien 11-10
– für Arbeitsstätten .. 11-6
– im Innenraum 11-5, 11-6
– von Straßen 11-14
Beleuchtungs/anlagen .. 11-20
– art 11-4
– kalender 11-7
– stärke . 11-1, 11-5, 11-10
– stunden 11-7
– technik .... 11-1···11-20
Bemaßungsregeln 14-7···14-9
Berechnung, Netztrans-
 formator 4-22
– Raumheizung ... 11-27
– Transistor-
  Schaltstufe 5-25
Berührungs/empfind-
 liche Einrichtungen .. 3-6
– schutzgrad 10-4
– spannung ... 9-2, 9-3
Beschleunigung-Zeit-
 Diagramm 2-8
Beschleunigungen 2-8

Beschleunigungs/kraft . 2-5
– messung 8-8
Beschriftungen 14-1
Bestimmungen, elektri-
 sche Ausrüstungen .. 7-8
Betätigungsarten,
 Symbole 3-26
Betrag 1-3, 1-5
Betriebs/arten ... 10-2, 10-3
– höhe über NN 4-2
– Kondensator-
  Motor 10-20
– mittel, Nennspannun-
  gen 2-24
– spannung 12-13
– temperaturen, Stark-
  stromkabel 12-17
– verhalten, Kleinmoto-
  ren 10-20
– werte, Drehstrom-
  motoren .. 10-12, 10-13
– wirkungsgrad 11-8
Bewegung, Induktion .. 2-35
Bewegungslehre ... 2-8, 2-9
Biege/festigkeit 2-15
– moment 2-16
– radien, Starkstrom-
  kabel 12-13
– spannung ... 2-15, 2-16
Biegung 2-16
Bildübertragungskabel . 2-45
Bimetall-Meßwerk 8-2
Bimetalle 13-16
Binäre/ Codes 6-10
– Codierung 6-9
– Elemente, Schalt-
  zeichen .... 3-14···3-22
– Ziffern 6-1
Binärer Logarithmus .. 1-4
Binärzähler 3-21
Binomische Formeln .. 1-3
Bistabile Elemente,
 Symbole 3-20
Bistabiler Multivibrator
 .... 5-26, 5-31
Bisubjunktion 1-2
Bit 6-25
Blattgrößen 14-1
Bleche 13-11
Blechschrauben 14-15
– verbindungen 14-15
Blei-Zinn-Lote 13-17
Bleiakkumulatoren 4-37
Blende 8-23
Blendungs/begrenzung . 11-5
– begrenzungsklassen 11-13

15.2 Stichwortverzeichnis

Blind/leistung 2-44, 4-20
– – Kondensatoren   4-20
– – verbrauchzähler ..   8-14
Blitz/schutz 11-28, 11-29
– erder 11-29
Bogen/länge   1-12
– maß   1-6
Bohrerdurchmesser ...   14-11
Boltzmann-Konstante
.... 2-3, 2-22
Boolesche/Algebra ...   6-3
– Gleichung   6-2
Bootstrap-Schaltung ..   5-19
Brandverhalten,
Leuchten   11-20
Brechung   5-48
Brechungsgesetz, Snellius-
sches   5-48
Bruch/kräfte,
Schrauben   14-12
– rechnen   1-2
Brücken/schaltung ....
.... 2-29, 5-2, 5-3
– verstärker   5-30
Brummspannung   5-3
Bus-/Empfänger   3-22
– Treiber   3-22
Bypass-Steuerung ...   7-43
Byte   6-25

C

Candela   2-1
Celsius   2-20
Chemische Elemente
.... 13-1···13-3
Chien, Hrones u.
Reswik   7-31
CMOS   6-16
Code-Umsetzer,
Symbole   3-22
Codes ..... 6-9···6-11, 6-25
Codierer, Symbole ...   3-22
Colpits-Schaltung   5-23
Cosinus   1-6
– satz   1-8
Cotangens   1-6
Coulomb   2-1
CTR-Werte   5-46

D

D-Kippglied   6-14
Dahlanderschaltung ..   10-9
Dämpfung 2-45, 5-49
Dämpfungs/
faktoren 2-43, 2-45

– verluste, Licht-
wellenleiter   5-48
Darlington-Schaltung .   5-19
Darstellung, logische
Verknüpfungen   6-8
Darstellungen in Zeich-
nungen   14-3
Darstellungsmittel,
Fluidtechnik   3-28
Daten/flußplan   6-18
– Sinnbilder ... 6-17, 6-19
– speicher   7-7
Datumsangaben, Kon-
densatoren u. Wider-
stände   4-2
Dauer/belastbarkeit,
Sammelschienen   12-3
– belastungen, Leitun-
gen ....   11-23···11-25
– betrieb   10-3
– kurzschlußstrom,
Transformator ...   2-39
– magnetwerkstoffe .   13-12
– strombelastungen,
Freileitungen   12-5
De Morgansche
Theoreme   6-4
Decodierer   3-21
Dehnung   2-15
Dehnungsmeßstreifen .   8-25
Dekadischer/
Logarithmus   1-4
– Zähler   3-21
Delon, Spannungsver-
dopplung   5-3
Demultiplexer, Sym-
bole   3-21
Dezibel ... 2-23, 2-45, 2-46
Diac   5-50
Diagramme, allgemein   14-3
– Beschleunigung-
Zeit-   2-8
– Geschwindigkeit-
Zeit-   2-8
– Spannung-
Dehnung-   2-15
– Weg-Zeit-   2-8
Dichte 2-4, 13-4, 13-5,
13-11, 13-23
Differentialzylinder ...   7-44
Differenz/spannungs/
messungen,
Oszilloskop   8-17
– – verstärkung   5-29
– verstärker ... 5-28···5-31
– – Symbole   3-12

Differenzier/er   5-30
– glied   2-42
Digital, Begriff   7-1
Digitalanzeigen   5-46
Digitale/Halbleiter-
speicher   6-14
– Regler   7-28
– Schaltglieder,
Schaltzeichen   3-23
– Schaltkreisfamilien .   6-14
– Verzögerungselemente,
Symbole   3-16
Digitaltechnik .... 6-1···6-17
Dimmer   5-55
Diode ...... 5-1···5-7, 5-36
– Gleichrichten u.
Schalten   5-1
– Kenn- u.
Grenzwerte   5-4
– Parallel- u. Reihen-
schaltung   5-4
– Spannungsstabilisie-
rung u. Begrenzung   5-6
– spezielle   5-4
– Symbole   3-12
Disjunktion   6-3
Disjunktive Normalform   6-6
Diskriminator   5-31
Dispersion   5-49
Distributivgesetz   1-3
Dividieren   1-2
Division   1-3
– komplex   1-5
Divisionsregel   6-1
DMS   8-25
Doppel/basisdiode   5-50
– schlußgenerator ..   10-23
– schlußmotor   10-22
Dosen, Symbole   3-5
Drähte .... 12-1···12-21
– Heizleiterlegierun-
gen   13-16
– Widerstandslegierun-
gen   12-6
Drahtfestwiderstände ..   4-4
Drainschaltung   5-33
Dralldurchflußmesser .   8-22
Dreh/beanspruchung ..   2-17
– eisen-Meßwerk   8-2
– frequenzverstellung 10-25
– moment   2-7
– moment-Drehfre-
quenz-Kennlinie ..   10-8
– sinn, elektrischer
Maschinen   10-6
– spul-Meßwerk   8-2

15.2 Stichwortverzeichnis

Drehstrom 10-1
– antriebe ... 10-20, 10-21
– – drehfrequenzver-
  änderbare 10-27, 10-28
– Begriffe 10-1
– Betriebswerte 10-12
– Diagramm 2-25
– Käfigläufer 10-18
– – motor
  .... 10-10, 10-12, 10-13
– Leistung 2-44
– Leitungsberechnung
  .... 11-21, 11-22
– motoren ... 10-8, 10-20
– Nebenschlußmotor
  .... 10-8, 10-27
– netze, Spannungs-
  werte 2-24
– Normmotor 10-10
– Selbstanlasser 10-14
– transformatoren,
  Schaltgruppen ... 10-31
– zähler 8-3
Drehwiderstände 4-6
Dreieck/e 1-12
– rechtwinklige 1-7
– schiefwinklige 1-8
– generator 5-31
– mischspannung .. 1-11
– schaltung 10-1
– wechselspannung . 1-11
Dreiphasenwechsel-
  strom 10-1
Dreipunkt/-Regler ... 7-29
– schaltung 5-23
Drosselventile 7-40
Druck 2-11, 2-16
– begrenzungsventile 7-36
– einheiten 2-11
– festigkeit 2-15
– knöpfe 7-3
– luftaufbereitung . 7-33
– messung .. 8-10, 8-11
– regler 7-33
– spannung ... 2-15, 2-16
– ventile 3-25, 7-36
DS-Nebenschlußmotor 10-8
Duales Zahlensystem . 6-1
Dualzahlen 6-1
Duo-Schaltung 11-18
Durch/biegung 2-18
– bruchspannung 5-1, 5-12
– dringungen 14-6
– flußleitungen,
  Symbole 3-27
– flußmessung . 8-22 ··· 8-24

– flutung 2-32
– griff 5-36
– laßkennlinie, Diode 5-1
– lauferhitzer 11-26
– schlagfestigkeit
  ...... 2-31, 13-23, 13-24
Duro/mere 13-20
– plaste 13-20
Düse 8-23
Dynamische Kennwerte,
  Regelstrecken 7-25
Dynamischer Eingang,
  Symbole 3-15

E

E-Reihen 4-3
EAROM 6-14
Ebene, schiefe 2-8
Edelstähle . 13-6, 13-9, 13-10
EE-Schnitt 4-23
EEPROM 6-14
Effektivwert ... 2-37, 2-38
Effizienz 4-41
EI-Kernbleche 4-22
Eichen 8-4
Eigen/näherung 11-28
– schaften,
  Lichtquellen 11-4
Einachsige Beanspru-
  chung 2-15
Eingänge, Symbole ... 3-16
Eingangs/kennlinie ... 5-9
– lastfaktor 6-17
– widerstand, Transistor
  5-18
Einheiten, physikal. 2-1···2-3
– system, internationales
  2-1
Einheits/bohrung
  .... 14-18···14-20
– welle ..... 14-18···14-20
Einphasen/-Asynchron-
  motor 10-21
– transformatoren .. 10-31
– wechselstrom,
  Leitungsberechnung 11-21
Einquadrantenbetrieb . 10-24
Einsatzgebiete, Kabel,
  18/30 kV 12-14
Einsatzstähle 13-9
Einsetzungsmethode .. 1-4
Einspeisungen, Symbole 3-4
Einstellregeln n. Chien,
  Hrones u. Reswik .. 7-31
Einstellung,
  Regler-Kennwerte .. 7-30

Einteilung, Leuchten .. 11-4
Einweggleichrichter ... 5-30
Eisen .... 13-6···13-10
Eisenwerkstoffe . 13-8···13-10
– Kurznamen .. 13-7, 13-8
– Normbezeichnungen 13-6
EJ-Schnitt 4-23
Elastizitätsmodul
  ...... 2-15, 2-18, 2-19
Elektrische/Anlagen
  .... 11-1···11-33
– Arbeit, Wärme ... 2-44
– Betriebsmittel 7-16
– Feldkonstante ... 2-3
– Feldstärke 2-31
– Flußdichte 2-31
– Leistung 2-44
– Leitfähigkeit .. 13-4, 13-5
– Maschinen . 10-1···10-33
– – IP-Schutzarten . 10-4
– Verschiebung 2-31
Elektrisches Feld 2-31
Elektrizitätszähler . 2-24, 8-3
Elektro/band 13-11
– blech 13-11
– chemische Spannungs-
  reihe 2-25
– dynamisches Meß-
  werk 8-2
– lumineszenz 5-49
– – Anzeige 5-45
– magnet. Strahlung 5-43
– mechanische Antrie-
  be 3-7
– meter 8-3
– motoren, Anlasser
  .... 10-16, 10-17
– wärme ... 11-26, 11-27
– zähler 2-44
Elektrodenvorheizung . 11-18
Elektroinstallation,
  Schaltzeichen 3-5
Elektrolyt 4-34
Elektronen/hülle . 13-2, 13-3
– röhren . 5-36, 5-37, 8-16
– strahl-Oszilloskop
  .... 8-16···8-18
Elektronische Bauelemen-
  te und Grundschaltun-
  gen .... 5-1···5-56
Elektrostatisches Meß-
  werk 8-3
Elektrotechnik, Bau-
  elemente ..... 4-1···4-41
Elektrotechnische
  Grundlagen ... 2-26···2-48

15.2 Stichwortverzeichnis

Element 1-1
Elementare Funktionen 1-9
Elementarladung 2-3
Elemente 13-2, 13-3
– galvanische . 4-33···4-39
– lichtempfindliche
.... 5-39···5-43
– magnetempfindliche 5-47
Ellipse 1-9, 1-12
Emission 5-36
Emissionsgrade,
  Oberflächen 2-22
Emitter/schaltung . 5-9, 5-18
– Transistor 5-8
Empfangsbereiche 11-30
Endlagendämpfung ... 7-44
Endschalter,
  Schaltzeichen 3-6
Energie/abnahmestellen 3-27
– erhaltungssatz ... 2-12
– kinetische 2-12
– Kondensator 2-32
– mechanische 2-12
– potentielle 2-12
– quellen, Symbole . 3-27
– Rotations- 2-12
– Spule 2-36
Entstörkondensator .. 11-18
Entstörmittel 11-32
Entfernungsgesetz 11-10
Entladung, Kondensator
  u. Spule 2-36, 2-37
Entmagnetisierung ... 2-34
Entstörschaltungen ... 11-33
EPROM 6-14
Erde 3-2, 9-2
Erder 9-2, 9-12
Erdschluß 9-3
Erdung 9-12
Erdungs/anlage 9-12
– leitung 9-12
– widerstand 4-32
Erhaltungsladeströme . 4-36
Ersatz/schaltungen,
  Vierpol 5-16
– spannungsquelle . 2-30
– stromquelle 2-30
Esaki-Dioden 5-7
Even-Parity 6-9
Exklusiv-ODER 3-23
Exponent 1-3
Exponentialfunktion .. 1-9

F

Fahrenheit 2-19
Fakultät 1-1

Fall, freier 2-8
Faraday-Konstante ... 2-3
Farbkennzeichnung,
  Kaltleiter 4-10
– Leitungen, Litzen,
  Schnüre, Drähte .. 12-8
– Sicherungen 4-30
– Widerstände 4-4
Farbkurzzeichen,
  Leitungen 12-8
Farbwiedergabeeigen-
  schaften 11-5
Federkraft 2-5
Fehler/quellen,
  Lichtwellenleiter 5-48
– spannungs-Schutzein-
  richtung 9-6, 9-9
Fehlstrom-/Schutz-
  schalter 4-32
– Schutzeinrichtung . 9-6
Fein/gewinde 14-11
– pappe 13-23
Feld, elektrisches 2-31
– linien 2-32
– – länge 2-34
– magnetisches 2-32
– platte 5-47
– stärke, magnetische 2-32
– umsteuerung 10-24
Feldeffekt-/Diode 5-34
– Transistor-Tetrode 5-35
– Transistoren . 5-32···5-35
– Symbole 3-12
Fern-Stromversorgungen,
  Symbole 3-4
Fern/meldeanlagen, In-
  stallationsleitungen . 12-20
– meßeinrichtungen,
  Symbole 3-10
Feste Stoffe, Dichte ... 2-4
Festigkeit,
  zusammengesetzte .. 2-17
Festigkeits/begriffe
  .... 2-15···2-19
– klassen,
  Schrauben 14-12
Festprogrammierte
  Steuerung 7-2
Festwiderstände 4-5
FET/ als steuerbarer
  Widerstand 5-34
– Grundschaltungen 5-33
Feuchtebeanspruchung 4-1
FI-Schutzschalter 4-32
FI/LS-Schalter 4-32
Filter 7-33

Flachdrähte, Heizleiter-
  legierungen 13-16
Fläche 1-12
– Berechnung 1-12
Flächen/diagramm 14-4
– diode 5-4
Flaschenzug 2-14
Fliehkraft 2-9
Fließgrenze 2-15
Flip-Flop 6-8, 6-14
Fluchtlinientafel
  n. Laue 11-11
Flügelzellenpumpe ... 7-34
Fluidtechnik ..... 7-33···7-46
– Schaltzeichen 3-24···3-29
– Systeme .... 3-24···3-27
Fluoreszenz-Anzeige .. 5-45
Flüssigkeiten, Auftrieb 2-11
– Dichte 2-4
– Leitfähigkeit 2-26
– Mechanik 2-11
– spezifischer
  Widerstand 2-26
– Temperaturbeiwert 2-26
Flüssigkristallanzeige .. 5-44
Flußdichte, elektrische . 2-31
– magnetische 2-32
Folgeventile 7-36
Förderleistung 2-13
Form/änderung 2-15
– faktor 2-38
Formelzeichen 2-2
Foto/diode 5-41
– element 5-40
– sensoren 5-43
– spannung 5-40
– strom 5-39
– transistor 5-41
– vervielfacher 5-39
– widerstand 5-42
– zelle 5-39
Fourierzerlegung 1-10
FPLAs 6-14
Freier Fall 2-8
Freigabe-Abhängigkeit,
  Symbole 3-19
Freileitungen 12-5
Freiprogrammierbare
  Steuerung 7-2
Fremd/körperschutz-
  Schutzgrad 10-4
– näherung 11-28
Frequenz .. 2-9, 2-23, 2-38
– moduliert 2-25
– messung,
  Oszilloskop 8-18

15-7

15.2 Stichwortverzeichnis

Fundamenterder 11-29
Funk/schutzzeichen ... 11-32
– störgrad 11-32
Funken/lösch-Schaltungen 4-13
– störung ... 11-32, 11-33
Funktion, elektrische
 Steuerung 7-3
– elementar 1-9
– gebrochen rationale 1-9
– trigonometrische . 1-6
Funktions/generator .. 5-31
– gleichung 6-2, 6-6
– kleinspannung ... 9-4
– kurven 1-7
– linien, Symbole .. 3-28
– pläne 6-22
– werte 1-7

G

G-Sicherungseinsätze . 4-30
Galvanische/Primärelemente ...... 4-33···4-35
– Sekundärelemente
 .... 4-36···4-39
Gasdruckkabel 12-14
Gase, Dichte 2-4
Gasgefüllte Röhren ... 5-38
Gasungsspannung 4-36
Gate/-Kreis 5-54
– schaltung 5-33
Gaußsche Zahlenebene 1-5
Gebrauchskategorien
 für Schalter 10-29
Gebrochen rationale
 Funktion 1-9
Gefährliche Körperströme 9-1
Gegen/kathete 1-6
– kopplung 5-21
– kopplungen, Grundschaltungen 5-22
– takt-Schaltung ... 5-19
Gehäuse, Halbleiterbauelemente 5-27
Generatoren 10-23
Generatorregel 2-35
Genormte Spannungswerte 2-24
Geometrische Addition 2-38
Gerade 1-9
Geräteschutzsicherungen 4-30
Gerätetechnische
 Begriffe 7-2
Geräusch/pegel 2-23

– quelle 2-23
Geschwindigkeit-ZeitDiagramm 2-8, 2-9
Geschwindigkeiten 2-8
Geschwindigkeits/
 messung 8-7, 8-8
– steuerungen 7-42
Gesetz, Archimedisches 2-11
– Hookesches 2-15
– Ohmsches 2-26
– Snelliussche
 Brechung 5-48
– von Pascal 2-11
Gesinterte Kontaktwerkstoffe 13-5
Getriebe, Symbole 3-24
Gewichts/funktion 7-20
– kraft 2-5
Gewinde 14-10, 14-11
– durchmesser 14-10
– kernlöcher .. 14-5, 14-11
– Reibung 2-10
Giacoletto 5-18
Gitterbasisschaltung .. 5-37
Glasgehäuse 5-27
Glättung 5-3
Gleichförmige
 Bewegung 2-8
Gleichgangzylinder ... 7-44
Gleichgerichtete
 Spannung 1-11
Gleichrichten, Diode .. 5-1
Gleichrichter 5-30, 5-31
– schaltungen 5-2
Gleichrichtwert ... 2-37, 2-38
Gleichsetzungsmethode 1-4
Gleichspannung,
 Spannungswerte .. 2-24
Gleichstrom/anlasser .. 10-16
– antriebe 10-25, 10-26
– Diagramm 2-25
– generatoren 10-23
– kopplung 5-20
– kreis, Kondensator
 u. Spule 2-36, 2-37
– Leitungsberechnung 11-21, 11-22
– Leistung 2-44
– maschinen 10-6
– – Schaltzeichen .. 3-8
– motoren ... 10-20, 10-22
– verstärkung 5-9
Gleichtakt-Spannungsverstärkung 5-29
Gleichungen 1-4
– Boolesche 6-2

Gleichwertige
 Schaltungen 2-47
Gleit/lager 2-10
– modul n 2-19
– reibung 2-10
Glimm/triode 5-38
– zünder 11-18
Glühlampen 11-2
Gon 1-6
Grad 1-6
Graphische
 Darstellungen .. 14-3, 14-4
Grenz-Übertemperaturen 10-5
Grenz/frequenz 2-42, 5-41, 5-43
– schalter, Schaltzeichen 3-6
– schicht 5-1
– temperatur 4-1
– werte, Transistoren 5-12
– – Dioden 5-4
Griechisches Alphabet . 2-3
Großsignalverstärkung . 5-15
Grundbegriffe,
 Elektrotechnik 2-24···2-48
– Festigkeitslehre ... 2-15
– Meßtechnik 8-4
– Physik .... 2-1···2-23
– Regelungstechnik
 .... 7-19···7-32
Grundeinheiten 2-1
Grundlagen, Elektrotechnik ...... 2-24···2-48
– Mathematik .. 1-1···1-13
– Physik ..... 2-1···2-48
– Wärmetechnik .. 2-20
Grund/rechnungsarten . 1-2
– schaltungen,
 elektronische . 5-1···5-56
– – FET 5-33
– – Gegenkopplungen 5-22
– – Transistor 5-18···5-20
– – toleranzen 14-18
GTO 5-55
Gummi-isolierte Starkstromleitungen 12-12
Gußeisen 13-6
Güte, Schwingkreis ... 2-43
Gyrator 5-29

H

h-Parameter,
 Vierpol 5-16, 5-17
Haftreibung 2-10
Halbleiter/bauelemente,
 Gehäuse 5-27

15.2 Stichwortverzeichnis

– – Schaltzeichen .. 3-12
– – Wärmeableitung 5-13
– speicher 6-14
Halbschrittbetrieb 10-19
Hall/generator 5-47
– spannung 5-47
Halogen-/Metalldampf-
lampen 11-2
– Niederdrucklampen 11-19
Hangabtriebskraft ... 2-6
Hart/gewebe 13-22
– lote 13-17
– matte 13-22
– papier 13-22
Hartley-Schaltung 5-23
Haupt/gruppen ... 13-2, 13-3
– potentialausgleich 9-8
– stromkreise,
Anschluß-
bezeichnungen ... 7-17
Hebelgesetz 2-7
Heißleiter 4-8, 4-9
Heiz/leiterlegierungen . 13-16
– wert 2-22
Hellströme 5-43
Henry 2-1
Herstellungsdatum, elek-
trische Bauelemente . 4-2
HF/-Ersatzschaltungen
n. Giacoletto 5-18
– Kabel 12-21
High 6-9
Hilfs/schütze 7-18
– stromschalter 10-29
– stromkreise,
Anschluß-
bezeichnungen ... 7-17
Hochdruck-Natrium-
dampflampen 11-19
Hochpässe 2-42
Höchstmaß 14-17
Höchstzugspannungen,
Freileitungen 12-5
Höhensatz 1-8
Hohlzylinder 1-13
Hookesches Gesetz ... 2-15
Hubleistung 2-13
Hydraulik-Schaltplan . 7-45
Hydraulische Presse .. 2-11
Hydro/motore 7-34
– pumpen .... 7-34···7-36
– Symbole 3-24
– statik 2-11
Hyperbel 1-9
Hypotenuse 1-6
Hysteresekurve 2-34

I

I-Regler 7-8
I-Träger 2-17
IAE-Kriterium 7-30
Ignitron 5-38
Imaginäre Zahlen 1-5
Impuls/antwort 7-20
– diagramm 6-2
– formen, Symbole . 3-2
Indizes DIN 1304 2-3
Induktion 2-35
Induktionsgesetz 2-35
Induktive Schaltung .. 11-18
Induktivität 2-35
Induktivitäten, Symbole 3-1
Industriemaschinen,
Bestimmungen 7-8
Induzierte Spannung .. 2-35
Informationsverarbei-
tung .... 6-18···6-25
Inkreis 1-8
Innenraum/, Beleuch-
tungsanlagen 11-8
– beleuchtung, Berech-
nungsbeispiel 11-9
Innensechskant, Zylinder-
schrauben 14-14
Installations/plan 11-15
– schaltungen 11-15
Instrumentenverstärker 5-31
Integral 1-1
Integrierender
Verstärker, Symbole .. 3-13
Integrierer 5-30
Integrierglied 2-42
Internationales Einhei-
tensystem 2-1
Interne Verbindungen,
Symbole 3-15
Ionisation 5-38
IP-Schutzarten 10-4
Irrationale Funktion .. 1-9
ISE-Kriterium 7-30
ISO-/Gewinde ... 14-10, 4-11
– Grundtoleranzen . 14-18
– Passungen 14-10
Isolations/überwachungs-
einrichtung 9-6
– widerstand,
Kondensatoren 4-18
Isolier/bänder 13-24
– folien 13-24
– schicht-FET 5-32
– schläuche 13-24
– stoffe 13-23, 13-24

– stoffkennzahlen 12-2
Isolierte Starkstromlei-
tungen ...... 12-9···12-12
IT-Netzsystem . 9-6, 9-7, 9-16
ITAE-Kriterium 7-30

J

Jahresangabe, elektri-
sche Bauelemente ... 4-2
JK-Kippglied 6-14
Justieren 8-4

K

Kabel .... 12-1···12-21
– 18/30 kV .. 12-13, 12-14
– Nachrichtentechnik
.... 12-20, 12-21
– verbinder, Symbole . 3-4
Käfigläufer-/-Induktions-
motor 10-28
– motor 10-8
Kalibrieren 8-4
Kalt/arbeitsstähle 13-10
– leiter 4-10
Kapazität, Kondensator 2-31
Kapazitäts/änderung,
Kondensator 2-32
– dioden 5-5
Kapazitive Schaltung . 11-18
Karnaugh-Tafel 6-6
Kaskadenregelung ... 7-31
Kaskode-Schaltung .. 5-19
Katheten 1-8
– satz 1-8
Katode 5-1
Katodenbasisschaltung 5-37
Kegel 1-13, 14-9
– stumpf 1-13
Kelvin 2-1, 2-19
Kennbuchstaben, elektri-
sche Bauelemente ... 4-1
– Hilfsschütze 7-18
– Schaltgeräte 7-17
– Widerstände .. 4-3, 4-4
Kennfarben, Druckknöpfe
u. Leuchtmelder 7-3
– Sicherungen 4-28
Kenngrößen, Anlasser . 10-17
– Transistoren 5-9
Kennlinie, Diode 5-1
– Drehmoment-Dreh-
frequenz 10-8
– Sicherungen 4-29
– Thyristor 5-52
– Transistor 5-9
– Varistor 4-13

15.2 Stichwortverzeichnis

- Z-Diode 5-6
- Kennwerte, Anlasser .. 10-16
  - Hilfsschütze 7-18
  - Hydropumpen ... 7-36
  - Regler 7-30
  - Schaltgeräte 7-17
- Kennzeichnung,
  blanke Leiter 12-8
  - Duroplaste 13-20
  - Eisenwerkstoffe
    .... 13-7, 13-8
  - elektrische Betriebsmittel 7-16
  - isolierte Starkstromleitungen 12-11
  - Kapazitäts- u. Widerstandswerte 4-3
  - Kondesatoranschlüsse 4-17
  - Leitungen 12-8
  - Polymere 13-18
  - Schaltelemente . 3-2, 3-3
  - Thermoplaste 13-19
  - Wegeventile 7-38
- Kern/-Bohrloch ... 14-10
  - bleche 4-22, 4-23
  - durchmesser 14-10
- Kerzenlampen 11-2
- Kilogramm 2-1
- Kinetische Energie ... 2-12
- Kipp/glieder .... 6-12···6-14
  - schaltungen 5-26
- Kirchhoffscher Satz .. 2-28
- Klammer/n 1-3
  - schreibweise 6-3
- Kleinantriebe 10-21
- Kleinmotoren,
  Betriebsverhalten ... 10-20
- Kleinsignalverstärkung 5-15
- Kleintransformatoren
  .... 4-22···4-25
- Klemmenspannung ... 2-30
- Knotenpunktregel ... 2-28
- Koaxiales/ HF-Kabel . 12-21
  - Kabel 2-45
- Koerzitivfeldstärke ... 2-34
- Kohärente Strahlung .. 5-49
- KOKA 12-21
- Kollektor/, Transistor . 5-8
  - Basis-Stromverhältnis 5-10
  - schaltungen 5-18
- Kombinatorische
  Elemente, Symbole . 3-17
  - Schaltungen 6-6
- Kommutativgesetz 1-3

- Kommutatormotor,
  Betriebsverhalten ... 10-20
- Komparator 5-31
- Kompensation, Kondensatorleistung ... 4-20, 4-21
- Kompensationskondensatoren .. 11-2, 11-3, 11-19
- Kompilierer 6-25
- Komplement 1-1
- Komplexe/ Darstellung,
  Wechselgrößen . 2-47, 2-48
  - Schaltungen . 2-47, 2-48
  - Zahlen 1-5
- Kompressor, Symbole . 3-24
- Kondensatabscheider .. 7-33
- Kondensator/en
  .... 2-31, 4-15···4-21
  - Blindleistungskompensation 4-20, 4-21
  - Datumsangaben ... 4-2
  - im Gleichstromkreis 2-36
  - Kennzeichnung der
    Anschlüsse 4-17
  - Ladung 2-31
  - leistung 4-20
  - motor 10-18
  - Reihenschaltung .. 2-32
  - Parallelschaltung .. 2-31
  - spannung 2-37
  - Symbole 3-1
  - Verluste 2-39
- Konjugiert komplexe
  Zahlen 1-5
- Konjunktion 1-2, 6-3
- Konjunktive
  Normalform 6-6
- Konstante, Boltzmann
  .... 2-3, 2-22
  - elektrisches Feld .. 2-3
  - Faraday 2-3
  - magnetisches Feld . 2-3
  - Physik 2-3
- Konstantstromquellen .. 5-20
- Kontakt/arten, Relais .. 4-40
  - legierungen 13-5
  - plandarstellung 7-9···7-11
  - werkstoffe 13-5
- Kontakte, Schaltzeichen 3-6
- Konturen, Symbole 3-2, 3-14
- Koordinatenwandler,
  Symbole 3-13
- Kopplungsarten . 5-20, 5-21
- Körper/schluß 9-3
  - schnitte 14-5
  - ströme, gefährliche . 9-1

- Kraft, auf Stromleiter . 2-35
  - im Magnetfeld ... 2-34
  - messung 8-9
  - moment 2-7
- Kräfte 2-5, 2-6
  - addition 2-5
  - plan 2-6, 2-7
  - subtraktion 2-5
  - zerlegung 2-6
  - zusammengesetzte . 2-6
  - Zusammenwirken 2-5, 2-6
- Kreis 1-9, 1-12
  - abschnitt 1-12
  - ausschnitt 1-12
  - bewegung 2-9
  - ring 1-12
- Kreuzschaltung 11-15···11-17
- Kristall,
  piezoelektrischer ... 3-1
- Kubus 1-13
- Kugel 1-13
- Kühlungsarten, Transformatoren 10-32
- Kunststoffe .. 13-18···13-22
  - physikalische Eigenschaften 13-21, 13-22
- Kupfer/, Legierungen . 13-14
  - leitungen . 11-23···11-25
  - lote 13-17
  - Nickel-Legierungen 13-15
  - Runddrähte . 12-1···12-3
  - Widerstandslegierungen 12-6, 12-7
  - Zink-Legierungen . 13-15
- Kurz/wellen 11-30
  - zeichen, Starkstromkabel 12-13
  - zeitbetrieb 10-3
- Kurznamen, Eisenwerkstoffe 13-7, 13-8
- Kurzschluß 9-3
  - schutz 4-31
  - spannung 2-39

L

- Lackdraht 12-1, 12-2
- Ladekennlinie 4-36
- Lade/spannungen, Bleiakkumulatoren ... 4-37, 4-38
  - Ni/Cd-Akkumulatoren 4-37, 4-38
  - stromwerte, Bleiakkumulatoren .. 4-37, 4-38
  - Ni/Cd-Akkumulatoren 4-37, 4-38

15.2 Stichwortverzeichnis

Laden, Ni/Cd-Akkumulatoren 4-38
Ladung, elektrisches Feld 2-31
– Kondensator 2-31
– Kondensator u. Spule 2-36, 2-37
Lager 14-20
– schilde 10-7
Lampen .... 11-2···11-4
– Farbwiedergabe .. 11-5
– Lichtfarben 11-5
Länge 1-12
Längen-/Ausdehnungs-koeffizient 2-21, 13-4
– änderung 2-15
– ausdehnung 2-21
Langwellen 11-30
Lärmschutz 2-23
Laser 5-49
Last/schalter 10-29
– stromschalter 10-29
Lawinen-/Gleichrichter-diode 5-4
– durchbruch 5-12
LC-Oszillatoren 5-23
LCD 5-44
Leclanché-Zelle 4-35
LED 5-44
Leerlaufspannung 2-30
Legierte Kaltarbeits-stähle 13-10
Legierungen 13-14
– Heizleiter 13-16
– Kupfer 13-14
– Kupfer-Nickel ... 13-15
– Leitfähigkeit 2-26
– Nichteisenmetalle 13-14, 13-15
– spezifischer Widerstand 2-26
– Temperaturbeiwert .. 2-26
– Widerstands- 12-6, 12-7
– Zink- 13-15
– Zinn- 13-15
Leistung, elektrische .. 2-44
– mechanische 2-13
Leistungs/bedarf, Wärme 11-27
– dioden 5-1
– dreieck 2-44
– elemente 3-22
– faktor-Messung 8-11, 8-12
– messung 2-44, 8-11, 8-12
– MOSFET 5-35

– schilder 10-2
– transformatoren .... 10-30···10-33
– verhältnisse 2-46
– verluste, Leitungen .... 1-23···11-25
– verstärkung 5-18
Leit/werk 7-7
– wert 2-26
– – magnetischer ... 2-34
Leiter 12-8
– schluß 9-3
– Symbole 3-4
– widerstand 2-26
Leitfähigkeit, spezifischer Widerstand 2-26
Leitungen ..... 12-1···12-21
– Blitzschutz 11-28
– flexible Verlegung .... 12-8···12-12
– feste Verlegung ..... 12-8, 12-10···12-12
– Nachrichtentechnik 12-20, 12-21
– Strombelastbarkeit 4-26
– Symbole 3-4
– Verlegeart 4-26
Leitungs/berechnung .... 1-21···11-25
– querschnitt 4-26
– schutzschalter ... 4-30
– schutzsicherungen und Schalter 4-26, 4-27, 4-30
– seile 12-4
Leonard-Antrieb .. 10-26
Leuchtdichteverteilung 11-5
Leuchten .... 11-2···11-4
– Betriebswirkungs-grad 11-7
– Einteilung 11-4
– Gebäudeteile 11-20
– Möbel 11-20
– Montagehinweise . 11-20
– Schutzarten 11-20
– Wirkungsgrad ... 11-7
Leuchtmelder 7-3
– Anschlußbezeichnun-gen 7-17
– Symbole 3-11
Leuchtstofflampen ... 11-3
– Schaltungen 11-18, 11-19
Licht/empfindliche Elemente .... 5-39···5-43
– empfindlichkeit,

Fotosensoren 5-43
– farben 11-5
– geschwindigkeit ... 2-3
– gruppen 11-5
– maste 11-13
– quellen ......11-2···11-4
– schranke 7-12
– stärke 11-1
– strom 11-1
– taster 7-13
– technik, Begriffe .. 11-1
– verteilungskurve .. 11-1
– wellenleiter .. 5-48, 5-49
Limes 1-1
Lineare Funktion 1-9
Linearmotor 7-44
Linien 14-2
– breite 14-2
Linke-Hand-Regel ... 2-35
Linsen-/Blechschrauben 14-15
– Senkschrauben ... 14-14
Lissajousfigur 8-18
Lithium-Thiomylchlorid-Zelle 4-35
Litzen 12-8
Logarithmieren 1-4
Logarithmische Teilung 14-3
Logarithmusfunktion .. 1-9
Logik/, Familie 6-17
– Mathematik 1-2
– Pegel 3-14
– symbol 6-2
Logische/Darstellungen 6-8
– Verknüpfungen . 6-2, 6-5
– Zeichen 6-9
Lote 13-17
Low 6-9
LS-TTL 6-16
Luft/druck 4-2
– gekühlte Maschinen 10-5
– sauerstoff-Zellen .. 4-35
Lumineszenzdiode ... 5-44

M

M-Kernbleche 4-22
M-Schnitt 4-23
Magnet/feld, Kraft ... 2-34
– kerne, Symbole .. 3-23
– speicher-Matrizen, Symbole 3-23
– werkstoffe 2-34
Magnetempfindliche Elemente 5-47
– Symbole 3-12
Magnetisch-induktive Durchflußmesser 8-23

15-11

15.2 Stichwortverzeichnis

Magnetische/
  Feldkonstante 2-3
  – Feldstärke 2-32
  – Flußdichte 2-32
  – Polarisierung 13-11
  – Spannung 2-32
  – Werkstoffe 13-11, 13-12
Magnetischer/Fluß ... 2-32
  – Kreis 2-34
  – Widerstand 2-34
Magnetisches Feld ... 2-32
Magnetisierungskurve
  .... 2-32, 2-33
Maschenregel 2-28
Maschinen/, einfache . 2-14
  – elektrische ... 10-1···10-4
  – luftgekühlte 10-5
  – schutz 4-10
Maschinen/arten,
  Schaltzeichen 3-8
  – normteile . 14-10···14-20
Masse 1-12, 2-4
  – Symbole 3-2
Mastaufsatzleuchten .. 11-12
Maß/eintragungen
  .... 14-7···14-9
  – linie 14-7
  – pfeile 14-7
  – stäbe 14-1
  – zahlen 14-8
Mathematische
  Grundlagen und
  Tabellen ..... 1-1···1-13
  – Zeichen 1-1
Maxterm-Methode ... 6-7
Maxterme 6-6
Mechanik ..... 2-5···2-14
Mechanische
  Beanspruchung ... 4-2
  – Schutzarten,
    Leuchten 11-20
Mehr/fach-
  Potentiometer 4-6
  – quadrantenbetrieb 10-24
  – stellungsschalter,
    Schaltzeichen 3-7
Meile 1-12
Meißner-Schaltung ... 5-23
Meldeeinrichtungen,
  Schaltzeichen .. 3-10, 3-11
Mengenlehre, Zeichen . 1-1
Merker, SPS 7-10
Messen 8-4
Meß/abweichung 8-4
  – bereichserweiterung . 2-28
  – brücken 8-15

– einrichtungen,
  Schaltzeichen 3-10, 3-11
– geräte, Schalttafel
  .... 8-11, 8-12
– – Symbole ... 3-10, 8-1
– instrumente,
  Symbole 3-27
– relais, Symbole ... 3-11
– technik ...... 8-1···8-25
– – Grundbegriffe .. 8-4
– wandler, Symbole . 3-11
– werke 8-2, 8-3
– widerstände 8-21
Metal Gate
  CMOS 6-16
Metalle, Leitfähigkeit . 2-26
  – Nichteisen- 13-16
  – physikal. Eigen-
    schaften 13-4, 13-5
  – reine 13-4
  – spezifischer
    Widerstand 2-26
  – Temperaturbeiwert 2-26
Metallgehäuse 5-27
Metalloxid-Varistoren . 4-11
Meter 2-1
Metrisches
  ISO-Gewinde 14-10, 14-11
Mindest/
  Leiterquerschnitt ... 12-12
  – durchhang,
    Freileitungen 12-5
Minimierung 6-6
Minterme 6-6
Misch/lichtlampen 11-4
  – strom 2-25
  – temperatur 2-20
Mitkopplung 5-21
Mittel/punktschaltung 5-2, 5-3
  – wellen 11-30
  – werte, Wechselstrom 2-37
Möbel, Leuchten 11-20
Mode-Abhängigkeit,
  Symbole 3-19
Moden 5-49
Mol 2-1
Mollweidesche Formeln 1-8
Monatsangabe,
  elektrische
  Bauelemente 4-2
Monomode-Stufenindex-
  Faser 5-48
Monostabile Elemente,
  Symbole 3-20
Monostabiler
  Multivibrator 5-26

Montagehinweise,
  Leuchten 11-20
MOSFET 5-35
Motor/kondensatoren . 4-21
  – regel 2-35
  – schalter 10-29
  – schutzeinrichtungen 10-15
  – schutzrelais 10-15
Motoren 10-8, 10-12,
      10-13, 10-19···10-22
  – Stromschalter 10-29
  – Symbole 3-24
Multimode-/
  Gradienten-Faser ... 5-48
  – Stufenindex-Faser . 5-48
Multiplexer, Symbole .. 3-21
Multiplikation 1-3
  – komplex 1-5
Multiplizieren 1-2
Multiplizierer, Symbole 3-13
Muttern 14-16

N

N-Kanal 5-32
  – Anreicherungs-FET 5-31
  – Sperrschicht-FET . 5-31
  – Verarmungs-FET . 5-31
N-Zone 5-1
Nachrichtentechnik,
  Kabel u. Leitungen
  .... 12-20, 12-21
Näherungsschalter 7-12
NAMUR-Sensoren ... 7-15
NAND-Verknüpfung . 6-3, 6-8
Nassi-Shneiderman ... 6-20
Natrium-/Dampflampen 11-2
  – Hochdrucklampen
  .... 11-3, 11-19
  – Niederdrucklampen
  .... 11-3, 11-19
Natürlicher Logarithmus 1-1
Neben/gruppen 13-2, 13-3
  – schlußgenerator .. 10-23
  – schlußmotor 10-22
Negation 1-2, 6-3
Negations-Abhängigkeit,
  Symbole 3-19
Nenn/ansprech-
  temperatur 4-10
  – ausschaltstrom ... 4-28
  – maß 14-17
  – spannung 4-28, 12-13
  – ströme, genormte . 2-24
  – werte-Reihen 4-3
Neper 2-45
Netz/formen 9-1, 9-16

15-12

15.2 Stichwortverzeichnis

- transformator 4-22
- systeme .. 9-1, 9-7, 9-16
Neugrad 1-6
Newide 4-8
NH-/Akkumulatoren . 4-39
- Sicherungseinsätze, Kennlinie, Grenzwerte ... 4-28/4-29/4-30
NICHT, Glied 3-23
- SPS 7-10
- Verknüpfung .. 6-3, 6-8
Nichteisenmetalle
  .... 13-13 ··· 13-17
- Legierungen 13-14, 13-15
Nickel-/Cadmium-
  Akkumulatoren 4-38
- Widerstandslegierungen 12-7
- Eisen-Akkumulatoren 4-38
Nieder/frequenz-Kabel 12-8
- spannungsschaltgeräte 7-17
- spannungssicherungen 4-28
- voltlampen 11-2
Niederdruck-/
  Entladungslampen .. 11-4
- Natriumdampflampen 11-19
Nomogramme 14-4
NOR-Verknüpfung ... 6-3,
                                6-8
Norm/bezeichnungen,
  Eisenwerkstoffe 13-6
- blende 8-23
- düse 8-23
- venturidüse 8-23
- volumen, molares 2-3
- zahlreihen 4-3
Normal/druck 2-11
- kraft 2-6
- laden 4-38
- potential 2-25
- projektion ... 14-5, 14-6
NOT-Verknüpfung ... 6-8
NPN-Typen 5-8
NTC-Widerstände 4-8
Numerische Apertur .. 5-49
Nur-Lese-Speicher ... 6-14
Nuten 14-9

O

Oberflächenbeschaffenheit 14-1
- Symbole 14-1

Odd-Parity 6-9
ODER-/Abhängigkeit,
  Symbole 3-19
- Glied 3-23
- SPS 7-10
- Verknüpfung ... 6-3, 6-8
Ohm 2-1
Ohmsches Gesetz 2-26
Oktalzahlen 6-1
Öl/kabel 12-14
- vernebler 7-33
Operandenteil 7-7, 7-9
Operationsverstärker
  .... 5-28 ··· 5-31
Operatoren 1-2
- diagramm 2-43
Optimierung,
  Reglerkennwerte .. 7-30
Opto/elektronik . 5-39 ··· 5-46
- koppler 5-46
OR-Verknüpfung 6-8
Ordinate 1-5, 14-3
Ordnungszahl 13-2, 13-3
Oszillatoren mit RC-
  Phasenverschieber,
  Wien-Glied, Wien-
  Robinson-Brücke ... 5-23
Oszilloskop ..... 8-16 ··· 8-18
Ovalradzähler 8-22

P

P-Kanal 5-32
P-Regler 7-26
P-Zone 5-1
Papierkondensatoren .. 4-18
Parabel 1-9
Parallel/betrieb,
  Transformatoren ... 10-33
- gegenkopplung ... 5-22
- projektion 14-5
- schaltung 2-47
- - Diode 5-4
- - Kondensator ... 2-31
- - Spule 2-26
- - Widerstände ... 2-27
- schwingkreis 2-43
Parallelogramm 1-12
Pascal, Gesetz von ... 2-11
Passungen .... 14-17 ··· 14-20
Passungsauswahl 14-20
Paßsysteme 14-18
PD-Regler 7-27
Pegel 2-45, 2-46
- Logik 3-14
- Zuordnung 6-9
PEN-Leiter 9-14

Pentadische Codes 6-10
Pentode 5-36
Perioden/dauer 2-38
- system 13-2, 13-3
Permeabilität 2-32
Permittivitätszahl 2-31
- Kunststoffe 13-21
Phantom-Verknüpfungen, Symbole 3-17
Phase 10-1
Phasen/brechzahl . 5-48, 5-49
- moduliert 2-25
- verschiebung . 2-43, 8-18
- verschiebungswinkel 2-47, 2-48
Physikalische/Eigenschaften, Metalle
  .... 13-4, 13-5
- - Kunststoffe
  .... 13-21, 13-22
- Grundlagen .. 2-1 ··· 2-48
- Konstanten 2-3
PI-Regler 5-31, 7-27
PID-Regler 5-31, 7-27
Piezoelektrische
  Kristalle, Symbole .. 3-1
PIN-Diode 5-4
Plasma-Anzeige 5-45
Plattenkondensator ... 2-31
PNP-Typen 5-8
Polumschaltbare
  Drehstrom-
  Asynchronmotoren . 10-9
Ponton 1-13
Postulate,
  Schaltalgebra 6-3
Potentialausgleich 9-8
- Leiter 9-14
Potentielle Energie 2-12
Potentiometer 4-6
Potenzieren 1-3
- komplex 1-5
Präzisionsgleichrichter
  .... 5-30, 5-31
Preßspan 13-23
Primär/batterien . 4-33 ··· 4-35
- steuerungen 7-42
- wicklung 10-30
- zellen 4-34, 4-35
- - Symbole 3-1
Prisma 1-13
Produktwerte, Leitungsberechnung 11-22
Programmablaufplan .. 6-20
Programmierung, SPS . 7-9
- Steuerungen 7-7

15-13

15.2 Stichwortverzeichnis

PROM	6-14	– inhalt	1-13	– zeiten	4-41
Proportionalventile	7-41	– wirkungsgrad	11-8	Reluktanzmotor	10-20
Prozentrechnen	1-2	Räume/mit Badewanne		Remanenz	2-34
Prozessor	6-25		9-10, 9-11	Resonanz/bedingungen	2-43
Prüfbit	6-9	– mit Dusche	9-10, 9-11	– frequenz	2-43
Prüfen	8-4	Rauschmaß	5-11	Reststörme, Transistor	5-11
PTC-Widerstände	4-10	RC-/Hochpässe	2-42	Rhombus	1-12
Pulsstrom	2-25	– Kopplung	5-20	Richtungssteuerung,	
Pumpen	2-13	– Oszillatoren	5-23	Wegeventile	7-39
– Symbole	3-24	– Phasenschieber	5-23	Riementrieb	2-14
PUT	5-51	– Tiefpässe	2-42	Ring/kolbenzähler	8-22
PVC-/isolierte Starkstromleitungen	12-10	RD-Schaltung	11-18	– schieberegister	6-15
– Kabel	12-9, 12-10, 12-12, 12-14	Rechte-Hand-Regel	2-35	RL-/Hochpässe	2-42
		Rechteck	1-12	– Tiefpässe	2-42
Pyramide	1-13	– impulse	1-10	RLT	5-55, 5-56
Pyramidenstumpf	1-13	– mischspannung	1-10	Röhren-Kennwerte	5-36
Pythagoreischer Lehrsatz	1-8	– wechselspannung	1-10	Rohrgewinde	14-10
		Rechtwinklige Dreiecke	1-7	Rolle	2-14
		Redundanz, Digitaltechnik	6-7, 6-9	Rollenlager	2-10
Q		Referenzelement	5-7	Rollreibung	2-10
Quadranten	1-6	Reflexblendung	11-5	ROM	6-14
– antriebe	10-20	Reflexionsgrade	11-7	Römische Ziffern	2-3
Quadrat	1-12	Regel/einrichtung, Auswahl	7-25	Rotations/bewegung, Leistung	2-13
Quadratische/ Ergänzung	1-4	– gewinde	14-10	– energie	2-12
– Funktion	1-9	– größe	7-19	RS-/Kippglied	6-12
– Gleichung	1-4	– kreis	7-19	– Schaltung	11-18
Quadratwurzel	1-1	– kreisglieder, Zeitverhalten	7-20, 7-22, 7-23	Rück/fallverzögerung, SPS	7-11
Quecksilber/oxid-Zink-Zellen	4-35	Regeln/Stromlaufpläne	3-30	– kopplung	5-21···5-24
– schalter, Schaltzeichen	3-6	– Funktionspläne	6-22	– schlagventil, Symbole	3-25
Quecksilberdampf-/ Hochdrucklampen	11-2	Regelstrecken	7-24	Rückwärts-/leitender Thyristor	5-55
– Niederdrucklampen	11-19	– Kennwerte	7-25	– sperrender Thyristor	5-52
Quellenspannung	2-30	Regelungstechnik	7-19···7-32	– sperrende Thyristordiode	5-50
Querschnitt, Leitungen	4-26, 4-27	Register	6-15	Runddrähte, Heizleiterlegierungen	13-16
		Regler	7-26···7-29	– lackisoliert, umsponnen	12-2
		– ausgangsgrößen	7-32	– Kupfer	12-1···12-3
R		– eingangsgrößen	7-32		
Radial/beschleunigung	2-9	– Einteilung	7-32	**S**	
– kolbenpumpe	7-35	– Kennwerte	7-30	S-Lampen	11-2
– kraft	2-9	Reibung	2-10	S-TTL	6-16
– lager	14-20	Reibungszahlen	2-10	Sägezahnwechselspannung	1-11
Radiant	1-6	Reihenschaltung	2-47	Sammelschienen	12-3
Radius	1-12	– Diode	5-4	Sankey-Diagramm	14-4
Radizieren	1-4	– Kondensator	2-32	Stationäre Stromspannungskennlinie, Heißleiter	4-8
– komplex	1-5	– Spule	2-36		
RAL-Farbregister	12-8	– Widerstände	2-27		
RAM	6-14	Reihenschluß/Kommutatormotor	10-21		
Rateeffekt	5-54	– generator	10-23		
Rauheits/klassen	14-1	– motor	10-20, 10-22		
– wert	14-1	Reihenschwingkreis	2-43		
Raum/heizung	11-27	Reine Metalle	13-4, 13-5		
		Relais	4-40, 4-41		
		– typen	4-41		

15-14

15.2 Stichwortverzeichnis

Schall 2-23
– druckpegel 2-23
– geschwindigkeit . . 2-23
Schalt/abstand 7-14
– algebra 6-3
– folgediagramm . . . 7-6
– geräte, Ströme . . . 2-24
– gruppen, Transformatoren 10-30
– – Drehstromtransformatoren 10-31
– kreisfamilien 6-16
– plan 7-4
– relais 4-41
– tafel-Meßgeräte . . 8-11
Schalten, Diode 5-1
Schalter 3-5
– Begriffe 7-14
– Gebrauchskategorien 10-29
– Näherungs- 7-12
– Schaltzeichen 3-6
Schaltüberdeckung . . . 7-38
Schaltungen/, Differenzu. Operationsverstärker . . . . 5-30···5-31
– Leuchtstofflampen 11-18
– Transistor . . 5-18···5-20
Schaltungs/nummern, Elektrizitätszähler u. Zusatzeinrichtungen 8-28
– vereinfachung . . . 6-6
Schaltzeichen   3-1···3-30, 6-2
– Akkumulatoren . . 3-1
– analoge Informationsverarbeitung 3-13
– Anlasser 3-8
– Antriebe, elektromechanische 3-7
– binäre Elemente
  . . . . 3-14···3-22
– digitale Schaltglieder
  3-23
– Elektroinstallation 3-5
– Fluidtechnik 3-24···3-29
– Halbleiterbauelemente 3-12
– Hilfsschütze 7-18
– Induktivitäten 3-1
– Kondensatoren . . . 3-1
– Kontakte 3-6
– Leitungen 3-4
– Magnetkern, -Magnetspeicher-Matrizen 3-23
– Maschinen, elektrische 3-8
– Mehrstellungsschalter 3-7
– Meß-, Melde- u. Signaleinrichtungen 3-10, 3-11
– Primärzellen 3-1
– Schalter 3-6
– Sicherungen 3-5
– Stromlaufpläne . . . 3-30
– Transformatoren . 3-9
– Verbinder 3-4, 3-5
– Wegeventile 7-37
– Widerstände 3-1
Schaltzeiten, Transistor 5-24
Schein/leistung 2-44
– leitwert 2-47, 2-48
– widerstand
  . . . . 2-43,2-47, 2-48
Scheitelfaktor 2-38
Scherfestigkeit 2-15
Schering-Meßbrücke . . 8-15
Scherspannung 2-15
Schichtpreßstoffe 13-22
Schieberegister 6-15
– Symbole 3-20
Schiefe Ebene 2-8
Schiefwinkliges Dreiecke 1-8
Schleif/drahtbrücke . . . 2-29
– ringmotor 10-8
Schleusenspannung . . . 5-1
Schlüsselweite . . . 14-9, 14-10
Schmelz/dauer, Sicherungen 4-30
– punkt . . 2-21, 13-4, 13-5
– wärme 2-20
– zeit-Kennlinie 4-29
Schmitt-Trigger 5-26
Schnelladen 4-38
Schnellarbeitsstähle . . 13-10
Schnitt/bandkerne 4-25
– darstellungen . . . 14-5
– kraft 2-5
Schnüre 12-8
Schockbeanspruchung . 4-2
Schottky-TTL 6-16
Schraffur 14-5
Schraube-Mutter-Verbindungen 14-16
Schrauben . . 14-12···14-15
– Anziehmoment . . . 2-10
– Anziehkraft 2-10
– pumpe 7-34
Schreib-Lese-Speicher . 6-14
Schreibende Meßgeräte 8-3
Schreibweise, algebraische 2-5
– Strom u. Spannung 2-24
– vektorielle 2-5
Schrift/form 14-1
– zeichen 14-1
Schrittmotoren 10-19
Schub 2-16
– spannung 2-16
Schutz, durch erdfreien, örtl. Potentialausgleich 9-9
– durch nichtleitende Räume 9-8
– gegen direktes u. indirektes Berühren . . . . . 9-4, 9-5···9-10
– gegen Überspannungen 4-14
Schutz/arten, Leuchten 11-20
– bestimmungen 9-1···9-16
– einrichtungen, Motoren 10-15
– grad 10-4
– isolierung 9-8
– kleinspannung 9-4
– leiter 9-2, 9-7, 9-13
– maßnahmen
  DIN VDE 0100
  . . . . 9-1···9-14
– – DIN VDE 0105
  . . . . 9-14, 9-15
– – Begriffe 9-2, 9-3
– schalter 4-32
– trennung 9-9
Schützschaltungen . . . 10-11
Schwebekörper-Durchflußmesser . . . 8-24
Schwing/beanspruchung 4-2
– kreis 2-43
SCR 5-56
SE-Kerne 4-24
Sechskantschrauben . . 14-15
Sedezimalzahlen 6-1
Sekundär/elemente, galvanische . . . 4-36···4-39
– steuerungen 7-42
– wicklung 10-30
Sekunde 2-1
Selbst/geführte Stromrichter 5-56
– induktionsspannung 2-35
– induktivität . . 2-35, 2-36
Selektivität 4-28
Selen-Überspannungsbegrenzer 5-7
Senderpolarisation . . . 11-30

15-15

15.2 Stichwortverzeichnis

Senkschrauben 14-14
Serien/gegenkopplung . . 5-22
– schaltung 11-15
– wechselschaltung . . 11-17
SI-Einheiten 2-1, 2-2
Sicherheits/regeln 9-15
– stromquelle 9-4
Sicherungen . . . . 4-26···4-31
– Schaltzeichen 3-5
Sicherungsautomaten . . 4-31
Siebung 2-15, 5-3
Siedepunkt . 2-21, 13-4, 13-5
Signal/einrichtungen,
 Schaltzeichen . . 3-10, 3-11
– – Symbole 3-11
– glieder 3-29
– – Symbole 3-28
– linien 3-28
– verarbeitung 7-2
Silberlote 13-17
Silicon Gate CMOS . . 6-16
Sinnbilder, Daten 6-17
– Informations-
 verabeitung 6-18
– Struktogramme 6-19, 6-20
– Programmablaufplan
 . . . . 6-20, 6-21
Sinus 1-6
– förmiger Wechsel-
 strom 2-38
– Oszillatoren 5-23
– satz 1-8
– spannung 1-11
– strom, Diagramm . 2-25
SM-Kerne 4-24
Snelliussches
 Brechungsgesetz . . . 5-48
Solarzelle 5-42
Sonderbeanspruchung . 4-2
Sourceschaltung 5-33
Spaltmotor 10-20
Spannung 2-15
– Dehnung-
 Diagramm 2-15
– induzierte 2-35
– magnetische 2-32
– Schreibweise 2-24
– Symbole 3-2
Spannungs/abhängige
 Widerstände . . 4-11···4-13
– erzeuger 2-30
– fall 2-27
– gegenkopplung . . 5-19
– komparatoren . . . 5-29
– messung,
 Oszilloskop 8-17

– quelle 5-30
– reihe 2-25
– teiler 2-28
– – Kennlinie 2-29
– verdopplung nach
 Delon 5-3
– verhältnisse 2-46
– verluste, Leitungen
 . . . . 11-23···11-25
– verstärkung 5-18
– vervielfachung . . . 5-3
– werte, genormte . . 2-24
Speicher 6-8
– Halbleiter 6-14
– programmierte
 Steuerungen
 . . . . 7-2, 7-7···7-11
– SPS 7-11
– Symbole 3-21
Sperrschicht-FET 5-32
Sperrspannungen,
 Transistor 5-11
Spezialdioden 5-4
Spezifisch-elektrischer
 Widerstand . . . 13-4, 13-5
Spezifische/Temperatur-
 koeffizienten 12-7
– Widerstände . 2-26, 12-7,
 13-4, 13-5, 13-11,
 13-15, 13-23
Spielpassung 14-17
Spitzendiode 5-4
Sprungantwort 7-20
SPS . . . . . 7-2, 7-7···7-11
– Programmierung . 7-9
Spule, Anschluß-
 bezeichnungen . . . 7-17
– Energie 2-36
– gekoppelt 2-36
– Güte 2-39
– im Gleichstromkreis 2-37
– Körper 4-24
– nicht gekoppelt . . 2-36
– Reihenschaltung . . 2-36
– Parallelschaltung . 2-36
– Verluste 2-39
Spulenspannung 2-37
Staberder 11-29
Stabilisierung, FET . . 5-34
– Transistoren 5-14
Stahl . . . . . . 13-6···13-10
Standardlampen . 10-25, 11-2
Starkstrom/, Aderkenn-
 zeichnung 12-8
– Freileitungen 12-5
– kabel . . . . 12-13···12-19

Starter 11-18
Stationäre Strom-
 Spannung-Kennlinie 4-8
Stauchung 2-15
Steckdosen, Symbole . . 3-5
Stefan-Boltzmann-
 Konstante 2-22
Steilheit 5-10, 5-36
Stellgröße 7-19
Stern-Dreieck-/Anlasser 10-14
– Schaltung 10-11
– Umwandlung 2-29
– Wendeschaltungen 10-11
Sternschaltung 10-1
Steuer/-Abhängigkeit,
 Symbole 3-19
– anweisung 7-9
– einheit 7-1
– kennlinie,
 Transistor 5-10
Steuern 7-1
Steuerungs/
 anweisungen 7-7
– technik . . . . 7-1···7-8
– – Begriffe 7-2
Steuerventile, Symbole . 3-25
Stoffe, technisch
 wichtige 13-1
– Wärmeeigenschaften 2-21
Stör/feldstärken 11-32
– größen 7-1, 7-19
– sicherheit, Digital-
 technik 6-17
– signale 11-32
– spannungen 11-32
Störungsarten 11-32
Strahlung, elektro-
 magnetische 5-43
Strahlungen, Symbole . 3-2
Strahlungs-Detektoren,
 Symbole 3-11
Straßenbeleuchtung . . 11-10
– Sinnbilder, Richt-
 linien 11-13, 11-14
Streckgrenze 2-15
Strom/arten 2-25
– begrenzungsklassen 4-30
– belastbarkeit,
 Leitungen . . . 4-26, 4-27
– – Starkstromkabel
 . . . . 12-15, 12-16
– – Widerstands-
 drähte 12-7
– dichte 2-26
– – Drähte 12-1
– gegenkopplung . . 5-19

15-16

15.2 Stichwortverzeichnis

- laufplan   3-30, 7-4, 11-15
- messung,
  Oszilloskop   8-17
- quelle   5-30
- richter mit
  Thyristoren   5-56
- regelventile   7-40
- – 2-Wege u.
  3-Wege   7-43
- schienen   12-3
- Schreibweise   2-24
- Sicherungen   4-28
- Spannungs-Kenn-
  linie, Heißleiter ..   4-8
- – Diode   5-1
- stoßschalter   11-17
- Symbole   3-2
- ventile   7-40
- – Symbole ..   3-26, 3-27
- verstärkung
  ......   5-9, 5-10, 5-18
- verzweigungspunkt   2-28
- werte   2-24
- Zeit-Bereiche für
  NH-Sicherungs-
  einsätze   4-29

Struktogramme   6-20
SU-Kerne   4-24
Subjunktion   1-2
Subtrahieren   1-2
Subtrahierer   5-30
Subtraktion   1-3
– komplex   1-5
Summierender
Verstärker, Symbole   3-13
Summierer   5-30
Symbole ......   3-1···3-30
- Funktionspläne ..   6-22
- Informations-
  verarbeitung ...   6-18
- Leuchten, Maste .   11-13
- Meßgeräte   8-1
- Oberflächen-
  beschaffenheit ..   14-1

Symbolelemente,
Schaltzeichen ...   3-2, 3-3
Symmetrische
Belastung   10-1
Synchron/maschinen,
Schaltzeichen   3-8
- motor   10-8
- – Betriebsverhalten 10-20
Synchrone/
Schaltungstechnik ..   6-15
- Steuerung   7-2
Systematische

Abweichungen   8-4
Systeme, Fluidtechnik
....   3-24···3-27

T

T-Lampen   11-2
Tandemschaltung   11-18
Tangens   1-6
- satz   1-8
Technisches Zeichnen
....   14-1···14-9
Technologieschema,
Fluidtechnik   7-4
- Steuerungstechnik   57-3
Teleskop-Zylinder   7-44
Temperatur   2-20
- abhängige Schalter   3-6
- beiwert 13-4, 13-5
- – Widerstände
  ....   2-26···2-28
- einfluß, Diode ...   5-1
- faktoren   11-7
- fühler   8-21
- koeffizient   4-10
- messung
  ....   2-20, 8-19···8-21
- Widerstand   2-26
Tesla 2-1, 2-32
Tetradische Codes ..   6-9, 6-10
Tetrode 5-35, 5-36
Theoreme   6-4
Thermische Abkühlzeit-
konstante   4-8
Thermischer
Maschinenschutz ...   4-10
Thermistoren   4-8
Thermo/bimetalle   13-16
- element   8-19
- – Spannungen ...   2-20
- – Symbole   3-10
- meter   8-19
- paare 8-19, 8-20
- plaste (Plastomere)   13-19
- spannung   8-19
Thernewide   4-8
Thomson-Meßbrücke .   8-15
Thyratron   5-38
Thyristor .....   5-52···5-56
- diode   5-50
- Symbole   3-12
- im Wechselstrom-
  kreis   5-54
Thyrit-Widerstände ...   4-11
Tiefpässe   2-42
TN-Netzsystem   9-6,
  9-7, 9-16

Toleranzen ....   14-17···14-20
- elektrische
  Maschinen   10-5
- Widerstände   4-4
Toleranzfeldlage   14-17
Tonübertragungskabel .   2-45
Torsions/festigkeit   2-15
- moment   2-17
- spannung   2-15
Totalreflexion   5-48
Träger/, Festigkeit   2-17
- speichereffekt   5-54
- staueffekt 5-1, 5-54
Trägheits/moment
....   2-16, 2-17, 2-19
- schalter,
  Schaltzeichen   3-6
Transconductance-
Verstärker   5-29
Transfluxor, Symbole ..   3-23
Transformatoren .   2-38, 10-30
- hauptgleichung ...   2-39
- Parallelbetrieb ...   10-33
- Schaltzeichen   3-9
Transistor ....   5-8···5-26
- als Schalter .   5-24···5-26
- Arbeitspunkt-
  einstellung ...   5-14, 5-15
- Aufbau u.
  Wirkungsweise ...   5-8
- Grenzwerte   5-12
- Grundschaltun-
  gen ....   5-18···5-20
- Kennlinien u.
  Kenngrößen   5-9
- rauschen   5-10
- Restströme u. Sperr-
  spannungen   5-11
- Schaltstufe,
  Berechnung   5-25
- stufe, Berechnung .   5-17
- Symbole   3-12
- Vierpol   5-17
Trapez   1-12
- wechselspannung .   1-11
Triac   5-55
Trigger/Bauelemente 5-50, 5-51
- diode   5-50
- pegel   8-17
Triggerung   8-17
Trigonometrische
Funktionen   1-6
Trimmpotentiometer .   4-6
Triode   5-36
Trivialnamen,
chemische   13-1

15-17

15

15.2 Stichwortverzeichnis

Tropfenlampen 11-2
TSE 5-1
TT-Netzsystem 9-6, 9-7, 9-16
TTL 6-16
Tunneldiode 5-7
Turbinendurchfluß-
  messer 8-22
Typenkurzzeichen,
  Starkstromleitungen 12-11

U

U-Dioden 5-7
Übergangs/funktion .. 7-20
  – passung 14-17
Überlastschutzein-
  richtungen, Anschluß-
  bezeichnungen 7-17
Überlastungsschutz .. 4-31
Übermaßpassung 14-17
Übersetzung,
  mechanische 2-14
Übersetzungsverhältnis 2-38
Übersichtsplan 7-3
Überspannungs/ableiter . 4-14
  – begrenzer 5-7
  – schutzmodule ... 4-14
Überstrom-
  Schutzeinrichtungen
  .... 4-26, 4-27, 9-6
Übertemperaturen ... 10-5
  – Wicklungen 10-4
Übertrager 2-38
  – Kopplung 5-21
Übertragungsfaktoren 2-45
UHF Band 11-30
Uhren, Symbole 3-10
UJ-Schnitt 4-23
UJT 5-50
Ultraschall-Durchfluß-
  messer 8-24
Umfangsgeschwindig-
  keit 2-9
Umhüllungen 3-2
Umkreis 1-8
Umlauf/sinn 2-28
  – zeit 2-9
Umprogrammierbare
  Steuerung 7-2
Umrechnung,
  Schaltungen 2-47
Umrechnungs/faktoren,
  Starkstromkabel
  .... 12-16···12-19
  – tabelle, Leitungs-
  berechnung 11-22
Umspinnung 12-2

Umwandlung Dezimal-
  zahl in Dualzahl 6-1
UND-/Abhängigkeit,
  Symbole 3-19
  – Glied 3-23
  – SPS 7-10
  – Verknüpfungen . 6-3, 6-8
Unijunction, Symbole . 3-12
  – Transistor ... 5-50, 5-51
Unipolare Transistoren 5-32
Unlegierte Kaltarbeits-
  stähle 13-10

V

Vakuum-Fluoreszenz-
  Anzeige 5-45
Varactor-Dioden 5-5
Variationsdioden ... 5-5
Varistoren ..... 4-11···4-13
VDR-Widerstände ... 4-11
Vektorielle Schreib-
  weise 2-5
Ventile, Symbole . 3-25, 3-26
Venturidüse 8-23
Verarmungstyp 5-32
Verbinder, Schaltz. ... 3-5
Verbindungen,
  chemische .... 13-1···13-3
Verbindungs-/Abhängig-
  keit, Symbole 3-19
  – programmierte
  Steuerung 7-2
Verdampfungswärme .. 2-20
Verdrehung 2-17
Vereinfachungsregeln,
  Schaltalgebra 6-4
Vergütungsstähle ... 13-9
Verjüngungen 14-9
Verknüpfungen,
  elementare 6-3
  – logische 6-5
  – Darstellung 6-8
Verknüpfungszeichen . 6-3
Verlängerung 2-15
Verlegeart, Leitungen . 4-26
Verluste, Kondensato-
  ren u. Spulen 2-39
Verlustleistung,
  Transistor 5-12, 5-25
Verlustleistungs-
  hyperbel 5-12
Verstärkung 2-45
  – Transistoren ... 5-18
Verzögerungselement .. 3-16
VFD 5-45
VHF Band 11-30

Vieleck 1-12
Vier/pol 2-45
  – – kenngrößen u. Er-
  satzschaltungen . 5-16
  – quadrantenbetrieb 10-24
  – schichtdiode ... 5-50
Villard 5-3
Vollschrittbetrieb 10-19
Volumen 1-12
  – Ausdehnungs-
  koeffizient 2-21
  – ausdehnung 2-21
Vorgelege 2-14
Vorsätze vor Einheiten 2-1
VPS 7-2

W

Wahrheitstabelle 6-2, 6-6
Wälzlagerpassungen ... 14-20
Wandler 5-30
Warmarbeitsstähle .. 13-10
Wärme/ableitung, Halb-
  leiterbauelemente . 5-13
  – durchgang 2-22
  – durchgangszahl .. 11-27
  – eigenschaften, Stoffe 2-21
  – Ersatzschaltung .. 5-13
  – kapazität .. 2-20, 13-3
  – Leistungsbedarf .. 11-27
  – leitfähigkeit
  .... 2-22, 13-4, 13-5
  – leitung 2-21
  – menge 2-20
  – strahlung 2-22
  – strom 2-21
  – tauscher, Symbole 3-27
  – technische
  Grundlagen 2-20
  – übertragung 2-21
  – widerstand 5-13
Warmwasser/bedarf ... 11-26
  – geräte 11-26
Wartungseinheit 7-33
Wasser/abscheider,
  Symbole 3-27
  – bereitung 11-26
  – schutz-Schutzgrad 10-4
Weber 2-1, 2-32
Wechsel/schaltung ... 11-15
  – spannung,
  Spannungswerte .. 2-24
  – Widerstands-
  schaltungen .. 2-40, 2-41
  – ventil, Symbole .. 3-25
Wechselstrom/,
  Formelzeichen .. 2-37, 2-38